国家科学技术学术著作出版基金资助出版

鸡脂肪组织生长发育的分子遗传学基础

李 辉等 著

科学出版社

北 京

内 容 简 介

结合国内外文献报道，本书系统介绍了东北农业大学家禽课题组在鸡脂肪组织生长发育的分子遗传学基础领域内的研究进展。本书共 16 章，主要内容包括：肉鸡资源群体的建立，鸡脂肪组织的发育生物学研究，鸡生长与腹脂性状的 QTL 定位研究，鸡脂肪性状的全基因组关联分析、选择信号检测及拷贝数变异分析，基因间互作效应对肉鸡腹脂性状的影响，鸡脂肪组织生长发育相关重要基因和蛋白质的筛选，重要候选基因与鸡体脂性状的相关研究，鸡脂肪细胞的培养，鸡 *A-FABP*、*PPARγ*、*C/EBPα*、*SREBP1*、*KLF* 等基因的功能研究，鸡脂肪组织生长发育的表观遗传学研究，鸡脂肪组织生长发育的分子遗传学基础研究展望。内容既涉及经典的体脂性状 QTL 定位、候选基因关联分析和分子遗传学研究的理论、方法与研究结果，又涵盖了近年来的研究热点，包括全基因组关联分析、选择信号检测、拷贝数变异分析的理论、方法与研究结果。同时本书着重阐述了对多个影响鸡脂肪组织生长发育重要基因功能的研究结果。

本书可供高等院校高年级本科生、研究生、教师，以及相关科研院所从事动物遗传育种、家禽生产学、数量遗传学、分子遗传学等领域研究的科研人员借鉴和参考。

图书在版编目（CIP）数据

鸡脂肪组织生长发育的分子遗传学基础/李辉等著. —北京：科学出版社，2017.11

ISBN 978-7-03-055117-7

Ⅰ. ①鸡⋯　Ⅱ. ①李⋯　Ⅲ. ①鸡–脂肪组织–生长发育–分子遗传学
Ⅳ. ①S831.2

中国版本图书馆 CIP 数据核字(2017)第 268672 号

责任编辑：李秀伟　白 雪 / 责任校对：张凤琴
责任印制：肖 兴 / 封面设计：北京铭轩堂广告设计有限公司

科学出版社 出版
北京东黄城根北街 16 号
邮政编码：100717
http://www.sciencep.com

北京汇瑞嘉合文化发展有限公司 印刷
科学出版社发行　各地新华书店经销
*

2017 年 11 月第 一 版　开本：787×1092　1/16
2017 年 11 月第一次印刷　印张：34
字数：806 000
定价：298.00 元
(如有印装质量问题，我社负责调换)

《鸡脂肪组织生长发育的分子遗传学基础》
著者名单

主要著者　李　辉

其他著者　王宇祥　张　慧　王守志　王志鹏　冷　丽

王启贵　王　宁　杜志强　唐志权

李玉茂　曹志平　张志威　户　国

石　慧　李放歌　王维世　孙婴宁

张心扬　武春艳　王　丽　丁　宁

王桂华　程博涵　原　辉　栾　鹏

前　言

　　农业是立国之本、强国之基。畜牧业是我国农业和农村经济极具活力的增长点和主要支柱产业。我国是世界第二大肉鸡生产和消费国，鸡肉是我国第二大肉类产品。与其他畜种相比，肉鸡的饲料转化效率较高，提高肉鸡生产效率、降低饲料消耗对于畜牧业发展举足轻重。有效控制肉鸡体内脂肪过度蓄积，进一步提高肉鸡的饲料转化效率和胴体质量是肉鸡育种急需破解的关键难题，选育低脂节粮型肉鸡配套系亦是世界范围内肉鸡育种的重要奋斗目标之一。实现这一目标，关键是揭示鸡脂肪组织生长发育的分子遗传学机制。随着鸡功能基因组学研究的深入，鸡体脂性状功能基因组学领域已获得一系列重要研究成果，极大促进了鸡脂肪组织生长发育分子遗传学基础的研究进程。

　　东北农业大学家禽课题组在国家自然科学基金重点项目、国家重点基础研究发展计划（973 计划）项目、国家高技术研究发展计划（863 计划）项目、教育部新世纪优秀人才支持计划项目、国家肉鸡产业技术体系建设项目等的资助下，20 余年长期专注于鸡体脂性状遗传规律和鸡脂肪组织生长发育的分子遗传学基础研究。课题组从不同的角度和层面（生理生化途径、基因表达谱、蛋白质表达谱、全基因组关联分析、miRNA 表达谱）在全基因组水平上筛查、分离、克隆和鉴别了一批影响鸡体脂性状形成的重要基因和 miRNA，并对一些重要基因在细胞、组织、个体和群体等水平上开展了深入的功能研究，初步阐明了这些重要基因的基本功能和调控机制。

　　本书旨在系统、全面总结课题组研究进展和重要成果，丰富动物功能基因组学研究内容，为鸡乃至其他动物脂肪代谢领域的基础研究作出科学贡献。本书在内容上竭力体现科学性、系统性、先进性和实用性，充分反映国内外本研究领域的最新科研成果。在结构上，各章节既有逻辑关联，又具有一定独立性，读者可逐章阅读亦可任选章节阅览。各章节均在总结国内外研究进展的基础上，对我们所获得的研究成果进行了系统的介绍，希望能为国内外同行提供参考和借鉴。

　　我国已故著名家禽遗传育种学家、东北农业大学杨山教授，是我国家禽学研究的先驱之一，在家禽遗传育种研究领域作出了开创性贡献。他在 20 世纪 80 年代起带领东北农业大学家禽课题组率先开展鸡体脂性状遗传规律研究，为我们后续开展鸡脂肪组织生长发育的分子遗传学基础研究奠定了坚实的基础。值本书问世之际，特此表达我们对先生的崇高敬意和深切怀念。

　　本书的写成并得以付梓，得益于课题组师生 20 余年来的付出、执著与坚守，同时要感谢国内外同行专家学者的通力合作，感谢科学出版社的大力支持。

　　鸡体脂性状属于数量性状，其形成的分子遗传学机制非常复杂，东北农业大学家禽课题组的既往研究和现有成果或有管中窥豹之效，但最终解析体脂性状的遗传机制依然任重道远。我们深信，应用功能基因组学方法和技术系统研究鸡脂肪组织生长发育的分子遗传学基础，有望在业内同仁的联合攻关下取得更多的学术成果。本书出版后，诚望学界同道不吝赐教、斧正，使之取长补短、日臻完善，为推动鸡脂肪组织生长发育分子遗传学基础研究的纵深发展，为我国节粮型畜牧业的可持续发展贡献力量。

著 者

2017 年 6 月

目　　录

第一章 肉鸡资源群体的建立

东北农业大学家禽课题组（以下简称"本课题组"）建立了国内唯一的快大型白羽肉鸡高、低腹脂双向选择品系——东北农业大学肉鸡高、低腹脂双向选择品系（以下简称"高、低脂系"），这两个品系是研究鸡脂肪组织生长发育的理想遗传材料；同时，低脂肉鸡品系为节粮型肉鸡配套系的选育提供了优良的种质资源。本课题组还建立了国内唯一的以高脂系肉鸡与白耳黄鸡为亲本杂交产生的用于重要经济性状数量性状基因座（QTL）检测的 F_2 资源群体。利用上述两个群体，本课题组开展了鸡脂肪组织生长发育的分子遗传学基础研究工作，取得了显著的研究成果。

第一节 东北农业大学肉鸡腹脂双向选择品系

一、概述

快大型肉鸡是世界也是我国鸡肉生产的主体。在过去的半个多世纪，肉鸡育种上依赖于表型值的选择已经取得了显著的进展，肉鸡的生长速度和肉产量均得到明显提高。然而肉鸡育种者却面临着新的挑战。伴随着快速生长，肉鸡生理性不适症及相关疾病明显增加，如体脂蓄积过多、腹水综合征、猝死症、腿部疾病、机体免疫功能下降等，这些问题给肉鸡生产者造成了巨大的经济损失。

快大型肉鸡体脂（尤其是腹脂）蓄积过多已成为一个突出的问题。肉仔鸡体内沉积过多的脂肪有诸多不利：①明显降低饲料转化效率，这是因为沉积单位重量脂肪消耗的能量是沉积单位重量肌肉的 3 倍；②降低胴体肌肉与脂肪组织的比例，因而降低了分割肉产量；③加工者和消费者将肉仔鸡体内沉积的很大一部分脂肪（腹脂垫、肌胃周围脂肪、嗉囊脂肪及肠系膜脂肪等）丢弃，这不仅增加了加工者和消费者的负担，还增加了废物及处理水中的脂肪含量，造成环境污染。因此，肉仔鸡体内沉积过多的脂肪会给生产者、加工者和消费者造成显而易见的经济损失。同时，肉种鸡过肥将会严重影响产蛋率、受精率和孵化率，并且会诱导脂肪肝综合征（fatty liver syndrome，FLS）的发生，从而加大母鸡产蛋期的死淘率。综上所述，控制脂肪在鸡体内的过多蓄积，进一步提高肉鸡的饲料转化效率和胴体质量是我国肉鸡生产中急需研究解决的重大问题（李辉和杨山，1996），选育低脂节粮型肉鸡配套系是我国也是世界范围内肉鸡育种的重要奋斗目标之一（Demeure et al.，2013；Zerehdaran et al.，2004）。

二、控制鸡体内脂肪沉积的研究进展

鸡体内脂肪的沉积受多种因素的影响。只有对这些因素有足够的了解以后，才能探讨鸡体内脂肪蓄积的控制问题，也才能对体脂的控制效果作出准确的评价。本课题组李

辉（1998）对这些影响因素做过详细的总结，主要包括遗传、营养和饲养、性别和年龄、环境及各因素间的互作等。品种间或品种内品系间脂肪沉积的差异表明了遗传因素对脂肪沉积的重要性（Cherry et al.，1978；Twining et al.，1978；Edwards and Denman，1975）。营养因素对肉仔鸡的体组成有明显影响，饲喂不同的商品日粮，体脂的差异可能接近 2 倍（Jensen et al.，1987；Lin et al.，1980）。Koreleski 和 Rys（1979）报道，轮换饲喂高、低蛋白日粮（间隔 2~3 天）较一般饲喂制度（前期高蛋白、后期低蛋白）的肉仔鸡有较低的体脂含量。因此，限制饲喂可以控制肉种鸡的肥度和体重，这已被肉鸡饲养者广泛接受。饲料的形状（颗粒或粉状）对脂肪的沉积也有明显的影响（Marks and Pesti，1984）。腹脂率随年龄的增长而增加（Deaton and Lott，1985），体脂含量也有类似的变化规律（Bacon et al.，1981）。母仔鸡会比公仔鸡沉积更多的体脂（Fontana et al.，1993；Sonaiya，1989；Grunder et al.，1987；Hood，1982；Becker et al.，1981；Edwards et al.，1973）。影响维持需要或活动量的环境因素均能影响肉仔鸡的体脂沉积量，这些因素主要是指环境温度、管理方式及光照制度等。另外，上述这些因素之间的互作同样会影响脂肪的沉积（Leenstra，1986；Mabray and Waldroup，1981；Cherry et al.，1978）。

针对上述影响因素，可以采取相应的方法控制鸡体内脂肪的沉积。这些方法主要包括：①对血浆脂蛋白浓度、腹部脂肪重量、饲料效率、腹部厚度、血浆甘油三酯浓度、脂肪酶活性等性状进行选择；②提高日粮的蛋能比；③应用脂肪组织生长抑制剂；④应用免疫原理，通过控制与脂肪代谢有关激素的合成和分泌来实现对脂肪组织生长的控制；⑤导入特异性基因控制体内脂肪的合成（李辉和杨山，1996；李辉，1995）。

脂肪组织生长抑制剂、免疫学方法及遗传工程技术的应用均是相对新的手段。但是，前两者或由于效果不佳，或由于经济效益差，或由于影响产品的最终质量而无法在实际生产中应用。用遗传工程技术来控制鸡体内脂肪的蓄积，其前景非常广阔，但目前手段仍未成熟。提高日粮蛋能比，可使鸡体内脂肪含量下降，但高蛋白低能量饲料的成本高，用这种方法来降低鸡体内的脂肪沉积量在经济上并不划算，而且日粮蛋能比过高或过低同样会诱发脂肪肝综合征。因此，常规的遗传选择仍是控制鸡体内脂肪沉积的主要手段。

对饲料效率进行选择是最彻底的方法。一方面可以提高饲料效率；另一方面可明显降低鸡体内总脂肪含量和腹部脂肪含量。Leenstra（1988）认为同时选择增重和饲料效率或同时选择增重、屠宰率和腹脂率比单独选择增重效果好。但这种选择方法受到许多条件的限制，如对于饲料效率的精确测定，在一般育种场很难进行，即便有条件，其度量也颇为烦琐。

从大量的研究报道及选择的实际效果来看，对鸡体内脂肪沉积控制的常规选择是从以下两个方面进行的：一是直接选择，即对腹部脂肪重或腹脂率进行选择；二是间接选择，即寻求活体度量体脂或腹脂量的间接选择指标，对其选择，最终实现对鸡体内脂肪沉积的控制。努力寻求在活体度量肥度的方法是基于如下考虑的：对腹脂重（率）的直接选择需要宰杀鸡只，当用直接同胞法进行选择时，在育种方案的具体实施过程中，必须同时保持两群鸡，一群用于选择，而另一群用于屠宰，这无疑需要大量的投资和相对长的时间。

相对来说，肉仔鸡更易沉积过多的体脂，这是早期注重选择生长速度的结果。肉仔鸡生产者希望得到的结果（在自由采食状态下，在最短时间内达到上市体重）和实际得到的结果（肉仔鸡体内过多的脂肪沉积）之间的矛盾特别突出。从育种角度彻底解决肉仔鸡脂肪过度沉积的问题被最早列入育种计划中，寻求活体度量腹脂或体脂的方法也是以肉仔鸡的上述问题为背景而展开的。

肉仔鸡过肥的问题在 20 世纪 70 年代就引起了各国学者的广泛关注，但当时在实践中几乎没有人通过选择来解决这个问题。其主要原因是：第一，不清楚体脂含量（尤其是腹部脂肪重量）究竟在多大程度上受遗传因素控制；第二，腹脂重（率）的直接选择需要屠宰仔鸡和利用同胞选择技术，同胞选择要求有系谱资料，而这种资料在商用鸡群中经常无法得到；第三，没有找到活体度量体脂或腹脂重的准确而简单的间接指标。

关于活体度量体脂或腹脂重的方法，国外学者率先进行了许多尝试。Pym 和 Thompson（1980）设计了一种特制的卡尺来测量腹部厚度（简称腹厚）以估计腹脂量。他们认为这种度量方法是精确的、客观的。但是，Whitehead 和 Griffin（1982）的研究表明，日粮的性质会影响这种预测方法的准确性。Sonaiya（1985）经进一步的研究得出结论：若有其他的准确预测体脂含量的性状，则不宜用腹厚，除非受到条件限制。腹厚只能大致区别个体间体脂含量的多少，但不能对其进行准确的反映。

更多的学者则关注血液生化指标和鸡体肥度的关系。Bartov 等（1974）认为用血浆总甘油三酯（TG）浓度预测胴体肥度是不合适的。Mirosh 等（1980）发现血浆总脂肪浓度和腹脂重之间没有相关性。但是，Bacon 等（1989）认为血浆 TG 浓度的高低标志着机体脂肪合成能力的强弱，而血浆游离脂肪酸含量的多少标志着机体脂肪分解能力的强弱，所以，应该将它们作为腹脂量的活体度量指标，他们的研究还表明，火鸡血浆总 TG 浓度与腹脂量之间有极显著的相关性（$P<0.01$），这表明血浆总 TG 浓度与机体肥度的关系在禽的不同类别之间有差别。脂蛋白脂肪酶（lipoprotein lipase，LPL）是催化血浆脂蛋白中 TG 水解成脂肪酸和甘油的最重要的酶之一。但是，Guo 等（1988）的研究表明，血浆 LPL 的活性不能预测体脂含量。Whitehead 等（1984）的研究证明，血浆中脂肪合成酶的活性很低，其与肥度之间无相关性。

Griffin 和 Whitehead（1982）在寻找间接度量鸡体肥度的血液生化指标上所做的研究最为引人注目，其最终的研究结果经实践证明是可靠的。Whitehead 和 Griffin（1982）发现血浆极低密度脂蛋白（VLDL）和低密度脂蛋白（LDL）中的 TG 浓度与体脂含量之间存在着中等程度的表型相关，认为应该选择 VLDL 和 LDL 中的 TG 而不是血浆总 TG 浓度作为肉仔鸡肥度的度量指标。但是，用化学方法测定 VLDL 和 LDL 中 TG 浓度的过程相当烦琐，故其仍不是估计鸡体肥度的最好方法，这是因为对于实际的育种工作来讲，方法的简单、实用性是至关重要的。

经进一步的研究，Griffin 和 Whitehead（1982）找到了一个准确预测腹脂和体脂量的生化指标——血浆 VLDL 浓度，并且描述了简单、快速测定血浆 VLDL 浓度的方法，即 VLDL 浓度的肝素-镁简易比浊法。实际上，这种方法直接源于人类医学。VLDL 可与多价阴离子的高分子化合物（肝素、硫酸右旋糖酐、硫酸支链淀粉、硫酸化果胶酸等）

在一定条件下（如酸碱度、离子强度等）生成复合物，当加入重金属离子（镁、锰、钙等）时，即可产生混浊，其浊度与 VLDL 中的脂质含量成正比。

Griffin 和 Whitehead（1982）以肉仔鸡为材料的研究结果表明：血浆 VLDL 浓度与 VLDL 和 LDL 中的 TG 浓度之间存在着强正线性相关关系，其相关系数为 0.98；血浆 VLDL 浓度和体脂量的相关系数在雄、雌性仔鸡中分别是 0.70 和 0.65。至此，Griffin 和 Whitehead 迅速、准确、简单预测肉仔鸡体脂量的活体度量方法已基本成熟。之后，他们利用这种方法对肉鸡血浆 VLDL 浓度进行了早期（7 周龄）测定和选择，成功地培育出了瘦鸡品系。

通过直接选择来降低鸡体脂量，首先要研究所选性状（腹脂重或腹脂率）究竟在多大程度上受遗传因素的影响，其次要考虑由于选择所引起的其他性状的相关反应，为此要研究肥度性状和重要经济性状的相关问题。若试图通过间接选择来降低鸡的肥度，还必须研究辅助性状（如血浆 VLDL 浓度）与目标性状（体脂或腹脂量）的遗传相关。

国内外学者对鸡血浆 VLDL 浓度和腹脂重（率）的遗传力，以及它们与有关性状的表型相关和遗传相关程度进行了大量研究。由于研究对象不同，参数的估计方法不同，性状的测定时间及表示方法不同，以及鸡群来源、鸡的营养条件、鸡所处环境条件的差异，各种参数的计算结果呈现一个相当大的变化范围。但是，从其中仍能总结出一些相同的研究结果：①腹脂重和腹脂率的遗传力较高，为 0.3~0.8；②腹脂重（率）与生长性状（体重及增重）之间存在着高的正遗传相关；③腹脂重（率）与蛋重的遗传相关程度很低；④血浆 VLDL 浓度的遗传力较高，为 0.25~0.60；⑤血浆 VLDL 浓度与体重、胴体重之间存在着较高的正遗传相关；⑥血浆 VLDL 浓度与腹脂重（率）、体脂含量之间存在着很高的遗传相关。

通过对腹脂重（率）的直接选择或对血浆 VLDL 浓度的间接选择均明显地降低了肉仔鸡的腹脂重和体脂量。因此，可以认为通过遗传选择手段改善肉仔鸡的体组成、提高饲料效率是完全可能和有效的。

本课题组针对控制鸡体内脂肪沉积的方法也进行了一系列的研究并取得了较好的结果。李辉（1998）以白羽肉仔鸡为研究材料，在 49 日龄进行屠宰测定，采血后用比浊法测定血浆 VLDL 浓度。研究了血浆 VLDL 浓度与鸡屠体肥度性状的相关性及进食前后血浆 VLDL 浓度的变化规律，比较了对肥度性状进行间接选择的各种选择方法的准确性并提出了低脂肉鸡的选育方法。研究发现：①49 日龄公、母肉仔鸡血浆 VLDL 浓度的变异系数分别为 58.11%、41.82%，公仔鸡血浆 VLDL 浓度与腹脂重、腹脂率的表型相关系数分为 0.6534（$P=0.0082$）、0.6437（$P=0.0096$），母仔鸡血浆 VLDL 浓度与腹脂重、腹脂率的表型相关系数分别为 0.6223（$P=0.0132$）、0.5635（$P=0.0287$），对血浆 VLDL 浓度的低向选择将降低腹脂重、腹脂率、肝脂含量和肝脂重，但对胸肌脂肪含量没有影响；②血浆 VLDL 浓度随禁食时间的延长而下降，在采食状态下，血浆 VLDL 浓度与腹脂重、腹脂率呈显著的正表型相关（$P<0.05$）；而在禁食状态下相关程度减弱或不复存在；③根据血浆 VLDL 浓度和体重两方面信息对鸡体肥度进行选择的准确率最高，其次是仅根据血浆 VLDL 浓度的选择，而仅根据体重进行选择的效果最差；④公、

母仔鸡血浆 VLDL 浓度与腹脂重呈正表型相关，而腹脂重又与体重呈正表型相关，相关系数在公、母仔鸡分别为 0.5960（$P<0.05$）、0.5676（$P<0.05$），以血浆 VLDL 浓度为选择指标对腹脂重进行间接选择将导致体重的下降，因此，在低脂品系的选育过程中，为保证体重的遗传进展，必须同时对体重进行选择。

龚道清（1999）以父母代白羽肉种鸡为研究材料，用比浊法测定了公、母鸡血浆 VLDL 浓度，研究了血浆 VLDL 浓度的遗传力及其与肉仔鸡和肉种鸡屠体肥度性状的关系。分别以 16 周龄、6 周龄血浆 VLDL 浓度为选择指标建立零世代、一世代高脂系和低脂系，研究了肉仔鸡体重、血浆 VLDL 浓度及肉种鸡生产性能的选择效应。结果发现：①血浆 VLDL 浓度具有中等遗传力（0.182~0.406），对血浆 VLDL 浓度选择宜采用家系和个体选择相结合的方法；②血浆 VLDL 浓度变异大，零世代、一世代生长期血浆 VLDL 浓度变异系数分别为 43.6%~74.6% 和 38.7%~79.9%，产蛋期（54 周龄）公、母鸡分别为 53.2% 和 67.6%，经过两个世代的选择，高、低脂系血浆 VLDL 浓度变异系数分别为 37%~52% 和 31%~46%，表明对血浆 VLDL 浓度的选择降低了其变异程度，但血浆 VLDL 浓度的变异程度仍很高，进一步选择是可行的；③7 周龄肉仔鸡血浆 VLDL 浓度和腹脂重（率）呈显著的正表型相关（$P<0.05$），其遗传相关为中等到较高水平（0.14~0.66）；④16 周龄母鸡血浆 VLDL 浓度与 54 周龄腹脂重（率）相关性不显著（$P>0.05$），16 周龄血浆 VLDL 浓度与 54 周龄体重呈显著正相关（$P<0.05$），而 54 周龄血浆 VLDL 浓度与体重、腹脂重（率）相关性均不显著（$P>0.05$），表明性成熟母鸡腹脂性状与血浆 VLDL 浓度的关系不同于肉仔鸡腹脂性状与血浆 VLDL 浓度的关系；⑤经过一个世代的选择后，高、低脂系血浆 VLDL 浓度无差异，经过两个世代的选择后，从绝对值上看，高脂系公、母鸡血浆 VLDL 浓度分别高于低脂系公、母鸡，表明选择产生了效果，但选择反应很小。

以上这些研究结果为后续建立东北农业大学肉鸡高、低腹脂双向选择品系打下了良好的实验基础，也为高、低脂系的选育提供了依据。

20 世纪 90 年代以来，生物化学和分子生物学理论和相关技术迅猛发展，极大地丰富和发展了遗传学，许多过去不能解释或仅限于表观描述的遗传变异现象正在从分子水平找到答案。与之相适应，鸡脂类代谢的研究也正在向分子研究水平过渡，通过对功能基因及与功能基因相连锁的分子遗传标记的研究，进而将这些基因或标记应用于育种实践，将是未来选择和培育低脂肉鸡的有效办法。

三、东北农业大学肉鸡高、低腹脂双向选择品系

本课题组根据腹脂率（AFP）并结合血浆 VLDL 浓度对肉种鸡进行双向选择，构建了东北农业大学肉鸡高、低腹脂双向选择品系。高、低脂系的 G_0 代来源于同一个 Arbor Acres（AA）肉鸡群体，根据 7 周龄血浆 VLDL 浓度将其分成高、低脂两个品系。从 G_1 到 G_{19} 世代，每个世代高、低脂系各孵化两个批次。所有公鸡在 46 天和 48 天分别采血，测量血浆 VLDL 浓度，最终将两天血浆 VLDL 浓度取平均值用于后续分析。第一批公鸡于 49 日龄（7 周龄）屠宰，测定腹脂重（AFW），进而计算腹脂率（AFP）。第二批公鸡根据第一批全同胞个体的屠宰记录进行留种。根据屠宰记录计算 AFP 的群

体均值，将全同胞家系（且此全同胞所在的半同胞家系）AFP 均值大于（高脂系）和小于（低脂系）群体均值的第二批家系留作种用，并进一步考虑第二批个体的体重、血浆 VLDL 浓度及母鸡产蛋量来确定最终的留种个体。每个世代肉仔鸡均测定初生重、1 周龄体重、3 周龄体重、5 周龄体重、7 周龄体重，第一批公鸡 7 周龄屠宰前测定龙骨长、骨盆宽、跗骨长、跗骨围、胸角、体斜长、胸宽、胸深等体尺性状，屠宰后测定屠体重、腹脂重、心脏重、肝脏重、肌胃重、腺胃重、脾脏重、睾丸重等体组成性状；种鸡测定精液品质、种蛋受精率、受精蛋孵化率、产蛋量、成活率等性状。

截至 2015 年，高、低脂系已经进行了 19 个世代的选育。从变化趋势来看，低脂系腹脂率持续降低，高脂系腹脂率持续升高；除了 1 周龄体重（BW1）变化不大外，高、低脂系其他周龄体重性状（3 周龄、5 周龄、7 周龄体重和屠体重）随着世代进展均有缓慢降低的趋势，但两系间体重无显著差异（$P>0.05$）。高、低脂系 AFP 从 G_4 世代开始出现显著差异（$P<0.05$），至 G_{19} 世代高脂系 AFP 是低脂系的 6.8 倍（图 1-1），另外，高、低脂系 AFP 的变异系数分别为 14.09% 和 27.21%，变异系数较大，该结果说明腹脂性状在高、低脂系中还存在较大的遗传变异，仍然具有选择潜力。本课题组用双向选择的高、低脂系公鸡同爱维茵父母代母本进行杂交，杂交后代测定结果显示，低脂系同爱维茵的杂交后代较爱维茵商品代的腹脂重和腹脂率分别低 16% 和 19%，而体重没有显著变化（孟和等，2001），证明双向选择确实改变了鸡脂肪性状的遗传基础，低脂品系能够被用于现代肉鸡杂交体系，进而生产低脂优质肉鸡。

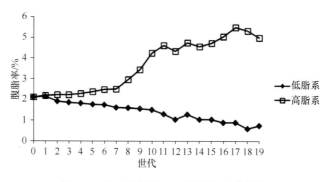

图 1-1　高、低脂系 AFP 随世代变化趋势

东北农业大学高、低脂系的建立，为开展鸡脂肪组织生长发育的分子遗传学基础研究工作奠定了基础。利用这两个群体，本课题组开展了鸡脂肪组织的发育生物学研究（详见第二章），鸡脂肪性状的全基因组关联研究、选择信号及拷贝数变异分析（详见第四章），基因间互作效应分析（详见第五章），鸡脂肪生长发育相关重要基因和蛋白质的筛选（详见第六章），重要候选基因与鸡体脂性状的相关研究（详见第七章），鸡脂肪型脂肪酸结合蛋白（A-FABP）的功能研究（详见第九章），其他脂肪酸结合蛋白家族基因的功能研究（详见第十章），鸡脂肪组织生长发育的表观遗传学研究（详见第十五章）等，均取得了重要的研究成果。

四、高、低脂系肉鸡肌肉、肝脏脂肪含量的比较

现代商品肉鸡针对生长速度进行了高强度的选择，肉鸡的生长速度得到了大幅度的提高。然而，长期选择生长速度的同时也带来了一些负面影响，如腹部脂肪含量（AFC）的增加等（Julian，2005；Emmerson，1997；Scheele，1997），腹部脂肪过度沉积对饲料效率和胴体品质都有负面影响（Ramiah et al.，2014；Demeure et al.，2013）。因此，低脂肉鸡的选择备受关注（Zuidhof et al.，2014；Decuypere et al.，2010）。肌内脂肪含量（IMFC）与 AFC 不同，它与肉质呈正相关，IMFC 是衡量肉质的重要指标，它与肉的嫩度、风味和多汁等性状相关（Gerbens et al.，2001），增加 IMFC 可以改善肌肉嫩度和风味（Bonny et al.，2015；Costa et al.，2012；Eikelenboom et al.，1996），因此，IMFC 是一个用来衡量肉品质的重要指标。目前，研究者关注肉鸡腹脂沉积问题的同时也希望提高肌内脂肪含量，从而改善肌肉品质。有研究表明，在腹脂双向选择品系中，腿肌和胸肌的 IMFC 在两系之间并没有显著差异（Sibut et al.，2008；Ricard et al.，1983），导致该结果的原因可能是腹部脂肪沉积与肌内脂肪的调控机制不同（Li et al.，2013）。本课题组冷丽以高、低脂系为实验材料，分析了高、低脂系间 IMFC 的差异，并且探讨了 AFC 与 IMFC 之间的关系（Leng et al.，2016）。

（一）高、低脂系间 AFC 差异分析

本研究所用个体来自高、低脂系 G_8、G_{13}、G_{14}、G_{15} 和 G_{17} 等 5 个世代，每个世代所用个体数见表 1-1。对高、低脂系间 AFW 和 AFP 进行分析，结果发现：每个世代的高脂系 AFW 和 AFP 都显著高于低脂系（图 1-2A，图 1-2B）；5 个世代合并分析结果同样表明高脂系 AFW 和 AFP 显著高于低脂系（图 1-2C，图 1-2D）。

表 1-1 每个世代所用个体数（Leng et al.，2016）

世代	低脂系	高脂系	总数
G_8	216	164	380
G_{13}	173	180	353
G_{14}	320	291	611
G_{15}	152	153	305
G_{17}	329	233	562
合计	1190	1021	2211

（二）高、低脂系间 IMFC 的差异分析

对高、低脂系间胸肌的肌内脂肪含量（PIMFC）和腿肌的肌内脂肪含量（LIMFC）进行比较研究，结果发现：在所研究的 5 个世代内，高、低脂系间 PIMFC 和 LIMFC 都存在显著差异（图 1-3A，图 1-3B）；将 5 个世代的数据合并，同样发现高、低脂系间 PIMFC 和 LIMFC 存在显著差异（图 1-3C），低脂系 PIMFC 和 LIMFC 显著高于高脂系（图 1-3A，图 1-3B，图 1-3C）。

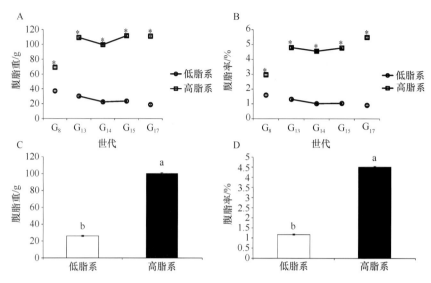

图 1-2　高、低脂系间 AFW 和 AFP 差异分析（Leng et al.，2016）

*表示差异显著（$P<0.05$）；a、b 字母不同表示差异显著（$P<0.05$）

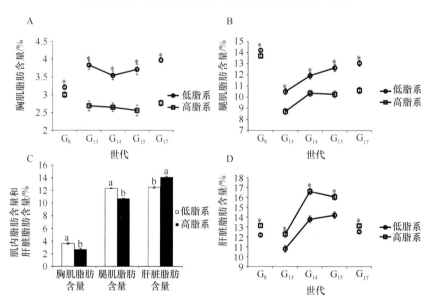

图 1-3　高、低脂系间胸肌脂肪含量、腿肌脂肪含量和肝脏脂肪含量的差异分析（Leng et al.，2016）

*表示差异显著（$P<0.05$）；a、b 字母不同表示差异显著（$P<0.05$）

（三）高、低脂系间肝脏脂肪含量（LFC）的差异分析

对高、低脂系间 LFC 进行比较研究，结果发现：在所研究的 5 个世代内，高、低脂系间 LFC 存在显著差异（图 1-3D）；将 5 个世代的数据合并，同样发现高、低脂系间 LFC 存在显著差异（图 1-3C），高脂系 LFC 显著高于低脂系（图 1-3C）。

（四）IMFC、LFC 与 AFC 间表型相关和遗传相关分析

将 5 个世代的数据合并，对 IMFC、LFC 和 AFC 间的遗传相关和表型相关进行估计，

遗传相关结果显示：PIMFC 与 AFW 和 AFP 间有极显著的负遗传相关，相关系数 r_g 分别为–0.33 和–0.26；LIMFC 与 AFW 和 AFP 间也呈负遗传相关，相关系数较低，分别为–0.16 和–0.15（表1-2）；LFC 与 AFW 和 AFP 间的遗传相关系数很小，分别为–0.01 和–0.06。表型相关结果显示：PIMFC、LIMFC、LFC 与 AFW、AFP 间的表型相关系数都非常小（$0.03 \leqslant |r_p| \leqslant 0.09$）（表1-2）。

表1-2　5 个世代合并后胸肌脂肪含量、腿肌脂肪含量、肝脏脂肪含量与腹脂重、腹脂率的相关分析
（Leng et al.，2016）

性状	遗传相关		表型相关	
	腹脂重	腹脂率	腹脂重	腹脂率
胸肌脂肪含量	–0.33±0.07[**]	–0.26±0.07[**]	–0.07±0.08	–0.03±0.08
腿肌脂肪含量	–0.16±0.08[*]	–0.15±0.08	–0.04±0.08	–0.03±0.08
肝脏脂肪含量	–0.01±0.09	–0.06±0.08	0.09±0.08	0.07±0.08

*表示显著相关（$P<0.05$），**表示极显著相关（$P<0.01$）

正如上面所说，肌内脂肪含量是重要的肉质性状，它与鸡肉的感官、嫩度、风味、多汁等性状有密切的联系（Ye et al.，2014；Suzuki et al.，2005；Gerbens et al.，2001；Farmer，1999；Fernandez et al.，1999；Eikelenboom et al.，1996）。虽然我们在高、低脂系肉鸡仅针对腹部脂肪含量进行选择，但结果发现不仅 AFW 和 AFP 在高、低脂系间存在显著差异，肌内脂肪含量及肝脏脂肪含量在高、低脂系间也存在显著差异，更重要的是，与高脂系相比，低脂系腹脂含量减少的同时其肌内脂肪含量却显著增加，肌内脂肪含量与腹脂含量呈显著或极显著的负遗传相关。因此，针对腹脂量的低向选择提高了鸡只的肌内脂肪含量，改善了肉质。另外，脂肪肝综合征会影响鸡只的产蛋量，严重的会导致鸡只死亡（Yeh et al.，2009；Yousefi et al.，2005；Thomson et al.，2003；Wolford and Polin，1972），我们发现高脂系的肝脏脂肪含量显著高于低脂系，这说明高脂系鸡只患脂肪肝综合征的风险要比低脂系鸡只大。

五、高、低脂系肉鸡血脂生化指标的比较分析

禽类脂肪代谢具有其自身的特点，脂肪合成及转运途径等都与哺乳动物存在一定差异，脂肪沉积和分解的调控机制也和哺乳动物不尽相同。禽类体内的脂肪代谢是十分复杂的生理过程，脂肪沉积是众多生理过程共同作用的结果。本课题组对参与脂肪代谢的主要脂类及其转运物质——游离脂肪酸（FFA）、甘油三酯（TG）、总胆固醇（CHO）、高密度脂蛋白胆固醇（HDL-C）、低密度脂蛋白胆固醇（LDL-C）和白蛋白（ALB），起到乳化脂肪作用的物质——总胆汁酸（TBA），脂肪酸合成的关键酶——脂肪酸合成酶（FASN），3 种重要的肝酶——谷丙转氨酶（ALT）、谷草转氨酶（AST）和 γ-谷氨酰转肽酶（GGT），其他两大营养物质的代谢产物——总蛋白（TP）、尿酸（UA）和葡萄糖（GLU），以及肌肉的代谢产物——肌酐（CREA）在血液中的含量进行检测，并比较这些指标在高、低脂系间的差异，以帮助了解高、低脂系肉鸡在脂肪代谢上存在的差异，进而分析评价是否可以将其中的一些血液生化指标应用于低脂肉鸡的选育（董佳强，2015；Dong et al.，2015）。

（一）肉鸡高、低脂系间腹部脂肪性状的比较

本研究以高、低脂系 G_{16}、G_{17} 和 G_{18} 共计 558 只个体为实验材料（每个世代每个品系针对腹脂率选择极端个体）。将 G_{16}、G_{17} 和 G_{18} 3 个世代个体的测定数据合并分析，两系（高、低脂系各 279 只）腹部脂肪性状（AFW 和 AFP）的比较结果见表 1-3，3 个世代高脂系肉鸡的 AFW 和 AFP 均极显著高于低脂系肉鸡（$P<0.0001$）。

表 1-3　肉鸡高、低脂系间腹部脂肪性状的比较（Dong et al.，2015）

性状	低脂系（个体数=279）	高脂系（个体数=279）	P 值
腹脂重/g	12.83±0.72	117.95±0.72	<0.0001**
腹脂率/%	0.58±0.03	5.89±0.03	<0.0001**

注：表型值为最小二乘均数±标准误；**表示性状在高、低脂系之间差异极显著（$P<0.01$）

（二）肉鸡高、低脂系间血清基本临床生化指标的比较和分析

将 3 个世代（高、低脂系各 279 只）肉鸡空腹时的血清基本临床生化指标数据合并，对高、低脂之间的血清基本临床生化指标进行比较，结果见表 1-4。

表 1-4　肉鸡高、低脂系间空腹时血清基本临床生化指标的比较（Dong et al.，2015）

指标	低脂系（个体数=279）	高脂系（个体数=279）	P 值
甘油三酯（TG）/（mmol/L）	0.45±0.01	0.45±0.01	0.6324
总胆固醇（CHO）/（mmol/L）	3.51±0.03	3.52±0.03	0.9006
高密度脂蛋白胆固醇（HDL-C）/（mmol/L）	2.17±0.02	2.43±0.02	<0.0001**
低密度脂蛋白胆固醇（LDL-C）/（mmol/L）	0.94±0.02	0.79±0.02	<0.0001**
高密度脂蛋白胆固醇/低密度脂蛋白胆固醇（HDL-C/LDL-C）/%	2.64±0.08	3.66±0.08	<0.0001**
总胆汁酸（TBA）/（μmol/L）	1.96±0.26	4.18±0.25	<0.0001**
总蛋白（TP）/（g/L）	30.68±0.38	36.21±0.37	<0.0001**
白蛋白（ALB）/（g/L）	12.30±0.18	13.00±0.17	0.0053**
球蛋白（GLB）/（g/L）	18.47±0.32	23.19±0.31	<0.0001**
白蛋白/球蛋白（ALB/GLB）/%	0.69±0.01	0.59±0.01	<0.0001**
葡萄糖（GLU）/（mmol/L）	11.78±0.11	10.71±0.11	<0.0001**
谷草转氨酶（AST）/（U/L）	238.80±3.27	206.79±3.27	<0.0001**
谷丙转氨酶（ALT）/（U/L）	5.49±0.14	4.73±0.15	0.0004**
谷草转氨酶/谷丙转氨酶（AST/ALT）/%	52.51±1.34	57.90±1.35	0.0062**
γ-谷氨酰转肽酶（GGT）/（U/L）	12.43±0.32	17.67±0.31	<0.0001**
尿酸（UA）/（μmol/L）	192.08±6.20	249.78±6.19	<0.0001**
肌酐（CREA）/（μmol/L）	4.28±0.12	5.39±0.12	<0.0001**
游离脂肪酸（FFA）/（mmol/L）	0.85±0.02	0.71±0.02	<0.0001**

注：表型值为最小二乘均数±标准误；**表示指标在高、低脂系之间差异极显著（$P<0.01$）

本研究测定得到的血清基本临床生化指标的含量绝对值与已有研究结果相近（Cao and Wang，2014；Crump et al.，2014；Amiridumari et al.，2013；Chikumba et al.，2013；Wang et al.，2013；Renli et al.，2012；Yeung et al.，2009；Bowes et al.，1989）。

在鸡中，血浆 VLDL 浓度已经被证明与腹部脂肪含量相关，肉鸡育种者利用血浆 VLDL 浓度作为选择指标对腹部脂肪沉积性状进行选择，已经取得了显著进展（Whitehead and Griffin，1984）。本课题组也成功地利用血浆 VLDL 浓度和 AFP 作为选择指标对肉鸡进行选育，降低了肉鸡的腹部脂肪含量（Guo et al.，2011）。在本研究中，我们对 18 项血清基本临床生化指标在肉鸡高、低脂系间进行比较分析。由表 1-4 可以看出：在 18 项基本临床生化指标中，有 16 项血清基本临床生化指标在高、低脂系肉鸡之间存在显著差异，其中，高脂系肉鸡血清中的 HDL-C、HDL-C/LDL-C、TBA、TP、ALB、GLB、AST/ALT、GGT、UA 和 CREA 水平均极显著高于低脂系肉鸡（$P<0.01$）；高脂系肉鸡血清中的 LDL-C、ALB/GLB、GLU、AST、ALT 和 FFA 水平均极显著低于低脂系肉鸡（$P<0.01$）；剩余的两个血清生化指标（TG 和 CHO）的水平在高、低脂系肉鸡之间差异不显著（$P>0.05$）。

家禽体内脂肪组织的发育、脂肪沉积及蛋黄的形成与血浆中 TG 的水平密切相关（尹靖东等，2000）。Griffin 等（1992）报道，达到上市体重肉仔鸡的脂肪组织中，80%~85% 的脂肪酸来自于血液中的 TG，脂肪沉积的速度受血液中 TG 浓度的影响。然而本研究的结果显示，血清中的 TG 和 CHO 浓度在高、低脂系肉鸡之间差异不显著（$P>0.05$，表 1-4）。该结果与鸡的已有研究结果相似：Leclercq（1984）发现高、低脂系肉鸡之间的血浆 CHO 水平相似，不存在显著差异；Leclercq 和 Whitehead（1988）、Lilburn 和 Myers-Miller（1988）报道，高、低脂系肉鸡在禁食状态下，血浆中的 TG 浓度差异不显著；这种现象在鸭的研究中也得到了相似的结论，Farhat 和 Chavez（2001）报道，在禁食状态下，高、低脂系北京鸭血清中的 TG 和 TC 浓度差异不显著。禽类血液中的 TG 主要通过 VLDL 进行转运，VLDL 中的 TG 含量约占血液中总 TG 含量的 59.3%（Griffin et al.，1992）。血液中的 CHO 主要通过 HDL 进行转运，HDL 中的 CHO 含量约占 75%。高、低脂系肉鸡之间血浆 VLDL（数据未给出）和血清 HDL 浓度存在显著差异，高脂系肉鸡血浆中 VLDL 浓度显著高于低脂系肉鸡，而血清 HDL 浓度显著低于低脂系肉鸡，这说明高、低脂系肉鸡在 TG 和 CHO 的转运能力上存在显著差异。

HDL 具有促进外周 CHO 向肝脏转运的能力，而 LDL 起到相反的作用（Miller G J and Miller N E，1975）。在鸡的早期研究发现，与低脂系肉鸡相比，高脂系肉鸡有较高的血浆 HDL 水平和更低的血浆 LDL 水平（Leclercq，1984；Hermier et al.，1991）。本研究中的结果与已有的报道相符。在本研究中，与低脂系肉鸡相比，高脂系肉鸡具有更高的血清 HDL-C、更低的血清 LDL-C 和更高的血清 HDL-C/LDL-C 水平（表 1-4，$P<0.0001$）。这些结果提示：高脂系肉鸡从肝外组织向肝脏转运 CHO 的能力可能强于低脂系肉鸡，部分 CHO 可能重新参与脂蛋白的组装，帮助 TG 向脂肪组织转运（Hermier，1997）；另外一部分 CHO 可能用于合成胆汁酸，胆汁酸能够乳化小肠中的日粮脂肪（Yuan and Wang，2010）。本课题组已有的研究结果显示，高脂系肉鸡的血浆 VLDL 浓度和肝脏内脂肪含量均显著高于低脂系肉鸡，这说明高脂系肉鸡具有相对更强的合成和转运 TG

的能力。这部分结果验证了上面的推测，即高脂系肉鸡比低脂系肉鸡具有更强的向肝内转运 CHO 的能力。

家禽日粮脂肪的乳化离不开胆汁酸（Yuan and Wang，2010；Krogdahl，1985），大部分胆汁酸通过回肠末端的活性胆汁盐重吸收机制被重吸收回肝脏，少部分胆汁酸则进入循环系统（Bernstein et al.，2005）。已有的研究表明，血清胆汁酸水平在进食后升高，提示血清胆汁酸水平的高低可能是一个与食物摄入相关的激素调控信号（Watanabe et al.，2006）。目前，在鸡、人和其他动物中关于血清 TBA 水平在肥胖组和正常体重组之间的差异比较研究还处于空白阶段。在本研究中，我们发现高脂系肉鸡的血清 TBA 水平极显著高于低脂系肉鸡（表 1-4，$P<0.0001$），提示高脂系肉鸡乳化日粮中脂肪的能力可能优于低脂系肉鸡。

在本研究中，我们还发现，与低脂系肉鸡相比，高脂系肉鸡的血清 TP 和 GLB 水平较高（表 1-4，$P<0.0001$）。这一结果与人、鼠和猪的已有研究结果一致：人肥胖与高水平的血清 TP 和 GLB 显著相关（Carroll et al.，2000）；与之相似，遗传型肥胖 Zucker 大鼠的血清 TP 和 GLB 水平显著高于非肥胖型大鼠（Schirardin et al.，1979）；此外，与瘦猪相比，胖猪具有更高的血清 TP 水平（He et al.，2012），并且血清 TP 水平被证明是对猪进行早期肥度估计的最好标记（Muñoz et al.，2012）。在本研究中，我们还发现高脂系肉鸡的血清 ALB 水平极显著高于低脂系肉鸡（表 1-4，$P<0.01$）。这一结果与已有的报道一致，人的肥胖个体在减肥手术后血清 ALB 水平通常会降低（Bloomberg et al.，2005）。

GLU 是糖类在血液中的主要存在形式，它能被氧化以提供能量，也能进入脂肪酸合成的通路（脂肪生成）（Uyeda and Repa，2006）。已有学者针对肉鸡的血清 GLU 水平开展了研究工作，其研究结果显示，高脂系肉鸡在几个世代都保持低于低脂系肉鸡的血清 GLU 水平（Baéza and Le Bihan-Duval，2013；Leclercq et al.，1988；Simon and Leclercq，1982）。在鸭的研究中也有同样的现象，Farhat 和 Chavez（2001）报道，在禁食状态下，高脂系北京鸭血清中的 GLU 水平显著低于低脂系鸭。对猪的研究也有类似的报道，胖猪的血清 GLU 水平显著低于瘦猪血清中的含量（He et al.，2012）。本研究发现，高脂系肉鸡的血清 GLU 水平极显著低于低脂系肉鸡（表 1-4，$P<0.0001$），这一结果与上述鸡、鸭、猪的报道一致。高脂系肉鸡血清中的 GLU 浓度显著降低，提示与低脂系肉鸡相比，高脂系肉鸡可能具有更高的 GLU 利用率（He et al.，2012）。

血清 AST（Kelishadi et al.，2009）、ALT（Tazawa et al.，1997）和 GGT（Kong et al.，2013）是 3 种主要肝酶，这 3 个肝酶血清水平的改变已经被报道与人类肥胖有关。在本研究中，我们发现高脂系肉鸡血清中的 AST 浓度极显著低于低脂系肉鸡（表 1-4，$P<0.0001$）。这一结果与人的研究发现相似，日本女孩的血清 AST 浓度与身体质量指数（body mass index，BMI）呈负相关（Okuda et al.，2010），而 BMI 与体脂肪百分比和总身体脂肪含量密切相关（Shah and Braverman，2012）。我们发现 ALT 在高脂系肉鸡血清中的浓度极显著低于低脂系肉鸡（表 1-4，$P<0.001$）。这一结果与人的研究结果不同，人的研究显示升高的血清 ALT 浓度与高 BMI 相关（Okuda et al.，2010）。在本研究中，我们还发现血清 GGT 浓度在高脂系肉鸡中极显著高于低脂系肉鸡（表 1-4，

$P<0.0001$）。这一结果与人的报道结果一致，有研究显示，与正常控制组相比，肥胖个体通常具有升高的血清 GGT 浓度（Kong et al.，2013；Okuda et al.，2010；Abdou et al.，2009）。

UA 是禽类氮代谢的主要终端产物，它的含量被认为能够反映禽类蛋白质代谢的方向（Okumura and Tasaki，1969）。以往的研究表明，人类血清 UA 水平与肥胖有关（Kong et al.，2013；Krzystek-Korpacka et al.，2011），血清 UA 水平与 BMI 呈正相关，并且肥胖个体具有显著高于偏瘦个体的血清 UA 含量（Krzystek-Korpacka et al.，2011），血清 UA 浓度可能作为青春期早期的肥胖相关指标（Oyama et al.，2006）。在本研究中，我们发现高脂系肉鸡的血清 UA 水平极显著高于低脂系肉鸡（表 1-4，$P<0.0001$），其结果与对人的报道结果一致。

CREA 是肌酸在肌肉中代谢产生的主要产物，它通常由机体以相当恒定的速率产生（Wyss and Kaddurah-Daouk，2000）。人的已有研究表明，血清 CREA 水平与 BMI 相关（Bayoud et al.，2014；Gerber et al.，2005）。人类血清 CREA 水平随着 BMI 的升高而显著升高（Gerber et al.，2005；Siener et al.，2004），并且血清 CREA 水平的升高在肥胖个体中比在正常体重个体中更普遍（Mahdi et al.，2015）。在本研究中，我们发现血清 CREA 水平在高脂系肉鸡中极显著高于低脂系肉鸡（表 1-4，$P<0.0001$），这一结果与人的研究发现相似。

血液中的 FFA 是 TG 的分解产物，当家禽体内能量不足时，机体便会动员脂肪细胞内储存的 TG，利用激素敏感性脂肪酶等将其水解，生成 FFA 和甘油，并将它们释放到血液循环中，为机体代谢提供能量（Price，2010）。在本研究中，我们发现高脂系肉鸡的血清 FFA 水平极显著低于低脂系肉鸡血清中的含量（表 1-4，$P<0.0001$）。这一发现提示，当机体缺乏能量时，低脂系肉鸡对脂肪组织的动员能力可能高于高脂系肉鸡。但这一发现与已有的鸡的研究结果不同，Leclercq 等（1988）发现高、低脂系肉鸡之间的血浆 FFA 水平没有显著差异（Leclercq and Whitehead，1988），不同的研究结果可能与两个研究群体的遗传背景不同有关。

（三）肉鸡血清基本临床生化指标的遗传参数估计

将 3 个世代（共计 558 只）肉鸡血清基本临床生化指标数据合并，对这些空腹血清基本临床生化指标进行遗传参数估计，包括血清基本临床生化指标的遗传力（h^2）、这些血清基本临床生化指标与腹部脂肪性状（AFW 和 AFP）的遗传相关系数（r_g）和表型相关系数（r_p）估计值，结果见表 1-5。

由表 1-5 可以看出，血清 HDL-C/LDL-C（$h^2=0.86$）和 ALB/GLB（$h^2=0.89$）的遗传力较高；其次是血清 TBA、LDL-C 和 ALB（$0.58\leqslant h^2\leqslant0.64$）；血清 AST/ALT、TP、TG、GLB、HDL-C、GGT 和 CREA 具有中等遗传力（$0.29\leqslant h^2\leqslant0.48$）；剩余 6 个血清生化指标的遗传力较低（$0.05\leqslant h^2\leqslant0.18$）。

血清中 HDL-C/LDL-C、HDL-C、GLU 浓度与腹部脂肪性状呈较高的正遗传相关（$0.30\leqslant r_g\leqslant0.80$）；而血清中 TG、GLB、AST、UA 浓度与腹部脂肪性状呈较高的负遗传相关（$-0.84\leqslant r_g\leqslant-0.30$）。

表1-5 血清基本临床生化指标的遗传力、血清基本临床生化指标与腹部脂肪性状的遗传相关和表型相关估计（Dong et al., 2015）

指标	遗传力	遗传相关		表型相关	
		腹脂重	腹脂率	腹脂重	腹脂率
甘油三酯（TG）	0.31±0.07	−0.84±0.04	−0.76±0.06	0.01±0.15	0.00±0.15
总胆固醇（CHO）	0.17±0.05	0.03±0.17	0.04±0.17	0.02±0.17	0.17±0.17
高密度脂蛋白胆固醇（HDL-C）	0.48±0.09	0.61±0.08	0.57±0.09	0.20±0.13	0.28±0.12
低密度脂蛋白胆固醇（LDL-C）	0.61±0.10	−0.10±0.12	−0.01±0.13	−0.12±0.12	−0.03±0.13
高密度脂蛋白胆固醇/低密度脂蛋白胆固醇（HDL-C/ LDL-C）	0.86±0.12	0.32±0.10	0.30±0.11	0.22±0.11	0.20±0.11
总胆汁酸（TBA）	0.58±0.10	0.03±0.13	0.17±0.12	0.05±0.13	0.06±0.13
总蛋白（TP）	0.30±0.07	−0.31±0.14	−0.25±0.14	−0.25±0.14	0.01±0.15
白蛋白（ALB）	0.64±0.10	0.26±0.12	0.21±0.12	−0.02±0.12	0.12±0.12
球蛋白（GLB）	0.45±0.09	−0.44±0.11	−0.30±0.12	−0.29±0.12	−0.04±0.14
白蛋白/球蛋白（ALB/GLB）	0.89±0.12	0.29±0.10	0.25±0.11	0.19±0.11	0.11±0.11
葡萄糖（GLU）	0.05±0.03	0.80±0.08	0.69±0.12	0.14±0.23	0.14±0.23
谷草转氨酶（AST）	0.05±0.05	−0.60±0.18	−0.62±0.16	0.03±0.18	−0.05±0.18
谷丙转氨酶（ALT）	0.15±0.03	0.05±0.15	0.29±0.15	0.02±0.23	−0.03±0.24
谷草转氨酶/谷丙转氨酶（AST/ALT）	0.29±0.07	0.34±0.13	0.15±0.15	0.00±0.15	0.01±0.15
γ-谷氨酰转肽酶（GGT）	0.48±0.09	0.24±0.13	0.05±0.13	−0.04±0.13	−0.03±0.13
尿酸（UA）	0.12±0.04	−0.48±0.14	−0.50±0.14	−0.03±0.19	−0.02±0.19
肌酐（CREA）	0.48±0.09	0.06±0.13	0.27±0.12	−0.04±0.13	0.02±0.13
游离脂肪酸（FFA）	0.18±0.07	0.02±0.19	−0.11±0.19	0.03±0.19	−0.04±0.19

注：数据为估计值±标准误

TG、CHO、TBA、ALB、AST、ALT、AST/ALT、GGT、UA、CREA 和 FFA 等血清生化指标与 AFW 的表型相关很低（$|r_p|{\leqslant}0.1$）；HDL-C、LDL-C、ALB/GLB 和 GLU 等血清生化指标与 AFW 呈较低的表型相关（$0.1{<}|r_p|{\leqslant}0.2$）；HDL-C/LDL-C、TP 和 GLB 等血清生化指标与 AFW 呈中等程度的表型相关（$0.2{<}|r_p|{<}0.3$）；TG、LDL-C、TBA、TP、GLB、AST、ALT、AST/ALT、GGT、UA、CREA 和 FFA 等血清生化指标与 AFP 的表型相关很低（$|r_p|{\leqslant}0.1$）；CHO、HDL-C/LDL-C、ALB、ALB/GLB 和 GLU 等血清生化指标与 AFP 呈较低的表型相关（$0.1{<}|r_p|{\leqslant}0.2$）；HDL-C 与 AFP 呈中等程度的表型相关（$0.2{<}|r_p|{<}0.3$）。

本研究对血清 CHO、TP、ALB、GLU、UA 和 FFA 水平的遗传力估计值与在鸡中的已有报道结果相近（Demeure et al., 2013；Loyau et al., 2013；Amira et al., 2009；Hollands et al., 1980）；血清 GLB 水平的遗传力（$h^2{=}0.45$）小于之前鸡的报道（$h^2{=}0.71$）（Amira et al., 2009）；而估计的血清 TG 的遗传力（$h^2{=}0.31$）水平高于已有的报道（$h^2{=}0.02$）（Loyau et al., 2013）。而对于本研究中检测的其余指标的遗传力估计在鸡中还没有相关的报道，但是其中的一些指标在人的研究中有相关的报道。将本研究结果与人的研究结果进行比较，发现血清 HDL-C、LDL-C、ALT、GGT 和 CREA 的遗传力估计值与之前的报道结果接近（Lin et al.，2014；van Beek et al.，2013；Pattaro et al.，2009；Pietilainen et al.，2009），但血清 AST 的遗传力估计值（h^2=0.05）低于人的报道结果（h^2=0.22）（van Beek et al.，2013）。在鸡和人中没有发现剩余的 4 个生化指标（HDL-C/LDL-C、TBA、ALB/GLB 和 AST/ALT）遗传力估计值的相关报道。

关于血液生化指标与身体脂肪含量的遗传相关的报道很少。本研究结果显示血清 GLU 与腹部脂肪性状（AFW 和 AFP）的遗传相关系数分别为 0.80 和 0.69，而之前在鸡中的研究显示，GLU 与 AFW 和 AFP 的遗传相关系数均为–0.66（Demeure et al.，2013）。本研究估计的血清 UA 与腹部脂肪性状（AFW 和 AFP）的遗传相关系数分别为–0.48 和–0.50，而在人中的研究显示，血清 UA 与总体脂肪含量的遗传相关系数均为 0.29（Voruganti et al.，2009）。这些不同可能源于不同的物种、品种、遗传背景及环境差异等影响因素。

本研究的主要目的是筛选出能够用于低脂肉鸡选择的血液生化遗传标记，我们主要从 4 个方面来判定这一血液生化指标是否能够作为选择标记：第一，血清生化指标的水平必须在高、低脂系肉鸡之间存在显著差异；第二，血清生化指标必须与腹部脂肪性状（AFW 和 AFP）具有相对较高的遗传相关系数；第三，为了选择低脂肉鸡，如果血清生化指标与腹部脂肪性状的遗传相关系数是正的，那么它在低脂系肉鸡血清中的水平应该低于高脂系肉鸡，相反，如果这一血清生化指标与腹部脂肪性状的遗传相关系数是负的，那么它在低脂系肉鸡血清中的水平应该高于高脂系肉鸡；第四，血清生化指标应该具有较高的遗传力估计值。

在本研究中，我们发现有 16 项空腹血清基本临床生化指标在高、低脂系肉鸡之间存在显著差异（包括 HDL-C、LDL-C、HDL-C/LDL-C、TBA、TP、ALB、GLB、ALB/GLB、GLU、AST、ALT、AST/ALT、GGT、UA、CREA 和 FFA），符合上述第一条原则；在这 16 项血清生化指标中，6 项指标（包括 HDL-C、HDL-C/LDL-C、GLB、GLU、AST 和 UA）与腹部脂肪性状具有相对较高的遗传相关（r_g<–0.30 或 r_g>0.30），符合上述第二条原则；在这 6 项血清生化指标中，3 项指标（包括 HDL-C、HDL-C/LDL-C 和 AST）符合上述的第三条原则；在这 3 项血清生化指标中，HDL-C（h^2=0.48）和 HDL-C/LDL-C（h^2=0.86）有相对较高的遗传力估计值（表 1-4，表 1-5）。总结来看，只有血清 HDL-C 和 HDL-C/LDL-C 同时符合上述 4 条原则。

综上所述，我们相信在本研究检测的这些血清基本临床生化指标中，HDL-C 和 HDL-C/LDL-C 是可用于低脂肉鸡选择的最有潜力的血液生化遗传标记。

第二节　东北农业大学 F₂ 资源群体

一、概述

鸡不仅是全世界广泛饲养并具有重要经济价值的禽类，而且是生命科学研究极有价值的模式动物，在世界上被广泛重视。由于其世代间隔短，可形成较大的全同胞家系，从 20 世纪 90 年代初，国内外许多单位采用不同的实验设计建立了许多鸡资源家系来定位影响鸡重要经济性状的 QTL。

资源家系是指有一定系谱结构、有足够的 DNA 供应、有性状记录、可用于进行基因定位的杂交群体。资源家系可以由两代、三代家系或更多代成员组成。在选择家系的双亲时，应该选择目标性状差异较大的品种，以便杂交后其后代的目标性状能够得到很好的分离，如红色原鸡与来航鸡杂交、外来鸡种与地方鸡种杂交等。

国际上有 3 个著名的鸡资源群体，包括英国动物研究所采用回交设计的 East Lansing 资源群体（Crittenden et al.，1993）、美国密歇根大学采用回交设计建立的 Compton 资源群体（Bumstead and Palyga，1992）及荷兰瓦格宁根大学采用 F$_2$ 设计建立的 Wageningen 资源群体（Groenen et al.，1998）。其他一些国家也利用本国特色的鸡品种作为亲本建立了自己的资源家系。除上述 3 个著名的鸡资源群体外，国际上较有影响的还有英国罗斯林研究所、瑞典乌普萨拉大学生物医学中心、美国普渡大学、日本农业生物技术国家研究所、法国农业科学研究院、巴西 ESALQ-USP 等机构建立的资源家系（高宇，2006）。

为了追踪国外科研前沿和定位影响鸡重要经济性状 QTL 的需要，几乎与此同时，国内各单位也陆续建立了各有特色的鸡资源家系。例如，中国农业大学采用 F$_2$ 设计，以丝羽乌骨鸡为亲本分别与中国农业大学褐壳蛋鸡及法国明星肉鸡进行正反交建立了 F$_2$ 资源群体（邓学梅等，2001）；华南农业大学采用远交 F$_2$ 设计，以杏花鸡为亲本分别与隐性白洛克鸡、泰和丝羽乌骨鸡进行正反交建立了 F$_2$ 资源群体（罗成龙等，2006）；河南农业大学以固始鸡与安卡鸡为亲本，采用正反交方法建立了 F$_2$ 资源家系（康相涛，2009）。中国农业科学院北京畜牧兽医研究所以北京油鸡公鸡和科宝快大型白羽肉鸡母鸡为亲本杂交建立了 F$_2$ 资源群体（孙艳发，2013）。

二、东北农业大学 F$_2$ 资源群体的基本信息

2004 年，本课题组以东北农业大学培育的高脂系肉鸡公鸡为父本与白耳黄鸡为母本进行杂交，建立了 F$_2$ 资源家系（图 1-4）。F$_2$ 代出雏后按常规商品鸡饲养程序统一进行饲养管理。称取 F$_2$ 代群体出生重、各周龄体重，测量 4 周龄、6 周龄、8 周龄、10 周龄、12 周龄距骨长和距骨围。在 12 周龄时翅静脉采血，称量活重之后共 1011 个 F$_2$ 个体被屠宰。屠宰后称量屠体重、大胸肌重、小胸肌重、腿肌重、脾脏重、肌胃重、腺胃重、心脏重、肝脏重、腹脂重、趾爪重、胫骨重和股骨重，除以活重计算出相应的比率；并测量胸宽、龙骨长、胫骨长、股骨长等体尺指标。该群体采用远交 F$_2$ 设计，亲本遗传距离较大，F$_2$ 代性状的分离良好，因此该群体是用于重要经济性状 QTL 检测和功能性基因多态性分析的理想群体。

对性状进行准确度量及描述性统计分析是进行遗传分析的前提条件。东北农业大学 F$_2$ 资源群体测定的性状丰富、度量准确，为利用该群体开展有关科学研究奠定了坚实的基础。

（一）体重性状的描述性分析

对群体鸡只体重性状进行统计分析，结果见表 1-6。体重性状均值和标准差随着周龄的增加而增大，变异系数为 12.85%~19.45%。

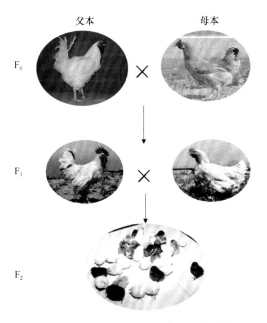

图 1-4 东北农业大学肉鸡 F_2 资源群体建立图示

表 1-6 F_2 代群体体重分析

性状	均值/g	标准差/g	变异系数/%	性状	均值/g	标准差/g	变异系数/%
1 周龄体重（BW1）	75.95	9.76	12.85	8 周龄体重（BW8）	1258.06	214.28	17.03
2 周龄体重（BW2）	163.60	21.52	13.16	9 周龄体重（BW9）	1493.01	263.75	17.67
3 周龄体重（BW3）	291.77	45.70	15.66	10 周龄体重（BW10）	1687.81	303.64	17.99
4 周龄体重（BW4）	450.53	72.69	16.13	11 周龄体重（BW11）	1883.21	350.85	18.63
5 周龄体重（BW5）	627.35	94.54	15.07	12 周龄体重（BW12）	2069.67	394.34	19.05
6 周龄体重（BW6）	824.85	129.07	15.65	屠体重	1832.86	356.53	19.45
7 周龄体重（BW7）	1046.27	176.56	16.87				

（二）跖骨长和跖骨围性状的描述性分析

对群体鸡只跖骨长和跖骨围性状进行统计分析，结果见表 1-7。跖骨长和跖骨围均值均随着周龄的增加而增大。变异系数变化不大，跖骨长为 6.78%~9.74%；跖骨围为 8.34%~9.86%。

表 1-7 F_2 代群体跖骨长和跖骨围分析

性状	均值/cm	标准差/cm	变异系数/%	性状	均值/cm	标准差/cm	变异系数/%
4 周龄跖骨长（ML4）	5.75	0.39	6.78	4 周龄跖骨围（MC4）	2.29	0.24	8.38
6 周龄跖骨长（ML6）	7.10	0.49	6.94	6 周龄跖骨围（MC6）	3.65	0.34	9.21
8 周龄跖骨长（ML8）	8.35	0.61	7.35	8 周龄跖骨围（MC8）	3.97	0.33	8.34
10 周龄跖骨长（ML10）	9.34	0.74	7.88	10 周龄跖骨围（MC10）	4.18	0.39	9.27
12 周龄跖骨长（ML12）	9.83	0.86	9.74	12 周龄跖骨围（MC12）	4.38	0.43	9.86

（三）体组成性状的描述性分析

对群体鸡只体组成性状进行统计分析，结果见表 1-8。腹脂重的变异系数最大（36.67%），龙骨长的变异系数最小（6.80%）。

表 1-8 F₂ 代群体体组成性状分析

性状	均值	标准差	变异系数	性状	均值	标准差	变异系数
龙骨长/cm	13.61	0.92	6.80%	腺胃率/%	3.02	0.07	23.84%
胸宽/cm	7.75	0.72	9.30%	股骨长/cm	9.12	0.67	7.33%
腹脂重/g	79.65	29.20	36.67%	胫骨长/cm	12.62	0.99	7.83%
腹脂率/%	3.90	1.39	35.70%	股骨重/g	13.68	3.61	26.42%
肝脏重/g	38.23	7.71	20.18%	胫骨重/g	19.24	5.62	29.23%
肝脏率/%	1.86	2.40	12.91%	大胸肌重/g	181.13	43.34	23.93%
心脏重/g	10.34	3.02	29.20%	大胸肌率/%	8.72	1.00	11.48%
心脏比率/%	0.50	0.10	20.57%	小胸肌重/g	57.05	12.74	22.33%
脾脏重/g	3.53	1.24	35.04%	小胸肌率/%	2.76	0.33	11.82%
脾脏比率/%	0.17	0.05	31.07%	腿肌重/g	340.74	79.91	23.45%
肌胃重/g	23.27	4.68	20.13%	腿肌率/%	16.36	1.26	7.72%
肌胃比率/%	1.14	0.21	18.78%	趾爪重/g	74.44	21.25	28.55%
腺胃重/g	6.18	1.72	27.83%	趾爪率/%	3.55	0.50	14.21%

从上述对本课题组建立的肉鸡 F₂ 资源群体生长和体组成性状的描述性统计分析结果得知，绝大多数性状变异大，而且我们关注的腹脂性状、体重性状和肌肉性状都有较大的变异。该资源群体的建立，为开展影响鸡重要经济性状的 QTL 定位和功能基因分析鉴定奠定了良好基础。围绕这个群体，本课题组开展了鸡生长与腹脂性状的 QTL 定位（详见第三章）、候选基因多态性检测及基因变异与性状相关分析工作，并取得了重要的研究成果（详见第七章）。

参 考 文 献

邓学梅, 李俊英, 李宁, 等. 2001. 基于 F₂ 群体的鸡重要生长性状遗传分析. 遗传学报, 28(9): 801-807.

董佳强. 2015. 肉鸡高、低脂系血液生化指标的比较研究. 哈尔滨: 东北农业大学硕士学位论文.

高宇. 2006. 鸡重要表型性状定位与候选基因的分析研究. 北京: 中国农业大学博士学位论文.

龚道清. 1999. 肉鸡血浆 VLDL 浓度的选择效应及肥度性状分子遗传标记的研究. 哈尔滨: 东北农业大学博士学位论文.

康相涛. 2009. 固始鸡与安卡鸡资源群体构建及能量与脂肪代谢相关基因遗传变异研究. 兰州: 甘肃农业大学博士学位论文.

李辉. 1995. 鸡体脂肪及其控制的研究进展. 新疆农业科学, (5): 228-232.

李辉. 1998. 肉鸡肥度性状的遗传标记及其应用研究. 哈尔滨: 东北农业大学博士后研究工作报告.

李辉, 杨山. 1996. 控制鸡体内脂肪沉积的研究进展. 中国畜牧兽医学会第十届全国会员代表大会暨学术年会论文集(畜牧卷). 北京: 中国农业大学出版社: 168-173.

罗成龙, 张德祥, 徐海平, 等. 2006. 用于鸡生长和肉质性状定位资源群体的构建. 畜牧兽医学报,

37(11): 1099-1106.

孟和, 李志辉, 于赫, 等. 2001. 白羽肉鸡双向选择系杂交效果研究. 中国家禽, 23(14): 11-13.

孙艳发. 2013. 基于全基因组关联研究技术筛选鸡产肉和肉品质性状相关候选基因. 扬州: 扬州大学博士学位论文.

尹靖东, 齐广海, 霍启光. 2000. 家禽脂类代谢调控机理的研究进展. 动物营养学报, 12(2): 1-7.

Abdou A S, Magour G M, Mahmoud M M. 2009. Evaluation of some markers of subclinical atherosclerosis in Egyptian young adult males with abdominal obesity. Br J Biomed Sci, 66(3): 143-147.

Amira E E, El-Tahawy W S, Amin E M. 2009. Inheritance of some blood plasma constituents and its relationship with body weight in chickens. Egypt Poult Sci, 29(1): 465-480.

Amiridumari H, Sarir H, Afzali N, et al. 2013. Effects of milk thistle seed against aflatoxin B1 in broiler model. J Res Med Sci, 18(9): 786-790.

Bacon W L, Cantor A H, Coleman M A. 1981. Effect of dietary energy, environmental temperature, and sex of market broilers on lipoprotein composition. Poult Sci, 60: 1282-1286.

Bacon W L, Nestor K E, Naber E C. 1989. Prediction of carcass composition of turkeys by blood lipids. Poult Sci, 68(9): 1282-1288.

Baéza E, Le Bihan-Duval E. 2013. Chicken lines divergent for low or high abdominal fat deposition: a relevant model to study the regulation of energy metabolism. Animal, 7(6): 965-973.

Bartov I, Bornstein S, Lipstein B. 1974. Effect of calorie to protein ratio on the degree of fatness in broilers fed on practical diets. Br Poult Sci, 15(1): 107-117.

Bayoud Y, Kamdoum Nanfack M L, Marchand C, et al. 2014. The impact of obesity on renal function at one year after kidney transplantation: single-center experience. Prog Urol, 24(16): 1063-1068.

Becker W A, Spencer J V, Mirosh L W, et al. 1981. Abdominal and carcass fat in five broiler strains. Poult Sci, 60(4): 693-697.

Bernstein H, Bernstein C, Payne C M, et al. 2005. Bile acids as carcinogens in human gastrointestinal cancers. Mutat Res, 589(1): 47-65.

Bloomberg R D, Fleishman A, Nalle J E, et al. 2005. Nutritional deficiencies following bariatric surgery: what have we learned? Obes Surg, 15(2): 145-154.

Bonny S P, Gardner G E, Pethick D W, et al. 2015. Biochemical measurements of beef are a good predictor of untrained consumer sensory scores across muscles. Animal, 9(1): 179-190.

Bowes V A, Julian R J, Stirtzinger T. 1989. Comparison of serum biochemical profiles of male broilers with female broilers and White Leghorn chickens. Can J Vet Res, 53(1): 7-11.

Bumstead N, Palyga J. 1992. A preliminary linkage map of the chicken genome. Genomics, 13(3): 690-697.

Cao J, Wang W. 2014. Effects of astaxanthin and esterified glucomannan on hematological and serum parameters, and liver pathological changes in broilers fed aflatoxin-B1-contaminated feed. Anim Sci J, 85(2): 150-157.

Carroll S, Cooke C B, Butterly R J. 2000. Plasma viscosity and its biochemical predictors: associations with lifestyle factors in healthy middle-aged men. Blood Coagul Fibrinolysis, 11(7): 609-616.

Cherry J A, Siegel P B, Beane W L. 1978. Genetic-nutritional relationships in growth and carcass characteristics of broiler chickens. Poult Sci, 57(6): 1482-1487.

Chikumba N, Swatson H, Chimonyo M. 2013. Haematological and serum biochemical responses of chickens to hydric stress. Animal, 7(9): 1517-1522.

Costa P, Lemos J P, Lopes P A, et al. 2012. Effect of low- and high-forage diets on meat quality and fatty acid composition of Alentejana and Barrosã beef breeds. Animal, 6(7): 1187-1197.

Crittenden L B, Provencher L, Santangelo L, et al. 1993. Characterization of a red Jung le Fowl by White Leghorn backcross reference population for molecular mapping of the chicken genome. Poult Sci, 72: 334-348.

Crump D, Porter E, Egloff C, et al. 2014. 1,2-Dibromo-4-(1,2-dibromoethyl)-cyclohexane and tris(methylphenyl) phosphate cause significant effects on development, mRNA expression, and circulating bile acid concentrations in chicken embryos. Toxicol Appl Pharmacol, 277(3): 279-287.

Deaton J W, Lott B D. 1985. Age and dietary energy effect on broiler abdominal fat deposition. Poult Sci, 64(11): 2161-2164.

Decuypere E, Bruggeman V, Everaert N, et al. 2010. The broiler breeder paradox: ethical, genetic and physiological perspectives, and suggestions for solutions. Br Poult Sci, 51(5): 569-579.

Demeure O, Duclos M J, Bacciu N, et al. 2013. Genome-wide interval mapping using SNPs identifies new QTL for growth, body composition and several physiological variables in an F_2 intercross between fat and lean chicken lines. Genet Sel Evol, 45: 36.

Dong J Q, Zhang H, Jiang X F, et al. 2015. Comparison of serum biochemical parameters between two broiler chicken lines divergently selected for abdominal fat content. J Anim Sci, 93(7): 3278-3286.

Edwards H M Jr, Denman F. 1975. Carcass composition studies. 2. Influences of breed, sex and diet on gross composition of the carcass and fatty acid composition of the adipose tissue. Poult Sci, 54(4): 1230-1238.

Edwards H M Jr, Denman F, Abou-Ashour A, et al. 1973. Carcass composition studies. 1. Influences of age, sex and type of dietary fat supplementation on total carcass and fatty acid composition. Poult Sci, 52: 934-948.

Eikelenboom G, Hoving-Bolink A H, Wal van der P G. 1996. The eating quality of pork. 2. The influence of intramuscular fat. Fleischwirtschaft, 76: 517-560.

Emmerson D A. 1997. Commercial approaches to genetic selection for growth and feed conversion in domestic poultry. Poult Sci, 76(8): 1121-1125.

Farhat A, Chavez E R. 2001. Metabolic studies on lean and fat Pekin ducks selected for breast muscle thickness measured by ultrasound scanning. Poult Sci, 80(5): 585-591.

Farmer L. 1999. Poultry meat flavor. *In*: Farmer L(ed.). Poultry Meat Science. New York: CAB International: 10-153.

Fernandez X, Monin G, Talmant A, et al. 1999. Influence of intramuscular fat content on the quality of pig meat - 1. Composition of the lipid fraction and sensory characteristics of *m. longissimus lumborum*. Meat Sci, 53(1): 59-65.

Fontana E A, Weaver W D Jr, Denbow D M, et al. 1993. Early feed restriction of broilers: effects on abdominal fat pad, liver, and gizzard weights, fat deposition, and carcass composition. Poult Sci, 72(2): 243-250.

Gerbens F, Verburg F J, Van Moerkerk H T, et al. 2001. Associations of heart and adipocyte fatty acid-binding protein gene expression with intramuscular fat content in pigs. J Anim Sci, 79(2): 347-354.

Gerber M, Boettner A, Seidel B, et al. 2005. Serum resistin levels of obese and lean children and adolescents: biochemical analysis and clinical relevance. J Clin Endocrinol Metab, 90(8): 4503-4509.

Griffin H D, Guo K, Windsor D, et al. 1992. Adipose tissue lipogenesis and fat deposition in leaner broiler chickens. J Nutr, 122(2): 363-368.

Griffin H D, Whitehead C C. 1982. Plasma lipoprotein concentration as an indicator of fatness in broilers: development and use of a simple assay for plasma very low density lipoproteins. Br Poult Sci, 23(4): 307-313.

Groenen M A, Crooijmans R P, Veenendaal A, et al. 1998. A comprehensive microsatellite linkage map of the chicken genome. Genomics, 49(2): 265-274.

Grunder A A, Chambers J R, Fortin A. 1987. Plasma very low density lipoproteins, abdominal fat lipase, and fatness during rearing in two strains of broiler chickens. Poult Sci, 66(3): 471-479.

Guo K, Griffin H D, Butterwith S C. 1988. Biochemical indicators of fatness in meat-type chickens: lack of correlation between lipoprotein lipase activity in post-heparin plasma and body fat. Br Poult Sci, 29(2): 343-350.

Guo L, Sun B, Shang Z, et al. 2011. Comparison of adipose tissue cellularity in chicken lines divergently selected for fatness. Poult Sci, 90(9): 2024-2034.

He Q, Ren P, Kong X, et al. 2012. Comparison of serum metabolite compositions between obese and lean growing pigs using an NMR-based metabonomic approach. J Nutr Biochem, 23(2): 133-139.

Hermier D. 1997. Lipoprotein metabolism and fattening in poultry. J Nutr, 127(5 Suppl): 805S-808S.

Hermier D, Salichon M R, Whitehead C C. 1991. Relationships between plasma lipoproteins and glucose in fasted chickens selected for leanness or fatness by three criteria. Reprod Nutr Dev, 31(4): 419-429.

Hollands K G, Grunder A A, Williams C J. 1980. Response to five generations of selection for blood cholesterol levels in White Leghorns. Poult Sci, 59(6): 1316-1323.

Hood R L. 1982. The cellular basis for growth of the abdominal fat pad in broiler-type chickens. Poult Sci, 61(1): 117-121.

Jensen L S, Brenes A, Takahashi K. 1987. Effect of early nutrition on abdominal fat in broilers. Poult Sci, 66(9): 1517-1523.

Julian R J. 2005. Production and growth related disorders and other metabolic diseases of poultry—a review. Vet J, 169(3): 350-369.

Kelishadi R, Cook S R, Adibi A, et al. 2009. Association of the components of the metabolic syndrome with non-alcoholic fatty liver disease among normal-weight, overweight and obese children and adolescents. Diabetol Metab Syndr, 1: 29.

Kong A P, Choi K C, Ho C S, et al. 2013. Associations of uric acid and gamma-glutamyltransferase (GGT) with obesity and components of metabolic syndrome in children and adolescents. Pediatr Obes, 8(5): 351-357.

Koreleski J, Rys R. 1979. The effect of reduced dietary protein and amino acid levels on the performance of broiler chicks. Feedstuffs, 51(38): 39.

Krogdahl A. 1985. Digestion and absorption of lipids in poultry. J Nutr, 115(5): 675-685.

Krzystek-Korpacka M, Patryn E, Kustrzeba-Wojcicka I, et al. 2011. Gender-specific association of serum uric acid with metabolic syndrome and its components in juvenile obesity. Clin Chem Lab Med, 49(1):129-136.

Leclercq B. 1984. Adipose tissue metabolism and its control in birds. Poult Sci, 63(10): 2044-2054.

Leclercq B, Simon J, Karmann H. 1988. Glucagon-insulin balance in genetically lean or fat chickens. Diabete Metab, 14(5): 641-645.

Leclercq B, Whitehead C C. 1988. Leanness in Domestic Birds: Genetic, Metabolic, and Hormonal Aspects. London: Butterworths: 405.

Leenstra F R. 1986. Effect of age, sex, genotype and environment on fat deposition in broiler chickens—A review. Worlds Poult Sci J, 42: 12-25.

Leenstra F R. 1988. Fat deposition in a broiler sire strain. 5. Comparisons of economic efficiency of direct and indirect selection against fatness. Poult Sci, 67(1): 16-24.

Leng L, Zhang H, Dong J Q, et al. 2016. Selection against abdominal fat percentage may increase intramuscular fat content in broilers. J Anim Breed Genet, 133(5): 422-428.

Li D L, Chen J L, Wen J, et al. 2013. Growth, carcase and meat traits and gene expression in chickens divergently selected for intramuscular fat content. Br Poult Sci, 54(2): 183-189.

Lilburn M S, Myers-Miller D J. 1988. Development of lean and fat lines of chickens by sire family selection procedures. Leanness in Domestic Birds: Genetic, Metabolic and Hormonal Aspects: 87-93.

Lin C C, Peyser P A, Kardia S L, et al. 2014. Heritability of cardiovascular risk factors in a Chinese population—Taichung Community Health Study and Family Cohort. Atherosclerosis, 235(2):488-495.

Lin C Y, Friars G W, Moran E T. 1980. Genetic and environmental aspects of obesity in broilers. Worlds Poult Sci J, 36: 103-111.

Loyau T, Berri C, Bedrani L, et al. 2013. Thermal manipulation of the embryo modifies the physiology and body composition of broiler chickens reared in floor pens without affecting breast meat processing quality. J Anim Sci, 91(8): 3674-3685.

Mabray C J, Waldroup P W. 1981. The influence of dietary energy and amino acid levels on abdominal fat pad development of the broiler chicken. Poult Sci, 60: 151-159.

Mahdi H, Jernigan A M, Aljebori Q, et al. 2015. The impact of obesity on the 30-day morbidity and mortality after surgery for endometrial cancer. J Minim Invasive Gynecol, 22(1): 94-102.

Marks H L, Pesti G M. 1984. The roles of protein level and diet form in water consumption and abdominal fat pad deposition of broilers. Poult Sci, 63(8): 1617-1625.

Miller G J, Miller N E. 1975. Plasma-high-density-lipoprotein concentration and development of ischaemic heart-disease. Lancet, 1(7897): 16-19.

Mirosh L W, Becker W A, Spencer J V, et al. 1980. Prediction of abdominal fat in live broiler chickens. Poult Sci, 59(5): 945-950.

Muñoz R, Tor M, Estany J. 2012. Relationship between blood lipid indicators and fat content and composition in Duroc pigs. Livest Sci, 148(1): 95-102.

Okuda M, Kunitsugu I, Yoshitake N, et al. 2010. Variance in the transaminase levels over the body mass index spectrum in 10- and 13-year-olds. Pediatr Int, 52(5): 813-819.

Okumura J I, Tasaki I. 1969. Effect of fasting, refeeding and dietary protein level on uric acid and ammonia content of blood, liver and kidney in chickens. J Nutr, 97(3): 316-320.

Oyama C, Takahashi T, Oyamada M, et al. 2006. Serum uric acid as an obesity-related indicator in early adolescence. Tohoku J Exp Med, 209(3): 257-262.

Pattaro C, Aulchenko Y S, Isaacs A, et al. 2009. Genome-wide linkage analysis of serum creatinine in three isolated European populations. Kidney Int, 76(3): 297-306.

Pietiläinen K H, Söderlund S, Rissanen A, et al. 2009. HDL subspecies in young adult twins: heritability and impact of overweight. Obesity (Silver Spring), 17(6): 1208-1214.

Price E R. 2010. Dietary lipid composition and avian migratory flight performance: Development of a theoretical framework for avian fat storage. Comp Biochem Physiol A Mol Integr Physiol, 157(4): 297-309.

Pym R A E, Thompson J M. 1980. A simple caliper technique for the estimation of abdominal fat in live broilers. Br Poult Sci, 21(4): 281-286.

Ramiah S K, Meng G Y, Sheau Wei T, et al. 2014. Dietary Conjugated Linoleic Acid Supplementation Leads to Downregulation of *PPAR* Transcription in Broiler Chickens and Reduction of Adipocyte Cellularity. PPAR Res, (3): e137652.

Renli Q, Chao S, Jun Y, et al. 2012. Changes in fat metabolism of black-bone chickens during early stages of infection with Newcastle disease virus. Animal, 6(8): 1246-1252.

Ricard F H, Leclercq B, Touraille C. 1983. Selecting broilers for low or high abdominal fat: distribution of carcass fat and quality of meat. Br Poult Sci, 24: 511-516.

Scheele C W. 1997. Pathological changes in metabolism of poultry related to increasing production levels. Vet Q, 19(3): 127-130.

Schirardin H, Bach A, Schaeffer A, et al. 1979. Biological parameters of the blood in the genetically obese Zucker rat. Arch Int Physiol Biochim, 87(2): 275-289.

Shah N R, Braverman E R. 2012. Measuring adiposity in patients: the utility of body mass index (BMI), percent body fat, and leptin. PLoS One, 7(4): e33308.

Sibut V, Le Bihan-Duval E, Tesseraud S, et al. 2008. Adenosine monophosphate-activated protein kinase involved in variations of muscle glycogen and breast meat quality between lean and fat chickens. J Anim Sci, 86(11): 2888-2896.

Siener R, Glatz S, Nicolay C, et al. 2004. The role of overweight and obesity in calcium oxalate stone formation. Obes Res, 12(1): 106-113.

Simon J, Leclercq B. 1982. Longitudinal study of adiposity in chickens selected for high or low abdominal fat content: further evidence of a glucose-insulin imbalance in the fat line. J Nutr, 112(10): 1961-1973.

Sonaiya E B. 1985. Abdominal fat weight and thickness as predictors of total body fat in broilers. Br Poult Sci, 26(4): 453-458.

Sonaiya E B. 1989. Effects of environmental temperature, dietary energy, sex and age in nitrogen and energy retention on the edible carcass of broilers. Br Poult Sci, 30: 735-745.

Suzuki K, Irie M, Kadowaki H, et al. 2005. Genetic parameter estimates of meat quality traits in Duroc pigs selected for average daily gain, longissimus muscle area, backfat thickness, and intramuscular fat content. J Anim Sci, 83(9): 2058-2065.

Tazawa Y, Noguchi H, Nishinomiya F, et al. 1997. Serum alanine aminotransferase activity in obese children. Acta Paediatr, 86(3): 238-241.

Thomson A E, Gentry P A, Squires E J. 2003. Comparison of the coagulation profile of fatty liver haemorrhagic syndrome-susceptible laying hens and normal laying hens. Br Poult Sci, 44(4): 626-633.

Twining Jr P V, Thomas O P, Bossard E H. 1978. Effect of diet and type of birds on the carcass composition of broilers at 28, 49 and 59 days of age. Poult Sci, 57: 492-497.

Uyeda K, Repa J J. 2006. Carbohydrate response element binding protein, ChREBP, a transcription factor coupling hepatic glucose utilization and lipid synthesis. Cell Metab, 4(2): 107-110.

van Beek J H, de Moor M H, de Geus E J, et al. 2013. The genetic architecture of liver enzyme levels: GGT, ALT and AST. Behav Genet, 43(4): 329-339.

Voruganti V S, Nath S D, Cole S A, et al. 2009. Genetics of variation in serum uric acid and cardiovascular risk factors in Mexican Americans. J Clin Endocrinol Metab, 94(2): 632-638.

Wang S, Ni Y, Guo F, et al. 2013. Effect of corticosterone on growth and welfare of broiler chickens showing long or short tonic immobility. Comp Biochem Physiol A Mol Integr Physiol, 164(3): 537-543.

Watanabe M, Houten S M, Mataki C, et al. 2006. Bile acids induce energy expenditure by promoting intracellular thyroid hormone activation. Nature, 439(7075): 484-489.

Whitehead C C, Griffin H D. 1982. Plasma lipoprotein concentration as an indicator of fatness in broilers: effect of age and diet. Br Poult Sci, 23(4): 299-305.

Whitehead C C, Griffin H D. 1984. Development of divergent lines of lean and fat broilers using plasma very low density lipoprotein concentration as selection criterion: the first three generations. Br Poult Sci, 25(4): 573-582.

Whitehead C C, Hood R L, Heard G S, et al. 1984. Comparison of plasma very low density lipoproteins and lipogenic enzymes as predictors of fat content and food conversion efficiency in selected lines of broiler chickens. Br Poult Sci, 25(2): 277-286.

Wolford J H, Polin D. 1972. Lipid accumulation and hemorrhage in livers of laying chickens. A study on fatty liver-hemorrhagic syndrome (FLHS). Poult Sci, 51(5): 1707-1713.

Wyss M, Kaddurah-Daouk R. 2000. Creatine and creatinine metabolism. Physiol Rev, 80(3): 1107-1213.

Ye Y, Lin S, Mu H, et al. 2014. Analysis of differentially expressed genes and signaling pathways related to intramuscular fat deposition in skeletal muscle of sex-linked dwarf chickens. Biomed Res Int, 2014: 1-7.

Yeh E, Wood R D, Leeson S, et al. 2009. Effect of dietary omega-3 and omega-6 fatty acids on clotting activities of Factor V, VII and X in fatty liver haemorrhagic syndrome-susceptible laying hens. Br Poult Sci, 50(3): 382-392.

Yeung L W, Loi E I, Wong V Y, et al. 2009. Biochemical responses and accumulation properties of long-chain perfluorinated compounds (PFOS/PFDA/PFOA) in juvenile chickens (Gallus gallus). Arch Environ Contam Toxicol, 57(2): 377-386.

Yousefi M, Shivazad M, Sohrabi-Haghdoost I. 2005. Effect of dietary factors on induction of fatty liver-hemorrhagic syndrome and its diagnosis methods with use of serum and liver parameters in laying hens. Int J Poult Sci, 4(8): 568-572.

Yuan J M, Wang Z H. 2010. Effect of taurine on intestinal morphology and utilisation of soy oil in chickens. Br Poult Sci, 51(4):540-545.

Zerehdaran S, Vereijken A L, van Arendonk J A, et al. 2004. Estimation of genetic parameters for fat deposition and carcass traits in broilers. Poult Sci, 83(4): 521-525.

Zuidhof M J, Schneider B L, Carney V L, et al. 2014. Growth, efficiency, and yield of commercial broilers from 1957, 1978, and 2005. Poult Sci, 93(12): 2970-2982.

第二章 鸡脂肪组织的发育生物学研究

第一节 脂肪组织的起源和形成

一、脂肪组织的起源

脂肪组织是机体内最重要的能量储存器官，主要由脂肪细胞组成，具有产热、维持体温、维持内分泌平衡和支持填充等多种功能，脂肪组织的功能异常被证实与2型糖尿病、高血压、动脉粥样硬化和肿瘤等多种疾病相关（苏雪莹等，2015）。脂肪组织主要有两种形态，分别是白色脂肪组织（white adipose tissue，WAT）和棕色脂肪组织（brown adipose tissue，BAT），这两种组织分别由白色脂肪细胞和棕色脂肪细胞组成。白色脂肪是动物机体的主要脂肪类型，分布于全身各处，如皮下、内脏、肌间等，白色脂肪细胞的特征是细胞内含有一个大的单室脂滴，主要功能是储存能量，同时是一个活跃的分泌器官。棕色脂肪组织与白色脂肪组织有很大的差异，它主要由含多室脂滴的脂肪细胞组成，并且含有大量的线粒体。棕色脂肪组织集中分布在机体的脊柱、锁骨和肾上腺周围区域，主要参与机体的适应性产热（Frontini and Cinti，2010），主要是消耗能量。

至今为止，还未见很系统的探讨脂肪组织和脂肪细胞起源的研究，目前人们普遍认为脂肪组织与肌肉组织和骨组织一样都是来源于中胚层。在原肠胚形成期，随着内胚层和外胚层细胞的迁移，中胚层逐渐形成。原始中胚层分化为轴旁中胚层、间介中胚层和侧中胚层，其中轴旁中胚层进一步发育为成骨、软骨、骨骼肌、真皮和皮下组织等，间介中胚层分化为泌尿生殖器官，侧中胚层则衍生出心包腔、胸膜腔和腹膜腔等结构。胚胎学研究认为以上各组织器官附近的脂肪组织是由相应部位中胚层发育而来的，近年来陆续有研究证明了这个观点（Chau et al.，2014；Sanchez-Gurmaches and Guertin，2014；Ohno et al.，2013；Billon and Dani，2012；Sanchez-Gurmaches et al.，2012；Billon et al.，2010）。

也有研究发现部分脂肪细胞起源于外胚层神经嵴。Billon 等（2006）发现，从维甲酸处理的早期胚体中分离的外胚层神经上皮祖细胞，在脂肪分化诱导剂的作用下也可分化为脂肪细胞。在小鼠的体内实验中，Rosen 和 Spiegelman（2014）通过绿色荧光蛋白标记 Sox10 追踪外胚层神经嵴及其后代细胞，发现小鼠头部从唾液腺到耳区的脂肪细胞起源于神经嵴，但躯干和四肢的脂肪没有被标记，说明该区域脂肪有不同的起源。通过另一个特异性表达于神经嵴的基因 *Wnt1* 所作的谱系追踪也发现，头面部的祖细胞和脂肪细胞起源于神经嵴，而内脏和皮下脂肪均不来源于此。另外，有研究表明神经外胚层是头部脂肪组织前脂肪细胞的重要来源，但随着年龄的增长，这些神经嵴起源的前脂肪细胞会被一群起源不明的细胞代替，从而导致其比例下降，此现象提示发育过程中脂肪细胞的起源并不是一成不变的（Sowa et al.，2013）。

　　脂肪生成的第一步是胚胎干细胞分化为间充质干细胞（mesenchymal stem cell，MSC）。现今，用于研究中胚层发育的细胞模型主要为间充质干细胞，它可以分化成脂肪细胞、成骨细胞、软骨细胞，肌细胞和结缔组织（图 2-1）。已有的研究显示，多能性间充质干细胞中低水平表达许多决定细胞命运的关键性转录因子，如脂肪细胞分化过程中的 C/EBPα 和 PPARγ、成骨细胞因子 Osx、Runx2、Msx2（meshless family member）、Dlx5（distal-less related homeodomain protein），以及 Rho GTP 酶等重要的分子开关（Sordella et al.，2003；Etienne-Manneeville and Hall，2002）。间充质干细胞的命运受这些转录因子的共同调控，它们之间的相互抑制维持了干细胞的未分化或低分化状态。在适当条件的诱导下，各转录因子之间的相互调控发生变化，某一特定细胞类型的信号通路被激活，从而使得间充质干细胞向某一细胞谱系分化（图 2-1）。例如，在间充质干细胞中过表达 *Msx2* 可以抑制 *PPARγ*、*C/EBPβ* 和 *C/EBPδ* 的转录，促进其向成骨细胞分化而不是向脂肪细胞分化（Ichida et al.，2004）；Rho GTP 酶及其调节因子 p190-B RhoGAP 是调节间充质干细胞向脂肪细胞和成肌细胞分化的一个重要的分子开关（Sordella et al.，2003）。

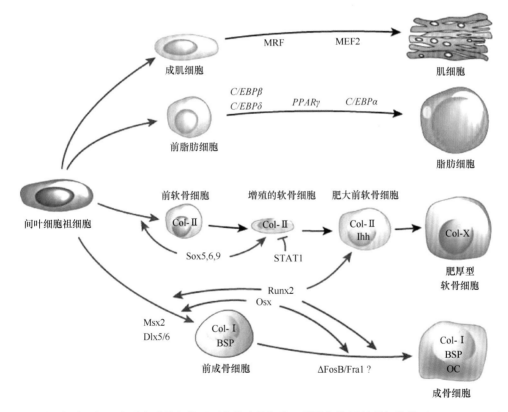

图 2-1　间充质干细胞在适当诱导条件下可分化为肌细胞、脂肪细胞及软骨细胞等（Harada，2003）

　　关于白色脂肪组织和棕色脂肪组织的来源，一直是脂肪组织生物学研究中的一个悬而未决的问题。有研究报道，白色脂肪组织、棕色脂肪组织和肌肉组织均可能来源于 MSC（Cristancho and Lazar，2011）。长期以来，人们一直认为白色脂肪和棕色脂肪的分化起源非常接近，然而用解偶联蛋白（uncoupling protein-1，UCP-1）启动子进行谱系追溯的实验表明，白色脂肪细胞与棕色脂肪细胞在起源上有所不同（Moulin et al.，2001）。同时一些研究表明棕色脂肪与肌肉的分化支系更加接近。例如，Timmons 等（2007）的实验表明，棕色前脂肪前体细胞基因表达模式与成肌细胞非常相似；棕色脂肪和肌肉的前体细胞都能表达早期肌肉标记基因 *MYF5*（myogenic regulatory factors 5），而白色脂肪的前体细胞则不表达；*Pax7* 基因（paired-box 7）敲除小鼠的研究表明，棕色脂肪和肌肉的前体细胞还能够在胚胎期 10.5 天表达 *Pax7* 基因；在棕色前脂肪前体细胞中敲除锌指转录共调控因子 *PRDM16*（PR domain-containing 16）能够诱导肌肉相关基因的表达并促进骨骼肌的形成等（Seale et al.，2008）。在某种刺激条件下，白色脂肪能够展现出一定的棕色脂肪的特征。例如，在冷刺激或 β-肾上腺素信号的刺激下，白色脂肪组织能够表达 UCP-1。然而，白色脂肪组织中新形成的棕色脂肪细胞与棕色脂肪组织中的棕色脂肪细胞的发育形式是不同的，这说明白色脂肪组织能够响应这些刺激从而将白色脂肪细胞转化为棕色脂肪细胞，或者经历了全新的棕色脂肪细胞分化（Barbatelli et al.，2010）。

总之，作为一个复杂的分泌器官，动物脂肪组织的生成受到内外诸多因素的协同作用，在阐释脂肪组织分化起源的研究上还需要更多的工作。例如，白色脂肪组织中前脂肪细胞如何动态变化，白色脂肪组织在冷刺激条件下如何生成棕色脂肪组织，冷刺激生成的棕色脂肪中的前脂肪细胞与白色脂肪中的前脂肪细胞有何异同，肌肉组织中的前脂肪细胞如何动态变化，肌肉组织中前脂肪细胞定向分化的微环境是什么，机体还有哪些细胞能够分化成为脂肪细胞，机体每个部位的前脂肪细胞有何异同等。通过解决这些问题可以进一步研究动物脂肪组织的起源，有助于我们理解机体脂肪沉积的具体机制，从而为治疗脂肪代谢相关疾病及提高动物肉品品质提供理论依据。

二、脂肪组织的形成

脂肪组织的形成与其他器官的发生一样，是一个复杂的生理过程，包括间充质干细胞向脂肪细胞的定向分化，形成间充质前体细胞（或称前脂肪细胞，一种尚未出现脂滴的梭形细胞）；前脂肪细胞分化形成脂肪细胞，形成多室脂肪细胞，内含大量小脂滴；脂类在细胞中沉积，形成单室脂肪细胞（即成熟的脂肪细胞）等。在大多数物种中，脂肪组织在出生前就已经开始形成（Poissonnet et al.，1988，1983；Desnoyers and Vodovar，1977）；出生后，随着脂肪细胞数量增加和体积增大，脂肪组织迅速发育。脂肪组织的增多主要取决于脂肪细胞的增殖和分化，即取决于多能干细胞定向分化为前脂肪细胞的数量和后者的增殖能力，以及前脂肪细胞的分化程度和积累甘油三酯的能力。其中，脂肪细胞的分化主要表现为细胞结构和功能的变化，其实质是一系列基因的时序表达过程，受到转录因子和转录辅助因子构成的转录调控网络及信号通路的调控（Romao et al.，2011；鞠大鹏和詹丽杏，2010；王宁和闫晓红，2009；Farmer，2006；Rosen and MacDougald，2006）。

尽管人们已经在脂肪细胞的分化方面做了大量的工作，但是对于脂肪细胞前体的募集、脂肪细胞的增殖和组织的形成等过程还不是很清楚。有证据表明脂肪细胞数目的增多主要依赖于前脂肪细胞的增殖，这一过程贯穿于生物体的生命全程（Prins and O'Rahilly，1997），并且前脂肪细胞的增殖也为细胞更新、多余营养的储存和机体代谢平衡的维持提供了物质基础（Avram et al.，2007）。

　　脂肪细胞的前体从何而来，又是如何被募集和定向的呢？传统的观点认为新的脂肪细胞源于脂肪组织中的前脂肪细胞及间充质干细胞的分化。但 Crossno 等（2006）指出脂肪细胞也可能来源于其他组织，如骨髓。基于这一假设，他们将转染绿色荧光蛋白的小鼠骨髓细胞移植到野生型的 C57BL/6 小鼠中，然后饲喂以高脂肪饲料，并用噻唑烷二酮类曲格列酮饲喂几周。组织学切片及细胞分类显示，脂肪组织中含有表达绿色荧光蛋白的多室脂肪细胞，而且处理组含有绿色荧光蛋白的多室脂肪细胞明显增多。这些脂肪细胞表达脂联素（adiponectin）、脂滴包被蛋白（Perilipin）、脂肪酸结合蛋白、瘦素、C/EBPα 和 PPARγ，但是不表达解偶联蛋白（UCP-1）、造血干细胞抗原（CD45）和单核细胞标记（CDIb）。因此，他们认为噻唑烷二酮类及高脂肪的饲喂可以促进骨髓细胞来源的脂肪细胞前体的募集，并且有利于它们向多室脂肪细胞分化。

　　现在人们尚不清楚在循环系统中是否存在脂肪细胞的前体。但越来越多的实验证明外周血干细胞（circulating stem cell）可以分化为间充质细胞。Hong 等（2005）的研究显示，当加以适当条件诱导后，纤维细胞内可以沉积脂滴并分化为脂肪细胞，同时表达脂肪细胞分化的特异性蛋白，如瘦素、PPARγ 和 AFABP。进一步的表达谱芯片分析表明，该细胞的基因表达模式与前脂肪细胞向脂肪细胞分化过程中的基因表达模式相似。另外，他们还将人的纤维细胞（fibrocyte，从血液中分离出的一种纤维细胞）移植入重症联合免疫缺陷（SCID）小鼠皮下，发现可以形成人的脂肪细胞，并且表达一系列的细胞趋化因子受体。

三、不同部位脂肪组织的异质性

　　根据解剖部位的不同，脂肪组织大体可分为皮下脂肪组织和内脏脂肪组织。机体各部位脂肪组织的形成时间不同，脂肪组织的形态和构成各异。就皮下脂肪组织和内脏脂肪组织来说，皮下脂肪组织细胞的异质性高，有成熟的单泡脂肪细胞，也有小的多泡脂肪细胞。而内脏脂肪组织细胞则比较均匀，主要由大的单泡性脂肪细胞构成（Berry et al.，2013）。皮下脂肪组织和内脏脂肪组织对于外界的刺激反应也不同。例如，雌激素可以增加皮下脂肪的沉积，而内脏脂肪组织则对糖皮质激素反应更敏感。这两类脂肪组织对于糖尿病药（噻唑烷二酮，TZD）的反应不同（Ma et al.，2015；Carey et al.，2002）。与此相一致，脂肪组织的表达谱芯片分析也发现不同部位脂肪组织的基因表达谱不同（Gerhard et al.，2014；Modesitt et al.，2012；Lefebvre et al.，1998）。从目前的研究结果看，内脏脂肪组织与人类的代谢疾病关系密切（Ma et al.，2015；Hocking et al.，2013；Tchkonia et al.，2006）。事实上，将脂肪组织划分为内脏脂肪组织和皮下脂肪组织过于简单化，内脏脂肪组织，如性腺周围脂肪、肠系膜脂肪、腹膜后脂肪垫等，它们之间都有明显的差异。更重要的是，许多部位的脂肪组织在不同物种间并没有精确的对应。例如，人类内脏脂肪包含大量的网膜脂肪，但啮齿动物几乎没有网膜脂肪组织。相反，雄性小鼠有大的附睾脂肪垫，但人类没有这种脂肪组织（Cinti，2009）。

除了上述差异外，各部位脂肪组织在脂肪细胞因子分泌、脂解、甘油三酯合成等方面也存在显著差异（Tchkonia et al.，2013）。目前，有两种假说来解释这些差异。一种是各个部位有自身独特的神经分布和特殊的血液循环；二是细胞自主机制不同导致各部位脂肪组织的差异。目前已有重要证据支持后一种假说。例如，不同部位脂肪组织的前脂肪细胞具有独特的基因表达特征，且持续存在，即使在体外分离并连续传代，它们仍然保持各自的表达特异性（Tchkonia et al.，2013；Macotela et al.，2012）。

已有许多实验证实不同部位脂肪组织具有不同的特征。第一，不同部位的脂肪组织出现时间不同。在啮齿类动物中，白色脂肪组织的生长主要集中于出生后，首先出现在大腿和皮下，然后是网膜部位。在人类，白色脂肪组织出现在妊娠第二期，在出生时内脏和皮下脂肪就已经发育得很健全了。第二，不同部位脂肪组织中前脂肪细胞存在异质性。用以脂肪细胞膜为抗原制作的单克隆抗体处理鸡胚，可以明显地降低体重和腹部脂肪组织重，但是对于腿部和胸部脂肪组织没有影响（Wu et al.，2000），表明这些部位的脂肪细胞膜蛋白的抗原性是不同的。第三，不同部位脂肪组织中前脂肪细胞的基因表达模式和分化能力不同（Hauner and Entenmann，1991）。例如，人类皮下脂肪组织来源的前脂肪细胞较腹腔内前脂肪细胞具有更强的分化能力，这一特性可以持续很多代，并且它们的很多基因表达模式也不同，这表明这些部位的脂肪细胞很可能来源于不同的前体细胞（Tchkonia et al.，2006）。第四，不同部位的脂肪组织对于激素的敏感性不同。例如，乳房和大腿部的脂肪组织对性激素敏感，而颈部和背部的脂肪组织对于糖皮质激素类比较敏感。

此外，已有研究显示，从机体不同部位及胖瘦不同个体中所取的脂肪组织中的基质微管细胞（SVF，包括前脂肪细胞）在体外培养过程中的增殖能力、脂滴沉积能力、对诱导凋亡的敏感性及脂肪细胞相关转录因子的表达水平不同（Tchkonia et al.，2006，2005；van Harmelen et al.，2003）。Gesta 等（2006）通过表达谱芯片和定量 PCR 的分析发现，共有 197 个基因在小鼠皮下和内脏脂肪组织的 SVF 细胞和脂肪细胞中差异表达。*Tbx15*、*Shox2*、*En1*、*Sfrp2* 和 *HoxC9* 在皮下脂肪中的表达量高于内脏脂肪，而 *Nr2f1*、*Gpc4*、*Thbd*、*HoxA5*、*Hrmt1l2*、*Vdr* 和 *HoxC8* 则相反。他们还发现在分离培养及诱导分化的脂肪细胞和前脂肪细胞中，这些基因的表达模式与体内一致。这表明这些细胞基因表达模式的差异是由细胞本身的异质性导致的，而不是受组织微环境的影响。由于这些基因在胚胎发生时期就能检测到，并且这样的表达差异一直持续到成体，因此机体不同部位的脂肪细胞很可能是由不同的脂肪细胞前体分化而来的。Gesta 等（2006）认为与胚胎发育相关的基因在脂肪细胞的发生和体脂分布方面起了非常重要的作用。脂肪细胞系的发生也许类似于血细胞系的发生，即不同的脂肪细胞前体分化为机体不同部位的脂肪细胞。这一观点为人们治疗肥胖及其相关疾病开创了一个崭新的视角。

四、同一部位脂肪组织的潜在异质性

除了不同部位脂肪组织中脂肪细胞不同外，同一部位的脂肪组织中脂肪细胞及前脂肪细胞也存在异质性（图 2-2）。例如，脂肪组织特异性敲除胰岛素受体（FIRKO）或激素敏感脂肪酶（HSL）的小鼠表现出脂肪细胞之间的异质性表型，即出现两种脂肪细胞类型——一种小直径的细胞（<50μm）和一种比正常尺寸大的细胞（>150μm）（Fortier et al.，2005；Bluher et al.，2002）。而且这些来源于 FIRKO 和正常小鼠，以及正常人类脂肪组织中的大细胞和小细胞的特征表明，不同大小的成熟脂肪细胞间有很多差异表达的基因和蛋白质（Bluher et al.，2004；Jernas et al.，2006）。另外，用曲格列酮处理小鼠的单一脂肪垫，发现出现了两种直径不同的脂肪细胞（de Souza et al.，2001）。Tchkonia 等（2005）研究了在同一沉积部位分离出的前脂肪细胞的生物学特性，发现了两种不同的细胞克隆，其中一种能够表达更多的脂肪形成相关转录因子，具有更高的复制和分化能力，并且对肿瘤坏死因子（TNF-α）诱导凋亡的敏感性更低。

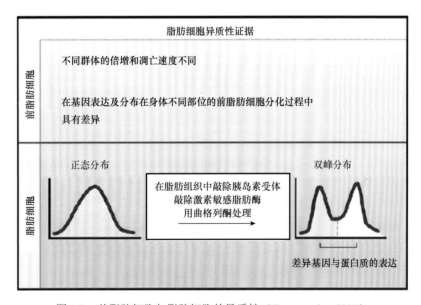

图 2-2 前脂肪细胞与脂肪细胞的异质性（Gesta et al.，2007）

第二节 脂肪组织的功能和分布

一、脂肪组织功能概述

许多年来人们一直认为脂肪组织只是一个惰性的能量储存器，同时为其他重要结构提供机械支撑。虽然 20 世纪 80 年代末期人们就已经发现脂肪细胞可以分泌一些因子，并且这些因子与代谢紊乱相关。但是，脂肪细胞作为一种内分泌细胞的概念并没有被普遍接受。直到 90 年代初期，瘦素和脂联素的发现才使得脂肪细胞作为一种内分泌细胞引起人们的注意（Kershaw and Flier，2004）。在过去的十几年中，脂肪组织的内分泌作用已成为生命科学领域的研究热点，许多新的因子被相继发现，这些因子统称为脂肪细胞因子。脂肪组织通过内分泌作用调节其他组织和器官的代谢，如肝脏和下丘脑；同时通过旁分泌作用影响许多器官的功能，在血液凝固、免疫反应、能量平衡等方面都起到重要作用（Lau et al.，2005）。

与其他器官不同，脂肪组织遍布于机体的许多部位（Moitra et al.，1998）。不同部位的脂肪组织在结构上、组成上，以及对周围器官的影响上都有很大的不同。每个脂肪组织的沉积部位都堪称是一个微小器官，对它周围的组织和器官起特定的作用（Kirkland et al.，1996）。例如，乳腺小管上皮部位的脂肪就是乳腺生长和发育所不可缺少的，并且这一部位的脂肪组织可以通过旁分泌作用对导管癌的形成起调节作用。Iyengar 等（2003）的研究发现，脂肪细胞因子在肿瘤形成过程中可以增加原癌基因（如 β-连环蛋白、细胞周期因子依赖性激酶 6）的稳定性，促进细胞增殖，增强其浸润性和迁移能力。另一个与器官功能相关的脂肪组织为心外膜脂肪，它大概覆盖了心脏表面积的 80%，占心脏总重量的 20%，主要分布于右心室的背腹侧冠状动脉周围，且右心室周的心外膜脂肪大概为左心室的 3~4 倍。Rabkin（2007）指出心外膜脂肪可以缓冲心脏收缩和动脉搏动带来的扭矩，调节冠状动脉微循环中脂肪酸的平衡；当心肌需要大量能源时充当局域性的能源库，并且其与冠状动脉疾病的发生也存在一定的相关性。

二、脂肪组织的分布特点

不同物种的白色脂肪组织分布不同。在两栖类和一些爬行动物中，脂肪主要储存在腹腔内；而对于哺乳类和鸟类，脂肪主要储存在腹腔及皮下的脂肪组织中。在人类中，白色脂肪组织分布于机体的许多部位，腹腔内主要分布在网膜、肠及肾脏周围；皮下主要分布在臀部、大腿及下腹部。白色脂肪组织也分布在其他部位，如眼眶周围、骨髓等。另外，机体不同部位脂肪组织的分布与代谢综合征的易感性密切相关，如腹腔内/内脏肥胖的人更易于患代谢综合征（Kissebah and Krakower，1994）。

由于脂肪组织的分布与各种代谢紊乱密切相关，白色脂肪组织的分布已引起人们极大的研究热情。对于脂肪组织与代谢紊乱的关系，现有两种不是非常成熟的观点。一是从解剖学位置来看，腹腔内的脂肪组织可以将它的代谢产物（游离脂肪酸和各种细胞因子）直接分泌入门静脉循环，从而更容易影响肝脏的功能，继而影响代谢（Bjorntorp，1990）。二是从细胞学角度看，来自不同部位的脂肪细胞具有不同的性质，从而使它们具有或多或少影响能量平衡的作用（Lafontan and Berlan，2003）。在啮齿类动物（Gesta et al.，2006）和人类（Vohl et al.，2004；Vidal，2001）中的研究表明，不同部位脂肪组织的基因表达有很大不同，这些差别也许可以在一定程度上解释为什么不同部位白色脂肪组织对于代谢紊乱的影响不一样，同样这也预示着它们的起源可能不同。

棕色脂肪组织是哺乳动物包括人类所特有的一类脂肪组织，它主要分布在：①肩胛间区；②腹部大血管及周围；③肌肉、颈部血管及肾周、胸部动脉和下腔静脉周围。棕色脂肪组织的主要功能是通过非战栗产热维持动物的体温及能量平衡，对幼龄哺乳动物尤为重要（罗献梅和陈代文，2007；Himms-Hagen，1990）。

三、白色脂肪组织和棕色脂肪组织

从线虫到人类，几乎所有动物都有其以脂肪为媒介储存多余能量的机制。线虫通过肠上皮储能量（McKay et al.，2003），鲨鱼通过肝脏储存能量（van Vleet et al.，1984），它们的能量储存器官都由内胚层分化而来。但是对于大多数物种而言，脂肪主要储存在中胚层来源的白色脂肪组织中（图 2-3）。

物种	 秀丽隐杆线虫	 黑腹果蝇	 大白鲨	 鲤	 有爪蟾蜍	 家养鸡	 小鼠	 智人
脂肪储存	储存在肠细胞中	储存在"脂肪体"中	储存在肝脏中	储存在白色脂肪组织内	腹腔内白色脂肪组织（非皮下白色脂肪组织）	皮下和内脏器官白色脂肪组织	皮下和内脏器官白色脂肪组织	皮下和内脏器官白色脂肪组织
瘦素	无	无	无	有	有	有	有	有
棕色脂肪	无	无	无	无	无	无	终生存在	出生时存在，成年减少
解偶联蛋白	类UCP蛋白（UCP-4）	无	？	肝脏中有 UCP-I	卵母细胞中有 UCP-4	肌肉中有鸟类 UCP	棕色脂肪中有 UCP-1	棕色脂肪中有 UCP-1
热调节	变温动物	变温动物	变温动物	变温动物	变温动物	恒温动物战栗性和非战栗性产热	恒温动物战栗性和非战栗性产热	恒温动物战栗性和非战栗性产热

图 2-3 脂肪的储存及脂肪组织的分布在进化过程中的变化（Gesta et al.，2007）

在哺乳动物中，脂肪组织不仅包括白色脂肪组织，还包括通过生热作用而消耗能量的棕色脂肪组织。在胎儿的发育过程中，棕色脂肪组织的出现要早于白色脂肪组织。由于出生时对非战栗性产热的需求，与成年人相比，新生儿体内的棕色脂肪组织占体重的比例很大，且主要集中于肩胛区（Cannon and Nedergaard，2004）。啮齿类动物中的研究表明，冷应激后，其白色脂肪组织中也发现了散在的棕色脂肪细胞（Cinti，2005）。从形态上讲，棕色脂肪组织细胞体积比白色脂肪组织细胞小，细胞表面密布交感神经纤维，周围含有丰富的毛细血管；细胞中脂肪颗粒很少，含有大量线粒体（罗献梅和陈代文，2007）。棕色脂肪细胞中的线粒体内膜上会表达解偶联蛋白（uncoupling protein，UCP），其主要功能是参与能量代谢平衡的调节，增加能量的消耗，并将其转化为热量（Cannon and Nedergaard，2004）。已知的 UCP 包括 UCP-1、UCP-2、UCP-3、UCP-4、BMCP1，以及植物中的 UCP 等（肖放和孙野青，2003）。硬骨鱼类（如鲤）在肝脏中表达 UCP-1，与哺乳动物不同的是它们的 UCP-1 表达水平通过冷刺激后降低（Jastroch et al.，2005）。至今为止还没有报道在两栖类或爬行类中存在类似于棕色脂肪的组织。人们在有爪蟾蜍的卵母细胞中发现了 UCP-4 的表达，在线虫的头部肌肉组织和咽部也发现了 UCP-4 的表达，但发现其功能是阻碍腺苷三磷酸（ATP）的产生（Iser et al.，2005）。有趣的是，虽然鸟类是恒温动物，但是它们没有棕色脂肪组织，它们是通过肌肉中的 UCP-1 来进行非战栗性产热的（Mozo et al.，2005）（图 2-3）。

在人类胎儿和新生儿中，棕色脂肪组织存在于腋窝、颈部、肾周和肾上腺周围（Cannon and Neolergaard，2004），但是在出生后不久棕色脂肪组织就开始减少。传统观点认为，在成人中棕色脂肪组织已经微乎其微，但是近年的形态学和氟脱氧葡萄糖正电子成像术（[^{18}F]-2-fluoro-D-2-deoxy-D-glucose positron emission tomography，FDG-PET）的研究表明，人体中棕色脂肪组织并不像以前认为的那样少。成人棕色脂肪组织存在于颈部、锁骨上、腋窝及脊柱旁（Nedergaard et al.，2007）。通过抗糖尿病药物噻唑啉二酮类的诱导后，人类的白色脂肪组织中也可以检测到棕色脂肪组织特异表达的 UCP-1 基因（Digby et al.，1998），这表明人类的白色脂肪组织中也可能含有棕色脂肪细胞。尽管人们还不能确定棕色脂肪组织在调节成人能量平衡中到底能起多大的作用，但是据 Rothwell 和 Stock（1983）估算，当给予极端刺激时，50g 的棕色脂肪组织所消耗的能量相当于一个正常人每日所耗能量的 20%。成熟的棕色脂肪细胞和白色脂肪细胞的基因表达不同：棕色脂肪组织中表达它的标志性基因 UCP-1，而白色脂肪组织中高表达瘦素、受体相互作用相关蛋白（RIP140-1）和基质蛋白（matrix protein）等。与发育相关的基因中，同源盒基因 HoxA1 和 HoxC4 在人类胎儿的棕色脂肪细胞中高表达，而 HoxA4 和 HoxC8 在人类的白色脂肪细胞中大量表达（Gesta et al.，2007）。

很多研究表明白色脂肪细胞和棕色脂肪细胞在前脂肪细胞阶段就已经决定了它们各自的分化方向。所以从理论上讲，棕色脂肪组织中分离出来的 SVF 细胞可以分化成表达 UCP-1 的细胞，而从白色脂肪组织中分离出来的 SVF 细胞可以分化成不表达 UCP-1 的细胞（Kopecky et al.，1990）。另外，人们也发现了一些白色脂肪细胞向棕色脂肪细胞转分化的证据。在啮齿类动物中的研究表明，长期暴露于寒冷环境中，在白色脂肪组织中发现了棕色脂肪细胞（Cinti，2005）。白色脂肪组织中来源的 SVF 细胞经过体外诱导后可以表达少量的 UCP-1（Klaus et al.，1995）。这些研究结果表明白色脂肪细胞或者白色前脂肪细胞可以转分化为棕色脂肪细胞，但也有可能是在白色脂肪组织中本来就存在一些棕色脂肪细胞的前体。关于白色脂肪细胞向棕色脂肪细胞的转分化问题还需要人们的进一步研究。

第三节　高、低脂系肉鸡腹部脂肪组织的组织学观察与分析

在人类中的研究表明，早期肥胖对于成年后脂肪的沉积有很大的影响（Jo et al.，2009）。成年后肥胖的个体主要是因为脂肪细胞体积的增大（Prins and O'Rahilly，1997），而青少年肥胖的成因则包括脂肪细胞数目增多和体积增大两个方面（Hirsch and Batchelor，1976）。由于脂肪组织与人类肥胖症的密切关系，人们对于脂肪组织的研究大多以哺乳动物为实验模型，而对其他脊椎动物的研究却少之又少。

鸡是发育生物学研究中广泛应用的模式动物，同时也是一种重要的经济动物。东北农业大学家禽课题组（以下简称"本课题组"）自 1996 年开始，以快大型肉鸡为基础群，通过对腹脂率（腹脂重/体重）和血浆中 VLDL 浓度的选择，建立了东北农业大学肉鸡高、低脂双向选择品系（以下简称"高、低脂系"）（Wang et al.，2007）。经过 13 个世代的选育，7 周龄时高脂系肉鸡的腹脂率达到了低脂系肉鸡的 3.8 倍，且两系间体重没有明显差别（Guo et al.，2011）。这两个品系腹脂性状的差异为我们研究肉鸡的腹脂沉

积及人类早期肥胖提供了一个很好的动物模型。本课题组郭琳等以东北农业大学第 13 世代高、低脂系肉鸡为素材，分析了高、低脂系肉鸡从出生后到 7 周龄前腹部脂肪细胞大小和数量的变化，并且在体外水平比较了高、低脂系肉鸡前脂肪细胞的增殖、分化及对诱导凋亡的敏感性，为肉鸡腹脂过度沉积的控制及人类肥胖症的治疗提供了相关依据（Guo et al.，2011；郭琳，2010）。

一、高、低脂系肉鸡体重、腹脂重及腹脂率的比较

我们测定了第 13 世代高、低脂系公鸡从出生后 3 天到 7 周龄的体重、腹脂重，并计算了腹脂率。结果发现：两系间体重在各测定时期没有显著差异；腹脂重和腹脂率在 7 日龄时即出现显著差异（$P<0.05$），而且随着周龄的增加，高、低脂系间腹脂重和腹脂率的差异逐渐增大。7 周龄时，高、低脂系公鸡的体重均达到 2kg 左右，高脂系公鸡的腹脂重约为低脂系的 4 倍；高脂系的腹脂率为 5.5%，而低脂系腹脂率仅为 1.1%（图 2-4）。

二、高、低脂系肉鸡腹部脂肪组织的组织学差异

（一）高、低脂系肉鸡腹部脂肪细胞形态的比较

采用透射电镜技术，我们观察了鸡脂肪组织的超微结构，同时利用 Adobe Photoshop CS4 Windows 和 mage-Pro Plus 6.0 software（Media Cybernetics，Silver Spring，USA）软件分析了 3 日龄、10 日龄、4 周龄和 7 周龄的高、低脂系公鸡腹部脂肪组织中脂肪细胞的形态差异。结果发现，在高、低脂系公鸡腹部脂肪组织中，除单个脂肪细胞外，还可见许多小的脂肪细胞成簇（cluster）分布（图 2-5）。进一步的电镜分析表明，许多处于分化初期的多室脂肪细胞都分布于血管周围（图 2-6），这样的分布很可能有利于脂肪细胞与毛细血管间的物质交换，如内分泌因子及游离脂肪酸的运输等。

（二）高、低脂系肉鸡腹部脂肪细胞的分布规律

根据高、低脂系公鸡腹部脂肪细胞的大小，我们计算了不同直径脂肪细胞占总脂肪细胞数的比例。结果显示，无论高脂系还是低脂系公鸡，腹部脂肪细胞都呈不均一分布（heterogeneity），即从大的单室细胞到小的多室细胞均有（图 2-7）。这与其他动物的研究结果基本一致（Gesta et al.，2007；McLaughlin et al.，2007；Cartwright，1991；Hausman et al.，1983；Salans et al.，1973）。

随着周龄的增长，单室细胞逐渐成为脂肪组织中的主要细胞类型，而且高脂系公鸡腹部脂肪组织中直径较大的脂肪细胞占总脂肪细胞的比例要高于低脂系。7 周龄时，高脂系公鸡腹部脂肪细胞在直径为 50~55μm（11.6%±1.5%）处出现了峰值，而低脂系公鸡腹部脂肪细胞在 30~35μm（13.7%±1.4%）处出现了峰值。并且，在高脂系公鸡中还发现了在 25~30μm（10.3%±2.9%）处出现了第二个峰值。在高脂系中发现的脂肪细胞大小分布的特点与许多哺乳动物中的研究结果相似（Jernas et al.，2006；

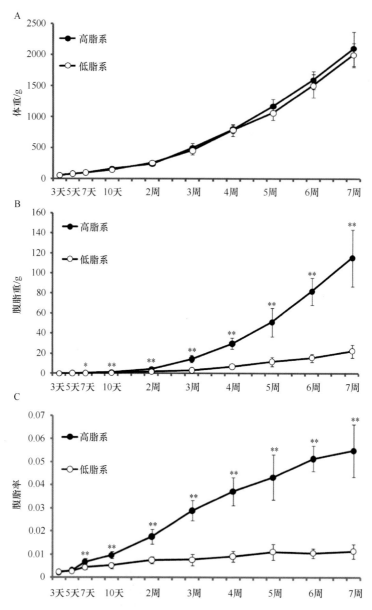

图 2-4　高、低脂系公鸡早期生长阶段的体重、腹脂重和腹脂率变化规律（Guo et al.，2011）

A. 高、低脂系公鸡 7 周龄前体重变化规律；B. 高、低脂系公鸡 7 周龄前腹脂重变化规律；C. 高、低脂系公鸡 7 周前腹脂率变化规律（*表示 *P*<0.05；**表示 *P*<0.01）

Fortier et al.，2005；Bluher et al.，2002；Whitehurst et al.，1981）。在牛中的研究结果显示，这种双峰分布的现象在肥胖个体中更为明显（Robelin，1981）。这一现象也许预示着在肥胖个体的脂肪组织中出现了新一轮的脂肪细胞增生（hyperplasia，即脂肪细胞数目的增多），一些小的脂肪细胞或脂肪细胞的前体开始逐步分化成直径较大的脂肪细胞。

高脂系　　　　　低脂系

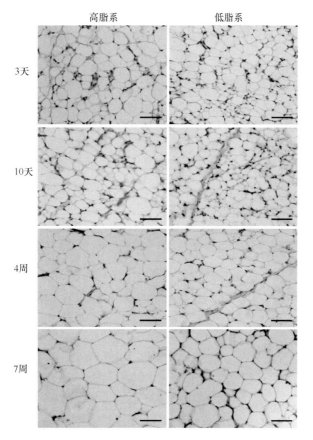

图 2-5　高、低脂系公鸡腹部脂肪细胞形态学变化（Guo et al.，2011）

标尺=50μm

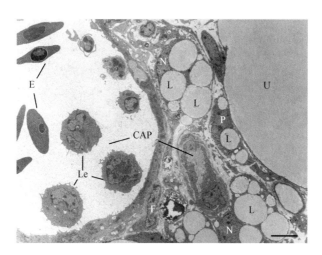

图 2-6　7 日龄肉鸡腹部脂肪组织的超微结构（Guo et al.，2011）

如图可见分布于血管周围的多小室脂肪细胞；标尺=5μm；CAP. 血管腔；N. 细胞核；L. 脂滴；U. 单室脂肪细胞；
P. 周细胞（可能为脂肪细胞的前体细胞）；F. 成纤维细胞；E. 红细胞；Le. 白细胞

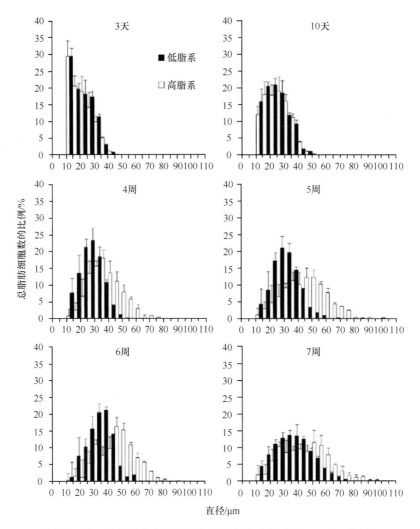

图 2-7　高、低脂系公鸡腹部脂肪细胞直径分布（Guo et al.，2011）

平均每系、每个时间点测量了 500~1500 个细胞的直径，分析软件为 Image-Pro Plus 6.0 software（Media Cybernetics，Silver Spring，USA）。图中所示数据代表了绝大多数细胞的分布情况，其中直径小于 10μm 的细胞不在统计范围之内

（三）高、低脂系肉鸡腹部脂肪细胞特征的比较

我们比较了出生后至 7 周龄，高、低脂系肉鸡脂肪组织中脂肪细胞特征的差异。结果发现，两系脂肪细胞大小的显著差异出现在 3 周龄。在高脂系肉鸡中，5 周龄之前，脂肪组织的生长既包括脂肪细胞体积的增大又包括数量的增多（图 2-8A，图 2-8B），而 5~7 周龄，细胞的平均直径停止增加，腹脂量的增多主要归因于脂肪细胞数目的增多；与此相反，在低脂系肉鸡中，明显的脂肪细胞体积增大直到 4 周龄才出现，而且 5~7 周龄，腹脂量的增多主要依赖于细胞体积的增大。同时我们发现，7 周龄时，高脂系公鸡腹部脂肪细胞大小是低脂系的 1.3 倍，数目为低脂系的 2.4 倍（图 2-8）。

有研究表明，普通商品肉鸡腹部脂肪细胞数目的增加主要发生于 12~14 周龄前，14 周龄以后主要为细胞体积的增大（Cartwright，1991；Hood，1982；March and Hansen，

1977）。与此不同，我们的研究结果显示，高脂系肉鸡腹部脂肪细胞数目的增加主要发生在出生后的 3 天到 7 周龄，体积的增大发生在 5 周之前，5~7 周龄脂肪细胞的体积基本不再变化。值得注意的是，高脂系肉鸡的腹脂重要远远大于同年龄或同体重的商品肉鸡（Cartwright，1991；Cartwright et al.，1986），根据 Markley 和 Cartwright（1989）的数据推算，高脂系肉鸡 7 周龄时的腹脂重相当于未经选择的商品肉鸡 12 周龄时的腹脂重。因此，我们推测高脂系肉鸡脂肪细胞体积增大的规律与普通商品肉鸡之间的差异，主要是因为长期对脂肪性状的选择造成了高脂系肉鸡的高脂肪储存能力，同时在幼年期即获得了"临界大小的脂肪细胞"（critical fat cell size）（Marques et al.，1998）。

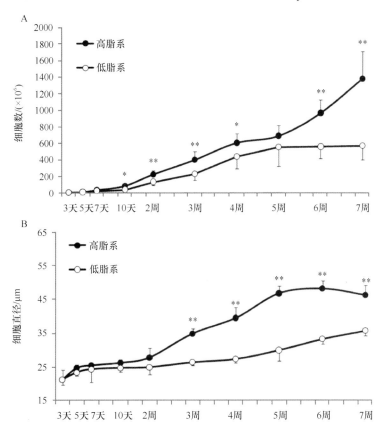

图 2-8　高、低脂系公鸡早期生长阶段腹部脂肪细胞数目和大小的变化规律（Guo et al.，2011）
*表示 $P<0.05$；**表示 $P<0.01$

与之相反，5~7 周龄低脂系肉鸡的脂肪细胞数目基本没有变化。根据 13 世代 8~12 周龄的屠体数据可知，低脂系肉鸡在 8 周龄后腹脂重基本不再增加（数据未列），有理由相信，低脂系肉鸡的腹部脂肪细胞数目在 5 周龄后就基本不再增加了。这一结果表明，长期的人工选择削弱了低脂系肉鸡腹部脂肪组织的脂肪发生过程。在普通商品肉鸡中也发现了相似的结果（Cherry et al.，1984），在 4 周龄之前，腹部脂肪垫的增长主要是由于脂肪细胞数目的增多，随着年龄的增长，脂肪的增加主要是由于脂肪细胞体积的增大。值得强调的是，不同实验室鸡只腹部脂肪组织细胞结构的差异还受到很多因素的影响，如饮食、品种、应激、性别、饲养管理和环境温度等（Donnelly et al.，1993；Cartwright，

1991；Griffin et al.，1987；Pym，1987），因而会影响脂肪细胞的增殖及分化，进而影响脂肪组织的生长发育。

三、高、低脂系肉鸡腹部脂肪组织中总细胞数量的比较

脂肪组织中除了成熟脂肪细胞外，还含有许多其他类型细胞，如前脂肪细胞、内皮细胞、毛细血管外膜细胞、单核细胞和巨噬细胞等，它们统称为基质微管细胞（SVF）（Gimble et al.，2007）。许多研究显示，SVF 细胞为脂肪组织的生长提供了必要的物质基础。它们可以作为血管内皮细胞的前体细胞，也可以作为潜在的前脂肪细胞进行增殖和分化（Cinti，2005；Hausman et al.，1980）。为了进一步比较高、低脂系肉鸡腹部脂肪性状的差异，我们测定了 7 周龄前高、低脂系公鸡腹部脂肪组织中的总 DNA 含量（即每只鸡每微克腹部脂肪组织的 DNA 含量与腹脂重的比值），并根据总 DNA 的含量来衡量腹部脂肪组织中的总细胞数。结果显示，高、低脂系公鸡腹部脂肪组织中总细胞数从出生后 3 天到 7 周龄稳步增加；同时，两系的总细胞数在 10 日龄时出现极显著差异（$P<0.01$）；7 周龄时，高脂系公鸡腹部脂肪组织总 DNA 含量为低脂系公鸡的 1.9 倍（图 2-9）。这表明了高脂系公鸡腹部脂肪组织中的总细胞数在 7 周龄时几乎为低脂系的 1.9 倍。

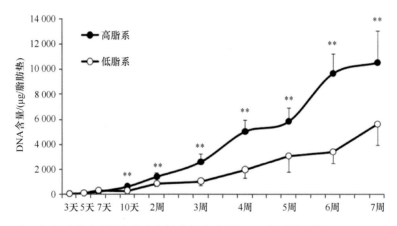

图 2-9　高、低脂系公鸡早期生长阶段的腹部脂肪总 DNA 含量的比较（Guo et al.，2011）

**表示 $P<0.01$

经过上述的组织学分析，我们发现，低脂系脂肪组织脂肪细胞的形成和细胞体积的增大均低于高脂系，这与其他高、低体脂肉鸡群体中的研究结果一致（Hermier et al.，1989；Simon and Leclercq，1982），说明针对脂肪性状的选择会造成脂肪组织细胞结构的改变。

四、高、低脂系肉鸡腹部脂肪组织细胞增殖能力的比较

为进一步阐明高、低脂系肉鸡腹脂性状差异的细胞学基础，我们对 10 日龄、4 周龄和 7 周龄的高、低脂系腹部脂肪组织进行了细胞核增殖抗原（PCNA）的免疫染色。结果发现，在两系成熟脂肪细胞周围的 SVF 细胞中发现了许多被 PCNA 染色的细胞核，而且这些 PCNA 阳性细胞随着周龄增加逐渐减少（图 2-10A）。PCNA 阳性细胞在 10

日龄、4 周龄和 7 周龄高脂系中的比例分别为 33.9%、23.3%、18.5%，在低脂系中的比例分别为 35.3%、23.5%、17.9%（图 2-10B）。然而统计分析表明，两系间 PCNA 阳性细胞的比例在 3 个时间点均没有显著差异，暗示两系间脂肪组织的细胞增殖率没有差异。

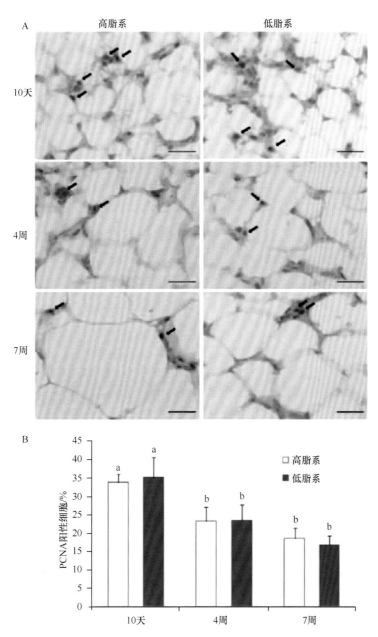

图 2-10　高、低脂系公鸡 10 日龄、4 周龄和 7 周龄时腹部脂肪组织 SVF 细胞增殖能力的比较
（Guo et al.，2011）

A. 高、低脂系肉鸡腹部脂肪组织 PCNA 免疫组化图片，其中黑色箭头所指为 PCNA 阳性细胞；蓝色为 PCNA 阴性细胞的细胞核，标尺=20μm。B. PCNA 阳性细胞比率，其中每个时间点 3~5 只鸡，每只鸡随机取腹部脂肪组织 3 个不同部位，每个时间点至少统计 1300 个细胞

此外，通过末端转移酶介导的 dUTP 切口末端标记法（TdT-mediated dUTP nick-end labeling，TUNEL），我们检测了 10 日龄、4 周龄和 7 周龄高、低脂系公鸡腹部脂肪组织中脂肪细胞的凋亡情况。然而经过多次的实验摸索，只在阳性对照组（Dnase Ⅰ 处理）得到了比较稳定的染色结果，在实验组没有检测到脂肪细胞的凋亡，两系间也未发现显著差异。

上述研究结果表明，高、低脂系在 SVF 细胞的增殖能力和细胞凋亡方面没有显著差异，但二者在总细胞数和成熟脂肪细胞数方面为何会出现显著差异？究其原因，一方面可能是由于两系间前脂肪细胞数量不同。前脂肪细胞数量的不同导致了脂肪组织中未分化的细胞或微小前脂肪细胞簇表现出一定的数量差异。在生长阶段，这些前体细胞聚集起来分化为成熟脂肪细胞，从而使高脂系拥有更多的成熟脂肪细胞。另一方面可能是由于两系间来源于其他细胞的脂肪细胞数量不同。新形成的脂肪细胞不仅来自于原始的前体细胞，而且可能来源于其他细胞，如循环系统中的祖细胞。哺乳动物中的多项研究表明，循环系统中的祖细胞可以作为脂肪组织中脂肪细胞前体的来源（Crossno et al.，2006；Hong et al.，2005）。这种现象在高脂系中可能更为突出。Tchkonia 等（2006，2005）的研究也表明，来源于同一沉积部位的原代前脂肪细胞在体外培养时具有不同的生物学特性，说明同一沉积部位前脂肪细胞很可能有不同的来源。

总之，我们的研究结果表明，长期针对脂肪性状的人工选择促进了高脂系的脂肪发育，这些发育主要表现在脂肪细胞体积的增大和脂肪细胞数量的增多，而低脂系脂肪组织的发育在生长早期则受到了抑制。综合 SVF 细胞增殖和细胞结构特征的结果，我们发现在脂质沉积与外源细胞的募集之间存在潜在的关联，这可能是造成两系间脂肪差异的部分原因。然而，本研究针对高、低脂系肉鸡腹脂性状差异的比较还停留于表型观察，对于性状差异产生的深层原因还需进一步的研究，如脂肪细胞数量控制的分子生物学基础、脂肪前体细胞的来源及发育等。

参 考 文 献

郭琳. 2010. 高、低脂系肉鸡腹部脂肪组织生长发育规律的比较研究. 哈尔滨: 东北农业大学博士学位论文.

滑留帅, 王璟, 李明勋, 等. 2013. 动物脂肪组织的分化起源. 中国牛业科学, 39(1): 42-45.

鞠大鹏, 詹丽杏. 2010. 脂肪细胞分化及其调控的研究进展. 中国细胞生物学学报, (5): 690-695.

罗献梅, 陈代文. 2007. 棕色脂肪组织的生理功能及影响因素. 饲料工业, 28(19): 22-26.

苏雪莹, 魏苏宁, 徐国恒. 2015. 脂肪细胞的起源. 生理科学进展, 46(2): 99-102.

王宁, 闫晓红. 2009. 脂肪细胞分化辅助调节因子的研究进展. 生理科学进展, 40(4): 308-312.

肖放, 孙野青. 2003. 解偶联蛋白及功能研究进展. 生命的化学, 23(1): 14-17.

Angel P, Hattori K, Smeal T, et al. 1988. The jun proto-oncogene is positively autoregulated by its product, Jun/AP-1. Cell, 55(5): 875-885.

Arner E, Westermark P O, Spalding K L, et al. 2010. Adipocyte turnover: relevance to human adipose tissue morphology. Diabetes, 59(1): 105-109.

Avram M M, Avram A S, James W D. 2007. Subcutaneous fat in normal and diseased states 3. Adipogenesis: from stem cell to fat cell. J Am Acad Dermatol, 56(3): 472-492.

Ballam G C, March B E. 1979. Adipocyte size and number in mature broiler-type female chickens subjected to dietary restriction during the growing period. Poult Sci, 58(4): 940-948.

Barbatelli G, Murano I, Madsen L, et al. 2010. The emergence of cold induced brown adipocytes in mouse white fat depots is determined predominantly by white to brown adipocyte transdifferentiantion. Am J Physiol Endocrinol Metab, 298(6): 1244-1253.

Berry D C, Stenesen D, Zeve D, et al. 2013. The developmental origins of adipose tissue. Development, 140(19): 3939-3949.

Billon N, Dani C. 2012. Developmental origins of the adipocyte lineage: new insights from genetics and genomics studies. Stem Cell Rev, 8(1): 55-66.

Billon N, Iannarelli P, Monteiro M C, et al. 2007. The generation of adipocytes by the neural crest. Development, 134(12): 2283-2292.

Billon N, Jolicoeur C, Raff M. 2006. Generation and characterization of oligodendrocytes from lineage-selectable embryonic stem cells in vitro. Methods Mol Biol, 330: 15-32.

Billon N, Kolde R, Reimand J, et al. 2010. Comprehensive transcriptome analysis of mouse embryonic stem cell adipogenesis unravels new processes of adipocyte development. Genome Biol, 11(8): R80.

Bjorntorp P. 1990. "Portal" adipose tissue as a generator of risk factors for cardiovascular disease and diabetes. Arteriosclerosis, 10(4): 493-496.

Bluher M, Michael M D, Peroni O D, et al. 2002. Adipose tissue selective insulin receptor knockout protects against obesity and obesity-related glucose intolerance.Dev Cell, 3(1): 25-38.

Bluher M, Patti M E, Gesta S, et al. 2004. Intrinsic heterogeneity in adipose tissue of fat-specific insulin receptor knock-out mice is associated with differences in patterns of gene expression. J Biol Chem, 279(30): 31891-31901.

Bronner-Fraser M. 1994. Neural crest cell formation and migration in the developing embryo. FASEB J, 8(10): 699-706.

Cannon B, Nedergaard J. 2004. Brown adipose tissue: function and physiological significance. Physiol Rev, 84(1): 277-359.

Carey D G, Cowin G J, Galloway G J, et al. 2002. Effect of rosiglitazone on insulin sensitivity and body composition in type 2 diabetic patients. Obes Res, 10(10): 1008-1015.

Cartwright A L. 1991. Adipose cellularity in Gallus domesticus: investigations to control body composition in growing chickens. J Nutr, 121(9): 1486-1497.

Cartwright A L, Marks H L, Campion D R. 1986. Adipose tissue cellularity and growth characteristics of unselected and selected broilers: implications for the development of body fat. Poult Sci, 65(6): 1021-1027.

Chau Y Y, Bandiera R, Serrels A, et al. 2014. Visceral and subcutaneous fat have different origins and evidence supports a mesothelial source. Nat Cell Biol, 16(4): 367-375.

Cherry J A, Swartworth W J, Siegel P B. 1984.Adipose cellularity studies in commercial broiler chickens. Poult Sci, 63(1): 97-108.

Cinti S. 2005. The adipose organ. Prostaglandins Leukot Essent Fatty Acids, 73(1): 9-15.

Cinti S. 2009. Transdifferentiation properties of adipocytes in the adipose organ. Am J Physiol Endocrinol Metab Nov, 297(5): E977-E986.

Cinti S, Mitchell G, Barbatelli G, et al. 2005. Adipocyte death defines macrophage localization and function in adipose tissue of obese mice and humans. J Lipid Res, 46(11): 2347-2355.

Cristancho A G, Lazar M A. 2011. Forming functional fat: a growing understanding of adipocyte differentiation. Nat Rev Mol Cell Biol, 12(11): 722-734.

Crossno J T Jr, Majka S M, Grazia T, et al. 2006. Rosiglitazone promotes development of a novel adipocyte population from bone marrow-derived circulating progenitor cells. J Clin Invest, 116(12): 3220-3228.

de Souza C J, Eckhardt M, Gagen K, et al. 2001. Effects of pioglitazone on adipose tissue remodeling within the setting of obesity and insulin resistance. Diabetes, 50: 1863-1871.

Desnoyers F, Vodovar N. 1977. Structural and ultrastructural study of pig perirenal adipose tissue at its initial appearance. Annales De Biologie Animale Biochimie Biophysique.

Digby J E, Montague C T, Sewter C P, et al. 1998. Thiazolidinedione exposure increases the expression of uncoupling protein 1 in cultured human preadipocytes. Diabetes, 47(1): 138-141.

Donnelly L E, Cryer A, Butterwith S C. 1993. Comparison of the rates of proliferation of adipocyte precursor cells derived from two lines of chicken which differ in their rates of adipose tissue development. Br Poult Sci, 34(1): 187-193.

Etienne-Manneeville S, Hall A. 2002. Rho GTPases in cell biology. Nature, 420(12): 629-635.

Farmer S R. 2006. Transcriptional control of adipocyte formation. Cell Metab, 4(4): 263-273.

Faust I M. 1984. Role of the fat cell in energy balance physiology. Res Publ Assoc Res Nerv Ment Dis, 62: 97-107

Fortier M, Soni K, Laurin N, et al. 2005. Human hormone-sensitive lipase(HSL): expression in white fat corrects the white adipose phenotype of HSL-deficient mice. J Lipid Res, 46(9): 1860-1867.

Frontini A, Cinti S. 2010. Distribution and development of brown adipocytes in the murine and human adipose organ. Cell Metabolism, 11(4): 253-256.

Gerard E, Jeffrey M G, Sophia Y T. 2000. Modulation of the murine peroxisome proliferator-activated receptor g2 promoter activity by CCAAT/enhancer-binding proteins. J Biol Chem, 275(36): 27815-27822.

Gerhard G S, Styer A M, Strodel W E, et al. 2014. Gene expression profiling in subcutaneous, visceral and epigastric adipose tissues of patients with extreme obesity. Int J Obes(Lond), 38(3): 371-378.

Gesta S, Blüher M, Yamamoto Y, et al. 2006. Evidence for a role of developmental genes in the origin of obesity and body fat distribution. Proc Natl Acad Sci USA, 103(17): 6676-6681.

Gesta S, Tseng Y H, Kahn C R. 2007. Developmental origin of fat: tracking obesity to its source. Cell, 131(2): 242-256.

Gimble J M, Katz A J, Bunnell B A. 2007. Adipose-derived stem cells for regenerative medicine. Circ Res, 100(9): 1249-1260.

Griffin H D, Butterwith S C, Goddard C. 1987. Contribution of lipoprotein lipase to differences in fatness between broiler and layer-strain chickens. Br Poult Sci, 28(2): 197-206.

Guo L, Sun B, Shang Z, et al. 2011. Comparison of adipose tissue cellularity in chicken lines divergently selected for fatness. Poult Sci, 90(9): 2024-2034.

Harada S,Rodan G A. 2003. Control of osteoblast function and regulation of bone mass. Nature, 423(6937): 349-355.

Hauner H, Entenmann G. 1991. Regional variation of adipose differentiation in cultured stromal-vascular cells from the abdominal and femoral adipose tissue of obese women. Int J Obes, 15(2): 121-126.

Hausman G J, Campion D R, Martin R J. 1980. Search for the adipocyte precursor cell and factors that promote its differentiation. J Lipid Res, 21(6): 657-670.

Hausman G J, Campion D R, Thomas G B. 1983. Adipose tissue cellularity and histochemistry in fetal swine as affected by genetic selection for high or low backfat. J Lipid Res, 24(3): 223-228.

Hermier D, Quignard-Boulangé A, Dugail I. 1989. Evidence of enhanced storage capacity in adipose tissue of genetically fat chickens. J Nutr, 119(10): 1369-1375.

Himms-Hagen J. 1990. Brown adipose tissue thermogenesis: interdisciplinary studies. FASEB J, 4(11): 2890-2898.

Hirsch J, Batchelor B. 1976. Adipose tissue cellularity in human obesity. Clin Endocrinol Metab, 5(2): 299-311.

Hocking S, Samocha-Bonet D, Milner K L, et al. 2013. Adiposity and insulin resistance in humans: the role of the different tissue and cellular lipid depots. Endocr Rev, 34(4): 463-500.

Hong K M, Burdick M D, Phillips R J, et al. 2005. Characterization of human fibrocytes as circulating adipocyte progenitors and the formation of human adipose tissue in SCID mice. FASEB J, 19(14): 2029-2031.

Hood R L. 1982. The cellular basis for growth of the abdominal fat pad in broiler-type chickens. Poult Sci, 61(1): 117-121.

Hu S E, Tontonoz P, Spiegelman B M. 1995. Transdifferentiation of myoblasts by the adipogenic transcription factors PPARgamma and C/EBPalpha. Proc Natl Acad Sci USA, 92(10): 9856-9860.

Iser W B, Kim D, Bachman E, et al. 2005. Examination of the requirement for ucp-4, a putative homolog of mammalian uncoupling proteins, for stress tolerance and longevity in *C. elegans*. Mech Ageing Dev, 126(10): 1090-1096.

Iyengar P, Combs T P, Shah S J, et al. 2003. Adipocyte-secreted factors synergistically promote mammary tumorigenesis through induction of anti-apoptotic transcriptional programs and proto-oncogene stabilization. Oncogene, 22(41): 6408-6423.

Jastroch M, Wuertz S, Kloas W, et al. 2005. Uncoupling protein 1 in fish uncovers an ancient evolutionary history of mammalian nonshivering thermogenesis. Physiol Genomics, 22(2): 150-156.

Jernas M, Palmin, J, Sjoholm K, et al. 2006. Separation of human adipocytes by size: hypertrophic fat cells display distinct gene expression. FASEB J, 20(9): 1540-1542.

Jo J, Gavrilova O, Pack S, et al. 2009. Hypertrophy and/or hyperplasia: dynamics of adipose tissue growth. PLoS Comput Biol, 5(3): e1000324.

Kershaw E E, Flier J S. 2004 Adipose tissue as an endocrine organ. J Clin Endocrinol Metab, 89(6): 2548-2556.

Kirkland J L, Hollenberg C H, Gillon W S. 1996. Effects of fat depot site on differentiation-dependent gene expression in rat preadipocytes. Int J Obes Relat Metab Disord, 20 Suppl 3: S102-S107.

Kissebah A H, Krakower G R. 1994. Regional adiposity and morbidity. Physiol Rev, 74: 761-811.

Klaus S, Ely M, Encke D, et al. 1995. Functional assessment of white and brown adipocyte development and energy metabolism in cell culture. Dissociation of terminal differentiation and thermogenesis in brown adipocytes. J Cell Sci, 108(10): 3171-3180.

Kopecky J, Baudysova M, Zanotti F, et al. 1990. Synthesis of mitochondrial uncoupling protein in brown adipocytes differentiated in cell culture. J Biol Chem, 265(36): 22204-22209.

Lafontan M, Berlan M. 2003. Do regional differences in adipocyte biology provide new pathophysiological insights? Trends Pharmacol Sci, 24(6): 276-283.

Lau D C, Dhillon B, Yan H, et al. 2005. Adipokines: molecular links between obesity and atherosclerosis. Am J Physiol Heart Circ Physiol, 288(5): H2031-H2041.

Lefebvre A M, Laville M, Vega N, et al. 1998. Depot-specific differences in adipose tissue gene expression in lean and obese subjects. Diabetes, 47(1): 98-103.

Ma X, Lee P, Chisholm D J, et al. 2015. Control of adipocyte differentiation in different fat depots; implications for pathophysiology or therapy. Front Endocrinol(Lausanne), 6: 1.

Macotela Y, Emanuelli B, Mori M A, et al. 2012. Intrinsic differences in adipocyte precursor cells from different white fat depots. Diabetes, 61(7):1691-1699.

March B E, Hansen G. 1977. Lipid accumulation and cell multiplication in adipose bodies in White Leghorn and broiler-type chicks. Poult Sci, 56(3): 886-894.

Marques B G, Hausman D B, Martin R J. 1998. Association of fat cell size and paracrine growth factors in development of hyperplastic obesity. Am J Physiol, 275(6): R1898-R1908.

McKay R M, McKay J P, Avery L, et al. 2003. *C. elegans*: a model for exploring the genetics of fat storage. Dev Cell, 4(1): 131-142.

McLaughlin T, Sherman A, Tsao P, et al. 2007. Enhanced proportion of small adipose cells in insulin-resistant vs insulin-sensitive obese individuals implicates impaired adipogenesis. Diabetologia, 50(8): 1707-1715.

Merkley J W, Cartwright A L. 1989. Adipose tissue deposition and cellularity in cimaterol-treated female broilers. Poult Sci, 68(6): 762-770.

Modesitt S C, Hsu J Y, Chowbina S R, et al. 2012. Not all fat is equal: differential gene expression and potential therapeutic targets in subcutaneous adipose, visceral adipose, and endometrium of obese women with and without endometrial cancer. Int J Gynecol Cancer, 22(5): 732-741.

Moitra J, Mason M M, Olive M, et al. 1998. Life without white fat: a transgenic mouse. Genes Dev, 12(20): 3168-3181.

Moulin K, Truel N, Andre M, et al. 2001. Emergence during development of the white-adipocyte cell phenotype is independent of the brown-adipocyte cell phenotype. Biochem J, 356(2): 659-664.

Mozo J, Emre Y, Bouillaud F, et al. 2005. Thermoregulation: what role for UCPs in mammals and birds? Biosci Rep, 25(3-4): 227-249.

Nedergaard J, Bengtsson T, Cannon B. 2007. Unexpected evidence for active brown adipose tissue in adult humans. Am J Physiol Endocrinol Metab, 293(2): E444-E452.

Ohno H, Shinoda K, Ohyama K, et al. 2013. EHMT1 controls brown adipose cell fate and thermogenesis through the PRDM16 complex. Nature, 504(7478): 163-167.

Pani L, Qian X, Clevidence D, et al. 1992. The restricted promoter activity of the liver transcription factor hepatocyte nuclear factor 3 beta involves a cell-specific factor and positive autoactivation. Mol Cell Biol, 12(2): 552-562.

Pfaff F E, Austic R E. 1976. Influence of diet on development of the abdominal fat pad in the pullet. J Nutr, 106(3): 443-450.

Poissonnet C M, Burdi A R, Bookstein F L. 1983. Growth and development of human adipose tissue during early gestation. Early Hum Dev, 8(1): 1-11.

Poissonnet C M, LaVelle M, Burdi A R. 1988. Growth and development of adipose tissue. Journal of Pediatrics, 113(1): 1-9.

Pond C M. 1992. An evolutionary and functional view of mammalian adipose tissue. Proc Nutr Soc, 51(3): 367-377.

Prins J B, O'Rahilly S. 1997. Regulation of adipose cell number in man. Clin Sci(Lond.), 92(1): 3-11.

Pym R A E. 1987. Techniques to reduce adiposity in meat chickens. Proc Nutr Soc, 12: 46-55, 87.

Rabkin S W. 2007. Epicardial fat: properties, function and relationship to obesity. Obes Rev, 8(3): 253-261.

Robelin J. 1981. Cellularity of bovine adipose tissues: developmental changes from 15 to 65 percent mature weight. J Lipid Res, 22(3): 452-457.

Romao J M, Jin W, Dodson M V, et al. 2011. MicroRNA regulation in mammalian adipogenesis. Exp Biol Med (Maywood), 236(9): 997-1004.

Rosen E D, Hsu C H, Wang X, et al. 2002. C/EBP alpha induces adipogenesis through PPAR gamma: a unified pathway. Genes Dev, 16(1): 22-26.

Rosen E D, MacDougald O A. 2006. Adipocyte differentiation from the inside out. Nat Rev Mol Cell Biol, 7(12): 885-896.

Rosen E D, Spiegelman B M. 2000. Molecular regulation of adipogenesis. Annu Rev Cell Dev Biol, 16(1): 145-171.

Rosen E D, Spiegelman B M. 2014. What we talk about when we talk about fat. Cell, 156(1): 20-44.

Rosen E D, Walkey C J, Puigserver P, et al. 2000. Transcriptional regulation of adipogenesis. Genes Dev, 14(11): 1293-1307.

Rothwell N J, Stock M J. 1983. Luxuskonsumption, diet induced thermogenesis and brown fat: the case in favour. Clin Sci(Lond.), 64(1): 19-23.

Saladin R, Fajas L, Dana S, et al. 1999. Differential regulation of peroxisome proliferator activated receptor gamma1(PPAR gamma1)and PPAR gamma2 messenger RNA expression in the early stages of adipogenesis. Cell Growth Differ, 10(1): 43-48.

Salans L B, Cushman S W, Weismann R E. 1973. Studies of human adipose tissue. Adipose cell size and number in nonobese and obese patients. J Clin Invest, 52(4): 929-941.

Sanchez-Gurmaches J, Guertin D A. 2014. Adipocytes arise from multiple lineages that are heterogeneously and dynamically distributed. Nat Commun, 5: 4099.

Sanchez-Gurmaches J, Hung C M, Sparks C A, et al. 2012. PTEN loss in the Myf5 lineage redistributes body fat and reveals subsets of white adipocytes that arise from Myf5 precursors. Cell Metab, 16: 348-362.

Seale P, Bjork B, Yang W, et al. 2008. PRDM16 controls a brown fat/skeletal muscle switch. Nature, 454(7207): 961-967.

Simon J, Leclercq B. 1982. Longitudinal study of adiposity in chickens selected for high or low abdominal fat content: further evidence of a glucose-insulin imbalance in the fat line. J Nutr, 112(10): 1961-1973.

Sordella R, Jiang W, Chen G C, et al. 2003. Modulation of Rho GTPase signaling regulates a switch between adipogenesis and myogenesis. Cell, 113(2): 147-158.

Sowa Y, Imura T, Numajiri T, et al. 2013. Adipose stromal cells contain phenotypically distinct adipogenic progenitors derived from neural crest. PLoS One, 8(12): e84206.

Spalding K L, Arner E, Westermark P O, et al. 2008. Dynamics of fat cell turnover in humans. Nature, 453(7196): 783-787.

Tang Q Q, Zhang J W, Lane M D. 2004. Sequential gene promoter interactions by C/EBPbeta, C/EBPalpha, and PPARgamma during adipogenesis. BiochemBiophys Res Commun, 318(1): 213-218.

Tchkonia T, Giorgadze N, Pirtskhalava T, et al. 2006. Fat depot-specific characteristics are retained in strains derived from single human preadipocytes. Diabetes, 55(9): 2571-2578.

Tchkonia T, Lenburg M, Thomou T, et al. 2007. Identification of depot-specific human fat cell progenitors through distinct expression profiles and developmental gene patterns. Am J Physiol Endocrinol Metab, 292(1): E298-E307.

Tchkonia T, Tchoukalova Y D, Giorgadze N, et al. 2005. Abundance of two human preadipocyte subtypes with distinct capacities for replication, adipogenesis, and apoptosis varies among fat depots. Am J Physiol Endocrinol Metab, 288(1): E267-E277.

Tchkonia T, Thomou T, Zhu Y, et al. 2013. Mechanisms and metabolic implications of regional differences among fat depots. Cell Metab, 17(5):644-656.

Timmons J A, Wennmalm K, Larsson O, et al. 2007. Myogenic gene expression signature establishes that brown and white adipocytes originate from distinct cell lineages. Proc Natl Acad Sci USA, 104(11): 4401-4406.

Trujillo M E, Scherer P E. 2006. Adipose tissue-derived factors: impact on health and disease. Endocr Rev, 27(7): 762-778.

Tsai S, Strauss E, Orkin S H. 1991. Functional analysis and *in vivo* footprinting implicate the erythroid transcription factor GATA-1 as a positive regulator of its own promoter. Genes Dev, 5(6): 919-931.

van Harmelen V, Skurk T, Röhrig K, et al. 2003. Effect of BMI and age on adipose tissue cellularity and differentiation capacity in women. Int J Obes Relat Metab Disord, 27(8): 889-895.

van Vleet E S, Candileri S, McNeillie J, et al. 1984. Neutral lipid components of eleven species of Caribbean sharks. Comp Biochem Physiol B, 79(4): 549-554.

Wang H B, Li H, Wang Q G, et al. 2007. Profiling of chicken adipose tissue gene expression by genome array. BMC Genomics, 8(1): 193.

Whitehurst G B, Beitz D C, Cianzio D, et al. 1981. Examination of a lognormal distribution equation for describing distributions of diameters of bovine adipocytes. J Anim Sci, 53(5): 1236-1245.

Vidal H. 2001. Gene expression in visceral and subcutaneous adipose tissues. Ann Med, 33(8): 547-555.

Vohl M C, Sladek R, Robitaille J, et al. 2004. A survey of genes differentially expressed in subcutaneous and visceral adipose tissue in men. Obes Res, 12(8): 1217-1222.

Wu Y J, Valdez-Corcoran M, Wright J T, et al. 2000. Abdominal fat pad mass reduction by in ovo administration of anti-adipocyte monoclonal antibodies in chickens. Poult Sci, 79(11): 1640-1644.

第三章　鸡生长与腹脂性状的 QTL 定位研究

半个世纪以来，肉鸡育种取得了巨大的成功，但其育种进展，尤其是对受多基因控制、遗传力较低且不易度量的数量性状遗传改良还是比较缓慢的。近些年来，伴随着人类基因组计划的开展，畜禽基因组计划也得到了快速发展，分子生物学和数量遗传学的结合，使得在育种中应用标记辅助选择（marker assisted selection，MAS）改良重要经济性状成为可能。选择与数量性状基因座（quantitative trait loci，QTL）相连锁的分子遗传标记（基因或非基因标记）即可实现对 QTL 基因型的直接选择，这将大大加快育种进程。

动物分子育种以分子数量遗传学为基础，以分子水平的 DNA 操作技术和数量遗传学的统计分析方法为主要手段，以 QTL 的定位、克隆、分析及主效基因的分离为主要内容，通过寻找影响某一性状的 QTL 或主效基因，进而应用于育种实践。对 QTL 的检测和利用是实现从分子水平上对控制畜禽重要经济性状的基因进行操纵的关键。总体来看，对 QTL 的检测有两种最基本的策略：候选基因法和基因组扫描法。候选基因法是根据已有的生理生化知识及对复杂数量性状的剖析，推断哪些基因可能影响目标性状，预先选定一些基因（称为候选基因），通过分子生物学实验检测这些基因及其分子标记对目标数量性状的效应，筛选出对数量性状有影响的基因和分子标记，并估计出它们对数量性状的效应值，最后在分子生物学水平证实基因的变异能否带来真实的表型变异。基因组扫描法即标记与 QTL 连锁分析，这种方法首先需要构建遗传连锁图谱，然后通过标记与 QTL 的连锁分析可将 QTL 检测出来并定位于连锁群或染色体上。分子标记与 QTL 连锁分析研究的目的：一是解决被研究的数量性状受多少个 QTL 操纵；二是确定它们在染色体上的位置；三是估计 QTL 对于该数量性状的效应大小。

目前，全世界的科学家利用不同的鸡资源群体定位了大量的影响鸡重要经济性状的 QTL。至 2016 年 1 月 22 日，在 Chicken QTLdb 数据库中收录了公开发表的鸡 QTL 定位文献 235 篇，定位了 5196 个 QTL，涉及 321 个性状，包括行为、外貌、疾病抵抗、蛋产量、蛋品质、饲料转化、生长、肉质和代谢疾病等（Hu et al.，2016）。这些成果为研究控制这些性状的分子遗传学机制奠定了很好的基础。

研究鸡生长和体脂等重要经济性状的候选基因，有利于我们进一步认识这些性状的遗传机制，通过对有利基因型的固定和标记辅助选择来获得超过常规选择的进展。然而，鸡基因组中的基因数量众多，要摸清众多基因与这些性状的关系是一项非常艰巨的工作。通过对影响鸡生长和脂肪等重要经济性状的 QTL 进行定位，鉴定出 QTL 区域中的候选基因并对其开展深入系统的功能研究，为最终实施分子标记辅助选择对鸡的重要经济性状进行改良奠定坚实的基础。东北农业大学家禽课题组（以下简称"本课题组"）利用东北农业大学建立的独特的鸡 F_2 资源群体（参见第一章），对鸡 1 号、3 号、5 号、

7 号染色体影响鸡体重和腹脂性状的 QTL 进行了初步定位, 并进一步对鸡 1 号染色体影响体重和腹脂性状的 QTL 进行了精细定位, 取得了重要的研究成果(Wang et al., 2012; 陈曦等, 2012; Zhang et al., 2011, 2010; Liu et al., 2008, 2007; 柳晓峰等, 2007)。

第一节　鸡生长和腹脂性状 QTL 的初步定位

一、微卫星标记参数及家系遗传结构分析

本课题组柳晓峰(2007)和王守志(2010)在鸡 1 号、3 号、5 号、7 号染色体上分别选取了 23 个、12 个、9 个、8 个微卫星标记用于鸡生长和腹脂性状的 QTL 初步定位。选取的微卫星标记覆盖 4 条染色体。52 个标记检测到的等位基因数目为 2~8 个, 平均等位基因数目为 4.19 个; 观察杂合度(柳晓峰等, 2007)为 0.16~0.93, 平均观察杂合度为 0.64; 多态信息含量(PIC)(柳晓峰等, 2007)为 0.15~0.77, 平均多态信息含量为 0.54(表 3-1)。

表 3-1　用于初步定位的微卫星标记参数(王守志, 2010; 柳晓峰, 2007)

标记	等位基因数	多态信息含量	观察杂合度	期望杂合度
		1 号染色体		
MCW248	3	0.402	0.577	0.505
LEI0209	8	0.765	0.795	0.795
MCW0010	4	0.439	0.512	0.472
MCW0106	5	0.737	0.933	0.774
LEI0252	5	0.674	0.853	0.725
LEI0114	6	0.583	0.665	0.640
LEI0068	4	0.653	0.752	0.710
MCW0297	3	0.464	0.614	0.556
LEI0146	5	0.677	0.890	0.727
MCW0018	5	0.689	0.744	0.728
MCW0058	3	0.212	0.248	0.225
ADL251	2	0.355	0.555	0.463
MCW0061	5	0.757	0.871	0.792
LEI0088	3	0.429	0.512	0.481
MCW200	5	0.719	0.858	0.758
MCW0036	2	0.352	0.458	0.457
MCW283	4	0.601	0.670	0.653
LEI0107	3	0.565	0.521	0.639
LEI0079	3	0.471	0.507	0.541
ADL328	4	0.593	0.713	0.647
ROS0025	5	0.618	0.749	0.680
MCW0115	6	0.643	0.742	0.698
MCW0107	3	0.366	0.423	0.454

标记	等位基因数	多态信息含量	观察杂合度	期望杂合度
		3 号染色体		
ADL0177	3	0.389	0.480	0.444
MCW0222	3	0.460	0.513	0.518
HUJ0006	5	0.729	0.806	0.764
LEI0161	5	0.689	0.856	0.734
ADL0280	5	0.570	0.652	0.631
MCW0103	2	0.304	0.413	0.374
GCT0019	4	0.537	0.554	0.590
MCW0224	4	0.648	0.765	0.700
MCW0207	5	0.584	0.598	0.641
ADL0237	5	0.617	0.746	0.660
LEI0166	4	0.414	0.601	0.498
MCW0037	3	0.536	0.612	0.618
		5 号染色体		
LEI0116	3	0.482	0.672	0.572
MCW0263	5	0.523	0.674	0.604
ADL0253	5	0.527	0.635	0.569
ADL0292	5	0.617	0.748	0.676
MCW0214	6	0.721	0.783	0.758
MCW0223	4	0.673	0.878	0.722
LEI0149	5	0.414	0.542	0.449
ADL0166	6	0.762	0.878	0.794
ADL0298	3	0.374	0.512	0.484
		7 号染色体		
MCW0030	3	0.462	0.555	0.519
MCW0120	7	0.676	0.795	0.706
ADL0107	3	0.327	0.371	0.393
MCW0183	6	0.657	0.648	0.707
ADL0180	6	0.668	0.742	0.714
ADL0109	3	0.292	0.369	0.317
MCW0316	2	0.153	0.161	0.167
ADL0315	2	0.343	0.497	0.440

Bostein 等（1980）提出了衡量标记变异高低程度的指标，认为 PIC≥0.5 为高度多态，PIC≤0.3 为低度多态，0.3＜PIC＜0.5 为中度多态。据此判断，本研究所选用的大部分微卫星的杂合度、多态信息含量较高，可以用于连锁图谱构建和 QTL 定位分析。

二、遗传连锁图谱的构建

本课题组柳晓峰等（2007）在鸡 1 号染色体上选取 23 个微卫星标记，对东北农业

大学鸡 F_2 资源群体的 369 只个体进行了基因型测定并构建了 1 号染色体遗传连锁图谱（图 3-1A）。图谱总长度为 637.9cM，平均标记密度为 27.73cM。与整合图谱（Groenen et al.，2000）比较结果显示，标记顺序与整合图谱标记顺序基本一致，标记间距离比整合图谱大。

本课题组王守志（2010）在鸡 3 号、5 号、7 号染色体上分别选取 12 个、9 个、8 个微卫星标记，利用该 F_2 资源群体相同的 369 只个体进行了基因型测定并构建了连锁图谱。3 号、5 号、7 号染色体连锁图谱长度分别为 308.8cM（图 3-1B）、261.0cM（图 3-1C）和 177.8cM（图 3-1D）。与整合图谱相比，发现上述 3 个连锁图谱上的标记顺序与整合图谱标记顺序基本一致（7 号染色体连锁图谱上 ADL0315 和 MCW0316 标记顺序与整合图谱相反，但与其物理位置一致），标记间距离比整合图谱大。

绘制遗传连锁图谱是进行 QTL 定位的基础，基于不同的研究群体进行 QTL 定位研究都要构建相应的连锁图谱。本研究得到的图谱长度大于整合图谱，标记间距离与整合图谱和基于 3 个参考家系 Compton（Bumstead and Palyga，1992）、East Lansing（Crittenden et al.，1993）和 Wageningen（Groenen et al.，1998）构建的图谱的标记间距离有一定差别。产生这种情况的原因可能是不同的参考家系用于构建图谱的亲本遗传背景、实验设计、群体数量、标记密度及多态信息含量等方面存在差异。

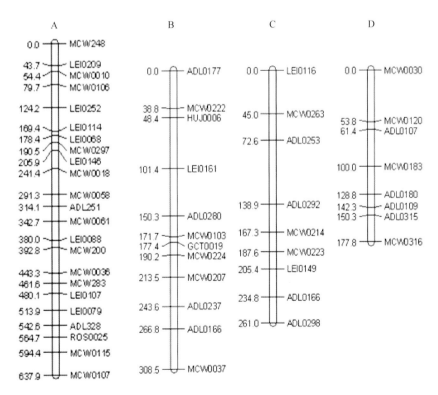

图 3-1　东北农业大学 F_2 资源群体微卫星遗传连锁图谱（单位：cM）（王守志，2010；柳晓峰等，2007）
A. 1 号染色体连锁图谱；B. 3 号染色体连锁图谱；C. 5 号染色体连锁图谱；D. 7 号染色体连锁图谱

本研究构建的鸡4条染色体遗传图谱标记顺序与整合图谱基本一致且符合标记在染色体上的物理位置顺序，标记密度合适，标记杂合度和多态信息含量较高，为应用东北农业大学鸡 F_2 资源群体进行鸡重要经济性状 QTL 定位研究奠定了良好的基础。

三、影响鸡体重和腹脂性状 QTL 的初步定位

东北农业大学资源群体（NEAURP）采用远交 F_2 设计，亲本遗传距离较大，有利于 F_2 代性状的分离，有利于 QTL 的检测。本研究对该资源群体的体重和腹脂性状进行 QTL 定位分析。

（一）影响体重性状的定位分析

本课题组柳晓峰（2007）利用构建的鸡 1 号染色体连锁图谱和东北农业大学鸡 F_2 资源群体的 369 只个体对影响鸡体重性状的 QTL 进行了定位；本课题组王守志（2010）利用构建的鸡 3 号、5 号、7 号染色体连锁图谱和同样的群体个体对影响鸡体重性状的 QTL 进行了定位分析。

对 QTL 定位研究所用到的个体体重和腹脂性状进行统计分析，结果见表3-2。体重性状均值和标准差随着周龄的增加而增大，变异系数为 9.46%~20.69%。对各个周龄体重性状进行相关性分析，结果见表 3-3。各周龄体重都有一定的相关性，并且相邻两个周龄体重的相关系数随着周龄的增加逐渐增大。

表 3-2　F_2 代群体体重和腹脂性状分析（Liu et al., 2007）

性状	均值/g	标准差/g	变异系数/%	最小值/g	最大值/g
BW0	38.79	3.67	9.46	31.2	47.4
BW1	73.99	10.09	13.64	39	99.3
BW2	160.40	22.60	14.09	74.2	218.8
BW3	286.53	44.02	15.36	150	410
BW4	446.89	72.09	16.13	235	650
BW5	621.66	97.38	15.66	335	960
BW6	819.41	137.09	16.73	480	1250
BW7	1037.31	185.32	17.87	605	1620
BW8	1250.10	227.73	18.23	735	1970
BW9	1490.69	284.19	19.06	895	2440
BW10	1682.60	324.51	19.29	1005	2710
BW11	1887.55	370.31	19.62	1105	3135
BW12	2070.75	418.48	20.21	1225	3550
CW	1832.97	379.15	20.69	1065	3250
AFW	77.80	30.72	39.49	4	184
AFP	0.038	0.015	39.47	0.0024	0.081

注：BW 为体重，后面的数字表示相应的周龄；CW 为屠体重；AFW 为腹脂重；AFP 为腹脂率

表 3-3　F₂代群体体重相关性分析（柳晓峰，2007）

	BW1	BW2	BW3	BW4	BW5	BW6	BW7	BW8	BW9	BW10	BW11	BW12	CW
BW1		0.74	0.48	0.39	0.41	0.36	0.26	0.29	0.26	0.27	0.27	0.26	0.27
BW2	0.00		0.81	0.76	0.70	0.63	0.59	0.55	0.54	0.52	0.51	0.49	0.50
BW3	0.00	0.00		0.92	0.80	0.75	0.74	0.67	0.67	0.64	0.62	0.59	0.60
BW4	0.00	0.00	0.00		0.91	0.87	0.87	0.81	0.80	0.78	0.76	0.73	0.74
BW5	0.00	0.00	0.00	0.00		0.97	0.93	0.91	0.90	0.88	0.87	0.85	0.86
BW6	0.00	0.00	0.00	0.00	0.00		0.97	0.95	0.94	0.93	0.91	0.89	0.90
BW7	0.00	0.00	0.00	0.00	0.00	0.00		0.97	0.96	0.94	0.93	0.90	0.90
BW8	0.00	0.00	0.00	0.00	0.00	0.00	0.00		0.98	0.97	0.96	0.95	0.95
BW9	0.00	0.00	0.00	0.00	0.00	0.00	0.00	0.00		0.99	0.98	0.96	0.96
BW10	0.00	0.00	0.00	0.00	0.00	0.00	0.00	0.00	0.00		0.99	0.98	0.98
BW11	0.00	0.00	0.00	0.00	0.00	0.00	0.00	0.00	0.00	0.00		0.99	0.99
BW12	0.00	0.00	0.00	0.00	0.00	0.00	0.00	0.00	0.00	0.00	0.00		1.00
CW	0.00	0.00	0.00	0.00	0.00	0.00	0.00	0.00	0.00	0.00	0.00	0.00	

注：BW 为体重，后面的数字表示相应的周龄；CW 为屠体重；上三角表示相关系数，下三角表示 P 值

利用 QTL express 软件对体重性状进行定位分析，所用固定效应为家系、性别和批次，所用协变量为出生重。结果在 4 条染色体上检测到了大量影响体重性状的 QTL，这些 QTL 解释的表型变异为 1.90%~13.51%，其 QTL 的加性效应绝大部分为正值，表明增加体重的等位基因来源于体重表型值较高的公鸡。具体结果见表 3-4。

表 3-4　体重性状 QTL 定位结果（Wang et al.，2012；Liu et al.，2007）

位置[1]/cM	性状[2]	F 值	侧翼标记	加性效应（标准误）	显性效应（标准误）	表型变异[3]/%
			1 号染色体			
219	BW0	3.92[†]	LEI0146-MCW0018	−0.57（0.72）	3.43（1.33）	2.10
343	BW1	3.22[†]	MCW0061-LEI0088	3.99（1.59）	−2.33（2.61）	1.90
271	BW2	4.51[†]	MCW0018-MCW0058	13.49（5.81）	−21.36（13.81）	2.43
231	BW3	4.01[†]	LEI0146-MCW0018	14.79（6.02）	17.31（11.03）	2.18
339	BW4	11.43[**]	ADL251-MCW0061	37.83（8.63）	18.20（15.26）	6.00
553	BW4	9.31[**]	ADL0328-ROS0025	35.72（8.30）	8.71（13.59）	4.92
195	BW5	11.54[**]	MCW0297-LEI0146	52.13（12.29）	47.99（19.07）	6.02
555	BW5	6.19[*]	ADL0328-ROS0025	42.53（12.82）	29.43（20.76）	3.32
548	BW6	11.61[**]	ADL0328-ROS0025	53.98（16.01）	−82.11（25.41）	6.06
551	BW7	19.23[**]	ADL0328-ROS0025	104.68（17.01）	−9.75（27.64）	9.65
351	BW8	8.72[*]	MCW0061-LEI0088	91.63（25.08）	53.08（41.23）	4.62
523	BW8	6.94[†]	LEI0079-ADL328	102.87（29.89）	−55.53（55.83）	3.71
528	BW9	14.29[**]	LEI0079-ADL328	144.12（28.68）	−63.32（52.46）	7.35
550	BW10	9.14[**]	ADL0328-ROS0025	136.21（32.48）	−29.19（52.50）	4.83
534	BW11	18.72[**]	LEI0079-ADL328	155.71（25.56）	2.12（43.66）	9.42
534	BW12	28.12[**]	LEI0079-ADL328	195.39（26.33）	−14.95（44.98）	13.51
536	CW	28.06[**]	LEI0079-ADL328	171.04（23.15）	−21.91（38.29）	13.49

续表

位置[1]/cM	性状[2]	F 值	侧翼标记	加性效应（标准误）	显性效应（标准误）	表型变异[3]/%
			3 号染色体			
89	BW2	5.02†	HUJ0006-LEI0161	6.99（2.51）	−8.49（5.47）	3.18
94	BW3	5.79*	HUJ0006-LEI0161	14.09（4.37）	−9.64（8.99）	3.43
89	BW4	6.33*	HUJ0006-LEI0161	24.39（7.07）	−13.18（15.36）	3.71
101	BW5	5.39*	HUJ0006-LEI0161	25.08（8.54）	−18.95（15.43）	3.23
247	BW6	4.42†	ADL0237-ADL0166	−6.08（11.71）	52.77（18.65）	2.63
248	BW7	3.79†	ADL0237-ADL0166	−1.36（15.50）	68.08（25.12）	2.23
104	BW8	3.41†	LEI0161-ADL0280	50.42（20.37）	−29.72（38.31）	2.04
102	BW9	3.29†	LEI0161-ADL0280	52.60（23.33）	−48.34（42.32）	1.94
102	BW10	3.59†	LEI0161-ADL0280	63.63（27.09）	−59.31（48.78）	2.15
246	BW10	5.12†	ADL0237-ADL0166	−29.96（24.72）	110.33（39.75）	3.04
247	BW11	3.95†	ADL0237-ADL0166	−25.45（28.24）	114.07（45.60）	2.31
246	BW12	3.78†	ADL0237-ADL0166	−24.02（30.58）	121.37（48.39）	2.17
248	CW	3.66†	ADL0237-ADL0166	−22.30（28.57）	113.15（46.25）	2.10
			5 号染色体			
13	BW1	3.18†	LEI0116-MCW0263	2.75（1.29）	3.33（2.32）	1.97
35	BW2	5.52*	LEI0116-MCW0263	8.70（2.68）	−1.65（5.44）	3.48
24	BW3	7.25**	LEI0116-MCW0263	20.47（5.52）	−8.30（11.03）	4.26
29	BW4	6.01*	LEI0116-MCW0263	28.91（8.34）	1.18（16.99）	3.54
34	BW5	6.71*	LEI0116-MCW0263	38.05（10.39）	7.89（20.86）	3.99
35	BW6	8.58**	LEI0116-MCW0263	60.27（14.76）	−4.27（29.18）	4.99
34	BW7	6.99*	LEI0116-MCW0263	73.82（19.83）	−0.51（38.88）	4.03
33	BW8	8.52**	LEI0116-MCW0263	98.84（24.38）	−15.81（48.31）	4.94
34	BW9	6.53*	LEI0116-MCW0263	102.53（28.65）	−7.56（56.65）	3.78
36	BW10	5.49*	LEI0116-MCW0263	107.89（32.57）	19.29（63.01）	3.23
41	BW11	5.42*	LEI0116-MCW0263	108.82（33.06）	24.06（59.91）	3.10
41	BW12	5.18*	LEI0116-MCW0263	115.73（36.05）	11.54（65.49）	2.95
44	CW	5.38*	LEI0116-MCW0263	101.04（30.88）	11.05（53.64）	3.06
			7 号染色体			
111	BW1	4.77†	MCW0183-ADL0180	2.39（0.82）	−1.10（1.39）	2.92
78	BW2	5.67*	ADL0107-MCW0183	6.07（2.05）	−6.06（4.02）	3.57
133	BW3	5.68*	ADL0180-ADL0109	9.01（3.08）	8.09（5.07）	3.37
134	BW4	8.24**	ADL0180-ADL0109	17.13（4.77）	15.06（8.06）	4.78
71	BW5	6.10*	ADL0107-MCW0183	25.42（7.38）	−5.48（13.93）	3.64
124	BW6	10.5**	MCW0183-ADL0180	41.28（9.37）	19.54（15.76）	6.03
121	BW7	8.12**	MCW0183-ADL0180	50.41（13.03）	28.04（22.76）	4.65
120	BW8	7.34**	MCW0183-ADL0180	60.71（16.36）	27.60（28.88）	4.28
119	BW9	8.01**	MCW0183-ADL0180	77.23（19.46）	24.93（34.65）	4.60
117	BW10	4.85†	MCW0183-ADL0180	70.93（23.04）	27.49（41.07）	2.86
80	BW11	5.48*	ADL0107-MCW0183	91.98（27.80）	6.80（52.94）	3.13
116	BW12	4.97†	MCW0183-ADL0180	85.99（27.99）	44.15（49.99）	2.83
116	CW	5.13†	MCW0183-ADL0180	79.49（25.40）	39.37（45.37）	2.92

1. QTL 位点距离该染色体连锁图谱（图 3-1）第一个标记的距离；2. BW 为体重，后面的数字表示相应周龄；CW 为屠体重；3. QTL 可解释的表型变异=（简约模型下残差平方和−全模型下残差平方和）/简约模型下残差平方和；†建议性连锁；*5%染色体水平显著；**1%染色体水平显著

在 1 号染色体上，分别检测到 1% 染色体水平显著的 10 个 QTL、5% 染色体水平显著的 2 个 QTL 和建议水平显著的 5 个 QTL。显著影响鸡 4~12 周龄体重和屠体重的 QTL 集中分布在染色体 523~555cM 区段（图 3-2）。与该区段内 QTL 有关的标记是 LEI0079、ADL328 和 ROS0025。Kerje 等（2003）认为在同一染色体上对不同性状有影响的 QTL，如果其相距小于 30cM，那么可能是一个 QTL 在起作用。本研究所用个体各周龄体重表型相关性较高（表 3-3），并且在染色体上定位的位置最远相距 20cM，可以认为影响 4~12 周龄体重和屠体重的 QTL 其实是一个 QTL 在起作用。该 QTL 可解释的表型变异为 3.32%（5 周龄体重）~13.51%（12 周龄体重）。该 QTL 加性效应显著并且大部分为正值，表明使体重增高的等位基因来自于父系，也就是体重高的公鸡。

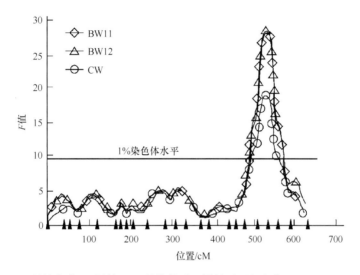

图 3-2　1 号染色体 11 周龄、12 周龄体重、屠体重区间定位（Liu et al.，2007）

横坐标轴上的三角形表示图 3-1A 中的遗传标记位置

本研究定位的影响体重的 QTL 同其他课题组定位结果比较发现，该 QTL 在其他资源群体的研究中有过报道。Van Kaam 等（1999）在同样的位置定位到了影响屠宰率的 QTL。Sewalem 等（2002）在对肉鸡和白来航鸡杂交的 F_2 群体研究中报道了 1 个影响 6 周龄体重的 QTL，其侧翼标记是 ADL0183 和 ROS0025，与本研究定位的 QTL 位置相同。Kerje 等（2003）在同样的位置发现了影响 46 日龄体重的 QTL。Atzmon 等（2006）在商业肉鸡群体中发现微卫星标记 MCW0102 与 7 周龄体重显著相关，经查询 MCW0102 正是在本研究定位的 QTL 区域内。据文献报道，在鸡 1 号染色体上其他区域还存在对体重有影响的 QTL。Sewalem 等（2002）在肉鸡和白来航鸡杂交的 F_2 群体中发现了对 3 周龄、6 周龄体重有影响的 QTL，与该 QTL 有关的侧翼标记为 LEI0068、LEI0146 和 MCW0018。Nones 等（2006）在标记 LEI0068 和 MCW0097 之间发现了对 35 日龄、42 日龄体重有影响的 QTL。他们报道的 QTL 所涉及的标记并不在本研究定位的区间内，这可能是在不同群体中 QTL 分离情况不同所致。

在 3 号染色体上，有 3 个 QTL 达到 5% 染色体水平显著，10 个 QTL 达到建议水平显著。影响 2~5 周龄、8~10 周龄体重的 QTL 位于 89~104cM；影响 6 周龄、7 周龄、10~12

周龄体重和屠体重的 QTL 被定位在 246~248cM 处。其中定位于 89cM 处影响 4 周龄体重的 QTL 测验统计量 *F* 值达到最大。

与定位于 3 号染色体上 89~104cM 基因组区段的 QTL 有关的标记是 HUJ0006、LEI0161 和 ADL0280。在这个区域中定位的 7 个 QTL 在染色体上的位置在 15cM 内，可以认为该基因组区域的 QTL 其实是一个 QTL 在起作用。该 QTL 加性效应显著并全部为正值，表明使体重增高的等位基因来自于体重较高的公鸡。这个 QTL 与已报道的 3 号染色体定位的 QTL 结果一致。Carlborg 等（2003）定位了一个影响鸡 8 日龄体重的 QTL，而该 QTL 位于标记 HUJ0006 和 LEI0161 之间。Ambo 等（2009）报道了 1 个位于标记区间 LEI0161 和 LEI0029 之间影响鸡 35 日龄和 41 日龄体重的 QTL，而这两个区间正好位于标记 HUJ0006 和 ADL0280 之间，这与我们的结果是一致的。进一步通过 UCSC（http://genome.ucsc.edu/）查询发现鸡 3 号染色体 89~104cM 这一基因组区域（标记区间 HUJ0006~ADL0280 对应 25.51~57.79Mb）内有大量的候选基因，其中类胰岛素生长因子受体 II（insulin-like growth factor receptor-II，*IGF-2R*）基因尤为突出。该基因作为哺乳动物印记基因被广泛研究。*IGF-2R* 作为 *IGF-2* 基因的调控因子，可对 *IGF-2* 起负反馈调节，在调控哺乳动物胎儿生长发育中起到重要作用（李莉等，2010）。在本研究中，该基因位于影响鸡 2~5 周龄和 8~10 周龄体重的 QTL 区域中，值得在鸡上对该基因的功能进行深入的研究。

本研究在 3 号染色体 246~248cM 基因组区域定位了 1 个影响 6 周龄、7 周龄、10~12 周龄体重和屠体重的 QTL。经过查询发现，*ApoB* 基因位于该基因组区域。有文献表明，ApoB 在能量运输、代谢过程中发挥重要的作用，可能直接或间接影响着腹脂沉积和生长发育（张森等，2006；Glickman et al.，1986）。Zhang 等（2006）研究了 *ApoB* 基因的多态性和鸡体重性状的关联分析，发现该基因的 T123G 多态性位点与鸡出生重、1 周龄和 3 周龄体重显著相关。这些结果提示 *ApoB* 基因很可能为该 QTL 内影响鸡体重的重要候选基因。需要注意的是该 QTL 的加性效应是负值，有利等位基因来源与期望相反（隐性 QTL，cryptic QTL）。这意味着使体重增高的等位基因来自于表型值低的母鸡家系。在 QTL 定位中，检测到隐性 QTL 的原因比较复杂，可能是由于对所定位的性状选择强度很小或根本没有选择，抑或是由于漂变、一因多效、与被选择的性状紧密连锁或处于连锁不平衡状态（Abasht et al.，2007）。隐性 QTL 在育种实践中很难被应用，这是因为不清楚隐性 QTL 是真正的单个座位的效应还是上位效应（Abasht et al.，2007）。

值得注意的是，在 3 号染色体上检测到的影响鸡不同周龄体重性状的 QTL 分布于不同的基因组区域，且加性效应方向相反。即 2~5 周龄和 8~10 周龄体重的 QTL 位于 89~104cM 基因组区域且加性效应均为正值，而 6 周龄、7 周龄、10~12 周龄体重和屠体重的 QTL 位于 246~248cM 基因组区域且加性效应均为负值。表 3-3 显示本研究所用个体各周龄体重表型相关性较高，预示各周龄体重 QTL 应该集中分布于染色体的某一个或某几个区域，定位结果与预期结果不符。其原因可能是本研究中 3 号染色体的上述两个区域的标记密度较小，从而导致 QTL 定位精度受到影响。研究发现，QTL 定位的精确性随着标记密度的加大而提高（Nezer et al.，2003），过大或过小的标记密度对 QTL 的发现均不利，标记间距为 15cM 时最有利于 QTL 的发现（何小红等，2001）。

在 5 号染色体上，定位了 13 个影响 1~12 周龄体重和屠体重的 QTL，其中 3 个 QTL 达到 1%染色体水平显著，9 个 QTL 达到 5%染色体水平显著，1 个 QTL 在建议水平显著，这些 QTL 集中分布于 13~44cM 基因组区域。其中，定位于 35cM 处的影响 8 周龄体重的 QTL 测验统计量最大，F 值为 8.58（表 3-4）。除 1 周龄体重 QTL 外，这些 QTL 都达到 1%或 5%染色体水平显著，并且加性效应为正值，表明增加体重的 QTL 等位基因来源于体重大的肉鸡。此外，由于这些 QTL 位置相近，很可能是同一 QTL 的"一因多效"在发挥作用。

在 7 号染色体上，定位了影响 1~12 周龄体重和屠体重的 13 个 QTL，其中有 5 个 QTL 达到 1%染色体水平显著，4 个 QTL 达到 5%染色体水平显著，4 个 QTL 在建议水平显著，影响 6 周龄体重的 QTL 测验统计量最大（表 3-4）。这些 QTL 位于染色体 71~134cM 区域，该区域 QTL 可解释的表型变异为 2.83%~6.03%。这些 QTL 的加性效应均为正值，表明增加体重的 QTL 等位基因来源于体重高的公鸡。由于加性效应绝对值大于显性效应，这些 QTL 主要以加性效应发挥作用。目前，已经有大量的文献报道在该区域或相似区域定位了大量影响鸡不同周龄或日龄体重的 QTL。例如，Sewalem 等（2002）用 1 个肉鸡和蛋鸡杂交的 F_2 群体在 7 号染色体标记区间 LEI0064-ROS0019 检测到显著影响鸡 3 周龄、6 周龄、9 周龄体重的 QTL，而该区间覆盖本研究定位的 QTL 标记区间；Atzmon 等（2007）在该染色体上定位了 1 个极显著影响鸡 42 日龄体重的 QTL，其 QTL 信号峰位于本研究 QTL 定位区域；Wahlberg 等（2009）在本研究 QTL 定位区域中检测到了影响鸡 42~56 日龄生长率的 QTL；其他一些研究也发现在该基因组区域中有影响鸡体重的 QTL（Atzmon et al.，2008；Jacobsson et al.，2005；Siwek et al.，2004；Kerje et al.，2003）。

（二）影响腹脂性状的定位分析

本课题组柳晓峰（2007）利用构建的鸡 1 号染色体连锁图谱和东北农业大学鸡 F_2 资源群体的 369 只个体对影响鸡腹脂性状的 QTL 进行了定位分析；本课题组王守志（2010）利用构建的鸡 3 号、5 号、7 号染色体连锁图谱和相同群体的个体对影响鸡腹脂性状的 QTL 进行了定位分析。

对本研究所用到的个体腹脂性状进行统计分析，发现腹脂重和腹脂率的变异系数分别为 39.49%和 39.47%（表 3-2）。利用 QTL express 软件对腹脂性状进行定位分析，所用固定效应为家系、性别和批次，所用协变量为屠体重。具体结果见表 3-5。

在 1 号染色体上定位了对鸡腹脂重和腹脂率有显著影响的 QTL，分别位于 550cM 和 548cM，分别达到 5%染色体水平显著和 1%染色体水平显著（图 3-3），这两个 QTL 位于影响体重的 QTL 区域内，可能是同一个 QTL 在起作用。该 QTL 可解释的表型变异分别为 3.97%（腹脂重）和 6.24%（腹脂率），加性效应显著且为负值，也就是说使腹脂重（率）增高的等位基因来自于表型值低的母鸡家系。这个 QTL 在对体重双向选择的品系杂交群体中已被确认，其侧翼标记为 LEI0162 和 LEI0134（Park et al.，2006）。Lagarrigue 等（2006）在利用腹脂率双向选择品系杂交的群体中也检测到这个 QTL，侧翼标记为 ADL0328 和 LEI0061。Atzmon 等（2006）发现微卫星标记 ADL0150 和 MCW0109 与腹脂重显著相关，这两个标记位于本研究定位的区间内。该 QTL 加性效应为负值，有利等位基因来源与期望相反（隐性 QTL，cryptic QTL）。这意味着使腹脂重（率）增高的等位基因来自于表型值低的母鸡家系。

表 3-5　腹脂性状 QTL 定位结果（Wang et al.，2012；Liu et al.，2007）

位置[1]/cM	性状	F 值	侧翼标记	加性效应（标准误）	显性效应（标准误）	表型变异[2]/%
			1 号染色体			
69	AFP	5.08[†]	MCW0010-MCW0106	-1.5×10^{-3} (-1.09×10^{-3})	-5.6×10^{-3} (-1.953×10^{-3})	2.7
183	AFW	4.67[†]	LEI0068-MCW0297	-5.15（1.94）	3.88（2.93）	2.53
548	AFP	11.91[**]	ADL0328-ROS0025	-0.5×10^{-2} (-1.04×10^{-3})	1.2×10^{-3} (-1.54×10^{-3})	6.24
550	AFW	7.39[*]	ADL0328-ROS0025	-8.14（2.19）	2.84（3.32）	3.97
			3 号染色体			
177	AFW	6.22[*]	MCW0103-GCT0019	2.48（1.79）	-9.01（2.85）	3.42
88	AFW	4.71[†]	HUJ0006-LEI0161	8.89（2.99）	5.47（6.44）	2.61
177	AFP	4.45[†]	MCW0103-GCT0019	1.1×10^{-3} (8.89×10^{-4})	-3.7×10^{-3} (1.4×10^{-3})	2.32
85	AFP	6.53[*]	HUJ0006-LEI0161	5.2×10^{-3} (1.5×10^{-3})	3.3×10^{-3} (3.3×10^{-3})	3.54
			5 号染色体			
82	AFW	3.18[†]	ADL0253-ADL0292	6.46（3.21）	9.47（6.90）	1.77
			7 号染色体			
129	AFW	6.53[**]	ADL0180-ADL0109	5.17（1.98）	-7.21（2.84）	3.59
129	AFP	5.46[*]	ADL0180-ADL0109	2.7×10^{-3} (9.9×10^{-4})	-2.9×10^{-3} (1.4×10^{-3})	2.94

　　1. QTL 位点距离该染色体连锁图谱（图 3-1）第一个标记的距离；2. QTL 可解释的表型变异=（简约模型下残差平方和−全模型下残差平方和）/简约模型下残差平方和；†建议性连锁；*5%染色体水平显著；**1%染色体水平显著

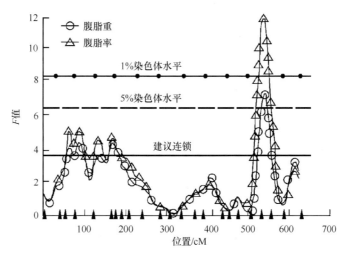

图 3-3　鸡 1 号染色体腹脂重和腹脂率区间定位图（Liu et al.，2007）

在 3 号染色体上，在 177cM 处检测到了同时影响腹脂重和腹脂率的 1 个多效 QTL，加性效应为正值，该 QTL 对腹脂重的影响达到 5%染色体水平显著（表 3-5），表型变异为 3.42%。该 QTL 侧翼标记为 MCW0103 和 GCT0019。McElroy 等（2006）利用两个商业肉鸡品系杂交建立的 F_2 资源群体定位了 1 个影响腹脂率的 QTL，该 QTL 侧翼区间为 MCW0277 和 MCW0207，此标记区间恰好包含本研究定位的 QTL 的侧翼区间。在 85cM 和 88cM 处定位了 2 个影响鸡腹脂率和腹脂重的 QTL，由于位置接近，加性效应均为正值，很可能是同一个 QTL。该 QTL 与 Lagarrigue 等（2006）定位的腹脂重 QTL 处于相同的基因组区域。Park 等（2006）利用生长双向选择品系杂交建立的 F_2 群体在相同的区域定位了 1 个影响鸡腹脂重的 QTL。Atzmon 等（2008）在 1 个鸡多代资源群体研究中发现，标记 MCW0222 与腹脂重显著相关，而该标记恰好位于以上 QTL 区域中，这进一步验证了我们定位结果的真实性。此外，由于这 2 个 QTL 与定位于 89~104cM 基因组区域影响 2~5 周龄和 8~10 周龄体重的 QTL 位置相近，再加上加性效应都表现为正值，以及体重和腹脂性状显著的相关性，推测是同一多效的 QTL 对这些性状发挥了作用。

在 5 号染色体上，在 82cM 处检测到了 1 个影响腹脂重的 QTL，达到建议水平显著（表 3-5）。该 QTL 侧翼标记是 ADL0253 和 ADL0292。有许多文献报道，在该区域存在影响腹脂重的 QTL。McElroy 等（2006）定位了 1 个影响腹脂重的 QTL，其侧翼标记为 MCW0193 和 ADL0292，该区间与我们定位的 QTL 区间相似。Atzmon 等（2008）研究发现，标记 MCW0193 与鸡腹脂重存在显著相关。Le Mignon 等（2009）报道了 1 个位于此区间影响腹脂重的 QTL，该 QTL 效应较大，能够解释 14%的腹脂重变异。同年，Nadaf 等（2009）利用高、低体重选择品系杂交的鸡 F_2 资源群体定位了 1 个影响腹脂重的 QTL，该 QTL 位置与本研究定位结果一致。此外，本研究定位的 QTL 还得到国际上其他研究小组的证实（Abasht et al.，2007；Lagarrigue et al.，2006；Ikeobi et al.，2002）。

在 7 号染色体上定位了 1 个影响腹脂重（率）（表 3-5）的 QTL，测验统计量分别达到了 5%染色体水平显著。与该 QTL 有关的微卫星标记是 ADL0180 和 ADL0109。在这一基因组区域内，国际上多个研究小组报道了存在影响鸡腹脂重的 4 个显著的 QTL 和 1 个建议显著的 QTL（Atzmon et al.，2008；Park et al.，2006；McElroy et al.，2006；Ikeobi et al.，2002），这与我们的定位结果一致。进一步通过 UCSC（http://genome.ucsc.edu/）查询鸡基因组数据库，发现在该区域存在 24 个基因，其中的胰岛素样生长因子结合蛋白 2（*IGFBP2*）是唯一功能已知的基因。IGFBP2 是生物体循环系统中含量第二大的 IGFBP（Rajaram et al.，1997），具有广泛的生物学功能，它能调节类胰岛素生长因子（IGF）、转化生长因子 β（TGFβ）等生长因子的生物活性，影响动物的生长发育（Höflich et al.，2001）。在生物体内 IGFBP2 还参与体重、免疫器官的发育、脂类代谢的调节等（Höflich et al.，1998）。目前，以 *IGFBP2* 基因作为影响脂肪性状的候选基因的研究在鸡上已有一些报道。Lei 等（2005）发现鸡 *IGFBP2* 基因的 A663T 多态性位点在白洛克鸡和杏花鸡杂交建立的 F_2 群体中对鸡的腹脂重有显著影响。Li 等（2006）在东北农业大学构建的 F_2 群体中发现 *IGFBP2* 基因第 2 内含子的一个 C/T 单核苷酸突变位点与鸡腹脂重呈显著相关。这些研究结果表明 *IGFBP2* 基因可能是影响鸡脂肪性状的重要基因。本研究的结果也为这一结论提供了佐证。但该 QTL 区域毕竟比较大，不能排除其他基因对鸡脂肪性状的影响。

第二节　鸡体重和腹脂性状 QTL 的精细定位

本课题组 Liu 等（2007）针对影响肉鸡体重和腹脂性状的 QTL 进行初步定位，结果将影响 4~12 周龄体重的 QTL 定位在鸡 1 号染色体 524~555cM 处；将影响 AFW 和 AFP 的 QTL 定位在鸡 1 号染色体 548~550cM 处。由此可以看出，影响 4~12 周龄体重的 QTL 与影响腹脂性状的 QTL 位置十分接近。本课题组 Liu 等（2008）针对这两个影响体重和腹脂性状的 QTL，在初步定位的基础上通过增加标记和两次扩大检测群体规模的方法进行精细定位，结果将影响体重的 QTL 精细定位在鸡 1 号染色体上 5.5Mb 的区域内，将影响腹脂性状的 QTL 精细定位在鸡 1 号染色体上 3.7Mb 的区域内。在此基础上，本课题组 Zhang 等（2011）利用单倍型分析的方法将影响体重的 QTL 精细定位在鸡 1 号染色体 400kb 的区域内，对该区域基因已有的生物学功能进行分析，结果发现该区域内的 *RB1* 基因可能与鸡的生长有关，因此选择该基因作为候选基因，分析了该基因上 5 个 SNP 位点与体重的相关性，相关分析结果显示 *RB1* 基因确实是影响鸡生长性状的重要基因。

一、增加标记密度精细定位影响鸡体重和腹脂性状的 QTL

本课题组柳晓峰（2007）根据初步定位的结果，利用增加标记密度的办法进一步定位 1 号染色体上影响鸡体重和腹脂性状的 QTL。

（一）增加的微卫星标记参数

根据初步定位结果，在 1 号染色体 524~555cM 区域（标记 LEI0079 和 ROS0025 之间）增加了 9 个微卫星标记（其中 6 个以 NEAU 命名的标记是本课题组开发的微卫星标记），同时根据文献报道的 1 号染色体上 QTL 定位信息，在 1 号染色体 169~205cM 区域（标记 LEI0114 和 MCW0297 之间）增加了 4 个标记（其中 3 个以 NEAU 命名的标记是本课题组开发的微卫星标记），对该区段影响体重和腹脂性状的 QTL 进一步定位分析。增加的 13 个标记检测到的等位基因数目为 2~8 个，平均等位基因数目为 3.85 个；观察杂合度为 0.35~0.82，平均观察杂合度为 0.55；多态信息含量为 0.28~0.73，平均多态信息含量为 0.47（表 3-6）。以上结果表明微卫星多态信息含量丰富，可以用于连锁图谱的构建和 QTL 定位分析。

（二）利用增加的微卫星标记重新构建连锁图谱

利用增加的微卫星标记基因型信息，结合初步定位的标记信息，重新构建遗传连锁图谱，如图 3-4 所示。重新构建的连锁图谱长度为 726.1cM，总共有 36 个标记。平均标记密度为 20.2cM。

表 3-6　增加的微卫星标记参数（柳晓峰，2007）

标记	等位基因数	杂合子数	纯合子数	观察杂合度	期望杂合度	多态信息含量
NEAU145	2	153	287	0.35	0.38	0.31
NEAU003	2	201	284	0.41	0.40	0.32
MCW0043	4	188	166	0.53	0.63	0.57
NEAU004	3	264	195	0.58	0.58	0.48
LEI0246	8	331	72	0.82	0.76	0.73
NEAU013	6	367	104	0.78	0.71	0.66
ADL245	5	358	114	0.76	0.68	0.63
NEAU006	3	219	260	0.46	0.45	0.39
NEAU010	6	172	322	0.35	0.32	0.31
NEAU005	2	201	287	0.41	0.39	0.31
NEAU012	4	360	109	0.77	0.71	0.65
ADL0101	2	180	291	0.38	0.34	0.28
NEAU008	3	228	242	0.49	0.52	0.42

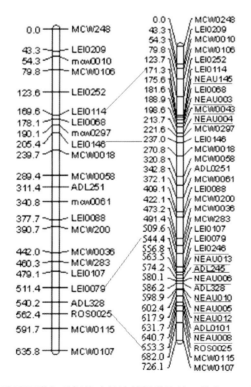

图 3-4　初步定位的连锁图谱与重新构建的连锁图谱比较（单位：cM）（柳晓峰，2007）

标记下有下划线的表示新增加的标记

（三）影响体重和腹脂性状 QTL 的定位分析

利用增加标记密度重新构建的连锁图谱（图 3-4）对影响体重和腹脂性状的 QTL 进行定位分析，结果见表 3-7。增加标记后连锁图谱变长，标记间距离也有变化，因此，QTL 的位置与初步定位相比有所变化。从 QTL 的侧翼标记来看，影响体重和腹脂性状的 QTL 相对位置与初步定位结果一致，相应的 F 值有变大的趋势。增加标记密度后，在 593cM 和 594cM 处检测到影响 AFP 和 AFW 的 2 个 QTL，这 2 个 QTL 位置极为接近，加性效应均为负值，很可能是同一 QTL。从 QTL 的侧翼标记和效应来看，该 QTL 为初步定位时检测到的 QTL。此外，在 67cM 和 197cM 处分别检测到影响 AFP 和 AFW 的 2 个 QTL，其加性效应均为负值，分别达到 5%染色体水平显著和建议性连锁，这 2 个 QTL 在初步定位时并没有被检测到。

表 3-7　影响体重和腹脂性状 QTL 进一步定位结果（柳晓峰，2007）

位置[1]/cM	性状[2]	F 值	侧翼标记	加性效应（标准误）	显性效应（标准误）	表型变异[3]/%
306	BW1	3.65[†]	MCW0018-MCW0058	2.89（1.07）	1.57（2.57）	2.25
221	BW2	7.16[*]	NEAU004-MCW0297	5.19（1.61）	4.87（2.32）	4.47
222	BW3	13.87[**]	MCW0297-LEI0146	14.44（2.91）	8.07（4.14）	7.84
557	BW4	12.78[**]	LEI0246-NEAU013	22.39（4.44）	−2.22（6.45）	7.23
596	BW5	18.81[**]	ADL328-NEAU010	39.02（6.45）	−9.98（10.05）	10.43
579	BW6	18.92[**]	ADL245-NEAU006	51.66（8.41）	2.05（12.34）	10.37
597	BW7	22.87[**]	ADL328-NEAU010	79.15（11.81）	−15.29（18.42）	12.08
596	BW8	25.25[**]	ADL328-NEAU010	102.25（14.57）	−28.71（22.68）	13.34
597	BW9	24.11[**]	ADL328-NEAU010	117.78（17.07）	−21.68（26.83）	12.68
594	BW10	23.29[**]	ADL328-NEAU010	135.16（19.89）	−14.1（30.93）	12.40
595	BW11	24.33[**]	ADL328-NEAU010	152.33（22.07）	−31.51（34.51）	12.55
595	BW12	26.09[**]	ADL328-NEAU010	170.24（23.91）	−39.92（37.51）	13.27
594	CW	26.02[**]	ADL328-NEAU010	153.81（21.66）	−35.75（33.88）	13.24
67	AFP	5.55[*]	MCW0010-MCW0106	$−1.40 \times 10^{-3}$（1.10×10^{-3}）	$−6.10 \times 10^{-3}$（1.90×10^{-3}）	3.21
197	AFW	4.95[†]	NEAU003-MCW0043	−4.76（1.86）	5.13（2.89）	2.73
594	AFW	6.83[*]	ADL328-NEAU010	−7.79（2.14）	1.73（3.13）	3.72
593	AFP	11.33[**]	ADL328-NEAU010	$−4.80 \times 10^{-3}$（1.00×10^{-3}）	8.00×10^{-4}（1.50×10^{-3}）	5.98

1. QTL 位点距离新构建染色体连锁图谱（图 3-4）第一个标记的距离；2. BW 为体重，随后的数字表示相应的周龄；CW 为屠体重；AFW 为腹脂重；AFP 为腹脂率；3. QTL 可解释的表型变异=（简约模型下残差平方和−全模型下残差平方和）/简约模型下残差平方和；†建议性连锁；*5%染色体水平显著；**1%染色体水平显著

分析 4~12 周龄体重和该区域腹脂性状 QTL 的 95%置信区间，结果见表 3-8。找到置信区间在遗传图谱上两侧的标记，利用 UCSC 公布的鸡基因组序列信息，查询置信区间的物理位置。比较增加标记前后置信区间物理位置的变化情况，发现影响 BW6 和 CW 的 QTL 的置信区间物理位置没有发生变化；影响 BW11 的 QTL 的置信区间物理位置反而变大；其他周龄体重 QTL 置信区间有缩小的趋势，但是幅度较小；影响 AFW 的 QTL 置信

区间从物理位置上来看缩小了 8Mb；影响 AFP 的 QTL 置信区间缩小将近 30Mb。

表 3-8　增加标记后影响体重和腹脂性状置信区间和物理位置（柳晓峰，2007）

位置[1]/cM	性状[2]	F 值	95%置信区间/cM	置信区间物理位置[3]/bp
557	BW4	12.78**	220.0~599.0（379.0）	53798691~169773973（115975282）
596	BW5	18.81**	222.0~614.0（392.0）	53798691~178815460（125016769）
579	BW6	18.92**	222.0~703.0（481.0）	53798691~200846211（147047520）
597	BW7	22.87**	262.5~602.0（339.5）	55261870~178815460（123553590）
596	BW8	25.25**	527.5~641.0（113.5）	143677306~182910620（39233314）
597	BW9	24.11**	359.5~614.0（254.5）	86686388~178815460（92129072）
594	BW10	23.29**	356.0~611.0（255.0）	86686388~178815460（92129072）
595	BW11	24.33**	535.0~647.0（112.0）	143677306~182910620（39233314）
595	BW12	26.09**	548.0~619.5（71.5）	158352237~181375546（23023309）
594	CW	26.02**	548.5~645.0（96.5）	158352237~182910620（24558383）
594	AFW	6.83*	510.0~654.0（144.0）	143677306~182910620（39233314）
593	AFP	11.33**	581.0~654.0（73.0）	172621560~182910620（10289060）

1. QTL 位点距离新构建染色体连锁图谱（图 3-4）第一个标记的距离；2. BW 为体重，随后的数字表示相应的周龄；CW 为屠体重；AFW 为腹脂重；AFP 为腹脂率；3. 置信区间两侧标记在物理图谱上的位置（包含的基因组序列）；*5%染色体水平显著；**1%染色体水平显著

二、扩大检测群体规模精细定位影响鸡体重和腹脂性状的 QTL

在增加标记密度的基础上，将群体规模在原来 4 个 F_1 家系的基础上，增加了 3 个 F_1 家系，共检测了 618 个 F_2 个体，对影响体重和腹脂性状的 QTL 进行精细定位。

（一）构建 7 个家系的连锁图谱

对 LEI0079~ROS0025 区间的 12 个标记和 LEI0114~LEI0146 区间的 8 个标记，在 618 个 F_2 个体中进行基因型分析。根据标记基因型和系谱信息，重新构建了连锁图谱（图 3-5）。由于增加了作图个体数量，图谱长度发生了变化。

（二）扩大检测群体规模后对影响体重和腹脂性状的 QTL 进行定位分析

利用重新构建的连锁图谱对影响体重和腹脂性状的 QTL 进行定位分析，具体分析结果见表 3-9。扩大检测群体规模后连锁图谱变长，标记间距离也有变化，因此，QTL 的位置与初步定位有所变化，从 QTL 的侧翼标记来看，影响 4~12 周龄体重和腹脂性状 QTL 的相对位置与初步定位结果一致，相应的 F 值有变大的趋势；在该区域，检测到对 1~3 周龄体重有影响的 QTL，这些 QTL 达到了 5%（BW1）或 1%染色体水平（BW2、BW3），但是其 F 值与 4~12 周龄体重 F 值相比要小很多。在 204cM 检测到影响 AFP 和 AFW 的两个 QTL。这两个 QTL 加性效应显著，但是为负值。

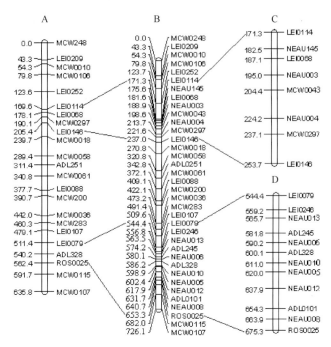

图 3-5　增加标记和扩大检测群体规模构建的连锁图谱（单位：cM）（柳晓峰，2007）

A. 初步定位时构建的连锁图谱；B. 在 LEI0114~LEI0146 和 LEI0079~ROS0025 两个区间内增加标记密度和群体规模以后构建的连锁图谱；C. 对 B 图中 LEI0114~LEI0146 区间放大；D. 对 B 图中 LEI0079~ROS0025 区间放大

表 3-9　影响体重和腹脂性状 QTL 精细定位结果（柳晓峰，2007）

位置[1]/cM	性状[2]	F 值	侧翼标记	加性效应（标准误）	显性效应（标准误）	表型变异[3]/%
204	AFW	5.27*	NEAU003-MCW0043	−4.27（1.41）	2.11（2.17）	1.71
204	AFP	5.77*	NEAU003-MCW0043	$−2.30×10^{-3}$（$6.00×10^{-4}$）	$6.00×10^{-4}$（$1.00×10^{-3}$）	1.89
545	BW1	5.04*	LEI0079-LEI0246	1.87（0.65）	1.46（1.27）	1.79
552	BW2	11.58**	LEI0079-LEI0246	5.66（1.36）	5.53（2.47）	4.22
593	BW3	12.58**	NEAU006-ADL328	11.59（2.32）	−1.11（3.49）	4.29
594	BW4	23.56**	NEAU006-ADL328	24.02（3.52）	−5.69（5.3）	7.82
593	BW5	30.78**	NEAU006-ADL328	37.07（4.77）	−8.08（7.15）	9.94
594	BW6	31.63**	NEAU006-ADL328	51.68（6.49）	−0.07（9.87）	10.13
596	BW7	32.77**	NEAU006-ADL328	69.43（8.59）	−4.52（12.9）	10.36
596	BW8	35.97**	NEAU006-ADL328	88.18（10.42）	−9.48（15.72）	11.31
607	BW9	33.63**	ADL328-NEAU010	104.52（12.75）	1.84（19.88）	10.67
598	BW10	32.74**	NEAU006-ADL328	115.44（14.27）	0.87（21.29）	10.40
607	BW11	31.44**	ADL328-NEAU010	129.57（16.34）	−4.97（25.42）	9.79
597	BW12	34.14**	NEAU006-ADL328	143.90（17.59）	−27.04（26.58）	10.47
598	CW	33.53**	NEAU006-ADL328	128.27（15.79）	−20.79（23.74）	10.31
609	AFW	19.92**	ADL328-NEAU010	−9.97（1.59）	1.69（2.35）	6.18
608	AFP	27.50**	ADL328-NEAU010	$−5.70×10^{-3}$（$8.00×10^{-4}$）	$8.00×10^{-4}$（$1.00×10^{-3}$）	8.34

　　1. QTL 位点距离该连锁图谱（图 3-5C，图 3-5D）第一个标记的距离；2. BW 为体重，随后的数字表示相应的周龄；CW 为屠体重；AFW 为腹脂重；AFP 为腹脂率；3. QTL 可解释的表型变异=（简约模型下残差平方和−全模型下残差平方和）/简约模型下残差平方和；*5%染色体水平显著；**1%染色体水平显著

计算 4~12 周龄体重和腹脂性状 QTL 的 95% 置信区间，结果见表 3-10。扩大检测群体规模后连锁图谱变长，标记间距离也有变化，部分 QTL 置信区间遗传距离变大。找到置信区间在遗传图谱上两侧的标记，利用 UCSC 公布的鸡基因组序列信息，查询置信区间物理位置。比较扩大检测群体规模后置信区间物理位置的变化，发现影响各个周龄体重的 QTL 置信区间都有缩小的趋势，其中 BW6 的 QTL 置信区间缩小了139Mb，缩小的幅度最大。BW12 的 QTL 置信区间缩小了 9.8Mb，缩小的幅度最小；影响腹脂重的 QTL 置信区间遗传距离缩小了 120cM，从物理位置上来看缩小了35.5Mb。影响腹脂率的 QTL 置信区间遗传距离缩小了 55.5cM，从物理位置上来看缩小了 6.6Mb。

表 3-10　扩大检测群体规模后影响体重和腹脂性状 QTL 置信区间和物理位置（柳晓峰，2007）

位置 [1]/cM	性状 [2]	F 值	95% 置信区间/cM	置信区间物理位置 [3]/bp
594	BW4	23.56**	546.0~670.0（124.0）	158352237~182910620（24558383）
593	BW5	30.78**	547.0~612.0（65.0）	158352237~175327444（16975207）
594	BW6	31.63**	558.0~609.0（51.0）	167462377~175327444（7865067）
596	BW7	32.77**	560.0~619.0（59.0）	167462377~176311121（8848744）
596	BW8	35.97**	560.0~667.5（107.5）	167462377~182910620（15448243）
607	BW9	33.63**	560.0~618.5（58.0）	167462377~176311121（8848744）
598	BW10	32.74**	560.0~672.8（112.8）	167462377~182910620（15448243）
607	BW11	31.44**	578.0~675.0（97.0）	169773973~182910620（13136647）
597	BW12	34.14**	575.5~675.0（99.5）	169773973~182910620（13136647）
598	CW	33.53**	577.5~620.0（42.5）	169773973~176311121（6537148）
609	AFW	19.92**	596.0~620.0（24.0）	172621560~176311121（3689561）
608	AFP	27.50**	598.5~616.0（17.5）	172621560~176311121（3689561）

1. QTL 位点距离该连锁图谱（图 3-5D）第一个标记的距离；2. BW 为体重，随后的数字表示相应的周龄；CW 为屠体重；AFW 为腹脂重；AFP 为腹脂率；3. 置信区间两侧标记在物理图谱上的位置（包含的基因组序列）；**1% 染色体水平显著

表 3-11 总结了从初步定位到增加标记和扩大检测群体规模后置信区间变化的情况，从置信区间物理位置来看，增加标记和扩大检测群体规模缩小了影响体重和腹脂性状的 QTL 置信区间，对不同性状来说，缩小的幅度不同。目前研究发现：影响 BW12 和 CW 的 QTL 置信区间分别包含约 13.14Mb 和 6.5Mb 基因组序列；影响 AFW 和 AFP 的 QTL 置信区间包含约 3.69Mb 的基因组序列。

三、进一步扩大检测群体规模精细定位影响鸡体重和腹脂性状的 QTL

本课题组 Liu 等（2008）将群体规模在 7 个 F_1 家系的基础上，又增加了 5 个 F_1 家系，即在初步定位的 4 个 F_1 家系的基础上扩大到 12 个 F_1 家系，共检测了 1011 个 F_2 个体（表型信息见表 3-12），从而对影响体重和腹脂性状的 QTL 进行精细定位。

表 3-11   置信区间情况总结（柳晓峰，2007）

性状	初步定位		增加标记		扩大检测群体规模	
	遗传区间/cM	物理区间/bp	遗传区间/cM	物理区间/bp	遗传区间/cM	物理区间/bp
BW4	382.0	133425634	379.0	115975282	124.0	24558383
BW5	421.0	147047520	392.0	125016769	65.0	16975207
BW6	432.0	147047520	481.0	147047520	51.0	7865067
BW7	416.0	147047520	339.5	123553590	59.0	8848744
BW8	84.0	43547019	113.5	39233314	107.5	15448243
BW9	280.5	117210804	254.5	92129072	58.0	8848744
BW10	261.5	103885960	255.0	92129072	112.8	15448243
BW11	49.5	28872088	112.0	39233314	97.0	13136647
BW12	36.0	24558383	71.5	23023309	99.5	13136647
CW	36.0	24558383	96.5	24558383	42.5	6537148
AFW	115.0	47424393	144.0	39233314	24.0	3689561
AFP	62.5	39233314	73.0	10289060	17.5	3689561

注：BW 为体重，随后的数字表示相应的周龄；CW 为屠体重；AFW 为腹脂重；AFP 为腹脂率

表 3-12   1011 个个体的表型信息（Liu et al.，2008）

性状	平均值/g	标准差/g
BW4	451	73
BW5	627	95
BW6	825	129
BW7	1046	177
BW8	1258	214
BW9	1493	264
BW10	1688	304
BW11	1883	351
BW12	2069	394
CW	1833	357
AFW	79.7	29.2
AFP	0.04	0.01

注：BW4~BW12 为 4~12 周龄体重；CW 为屠体重；AFW 为腹脂重；AFP 为腹脂率

（一）构建 12 个家系的连锁图谱

针对 LEI0079~ROS0025 区间的 12 个标记（表 3-13），在 1011 个 F₂ 个体中进行标记基因型分析。根据标记基因型和系谱信息，重新构建连锁图谱，相关信息见表 3-14 和图 3-6。由于增加了作图个体数量，图谱长度发生了变化。新构建的连锁图谱长度为 181.8cM，平均标记密度为 16.53cM。

表 3-13　12 个微卫星标记的引物信息（Liu et al.，2008）

序号	标记名称	上游引物与下游引物	位置区间/bp	重复序列	等位基因数
1	LEI0079	5'-AGGCTCCTGAATGAATGCATC-3' 5'-TCATTATCCTTGTGTGAAACTG-3'	207~214	ac	3
2	LEI0246	5'-CAGAGGAGTTGGACTAGATCACC-3' 5'-GAGACCAAATGTCTCTCAAAACAG-3'	260~314	gaaa	9
3	NEAU0013	5'-GTCACCAAAAGGAGAAGAGCC-3' 5'-CAGCGTCAGAAGAGGTGAGATAG-3'	243~266	aat	6
4	ADL0245	5'-ACAAGGGTGGTGCTTAGTCC-3' 5'-TGAAACCAGGAAACGATCTTC-3'	104~174	gt	6
5	NEAU0006	5'-TCTTCTTAGCAGCCACCATC-3' 5'-ATCCATTAAAGGTAAGAGGTGAG-3'	260~274	ca	3
6	ADL0328	5'-CACCCATAGCTGTGACTTTG-3' 5'-AAAACCGGAATGTGTAACTG-3'	109~120	ca	4
7	NEAU0010	5'-TGAGCTACCTGGGGTGATTAAG-3' 5'-GCAACGTGTTGTCAACCATTAC-3'	105~152	ta	6
8	NEAU0005	5'-CTGTGTTTTGTCCCACCTACC-3' 5'-CCCAAACTATCTACTCTGGCTTAG-3'	260~310	at	2
9	NEAU0012	5'-CCGCTGGGTAATACTCTTC-3' 5'-CAGTCACTGTTACCTGCAGTG-3'	102~109	gt	4
10	ADL0101	5'-CCCCAAGGAGAACTGATTACC-3' 5'-GTGAAAACGCAAACAGTCCTC-3'	168~172	gt	2
11	NEAU0008	5'-TACAGGTAGGTATCAAAGAGCAC-3' 5'-CTGACCCCACTTCAATTAATAG-3'	173~182	tg	3
12	ROS0025	5'-AGATTGCTGGGGGAAAAAGT-3' 5'-ACTGAAAACCTGAACAGAAGGC-3'	205~219	ca	5

（二）进一步扩大检测群体规模后对影响体重和腹脂性状的 QTL 进行定位分析

利用重新构建的连锁图谱对影响体重和腹脂性状的 QTL 进行定位分析，具体分析结果见表 3-15。扩大检测群体规模后连锁图谱变长，标记间距离也有变化，因此，QTL 的位置与初步定位有所变化，从 QTL 的侧翼标记来看，影响 4~12 周龄体重和腹脂性状 QTL 的相对位置与初步定位结果一致，相应的 F 值有变大的趋势。检测到的 QTL 位于 589~590cM 染色体区段，在这个区段的 QTL 可解释的表型变异为 7.0%~10.6%；影响 4~12 周龄体重，以及屠体重的 QTL 加性效应不断增加，并且全部为正值。加性效应为正值表示使体重增加的等位基因来自于父系。同时发现，影响腹脂性状的 QTL 位于

597~599cM 染色体区段，对于 AFW 达到了建议性连锁，而对于 AFP 达到了 1% 染色体水平显著，该 QTL 解释了 0.64%~3.96% 的表型变异。

表 3-14 连锁图谱信息（Liu et al.，2008）

标记名称	肉鸡与蛋鸡杂交 [1]/cM	整合图谱（2000）[2]/cM	UCSC 数据库 [3]/Mb
LEI0079	513.9（0.0）	443.0（0.0）	158.4
LEI0246	532.8（18.9）	454.0（11.0）	167.5
NEAU0013	546.4（32.5）	—	169.8
ADL0245	570.9（57.0）	459.0（16.0）	171.7
NEAU0006	583.8（69.9）	—	172.6
ADL0328	593.4（79.5）	475.0（32.0）	173.4
NEAU0010	604.9（91.0）	—	175.3
NEAU0005	614.7（100.8）	—	175.3
NEAU0012	635.3（121.4）	—	178.8
ADL0101	660.9（147.0）	500.0（57.0）	181.4
NEAU0008	684.3（170.4）	—	182.4
ROS0025	695.7（181.8）	527.0（84.0）	182.9

1. 本研究构建的鸡 1 号染色体遗传连锁图谱；2. 微卫星标记位于整合图谱（2000）的位置，2000 表示各标记位置减去第一个标记的位置得到的标记间的距离；3. 微卫星标记位于 UCSC 数据库中图谱的位置；括号中数据表示标记在整合图谱中的位置

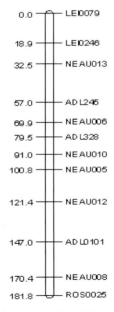

图 3-6　东北农业大学 F_2 资源群体微卫星遗传连锁图谱（单位：cM）（张慧，2008）

表 3-15　影响体重和腹脂性状 QTL 进一步定位分析结果（Liu et al., 2008）

位置[1]/cM	性状	F值	标记	加性效应（标准误）	显性效应（标准误）	表型变异[2]/%	置信区间/cM	基因组位置/Mb
589	BW4	36.35**	NEAU006-ADL328	23.79 (2.79)	−2.33 (4.35)	7.00	532.0~602.0 (70.0)	167.5~175.3 (7.8)
589	BW5	44.95**	NEAU006-ADL328	36.20 (3.82)	0.31 (5.98)	8.70	533.0~601.0 (68.0)	167.5~175.3 (7.8)
590	BW6	47.96**	NEAU006-ADL328	49.48 (5.09)	6.85 (7.95)	9.20	534.0~600.0 (66.0)	167.5~175.3 (7.8)
590	BW7	49.12**	NEAU006-ADL328	66.37 (6.71)	2.40 (10.42)	9.30	537.0~601.0 (64.0)	167.5~175.3 (7.8)
590	BW8	56.43**	NEAU006-ADL328	85.15 (8.02)	−0.26 (12.49)	10.60	537.0~599.0 (62.0)	167.5~175.3 (7.8)
590	BW9	52.77**	NEAU006-ADL328	98.63 (9.66)	8.79 (15.04)	10.00	554.0~601.0 (47.0)	169.8~175.3 (5.5)
590	BW10	54.81**	NEAU006-ADL328	115.18 (11.04)	7.95 (17.12)	10.40	556.0~599.0 (43.0)	169.8~175.3 (5.5)
590	BW11	55.21**	NEAU006-ADL328	127.64 (12.15)	−1.61 (18.94)	10.20	557.0~600.0 (43.0)	169.8~175.3 (5.5)
590	BW12	58.25**	NEAU006-ADL328	143.99 (13.34)	−6.09 (20.75)	10.60	556.0~598.0 (42.0)	169.8~175.3 (5.5)
590	CW	57.95**	NEAU006-ADL328	129.90 (12.07)	−5.26 (18.77)	10.40	557.0~597.0 (40.0)	169.8~175.3 (5.5)
597	AFW	3.18†	ADL0328-NEAU0010	−2.73 (1.35)	3.26 (2.08)	0.64	514.0~695.0 (181.0)	158.4~182.9 (24.5)
599	AFP	20.34**	ADL0328-NEAU0010	-3.70×10^{-3} (5.87×10^{-4})	1.10×10^{-3} (9.15×10^{-4})	3.96	587.0~612.0 (25.0)	172.6~176.3 (3.7)

1. QTL 的位置（对应表 3-10）；2. QTL 可解释的表型变异＝（简约模型下残差平方和－全模型下残差平方和）/（简约模型下残差平方和）。†建议性连锁；**1%染色体水平显著；BW 为体重，随后的数字表示相应的周龄；CW 为屠体重；AFW 为腹脂重；AFP 为腹脂率

分析 4~12 周龄体重和屠体重 QTL 的 95% 置信区间,结果见表 3-15。找到置信区间在遗传图谱两侧的标记,利用 UCSC 公布的鸡基因组序列信息,查询置信区间的物理位置。进一步扩大检测群体规模后连锁图谱变长,标记间相对距离也有变化,但标记的物理位置没有变化。影响 BW4~BW8 和 BW9~BW12,以及 CW 的 QTL 置信区间分别包含 7.8Mb 和 5.5Mb 基因组序列。影响 AFW 和 AFP 的 QTL 置信区间分别包含了 24.5Mb 和 3.7Mb 基因组序列。本研究通过增加标记密度和扩大群体规模的方法分别将影响体重和腹脂性状的 QTL 精细定位在 1 号染色体上 5.5Mb 和 3.7Mb 的区域内。

(三)可能的候选基因分析

根据生物信息学知识及利用比较基因组学方法,针对精细定位于 5.5Mb 内影响体重的 QTL 置信区间进行候选基因查询,发现该区间大约有 300 个基因,其中 14 个基因可能与鸡的生长和体脂有一定的关系(表 3-16),在这 14 个基因中有 8 个是生物学功能已知的基因,这些基因在鼠或人上都有了初步的研究结果。

表 3-16 位于 QTL 置信区间内可能与体重性状有关的候选基因(Liu et al.,2008)

位置[1]	基因名称	符号	功能和过程
169.9	SGT1,suppressor of G2 allele of SKP1 (*S. cerevisiae*)	SUGT1	—
170.0	E74-like factor 1	ELF1	transcription factor activity
170.5	similar to diacylglycerol kinase eta 2	LOC769506	diacylglycerol kinase activity
170.8	tumor necrosis factor(ligand)superfamily, member 11	LOC428067	tumor necrosis factor receptor binding
171.7	similar to transforming growth factor beta 1 induced transcript 4	LOC769651	—
171.9	general transcription factor IIF	GTF2F2	—
173.1	retinoblastoma 1	RB1	regulation of lipid kinase activity
173.5	calcium binding protein 39-like	CAB39L	—
175.3	lipoma HMGIC fusion partner	LHFP	lipoma
175.6	similar to complement C4-1[2]	LOC418892	endopeptidase inhibitor activity
176.2	POSTN periostin,osteoblast specific factor[2]	POSTN	cell adhesion
178.4	similar to deleted in liver cancer 2 alpha[3]	LOC418908	signal transduction
180.0	POMP proteasome maturation protein	LOC418925	—
181.2	fms-related tyrosine kinase 1	FLT1	vascular endothelial growth factor receptor activity

1. 遗传连锁图谱上的位置;2. 在基因组芯片中高表达基因;3. 基因组芯片中差异表达基因

影响 QTL 定位精确性的因素有以下几个方面:①QTL 效应大小及其在染色体上的位置;②性状遗传力;③标记密度及多态性;④用于 QTL 定位研究的群体大小及结构(王菁等,2000)。其中,QTL 效应大小及其在染色体上的位置和性状的遗传力是无法人为控制的,而标记密度和定位群体的大小是可以在一定程度上人为控制的。

一般来说,QTL 定位的精确性随着标记密度的加大而提高。虽然增加标记密度耗时耗力，但这是影响 QTL 定位精度的最直接的瓶颈之一（Nezer et al.，2003）。目前，鸡遗传连锁图谱中标记密度已达到约 2cM，且随着新的 DNA 标记类型（如 SNP）的出现，标记密度还可大幅度提高。随着新的测定技术（如 DNA 芯片）的发展，标记分型速度将会提高，同时成本会进一步降低。因此一种观点乐观地认为，利用高密度的遗传连锁图谱即可做到精细定位。然而这是不全面的，高密度的遗传连锁图谱仅是精细定位的前提。何小红等（2001）研究发现，过大或过小的标记密度对 QTL 的发现均不利，标记间距 15cM 时最有利于 QTL 的发现。例如，标记密度为 15cM 时成功检测到 QTL 的概率为 83.8%，较标记密度为 10cM 和 30cM 时均高 7.2%，较标记密度为 50cM 时则要高出 20.9%。比较在标记 LEI0079 和 ROS0025 染色体区段增加标记密度前后置信区间的变化情况，本研究结果表明，与初步定位时相比：对体重性状，影响 BW6 和 CW 的 QTL 的置信区间物理位置没有发生变化；影响 BW11 的 QTL 的置信区间物理位置反而变大；其他周龄体重 QTL 置信区间有缩小的趋势，缩小幅度最大的是 BW9 的 QTL 置信区间（缩小了 25Mb），缩小幅度最小的是 BW12 的 QTL 置信区间（缩小了 1.5Mb）。对于腹脂性状，影响 AFW 的 QTL 置信区间从物理位置上来看缩小了 8Mb；腹脂率的 QTL 置信区间缩小将近 30Mb。这些研究结果表明，增加标记密度可以缩小 QTL 的置信区间，但是对不同的性状，由于 QTL 效应大小不同，对置信区间缩小的程度有所差别。

　　Darvasi 等（1993）的研究结果表明，对于中等效应的 QTL，即使有较高的标记密度，由于缺乏重组事件的发生，也只能将 QTL 定位在一个较大的区间内。在本研究中，增加标记密度对缩小影响体重性状的 QTL 置信区间的效果不是很明显，产生这种情况的原因可能和该 QTL 效应大小有关。因此，对于连锁分析，遗传连锁图谱的密度不能过高，除非能观测到有效数目的重组事件，否则也只能是浪费。在相距很小的标记之间即使在大规模的群体中，重组信息在相距很小的标记之间也是很少的，一般应用连锁分析可以将 QTL 定位到 10~30cM，如果将该 QTL 应用于育种实践，需要将 QTL 区域缩小，这需要在连锁分析的基础上，通过进一步增加标记密度，结合标记辅助分离分析的方法确定杂合子公畜，然后构建 QTL 等位基因单倍型缩小 QTL 区域（Clop et al.，2006；Nezer et al.，2003）。也可以利用 Meuwissen 和 Goddard（2000）提出的将连锁分析和连锁不平衡分析相结合进行 QTL 精细定位的方法缩小 QTL 区域。由于该方法利用了历史重组事件和基于家系情况下的连锁不平衡信息，可将 QTL 定位至 3~5cM。

　　对于连锁分析来说，重组事件是精细定位的关键。适当增加标记密度可以观测到较多的重组事件。增加重组事件的另一种途径是扩大检测群体规模，Darvasi 和 Soller（1997）提出了 QTL 定位置信区间与群体规模的关系式：

$$CI95 = 3000/kN\alpha^2 \tag{3-1}$$

式中，$CI95$ 为 95% 的 QTL 定位置信区间；k 为对每一个体可提供信息的亲本数（回交设计或半同胞设计：$k = 1$。F_2 设计：$k = 2$）；N 为资源群体中的有效个体数；α 为 QTL 基因替代效应。从公式（3-1）可以看到，置信区间的大小与 QTL 的效应大小和群体的有效个体数成反比，即在给定 QTL 效应大小的情况下，群体的有效个数越多，定位的置信区间越小。Da 等（2000）通过模拟研究发现在一个 QTL 存在的情况下，1000 个个体可以将 QTL 定位在 1.5cM 的区间范围内，当检测个体数增加时，QTL 置信区间仍会缩小，但是当检测个体数达到 2000 个个体以上时，继续增加检测个体，QTL 置信区间缩小的趋势将会变小。该研究表明检测个体数为 1000~2000 个对于精细定位来说是比较合适的。在本研究中，扩大检测群体规模（从 369 个个体扩大到 1011 个个体）后利用 12 个标记进行置信区间分析发现，影响各个周龄体重和腹脂性状的 QTL 的置信区间都有不同程度的缩小。证明在性状遗传力和标记密度给定的情况下，扩大检测群体规模可以缩小 QTL 置信区间。

本研究从实验角度分析增加标记密度和扩大检测群体规模对 QTL 定位置信区间的影响情况，从实验结果来看，增加标记密度和扩大检测群体规模不但可以提高 QTL 检测效率，还可以缩小 QTL 的置信区间。但是，对影响不同性状的 QTL 来说，可能由于 QTL 的效应大小不一，置信区间缩小的程度不一致。

四、单倍型分析精细定位影响鸡体重的 QTL

本课题组 Liu 等（2008）应用增加标记密度和扩大群体规模的方法将影响体重性状的 QTL 精细定位在鸡 1 号染色体 5.5Mb 的区域内，位于微卫星标记 ADL0328 附近。在此基础上，本课题组 Zhang 等（2011）在 ADL0328 附近检测了 14 个 SNP 位点，应用酶切等方法对这 14 个 SNP 位点在东北农业大学构建的 F_2 资源群体中进行基因型分析，获得了 1010 个个体的基因型。这 14 个 SNP 的引物信息见表 3-17。

表 3-17　本研究所用 SNP 的引物信息（Zhang et al.，2011）

标记[1]	位置[2]/bp	类型	上游引物(5′→3′)和下游引物(5′→3′)	内切酶
SNP1	172747132	C>T	CACCTAAGCACCACAAAACC CTTTTTGTTCATCAGGACGC	Afa I
SNP2	172794063	AATATTGTATTTGGGTGGATCAT（缺失）	ACAGCGATAGTTGTAAGCAG CCTGGAGTATTAGGCTTTT	—
SNP3	172843508	A>T	GAAGTTTTTCACACAGAGGG CAGGACTTGAAGGATGTTGT	Dra I
SNP4	172945958	ATTTCAAGT（缺失）	AATAAGGAGAAGTGTGAT GTGTAAGAGATGAAAAAC	—
SNP5	173046793	G>A	CCCTCCTGTAGTCTGTATT AAGTCAACAACTATCAGGG	Afa I
SNP6	173144757	C>T	CGAATGGCTAACCCTAC GAAGTAGTGGGCTGGAG	HindIII
SNP7	173173350	GCACTTCA（缺失）	TATTTCTCGCCTTCTTTC AATCACCAGGGTTAGTTT	—
SNP8	173196313	G>A	GTGTTTATCAGCACGAGCC CAGGAACTGTCAAGGTGGG	Msp I
SNP9	173239127	A>G	AGAAAGCCACTATCAAGAAC TTGGGTGTCAACAAGGAT	Mbo I

续表

标记 [1]	位置 [2]/bp	类型	上游引物（5'→3'）和下游引物（5'→3'）	内切酶
SNP10	173306996	T>G	GAAGTGAGGGTGTTGGAGAC GAGCAGGTGAGTTTCAAATAGG	*Xba* I
SNP11	173492453	C>T	CTTCAAAGTGCTCCTATCCC GTGGTATTACTTGTGGGAGC	*Eco*72 I
SNP12	173511382	A>G	ATTGACCGTGCCAGATTACC ACGACCCAAACTACCTGACC	*Eco*R V
SNP13	173524229	T>G	CCACAACAACTTCAGGGATG TGTGCTGAGGTAGCCAAGAG	*Xba* I
SNP14	173539900	T>C	CCTATGTGGAAGCGTGAG TCTTGGGAATGAGGAGTT	*Xba* I
g.2174 G>A	*RB1*	G>A	CAAATAGCGTTGCTGACCCG ACACCGAGAGGCTCCTGGAT	*Hae*III
g.33349 A>G	*RB1*	A>G	GGAAAAGTCTTCTCAATA AGTCTCCCACCTCTGT	*Ban* II
g.39692 G>A	*RB1*	G>A	TGTTTTCGTGACCATACCAT CAGAGTTCCACTATCCATTCC	*Asu* I
g.72532 G>A	*RB1*	G>A	AGACTTGAAGGGAGCATA CAGGGTGAGAAATAAACAT	*Hha* I
g.77260 A>G	*RB1*	A>G	TGAGTTGCTTCTTCAGTCGCTTT ATTCAGCGACCAATCCGTGTG	*Hha* I

1. 本研究中用于构建单倍型的标记名称；2. 标记在 UCSC 上的物理位置；"—"表示通过 LP-PCR 方法分型

针对这 14 个 SNP 位点，使用滑动"窗口"的办法构建单倍型，即每相邻的 3 个 SNP 作为 1 个"窗口"，"窗口"每次向前滑动 1 个 SNP，一共构建了 12 个"窗口"。据每个"窗口"中的 3 个 SNP 构建单倍型。理论上每个"窗口"的 3 个 SNP 可以得到 8 种单倍型，但由于个体数的限制，有些"窗口"中检测到的单倍型数目不到 8 个（表 3-18）。对每个"窗口"中的单倍型多态性与体重的相关性进行分析，结果见表 3-18。

单倍型与体重相关分析结果显示，针对本研究中所分析的 4~12 周龄体重和屠体重性状，窗口 1~5 中除窗口 4 的单倍型多态性与体重性状无显著相关外，其他窗口的单倍型多态性仅与其中的某个或某几个性状显著或极显著相关，而窗口 6~12 中的单倍型多态性与所有的性状显著相关（错误发现率 FDR<0.01）。窗口 6 中的单倍型多态性与所有性状都极显著相关，而窗口 5 中的单倍型多态性仅与几个性状极显著相关，窗口 5 包含 SNP5、SNP6 和 SNP7，而窗口 6 包含 SNP6、SNP7 和 SNP8，两个窗口共用 SNP6 和 SNP7，因此我们判断可能是 SNP8 与影响体重的 QTL 连锁。单点分析的结果与此结果相对应，SNP8 多态性与所有周龄体重和屠体重显著相关，而 SNP6 和 SNP7 仅和其中的几个周龄体重显著相关。该结果说明，影响体重的 QTL 可能位于 SNP8 与 SNP14 之间。

表 3-18 滑动窗口内的单倍型多态性与体重的相关性分析（P 值）（Zhang et al., 2011）

性状	1 (8)	2 (8)	3 (7)	4 (7)	5 (7)	6 (7)	7 (8)	8 (6)	9 (6)	10 (7)	11 (7)	12 (6)
BW4	0.0204*	0.1432	0.0900	0.1146	0.0090*	<0.0001**	<0.0001**	<0.0001**	0.0014*	<0.0001**	<0.0001**	<0.0001**
BW5	0.0063**	0.0258*	0.0042**	0.0688	0.0006**	<0.0001**	<0.0001**	<0.0001**	<0.0001**	<0.0001**	<0.0001**	<0.0001**
BW6	0.0288*	0.0765	0.0252*	0.1774	0.0003**	<0.0001**	<0.0001**	<0.0001**	<0.0001**	<0.0001**	<0.0001**	<0.0001**
BW7	0.0030**	0.0372*	0.0141*	0.3597	0.0018**	<0.0001**	<0.0001**	<0.0001**	<0.0001**	<0.0001**	<0.0001**	<0.0001**
BW8	0.0028**	0.0258*	0.0111*	0.1882	0.0006**	<0.0001**	<0.0001**	<0.0001**	<0.0001**	<0.0001**	<0.0001**	<0.0001**
BW9	0.0130*	0.0792	0.0362*	0.2205	0.0015**	<0.0001**	<0.0001**	<0.0001**	<0.0001**	<0.0001**	<0.0001**	<0.0001**
BW10	0.0043**	0.0522	0.0227*	0.2386	0.0014**	<0.0001**	<0.0001**	<0.0001**	<0.0001**	<0.0001**	<0.0001**	<0.0001**
BW11	0.0053**	0.0823	0.0340*	0.3429	0.0009**	<0.0001**	<0.0001**	<0.0001**	<0.0001**	<0.0001**	<0.0001**	<0.0001**
BW12	0.0120*	0.1827	0.0429	0.4686	0.0011**	<0.0001**	<0.0001**	<0.0001**	<0.0001**	<0.0001**	<0.0001**	<0.0001**
CW	0.0133*	0.1736	0.0323*	0.5126	0.0007**	<0.0001**	<0.0001**	<0.0001**	<0.0001**	<0.0001**	<0.0001**	<0.0001**

注：括号中数字表示单倍型种类；BW 为体重，随后的数字表示相应的周龄；CW 为屠体重。*FDR<5%；**FDR<1%

比较鸡基因组图谱发现，SNP8~SNP14 的物理距离约为 400kb。根据 UCSC 数据库中的信息发现，在这段区域内包含 5 个基因（*RB1*、*P2RY5*、*FNDC3A*、*MLNR* 和 *CAB39L*）。对这 5 个基因已有的生物学功能进行查找，结果发现 *RB1* 基因可能与肉鸡生长速度有关。因此，我们选择 *RB1* 基因作为影响鸡体重的候选基因，在 *RB1* 基因上选择了 5 个 SNP 位点（表 3-19）。对这 5 个 SNP 位点在东北农业大学构建的 F_2 资源群体中进行多态性分析，多态性与体重的相关分析结果显示，g.39692 G>A 和 g.77260 A>G 两个位点的多态性与 4~12 周龄体重和屠体重的相关性达到了建议性显著水平、显著或极显著水平（表 3-19）。

表 3-19 *RB1* 基因上 5 个 SNP 位点多态性与体重相关分析结果（*P* 值）（Zhang et al.，2011）

性状	g.2174 G>A	g.33349 A>G	g.39692 G>A	g.72532 G>A	g.77260 A>G
BW4	0.1989	0.1787	0.0134[*]	0.3033	0.0268[†]
BW5	0.1081	0.6817	0.0154[*]	0.1267	<0.0001[**]
BW6	0.2392	0.9321	0.0024[**]	0.1008	<0.0001[**]
BW7	0.3212	0.9164	0.0175[*]	0.1310	<0.0001[**]
BW8	0.3995	0.7905	0.0085[*]	0.1367	<0.0001[**]
BW9	0.2321	0.5485	0.0096[*]	0.2113	<0.0001[**]
BW10	0.3837	0.6921	0.0028[*]	0.3236	<0.0001[**]
BW11	0.4628	0.9076	0.0005[**]	0.2117	<0.0001[**]
BW12	0.5485	0.9947	0.0038[*]	0.0648	<0.0001[**]
CW	0.6269	0.8798	0.0060[*]	0.0726	<0.0001[**]

†建议性显著水平（*P*<0.05）；* FDR<5%显著水平；** FDR<1%极显著水平；BW 为体重，随后的数字表示相应的周龄；CW 为屠体重

多重比较结果发现，具有 *GG* 基因型（g.39692 G>A）和 *AA* 基因型（g.77260 A>G）个体的体重显著高于具有 *AA* 基因型（g.39692 G>A）和 *GG* 基因型（g.77260 A>G）的个体（表 3-20）。

对这两个位点（g.39692 G>A 和 g.77260 A>G）构建单倍型，单倍型与性状的相关分析结果发现单倍型多态性与体重显著相关（表 3-21）。

这两个位点合并基因型与性状的相关分析结果同样发现，合并基因型与体重显著相关（表 3-22）。

多重比较结果显示，具有单倍型 *G-A* 和合并基因型 *GGAA* 的个体与具有 *AA* 基因型（g.39692 G>A）和 *GG* 基因型（g.77260 A>G）个体的效应相似，都具有较大的体重（表 3-21，表 3-22）。同时，我们还对单个 SNP、单倍型、合并基因型能够解释的表型变异进行了分析，结果发现单个 SNP、单倍型、合并基因型能够解释的表型变异分别为 0.65%~2.30%、0.43%~0.90% 和 1.26%~2.79%。所有这些研究结果说明，*RB1* 基因极有可能是影响鸡体重性状的重要基因，其确切的分子调控机制需要进一步开展分子生物学实验来验证。

表 3-20　***RB1*** 基因 g.39692 G>A 和 g.77260 A>G 两个位点多重比较结果（Zhang et al.，2011）

性状	g.39692 G>A				g.77260 A>G			
	AA（14）/g	AG（272）/g	GG（717）/g	表型变异/%	AA（14）/g	AG（238）/g	GG（754）/g	表型变异/%
BW4	407.4±17.0^B	443.6±5.2^B	451.6±4.3^A	0.70	478.1±17.5^A	456.7±5.6^A	445.6±4.5^B	0.65
BW5	575.8±23.3^B	616.9±7.0^A	629.9±5.6^A	0.77	678.9±26.7^A	644.8±7.7^A	618.0±6.1^B	1.90
BW6	725.3±36.3^C	809.5±9.9^B	829.6±8.3^A	1.29	880.0±33.9^A	850.0±11.0^A	811.9±9.1^B	1.86
BW7	949.5±41.9^B	1029.0±13.3^A	1050.2±11.0^A	0.68	1119.3±45.0^A	1080.2±14.7^A	1028.4±12.2^B	1.82
BW8	1141.8±53.6^B	1232.8±15.7^A	1264.9±13.0^A	0.83	1344.6±53.9^A	1306.0±17.8^A	1233.9±14.9^B	2.30
BW9	1367.9±64.2^B	1461.8±18.5^A	1502.4±15.2^A	0.77	1603.6±64.5^A	1546.8±21.0^A	1466.5±17.5^B	1.94
BW10	1574.6±69.7^B	1641.3±20.1^A	1700.3±16.1^A	0.92	1846.1±73.5^A	1747.7±23.2^A	1655.3±18.9^B	2.09
BW11	1755.7±76.1^B	1824.1±21.4^A	1898.4±16.8^A	1.05	2008.7±88.3^A	1952.5±24.7^A	1844.8±20.0^B	1.91
BW12	1942.2±83.4^B	2011.6±23.4^A	2080.7±18.3^A	0.73	2169.8±89.7^A	2146.3±26.2^A	2027.9±20.8^B	1.74
CW	1718.9±75.2^B	1782.5±20.9^A	1841.9±16.3^A	0.67	1945.4±80.6^A	1903.1±23.1^A	1794.2±18.0^B	1.85

注：同行不同字母表示差异显著（$P<0.05$）；BW 为体重，随后的数字表示相应的周龄；CW 为屠体重；括号中数字表示个体数

表 3-21　***RB1*** 基因 g.39692 G>A 和 g.77260 A>G 两个位点单倍型与性状的相关分析（Zhang et al.，2011）

性状	P 值	A-A（5）/g	A-G（295）/g	G-A（261）/g	G-G（1455）/g	表型变异/%
BW4	0.0051**	451.7±31.0^{ABC}	440.2±5.3^C	458.3±5.4^A	449.4±4.3^B	0.43
BW5	<0.0001**	636.1±42.5^{ABC}	612.1±7.0^C	645.5±7.2^A	624.8±5.5^B	0.88
BW6	<0.0001**	860.3±56.9^{ABC}	804.3±9.9^C	848.8±10.1^A	821.9±8.1^B	0.85
BW7	<0.0001**	1090.2±77.6^{AB}	1022.6±13.2^B	1078.3±13.5^A	1040.8±10.8^B	0.74
BW8	<0.0001**	1298.3±91.1^{ABC}	1227.2±15.7^C	1301.7±16.1^A	1250.9±12.8^B	0.90
BW9	<0.0001**	1533.0±109.2^{ABC}	1457.7±18.6^C	1544.2±19.0^A	1486.3±15.0^B	0.79
BW10	<0.0001**	1705.8±124.1^{ABC}	1640.4±20.5^C	1746.7±21.0^A	1679.0±16.2^B	0.87
BW11	<0.0001**	1903.2±143.2^{ABC}	1826.0±21.7^C	1949.5±22.3^A	1872.8±16.7^B	0.87
BW12	<0.0001**	2080.3±153.9^{ABC}	2014.5±23.3^C	2137.3±23.9^A	2056.9±17.6^B	0.69
CW	<0.0001**	1872.6±138.6^{ABC}	1783.0±20.5^C	1896.3±21.1^A	1820.6±15.2^B	0.73

注：同行不同字母表示差异显著（$P<0.05$）；**FDR<0.01；BW 为体重，随后的数字表示相应的周龄；CW 为屠体重；括号中数字表示个体数

表3-22　*RB1* 基因 g.39692 G>A 和 g.77260 A>G 合并基因型与性状的相关分析（Zhang et al., 2011）

性状	P 值	AAGG（14）/g	AGAA（5）/g	AGAG（46）/g	AGGG（221）/g	GGAA（9）/g	GGAG（190）/g	GGGG（516）/g	表型变异/%
BW4	0.0182[*]	407.6±17.1[C]	449.1±31.8[ABC]	446.4±9.8[AB]	442.7±5.7[B]	490.0±24.6[AB]	458.7±5.9[A]	447.9±4.8[AB]	1.26
BW5	0.0002[**]	576.6±23.4[D]	630.9±43.4[ABCD]	628.1±13.7[BC]	613.5±7.9[CD]	700.7±33.5[A]	647.9±8.3[AB]	621.1±6.7[CD]	2.48
BW6	<0.0001[**]	723.8±36.4[C]	851.9±58.5[A]	820.4±18.5[AB]	805.5±11.5[B]	882.1±41.1[AB]	855.8±11.9[A]	818.0±10.0[B]	2.75
BW7	0.0002[**]	947.3±42.3[C]	1078.6±79.4[ABC]	1047.6±25.1[AB]	1023.4±15.3[BC]	1129.8±54.4[AB]	1085.4±15.8[A]	1034.4±13.3[B]	2.14
BW8	<0.0001[**]	1139.2±53.8[D]	1275.5±93.3[ABCD]	1252.4±29.7[BC]	1226.7±18.5[CD]	1362.0±65.5[AB]	1316.7±19.1[A]	1241.7±16.1[BCD]	2.79
BW9	<0.0001[**]	1366.2±64.4[C]	1499.4±111.7[ABC]	1480.4±35.4[BC]	1456.0±21.7[C]	1632.7±78.3[AB]	1560.0±22.4[A]	1476.2±18.8[C]	2.42
BW10	<0.0001[**]	1573.8±70.1[B]	1670.2±127.4[AB]	1669.3±40.3[B]	1633.9±23.8[B]	1912.2±89.2[A]	1763.0±24.7[A]	1670.5±20.3[B]	2.68
BW11	<0.0001[**]	1754.8±76.4[C]	1861.0±145.3[ABC]	1850.6±43.2[BC]	1816.9±25.6[C]	2073.9±111.2[AB]	1973.9±26.4[A]	1863.0±21.6[B]	2.65
BW12	<0.0001[**]	1939.8±83.3[C]	2026.4±155.5[BC]	2049.5±46.9[BC]	2002.7±27.2[BC]	2206.1±108.2[AB]	2166.8±28.2[A]	2041.6±22.9[BC]	2.23
CW	<0.0001[**]	1717.1±74.9[C]	1830.1±139.9[BC]	1815.6±42.0[BC]	1774.0±24.1[C]	1975.6±97.4[AB]	1922.0±25.0[A]	1805.0±20.1[BC]	2.30

注：同行不同字母表示差异显著（P<0.05）；*FDR<0.05；**FDR<0.01。BW 为体重，随后的数字表示相应的周龄；CW 为屠体重

参 考 文 献

陈曦, 张慧, 王宇祥, 等. 2012. 鸡视网膜母细胞瘤基因 1(*RB1*)多态性与体重性状的相关性. 遗传, 34(10): 1320-1327.

何小红, 徐辰武, 删建敏, 等. 2001. 数量性状基因作图精度的主要影响因子. 作物学报, 27(4): 469-475.

李莉, 陈预明, 白银山, 等. 2010. 猪 *IGF2R* 基因多态性及其遗传印记. 中国农业科学, 43(10): 2156-2161.

柳晓峰. 2007. 鸡 1 号染色体影响生长和体组成性状的 QTL 定位研究. 哈尔滨: 东北农业大学硕士学位论文.

柳晓峰, 王守志, 胡晓湘, 等. 2007. 利用鸡 F_2 资源群体构建 1 号染色体遗传连锁图谱. 遗传, 29(8): 977-981.

王菁, 张勤, 张沅. 2000. 孙女设计中标记密度对 QTL 定位精确性的影响. 遗传学报, 27(7): 590-598.

王守志. 2010. 鸡 3、5、7 号染色体重要经济性状 QTL 定位研究. 哈尔滨: 东北农业大学博士学位论文.

张慧. 2008. 鸡 1 号染色体上影响体重性状 QTL 的精细定位. 哈尔滨: 东北农业大学博士学位论文.

张森, 石慧, 李辉. 2006. 鸡 *apoB* 基因 T123G 多态位点与体组成性状的相关性研究. 畜牧兽医学报, 37(12): 1264-1268.

Abasht B, Dekkers J C, Lamont S J. 2007. Review of quantitative trait loci identified in the chicken. Poult Sci, 85(12): 2079-2096.

Ambo M, Moura A S, Ledur M C, et al. 2009. Quantitative trait loci for performance traits in a broiler x layer cross. Anim Genet, 40(2): 200-208.

Atzmon G, Blum S, Feldman M, et al. 2007. Detection of agriculturally important QTLs in chickens and analysis of the factors affecting genotyping strategy. Cytogenet Genome Res, 117(1-4): 327-337.

Atzmon G, Blum S, Feldman M, et al. 2008. QTLs detected in a multigenerational resource chicken population. J Hered, 99(5): 528-538.

Atzmon G, Ronin Y I, Korol A, et al. 2006. QTLs associated with growth traits and abdominal fat weight and their interactions with gender and hatch in commercial meat-type chickens. Anim Genet, 37(4): 352-358.

Bostein D, White R L, Skolnick M, et al. 1980. Construction of a genetic linkage map in man using restriction fragment length polymorphisms. Am J Hum Genet, 32(3): 314-331.

Bumstead N, Palyga J. 1992. A preliminary linkage map of the chicken genome. Genomics, 13(3): 690-697.

Carlborg O, Kerje S, Schütz K, et al. 2003. A global search reveals epistatic interaction between QTL for early growth in the chicken. Genome Res, 13(3): 413-421.

Clop A, Marcq F, Takeda H, et al. 2006. A mutation creating a potential illegitimate microRNA target site in the myostatin gene affects muscularity in sheep. Nat Genet, 38(7): 813-818.

Crittenden L B, Provencher L, Santangelo L, et al. 1993. Characterisation of a Red Jungle Fowl by White Leghorn backcross reference population for molecular mapping of the chicken genome. Poult Sci, 72(2): 334-348.

Darvasi A, Soller M. 1997. A simple method to calculate resolving power and confidence interval of QTL map location. Behav Genet, 27(2): 125-132.

Darvasi A, Weinreb A, Minke V, et al. 1993. Detecting marker-QTL linkage and estimating QTL gene effect and map location using a saturated genetic map. Genetics, 134(3): 943-951.

Da Y, VanRaden P M, Schook L B. 2000. Detection and parameter estimation for quantitative trait loci using regression models and multiple markers. Genet Sel Evol, 32(4): 357-381.

Glickman R M, Rogers M, Glickman J N. 1986. Apolipoprotein B synthesis by human liver and intestine *in vitro*. Proc Natl Acad Sci U S A, 83(14): 5296-5300.

Groenen M A, Cheng H H, Bumstead N, et al. 2000. A consensus linkage map of the chicken genome. Genome Res, 10(1): 137-147.

Groenen M A, Crooijmans R P, Veenendaal A, et al. 1998. A comprehensive microsatellite linkage map of the chicken genome. Genomics, 49(2): 265-274.

Höflich A, Lahm H, Blum W, et al. 1998. Insulin-like growth factor-binding protein-2 inhibits proliferation of human embryonic kidney fibroblasts and of IGF-responsive colon carcinoma cell lines. FEBS Lett, 434(3): 329-334.

Höflich A, Nedbal S, Blum W F, et al. 2001. Growth inhibition in giant growth hormone transgenic mice by overexpression of insulin-like growth factor-binding protein-2. Endocrinology, 142(5): 1889-1898.

Hu Z L, Park C A, Reecy J M. 2016. Developmental progress and current status of the Animal QTLdb. Nucleic Acids Res, 44(D1): D827-D833.

Ikeobi C O, Woolliams J A, Morrice D R, et al. 2002. Quantitative trait loci affecting fatness in the chicken. Anim Genet, 33(6): 428-435.

Jacobsson L, Park H B, Wahlberg P, et al. 2005. Many QTLs with minor additive effects are associated with a large difference in growth between two selection lines in chickens. Genet Res, 86(2): 115-125.

Kerje S, Carlborg O, Jacobsson L, et al. 2003. The twofold difference in adult size between the red junglefowl and White Leghorn chickens is largely explained by a limited number of QTLs. Anim Genet, 34(4): 264-274.

Lagarrigue S, Pitel F, Carré W, et al. 2006. Mapping quantitative trait loci affecting fatness and breast muscle weight in meat-type chicken lines divergently selected on abdominal fatness. Genet Sel Evol, 38(1): 85-97.

Le Mignon G, Pitel F, Gilbert H, et al. 2009. A comprehensive analysis of QTL for abdominal fat and breast muscle weights on chicken chromosome 5 using a multivariate approach. Anim Genet, 40(2): 157-164.

Lei M M, Nie Q H, Peng X, et al. 2005. Single nucleotide polymorphisms of the chicken insulin-like factor binding protein 2 gene associated with chicken growth and carcass traits. Poult Sci, 84(8): 1191-1198.

Li Z H, Li H, Zhang H, et al. 2006. Identification of a single nucleotide polymorphism of the insulin-like growth factor binding protein 2 gene and its association with growth and body composition traits in the chicken. J Anim Sci, 84(11): 2902-2906.

Liu X, Li H, Wang S, et al. 2007. Mapping quantitative trait loci affecting body weight and abdominal fat weight on chicken chromosome one. Poult Sci, 86(6): 1084-1089.

Liu X, Zhang H, Li H, et al. 2008. Fine-mapping quantitative trait loci for body weight and abdominal fat traits: effects of marker density and sample size. Poult Sci, 87(7): 1314-1319.

McElroy J P, Kim J J, Harry D E, et al. 2006. Identification of trait loci affecting white meat percentage and other growth and carcass traits in commercial broiler chickens. Poult Sci, 85(4): 593-605.

Meuwissen T H, Goddard M E. 2000. Fine Mapping of quantitative trait loci using linkage disequilibria with closely linked marker loci. Genetics, 155(1): 421-430.

Nadaf J, Pitel F, Gilbert H, et al. 2009. QTL for several metabolic traits map to loci controlling growth and body composition in a F_2 intercross between high-growth and low-growth chicken lines. Physiol Genomics, 38(3): 241-249.

Nezer C, Collette C, Moreau L, et al. 2003. Haplotype sharing refines the location of an imprinted QTL with major effect on muscle mass to a 250 kb chromosome segment containing the porcine *IGF2* gene. Genetics, 165(1): 277-285.

Nones K, Ledur M C, Ruy D C, et al. 2006. Mapping QTLs on chicken chromosome 1 for performance and carcass traits in a broiler x layer cross. Anim Genet, 37(2): 95-100.

Park H B, Jacobsson L, Wahlberg P, et al. 2006. QTL analysis of body composition and metabolic traits in an intercross between chicken lines divergently selected for growth. Physiol Genomics, 25(2): 216-223.

Rajaram S, Baylink D J, Mohan S. 1997. Insulin-like growth factor-binding proteins in serum and other biological fluids: regulation and functions. Endocr Rev, 18(6): 801-831.

Sewalem A, Morrice D M, Law A, et al. 2002. Mapping of quantitative trait loci for body weight at three, six and nine weeks of age in a broiler layer cross. Poult Sci, 81(12): 1775-1781.

Siwek M, Cornelissen S J, Buitenhuis A J, et al. 2004. Quantitative trait loci for body weight in layers differ from quantitative trait loci specific for antibody responses to sheep red blood cells. Poult Sci, 83(6): 853-859.

Van Kaam J B, Groenen M A, Bovenhuis H, et al. 1999. Whole genome scan in chickens for quantitative trait loci affecting carcass traits. Poult Sci, 78(8): 1091-1099.

Wahlberg P, Carlborg O, Foglio M, et al. 2009. Genetic analysis of an F(2)intercross between two chicken lines divergently selected for body-weight. BMC Genomics, 10: 248.

Wang S Z, Hu X X, Wang Z P, et al. 2012. Quantitative trait loci associated with body weight and abdominal fat traits on chicken chromosomes 3, 5 and 7. Genet Mol Res, 11(2): 956-965.

Zhang H, Liu S H, Zhang Q, et al. 2011. Fine-mapping of quantitative trait loci for body weight and bone traits and positional cloning of the *RB1* gene in chicken. J Anim Breed Genet, 128(5): 366-375.

Zhang H, Zhang Y D, Wang S Z, et al. 2010. Detection and fine mapping of quantitative trait loci for bone traits on chicken chromosome one. J Anim Breed Genet, 127(6): 462-468.

Zhang S, Li H, Shi H. 2006. Single marker and haplotype analysis of the chicken apolipoprotein B gene T123G and D9500D9-polymorphism reveals association with body growth and obesity. Poult Sci, 85(2): 178-184.

第四章 鸡脂肪性状的全基因组关联分析、选择信号检测及拷贝数变异分析

第一节 鸡脂肪性状全基因组关联分析研究

一、全基因组关联分析研究的概念

全基因组关联分析（genome-wide association study，GWAS）研究是一种新的寻找重要性状相关基因的研究方法，其主要是应用全基因组范围内的序列变异（主要是单核苷酸多态性，SNP），结合表型性状和系谱信息，进行关联分析，从而筛选出与复杂性状相关的 SNP（Meuwissen et al.，2001）。与传统的候选基因关联分析仅检测几个或几千个遗传标记相比，全基因组关联分析关注的范围更加广泛，理论上可以检测到全基因组范围内构成表型变异的所有基因座位。全基因组关联分析选用的 SNP 标记覆盖整个基因组，标记密度比较高，如此之高的 SNP 标记密度使得对复杂性状的 DNA 变异的研究变得更加容易，而偶然性却大大降低。此外，就研究策略而言，全基因组关联分析无须研究者像利用候选基因策略那样预先假设相关基因或是像利用基因组扫描策略那样首先进行 QTL 的定位工作，而是通过覆盖全基因组的 SNP 标记和复杂性状的关联分析鉴定与性状变异相关的 SNP 标记，然后通过基因组序列分析找到相应的重要基因或调控元件，从而达到筛选重要基因的目的。全基因组关联分析是发现复杂性状关键基因及调控元件的较好手段，为深入研究复杂性状的遗传机制提供了新的思路。

二、全基因组关联研究效应的估计方法

由于全基因组关联研究需要估计的 SNP 效应比较多，远远多于有表型记录的个体数，因此会造成自由度不足的问题，为了解决这个问题，数量遗传学家先后提出了多种估计方法：最小二乘法（least square，LS）（Meuwissen et al.，2001）、最优线性无偏预测法（BLUP）（Whittaker et al.，2000）、贝叶斯法（贝叶斯 A 和贝叶斯 B）（Meuwissen et al.，2001）。这 3 种方法的区别在于其估计 SNP 效应时所考虑的因素不同。

（一）最小二乘法

最小二乘法假设所有染色体片段效应都是相同的，而没有考虑染色体片段上 QTL 效应不同的特点。这种方法首先分别检验每一个位点，并进行显著性检验，将效应不显著的位点的效应设定为 0，之后再估计效应显著的片段。由于这种方法设定了显著性水平，因此在进行多重比较时通常将位点效应估计过高，易造成假阳性结果（Meuwissen et al.，2001）。

（二）最优线性无偏预测法

这种方法将片段效应设为随机效应，由于估计随机效应时不需要自由度，因此就可以将所有的染色体片段效应同时进行估计，但是这种方法假设所有的染色体片段效应相同，而没有考虑不同染色体片段可能含有效应不同的 QTL 的情况，因而造成效应估计的不准确（Whittaker et al.，2000）。

（三）贝叶斯法

贝叶斯法与 BLUP 相似，但该方法在估计染色体片段效应时考虑不同染色体片段可能含有效应不同的 QTL。其中贝叶斯 A 考虑了较大效应的 QTL 和较小效应的 QTL，贝叶斯 B 在其基础上加入了没有效应的 QTL 信息，使效应的估计更加准确（Meuwissen et al.，2001）。

三、鸡重要性状的全基因组关联研究进展

随着基因组学、高通量单核苷酸多态性（SNP）检测及分型技术，以及统计分析方法的突破性进展，利用全基因组范围内的高密度 SNP 标记对复杂性状进行全基因组关联分析（GWAS）已成为当前鸡基因组研究的热点之一。

（一）鸡疾病性状 GWAS 研究

Hasenstein 等（2008）应用 2733 个 SNP 在两个 F_8 群体（肉鸡与 Fayoumi 鸡杂交，以及肉鸡与来航鸡杂交）中进行了 GWAS 研究，结果发现了 21 个与抗沙门氏菌有关的 SNP。这些 SNP 分布在 19 个基因上，这些基因可能是抗沙门氏菌的重要基因。Li 等（2013）利用 38 655 个有效 SNP 标记在鸡全基因组上鉴定抗马立克病的 SNP 位点，结果发现在 2 号和 5 号染色体上的 2 个显著的 SNP 位点与马立克病相关，这两个位点分别位于 *PTPN3* 和 *SMOC1* 基因上。Luo 等（2013）利用鸡 60K SNP 芯片和一个 F_2 肉鸡群体进行了 GWAS 研究，以鉴定与鸡新城疫抗性相关的基因或染色体区域，结果发现鸡 1 号染色体近端 100Mb 的基因组区域对鸡新城疫病毒有强烈抗性，该区域包括 *ROBO1* 和 *ROBO2* 两个基因。

（二）鸡生长性状 GWAS 研究

Abasht 和 Lamont（2007）利用鸡 3K SNP 芯片，对 SNP 标记多态性与肉鸡 F_2 群体的腹脂性状进行全基因组关联分析，结果发现了多个对肉鸡腹脂性状有显著影响的 SNP 位点。Gu 等（2011）利用 60K SNP 芯片和一个丝羽乌骨鸡和白洛克肉鸡杂交建立的 F_2 群体对鸡体重性状进行了全基因组关联分析，发现了 26 个全基因组范围显著的 SNP 位点；许多对 7~12 周龄体重有显著影响的 SNP 位于 4 号染色体的 8.6Mb 区域，认为位于该区域的 *LDB2* 基因是影响鸡后期体重的重要候选基因。Xie 等（2012）利用鸡 60K SNP 芯片和 489 只 F_2 鸡只进行了全基因组关联分析，在鸡 1 号染色体上鉴定了 1 个 1.5Mb 显著影响鸡生长性状的区域。

（三）鸡肉质性状 GWAS 研究

东北农业大学家禽课题组（以下简称"本课题组"）Zhang 等（2012a）以肉鸡高、低脂双向选择品系为实验材料，利用 Illumina 公司鸡 60K SNP 芯片检测基因型，通过全基因组关联分析和选择信号分析发现了众多与腹脂性状相关的 SNP 标记和选择信号区域；其中的 *PC1/PCSK1* 基因可能是影响鸡腹脂沉积的重要候选基因（详见本节第四部分）。Liu 等（2013）以 724 只北京油鸡为实验材料，利用鸡 60K SNP 芯片检测基因型，通过全基因组关联分析定位影响鸡体组成性状的基因。结果发现：位于鸡 4 号染色体上的 *LCORL*、*LAP3*、*LDB2*、*TAPT1* 基因与屠体重和半净膛重存在显著相关；位于 3 号染色体上的 *GJA1* 基因可能是鸡胸肌发育的重要功能基因。Sun 等（2013）以北京油鸡和科宝肉鸡杂交建立的 F$_2$ 群体为实验材料，利用鸡 60K SNP 芯片，开展了 10 个肉质性状的 GWAS。研究鉴定出 *TYRO3*、*SREBF1*、*NPPB*、*RET* 和 *COL1A2* 为影响鸡肉质性状的重要功能基因。

四、高、低脂系肉鸡腹脂性状全基因组关联分析研究

本课题组张慧以东北农业大学肉鸡高、低腹脂双向选择品系（以下简称"高、低脂系"）第 11 世代鸡只为研究对象，利用 Illumina 公司开发的鸡 60K SNP 芯片，检测与鸡腹脂性状相关的重要基因或调控元件（Zhang et al.，2012a；张慧，2011）。

（一）表型与基因型数据的质量控制及基本信息分析

对高、低脂系第 11 世代鸡只的表型值进行了整理（表 4-1）。高、低脂系鸡只在腹脂性状上存在显著差异（$P<0.05$），而在 7 周龄活重上无显著差异（表 4-1）。该群体是研究肉鸡腹脂性状的很好的材料。

表 4-1　高、低脂系第 11 世代腹脂性状（AFW 和 AFP）和 7 周龄体重信息（Zhang et al.，2012a）

性状	低脂系（203）	高脂系（272）
腹脂重/g	30.09±10.07B	110.29±27.87A
腹脂率/%	1.23±0.37B	4.62±1.10A
7 周龄体重/g	2417.52±244.64	2384.33±201.42

注：AB 表示高、低脂系间差异显著（$P<0.05$）；括号中数字表示鸡只数量

本研究所用芯片为鸡 60K SNP 芯片，该芯片上包含了 57 636 个 SNP。剔除最小等位基因频率小于 5%，以及读出率小于 95%的 SNP，剩余 45 578 个 SNP 用于后续分析（表 4-2）。本研究所用的 45 578 个 SNP 中，有 45 005 个 SNP 分布于 28 条常染色体（1~28）、一条性染色体（Z 染色体）及两个连锁群（LGE22 和 LGE64）上，剩余的 SNP 没有定位到具体染色体上或连锁群上（UN）（表 4-2）。每条染色体和连锁群上的 SNP 数量为 2~7135 个，标记间的平均距离为 22.51kb（表 4-2）。

（二）等位基因频率差异分析

通过高、低脂系间等位基因频率差异分析发现，鸡基因组上有 10 个区域的等位基因频率差异（AFD）比较大，说明这 10 个区域可能受到了对腹脂性状选择的影响。

表 4-2 SNP 分布信息及选择信号和全基因组关联分析结果（Zhang et al.，2012a）

染色体	SNP 个数	平均距离/bp	每 Mb SNP 个数	AFD 均值[1]	低脂系固定等位基因	高脂系固定等位基因	低脂系 LD（r^2）	高脂系 LD（r^2）	腹脂重显著的 SNP[2]	腹脂率显著的 SNP[2]
1	7 135	28 136	35.51	0.18	120（1.68）[3]	165（2.31）[3]	0.29	0.29	38	28
2	5 290	29 217	34.25	0.20	121（2.29）	103（1.95）	0.32	0.28	63	62
3	4 081	27 855	35.91	0.21	88（2.16）	99（2.43）	0.29	0.28	26	27
4	3 313	28 423	35.18	0.20	74（2.23）	70（2.11）	0.31	0.28	83	78
5	2 170	28 662	34.87	0.19	47（2.17）	46（2.12）	0.31	0.28	14	14
6	1 714	20 920	47.83	0.20	45（2.63）	24（1.40）	0.27	0.23	5	10
7	1769	21 576	46.35	0.20	66（3.73）	19（1.07）	0.29	0.27	4	6
8	1 394	21 985	45.52	0.21	30（2.15）	28（2.01）	0.30	0.28	11	7
9	1 168	20 585	48.62	0.20	31（2.65）	28（2.40）	0.27	0.25	6	5
10	1 297	17 300	57.85	0.19	20（1.54）	37（2.85）	0.26	0.26	10	8
11	1 196	18 302	54.68	0.21	41（3.43）	34（2.84）	0.36	0.30	23	21
12	1 324	15 455	64.75	0.20	31（2.34）	15（1.13）	0.30	0.25	12	12
13	1 128	16 253	61.58	0.22	25（2.22）	36（3.19）	0.29	0.27	4	2
14	984	16 036	62.42	0.22	28（2.85）	30（3.05）	0.26	0.25	7	5
15	1 010	12 810	78.14	0.22	24（2.38）	27（2.67）	0.27	0.25	24	17
16	12	34 823	72.07	0.20	0（0.00）	1（8.33）	0.44	0.30	0	0
17	844	12 590	79.52	0.20	23（2.73）	19（2.25）	0.23	0.21	2	2
18	845	12 898	77.62	0.20	15（1.78）	29（3.43）	0.23	0.22	1	2
19	804	12 321	81.27	0.17	7（0.87）	11（1.37）	0.19	0.22	3	5
20	1 460	9 541	104.89	0.24	18（1.23）	54（3.70）	0.26	0.25	57	33
21	726	9 483	105.60	0.20	19（2.62）	7（0.96）	0.27	0.22	1	1
22	295	13 234	75.82	0.20	8（2.71）	7（2.37）	0.23	0.24	3	4
23	577	10 456	95.81	0.22	10（1.73）	9（1.56）	0.23	0.22	0	1
24	676	9 229	108.51	0.22	23（3.40）	15（2.22）	0.24	0.23	2	5
25	170	11 930	84.32	0.20	3（1.76）	5（2.94）	0.21	0.17	1	1
26	617	8 169	122.62	0.23	23（3.73）	17（2.76）	0.21	0.24	23	16
27	472	10 271	97.57	0.20	23（4.87）	20（4.24）	0.24	0.19	6	6
28	563	7 932	126.30	0.17	7（1.24）	12（2.13）	0.20	0.19	0	1
LGE22	103	8 651	116.72	0.22	5（4.85）	1（0.97）	0.28	0.19	0	0
LGE64	2	2 289	873.74	0.33	0（0.00）	0（0.00）	0.33	0.84	0	0
Z	1 842	40 472	24.70	0.24	120（6.51）	192（10.42）	0.43	0.44	49	50
UN[4]	606	/	/	0.20	22（3.63）	26（4.29）	/	/	2	2

1. 每个 SNP 标记在高、低脂系间的等位基因频率差异（allele frequency difference，AFD）均值；2. 与 AFW 和 AFP 显著相关（$P<10^{-6.56}$）的 SNP 个数；3. 括号中的数字是指固定的 SNP 所占的比例（%）；4. UN 表示没有定位到任何染色体上；"/"表示没有具体数字；LD 表示连锁不平衡系数

这 10 个区域分别位于 Z 染色体和 1 号、2 号、4 号、5 号、11 号、15 号、20 号、26 号染色体上（表 4-3）。这些区域以相应的基因命名为 *PC1/PCSK1* 区域、*PAH-IGF1* 区域、*TRPC4* 区域、*GJD4-CCNY* 区域、*NDST4* 区域、*NOVA1* 区域、*GALNT9* 区域、*ESRP2-GALR1* 区域、*SYCP2-CADH4* 区域、*TULP1-KIF21B* 区域（表 4-3）。在这些重要区域中，*PC1/PCSK1* 区域的选择信号最强（图 4-1），说明该区域可能包含影响鸡腹脂性状的重要基因或者调控元件。

表 4-3 高、低脂第 11 世代选择信号分布（Zhang et al., 2012a）

染色体	峰值所在位置/bp	AFD	Z_AFD	Z_lean	Z_fat	最近的基因	最显著的 SNP	P 值	性状
1	57053708~57160808	0.26	1.42	0.76	-5.99	PAH (IGF1 基因上游 150kb)	Gga_rs14828014	$2.29×10^{-7}$	AFP
1	176076327~176286631	0.42	4.23	-3.04	-1.22	TRPC4	GGaluGA055731	$1.21×10^{-8}$	AFW
								$2.28×10^{-8}$	AFP
2	12476376~12801632	0.47	4.15	-4.79	0.17	GJD4, CCNY	Gga_rs14139748	$7.46×10^{-9}$	AFW
								$2.43×10^{-8}$	AFP
4	57429243~57788219	0.50	4.26	-3.40	1.14	NDST4	Gga_rs16416191	$2.89×10^{-8}$	AFW
								$9.18×10^{-8}$	AFP
5	35024640~35653631	0.42	4.40	-4.05	0.35	NOVA1	GGaluGA282591	$1.25×10^{-7}$	AFW
11	3196613~3402854	0.32	1.70	-5.80	1.12	ESRP2-GALR1（5 个基因），MMP2 基因上游 0.2Mb 及 FTO 基因上游 1.45Mb	Gga_rs14959270	$4.57×10^{-8}$	AFW
								$2.85×10^{-8}$	AFP
15	2155345~2495806	0.44	3.46	-1.25	-3.06	GALNT9	Gga_rs14087994	$1.66×10^{-10}$	AFW
								$2.21×10^{-10}$	AFP
20	6829844~7289095	0.46	2.94	1.67	-1.02	SYCP2-CADH4（6 个基因）	Gga_rs14274917	$1.03×10^{-9}$	AFW
								$1.00×10^{-8}$	AFP
26	55909~288827	0.50	4.50	-3.58	5.02	TULP1-KIF21B（14 个基因）	Gga_rs14416336	$1.71×10^{-7}$	AFW
								$2.26×10^{-7}$	AFP
Z	55428021~56164905	0.75	4.98	-3.7	-1.13	Mar-03, SLC12A2, FBN2, ERAP1, CAST, PC1 PCSK1, ELL2	Gga_rs14751538	$3.09×10^{-8}$	AFW
								$4.44×10^{-8}$	AFP

注：AFD 为等位基因 1 在低脂系中的频率-等位基因 1 在高脂系中的频率；Z_AFD 为 0.5Mb 区域内 AFD 的标准化值；Z_lean 为低脂系中 0.5Mb 区域内 AFD 的标准化值；Z_fat 为高脂系中 0.5Mb 区域内 AFD 的标准化值

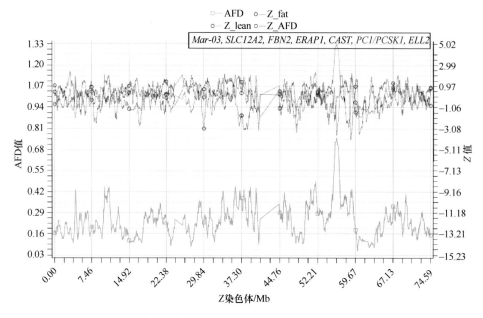

图 4-1 鸡 Z 染色体 AFD 分析结果（Zhang et al.，2012a）

（三）全基因组关联分析

对全基因组 SNP 多态性与 AFW 和 AFP 的相关性进行全基因组关联研究，结果发现，一共有 569 个 SNP 的效应达到了 Bonferroni 5%显著水平（$P<10^{-6.56}$）（图 4-2）。在这 569 个具有显著效应的 SNP 中，有 342 个 SNP（60%）同时影响 AFW 和 AFP。截止到 2011 年 8 月 29 日，Animal QTL Batabase 中收录了 216 个影响鸡腹脂性状的 QTL（http://www.genome.iastate.edu/cgi-bin/QTLdb/index.）。将对 AFW 和 AFP 具有显著效应的 569 个 SNP 的物理位置与腹脂性状 QTL 位置进行比对分析，结果发现有 46%的 SNP 位于影响腹脂性状的 QTL 区域内。需要强调说明的是，我们发现的 10 个受到选择的区域中也包含具有显著效应的 SNP 标记（表 4-3）。

PC1/PCSK1 区域是选择信号最强的区域,并且该区域内包含与腹脂性状显著相关的 SNP 标记。对该基因区域进行进一步的分析，结果发现该区域内包含 26 个重要的 SNP 标记。该区域内一共有 7 个基因，从这些基因的基本功能来看，*PC1/PCSK1*（前蛋白转化酶枯草溶菌素 1，proprotein convertase subtilisin/kexin type 1）基因与腹脂含量的关系最为密切。*PC1/PCSK1* 基因能够调节胰岛素的合成（Heni et al.，2010）。该基因位于与肥胖有关的瘦素/黑素皮质素（leptin/melanocortin）信号通路中（Mutch and Clément，2006）。该基因上的突变位点与人的肥胖显著相关（Choquet et al.，2011；Chang et al.，2010；Kilpeläinen et al.，2009；Benzinou et al.，2008）。对人和鸡 *PSCK1* 基因的序列进行比对分析发现，人与鸡 *PCSK1* 基因序列相似性高达 79.1%（http://genome.ucsc.edu.）。该结果暗示鸡 *PCSK1* 基因可能与人 *PCSK1* 基因具有相似的生物学功能，*PCSK1* 可能是影响鸡腹脂沉积的重要基因。

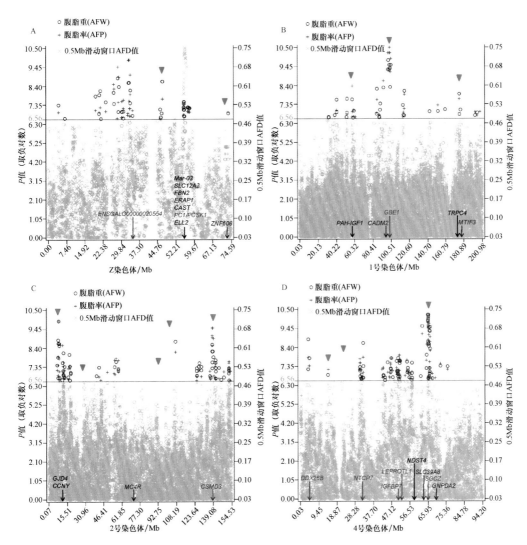

图4-2 鸡1号、2号、4号染色体及Z染色体全基因组关联分析结果（Zhang et al.，2012a）

绿色倒三角表示GWAS结果显示该区域有SNP与性状显著相关

第二节 高、低脂系肉鸡选择信号分析

一、选择信号的概念

选择是指在人类或自然界的干预下，生物群体在世代的传递过程中，某种基因型个体的比例发生变化的群体遗传学现象。在中性进化理论下，一个新的突变往往需要很长一段时间才能够在群体中达到一个较高的频率，并且这些突变周围的连锁不平衡程度会因重组的影响而在这段时间内几乎完全衰减降解（Stephens et al.，1998）。因此，基因组上绝大多数未受到选择作用的位点会始终处于随机漂变状态，彼此之间形成的连锁不平衡容易衰减，单倍型长度相对较短。但是在选择的作用下，群体中对于性状来说有利的等位基因频率则会在较短的时间内迅速累积，从而达到一个较高的值，重组的作用会受到一定程度的抑制而不能对长的单倍型造成实质性的降解。同时，选择作用下的连锁不平衡会造成选择位点附近的中性位点的基因频率随之增加，形成长的单倍型纯合子。群体遗传学中，将这种由选择作用造成的部分染色体片段的多态性降低称为选择性扫除。选择位点周围的中性位点得益于选择作用而出现的基因频率迅速增加的现象则被通俗地称为"搭便车"效应。实质上，选择性扫除和"搭便车"效应属于从不同角度表述同一群体遗传学现象，都是选择作用在基因组上留下的明显特征，这种现象也被称为选择信号。通常情况下选择信号在基因组上具有如下特征：较高的等位基因频率。受选择的等位基因频率会稳步提高，在一定范围内与其存在紧密连锁的中性等位基因频率也会得到明显的提高，当选择位点周围的中性位点无法逃逸选择的作用时，将会表现出大范围的基因型纯合。标记间的连锁不平衡程度随间距的增加而衰减，在选择的作用下，强连锁不平衡会向基因组两侧扩展形成长的扩展单倍型（Sabeti et al.，2007）。

二、选择信号的检测方法

根据使用基因组信息来源的差异，可以将选择信号的检测方法分为三大类：基于等位基因频率谱的方法；基于连锁不平衡的方法和基于群体分化的方法。

基因型频率和等位基因频率的改变是选择作用在基因组上最直接的体现，早期选择信号检测方法主要是基于这一特征构建的。所谓等位基因频率谱就是某种等位基因频率在基因组上某个目标区域内出现的频繁程度。一些早期经典的选择信号检测方法通过检测等位基因频率谱来决定该基因是否受到选择。常见的检测方法有 Tajima's D（Tajima，1989）、Fay and Wu's H（Fay and Wu，2000）、CLR（Nielsen et al.，2005）等。

基因组范围内受到选择作用的染色体片段的连锁不平衡程度会得到显著提高。不同选择作用在基因组上产生的效果也不尽相同。平衡选择作用会造成基因组多态，随着时间的推进这些区域的连锁不平衡程度最终会逐渐降低，但是平衡选择作用下选择区段仍然会存在一个连锁不平衡增加的过渡阶段。同样，正向选择作用下的染色体片段，其连锁不平衡程度同样会经历一个增加的过渡时期。然而相对于平衡选择作用，正向选择造成的连锁不平衡程度维持的时间相对要长一些。因此，当基因组片段受到选择作用时，该区域通常会表现出长范围的连锁不平衡。基于这样的基因组特征，一系列的选择信号检测方法被发展起来。主要的方法有：EHH（Sabeti et al.，2002）、HS（Hanchard et al.，2006）、iHS（Voight et al.，2006）、XPEHH（Sabeti et al.，2007）、EHHST（Zhong et al.，2010）等。

选择可以使群体出现分化现象。特别是当同种不同亚群间不同等位基因同时受到选择时，分化现象将加速。如果不同群体同一位点的基因频率差异显著大于中性进化条件下的期望值，则认为该位点存在选择作用。基于此假设，研究者对每一个位点开展 Fst 检验，以确定该位点是否受到选择。典型的检测方法有：Weir 和 Cockerham（1984）提出的 Fst 法、Akey 等（2002）提出的 Fst 法、Beaumont 和 Balding（2004）提出的 Fst 法、Gianola 等（2010）提出的 Fst 法等。

三、鸡全基因组选择信号分析研究进展

在动物学上，鸡起源于雉科中的原鸡属。随着人类生活和生产的长期发展变迁，原鸡在经过长期的自然选择和人工选择下，已经产生了各种各样形态迥异、各具特色的鸡品种，主要包括蛋用型、肉用型、兼用型、观赏型、药用型等。这些鸡种选育历史不同，在体型、外貌、羽色及各类生产性状方面都有很大差异。同时，随着人工选择或自然选择的干预，生物群体在世代的传递过程中，某种基因型个体的比例会随之发生变化，其基因组上会留下选择信号。目前，研究者利用鸡的 12K、60K、600K SNP 芯片，以及基因组重测序技术在商用蛋鸡、商用肉鸡、双向选择品系鸡、国内外地方鸡种等群体开展选择信号分析，在鸡基因组上检测到了多个选择信号或基因。

目前，已经有 13 篇文献报道了鸡基因组上选择信号检测的研究工作。其中，有 2 篇报道是本课题组的研究结果，详见本节第四部分。下面重点综述其余文献所报道的结果。Rubin 等（2010）利用重测序技术在红色原鸡，商品肉鸡，洛岛红鸡，高、低体重双向选择系，肥胖系，白来航鸡等鸡种的基因组上检测到了 58 个受到选择的区域。Johansson 等（2010）利用 60K SNP 芯片在高、低体重双向选择系上检测到 51 个受到选择的区域。Qanbari 等（2012）利用重测序技术在商用褐壳蛋鸡上检测到 132 个受到选择的区域。Elferink 等（2012）利用 60K SNP 芯片在原鸡、多个荷兰和中国地方鸡种，以及商用蛋鸡、肉鸡上检测到 26 个强选择区域。Fan 等（2013）利用重测序技术在丝羽乌骨鸡和台湾地方鸡种上检测到 509 个基因受到选择。Gholami 等（2014）利用 600K SNP 芯片在原鸡和 12 个地方鸡种，以及商用蛋鸡上检测到多个选择信号。Stainton 等（2015）利用 12K SNP 芯片在肉鸡专门化品系上检测到 51 个受到选择的区域。Roux 等（2015）利用重测序技术在腹脂双向选择系上检测到 129 个受到选择的区域。这些研究结果检测到的选择信号中包含了影响鸡重要经济性状的基因或调控元件。

四、高、低脂系肉鸡选择信号的检测

本课题组 Zhang 等（2012b）以高、低脂系第 11 世代鸡只为研究对象，利用 Illumina 公司开发的鸡 60K SNP 芯片，对肉鸡腹脂双向选择品系进行选择信号分析，鉴定影响肉鸡腹脂沉积的重要基因或者调控元件。

（一）标记和核心单倍型检测

本研究选择位于 28 条常染色体上的 43 034 个 SNP 用于选择信号分析，这些 SNP 标记覆盖了 950.68Mbp 的染色体区域，平均每两个 SNP 标记之间的距离为 22.09kb，标记的最小等位基因频率（MAF）平均为 0.29±0.13（表 4-4）。利用这些 SNP 标记在高、低脂系肉鸡品系内进行核心单倍型分析，结果在低脂系中检测到 5357 个核心区域，平均每个核心区域的长度为（102.58±37.24）kb，这些核心区域覆盖了 549 523.91kb 的染色体区域；在高脂系中检测到 5 593 个核心区域，平均每个核心区域的长度为（85.96±26.65）kb，这些核心区域覆盖了 480 784.79bp 的染色体区域（表 4-4）。这些核

表 4-4 高、低脂系中检测到的核心区域在每条染色体上的分布 (Zhang et al., 2012b)

染色体	SNP个数 (n)[1]	染色体长度/Mbp	平均距离/kb	核心区域数 (n)		核心区域平均长度/kb		核心区域覆盖的长度[2]/kb		最大核心区域的长度/kb		核心区域长/染色体长[3]		核心区域内SNP数[4] (n)		最大核心区域内SNP数 (n)		核心区域SNP数/总SNP数[5]	
				低脂系	高脂系	低脂系	高脂系	低脂系	高脂系	低脂系	高脂系	低脂系	高脂系	低脂系	高脂系	低脂系	高脂系	低脂系	高脂系
1	7 135	200.95	28.16	881	920	125.59	114.92	110 644.43	105 728.03	2 288.64	2 191.34	0.55	0.53	3 906	3 716	19	19	0.55	0.52
2	5 290	154.46	29.20	639	695	149.62	108.91	95 606.56	75 690.16	2 048.43	2 042.96	0.62	0.49	3 260	2 628	19	19	0.62	0.50
3	4 081	113.65	27.85	517	533	121.58	108.97	62 855.68	58 081.43	863.98	735.27	0.55	0.51	2 301	2 107	19	19	0.56	0.52
4	3 313	94.16	28.42	411	428	137.96	108.07	56 701.29	46 255.07	2 087.33	611.37	0.60	0.49	1 992	1 676	19	19	0.60	0.51
5	2 170	62.23	28.68	260	266	138.85	105.39	36 101.29	28 034.75	823.62	816.35	0.58	0.45	1 282	1 032	19	19	0.59	0.48
6	1 714	35.84	20.91	217	225	94.92	72.79	20 598.01	16 377.61	535.90	523.04	0.57	0.46	983	826	19	19	0.57	0.48
7	1 769	38.17	21.58	197	232	111.15	86.03	21 897.27	19 958.16	621.29	2 163.72	0.57	0.52	1 048	899	19	19	0.59	0.51
8	1 394	30.62	21.97	159	175	111.56	96.82	17 738.07	16 944.10	1 914.74	1 949.21	0.58	0.55	791	763	19	19	0.57	0.55
9	1 168	24.02	20.57	159	153	78.35	75.92	12 457.00	11 615.65	413.33	403.29	0.52	0.48	613	557	19	17	0.52	0.48
10	1 297	22.42	17.29	172	176	70.99	63.35	12 210.13	11 148.99	387.48	347.35	0.54	0.50	735	699	19	19	0.57	0.54
11	1 196	21.87	18.29	128	156	124.72	83.15	15 964.06	12 971.74	886.96	1 093.97	0.73	0.59	871	706	19	19	0.73	0.59
12	1 324	20.45	15.44	169	184	71.34	51.16	12 057.10	9 412.86	352.96	369.92	0.59	0.46	809	633	19	19	0.61	0.48
13	1 128	18.32	16.24	144	141	75.86	75.09	10 924.53	10 584.67	373.56	373.56	0.60	0.58	695	656	19	19	0.62	0.58
14	984	15.76	16.02	127	123	75.17	68.77	9 546.48	8 459.25	402.70	402.70	0.61	0.54	598	544	19	19	0.61	0.55
15	1 010	12.93	12.80	123	133	58.20	50.28	7 158.60	6 687.12	407.05	407.05	0.55	0.52	567	541	19	19	0.56	0.54
16	12	0.17	13.87	3	1	41.85	67.25	125.54	67.25	64.36	67.25	0.74	0.40	9	3	4	3	0.75	0.25
17	844	10.61	12.57	112	108	59.07	43.89	6 616.05	4 740.59	242.32	236.98	0.62	0.45	523	394	19	19	0.62	0.47
18	845	10.89	12.88	112	121	48.74	45.96	5 459.42	5 561.31	317.30	317.30	0.50	0.51	431	431	12	19	0.51	0.51
19	804	9.89	12.31	117	110	36.01	48.41	4 212.67	5 325.00	406.27	371.08	0.43	0.54	353	421	14	19	0.44	0.52
20	1 460	13.92	9.53	184	181	45.89	46.33	8 442.96	8 386.18	273.60	270.67	0.61	0.60	904	888	19	19	0.62	0.61
21	726	6.88	9.47	81	90	47.74	35.17	3 867.13	3 165.72	211.67	196.05	0.56	0.46	432	354	19	18	0.60	0.49

续表

染色体	SNP个数(n)[1]	染色体长度/Mbp	平均距离/kb	核心区域数(n)		核心区域平均长度/kb		核心区域覆盖的长度[2]/kb		最大核心区域的长度/kb		核心区域长/染色体长[3]		核心区域内SNP数[4](n)		最大核心区域内SNP数(n)		核心区域SNP数/总SNP数[5]	
				低脂系	高脂系	低脂系	高脂系	低脂系	高脂系	低脂系	高脂系	低脂系	高脂系	低脂系	高脂系	低脂系	高脂系	低脂系	高脂系
22	295	3.89	13.19	36	30	71.16	79.29	2 561.59	2 378.83	267.88	289.01	0.66	0.61	193	182	19	19	0.65	0.62
23	577	6.02	10.44	81	80	37.13	31.74	3 007.73	2 539.51	239.20	239.20	0.50	0.42	307	272	19	19	0.53	0.47
24	676	6.23	9.22	87	91	40.77	32.96	3 546.91	2 999.26	133.00	212.48	0.57	0.48	387	339	13	19	0.57	0.50
25	170	2.02	11.86	23	18	34.97	32.38	804.26	582.82	82.74	72.39	0.40	0.29	99	68	12	10	0.58	0.40
26	617	5.03	8.16	81	85	34.55	59.60	2 798.60	2 515.94	246.20	278.91	0.56	0.50	345	312	19	19	0.56	0.51
27	472	4.84	10.25	60	59	46.66	40.46	2 799.62	2 387.38	384.65	482.24	0.58	0.49	299	215	19	19	0.63	0.46
28	563	4.46	7.92	77	79	36.64	27.66	2 820.93	2 185.41	520.13	172.85	0.63	0.49	336	318	19	19	0.60	0.56
平均数/最大值	43 034	950.68	22.09	5 357	5 593	102.58	85.96	549 523.91	48 0784.79	2 288.64	2 191.34	0.58	0.51	25 069	22 180	19	19	0.58	0.52

1. SNP个数；2. 核心区域覆盖的染色体长度；3. 核心单倍型总长度与所在染色体长度的比例；4. 核心区域中的SNP个数；5. 核心区域中的SNP占所有SNP的比例

心区域几乎分布在所有染色体上，尤其 1 号染色体上的核心区域最多，分别覆盖了110 644.43kb（低脂系）和 105 728.03kb（高脂系）的染色体区域。在高、低脂系检测到的核心区域中包含的 SNP 个数为 2~19 个，一共包含的 SNP 个数低脂系为 25 069 个，高脂系为 22 180 个（图 4-3）。

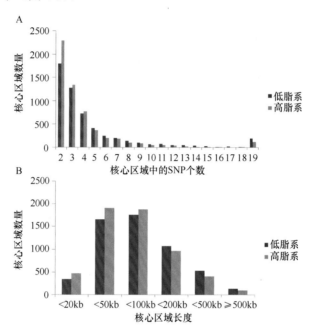

图 4-3　高、低脂系核心区域中的 SNP 个数和核心区域长度的分布（Zhang et al.，2012b）

（二）全基因组选择信号的检测

针对低脂系 5357 个核心区域及高脂系的 5593 个核心区域，分别有 44 822 个和46 775 个 EHH 测验，针对这些 EHH 测验，我们又估计了 REHH 值，结果发现 REHH 值较大的核心单倍型的频率很低（图 4-4），因此在后续的分析中将核心单倍型频率小于25% 的单倍型去掉。

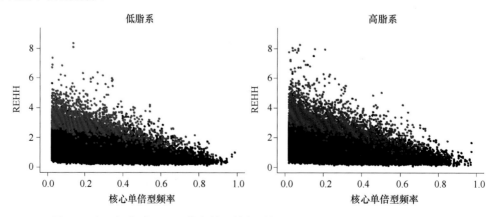

图 4-4　高、低脂系 REHH 值与核心单倍型频率的分布（Zhang et al.，2012b）

核心单倍型 *P* 值小于 0.05 和 0.01 分别以蓝色和红色表示

检测到的选择信号在各条染色体上的分布不均匀，在大染色体上（如第1、2、3、4号染色体）有较多的选择信号达到了显著水平（图4-5）。

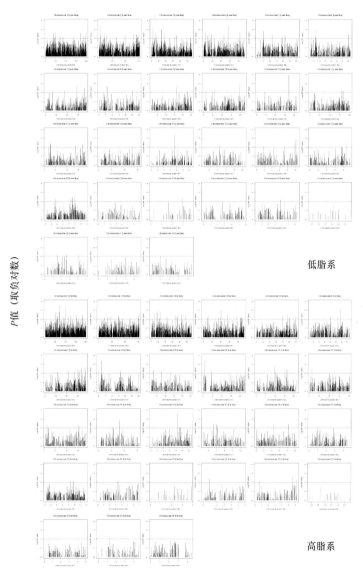

染色体上的位置/Mb

图 4-5　高、低脂系选择信号全基因组分布图谱（Zhang et al.，2012b）
虚线表示阈值为 0.01

总的来看，在低脂系中有 153 个选择信号达到了 0.05 显著水平，有 51 个选择信号达到了 0.01 极显著水平；在高脂系中有 251 个选择信号达到了 0.05 显著水平，有 57 个选择信号达到 0.01 极显著水平（表 4-5）。这些显著的选择信号所对应的核心单倍型频率都较低（图 4-6）。

表 4-5 核心单倍型的 REHH 达到 *P*<0.01 极显著水平的选择信号汇总（Zhang et al.，2012b）

染色体	核心位置/bp	单倍型频率	EHH	REHH*	REHH *P* 值	基因
				低脂系		
1	39360501~39455853	0.46	0.98	3.99	0.0027	/
1	49926970~49964278	0.30	0.97	4.18	0.0021	*C12orf69*，*WBP11*，*H2A4*，*H2B1*，*H4*，*H32*，*H2B8*
1	173098805~173190831	0.37	0.99	4.25	0.0027	***RB1***，*LPAR6*，*O57531*，*RCBTB2*
1	198071099~198113519	0.55	0.80	3.03	0.0031	*GDPD4*，***MYO7A***
2	3631683~3739002	0.32	0.70	4.88	0.0004	*Q5ZK34*
2	19934135~20028093	0.30	0.97	3.88	0.0035	*RSU1*
2	26912546~26974875	0.28	1.00	3.65	0.0050	/
2	99818321~100051643	0.41	1.00	3.00	0.0047	*GNAL*，*NRGN*
2	131104507~131150076	0.48	0.98	3.24	0.0029	*Q6V0P0*，*INTS8*，*F1P3N8*
2	143016981~143059231	0.36	0.97	3.46	0.0034	/
2	145836411~145908271	0.30	1.00	3.72	0.0045	/
2	150489129~150540434	0.34	1.00	3.51	0.0044	/
3	3794973~3861882	0.30	0.79	4.72	0.0005	*C20orf26*，*CRNKL1*
3	3794973~3861882	0.30	0.82	3.85	0.0020	*C20orf26*，*CRNKL1*
3	10257926~10454969	0.55	0.49	2.49	0.0019	*F1NRN6*
3	14895290~14957057	0.44	0.72	3.16	0.0048	*PLCB4*
3	26957549~26996618	0.46	0.80	3.69	0.0009	/
3	26957549~26996618	0.46	0.83	3.47	0.0013	/
3	27303800~27335510	0.52	0.92	3.78	0.0009	*SRBD1*
3	27382993~27430067	0.54	0.84	3.77	0.0009	*SRBD1*
3	35555718~35610466	0.47	0.66	3.02	0.0031	*E1C4G2*
3	68936320~69076223	0.27	0.98	3.79	0.0041	*RPF2*，*GTF3C6*，*Q5F484*，*CDK19*
4	3522359~3551494	0.59	0.54	3.10	0.0023	*MBNL3*
4	9568761~9604871	0.55	1.00	2.95	0.0040	/
4	17765695~17819334	0.41	1.00	3.56	0.0037	*F1NEF4*，*HMGB3*
4	46149116~46190279	0.36	0.99	3.35	0.0044	*EREG*，*Q645M5*
4	55424480~55472209	0.66	0.9	2.60	0.0005	*TRPC3*，***BBS7***
4	83051637~83117974	0.39	0.87	3.72	0.0022	/
5	9740941~9828144	0.49	1.00	3.42	0.0014	*IF4G2*，*CTR9*，*MRVI1*
5	23825115~23872187	0.41	0.78	3.19	0.0030	*O93582*
5	42592517~42679460	0.30	1.00	3.70	0.0044	/
6	6546601~6626145	0.39	1.00	4.42	0.0011	/
6	35354459~35390346	0.38	0.99	3.72	0.0030	*PTPRE*
7	28869664~28906344	0.31	1.00	4.88	0.0015	*MYLK*
7	35674098~35715122	0.67	0.48	2.09	0.0027	
8	6107407~6172105	0.36	0.63	3.72	0.0020	*IER5*，*KIAA1614*，*XPR1*
9	16264832~16366749	0.45	0.97	4.04	0.0024	*PSMD1*，*ARMC9*，*B3GNT7*
10	5831963~5856349	0.59	0.97	1.83	0.0034	/
10	19717086~19745274	0.48	1.00	2.90	0.0011	*CHSY1*

续表

染色体	核心位置/bp	单倍型频率	EHH	REHH*	REHH P 值	基因
			低脂系			
11	17094961~17160195	0.30	0.63	3.35	0.0001	BCDO1，GAN
13	2628777~2664596	0.35	1.00	3.94	0.0048	Q5ZHQ9
13	2726706~2746894	0.39	0.79	4.06	0.0041	/
13	16758621~16783127	0.26	0.69	3.26	0.0050	FSTL4
15	7345639~7377799	0.26	0.54	2.38	0.0004	SEZ6L，ASPHD2，HPS4
18	9949736~10015444	0.39	1.00	2.34	0.0031	SPAG9
18	10117401~10135964	0.39	1.00	2.64	0.0013	F1NM51
19	8727596~8786448	0.60	0.55	1.77	0.0038	MSI1
20	9090808~9113453	0.29	0.95	6.18	0.0036	MYT1
20	9246245~9278998	0.32	0.80	5.39	0.0040	E1C8M0
20	9879361~9899719	0.27	0.96	6.40	0.0030	CSK21
22	2952274~3002268	0.29	0.29	3.93	0.0039	/
			高脂系			
1	51248496~51279543	0.33	0.81	4.45	0.0018	TCF20
1	58120009~58215364	0.55	0.99	3.15	0.0016	Q8UVD4
1	60171076~60254771	0.46	1.00	4.12	0.0049	/
1	67763862~67830818	0.26	0.96	4.06	0.0026	/
1	68213617~68257241	0.61	0.94	4.21	0.0016	SOX5
1	69634186~69686357	0.66	0.99	2.89	0.0003	/
1	101535615~101635667	0.29	1.00	5.24	0.0005	SAMSN1
1	114789487~114875623	0.29	0.99	3.66	0.0048	**MAOB，MAOA**
1	125909995~126011984	0.35	1.00	3.77	0.0036	E1BTB5
1	154665510~154752965	0.72	0.89	2.09	0.0034	/
1	181800227~181883545	0.33	0.99	4.00	0.0033	A1XGV6
1	181800227~181883545	0.33	1.00	3.81	0.0043	A1XGV6
2	76768841~76854523	0.31	1.00	4.30	0.0041	/
2	151203953~151251059	0.62	0.82	2.32	0.0033	TRAPPC9
2	153117092~153143883	0.71	0.77	1.68	0.0038	/
3	9177907~9222825	0.38	0.95	4.00	0.0024	**EHBP1**
3	9177907~9222825	0.38	0.90	3.66	0.0039	**EHBP1**
3	16143474~16194865	0.30	0.98	4.98	0.0016	/
3	24945839~24986772	0.61	0.70	2.15	0.0014	/
3	44265116~44311493	0.40	0.99	3.50	0.0050	UNC93A
3	69863850~69906698	0.34	1.00	4.29	0.0038	/
3	85874137~85931473	0.41	1.00	3.97	0.0031	LMBRD1
3	97227680~97337906	0.28	0.99	3.81	0.0042	/
4	11582141~11642538	0.27	0.96	4.53	0.0029	/
4	40653593~40713404	0.32	0.93	4.40	0.0010	C4orf20，**LRP2BP**，SNX25
4	55950677~55991394	0.28	0.99	4.55	0.0028	/

续表

染色体	核心位置/bp	单倍型频率	EHH	REHH*	REHH P 值	基因
			高脂系			
4	55950677~55991394	0.28	1.00	4.36	0.0036	/
4	86719441~86754976	0.57	0.75	2.88	0.0048	/
5	556571~628531	0.25	0.67	4.37	0.0026	*F1NYX6*，*PLCB2*，*BUB1B*，*PAK6*
5	40239840~40261525	0.29	0.97	4.48	0.0038	*VSX2*，*F1N9P5*
5	47240577~47282933	0.40	0.95	2.91	0.0029	*RIN3*，*LGMN*
5	59811459~59880511	0.39	0.66	3.36	0.0041	/
6	26756202~26793956	0.34	0.98	3.94	0.0049	/
6	29341938~29401207	0.32	0.97	5.50	0.0007	*ABLIM1*
7	30090927~30155133	0.30	0.88	3.77	0.0033	*F1NF72*
7	31374271~31418061	0.42	1.00	2.88	0.0049	*LYPD1*，*NCKAP5*
7	33795201~33904515	0.47	1.00	2.20	0.0025	**LRP1B**
7	36818722~36875768	0.26	0.99	3.95	0.0024	*Q9DEH4*
7	37031922~37124566	0.56	1.00	2.92	0.0047	*STAM2*，*FMNL2*
8	5597~492518	0.56	0.99	1.94	0.0036	*F1NF53*
8	2178258~2252969	0.47	0.92	4.20	0.0004	*NEK7*
9	2952291~3007034	0.41	0.71	3.85	0.0044	/
10	763998~831991	0.50	0.78	5.04	0.0004	**MYO9A**，*F1P0M4*
11	9804894~9826761	0.47	0.52	3.11	0.0014	/
11	16253047~16303345	0.58	0.35	1.80	0.0040	/
12	1157199~1170169	0.37	0.63	4.57	0.0030	/
13	1533552~1640154	0.40	1.00	3.41	0.0049	*SRA1*，*APBB3*，*F1NH59*
14	8048059~8173629	0.42	0.86	3.09	0.0015	/
15	8495796~8543001	0.29	1.00	4.86	0.0003	*TBX6*，*CRKL*，*KLHL22*
15	8495796~8543001	0.29	0.99	4.43	0.0006	*TBX6*，*CRKL*，*KLHL22*
17	3250605~3271593	0.27	0.97	3.91	0.0033	/
17	4062173~4087131	0.26	0.94	3.77	0.0040	*C4PCF3*
18	4433126~4445816	0.26	0.79	5.99	0.0037	**PRPSAP1**
18	8365846~8400245	0.47	0.80	3.53	0.0038	/
23	935267~970086	0.31	0.91	5.40	0.0040	*EDN2*
24	5613517~5633477	0.28	0.86	4.38	0.0024	*ZW10*，*F1NC10*
24	6145308~6158962	0.31	0.80	5.30	0.0047	/

*每个核心单倍型的 REHH 值；"/"表示该区域内没有基因；黑体表示根据基因的基本功能，该基因可能与腹脂沉积有关

（三）定位选择信号中的基因

对于低脂系 51 个及高脂系 57 个达到 0.01 水平的选择信号，我们查找了这些选择信号中的基因，结果发现在低脂系 51 个选择信号中有 66 个基因，在高脂系的 57 个选择信号中有 46 个基因（表 4-5），对这些基因的基本功能进行查询，结果发现其中的 10 个基因〔视网膜母细胞瘤 1（retinoblastoma 1，*RB1*）、巴尔得-比德尔综合征 7（Bardet-Biedl

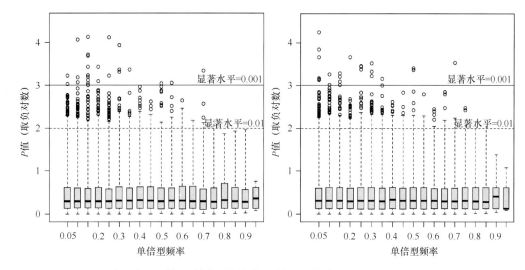

图 4-6　高、低脂系核心单倍型频率的 *P* 值分布箱线图（Zhang et al.，2012b）

虚线和实线分别表示阈值 *P* 值为 0.01 和 0.001

syndrome 7，*BBS7*）、单胺氧化酶 A（monoamine oxidase A，*MAOA*）、单胺氧化酶 B（monoamine oxidase B，*MAOB*）、EH 结构域结合蛋白 1（EH domain binding protein 1，*EHBP1*）、低密度脂蛋白相关蛋白 2 结合蛋白（LRP2 binding protein，*LRP2BP*）、低密度脂蛋白相关蛋白 1B（LDL receptor related protein 1B，*LRP1B*）、肌球蛋白 7A（myosin ⅦA，*MYO7A*）、肌球蛋白 9A（myosin ⅨA，*MYO9A*）和磷酸核糖基合成酶相关蛋白 1（phosphoribosyl pyrophosphate synthetase-associated protein 1，*PRPSAP1*）］（表 4-6）与肥胖相关，推测这些基因可能对肉鸡的腹脂沉积有影响。这些基因所在选择信号的核心单倍型频率在高、低脂系间存在显著差异（表 4-6）。

表 4-6　选择信号中包含的 **10** 个重要基因的单倍型频率在高、低脂系间的差异分析（Zhang et al.，2012b）

基因和核心区域	单倍型数	单倍型	单倍型频率		*P* 值 [1]
			低脂系	高脂系	
MAOB，MAOA Chr1：114789487~114875623	1	CAAGG	0.645	0.615	<0.001
	2	AAAGA	**0.197**	0	
	3	CGGAG	0.158	**0.269**	
	4	CGAGA	0	0.077	
	5	AAAGG	0	0.038	
RB1 Chr1：173098805~173190831	1	GGAA	0.421	0.410	<0.001
	2	GAGG	**0.368**	0.103	
	3	GAAA	0.211	0.192	
	4	AAGG	0	**0.244**	
	5	AGGA	0	0.038	
	6	GAGA	0	0.013	
MYO7A Chr1：198071099~198113519	1	AGG	**0.618**	0.090	<0.001
	2	GAA	0.316	0.207	
	3	GGA	0.066	**0.652**	
	4	GAG	0	0.037	
	5	GGG	0	0.014	

续表

基因和核心区域	单倍型数	单倍型	单倍型频率		P 值 [1]
			低脂系	高脂系	
EHBP1 Chr3：9177907~9222825	1	GGG	**0.855**	0.090	<0.001
	2	GAG	0.132	0.359	
	3	AGG	0.013	0.128	
	4	GGA	0	**0.423**	
LRP2BP Chr4：40653593~40713404	1	GGGG	0.443	0.487	<0.001
	2	AAAA	**0.338**	0.211	
	3	GGAA	0.176	0	
	4	AAGG	0.044	**0.303**	
BBS7 Chr4：55424480~55472209	1	AGGC	**0.605**	0.282	<0.001
	2	GAAA	0.368	0.301	
	3	AAAA	0.026	0	
	4	AGAC	0	**0.198**	
	5	AGAA	0	0.161	
	6	GAAC	0	0.058	
LRP1B Chr7：33795201~33904515	1	AGAGAC	**0.361**	0.013	<0.001
	2	GGAGGA	0.197		
	3	AGAAGA	0.105	0.154	
	4	GGGGGA	0.066	**0.449**	
	5	AGAAGC	0.057	0.346	
	6	GAGGGA	0.055	0.038	
	7	GAGAGA	0.050	0	
	8	GGAAGA	0.049	0	
	9	GAGGAA	0.026	0	
	10	GGAGAA	0.018	0	
	11	AGAAAC	0.016	0	
MYO9A Chr10：763998~831991	1	GGGAA	**0.355**	0.051	<0.001
	2	AAGAA	0.276	0.358	
	3	AAGAG	0.237	0	
	4	GGGGA	0.118	0.013	
	5	AGGAA	0.013	0.065	
	6	AGAAA	0	**0.500**	
	7	AAAAA	0	0.013	
PRPSAP1 Chr18：4433126~4445816	1	AGA	0.816	0.615	<0.001
	2	GGG	**0.118**	0.026	
	3	AAG	0.066	0.090	
	4	AGG	0	**0.269**	

1. Fisher 精确性检验获得的 P 值，P<0.05 说明单倍型频率在高、低脂系间存在显著差异；黑体表示单倍型频率在高低脂系间差异较大

同时，我们将发现的选择信号（$P<0.01$）与已经公布的影响腹脂沉积的 QTL 区域进行比较，结果显示一些选择信号与已有的影响鸡腹脂沉积的 QTL 区域有一定的重合（表 4-7）。

表 4-7　在高、低脂系检测到的选择信号（$P<0.01$）与已报道 QTL 区域的比较（Zhang et al.，2012b）

染色体	核心区域/bp	性状	QTL 位置/bp	F 值	显著水平
			低脂系		
1	39360501~39455853	腹脂率	1937738~52700434	1.474	建议显著
		腹脂率	25998723~65961966	1.732	建议显著
1	49926970~49964278	腹脂重	25998723~65961966	1.882	建议显著
		腹脂重	48175152~51977642	8.14	显著
1	173098805~173190831	腹脂重	158352237~182910620	3.18	显著
		腹脂率	171224834~174526878	20.34	显著
2	3631683~3739002	腹脂重	3097660~4097660	3.38	建议显著
3	3794973~3861882	腹脂率	800029~110574691	1.364	建议显著
		腹脂率	800029~110574691	1.364	建议显著
3	10257926~10454969	腹脂重	6841859~13986734	8.16	显著
		腹脂重	6841859~57396057	7.9	显著
		腹脂重	6841859~44850897	7.4	显著
		腹脂率	800029~110574691	1.364	建议显著
		腹脂重	6841859~13986734	8.16	显著
3	14895290~14957057	腹脂率	6841859~57396057	7.9	显著
		腹脂重	6841859~44850897	7.4	显著
		腹脂重	13986734~25508863	/	建议显著
		腹脂率	800029~110574691	1.364	建议显著
		腹脂重	6841859~57396057	7.9	显著
3	26957549~26996618	腹脂重	6841859~44850897	7.4	显著
		腹脂重	24160710~51592221	/	建议显著
		腹脂重	25508863~35512024	/	建议显著
		腹脂率	800029~110574691	1.364	建议显著
		腹脂率	6841859~57396057	7.9	显著
3	27303800~27335510	腹脂重	6841859~44850897	7.4	显著
		腹脂重	24160710~51592221	/	建议显著
		腹脂重	25508863~35512024	/	建议显著
		腹脂率	800029~110574691	1.364	建议显著
		腹脂率	6841859~57396057	7.9	显著
3	27382993~27430067	腹脂重	6841859~44850897	7.4	显著
		腹脂重	24160710~51592221	/	建议显著
		腹脂重	25508863~35512024	/	建议显著
		腹脂率	800029~110574691	1.364	建议显著
3	35555718~35610466	腹脂重	35512024~40755790	18.5	显著
		腹脂率	35512024~40755790	13.1	显著

染色体	核心区域/bp	性状	QTL 位置/bp	F 值	显著水平
		低脂系			
4	17765695~17819334	腹脂重	17425871~18425871	/	显著
4	46149116~46190279	腹脂重	42005559~51609571	2.26	建议显著
4	55424480~55472209	腹脂率	51266614~88408499	16.0	显著
4	83051637~83117974	腹脂率	51266614~88408499	16.0	显著
		腹脂重	80258156~88408499	6.9	显著
		腹脂重	81539616~84618310	2.04	建议显著
5	23825115~23872187	腹脂重	18412554~42717839	21.8	显著
		腹脂率	18723157~43339045	19.4	显著
		腹脂重	19782191~30162990	/	建议显著
		腹脂重	19782191~30162990	7.04	显著
5	42592517~42679460	腹脂重	18412554~42717839	21.8	显著
		腹脂率	18723157~43339045	19.4	显著
		腹脂重	37226264~53779276	6.74	显著
6	35354459~35390346	腹脂率	29647151~37399694	6.9	显著
7	28869664~28906344	腹脂重	25306930~38010856	/	建议显著
		腹脂重	28166221~29166221	9.78	显著
		腹脂重	28166221~29166221	/	显著
7	35674098~35715122	腹脂重	25306930~38010856	/	建议显著
9	16264832~16366749	腹脂重	13658592~23770679	5.03	建议显著
		腹脂重	15457880~16457880	7.0	建议显著
10	19717086~19745274	腹脂率	16519830~20778533	9.9	显著
13	16758621~16783127	腹脂重	16327806~18173123	2.10	建议显著
15	7345639~7377799	腹脂重	1917251~10769106	10.2	显著
		腹脂率	2388961~10769106	12.8	显著
		腹脂重	2798507~10769106	8.13	显著
		腹脂重	2798507~10769106	5.67	建议显著
		腹脂重	3717446~7928397	2.21	建议显著
		腹脂率	3717446~7928397	2.22	建议显著
		高脂系			
1	51248496~51279543	腹脂率	1937738~52700434	1.474	建议显著
		腹脂重	48175152~51977642	8.14	显著
		腹脂率	25998723~65961966	1.732	建议显著
		腹脂重	25998723~65961966	1.882	建议显著
1	58120009~58215364	腹脂率	25998723~65961966	1.732	建议显著
		腹脂重	25998723~65961966	1.882	建议显著
		腹脂重	55261695~67128747	12.18	显著
1	60171076~60254771	腹脂率	25998723~65961966	1.732	建议显著
		腹脂重	25998723~65961966	1.882	建议显著
		腹脂重	55261695~67128747	12.18	显著

续表

染色体	核心区域/bp	性状	QTL 位置/bp	F 值	显著水平
		高脂系			
1	67763862~67830818	腹脂重	67327367~68327367	/	显著
1	68213617~68257241	腹脂重	67327367~68327367	/	显著
1	101535615~101635667	腹脂重	89938943~167462479	9.4	显著
		腹脂重	94157976~102460326	6.11	建议显著
1	114789487~114875623	腹脂重	113344161~132660888	7.90	建议显著
		腹脂重	114143603~115143603	7.1	显著
1	125909995~126011984	腹脂重	113344161~132660888	7.90	建议显著
1	181800227~181883545	腹脂重	158352237~182910620	3.18	显著
3	9177907~9222825	腹脂率	800029~110574691	1.364	建议显著
		腹脂重	6841859~13986734	8.16	显著
		腹脂重	6841859~13986734	5.8	建议显著
		腹脂率	6841859~57396057	7.9	显著
		腹脂重	6841859~44850897	7.4	显著
3	16143474~16194865	腹脂率	800029~110574691	1.364	建议显著
		腹脂率	6841859~57396057	7.9	显著
		腹脂重	6841859~44850897	7.4	显著
		腹脂重	13986734~25508863	/	建议显著
3	24945839~24986772	腹脂率	800029~110574691	1.364	建议显著
		腹脂率	6841859~57396057	7.9	显著
		腹脂重	6841859~44850897	7.4	显著
		腹脂重	13986734~25508863	/	建议显著
		腹脂重	24160710~51592221	/	建议显著
3	44265116~44311493	腹脂率	800029~110574691	1.364	建议显著
		腹脂率	6841859~57396057	7.9	显著
		腹脂重	6841859~44850897	7.4	显著
		腹脂重	24160710~51592221	/	建议显著
		腹脂重	40755790~45203763	7.5	显著
		腹脂率	40755790~45203763	10.8	显著
3	69863850~69906698	腹脂率	800029~110574691	1.364	建议显著
3	85874137~85931473	腹脂率	800029~110574691	1.364	建议显著
3	97227680~97337906	腹脂率	800029~110574691	1.364	建议显著
4	40653593~40713404	腹脂率	40473174~41473174	/	显著
4	55950677~55991394	腹脂率	51266614~88408499	16.0	显著
4	86719441~86754976	腹脂率	51266614~88408499	16.0	显著
		腹脂重	80258156~88408499	6.9	显著
5	40239840~40261525	腹脂重	18412554~42717839	21.8	显著
		腹脂率	18723157~43339045	19.4	显著
		腹脂重	37226264~53779276	6.74	显著
		腹脂重	40158255~41158255	/	显著
		腹脂重	40158255~41158255	/	显著
		腹脂率	40158255~41158255	/	显著

续表

染色体	核心区域/bp	性状	QTL 位置/bp	F 值	显著水平
		高脂系			
5	47240577~47282933	腹脂重	37226264~53779276	6.74	显著
		腹脂重	51748760~60234891	/	显著
5	59811459~59880511	腹脂重	53867807~62098509	11.87	显著
		腹脂重	53867807~62098509	6.82	显著
7	30090927~30155133	腹脂重	25306930~38010856	/	建议显著
7	31374271~31418061	腹脂重	25306930~38010856	/	建议显著
7	33795201~33904515	腹脂重	25306930~38010856	/	建议显著
		腹脂重	32440861~34526547	2.08	建议显著
7	36818722~36875768	腹脂重	25306930~38010856	/	建议显著
7	37031922~37124566	腹脂重	25306930~38010856	/	建议显著
9	2952291~3007034	腹脂重	2798942~3798942	/	显著
		腹脂率	2972071~3972071	/	显著
11	9804894~9826761	腹脂重	6272742~12810705	2.15	建议显著
		腹脂率	734209~12275026	5.22	显著
12	1157199~1170169	腹脂率	734209~12275026	4.51	显著
		腹脂率	813709~1813709	/	显著
		腹脂重	1917251~10769106	10.2	显著
15	8495796~8543001	腹脂率	2388961~10769106	12.8	显著
		腹脂重	2798507~10769106	8.13	显著
		腹脂重	2798507~10769106	5.67	建议显著
23	935267~970086	腹脂重	74802~1074802	/	显著

注：“/”表示没有查到对应值

　　本研究通过选择信号分析发现 10 个基因（包括 *RB1*、*BBS7*、*MAOA*、*MAOB*、*EHBP1*、*LRP2BP*、*LRP1B*、*MYO7A*、*MYO9A* 和 *PRPSAP1*）可能与肥胖相关。在这 10 个基因中，有 7 个基因（包括 *RB1*、*BBS7*、*MAOA*、*MAOB*、*EHBP1*、*LRP2BP* 和 *LRP1B*）位于影响鸡腹脂性状的 QTL 区域内（表 4-6）。虽然剩余 3 个基因（*MYO7A*、*MYO9A* 和 *PRPSAP1*）没有位于影响鸡腹脂性状的 QTL 区域中，但是这些基因也可能对腹部脂肪沉积有重要影响。

　　依据文献，检索这 10 个基因的生物学功能，发现这些基因与肥胖有关。*RB1* 基因可以通过调节 C/EBP-DNA 结合活性来影响 3T3-L1 细胞的脂肪形成，说明该基因在脂肪细胞分化中发挥重要作用（Cole et al.，2004；Fajas et al.，2002）。*BBS7* 基因属于 BBS（Bardet-Biedl syndrome）家族。目前已经发现的 *BBS* 基因有 6 个，包括 *BBS1*、*BBS2*、*BBS4*、*BBS6*、*BBS7* 和 *BBS8*（Sheffield，2004）。BBS 与遗传性疾病，特别是肥胖、光感受器变性、多指趾畸形、生殖腺发育不全、肾功能异常等有关（Sheffield，2004）。这些 *BBS* 基因可能对肥胖有重要影响。MAOA 和 MAOB 两种酶对多巴胺的产生有重要作用（Need et al.，2006）。在人类中，多巴胺水平能够影响人类的肥胖，说明 *MAOA* 和

MAOB 对人类肥胖有重要作用（Need et al.，2006）。*EHBP1* 参与胰岛素刺激的葡萄糖转运蛋白 4（glucose transporter type 4，GLUT4）转运过程（Guilherme et al.，2004）。胰岛素通过吸收细胞内膜包含 GLUT4 的囊泡到质膜的过程来刺激胰岛素的转运（Guilherme et al.，2004）。有研究表明，在培养的脂肪细胞中，缺乏 *EHBP1* 会破坏胰岛素刺激的 GLUT4 转运过程（Guilherme et al.，2004），从而影响胰岛素的转运。*LRP2BP* 和 *LRP1B* 是低密度脂蛋白受体家族成员，参与包括脂质代谢、动脉粥样硬化、神经系统发育、营养和维生素的转运等许多生理过程（May et al.，2007）。*MYO7A* 和 *MYO9A* 是两个肌球蛋白基因。有研究表明，*MYO7A* 突变纯合型小鼠的体重和体脂减少（Gibson et al.，1995）。*MYO9A* 位于人的染色体 15q22~q23 的 BBS4 区域内（Gorman et al.，1999），我们推断该基因可能对肥胖有影响。*PRPSAP1* 基因被命名为磷酸核糖基合成酶相关蛋白 1。在人类中的研究表明，*RPSAP1* 基因的表达水平与体脂含量相关（Lee et al.，2003）。

上述 10 个基因与肥胖或脂质代谢的相关性主要是在人和鼠上发现的。由于基因的功能在物种间具有一定的保守性，推测这些基因可能在鸡的腹部脂肪沉积上发挥重要作用。

第三节　高、低脂系肉鸡拷贝数变异分析

一、拷贝数变异的概念

目前的研究发现，在基因组上存在多种遗传变异形式，其中 SNP 多态是早已经熟知的一类变异。在人类基因组上的研究发现，虽然在基因组上存在很多 SNP 位点，而且有相当一部分 SNP 位点与人类疾病相关，但是这些遗传变异只能解释疾病遗传因素中的一小部分，仍然有很多未知的遗传因素没有被揭示。目前发现，在人类基因组上还存在大片段 DNA 序列的结构变异，这些基因组结构变异主要包括拷贝数变异（copy number variation，CNV）、倒位（inversion）、平衡易位（balanced translocation）等。其中，CNV 的识别与功能研究是目前基因组结构变异中的一个重要研究热点。

拷贝数变异主要指一段长度从几千碱基对到数百万碱基对的 DNA 序列拷贝数目的多态，是一种基因组遗传变异形式，它包括 DNA 片段的缺失、插入、重复等（Henrichsen et al.，2009）。拷贝数变异长度跨度比较大，它可以是一个基因或基因的一部分，也可能包括多个基因。如果一段染色体区域包含若干个源于不同个体的拷贝数变异，可以将这段染色体区域称为拷贝数变异区域（CNVR），也就是说，一个拷贝数变异区域就是一个有重叠部分的各个拷贝数变异的联合（Redon et al.，2006）。

二、拷贝数变异的检测方法

目前，主要通过微阵列技术平台和测序技术平台来检测拷贝数变异。基于微阵列技术的方法主要有两类：基因组杂交阵列比较（array comparative genomic hybridization，aCGH）和 SNP 芯片。aCGH 平台是基于参考基因组和测试基因组杂交比较的原理来实现 CNV 的检测。该检测平台的原理是：将测试基因组和参考基因组之间的信号比率标准化后，进行对数转化，之后将该数值作为拷贝数变化的度量依据。SNP 芯片也是基于

杂交技术的理念，但它是通过比较测试样本的信号密度来识别拷贝数变异的。

二代测序技术（next generation sequencing technology，NGS）的出现为基因结构变化的研究带来了革命性的进展。测序技术已经取代微阵列技术为基因组结构变异检测提供了新的平台。这类方法主要包括读对技术（read-pair technology）、读深方法（read-depth method）、分裂读取方法（split-read method）、序列组装方法（sequence assembly method）等。

三、鸡拷贝数变异的研究进展

在鸡基因组上，利用候选基因和候选区域的研究策略发现了一些影响鸡外貌性状的 CNV，如位于 Z 染色体上影响鸡的慢羽性状的 CNV（Elferink et al.，2008）和位于 1 号染色体上影响鸡豆冠的 CNV（Wright et al.，2009）。

自从 Griffin 等（2008）利用 aCGH 技术在鸡基因组上开展了 CNV 检测研究以来，国内外研究者利用 aCGH 芯片、高密度 SNP 芯片和测序等技术在鸡基因组上的 CNV 检测与功能鉴定方面开展了一系列研究工作。这些研究结果表明，鸡的基因组和人的基因组类似，CNV 等基因组结构多态覆盖了鸡基因组相当大的范围。但是，由于鸡 CNV 检测研究中所用到的主要是密度较低的 aCGH 和 SNP 芯片，而且 SNP 芯片上探针分布不均匀，再加上研究中样本含量较小，目前鸡的 CNV 图谱分辨率还很低，远没有人的 CNV 图谱精确。下一步有必要利用更高密度的芯片及全基因组重测序等平台和技术进行后续研究以获得更高分辨率的 CNV 图谱。

Griffin 等（2008）绘制出鸡和火鸡之间的比较遗传学图谱，通过 aCGH 技术共发现 16 个种间 CNV。该研究结果同时显示，相对于哺乳动物，禽类基因组在进化中保持相对稳定。Wang 等（2010）在 3 个品种鸡（Cornish Rock Broiler、Leghorn 和 Rhode Island Red）中共发现 96 个 CNV，长度约为 16Mb，占鸡全基因组的 1.3%。同时发现有 26 个 CNV 存在于 2 个以上鸡种。中小长度的 CNV 主要分布在非编码区，而大的 CNV 则包含了催乳素受体基因、醛糖还原酶基因、锌指蛋白基因等编码基因。Wang 等（2012）利用 aCGH 基因芯片绘制了中国本地鸡品种和商业鸡品种基因组 CNV 图谱，共发现了 130 个 CNVR，平均长度为 25.70kb，其中 104 个 CNVR 为首次发现。在这 104 个 CNVR 中，56 个为非编码序列，65 个获得，40 个缺失。同时找到 4 个高度可信的与鸡进化分类相关的位点。本课题组 Zhang 等（2014）利用 60K SNP 芯片在东北农业大学高、低脂系肉鸡群体内也检测到多个 CNV，详见本节第四部分。

四、高、低脂系肉鸡拷贝数变异的检测

本课题组 Zhang 等（2014）以高、低脂系第 11 世代鸡只为研究对象，利用 Illumina 公司开发的鸡 60K SNP 芯片，对肉鸡腹脂双向选择品系进行 CNV 分析，绘制肉鸡高、低脂系 CNV 图谱。具体研究结果如下。

（一）全基因组范围内拷贝数变异（CNV）的检测

我们应用 PennCNV 软件对 28 条常染色体及 Z 染色体上的 CNV 进行检测，结果在

高、低脂系中分别检测到 291 个和 438 个 CNV。在这些 CNV 中，有 17 个 CNV 是高、低脂系所共有的。分别对高、低脂系中的 CNV 进行整理，将位置有重叠的 CNV 进行合并，结果在高、低脂系中分别发现了 188 个和 271 个 CNVR（图 4-7）。这些 CNVR 分别覆盖了 30.60Mb 和 40.26Mb 的染色体区域。低脂系的 271 个 CNVR 中，有 176 个缺失型、68 个获得型及 27 个缺失+获得型。高脂系的 188 个 CNVR 中，有 143 个缺失型、25 个获得型及 20 个缺失+获得型。这些 CNVR 在染色体上并不是均匀分布的，如在低脂系中，16 号和 19 号染色体上没有检测到 CNVR；在高脂系中，在 15 号、16 号、19 号、20 号、23 号和 24 号染色体上都没有检测到 CNVR。1 号染色体是最大的一条染色体，在高、低脂系中，在 1 号染色体上分别发现了 35 个和 53 个 CNVR。同时，我们用另外一个软件（CNVPartition）对该结果进行了验证，结果在低脂系中只有 4 个 CNVR 没有得到验证，在高脂系中只有 3 个 CNVR 没有得到验证。该结果说明我们所应用的检测方法正确，可以有效检测 CNVR。

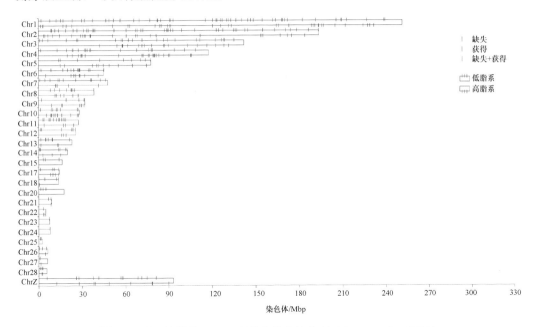

图 4-7　高、低脂系 CNVR 在染色体上的分布（Zhang et al.，2014）

（二）应用实时定量 PCR 方法对 CNVR 进行验证

我们应用实时定量 PCR 的方法对检测到的 CNVR 进行验证，以确定这些 CNVR 是否真实存在。实验选取了 10 个 CNVR 进行验证，这 10 个 CNVR 包括缺失型、获得型及缺失+获得型 3 种类型（表 4-8）。针对这 10 个 CNVR，在 65 个个体中进行验证，进行了 333 个 PCR，结果显示 10 个 CNVR 都得到了验证（图 4-8，表 4-8）。

（三）CNVR 中包含的基因

在高、低脂系检测到的 CNVR 中共有 886 个基因，其中在低脂系的 271 个 CNVR 中发现了 626 个基因，在高脂系的 188 个 CNVR 中发现了 374 个基因，有 144 个基因是高、低脂系所共有的。对上述 886 个基因进行 GO 和 KEGG 通路分析，结果发现这些基因富集到 1744 个 GO 类中，其中的 8 个 GO 类达到了显著水平（P<0.05）（表 4-9）。KEGG 通路分析发现这些基因分布在 95 个 KEGG 通路上，有两个通路达到了显著水平（P<0.05）（表 4-9）。

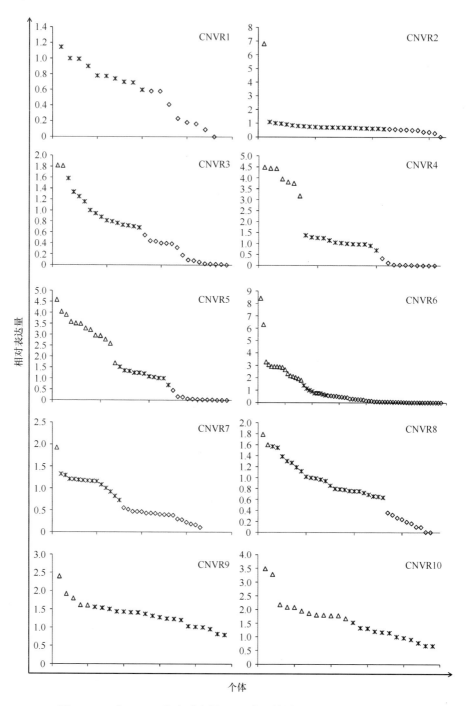

图 4-8　10 个 CNVR 的实时定量 PCR 验证结果（Zhang et al.，2014）

表 4-8　10 个 CNVR 的实时定量 PCR 验证结果（Zhang et al.，2014）

CNVR	位置	是否得到验证	验证类型	芯片检测到的类型
CNVR1	Chr1：68169551~68304034	是	缺失	缺失
CNVR2	Chr1：18444585~19186283	是	缺失+获得	缺失+获得
CNVR3	ChrZ：62739744~62787579	是	缺失+获得	获得
CNVR4	Chr5：33373065~33628432	是	缺失+获得	缺失+获得
CNVR5	ChrZ：9933957~10124452	是	缺失+获得	获得
CNVR6	Chr17：11092462~11179187	是	缺失+获得	缺失+获得
CNVR7	Chr2：149276922~149301687	是	缺失+获得	缺失
CNVR8	Chr11：3196613~3453273	是	缺失+获得	缺失+获得
CNVR9	Chr10：7945101~7980528	是	获得	获得
CNVR10	Chr12：1112437~1143728	是	获得	获得

表 4-9　显著的 GO 类和 KEGG 通路（Zhang et al.，2014）

类型	GO 条目	描述	P 值
GOTERM_MF_FAT	GO：0019966	interleukin-1 binding	0.00
GOTERM_MF_FAT	GO：0004908	interleukin-1 receptor activity	0.00
GOTERM_MF_FAT	GO：0015299	solute：hydrogen antiporter activity	0.02
GOTERM_MF_FAT	GO：0005509	calcium ion binding	0.02
GOTERM_MF_FAT	GO：0015300	solute：solute antiporter activity	0.02
GOTERM_CC_FAT	GO：0005886	plasma membrane	0.03
GOTERM_MF_FAT	GO：0015297	antiporter activity	0.03
GOTERM_MF_FAT	GO：0015298	solute：cation antiporter activity	0.03
KEGG_PATHWAY	gga04020	calcium signaling pathway	0.02
KEGG_PATHWAY	gga00510	*N*-glycan biosynthesis	0.03

（四）影响腹脂沉积 QTL、选择信号及 CNVR 的合并分析

我们在网上查找了影响鸡重要经济性状的 QTL 数据库（http://www.animalgenome. org/cgi-bin/QTLdb/GG/index），截至 2013 年 5 月 21 日，该数据库中一共收录了 291 个影响鸡腹脂沉积的 QTL。在低脂系中，160 个 CNVR 与 74 个影响鸡腹脂沉积的 QTL 重合，有 10 个 CNVR 与前面我们检测到的达到 0.01 极显著染色体水平的选择信号重合，这 10 个 CNVR 中有 6 个 CNVR 位于影响腹脂沉积的 QTL 中，这 6 个 CNVR 中包含 8 个基因：溶质载体家族 9 成员 A3（solute carrier family 9 member A3，*SLC9A3*）、G 蛋白亚基 α（G protein subunit alpha L，*GNAL*）、sparc/osteonectin、cwcv and Kazal-like domains proteoglycan（testican）3（*SPOCK3*）、膜联蛋白 A10（annexin A10，*ANXA10*）、*HELIOS*、肌球蛋白轻链激酶（myosin light chain kinase，*MYLK*）、coiled-coil domain containing 14（*CCDC14*）和精子相关抗原 9（sperm associated antigen 9，*SPAG9*）。通过同样的办法在高脂系中也找到了 6 个基因：性别决定区域 Y-box5（SRY-Box 5，*SOX5*）、视锥蛋白样基因 1（visinin like 1，*VSNL1*）、染色体结构维持蛋白 6（structural maintenance of chromosomes 6，*SMC6*）、*GEN1*、细胞生成素 1（mesogenin 1，*MSGN1*）和透明带基因

AX（*ZPAX*）。这些基因的基本功能如下。

SLC9A3 也称为氢钠转运体 3，或氢钠交换器 3（*NHE3*）（Brant et al.，1993）。*SLC9A3* 主要在人类肠、胃、呼吸道、肾脏及上皮细胞中表达（Xu et al.，2010）。*SLC9A3* 存在于小肠 Na$^+$ 吸收细胞的刷状缘和肾近端小管中，在胃肠道和肾脏 Na$^+$ 吸收过程中扮演重要的角色（Tse et al.，1992），这表明该基因可能参与食物的消化和营养的吸收，从而影响腹部脂肪的沉积。

G 蛋白根据 α 亚基可分为 4 个亚家族（Gαs、Gαi/o、Gαq 和 Gα12）（Wackym et al.，2005）。GNAL 与 Gαs 的氨基酸同源性达到 88%，被认为是 Gαs 家族的一个成员（Wackym et al.，2005）。尽管 GNAL 最初是在嗅觉神经上皮和纹状体中被发现的，它同时也在胰腺 β 细胞、睾丸、脾脏、肺脏和心脏中表达（Régnauld et al.，2002）。此外，该基因在脂肪组织中高度表达（http://www.genatlas.org/），说明该基因可能与腹部脂肪沉积有关。

SPOCK3 基因的编码产物是一个新型的钙结合蛋白家族中的一员，包含 I 型甲状腺球蛋白和 Kazal 样结构域。SPOCK3 蛋白可能通过抑制基质金属蛋白酶的活性进而在成人 T 淋巴细胞白血病中发挥关键作用（Kamioka et al.，2009）。*SPOCK3* 基因在鼠的神经系统中表达（Hartmann et al.，2013）。

ANXA10 属于膜联蛋白家族成员，在口腔鳞状细胞癌细胞系中高表达（Yamano et al.，2008）。*ANXA10* 在细胞内吞、外排、抗凝活性、细胞骨架的互作、细胞分化、增殖的运作过程中扮演着重要的角色（Gerke et al.，2005；Gerke and Moss，2002）。此外，*ANXA10* 与巴雷特食管癌、胃癌、膀胱癌等恶性肿瘤相关（Munksgaard et al.，2011；Kim et al.，2010；van Baal et al.，2005）。*ANXA10* 主要在肝脏和胃等消化系统中表达（http://www.genatlas.org/），说明该基因可能影响食物的消化和吸收，进而影响脂肪的沉积。

HELIOS 是 *Ikaros* 转录因子家族的一员（Thornton et al.，2010）。之前的研究表明，患有胰岛素抵抗的肥胖症患者 *HELIOS* 基因的表达量降低（Eller et al.，2011）。*HELIOS* 主要在外胚层及神经外胚层衍生的组织中表达（Martín-Ibáñez et al.，2012）。

MYLK 是肌免疫球蛋白基因家族的成员，编码肌球蛋白轻链激酶，是一种钙离子/钙调蛋白依赖性酶。研究表明，*MYLK* 基因突变与主动脉夹层动脉瘤（aortic dissection）相关（Wang et al.，2010）。*MYLK* 基因在心脏、前列腺、气管组织及消化系统（包括食道和小肠）中高表达，暗示该基因可能参与食物的消化和吸收，进而影响脂肪的沉积。

CCDC14 是一个蛋白编码基因，但它的功能尚不明确。*CCDC14* 基因主要在雄性个体的睾丸组织中表达（http://www.genatlas.org/）。

SPAG9 编码的蛋白质属于 C-Jun-NH2 termina kinase（JNK）相互作用蛋白家族（JIP）的成员，只在睾丸组织中表达（Jagadish et al.，2005）。*SPAG9* 可能在生殖过程及肿瘤生长和发育中起着关键的作用（Jagadish et al.，2005；Garg et al.，2008）。

SOX5 属于 *SOX*（SRY 相关的 HMG 盒子）家族，主要参与调控胚胎发育和细胞命运决定等生物学过程（Morales et al.，2007）。在鸡上，*SOX5* 第 1 内含子中的 CNV 与豆状冠表型相关（Wright et al.，2009）。*SOX5* 主要在脑、脊髓、睾丸、肺脏及肾脏组织中表达，在神经细胞中通过 WNT-β-连环蛋白途径控制细胞周期的进行（Martinez-Morales et al.，2010）。最近的一项研究表明，*SOX5* 可能在调控左心室功能中发挥重要作用，这

种功能异常可能与腹部肥胖相关（Della-Morte et al.，2011）。

VSNL1 属于神经钙传感器蛋白 visinin/recoverin 亚家族，高表达于人类的心脏和大脑组织中（Li et al.，2011；Buttgereit et al.，2010）。之前的研究结果表明，*VSNL1* 可以调节心脏钠尿肽受体 B（Buttgereit et al.，2010）。*VSNL1* 基因还可以通过下调纤维连接蛋白受体（fibronectin receptor，FnR）的表达进而在调节细胞黏附和迁移过程中发挥重要的作用（Gonzalez Guerrico et al.，2005）。同时，*VSNL1* 基因还高表达于神经系统中。

染色体结构维持（structural maintenance of chromosome，SMC）蛋白是一类染色体 ATP 酶。以这类蛋白质为核心可形成 3 种多蛋白复合体：凝聚蛋白（condensin）、黏结蛋白（cohesin）和 SMC5-SMC6 复合体。*SMC1* 和 *SMC3* 在基因表达和 DNA 修复中发挥重要作用（Dorsett and Ström，2012）。*SMC2* 和 *SMC4* 负责有丝分裂过程中染色体的凝结（Losada and Hirano，2005）。SMC5-SMC6 复合物在同源重组介导的 DNA 修复过程中发挥作用，但是其确切的作用机制尚不清楚（Pebernard et al.，2006）。

GEN1 属于 Rad2/XPG 单体家族，是一种结构特异性核酸酶（Johnson et al.，1998）。该蛋白家族包括 N 端和内部 XPG 核酸酶基序，以及螺旋-发夹-螺旋结构域（Hosfield et al.，1998）。*GEN1* 基因主要在胰腺、胸腺、脑、睾丸、肺脏和肾脏中表达，在体外具有 Holliday 交叉游离酶活性，可能对 DNA 双链断裂进行同源介导修复（Rass et al.，2010）。

MSGN1 是一个碱性螺旋-环-螺旋转录因子，特异性表达于体节中胚层（PSM）。*MSGN1* 控制 PSM 祖细胞的分化和迁移，缺乏 *MSGN1* 的小鼠胚胎表现出严重的 PSM 减少和躯干体节的缺失（Fior et al.，2012；Yoon et al.，2000）。

脊椎动物的卵膜是由一组由透明带（*ZP*）基因编码的相关蛋白组成的（Hughes，2007）。脊椎动物的 *ZP* 基因有 6 个亚家族：*ZPA/ZP2*、*ZPB/ZP4*、*ZPC/ZP1*、*ZP3*、*ZPAX* 及 *ZPD*（Goudet et al.，2008）。*ZP* 基因可能在精卵识别中发挥重要作用（Goudet et al.，2008）。

所有这些基因都位于鸡腹脂重或腹脂率相关的 QTL 区域中。从这些基因已知的生物学功能来看，*GNAL*、*HELIOS* 和 *SOX5* 可能直接调控脂肪组织代谢，而 *SLC9A3*、*SPOCK3*、*ANXA10*、*MYLK* 和 *VSNL1* 与脂肪组织代谢可能具有间接相关关系。*CCDC14*、*SPAG9*、*SMC6*、*GEN1*、*MSGN1* 和 *ZPAX* 在脂肪组织发育过程中所起的作用尚不明确。

参 考 文 献

张慧. 2011. 鸡腹脂性状的全基因组关联研究. 哈尔滨: 东北农业大学博士学位论文.

Abasht B, Lamont S J. 2007. Genome-wide association analysis reveals cryptic alleles as an important factor in heterosis for fatness in chicken F_2 population. Anim Genet, 38(5): 491-498.

Akey J M, Zhang G, Zhang K, et al. 2002. Interrogating a high-density SNP map for signatures of natural selection. Genome Res, 12(12): 1805-1814.

Beaumont M A, Balding D J. 2004. Identifying adaptive genetic divergence among populations from genome scans. Mol Ecol, 13(4): 969-980.

Benzinou M, Creemers J W, Choquet H, et al. 2008. Common nonsynonymous variants in *PCSK1* confer risk of obesity. Nat Genet, 40(8): 943-945.

Brant S R, Bernstein M, Wasmuth J J, et al. 1993. Physical and genetic mapping of a human apical epithelial Na+/H+ exchanger (*NHE3*) isoform to chromosome 5p15.3. Genomics, 15(3): 668-672.

Buttgereit J, Qadri F, Monti J, et al. 2010. Visinin-like protein 1 regulates natriuretic peptide receptor B in the heart. Regul Pept, 161(1-3): 51-57.

Chang Y C, Chiu Y F, Shih K C, et al. 2010. Common *PCSK1* haplotypes are associated with obesity in the Chinese population. Obesity (Silver Spring), 18(7): 1404-1409.

Choquet H, Stijnen P, Creemers J W. 2011. Genetic and functional characterization of *PCSK1*. Methods Mol Biol, 768: 247-253.

Cole K A, Harmon A W, Harp J B, et al. 2004. *Rb* regulates C/EBPbeta-DNA-binding activity during 3T3-L1 adipogenesis. Am J Physiol Cell Physiol, 286(2): C349-C354.

Della-Morte D, Beecham A, Rundek T, et al. 2011. A follow-up study for left ventricular mass on chromosome 12p11 identifies potential candidate genes. BMC Med Genet, 12: 100.

Dorsett D, Ström L. 2012. The ancient and evolving roles of cohesin in gene expression and DNA repair. Curr Biol, 22(7): R240-R250.

Elferink M G, Megens H J, Vereijken A, et al. 2012. Signatures of selection in the genomes of commercial and non-commercial chicken breeds. PLoS One, 7(2): e32720.

Elferink M G, Vallée A A, Jungerius A P, et al. 2008. Partial duplication of the *PRLR* and *SPEF2* genes at the late feathering locus in chicken. BMC Genomics, 9: 391.

Eller K, Kirsch A, Wolf A M, et al. 2011. Potential role of regulatory T cells in reversing obesity-linked insulin resistance and diabetic nephropathy. Diabetes, 60(11): 2954-2962.

Fajas L, Egler V, Reiter R, et al. 2002. The retinoblastoma-histone deacetylase 3 complex inhibits PPARgamma and adipocyte differentiation. Dev Cell, 3(6): 903-910.

Fan W L, Ng C S, Chen C F, et al. 2013. Genome-wide patterns of genetic variation in two domestic chickens. Genome Biol Evol, 5(7): 1376-1392.

Fay J C, Wu C I. 2000. Hitchhiking under positive Darwinian selection. Genetics, 155(3): 1405-1413.

Fior R, Maxwell A A, Ma T P, et al. 2012. The differentiation and movement of presomitic mesoderm progenitor cells are controlled by Mesogenin 1. Development, 139(24): 4656-4665.

Garg M, Kanojia D, Khosla A, et al. 2008. Sperm-associated antigen 9 is associated with tumor growth, migration, and invasion in renal cell carcinoma. Cancer Res, 68(20): 8240-8248.

Gerke V, Creutz C E, Moss S E. 2005. Annexins: linking Ca2+ signalling to membrane dynamics. Nat Rev Mol Cell Biol, 6(6): 449-461.

Gerke V, Moss S E. 2002. Annexins: from structure to function. Physiol Rev, 82(2): 331-371.

Gholami M, Erbe M, Gärke C, et al. 2014. Population genomic analyses based on 1 million SNPs in commercial egg layers. PLoS One, 9(4): e94509.

Gianola D, Simianer H, Qanbari S. 2010. A two-step method for detecting selection signatures using genetic markers. Genet Res (Camb), 92(2): 141-155.

Gibson F, Walsh J, Mburu P, et al. 1995. A type VII myosin encoded by the mouse deafness gene shaker-1. Nature, 374(6517): 62-64.

Gonzalez Guerrico A M, Jaffer Z M, Page R E, et al. 2005. Visinin-like protein-1 is a potent inhibitor of cell adhesion and migration in squamous carcinoma cells. Oncogene, 24(14): 2307-2316.

Gorman S W, Haider N B, Grieshammer U, et al. 1999. The cloning and developmental expression of unconventional myosin IXA (*MYO9A*) a gene in the Bardet-Biedl syndrome (*BBS4*) region at chromosome 15q22-q23. Genomics, 59(2): 150-160.

Goudet G, Mugnier S, Callebaut I, et al. 2008. Phylogenetic analysis and identification of pseudogenes reveal a progressive loss of zona pellucida genes during evolution of vertebrates. Biol Reprod, 78(5): 796-806.

Griffin D K, Robertson L B, Tempest H G, et al. 2008. Whole genome comparative studies between chicken and turkey and their implications for avian genome evolution. BMC Genomics, 9: 168.

Gu X, Feng C, Ma L, et al. 2011. Genome-wide association study of body weight in chicken F_2 resource population. PLoS One, 6(7): e21872.

Guilherme A, Soriano N A, Furcinitti P S, et al. 2004. Role of EHD1 and EHBP1 in perinuclear sorting and insulin-regulated GLUT4 recycling in 3T3-L1 adipocytes. J Biol Chem, 279(38): 40062-40075.

Hanchard N A, Rockett K A, Spencer C, et al. 2006. Screening for recently selected alleles by analysis of human haplotype similarity. Am J Hum Genet, 78(1): 153-159.

Hartmann U, Hülsmann H, Seul J, et al. 2013. Testican-3: a brain-specific proteoglycan member of the BM-40/SPARC/osteonectin family. J Neurochem, 125(3): 399-409.

Hasenstein J R, Hassen A T, Dekkers J C, et al. 2008. High resolution, advanced intercross mapping of host resistance to Salmonella colonization. Dev Biol (Basel), 132: 213-218.

Heni M, Haupt A, Schäfer S A, et al. 2010. Association of obesity risk SNPs in *PCSK1* with insulin sensitivity and proinsulin conversion. BMC Med Genet, 11: 86.

Henrichsen C N, Chaignat E, Reymond A. 2009. Copy number variants, diseases and gene expression. Hum Mol Genet, 18(R1): R1-R8.

Hosfield D J, Mol C D, Shen B, et al. 1998. Structure of the DNA repair and replication endonuclease and exonuclease FEN-1: coupling DNA and PCNA binding to FEN-1 activity. Cell, 95(1): 135-146.

Hughes D C. 2007. ZP genes in avian species illustrate the dynamic evolution of the vertebrate egg envelope. Cytogenet Genome Res, 117(1-4): 86-91.

Jagadish N, Rana R, Mishra D, et al. 2005. Sperm associated antigen 9 (*SPAG9*): a new member of c-Jun NH2 -terminal kinase (JNK) interacting protein exclusively expressed in testis. Keio J Med, 54(2): 66-71.

Johansson A M, Pettersson M E, Siegel P B, et al. 2010. Genome-wide effects of long-term divergent selection. PLoS Genet, 6(11): e1001188.

Johnson R E, Kovvali G K, Prakash L, et al. 1998. Role of yeast Rth1 nuclease and its homologs in mutation avoidance, DNA repair, and DNA replication. Curr Genet, 34(1): 21-29.

Kamioka M, Imamura J, Komatsu N, et al. 2009. Testican 3 expression in adult T-cell leukemia. Leuk Res, 33(7): 913-918.

Kilpeläinen T O, Bingham S A, Khaw K T, et al. 2009. Association of variants in the *PCSK1* gene with obesity in the EPIC-Norfolk study. Hum Mol Genet, 18(18): 3496-3501.

Kim J K, Kim P J, Jung K H, et al. 2010. Decreased expression of annexin A10 in gastric cancer and its overexpression in tumor cell growth suppression. Oncol Rep, 24(3): 607-612.

Lee Y H, Tokraks S, Pratley R E, et al. 2003. Identification of differentially expressed genes in skeletal muscle of non-diabetic insulin-resistant and insulin-sensitive Pima Indians by differential display PCR. Diabetologia, 46(11): 1567-1575.

Li C, Pan W, Braunewell K H, et al. 2011. Structural analysis of Mg2+ and Ca2+ binding, myristoylation, and dimerization of the neuronal calcium sensor and visinin-like protein 1 (VILIP-1). J Biol Chem, 286(8): 6354-6366.

Li D F, Lian L, Qu L J, et al. 2013. A genome-wide SNP scan reveals two loci associated with the chicken resistance to Marek's disease. Anim Genet, 44(2): 217-222.

Liu R, Sun Y, Zhao G, et al. 2013. Genome-wide association study identifies Loci and candidate genes for body composition and meat quality traits in Beijing-You chickens. PLoS One, 8(4): e61172.

Losada A, Hirano T. 2005. Dynamic molecular linkers of the genome: the first decade of SMC proteins. Genes Dev, 19(11): 1269-1287.

Luo C, Qu H, Ma J, et al. 2013. Genome-wide association study of antibody response to Newcastle disease virus in chicken. BMC Genet, 14: 42.

Martinez-Morales P L, Quiroga A C, Barbas J A, et al. 2010. SOX5 controls cell cycle progression in neural progenitors by interfering with the WNT-beta-catenin pathway. EMBO Rep, 11(6): 466-472.

Martín-Ibáñez R, Crespo E, Esgleas M, et al. 2012. Helios transcription factor expression depends on Gsx2 and Dlx1&2 function in developing striatal matrix neurons. Stem Cells Dev, 21(12): 2239-2251.

May P, Woldt E, Matz R L, et al. 2007. The LDL receptor-related protein (LRP) family: an old family of proteins with new physiological functions. Ann Med, 39(3): 219-228.

Meuwissen T H, Hayes B J, Goddard M E. 2001. Prediction of total genetic value using genome-wide dense marker maps. Genetics, 157(4): 1819-1829.

Morales A V, Perez-Alcala S, Barbas J A. 2007. Dynamic Sox5 protein expression during cranial ganglia development. Dev Dyn, 236(9): 2702-2707.

Munksgaard P P, Mansilla F, Brems Eskildsen A S, et al. 2011. Low ANXA10 expression is associated with disease aggressiveness in bladder cancer. Br J Cancer, 105(9): 1379-1387.

Mutch D M, Clément K. 2006. Unraveling the genetics of human obesity. PLoS Genet, 2(12): e188.

Need A C, Ahmadi K R, Spector T D, et al. 2006. Obesity is associated with genetic variants that alter dopamine availability. Ann Hum Genet, 70(Pt 3): 293-303.

Nielsen R, Williamson S, Kim Y, et al. 2005. Genomic scans for selective sweeps using SNP data. Genome Res, 15(11): 1566-1575.

Pebernard S, Wohlschlegel J, McDonald W H, et al. 2006. The Nse5-Nse6 dimer mediates DNA repair roles of the Smc5-Smc6 complex. Mol Cell Biol, 26(5): 1617-1630.

Qanbari S, Strom T M, Haberer G, et al. 2012. A high resolution genome-wide scan for significant selective sweeps: an application to pooled sequence data in laying chickens. PLoS One, 7(11): e49525.

Rass U, Compton S A, Matos J, et al. 2010. Mechanism of Holliday junction resolution by the human GEN1 protein. Genes Dev, 24(14): 1559-1569.

Redon R, Ishikawa S, Fitch K R, et al. 2006. Global variation in copy number in the human genome. Nature, 444(7118): 444-454.

Régnauld K, Nguyen Q D, Vakaet L, et al. 2002. G-protein alpha(olf) subunit promotes cellular invasion, survival, and neuroendocrine differentiation in digestive and urogenital epithelial cells. Oncogene, 21(25): 4020-4031.

Roux P F, Boitard S, Blum Y, et al. 2015. Combined QTL and selective sweep mappings with coding SNP annotation and cis-eQTL analysis revealed PARK2 and JAG2 as new candidate genes for adiposity regulation. G3 (Bethesda), 5(4):517-529.

Rubin C J, Zody M C, Eriksson J, et al. 2010. Whole-genome resequencing reveals loci under selection during chicken domestication. Nature, 464(7288): 587-591.

Sabeti P C, Reich D E, Higgins J M, et al. 2002. Detecting recent positive selection in the human genome from haplotype structure. Nature, 419(6909): 832-837.

Sabeti P C, Varilly P, Fry B, et al. 2007. Genome-wide detection and characterization of positive selection in human populations. Nature, 449(7164): 913-918.

Sheffield V C. 2004. Use of isolated populations in the study of a human obesity syndrome, the Bardet-Biedl syndrome. Pediatr Res, 55(6): 908-911.

Stainton J J, Haley C S, Charlesworth B, et al. 2015. Detecting signatures of selection in nine distinct lines of broiler chickens. Anim Genet, 46(1): 37-49.

Stephens J C, Reich D E, Goldstein D B, et al. 1998. Dating the origin of the CCR5-Delta32 AIDS-resistance allele by the coalescence of haplotypes. Am J Hum Genet, 62(6): 1507-1515.

Sun Y, Zhao G, Liu R, et al. 2013. The identification of 14 new genes for meat quality traits in chicken using a genome-wide association study. BMC Genomics, 14: 458.

Tajima F. 1989. Statistical method for testing the neutral mutation hypothesis by DNA polymorphism. Genetics, 123(3): 585-595.

Thornton A M, Korty P E, Tran D Q, et al. 2010. Expression of Helios, an Ikaros transcription factor family member, differentiates thymic-derived from peripherally induced Foxp3+ T regulatory cells. J Immunol, 184(7): 3433-3441.

Tse C M, Brant S R, Walker M S, et al. 1992. Cloning and sequencing of a rabbit cDNA encoding an intestinal and kidney-specific Na+/H+ exchanger isoform (NHE-3). J Biol Chem, 267(13): 9340-9346.

van Baal J W, Milano F, Rygiel A M, et al. 2005. A comparative analysis by SAGE of gene expression profiles of Barrett's esophagus, normal squamous esophagus, and gastric cardia. Gastroenterology, 129(4): 1274-1281.

Voight B F, Kudaravalli S, Wen X, et al. 2006. A map of recent positive selection in the human genome. PLoS Biol, 4(3): e72.

Wackym P A, Cioffi J A, Erbe C B, et al. 2005. G-protein Golfalpha (GNAL) is expressed in the vestibular end organs and primary afferent neurons of Rattus norvegicus. J Vestib Res, 15(1): 11-15.

Wang L, Guo D C, Cao J, et al. 2010. Mutations in myosin light chain kinase cause familial aortic dissections.

Am J Hum Genet, 87(5): 701-707.

Wang Y, Gu X, Feng C, et al. 2012. A genome-wide survey of copy number variation regions in various chicken breeds by array comparative genomic hybridization method. Anim Genet, 43(3): 282-289.

Weir B S, Cockerham C C. 1984. Estimating F-statistics for the analysis of population structure. Evolution, 38(6): 1358-1370.

Whittaker J C, Thompson R, Denham M C. 2000. Marker-assisted selection using ridge regression. Genet Res, 75(2): 249-252.

Wright D, Boije H, Meadows J R, et al. 2009. Copy number variation in intron 1 of *SOX5* causes the Pea-comb phenotype in chickens. PLoS Genet, 5(6): e1000512.

Xie L, Luo C, Zhang C, et al. 2012. Genome-wide association study identified a narrow chromosome 1 region associated with chicken growth traits. PLoS One, 7(2): e30910.

Xu H, Zhang B, Li J, et al. 2010. Transcriptional inhibition of intestinal NHE8 expression by glucocorticoids involves Pax5. Am J Physiol Gastrointest Liver Physiol, 299(4): G921-G927.

Yamano Y, Uzawa K, Shinozuka K, et al. 2008. Hyaluronan-mediated motility: a target in oral squamous cell carcinoma. Int J Oncol, 32(5): 1001-1009.

Yoon J K, Moon R T, Wold B. 2000. The bHLH class protein pMesogenin1 can specify paraxial mesoderm phenotypes. Dev Biol, 222(2): 376-391.

Zhang H, Du Z Q, Dong J Q, et al. 2014. Detection of genome-wide copy number variations in two chicken lines divergently selected for abdominal fat content. BMC Genomics, 15: 517.

Zhang H, Hu X, Wang Z, et al. 2012a. Selection signature analysis implicates the *PC1/PCSK1* region for chicken abdominal fat content. PLoS One, 7(7): e40736.

Zhang H, Wang S Z, Wang Z P, et al. 2012b. A genome-wide scan of selective sweeps in two broiler chicken lines divergently selected for abdominal fat content. BMC Genomics, 13: 704.

Zhong M, Lange K, Papp J C, et al. 2010. A powerful score test to detect positive selection in genome-wide scans. Eur J Hum Genet, 18(10): 1148-1159.

第五章　基因间互作效应对肉鸡腹脂性状的影响

第一节　基因互作效应简介

一、互作效应的概念

本章所说的互作效应主要指位于不同位点的非等位基因间的互作效应，即上位效应。上位效应最初是由 Bateson 于 1909 年提出，1918 年 Fisher 从群体水平上考虑，提出上位效应是由非等位基因间的相互作用而产生的基因效应，即不同位点上的基因相互作用（Phillips，2008）。现代遗传学研究表明，上位效应的实质是功能基因间的表达调控网络（Gjuvsland et al.，2007）。上位效应提出后的 70 多年中，在动物遗传育种领域中的研究并不够深入，这是因为起初的研究者认为上位效应是不同位点的基因互作形成的，是一种基因型的效应，而这种效应不能真实遗传，可以在育种实践中予以忽略。然而，随着分子遗传学与功能基因组学的飞速发展，人们发现在畜禽基因组上存在大量的如微卫星、SNP 等多态性位点，可以利用这些多态性位点来探讨数量性状的遗传机制，随着研究的深入，人们发现这些数量性状的表型并不能用上述多态性位点的所有加性效应予以解析。同时，一些研究结果也提示基因互作在畜禽重要复杂经济性状的表型塑造过程中发挥重要作用。Cheng 等（2007）的研究表明鸡群中广泛存在着显著影响马立克病（Marek's disease，MD）抗性的 SNP 互作组合。对牛的研究也表明，一些重要的经济性状，如肉质性状、繁殖性状等，都受到基因互作的影响（Barendse et al.，2007；Valentina et al.，2007）。

目前互作效应概念在生物学各分支领域中都得到了普遍应用，并且其内涵和外延还在不断拓展中。互作效应主要分为 3 种类型，即功能互作效应、组合互作效应和统计互作效应，相应的含义与度量方法也有所不同（Phillips，2008）。功能互作效应主要指处于同一代谢通路或者一个复合物中的蛋白质或者其他遗传学功能单元之间的相互作用（Boone et al.，2007），由于这种对互作效应概念的应用会在系统生物学领域产生混淆，且不易区分，因此功能互作效应的使用有逐渐被蛋白质互作或者基因互作所取代的趋势（Phillips，2008）。组合互作效应是一个用来描述传统意义上位效应的新名词，即一个位点的等位基因的遗传学效应可以阻止另一个位点的等位基因效应的实现（Phillips，2008）。统计互作效应主要是基于 Fisher 的概念发展起来的，统计互作效应可以看作在考虑了所有等位基因单个位点效应的基础上，由各个位点等位基因随机选择组成的非等位基因组合的遗传效应对简单加性效应的偏离。

二、检测互作效应的统计方法

检测复杂性状的遗传结构是理解自然、实验及驯化群体表型变化的必要步骤，即使现在这种检测工作仍具有很强的挑战性。目前的研究结果表明，影响复杂数量性状的表现不仅涉及单个基因，还包括基因间的相互作用，而且这种互作是普遍存在的。在 1918年 Fisher 提出描述群体中等位基因影响群体表型均值的数学模型后，Kempthorne（1954）和 Cockerham（1954）拓展了 Fisher 的工作，对遗传互作组分的数值度量进行了研究。近些年，在多位点遗传互作的检测领域中不断有极具理论意义和应用价值的文章发表（Alvarez-Castro et al.，2008；Le Rouzic and Alvarez-Castro，2008；Alvarez-Castro and Carlborg，2007；Mao et al.，2006；Wang and Zeng，2006；Zeng et al.，2005；Yang，2004；Kao and Zeng，2002）。

应用在畜禽数量性状 QTL 上位效应分析的最新理论模型主要有 Zeng 等（2005）提出的 general-two-allele（G2A），以及 Alvarez-Castro 和 Carlborg（2007）在 G2A 模型的基础上提出的 natural and orthogonal interaction（NOIA）模型。G2A 模型可以处理处于连锁不平衡位点间的上位效应分析，但是仍然要求等位基因的频率分布处于哈迪-温伯格平衡状态（Wang and Zeng，2006；Zeng et al.，2005）。Wang（2014）对 G2A 模型进行了扩展，使得只能针对一个基因座位的 G2A 模型可以分析多个基因座位，这种新的统计模型称为 GMA（general multi-allele）。NOIA 模型则可以处理处于非哈迪-温伯格平衡状态的等位基因间的互作，因此该模型在自然群体和选育群体中都适用。Alvarez-Castro 等（2012）系统地总结了 NOIA 模型针对真实数据遗传学分析的应用情况。Alvarez-Castro 和 Le Rouzic（2015）利用 NOIA 模型剖分了上位效应的方差组分，并系统分析了上位效应及其所占的方差组分对选择的影响。在全基因组选择应用中，Jiang 和 Reif（2015）将上位效应配合到全基因组选择的模型中，并使用了再生核希尔伯特空间（reproducing kernel Hilbert space，RKHS）回归方法，将该方法命名为 EG-BLUP（extended genomic best linear unbiased prediction）。

随着高通量 SNP 检测和基因型分型技术的成熟，高通量多维 SNP 互作的研究成为互作研究的热点与难点。目前用来推断高通量 SNP 或者基因间互作信息的统计方法总体上可以分为参数算法、非参数算法及贝叶斯方法 3 种。其中参数算法需要预先设定一个能够描述每个 SNP 遗传效应的遗传模型，如对于两个位点而言，根据 Cockerham（1954）的定义则包括每个位点加性效应和显性效应，以及两个位点的加加互作、加显互作、显加互作和显显互作共 8 个参数。利用参数方法推断互作主要存在两个局限：①变量数多于应变量数（观测值）；②缺乏一种用基因型-表型间的关系来描述生物复杂性的适当统计模型（Page et al.，2003；Sing et al.，2003；Cordell，2002）。非参数算法是一种数据挖掘方法，是从大量数据中分析出一些隐藏的有用信息。在全基因组互作分析（genome-wide interaction analysis，GWIA）研究中就是识别出一些隐含的互作模式。因此，利用非参数方法不需要预先设定相应的遗传模型，其遗传模型完全由所得到的数据来决定。由此可以看出，当遗传模型是未知的情况下，非参数方法要比参数方法有更高的统计效力，且在密度函数中涉及的变量也会少很多。相反，当遗传模型是已知的情况下，参数方法的统计推断效力更高。但是在 GWIA 研究中，多位点互作的遗传模型基本上不可能是已知的。贝叶斯方法是基于先验信息并推断出后验概率的一种数据分析方法，在运算时，所消耗的计算资源较大。用参数方法推断 SNP 互作的算法主要包括逐步回归、逻辑回归（Ives and Garland，2010；Mee，2008；Ingo et al.，2004）和 focused interaction testing framework（FITF）（Millstein et al.，2006）。为了提高推断的准确性，Wang（2014）将生物通路的信息引入回归分析中。用非参数方法推断 SNP 互作的算法主要包括以多因子降维（multifactor dimensional reduction，MDR）（Lee et al.，2007；Lou et al.，2007；Ritchie et al.，2001）、CPM（combinatorial partitioning method）（Nelson et al.，2001）和 RPM（restricted partitioning method）（Culverhouse et al.，2004）等为主的降维法和以神经网络为主的模式识别方法两种。用贝叶斯方法推断 SNP 互作的算法主要包括贝叶斯上位关联定位（Bayesian epistasis association mapping，BEAM）（Zhang and Liu，2007）、ABCDE（algorithm via Bayesian clustering to detect epistasis）（Chen and Huang，2014）和 MACOED（multi-objective ant colony optimization algorithm）（Jing and Shen，2015）。本课题组李放歌等（2011）综述了目前广泛使用的几类全基因组 SNP 互作推断算法的国内外研究进展，详见本章第三节。

第二节　候选基因互作效应研究

一、基因互作效应对畜禽复杂性状遗传学影响的研究进展

在复杂数量性状 QTL 定位与候选基因分析中考虑互作效应已经成为一种趋势（Carlborg and Haley，2004）。哺乳动物的毛色遗传是基因型和表型关系中上位效应参与家养动物复杂性状形成的典型例证，如有超过 120 个位点和 800 个等位基因控制小鼠的毛色性状（Bennett and Lamoreux，2003）。同时，毛色的遗传通路也是阐释质量性状和数量性状上位效应的一个经典实例。由 agouti 和 extention（黑素皮质素 1 受体，MC1R）双杂合子（AaEe）杂交产生了非孟德尔表型分离比（9∶4∶3），同时也会产生很多新基因型后代，研究表明，MC1R 位点影响了下游 *agouti* 基因的作用（Silvers，1979）。MC1R 表达会促进真黑素的产生，对嗜黑色素的产生有抑制作用。agouti 蛋白是 MC1R 的拮抗物，MC1R 的周期性表达会导致 agouti 蛋白的周期性活化，进而影响小鼠个体的皮肤颜色。而其他位点（如典型的色氨酸位点）的破坏，则会破坏整个通路的功能。Steiner 等（2007）研究了这条通路对深色森林小鼠和白色海滩小鼠的毛色自然变异的遗传影响，发现从暗到亮的适应性转变是通过 MC1R 位点结构改变和对 MC1R 调控变化之间的基因互作产生的，这种转变与小鼠从森林到海滩的迁移是同时发生的。

由于家鸡的世代间隔较短，并且相对于其他农业动物而言，维持较大规模的实验群体的费用也较为低廉，因此，在畜禽中，基因互作效应对家鸡复杂经济性状遗传影响的研究开展得较早也较为深入。利用鸡高、低体重双向选择品系及一些专门设计的 F_2 群体作为实验材料进行一系列上位效应 QTL 分析结果表明，在对体重进行高强度的长期选择过程中，互作效应是该选择反应的主效应（Wahlberg et al.，2009；Carlborg and Haley，2004；Carlborg et al.，2006，2003）。Cheng 等（2007）进行的全基因组范围内的 SNP 交互作用研究结果表明，家鸡群体中广泛存在着显著影响马立克病（Marek's disease，MD）抗性的 SNP 交互组合。以东北农业大学肉鸡高、低腹脂双向选择品系（以下简称

"高、低脂系")为实验材料,研究候选基因位点间上位效应对肉鸡腹脂性状的遗传学影响的结果也提示,上位效应在畜禽重要复杂经济性状的表型塑造过程中发挥重要作用(户国等,2010;Hu et al.,2010a,2010b)。Kim 等(2010)也发现,鸡 T 淋巴细胞受体 β(T cell receptor-β,TGR-β)与髓系白血病因子 2(myeloid leukemia factor 2,MLF2)基因多态性位点间的上位作用对球虫病抗性有显著影响。

此外,对大鼠和小鼠等模式动物的研究表明,在关于肥胖的分子遗传学研究中,多基因间交互作用是普遍存在的(Warden et al.,2004)。对牛的研究也表明,一些重要经济性状的形成也受到基因间交互作用的影响(Valentina et al.,2007)。Barendse 等(2007)对涉及 7 个品种、样本量多达 1500 多头牛群体中钙蛋白酶 1(calpain 1,CAPN1)与其抑制剂——钙蛋白酶抑素(calpastatin,CAST)的基因的 DNA 进行多态性分析,发现这两个基因都存在与牛肉嫩度性状显著相关的 SNP 位点,并且在具有牛(taurine)和瘤牛(zebu)血统的群体中发现这两个基因的 SNP 间互作效应对牛肉嫩度性状存在显著影响,在对表型影响显著的互作类型中,加性×显性上位效应、显性×加性上位效应组分要多于加性×加性上位效应、显性×显性上位效应组分。但在其他群体中并没有发现对牛肉嫩度性状影响显著的上位效应组分,提示遗传背景对位点间上位效应可能具有重要影响。Estellé 等(2008)对猪肌肉纤维性状 QTL 定位的研究中,在实验群体内检测到了上位效应与超显性效应的存在,同时还发现了多个存在遗传交互作用的 QTL 之间形成了遗传交互网络。丁朝阳等(2009)检测了 *INHA* 基因、*GnRHR* 基因在大白猪、长白猪、宁乡猪、桃源猪、大围子猪、沙子岭猪、海南五指山猪群体中的多态性并进行了基因型之间的交互作用分析,结果表明,*INHA* 基因 G262A 与 *GnRHR* 基因 A310C 位点基因型的交互效应对产仔数性状的影响在大白猪中达到极显著水平,在长白猪中达到了显著水平。

现在已获得大量的理论和实验证据支持基因互作效应对畜禽重要经济性状的表型塑造存在广泛而复杂的遗传学影响。该领域的研究方兴未艾,值得进一步深入探讨,而且在具体技术细节上,还有两个方面值得我们注意:①大量的理论及实验分析指出,在经过很多世代遗传选择以后遗传效应对选择的应答机制会非常复杂,会对简单加性效应产生非常大的偏离(Carter et al.,2005;Hansen and Wagner,2001)。也有研究表明,遗传背景的改变也会对基因或 QTL 的遗传学效应产生很大的影响(Pisabarro et al.,2008)。在我们的研究中也观察到有些位点的等位基因频率在双向选择过程中在世代间不断改变的现象,推测不断改变的等位基因频率可能会因改变遗传背景影响上位效应估计值(Hu et al.,2010a)。②目前的统计分析方法并不能区分上位效应中的方差组分是可遗传的还是不可遗传的(Alvarez-Castro et al.,2008;Alvarez-Castro and Carlborg,2007),这意味着从目前的统计方法所获得的上位效应度量值中可能包含着不可遗传的组分,换言之,并不是所有的交互作用效应值都会对遗传选择产生应答,即并不是所有的遗传互作所产生的交互作用效应都已经固定在实验群体的遗传结构中。因此,研究者还有必要根据家养动物群体的遗传特性对现有理论模型进行改进或拓展,以便能够更精确地度量和分析交互作用及其对畜禽复杂经济性状形成的遗传学影响。

二、候选基因多态性位点间互作效应对肉鸡腹脂性状的影响

在人类、哺乳动物和禽类中，脂肪代谢都涉及众多的信号转导通路和代谢途径，其中包含很多重要的转录调控因子和功能基因，它们在脂肪合成、运输、贮藏和分解等代谢过程中发挥着重要功能。脂肪的过度积累是引起机体肥胖的主要原因之一（Jones and Ashrafi，2009），因此，研究脂肪组织代谢的分子遗传学机制对防止机体脂肪过度蓄积（即肥胖）有特别重要的意义。而肉鸡腹脂沉积过多的问题也早已引起肉鸡生产者与家禽育种工作者的持续关注。脂肪性状是典型的复杂数量性状，理解多基因间互作对肉鸡脂肪性状影响的遗传机制仍然是遗传学研究者所面临的一个比较严峻的问题。已有的研究结果表明，腹脂性状形成的遗传调控机制非常复杂，深入理解其机制将会对提高肉用型鸡遗传选育效率有积极意义（Abasht et al.，2006；Abasht and Lamont，2007）。对于像腹脂性状这类复杂数量性状的主基因鉴定远不如简单孟德尔性状那样成功，一个重要的原因就是互作效应的存在，由于两个位点之间存在相互作用，对两个位点的检出效率都受到影响（Warden et al.，2004）。因此，同时研究多个位点对数量性状的影响时将互作效应纳入进来考虑是非常有必要的。

本课题组户国（2010）探讨了候选基因多态性位点间互作效应对肉鸡腹脂性状的影响，并初步分析了其分子遗传学机制。我们依据研究目标，设计了以下两个方面的研究内容：①在群体水平统计分析候选基因间多态性位点两两互作效应对肉鸡腹脂性状的遗传学影响；②在群体水平统计分析脂肪组织生长发育重要候选基因的多位点互作效应对肉鸡腹脂性状的遗传学影响。由于影响肉鸡腹脂性状的候选基因比较多，我们优先选择在东北农业大学肉鸡高、低脂系中经验证确实有显著影响的部分基因位点开展研究。

我们主要利用如下步骤，建立了一系列遗传统计模型用于数据分析。

（1）哈迪-温伯格平衡分析

统计各世代各品系的个体数与 SNP 的基因型频率，并采用 χ^2 检验对 SNP 基因型频率分布进行哈迪-温伯格平衡检测，统计软件为 JMP4.0。

（2）单点关联分析

根据肉鸡高、低脂系的特点，构建如下线性模型：

$$Y = \mu + G + L + G \times L + F(L) + BW_7 + e \tag{5-1}$$

（3）基因型互作效应分析

$$Y = \mu + G_1 + G_2 + G_1 \times G_2 + a + BW_7 + e \tag{5-2}$$

公式（5-1）为单位点相关分析模型，公式（5-2）为两位点间互作效应模型。Y 为性状观测值；μ 为群体均值；G 为基因型固定效应；L 为品系固定效应；$G \times L$ 为基因型和品系互作效应；$F(L)$ 为品系内的家系随机效应；公式（5-2）中的 G_1 是位点 1 的基因型效应；G_2 是位点 2 的基因型效应；$G_1 \times G_2$ 是位点 1 和位点 2 的交互作用；a 为动物个体效应；针对腹脂重，设定 BW_7 为体重协方差变量，计算腹脂率时不考虑协变量因子；e 为剩余值效应。公式（5-1）使用统计软件 JMP 4.0（SAS Institute，2002）检验基因型与性状间的相关程度，并估计性状的最小二乘均值，公式（5-2）使用 EPISNP2 软件，各世代的两个品系均分别独立分析。

（4）互作效应的进一步剖分

两个位点影响腹脂性状的遗传效应可以被剖分成 8 个组分，包括两个位点各自的加性效应（additive effect）、各自的显性效应（dominance effect）和位点间的上位效应；上位效应又可以进一步被剖分为加性×加性上位效应（additive×additive，A×A）、加性×显性上位效应（additive×dominance，A×D）、显性×加性上位效应（dominance×additive，D×A）、显性×显性上位效应（dominance×dominance，D×D）等 4 个组分，我们着重研究这些上位效应组分对腹脂性状的影响。

依据 NOIA 模型，如果模型是正交的，利用"统计" NOIA 模型，而且遗传效应参考点是群体均值，那么在单个位点模型下，假定存在一个位点 1，两个等位基因分别为 A 和 B，基因型分别为 AA、AB 和 BB，基因型频率分别为 p_{AA}、p_{AB} 与 p_{BB}，则该位点的遗传效应 G_1 的正交剖分式为

$$G_1 = \begin{bmatrix} G_{AA} \\ G_{AB} \\ G_{BB} \end{bmatrix} = \begin{bmatrix} 1 & -p_{AB}-2p_{BB} & -\dfrac{2p_{AB}p_{BB}}{p_{AA}+p_{BB}-(p_{AA}-p_{BB})^2} \\ 1 & 1-p_{AB}-2p_{BB} & \dfrac{4p_{AA}p_{BB}}{p_{AA}+p_{BB}-(p_{AA}-p_{BB})^2} \\ 1 & 2-p_{AB}-2p_{BB} & -\dfrac{2p_{AA}p_{AB}}{p_{AA}+p_{BB}-(p_{AA}-p_{BB})^2} \end{bmatrix} \otimes \begin{bmatrix} \mu \\ a_1 \\ d_1 \end{bmatrix} \tag{5-3}$$

式中，a_1 与 d_1 分别代表位点 1 的加性效应与显性效应；μ 代表表型群体均值。由这个剖分公式（5-3）很容易直接拓展到双等位基因两个位点的情况，假定存在与第一个位点处于连锁平衡状态的位点 2，两个等位基因分别为 C 和 D，基因型分别为 CC、CD 和 DD。那么这两个位点协同的遗传效应 G_{12} 的正交剖分式为

$$G_{12} = G_1 G_2 = \begin{bmatrix} G_{AA} \\ G_{AB} \\ G_{BB} \end{bmatrix} \otimes \begin{bmatrix} G_{CC} \\ G_{CD} \\ G_{DD} \end{bmatrix} \tag{5-4}$$

因此，可以构建表型与基因型之间关系的线性回归模型：

$$Y = \boldsymbol{Z}G_{12} + e \tag{5-5}$$

式中，$\boldsymbol{Z}$ 为反映每个表型值为 Y 的个体基因型观察值矩阵；e 是随机误差。类似位点 1，a_2 与 d_2 分别代表位点 2 的加性效应与显性效应。用 t 检验进行 $a_1{\times}a_2$、$a_1{\times}d_2$、$d_1{\times}a_2$ 与 $d_1{\times}d_2$（即这两个位点间 A×A、A×D、D×A 与 D×D 互作组分）的显著性分析。为尽可能独立获取各群体遗传效应的正交估计值，本研究使用"统计" NOIA 模型来处理数据。而对于 A×A、A×D、D×A 和 D×D 等互作效应的遗传学意义分别为等位基因×等位基因（allele×allele）、等位基因×基因型（allele×genotype）、基因型×等位基因（genotype×allele）和基因型×基因型（genotype×genotype）互作。

（5）遗传互作网络的构建方法

在研究中，我们考虑了所有位点并将互作效应达到显著的全部多态性位点组合都纳入进来，利用 EPISNP_Windows 3.1 软件包中 EPINET 1.1 程序绘制成遗传互作网络。

下面介绍 ApoB 与 UCP 基因、ACACA 与 FABP2 基因，以及 PPARγ 相关基因的多位

点互作效应对肉鸡腹脂性状影响的遗传学分析的 3 个典型研究案例。其中前两个案例主要考虑多态性位点两两互作效应，后一个案例重点分析多位点互作效应。

（一）ApoB 与 UCP 基因间互作效应对肉鸡腹脂性状影响的遗传学分析

因为 ApoB 和 UCP 基因在能量吸收、转运、代谢过程中发挥重要作用，所以一直被视为与肉鸡脂肪性状密切相关的重要候选基因（Liu et al.，2007；Zhang et al.，2006；Jennen，2004）。ApoB 作为血液中脂蛋白的组成成分、LDL 受体的配体，对 LDL 的代谢及血液中 VLDL 浓度有重要作用，也与体内甘油三酯的运输、代谢有密切的关系，从而影响脂肪组织的生长（张森和李辉，2006）。UCP 能够通过解偶联作用增加能量的消耗，为解释肥胖产生的原因提供了新的线索（Ricquier and Bouillaud，2000）。本课题组在以前的研究中发现 ApoB 基因多态性对鸡的体重和脂肪性状等生长和体组成性状都有重要影响（陈维星等，2009；Zhang et al.，2006）。该基因第 26 外显子中存在一处 T→G（T123G）同义突变，相关性研究结果表明该突变位点对鸡 7 周龄腹脂性状有显著的影响（张森等，2006）。在鸡 UCP 基因多态性与重要经济性状的相关分析中发现，UCP 基因对饲料报酬、脂肪、肌肉和体重性状都有重要影响（Sharma et al.，2008；Liu et al.，2007；Oh et al.，2006；Zhao et al.，2006）。在此之前本课题组的研究发现该基因 3′UTR 上存在一处 C→A（C1197A）突变位点，相关性研究结果表明该突变位点对鸡 7 周龄腹脂性状有显著的影响（赵建国等，2002）。

我们基于 ApoB 基因与 UCP 基因在能量吸收、转运、代谢过程中的重要作用，推测这两个基因间在生物学功能上可能存在协同关系，SNP 之间也可能存在互作效应，进而对鸡脂肪性状产生影响。我们选取上述对肉鸡 7 周龄腹脂重和腹脂率有显著影响的 ApoB 基因 T123G 位点与 UCP 基因 C1197A 位点，在东北农业大学肉鸡高、低脂系 8 世代、9 世代和 10 世代内检测这两个 SNP 的多态性并分析二者之间的上位效应对鸡 7 周龄腹脂性状的影响。将东北农业大学肉鸡高、低脂系 8 世代、9 世代和 10 世代仔鸡全部个体进行 SNP 检测，统计出 ApoB 基因 T123G 位点、UCP 基因 C1197A 位点都获得基因分型结果的个体总数，以及各基因型所对应的个体数，样本总量为 1312 只鸡。哈迪-温伯格平衡检测结果表明，除 C1197A 位点在 9 世代高脂系（$P=0.000\,404$）外，这两个 SNP 基因型频率分布在其余群体中都符合哈迪-温伯格平衡（$P>0.05$），详细结果见表 5-1。

表 5-1 SNP 检测与哈迪-温伯格平衡分析结果（户国等，2010）

世代	品系	个体数	基因型			χ^2	P 值	基因型			χ^2	P 值
			AA	AB	BB			CC	CD	DD		
8	高脂	164	29	92	43	2.779 515	0.095 473	54	78	32	0.161 177	0.688 076
9	高脂	172	24	90	58	1.364 468	0.242 765	41	108	23	12.51 278	0.000 404
10	高脂	314	18	115	181	0.002 255	0.962 129	107	158	49	0.551 753	0.457 602
8	低脂	215	46	92	77	3.414 221	0.064 637	120	82	13	0.041 646	0.838 297
9	低脂	176	36	92	48	0.445 957	0.054 261	110	57	9	0.206 144	0.649 807
10	低脂	271	47	147	77	2.620 274	0.105 506	201	65	5	0.009 284	0.923 241

注：ApoB 基因 T123G 位点的基因型为 AA、AB、BB；UCP 基因 C1197A 位点的基因型为 CC、CD、DD

通常情况下，连续选育的群体并不是随机交配的理想群体，等位基因的频率分布可能不处于哈迪-温伯格平衡状态。而 C1197A 位点在 9 世代高脂系内便处于非哈迪-温伯格平衡状态。这就要求数据处理采用的理论模型和分析方法应不受群体 SNP 等位基因型频率分布特征的影响。根据理论模型（Alvarez-Castro and Carlborg，2007；Alvarez-Castro et al.，2008）和研究群体的实际情况，我们选用"统计" NOIA 模型来进行数据处理，以便在各实验群体中尽可能独立地获得互作遗传效应的估计值。

我们计算了 *ApoB* 基因 T123G 位点与 *UCP* 基因 C1197A 位点间的上位效应组分对腹脂性状的影响，并对这两个位点影响腹脂性状的遗传方差进行了剖分。这两个位点影响腹脂性状的遗传效应可以被剖分成 8 个组分，包括两个位点各自的加性效应（additive effect）和各自的显性效应（dominance effect），以及位点间的互作效应；互作效应又可以进一步被剖分为加性×加性（additive×additive）效应、加性×显性（additive×dominance）效应、显性×加性（dominance×additive）效应、显性×显性（dominance×dominance）效应等 4 个组分，我们着重研究这些互作效应组分对腹脂性状的影响。分析结果表明，在高脂系肉鸡 8 世代、9 世代和 10 世代检测群体中，*ApoB* 基因 T123G 位点与 *UCP* 基因 C1197A 位点之间都存在一个对腹脂性状有显著影响的互作效应组分（$P<0.05$）；同时，在低脂系肉鸡 8 世代、9 世代和 10 世代中，两个位点之间任何互作效应组分对腹脂性状均无影响（$P>0.05$），详细结果见表 5-2。

这两个位点对腹脂率的遗传方差可以依据其遗传效应被剖分成 8 个组分，其中加性×显性互作、显性×加性互作可以合并为一类方差 $V(AD)$，于是有 3 类互作效应方差，分别为 $V(AA)$、$V(AD)$、$V(DD)$。遗传方差剖分结果表明，相对于其他方差组分，对腹脂率有显著影响（$P<0.05$）的互作效应组分都对应着较大的遗传方差（表 5-3）。

上述结果发现 *ApoB* 基因 T123G 位点与 *UCP* 基因 C1197A 位点间存在互作效应，并且在持续选育的高脂系肉鸡中，这两个位点之间的互作效应对腹脂性状存在显著影响；同时，在低脂系内两个位点之间的互作效应组分对腹脂性状无影响。我们很容易排除这两个位点之间存在的遗传互作是随机误差造成的：首先，这种影响在高脂系肉鸡中并不局限于某一世代，在连续多个世代群体中，都能检测到有互作效应组分达到显著水平；其次，本研究每个世代的样本量都很大，样本总量鸡只数为 1312 只，这表明这种显著性并不是由于样本量过少造成的假阳性；第三，受持续选育的影响，这两个 SNP 的基因型频率在世代间不断变化，但在各世代仍能检测出达到显著水平的互作效应组分，表明这种显著性结果并不受 SNP 的基因型频率影响；第四，方差剖分结果支持显著性分析的结果；此外，在低脂系内，未发现任何达到显著或接近显著的互作组分。

Carlborg 等（2006）在分析鸡高、低体重双向选择品系体重差异的分子遗传学基础时发现，一个对体重影响较大的 QTL 实质上是 4 个不同 QTL 间相互作用的结果，这些 QTL 间的互作对选择的应答极显著地高于单个 QTL 的选择反应。本研究也发现，高脂系内各世代 *ApoB* 基因 T123G 位点与 *UCP* 基因 C1197A 位点之间与腹脂性状显著相关的互作效应组分的遗传方差普遍大于二者之间的加性方差。这表明在某些特定的情况下，互作效应可能会是选择反应的主效应。

表5-2　*ApoB* 基因 T123G 位点与 *UCP* 基因 C1197A 位点间互作效应组分对肉鸡腹脂性状的影响（卢国等，2010）

世代	品系	性状	aa±SD	P_{aa}	ad±SD	P_{ad}	da±SD	P_{da}	dd±SD	P_{dd}
8	高脂	AFW	-1.957 678±2.714 3	NS	8.801 098±3.839 4	0.084 25	-1.868 963±3.429 9	NS	-8.485 474±4.896 7	0.117 3
9	高脂	AFW	-10.676 33±3.854 1	0.013 53*	-5.830 13±4.784 1	0.196 75	-5.651 21±5.592 5	NS	-9.663 53±6.736 7	0.195 95
10	高脂	AFW	-0.745 62±3.344 3	NS	1.734 1±4.810 6	NS	12.002±5.477 5	0.017 75*	-1.783±8	NS
8	高脂	AFP	$6.066\ 7\times10^3\pm1.0\times10^3$	NS	$2.504\ 0\times10^3\pm1.4\times10^3$	0.023 23*	$1.520\ 6\times10^3\pm1.3\times10^3$	NS	$2.894\ 5\times10^3\pm1.8\times10^3$	0.085 1
9	高脂	AFP	$3.623\ 7\times10^3\pm1.5\times10^3$	0.006 255*	$2.335\ 1\times10^3\pm1.8\times10^3$	NS	$1.705\ 3\times10^3\pm2.1\times10^3$	NS	$3.294\ 1\times10^3\pm2.5\times10^3$	0.153 356
10	高脂	AFP	$1.491\ 1\times10^4\pm1.2\times10^3$	NS	$5.210\ 8\times10^4\pm1.7\times10^3$	NS	$4.605\ 5\times10^3\pm1.9\times10^3$	0.029 2*	$3.458\ 9\times10^4\pm2.8\times10^3$	NS
8	低脂	AFW	0.408 294±1.686 8	NS	-3.847 222±2.981 8	0.198 4	1.812 405±2.398	NS	1.103 06±4.015 8	NS
9	低脂	AFW	1.697 8±2.523 4	NS	4.982 5±4.577 5	NS	-0.666 05±3.272 9	NS	-5.243 9±5.689 6	NS
10	低脂	AFW	-0.202 06±2.604 1	NS	-9.454 5±6.674 8	0.157 827	0.337 74±3.407 2	NS	NA	NA
8	低脂	AFP	$3.606\ 8\times10^4\pm7.0\times10^4$	NS	$1.243\ 3\times10^3\pm1.2\times10^3$	NS	$8.834\ 8\times10^4\pm1.0\times10^3$	NS	$2.645\ 0\times10^4\pm1.7\times10^3$	NS
9	低脂	AFP	$1.072\ 0\times10^3\pm9.0\times10^4$	NS	$6.986\ 8\times10^4\pm1.6\times10^3$	NS	$2.873\ 2\times10^4\pm1.1\times10^3$	NS	$1.825\ 5\times10^3\pm2.0\times10^3$	NS
10	低脂	AFP	$3.254\ 1\times10^4\pm9.0\times10^4$	NS	$3.257\ 9\times10^3\pm2.4\times10^3$	0.174 987	$3.355\ 2\times10^5\pm1.2\times10^3$	NS	NA	NA

注：AFW 代表腹脂重；AFP 代表腹脂率；NS 表示 P>0.2；NA 表示缺失值；aa 代表加性×加性互作效应；ad 代表加性×显性互作效应；da 代表显性×加性互作效应；dd 代表显性×显性互作效应；P_{aa} 代表加性×加性互作效应显著性检验的概率值；P_{ad} 代表加性×显性互作效应显著性检验的概率值；P_{da} 代表显性×加性互作效应显著性检验的概率值；P_{dd} 代表显性×显性互作效应显著性检验的概率值；*表示显著水平为 P<0.05；另外，由于在 10 世代低脂系中 *UCP* 基因 C1197A 位点 DD 基因型的个体数目过少（DD=5），群体中没有 *BBDD* 基因型的个体，故无法获得显性×显性互作效应的信息；下同

表 5-3 *ApoB* 基因 T123G 位点与 *UCP* 基因 C1197A 位点影响肉鸡腹脂性状的遗传方差剖分
（户国等，2010）

世代	品系	性状	方差组分						
			$V(A)$	$V(D)$	$V(AA)$	$V(AD)$	$V(DD)$	$V(G)$	$V(P)$
8	高脂	AFW	3.573 6	1.807 3	2.376 5	6.785 8[*]	0.553 98	15.097	229.78
9	高脂	AFW	0.6	10.457	18.986[*]	5.857	4.679 5	40.58	378.35
10	高脂	AFW	5.239 6	1.448 9	0.096 666	9.594[*]	0.096 878	16.476	608.43
8	高脂	AFP	$1.617\,2\times10^7$	$7.799\,0\times10^7$	$7.508\,2\times10^8$	$8.790\,7\times10^{7*}$	$4.770\,3\times10^7$	$2.372\,8\times10^6$	$3.002\,2\times10^5$
9	高脂	AFP	$4.330\,6\times10^8$	$1.705\,4\times10^6$	$2.187\,2\times10^{6*}$	$7.716\,3\times10^7$	$5.437\,5\times10^7$	$5.251\,3\times10^6$	$5.310\,0\times10^5$
10	高脂	AFP	$4.477\,0\times10^7$	$5.826\,0\times10^7$	$3.866\,0\times10^9$	$1.398\,4\times10^{6*}$	$3.645\,9\times10^9$	$2.436\,2\times10^6$	$7.608\,6\times10^5$
8	低脂	AFW	0.827 42	1.546 6	$2.775\,1\times10^8$	1.731 9	0.380 61	4.486 6	95.771
9	低脂	AFW	1.182 8	2.103 5	0.408 4	1.081 6	0.787 01	5.563 4	145.06
10	低脂	AFW	10.298	7.508	0.005 162 9	3.375 7	NA	21.187	144.95
8	低脂	AFP	$2.186\,9\times10^7$	$1.390\,3\times10^7$	$2.414\,6\times10^8$	$1.636\,5\times10^7$	$2.321\,8\times10^9$	$5.478\,4\times10^7$	$1.620\,9\times10^5$
9	低脂	AFP	$6.938\,4\times10^8$	$4.376\,2\times10^7$	$1.628\,1\times10^7$	$2.748\,2\times10^8$	$9.537\,2\times10^8$	$7.926\,7\times10^7$	$1.752\,6\times10^5$
10	低脂	AFP	$1.050\,9\times10^6$	$8.165\,7\times10^7$	$1.339\,0\times10^8$	$4.000\,2\times10^7$	NA	$2.280\,9\times10^6$	$1.851\,9\times10^5$

注：AFW 代表腹脂重；AFP 代表腹脂率；NA 表示缺失值；$V(A)$ 表示两位点加性方差之和；$V(D)$ 表示两位点显性方差之和；$V(G)$ 表示两位点遗传方差之和；$V(P)$ 表示表型方差；*表示对腹脂性状有显著影响的互作效应组分对应的遗传方差

　　我们还发现，这两个位点间的各个互作效应组分在世代间并没有稳定的遗传方差。推测这是由于目前各类互作效应分析统计模型不能区分可遗传与不可遗传的互作效应组分，因此计算得到的互作效应方差中可能包含着不可遗传的组分（Carter et al.，2005；Hansen and Wagner，2001）。这就意味着在连续选育的群体中，并不是所有的互作效应方差都可以被固定在群体中，即在各世代间相同 SNP 互作效应方差组分之所以不是稳定不变的，是因为在总的互作效应方差中只有其中的一部分是可遗传的。

（二）ACACA 与 FABP2 基因间互作效应对肉鸡腹脂性状影响的遗传学分析

　　在哺乳动物体内，乙酰辅酶 A 羧化酶 A（*ACACA*）与肠型脂肪酸结合蛋白（*FABP2*）为脂质合成与转运过程中的重要功能基因，对生长期肉仔鸡腹脂性状遗传与变异可能存在重要影响（Wang et al.，2005；Hillgartner et al.，1996；Takai et al.，1988）。ACACA 可以催化乙酰辅酶 A 转化成丙二酰辅酶 A，是长链脂肪酸合成中的限速酶（Tong，2005；Abu-Elheiga et al.，1995）。鸡 *ACACA* 基因定位于 19 号染色体上，功能与其在哺乳动物中类似（Hillgartner et al.，1996；Takai et al.，1988）。本课题组在以前的研究中发现鸡 *ACACA* 基因外显子 19 中有一个沉默突变 c.2292 G>A，该突变与鸡 7 周龄腹脂性状存在极显著相关性（Tian et al.，2010）。鸡 *FABP2* 基因定位于 4 号染色体上，可能主要作为维持能量平衡的脂质载体元件，而不对日粮中脂肪酸的直接吸收起作用（Wang et al.，2005）。*FABP2* 基因分子结构和表达模式提示 *FABP2* 基因在鸡与哺乳动物中可能发挥类似的功能，这意味着该基因可能是影响鸡脂质代谢相关性状表型的重要候选基因（Wang et al.，2005）。本课题组在以前的研究中发现鸡 *FABP2* 基因 5′UTR、起始密码子上游 561bp 处存在一处单核苷酸突变 c.-561 A>C，其多态性与鸡 7 周龄腹脂性状显著相关（初丽丽等，2008）。

在单标记关联分析中，*ACACA* 基因 c.2292 G>A 位点与 *FABP2* 基因 c.-561 A>C 位点都与肉鸡 7 周龄腹脂性状显著相关（Tian et al.，2010；初丽丽等，2008）。在猪的研究中也发现这两个基因的多态性与脂质性状显著相关（Estellé et al.，2009；Gallardo et al.，2009）。根据生理学与遗传学知识分析，*ACACA* 与 *FABP2* 基因多态性位点间极有可能存在互作效应，因此我们在东北农业大学肉鸡高、低脂系 8 世代、9 世代和 10 世代内检测这两个 SNP 的多态性并分析二者之间的互作效应对鸡 7 周龄腹脂性状的影响。

对 8 世代、9 世代、10 世代的高、低脂系群体分别进行了哈迪-温伯格平衡检验，结果表明，大部分位点的基因型频率都符合哈迪-温伯格平衡比率，具体情况见表 5-4。

表 5-4　SNP 检测与哈迪-温伯格平衡分析结果（Hu et al.，2010a）

世代	品系	个体数	基因型			χ^2	P 值	基因型			χ^2	P 值
			AA	*AB*	*BB*			*CC*	*CD*	*DD*		
8	高脂	164	25	98	41	7.000 552	0.008 148	68	69	27	1.720 976	0.189 568
9	高脂	175	50	96	29	2.241 404	0.134 359	111	49	15	6.925 65	0.008 497
10	高脂	315	91	168	56	2.016	0.155 649	178	112	25	1.513 908	0.218 544
8	低脂	209	100	82	27	2.360 688	0.124 427	87	90	32	1.165 468	0.280 335
9	低脂	193	125	64	4	1.658 882	0.197 754	77	81	35	2.728 266	0.098 586
10	低脂	275	117	121	37	0.410 633	0.521 648	60	145	70	0.860 607	0.353 569

注：*ACACA* 基因 c.2292 G>A 位点的基因型为 *AA*、*AB*、*BB*；*FABP2* 基因 c.-561 A>C 位点的基因型为 *CC*、*CD*、*DD*

SNP 位点间互作效应的分析结果表明，在肉鸡高、低腹脂双向选择品系 8 世代、9 世代和 10 世代检测群体中，*ACACA* 基因 c.2292 G>A 位点与 *FABP2* 基因 c.-561 A>C 位点间加性×加性互作效应对 8 世代、9 世代、10 世代低脂系群体腹脂重和腹脂率均有显著（$P<0.05$）或接近显著（$P<0.2$）的影响；两者之间显性×显性互作效应对 8 世代、9 世代和 10 世代高脂系群体腹脂重和腹脂率均有显著（$P<0.05$）或接近显著（$P<0.2$）的影响；同时，在低脂系肉鸡 8 世代、9 世代、10 世代中，其他效应组分在两个品系或多个世代间并不一致，详细结果见表 5-5。

这两个位点对腹脂率的遗传方差可以依据其遗传效应被剖分成 8 个组分，其中加性×显性互作、显性×加性互作可以合并为一类方差 $V(AD)$，于是有 3 类互作效应方差，分别为 $V(AA)$、$V(AD)$、$V(DD)$。遗传方差剖分结果表明，相对于其他方差组分，对腹脂性状有显著影响（$P<0.05$）的互作效应组分都对应着较大的遗传方差（表 5-6）。

互作效应的检测效率随群体样本量大小而变化，如果在较小规模的群体中进行互作效应分析，只有非常显著的效应可以被检测到（Estellé et al.，2008；Carlborg and Haley，2004）。Mao 等（2006）研究了互作组分的统计效率及准确估计不同互作组分所需的群体样本量，该研究指出，相对而言，加性×加性互作效应最易检出，而其他几种互作效应则难以检出。本研究的结果与 Mao 等（2006）的模拟结果一致，因此，有理由相信，还可能存在着没有检出的互作效应组分。

表 5-5　*ACACA* 基因 c.2292 G>A 位点与 *FABP2* 基因 c.-561 A>C 位点间互作效应组分在两系间对肉鸡腹脂性状的影响（Hu et al.，2010a）

世代	品系	表型	*aa*±SD	P_{aa}	*ad*±SD	P_{ad}	*da*±SD	P_{da}	*dd*±SD	P_{dd}
8	高脂	腹脂重	0.8009±2.5000	NS	−2.5244±3.8975	NS	0.8700±3.4783	NS	−8.9836±5.2374	0.0883
9	高脂	腹脂重	−4.2451±3.2443	0.1925	10.2830±5.4666	0.0617	−0.9572±4.3289	NS	13.3520±7.4175	0.0737
10	高脂	腹脂重	1.0343±3.8977	NS	−1.2802±6.3531	NS	−8.2176±4.7621	0.0854	−15.2520±7.7058	0.0487
8	高脂	腹脂率	$2.9211\times10^{-4}\pm1.0\times10^{-3}$	NS	$-7.6060\times10^{-4}\pm1.5\times10^{-3}$	NS	$-2.2977\times10^{-4}\pm1.3\times10^{-3}$	NS	$-4.4198\times10^{-3}\pm2.0\times10^{-3}$	0.0282
9	高脂	腹脂率	$-9.4650\times10^{-4}\pm1.3\times10^{-3}$	NS	$3.6464\times10^{-3}\pm2.1\times10^{-3}$	0.0879	$-6.4807\times10^{-4}\pm1.7\times10^{-3}$	NS	$3.6896\times10^{-3}\pm2.9\times10^{-3}$	NS
10	高脂	腹脂率	$-3.0913\times10^{-5}\pm1.4\times10^{-3}$	NS	$-6.9023\times10^{-4}\pm2.3\times10^{-3}$	NS	$-3.0487\times10^{-3}\pm1.7\times10^{-3}$	0.0733	$-5.1736\times10^{-3}\pm2.7\times10^{-3}$	0.0604
8	低脂	腹脂重	−1.9541±1.3758	0.1571	1.7686±2.0366	NS	1.8804±2.1284	NS	1.6800±3.1603	NS
9	低脂	腹脂重	6.1210±2.4385	0.0129	−3.6319±3.6562	NS	−6.0593±6.7106	NS	NA	NA
10	低脂	腹脂重	−3.7854±1.5110	0.0128	−0.2598±2.0427	NS	1.2507±2.3387	NS	−5.6173±3.1113	0.0721
8	低脂	腹脂率	$-7.5393\times10^{-4}\pm6.0\times10^{-4}$	0.1875	$1.3117\times10^{-3}\pm8.0\times10^{-4}$	0.1217	$5.7442\times10^{-4}\pm9.0\times10^{-4}$	NS	$9.1882\times10^{-4}\pm1.3\times10^{-3}$	NS
9	低脂	腹脂率	$2.2973\times10^{-3}\pm9.0\times10^{-4}$	0.0075	$-2.0063\times10^{-3}\pm1.3\times10^{-3}$	0.1173	$-2.9891\times10^{-3}\pm2.3\times10^{-3}$	NS	NA	NA
10	低脂	腹脂率	$-1.3197\times10^{-3}\pm5.0\times10^{-4}$	0.0158	$-4.1348\times10^{-4}\pm7.0\times10^{-4}$	NS	$5.2999\times10^{-4}\pm8.0\times10^{-4}$	NS	$-2.3386\times10^{-3}\pm1.1\times10^{-3}$	0.0375

注：NS，不显著，表示 $P>0.2$；NA 表示结果缺失；*aa* 表示加性×加性互作效应；*ad* 表示加性×显性互作效应；*da* 表示显性×加性互作效应；*dd* 表示显性×显性互作效应；SD 表示标准差

表 5-6　*ACACA* 基因 c.2292 G>A 位点与 *FABP2* 基因 c.-561 A>C 位点间互作效应组分在两系间影响肉鸡腹脂性状的遗传方差剖分（Hu et al.，2010a）

世代	品系	表型	V (A)	V (D)	V (AA)	V (AD)	V (DD)	V (G)	V (P)
8	高脂	腹脂重	5.371	10.999	0.153	0.706	4.226	21.455	228.780
9	高脂	腹脂重	22.023	0.947	3.513	7.334	6.420	40.237	344.960
10	高脂	腹脂重	5.312	12.764	0.208	7.328	9.747	35.359	619.070
8	高脂	腹脂率	3.164×10^{-7}	1.368×10^{-6}	2.040×10^{-8}	6.211×10^{-8}	1.023×10^{-6}	2.790×10^{-6}	3.282×10^{-5}
9	高脂	腹脂率	2.223×10^{-6}	5.69×10^{-9}	1.746×10^{-7}	9.544×10^{-8}	4.902×10^{-7}	3.848×10^{-6}	5.030×10^{-5}
10	高脂	腹脂率	1.017×10^{-6}	1.147×10^{-6}	1.859×10^{-10}	1.028×10^{-6}	1.122×10^{-6}	4.314×10^{-6}	7.830×10^{-5}
8	低脂	腹脂重	0.053	0.167	0.877	0.666	0.122	1.885	87.354
9	低脂	腹脂重	1.177	6.947	5.173	1.717	NA	15.014	136.250
10	低脂	腹脂重	10.190	1.082	3.210	0.157	1.649	16.287	144.430
8	低脂	腹脂率	1.960×10^{-8}	4.758×10^{-8}	1.306×10^{-7}	2.119×10^{-7}	3.659×10^{-8}	4.462×10^{-7}	1.512×10^{-5}
9	低脂	腹脂率	7.489×10^{-8}	9.641×10^{-7}	7.287×10^{-7}	4.684×10^{-7}	NA	2.236×10^{-6}	1.666×10^{-5}
10	低脂	腹脂率	1.110×10^{-6}	9.318×10^{-8}	3.901×10^{-7}	4.721×10^{-8}	2.858×10^{-7}	1.926×10^{-6}	1.845×10^{-5}

注：NA 表示结果缺失；V (A) 表示加性方差之和；V (AA) 表示加性×加性互作方差；V (AD) 表示加性×显性、显性×加性互作方差之和；V (DD) 表示显性×显性互作方差；V (G) 表示遗传方差；V (P) 表示表型方差

值得注意的是，肉鸡高脂系与低脂系群体都是从相同的基础群中经闭锁双向选育获得的，且饲养管理条件相同。本研究发现在低脂系内这两个位点之间存在对 7 周龄腹脂性状有显著影响的加性×加性互作效应组分，而且这种效应在连续多世代选育过程中仍能持续稳定存在，而高脂系中并未发现此现象。这说明至少在低脂系内，腹脂重和腹脂率的表型变异受到这两个基因间加性×加性互作效应的影响。此结果提示这两个品系内脂肪性状 QTL 或重要候选基因功能位点之间可能存在着不同的互作模式，而这可能就是引起这两个品系腹脂性状巨大表型差异的重要影响因素之一。

（三）*PPARγ* 相关基因的多位点互作效应对肉鸡腹脂性状影响的遗传学分析

笼统地看，在生物学上互作效应可以认为是两个或多个基因或它们的产物（mRNA 或蛋白质）之间的相互作用共同对一个性状产生的遗传学影响（Warden et al.，2004）。尽管研究者已经鉴定了为数较多的影响肉鸡脂质性状的 QTL 及候选基因多态性位点，但是对它们之间的互作效应对肉鸡腹脂表型变异的影响仍知之甚少。另外，非加性遗传效应与 QTL（或基因）间互作效应也可能会对鸡腹脂表型变异产生重要影响。

基于通路的遗传学分析可以帮助分子生物学家与育种工作者同时考察同一代谢通路上多个基因对一个重要的复杂性状或者复杂疾病易感性的遗传学影响，这种分析途径也为在解析复杂性状遗传学机制时进行 SNP 互作与基因互作分析提供了一个坚实的逻辑基础（Cordell，2002）。据此，对影响肉鸡腹脂性状的重要候选基因进行基于代谢通路的遗传相关及互作效应分析可以为理解肉鸡脂肪沉积的遗传调控机制提供一些重要的信息，并有助于寻找肉鸡腹脂性状的有效分子遗传标记。

PPARγ 是核受体超家族成员中一个重要的配体依赖性转录调控因子（Vanden Heuvel，2007）。鸡 PPARγ 在脂肪组织中高表达，并且其表达量与腹部脂肪沉积量呈正相关，提示 PPARγ 是影响肉鸡腹部脂肪沉积的一个重要调控因子（Sato et al.，2009；Meng et al.，2005）。鸡 PPARγ 与哺乳动物功能类似，都是前脂肪细胞向成熟脂肪细胞分化的重要调控因子，可以转录调控多个脂质代谢通路中涉及的为数众多的靶基因并且可以与脂肪细胞分化的其他转录因子发生复杂的相互作用（Nakachi et al.，2008；Wang et al.，2008）。京都基因与基因组百科全书（Kyoto encyclopedia of gene and genome，KEGG）中注释的鸡 PPAR 信号通路（KEGG pathway ID：gga03320）包括 3 个部分：PPARα 通路、PPARβ/δ 信号通路和 PPARγ 信号通路，三者除具有各自的主要功能外，还同时相互调节。PPARα 信号通路参与的生物学过程最为丰富，包括酮体的产生、脂肪酸的氧化、脂肪酸的转运和脂肪的合成等脂类代谢过程，以及胆固醇代谢。PPARβ/δ 信号通路主要负责脂肪酸的氧化和转运。而 PPARγ 信号通路参与脂肪的生成、胆固醇代谢、脂肪酸的氧化和脂肪酸的转运，并且主要负责脂肪细胞的分化过程。

户国（2010）选取本课题组长期关注的 PPARγ，以及 C/EBPα、C/EBPβ、SREBP1、FABP（FABP1~FABP4）、UCP、ACACA 等其他 9 个与 PPARγ 密切相关并在脂肪组织生长发育过程中起重要作用的候选基因，在东北农业大学肉鸡高、低脂系 10 世代仔鸡的检测群体中，首先进行这些基因多态性位点与肉鸡腹脂重表型变异的关联分析，然后对这些 PPARγ 相关基因多位点互作效应对肉鸡腹脂重表型变异的影响进行统计分析，并绘制出这些基因多态性位点间的互作网络。

1. 候选基因选择

我们选取 PPARγ 基因和直接或者间接与 PPARγ 基因发生互作的另外 9 个基因作为候选基因，候选基因情况见表 5-7。

表 5-7　选取的 10 个候选基因的基本情况（Hu et al.，2010b）

基因符号	基因英文名称	染色体	GenBank 登录号	多态性位点数
PPARγ	peroxisome proliferatior-activated receptor γ	12	AB045597	3
FABP1（LFABP）	fatty acid binding protein 1，liver	4	AY563636	2
FABP2（IFABP）	fatty acid binding protein 2，intestinal	4	AY254202	2
FABP3（HFABP）	fatty acid binding protein 3，muscle and heart	23	AY648562	2
FABP4（AFABP/aP2）	fatty acid binding protein 4，adipocyte	2	NM_204290	2
UCP	uncoupling protein	1	AF287144	2
C/EBPα	CCAAT/enhancer-binding protein alpha	11	X66844	1
C/EBPβ	CCAAT/enhancer-binding protein beta	20	NM_205253	1
SREBP1	sterol regulatory element binding protein 1	14	NM_204126	3
ACACA	acetyl-coenzyme A carboxylase alpha	19	NM_205505	2

根据 KEGG 选取鸡 PPAR 信号通路（KEGG pathway ID：gga03320）中 PPARγ 基因及其他几个可能与之相互作用的基因，包括 FABP1、FABP2、FABP3、FABP4 与 UCP

基因。除此之外，还有①*C/EBPα* 和 *C/EBPβ* 基因：在脂肪前体细胞向脂肪细胞分化过程中，C/EBPβ 可以诱导 *PPARγ* 基因的表达并可以引起 PPARγ 配体的产生；C/EBPα 与 PPARγ 可以相互激活表达，促进脂肪细胞的分化，PPARγ 通过控制 *C/EBPα* 的表达来控制终端成脂作用。②*SREBP1* 和 *ACACA* 基因：*SREBP1* 基因是一个脂肪酸合成与脂肪分化过程的重要转录调控因子，*SREBP1* 基因通过生产内生的配体来激活 *PPARγ* 基因的表达；ACACA 是合成长链脂肪酸的重要限速酶，*ACACA* 的表达受到 SREBP1 的调控。

2. 多态性位点的哈迪-温伯格平衡分析

在所有 20 个多态性位点中，有 16 个位点的基因型频率在低脂系中的分布处于哈迪-温伯格平衡状态（$P>0.05$）；17 个位点的基因型频率在高脂系中处于哈迪-温伯格平衡状态（$P>0.05$）。所有 20 个位点中，只有 1 个位点 *FABP1* 基因 c.-204G>A 的基因型频率在两系中分布均处于哈迪-温伯格不平衡状态。各位点基因型观察值与哈迪-温伯格平衡检验结果见表 5-8。

表 5-8　多态性位点的哈迪-温伯格平衡检测结果（Hu et al.，2010b）

| 基因 | 多态性位点 | 品系 | 基因型频率 | | | χ^2 | P 值 |
			AA	AB	BB		
PPARγ	g.-1784_-1768 D/I 17bp	lean	0.5505	0.3833	0.0662	0.0006	0.9803
		fat	0.3844	0.4835	0.1321	0.3556	0.5510
	c.-1241 G>A	lean	0.5414	0.3793	0.0793	0.3642	0.5462
		fat	0.3922	0.4731	0.1347	0.0590	0.8081
	c.-75 G>A	lean	0.2639	0.4618	0.2743	1.6761	0.1954
		fat	0.3084	0.5240	0.1677	1.5936	0.2068
FABP1	c.-204 G>A	lean	0.4717	0.5019	0.0264	16.8313	0.0000
		fat	0.7508	0.2460	0.0032	4.0936	0.0430
	c.423 G>A	lean	0.0231	0.2528	0.7249	0.0006	0.9800
		fat	0.0231	0.1485	0.8284	7.2816	0.0070
FABP2	c.-561 A>C	lean	0.2151	0.5341	0.2509	1.3466	0.2459
		fat	0.5608	0.3583	0.0810	1.5404	0.2146
	c.1221 A>C	lean	0.4613	0.4871	0.0517	7.8826	0.0050
		fat	0.3429	0.4984	0.1587	0.3187	0.5724
FABP3	g.2720 C>T	lean	0.1047	0.4513	0.4440	0.7160	0.3975
		fat	0.7918	0.1861	0.0221	2.3780	0.1231
	g.3189-3196 D/I 8bp	lean	0.0144	0.3502	0.6354	5.4172	0.0199
		fat	0.0000	0.0436	0.9564	0.1482	0.7003
FABP4	g.-972_-963 D/I 10bp	lean	0.3484	0.2962	0.6690	0.0245	0.8756
		fat	0.0063	0.2962	0.7035	5.3028	0.0213
	g.-846_-845 D/I 22bp	lean	0.6794	0.2788	0.0418	1.0525	0.3049
		fat	0.2922	0.5331	0.1747	2.1882	0.1391

续表

基因	多态性位点	品系	基因型频率			χ^2	P 值
			AA	AB	BB		
UCP	g.1240 C>A	lean	0.0142	0.2206	0.7651	0.0387	0.8441
		fat	0.1438	0.4844	0.3719	0.1539	0.6948
	g.2594 C>A	lean	0.7376	0.2411	0.0213	0.0255	0.8732
		fat	0.3374	0.5015	0.1611	0.4079	0.5230
C/EBPα	c.552 G>A	lean	0.3604	0.4488	0.1908	1.6298	0.2017
		fat	0.0972	0.4546	0.4483	0.4346	0.5097
C/EBPβ	c.782 G>C	lean	0.7778	0.2083	0.0139	0.0001	0.9937
		fat	0.7964	0.1945	0.0091	0.1760	0.6748
SREBP1	intro14 G>A	lean	0.7698	0.2165	0.0138	0.0328	0.8564
		fat	0.7764	0.2205	0.0030	3.1591	0.0755
	intro15 G>A	lean	0.7073	0.2683	0.0244	0.0089	0.9248
		fat	0.7988	0.1982	0.0031	2.1258	0.1448
	exon16 G>T	lean	0.5819	0.3972	0.0209	7.2763	0.0070
		fat	0.5000	0.3994	0.1006	0.8077	0.3688
ACACA	c.2292 G>A	lean	0.4172	0.4517	0.1310	0.0737	0.7860
		fat	0.2946	0.5299	0.1737	1.9340	0.1643
	c.6219 C>T	lean	0.2768	0.4706	0.2526	0.9813	0.3219
		fat	0.1662	0.5257	0.3082	1.7636	0.1842

注：lean 表示低脂系；fat 表示高脂系；为了方便，我们将这些多态性位点的一个等位基因设为 A，另一个设为 B，则基因型频率定义为 AA、AB 与 BB；P 值是指 χ^2 检验的 P 值

3. 单标记相关分析中的显著性结果

我们共对 10 个候选基因进行了多态性检测和相关分析，相关分析采用公式（5-1），对上述 10 个基因进行多态性筛查时共发现了 20 个多态性位点。对这 20 个多态性位点进行与腹脂重表型相关分析，发现有 5 个多态性位点与腹脂重显著相关。所有显著的多态性位点及其基因型效应见表 5-9。

表 5-9 与鸡腹脂重显著相关的多态性位点及其效应（Hu et al.，2010b）

基因	多态性位点	P 值[1]	基因型效应[2]		
PPARγ	c.-75 G>A	0.0479	72.62±1.91[ab] (AA)[3]	72.26±1.48[b] (AG)	76.23±1.75[a] (GG)
ACACA	c.2292 G>A	0.0445	73.83±1.63[ab] (AA)	72.27±1.47[a] (AG)	77.31±2.16[b] (GG)
C/EBPα	c.552 G>A	0.0415	76.48±2.02[a] (AA)	74.45±1.44[ab] (AG)	71.18±1.70[b] (GG)
FABP1	c.423 G>A	0.0113	78.19±4.69[AB] (AA)	78.37±1.95[A] (AG)	73.07±1.35[B] (GG)
FABP3	g.3189-3196 D/I 8bp	0.0204	—	79.18±2.75[a] (ID)	73.18±1.34[b] (DD)

注：a，b 同行不同字母者差异显著（$P<0.05$）；A，B 同行不同字母者差异极显著（$P<0.01$）；1. 单标记相关分析的 P 值；2. 基因型效应通过最小二乘均值方法检验，基因型效应用最小二乘均值±标准误给出；3. 括号中字母为基因型；—表示缺失值；ID 表示插入缺失

4. 两两互作效应分析中的显著性结果

EPISNP2 程序被应用于两两互作效应分析，利用穷举法计算所有标记间可能的两两

组合情况，每个品系 20 个多态性位点共进行 190 次分析，经过 Bonferroni 校正，显著性水平最终被确定为 $P<2.63\times10^{-4}$。以此为标准，低脂系中有 15 个组合达到了显著水平；高脂系中有 41 个组合达到了显著水平。在低脂系中最显著的上位效应 P 值为 2.94×10^{-8}；在高脂系中最显著的上位效应 P 值为 7.38×10^{-12}；有 7 个互作组在两个品系都达到显著水平。我们在两个品系中都找到了互作效应存在的证据，而且在这 20 个位点中，高脂系内显著的互作组合要比低脂系内多很多。两系中多态性位点两两互作分析结果分别见表 5-10 和表 5-11。

表 5-10　高脂系两两互作对腹脂重有显著影响（$P<2.63\times10^{-4}$）的多态性位点组合（Hu et al.，2010b）

Chr1	多态性位点 1	Chr2	多态性位点 2	P 值
1	*UCP* g.1240 C>A	11	*C/EBPα* c.552 G>A	3.06×10^{-12}
4	*FABP2* c.-561 A>C	11	*C/EBPα* c.552 G>A	6.62×10^{-12}
4	*FABP1* c.423 G>A	14	*SREBP1* exon16 G>T	7.38×10^{-12}
1	*UCP* g.2594 C>A	4	*FABP1* c.423 G>A	4.58×10^{-11}
4	*FABP2* c.1221 A>C	11	*C/EBPα* c.552 G>A	1.45×10^{-10}
4	*FABP1* c.423 G>A	19	*ACACA* c.6219 C>T	2.54×10^{-10}
11	*C/EBPα* c.552 G>A	14	*SREBP1* exon16 G>T	2.61×10^{-10}
1	*UCP* g.2594 C>A	11	*C/EBPα* c.552 G>A	2.65×10^{-10}
1	*UCP* g.1240 C>A	4	*FABP2* c.1221 A>C	4.26×10^{-10}
11	*C/EBPα* c.552 G>A	12	*PPARγ* c.-1241 G>A	5.57×10^{-10}
11	*C/EBPα* c.552 G>A	12	*PPARγ* g.-1784_-1768 D/I 17bp	1.63×10^{-9}
4	*FABP1* c.423 G>A	19	*ACACA* c.2292 G>A	2.23×10^{-9}
1	*UCP* g.1240 C>A	23	*FABP3* g.2720 C>T	6.19×10^{-9}
4	*FABP2* c.1221 A>C	14	*SREBP1* exon16 G>T	8.98×10^{-9}
4	*FABP2* c.1221 A>C	12	*PPARγ* c.-1241 G>A	1.02×10^{-8}
11	*C/EBPα* c.552 G>A	12	*PPARγ* c.-75 G>A	2.39×10^{-8}
11	*C/EBPα* c.552 G>A	19	*ACACA* c.6219 C>T	3.36×10^{-8}
2	*FABP4* g.-846_-845 D/I 22bp	11	*C/EBPα* c.552 G>A	4.39×10^{-8}
11	*C/EBPα* c.552 G>A	19	*ACACA* c.2292 G>A	1.09×10^{-7}
4	*FABP2* c.1221 A>C	19	*ACACA* c.6219 C>T	1.76×10^{-7}
4	*FABP2* c.1221 A>C	20	*C/EBPβ* c.782 G>C	2.87×10^{-7}
4	*FABP2* c.1221 A>C	12	*PPARγ* g.-1784_-1768 D/I 17bp	3.24×10^{-7}
2	*FABP4* g.-846_-845 D/I 22bp	4	*FABP2* c.1221 A>C	3.47×10^{-7}
1	*UCP* g.2594 C>A	4	*FABP2* c.1221 A>C	3.68×10^{-7}
1	*UCP* g.1240 C>A	4	*FABP2* c.-561 A>C	4.99×10^{-7}
1	*UCP* g.2594 C>A	23	*FABP3* g.2720 C>T	5.87×10^{-7}
4	*FABP2* c.1221 A>C	12	*PPARγ* c.-75 G>A	6.92×10^{-7}
12	*PPARγ* c.-1241 G>A	23	*FABP3* g.2720 C>T	1.12×10^{-6}
4	*FABP2* c.1221 A>C	19	*ACACA* c.2292 G>A	1.80×10^{-6}

续表

Chr1	多态性位点 1	Chr2	多态性位点 2	P 值
1	*UCP* g.1240 C>A	14	*SREBP1* exon16 G>T	$2.12×10^{-6}$
4	*FABP2* c.-561 A>C	12	*PPARγ* g.-1784_-1768 D/I 17bp	$4.53×10^{-6}$
4	*FABP2* c.-561 A>C	14	*SREBP1* exon16 G>T	$5.68×10^{-6}$
1	*UCP* g.1240 C>A	12	*PPARγ* c.-1241 G>A	$1.20×10^{-5}$
1	*UCP* g.1240 C>A	19	*ACACA* c.2292 G>A	$1.71×10^{-5}$
1	*UCP* g.1240 C>A	12	*PPARγ* c.-75 G>A	$2.88×10^{-5}$
4	*FABP2* c.-561 A>C	12	*PPARγ* c.-75 G>A	$3.32×10^{-5}$
1	*UCP* g.1240 C>A	19	*ACACA* c.6219 C>T	$5.49×10^{-5}$
2	*FABP4* g.-846_-845 D/I 22bp	4	*FABP2* c.-561 A>C	$6.69×10^{-5}$
1	*UCP* g.1240 C>A	12	*PPARγ* g.-1784_-1768 D/I 17bp	$8.22×10^{-5}$
4	*FABP2* c.-561 A>C	12	*PPARγ* c.-1241 G>A	$1.17×10^{-4}$
1	*UCP* g.1240 C>A	2	*FABP4* g.-846_-845 D/I 22bp	$1.35×10^{-4}$

注：Chr1 代表（互作分析中的）第一个染色体；Chr2 代表（互作分析中的）第二个染色体

表 5-11　低脂系两两互作对腹脂重有显著影响（$P<2.63×10^{-4}$）的多态性位点组合（Hu et al.，2010b）

Chr1	多态性位点 1	Chr2	多态性位点 2	P 值
4	*FABP1* c.-204 G>A	11	*C/EBPα* c.552 G>A	$2.94×10^{-8}$
4	*FABP2* c.1221 A>C	11	*C/EBPα* c.552 G>A	$2.67×10^{-7}$
11	*C/EBPα* c.552 G>A	23	*FABP3* g.2720 C>T	$7.57×10^{-7}$
4	*FABP2* c.-561 A>C	11	*C/EBPα* c.552 G>A	$1.94×10^{-6}$
4	*FABP1* c.-204 G>A	12	*PPARγ* c.-75 G>A	$2.12×10^{-6}$
4	*FABP1* c.-204 G>A	19	*ACACA* c.6219 C>T	$2.55×10^{-6}$
2	*FABP4* g.-972_-963 D/I 10bp	4	*FABP1* c.-204 G>A	$3.27×10^{-6}$
2	*FABP4* g.-846_-845 D/I 22bp	4	*FABP1* c.-204 G>A	$4.07×10^{-6}$
4	*FABP1* c.-204 G>A	23	*FABP3* g.2720 C>T	$5.40×10^{-6}$
4	*FABP1* c.423 G>A	19	*ACACA* c.6219 C>T	$3.16×10^{-5}$
1	*UCP* g.2594 C>A	4	*FABP2* c.1221 A>C	$3.71×10^{-5}$
11	*C/EBPα* c.552 G>A	12	*PPARγ* c.-75 G>A	$5.54×10^{-5}$
1	*UCP* g.1240 C>A	11	*C/EBPα* c.552 G>A	$6.07×10^{-5}$
4	*FABP1* c.423 G>A	19	*ACACA* c.2292 G>A	$7.32×10^{-5}$
11	*C/EBPα* c.552 G>A	19	*ACACA* c.2292 G>A	$2.51×10^{-4}$

注：Chr1 代表（互作分析中的）第一个染色体；Chr2 代表（互作分析中的）第二个染色体

5. *PPARγ* 相关基因的多位点遗传互作网络构建

PPARγ 及 PPARγ 相关脂质代谢通路基因多态性有很多单点及互作效应对鸡腹脂性状存在显著性影响。目前对其中复杂分子遗传学基础并不清楚，但是我们可以通过绘制多态性位点间的遗传互作图谱这种方式形象地展现 PPARγ 相关脂质代谢通路基因多态性位点复杂的互作网络关系。两系的遗传互作网络各自独立绘制，详见图 5-1。

A

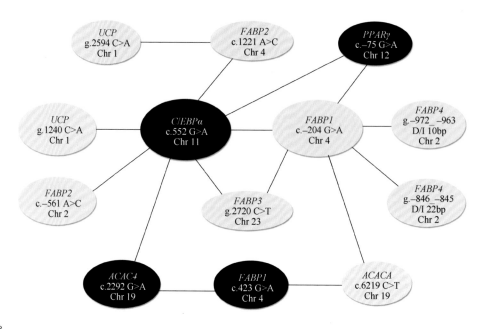

B

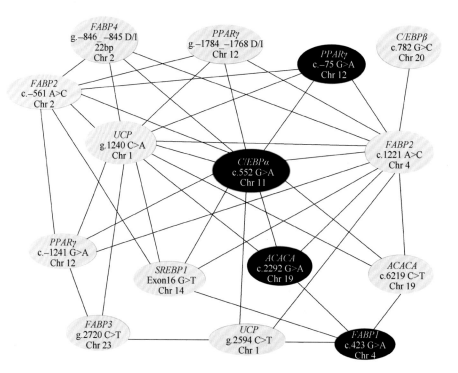

图 5-1　肉鸡低脂系与高脂系内 PPARγ 相关脂质代谢通路基因多态性遗传互作网络（Hu et al.，2010b）
一对多态性位点由一条线连接代表具有显著的互作效应；黑色代表该多态性位点在单标记关联分析中与腹脂重性状显著相关；灰色代表该多态性位点在单标记关联分析中与腹脂重性状不存在显著相关；A. 低脂系内的 PPARγ 相关脂质代谢通路基因多态性遗传互作网络；B. 高脂系内的 PPARγ 相关脂质代谢通路基因多态性遗传互作网络

通过对两系互作网络的对比观察，我们发现了一个令人非常感兴趣的现象。在单标记关联分析中达到显著的 5 个位点中，有 4 个相同位点都出现在两系各自的互作网络中，这 4 个位点分别是 *PPARγ* c.-75 G>A、*C/EBPα* c.552 G>A、*FABP1* c.423 G>A 和 *ACACA* c.2292 G>A。并且在两系各自的网络中这 4 个节点形成了相同的拓扑结构，它们在两系网络中都形成了小而稳定的子网结构。同时，*C/EBPα* 基因 c.552 G>A 位点在两系 PPARγ 及 PPARγ 相关脂质代谢通路基因多态性遗传互作网络中都居于重要节点的位置。这提示在单标记相关分析中显著影响腹脂重性状的单个位点，其遗传学基础是遗传互作网络。

对 *PPARγ* 相关基因的多位点互作模式的分析探讨，我们重点关注如下几个方面的问题。

（1）分子标记与功能位点的连锁关系及其对研究结果的影响

从表型到分子水平种类众多的遗传标记中，SNP 及 CNV 遗传标记能够方便地在 DNA 水平上对序列的遗传变异进行检测和标定，基本不受环境及动物个体状态等因素的影响。更重要的是，SNP 及 CNV 的标记多态信息含量都比较高，在基因组范围内广泛存在，检测迅速、简便、无组织特异性，容易实现自动化检测与高通量分析。因此，SNP 及 CNV 等 DNA 标记是分子标记辅助选择最理想的遗传标记。DNA 标记按照其与功能位点的关系及其与功能位点的连锁程度可以分为 3 类，即直接标记（direct marker）、连锁不平衡（linkage disequilibrium，LD）标记和连锁平衡（linkage equilibrium，LE）标记，这 3 种标记在畜禽育种实践中都有应用。直接标记就是指一些对目标性状有显著影响的功能性位点，可以直接检测并应用；LD 标记是指在一般群体内或遗传背景下，与功能位点处于连锁不平衡状态的标记，这种标记可以通过候选基因法或者是基因组扫描精细定位的方法检测到（Andersson，2001；Rothschild and Soller，1997），可以相对广泛地应用于育种实践；LE 标记是指与功能位点处于连锁平衡状态的标记，这种标记在育种中应用起来最为困难，这是因为这种标记与功能性位点之间没有相对稳定的连锁不平衡关系，即在不同的家系中，其连锁相是不同的，但在特定家系内，标记与功能性位点之间是连锁不平衡的，也即这类标记只有在特定的家系中才可以标定 QTL。这类标记多是在远缘杂交 F_2 群体 QTL 扫描实验中定位获得的，应用范围有限（Andersson，2001）。在奶牛育种实践中的孙女设计和女儿设计得到的后代都具有同胞关系，在这种情况下检测到的 LE 标记可以应用于标记辅助选择程序中（Spelman and van Arendonk，1997）。

东北农业大学肉鸡高、低脂系中两个品系都是从相同基础群经闭锁双向选育获得的，且饲养管理条件相同。我们试图利用分子遗传标记标定功能基因并基于标记相关分析及互作分析来推测 *PPARγ* 相关基因的多位点间遗传互作模式。如果标记与功能位点之间的连锁程度较低，那么随着世代的选择或者群体遗传结构的改变，这种连锁程度会逐渐减弱或者消失。这就意味着在经过 10 个世代选育的群体中，有些分子遗传标记已经不能够有效地标记功能基因的真实遗传效应了，要继续在这个群体中利用检测到的这些基因和标记进行上述分析，则有可能不会得到真实的遗传学信息。因此，我们希望进行基于标记相关分析及互作分析的研究群体能够具有相对较高的纯度，也即具有相同或相似的遗传背景和群体结构，标记与功能位点之间的连锁相是一致的。如果想要将某一群体中检测到的与目标性状相关的基因和标记应用于其他群体，就必须保证所选择的标记就是功能性位点或者与功能性位点共传递。因此，本研究中的 SNP 标记并不是 QTL 或者数量性状核苷酸（quantitative trait nucleotide，QTN）本身，标记与 QTL 之间存在着不同程度的 LD，依据这些标记构建的遗传互作网络与真实遗传互作可能存在差异。

（2）*PPARγ* 相关基因与脂类代谢

PPARγ 在脂肪细胞分化、介导脂肪酸氧化及脂质代谢中发挥关键性的作用。PPARγ 在脂肪组织中高表达。大量研究已经证实 PPARγ 能够促进脂肪生成。多种参与脂肪酸转运和代谢的通路和重要功能基因都受到 *PPARγ* 基因的调控。其中大量功能已知的脂肪酸合成、转运及储存、代谢中的重要功能基因（如脂肪细胞脂肪酸结合蛋白、乙酰辅酶 A 合成酶、脂蛋白脂肪酶、脂肪酸转运蛋白、脂肪酸移位酶及磷酸烯醇丙酮酸羧化激酶等）在转录水平都可以被 PPARγ 调控。PPARγ 还可以启动 *AP-2* 和 *C/EBPα* 等细胞脂肪分化中重要基因的表达。此外，TZD 等 PPAR 激活剂能够启动前脂肪细胞向成熟脂肪细胞转化（Lehmann et al.，1995；Chawla et al.，1994；Sandouk et al.，1993；Kletzien et al.，1992）。在 NIH-3T3 成纤维细胞系中激活 PPARγ 表达可以诱导成纤维细胞转分化成为脂肪细胞（Tontonoz et al.，1994）。PPARγ 在其他一些成纤维细胞系中则可以促进脂肪生成。

C/EBP 家族的 3 种主要亚型 C/EBPα、C/EBPβ、C/EBPδ 会随着脂肪细胞分化进程而呈现出特异性的表达模式，其调控过程始于 C/EBPβ 和 C/EBPδ 的表达，C/EBPα 的表达发生在前两者的后期。诱导 *C/EBPβ* 基因表达可以刺激 PPARγ 的表达。Clarke 等（1997）在 *PPARγ2* 基因启动子区发现了 C/EBP 的结合位点。

类固醇调控元件结合蛋白 1（SREBP1）也是与脂肪性状有关的转录因子之一，具有与 E-box（CANNTG 序列，对控制胆固醇稳态的基因来说是极其重要的）和固醇调节元件（SRE）结合的能力，SREBP1 通过 E-box 促进 PPARγ 配体的产生，然后通过 PPARγ 的表达促进脂肪形成（Kim et al.，1998）。多种生长因子（如表皮生长因子、血小板衍生生长因子及成纤维细胞生长因子）都具有抑制脂肪形成的作用，生长因子抑制脂肪形成的作用机制一般是通过磷酸化而抑制 *PPARγ* 基因的转录激活从而抑制脂肪转化（Camp and Tafuri，1997；Hu et al.，1996）。但是胰岛素和类胰岛素生长因子能增强 PPARγ 的转录激活，从而诱发脂肪细胞分化。

（3）单标记效应与互作效应的遗传学关系

在分析 SNP 多态性数据时，大部分基因型频率在两系内都处于哈迪-温伯格平衡状态，只有少数位点的基因型频率处于哈迪-温伯格不平衡状态，这种哈迪-温伯格不平衡状态可能是由选择引起的。我们的实验研究动物群体自 1996 年开始采用闭锁群家系育种的方法选育，这种选育机制可能会导致有的多态性位点的基因型频率处于哈迪-温伯格不平衡状态。

在单标记关联分析中，所有 10 个基因的 20 个多态性位点中有 5 个位点（*PPARγ* c.-75 G>A、*C/EBPα* c.552 G>A、*FABP1* c.423 G>A、*ACACA* c.2292 G>A 及 *FABP3* g.3189-3196 D/I 8bp）利用公式（5-1）进行单标记分析时达到了显著水平（*P*<0.05）。但是，如果把

这 20 个位点作为一个数据集整体考虑，则会面临一个问题，那就是这些单独考虑时显著的位点都将无法通过 Bonferroni 校正，即在整体水平上，这些位点的多态性与性状之间的相关性是不确切的，还需要进一步确认。基于这种考虑，我们认为对那些数据集中的位点综合考虑进行互作效应分析可能会提供更多有价值的遗传学信息，以利于获得更有效的分子遗传标记。

近年来已经有一些对鸡经济性状分子遗传学基础的研究将位点间互作效应纳入考虑范围（Le Rouzic and Alvarez-Castro，2008；Carlborg et al.，2006，2003），但是这仅占此类研究领域中的很小一部分。在 QTL 及候选基因多态性分析的研究中考虑互作效应对鸡经济性状的遗传学影响仍然需要大力提倡（Carlborg and Haley，2004）。在这项研究中我们提供了有力的证据表明在与 PPARγ 关联的脂质代谢通路的相关基因在单标记分析及互作效应分析中都有很多位点或位点组合对腹脂性状的影响达到了显著水平，而且这些位点之间形成了复杂的遗传互作网络。在 Carlborg 等（2006）对鸡的研究与 Estellé 等（2008）对猪的研究中也获得了类似的遗传互作网络，这意味着互作效应及复杂遗传互作网络可能是家养动物复杂数量性状分子遗传学基础中经常出现的现象，有可能在复杂数量性状的表现上发挥着重要作用。

还有一点比较重要，我们需要对分析中获得的统计学结果给出适当的生物学解释。我们选择的候选基因有的本身就存在蛋白质或核酸分子之间的相互作用，也有些存在生物学功能上的相互协同与作用，因此，我们获得的显著互作效应在实验生物学上很容易获得支持，利用此类显著互作效应所重构的与 PPARγ 关联的脂质代谢通路相关基因互作网络是具有生物学意义的。

根据生物学和统计学知识分析，当大量位点与同一位点存在互作效应时，这个位点倾向于被认为是重要的遗传网络节点，这令人更感兴趣。当然，众多的显著性互作效应同时指向一个多态性位点的现象随机出现的概率是很小的（Ma et al.，2007）。C/EBPα c.552G>A 位点在单标记分析中与腹脂性状显著相关，两两互作分析中在高、低脂系中都有较多的位点与之存在对腹脂性状的显著互作效应。并且在遗传互作网络分析中，这个位点在两系的各自互作网络中都是重要节点。多种结果都提示与腹脂重显著相关的 C/EBPα c.552G>A 位点的分子遗传学基础是复杂的遗传互作网络。Carlborg 等（2006）的研究结果也表明，有多个单点效应较小的 QTL 通过与一个重要节点 QTL 互作形成的放射形网络可以用来解释多个 QTL 的互作效应远超过这些单个 QTL 效应累加之和。

我们还发现一个很重要的现象，在高、低脂系实验群体中，在单标记分析中与腹脂性状显著相关的 4 个位点（PPARγ c.-75 G>A、C/EBPα c.552 G>A、FABP1 c.423 G>A 与 ACACA c.2292 G>A）都参与构成了 PPARγ 相关重要候选基因多位点相互作用网络，并且在高、低脂系各自的网络中这 4 个节点形成了相同的拓扑结构，它们在两系网络中都形成了小而稳定的子网结构。这个结果也显示复杂数量性状单标记分析中发现的 QTL 或主效基因的深层次遗传学结构可能很复杂，涉及位点间的互作效应及遗传互作网络。

（4）位点间互作效应与遗传互作网络结构在高、低脂系间的比较分析

位点间互作效应分析结果显示低脂系有 15 个组合达到了显著水平；而高脂系中则

有 41 个组合达到了显著水平。低脂系 P 值最小值为 2.94×10^{-8}；高脂系 P 值最小值为 7.38×10^{-12}。在两个品系都找到了互作效应存在的证据。这个结果说明：经过 10 个世代的双向选择，这两个品系的腹脂率差异达 3 倍多，遗传背景差异已经相对很大。一方面，这可能会导致相同的分子遗传标记与潜在功能位点的连锁相发生改变，从而造成了相同位点在两系间的遗传效应出现差异；另一方面，该位点就是功能位点，其遗传学效应也会随着遗传背景的逐渐改变而发生相应的改变，尤其是互作效应的检出受遗传背景的影响非常大。结果也显示，就这 20 个位点来讲，在高脂系内显著的互作组合要比低脂系内多很多，产生这种现象可能有多方面的原因。虽然这两个品系理论近交系数都是相同的，但在实际育种中，高脂系有可能会比低脂系更纯一些。我们以前利用全基因组表达谱芯片研究高、低脂系间基因表达差异时也发现了高脂系鸡只个体间基因表达的整齐度要好于低脂系（Wang et al.，2007）。另外，我们选择的候选基因都是对脂肪沉积有重要作用并对脂质合成、转运、储存及代谢等生物学过程有正调控作用的转录因子与功能基因，它们在高脂系中可能发挥着更大的遗传学作用，或者反言之，有可能正是由于这些基因发挥的重要作用而使高脂系的腹脂含量进一步提高，而在低脂系内，这些基因间的互作效应受到选择的影响而受到了抑制。

同时，我们研究还发现有 7 个互作组分在两个品系达到显著水平。这表明有些位点间的互作效应在不同遗传背景下仍能发挥作用，推测这些候选基因间的互作是有坚实的生物学与遗传学基础的。有些基因的互作效应对维持腹部脂肪组织的存在和功能是不可或缺的。

综上所述，候选基因位点间互作效应与 $PPAR\gamma$ 相关重要候选基因的多位点遗传互作网络结构在高、低脂系间存在差异，但也有许多相同之处，这与研究的实验素材的遗传学关系、所选候选基因的生物学功能及相互作用机制存在重要的关联性。上述分析也表明肉鸡腹脂性状的分子遗传学结构基础可能是异常复杂的遗传互作网络。

（四）上述 3 个案例给我们的启发

在长期人工选育过程中，互作效应在世代间的遗传稳定性是我们和其他研究者最为关切的问题。在肉鸡高、低脂系 8 世代、9 世代和 10 世代检测群体中对候选基因互作效应的分析结果表明，在高脂系肉鸡 8 世代、9 世代和 10 世代检测群体中，$ApoB$ 基因 T123G 位点与 UCP 基因 C1197A 位点之间都存在一个对腹脂性状有显著影响的互作效应组分（$P<0.05$），但是世代间的互作类型不一致；同时，在低脂系肉鸡 8 世代、9 世代和 10 世代中，二者之间任何互作效应组分对腹脂性状均无影响（$P>0.05$）。在低脂系肉鸡 8 世代、9 世代和 10 世代检测群体中，$ACACA$ 基因 c.2292 G>A 位点与 $FABP2$ c.-561 A>C 位点间加性×加性互作效应对腹脂性状均有显著（$P<0.05$）或接近显著（$P<0.2$）的影响；两者之间显性×显性互作效应对 8 世代、9 世代和 10 世代高脂系群体腹脂性状均有显著（$P<0.05$）或接近显著（$P<0.2$）的影响；但其他互作效应组分在两个品系或多个世代间对腹脂重和腹脂率并无一致影响。这与理论分析的结果很一致（Neher and Shraiman，2009），候选基因互作效应在遗传背景相对稳定的育种群体中是可以持续稳定存在的，在本研究中采用的经多世代连续选育的实验群体中，也存在可以在连续世代间对相同性

状产生显著影响的互作效应组分。

　　传统的数量遗传学理论认为互作效应在群体世代间不能够真实遗传的理论基础，认为控制数量性状遗传的位点在基因组上都是独立存在的，但是这一假设的理论和现实基础并不牢靠。随着人类与动物基因组研究的全面开展，人们已经发现原来在基因组范围内广泛分布的 DNA 标记并不是完全独立的，而是出于一种连锁不平衡（linkage disequilibrium，LD）状态。连锁不平衡亦称为配子相不平衡（gametic phase disequilibrium）、配子不平衡（gametic disequilibrium）或等位基因关联（allelic association），即一个群体内不同座位的等位基因之间的非随机关联，包括两个标记间或两个基因/数量性状基因座（quantitative trait loci，QTL）间或一个基因/QTL 与一个标记座位间的非随机关联（王荣焕等，2007）。畜禽基因组中存在的这种多态性位点间的连锁不平衡是联系结构基因组学和表型组学的一座桥梁，为新基因的发掘及揭示特定基因型和表型之间的内在联系提供了一个全新的契机。

　　Aerts 等（2007）的研究结果表明，对一个蛋鸡品种和 2 个肉鸡品种的 10 号和 28 号染色体基于低密度 SNP 标记的 LD 分析的结果表明，每个品种鸡染色体都有其相对独特的 LD 模式，可以作为区分这些品种遗传特征的依据。Andreescu 等（2007）对 9 个肉鸡育种品系 1 号和 4 号染色体进行了基于高密度的 SNP 标记的 LD 分析，发现每个品系都有其相对独特的 LD 模式，可以作为区分这些品系遗传特征的依据。Rao 等（2008）对红色原鸡、泰和丝羽乌骨鸡和隐性白鸡 1 号染色体 Contig.060226.1 附近 200kb 区域的 LD 分析也支持上述结果。

　　在人类基因组及复杂疾病候选基因的研究中，LD 及单倍型模式分析是较为普遍的研究方法，并取得了大量的重要成果（Wall and Pritchard，2003）。Freeman 等（2008）对原产亚洲、非洲、欧洲多个品种的牛进行的群体水平免疫相关基因遗传标记多态性分析结果表明，人工选择与驯化显著地影响了各品种牛的免疫相关基因单倍型分布模式。另外，选择与驯化对 LD 模式与单倍型分布影响的研究在植物中，尤其是农作物中也取得了一系列可喜的成果。例如，Wright 等（2005）报道玉米中 2%~4% 的基因在驯化过程中经历了人工选择。玉米与其祖先墨西哥玉米形态的显著区别是由人类在玉米驯化过程中对 5 个基因的选择所造成的，其中 *tb1*（teosinte branched）基因是起关键作用的一个转录因子，对玉米和墨西哥玉米中 *tb1* 基因的多样性研究表明，其启动子区域受到了强烈的选择作用，此基因的多样性大大降低并引起了等位基因（allele）之间的关联。*Y1*（yellow endosperm 1）是与玉米黄色胚乳有关的编码八氢番茄红素合成酶的显性等位基因，其上调作用导致黄色胚乳类胡萝卜素含量显著提高，该基因座位的多样性和 LD 水平是受到人工选择所造成的（Palaisa et al.，2003）。与 *Y1* 基因不同的是，对 *tb1* 基因启动子区域的选择并没有影响到该基因上游 163kb 基因组区域内的多样性。此外，另一个受到选择影响的玉米基因组中的甜玉米 su1 座位在 7000bp 范围内存在显著的 LD，而其他未受选择作用影响的基因座位仅在 2000bp 范围内存在 LD。在不经选择时，遗传物质在世代间传递过程中由于遗传重组的存在，LD 状态被逐渐打破而趋于连锁平衡。但是，由于常规育种是依据表型估计遗传参数进行选择的，即对表型优秀的个体留种，有可能会提高对个体目标性状有利等位基因的留种比率，长期选择将会使优秀等位基因逐步纯合，从而获得性能稳定的优良品种或品系。在有利等位基因在群体内逐渐积累过程中，对遗传选择有应答的基因功能位点或QTL与周围区域的LD范围会拓展延伸。与之类似，由于自然群体随时处于自然选择的压力下，Eberle等（2006）的研究表明，基因区域标记间的LD水平显著高于非基因区域，LD水平在染色体基因簇周围开始降低直至连锁平衡。也就是说，由于LD在对遗传选择有应答的基因功能位点或QTL周围区域内广泛存在，不同等位基因在遗传传递过程中并非是完全自由组合的，在理论上，有些由对互作效应选择引起的LD可以转化为对遗传选择的应答，特定情况下，互作效应在世代间可以真实并相对稳定地遗传（Griffing，1960）。例如，Gregersen等（2006）发现自然选择可能对维持组织相容性位点HLA-DRB5*0101（DR2a）和HLA-DRB1*1501（DR2b）之间的连锁不平衡有作用，这两个位点与多发性硬化（multiple sclerosis）相关，上述两个位点间强烈的连锁不平衡是由相邻位点之间强的互作引起的。

长期以来，遗传学研究者一直关注着在长期人工选育过程中互作效应对畜禽复杂性状的遗传学影响研究，由于这是一个长期过程，因此实验群体遗传学研究并不是很多，我们对该领域的知识大多来自理论分析与数据模拟。很多研究表明，基因互作实际上是可以影响加性遗传方差的（Carter et al.，2005；Barton and Turelli，2004；Hansen and Wagner，2001；Cheverud and Routman，1995；Keightley，1989；Goodnight，1988，1987）。尤其值得关注的是，有研究指出在一个群体内通过群体瓶颈时（类似于在育种过程中从封闭基础群体中选择建群个体），互作效应遗传方差可以受遗传漂变影响转化为加性方差（Carter et al.，2005；Goodnight，1995；Bryant et al.，1986）。但更重要的是，不仅是遗传漂变，其他可以通过改变等位基因频率从而改变群体遗传结构的事件都可以产生类似的效果，即可以在世代间将互作方差转化为加性方差（Hansen and Wagner，2001），这表明，遗传选择也可以使互作效应方差转化为加性效应方差。在育种实践过程中，尤其是对肉鸡生长和体组成性状的遗传选育提高过程中，理论上，如果仅能够对加性遗传方差进行选择，那么按照商业育种公司的选择强度，育种群体中的加性方差将会在相对不多的几个世代之内消耗殆尽。可实际上从20世纪五六十年代至今，对肉鸡生产性能的遗传选择已经提高了1倍以上（Havenstein et al.，2003），而且，对这些性状的遗传选择时至今日仍能获得持续的遗传进展，这也在一定程度上支持了在遗传选择压力下，互作方差可以转化为加性方差并固定在群体之中的推测。

遗传重组可以降低DNA标记间的LD水平，从而导致该标记标定功能位点的效率逐步下降，直至为零。互作效应可以真实遗传的分子遗传学基础就是由于LD的存在，而遗传重组的存在又将导致互作效应不能稳定遗传（Neher and Shraiman，2009）。但是，在持续强烈的遗传选择压力下，只有优秀表型个体才能够参与繁殖，也即只有这种个体的遗传物质才能得以在世代间传递。而互作效应由于是位点间或非等位基因间发生的效应，实质上是一种基因型效应而非等位基因的加性效应。因此我们可以推测，在遗传重组与遗传选择压力同时存在的情况下，MAS实质上将由对有利等位基因的选择转化为对有利基因型的选择。

（五）本节小结

我们以肉鸡腹脂性状（腹脂重、腹脂率）作为研究对象，选取了本课题组长期关注的 *PPARγ*，以及 *C/EBPα*、*C/EBPβ*、*SREBP1*、*FABP*（*FABP1~FABP4*）、*UCP*、*ACACA* 和 *ApoB* 等 10 个在脂肪组织生长发育过程中起重要作用的候选基因，研究这些基因多态性位点两两之间，以及多位点间互作效应对鸡腹脂性状表型变异的影响。结论或推论如下。

1）在高、低脂系内，候选基因之间互作效应对腹脂性状的影响可能存在着不同的遗传模式。

2）在高、低脂系内，候选基因间相同的互作效应对腹脂性状的影响在世代间可以遗传，但是在世代间并没有稳定的遗传方差。

3）在高、低脂系内，*PPARγ* 相关重要候选基因对腹脂性状影响的多位点遗传互作网络结构存在差异。

4）在高、低脂系内，*C/EBPα* 基因 c.552G>A 位点都是 *PPARγ* 相关基因对腹脂性状影响的遗传互作网络中的重要节点。此结果提示，*C/EBPα* 基因 c.552G>A 位点对腹脂性状的效应可以被解析为一个遗传互作网络影响的结果。

5）针对腹脂性状，单标记相关分析中发现的 QTL 或主效基因的遗传学机制很复杂，涉及位点间的互作效应及遗传互作网络。

第三节　全基因组 SNP 互作效应对肉鸡腹脂性状的影响

一、检测全基因组 SNP 互作效应的统计方法

在获得全基因组 SNP 基因型数据之前，用于检测互作效应的数据量比较小，所以研究者提出的统计模型通常只能用来检测少数几个位点或基因间的互作效应。例如，Cockerham 模型（Cockerham's Model）（Kao and Zeng，2002）、natural and orthogonal interaction（NOIA）模型（Le Rouzic and Alvarez-Castro，2008；Alvarez-Castro et al.，2008；Alvarez-Castro and Carlborg，2007）、general-two-allele（G2A）模型（Wang and Zeng，2006；Zeng et al.，2005）等。这些模型基于数据量较小的情况下建模，适合检测少数位点、基因或者影响因素间的互作效应，在实际应用中也取得了很多有价值的结果，但是由于模型本身的局限性——计算效率有限，它们不适于分析全基因组范围内位点间的互作效应。

目前，一些旨在挖掘全基因组范围内位点或基因间互作效应的统计算法陆续出现，常见的有逻辑回归（Ives and Garland，2010；Park and Hastie，2008；Ruczinski et al.，2004）、多因子降维（multifactor dimensionality reduction，MDR）（Lee et al.，2007；Lou et al.，2007；Ritchie et al.，2001）、贝叶斯上位关联定位方法（Bayesian epistasis association mapping，BEAM）（Zhang and Liu，2007）、神经网络（neural network）（Motsinger et al.，2006；Ritchie et al.，2003）等。也有研究者借鉴其他理论建立统计模型。例如，使用模式挖掘方法（Long et al.，2009；Li et al.，2007）、以熵理论为基础的方法（Dong et al.，

2008；Kang et al.，2008）或利用信息论的方法（Chanda et al.，2007；Moore et al.，2006）来研究位点或基因间的互作效应。研究者对数据进行不同方式的挖掘，提出了多种探究位点或基因间互作效应的算法和模型。基于目前全基因组交互分析所采用的数据处理方法的理论与算法的异同，本课题组李放歌等（2011）对目前使用较为广泛的回归类方法、机器学习（machine learning）方法、贝叶斯模型法、SNP 筛选类方法和基于并行程序的方法等 5 类方法进行了综述，着重介绍了它们的算法原理、计算效率及差别之处，表 5-12 列举了部分方法相应软件的网址。需要指出的是，在本节中，讲述方法分类时，当一个方法同时具备多个技术特色时，依据该方法的主要技术特色进行归类。例如，Ma 等（2008）给出的方法是在回归框架下使用并行程序实现的，基于并行程序是该方法的主要技术特色，故归类在基于并行程序的方法中。

表 5-12　交互作用的检测方法及网址（李放歌等，2011）

算法	网址
回归方法	http://www.sas.com，http://www.stata.com，http://www.r-project.org
MDR 法	http://www.multifactordimensionalityreduction.org/
BEAM 法	http://www.fas.harvard.edu/~junliu/BEAM/
EPISNP（EPISNPmpi）	http://animalgene.umn.edu/episnpmpi/index.html http://animalgene.umn.edu/episnp/index.html

（一）回归类方法

多元回归模型：按照 Fisher 对于非等位基因间互作效应的描述，可以建立多元回归模型来检测位点或基因间的互作效应。以二元回归模型为例，回归模型为：$y=m_0+m_1x_1+m_2x_2+m_3x_1x_2$，其中 x_1、x_2 是预测变量。单纯检测 x_1 与 x_2 间是否存在互作效应时，只需检验回归系数 m_3 是否为零，$m_3 \neq 0$ 说明 x_1 与 x_2 间存在二维互作效应（Cordell，2009）。对于检测 2 个以上预测变量间的互作效应，可以类似递推。Ma 等（2008）基于多元回归模型开发了 EPISNPmpi 软件，该软件可以实现对全基因组范围内 SNP 位点之间互作效应的检测。通过对回归系数的检验，多元回归模型可以同时进行单点关联分析与互作效应检测。对于全基因组 SNP 数据，多元回归模型能够实现确定维数互作效应的检测（如只检测 2 个预测变量间的二维互作效应）。回归模型可以用于数量性状互作效应的检测。

逻辑回归（logistic regression，LR）模型：逻辑回归模型适合处理预测变量为逻辑变量（二进制变量，取值为 0 或 1）的问题，常用来寻找基因或因素间的高维互作效应（Ruczinski et al.，2004）。通常，当实验设计为病例-对照（case-control）或者单纯病例（case-only）时，可以使用标准的逻辑回归模型。逻辑回归模型将发病率演绎为预测变量的布尔组合，通过打分函数找到最优模型（Ruczinski et al.，2004），具体过程是：首先给出打分函数，然后通过逻辑树（logic tree）枝叶之间的替换来表示不同的预测变量组合，进而使用打分函数比较各种组合的优劣，保留高分组合，最后最高分组合被确定为最优模型。描述复杂问题时，常使用多棵逻辑树的线性组合，从而实现单点效应和互作效应的同时检测。SNP 数据属于非逻辑变量，但可以通过适当的定义（例如，当 SNP 取值为 1、2 时定义为 1，当 SNP 取值为 0 时定义为 0）使其转换为逻辑变量，然后再使用逻辑回归模型检测位点或基因间的互作效应。逻辑回归模型在复杂疾病的研究中被广泛使用。例如，Onay 等（2006）使用逻辑回归模型研究了乳腺癌的发病机理，结果表明基因间（SNP 间）的互作效应与乳腺癌易感性有关。

逻辑回归模型的主要优点是模型结果很容易解释。但当因素增多时，会出现过拟合增加、模型衰退、定义互作效应的单元为空、计算量大的问题，当分析的互作效应的维数增加时，上述问题将变得更加突出（Chen et al.，2009；Park and Hastie，2008）。Park 和 Hastie（2008）使用罚分逻辑回归（penalized logistic regression，PLR）模型来改进逻辑回归模型，有效地缓解了多因素时定义互作效应的单元为空的问题。另外，Purcell 等（2007）针对基因组数据开发了 PLINK 软件，该软件实现了全基因组范围内 SNP 互作效应的逻辑回归检测。

（二）机器学习方法

机器学习方法是模拟人类认知过程的一种方法，它是通过对经验数据的学习来判断新数据的属性。机器学习方法的优点是分析前不需要指定位点或基因间的互作效应模型，以及能够发现非线性的高维互作效应（McKinney et al.，2006）。常用的机器学习方法有多因子降维（MDR）方法、随机森林（random forest）和神经网络等。

MDR 是 Ritchie 等在 2001 年提出的，是目前在研究位点或基因间互作效应中使用最广泛的方法之一。该方法适用于实验设计为病例 - 对照和表型不一致同胞对（discordant-sib-pair）的研究（Ritchie et al.，2001）。MDR 方法是在选定的可能与性状相关的 n 个遗传或环境因素中寻找互作效应，其主要过程是：首先使数据降维，然后使用 10 次 10 倍交叉验证（cross-validation）确定各模型的预测误差，依据预测误差确定各维度的最优模型，同时给出各维度最优模型的一致性（10 次重复中，该组合被定为最优的次数），最后选定预测误差最小、一致性最大的模型为全局的最优多因素模型。其中的数据降维方法是针对每一多因素组合，依据病例组与对照组中具有该组合个体数的比值将该组合确定为高风险（high-risk）或低风险（low-risk），从而使多维数据信息降为二维数据信息。

MDR 方法是非参数的，而且不需要假设特定的遗传模型，但是计算量巨大，结果难以解释，并且要求数据平衡（病例组和对照组个数相同）（Ritchie et al.，2001）。MDR 方法所能分析的 SNP 数量，更多地取决于计算机的性能和消耗时间。目前看来，即使是在最大型、最快速的计算机上，在全基因组范围数据上集中分析所有可能的 SNP 交互作用仍然是不现实的（Pattin and Moore，2008）。MDR 方法的两大特色是数据降维和交叉验证，这两个特色既是 MDR 方法的优势又可能是它的弊端。数据降维能够有效地减少计算量，但是这种过于简化的降维，也可能是导致 MDR 方法结果不容易解释的原因。交叉验证提高了结果的可信度，预测误差估计也更加准确，但是也加大了 MDR 方法的计算量。He 等（2009）对 MDR 方法和罚分逻辑回归（PLR）模型进行了比较，发现当 SNP 之间的依赖模式复杂时，MDR 方法优于 PLR 模型，但是，如果 SNP 效应是加性的，PLR 则表现更好。

当然，随着全基因组互作效应研究的不断深入，MDR 方法也在不断改进。Lee 等

（2007）、Lou 等（2007）在 MDR 方法中植入回归方法，并将应用范围拓展到非二进制变量和连续变量。Pattin 和 Moore（2008）提出利用蛋白质组信息，蛋白质-蛋白质交互作用来减少 MDR 方法的计算量，以实现对更多位点互作效应的识别。

随机森林方法：随机森林方法是由 Breiman 在 2001 年提出的，它是一种利用多个分类树对数据进行判别与分类的方法，基本原理是通过自助法（bootstrap）重采样技术，不断生成训练样本和测试样本，由训练样本生成多个分类树组成随机森林，测试数据的分类结果按分类树投票多少形成的分数而定（武晓岩和李康，2009）。随机森林进行数据分类时，给出变量（基因）的重要性评分，评估变量在分类中所起的作用（武晓岩和李康，2009），评分时，需考虑变量（基因）间的互作效应（Lunetta et al.，2004）。随机森林方法已经被用于乳腺癌（Lunetta et al.，2004）和哮喘（Alexandre et al.，2005）的研究中，研究显示互作效应对疾病发生有影响。

随机森林方法不需要提前指定位点或基因间的关系模型，但它的劣势是对结果不容易给出生物学意义上的解释（McKinney et al.，2006）。Lin 等（2004）通过对蛋白质间互作效应的研究，发现以慕尼黑蛋白质序列信息中心（Munich information center for protein sequence，MIPS）和基因本体（gene ontology，GO）信息为基础的随机森林方法的分类结果高度准确，优于逻辑回归的分类结果，说明随机森林方法在确定位点或基因间的关系模型时准确度更高。

神经网络方法：人工神经网络（artificial neural network）简称神经网络，经过几十年的发展，其算法已经相对成熟。它通过模仿生物大脑神经系统的信息处理功能，对样本数据进行学习，获取知识，从而实现对独立及非独立变量之间高维非线性关系的描述（Patel and Goyal，2007）。利用神经网络方法对变量间非线性关系的描述可以实现对变量间互作效应的检测。参数递减方法（parameter decreasing method，PDM）（Tomita et al.，2004）是一种以人工神经网络为基础的方法，已经被用来研究儿童的过敏性哮喘。依据 PDM 方法开发的可以处理病例-对照数据的软件在 http://www.nubio.nagoya-u.ac.jp/proc/english/indexe.htm 上能够得到，但不是公开资源。很多改进的神经网络方法也被用来研究位点或基因间的互作效应。例如，Ritchie 等（2003）和 Motsinger 等（2006）使用遗传算法优化神经网络，基于模拟数据的比较显示，在研究互作效应问题时，利用遗传算法优化的神经网络比逻辑回归更有效（Bush et al.，2005）。神经网络的主要优点是可以描述变量间的高维互作效应。

机器学习方法在识别非线性复杂关系中具有优势，但是机器学习方法也存在很多共性问题，包括给出的最优模型难以解释、有过拟合的倾向、为了提高模型的可信度通常需要进行交叉验证，这会导致计算上的负担。

（三）贝叶斯模型法

贝叶斯模型选择技术（Bayesian model selection technique）（Gelman et al.，1995）是研究预测变量之间互作效应的另一类方法。贝叶斯上位关联定位方法（BEAM）是 Zhang 和 Liu 在 2007 年针对全基因组范围的病例-对照数据分析提出的一种方法。在 BEAM 中，SNP 标记被分为 3 组，组 0 包含与疾病无关联的标记，组 1 包含独立影响疾病风险的

SNP，组 2 包含联合（交互）影响疾病风险的标记。BEAM 的目标是推断与疾病相关的 SNP，也就是确定组 1 和组 2。BEAM 的优势是：能处理大量的 SNP（如 500 个病例和 500 个对照个体的 100 000 个 SNP）；包含每个位点的先验信息；使用马尔可夫链蒙特卡罗（Markov chain Monte Carlo）模拟推出所有相关参数的后验分布，实现对所有信息和不确定变量的量化；能够解释相邻标记间的连锁不平衡；可以在频率假设检验框架下，使用来自 BEAM 的结论，计算 "B-statistic"（检验每个位点或者位点集合是否与疾病表型显著相关）（Zhang and Liu，2007）。BEAM 的主要问题是默认参数需要修正，因此限定了该方法的使用范围。

（四）SNP 筛选类方法

海量数据会导致计算量巨大、多重检验、结果假阳性多等问题，算法开发者希望通过借助已有的研究成果（如蛋白质-蛋白质交互数据库）对 SNP 进行有效筛选，从而降低数据量、提高运算效率及减少结果假阳性等问题的发生。已经报道的方法主要有：①Herold 等（2009）综合利用统计信息（单 SNP 关联中等水平）、遗传相关信息（基因组位置）和生物相关信息（SNP 功能类和通路信息）来筛选 SNP，在逻辑回归框架下对多个 SNP 之间的互作效应进行联合检测，同时开发了 INTERSNP 软件。②Kooperberg 和 Leblanc（2008）给出了进行 SNP 互作效应检测的两阶段方法，第一阶段进行单点分析，第二阶段对第一阶段中边际显著性超过阈值的 SNP 进行互作效应检测。③Pattin 和 Moore（2008）首先使用蛋白质交互信息减少 SNP 数目，之后利用 MDR 方法检测 SNP 之间的互作效应。④Goodman 等在 2006 年提出多态性交互分析（polymorphism interaction analysis，PIA）方法，首先筛选 SNP，然后检验 SNP 的所有组合，从中寻找最优的高维交互模型。PIA 方法筛选 SNP 的原则是：生物学过程中功能上重要的 SNP，对蛋白质表达、稳定性和活性，以及对 mRNA 拼接与稳定有重要影响的 SNP，之前研究给出的与该研究表型相关联的基因型，常见变异等位基因（>5%）（Goodman et al.，2006）。⑤Wu 等（2009）提出的方法是在检测二维互作效应的基础上，通过分析确定存在互作效应的 SNP。Wu 等（2009）的方法包括两个阶段，第一阶段是在全基因组范围内进行二维互作效应的检测，找到候选的 SNP-SNP 交互对，第二阶段针对候选 SNP-SNP 交互对集合，使用 LASSO 模型推断出交互的 SNP；Wu 等（2009）的方式很好地保留了可能在单点分析中被忽略的 SNP。⑥Wan 等（2009）提出的 MegaSNPHunter 方法通过层次化方式减少相关 SNP 的数量并提炼出互作效应，利用此方法发现了 7 个显著的 SNP 互作效应，这些效应会影响帕金森病，同时发现位于 *GPC6* 基因内的两个 SNP（rs4418931 和 rs4523817）之间的互作效应与类风湿性关节炎的发生有关。

通过筛选 SNP 位点，可以减少用于检验的位点数量，从而使得前述不能处理大量 SNP 互作效应的检测方法在全基因组时代具有了重要用途。SNP 筛选算法是目前看来很有希望的一类算法，其关键是找到恰当的筛选原则。需要注意的是在筛选重要 SNP 的同时也会带来一定的损失。例如，Kooperberg 和 Leblanc（2008）提出的进行 SNP 互作效应检测的两阶段方法，仅从第一阶段中筛选边际显著性超过阈值的 SNP，会丢失边际不显著而互作效应显著的 SNP。

（五）基于并行程序的方法

在保留基因组全部数据的情况下，编写并行运算程序是提高计算能力的有效方法。Ma 等（2008）依据 Mao 等（2006）提出的方法编写了并行运算程序（EPISNPmpi），在超级计算机上利用该程序可以在大约 20h 内完成 10^6 个 SNP 二维互作效应的检测。同时编写了串行运算程序（EPISNP），在普通计算机上利用串行运算大约 18h 即完成 5.7×10^3 个 SNP 标记的二维互作效应检测。

Hu 等于 2010 年提出的 SHEsisEpi 算法则是同时利用 GPU 计算（并行运算）和 SNP 筛选来提高 SNP 间互作效应的检测速度。并行运算程序的使用，极大地提高了对全基因组数据的处理能力，缩短了运算时间。

由于对 SNP 间交互作用发生的生物学机理认识尚不清晰，并且各种算法都是基于一定的假设和猜想，因此目前各种算法仍然有很多亟待解决的技术问题，主要有以下几点：①有限样本的巨量 SNP 之间交互作用的检测；②能够检测到交互作用的最小样本量的确定；③非线性复杂交互模型的描述；④交互作用与单个位点主效应的分离；⑤交互作用在世代间遗传模式的确定；⑥计算量的减少；⑦假阳性的有效控制；⑧识别出的交互作用的生物学解释。虽然交互作用的研究还面临很多挑战，但是可借鉴的先验知识的增加、各种交互作用数据库信息的丰富及计算机数据处理能力的快速发展、并行程序的使用，都为统计方法的发展提供了更大的空间。

二、SNP-SNP 网络的相关研究进展

数量遗传学对数量性状的研究目标是建立清晰的遗传模型来描述数量性状的遗传结构。Mackay 在 2001 年总结了数量性状遗传结构的研究进展后指出，在当时的认知水平下，对于数量性状遗传结构的研究仅限于估算遗传力、近交系数、对选择的应答等指标。同时，Mackay（2001）还总结了进一步理解数量性状遗传结构所需要研究的内容，包括确定在进化、生理、生化通路中影响性状表型的基因及基因数目；确定这些位点的突变率；在群体内、不同群体间、不同物种间，给出影响性状表型变异的基因集合的子集；识别二维或者高维互作效应等。上述各项研究内容相互关联，因此识别互作效应将在很大程度上推动对数量性状遗传结构的认识。

2001 年以来，对于数量性状的研究发展迅速，其中对互作效应的研究也有了长足发展，在统计方法和生物学实验方面都取得了很多成果。互作效应可以用来描述位点（SNP 或基因）间、基因型与性别、基因型与环境等的相互作用。在基因型层面上，任何进化、生物化学通路最终都表达为数量性状在遗传和分子水平上由互作位点构成的网络（Mackay，2001）。网络是对遗传结构的可视化的直观描述，绘制网络是整个互作效应分析中的重要一环。已经获得的网络，大多是蛋白质或者基因的互作网络。

基于互作 SNP 对而建立的 SNP-SNP 网络研究，近几年才刚刚开始，相关的研究理论、研究方法仍在探讨中。模式生物基因组序列的测序陆续完成，获得了大量的 SNP 基因型数据，带动了 GWAS 研究，取得了很多研究成果。但是，研究者在进行 GWAS 之后发现，仍然存在很多未被解释的遗传力，也称缺失遗传力（Eichler et al.，2010）。缺乏对 SNP 间互作效应的识别，被认为是缺失遗传力存在的重要原因之一。于是，关

于 SNP 间互作效应的研究快速发展起来，尤其是针对复杂疾病开展的互作效应研究的数量呈指数增长。在依据 SNP 互作对构建网络时，研究者大多首先将 SNP 映射到基因上（将 SNP 间的互作转化为基因间的互作），然后绘制基因互作网络，如 Lin 等（2013）对前列腺癌的研究。也有研究者直接构建 SNP-SNP 网络（Liu et al.，2012），之后在 SNP 网络的基础上，展开进一步分析，推断可能存在的基因互作。

SNP 标记是当前最常用的标记之一，SNP 标记分布在整个基因组上。不同物种的不同 SNP 芯片的密度不同，SNP 标记所携带的信息也是不同的，并且可能受到位点间连锁不平衡（linkage disequilibrium，LD）的影响，所以 SNP-SNP 网络的解释需要依据具体情况谨慎进行。准确地识别出影响数量性状变异的互作位点是互作效应研究的目标之一。SNP-SNP 网络恰好体现了位点间的互作，然而 SNP 是一种遗传标记，检测到的效应可能恰好来自 SNP 所在的位点，也可能来自邻近的不在芯片上的位点，还有可能来自处于强 LD 的物理位置较远处的点。很多研究者认为，SNP 标记的效应是与它相近的基因的效应，基于这一点，他们将 SNP 互作的结果转换为基因互作的结果，然后建立基因互作网络。如果是在候选基因集合内检测互作效应，那么这种转换是合理的，如果在全基因组范围内寻找可能存在的互作效应，那么仅限于转换到基因与基因之间则是片面的，对 SNP 互作对信息的分析也是不充分的。如何合理而充分地解释 SNP-SNP 网络，是本节探讨的内容之一。

三、全基因组范围内 SNP 互作效应对肉鸡腹脂性状的影响

肉鸡腹脂性状是数量性状。很多影响脂肪性状的 QTL 和 SNP 已经被定位（Wang et al.，2012；Mignon et al.，2009；Abasht and Lamont，2007；Liu et al.，2007；Abasht et al.，2006）。近年来，以鸡为模式动物，开展了多项全基因组关联分析（genome-wide association study，GWAS）研究，识别出了很多与复杂性状相关的单个位点（Gu et al.，2011；Abasht and Lamont，2007）。然而，数量性状通常受到多个位点互作效应的影响。已经开展的研究结果显示，基因（或 QTL）之间的上位互作效应对于鸡的体重、肥度等数量性状具有重要影响（Hu et al.，2010b；Carlborg et al.，2006）。基于此，本课题组李放歌（2014）利用鸡 60K SNP 芯片，以本课题组选育的肉鸡高、低脂系为实验材料，分析影响肉鸡腹脂重的 SNP 互作效应。本研究与本课题组前期所开展的全基因组关联分析（见本书第四章）都使用了同样的实验群体与 SNP 芯片。关于实验群体与 SNP 芯片的详细信息请见本书第四章。

（一）统计模型

1. 全基因组二维互作效应检测

我们使用 epiSNP_v4.2_Windows 软件包（杨达，美国明尼苏达大学动物科学系，http://animalgene.umn.edu/episnp/download.html）的 EPISNP3 模块在全基因组范围内进行 SNP 之间的上位效应检测（Ma，2008）。使用 EPISNP 软件检测影响 AFW 的互作效应，其统计模型为

$$y = \mu + SNP_1 + SNP_2 + SNP_1 \times SNP_2 + F + e \tag{5-6}$$

式中，y 是因变量（AFW）；μ 是群体均值；SNP_1 和 SNP_2 是单点基因型效应；$SNP_1 \times SNP_2$ 是二维互作效应；F 是家系效应；e 是随机误差。

公式（5-6）中两个位点间的互作效应，使用推广的 Kempthorne 模型，具体被细分为 4 种上位效应：加性×加性（additive×additive，$A \times A$）、加性×显性（additive×dominance，$A \times D$）、显性×加性（dominance×additive，$D \times A$）、显性×显性（dominance×dominance，$D \times D$）上位效应（Ma et al.，2008）。在哈迪-温伯格不平衡和连锁不平衡时，使用推广的 Kempthorne 模型可以有效地检测到互作效应（Ma et al.，2008）。检验两位点互作效应的显著性使用 F 检验。

使用公式（5-6）进行互作效应检测时，我们针对使用的 SNP 基因型数据集共进行了 4.16×10^9 次独立检验，经过 Bonferroni（5%水平）校正，检验的显著性阈值确定为 $P < 1.20 \times 10^{-11}$。

2. 计算贡献率

互作效应对表型方差的贡献是衡量互作效应重要程度的指标之一。我们使用公式（5-7），计算每一对显著的上位性互作 SNP 对的贡献率：

$$c = \frac{SS_{SNP_1 \times SNP_2}}{Var_P} \times 100\% \tag{5-7}$$

式中，$SS_{SNP_1 \times SNP_2}$ 是互作效应的方差（$A \times A$、$A \times D$、$D \times A$ 或 $D \times D$）；Var_P 是表型方差。同时，还计算了显著的 SNP 互作对中所涉及的单点贡献率，包括加性效应贡献率与显性效应贡献率，计算方法是使用加性（或显性）方差除以表型方差再乘以 100%。

3. SNP-SNP 网络分析

（1）SNP-SNP 网络的构建

使用 Cytoscape 5.3.8 软件包（http://cytoscape.org/index.html）绘制了 SNP-SNP 的互作网络。将显著的 SNP 互作对的信息导入 Cytoscape 5.3.8 软件中，利用软件以网络图的方式将 SNP 对的关系呈现出来，实现了互作对间关系的可视化。

（2）SNP-SNP 网络的评价

信息论创始人申农利用概率统计方法给出信息熵的定义：

$$H = -\sum_{i=1}^{n} p_i(x_i) \times \log p_i(x_i) \tag{5-8}$$

式中，H 为整个事件的信息熵；p_i 为事件 x_i 出现的概率，因为 p_i 的取值为 0~1，取对数后为负值，故在公式前加上负号，信息熵最终结果为正值（何西培和何坤振，2007）。从事件获得的信息量正是事件失去的信息熵，所以两者的数值相同。我们借鉴熵理论（Livesey and Skilling，1985）构造的各个子网的重要性评价公式为

$$w = \sum_{i=1}^{n} w_i = \sum_{i=1}^{n} (-\log p_i) \times c_i \tag{5-9}$$

式中，w 是子网的重要性；$w_i = -(\log p_i) \times c_i$ 是每条边的重要程度；n 是边数（也就是每

个子网包含的 SNP 对数）；p_i 是第 i 对 SNP 对进行互作效应检测的 P 值；c_i 是第 i 对 SNP 对的贡献率。p_i 介于 0 与 1 之间，取负对数转化为正值，并且 p_i 值越小（也就是检测结果越显著），负对数值越大。每条边的重要程度用 w_i 表示，若该条边所代表的 SNP 互作对越显著（p_i 值越小），贡献率 c_i 越大，则该 SNP 对（该条边）的重要程度就越大。每条边的重要程度由 P 值和贡献率共同决定。每个子网的重要程度由网内各条边的重要程度汇总求和。对于每个子网使用公式（5-9）计算其重要程度，得分越高者越重要。子网得分高意味着这个子网具有更大的信息量。

（3）SNP-SNP 网络注释

这个步骤的目的是完成对 SNP-SNP 网络包含信息的进一步挖掘。通过注释 SNP-SNP 互作网络，挖掘影响腹脂重性状的互作 QTL、基因或者通路。注释的流程为：首先，使用鸡 QTL 数据库（http://www.animalgenome.org/cgi-bin/QTLdb/GG/i-ndex），将显著的 SNP 对中的单点 SNP 注释到 QTL 里；其次，使用基因和通路注释网络，通过物理位置将 SNP 注释到相应的基因上，再将基因注释到相应的通路上。由于 SNP 标记密度比较低，SNP 之间的诸多位点并未体现在芯片上，并且有些 SNP 位点之间存在连锁关系，因此检测到的 SNP 效应可能是它周边的或者与它紧密连锁的位点的效应，于是我们取 $r^2>0.8$（Verbeek et al.，2012），使用 HAPLOVIEW v4.1 软件（Barrett et al.，2005）计算位点间的平均距离为 0.2Mb，以每个 SNP 为中心划定长度为 0.4Mb 的区域（SNP 左右各 0.2Mb），当基因与 SNP 距离小于 0.2Mb 时，基因被注释到该 SNP。SNP 的位置来自于 SNP 芯片，基因的位置获取自 UCSC Genome Bioinformatic site（http://genome.ucsc.edu/）。位于同一个子网的基因被一同输入 KEGG program（http://www.genome.jp/kegg/），利用 KEGG 的信息进行通路注释，识别出可能影响 AFW 的通路。

（二）全基因组范围内 SNP 互作效应的检测结果

1. 全基因组二维互作效应检测

在全基因组范围内，基于公式（5-6）使用 EPISNP3 软件检测影响 AFW 性状的二维 SNP 互作效应，共进行了 $4.16×10^9$ 次独立检验，经过 Bonferroni（5%水平）校正，其阈值确定为 $P<1.20×10^{-11}$。共检测到 52 对显著的 SNP 互作对，包括 45 对 $A×A$ 型和 7 对 $A×D$ 型互作效应，未检测到 $D×A$ 型与 $D×D$ 型互作效应，结果如表 5-13 所示。由 18 号染色体上的 SNP 位点 Gga_rs13569377 与 13 号染色体上的 SNP 位点 Gga_rs14988623 构成的 SNP 互作对 P 值最显著，达到 $2.54×10^{-14}$。共有 6 对显著互作对位于同一条染色体上（1 对在 2 号染色体、4 对在 3 号染色体、1 对在 10 号染色体），其余的 46 对均位于两条染色体上。有多个 SNP 被同时检测到与其他几个 SNP 互作，如 27 号染色体上的 Gga_rs14303341 同时与 3 号染色体上的 7 个 SNP 互作。

使用公式（5-7）来计算显著的 SNP 互作对的贡献率，计算结果显示贡献率为 0.62%~1.54%，其中 47 对的贡献率超过 1%。两对 SNP 互作对同时达到了最大贡献率 1.54%，分别为 1 号染色体上的 Gga_rs13749637 与 13 号染色体上的 GGaluGA097233（$A×A$ 型）及 4 号染色体 Gga_rs15480969 与 20 号染色体上的 Gga_rs14276105（$A×A$ 型）。3

号染色体上的 Gga_rs14368109 与 10 号染色体上的 GGaluGA071224（$A×D$ 型）组成的互作对贡献率最小，为 0.62%。52 对 SNP 对的互作效应平均贡献率为 1.19%，45 对 $A×A$ 型互作效应的平均贡献率为 1.23%，7 对 $A×D$ 型互作效应的平均贡献率为 0.91%。

表 5-13　全基因组内影响腹脂重的显著 SNP 互作对（Li et al.，2013）

GGAF	SNP$_1$	GGAS	SNP$_2$	互作效应类型	P 值	c/%
0	GGaluGA194739	1	GGaluGA012915	$A×A$	$1.18×10^{-11}$	1.08
1	Gga_rs13866305	3	Gga_rs13717259	$A×D$	$4.90×10^{-12}$	0.68
1	Gga_rs13749637	13	Gga_rs16002106	$A×A$	$7.47×10^{-12}$	1.40
1	Gga_rs15227054	13	Gga_rs16002106	$A×A$	$8.52×10^{-12}$	1.38
1	Gga_rs13749637	13	GGaluGA097211	$A×A$	$1.02×10^{-11}$	1.44
1	Gga_rs13749637	13	GGaluGA097233	$A×A$	$7.50×10^{-13}$	1.54
1	Gga_rs15227054	13	GGaluGA097233	$A×A$	$8.57×10^{-13}$	1.51
1	GGaluGA060937	14	GGaluGA101229	$A×A$	$3.17×10^{-12}$	1.26
2	Gga_rs16026770	2	GGaluGA146662	$A×A$	$6.60×10^{-12}$	1.05
2	Gga_rs14214495	13	Gga_rs15683090	$A×A$	$9.31×10^{-12}$	1.14
3	Gga_rs14319575	3	Gga_rs14402423	$A×A$	$5.96×10^{-12}$	0.91
3	Gga_rs14380677	3	Gga_rs16306728	$A×A$	$8.25×10^{-12}$	1.10
3	Gga_rs16306728	3	GGaluGA231041	$A×A$	$1.09×10^{-11}$	1.07
3	Gga_rs14319575	3	GGaluGA236122	$A×A$	$5.96×10^{-12}$	0.91
3	Gga_rs14388313	5	Gga_rs14521876	$A×A$	$8.46×10^{-13}$	1.14
3	Gga_rs14368109	10	GGaluGA071224	$A×D$	$6.80×10^{-12}$	0.62
3	Gga_rs14368127	10	GGaluGA071224	$A×D$	$7.23×10^{-12}$	0.63
3	Gga_rs16228738	14	Gga_rs14075705	$A×A$	$8.12×10^{-13}$	1.42
3	Gga_rs16222762	20	Gga_rs14272866	$A×A$	$1.30×10^{-12}$	1.13
3	Gga_rs16228738	23	Gga_rs13622160	$A×A$	$7.99×10^{-12}$	1.20
3	Gga_rs16228738	23	GGaluGA188871	$A×A$	$9.80×10^{-12}$	1.15
3	Gga_rs14340790	27	Gga_rs14303341	$A×A$	$1.16×10^{-11}$	1.25
3	Gga_rs14341204	27	Gga_rs14303341	$A×A$	$1.42×10^{-12}$	1.29
3	Gga_rs14341224	27	Gga_rs14303341	$A×A$	$6.31×10^{-13}$	1.36
3	Gga_rs14341242	27	Gga_rs14303341	$A×A$	$5.68×10^{-13}$	1.38
3	Gga_rs14341255	27	Gga_rs14303341	$A×A$	$5.68×10^{-13}$	1.38
3	Gga_rs16254447	27	Gga_rs14303341	$A×A$	$6.31×10^{-13}$	1.36
3	GGaluGA216762	27	Gga_rs14303341	$A×A$	$1.36×10^{-12}$	1.31
4	Gga_rs15480969	20	Gga_rs14276105	$A×A$	$1.05×10^{-11}$	1.54
7	GGaluGA317680	14	Gga_rs15718248	$A×A$	$1.05×10^{-11}$	1.23
9	Gga_rs16674724	3	Gga_rs14319575	$A×A$	$1.05×10^{-12}$	1.01
10	Gga_rs15583507	6	Gga_rs13561344	$A×A$	$2.80×10^{-12}$	1.32
10	Gga_rs14009265	6	Gga_rs14560750	$A×A$	$5.35×10^{-13}$	1.18
10	Gga_rs15583507	6	Gga_rs14560750	$A×A$	$2.15×10^{-12}$	1.30
10	GGaluGA066690	10	GGaluGA066877	$A×A$	$4.66×10^{-13}$	1.27

续表

GGAF	SNP$_1$	GGAS	SNP$_2$	互作效应类型	P 值	c/%
10	GGaluGA069801	23	Gga_rs13622160	A×A	$5.56×10^{-12}$	1.15
10	GGaluGA069801	23	Gga_rs14290610	A×A	$4.64×10^{-12}$	1.26
14	Gga_rs14068999	23	GGaluGA188871	A×A	$3.29×10^{-12}$	1.12
14	Gga_rs15717370	23	GGaluGA188871	A×A	$3.29×10^{-12}$	1.12
18	Gga_rs10729280	13	Gga_rs14988623	A×D	$6.56×10^{-14}$	1.10
18	Gga_rs13569377	13	Gga_rs14988623	A×D	$2.54×10^{-14}$	1.14
18	Gga_rs14416916	13	Gga_rs14988623	A×D	$9.00×10^{-14}$	1.07
18	Gga_rs15469971	13	Gga_rs14988623	A×D	$2.92×10^{-14}$	1.10
Z	Gga_rs14748835	8	Gga_rs14658668	A×A	$1.14×10^{-11}$	1.20
Z	Gga_rs16094710	8	Gga_rs14658668	A×A	$1.14×10^{-11}$	1.20
Z	Gga_rs16758057	8	Gga_rs14658668	A×A	$1.14×10^{-11}$	1.20
Z	Gga_rs14748835	8	Gga_rs16650878	A×A	$1.11×10^{-11}$	1.20
Z	Gga_rs16094710	8	Gga_rs16650878	A×A	$1.11×10^{-11}$	1.20
Z	Gga_rs16758057	8	Gga_rs16650878	A×A	$1.11×10^{-11}$	1.20
Z	Gga_rs14748835	8	GGaluGA333545	A×A	$1.14×10^{-11}$	1.20
Z	Gga_rs16094710	8	GGaluGA333545	A×A	$1.14×10^{-11}$	1.20
Z	Gga_rs15991936	10	Gga_rs15589655	A×A	$8.33×10^{-12}$	1.28

注：GGAF 表示显著 SNP 对中第一个 SNP 所在的染色体；GGAS 表示显著 SNP 对中第二个 SNP 所在的染色体；A×A 表示加性×加性效应，A×D 表示加性×显性效应，D×A 表示显性×加性效应，D×D 表示显性×显性效应；P 值为检测时得到的 P 值；c 表示 SNP 对的贡献率

2. SNP-SNP 网络分析

（1）SNP-SNP 网络的构建

使用 Cytoscape 5.3.8 软件包绘制了由 52 对显著 SNP 互作对构成的 SNP-SNP 互作网络，图 5-2 中呈现了至少包含 3 个节点的子网，图中每个点表示一个 SNP 位点，每条边代表一对显著的 SNP 互作对。在图论中，图中的每个点称为节点（node），与节点相连的边数定义为该节点的连通度（degree），简称度。本研究所构建的 SNP 互作网络共有 52 对显著 SNP 互作，涉及 68 个 SNP 单点，图 5-2 所示的网络包含了 46 个节点。在这个 SNP 互作网络中，27 号染色体上的 SNPGga_rs14303341 的连通度最大，为 7 度，它与 3 号染色体上的 7 个 SNP 相连；其次是 13 号染色体上的 Gga_rs14988623 的连通度为 4，与 18 号染色体上的 4 个 SNP 相连。除了上述 2 个 SNP，还有 8 个 3 度节点和 11 个 2 度节点，其余 47 个 SNP 节点均为 1 度节点。

图 5-2 中共有 41 条边，子网 a 与子网 b 均包含 7 条边，子网 c 包含了 8 条边，是图 5-2 中包含边最多的子网。子网 c 的 8 条边都发生在 Z 染色体与 8 号染色体之间，这说明两条染色体之间存在互作效应。子网 a、d、e、f、g 和 h 也都提供了两条染色体互作的信息。子网 i 的 2 条边都发生在 3 号染色体上，这提供了同一条染色体内的互作信息。子网 b 包含 4 条染色体，是子网中包含染色体数最多的子网。多条染色体出现在同一个子网中，这提示 SNP 位点之间存在高维互作的情形，由于我们只检测了二维互作效应，故相关结论还需要进一步研究。

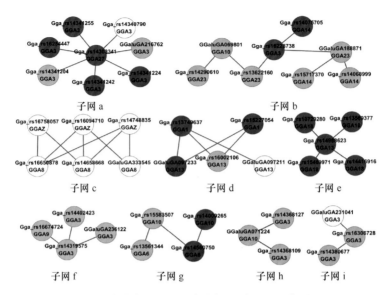

图 5-2　东北农业大学的肉鸡高、低脂双向选择品系 SNP 互作图（Li et al.，2013）

每个点代表一个 SNP；SNP 所在的染色体显示在 SNP 的圈内；每一对显著的 SNP 由一条边相连；点的颜色代表互作的 P 值（红色 $P<1\times10^{-13}$、蓝色 $P<1\times10^{-12}$、绿色 $P<1\times10^{-11}$、白色 $P<1\times10^{-10}$）；边的颜色代表互作的类型（红色 $A\times A$、紫色 $A\times D$）

从拓扑结构看，图 5-2 中，子网 c 与子网 d 为圈图（包含回路的图），其余为树图（无回路的图）。进一步细分，子网 a、e、f、h、i 为辐射状的星形图，也就是说，这些子网都包含中心节点。中心节点可能是互作效应形成的关键点。中心节点的连通度通常比较大，27 号染色体上的 Gga_rs14303341 位于子网 a 的中心，连通度为 7，13 号染色体上的 Gga_rs14988623 位于子网 e 的中心，连通度为 4。这两个 SNP 也是 68 个单点中连通度较大的两个。

结合 SNP 的物理位置可以总结出图 5-2 的一个重要特征：SNP 呈现一定程度的聚集，在一些子网中，位于同一条染色体上的 SNP 之间的物理位置很近。这个特征提示了互作效应发生的重要区域。例如，在子网 a 中，位于 3 号染色体上的 7 个 SNP 都在 3 号染色体 35.02~35.72Mb 区域。这个现象也发生在子网 c、d、e、g 和 h 上，尤其是子网 c。依据图 5-2 及表 5-14 的信息可得，子网 c 包含 6 个 SNP，3 个位于 8 号染色体 28.61~28.73Mb 区域，3 个在 Z 染色体 59.76~59.90Mb 区域，子网 c 包含的 8 对 SNP 互作对均发生在两条染色体之间，而 8 号与 Z 染色体内均未检测到 SNP 互作。两条染色体，每条上 3 个 SNP，一共可以组合出 3×3=9 种搭配。在 8 号和 Z 染色体之间，9 种 SNP 组合中 8 种的 P 值都达到显著性阈值。综合以上信息，我们有理由推断：子网 c 反映了 8 号染色体与 Z 染色体上的对应区段是互作效应发生的重点区段。子网 d 则反映了 1 号染色体 32.02~32.05Mb 区域与 13 号染色体 14.78~14.88Mb 区域之间的互作。

（2）SNP-SNP 网络中子网的重要性评价

图 5-2 中共有 9 个互不相连的子网，每个子网的详细信息见表 5-14。使用公式（5-9）逐一计算子网的重要性，计算结果见表 5-14。子网 a 得分最高，其次是子网 c。公式（5-9）参考信息熵的定义给出，得分越高说明包含的信息越多。子网的得分受三方面因素的影响：首先是边所代表的 SNP 互作对的显著程度，对 P 值取负对数，越显著则转化之后

表 5-14　**SNP-SNP 互作网络概述**（Li et al.，2013）

子网	重要性	节点数	边数	节点的最大度数	网络拓扑结构	染色体
a	1.115	8	7	7	树图	3，27
b	0.961	8	7	3	树图	3，10，14，23
c	1.051	6	8	3	圈图	8，Z
d	0.837	5	5	3	圈图	1，13
e	0.589	5	4	4	树图	13，18
f	0.325	4	3	3	树图	3，9
g	0.450	4	3	2	树图	6，10
h	0.139	3	2	2	树图	3，10
i	0.239	3	2	2	树图	3

数值越大；其次是边所代表的 SNP 互作对的贡献率；最后是子网包含的边数，总得分由各边得分相加获得。子网的最终得分由以上三方面得分共同决定。子网 a 包含 7 条边，子网 c 包含 8 条边，但是，子网 a 中 7 条边的 P 值更显著并且贡献率高于子网 c 中的边（表 5-13），所以子网 a 得分更高。在其余的子网中，子网 b 与子网 d 的得分也比较高，子网 h 得分最低。从每条边的平均重要性来看，子网 d 最高，其次是子网 a 和子网 e。

（3）SNP-SNP 网络注释分析

（i）QTL 注释

使用鸡 QTL 数据库（http://www.animalgenome.org/cgi-bin/QTLdb/GG/index），将 52 对互作对中涉及的 68 个单点定位到已经报道的与鸡 AFW 性状相关的 QTL 中，注释结果见表 5-15。有 24 个 SNP 落入了 22 个 QTL 中，其余的 44 个 SNP 没有落入任何 QTL 中。24 个 SNP 中的一些 SNP 落入了相同的 QTL 中。例如，Z 染色体上的 3 个 SNP 同时落入了与腹脂重性状相关的 QTL2268 和 QTL12633 的区域内。在子网 a 中，3 号染色体上的 7 个 SNP 同时落入了腹脂重性状相关的 QTL9418、QTL1958 和 QTL11816 三个 QTL 共同的区域内，27 号染色体上的 SNP 落入了腹脂重性状相关的 QTL11809 和 QTL11817 区域内，基于此，我们推断子网 a 中 SNP 互作对的互作效应实际上反映的是 QTL9418、QTL1958、QTL11816 与 QTL11809、QTL11817 之间具有影响 AFW 性状的互作效应。子网 d 也提示 1 号染色体上的 QTL3353 与 13 号染色体上的 QTL12630 之间存在互作效应。

（ii）基因注释

我们在研究中找到的 52 对显著 SNP 互作对共包含 68 个单点。由于检测到的 SNP 效应可能是它周边的或者与它紧密连锁的位点的效应，于是我们以每个 SNP 为中心划定长度为 0.4Mb 的区域（该 SNP 两侧各取 0.2Mb），物理位置与该区段存在交集的基因被注释到该 SNP 上。在注释时，以子网为单位进行，若同一个子网内的不同 SNP 在划定区域时发生区域重叠，则取并集。最终共划定 26 个区段，如表 5-16 所示。使用 UCSC Genome Bioinformatic site（http://genome.ucsc.edu/）在区段内注释基因。共有 97 个基因（包含 9 个非编码的基因）位于这些区段中（表 5-16），编码蛋白质的基因的位置和全称见表 5-17。

表 5-15 SNP 定位到 QTL（Li et al.，2013）

QTL_ID	GGA	SNP	QTL 左端点	QTL 右端点	显著性水平
3353	1	Gga_rs13749637，Gga_rs15227054，GGaluGA012915，Gga_rs13866305	23819028	64096915	建议显著
6806	1	Gga_rs13866305	49948878	52765543	建议显著
12478	1	Gga_rs13866305	49948878	52765543	建议显著
7010	1	GGaluGA060937	150057272	184976321	显著
1845	1	GGaluGA060937	184028842	185081596	建议显著
9418	3	Gga_rs16222762，Gga_rs13717259，Gga_rs14340790，Gga_rs16254447，Gga_rs14341204，Gga_rs14341224，Gga_rs14341242，Gga_rs14341255，GGaluGA216762	7519336	43742377	显著
1941	3	Gga_rs16222762	7519336	13908200	建议显著
1947	3	Gga_rs13717259	13908200	23678709	建议显著
1958	3	Gga_rs14340790，Gga_rs16254447，Gga_rs14341204，Gga_rs14341224，Gga_rs14341242，Gga_rs14341255，GGaluGA216762	23550758	48978327	建议显著
12627	3	Gga_rs16222762	7519336	13908200	显著
11816	3	Gga_rs14340790，Gga_rs16254447，Gga_rs14341204，Gga_rs14341224，Gga_rs14341242，Gga_rs14341255，GGaluGA216762	33595706	39878323	显著
17303	5	Gga_rs14521876	15794756	25113116	建议显著
9432	5	Gga_rs14521876	17345750	39496361	显著
2076	5	Gga_rs14521876	20214432	27151131	建议显著
3320	5	Gga_rs14521876	20214432	27151131	显著
2167	7	GGaluGA317680	23972409	35514724	建议显著
2220	9	Gga_rs16674724	11406093	22258179	建议显著
12630	13	Gga_rs16002106，GGaluGA097211，GGaluGA097233	7049258	16060614	建议显著
11809	27	Gga_rs14303341	1087600	3631192	建议显著
11817	27	Gga_rs14303341	1087600	3631192	显著
2268	Z	Gga_rs14748835，Gga_rs16094710，Gga_rs16758057	49302565	62384625	建议显著
12633	Z	Gga_rs14748835，Gga_rs16094710，Gga_rs16758057	49302565	62384625	建议显著

表 5-16 图 5-2 中的染色体区段与基因（Li et al.，2013）

子网	GGA	区段起点	区段终点	SNP 集合	基因集合	
					编码基因	非编码基因
	27	911875	1311875	Gga_rs14303341	GOSR2，GJC1，CCDC43，WNT3，NSF，EFTUD2	空白
	3	34826541	35226541	Gga_rs14340790	PLD5，PIGM	MIR1784
a	3	35348152	35919953	Gga_rs16254447，Gga_rs14341204，Gga_rs14341224，Gga_rs14341242，Gga_rs14341255，GGaluGA216762	RGS7，CHRM3	空白

续表

子网	GGA	区段起点	区段终点	SNP 集合	基因集合 编码基因	基因集合 非编码基因
b	3	5408301	5808301	Gga_rs16228738	*OTOR*	空白
	10	11303758	11703758	GGaluGA069801	*TMC3*，*IL16*	空白
	14	622937	1033997	Gga_rs15717370，Gga_rs14068999	*PARN*，*PLA2G10*，*LITAF*，*EIF2AK1*，*CCZ1*，*OCM*	*MIR193B*，*MIR365-1*
	14	7120547	7520547	Gga_rs14075705	*PDPK1*，*UBE2I*，*IL21R*	空白
	23	2694945	3094945	Gga_rs13622160	*PTPRU*	*MIR1724*
	23	3181182	3832163	GGaluGA188871，Gga_rs14290610	*PAQR7*，*RRAGC*，*POU3F1*，*MTF1*，*MEAF6*，*STMN1*	空白
c	8	28415409	28925822	GGaluGA333545，Gga_rs14658668，Gga_rs16650878	*FPGT*，*TNNI3K*，*CRYZ*，*LHX8*，*CCDC101*	空白
	Z	59561642	60090315	Gga_rs14748835，Gga_rs16094710，Gga_rs16758057	空白	空白
d	1	31828151	32246400	Gga_rs13749637，Gga_rs15227054	*SLC16A7*	空白
	13	14586787	15071343	Gga_rs16002106，GGaluGA097211，GGaluGA097233	*CXCL14*，*NEUROG1*，*H2AFY*，*PITX1*，*PCBD2*，*CAMLG*，*SAR1B*	空白
e	13	6167549	6567549	Gga_rs14988623	*GABRG2*，*GABRA1*	空白
	18	9895245	10688532	Gga_rs14416916，Gga_rs15469971	*TIMP2*，*CYTH1*，*PGS1*，*SOCS3*，*TK1*，*GIPR*，*P4HB*，*ARHGDIA*，*PCYT2*，*MAFG*，*NME1*，*TOB1*，*LUC7L3*，*ANKRD40*，*XYLT2*，*CD300A*，*CANT1*，*LRRC59*	*MIR1652*，*MIR1637*
		10776127	11280354	Gga_rs10729280，Gga_rs13569377	*GGA3*，*SUMO2*，*MRPS7*，*HN1*，*NUP85*，*KCTD2*，*GRB2*	*MIR1580*
f	3	5425936	5825936	Gga_rs14319575	*OTOR*	空白
		98046994	98587484	GGaluGA236122，Gga_rs14402423	*DDX1*	空白
	9	16975422	17375422	Gga_rs16674724	*MFN1*，*PIK3CA*	空白
g	6	1690195	2231763	Gga_rs13561344，Gga_rs14560750	*WAPAL*，*OPN4*，*BMPR1A*，*SNCG*	*MIR1579*
	10	12739689	13376210	Gga_rs15583507，Gga_rs14009265	*NTRK3*	空白
h	3	62613708	63023180	Gga_rs14368109，Gga_rs14368127	*ROS1*，*VGLL2*	空白
	10	13962468	14362468	GGaluGA071224	*ST8SIA2*，*RGMA*	*MIR1611*
i	3	76275164	76675164	Gga_rs14380677	*SYNCRIP*，*SNX14*，*TBX18*	空白
	3	77845258	78245258	Gga_rs16306728	*FAM46A*	空白
	3	79788812	80188812	GGaluGA231041	*IMPG1*，*MYO6*，*TMEM30A*	空白

表 5-17　编码蛋白质的基因的信息（Li et al.，2013）

GGA	基因名称	基因下游	基因上游	基因全称
1	SLC16A7	32050439	32079281	solute carrier family 16
3	OTOR	5580122	5585119	otoraplin
3	PLD5	34811264	34977620	phospholipase D family
3	PIGM	35211566	35213495	phosphatidylinositol glycan anchor biosynthesis
3	RGS7	35241157	35471485	regulator of G-protein signaling 7
3	CHRM3	35727395	35981198	cholinergic receptor，muscarinic 3
3	ROS1	62908209	62980553	c-ros oncogene 1，receptor tyrosine kinase
3	VGLL2	62992150	62997528	vestigial like 2（Drosophila）
3	SYNCRIP	76289509	76312354	synaptotagmin binding，cytoplasmic RNA interacting protein
3	SNX14	76326432	76373663	sorting nexin 14
3	TBX18	76646415	76667486	T-box 18
3	FAM46A	77866525	77870758	family with sequence similarity 46，member A
3	IMPG1	79802794	79856460	interphotoreceptor matrix proteoglycan 1
3	MYO6	79860209	79930603	myosin VI
3	TMEM30A	80180050	80193546	transmembrane protein 30A
3	DDX1	98505119	98526380	DEAD（Asp-Glu-Ala-Asp）box polypeptide 1
6	WAPAL	1737607	1793686	wings apart-like homolog（Drosophila）
6	OPN4	1829532	1852148	opsin 4
6	BMPR1A	2035726	2074031	bone morphogenetic protein receptor，type IA
6	SNCG	2108598	2115737	synuclein，gamma（breast cancer-specific protein 1）
8	FPGT	28457546	28462055	fucose-1-phosphate guanylyltransferase
8	TNNI3K	28466299	28510637	TNNI3 interacting kinase
8	CRYZ	28533242	28538950	crystallin，zeta（quinone reductase）
8	LHX8	28607271	28618820	LIM homeobox 8
8	CCDC101	28729100	28733359	coiled-coil domain containing 101
9	MFN1	16984925	17004455	mitofusin 1
9	PIK3CA	17020758	17039184	phosphoinositide-3-kinase，catalytic，alpha polypeptide
10	NTRK3	12720689	12898569	neurotrophic tyrosine kinase
10	ST8SIA2	13995207	14019205	ST8 alpha-N-acetyl-neuraminide alpha-2
10	RGMA	14169409	14183205	RGM domain family，member A
13	GABRG2	6400934	6470500	gamma-aminobutyric acid（GABA）A receptor，gamma 2
13	GABRA1	6533372	6575415	gamma-aminobutyric acid（GABA）A receptor，alpha 1
13	CXCL14	14655190	14662456	chemokine（C-X-C motif）ligand 14
13	NEUROG1	14676026	14677023	neurogenin 1
13	H2AFY	14736402	14781620	H2A histone family，member Y
13	PITX1	14934514	14940878	paired-like homeodomain 1
13	PCBD2	14971860	14989190	pterin-4 alpha-carbinolamine dehydratase/dimerization cofactor of hepatocyte nuclear factor 1 alpha（TCF1）2
13	CAMLG	15032060	15035079	calcium modulating ligand
13	SAR1B	15065093	15071876	SAR1 homolog B（S. cerevisiae）
14	PARN	791607	826239	poly（A）-specific ribonuclease
14	PLA2G10	836324	846676	
14	LITAF	924498	931316	lipopolysaccharide-induced TNF factor
14	EIF2AK1	958168	974389	eukaryotic translation initiation factor 2-alpha kinase 1
14	CCZ1	1003428	1017262	

续表

GGA	基因名称	基因下游	基因上游	基因全称
14	OCM	1020715	1024105	
14	IL21R	7297778	7310538	interleukin 21 receptor
14	PDPK1	7329857	7360340	
14	UBE2I	7399021	7407204	ubiquitin-conjugating enzyme E2I
18	MIR1652	9906186	9906282	
18	CANT1	10034761	10038436	calcium activated nucleotidase 1
18	TIMP2	10040656	10047611	
18	CYTH1	10062345	10070302	cytohesin 1
18	PGS1	10096974	10115046	phosphatidyl glycerophosphate synthase 1
18	SOCS3	10116363	10118395	suppressor of cytokine signaling 3
18	TK1	10142952	10144362	thymidine kinase 1
18	GIPR	10181390	10184603	gastric inhibitory polypeptide receptor
18	P4HB	10195331	10202022	prolyl 4-hydroxylase，beta polypeptide
18	ARHGDIA	10205972	10214784	Rho GDP dissociation inhibitor（GDI）alpha
18	PCYT2	10223912	10238009	phosphate cytidylyltransferase 2，ethanolamine
18	MAFG	10240924	10242628	v-maf musculoaponeurotic fibrosarcoma oncogene homolog G（avian）
18	NME1	10253362	10256902	non-metastatic cells 1，protein（NM23A）expressed in
18	TOB1	10354078	10355907	transducer of ERBB2，1
18	LUC7L3	10393673	10406868	LUC7-like 3（S. cerevisiae）
18	ANKRD40	10407625	10414278	ankyrin repeat domain 40
18	LRRC59	10650718	10655016	leucine rich repeat containing 59
18	XYLT2	10670852	10683456	xylosyltransferase Ⅱ
18	CD300A	10684418	10688333	CD300a molecule
18	KCTD2	10900893	10907984	potassium channel tetramerisation domain containing 2
18	HN1	10931323	10941484	hematological and neurological expressed 1
18	SUMO2	10947883	10954469	
18	NUP85	10960592	10972413	nucleoporin 85kDa
18	GGA3	10972741	10991646	golgi-associated，gamma adaptin ear containing，ARF binding protein 3
18	MRPS7	10991674	10997091	mitochondrial ribosomal protein S7
18	GRB2	11015583	11049321	growth factor receptor-bound protein 2
23	PTPRU	2389910	2759580	protein tyrosine phosphatase，receptor type，U
23	STMN1	3198616	3201919	stathmin 1
23	PAQR7	3204151	3207296	progestin and adipoQ receptor family member Ⅶ
23	RRAGC	3217149	3225969	Ras-related GTP binding C
23	POU3F1	3418910	3419428	
23	MTF1	3502046	3514491	metal-regulatory transcription factor 1
23	MEAF6	3708592	3714102	MYST/Esa1-associated factor 6
27	GOSR2	1081553	1087770	golgi SNAP receptor complex member 2
27	WNT3	1136138	1157180	
27	NSF	1159104	1215306	N-ethylmaleimide-sensitive factor
27	CCDC43	1236371	1244170	coiled-coil domain containing 43
27	GJC1	1272877	1276164	gap junction protein，gamma 1，45kDa
27	EFTUD2	1287311	1302968	elongation factor Tu GTP binding domain containing 2

（iii）通路注释

将注释获得的基因按照子网分组，利用 KEGG program（http://www.genome.jp/kegg/），给出同一子网内基因所在通路。通路注释时，仅使用鸡（*Gallus gallus*，chicken）上的通路信息。97 个基因位于 50 个通路中，见表 5-18。而且一些基因位于相同的通路中，如 *GRB2*、*PDPK1*、*PIK3CA* 和 *SOCS3* 都在胰岛素信号通路（gga04910）中；*GRB2*、*PIK3CA*、*SUMO2* 和 *IL21R* 都在 Jak-STAT 信号通路（gga04630）内；*NME1*、*TK1* 和 *CANT1* 在嘧啶代谢通路（gga00240）中。

表 5-18　基因所在的通路（Li et al.，2013）

子网	基因	通路
a	WNT3	gga04340：Hedgehog signaling pathway；gga04916：melanogenesis；gga04310：Wnt signaling pathway
	PIGM	gga01100：metabolic pathway；gga00563：glycosylphosphatidylinositol（GPI）- anchor biosynthesis
	CHRM3	gga04810：regulation of actin cytoskeleton；gga04020：calcium signaling pathway；gga04080：neuroactive ligand-receptor interaction
	EFTUD2	gga03040：spliceosome
	GOSR2	gga04130：SNARE interactions in vesicular transport
b	PLA2G10	gga01100：metabolic pathway；gga00592：alpha-linolenic acid metabolism；gga04270：vascular smooth muscle contraction；gga00565：ether lipid metabolism；ga00591：linoleic acid metabolism；gga00564：glycerophospholipid metabolism；gga00590：arachidonic acid metabolism
	PDPK1，RRAGC	gga04150：mTOR signaling pathway
	PDPK1	gga03320：PPAR signaling pathway；gga04910：insulin signaling pathway；gga04510：focal adhesion
	EIF2AK1	gga05168：herpes simplex infection；gga04141：protein processing in endoplasmic reticulum；gga05164：influenza A
	PARN	gga03018：RNA degradation
	IL21R	gga04060：cytokine-cytokine receptor interaction；gga04630：Jak-STAT signaling pathway
	UBE2I	gga04120：ubiquitin mediated proteolysis；gga03013：RNA transport
	STMN1	gga04010：MAPK signaling pathway
c	FPGT	gga01100：metabolic pathways；gga00051：fructose and mannose metabolism；gga00520：amino sugar and nucleotide sugar metabolism
d	CXCL14	gga04060：cytokine-cytokine receptor interaction
	SAR1B	gga04141：protein processing in endoplasmic reticulum
e	NME1，XYLT2，PGS1，TK1	gga01100：metabolic pathway
	GABRA1，GABRG2，GIPR	gga04080：neuroactive ligand-receptor interaction
	CANT1，NME1，TK1	gga00240：pyrimidine metabolism
	GRB2，SOCS3	gga04910：insulin signaling pathway

子网	基因	通路
e	CANT1，NME1	gga00230：purine metabolism
	NUP85，SUMO2	gga03013：RNA transport
	GRB2，SUMO2	gga04630：JAK-STAT signaling pathway
	GRB2	gga04540：Gap junction；gga04320：dorso ventral axis formation；gga05161：hepatitis B；gga04012：ErbB signaling pathway；gga04012：ErbB signaling pathway；gga04510：focal adhesion；gga04650：natural killer cell mediated cytotoxicity；gga04912：GnRH signaling pathway；gga04010：MAPK signaling pathway
	GGA3	gga04142：lysosome
	XYLT2	gga00534：glycosaminoglycan biosynthesis-heparan sulfate/heparin；gga00532：glycosaminoglycan biosynthesis-chondroitin sulfate/dermatan sulfate
	SOCS3	gga05168：herpes simplex infection；gga04120：ubiquitin mediated proteolysis；gga04920：adipocytokine signaling pathway；gga05164：influenza A
	TOB1	gga03018：RNA degradation
	TK1	gga00983：drug metabolism, other enzymes
	PGS1	gga00564：glycerophospholipid metabolism
	MRPS7	gga03010：ribosome
f	PIK3CA	gga04620：Toll-like receptor signaling pathway；gga00562：inositol phosphate metabolism；gga04210：apoptosis；gga04810：regulation of actin cytoskeleton；gga04650：natural killer cell mediated cytotoxicity；gga04910：insulin signaling pathway；gga05161：hepatitis B；gga04012：ErbB signaling pathway；gga04150：mTOR signaling pathway；gga04630：JAK-STAT signaling pathway；gga04370：VEGF signaling pathway；gga04914：progesterone-mediated oocyte maturation；gga04510：focal adhesion；gga04070：phosphatidylinositol signaling system；gga05164：influenza A
g	BMPR1A	gga04060：cytokine-cytokine receptor interaction；gga04350：TGF-beta signaling pathway

（三）对研究结果的进一步讨论分析

1. 全基因组范围二维 SNP 互作效应分析

GWAS 研究已经识别出很多与复杂性状相关的基因或标记位点。但是，这些位点只解释了很小一部分遗传变异（Eichler et al.，2010；Yang et al.，2010；Manolio et al.，2009）。以人类的身高性状为例，身高性状是高遗传力性状，同时也是典型的数量性状，研究者对该性状开展了大量的 GWAS 研究（Yang et al.，2010；Visscher，2008）。2008年，Visscher 等对 63 000 个人的研究识别到了 45 个与身高性状相关的变异位点，但是这些变异位点只解释了表型方差的 5%。2010 年，Hana 等通过对 183 727 个人的身高进行分析，识别到了 180 个以上影响身高性状的位点，这些位点解释了他们数据 10%的表型变异，同时他们估计，加上未被识别的位点，所有相关位点一共可以解释大约16%的表型变异（大约 20%的遗传变异）。众多位点解释少部分遗传变异，产生这种矛盾现象的原因之一是 GWAS 不能用来识别基因与基因之间的互作（Manolio et al.，

2009）。Zuk 等（2012）的研究显示，对于克罗恩病有 62.8% 的遗传力还没有被解释，但是基因之间互作效应能解释其中的 80%。可见，识别位点间的互作效应，将有助于解释更多的遗传力。确定 SNP-SNP、基因-基因之间的互作效应将能提供对复杂性状从序列到表型的遗传框架的新认识。本研究发现显著的 52 对互作对表型贡献率为 0.62%~1.54%，其中有两对的贡献率达到了 1.54%；有 47 个 SNP 对的贡献率超过 1%。本研究也分析了显著的互作对中所包含的所有 SNP 位点的贡献率，发现这些单点 SNP 的表型方差贡献率为 0.0001%~1.46%，平均为 0.24%。从比较结果可以看到，SNP 互作关系对腹脂重的贡献率要高于单点 SNP。尽管本研究所用的统计模型中未包含高维互作，可能使得 SNP 互作对的贡献率被高估，但是这些结果提示我们对于互作效应对表型变异的贡献是不可忽视的。

2. SNP-SNP 互作网络

（1）SNP-SNP 网络的基本特征

无标度网络的主要特征是少数节点具有很大的度，大量节点的度很小（车宏安和顾基发，2004）。这些少数具有很大的度的节点是网络中的关键节点，发挥更为重要的作用。研究者发现很多生物互作网络呈现出典型的无标度特征，如蛋白质互作网络、基因互作网络（Khanin and Wit，2006）。本研究所建立的 SNP-SNP 网络基本吻合无标度的特征，1 个 7 度节点、1 个 4 度节点、8 个 3 度节点、11 个 2 度节点和 47 个 1 度节点，是一个典型的无标度网络。按照无标度网络的结论，度大的点将成为网络中关键的点。因此本研究推测两个具有最大度的 SNP（Gga_rs14988623 和 Gga_rs14303341）可能是影响肉鸡腹脂重最重要的 SNP。

（2）SNP-SNP 网络的评价

本研究借鉴熵值理论（Livesey and Skilling，1985）构造了评价子网重要性的公式［见公式（5-9）］。该评估公式实质上是评估一个子网所包含的信息量，信息量越大，则子网越重要，对 AFW 的影响能力也越强。该评价指标包括：子网所含的边数、子网中每对 SNP 互作对的显著性 P 值和贡献率。因为显著性 P 值越小越显著，贡献率越大越重要，边越多信息越多，所以在公式（5-9）中对 P 值取负对数，转化数值越大越好，使得 3 个指标同向一致。使用公式（5-9）进行评估，得分越高说明子网越重要。从对各子网重要性的评估结果来看，子网 a 和子网 c 是影响 AFW 性状的重要子网。

（i）子网 a

子网 a 是星形网络，中心点 Gga_rs14303341 连接了 7 个 SNP。已有研究表明，多个点连接到同一个点比单独一对相互连接的点更可信（Ma et al.，2007），也就是说多个点连接一个点的网络更可能是非随机网络，是具有真正生物学意义的网络。结合无标度网络属性分析，具有比较大的度的节点可能成为网络中的关键节点，我们推断 Gga_rs14303341 是最重要的单点。Gga_rs14303341 位于 QTL（11809，11817）（Campos et al.，2009）内，并且基因 *GOSR2*、*GJC1*、*CCDC43*、*WNT3*、*NSF* 和 *EFTUD2* 位于以 Gga_rs14303341 为中心划定的长度为 0.4Mb 的染色体区段内。这些 QTL 和基因与鸡 AFW 性状密切相关，在以后的研究中应该引起重视。

（ii）子网 c

子网 c 是一个圈图，包含 6 个 SNP，3 个位于 Z 染色体，3 个位于 8 号染色体，这 6 个 SNP 位点共能形成 9 个（3×3）两条染色体间的 SNP 对，其中的 8 个为显著的 SNP 互作对。另外，Z 染色体上的 3 个 SNP 物理位置很近，同时，8 号染色体上的 3 个 SNP 物理位置也很近。这说明了 Z 染色体上的区段（59.76~59.90Mb）与 8 号染色体上的区段（28.61~28.73Mb）之间存在互作效应。

（3）SNP-SNP 互作网络的注释

对于 SNP-SNP 互作来说，检测到的互作效应则可能是基因、QTL 或者通路之间互作，所以我们从这 3 个方面对 SNP-SNP 进行了注释。我们发现 35% 的 SNP 落入了与鸡 AFW 性状相关的 22 个 QTL 中（表 5-15）。将 QTL 信息标记到子网上，子网 a、c 提示了 QTL 之间可能存在的互作效应。将子网 a 中的 SNP 由对应的 QTL 代替，得到的 QTL 网络为星形结构。Carlborg 等（2006）在研究鸡的生长性状时也发现了形状上类似的星形网络。他们识别出了 5 对 QTL 互作对，构成星形网络，解释了大量的表型变异。

基因与基因互作在针对数量性状开展的遗传研究中占据重要地位，研究者通常用 SNP 间的互作效应来评估基因间的互作。当然，某个单独 SNP 不能代表整个基因，因此 SNP 间的互作不能等同于基因间的互作。Cui 等（2007）和 Li 等（2010）将 SNP 互作拓展到单倍型互作，并且提出了一个新的捕获基因变异和两个基因间互作的统计方法。在本研究中，我们也观察到在具有环形结构的子网中，外围 SNP 节点的物理位置距离较近，且呈现出区域互作的结构，这提示我们区域互作的研究可能会为重要经济性状的遗传机制研究提供一些额外的研究线索。

我们在研究中定义了 12 条染色体上的 26 个区段。97 个基因（包括 9 个非编码基因），包括 *BMPR1A*、*GIPR*、*GRB2*、*LITAF*、*SOCS3*、*WNT3* 和 *PDPK1* 等位于这些区段内。基于已有文献报道，我们发现其中有一些基因与肥胖相关，如 *BMPR1A* 与人类肥胖相关（Yvonne et al.，2009）、*GIPR* 与脂肪滴形成相关（Weaver et al.，2008）、*LITAF* 调控在脂肪组织中很重要的肿瘤坏死因子 α（Tang et al.，2006；Winkler et al.，2003）、*WNT3* 位于调控脂肪细胞的 Wnt 信号通路内（Schinner et al.，2007）、*PDPK1* 影响小鼠的脂肪垫沉积。依据基因的注释分析结果，我们发现了 50 个与 AFW 相关的通路（表 5-18），其中有些通路与肥胖相关，如 Jak-STAT 信号通路和胰岛素信号通路（Wunderlich et al.，2013；Saltiel and Pessin，2002）。

综上所述，本研究发现了 52 个显著的 SNP 互作对，并构建了 SNP 互作网络。基于对互作网络的分析，我们发现了影响 AFW 的重要 SNP。本研究对 SNP 互作网络开展了基因、通路和 QTL 的注释分析，这些结果将有助于我们对肉鸡腹脂性状形成的遗传调控机制的进一步理解。

参 考 文 献

车宏安, 顾基发. 2004. 无标度网络及其系统科学意义. 系统工程理论与实践, 24(4): 11-16.

陈维星, 王守志, 李辉. 2009. 鸡 *ApoB* 基因多态位点与生长和体组成性状的相关性研究. 东北农业大学学报, 40(2): 60-64.

初丽丽, 王启贵, 关天竹, 等. 2008. *I-FABP* 基因侧翼区多态性与鸡生长和胴体组成性状的相关研究. 东北农业大学学报(自然科学版), 39: 70-74.

丁朝阳, 陈斌, 柳小春, 等. 2009. 猪 *INHA* 与 *GnRHR* 基因型互作效应对产仔数的影响. 湖南农业大学学报(自然科学版), 35(5): 509-513.

何西培, 何坤振. 2007. 信息熵辨析与熵的泛化. 情报杂志, 25(12): 109-112.

户国. 2010. 脂肪组织生长发育重要候选基因互作效应对肉鸡腹脂性状影响的遗传学研究. 哈尔滨: 东北农业大学博士学位论文.

户国, 王守志, 张森, 等. 2010. *ApoB* 与 *UCP* 基因间上位效应对鸡腹脂性状影响的遗传学分析. 遗传, 32(1): 59-66.

顾东风. 2006. 常见复杂性疾病的遗传学和遗传流行病学研究: 挑战和对策. 中国医学科学院学报, 28(2): 115-118.

李放歌. 2014. 全基因组范围 SNP 互作效应对肉鸡体脂性状的遗传学研究. 哈尔滨: 东北农业大学博士学位论文.

李放歌, 王志鹏, 户国, 等. 2011. 全基因组关联研究中的交互作用研究现状. 遗传, 33(9): 901-910.

刘晋, 张涛, 李康. 2012. 多重假设检验中 FDR 的控制与估计方法. 中国卫生统计, 29(2): 305-308.

王荣焕, 王天宇, 黎裕. 2007. 植物基因组中的连锁不平衡. 遗传, 29(11): 1317-1323.

武晓岩, 李康. 2009. 随机森林方法在基因表达数据分析中的应用及研究进展. 中国卫生统计, (4): 437-440.

严卫丽. 2008. 复杂疾病全基因组关联研究进展——研究设计和遗传标记. 遗传, 30(4): 400-406.

张森, 李辉. 2006. 载脂蛋白研究进展. 国际遗传学杂志, 29(5): 364-367.

张森, 石慧, 李辉. 2006. 鸡 *apoB* 基因 T123G 多态位点与体组成性状的相关性研究. 畜牧兽医学报, 37(12): 1264-1268.

赵建国, 李辉, 孟和, 等. 2002. 解偶联蛋白(*UCP*)基因作为影响鸡脂肪性状候选基因的研究. 遗传学报, 29(6): 481-486.

Abasht B, Dekkers J C, Lamont S. 2006. Review of quantitative trait loci identified in the chicken. Poult Sci, 85: 2079-2096.

Abasht B, Lamont S J. 2007. Genome-wide association analysis reveals cryptic alleles as an important factor in heterosis for fatness in chicken F_2 population. Anim Genet, 38: 491-498.

Abu-Elheiga L, Jayakumar A, Baldini A, et al. 1995. Human acetyl-CoA carboxylase: characterization, molecular cloning, and evidence for two isoforms. Proc Natl Acad Sci USA, 92(9): 4011-4015.

Aerts J, Megens H J, Veenendaal T, et al. 2007. Extent of linkage disequilibrium in chicken. Cytogenet Genome Res, 117(1-4): 338-345.

Albert R. 2005. Scale-free networks in cell biology. J Cell Sci, 118(Pt 21): 4947-4957.

Albert R, Barabási A. 2002. Statistical Mechanics of Complex Networks. Reviews of Modern Physics, 2002: xii.

Alexandre B, Josée D, Kathleen F, et al. 2005. Identifying SNPs predictive of phenotype using random forests. Genetic Epidemiology, 28(2): 171-182.

Álvarez-Castro J M, Carlborg O. 2007. A unified model for functional and statistical epistasis and its application in quantitative trait loci analysis. Genetics, 176(2): 1151-1167.

Álvarez-Castro J M, Carlborg O, Rönnegård L. 2012. Estimation and interpretation of genetic effects with epistasis using the NOIA model. Methods Mol Biol, 871: 191-204.

Álvarez-Castro J M, Le Rouzic A. 2015. On the partitioning of genetic variance with epistasis. Methods Mol Biol, 1253: 95-114.

Álvarez-Castro J M, Le Rouzic A, Carlborg O. 2008. How to perform meaningful estimates of genetic effects. PLoS Genet, 4(5): e1000062.

Andersson L. 2001. Genetic dissection of phenotypic diversity in farm animals. Nat Rev Genet, 2: 130-138.

Andreescu C, Avendano S, Brown S R, et al. 2007. Linkage disequilibrium in related breeding lines of chickens. Genetics, 177(4): 2161-2169.

Ives A R, Garland T Jr. 2010. Phylogenetic logistic regression for binary dependent variables. Syst Biol, 59(1): 9-26.

Barendse W, Harrison B E, Hawken R J, et al. 2007. Epistasis between calpain 1 and its inhibitor calpastatin within breeds of cattle. Genetics, 176: 2601-2610.

Barton N H, Turelli M. 2004. Effects of genetic drift on variance components under a general model of epistasis. Evolution, 58: 2111-2132.

Barrett J C, Fry B, Maller J, et al. 2005. Haploview: analysis and visualization of LD and haplotype maps. Bioinformatics, 21(2): 263-265.

Bennett D C, Lamoreux M L. 2003. The color loci of mice-a genetic century. Pigment Cell Res, 16: 333-344.

Bland J M, Altman D G. 1995. Multiple significance tests: the Bonferroni method. BMJ, 310(6973): 170.

Boone C, Bussey H, Andrews B J. 2007. Exploring genetic interactions and networks with yeast. Nature Rev Genet, 8: 437-449.

Bryant E H, McCommas S A, Combs L M. 1986. The effect of an experimental bottleneck upon quantitative genetic variation in the housefly. Genetics, 114: 1191-1223.

Bush W S, Motsinger A A, Dudek S M, et al. 2005. Can neural network constraints in GP provide power to detect genes associated with human disease? Springer Berlin Heidelberg, 3449(2005): 44-53.

Camp H S, Tafuri S R. 1997. Regulation of peroxisome proliferator-activated receptor g activity by mitogen-activated protein kinase. J Biol Chem, 272: 10811-10816.

Campos R L, Nones K, Ledur M C, et al. 2009. Quantitative trait loci associated with fatness in a broiler-layer cross. Anim Genet, 40(5): 729-736.

Carlborg Ö, Haley C S. 2004. Epistasis: too often neglected in complex trait studies? Nat Rev Genet, 5: 618-625.

Carlborg Ö, Jacobsson L, Åhgren P, et al. 2006. Epistasis and the release of genetic variation during long-term selection. Nat Genet, 38(4): 418-420.

Carlborg Ö, Kerje S, Schütz K, et al. 2003. A global search reveals epistatic interaction between QTL for early growth in the chicken. Genome Res, 13: 413-421.

Carter A J, Hermisson J, Hansen T F. 2005. The role of epistatic gene interactions in the response to selection and the evolution of evolvability. Theor Popul Biol, 68(3): 179-196.

Chanda P, Zhang A, Brazeau D, et al. 2007. Information-theoretic metrics for visualizing gene-environment interactions. Am J Hum Genet, 81(5): 939-963.

Chawla A, Schwarz E J, Dimaculangan D D, et al. 1994. Peroxisome proliferator-activated receptor (PPAR) gamma: adipose-predominant expression and induction early in adipocyte differentiation. Endocrinology, 135: 798-800.

Chen S P, Huang G H. 2014. A Bayesian clustering approach for detecting gene-gene interactions in high-dimensional genotype data. Stat Appl Genet Mol Biol, 13(3): 275-297.

Chen L, Yu G Q, Miller D J, et al. 2009. A ground truth based comparative study on detecting epistatic SNPs. Proceeding(IEEE Int Conf Bioinformatics Biomed), (1-4): 26-31.

Cheng H H, Zhang Y, Muir W M. 2007. Evidence for widespread epistatic interactions influencing Marek's disease virus viremia levels in chicken. Cytogenet Genome Res, 117: 313-318.

Cheverud J M, Routman E J. 1995. Epistasis and its contribution to genetic variance components. Genetics, 139(3): 1455-1461.

Clarke S L, Robinson C E, Gimble J M. 1997. CAAT/enhancer binding proteins directly modulate transcription from the peroxisome proliferator-activated receptor g2 promoter. Biochem Biophys Res Commun, 240: 99-103.

Cockerham C C. 1954. An extension of the concept of partitioning hereditary variance for analysis of covariances among relatives when epistasis is present. Genetics, 39: 859-882.

Cordell H J. 2002. Epistasis: what it means, what it doesn't mean, and statistical methods to detect in humans. Hum Mol Genet, 11: 2463-2468.

Cordell H J. 2009. Detecting gene-gene interactions that underlie human diseases. Nat Rev Geneti, 10(6):

392-404.

Cui Y, Fu W, Sun K, et al. 2007. Mapping nucleotide sequences that encode complex binary disease traits with HapMap. Curr Genomics, 8(5): 307-322.

Culverhouse R, Klein T, Shannon W. 2004. Detecting epistatic interactions contributing to quantitative traits. Genet Epidemiol, 27: 141-152.

Dong C, Chu X, Wang Y, et al. 2008. Exploration of gene-gene interaction effects using entropy-based methods. Eur J Hum Genet, 16(2): 229-235.

Eberle M A, Rieder M J, Kruglyak L, et al. 2006.Allele frequency matching between SNPs reveals an excess of linkage disequilibrium in genic regions of the human genome. PLoS Genetics, 2(9): e142.

Eichler E E, Jonathan F, Greg G, et al. 2010. Missing heritability and strategies for finding the underlying causes of complex disease. Nat Rev Genet, 11(6): 446-450.

Ek W, Marklund S, Ragavendran A, et al. 2012. Generation of a multi-locus chicken introgression line to study the effects of genetic interactions on metabolic phenotypes in chickens. Front Genet, 3: 29.

Elias-Sonnenschein L S, Helisalmi S, Natunen T, et al. 2013. Genetic loci associated with Alzheimer's disease and cerebrospinal fluid biomarkers in a finnish case-control cohort. PLoS One, 8(4): e59676.

Estellé J, Gil F, Vázquez J M, et al. 2008.A quantitative trait locus genome scan for porcine muscle fiber traits reveals overdominance and epistasis. J Anim Sci, 86: 3290-3299.

Estellé J, Mercadé A, Pérez-Enciso M, et al. 2009. Evaluation of FABP2 as candidate gene for a fatty acid composition QTL in porcine chromosome 8. J Anim Breed Genet, 126: 52-58.

Freeman A R, Lynn D J, Murray C, et al. 2008. Detecting the effects of selection at the population level in six bovine immune genes. BMC Genet, 9(1): 62.

Gallardo D, Quintanilla R, Varona L, et al. 2009. Polymorphism of the pig acetyl-coenzyme A carboxylase alpha gene is associated with fatty acid composition in a Duroc commercial line. Anim Genet, 40: 410-417.

Gelman A, Carlin J B, Stern H S, et al. 1995. Bayesian Data Analysis. Boca Raton: Chapman & Hall.

Gjuvsland A B, Hayes B J, Omholt S W, et al.2007. Statistical epistasis is a generic feature of gene regulatory networks. Genetics, 175(1): 411-420.

Goodman J E, Mechanic L E, Luke B T, et al. 2006. Exploring SNP-SNP interactions and colon cancer risk using polymorphism interaction analysis. Int J Cancer, 118(7): 1790-1797.

Goodnight C. 1987. On the effect of founder events on the epistatic genetic variance. Evolution, 41: 80-91.

Goodnight C. 1988. Epistasis and the effect of founder events on the additive genetic variance. Evolution, 42: 441-454.

Goodnight C. 1995. Epistasis and the increase in additive genetic variance: implications for phase 1 of Wright's shifting-balance process. Evolution, 49: 502-511.

Gregersen J W, Kranc K R, Ke X, et al. 2006. Functional epistasis on a common MHC haplotype associated with multiple sclerosis. Nature, 443(7111): 574-577.

Griffing B. 1960. Theoretical consequences of truncation selection based on the individual phenotype. Aust J Biol Sci, 13: 307-343.

Gu X, Feng C, Ma L, et al. 2011. Genome-wide association study of body weight in chicken F_2 resource population. PLoS One, 6(7): e21872.

Hana L A, Karol E, Guillaume L, et al. 2010. Hundreds of variants clustered in genomic loci and biological pathways affect human height. Nature, 467(7317): 832-838.

Hansen T F, Wagner G P. 2001. Modeling genetic architecture: a multilinear theory of gene interaction. Theoretical Popul Biol, 59: 61-86.

Havenstein G B, Ferket P R, Qureshi M A. 2003. Carcass composition and yield of 1957 versus 2001 broilers when fed representative 1957 and 2001 broiler diets. Poult Sci, 82: 1509-1518.

He H, Oetting W S, Brott M J, et al. 2009. Power of multifactor dimensionality reduction and penalized logistic regression for detecting gene-gene interaction in a case-control study. BMC Med Genet, 10: 127.

Herold C, Steffens M, Brockschmidt F F, et al. 2009. INTERSNP: genome-wide interaction analysis guided by a priori information. Bioinformatics, 25(24): 3275-3281.

Hillgartner F B, Charron T, Chesnut K A. 1996. Alterations in nutritional status regulate acetyl-CoA carboxylase expression in avian liver by a transcriptional mechanism. Biochem J, 319: 263-268.

Hu E, Kim J B, Sarraf P, et al. 1996. Inhibition of adipogenesis through MAP kinase-mediated phosphorylation of PPARγ. Science, 274: 2100-2103.

Hu G, Wang S Z, Tian J W, et al. 2010a. Epistatic effect between ACACA and FABP2 gene on abdominal fat traits in broilers. J Genet Genomics, 37(8): 505-512.

Hu G, Wang S Z, Wang Z P, et al. 2010b. Genetic epistasis analysis of 10 peroxisome proliferator-activated receptor γ-correlated genes in broiler lines divergently selected for abdominal fat content. Poult Sci, 89(11): 2341-2350.

Hu X, Liu Q, Zhang Z, et al. 2010. SHEsisEpi, a GPU-enhanced genome-wide SNP-SNP interaction scanning algorithm, efficiently reveals the risk genetic epistasis in bipolar disorder. Cell Research, 20(7): 854-857.

Jennen D. 2004. Chicken fatness: from QTL to candidate gene. PhD thesis. Wageningen: Wageningen University.

Jiang Y, Reif J C. 2015. Modeling Epistasis in Genomic Selection. Genetics, 201(2): 759-768.

Jing P J, Shen H B. 2015. MACOED: a multi-objective ant colony optimization algorithm for SNP epistasis detection in genome-wide association studies. Bioinformatics, 31(5): 634-641.

Jones K T, Ashrafi K. 2009. Caenorhabditis elegans as an emerging model for studying the basic biology of obesity. Dis Model Mech, 2(5-6): 224-229.

Ruczinski I, Kooperberg C, Leblanc M L. 2004. Exploring interactions in high-dimensional genomic data: an overview of logic regression, with applications. J Multivar Anal, 90: 178-195.

Ives A R, Garland Jr T. 2010. Phylogenetic logistic regression for binary dependent variables. Syst Biol, 59(1): 9-26.

Kang G, Yue W, Zhang J, et al. 2008. An entropy-based approach for testing genetic epistasis underlying complex diseases. J Theor Biol, 250(2): 362-374.

Kao C, Zeng Z. 2002. Modeling epistasis of quantitative trait loci using Cockerham's model. Genetics, 160(3): 1243-1261.

Keightley P D. 1989. Models of quantitative variation of flux in metabolic pathways. Genetics, 121: 869-876.

Kempthorne O. 1954. The correlation between relatives in a random mating population. Proc R Soc Lond B Biol Sci, 143: 102-113.

Khanin R, Wit E. 2006. How scale-free are biological networks. J Comput Biol, 13(3): 810-818.

Kim E S, Hong Y H, Lillehoj H S. 2010. Genetic effects analysis of myeloid leukemia factor 2 and T cell receptor-β on resistance to coccidiosis in chickens. Poult Sci, 89: 20-27.

Kim J B, Wright H M, Wright M, et al. 1998. ADD1/SREBP1 activates PPARγ through the production of endogenous ligand. Proc Natl Acad Sci USA., 95(8): 4333-4337.

Kletzien R F, Foellmi L A, Harris P K, et al. 1992. Adipocyte fatty acid-binding protein: regulation of gene expression *in vivo* and *in vitro* by an insulin-sensitizing agent. Mol Pharmacol, 42: 558-562.

Kooperberg C, Leblanc M. 2008. Increasing the power of identifying gene x gene interactions in genome-wide association studies. Genet Epidemiol, 32(3): 255-263.

Le Rouzic A, Alvarez-Castro J M. 2008. Estimation of genetic effects and genotype-phenotype maps. Evol Bioinform Online, 4: 225-235.

Lee S Y, Chung Y, Elston R C, et al. 2007. Log-linear model-based multifactor dimensionality reduction method to detect gene gene interactions. Bioinformatics, 23(19): 2589-2595.

Lehmann J M, Moore L B, Smith-Oliver T A, et al. 1995. An antidiabetic thiazolidinedione is a high affinity ligand for peroxisome proliferator-activated receptor γ(PPARγ). J Biol Chem, 270: 12953-12956.

Li F, Hu G, Zhang H, et al. 2013. Epistatic effects on abdominal fat content in chickens: results from a genome-wide SNP-SNP interaction analysis. PLoS One, 8(12): e81520.

Li M, Romero R, Fu W J, et al. 2010. Mapping Haplotype-haplotype Interactions with Adaptive LASSO. BMC Genetics, 11(1): 79.

Li Z, Zheng T, Califano A, et al. 2007. Pattern-based mining strategy to detect multi-locus association and gene x environment interaction. BMC Proc, 1(Suppl 1): S16.

Lin H Y, Amankwah E K, Tseng T S, et al. 2013. SNP-SNP interaction network in angiogenesis genes associated with prostate cancer aggressiveness. PLoS One, 8(4): e59688.

Lin N, Wu B, Jansen R, et al. 2004. Information assessment on predicting protein-protein interactions. BMC Bioinformatics, 5: 154.

Liu S, Wang S Z, Li Z H, et al. 2007. Association of single nucleotide polymorphism of chicken uncoupling protein gene with muscle and fatness traits. J Anim Breed Genet, 124(4): 230-235.

Liu W, Li D, Liu J, et al. 2011. A genome-wide SNP scan reveals novel loci for egg production and quality traits in white leghorn and brown-egg dwarf layers. PLoS One, 6(12): e28600.

Liu X, Li H, Wang S, et al. 2007. Mapping quantitative trait loci affecting body weight and abdominal fat weight on chicken chromosome one. Poult Sci, 86(6): 1084-1089.

Liu Y, Zhou J, Liu Z, et al. 2012. Construction and analysis of genome-wide SNP networks. IEEE International Conference on Systems Biology: 327-332.

Livesey A K, Skilling J. 1985. Maximum entropy theory. Acta Crystallographica, 41(2): 113-122.

Long Q, Zhang Q, Ott J. 2009. Detecting disease-associated genotype patterns. BMC Bioinformatics, 10(Suppl 1): S75.

Lou X Y, Chen G B, Yan L, et al. 2007. A generalized combinatorial approach for detecting gene-by-gene and gene-by-environment interactions with application to nicotine dependence. Am J Hum Genet, 80(6): 1125-1137.

Lunetta K L, Hayward L B, Segal J, et al. 2004. Screening large-scale association study data: exploiting interactions using random forests. BMC Genetics, 5(2): 1-13.

Ma L, Runesha H B, Dvorkin D, et al. 2008. Parallel and serial computing tools for testing single-locus and epistatic SNP effects of quantitative traits in genome-wide association studies. BMC Bioinformatics, 9(1): 264-267.

Ma L, Dvorkin D, Garbe J R, et al. 2007. Genome-wide analysis of single-locus and epistasis single-nucleotide polymorphism effects on anti-cyclic citrullinated peptide as a measure of rheumatoid arthritis. BMC Proc, 1(Suppl 1): S127.

Mackay T F. 2001. The genetic architecture of quantitative traits. Annu Rev Genet, 35(1): 303-339.

Manolio T A, Collins F S, Cox N J, et al. 2009. Finding the missing heritability of complex diseases. Nature, 461(7265): 747-753.

Mao Y, London N R, Ma L, et al. 2006. Detection of SNP epistasis effects of quantitative traits using an extended Kempthorne model. Physiol Genomics, 28(1): 46-52.

Mckinney B A, Reif D M, Ritchie M D, et al. 2006. Machine Learning for Detecting Gene-Gene Interactions. Applied Bioinformatics, 5(2): 77-88.

Mee Y P. 2008. Penalized logistic regression for detecting gene interactions. Biostatistics, 1: 30-50.

Meng H, Li H, Zhao J G, et al. 2005. Differential expression of peroxisome proliferator-activated receptors alpha and gamma gene in various chicken tissues. Domest Anim Endocrinol, 28: 105-110.

Mignon G L, Pitel F, Gilbert H, et al. 2009. A comprehensive analysis of QTL for abdominal fat and breast muscle weights on chicken chromosome 5 using a multivariate approach. Animal Genetics, 40(2): 157-164.

Millstein J, Conti D V, Gililand F D, et al. 2006. A testing framework for identifying susceptibility genes in the presence of epistasis. Am J Hum Genet, 78: 15-27.

Moore J H, Gilbert J C, Tsai C T, et al. 2006. A flexible computational framework for detecting, characterizing, and interpreting statistical patterns of epistasis in genetic studies of human disease susceptibility. J Theor Biol, 241(2): 252-261.

Motsinger A A, Lee S L, Mellick G, et al. 2006. GPNN: power studies and applications of a neural network method for detecting gene-gene interactions in studies of human disease. BMC Bioinformatics, 7: 39.

Nakachi Y, Yagi K, Nikaido I, et al. 2008. Identification of novel *PPARγ* target genes by integrated analysis of ChIP-on-chip and microarray expression data during adipocyte differentiation. Biochem Biophys Res Commun, 372: 362-366.

Neher R A, Shraiman B I. 2009. Competition between recombination and epistasis can cause a transition from allele to genotype selection. Proc Natl Acad Sci USA, 106(16): 6866-6871.

Nelson M R, Kardia S L, Ferrell R E, et al. 2001. A combinatorial partitioning method to identify multilocus genotypic partitions that predict quantitative trait variation. Genome Res, 11: 458-470.

Oh J D, Kong H S, Lee J H, et al. 2006. Identification of novel SNPs with effect on economic traits in uncoupling protein gene of Korean native chicken. Asian-Aust J Anim Sci, 19(8): 1065-1070.

Onay V U, Briollais L, Knight J A, et al. 2006. SNP-SNP interactions in breast cancer susceptibility. BMC Cancer, 6: 114.

Page G P, George V, Go R C, et al. 2003. Are we there yet: deciding when one has demonstrated specific genetic causation in complex diseases and quantitative traits. Am J Hum Genet, 73: 711-719.

Palaisa K A, Morgante M, Williams M, et al. 2003. Contrasting effects of selection on sequence diversity and linkage disequilibrium at two phytoene synthase loci. Plant Cell, 15: 1795-1806.

Park M Y, Hastie T. 2008. Penalized logistic regression for detecting gene interactions. Biostatistics, 9(1): 30-50.

Patel J L, Goyal R K. 2007. Applications of artificial neural networks in medical science. Curr Clin Pharmacol, 2(2): 217-226.

Pattin K A, Moore J H. 2008. Exploiting the proteome to improve the genome-wide genetic analysis of epistasis in common human diseases. Hum Genet, 124(1): 19-29.

Phillips P C. 2008. Epistasis—the essential role of gene interactions in the structure and evolution of genetic systems. Nat Rev Genet, 9(11): 855-867.

Pisabarro A G, Pérez G, Lavín J L, et al. 2008. Genetic networks for the functional study of genomes. Brief Funct Genomic Proteomic, 7: 249-263.

Purcell S, Neale B, Todd-Brown K, et al. 2007. PLINK: a tool set for whole-genome association and population-based linkage analyses. Am J Hum Genet, 81(3): 559-575.

Rao Y S, Liang Y, Xia M N, et al. 2008. Extent of linkage disequilibrium in wild and domestic chicken populations. Hereditas, 145(5): 251-257.

Ricquier D, Bouillaud F. 2000. Mitochondrial uncoupling proteins: from mitochondria to the regulation of energy balance. J Physiol, 529(Pt 1): 3-10.

Ritchie M D, Hahn L W, Roodi N, et al. 2001. Multifactor-dimensionality reduction reveals high-order interactions among estrogen-metabolism genes in sporadic breast cancer. Am J Hum Genet, 69(1): 138-147.

Ritchie M D, White B C, Parker J S, et al. 2003. Optimization of neural network architecture using genetic programming improves detection and modeling of gene-gene interactions in studies of human diseases. BMC Bioinformatics, 4: 28.

Rothschild M F, Soller M. 1997. Candidate gene analysis to detect genes controlling traits of economic importance in domestic livestock. Probe Newsletter for Agricultural Genomics, 8: 13-20.

Ruczinski I, Kooperberg C, Leblanc M L. 2004. Exploring interactions in high-dimensional genomic data: an overview of Logic Regression, with applications. J Multivar Anal, 90(1): 178-195.

Saltiel A R, Pessin J E. 2002. Insulin signaling pathways in time and space. Trends Cell Biol, 12(2): 65-71.

Sandouk T, Reda D, Hofmann C. 1993. Antidiabetic agent piogli-tazone enhances adipocyte differentiation of 3T3-F442A cells. Am J Physiol, 264: 1600-1608.

Sato K, Abe H, Kono T, et al. 2009. Changes in peroxisome proliferator-activated receptor gamma gene expression of chicken abdominal adipose tissue with different age, sex and genotype. Anim Sci J, 80: 322-327.

Schinner S, Willenberg H S, Krause D, et al. 2007. Adipocyte-derived products induce the transcription of the StAR promoter and stimulate aldosterone and cortisol secretion from adrenocortical cells through the Wnt-signaling pathway. Int J Obes(Lond.), 31(5): 864-870.

Sharma P, Bottje W, Okimoto R. 2008. Polymorphisms in uncoupling protein, melanocortin 3 receptor, melanocortin 4 receptor, and proopiomelanocortin genes and association with production traits in a commercial broiler line. Poult Sci, 87(10): 2073-2086.

Silvers W. 1979. The Coat Colors of Mice: A Model for Mammalian Gene Action and Interaction. Berlin:

Springer.

Sing C F, Haviland M B, Reilly S L. 2003. Genetic architecture of common multi-factorial diseases. *In*: Chadwick D, Cardew G. Variation in the Human Genome(Ciba Found Symp 197). Chichester: John Wiley & Sons: 211-232.

Spelman R J, van Arendonk J A. 1997. Effects of the inaccurate parameter estimates on genetic response to marker-assisted selection in outbred population. J Dairy Sci, 80(12): 3399-3410.

Steiner C C, Weber J N, Hoekstra H E. 2007. Adaptive variation in beach mice produced by two interacting pigmentation genes. PLoS Biol, 5: e219.

Takai T, Yokoyama C, Wada K, et al. 1988. Primary structure of chicken liver acetyl-CoA carboxylase deduced from cDNA sequence. J Biol Chem, 263: 2651-2657.

Tang X, Metzger D, Leeman S, et al. 2006. LPS-induced TNF-alpha factor(LITAF)-deficient mice express reduced LPS-induced cytokine: evidence for LITAF-dependent LPS signaling pathways. Proc Natl Acad Sci USA, 103(37): 13777-13782.

Tian J, Wang S, Wang Q, et al. 2010. A single nucleotide polymorphism of chicken acetyl-CoA carboxylase α gene associated with fatness traits. Anim Biotechnol, 21: 42-50.

Tong L. 2005. Review Acetyl-coenzyme A carboxylase: crucial metabolic enzyme and attractive target for drug discovery. Cell Mol Life Sci, 62: 1784-1803.

Tontonoz P, Hu E, Graves R A, et al. 1994. mPPARγ2: tissue-specific regulator of an adipocyte enhancer. Genes Dev, 8: 1224-1234.

Tomita Y, Tomida S, Hasegawa Y, et al. 2004. Artificial neural network approach for selection of susceptible single nucleotide polymorphisms and construction of prediction model on childhood allergic asthma. BMC Bioinformatics, 5: 120.

Valentina P, Lawrence R S, Filippo M, et al. 2007. Non-additive genetic effects for fertility traits in Canadian Holstein cattle. Genet Sel Evol, 39: 181-193.

Vanden Heuvel J P. 2007. The PPAR resource page. Biochim Biophys Acta, 1771(8): 1108-1112.

Verbeek E C, Bakker I M, Bevova M R, et al. 2012. A fine-mapping study of 7 top scoring genes from a GWAS for major depressive disorder. PLoS One, 7(5): e37384.

Visscher P M. 2008. Sizing up human height variation. Nat Genet, 40(5): 489-490.

Wahlberg P, Carlborg O, Foglio M, et al. 2009. Genetic analysis of an F_2 intercross between two chicken lines divergently selected for body-weight. BMC Genomics, 10: 248.

Wall J D, Pritchard J K. 2003. Haplotype blocks and linkage disequilibrium in the human genome. Nat Rev Genet, 4(8): 587-597.

Wan X, Yang C, Yang Q, et al. 2009. MegaSNPHunter: a learning approach to detect disease predisposition SNPs and high level interactions in genome wide association study. BMC Bioinformatics, 10: 13.

Wang H, Li H, Wang Q, et al. 2007. Profiling of chicken adipose tissue gene expression by genome array. BMC Genomics, 8: 193.

Wang Q, Li H, Liu S, et al. 2005. Cloning and tissue expression of chicken heart fatty acid-binding protein and intestine fatty acid-binding protein genes. Anim Biotechnol, 16: 191-201.

Wang S Z, Hu X X, Wang Z P, et al. 2012. Quantitative trait loci associated with body weight and abdominal fat traits on chicken chromosomes 3, 5 and 7. Genet Mol Res, 11(2): 956-965.

Wang T. 2014. A revised Fisher model on analysis of quantitative trait loci with multiple alleles. Front Genet, 5: 328.

Wang T, Zeng Z B. 2006. Models and partition of variance for quantitative trait loci with epistasis and linkage disequilibrium. BMC Genet, 7: 9.

Wang X, Zhang D, Tzeng J Y. 2014. Pathway-guided identification of gene-gene interactions. Ann Hum Genet, 78(6): 478-491.

Wang Y, Mu Y, Li H, et al. 2008. Peroxisome proliferator-activated receptor-γ gene: a key regulator of adipocyte differentiation in chickens. Poult Sci, 87: 226-232.

Warden C H, Yi N, Fisler J. 2004. Epistasis among genes is a universal phenomenon in obesity: evidence from rodent models. Nutrition, 20: 74-77.

Weaver R E, Donnelly D, Wabitsch M, et al. 2008. Functional expression of glucose-dependent insulinotropic polypeptide receptors is coupled to differentiation in a human adipocyte model. Int J Obes(Lond.), 32(11): 1705-1711.

Winkler G, Kiss S, Keszthelyi L, et al. 2003. Expression of tumor necrosis factor(TNF)-alpha protein in the subcutaneous and visceral adipose tissue in correlation with adipocyte cell volume, serum TNF-alpha, soluble serum TNF-receptor-2 concentrations and C-peptide level. Eur J Endocrinol, 149(2): 129-135.

Wright S I, Bi I V, Schroeder S G, et al. 2005. The effects of artificial selection on the maize genome. Science, 308: 1310-1314.

Wu T T, Chen Y F, Hastie T, et al. 2009. Genome-wide association analysis by lasso penalized logistic regression. Bioinformatics, 25(6): 714-721.

Wu X, Dong H, Luo L, et al. 2010. A novel statistic for genome-wide interaction analysis. PLoS Genet, 6(9): e1001131.

Wunderlich C M, Nadine H, Thomas W F. 2013. Mechanisms of chronic JAK-STAT3-SOCS3 signaling in obesity. JAKSTAT, 2(2): e23878.

Xie L, Luo C, Zhang C, et al. 2012. Genome-wide association study identified a narrow chromosome 1 region associated with chicken growth traits. PLoS One, 7(2): e30910.

Yang J, Benyamin B, McEvoy B P, et al. 2010. Common SNPs explain a large proportion of the heritability for human height. Nat Genet, 42(7): 565-569.

Yang R C. 2004. Epistasis of quantitative trait loci under different gene action models. Genetics, 167: 1493-1505.

Yao C, Spurlock D M, Armentano L E, et al. 2013. Random Forests approach for identifying additive and epistatic single nucleotide polymorphisms associated with residual feed intake in dairy cattle. J Dairy Sci, 96(10): 6716-6729.

Yvonne B, Hanne U, Nora K, et al. 2009. Adipose tissue expression and genetic variants of the bone morphogenetic protein receptor 1A gene(BMPR1A)are associated with human obesity. Diabetes, 58(9): 2119-2128.

Zeng Z B, Wang T, Zou W. 2005. Modeling quantitative trait loci and interpretation of models. Genetics, 169(3): 1711-1725.

Zhang S, Li H, Shi H. 2006. Single marker and haplotype analysis of chicken *apoB* gene T123G and D9500D9- polymorphism reveals association with body growth and obesity. Poult Sci, 85(2): 178-184.

Zhang Y, Liu J S. 2007. Bayesian inference of epistatic interactions in case-control studies. Nat Genet, 39(9): 1167-1173.

Zhao J, Li H, Kong X, et al. 2006. Identification of single nucleotide polymorphisms in avian uncoupling protein gene and their association with growth and body composition traits in broilers. Can J Anim Sci, 86(3): 345-350.

Zuk O, Hechter E, Sunyaev S R, et al. 2012. The mystery of missing heritability: Genetic interactions create phantom heritability. Proc Natl Acad Sci USA, 109(4): 1193-1198.

第六章 鸡脂肪生长发育相关重要基因和蛋白质的筛选

第一节 鸡脂质代谢的特点

一、脂肪酸的合成及运输

禽类脂肪的合成和分解代谢与哺乳动物相比存在很大的差异。对于哺乳动物而言，脂肪组织是脂肪合成和储存的重要场所。它可以以乙酰 CoA 为原料，在消耗 ATP 和还原型辅酶Ⅱ（NADPH）的条件下，经转移、缩合、加氢、脱水和再加氢的重复过程，合成除必需脂肪酸外的各种饱和与不饱和脂肪酸。与哺乳动物不同的是，禽类的脂肪组织不能从头合成脂肪，即不能合成脂肪酸（Diot and Duaire，1999）。在 7 周龄肉仔鸡的脂肪组织中沉积的 80%~85% 的脂肪酸来自于血脂（Griffin et al.，1982）。血脂的主要来源是食物或者肝脏合成的脂肪。商业化的养鸡场中通常用低脂肪含量的饲料（脂肪少于10%），因此，肝脏在禽类脂质合成的过程中发挥着关键的作用（Hillgartner et al.，1995）。家禽肝脏中脂肪酸的从头合成与哺乳动物脂肪组织相似，即以日粮中碳水化合物代谢提供的乙酰 CoA 作为原料，同时消耗 ATP 和 NADPH。这些 ATP 和 NADPH 主要来源于葡萄糖分解的戊糖磷酸途径，此外，苹果酸氧化脱羧也可产生少量 NADPH。乙酰 CoA 可由糖氧化分解或脂肪酸、酮体和蛋白质分解生成，生成乙酰 CoA 的反应均发生在线粒体中，而脂肪酸的合成部位是胞质，因此乙酰 CoA 必须由线粒体转运至胞质。但是乙酰 CoA 不能自由通过线粒体膜，需要通过柠檬酸-丙酮酸循环（citrate pyruvate cycle）来完成乙酰 CoA 由线粒体到胞质的转移。在胞质内乙酰 CoA 由乙酰 CoA 羧化酶（acetyl CoA carboxylase）催化转变成丙二酰 CoA；1 分子乙酰 CoA 与 7 分子丙二酰 CoA 经转移、缩合、加氢、脱水和再加氢的重复过程，每一次使碳链延长两个碳，共 7 次重复，最终生成含十六碳的软脂酸。其他碳链长短不等的脂肪酸，以及各种不饱和脂肪酸，除必需脂肪酸依赖食物供应外，均可由软脂酸在细胞内加工改造而成。在进食状态下，胰岛素分泌增加激活脂肪合成中的主要酶，即苹果酸脱氢酶（MD）和脂肪酸合成酶（FASN）。对于产蛋鸡，雌激素也具有极大的加强肝脏脂肪酸合成的能力，以满足卵黄生成素（VG）合成的需要（韩晓珺和王彬，2010）。

由于脂肪酸是疏水性物质，不能直接在血液中被转运，也不能直接进入组织细胞中被利用。它们必须与血液中或细胞中的特殊蛋白质一起组成一个亲水性的分子基团，才能在血液中运输，进入组织细胞并在细胞内运输。血液中游离的脂肪酸和脂类水解后释放到血液中的脂肪酸可以与血液中的白蛋白结合形成脂肪酸白蛋白复合物，从而将脂肪酸运输到组织细胞膜表面。几种膜相关的脂肪酸运输蛋白，如胎球蛋白（fetuin）、脂肪分化相关蛋白（ADRP）、热激蛋白（HSP）、小窝蛋白 1（caveolin 1）、谷胱甘肽 S-转移酶（glutathione S-transferase，GST）和甾醇载体蛋白 2（sterol-carrier protein-2，

SCP 2)、脂肪酸结合蛋白（fatty acid binding protein，FABP）、脂肪酸运输子（fatty acid transporter，FAT）、脂肪酸运输蛋白（fatty acid transport protein，FATP）等对脂肪酸的跨膜运输起到重要的作用，它们可以将脂肪酸从细胞膜外运输到膜内（Luiken et al.，2000；Abumrad et al.，1999）。脂肪酸结合蛋白被认为是运输细胞内脂肪酸的重要蛋白质，它们与脂肪酸结合将其运输到脂肪酸氧化的位置（线粒体、过氧化物酶体）、脂肪酸酯化成甘油三酯或磷脂的位置（内质网），或者进入细胞核内发挥其可能的调控功能（Storch and Thumser，2000）。

二、脂肪的合成、运输及分解

禽类脂肪组织中的甘油三酯主要来源于血浆中的血脂蛋白（Griffin et al.，1982）。因为血脂蛋白主要来源于食物和肝脏合成两个方面，所以家禽脂肪的合成和沉积主要受到小肠脂蛋白和肝脏脂蛋白的合成和转运速率、在血管内的降解及脂肪被脂肪组织吸收和储存速度等因素的影响。

食物中的脂类物质（主要是甘油三酯）在小肠内消化吸收并在小肠绒毛膜细胞内组装成较大的脂蛋白颗粒（也称为门静脉微粒）。它们的大小（直径大约 150nm）和组成（约 90%甘油三酯）与哺乳动物的乳糜微粒相似。Fraser 等（1986）的研究反映了合成家禽脂肪组织甘油三酯的原料中，来源于日粮脂肪的含量较低，而且门静脉微粒在肝外组织中代谢的速度很快。所以合成禽类脂肪组织中甘油三酯的血脂蛋白主要来源于肝脏的生脂作用。极低密度脂蛋白（VLDL）和高密度脂蛋白（HDL）是由肝脏合成分泌的两种重要的脂蛋白颗粒。家禽 VLDL 和 HDL 的主要载脂蛋白分别是 ApoB-100 和 Apo-AⅠ，目前关于两者的组装过程研究得比较清楚。首先，甘油三酯、胆固醇、磷脂和 ApoB（产蛋母鸡还有 Apo-Ⅱ）在内质网顺序合成，其中甘油三酯、磷脂在肝细胞的滑面内质网上合成；ApoB 和胆固醇在粗面内质网上合成。当 ApoB 合成时，滑面内质网上的胆固醇酯与 ApoB 分子上的亲脂位点结合，促使 ApoB 从粗面内质网上分离进入网腔，ApoB 在通过滑面内质网时，与滑面内质网上的磷脂和甘油三酯结合形成一个新的 VLDL 颗粒，VLDL 最终在高尔基体组装完毕，家禽 HDL 的合成与分泌途径与 VLDL 相似。ApoB 通过内质网转运需要微粒体甘油三酯转移蛋白（MTP），MTP 的功能是转移脂肪到新生的脂蛋白颗粒中。

目前对禽类肝脏中脂蛋白合成和转运的调控机制知之甚少。Tarlow 等（1977）研究表明脂肪以脂蛋白形式从肝脏分泌出来的过程可能并不与脂肪合成过程紧密联系。Mooney 和 Lane（1981）的体外研究结果表明，高浓度胰岛素（1 μg/mL）在加强脂肪合成的同时抑制 ApoB 的合成，从而抑制了 VLDL 的组装及转运，使一些甘油三酯在胞质的囊泡中暂存起来。有研究显示胆固醇代谢、脂肪合成与 VLDL 的组装、分泌过程紧密相关（韩晓珺和王彬，2010）。

家禽 VLDL 和门静脉微粒转运甘油三酯到周围组织，在脂蛋白脂酶（LPL）的催化下，甘油三酯水解为脂肪酸和甘油，分离出来的脂肪酸进入周围组织。LPL 可在脂肪细胞中合成，也可在肌肉和其他细胞中合成，但是只有从细胞中分泌出来到毛细管壁才具有功能活性。产蛋母鸡体内血浆中 VLDL 降解很有限，所以脂肪可以被运至卵母细胞，然后 VLDL 以胞吞作用的方式被吸收。产蛋母鸡 VLDL 包含大量的 Apo-II，这种载脂蛋白只有在雌激素的作用下才产生，Apo-II 可能是 LPL 的抑制因子，也可能是唯一阻止 VLDL 转变为其他脂蛋白的成分（韩晓珺和王彬，2010）。

三、脂肪的沉积

在家禽体内，脂类物质特别是甘油三酯可在脂肪细胞、肝脏细胞和生长中的卵母细胞中沉积。家禽卵巢不合成脂类物质，因此蛋黄形成所需的脂类物质依赖于血浆中的脂蛋白转运。家禽脂肪组织的发育、脂肪沉积及蛋黄的形成与血浆甘油三酯有关。家禽肝外组织合成脂肪有限，因此肝脏在家禽脂肪沉积过程中起重要作用。

家禽 VLDL 和门静脉微粒转运甘油三酯到肝外组织，在 LPL 的催化下，甘油三酯水解为脂肪酸和甘油，分离出来的脂肪酸进入周围组织。如果进入脂肪组织，则它们被重新酯化以甘油三酯的形式储存。动物进食时，脂肪组织中 LPL 活性升高，但肌肉组织中 LPL 活性很低，导致脂肪在脂肪组织中沉积，不进食时情况则相反，脂肪酸进入肌肉组织被消耗。Hermier 等（1984）指出营养水平对家禽脂肪组织 LPL 的活性调控作用不明显。有关激素对 LPL 的活性调控的研究很多。Borron 等（1979）报道，经高水平的胰岛素刺激后仔鸡脂肪组织 LPL 活性升高，而二丁酰环磷腺苷钙可降低 LPL 的合成速度及活性（韩晓珺和王彬，2010）。

家禽脂肪沉积程度取决于基础代谢中的营养分配，其中胰岛素起着重要作用。胰岛素敏感个体的肝细胞葡萄糖转运速度快，脂肪合成酶活性高，VLDL 合成和前脂肪细胞的增殖能力也极强。如果脂肪合成速度超过 VLDL 的分泌能力，甘油三酯就在肝脏中沉积（韩晓珺和王彬，2010）。所以保持 VLDL 合成、转运平衡是调控肝内和肝外脂肪沉积的关键。有研究表明，血浆 VLDL 和 LDL 中的 TG 浓度和体脂含量之间存在着中等程度的表型相关，认为应该以 VLDL 和 LDL 中的 TG 含量作为肉仔鸡肥度的度量指标，而不是总血浆 TG 浓度。Whitehead 和 Griffin（1984）及 Whitehead 等（1986）根据血浆 VLDL 浓度对肉仔鸡进行 3 个世代的双向选择，发现两个品系的肉鸡体脂、腹脂和体蛋白含量及饲料效率发生了变化，同时低浓度 VLDL 鸡群和高浓度 VLDL 鸡群的总脂量相差 38%，腹脂相差 48%，经过 8 个世代的双向选择明显分离了高、低脂系肉鸡。东北农业大学家禽课题组李辉等（1997）在以血浆 VLDL 浓度为指标对肉鸡体脂进行选择时，发现用血浆 VLDL 浓度结合体重为指标进行低脂肉鸡的选育效果更好。本课题组通过对腹脂率和血浆中 VLDL 浓度的选择，建立了东北农业大学肉鸡高、低腹脂双向选择品系（Guo et al.，2011）。

肉鸡早期的脂肪沉积与后期的脂肪含量有着密切的关系。肉鸡体脂主要沉积在颈部皮下、嗉囊周围、食管周围、胸部皮下、腹部、腿肌周围等部位，其中腹脂（一般指肌胃周围脂肪和腹部脂肪垫之和）是蓄积脂肪的主要部位。人们对于肉鸡体脂肪组织生长发育规律的研究始于 20 世纪七八十年代。Hood（1982）对狄高（Tegel）TM70 白羽肉鸡腹脂进行了研究，发现 14 周龄前脂肪组织的生长主要源于脂肪细胞数目的增多和体积的增大，而 14 周龄后脂肪组织的生长主要是因为脂肪细胞体积的增大。Cartwright 等（1986）的研究表明，7 周龄的商品代 Cobb 肉鸡腹部脂肪无论是细胞数目还是细胞体积都大于未选择的 Athens-Canadian 鸡。Cherry 等（1984）发现 4 周龄前，肉鸡腹部脂肪组织的沉积主要由于脂肪细胞数目的增多，随着周龄的增加，6 周龄后肉鸡腹部脂肪的沉积主要为细胞体积的增大。Simon 和 Leclercq（1982）比较了 F_4 世代高、低脂系公母鸡腹部脂肪含脂量和脂肪细胞的大小，他们发现 2 周龄前高、低脂系的差异并不明显，2~4 周龄差异开始增大，至 9 周龄时差异最大（高脂系腹部脂肪的含脂量为低脂系的 1.5 倍）。9 周龄后母鸡的腹脂重和腹脂率继续增加，而公鸡则有下降的趋势（这可能与雄性激素的分泌和攻击行为有关），且两系之间肥度性状的差异不再增大。Hermier 等（1989）对 F_8 及 F_9 世代 2 周龄和 5 周龄的高、低脂系肉仔鸡的腹部脂肪进行了比较研究，发现高、低脂系腹部脂肪含量的差别在 2 周龄时就已经出现。高脂系腹部脂肪细胞的数目和体积都大于低脂系。随着周龄的增长，脂肪细胞数目的增多和体积的增大这两项生理过程都会减弱，两系间脂肪细胞的大小差异逐渐降低。顾志良等（1993）以狄高（Tegel）肉鸡作为研究材料，对 0~8 周龄肉鸡不同部位脂肪组织沉积的时间、在体内的分布及周龄与体脂的变化进行了探讨，发现在自由采食条件下，肉鸡腿部、颈部、胸部的皮下脂肪组织出现在 1 周龄左右，腹脂出现在 2 周龄左右，腹脂和皮下脂肪的早期沉积能力一般表现为母鸡比公鸡沉积能力强。随着周龄的增长，各部位体脂的绝对重呈上升趋势，其中腹脂的沉积速度最快，在 5~7 周龄时有一个高速增长阶段；腹脂率（腹脂/活体重）在 2~7 周龄时呈上升趋势，7 周龄后母鸡的腹脂率继续增加，公鸡则呈下降趋势；腿部、颈部、胸部皮下脂肪与活重的相对重在 2~8 周龄没有明显规律，呈波浪式变化。

第二节　鸡脂肪生长发育相关重要基因的筛选

筛选同鸡脂肪生长发育相关的重要基因，除了可以运用 QTL 定位、候选功能基因、全基因组关联分析等遗传学方法和技术外，基因表达谱和蛋白质组学技术也可以发挥发掘重要功能基因的作用。然而，脂肪组织的生长发育是一个复杂过程，涉及众多遗传因子和环境因素。脂肪细胞来源于从间充质干细胞定向分化而来的前脂肪细胞，其分化和生长过程受精密的分子调控网络所控制。虽然脂肪组织的主要组成成分是成熟脂肪细胞，但是其他类型细胞（巨噬细胞、淋巴细胞、成纤维细胞、中性粒细胞等）也对脂肪组织的生长发育和生理功能起着重要的调节作用。此外，脂肪组织的生长发育还受到脂肪、肝脏和肌肉等组织间信息和物质交流（crosstalk）的影响。

哺乳动物上的研究结果表明，机体内的脂类代谢是一个多基因参与的调控过程，分子机制十分复杂。研究这种复杂的生物学过程，基因芯片技术具有强大的优势，基于此技术平台的研究已取得了令人瞩目的结果。阐明鸡脂质代谢的分子机制，不仅对现代肉鸡育种具有重要意义，也有利于深入解析人类和其他哺乳动物肥胖的发病机制。为筛选和研究同鸡脂肪生长发育相关的重要基因，了解控制脂肪生长发育的基因调控网络，东北农业大学家禽课题组（以下简称"本课题组"）运用 cDNA 芯片和全基因组寡核苷酸芯片技术，以肉鸡和蛋鸡，东北农业大学肉鸡高、低腹脂双向选择品系（以下简称"高、低脂系"）为材料，分析比较了不同发育时期脂肪组织和肝脏组织的基因表达谱，筛选出了影响鸡脂类代谢的重要基因和调控通路。

一、肉鸡和蛋鸡间脂肪和肝脏组织差异表达基因的筛选

本实验选用的两个品种，高脂系肉鸡和白耳黄鸡在生长和体内脂肪沉积量上有明显的差异。高脂系肉鸡来源于快大型肉鸡——AA 肉鸡，由美国爱拔益加家禽育种公司育成，具有体型大、生长发育快、饲料转化率高等特点，同时其体内脂肪沉积能力较强。白耳黄鸡是我国稀有的蛋用型鸡种，体型小，生长速度慢，脂肪沉积能力弱。图 6-1 为两品种鸡各周龄体重的比较，从图中可以看出，高脂系肉鸡体重在 2 周龄、4 周龄、6 周龄、8 周龄、10 周龄时分别是白耳黄鸡体重的 4.03 倍、5.41 倍、4.36 倍、4.92 倍和 4.48 倍；高脂系肉鸡 12 周龄的腹脂重为 150.3g，而白耳黄鸡仅为 8.6g，前者是后者的 17.5 倍；12 周龄高脂系肉鸡腹脂率是白耳黄鸡的 4.2 倍。由此可见这两个品种是研究脂肪沉积和能量代谢很好的动物模型。

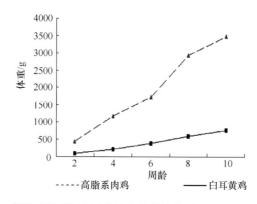

图 6-1　高脂系肉鸡和白耳黄鸡体重的比较（Wang et al.，2006）

（一）肉鸡、蛋鸡间脂肪组织差异表达基因的筛选

本课题组王洪宝利用 cDNA 芯片，以本课题组选育的高脂系肉鸡和中国地方品种白耳黄鸡为实验材料，筛选两品种鸡 10 周龄脂肪组织差异表达基因并分析它们参与的调控通路（王洪宝，2008；Wang et al.，2006）。本研究中所用 cDNA 芯片为北京华大基因研制，每张芯片包含 27 648 个点，每 3 个点为 3 次重复，除去阴性对照和管家基因后，共包含 9024 条鸡 cDNA 序列。提取 10 周龄高脂系肉鸡和白耳黄鸡腹部脂肪组织 RNA，其中高脂系肉鸡脂肪组织 RNA 用 Cy5 标记，白耳黄鸡脂肪组织 RNA 用 Cy3 标记。标记好 cDNA 探针后，直接用于 cDNA 芯片杂交。

芯片和基因表达数据经统计分析后发现，芯片上的 9024 个 cDNA 中，有 67 个 cDNA 在高脂系肉鸡和白耳黄鸡间差异表达，并且达到了显著水平。在筛选得到的 67 个差异表达基因中，42 个基因在 NCBI 中有注释信息，另外 25 条序列为未知表达序列标签（EST）。将这些有注释信息的基因进行基因富集分析，未发现显著富集的功能类。可能是由于用于富集分析的基因数目太少，在任意功能类中所占比例都很小，因此未达到显著富集的标准。因此，我们人为按照这些基因已知的生理生化功能和其他物种上的研究结果，将其大致进行了分类（表 6-1）。对这些差异表达基因进行 KEGG 分析，结果注释到一条过氧化物酶体增殖物激活型受体（peroxisome proliferator activated-receptor，PPAR）信号通路。

表 6-1　不同品种鸡 10 周龄脂肪组织部分差异表达基因（Wang et al.，2006）

功能类	GenBank 登录号	平均 Log$_2$ 值
Fat metabolism and energy metabolism		
Apolipoprotein A I（Apo-A I）	M18746.1	−1.78
Lipoprotein lipase gene	X60547.1	1.17
Leptin receptor overlapping transcript	NM_001007958	1.13
Creatine kinase-M（CK-M）	X00954.1	−1.45
Troponin I（tni）	U19926.1	−1.57
SkTmod mRNA for skeletal muscle type tropomodulin	AB052717.1	−1.06
Actin-related protein 8	NM_022899.1	−1.64
Transcription and splicing factor		
Basic transcription factor 3		−1.68
Similar to Homo sapiens U4/U6-associated RNA splicing factor（PRP3）（AF001947）	BC008062.1	−1.35
Similar to protein phosphatase 1 regulatory（inhibitor）	AJ851823	−1.19
Similar to Homo sapiens protein phosphatase 2	AJ719537	−1.37
Similar to Homo sapiens poly（A）-specific ribonuclease（PARN）	AJ720562	−1.41
Similar to Homo sapiens tight junction protein 1（zona occludens 1）（TJP1）	CV855732，BU306962	−1.58
Heat shock protein 70（HSP70）	NM_001006685	1.15
Protein tyrosine phosphatase type IVA，member 1（PTP4A1）	NM_001008461	1.20
v-maf musculoaponeurotic fibrosarcoma oncogene	NM_001030852	1.24
Similar to Homo sapiens importin 9（IPO9）	BU414284	−1.70
Similar to Homo sapiens SAPS domain family，member 3（SAPS3）	AJ851429	−1.33
Cardiac and skeletal muscle-specific BOP1	AF410781	1.13
Protein synthesis and degradation		
Eukaryotic initiation factor 2 alpha kinase	AF330008.1	−1.15
Ring finger protein 30	NM_021447.1	−1.04
Branched chain keto acid dehydrogenase E1	NM_204657	1.02
Similar to Homo sapiens brefeldin A-inhibited guanine nucleotide-exchange	XM_037726.4	1.11
5'-nucleotidase，cytosolic III（NT5C3）	NM_204436	1.05
Histidine ammonia lyase	AY227348	−1.09
Similar to Homo sapiens WD and tetratricopeptide repeats 1（WDTC1）	BX933307	−1.27
Brefeldin A-inhibited guanine nucleotide-exchange	XM_037726.4	1.11
Others		
MHC class II antigen alpha（B-LA）	NM_001001762	−1.07
Gallus gallus TOP AP mRNA	GGU17000	1.15
Similar to chromosome 20 open reading frame 72	XM_415017	1.42
G. gallus cDNA clone ChEST439g11	BU271424	−1.52
G. gallus finished cDNA，clone ChEST358k19	ABX932287	−1.07
G. gallus finished cDNA，clone ChEST830g7	CR389015	−1.49
G. gallus finished cDNA，clone ChEST124a24	CR524367	−1.18
G. gallus finished cDNA，clone ChEST158l24	BX932086	1.41
G. gallus finished cDNA，clone ChEST136j22	CR387244	1.19
G. gallus finished cDNA，clone ChEST320g10	CR387865	1.11
G. gallus mRNA for hypothetical protein，clone 12j16	AJ720206	1.12
G. gallus mRNA for hypothetical protein，clone 6l6	AJ719807	1.04
G. gallus mRNA for hypothetical protein，clone 17g4	AJ851681	1.01
G. gallus mRNA for hypothetical protein，clone 33p3	AJ721067	1.16
G. gallus mRNA for hypothetical protein，clone 2k20	CR352397	1.13

　　分别利用 RNA 印迹（Northern blot）和半定量 RT-PCR 的方法对部分差异表达基因进行验证，芯片结果和 Northern blot 及半定量 RT-PCR 结果一致性较好，证明了我们芯片实验的准确性和可靠性。利用 Northern blot 方法对载脂蛋白 AI（*Apo-AI*）、脂蛋白脂酶（lipoprotein lipase，*LPL*）、肌钙蛋白 I（*TnI*）基因和肌动蛋白相关蛋白 8（*ARP8*）在两品种间的表达情况进行验证，结果如图 6-2 所示。芯片结果中 *Apo-AI* 基因在 10 周龄白耳黄鸡脂肪组织中的表达量是高脂系肉鸡的 3.43 倍，而 Northern blot 结果显示蛋鸡是肉鸡的 4.72 倍；芯片结果中 *LPL* 基因在 10 周龄高脂系肉鸡脂肪组织中的表达量是白耳黄鸡的 2.25 倍，而 Northern blot 结果显示蛋鸡是肉鸡的 2.75 倍；芯片结果中肌钙蛋白 I（*TnI*）基因在 10 周龄白耳黄鸡脂肪组织中的表达量是高脂系肉鸡的 3 倍，而半定量 RT-PCR 结果显示蛋鸡是肉鸡的 2.1 倍；芯片结果中肌动蛋白相关蛋白 8（*ARP8*）基因在 10 周龄白耳黄鸡中脂肪组织中的表达量是高脂系肉鸡的 3.1 倍，而半定量 RT-PCR 结果显示蛋鸡是肉鸡的 2.2 倍。

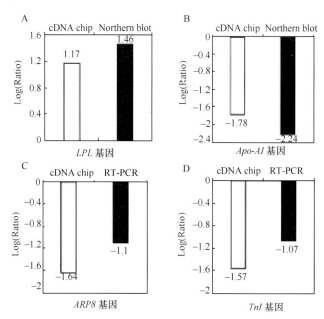

图 6-2　Northern 杂交和 RT-PCR 验证芯片结果（Wang et al.，2006）

　　筛选到的差异表达基因中，*LPL* 基因和 *Apo-AI* 基因都是直接参与脂类代谢的基因。LPL 是影响动物脂肪沉积的关键酶，它的主要功能是将血液中乳糜微粒（CM）和极低密度脂蛋白（VLDL）所携带的甘油三酯分解成甘油和脂肪酸，进而向脂肪组织提供合成甘油三酯所需的原料。Friedlander 等（2000）报道，*LPL* 基因突变可导致 LPL 活性降低，引起血脂水平增高，加快动脉粥样硬化的形成和发展。Kern（1997）已将 *LPL* 基因列为引起肥胖发生的一个重要候选基因。Apo-AI 是血浆高密度脂蛋白（high density lipoprotein，HDL）的主要成分，对胆固醇的动态平衡起到重要的作用。Dionysiou 等（2002）的研究发现 Apo-AI 在血浆中的含量与人类动脉粥样硬化、糖尿病等脂类代谢紊乱疾病有重要的联系，糖尿病患者血清中 Apo-AI 的含量显著低于正常人血清中的含量。本课题组王启贵等（2003）利用 PCR-SSCP 的方法，在鸡 *Apo-AI* 基因的 5′侧翼区检测到一个突变，该突变点对腹脂重和腹脂率有显著的影响，推测 *Apo-A I* 基因可能是影响鸡体脂性状的主效基因或与控制该类性状的主效基因连锁。

（二）肉鸡、蛋鸡间肝脏组织差异表达基因的筛选

本课题组王启贵以本课题组培育的高脂系肉鸡和中国地方鸡种白耳黄鸡为研究材料，筛选两品种鸡 2 周龄、4 周龄肝脏组织差异表达基因并分析它们所参与的调控通路（Wang et al.，2015）。分别于 2 周龄和 4 周龄时，选取 3 只鸡的肝脏组织，提取 RNA。利用鸡基因组芯片（Affymetrix）进行杂交，该芯片包含的序列信息覆盖了来自 GenBank、UniGene 和 EMBL 三大公共数据库中的全部鸡基因组序列，共计 32 773 条转录物，超过 28 000 个基因，另外还包含了 689 条可检测 17 种鸟类病毒的探针。差异表达基因的分析采用 SAM（significance analysis of microarray）算法，它是对每个基因在两种或多种状态下的表达差异进行独立的统计学检验，通常用的是 t 检验。

差异表达基因分析结果发现 2 周龄和 4 周龄分别有 671 个基因（882 个探针）和 671 个基因（916 个探针）在肉鸡与白耳黄鸡间差异表达，并且达到了显著水平（$P<0.05$）。2 周龄差异表达基因富集于核糖核蛋白复合体通路（GO 分析）和 15 个分子通路（KEGG 分析），包括核糖体、剪切体、泛素介导蛋白分解、丝裂原活化蛋白激酶（mitogen-activated protein kinase，MAPK）、p53、mTOR 信号通路等。4 周龄差异表达基因的 GO 分析发现，这些差异表达基因富集于色素代谢通路，KEGG 分析发现了 20 个分子通路，包括代谢通路、氨基酸代谢通路、大分子分解代谢通路等。此外，这两个周龄肉鸡和白耳黄鸡的差异表达基因中有 94 个基因是相同的。

在本研究中，我们利用基因芯片来筛选 2 周龄、4 周龄高脂系肉鸡和白耳黄鸡肝脏组织差异表达基因。因为鸡的脂肪酸合成过程主要发生在肝脏，所以我们分析了高脂系肉鸡和白耳黄鸡肝脏中与脂质合成和分泌有关基因的表达情况，分析并发现了品种间差异表达基因参与的重要通路，如 MAPK 信号通路、mTOR 信号通路和 p53 信号通路。

MAPK 信号通路对于免疫反应中的各个进程来说都很重要（Dong et al.，2002），同时该通路与细胞周期有密切关系（Osaki and Gama，2013）。最近的研究表明，MAPK 信号通路在脂肪细胞分化过程中起着重要作用（Wang et al.，2009a）。在脂肪细胞中，mTOR 调节蛋白质合成（Lynch et al.，2002）。有研究结果显示，mTOR 与脂肪细胞对营养物质的反应和 PPARγ 活性的调节有密切关系（Kim and Chen，2004）。最近的研究结果显示，p53 肿瘤抑制因子与调节脂类代谢有关（Maddocks and Vousden，2011）。p53 可以调节肝脏脂质代谢相关基因的表达（Goldstein and Rotter，2012）。

综上所述，本研究结果为鸡脂类代谢相关研究提供了相关通路和基因，为更好地研究鸡腹部脂肪沉积的分子机制奠定了基础。

二、高、低脂系肉鸡脂肪和肝脏组织差异表达基因的筛选

（一）高、低脂系肉鸡脂肪组织差异表达基因的筛选

本课题组王洪宝采集了第 8 世代 7 周龄高、低脂系各 5 只鸡的腹部脂肪组织，提取总 RNA 后，用鸡基因组芯片（Affymetrix）来筛选差异表达基因和相关信号通路（王洪

宝，2008；Wang et al.，2007）。鸡基因组芯片（Affymetrix）包含 38 000 个探针，代表 32 773 个转录物。所有芯片杂交、清洗和标记均按照基因芯片（Affymetrix）实验流程进行。差异表达基因的分析采用 SAM 算法，它是对每个基因在两种或多种状态下的表达差异进行独立的统计学检验，通常用的是 t 检验。差异表达基因采用实时 RT-PCR 方法进行验证（以 *GAPDH* 基因作为内参）。

所用鸡只为高、低脂系第 7 世代腹脂率极端家系（最高和最低）的后代，它们在体重上没有显著差异，但是腹脂重和腹脂率（腹脂重/7 周龄体重）相差近 4 倍（图 6-3）。

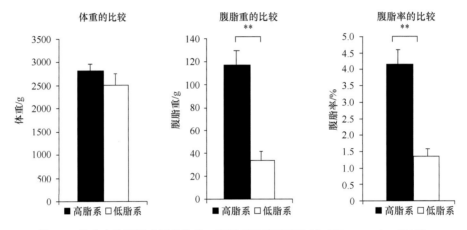

图 6-3　芯片实验所用鸡只的体重、腹脂重和腹脂率比较（Wang et al.，2007）

**表示差异极显著 *P*<0.01

本研究共检测得到 13 234~16 858 个探针在鸡腹部脂肪组织中表达，同时，我们利用 JMP4.0 软件对这些基因表达量的高低进行了分析，从图 6-4 中可以看出，7 周龄脂肪组织中的基因多数为中低程度表达，表达量高的基因所占比例相对较低。

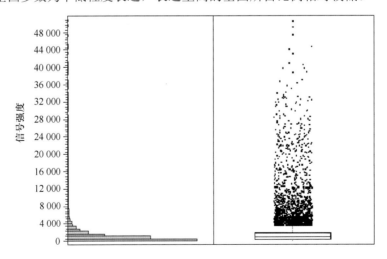

图 6-4　肉鸡 7 周龄脂肪组织基因表达情况的分布图（Wang et al.，2007）

对原始数据进行标准化，得到每个探针杂交的信号强度。将所有探针根据标准化时的 *P* 值分成 3 类：A 表示缺失；P 表示表达；M 表示表达的边缘。去除 A 和 M 的探针，只有 P 的探针用于后续统计分析。图中 Y 轴表示信号强度，信号强度代表基因表达量的高低，本研究中大多数基因的信号强度都低于 10 000，说明 7 周龄脂肪组织中大多数基因的表达量都较低根据7周龄脂肪组织基因表达谱的结果，将全部表达的基因按照表达量的高低排序，将表达量最高的百分之一（大约 100 个基因）定义为高表达基因。*A-FABP* 基因为 7 周龄脂肪组织中表达量最高的基因，而与脂类代谢关系十分紧密的 *Spot14* 基因、*LPL* 基因的表达量也很高，其他还有涉及信号转导的 *IGFBP7* 和 *BMP7* 基因，以及一些参与机体免疫过程的基因，它们在 7 周龄脂肪组织中的表达量也很高（表 6-2）。对脂肪组织高表达的基因进行 GO 分析，发现脂肪组织中高表达的基因主要分为 11 个功能类，包括转录、RNA 结合、脂类合成及脂类代谢等。KEGG 分析结果共发现包括 PPAR 信号通路在内的 4 条有显著意义的分子通路。

表 6-2 7 周龄脂肪组织高表达的部分基因（Wang et al.，2007）

基因名称	扫描仪检测到的信号值									
	高脂系					低脂系				
	7-3-3[1]	7-3-8	7-3-15	7-3-16	7-3-24	7-1-1	7-1-2	7-1-4	7-1-11	7-1-17
A-FABP	44 732	47 715	46 157	57 201	52 558	52 286	49 813	51 861	50 529	47 910
Spot 14	33 917	30 120	28 795	35 261	36 359	19 983	25 819	24 245	31 674	31 015
LPL	27 133	24 469	29 421	25 855	30 799	18 393	20 950	23 462	25 275	23 246
IGFBP7	20 471	22 532	21 163	27 799	24 675	24 113	25 764	29 104	26 375	28 610
BMP7	29 042	30 313	25 289	25 124	22 610	15 932	24 165	13 953	26 518	33 345
HSP70	33 480	32 478	30 641	21 373	23 217	19 213	21 624	16 512	21 503	30 312
PCHK23	21 402	19 941	19 423	30 817	30 956	29 866	25 764	24 882	22 561	25 995
HSP25	32 908	19 470	23 662	21 037	25 644	19 327	7 967	22 002	19 564	27 742
glutathione peroxidase 4	22 459	21 447	24 945	23 085	24 229	18 705	23 685	27 400	27 560	24 096
stem cell antigen 2	32 224	31 256	22 169	24 894	26 446	21 403	27 675	24 483	26 370	26 105
CD74	45 284	38 191	36 116	38 875	37 099	43 381	38 466	32 027	40 065	39 493
vimentin	38 624	36 822	37 965	33 403	35 772	36 159	40 251	41 728	40 184	40 972
ubiquitin C	42 501	37 306	45 125	39 121	35 707	35 202	40 535	42 767	43 055	41 982
thymosin beta 4	35 340	33 804	38 768	34 644	30 105	42 836	37 625	34 939	36 087	37 120
MCH II antigen B-L beta	32 147	29 581	28 406	34 359	28 741	38 580	30 089	29 337	28 674	31 680
T-cell leukemia，homeobox 3	26 240	29 169	34 325	24 093	24 060	36 533	29 476	28 294	28 493	31 986
platelet/endothelial cell adhesion molecule	21 515	16 459	10 731	12 262	13 868	16 684	18 476	17 751	14 270	17 975

1. 个体编号

根据同样的标准，将表达量最低的百分之一（大约 100 个基因）定义为低表达基因。低表达的基因为能检测到目标基因的信号，且其信号强度大于周围背景信号强度，但是信号强度很低，这些基因也被定义为存在（present，P），从生物学意义上来说，这些基因是表达的。脂肪组织中低表达的基因主要有 *IGF1*、*UCP*、*APOVLDLII* 等（表 6-3）。

如果检测不到信号，或信号强度比周围背景的信号还要低，那么这些点将被定义为不存在（absent，A），从生物学意义上来说，这些基因为不表达基因，但是由于检测手段灵敏度的差异，不同方法得到的结果可能不同，因此本研究中所定义的不表达基因为本次芯片实验中没有检测到信号的那些基因。7 周龄脂肪组织中不表达的基因主要有 *IGF2*、*ApoB*、*LEP-R*（表 6-4）。

表 6-3　7 周龄脂肪组织低表达的部分基因（Wang et al.，2007）

基因名称	扫描仪检测到的信号值									
	高脂系					低脂系				
	7-3-3[1]	7-3-8	7-3-15	7-3-16	7-3-24	7-1-1	7-1-2	7-1-4	7-1-11	7-1-17
IGF1	5.7	11.3	91	7	5.8	52	27.6	22.7	46.6	91.6
UCP	43.3	87.1	104.2	130	119.4	122.2	818.2	289.2	159.6	150.6
APOVLDLII	140.1	103	75.8	107.3	156.2	298.3	72.5	22.6	143.8	98.4
L-FABP	57.7	70.6	126.9	32.6	128.3	623.8	844.5	88.8	52.4	4865
TGFα	115.1	216.8	79.8	51	94.3	186.6	37.7	49.7	166.1	95.8
TGFβR	82.3	151.7	83.3	153.6	146	279.6	166.3	221.9	140.6	191.4
PEPCK-M	503.8	206.3	326	38.1	117.3	404.2	154.2	150.5	140	198.6
BMP2	236	355.4	262.7	317.2	430.9	209.3	399.6	228.6	337	208.6
acetyl-coenzyme A carboxylase alpha	232.5	181.8	319.5	396.4	172.9	181.7	160.8	207.1	144.9	111.8
type I TGF β receptor	82.3	146	153.6	83.3	151.7	191.4	140.6	221.9	279.6	166.3
cAMP response element-binding protein	96.9	115.5	132.3	75	146.5	171.6	91	82.7	196.4	132.6
HK2	270.3	458.9	526.4	779.8	287.3	523	471.5	337.2	294.7	398.3
proinsulin	263	269.5	361	540.1	293	336	311	411.1	422.6	190.2
GDF-9	198.1	197.8	216.7	413	190.7	246.8	151.7	110.6	262.9	147.2
BMP5	216.3	382.1	179.5	241.8	257.8	132.2	282.2	264.5	173	288.6
riboflavin-binding protein	239.7	17.6	179	75.8	242.5	139.8	424.4	60.8	129.9	291.4

1. 个体编号

表 6-4　7 周龄脂肪组织中不表达的部分基因（Wang et al.，2007）

探针号	基因名称	错配探针对/总探针对 [a]
Gga.10702.1.A1_at	*insulin-like growth factor 2*	10/10
Gga.11305.1.S1_s_at	*thyroid hormone receptor associated protein 2*	10/10
Gga.11817.1.S1_s_at	*apolipoprotein B*	10/10
Gga.12348.2.S1_a_at	*glycosyltransferase*	10/10
Gga.13.1.S1_s_at	*leptin receptor*	10/10
Gga.4123.1.S1_at	*lipoprotein（APOVLDLII）*	10/10
Gga.1731.1.S1_at	*pyruvate carboxylase*	10/10
Gga.742.1.S1_at	*somatostatin-14*	10/10
Gga.1267.1.S1_a_at	*growth hormone 1*	10/10
Gga.560.1.S1_at	*growth differentiation factor 8*	10/10
Gga.5646.2.S1_at	*diacylglycerol kinase，zeta 104kDa*	10/10
GgaAffx.21833.1.S1_s_at	*cholecystokinin receptor*	10/10
GgaAffx.21834.1.S1_s_at	*cholecystokinin*	10/10
GgaAffx.21846.1.S1_s_at	*transforming growth factor alpha*	10/10
GgaAffx.2229.1.S1_at	*polyamine oxidase（exo-N4-amino）*	10/10
Gga.579.1.S1_at	*neurotrophic tyrosine kinase，receptor，type 1*	10/10
Gga.609.1.S1_at	*thyroid hormone receptor beta 2*	10/10
Gga.151.1.S1_at	*sterol regulatory element binding transcription factor 1*	10/10

续表

探针号	基因名称	错配探针对/总探针对 [a]
Gga.686.1.S1_at	*bone morphogenetic protein 4*	10/10
Gga.689.1.S1_at	*low density lipoprotein-related protein 1*	10/10
Gga.15741.1.S1_at	*growth arrest-specific 2*	10/10
Gga.16782.1.S1_at	*phosphoinositide-3-kinase，catalytic*	10/10
Gga.761.1.S1_at	*Mel-1c melatonin receptor*	10/10
Gga.762.1.S1_at	*melatonin receptor 1*	10/10
Gga.784.1.S1_at	*protein-tyrosine phosphatase CRYPalpha*	10/10
Gga.793.1.S1_s_at	*acetylcholinesterase*	10/10
Gga.811.1.S1_at	*growth differentiation factor 2*	10/10
Gga.17381.1.S1_at	*phospholipase C-like 3*	10/10
Gga.857.1.S1_at	*epidermal growth factor receptor*	10/10
Gga.6214.1.S1_a_at	*phospholipase A2，group IB（pancreas）*	10/10
Gga.3663.2.S1_at	*nucleolin*	10/10
Gga.3707.2.A1_at	*CCAAT/enhancer binding protein（C/EBP），gamma*	10/10
GgaAffx.2229.1.S1_at	*polyamine oxidase（exo-N4-amino）*	10/10
GgaAffx.3695.1.S1_s_at	*myelin transcription factor 1*	10/10
GgaAffx.3803.6.S1_at	*plexin A1*	10/10
Gga.2645.1.S1_at	*transforming growth factor，beta receptor II*	10/10
Gga.2694.1.S1_at	*lymphoid enhancer-binding factor 1*	10/10
Gga.271.1.A1_at	*bone morphogenetic protein 1*	10/10
Gga.2933.1.S1_at	*N-acetylglucosaminyltransferase VI*	10/10
GgaAffx.20398.1.S1_s_at	*phospholipase C-like 3*	10/10

a. 错配探针对/代表特定基因的总探针对（10 对）

　　此外，高、低脂系两系间有 230 个基因显著差异表达，其中 153 个和 77 个基因在高脂系中表达水平分别上调和下调（图 6-5）。将筛选出的 230 个差异表达基因进行功能富集分析和 KEGG 的调控通路分析，结果发现了 4 个显著或接近显著的功能分类。这些差异表达基因没有注释到显著的 KEGG 调控通路。

　　为了验证芯片的结果，我们从 230 个差异表达的基因中随机选取了 15 个基因，利用实时 RT-PCR 的方法对其在高、低脂系肉鸡 7 周龄脂肪组织中的表达情况进行了验证。同时，为了验证芯片所筛选出的差异表达基因是否可以真正代表两系肉鸡脂肪组织间的差异表达基因，验证所用个体除了芯片实验所用的 10 只鸡之外，又加入了 4 个 RNA 池样本，高、低脂系肉鸡各 2 只，每个 RNA 池为 3 只鸡 7 周龄脂肪组织 RNA 的等量混合。实时 RT-PCR 的结果显示，在所验证的 15 个基因中，12 个基因的表达在高、低脂系肉鸡 7 周龄脂肪组织间存在显著差异，与芯片的结果一致，有两个基因（*ACO* 和 *SOCS7* 基因）在高、低脂系肉鸡 7 周龄脂肪组织间的表达没有达到显著水平，但总体趋势与芯片结果一致，只有一个基因（*TNFAIP1* 基因）的实时 RT-PCR 的结果与芯片的结果相反（表 6-5）。

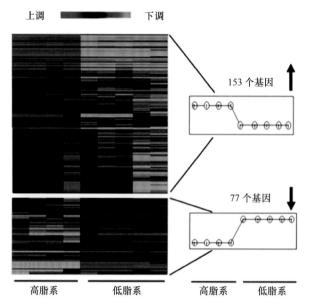

图 6-5　230 个显著差异表达基因的聚类图（Wang et al.，2007）

表 6-5　显著差异表达基因的验证（Wang et al.，2007）

基因	芯片差异倍数	qPCR 差异倍数	P 值
PCC	2.5	2.45	0.0312*
TXN3	2.7	4.47	0.0241*
PER	5.67	8.08	0.007**
ERO1	3.94	3.66	0.0308*
FLT1	4.21	4.46	0.0455*
CWF19	6.56	1.95	0.03*
PBP2	6.95	5.75	0.0521
PARVA	6.9	3	0.0221*
G3PD	7.46	2.32	0.0154*
Stxbp4	7.35	2.8	0.0031**
LRP12	1.82	8.83	0.0404*
ACO	2.19	2.76	0.2912
ST7	−2.1	−2.07	0.0042**
SOCS7	−10	−1.41	0.2117
TNFAIP1	−1.6	1.72	0.0086**

*表示 $P<0.05$；**表示 $P<0.01$

　　本研究结果显示，一些参与脂类代谢的重要基因在高脂系中的表达量上调，包括：丙酰辅酶 A 羧化酶、丙酮酸脱氢酶复合体、甘油酸-3-磷酸脱氢酶、磷脂酰肌醇等。丙酰辅酶 A 羧化酶是奇数链脂肪酸、异亮氨酸、苏氨酸、甲硫氨酸和缬氨酸代谢中的关键酶（van Greevenbroek et al.，2004）。丙酮酸脱氢酶复合体可以催化丙酮酸氧化脱羧形成乙酰辅酶

A（Martin et al.，2005；Reed，2001，1981）。乙酰辅酶 A 进入三羧酸循环，提供乙酸进而合成脂肪酸、酮体和胆固醇。在食物诱导的肥胖动物中，甘油-3-磷酸脱氢酶的表达量上调（López et al.，2003）。磷脂酰肌醇是一种重要的脂类，是所有动植物膜的关键组成成分，参与重要的信号过程（https://en.wikipedia.org/wiki/Phosphatidylinositol）。以上这些基因主要是通过增强脂肪酸的合成来调节脂类代谢的。此外，一些参与能量代谢相关的基因在高脂系中的表达量下调，包括：硫氧还蛋白样 4B、5-氧代-脯氨酰-肽酶等。一些参与糖异生或糖酵解的基因在高脂系中的表达量上调，如甘油激酶（GK）、ATP 酶、β-1,3-半乳糖基转移酶等。事实上，糖代谢和能量代谢与肥胖是高度相关的（Labib，2003；Boden et al.，2002；Sun et al.，2002）。更为有趣的是，本研究发现，酪氨酸信号转导通路中有多个基因在高脂系中的表达量比低脂系高。该结果说明该通路在脂类代谢中具有非常重要的作用，其作用的分子机制还需要进一步研究。

脂肪的生成是由许多转录因子协同作用来调控的（Gregoire et al.，1998；MacDougald and Lane，1995）。脂肪细胞的去分化和表型的丧失与肿瘤坏死因子家族（TGFβ 家族）密切相关（Nadler et al.，2000；Ron et al.，1992）。本研究中观察到一些参与肿瘤发生的基因在高、低脂系间差异表达。抑制肿瘤发生的基因，如肿瘤坏死因子 α 诱导蛋白 1（*TNFAIP1*）、肿瘤发生抑制因子 7（*ST7*）、凝血酶敏感素 1（*THBS1*）等，在高脂系中表达量下调；而促进肿瘤形成的基因，包括 ret 原癌基因（*ret proto-oncogene*）、头巾样肿瘤综合征（*turban tumor syndrome*）等，在高脂系中的表达量上调。该结果说明鸡肥胖与肿瘤发生有关。

总之，本研究构建了鸡 7 周龄脂肪组织基因表达谱，鉴定出 230 个基因在高、低脂系间差异表达，并且利用 RT-PCR 对差异表达基因进行了验证。这些基因主要参与脂类代谢、能量代谢、信号转导、肿瘤发生和机体免疫等生物学过程。进一步的分析表明，丙酮酸脱氢酶复合体、丙酰辅酶 A 羧化酶、酪氨酸信号转导通路可能在脂质代谢中起关键作用。如果这些基因的表达模式在后续的研究中得到证实，这些结果将有助于深入了解鸡脂类代谢的调控机制，为鸡乃至其他畜禽分子水平的育种理论和技术研究作出重要的贡献，而且对于人类疾病（如与肥胖相关的疾病）分子机制的研究具有深远的意义。

（二）高、低脂系肉鸡肝脏组织差异表达基因的筛选

本课题组王洪宝和贺綦分别开展了两项研究，用于筛选高、低脂系第 8 世代和第 14 世代重要生长发育时期肉鸡肝脏组织差异表达的基因和重要信号通路（王洪宝，2008；He et al.，2014；Wang et al.，2010）。

本课题组王洪宝以高、低脂系第 8 世代的鸡只为材料，分别于 1 周龄、4 周龄、7 周龄时各选取了 2 只鸡（Wang et al.，2010）。采集肝脏组织，提取总 RNA 后，用 cDNA 芯片进行基因表达分析（图 6-6）。

结果发现，高、低脂系间在第 1 周龄有 81 个基因差异表达（$P<0.05$）；4 周龄高、低脂系间有 966 个基因差异表达（$P<0.05$）；7 周龄高、低脂系间有 610 个基因差异表达（$P<0.05$）（图 6-7）。第 4 周龄差异表达基因比第 1 周龄差异表达基因多。第 4 周龄差异异

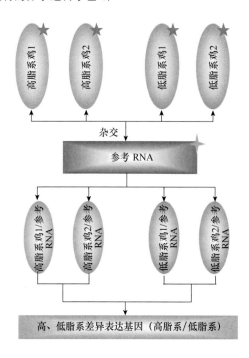

图 6-6　鸡肝脏组织差异表达基因筛选的实验流程（Wang et al.，2010）

表达基因主要富集在脂肪生成和糖裂解途径，如肝脏脂肪酸结合蛋白（L-FABP）、苹果酸脱氢酶、乙酰辅酶 A 乙酰转移酶 1、HMG CoA 合成酶、丙酮酸脱氢酶 E1、异柠檬酸脱氢酶 3 和乳酸脱氢酶 H 亚基等重要通路。第 7 周龄的差异表达基因富集在脂类物质和能量代谢通路，包括极低密度脂蛋白-Ⅱ、载脂蛋白 AⅠ、过氧化物酶体增殖物激活受体 γ、谷胱甘肽-S-转移酶、葡萄糖磷酸变位酶、肌钙蛋白等重要通路。在这些差异表达基因中选择了 9 个基因利用实时荧光定量 PCR（qRT-PCR）进行验证，结果在 9 个基因中有 6 个基因得到了验证，另外 3 个基因（白介素 15、肌钙蛋白 T 和 *VLDL-II*）的表达量在高、低系间没有显著差异（表 6-6）。

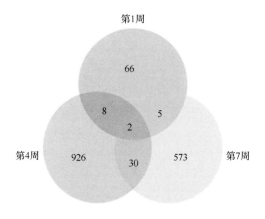

图 6-7　高、低脂系间不同周龄差异表达的基因数目（Wang et al.，2010）

表 6-6　RT-PCR 验证芯片基因表达结果（Wang et al.，2010）

基因	芯片反对数（F/L）	RT-PCR 反对数（F/L）	P 值
Apo-A I	23.2	22.13	0.044
NET1	21.92	22.48	0.04
Nucleolin C23	21.73	22.88	0.003
GST	1.79	1.98	0.0025
Interleukin 15	21.56	21.44	0.313
TIM	22.3	22.34	0.001
Troponin T	21.95	21.43	0.102
TNT	2.1	3.27	0.00046
VLDL-II	1.75	1.67	0.395

　　本研究所用实验材料为高、低脂系肉鸡，这两个品系经过 8 个世代的选育之后，7 周龄高、低脂系鸡只腹脂重和腹脂率差异显著。研究结果发现，高、低脂系间 1 周龄的肝脏组织差异表达基因比 4 周龄和 7 周龄少。而且 1 周龄高、低脂系间差异表达的基因中有很多转录因子（如 *C/EBPγ*、ATP-binding cassette、DEAD-box RNA helicase 等）及一些参与糖酵解的基因（如 *LDH-B* 等）。其原因可能是 1 周龄的雏鸡，由于刚出生不久，机体本身要适应外界环境，其主要经历的能量代谢转换是从利用蛋黄中的脂肪转换到将食物中碳水化合物和蛋白质转化成脂类（Noy and Sklan，2001）。一些脂类代谢酶基因的表达使得雏鸡具有将食物中的碳水化合物转化成脂肪的能力（Speake et al.，1998），但是，此时肝脏合成脂肪的能力很低。随着雏鸡的不断长大，肝脏合成脂肪的能力变得越来越强，高、低脂系肉鸡脂肪沉积逐渐增加。高、低脂系间 4 周龄肝脏组织差异表达基因超过 900 个，这些差异表达基因中包含许多参与脂类代谢（如乙酰辅酶 A 乙酰转移酶 1、苹果酸脱氢酶 1、丙酮酸脱氢酶 E1α、肝脏型脂肪酸结合蛋白、载脂蛋白、通过多肽 2 的细胞色素 C 氧化酶亚基）和糖代谢 [如 β-1,4-半乳糖基转移酶、75kDa 葡萄糖调节蛋白、异柠檬酸脱氢酶 3（NAD$^+$）α、*LDH-B* 等] 的基因。乙酰辅酶 A 乙酰转移酶 1 可以将一分子的乙酰乙酰辅酶 A 转化为两分子的乙酰辅酶 A，并且在这个过程中产生能量。乙酰辅酶 A 乙酰转移酶 1 在破裂食物中蛋白质和脂肪的过程中发挥着重要的作用（https://ghr.nlm.nih.gov/gene/ACAT1）。苹果酸脱氢酶是一种胞质蛋白，它的作用是催化苹果酸的氧化脱羧作用形成丙酮酸和 CO_2，同时使 NADP$^+$ 变成 NADPH。在禽类肝脏，长链脂肪酸的从头合成过程所需的 NADPH 都是通过苹果酸脱氢酶的催化反应获得的（Wakil et al.，1983；Volpe and Vagelos，1973）。有研究表明，苹果酸脱氢酶活动与 AFP 相关（Grisoni et al.，1991）。本研究结果显示，乙酰辅酶 A 羧化酶和苹果酸脱氢酶在高脂系中的表达量下调，我们还需要进一步在蛋白质水平上验证这两个基因是否参与调节鸡的脂质代谢。

　　高、低脂系间 7 周龄肝脏组织差异表达基因有 600 个，其中包括一些与脂质代谢和能量代谢相关的重要基因，如 *Apo-A I*、*PPARγ* 等。Apo-A I 是一种载脂蛋白，参与血浆胆固醇和其他脂类的运输。该蛋白是血浆高密度脂蛋白的组成部分，在胆固醇稳态中扮演重要的角色（Bhattacharyya et al.，1993）。本课题组前期研究结果显示，*Apo-A I*基因在蛋鸡和肉鸡脂肪组织中差异表达（Wang et al.，2006）。Bourneuf 等（2006）利用表达谱芯片发现 *Apo-A I* 基因在高脂系中的表达量高于低脂系，但是实时 RT-PCR 验证结果与芯片结果相反。*PPARγ* 是一种配体依赖性转录因子，属于核激素受体超家族，其在调节脂肪细胞的分化过程中有重要作用（Guan et al.，2002）。*PPARγ* 主要在脂肪组织中表达，而且在脂肪细胞分化的早期高表达（Tontonoz et al.，1994）。与脂肪组织或细胞相反，该基因在肝脏中的表达量很低。在人类和鼠的肝脏中，*PPARγ* 基因的表达量只有脂肪组织的 10%~30%（Peters et al.，2000；Tontonoz et al.，1994）。Gavrilova（2003）的研究结果显示，在肝脏中 *PPARγ* 能够调节甘油三酯的动态平衡，导致脂肪肝的形成，但是可以保护其他组织免于甘油三酯的堆积和胰岛素抵抗。Matsusue 等（2003）的研究结果显示，在糖尿病鼠中，肝脏 *PPARγ* 在甘油三酯堆积、血液葡萄糖和胰岛素抵抗中起着至关重要的作用。在本研究中，*PPARγ* 在高、低脂系间 4 周龄和 7 周龄肝脏组织中差异表达，该结果说明在肝脏中 *PPARγ* 可能对鸡脂质代谢有重要作用。

本课题组贺綦以高、低脂系第 14 世代 2 周龄、4 周龄的鸡只为研究对象，筛选高、低脂系间肝脏组织差异表达基因（He et al.，2014）。结果表明，2 周龄和 4 周龄时，高、低脂系间分别有 770 个和 452 个基因差异表达，并且达到了显著水平（*P*<0.05）。GO 分析发现 2 周龄时差异基因显著富集在 4 个功能类，分别是核糖核蛋白复合体、核糖体结构成分、核糖核蛋白结合、RNA 定位；4 周龄差异表达基因只显著富集在 1 个功能类（细胞外基质）。KEGG 分析结果显示，2 周龄差异表达基因显著富集到 11 条通路中，包括 Wnt 信号通路、胰岛素信号通路等；4 周龄差异表达基因显著富集到 9 条信号通路中，如细胞周期、notch 信号通路等。两个周龄有 42 个共同的差异表达基因，其中低脂系 2 周龄和 4 周龄表达上调和下调的基因个数分别为 18 个和 16 个。上调的 18 个基因富集在去氢酶活性和大分子复合体通路，下调的 16 个基因富集在核糖核蛋白结合通路。本项研究工作总结：高、低脂系间 2 周龄和 4 周龄肝脏组织存在差异表达基因，这些基因富集在一些重要的通路中，如 Wnt 信号通路、胰岛素信号通路和细胞周期通路等。这些信号通路对鸡脂质代谢都有重要影响。Wnt 信号通路主要参与真核生物很多器官的早期发育过程，并且对细胞增殖、分化及肿瘤的发生有重要作用（Kitazoe et al.，2010）。在哺乳动物肝脏中，胰岛素信号通路可以控制脂类的合成和积累。胰岛素抵抗可能会导致肝脏中甘油三酯的堆积（Leavens and Birnbaum，2011）。有研究表明，脂类代谢同细胞周期进程有紧密联系（Long et al.，2012；Donnelly et al.，1999）。

综上所述，利用基因芯片技术可以大规模地筛选影响鸡脂类代谢的重要基因和调控通路，但研究结果仍停留在筛选到重要基因这一层面上，而对于这些基因和调控通路是否真正为影响鸡脂类代谢的重要基因和调控通路，以及它们是如何影响鸡脂类代谢的，都需要更加系统的生物学实验来验证。

第三节　鸡脂肪生长发育相关重要蛋白质的筛选

深入研究肉鸡脂肪组织生长发育的分子机制对于肉鸡的育种和生产具有重要的理

论价值和现实意义。哺乳动物上的研究结果表明，肥胖是由多因素调控的复杂遗传病，以往对单个基因或蛋白质进行研究的方式无法捕获众多影响肥胖的重要因素，大规模、高通量的现代分子生物学方法成为研究复杂性状的有力工具。随着生命科学的迅速发展，功能基因组学为我们全面深入地研究脂肪性状形成的分子机制提供了新的方向。许多研究利用基因芯片技术比较了胖鸡、瘦鸡的基因表达谱，为人们在转录水平上理解脂肪沉积的分子机制提供了线索（Wang et al.，2007；Bourneuf et al.，2006）。然而，蛋白质是生理功能和几乎全部生物学过程的执行者，并且由于复杂可变的翻译后修饰机制使得 mRNA 丰度与蛋白质丰度的相关性并不好，因此仅仅在转录水平上进行研究是不全面的。描述和比较胖鸡、瘦鸡脂肪组织的蛋白质图谱对于阐明脂肪沉积的分子机制是至关重要的。

　　蛋白质组学以细胞内全部蛋白质的存在及其活动方式作为研究对象，是当前研究复杂生命活动的有力工具。蛋白质组学产生的时间虽然不长，但其理论和技术发展迅速，具有很大的实用价值和发展前景。在人和啮齿类动物上，蛋白质组学技术已经被广泛应用于肥胖者与正常体重者脂肪组织蛋白质图谱的差异比较研究上，结果发现一些与脂类代谢、能量代谢、内质网压力相关的蛋白质参与肥胖的发生（Boden et al.，2008；Schmid et al.，2004）。近几年，蛋白质组学方法逐渐被应用于家畜如猪、牛脂肪沉积分子机制的研究上。Zhang 等（2007）利用 cDNA 芯片和双向电泳的方法研究克伦特罗（瘦肉精）处理前后香猪脂肪组织差异基因/蛋白质表达谱，发现经克伦特罗处理后载脂蛋白 R 在 mRNA 水平和蛋白质水平的表达量均上调。Ikegami 等（2008）利用蛋白质组学方法分析牛的白色脂肪组织蛋白质表达谱，发现高屠体重组有 95 个蛋白质点的表达量上调，2 个蛋白质点的表达量下调，这些差异表达的蛋白质主要与能量代谢、细胞结构、细胞防御、转运及信号转导相关。与转录组相比，蛋白质组分析能够更好地了解脂肪组织的生长发育。

　　本课题组王丹以东北农业大学高、低脂系肉鸡第 11 世代 7 周龄鸡只的腹部脂肪组织作为研究材料，用 Trizol 法提取脂肪组织总蛋白后，通过双向凝胶电泳（2-dimensional electrophoresis，2-DE）方法分离蛋白质，然后利用 ImageMaster 6.0 软件筛选高、低脂系肉鸡差异表达蛋白，最后通过基质辅助激光解吸飞行时间质谱（matrix-assisted laser desorption-ionization time-of-flight mass spectrometry，MALDI-TOF-MS）鉴定这些差异表达的蛋白质（王丹，2009；Wang et al.，2009b）。结果共筛选出 20 个差异表达的蛋白质点，其中 12 个蛋白质点在高脂系中表达量上调，8 个蛋白质点表达量下调。经 MALDI-TOF-MS 鉴定和数据库检索，这 20 个蛋白质点与 15 个蛋白质相对应。具体研究结果如下。

　　利用 2DE 技术构建了 7 周龄肉鸡脂肪组织蛋白质图谱。采用优化后的 Trizol 法提取脂肪组织的可溶性总蛋白，分别用 24cm pH3~10 非线性的宽 pH 范围胶条和 24cm pH4~7 的窄 pH 范围胶条对提取的总蛋白进行双向凝胶电泳，获得了分辨率和重复性均较好的脂肪组织蛋白质图谱。蛋白质图谱上蛋白质点分布比较均匀，大多数蛋白质点集中在 pH 4~7 区域，这与组织细胞内绝大多数蛋白质的分布规律相符合。为了提高蛋白质在 pH4~7 这一区域的分辨率，又进一步采用 24cm pH4~7 的窄 pH 范围胶条对脂肪组织蛋白质进行双向电泳，运用 pH4~7 的窄 pH 范围胶条可以更有效地分辨出 pH3~10 胶图上相同区域内聚积的蛋白质点，提高蛋白质表达谱的分辨率，有利于差异蛋白的寻找。

分别用上述两种 pH 范围的胶条，对高、低脂系第 11 世代 7 周龄腹脂率最高和最低的各 3 只公鸡（鸡只的体重、腹脂重及腹脂率见表 6-7）的脂肪组织蛋白质同时进行双向凝胶电泳，每个样品均重复 3 次，经 Blue Silver 胶体考染后，2-DE 图谱上蛋白质点清晰可辨且重复性较好，可以进行后续的差异蛋白质的分析鉴定。高、低脂系肉鸡脂肪组织电泳图谱见图 6-8 和图 6-9。

表 6-7　本研究所用鸡只体重、腹脂重及腹脂率（Wang et al.，2009b）

性状	低脂系			高脂系		
	7-1-1[1]	7-1-2	7-1-5	7-2-1	7-2-4	7-2-6
体重/g	2195	1980	2290	2050	2285	2270
腹脂重/g	11.88	10.69	15.57	72.12	72.09	59.92
腹脂率/g	0.54	0.54	0.68	3.52	3.15	2.64

1. 个体编号

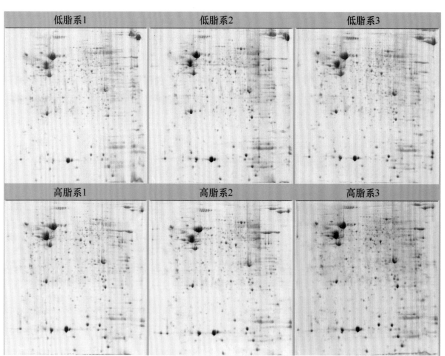

图 6-8　高、低脂系肉鸡脂肪组织双向电泳图谱（pH3~10）（Wang et al.，2009b）

图谱经 ImageMaster 2D Platinum 6.0 软件分析，选取在同一品系 3 个样品中均存在且差异在 1.5 倍以上（$P<0.05$）的蛋白质点作为高、低脂系间差异表达蛋白质点。其中，在 pH3~10 的胶图上共找到 18 个差异蛋白质点，在 pH4~7 的胶图上又找到 2 个新的差异蛋白质点，总计在高、低脂系肉鸡间共筛选出 20 个差异表达的蛋白质点。

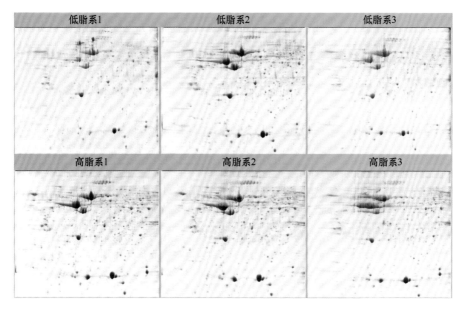

图 6-9　高、低脂系肉鸡脂肪组织双向电泳图谱（pH4~7）（Wang et al.，2009b）

将高、低脂系间差异表达的 20 个蛋白质点挖取下来，进行 MALDI-TOF-MS 鉴定，获得肽质量指纹图谱（PMF）。根据所得的 PMF，利用 MASCOT 软件搜索 NCBInr 数据库，发现 20 个差异蛋白质点与 15 个蛋白质匹配，分别是脂肪酸结合蛋白（adipocyte fatty acid binding protein，AFABP）、载脂蛋白 A I（apolipoprotein A I，Apo-A I）、长链脂酰辅酶 A 脱氢酶（long chain acyl-coenzyme A dehydrogenase，ACADL）、突触融合蛋白 2（syntaxin2）、鸟嘌呤结合蛋白 β-多肽 1（guanine nucleotide binding protein beta polypeptide 1，GNB1）、热休克蛋白 β1（heat shock protein beta-1，HSPβ1）、谷胱甘肽硫转移酶 α（glutathione *S*-transferase class-alpha，GSTα）、谷胱甘肽硫转移酶 θ1（glutathione *S*-transferase theta 1，GSTT1）、cofilin2、otokeratin、端粒酶催化亚单位（telomerase catalytic subunit）、波形蛋白（vimentin）及 3 个假想蛋白。表 6-8 列出了这 15 个蛋白质，并且提供了它们在高、低脂系间的表达量差异倍数、P 值、变异系数、序列覆盖率、Mascot 分值、GenBank 登录号、细胞定位。表 6-9 为这 15 个蛋白质在高、低脂系肉鸡脂肪组织间的表达水平放大图。

利用 GO 和 KEGG 对筛选出的 15 个高、低脂系差异表达蛋白进行功能富集和调控通路分析，结果差异表达蛋白在 GO 中并没有显著富集的功能类，原因在于用于富集分析的蛋白质数量太少，在任意功能类中所占比例都很小，因而未达到显著富集的标准。在 KEGG 中，找到了一条 ACADL 参与的脂肪酸代谢通路。

本研究通过双向凝胶电泳方法和基质辅助激光解吸飞行时间质谱技术鉴定高、低脂系 7 周龄脂肪组织差异表达蛋白，结果筛选出 15 个蛋白质在高、低脂系间脂肪组织中差异表达。在 http://www.expasy.org/sport 蛋白质数据库中对这 15 个蛋白质进行检索，找到其相应的亚细胞定位和功能分类等信息。这些差异表达的蛋白质根据功能至少可以分为六类：脂类代谢相关蛋白（AFABP、ACADL 和 Apo-A I）、分子伴侣（HSPβ1）、氧

表 6-8　质谱鉴定的差异蛋白质的详细信息（Wang et al.，2009b）

序号	蛋白质名称[1]	差异倍数[2]	P 值	CV（L）[3]	CV[4]（F）	序列覆盖率/%	Mascot分值	GenBank登录号	细胞定位[5]	功能[6]
1	syntaxin2	2.41	0.039	0.001	0.086	91	370	NP_001073181	M	protein processing
2	GNB1	1.74	0.007	0.019	0.073	45	167	NP_001012853	NR	GBP
3	ACADL	1.60	0.049	0.106	0.092	43	164	NP_001006511	NR	metabolism
4	Apo-AⅠ	−1.57	0.002	0.033	0.097	80	267	NP_990856	S	metabolism
5	AFABP	2.02	0.048	0.047	0.033	68	174	NP_989621	C	metabolism
6	GSTα	1.80	0.019	0.069	0.108	48	109	AAD34393	C	redox
7	GSTT1	1.58	0.044	0.073	0.045	62	82	XP_001232000	C	redox
8	cofilin2	1.52	0.010	0.096	0.159	71	104	P21566	C，N	cytoskeleton
9	vimentin	1.69	0.010	0.104	0.038	71	160	AAW49255	NR	cytoskeleton
10	otokeratin	2.24	0.012	0.285	0.338	51	357	NP_990263	NR	cytoskeleton
11	HSPβ1	−2.13	0.049	0.094	0.087	50	113	NP_990621	C	chaperone，cytoskeleton
12	telomerase catalytic subunit	2.53	0.009	0.098	0.096	38	293	ABQ15326	N	DNABP RNABP
13	hypothetical protein1	4.71	0.003	0.086	0.038	82	360	XP_423397		
14	hypothetical protein2	−3.04	0.011	0.218	0.099	50	183	XP_001232700		
15	hypothetical protein3	−1.61	0.044	0.278	0.3137	60	339	XP_421662		

1. GNB1 = guanine nucleotide-binding protein β polypeptide 1；ACADL = long-chain acyl-coenzyme A dehydrogenase；Apo-AⅠ= apolipoprotein-AⅠ；AFABP = adipocyte fatty acid binding protein 4；GSTα = glutathione *S*-transferase class-alpha；GSTT1 = glutathione *S*-transferase theta 1；HSPβ1= heat shock protein β1；2. 差异倍数=高脂/低脂；3. CV（L）=3 只低脂系肉鸡变异系数；4. CV（F）=3 只高脂系肉鸡变异系数；5. C=细胞质；M =细胞膜；N =细胞核；NR =未报道；S =分泌蛋白；6. DNABP =DNA 结合蛋白；GBP =鸟嘌呤核苷结合蛋白；Redox =氧化还原；RNABP =RNA 结合蛋白

表 6-9　高、低脂系肉鸡脂肪组织间差异表达的蛋白质胶图（Wang et al.，2009b）

蛋白质	低脂系			高脂系		
	7-1-1[1]	7-1-2	7-1-5	7-2-1	7-2-4	7-2-6
syntaxin2						
GNB1						
ACADL						
Apo-AⅠ						
AFABP						
GSTα						

续表

蛋白质	低脂系			高脂系		
	7-1-1[1]	7-1-2	7-1-5	7-2-1	7-2-4	7-2-6
GSTT1	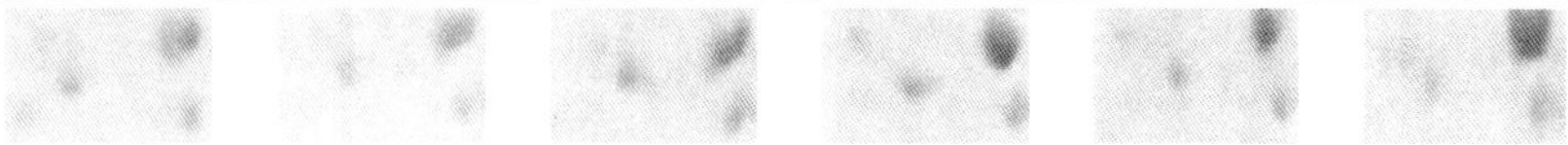					
cofilin2	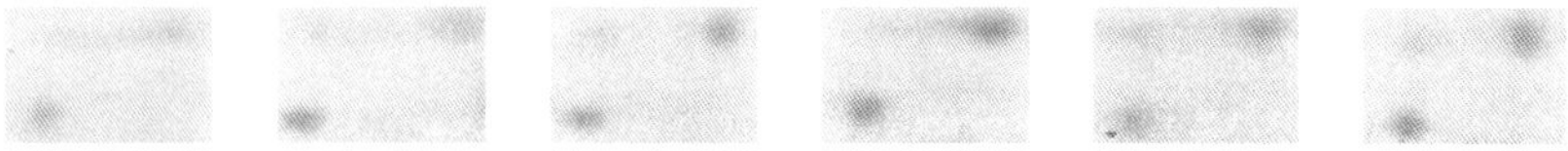					
vimentin						
otokeratin						
HSPβ1						
telomerase catalytic subunit						
hypothetical protein（containing SBP56）	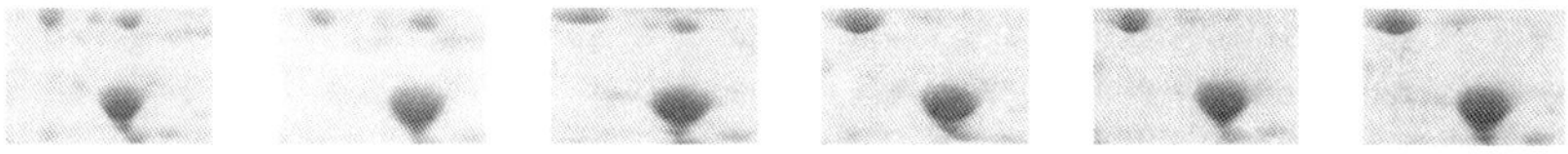					
hypothetical protein（containing pyrophosphatase）	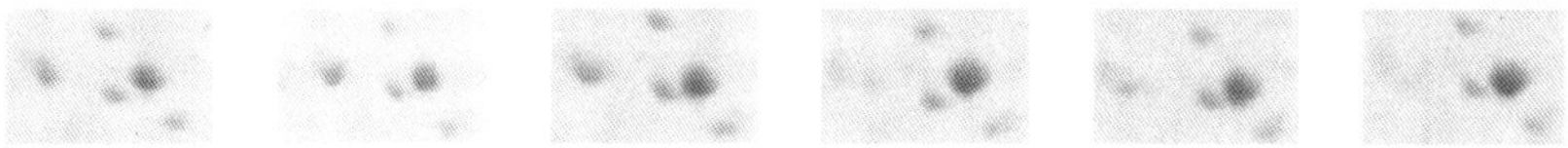					
hypothetical protein（containing Putative Zn-dependent protease）	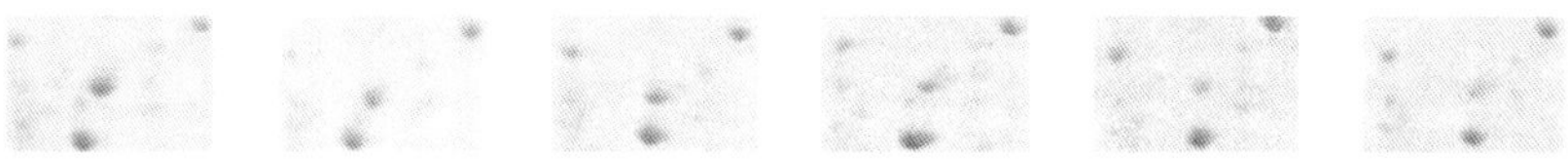					

1. 个体编号

化还原相关蛋白（GSTα 和 GSTT1）、信号转导蛋白（G 蛋白/GNB）、转运蛋白（syntaxin）、细胞骨架蛋白（cofilin2、vimentin 和 otokeratin）。

AFABP、ACADL 和 Apo-A I 这 3 个差异表达的蛋白质主要参与脂类代谢。脂肪酸结合蛋白（FABP）是一类小分子胞浆蛋白，属于脂类结合蛋白超家族，对长链脂肪酸具有较高的亲和力，与脂肪性状形成有关（McArthur et al.，1999）。AFABP 是脂肪酸结合蛋白家族的一个成员，主要参与细胞内脂肪酸的运输。AFABP 输送脂肪酸到脂肪酸氧化和甘油三酯复合物形成的位置，并且能够有效地促进酯化反应（Haunerland and Spener，2004）。在脂肪生成过程中，AFABP 的表达量上调（DeLany et al.，2005；Lynch et al.，1993）。ACADL 是脂肪酸 β 氧化的关键酶（Gregersen，1985）。有研究结果表明，在饲喂高脂肪饮食的老鼠中 ACADL 的表达量高于饲喂低脂肪饮食的老鼠（Ji and Friedman，2007）。本研究结果发现高脂系 AFABP 和 ACADL 的表达量高于低脂系，该结果与他人研究结果一致。Apo-A I 是高密度脂蛋白的组成部分，参与胆固醇从组织到肝脏的逆向运输过程（Mukhamedova et al.，2008），在胆固醇动态平衡中扮演重要的角色（Bhattacharyya et al.，1993）。本课题组之前的研究结果发现，Apo-A I 基因 ATG 上游的一个多态性位点与腹脂重和腹脂率显著相关（Wang et al.，2005）。

热休克蛋白又称热激蛋白，是一组分子伴侣，能够保护蛋白质免受损伤和水解，与肥胖和糖尿病的发生有关（Ozcan et al.，2004；Cherian and Abraham，1995）。有研究显示，在哺乳动物中，热休克蛋白 27（HSP27）与胰岛素样生长因子受体 1 互作，一起调节脂质代谢（Rane et al.，2003）。鸡 HSPβ1 与哺乳动物 HSP27 相对应。本研究结果发现，HSPβ1 在高脂系中的表达量低于低脂系，我们推测该蛋白可能在鸡腹脂沉积过程中发挥重要的作用。

GSTα 和 GSTT1 是参与氧化还原反应的重要蛋白。GST 是一种广谱解毒酶，其在脂肪细胞中通过对脂类过氧化物的解毒来发挥其保护作用（Jowsey et al.，2003）。在哺乳动物中，GSTα 和 GSTT1 参与多个与脂肪细胞分化有关的信号通路（Cortón et al.，2008；Jowsey et al.，2003）。本研究结果发现 GSTα 和 GSTT1 在高脂系中的表达量是上调的，结合哺乳动物研究结果，我们推测这两个蛋白可能参与鸡脂肪细胞增殖和分化相关的信号通路。

GNB 是一种重要的信号转导蛋白，参与许多激素和神经递质的传导过程（Robertson et al.，1991）。在人上的研究结果显示，GNB 与胰岛素的合成和分泌有关（Robertson et al.，1991）。GNB 上的多态性位点与人类肥胖相关（陈燕燕等，2003；Danoviz et al.，2006）。本研究发现，GNB1 在高脂系中高表达，我们推测该蛋白可能与鸡的腹脂沉积有关。

突触融合蛋白是胞内转运中间泡受体家族，参与神经元的胞吐作用、内质网-高尔基体运输和高尔基体内容物的运输。突触融合蛋白 2（syntaxin2）主要参与脂肪细胞中胰岛素诱导的葡萄糖转运蛋白 4 的易位，有研究表明在脂肪组织中胰岛素促进葡萄糖的摄取，主要是通过调节细胞内葡萄糖转运蛋白 4 葡萄糖载体亚型在细胞内的运输来实现的（Tamori et al.，1998；Olson et al.，1997）。

cofilin2、波形蛋白（vimentin）和耳蜗角蛋白（otokeratin）是重要的细胞骨架蛋白，这 3 个蛋白在高、低脂系肉鸡脂肪组织中差异表达，显示高、低脂系肉鸡脂肪细胞的体积和细胞结构是不同的。有研究报道成年胖人和瘦人脂肪细胞的数量是保持恒定的，脂肪细胞的体积是肥胖发生的决定性因素（Spalding et al.，2008）。cofilin2 是一个特殊的细胞骨架蛋白，通过调节肌动蛋白的聚合从而控制细胞的机械紧张（DeLany et al.，2005）。波形蛋白（vimentin）中间丝通过重构在新生脂滴周围形成笼型结构，从而对脂滴的形成起支撑作用（Lieber and Evans，1996）。在哺乳动物前脂肪细胞分化为脂肪细胞的研究中也发现这两个蛋白差异表达（DeLany et al.，2005；Welsh et al.，2004）。耳蜗角蛋白（otokeratin）最初是在鸡内耳盖层血管丛中被检测到的。Heller 等（1998）研究发现耳蜗角蛋白在鸡的心室上皮细胞层表达，且它的表达有利于维持心室的机械稳定性。

有趣的是，在我们的研究中发现端粒酶催化亚单位（telomerase catalytic subunit）在高脂肉鸡脂肪组织中表达量下调。端粒是染色体末端 DNA 串联重复序列，像帽子一样包住并保护线性的染色体（Effros，2009）。细胞分裂或受到氧化应激后端粒会变短，这也是生物体逐渐衰老的机制之一。在人上，一些研究显示端粒的长度与肥胖表型相关（Nordfjäll et al.，2008），肥胖成年人的端粒长度比正常体重对照组要短（Zannolli et al.，2008）。端粒缩短与端粒酶活性的减弱有关（Liu et al.，2002）。与人类的研究结果相符，在本研究中发现端粒酶催化亚单位在高脂肉鸡脂肪组织中表达量下调，推测高脂肉鸡的端粒可能比低脂肉鸡的端粒短。

除此之外，我们还鉴定出 3 个假想蛋白在两系间差异表达。这 3 个假想蛋白分别包含如下的保守区域：焦磷酸酶（pyrophosphatase）、硒结合蛋白质 56（SBP56）及锌依赖蛋白酶（Zn-dependent protease）。其中，有 3 个差异蛋白质点匹配上同一个包含硒结合蛋白保守区域的假想蛋白。但是这 3 个蛋白质点在两系间的表达趋势并不一致，推测它们可能是这个假想蛋白的不同亚型或不同修饰形式。哺乳动物和禽类的研究结果显示，许多包含这些保守区域（焦磷酸酶、硒结合蛋白及锌依赖蛋白酶）的蛋白质与肥胖的发生相关（Zhao et al.，2007；Takahashi et al.，2004）。在鸡上，有些蛋白质的功能是未知的，有些蛋白质与哺乳动物蛋白的序列同源性很低，这些鉴定出来的假想蛋白的功能还需要进一步研究。

综上所述，本实验室王丹在国内外首次利用双向凝胶电泳技术建立了 7 周龄肉鸡脂肪组织蛋白质表达图谱，分析了肉鸡脂肪组织蛋白质表达谱特征，筛选出了高、低脂系肉鸡间差异表达的蛋白质，为深入研究鸡体内脂肪沉积的分子机制奠定了基础。

参 考 文 献

陈燕燕, 李光伟, 李春梅, 等. 2003. G 蛋白 β 3 亚单位 C825T 与高血压、胰岛素抵抗及肥胖的关联. 中华医学杂志, 83(14): 1229-1232.

顾志良, 赵万里, 周勤宜. 1993. 肉鸡脂肪沉积规律的研究. 中国家禽, (1): 24-27.

韩晓珺, 王彬. 2010. 家禽脂蛋白代谢的研究. 家禽科学, (1): 45-47.

李辉, 龚道清, 杨山. 1997. 肉鸡血浆极低密度脂蛋白浓度与屠体肥度性状的相关研究. 黑龙江畜牧兽医, (8):3-7.

王丹. 2009. 高、低脂系肉鸡脂肪组织的比较蛋白质组学研究. 哈尔滨: 东北农业大学硕士学位论文.

王洪宝. 2008. 影响鸡脂类代谢重要基因的筛选及调控通路分析. 哈尔滨: 东北农业大学博士学位论文.

王启贵, 王桂华, 冷丽, 等. 2003. *Apo-AI* 基因多态性与鸡体组成性状的相关研究. 青岛: 中国畜牧兽医学会家禽学分会第十一次全国家禽学术讨论会论文集: 7-10.

Abumrad N, Coburn C, Ibrahimi A. 1999. Membrane proteins implicated in long-chain fatty acid uptake by mammalian cells: CD36, FATP and FABPm. Biochim Biophys Acta, 1441(1): 4-13.

Bhattacharyya N, Chattapadhyay R, Oddoux C, et al. 1993. Characterization of the chicken *apolipoprotein A-I* gene 5'-flanking region. DNA Cell Biol, 12(7): 597-604.

Boden G, Cheung P, Stein T P, et al. 2002. FFA cause hepatic insulin resistance by inhibiting insulin suppression of glycogenolysis. Am J Physiol Endocrinol Metab, 283(1): E12-E19.

Boden G, Duan X, Homko C, et al. 2008. Increase in endoplasmic reticulum stress-related proteins and genes in adipose tissue of obese, insulin-resistant individuals. Diabetes, 57(9): 2438-2444.

Borron D C, Jensen L S, McCartney M G, et al. 1979. Comparison of lipoprotein lipase activities in chickens and turkeys. Poult Sci, 58(3): 659-662.

Bourneuf E, Hérault F, Chicault C, et al. 2006. Microarray analysis of differential gene expression in the liver of lean and fat chickens. Gene, 372: 162-170.

Cartwright A L, Marks H L, Campion D R. 1986. Adipose tissue cellularity and growth characteristics of unselected and selected broilers: implications for the development of body fat. Poult Sci, 65(6): 1021-1027.

Cherian M, Abraham E C. 1995. Diabetes affects alpha-crystallin chaperone function. Biochem Biophys Res Commun, 212(1): 184-189.

Cherry J A, Swartworth W J, Siegel P B. 1984. Adipose cellularity studies in commercial broiler chicks. Poult Sci, 63(1): 97-108.

Cortón M, Botella-Carretero J I, López J A, et al. 2008. Proteomic analysis of human omental adipose tissue in the polycystic ovary syndrome using two-dimensional difference gel electrophoresis and mass spectrometry. Hum Reprod, 23(3): 651-661.

Danoviz M E, Pereira A C, Mill J G, et al. 2006. Hypertension, obesity and *GNB 3* gene variants. Clin Exp Pharmacol Physiol, 33(3): 248-252.

DeLany J P, Floyd Z E, Zvonic S, et al. 2005. Proteomic analysis of primary cultures of human adipose-derived stem cells: modulation by Adipogenesis. Mol Cell Proteomics, 4(6): 731-740.

Dionysiou D D, Burbano A A, Suidan M T, et al. 2002. Effect of oxygen in a thin-film rotating disk photocatalytic reactor. Environ Sci Technol, 36(17): 3834-3843.

Diot C, Douaire M. 1999. Characterization of a cDNA sequence encoding the peroxisome proliferator activated receptor alpha in the chicken. Poult Sci, 78(8): 1198-1202.

Dong C, Davis R J, Flavell R A. 2002. MAP kinases in the immune response. Annu Rev Immunol, 20: 55-72.

Donnelly P M, Bonetta D, Tsukaya H, et al. 1999. Cell cycling and cell enlargement in developing leaves of Arabidopsis. Dev Biol, 215(2): 407-419.

Effros R B. 2009. Kleemeier Award Lecture 2008–the canary in the coal mine: telomeres and human healthspan. J Gerontol A Biol Sci Med Sci, 64(5): 511-515.

Fraser R, Heslop V R, Murray F E, et al. 1986. Ultrastructural studies of the portal transport of fat in chickens. Br J Exp Pathol, 67(6): 783-791.

Friedlander Y, Leitersdorf E, Vecsler R, et al. 2000. The contribution of candidate genes to the response of plasma lipids and lipoproteins to dietary challenge. Atherosclerosis, 152(1): 239-248.

Gavrilova O, Haluzik M, Matsusue K, et al. 2003. Liver peroxisome proliferator-activated receptor gamma contributes to hepatic steatosis, triglyceride clearance, and regulation of body fat mass. J Biol Chem, 278(36): 34268-34276.

Goldstein I, Rotter V. 2012. Regulation of lipid metabolism by p53 - fighting two villains with one sword. Trends Endocrinol Metab, 23(11): 567-575.

Gregersen N. 1985. Riboflavin-responsive defects of beta-oxidation. J Inherit Metab Dis, 8 Suppl 1: 65-69.

Gregoire F M, Smas C M, Sul H S. 1998. Understanding adipocyte differentiation. Physiol Rev, 78(3): 783-809.

Griffin H, Grant G, Perry M. 1982. Hydrolysis of plasma triacylglycerol-rich lipoproteins from immature and laying hens (*Gallus domesticus*) by lipoprotein lipase *in vitro*. Biochem J, 206(3): 647-654.

Grisoni M L, Uzu G, Larbier M, et al. 1991. Effect of dietary lysine level on lipogenesis in broilers. Reprod Nutr Dev, 31(6): 683-690.

Guan Y, Zhang Y, Breyer M D. 2002. The Role of PPARs in the Transcriptional Control of Cellular Processes. Drug News Perspect, 15(3): 147-154.

Guo L, Sun B, Shang Z, et al. 2011. Comparison of adipose tissue cellularity in chicken lines divergently selected for fatness. Poult Sci, 90(9): 2024-2034.

Haunerland N H, Spener F. 2004. Properties and physiological significance of fatty acid binding proteins. *In*: van der Vusse G J. Lipobiology. Amsterdam: Elsevier: 99-123.

He Q, Wang S Z, Leng L, et al. 2014. Differentially expressed genes in the liver of lean and fat chickens. Genet Mol Res, 13(4): 10823-10828.

Heller S, Sheane C A, Javed Z, et al. 1998. Molecular markers for cell types of the inner ear and candidate genes for hearing disorders. Proc Natl Acad Sci U S A, 95(19): 11400-11405.

Hermier D, Chapman M J, Leclercq B. 1984. Plasma lipoprotein profile in fasted and refed chickens of two strains selected for high or low adiposity. J Nutr, 114(6): 1112-1121.

Hermier D, Quignard-Boulangé A, Dugail I, et al. 1989. Evidence of enhanced storage capacity in adipose tissue of genetically fat chickens. J Nutr, 119(10): 1369-1375.

Hillgartner F B, Salati L M, Goodridge A G. 1995. Physiological and molecular mechanisms involved in nutritional regulation of fatty acid synthesis. Physiol Rev, 75(1): 47-76.

Hood R L. 1982. The cellular basis for growth of the abdominal fat pad in broiler-type chickens. Poult Sci, 61(1): 117-121.

Ikegami H, Sono Y, Nagai K, et al. 2008. Discovery of a protein biomarker candidate related to carcass weight in Japanese Black beef cattle. J Proteomics Bioinform, S2: 259-260.

Ji H, Friedman M I. 2007. Reduced capacity for fatty acid oxidation in rats with inherited susceptibility to diet-induced obesity. Metabolism, 56(8): 1124-1130.

Jowsey I R, Smith S A, Hayes J D. 2003. Expression of the murine glutathione S-transferase alpha3 (*GSTA3*) subunit is markedly induced during adipocyte differentiation: activation of the *GSTA3* gene promoter by the pro-adipogenic eicosanoid 15-deoxy-Delta12,14-prostaglandin J2. Biochem Biophys Res Commun, 312(4): 1226-1235.

Kern P A. 1997. Potential role of TNFalpha and lipoprotein lipase as candidate genes for obesity. J Nutr, 127(9): 1917S-1922S.

Kim J E, Chen J. 2004. Regulation of peroxisome proliferator-activated receptor-gamma activity by mammalian target of rapamycin and amino acids in adipogenesis. Diabetes, 53(11): 2748-2756.

Kitazoe M, Futami J, Nishikawa M, et al. 2010. Polyethylenimine-cationized beta-catenin protein transduction activates the Wnt canonical signaling pathway more effectively than cationic lipid-based transduction. Biotechnol J, 5(4): 385-392.

Labib M. 2003. The investigation and management of obesity. J Clin Pathol, 56(1): 17-25.

Leavens K F, Birnbaum M J. 2011. Insulin signaling to hepatic lipid metabolism in health and disease. Crit Rev Biochem Mol Biol, 46(3): 200-215.

Lieber J G, Evans R M. 1996. Disruption of the vimentin intermediate filament system during adipose conversion of 3T3-L1 cells inhibits lipid droplet accumulation. J Cell Sci, 109(Pt 13): 3047-3058.

Liu Y, Kha H, Ungrin M, et al. 2002. Preferential maintenance of critically short telomeres in mammalian cells heterozygous for mTert. Proc Natl Acad Sci U S A, 99(6): 3597-3602.

Long A P, Manneschmidt A K, VerBrugge B, et al. 2012. Lipid droplet de novo formation and fission are linked to the cell cycle in fission yeast. Traffic, 13(5): 705-714.

López I P, Marti A, Milagro F I, et al. 2003. DNA microarray analysis of genes differentially expressed in diet-induced (cafeteria) obese rats. Obes Res, 11(2): 188-194.

Luiken J J, Glatz J F, Bonen A. 2000. Fatty acid transport proteins facilitate fatty acid uptake in skeletal muscle. Can J Appl Physiol, 25(5): 333-352.

Lynch C J, Hazen S A, Horetsky R L, et al. 1993. Differentiation-dependent expression of carbonic anhydrase II and III in 3T3 adipocytes. Am J Physiol, 265(1Pt1): C234-C243.

Lynch C J, Patson B J, Anthony J, et al. 2002. Leucine is a direct-acting nutrient signal that regulates protein synthesis in adipose tissue. Am J Physiol Endocrinol Metab, 283(3): E503-E513.

MacDougald O A, Lane M D. 1995. Transcriptional regulation of gene expression during adipocyte differentiation. Annu Rev Biochem, 64: 345-373.

Maddocks O D, Vousden K H. 2011. Metabolic regulation by p53. J Mol Med (Berl), 89(3):237-245.

Martin E, Rosenthal R E, Fiskum G. 2005. Pyruvate dehydrogenase complex: metabolic link to ischemic brain injury and target of oxidative stress. J Neurosci Res, 79(1-2): 240-247.

Matsusue K, Haluzik M, Lambert G, et al. 2003. Liver-specific disruption of *PPARgamma* in leptin-deficient mice improves fatty liver but aggravates diabetic phenotypes. J Clin Invest, 111(5): 737-747.

McArthur M J, Atshaves B P, Frolov A, et al. 1999. Cellular uptake and intracellular trafficking of long chain fatty acids. J Lipid Res, 40(8): 1371-1383.

Mooney R A, Lane M D. 1981. Formation and turnover of triglyceride-rich vesicles in the chick liver cell. Effects of cAMP and carnitine on triglyceride mobilization and conversion to ketones. J Biol Chem, 256(22): 11724-11733.

Mukhamedova N, Escher G, D'Souza W, et al. 2008. Enhancing apolipoprotein A-I-dependent cholesterol efflux elevates cholesterol export from macrophages *in vivo*. J Lipid Res, 49(11): 2312-2322.

Nadler S T, Stoehr J P, Schueler K L, et al. 2000. The expression of adipogenic genes is decreased in obesity and diabetes mellitus. Proc Natl Acad Sci U S A, 97(21): 11371-11376.

Nordfjäll K, Eliasson M, Stegmayr B, et al. 2008. Telomere length is associated with obesity parameters but with a gender difference. Obesity (Silver Spring), 16(12): 2682-2689.

Noy Y, Sklan D. 2001. Yolk and exogenous feed utilization in the posthatch chick. Poult Sci, 80(10): 1490-1495.

Olson A L, Knight J B, Pessin J E. 1997. Syntaxin 4, VAMP2, and/or VAMP3/cellubrevin are functional target membrane and vesicle SNAP receptors for insulin-stimulated GLUT4 translocation in adipocytes. Mol Cell Biol, 17(5): 2425-2435.

Osaki L H, Gama P. 2013. MAPK signaling pathway regulates p27 phosphorylation at threonin 187 as part of the mechanism triggered by early-weaning to induce cell proliferation in rat gastric mucosa. PLoS One, 8(6): e66651.

Ozcan U, Cao Q, Yilmaz E, et al. 2004. Endoplasmic reticulum stress links obesity, insulin action, and type 2 diabetes. Science, 306(5695): 457-461.

Peters J M, Rusyn I, Rose M L, et al. 2000. Peroxisome proliferator-activated receptor alpha is restricted to hepatic parenchymal cells, not Kupffer cells: implications for the mechanism of action of peroxisome proliferators in hepatocarcinogenesis. Carcinogenesis, 21(4): 823-826.

Rane M J, Pan Y, Singh S, et al. 2003. Heat shock protein 27 controls apoptosis by regulating Akt activation. J Biol Chem, 278(30): 27828-27835.

Reed L J. 2001. A trail of research from lipoic acid to alpha-keto acid dehydrogenase complexes. J Biol Chem, 276(42): 38329-38336.

Reed L J. 1981. Regulation of mammalian pyruvate dehydrogenase complex by a phosphorylation-dephosphorylation cycle. Curr Top Cell Regul, 18: 95-106.

Robertson R P, Seaquist E R, Walseth T F. 1991. G proteins and modulation of insulin secretion. Diabetes, 40(1): 1-6.

Ron D, Brasier A R, McGehee R E Jr, et al. 1992. Tumor necrosis factor-induced reversal of adipocytic phenotype of 3T3-L1 cells is preceded by a loss of nuclear CCAAT/enhancer binding protein (C/EBP). J Clin Invest, 89(1): 223-233.

Schmid G M, Converset V, Walter N, et al. 2004. Effect of high-fat diet on the expression of proteins in muscle, adipose tissues, and liver of C57BL/6 mice. Proteomics, 4(8): 2270-2282.

Simon J, Leclercq B. 1982. Longitudinal study of adiposity in chickens selected for high or low abdominal fat content: further evidence of a glucose-insulin imbalance in the fat line. J Nutr, 112(10): 1961-1973.

Spalding K L, Arner E, Westermark P O, et al. 2008. Dynamics of fat cell turnover in humans. Nature, 453(7196): 783-787.

Speake B K, Murray A M, Noble R C. 1998. Transport and transformations of yolk lipids during development of the avian embryo. Prog Lipid Res, 37(1): 1-32.

Storch J, Thumser A E. 2000. The fatty acid transport function of fatty acid-binding proteins. Biochim Biophys Acta, 1486(1): 28-44.

Sun Y, Liu S, Ferguson S, et al. 2002. Phosphoenolpyruvate carboxykinase overexpression selectively attenuates insulin signaling and hepatic insulin sensitivity in transgenic mice. J Biol Chem, 277(26): 23301-23307.

Takahashi K, Inuzuka M, Ingi T. 2004. Cellular signaling mediated by calphoglin-induced activation of IPP and PGM. Biochem Biophys Res Commun, 325(1): 203-214.

Tamori Y, Kawanishi M, Niki T, et al. 1998. Inhibition of insulin-induced GLUT4 translocation by Munc18c through interaction with syntaxin4 in 3T3-L1 adipocytes. J Biol Chem, 273(31): 19740-19746.

Tarlow D M, Watkins P A, Reed R E, et al. 1977. Lipogenesis and the synthesis and secretion of very low density lipoprotein by avian liver cells in nonproliferating monolayer culture. Hormonal effects. J Cell Biol, 73(2): 332-353.

Tontonoz P, Hu E, Graves R A, et al. 1994. mPPAR gamma 2: tissue-specific regulator of an adipocyte enhancer. Genes Dev, 8(10): 1224-1234.

Van Greevenbroek M M, Vermeulen V M, De Bruin T W. 2004. Identification of novel molecular candidates for fatty liver in the hyperlipidemic mouse model, HcB19. J Lipid Res, 45(6): 1148-1154.

Volpe J J, Vagelos P R. 1973. Saturated fatty acid biosynthesis and its regulation. Annu Rev Biochem, 42: 21-60.

Wakil S J, Stoops J K, Joshi V C. 1983. Fatty acid synthesis and its regulation. Annu Rev Biochem, 52: 537-579.

Wang D, Wang N, Li N, et al. 2009b. Identification of differentially expressed proteins in adipose tissue of divergently selected broilers. Poult Sci, 88(11): 2285-2292.

Wang H, Li H, Wang Q, et al. 2006. Microarray analysis of adipose tissue gene expression profiles between two chicken breeds. J Biosci, 31(5): 565-573.

Wang H B, Li H, Wang Q G, et al. 2007. Profiling of chicken adipose tissue gene expression by genome array. BMC Genomics, 8: 193.

Wang H B, Wang Q G, Zhang X Y, et al. 2010. Microarray analysis of genes differentially expressed in the liver of lean and fat chickens. Animal, 4(4): 513-522.

Wang M, Wang J J, Li J, et al. 2009a. Pigment epithelium-derived factor suppresses adipogenesis via inhibition of the MAPK/ERK pathway in 3T3-L1 preadipocytes. Am J Physiol Endocrinol Metab, 297(6): E1378-E1387.

Wang Q, Li H, Li N, et al. 2005. Polymorphisms of *Apo-AI* gene associated with growth and body composition traits in chicken. Acta Vet Zootech Sin, 36: 751-754.

Wang Q G, Zhang H F, Wang S Z, et al. 2015. Microarray analysis of differentially expressed genes in the liver between Bai'er layers and broilers. Genet Mol Res, 14(1): 2885-2889.

Welsh G I, Griffiths M R, Webster K J, et al. 2004. Proteome analysis of adipogenesis. Proteomics, 4(4): 1042-1051.

Whitehead C C, Griffin H D. 1984. Development of divergent lines of lean and fat broilers using plasma very low density lipoprotein concentration as selection criterion: the first three generations. Br Poult Sci, 25(4): 573-582.

Whitehead C C, Saunderson C L, Griffin H D. 1986. Improved productive efficiency in genetically leaner broiler. Br Poult Sci, 27: 162.

Zannolli R, Mohn A, Buoni S, et al. 2008. Telomere length and obesity. Acta Paediatr, 97(7): 952-954.

Zhang J, He Q, Liu Q Y, et al. 2007. Differential gene expression profile in pig adipose tissue treated with/without clenbuterol. BMC Genomics, 8: 433.

Zhao A, Tang H, Lu S, et al. 2007. Identification of a differentially-expressed gene in fatty liver of overfeeding geese. Acta Biochim Biophys Sin (Shanghai), 39(9): 649-656.

第七章　重要候选基因与鸡体脂性状的相关研究

体脂性状的直接度量需要屠宰鸡只，实施常规育种不但费用高，且费时费力。标记辅助选择（marker-assisted selection，MAS）或基因型选择为解决上述问题提供了新的思路。选择与数量性状基因座（quantitative trait loci，QTL）相连锁的分子遗传标记（基因或非基因标记）即可实现对基因型的直接选择。对 QTL 的检测是实现从分子水平上对控制畜禽重要经济性状的基因进行利用的关键。

总体来看，对 QTL 的检测有两种最基本的策略：一种是候选基因法（candidate gene approach），另一种是基因组扫描法（参见第三章）。候选基因（candidate gene）是一类生理功能已知，参与性状发育过程的基因（Byrne and McMullen，1996）。它们可能是结构基因、调节基因，或是在生理生化过程中影响性状表达的基因（如生长激素基因）。候选基因法是揭示影响数量性状主效基因的主要方法之一，这种方法主要是根据已有的生理生化知识来推断哪些基因可能参与了性状的形成，预先选定这些基因（称为候选基因），通过分析这些基因的变异对数量性状表型变异的影响，筛选出对数量性状有影响的基因，并估计出它们对数量性状的效应值，最后在实践中证实基因的变异能否带来真实的表型变异。候选基因法费用低，操作简单，便于在标记辅助选择中应用。在农业动物经济性状 QTL 的检测上，候选基因法是一个强有力的工具（Rothschild and Soller，1997）。目前，候选基因法已被广泛应用于牛、猪、鸡等畜禽重要经济性状的 QTL 检测中。

在过去的近 20 年时间里，东北农业大学家禽课题组（以下简称"本课题组"）先后从不同的角度和层面（生理生化途径、基因表达谱、蛋白质表达谱、QTL 定位研究、全基因组关联分析）筛选出了大量的可能影响鸡重要经济性状（特别是腹脂性状）的重要候选基因；同时，应用候选基因法对其中一些重要基因在多个鸡群体（东北农业大学高、低脂系各世代鸡群，东北农业大学 F_2 资源群体，中国农业大学 F_2 群体和 AA 肉鸡随机群体）中开展了多态性位点检测，以及多态性位点与鸡生长和体组成性状的相关分析研究，取得了许多重要的研究成果。本章将对这些研究成果进行简要介绍。

第一节　动物分子育种概述

数量性状遗传基础的复杂性决定了动物分子育种学科研究发展的方向和进展。动物育种的发展分为 3 个阶段：第一阶段是早期动物育种，以简单的传统育种方法为特征，主要以数量遗传学原理和方法来分析表型数据和群体系谱结构。该方法在近百年来的育种工作中取得了巨大的成就。第二阶段是当前动物育种正在应用的方法，又分为两个层次：首先是 QTL 定位，影响目标性状的分子标记鉴定、基因克隆和基因功能研究，以及分子标记辅助选择的应用；其次是基因组选择（genomic selection，GS），也就是将分子标记辅助选择应用于全基因组范围。第三阶段是将基因组序列直接作为分子标记，并在解析基因组序列功能基因组信息的基础上同 MAS 相结合，该阶段将是未来分子育种的发展方向和研究重点。

一、标记辅助选择介绍

标记辅助选择（MAS）是利用标记信息对重要经济性状进行选育的育种方法。标记有多种类型，从早期的形态标记、血液生化标记到 DNA 分子标记［扩增片段长度多态性（AFLP）、随机扩增多态性 DNA（RAPD）、限制性片段长度多态性（RFLP）、微卫星、插入缺失、拷贝数和 SNP］。基因组序列和功能基因组信息（甲基化等）将是未来有待开发的分子标记。SNP 标记因其容易操作，被研制成各种动植物的 SNP 芯片而得到广泛的应用。

分子标记同控制性状的功能突变间的连锁不平衡状态在一定程度上决定了 MAS 的效率。提高分子标记的基因组覆盖度，可以发现同功能突变紧密连锁的分子标记。从早期的 QTL 定位到近期的 GWAS 和基因组选择方法的发展历程也反映了这一趋势。此外，用于定位 QTL 和标记相关分析的统计模型和方法，从简单的线性回归分析到岭回归（ridge regression）分析，以及考虑了已知遗传信息的贝叶斯统计方法，都考虑了标记的密度、类型和效应。

近年来，人们利用快速发展的基因组学技术鉴定出大量的与目标性状相关的分子标记和数量性状基因座（QTL），这使得应用标记辅助选择从理论成为现实。至 2016 年 9 月 20 日，在 Animal QTLdb 中收录了公开发表的鸡 QTL 定位文献 250 篇，定位了 5683 个 QTL，涉及 355 个不同的性状，包括行为、外貌、抗病性、蛋产量、蛋品质、饲料转化、生长、肉质和代谢疾病等性状（Hu et al.，2016）。MAS 方法可以利用分子标记同性状的相关关系，进行早期选择，缩短世代间隔，提高选育效果和加快遗传进展。与传统选择方法相比，MAS 有以下突出优点：一是除利用了传统选择用到的表型、系谱信息外，还充分利用了遗传标记的信息，因此具有更大的信息量；二是由于标记辅助选择不易受环境的影响，且没有性别、年龄的限制，因此允许进行早期选种，可缩短世代间隔，提高选择强度，从而提高选种的效率和准确性；三是对于低遗传力性状和难以测量的性状（如猪的产仔数和肉质性状等），其优越性更为明显。Dekkers（2004）对 MAS 在动物育种中的商业应用作了经典的综述，可供进一步参考。现阶段，如何运用现代分子育种原理和技术，应用关键基因和分子标记遗传信息，制订合理有效的肉鸡选育方案，充分发挥肉种鸡的遗传潜力和标记的遗传效应，提高选择和育种效果，是关系到肉鸡产业持续健康发展的重要课题。

二、影响标记辅助选择效率的因素

MAS 通过提高遗传标记在育种群体中的基因频率来间接提高有利 QTL 的基因频率，从而提高全群的遗传水平。因而，MAS 效率的影响因素归根结底取决于遗传标记效应估计的准确性。正确估计遗传标记效应在很大程度上取决于性状的遗传基础。如果表型性状由多基因控制，而且基因间有着复杂的相互作用关系，同时又受到环境的影响，那么分子标记效应的正确估计将会更加困难。MAS 的育种模式和方案也将会十分复杂，从而导致 MAS 效率的低下。

提高遗传标记效应估计的准确性，可以从以下几方面考虑。

（1）实验群体规模和组成类型。群体规模越大，复杂性状的遗传基础研究将越有效。这是因为每种单倍型的观测数越多，染色体片段或分子标记效应的估计就会越准确（Meuwissen et al.，2001）。另外，群体由单一品种或品系组成，动物间遗传关系密切，也会提高分子标记效应估计的准确性。

（2）表型性状的遗传基础。动物表型性状之所以复杂，一定程度上是因为它们大多数为综合型性状。这些性状往往由众多的指标合并而成，反映了一段时间动物生长发育的总体情况，因而是众多基因综合作用的结果。为准确并有效地定位和分析单个基因的效应，需要提高表型性状定义的精确度、测量指标的简单度和测量的准确度，以便更加有效地了解控制性状的遗传因子。

（3）标记密度和连锁不平衡程度。在进行全基因组选择时，选择的标记必须与 QTL 处于足够大的连锁不平衡（linkage disequilibrium，LD）状态，这样才能利用标记的信息来估计 QTL 的效应。Meuwissen 和 Goddard（2000）提出，在进行全基因组选择时，相邻标记之间的 LD 程度满足 $r^2 > 0.2$，这样的标记才能用于全基因组选择。Solberg 等（2008）利用模拟实验来研究标记密度对全基因组选择准确性的影响，结果发现当标记密度从 0.5cM 增加到 4cM 时，选择的准确性降低 20%。de Roos 等（2008）利用模拟研究探讨了相邻标记间的 LD 程度对全基因组选择准确性的影响，结果发现 LD 程度越大，选择准确性越高，当 r^2 从 0.1 增加到 0.2 时，选择的准确性从 0.68 提高到 0.82。由此可以看出，标记密度是影响全基因组选择的一个重要因素。

（4）标记效应的重新估计。不同世代间表型性状的遗传基础可以发生相对变化。例如，分子标记间的遗传重组会改变标记同 QTL 间的连锁不平衡状态，导致分子标记遗传效应发生改变。模拟实验研究表明，经过两个世代后，标记辅助选择的准确性会下降，不同群体需要经过标记遗传效应的重新估计来维持育种值估计的准确度（de Roos et al.，2007；Meuwissen and Goddard，2000）。

（5）统计方法。标记遗传效应或育种值的估计是 MAS 的重要环节，而其准确性在很大程度上受所用统计模型和估计方法的影响。随着标记分型技术的发展，遗传标记的数目通常远远多于表型记录数。需要估计的模型效应变量数（p）会远远超过有观察值的样本数（n），即"大 p、小 n"问题，这会导致多重共线性和过度参数化。围绕这个问题，尤其是考虑正确估计标记的遗传效应，研究人员提出不同的统计和推测方法，如最小二乘法（least-squares，LS）、偏最小二乘法（partial least squares，PLS）、主成分回归法（principal component regression，PCR）、随机回归 BLUP（random regression BLUP，RRBLUP）、GBLUP（genomic BLUP）、TABLUP（trait-specific relationship matrix BLUP）、贝叶斯 A（BayesA）和 BayesB、BayesC 和 BayesD、贝叶斯压缩（Bayesian least absolute shrinkage and selection operator，Bayesian LASSO）、弹性网络（elastic net）、半参数方法（semiparametric procedure）、非线性模型和机器学习（machine learning）方法等（王重龙等，2014）。根据先验信息的使用与否，目前在全基因组水平上估计标记遗传效应的方法可以分为 GBLUP 和 Bayes 两大类。而性状的遗传基础复杂度又会影响统计方法的准确性，特别是对 Bayes 方法的影响更大。随着对基因组和性状遗传结构研究的深入开展，将能为 Bayes 方法提供更为准确的先验信息，从而使 Bayes 方法估计基因组育种值的准确性优势更加突出，该方法将会得到更为广泛的应用。

三、影响畜禽肉质性状的基因或分子标记的研究进展

目前从世界范围来看，畜禽重要经济性状基因（QTL）的定位研究取得了长足的发展。根据 Animal QTLdb 公布的数据（Hu et al.，2016），猪、牛、鸡和绵羊已分别被成功定位了 16 033 个（对应 627 个性状）、81 652 个（对应 519 个性状）、5683 个（对应 355 个性状）和 1336 个 QTL（对应 212 个性状）。其中，不少基因的遗传检测都已实现商业化应用（表 7-1），如猪肉品质相关的应激综合征基因（氟烷基因）、酸肉基因（*RN* 基因）、猪肌内生长相关的 *IGF2* 基因；牛产奶量 *DGAT* 基因、牛羊肉产量的肌肉生长抑制素（*Myostatin*）基因及 *Callipyge* 基因、羊繁殖力 *Booroola* 基因；鸡肉鱼腥味的 *FOM3* 基因（邱家维等，2015）、鸡肉色黄度 *BCMO1* 基因（王艳和舒鼎铭，2015）等。

表 7-1 不同性状、不同畜种中已商业化运作的基因检测和标记检测（Dekkers，2004）

性状	直接标记	连锁不平衡标记	连锁平衡标记
先天缺陷	BLAD(D^a) RYR (P^g) Citrulinaemia (D，B^b) DUMPS (D^c) CVM (D^d) Maple syrup urine (D，B^e) Mannosidosis (D，B^f)	RYR (P^h)	
外貌	CKIT (P^i) MGF (B^m) MC1R/MSHR (P^j，B^k，D^l)		Polled (B^n)
奶品质	κ-Casein (D^o) FMO3 (D^p) β-lactoglobulin (D^o)		
肉质	RYR (P^g) RN/PRKAG3 (P^q) >15 PICmarq (P^w)	RYR (P^h) RN/PRKAG3 (P^r) CAST (P^u，B^v) H-FABP/FABP3 (P^t) A-FABP/FABP4 (P^s) THYR (B^x) Leptin (B^y)	
饲料报酬	MC4R (P^z)		
抗病	Prp (S^{aa}) F18 (P^{cc})	B blood group (C^{bb}) K88 (P^{dd})	
繁殖	Booroola (S^{ee}) Inverdale (S^{gg}) Hanna (S^{ii})	Booroola (S^{ff}) ESR (P^{hh}) PRLR (P^{ij}) RBP4 (Pkk)	
生长发育、胴体组成	MC4R (P^z) IGF2 (P^{mm}) Myostatin (B^{oo}) Callipyge (S^{qq})	CAST (P^u) IGF2 (P^{nn}) Carwell (S^{rr})	QTL (P^{ll}) QTL (B^{pp})
产奶量、乳成分	DGAT (D^{ss}) GRH (D^{vv}) κ-Casein (D^o)	PRL (D^{tt})	QTL (D^{uu})

注：D 为奶牛，B 为肉牛，C 为家禽，P 为猪，S 为绵羊

四、标记辅助选择的应用

近年来，不同物种基因组计划的顺利进行和分子生物学技术的迅速发展为畜禽遗传资源研究和育种技术提供了各种技术平台。通过这些技术平台，畜禽优异性状的研究和

应用开始进入分子水平。目前，国外研究的焦点主要集中在优异性状的遗传基础、基因精细定位、新基因的发掘、基因表达调控、分子标记遗传效应剖分、分子标记辅助选择方案、畜禽种质的分子遗传评估、品种分子设计、多基因聚合育种等方面。综合利用现代分子育种技术，进一步对我国地方畜禽品种中的主要优良特性进行分子遗传评估，建立利用这些优良特性的育种技术方案，是充分有效地利用我国优良地方畜禽品种资源的战略性工作。

在农业动物的具体生产实践中，单个基因的辅助选择其实很早就被应用到具体实践当中，如遗传缺陷淘汰、氟烷应激检测和家禽抗病的血型选择等。近年来，虽然有大量的畜禽性状 QTL 的报道和检测，但这些结果大都是品系或品种杂交群体检测的实验性、阶段性结果。目前，应用于实际的标记主要来自于直接标记或连锁不平衡标记。

目前，MAS 在国际上已经被广泛地应用于畜禽的遗传改良。例如，加拿大的全部猪种都经过至少一种基因标记辅助选择的改良，美国和英国 70%的猪种经过至少两种 DNA 标记的选择改良，而鸡和牛上分别至少有 6 种 DNA 标记或功能基因标记在进行商业化应用。在鸡上，性连锁矮小基因（dw）的应用是比较成功的案例。法国 ISA 公司的明星肉鸡用矮小型鸡做母本杂交产生的后代，在生长速度和饲料报酬方面不会受到影响，且它的父母代饲养成本比 AA 肉鸡低，原因就在于它的父母代母鸡为矮小型鸡，可节约 30%左右的饲料。目前美国、荷兰、加拿大、匈牙利、西班牙等国都在肉鸡配套系中引入 dw 基因，并育成了矮小型肉鸡配套系。

我国科学家在猪的高产仔数基因、高温应激综合征基因、肉质基因、脂肪沉积基因，牛的"双肌"基因、高产奶量基因、流产基因、奶蛋白量基因，鸡矮小基因、快慢羽基因、白血病抗性基因等方面都已发明了相应的 DNA 标记或基因标记技术，多数还获得了自主知识产权。2001 年 9 月 18 日美国专利及商标局授予了我国第一个关于畜禽 DNA 标记的专利，专利名称是"DNA Markers for Pig Litter Size"，专利号为 US 6 291 174 B1。在鸡上，dw 基因的作用机制已经被阐明（李宁和吴常信，1993），由于 dw 基因是隐性基因，利用矮小母鸡（母本）与正常公鸡交配来生产正常型肉用仔鸡成为可能，并应用到了一些配套系的选育程序中（陈永华等，2002；戴茹娟等，1996）。

第二节　鸡肌肉生长抑制素（Myostatin）基因多态性与体脂性状的相关研究

鸡 Myostatin cDNA 最初是由 McPherron 经过克隆得到的（McPherron et al.，1997）。Sazanov 等（1999）将鸡 Myostatin 基因定位在了 7p11 上。Kocamis 等（1999）对鸡的胚胎研究时发现在囊胚期就能检测到 Myostatin 的表达，其表达规律是：Myostatin mRNA 在胚期第 2 天（embryonic stage 2，E2）时表达量明显下降，到 E6 一直维持在很低的水平，然后 E7 时升高 3 倍，并维持到 E16。由于上述期间是鸡的胚胎形成和肌肉发育的关键时期，因此有理由相信，Myostatin 在胚胎期的胚胎形成和肌肉发育中发挥着重要作用（Kocamis et al.，1999）。

Myostatin 作为骨骼肌生长发育的负调节因子，对动物机体生长发育的调控具有重要作用。本课题组顾志良等（2003，2002a）、Gu 等（2004）开展了鸡 *Myostatin* 基因多态性与体脂性状的相关研究，得到了一些有意义的结果，简要叙述如下。

一、*Myostatin* 基因单核苷酸多态性的检测

（一）*Myostatin* 基因 5′-调控区 SNP 分析

本课题组顾志良等（2003）、Gu 等（2004）根据 GenBank 上公布的鸡 *Myostatin* 基因序列设计的一对引物（P60/P61），以北京油鸡基因组 DNA 为模板进行 PCR 扩增，所得到的扩增片段长度与预期的片段大小一致，没有出现非特异性条带。通过对该 PCR 产物进行 SSCP 分析，结果显示：在北京油鸡基因组中检测到了 3 种基因型（图 7-1）。将两种纯合基因型的 DNA 片段回收，经过克隆、测序和序列比对后发现所扩增的片段中有 3 个核苷酸发生了突变，分别是 G 突变为 A（304 位）、A 突变为 G（322 位）、C 突变为 T（334 位），参照命名系统（www.hgvs.org/mutnomen）分别命名为 g.1472 G>A、g.1490A>G、g.1502 C>T（本章其他基因突变位点均参照该系统命名）。我们将与 GenBank 具有相同序列的定义为 *AA* 型，纯合突变型命名为 *BB* 型。重新设计一对引物 P93/P94，仍以北京油鸡基因组 DNA 为模板进行 PCR 扩增，扩增片段长度与预期的片段大小一致，对该 PCR 产物进行 SSCP 分析，结果显示：在北京油鸡基因组中检测到了 3 种基因型（图 7-2）。将两种纯合基因型的 DNA 片段回收，经过克隆、测序和序列比对后发现所扩增的片段中有 1 个核苷酸 G 突变为 A（167 位），命名为 g.1336G>A。我们将与 GenBank 具有相同序列的定义为 *FF* 型，纯合突变型命名为 *EE* 型。

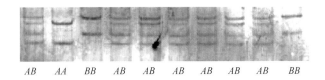

AB   *AA*   *BB*   *AB*   *AB*   *AB*   *AB*   *AB*   *AB*   *BB*

图 7-1 *Myostatin* 基因 5′-调控区的 SNP 分析（P60/P61）（Gu et al.，2004；顾志良等，2003）

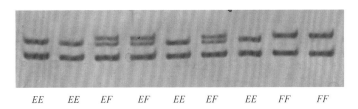

EE   *EE*   *EF*   *EF*   *EE*   *EF*   *EE*   *FF*   *FF*

图 7-2 鸡 *Myostatin* 基因 5′-调控区的 SNP 分析（P93/P94）（Gu et al.，2004；顾志良等，2003）

（二）*Myostatin* 3′-调控区 SNP 分析

采用与上述相同的基因组 DNA 为模板，顾志良等（2003）利用引物 P80/P81 对北京油鸡基因组进行扩增，对产物进行 PCR-SSCP 分析，结果检测到了 3 种基因型（图 7-3）。将两种纯合基因型的 DNA 片段回收，经过克隆和测序比较后发现，该扩增片段中第 7263 位核苷酸 A 突变为 T，命名为 g.7263 A>T。将与 GenBank 具有相同序列的定义为 *CC* 型，突变型为 *DD* 型。顾志良等（2002a）还利用引物 P76/P77 对北京油鸡基因

组进行扩增，对产物进行 PCR-SSCP 分析，结果检测到了 3 种基因型（图 7-4）。将两种纯合基因型的 DNA 片段回收，经过克隆和测序比较后发现该扩增片段有 1 个 A 到 G 的单核苷酸突变（6935 位），命名为 g.6935 A>G。将与 GenBank 具有相同序列的定义为 *NN* 型，突变型为 *MM* 型。

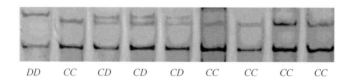

图 7-3　鸡 *Myostatin* 基因 3′-调控区的 SNP 分析（P80/P81）（顾志良等，2003）

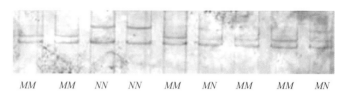

图 7-4　鸡 *Myostatin* 基因 3′-调控区的 SNP 分析（P76/P77）（顾志良等，2002a）

二、不同品种（系）鸡 *Myostatin* SNP 基因型和等位基因频率分布

1. 不同品种（系）鸡 *Myostatin* 基因 5′-调控区 SNP 基因型和等位基因频率分布

根据以上 SNP 分析结果，顾志良等（2002a）对肉鸡、蛋鸡及地方鸡种 *Myostatin* 基因 5′-调控区引物 P60/P61 和 P93/P94 扩增片段区的 SNP 位点进行了群体遗传学分析。结果表明：对于引物 P60/P61，除白耳黄鸡只有 *AA* 和 *AB* 两种基因型外，北京油鸡、石岐杂鸡、矮小黄鸡、小型黄鸡、惠阳胡须鸡、隐性白羽鸡、海兰蛋鸡、AA 肉鸡都有 3 种基因型。在 30 只检测的北京油鸡中，*BB* 型为 21 只，*AA* 型只有 1 只，*BB* 型占优势；在 AA 肉鸡和海兰蛋鸡中，杂合型占优势（表 7-2）。

表 7-2　不同品种（系）鸡 *Myostatin* 基因 5′-调控区 SNP 基因型和等位基因频率（**P60/P61**）（顾志良等，2002a）

品种（系）	个体数	*AA*	*AB*	*BB*	*A*	*B*
白耳黄鸡	30	0.733（22）	0.267（8）	0	0.866	0.134
北京油鸡	30	0.033（1）	0.267（8）	0.700（21）	0.166	0.834
石岐杂鸡	29	0.448（13）	0.414（12）	0.138（4）	0.647	0.352
矮小黄鸡	57	0.526（30）	0.333（19）	0.140（8）	0.693	0.307
小型黄鸡	30	0.333（10）	0.367（11）	0.300（9）	0.517	0.483
惠阳胡须鸡	30	0.400（12）	0.300（9）	0.300（9）	0.550	0.450
隐性白羽鸡	60	0.883（53）	0.083（5）	0.033（2）	0.925	0.075
AA 肉鸡	35	0.257（9）	0.714（25）	0.029（1）	0.614	0.386
海兰蛋鸡	28	0.214（6）	0.571（16）	0.214（6）	0.499	0.501

注：括号中数字为该种基因型的个体数

对引物 P93/P94 扩增片段区的 SNP 产生的基因型分布进行独立性检验，结果表明：品种间的基因型频率差异极显著（$P<0.01$），北京油鸡和 AA 肉鸡的 *EE* 型频率低于其他品种；白耳黄鸡和海兰蛋鸡以 *EE* 型为主，其频率高于其他品种（表 7-3）。

表 7-3　不同品种（系）鸡 *Myostatin* 基因 5′-调控区 SNP 基因型和等位基因
频率（P93/P94）（顾志良等，2002a）

品种（系）	个体数	*EE*	*EF*	*FF*	*E*	*F*
白耳黄鸡	30	0.600（18）	0.333（10）	0.067（2）	0.767	0.233
北京油鸡	29	0.069（2）	0.345（10）	0.586（17）	0.242	0.758
石岐杂鸡	29	0.414（12）	0.448（13）	0.138（4）	0.638	0.362
矮小黄鸡	57	0.474（27）	0.316（18）	0.210（12）	0.632	0.368
小型黄鸡	30	0.300（9）	0.400（12）	0.300（9）	0.500	0.500
惠阳胡须鸡	30	0.267（8）	0.367（11）	0.367（11）	0.450	0.550
隐性白羽鸡	60	0.633（38）	0.267（16）	0.100（6）	0.766	0.234
AA 肉鸡	35	0.114（4）	0.314（11）	0.571（20）	0.272	0.728
海兰蛋鸡	28	0.500（14）	0.214（6）	0.286（8）	0.607	0.393

注：括号中数字为该种基因型的个体数

2. 不同品种（系）鸡 *Myostatin* 基因 3′-调控区 SNP 基因型和等位基因频率分布

利用引物 P80/P81 对 3′-调控区 SNP 位点进行基因分型，结果发现：北京油鸡、惠阳胡须鸡和海兰蛋鸡中并未检测到纯合子 *DD* 型，而 *DD* 型存在于其他 6 个鸡种中；*C* 等位基因频率在每个鸡种均在 0.5 以上，总体上无论是中国鸡种还是外国鸡种，都是 *C* 等位基因占优势（表 7-4）。

表 7-4　不同品种（系）鸡 *Myostatin* 基因 3′-调控区 SNP 基因型和等位基因
频率（P80/P81）（顾志良等，2002a）

品种（系）	个体数	*CC*	*CD*	*DD*	*C*	*D*
白耳黄鸡	28	0.750（21）	0.179（5）	0.071（2）	0.840	0.160
北京油鸡	30	0.967（29）	0.033（1）	0（0）	0.984	0.017
石岐杂鸡	26	0.577（15）	0.384（10）	0.038（1）	0.769	0.230
矮小黄鸡	57	0.772（44）	0.211（12）	0.018（1）	0.878	0.122
小型黄鸡	30	0.667（20）	0.300（9）	0.033（1）	0.817	0.183
惠阳胡须鸡	29	0.827（24）	0.172（5）	0（0）	0.913	0.086
隐性白羽鸡	60	0.667（40）	0.266（16）	0.067（4）	0.800	0.200
AA 肉鸡	35	0.714（25）	0.257（9）	0.029（1）	0.843	0.156
海兰蛋鸡	27	0.556（15）	0.444（12）	0（0）	0.778	0.222

注：括号中数字为该种基因型的个体数

利用引物 P76/P77 对扩增片段区的 SNP 产生的基因型在白耳黄鸡、北京油鸡、石岐杂鸡、矮小黄鸡、小型黄鸡、惠阳胡须鸡、隐性白羽鸡 7 个品种中进行基因型检测，结果发现：除石岐杂鸡外，其他品种都有 3 种基因型，并且总体上 *MM* 型的频率较低，杂

合子 *MN* 型的频率较高（表 7-5）。

表 7-5　不同品种（系）鸡 *Myostatin* 基因 3′-调控区 SNP 基因型和等位基因
频率（**P76/P77**）（顾志良等，2002a）

品种（系）	个体数	*MM*	*MN*	*NN*	*M*	*N*
白耳黄鸡	30	0.367（11）	0.467（14）	0.167（5）	0.600	0.400
北京油鸡	29	0.207（6）	0.621（18）	0.172（5）	0.518	0.482
石岐杂鸡	28	0.170（5）	0.821（23）	0（0）	0.590	0.410
矮小黄鸡	57	0.070（4）	0.526（30）	0.404（23）	0.333	0.667
小型黄鸡	30	0.067（2）	0.40（12）	0.533（16）	0.267	0.733
惠阳胡须鸡	30	0.033（1）	0.667（20）	0.300（9）	0.367	0.633
隐性白羽鸡	60	0.333（20）	0.467（28）	0.200（12）	0.567	0.433

注：括号中数字为该种基因型的个体数

三、*Myostatin* 基因单核苷酸多态性与体脂性状的相关研究

本课题组顾志良等（2003）、Gu 等（2004）利用中国农业大学 F_2 资源群体，对 *Myostatin* 基因单核苷酸多态性与初生重、屠体重和腹脂重等性状进行最小二乘方差分析，发现 P60/P61 位点基因型对 12 周龄腹脂重、腹脂率、初生重有影响（$P<0.05$）。多重比较结果显示，*AA* 基因型个体的腹脂重显著高于 *BB* 基因型个体（$P<0.05$），*AA* 和 *AB* 基因型个体的腹脂率显著高于 *BB* 基因型个体（$P<0.05$），*AA* 基因型个体的初生重显著高于 *BB* 基因型个体（$P<0.05$）（表 7-6）。

表 7-6　**P60/P61** 引物不同基因型对体重和腹脂性状的影响（Gu et al.，2004；顾志良等，2003）

基因型	个体数	基因型频率	腹脂重	腹脂率	初生重
AA	116	0.340	52.55±3.38[a]	0.0354±0.0022[a]	30.79±0.28[a]
AB	187	0.548	49.10±3.32[ab]	0.0353±0.0022[a]	30.35±0.21[ab]
BB	38	0.111	43.34±5.02[b]	0.0294±0.0038[b]	29.51±0.45[b]

注：均值比较时同列具有相同字母者差异不显著（$P>0.05$）

5′-调控区是基因表达调控的重要部位，在该区有很多转录因子的结合部位，这些单碱基的突变可能导致某个转录因子的结合部位发生改变，从而导致了 *Myostatin* 的表达水平发生变化，最后表现在生产性能的变化。最近发现 Myostatin 除控制肌肉生长以外，还与脂肪的代谢有关。当用 Myostatin 处理 3T3-L1 细胞时发现，Myostatin 抑制前脂肪细胞的分化是（或部分是）由 C/EBPα 和 PPARγ 的调控介导的（Kim et al.，2001）。McPherron 和 Lee（2002）研究了 *Myostatin* 基因与脂肪沉积的关系，对敲除 *Myostatin* 的小鼠观察发现，相比野生型的小鼠，它的脂肪沉积的能力随年龄的增加而降低。同时分析 *Myostatin* 突变在两种肥胖遗传模型（ob/ob，Ay）中的效果，发现失去 *Myostatin* 基因后小鼠的脂肪沉积和异常糖代谢受到部分抑制。由此推断，阻断 Myostatin 功能的药物不但会促进肌肉的生长，而且可以减慢或抵抗肥胖和 2 型糖尿病（McPherron and Lee，2002）。Lin 等（2002）研究了 *Myostatin* 基因敲除小鼠的肌肉生成和脂肪形成，发现敲除 *Myostatin* 基因后，小鼠肌肉发育增加的同时脂肪形成却降低，随后导致瘦蛋白

分泌量下降。越来越多的证据表明，Myostatin 的功能除与抑制肌肉的生长和发育有关外，还与脂肪细胞的分化和脂肪生成有关。而本实验得到的鸡 *Myostatin* 基因多态性位点与腹脂重和腹脂率的相关。推测该基因可能是影响肉鸡腹脂性状的重要候选基因。

第三节 鸡解偶联蛋白（*UCP*）基因多态性与体脂性状的相关研究

解偶联蛋白（UCP）是位于线粒体内膜的质子转运体，可将呼吸链与 ATP 产生过程解偶联，使质子化学梯度消失，造成氧化磷酸化速率增加而 ATP 产量不变，能量以产热形式散发，增加能量的消耗。因此人们推测，解偶联蛋白提供了解释肥胖产生原因的新线索（赵建国等，2002）。对于哺乳动物来说，解偶联蛋白主要存在 3 种形式：UCP1、UCP2、UCP3。鸡的解偶联蛋白基因于 2001 年由法国人 Daniel 领导的研究小组首次克隆报道，其 mRNA 长度为 1550bp，基因序列包括 6 个外显子和 5 个内含子，它和小鼠的 UCP2、UCP3 的同源性都是 70%，初步推断它和小鼠的 UCP2 和 UCP3 具有相同的特性，与能量代谢有关（Raimbault et al.，2001）。

本课题组赵建国等（2002）、Zhao 等（2006）、Liu 等（2007a）、Leng 和 Li（2012）先后将鸡解偶联蛋白基因作为影响鸡脂肪和体重性状的候选基因，开展了 SNP 检测、SNP 基因型频率分析，以及基因型与腹脂和体重性状的相关分析工作，以期鉴定显著影响鸡腹脂和体重性状的分子标记。

一、*UCP* 基因多态性的检测

（一）*UCP* 基因 3′UTR 多态性检测

本课题组赵建国等（2002）在解偶联蛋白基因 3′UTR 设计两对引物,利用 PCR-SSCP 方法对东北农业大学肉鸡高、低腹脂双向选择品系（以下简称"高、低脂系"）第 5 世代肉鸡、北京油鸡、白耳黄鸡、石岐杂鸡、海兰蛋鸡等品系（种）进行 SNP 检测与分析。经检测，2 对引物的扩增产物都存在多态性：引物 1 扩增产物经检测发现 3 种基因型，分别命名为 *AA*、*AB*、*BB*（图 7-5）；引物 2 扩增产物经检测发现 6 种基因型，分别命名为 *AA*、*AB*、*BB*、*BC*、*CC*、*AC*（图 7-6）。

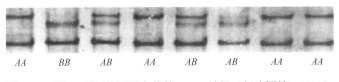

AA　*BB*　*AB*　*AA*　*AB*　*AB*　*AA*　*AA*

图 7-5　引物 1 不同基因型个体的 SSCP 结果（赵建国等，2002）

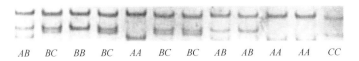

AB　*BC*　*BB*　*BC*　*AA*　*BC*　*BC*　*AB*　*AB*　*AA*　*AA*　*CC*

图 7-6　引物 2 不同基因型个体的 SSCP 结果（赵建国等，2002）

取两对引物的纯合子个体进行克隆测序，分别在 1351bp 处和 1412bp 处发现两个突变位点。对 *BB* 型来说，1090bp 处 C 突变为 T，1151bp 处 G 突变为 A，分别命名为 c.1090 C>T 和 c.1151 G>A，*AA* 型的基因序列和 GenBank 中的一致。对引物 2 来说，出现 6 种基因型，有 3 种纯合子，是由 2 个点突变造成的。测序结果表明，在 930bp 处和 936bp 处发生突变，分别由 C 突变为 T 和由 A 突变为 C，分别命名为 c.930 C>T 和 c.936 A>C，对 *AA* 型来说，这两处的碱基是 CA，*BB* 型是 CC，*CC* 型是 TC，*AA* 型的序列和 GenBank 中的序列一致。

本课题组 Leng 和 Li（2012）应用测序的方法在 *UCP* 基因的 3′UTR 2594bp 处发现了 1 个 C 到 A 的单碱基突变，命名为 g.2594 C>A，对该突变位点在高、低脂系第 8 世代鸡群中进行了基因型分型，共检测到 3 种基因型，分别命名为 *CC*、*CD* 和 *DD*（图 7-7）。

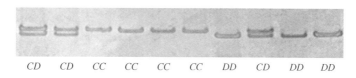

图 7-7　*UCP* 基因 g.2594 C>A 多态性位点 PCR-RFLP 分型（Leng and Li，2012）

（二）*UCP* 基因内含子 2 多态性检测

本课题组 Zhao 等（2006）通过测序的方法，发现内含子 2 的 1240bp 处（Accession No. AF433170）由 C 突变为 A，命名为 g.1240 C>A，该突变导致了一个 AFIIII 酶切位点的产生。以该突变位点为研究对象，本课题组 Zhao 等（2006）、Leng 和 Li（2012）分别对高、低脂系第 6 世代和第 8 世代鸡群进行了基因型分型（图 7-8）。

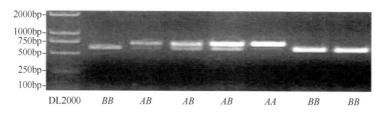

图 7-8　*UCP* 基因 g.1240 C>A 多态性位点 PCR-RFLP 分型（Leng and Li，2012）

（三）*UCP* 基因外显子 3 多态性检测

本课题组 Liu 等（2007a）设计引物扩增高、低脂系鸡只基因组，通过测序发现外显子 3 的 1316 bp 处 T 突变为 C（Accession No. AF433170），命名为 g.1316 T>C，并应用 RFLP-PCR 方法对该突变位点在高、低脂系第 9 世代鸡群进行了基因分型（图 7-9）。

二、不同品种（系）中 *UCP* 基因 SNP 等位基因和基因型频率分布

本课题组赵建国等（2002）对 *UCP* 基因 3′UTR 的 c.930 C>T 和 c.936 A>C 突变开展了等位基因频率和基因型频率在不同品种（系）中的分布分析，结果分别见表 7-7 和表 7-8。χ^2 检验结果表明：各基因型频率在不同品种间差异极显著（$P<0.01$）。c.930 C>T 突变产生

的 3 种基因型频率在北京油鸡与海兰蛋鸡、白耳黄鸡间差异极显著（*P*<0.01），在 AA 肉鸡与白耳黄鸡、石岐杂鸡间差异显著（*P*<0.05），在其他品种之间差异不显著（*P*>0.05）。

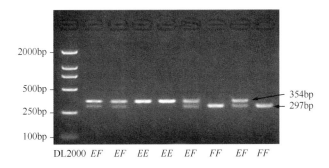

图 7-9　*UCP* 基因 g.1316 T>C 多态性位点 PCR-RFLP 分型（Liu et al.，2007a）

表 7-7　不同品种间 **3′UTR c.930 C>T 突变基因型和等位基因频率**（赵建国等，2002）

品种（系）	样本数	*AA*	*AB*	*BB*	*A*	*B*	χ^2
北京油鸡	29	1（29）	0（0）	0（0）	1	0	
白耳黄鸡	30	0.667（20）	0.267（8）	0.067（2）	0.8005	0.2005	
石岐杂鸡	29	0.862（25）	0.069（2）	0.069（2）	0.8965	0.1035	20.331 *P*<0.01
AA 肉鸡	191	0.838（160）	0.152（29）	0.010（2）	0.914	0.086	
海兰蛋鸡	28	0.786（22）	0.214（6）	0（0）	0.893	0.107	

注：括号内数字表示检测的个体数

表 7-8　不同品种间 **3′UTR c.936 A>C 突变基因型和等位基因频率**（3′UTR F2/R2）（赵建国等，2002）

品种（系）	样本数	*AA*	*AB*	*BB*	*A*	*B*	χ^2
北京油鸡	29	0.448（13）	0.483（14）	0.069（2）	0.6895	0.3105	
白耳黄鸡	30	0.133（4）	0.467（14）	0.4（12）	0.3665	0.6335	
石岐杂鸡	29	0.345（10）	0（0）	0.655（19）	0.345	0.655	88.796 *P*<0.01
AA 肉鸡	191	0.492（94）	0.424（81）	0.084（16）	0.704	0.296	
海兰蛋鸡	28	0.071（2）	0.571（16）	0.357（10）	0.3565	0.6435	

注：括号内数字表示检测的个体数

3′UTR 区 c.936 A>C 突变在不同品种中基因型和基因频率统计结果见表 7-8。由该表可以看出，不同基因型频率在各品种间差异极显著（*P*<0.01）；两两品种间基因型频率比较表明：北京油鸡与 AA 肉鸡，白耳黄鸡与海兰蛋鸡间差异不显著（*P*>0.05），其他各品种间差异极显著（*P*<0.01）。

三、鸡 *UCP* 基因多态性与屠体性状的相关分析

（一）*UCP* 基因 3′UTR 的 c.930 C>T 和 c.936 A>C 多态性与屠体性状的相关分析

本课题组赵建国等（2002）开展了 *UCP* 基因 3′UTR 的 c.930 C>T 和 c.936 A>C 多态性

与高、低脂系第 5 世代鸡群的屠体性状相关分析。研究发现，c.930 C>T 突变的 3 种基因型个体间屠体性状差异不显著（$P>0.05$）。c.936 A>C 突变导致的 AA、AB、BB 3 种基因型间腹脂重、腹脂率及体重差异显著（$P<0.05$）。BB 基因型个体的腹脂重和腹脂率最低，显著低于 AA 与 AB 基因型个体（$P<0.05$）；AA 和 AB 基因型间差异不显著（$P>0.05$）（表 7-9）。

表 7-9　第 5 世代群体中 c.936 A>C 突变对鸡屠体性状的影响（赵建国等，2002）

基因型	个体数	腹脂重/g	腹脂率/%
AA	94	54.19[a]	2.29[a]
AB	57	57.14[a]	2.4[a]
BB	9	44.49[b]	1.8[b]

注：同列字母不同表示基因型间差异显著（$P<0.05$）

（二）UCP 基因内含子 2 g.1240 C>A 和 3'UTR c.936 A>C 多态性与屠体性状相关分析

本课题组 Zhao 等（2006）开展了 UCP 基因内含子 2 g.1240 C>A 和 3'UTR c.936 A>C 多态性与高、低脂系第 6 世代鸡群的屠体性状相关分析。研究发现，g.1240 C>A 多态性不同的基因型个体在活重、屠体重性状间差异显著（$P<0.05$），CC 基因型的个体活重和屠体重最大，CD 基因型次之，其中 CC 基因型、CD 基因型与 DD 基因型间的差异达到显著水平（$P<0.05$）（表 7-10）。

表 7-10　g.1240 C>A 突变对屠体性状的影响（Zhao et al.，2006）

基因型	个体数	活重/g	屠体重/g
CC	38	2618.1±39.49[a]	2366.1±36.82[a]
CD	115	2573.6±23.29[a]	2335.9±21.93[a]
DD	75	2489.9±31.99[b]	2266.5±29.88[b]

注：同列字母不同表示差异显著（$P<0.05$）

c.936 A>C 多态性的不同基因型对高、低脂系第 6 世代鸡群的腹脂性状有显著影响（$P<0.05$）。多重比较表明，BB 基因型个体的腹脂重和腹脂率显著低于 AA、AB 基因型个体（$P<0.05$），AA 与 AB 基因型个体间差异不显著（$P>0.05$）（表 7-11）。

表 7-11　第 6 世代群体中 c.936 A>C 突变对腹脂性状的影响（Zhao et al.，2006）

基因型	个体数	腹脂重/g	腹脂率/%
AA	108	55.27±1.63[a]	2.14±0.056[a]
AB	88	54.14±1.59[a]	2.09±0.054[a]
BB	25	45.93±3.03[b]	1.82±0.10[b]

注：同列字母不同表示基因型间差异显著（$P<0.05$）

（三）UCP 基因外显子 3 g.1316 T>C 多态性与屠体性状相关分析

本课题组 Liu 等（2007a）开展了 UCP 基因外显子 3 g.1316 T>C 多态性与高、低脂系第 9 世代鸡群屠体性状的相关分析。结果表明，该位点多态性对腹脂性状有显著影响。多重比较表明，FF 基因型鸡只的腹脂重和腹脂率显著高于 EE 型和 EF 型鸡只，EE 和

EF 基因型鸡只的腹脂重和腹脂率差异不显著（表 7-12）。

表 7-12　*UCP* 基因外显子 3 g.1316 T>C 多态性对腹脂性状的影响（Liu et al.，2007a）

性状	基因型		
	EE（136）	*EF*（188）	*FF*（60）
腹脂重/g	64.65±1.64[b]	63.25±1.47[b]	70.55±2.35[a]
腹脂率/%	2.57±0.06[b]	2.51±0.06[b]	2.79±0.09[a]

注：括号中数字为该种基因型的个体数

（四）*UCP* 基因内含子 2 g.1240 C>A 和 3′UTR g.2594 C>A 多态性与体重性状的相关分析

本课题组 Leng 和 Li（2012）开展了 *UCP* 基因 g.1240C>A 和 g.2594 C>A 突变位点多态性及其合并基因型对高、低脂系第 8 世代鸡群体重性状的相关分析。结果发现 2 个突变位点的基因型及其合并基因型对鸡 7 周龄体重和屠体重有显著影响（表 7-13）。多重比较结果显示，g.1240 C>A 位点的纯合子基因型 *BB* 和 g.2594 C>A 位点纯合子基因型 *CC* 个体的 7 周龄体重和屠体重分别显著大于 *AA* 和 *DD* 基因型个体。两个位点合并基因型后，*BBCC* 基因型个体的 7 周龄体重和屠体重显著大于 *AADD* 和 *ABDD* 基因型个体（表 7-14）。

表 7-13　g.1240 C>A 和 g.2594 C>A 多态性及合并基因型对体重性状的影响（*P* 值）（Leng and Li，2012）

性状	g.1240C>A	g.2594C>A	两个位点合并基因型
7 周龄体重	0.0326	0.0083	0.0040
屠体重	0.0337	0.0072	0.0071

表 7-14　g.1240 C>A 和 g.2594 C>A 多态性及合并基因型对体重性状的影响（Leng and Li，2012）

多态性	基因型（个体数）	7 周龄体重/g	屠体重/g
g.1240 C>A	*AA*（69）	2250.04±25.90[b]	1989.02±23.17[b]
	AB（178）	2315.72±18.20[a]	2048.78±16.23[a]
	BB（125）	2324.99±20.74[a]	2054.72±18.53[a]
g.2594 C>A	*CC*（176）	2300.48±18.59[a]	2039.92±16.76[a]
	CD（166）	2325.23±16.61[a]	2055.81±14.97[a]
	DD（50）	2216.64±32.19[b]	1955.67±28.92[b]
两位点合并基因型	*AACC*（7）	2245.14±71.68[abc]	1999.64±64.38[abc]
	ABCC（63）	2348.36±34.06[a]	2080.69±30.51[a]
	BBCC（98）	2311.48±23.00[a]	2046.08±20.51[a]
	AACD（26）	2290.11±38.05[ab]	2029.20±34.12[ab]
	ABCD（107）	2317.06±21.48[a]	2050.51±19.14[a]
	BBCD（27）	2389.84±38.51[a]	2098.96±34.49[a]
	AADD（36）	2219.40±35.24[bc]	1957.59±31.54[bc]
	ABDD（9）	2039.32±98.12[c]	1804.72±88.18[c]
	BBDD（0）	/	/

注：同一位点的同列不同字母表示基因型间差异显著（*P*<0.05）

本课题组赵建国等（2002）、Zhao 等（2006）、Liu 等（2007a）、Leng 和 Li（2012）依据 *UCP* 基因在哺乳动物上的研究结果，确定鸡 *UCP* 基因为影响鸡生长和体组成性状的候选基因，在不同鸡群体中研究了 *UCP* 基因多个位点的 SNP 对屠体性状的效应，研究结果表明鸡 *UCP* 基因的 SNP 与腹脂重、腹脂率、体重、屠体重多项生长及体组成性状相关。

有多个报道认为 *UCP* 基因遗传多态性及表达水平的高低与人肥胖表型相关。Bouchard 等（1997）和 Walder 等（1998）报道 *UCP2* 基因与白种人及印第安人的静息代谢率、身体质量指数（body mass index，BMI）相关联；Cassell 等（1999）报道 *UCP2* 基因外显子内的插入/缺失多态性与南印度人的 BMI 相关。*UCP2* 基因的 mRNA 表达水平在肥胖人和遗传性肥胖的小鼠中，以及饲喂高脂日粮的小鼠中都有增加（Fleury et al.，1997；Matsuda et al.，1997）。郑以漫等（2000）报道，*UCP2* 基因的 A55V 变异与中国女性脂肪酸（fat acid，FA）浓度及 BMI 相关，*AA* 基因型的女性具有较低的 FA 浓度，这也提示了 *UCP2* 基因 A55V 变异与中国人体脂含量及分布相关。本研究中，Liu 等（2007a）发现 *UCP* 基因外显子 3 的 g.1316 T>C 多态性与高、低脂系第 9 世代鸡群腹脂性状显著相关。赵建国等（2002）、Zhao 等（2006）发现位于 *UCP* 基因 3′UTR 的 c.936A>C 多态性与高、低脂系第 5 世代和第 6 世代两个连续世代鸡群的腹脂性状显著相关，并且 *BB* 基因型个体的腹脂重和腹脂率显著低于 *AA*、*AB* 基因型个体，表明 *B* 等位基因可能是降低腹脂含量的有利等位基因。真核生物 mRNA 的 3′ 非翻译区是决定各个 mRNA 专有功能特征的调控元件，在基因表达调控中具有重要的作用。现已阐明，它不仅调控 mRNA 的体内稳定性和降解速率，控制其利用效率，协助辨认特殊密码子，还调控特定 mRNA 的翻译时间、位点及产物（石统东等，1998）。因此，发生在 *UCP* 基因 3′UTR 的突变可能通过上述机制来改变 *UCP* 基因表达水平或使功能发生变化，从而导致鸡的生产性能发生变化。

此外，研究发现 *UCP* 基因的多个突变（g.1240 C>A、g.1316 T>C 和 g.2594 C>A）均与鸡 7 周龄体重和屠体重显著相关，说明 *UCP* 基因对鸡的体重调节有影响。这与 Fleury 等（1997）认为小鼠 *UCP2* 基因在体重和能量的调节方面有独特作用的结论一致。

综合以上分析结果可知，*UCP* 基因的多态性对肉鸡的体重和腹脂性状具有显著影响，表明 *UCP* 基因可能是影响肉鸡生长和肥胖的重要候选基因。

第四节　鸡瘦蛋白受体（*OBR*）基因多态性与体脂性状的相关研究

1994 年，Zhang 等利用位置克隆（positional cloning）的方法获得了鼠和人的 *leptin* 基因，它能抑制脂肪蓄积、维持脂肪细胞的正常大小，因而被命名为瘦蛋白。瘦蛋白是一种主要由脂肪组织分泌的肽类激素。研究发现它对人和动物体重有调节作用，瘦蛋白的发现使人们加深了对肥胖机制的理解。

2000 年，Guy 等（2000）首次克隆了鸡 *OBR* cDNA 序列，Dunn 等（2000）将鸡的 *OBR* 基因定位在 8 号染色体上。为了研究 *OBR* 基因对鸡脂肪沉积和代谢的作用，本课题组 Wang 等（2006a）、王颖等（2004）、顾志良等（2002b）以鸡的 *OBR* 基因作为影响鸡体脂性状的候选基因，对其开展了多态性检测及多态性位点与体脂性状的相关研究。

一、*OBR* 基因单核苷酸多态性的检测

（一）*OBR* 基因内含子 8 SNP 分析

本课题组王颖等（2004）在 *OBR* 基因内含子 8 上设计引物，扩增鸡基因组，扩增片段长度为 259bp，PCR 产物用 1% 琼脂糖凝胶检测，结果发现扩增特异性良好，片段长度与预期的相同（图 7-10）。对 PCR 产物进行 SSCP 分析，结果在高、低脂系第 6 世代检测到 3 种基因型，分别命名为 *AA*、*AB*、*BB*（图 7-11）。对两种纯合基因型片段进行克隆测序发现，该片段中有两个核苷酸发生了突变，多态性是由这两点共同突变造成的。经与 GenBank 中的序列（登录号：AF222783）相比，发现在 500bp 处的 T 突变为 C，命名为 c.7692 T>C；同时在第 659bp 处的 G 突变为 A，命名为 c.7851 G>A。

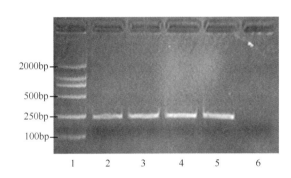

图 7-10　*OBR* 基因内含子 8 的 PCR 产物（王颖等，2004）

1. DL2000 分子质量标准；2~5. PCR 产物；6. 阴性对照

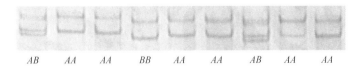

AB　　*AA*　　*AA*　　*BB*　　*AA*　　*AA*　　*AB*　　*AA*　　*AA*

图 7-11　*OBR* 基因内含子 8 不同基因型个体的 PCR-SSCP 结果（王颖等，2004）

（二）*OBR* 基因外显子 9 SNP 分析

本课题组顾志良等（2002b）在 *OBR* 基因外显子 9 上设计引物扩增 *OBR* 基因外显子 9 部分序列 174bp 片段（cDNA 1041~1214 碱基，GenBank 登录号：AF168827），PCR 产物用 1% 琼脂糖凝胶检测，结果发现扩增特异性良好，片段长度与预期的相同。对 PCR 产物进行 SSCP 分析，结果在高、低脂系和我国地方鸡种中检测到 3 种基因型，分别命名为 *AA*、*AB*、*BB*（图 7-12）。对两种纯合基因型片段进行克隆测序发现，该基因的 cDNA

第 1167bp 处的 C 突变为 A，命名为 c.8187 C>A，该突变是一个沉默突变。

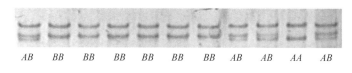

AB　BB　BB　BB　BB　BB　BB　AB　AB　AA　AB

图 7-12　PCR 产物的 SSCP 分析（顾志良等，2002b）

本课题组 Wang 等（2006a）应用与顾志良同样的分型方法，对该突变位点在高、低脂系第 6 世代群体进行了多态性检测，并开展了多态性和鸡体脂性状的相关分析。

二、不同品种（系）*OBR* 基因外显子 9 的 c.8187 C>A 突变位点基因型和等位基因频率比较

本课题组顾志良等（2002b）对北京油鸡、白耳黄鸡、石岐杂鸡、矮小黄鸡、小型黄鸡、惠阳胡须鸡、隐性白羽鸡、高脂系、低脂系及海兰蛋鸡鸡群进行基因型检测，计算了不同鸡种的基因型频率和等位基因频率（表 7-15）。通过独立性检验发现品种间的基因型频率分布存在极显著差异（$P<0.001$），也就是说，基因型频率分布与品种有关，高脂系中等位基因 *A* 的频率比低脂系高，北京油鸡的 *AA* 基因型频率和等位基因 *A* 的频率显著高于其他品种。

表 7-15　不同品种（系）*OBR* 基因外显子 9 的 c.8187 A>C 突变基因型和
等位基因频率比较（顾志良等，2002b）

品种（系）	样本数	AA	AB	BB	A	B	χ^2	P
北京油鸡	30	0.300（9）	0.500（15）	0.200（6）	0.550	0.450	84.11	$P<0.001$
白耳黄鸡	30	0.033（1）	0.300（9）	0.666（20）	0.183	0.816		
石岐杂鸡	29	0.137（4）	0.414（12）	0.448（13）	0.344	0.655		
矮小黄鸡	57	0.017（1）	0.246（14）	0.737（42）	0.141	0.857		
小型黄鸡	30	0.167（5）	0.200（6）	0.633（19）	0.267	0.733		
惠阳胡须鸡	30	0.033（1）	0.533（16）	0.433（13）	0.300	0.700		
隐性白羽鸡	59	0.034（2）	0.186（11）	0.780（46）	0.127	0.873		
高脂系	24	0.292（7）	0.250（6）	0.458（11）	0.417	0.583		
低脂系	92	0.076（7）	0.228（21）	0.696（64）	0.190	0.810		
海兰蛋鸡	27	0.111（3）	0.666（18）	0.222（6）	0.444	0.555		

注：括号内数字表示检测的个体数

北京油鸡是肉质很好的地方品种，推测等位基因 *A* 可能与肉质有关，由于样本的含量不是很大，还需要进一步验证。高脂系的腹脂率高于低脂系，推测等位基因 *A* 可能与沉积较多的腹脂有关。

三、*OBR* 基因单核苷酸多态性与体脂性状的相关研究

本课题组 Wang 等（2006a）、王颖等（2004）对 *OBR* 基因内含子 8 的突变位点和外显子 9 的 c.8187 C>A 突变位点开展了基因型与屠体性状的相关分析。

（一）OBR 基因内含子 8 不同基因型与腹脂性状的相关

利用高、低脂系第 6 世代群体，对 OBR 基因内含子 8 的 SNP 产生的 3 种基因型与屠体性状进行最小二乘分析，结果表明，基因型对腹脂率有显著影响（$P<0.05$），对腹脂重有极显著影响（$P<0.01$）。由表 7-16 可以看出，BB 基因型个体的腹脂性状最高，并且显著高于 AB 基因型个体（$P<0.05$），极显著高于 AA 基因型个体（$P<0.01$）。

表 7-16　OBR 基因内含子 8 多态性对第 6 世代基因型腹脂重、腹脂率的影响（王颖等，2004）

基因型	个体数	腹脂重/g	P 值	腹脂率/%	P 值
AA	194	53.28[Bb]	0.0076	2.08[Bb]	0.0325
AB	31	52.93[b]		2.03[b]	
BB	3	86.75[Aa]		3.01[Aa]	

注：同列不同小字母表示差异显著（$P<0.05$）；不同大写字母表示差异极显著（$P<0.01$）

（二）OBR 基因外显子 9 c.8187 C>A 突变不同基因型与腹脂性状的相关

利用高、低脂系第 6 世代群体，对 OBR 基因外显子 9 的 c.8187 C>A 突变产生的 3 种基因型与屠体性状进行最小二乘分析，结果表明基因型对腹脂重、腹脂率有显著影响（$P<0.05$）。由表 7-17 可以看出，AA 基因型个体的腹脂重显著高于 AB 和 BB 基因型个体（$P<0.05$），AB 和 BB 基因型个体间腹脂重没有显著差异；AA 基因型个体腹脂率显著高于 AB 基因型个体（$P<0.05$）。

表 7-17　OBR 基因外显子 9 c.8187 C>A 多态性对第 6 世代基因型腹脂重和腹脂率的影响（Wang et al.，2006a）

基因型	腹脂重/g	P 值	腹脂率/%	P 值
AA	61.92±3.34[a]	0.0201	2.3±0.114[a]	0.0174
AB	50.49±1.61[b]		1.9±0.054[b]	
BB	53.88±1.44[b]		2.0±0.048[ab]	

注：同列不同字母表示差异显著（$P<0.05$）

作为一种蛋白质或肽类激素，Leptin 必然是通过靶细胞膜上的受体和相应的信号转导体系发挥作用（Tartaglia et al.，1995）。由于 OBR 在 Leptin 的信号转导中起着极其重要的作用，与脂肪沉积和体重有关，因此我们把 OBR 基因作为研究脂肪沉积的候选基因（顾志良等，2002b）。

本课题组顾志良等（2002b）对 OBR 基因外显子 9 上的 c.8187 C>A 突变位点在高、低脂系和多个我国地方品种中进行了基因型检测并分析了不同鸡种的基因型频率和基因频率分布，发现基因型频率和等位基因频率分布与品种有关，北京油鸡的 AA 基因型频率显著高于其他品种，高脂系中等位基因 A 的频率显著高于低脂系。本课题组 Wang等（2006a）在高、低脂系第 6 世代鸡群中发现该位点基因型对腹脂重和腹脂率有显著影响，AA 基因型个体的腹脂重和腹脂率显著高于 AB 和 BB 基因型个体（$P<0.05$），这与该位点等位基因 A 的频率在北京油鸡和高脂系中的分布高于其他地方鸡种的结果相

一致。这些结果表明，*OBR* 基因的 c.8187 C>A 突变位点等位基因 *A* 可能具有促进鸡腹脂沉积的作用。本研究的结果深化了我们对 *OBR* 基因影响鸡体脂沉积的认识。*OBR* 基因可能是影响鸡体脂沉积的重要基因。

第五节　鸡胰岛素样生长因子 2（*IGF2*）基因多态性与体脂性状的相关研究

IGF2 也被称为生长调节素 A（somatomedin A），是胰岛素-胰岛素样生长因子-释放生长因子家族的成员之一。它与具有促进有丝分裂活性作用的胰岛素在结构上有同源性。已经证明，IGF2 至少在啮齿类动物中是促进有丝分裂的主要生长因子（Dechiara et al.，1991）。体外细胞培养实验已证明，IGF2 是肌细胞生长过程中的自分泌信号（Gerrard et al.，1998），早在 1986 年，Florini 等就提出 IGF2 是以浓度依赖的方式刺激肌纤维的增殖与分化的（Florini et al.，1986）。肌束中肌纤维在分化过程中，类胰岛素生长因子 1 受体（insulin-like growth factor receptor-I，IGF1R）的变化进一步证明了 IGF 在肌纤维生成中的作用（Florini et al.，1991）。Darling 和 Brickell（1996）首次克隆了鸡的 *IGF2* 基因。1996 年，Spencer 等（1996）通过给 4 周龄肉鸡注射 IGF2，发现 IGF2 能直接或间接地改变血浆三碘甲状腺原氨酸（T3）的含量，从而影响腹脂的沉积。

本课题组李志辉等（2004）、Li 等（2004）以鸡 *IGF2* 基因作为影响脂肪性状的候选基因，对鸡 *IGF2* 基因外显子 2 进行 SNP 检测，比较了不同品种（系）中的基因型频率，并进行了 *IGF2* 基因 SNP 与屠体性状的相关分析。

一、*IGF2* 基因多态性检测

根据 GenBank 登录的鸡 *IGF2* 基因序列（Accession No. S82962）设计引物，以高、低脂系肉鸡，北京油鸡，白耳黄鸡，石岐杂鸡和海兰蛋鸡基因组 DNA 为模板进行 PCR 扩增，PCR 产物用 1%琼脂糖凝胶检测。结果表明，扩增特异性良好，PCR 产物扩增片段长度与所设计的片段大小一致（232bp）（图 7-13）。

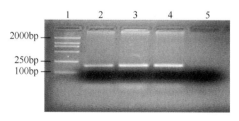

图 7-13　PCR 产物（李志辉等，2004；Li et al.，2004）
1. DL 2000 分子质量标准；2~4. PCR 产物；5. 对照

对 PCR 产物进行 SSCP 分析，结果出现 3 种基因型（*AA*、*AB*、*BB*），见图 7-14。

取两个纯合基因型的片段进行回收、克隆测序。结果表明，*AA* 基因型的基因序列和 GenBank（Accession No. S82962）中的序列一致，定义为野生型；*BB* 基因型 139bp 处碱基 C 突变为 G，定义为突变型，该多态性位点命名为 g.403 C>G。将突变后的核苷

酸序列演绎成氨基酸序列后，发现该处的氨基酸没有改变，仍是丝氨酸（Ser），该突变是一个沉默突变。

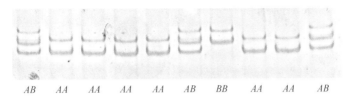

| AB | AA | AA | AA | AA | AB | BB | AA | AA | AB |

图 7-14　不同基因型个体的 PCR-SSCP 结果（李志辉等，2004；Li et al.，2004）

二、鸡 *IGF2* 突变位点在不同品种（系）中等位基因频率和基因型频率分布

利用 AA 肉鸡、海兰蛋鸡及北京油鸡、白耳黄鸡、石岐杂鸡群体，对 *IGF2* 基因外显子 2 进行 SNP 检测，计算不同鸡种该基因的基因型频率和等位基因频率并进行卡方检验。独立性检验（χ^2）结果表明，品种间基因型频率差异极显著（$P<0.01$）。进一步分析发现，基因型频率在海兰蛋鸡和 AA 肉鸡间的差异达到显著水平（$P<0.05$），而在其他任意两个鸡种间差异都达到极显著的水平（$P<0.01$）。北京油鸡、白耳黄鸡的 AA 基因型频率低于其他品种，石歧杂鸡、AA 肉鸡和海兰蛋鸡中以 AA 型为主，其频率高于其他品种（表 7-18）。

表 7-18　基因型频率和等位基因频率在不同品种间的比较（李志辉等，2004；Li et al.，2004）

品种（系）	检测个体数	*AA*	*AB*	*BB*	*A*	*B*	χ^2
北京油鸡	109	0.312（34）	0.505（55）	0.183（20）	0.564	0.436	
白耳黄鸡	90	0.144（13）	0.467（42）	0.389（35）	0.377	0.623	
石岐杂鸡	106	0.764（81）	0.217（23）	0.019（2）	0.873	0.127	$\chi^2=178.073$ $P<0.01$
AA 肉鸡	413	0.637（263）	0.305（126）	0.058（24）	0.789	0.211	
海兰蛋鸡	115	0.565（65）	0.417（48）	0.018（2）	0.774	0.226	

注：括号内数字表示检测的个体数

三、*IGF2* 基因单核苷酸多态性与鸡体脂性状的相关分析

本课题组李志辉等（2004）利用高、低脂系第 5 世代群体，对 *IGF2* 基因 g.403 C>G 位点进行了基因型分型，并开展了基因型与腹脂性状的相关分析。结果表明，基因型对腹脂重和腹脂率有显著影响（$P<0.05$）。由表 7-19 可以看出，*AB* 基因型个体的腹脂重显著高于 *BB* 基因型个体（$P<0.05$），*AA* 基因型个体的腹脂率与 *AB* 和 *BB* 基因型个体差异不显著（$P>0.05$）。

表 7-19　第 5 世代群体中 g.403 C>G 突变对腹脂重、腹脂率的影响（李志辉等，2004；Li et al.，2004）

基因型	个体数	腹脂重/g	腹脂率/%
AA	71	47.83[ab]±2.45	1.92[ab]±0.09
AB	37	54.49[a]±3.27	2.14[a]±0.11
BB	7	37.83[b]±6.86	1.52[b]±0.24

注：同列字母不同表示差异显著（$P<0.05$）

　　研究发现，IGF2 是影响动物胚胎生长分化的重要因子，参与多种代谢的调节（O'Dell，1998）。在家禽循环水平上 IGF2 含量的增加导致了游离脂肪酸含量和腹脂垫重量的增加（McMurtry et al.，1996；Huybrechts et al.，1992），表明 IGF2 直接或间接地影响脂类的代谢。Spencer 等（1996）发现 IGF2 能直接或间接地改变血浆 T3（$P<0.05$）的含量，使 T3 的含量降低，进而降低了糖类代谢和氧化磷酸化中多种酶的活性，增加了脂肪的沉积。Decuypere 和 Leenstra（1993）也发现 T3 的含量与鸡的腹脂重呈正相关。Butterwith 和 Goddard（1991）报道鸡的 IGF2 具有促进脂肪前体细胞增殖的作用。所有这些研究结果表明，IGF2 是影响鸡脂肪代谢和生长发育的重要候选基因。

　　本研究以鸡 IGF2 基因作为影响脂肪性状的候选基因进行 SNP 检测，结果在外显子 2 发现 1 个多态性位点。对我国地方鸡种北京油鸡、白耳黄鸡、石岐杂鸡、AA 肉鸡和海兰蛋鸡进行基因型检测，计算了不同鸡种的基因型频率和基因频率。通过独立性检验发现，基因型频率分布与品种有关，品种间基因型频率差异极显著（$P<0.01$）。进一步分析发现，基因型频率在任意两个鸡种间差异都达到显著（$P<0.05$）或极显著水平（$P<0.01$）。白耳黄鸡和北京油鸡 B 基因频率高于其他品种，海兰蛋鸡居中，而石岐杂鸡、AA 肉鸡 B 基因频率是 5 个群体中最低的。白耳黄鸡是一种体形较小的蛋用地方品种，成年体重为 1.0~1.2kg（据《中国家禽品种志》），脂肪沉积较少。北京油鸡是一种体形较小的蛋肉兼用型地方品种，成年体重 1.6~1.7kg（据《中国家禽品种志》），肌间脂肪分布良好，肉质细致，肉味鲜美，腹脂沉积较少。石岐杂鸡是肉用型地方品种，成年体重为 2.2~2.4kg，生长速度较白耳黄鸡、北京油鸡快，有一定的脂肪沉积能力。由于多年的人工选择，伴随着早期生长速度的提高，肉鸡有着极强的脂肪沉积能力，因此，我们推测等位基因 B 可能影响体重和脂肪沉积，其结果需进一步验证。此外，本研究中 3 种基因型与屠体性状最小二乘分析显示，不同基因型个体在腹脂重和腹脂率上差异显著（$P<0.05$），BB 基因型个体腹脂重和腹脂率显著低于 AB 基因型个体（$P<0.05$）。

　　综合以上分析结果可知，IGF2 基因 g.403 C>G 位点的多态性可能影响鸡的体重，同时对肉鸡的腹脂性状有显著影响。IGF2 基因可能是影响肉鸡腹脂性状的重要候选基因。

第六节　鸡脂肪酸结合蛋白（FABP）基因
多态性与体脂性状的相关研究

　　禽类脂质代谢及其调控与哺乳动物不尽相同，有其自身的特点。肝脏是家禽脂肪合成的主要场所，禽类约 90% 以上的脂肪在肝脏合成。在肝脏中合成的脂肪酸，以及从血液中以游离脂肪酸或脂蛋白的形式吸收到肝脏中的脂肪酸，经脂化作用后，变成甘油三酯、磷脂、胆固醇酯等。由于肝脏积累甘油三酯的能力较低，更为重要的是，脂肪酸是疏水性物质，不能直接在血液中被转运，也不能直接进入组织细胞中被利用，它们必须与血液或细胞中的特殊蛋白质——载脂蛋白一起组成一个亲水性的分子基团，才能在血液和组织细胞中运输，即在肝脏合成的甘油三酯与载脂蛋白结合形成脂蛋白，随血液循环运输到脂肪组织中沉积下来或运输到其他组织中被利用。

脂肪酸结合蛋白（fatty acid binding protein，FABP）是同源性极高的一族小分子细胞内蛋白质，由 126~134 个氨基酸组成，分子质量为 14~15kDa。它们的氨基酸序列只有22%~73%的同源性，但三级结构高度相似。FABP 广泛存在于哺乳动物肠、心脏、脑、脂肪、骨骼肌等多种细胞内，占细胞内可溶性蛋白总量的 1%~8%。FABP 对细胞内脂肪酸的运输起着重要的作用（Flower，1996；Veerkamp et al.，1991；Spector，1985），它们与脂肪酸结合可以大大增加脂肪酸的可溶性，并将其运输到线粒体、过氧化物酶体等脂肪酸氧化的位置，以及内质网等脂肪酸酯化成甘油三酯或磷脂的位置，或者进入细胞核内发挥调控功能。另外，FABP 对细胞内脂肪酸的浓度还具有一定的调控作用，它可以防止由于细胞内脂肪酸浓度过高引起的细胞和细胞膜的毒性作用（Veerkamp and van Moerkerk，1993）。因此，FABP 被认为是细胞内运输脂肪酸的非常重要的蛋白质（Chmurzyńska，2006）。

一、鸡脂肪型脂肪酸结合蛋白（*A-FABP*）基因多态性与体脂性状的相关研究

脂肪型脂肪酸结合蛋白（adipocyte fatty acid binding protein，A-FABP）又称为 aP2 或 AFABP。它在白色脂肪组织和棕色脂肪组织中都高量表达，是脂肪细胞中脂肪酸的伴侣分子（Xu et al.，2006）。*A-FABP* 基因作为脂肪代谢的重要候选基因，一直受到人们的密切关注。叶满红等（2007，2003）、Wang 等（2006b）、陈宽维等（2006）、罗桂芬等（2006）、屠云洁等（2004）对该基因进行了多态性检测，并且与不同品种鸡的重要经济性状进行了关联分析，分析结果表明，*A-FABP* 多态性位点与脂肪等性状显著相关。大量的研究表明，*A-FABP* 基因有利于增加肌内脂肪（intermuscular fat，IMF）含量，它的表达量增高会改善肉质，反之肉质会变差（徐宁迎等，2004；李桢等，2004；Gerbens et al.，1998）。Gerbens 等（2001）研究发现，其第一内含子上的微卫星序列与 IMF 含量有关，且各基因型之间 IMF 含量差异显著。*A-FABP* 作为一个影响禽类脂类代谢的重要候选基因，其在脂类代谢过程中的功能研究备受瞩目。

（一）*A-FABP* 基因多态性检测

本课题组 Wang 等（2006b）以东北农业大学鸡 F_2 资源群体（本章简称为东农 F_2 群体）和中国农业大学鸡 F_2 资源群体（中农 F_2 群体）为实验材料，通过测序发现在 *A-FABP* 基因的外显子 1 存在一个 C>T 的突变，命名为 g.51 C>T，并对 2 个 F_2 群体的鸡只进行了基因分型。PCR 扩增片段长度为 702bp，经 *Taq* I 酶切后产生 3 种基因型。多态性位点为 C 碱基时，会产生限制性内切酶 *Taq* I 的酶切位点（T/CGA），*Taq* I 消化 PCR 产物后会产生 2 个片段（629bp 和 73bp），将其命名为 *BB* 基因型；该位点为 T 碱基时（TTGA），则不存在 *Taq* I 酶切位点，*Taq* I 消化 PCR 产物后只有 1 个片段（702bp），将其命名为 *AA* 基因型；该位点为 C/T 杂合时，*Taq* I 消化 PCR 产物后会产生 3 个片段（702bp、629bp 和 73bp），将其命名为 *AB* 基因型（图 7-15）。

本课题组王启贵等（2011）以高、低脂系第 10 世代两只高脂肉鸡、两只低脂肉鸡及两只白耳黄鸡为实验材料，通过测序、限制性片段长度多态性（PCR-RFLP）、长度多态性（PCR-LP）、变性高压液相色谱分析（DHPLC）的方法在 *A-FABP* 基因上共检测到 8 个突变位点，并对其进行统一命名。为描述方便，在文中统一将这 8 个位点简称为

SNP1~SNP8（表 7-20）。

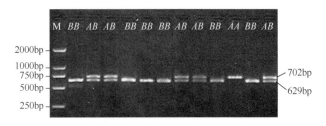

图 7-15　*A-FABP* 基因 g.73 C>T 位点 *Taq* I 酶切位点分析（Wang et al.，2006b）

M. DL2000 分子质量标准

表 7-20　鸡 *A-FABP* 基因 SNP 位置及命名（王启贵等，2011）

位点	位置	变异类型	命名
SNP1	5'-调控区	单点突变：G/A	g.-1376 G>A
SNP2	5'-调控区	单点突变：C/T	g. -1117 C>T
SNP3	5'-调控区	10bp 缺失（CATGTAATAG）	g. -972_-963del10
SNP4	5'-调控区	22bp 插入（TAGCATTAGAGAATTGGTCAGG）	g. -846_-845ins22
SNP5	5'-调控区	7bp 缺失（TCCCAAG）	g. -439_-433del7
SNP6	第一外显子	单点突变：C/T	g.51 C>T
SNP7	第三外显子	单点突变：G/A	g.1729 G>A
SNP8	3'-调控区	单点突变：C/T	g.3265 C>T

（二）单位点 SNP 与鸡体组成性状的相关分析

本课题组 Wang 等（2006b）在东农 F_2 群体和中农 F_2 群体中对 g.51 C>T 位点进行分型，并开展了基因型与鸡体重和腹脂性状的相关分析。结果发现，该 SNP 与东农 F_2 群体的腹脂重和腹脂率极显著相关（$P<0.01$），与中农 F_2 群体的 2 周龄、3 周龄、5 周龄、6 周龄、8 周龄、9 周龄、10 周龄、11 周龄、12 周龄体重、屠体重及腹脂重显著或极显著相关（$P<0.05$ 或 $P<0.01$）（表 7-21）。

表 7-21　*A-FABP* 基因 g.51 C>T 突变位点对鸡体重和腹脂性状的影响（*P* 值）（Wang et al.，2006b）

性状	群体	
	东农 F_2 群体	中农 F_2 群体
出生重	NS	NS
1 周龄体重	NS	0.1369
2 周龄体重	NS	0.0108
3 周龄体重	NS	0.0105
4 周龄体重	0.0736	NS
5 周龄体重	0.1656	0.0134
6 周龄体重	0.1114	0.0261
7 周龄体重	0.1349	0.0784
8 周龄体重	NS	0.0117
9 周龄体重	NS	0.0094

续表

性状	群体	
	东农 F₂ 群体	中农 F₂ 群体
10 周龄体重	NS	0.017
11 周龄体重	NS	0.0014
12 周龄体重	NS	0.0001
屠体重	NS	0.0091
腹脂重	0.0048	0.0224
腹脂率	0.0014	0.0778

注：NS 表示 $P>0.2$

在东农 F₂ 群体中，AA 基因型个体的 4 周龄体重显著低于 BB 基因型个体；AA 基因型个体的腹脂重和腹脂率显著低于 AB 和 BB 基因型个体（表 7-22）。

表 7-22　*A-FABP* 基因 g.51 C>T 位点对鸡体重和腹脂性状的影响（最小二乘均数）（Wang et al.，2006b）

性状	基因型（个体数）		
	AA	AB	BB
4 周龄体重/g	435.06±5.51ᵇ（113）	443.09±4.00ᵃᵇ（220）	453.16±5.70ᵃ（107）
腹脂重/g	73.90±2.57ᵇ（115）	84.08±1.85ᵃ（227）	82.57±2.62ᵃ（113）
腹脂率/%	3.72±0.106ᵇ（115）	4.19±0.077ᵃ（227）	4.09±0.109ᵃ（113）

注：同行不同字母表示差异显著（$P<0.05$）

在中农 F₂ 群体中，AA 基因型个体的 1 周龄、5 周龄、6 周龄、8 周龄、9 周龄、10 周龄、11 周龄、12 周龄体重、屠体重、腹脂重和腹脂率显著或极显著低于 AB 和 BB 基因型个体；AA 基因型个体的 2 周龄和 7 周龄体重显著低于 AB 基因型个体；AA 和 BB 基因型个体的 3 周龄体重显著低于 AB 基因型个体（表 7-23）。

表 7-23　*A-FABP* 基因 g.51 C>T 位点对鸡体重和腹脂性状的影响（最小二乘均数）（Wang et al.，2006b）

性状	基因型（个体数）		
	AA	AB	BB
1 周龄体重/g	61.65±3.99ᵇ（32）	65.95±3.53ᵃ（185）	65.75±3.51ᵃ（302）
2 周龄体重/g	125.72±7.27ᵇ（29）	137.93±6.20ᵃ（182）	134.39±6.14ᵃᵇ（300）
3 周龄体重/g	213.79±12.26ᵇ（31）	232.28±10.62ᵃ（184）	225.30±10.53ᵇ（309）
5 周龄体重/g	452.87±26.34ᴮ（31）	502.46±21.97ᴬ（181）	499.31±21.74ᴬ（284）
6 周龄体重/g	627.37±25.05ᵇ（28）	693.58±12.33ᵃ（172）	679.86±11.41ᵃ（274）
7 周龄体重/g	809.35±32.01ᵇ（28）	880.12±15.12ᵃ（186）	865.15±13.88ᵃᵇ（297）
8 周龄体重/g	963.11±39.56ᴮ（30）	1076.69±22.01ᴬ（172）	1071.59±20.68ᴬ（281）
9 周龄体重/g	1155.30±41.87ᴮ（32）	1281.18±22.57ᴬ（175）	1274.84±20.76ᴬ（295）
10 周龄体重/g	1321.61±52.59ᴮ（28）	1458.51±31.98ᴬ（172）	1453.86±30.85ᴬ（273）
11 周龄体重/g	1408.61±67.04ᴮ（23）	1618.14±44.20ᴬ（152）	1581.48±42.73ᴬ（247）
12 周龄体重/g	1523.45±62.28ᴮ（26）	1759.59±38.92ᴬ（167）	1713.36±37.37ᴬ（273）
屠体重/g	1373.31±53.71ᵇ（35）	1516.29±35.70ᵃ（200）	1496.41±34.53ᵃ（324）
腹脂重/g	35.46±6.69ᵇ（35）	49.21±5.12ᵃ（200）	48.47±5.04ᵃ（323）
腹脂率/%	2.60±0.38ᵇ（35）	3.22±0.30ᵃ（200）	3.26±0.28ᵃ（323）

注：同行不同小写字母表示差异显著（$P<0.05$）；同行不同大写字母表示差异极显著（$P<0.01$）

本课题组王启贵等（2011）以高、低脂系第 10 世代为实验材料，使用 JMP4.0 软件进行了单位点基因型与鸡生长和体组成性状的相关分析，结果表明：SNP1~SNP8 对 1 周龄、3 周龄、5 周龄、7 周龄体重及屠体重、腹脂重和腹脂率均无显著影响（表 7-24）。

表 7-24 A-FABP 基因突变位点对鸡生长和体组成性状的影响（P 值）（王启贵等，2011）

性状	SNP1	SNP2	SNP3	SNP4	SNP5	SNP6	SNP7	SNP8
出生重	0.4843	0.9053	0.6820	0.6539	0.1257	0.3083	0.8451	0.5971
1 周龄体重	0.6698	0.9089	0.1832	0.2984	0.3989	0.4924	0.1094	0.3577
3 周龄体重	0.5941	0.7805	0.3222	0.9646	0.2785	0.7154	0.1795	0.7498
5 周龄体重	0.7532	0.7771	0.8941	0.9901	0.1716	0.6901	0.8379	0.8421
7 周龄体重	0.4524	0.8042	0.7063	0.4987	0.5728	0.6187	0.5580	0.9658
屠体重	0.3496	0.7715	0.3975	0.3526	0.4637	0.3415	0.5306	0.5322
腹脂重	0.6462	0.1960	0.4762	0.4493	0.9844	0.5356	0.7246	0.9620
腹脂率	0.7105	0.1191	0.2977	0.4838	0.9462	0.5994	0.6794	0.9602

本课题组高广亮等（2014）以东农 F_2 群体为实验材料，使用 JMP4.0 软件进行上述 SNP1~SNP8 单位点基因型与鸡生长和体组成性状的相关分析，结果可以看出：SNP1 对鸡 4 周龄、6~12 周龄体重有极显著影响（$P<0.01$）；SNP2 对鸡 4 周龄、6 周龄、9 周龄体重有显著影响（$P<0.05$）；SNP3 对鸡 6~12 周龄体重、屠体重有显著或极显著影响（$P<0.05$ 或 $P<0.01$）；SNP4 对 4 周龄、6 周龄体重有显著或极显著影响（$P<0.05$ 或 $P<0.01$）；SNP5 和 SNP6 对 6 周龄体重有显著影响（$P<0.05$）；SNP7 对 6 周龄、8~12 周龄体重、屠体重有显著或极显著影响（$P<0.05$ 或 $P<0.01$）；SNP8 对鸡 4 周龄体重有显著的影响（$P<0.05$）（表 7-25）。

表 7-25 A-FABP 基因突变位点及单倍型对鸡生长和体组成性状的影响（P 值）（高广亮等，2014）

性状	SNP1	SNP2	SNP3	SNP4	SNP5	SNP6	SNP7	SNP8
4 周龄体重	0.0006**	0.0490*	NS	0.0419*	NS	NS	NS	0.0466*
6 周龄体重	0.0001**	0.0153*	0.0116*	0.0092**	0.0468*	0.0208*	0.0362*	NS
7 周龄体重	0.0001**	NS	0.0285*	NS	NS	NS	NS	NS
8 周龄体重	<0.001**	NS	0.0097**	NS	NS	NS	0.0365*	NS
9 周龄体重	0.0001**	0.0238*	0.0036**	NS	NS	NS	0.0227*	NS
10 周龄体重	0.0014**	NS	0.0039**	NS	NS	NS	0.0167*	NS
11 周龄体重	0.0017**	NS	0.0042**	NS	NS	NS	0.0184*	NS
12 周龄体重	0.0032**	NS	0.0141*	NS	NS	NS	0.0298*	NS
屠体重	NS	NS	0.0241*	NS	NS	NS	0.0012**	NS
腹脂重	NS	NS	NS	NS	NS	NS	NS	NS
腹脂率	NS	NS	NS	NS	NS	NS	NS	NS

*表示显著，**表示极显著。无显著影响的性状的 P 值没有列出，用 NS 代替

（三）单倍型与鸡体组成性状的相关分析

本课题组王启贵等（2011）对以上鉴定出的 8 个 SNP 进行连锁不平衡分析。由利用 Haploview 软件分析得出的 LD Plot 结果（颜色越深的方格表示连锁程度越高）可知，

SNP1 与 SNP2、SNP3、SNP4 处于强连锁状态，位于一个单倍型块中，SNP5 与 SNP6、SNP7 处于第二个单倍型块中，SNP8 与其他 SNP 连锁程度均较低。选择 5 个标签 SNP 构建单倍型并筛选出 4 种主要单倍型：ATDDC、ATIDC、GCIDC、GCIDT（图 7-16）。用 JMP4.0 软件在高、低脂系中进行单倍型与鸡生长和体组成性状的相关分析，结果表明单倍型对鸡体重和腹脂性状没有显著影响（$P>0.05$）（王启贵等，2011）。

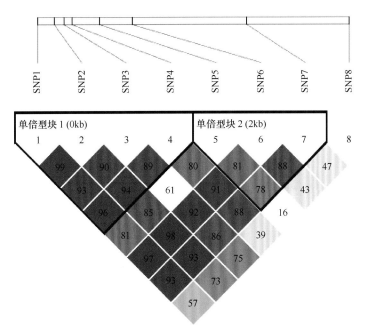

图 7-16　*A-FABP* 基因 SNP 连锁不平衡图谱（王启贵等，2011）

图中菱形格中的数字为对应标记间的连锁不平衡系数 r^2 乘以 100

本课题组高广亮等（2014）以东农 F_2 群体为实验材料，构建单倍型，每 3 个 SNP 构成一个窗口，每次向前滑动 1 个 SNP，共构成 6 个窗口（图 7-17）。结果显示，窗口 1、2、5 和 6 对 6 周龄体重有显著或极显著影响（$P<0.05$ 或 $P<0.01$）（表 7-26）。

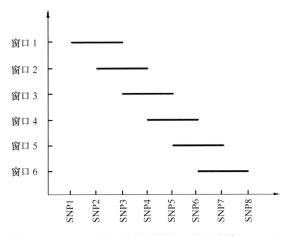

图 7-17　*A-FABP* 基因单倍型构建（高广亮等，2014）

表7-26　*A-FABP* 基因单倍型对鸡体组成性状的影响（*P* 值）（高广亮等，2014）

鸡体组成性状	窗口1	窗口2	窗口3	窗口4	窗口5	窗口6
4周龄体重	0.0115*	NS	NS	NS	0.0389*	0.0030**
6周龄体重	0.0048**	0.0381*	NS	NS	0.0149*	0.0014**
7周龄体重	0.0115*	0.0352*	0.0669	NS	0.0187*	0.0020**
8周龄体重	NS	NS	NS	NS	0.0208*	0.0031**
9周龄体重	0.0499*	NS	NS	NS	0.0458*	0.0058**
10周龄体重	NS	NS	NS	NS	0.0425*	0.0084**
11周龄体重	NS	NS	NS	NS	NS	0.0440*
12周龄体重	NS	NS	NS	NS	NS	NS
屠体重	NS	NS	NS	NS	NS	NS
腹脂重	NS	NS	NS	0.0434*	0.0159*	0.0059**
腹脂率	NS	NS	NS	0.0475*	0.0221*	0.0049**

*表示显著，**表示极显著。无显著影响的性状的 *P* 值没有列出，用 NS 代替

　　生长是鸡体各组成部分发育的综合体现，是由遗传、营养和环境因子相互作用的结果（Scanes et al.，1984）。生长由复杂的遗传因子控制，揭示其遗传机制将有助于推进肉鸡育种进展。本课题组 Wang 等（2006b）发现 *A-FABP* 基因 g.51 C>T 位点与中农 F$_2$ 鸡群体的体重性状显著相关，且 *AA* 基因型个体的体重显著低于 *AB* 和 *BB* 基因型个体。通常认为，F$_2$ 资源群体是由远缘品种（系）通过杂交构建而成，其基因组座位具有很强的连锁不平衡（linkage disequilibrium）。本研究中，*A-FABP* 基因 g.51 C>T 位点与各周龄体重相关可能是由该位点与位于该基因上实际影响鸡体重性状的功能性位点或其他基因相连锁所造成的，这也解释了在 2 个 F$_2$ 群体中相关分析结果不一致的原因。本课题组王启贵等（2011）以高、低脂系第 10 世代鸡群为实验材料，发现 *A-FABP* 基因的SNP1~SNP8 对体重、屠体重、腹脂重和腹脂率均无显著影响；随后，本课题组高广亮等（2014）对相同的 8 个 SNP（SNP1~SNP8）在东农 F$_2$ 群体中进行分型，基因型与性状的相关分析发现，*A-FABP* 基因 SNP1~SNP7 单位点及所有单倍型对 6 周龄体重有显著或极显著影响（*P*<0.05 或 *P*<0.01）。对 8 个 SNP 以滑动窗口的形式构建单倍型并开展与目标性状的相关分析，发现窗口 1、2、5 和 6 均对 6 周龄体重有显著或极显著影响，与SNP3、SNP4、SNP6 和 SNP7 的分析结果一致，推测这 4 个 SNP 是影响 6 周龄体重的主要 SNP 位点。

　　与哺乳动物相似，鸡的 *A-FABP* 基因也特异性地在脂肪组织中表达（Shi et al.，2010；Wang et al.，2004a）。因此，*A-FABP* 基因是适合研究鸡脂肪代谢的目标基因（Wang et al.，2004a）。本课题组 Wang 等（2006b）发现 *A-FABP* 基因 g.51 C>T 位点与 2 个鸡 F$_2$ 资源群体的 12 周龄腹脂重和腹脂率显著相关，*AA* 基因型个体的腹脂重和腹脂率显著低于 *BB* 基因型个体。进一步比较 3 种基因型的均数发现，肉鸡等位基因 *B* 以加性效应方式影响鸡体脂性状（促进脂肪的沉积）。这与肉鸡选育中为了达到上市而重视鸡快速生长

选育所造成的体脂过度沉积的选育历史是一致的。如前所述，由于 F$_2$ 群体的基因组座位具有很强的连锁不平衡，因此 *A-FABP* 基因 g.51 C>T 位点可能是功能性的 SNP 或与该基因的功能性 SNP 相连锁来影响基因的表达从而影响鸡腹脂的沉积。

基于本研究结果和已有文献报道，*A-FABP* 基因可能是影响鸡体重和腹脂性状的重要基因，其 g.51 C>T 位点多态性是影响鸡腹脂性状的重要分子标记，*AA* 基因型是降低肉鸡腹脂性状的有利基因型，可以尝试应用于鸡腹脂性状的标记辅助选择。

二、鸡心脏型脂肪酸结合蛋白（*H-FABP*）基因多态性与体脂性状的相关研究

心脏型脂肪酸结合蛋白（heart fatty acid binding protein，*H-FABP*）基因在哺乳动物多种器官和组织中均有表达，如心脏、骨骼肌、平滑肌、大动脉、肾脏、肺脏、大脑、胎盘和卵巢等。对哺乳动物的研究发现，*H-FABP* 基因在长链脂肪酸的摄取、运输和调节的过程中发挥重要作用（Shearer et al.，2005；Luiken et al.，2003；Binas et al.，1999）。有研究表明，*H-FABP* 基因也是影响肌肉中 IMF 含量的重要候选基因（王彦等，2007；Chmurzynska et al.，2007）。

（一）*H-FABP* 基因多态性检测

本课题组 Wang 等（2007）以中国农业大学提供的明星肉鸡和丝毛乌骨鸡为实验材料进行 *H-FABP* 基因的扩增、克隆和测序，将两只鸡的序列进行比对分析，结果表明在鸡 *H-FABP* 基因的内含子 2 中存在 2 个 SNP 位点，即 14bp 插入/缺失的变异位点和 *Nco* I 酶切多态性位点，分别命名为 g.1235_1248 del14 和 g.1896 T>C。

针对 g.1235_1248 del14 变异位点，设计引物分别对中农 F$_2$ 群体和高、低脂双向选择品系第 6、7、8 世代个体进行 PCR 扩增，然后进行聚丙烯酰胺凝胶电泳分析。PCR 扩增片段长度为 195bp，电泳后发现 3 种基因型，分别命名为 *AA*（181bp）、*AB*（181bp 和 195bp）和 *BB*（195bp）。

针对 g.1896 T>C 变异位点，设计引物分别对 F$_2$ 资源群体和肉鸡高、低脂双向选择品系第 6、7、8 世代个体进行 PCR 扩增，然后进行 RFLP 分析。PCR 扩增片段长度为 666bp，经 *Nco* I 酶切后产生 3 种基因型，分别命名为 *CC*（286bp、280bp 和 100bp）、*CD*（566bp、286bp、280bp 和 100bp）和 *DD*（566bp 和 100bp）。

（二）*H-FABP* 基因单倍型频率分析

本课题组 Wang 等（2007）对检测到的 g.1235_1248 del14 和 g.1896 T>C 两个突变位点在中农 F$_2$ 群体和高、低脂系第 6、7、8 世代进行了基因分型，并以此构建了 2 个位点的单倍型。结果发现，在中农 F$_2$ 群体中存在 3 种单倍型，它们构成了 6 种二倍体基因型；在高、低脂系 3 个世代中检测到 4 种单倍型，它们构成 8 种二倍体基因型。由于 *BD* 单倍型频率很低，因此在随后的相关分析中，剔除了包含有 *BD* 单倍型的二倍体基因型。单倍型频率分析表明，*AC* 单倍型频率在 3 个世代的高、低脂系中分布差异极显著或显著；此外，*AC* 单倍型频率在第 6、7、8 世代高、低脂系都有逐渐减少的趋势（表 7-27）。

表 7-27 *H-FABP* 基因单倍型频率在高、低脂系第 6、7、8 世代中的分布（Wang et al.，2007）

品系	单倍型	频率			显著性
		高、低脂系第 6 世代	高、低脂系第 7 世代	高、低脂系第 8 世代	
低脂系	*AC*	0.41	0.40	0.27	**
	AD	0.45	0.45	0.56	NS
	BC	0.14	0.14	0.16	NS
	BD	0	0.01	0.01	NS
高脂系	*AC*	0.67	0.52	0.55	*
	AD	0.19	0.28	0.27	NS
	BC	0.14	0.20	0.17	NS
	BD	0	0.003	0.01	NS

*$P<0.05$；**$P<0.01$；NS 表示 $P>0.05$

（三）*H-FABP* 基因单倍型与鸡体脂性状的相关分析

本课题组 Wang 等（2007）利用构建的单倍型开展了 *H-FABP* 基因二倍体基因型与鸡生长和腹脂性状的相关分析。结果发现 *H-FABP* 基因的二倍体基因型对中农 F_2 群体鸡只的出生重和腹脂率有显著影响；对第 7、8 世代高脂系鸡只的出生重和第 7、8 世代低脂系鸡只的腹脂率有显著影响（表 7-28）。

表 7-28 *H-FABP* 基因二倍体基因型对鸡腹脂性状和体重性状的影响（*P*值）（Wang et al.，2007）

性状	中农 F_2	第 6 世代		第 7 世代		第 8 世代	
		低脂系	高脂系	低脂系	高脂系	低脂系	高脂系
出生重	0.033	/	/	0.11	0.008	0.21	0.035
腹脂率	0.001	0.29	0.59	0.029	0.14	0.029	0.69

注："/"表示未度量性状

对影响出生重二倍体基因型对应的最小二乘均数进行多重比较。结果表明，二倍体基因型纯合子效应在各群体中并不完全一致（表 7-29）。例如，在中农 F_2 群体中，二倍体基因型为 *BC/BC* 或 *AC/AC* 的个体出生重最大；第 7 世代低脂系中，二倍体基因型为 *AD/AD* 的个体出生重最大；第 8 世代低脂系中，二倍体基因型为 *BC/BC* 或 *AC/AC* 的个体出生重最大。对于腹脂性状而言，二倍体基因型为 *BC/BC* 的个体在中农 F_2 群体和第 6、7、8 世代低脂系中的效应是一致的，且这些个体的腹脂率最低。

表 7-29 *H-FABP* 基因二倍体基因型对鸡腹脂性状和体重性状的影响
（最小二乘均数）（Wang et al.，2007）

性状/群体		二倍体基因型					
		AC/AC	*AC/AD*	*AC/BC*	*AD/AD*	*AD/BC*	*BC/BC*
		出生重/g					
中农 F_2		30.5±0.4[ab]	30.1±0.4[b]	30.3±0.6[b]	29.6±0.5[b]	31.9±0.7[a]	31.6±1.0[ab]
高、低脂系第 7 世代	低脂系	40.4±0.6[b]	40.8±0.6[b]	40.0±0.9[b]	42.1±0.6[a]	40.7±0.8[ab]	40.0±1.1[b]
	高脂系	42.6±0.6[a]	42.6±0.6[a]	40.5±0.8[b]	41.0±1.0[ab]	41.4±0.7[ab]	39.3±0.1[b]

续表

性状/群体		二倍体基因型					
		AC/AC	AC/AD	AC/BC	AD/AD	AD/BC	BC/BC
高、低脂系第 8 世代	低脂系	43.2±1.2[a]	41.2±0.6[ab]	42.0±0.9[ab]	40.4±0.6[b]	40.4±0.7[b]	41.3±1.8[ab]
	高脂系	41.7±0.6[ab]	42.9±0.6[a]	40.6±0.7[b]	43.0±1.0[a]	43.7±0.9[a]	42.6±1.7[ab]
		腹脂率					
中农 F_2		3.20±0.33[a]	3.22±0.32[a]	2.46±0.38[b]	3.68±0.34[a]	3.29±0.44[a]	2.02±0.54[b]
高、低脂系第 6 世代	低脂系	1.74±0.09[ab]	1.77±0.08[a]	1.89±0.12[a]	1.77±0.09[a]	1.83±0.11[a]	1.23±0.26[b]
	高脂系	2.43±0.11[a]	2.36±0.14[a]	2.27±0.16[a]	2.27±0.35[a]	2.61±0.30[a]	1.74±0.42[a]
高、低脂系第 7 世代	低脂系	1.52±0.07[ab]	1.64±0.06[a]	1.44±0.10[ab]	1.66±0.07[a]	1.44±0.09[b]	1.29±0.13[b]
	高脂系	2.51±0.09[ab]	2.34±0.09[b]	2.56±0.13[ab]	2.64±0.16[a]	2.71±0.12[a]	2.52±0.17[ab]
高、低脂系第 8 世代	低脂系	1.61±0.14[a]	1.56±0.07[a]	1.61±0.11[a]	1.47±0.08[ab]	1.66±0.09[a]	1.15±0.20[b]
	高脂系	3.03±0.11[a]	2.93±0.11[a]	2.89±0.13[a]	3.14±0.18[a]	2.91±0.16[a]	2.77±0.30[a]

注：表中数据是最小二乘均数±标准误；同行不同字母表示差异显著（$P<0.05$）

Schaap 等（1999）研究发现，H-FABP 基因敲除的小鼠心肌细胞在舒张和收缩时，对棕榈酸的摄取和氧化都显著减少。Luiken 等（2003）研究发现 H-FABP 基因敲除小鼠的骨骼肌中长链脂肪酸的摄取有所降低。Shearer 等（2005）通过敲除小鼠实验研究表明，在运动时 H-FABP 基因对葡萄糖和脂肪酸的利用有调节作用。综合考虑，这些研究表明 H-FABP 在长链脂肪酸的摄取与氧化和能量代谢的动态平衡中起着重要的作用。

本研究中，在鸡 H-FABP 基因内含子中检测到了 2 个多态性位点，以此构建了单倍型并开展了二倍体基因型对鸡体脂性状的相关分析。结果表明，H-FABP 基因的二倍体基因型对中农 F_2 群体鸡只的腹脂率有显著影响。通常认为，F_2 资源群体是由远缘品种（系）通过杂交构建而成的，其基因组座位具有很强的连锁不平衡。本研究中，H-FABP 基因二倍体基因型与 F_2 群体的腹脂率显著相关可能是由单倍型与位于该基因上实际影响鸡腹脂性状的功能性位点或其他基因相连锁所造成的。

本研究发现，H-FABP 基因二倍体基因型与低脂系第 7 世代和第 8 世代腹脂率显著相关，具有 BC/BC 二倍体基因型的个体腹脂率最低，这与 F_2 群体中的结果是一致的。然而，二倍体基因型对低脂系第 6 世代鸡只的腹脂率无显著影响。这种世代间二倍体基因型与腹脂率的相关分析结果不同可能与本研究中第 6 世代样本含量较小有关。同时，我们也发现，二倍体基因型对高脂系第 6、7、8 世代鸡只的腹脂率都没有显著影响。

从单倍型对腹脂率的效应来看，我们推测具有 BC 单倍型的个体具有更低的腹脂率。因此，BC 单倍型频率应该随着世代推移在低脂系中表现出逐渐上升的趋势。然而，这与实际观察到的情况并不一致（表 7-27），其原因可能与各世代选育过程中的选择压力和群体规模不同有关。基于本研究的结果，我们认为 H-FABP 基因可能与鸡腹脂性状有关。

本研究发现 H-FABP 基因二倍体基因型对 F_2 群体、高脂系第 7 世代和第 8 世代鸡只的出生重有显著影响。目前，已有一些 H-FABP 基因多态性影响猪生长的报道。刘剑锋等（2005）研究表明 H-FABP 基因 5′侧翼区 Hinf I 酶切变异位点与培育猪种（中畜黑猪）的体重显著相关，且 HH 和 hh 两种基因型间个体的 170 日龄体重差异显著（$P<0.05$）。

综合本研究和其他人的研究结果，我们认为 H-FABP 基因的序列变异与肉鸡腹脂性状的表型变异有关。H-FABP 基因可能是影响肉鸡腹脂性状的重要候选基因。

三、鸡肠型脂肪酸结合蛋白（*I-FABP*）基因多态性与体脂性状的相关研究

肠型脂肪酸结合蛋白（intestinal fatty acid binding protein，I-FABP）是脂肪酸结合蛋白家族成员之一。哺乳动物中的研究表明，*I-FABP* 基因表达具有高度的组织特异性，分布于小肠和胃组织中（Sweetser et al.，1987）。I-FABP 与食物中长链脂肪酸的吸收、运输及脂类合成、代谢分解有密切的关系（Montoudis et al.，2008，2006）。该基因多态性位点与人类的高脂血症、肥胖症、2 型糖尿病、形体指数和体重显著相关（王振辉等，2006；Damcott et al.，2003；Baier et al.，1995）。

（一）*I-FABP* 基因多态性检测

在公布的鸡基因组 SNP 图谱上，*I-FABP* 基因 5′-调控区上存在一个 A>C 突变，位于起始密码子上游 561bp 处，在本研究中称为 c.-561 A>C；3′-侧翼区上存在一个 G>A 突变，位于终止密码子下游 822bp 处，在本研究中称为 c.*822 G>A。本课题组初丽丽等（2008）对以上 2 个突变位点设计引物，在高、低脂系第 9 世代采用 PCR-RFLP 方法进行个体基因型分析，两种 PCR 产物经过酶切后均产生 3 种基因型，分别命名为 *AA*、*AC*、*CC*（图 7-18）和 *AA*、*AG*、*GG*（图 7-19）。

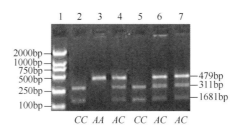

图 7-18　c.-561 A>C 位点 PCR-RFLP 分型（初丽丽等，2008）
1. DL2000 分子质量标准；2、5. 基因型 *CC*；3. 基因型 *AA*；4、6、7. 基因型 *AC*

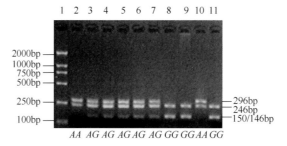

图 7-19　c.*822 G>A 位点 PCR-RFLP 分型（初丽丽等，2008）
1. DL2000 分子质量标准；2、10. 基因型 *AA*；8、9、11. 基因型 *GG*；3~7. 基因型 *AG*

（二）等位基因频率分布

本课题组初丽丽等（2008）对 c.-561 A>C 突变位点进行了群体遗传学分析，χ^2 检验结果表明，基因型、等位基因分布在高、低腹脂双向选择品系间差异极显著（$P<0.01$）；*CC* 基因型和等位基因 *C* 在高脂系中的频率极显著高于低脂系中的频率，*AA* 基因型和 *A* 等位基因在低脂系中的频率极显著高于在高脂系中的频率（表 7-30）；c.*822 G>A 突变

位点基因型、等位基因分布在高、低脂系间差异不显著（表 7-31）。

表 7-30　c.-561 A>C 位点基因型和等位基因频率在两系间的分析（初丽丽等，2008）

c.-561A>C	基因型频率				等位基因频率		
	CC	*AC*	*AA*	χ^2	*C*	*A*	χ^2
低脂系	0.40（77[1]）	0.43（83）	0.18（35）	22.36	0.61	0.39	23.91
高脂系	0.64（114）	0.27（49）	0.09（16）	（0.001[2]）	0.77	0.23	（0.001）

1 表示检测的个体数；2 表示 *P* 值

表 7-31　c.- *822 G>A 位点基因型和等位基因频率在两系间的分析（初丽丽等，2008）

c.*822G>A	基因型频率				等位基因频率		
	GG	*AG*	*AA*	χ^2	*G*	*A*	χ^2
低脂系	0.47[1]	0.34（65）	0.19（36）	5.15	0.64	0.36	0.81
高脂系	0.38（67）	0.46（81）	0.16（29）	（0.40[2]）	0.61	0.39	（0.37）

1 表示检测的个体数；2 表示 *P* 值

（三）单位点 SNP 与鸡体组成性状的相关分析

本课题组初丽丽等（2008）在高、低脂系第 9 世代群体中进行了基因型与生长和体组成性状的相关分析。结果表明，c.-561 A>C 突变位点不同基因型对肉鸡腹脂重有显著影响（P<0.05），多重比较表明，AA、AC 基因型个体的腹脂重显著高于 CC 基因型个体（P<0.05），等位基因替代效应（A 等位基因替代 C 等位基因）达到显著水平（P<0.05）。c.-561 A>C 突变位点基因型对各周龄体重和其他体组成性状没有显著影响（P>0.05）（表 7-32）。c.*822 G>A 突变位点不同基因型对肉仔鸡 5 周龄、7 周龄体重和屠体重有显著影响（P<0.05），对出生重、1 周龄、3 周龄体重有一定的影响（P<0.2）。AA 基因型个体的 5 周龄、7 周龄体重和屠体重显著高于 AG 和 GG 基因型个体（P<0.05）（表 7-33）。

表 7-32　*I-FABP* 基因 c.-561 A>C 突变对脂肪性状的影响（初丽丽等，2008）

性状	*P* 值	*CC*（n=191）	*AC*（n=132）	*AA*（n=51）	等位基因替代效应	*P* 值
腹脂重/g	0.04	62.06±1.48[b]	65.25±1.60[a]	67.05±2.32[a]	2.16±1.06	0.04
腹脂率/%	0.14	2.48±0.06	2.59±0.06	2.64±0.09	0.06±0.01	0.15

注：同行不同字母表示差异显著（*P*<0.05）

表 7-33　*I-FABP* 基因 c.*822 G>A 突变对体重性状的影响（初丽丽等，2008）

性状	*P* 值	*GG*（n=156）	*AG*（n=146）	*AA*（n=65）	等位基因替代效应	*P* 值
出生重/g	0.19	44.71±0.30	44.61±0.30	45.56±0.45	0.34±0.26	0.19
1 周龄体重/g	0.09	140.30±1.13	140.56±1.16	144.61±1.73	1.80±1.00	0.07
3 周龄体重/g	0.16	675.12±5.21	667.54±5.33	686.64±7.97	3.19±4.55	0.48
5 周龄体重/g	0.05	1599.87±11.61[b]	1595.77±11.85[b]	1644.73±17.74[a]	17.76±10.22	0.08
7 周龄体重/g	0.02	2556.06±16.78[b]	2531.36±17.27[b]	2621.78±25.88[a]	25.22±14.87	0.09
屠体重/g	0.03	2292.34±15.23[b]	2268.95±15.65[b]	2345.45±23.39[a]	19.98±13.45	0.14

注：同行不同字母表示差异显著（*P*<0.05）

本研究发现 I-FABP 基因 c.-561 A>C 突变位点的基因频率在高、低脂系间的分布存在极显著差异（P<0.01），高脂系中 CC 基因型和等位基因 C 的频率极显著高于低脂系中的频率（P<0.01），这暗示 CC 基因型或等位基因 C 可能与高腹脂含量有密切的关系。然而，相关分析发现该位点产生的不同基因型对腹脂重有显著影响，但 CC 基因型的腹脂重低于 AA、AC 基因型个体（P<0.05），这与上述推测的基因频率结果不一致。另外，鸡只腹脂重和腹脂率性状呈高度相关［高、低脂系第 9 世代中这两个性状的表型相关系数高达 0.95，而该突变位点基因型只对腹脂重有显著影响，对腹脂率的影响并没有达到显著水平（P=0.14）］。所以本研究并没有充分的依据证明该突变位点对鸡腹脂含量有显著的影响，有关结论还需进一步研究来加以证实。

本研究还发现 I-FABP 基因 c.*822 G>A 突变位点不同基因型对肉仔鸡 5 周龄、7 周龄体重、屠体重有显著影响（P<0.05），对出生重、1 周龄、3 周龄体重有一定的影响（P<0.2）。AA 基因型个体的 5 周龄、7 周龄体重和屠体重显著高于 AG 和 GG 基因型个体（P<0.05）。I-FABP 基因变异对体重的影响在人类的研究中也有类似报道。Damcott 等（2003）研究发现在 I-FABP 基因 5′-侧翼区有 3 个 SNP 与人的形体指数显著相关。de Luis 等（2006）研究发现 I-FABP 基因多态性与人的体重降低有关。本研究结果表明，c.*822 G>A 突变位点不同基因型对 5 周龄、7 周龄体重、屠体重有显著影响（P<0.05），对腹脂性状无显著影响，并且其基因型、等位基因分布在高、低腹脂双向选择品系间差异均不显著。因此，可以将其 AA 基因型作为有利基因型对体重性状进行选择，对该位点的选择不会增加鸡腹脂量。

结合 I-FABP 基因的功能及本研究得到的结果，我们认为该基因可能是影响鸡体重性状的重要基因。

四、鸡肝脏型脂肪酸结合蛋白（L-FABP）基因多态性与体脂性状的相关研究

肝脏型脂肪酸结合蛋白（liver fatty acid binding protein，L-FABP）是大量存在于禽类肝脏中的胞内脂肪酸结合蛋白，能够结合疏水性脂肪酸形成复合物（Murai et al.，2009）。在 L-FABP 基因敲除型小鼠的研究中发现，L-FABP 基因的缺失显著降低了肝脏内脂肪酸的 β 氧化并能有效抑制脂肪肝的形成（Newberry et al.，2009）。下调 L-FABP 的表达不仅可以降低极低密度脂蛋白（very low-density lipoprotein，VLDL）的分泌，而且可以防止脂肪肝的形成（Spann et al.，2006）。鸡 L-FABP 基因在鸡肝脏和小肠组织中特异性表达（石慧，2008），其表达情况与在小鼠等哺乳动物中相似，这可能预示着功能的相似性（Schroeder et al.，1998）。

（一）L-FABP 基因多态性检测

本课题组 Wang 等（2006c）根据鸡 L-FABP 基因 5′侧翼区序列设计引物，检测该区域的 SNP。结果表明在中农 F_2 群体中检测到 6 种基因型（图 7-20），分别命名为 AA、AB、AC、BB、BC 和 CC 型；对纯合基因型个体的 PCR 产物进行回收、克隆并测序。结果显示，在起始密码子（ATG）上游 204bp 和 205bp 存在两个 SNP，分别命名为 g.-204 G>A 和 g.-205 T>C 突变。

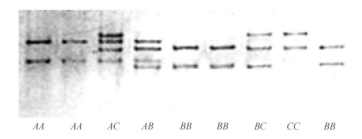

图 7-20　*L-FABP* 基因 g.-204 G>A 和 g.-205 T>C 突变位点的 PCR-SSCP 分析（Wang et al.，2006c）

本课题组 Zhao 等（2013）以高、低脂系第 14 世代两只高脂肉鸡、两只低脂肉鸡和两只白耳黄鸡为实验材料检测 *L-FABP* 基因的 SNP 位点，共检测到了 15 个 SNP，其中 5′非翻译区近端 7 个 SNP，外显子 1 个 SNP，内含子区 6 个 SNP，3′非翻译区 1 个 SNP（表 7-34）。

表 7-34　鸡 *L-FABP* 基因 SNP 的命名（Zhao et al.，2013）

命名	位置	变异类型
SNP6	5′非翻译区	g.-2406 A>G
SNP7	5′非翻译区	g.-1834 G>A
SNP8	5′非翻译区	g.-1589 C>T
SNP9	5′非翻译区	g.-1042 C>T
SNP10	5′非翻译区	g.-708 delG
SNP11	5′非翻译区	g.-496 G>A
SNP12	5′非翻译区	g.-205 T>C
SNP13	外显子 1	g.-8 T>C
SNP14	内含子 1	g.585 A>C
SNP15	内含子 2	g.1433 C>T
SNP16	内含子 2	g.1767 A>T
SNP17	内含子 2	g.2094 T>C
SNP18	内含子 2	g.2469 G>A
SNP19	内含子 2	g.2727 T>C
SNP20	3′非翻译区	g.3737 C>T

（二）单位点 SNP 与鸡体组成性状的相关分析

本课题组 Wang 等（2006c）在中农 F_2 群体中开展了 *L-FABP* 基因 g.-204 G>A 和 g.-205 T>C 突变位点基因型与生长和体组成性状的相关分析，结果表明突变位点造成的基因型对腹脂重和腹脂率有显著影响（表 7-35）。多重比较显示，*CC* 基因型个体的腹脂重显著低于其他基因型个体；*CC* 基因型个体的腹脂率显著低于 *AA*、*AB* 和 *AC* 基因型个体（表 7-35）。

表 7-35 *L-FABP* 基因 g.-204G>A 和 g.-205T>C 突变位点对腹脂性状的影响（Wang et al.，2006c）

基因型（个体数）	性状			
	腹脂重/g	*P* 值	腹脂率/%	*P* 值
AA（155）	48.67±6.17[ab]	0.017	3.28±0.36[a]	0.032
AB（72）	54.46±6.55[a]		3.51±0.38[a]	
AC（117）	46.71±6.29[b]		3.12±0.36[a]	
BB（28）	49.35±8.57[ab]		3.14±0.49[ab]	
BC（41）	46.83±7.16[ab]		3.08±0.41[ab]	
CC（32）	34.53±7.31[c]		2.50±0.42[b]	

注：同列不同字母表示基因型间差异显著（*P*<0.05）

本课题组 Zhao 等（2013）以东农 F$_2$ 群体为研究材料，对 *L-FABP* 基因的 15 个 SNP 位点与鸡体重和腹脂性状进行相关分析（表 7-36）。结果表明：SNP15 基因型对鸡的 7 周龄、8 周龄、9 周龄、10 周龄、11 周龄、12 周龄体重有显著或极显著的影响（*P*<0.05，*P*<0.01）。

表 7-36 *L-FABP* 基因 SNP15 多态性对鸡体重性状的影响（Zhao et al.，2013）

性状	*P* 值	基因型	
		CC	*CT*
7 周龄体重/g	0.0132[*]	1027.23±24.54[a]	923.48±46.68[b]
8 周龄体重/g	0.0170[*]	1237.41±26.92[a]	1109.12±57.78[b]
9 周龄体重/g	0.0029[**]	1476.68±35.02[A]	1290.35±68.83[B]
10 周龄体重/g	0.0077[**]	1670.48±39.86[A]	1478.05±79.10[B]
11 周龄体重/g	0.0346[*]	1868.92±41.45[a]	1705.94±83.89[b]
12 周龄体重/g	0.0397[*]	2054.37±43.18[a]	1881.20±90.67[b]

*P<0.05；***P*<0.01；同行不同小写字母表示基因型间差异显著（*P*<0.05）；同行不同大写字母表示基因型间差异极显著（*P*<0.01）

与哺乳动物相似，鸡 *L-FABP* 基因有 2 个转录物，且仅在肝脏和小肠组织中表达（Schroeder et al.，1998；Veerkamp et al.，1991）。本课题组张庆秋等（2011）在高、低脂系中检测了 *L-FABP* 基因在肝脏组织中的表达水平，发现该基因的表达水平在高脂系中高于低脂系。这些结果表明，鸡 *L-FABP* 基因可能在脂质代谢中扮演重要的角色。

本课题组 Wang 等（2006c）以中农 F$_2$ 群体为实验材料，发现 *L-FABP* 基因 g.-204 G>A 和 g.-205 T>C 两个多态性位点产生的 6 种基因型对鸡的腹脂重和腹脂率有显著的影响（*P*<0.05）。考虑到 F$_2$ 资源群体的基因组座位具有很强的连锁不平衡，我们认为 *L-FABP* 基因两个多态性位点与腹脂性状的相关可能是由于 g.-204 G>A 和 g.-205 T>C 位点与该基因上实际影响鸡腹脂性状的其他位点或其他基因相连锁。本课题组 Zhao 等（2013）发现 g.-205 T>C 位点对东农 F$_2$ 群体的腹脂性状无显著影响，这与 Wang 等（2006c）在中农 F$_2$ 群体中的研究结果不一致，其原因可能是两个 F$_2$ 群体遗传背景不同。

本课题组 Zhao 等（2013）发现 *L-FABP* 基因 SNP15 的基因型与 7~12 周龄体重显著相关，推测该 SNP 为影响鸡体重性状的重要突变位点。

综合已有的报道和本研究结果，我们认为 *L-FABP* 基因的序列变异与肉鸡腹脂性状和生长性状的表型变异有关，该基因可能是影响鸡腹脂和生长性状的重要候选基因。

五、鸡肝脏基础型脂肪酸结合蛋白（*Lb-FABP*）基因多态性与体脂性状的相关研究

肝脏基础型脂肪酸结合蛋白（liver basic fatty acid binding protein，Lb-FABP）最早是在鸡的肝脏中被分离出来的（Scapin et al.，1988），对脂肪酸的亲和力较弱，而对胆汁酸却具有较强的亲和力，因此也被称为肝脏胆汁酸结合蛋白（liver bile acid binding protein，L-BABP）（Capaldi et al.，2006；Nichesola et al.，2004）。*Lb-FABP* 基因不在哺乳动物的肝脏组织中表达，而在禽类和一些鱼类、两栖类、爬行类等非哺乳动物的肝脏中发现了 *Lb-FABP* 基因的表达（Ko et al.，2004；Ceciliani et al.，1994）。鸡 *Lb-FABP* 基因仅在肝脏组织中表达（张庆秋等，2011），*Lb-FABP* 基因的 SNP 对鸡的出生重、腹脂重和腹脂率有显著影响。研究表明，*Lb-FABP* 属于 FABP 中的一员，对脂肪酸结合能力较弱，而对胆汁酸具有较强的亲和力，且能够结合两分子的胆汁酸（Capaldi et al.，2006；Nichesola et al.，2004），该基因特异地存在于禽类的肝脏组织中（张庆秋等，2011）。禽类的胆固醇在肝脏中可以分解为胆汁酸，所以胆汁酸对日粮中脂肪的消化和吸收有重要影响（Kramer et al.，1998）。胆固醇经肝左右管—肝总管—胆总管，进入十二指肠，参与消化，小肠中的胆汁酸被重吸收，经肝门静脉进入肝脏完成循环。目前对于胆汁酸进出肝细胞和小肠上皮细胞的受体系统和外排系统的分子机制较为清楚，而胆汁酸在肝脏和小肠细胞中的运输机制仍不是非常清晰，在晶体结构的研究中证实 *Lb-FABP* 基因可能为胆汁酸的运输者（Nichesola et al.，2004），推测 *Lb-FABP* 基因可能参与胆汁酸的运输并在胆汁酸代谢途径中发挥重要的作用。

（一）*Lb-FABP* 基因多态性检测

本课题组 Zhao 等（2013）以高、低脂系第 14 世代群体中的两只高脂肉鸡、两只低脂肉鸡和两只白耳黄鸡为实验材料检测 *Lb-FABP* 基因的 SNP 位点，共检测到了 5 个 SNP 位点，其中 5′非翻译区近端 3 个、内含子 1 中 2 个（表 7-37）。

表 7-37　鸡 *Lb-FABP* 基因 SNP 的命名（Zhao et al.，2013）

命名	SNP 位置	变异类型
SNP1	5′非翻译区	g.-1453 G>T
SNP2	5′非翻译区	g.-1083 C>T
SNP3	5′非翻译区	g.-538 C>T
SNP4	内含子 1	g.154 delT
SNP5	内含子 1	g.185 A>G

（二）单个 SNP 位点与鸡体组成性状的相关分析

本课题组 Zhao 等（2013）以东农 F_2 群体和高、低脂系第 14 世代群体为研究群体，对 *Lb-FABP* 基因 3 个多态性位点与鸡生长和体组成性状进行相关分析。结果表明：在 F_2 群体中，g.-1453 G>T 变异位点对鸡的出生重、6 周龄、9 周龄、10 周龄、11 周龄的体重

有显著或极显著影响（*P*<0.05，*P*<0.01）；g.-1083 C>T 位点对鸡的出生重、6 周龄、9 周龄、10 周龄、11 周龄、12 周龄的体重有显著影响（*P*<0.05）；g.-538 C>T 对 3 周龄、6 周龄、7 周龄、8 周龄、9 周龄、10 周龄、11 周龄、12 周龄的体重有显著或极显著影响（*P*<0.05，*P*<0.01）。在高、低脂系第 14 代群体中，g.-1453 G>T 对 3 周龄、5 周龄的体重有显著影响（*P*<0.05）；g.-1083 C>T 对 3 周龄、5 周龄的体重和腹脂率有显著影响（*P*<0.05）；g.-538 C>T 位点对 3 周龄的体重、腹脂重和腹脂率有显著影响（*P*<0.05）（表 7-38）。

表 7-38　*Lb-FABP* 基因多态性位点不同基因型对鸡体重和腹脂性状的影响
（最小二乘均值）（Zhao et al.，2013）

SNP	性状	*P* 值	基因型		
东农 F$_2$ 群体			*GG*	*GT*	*TT*
	出生重/g	0.0429*	39.76±1.10^a	38.45±0.99^b	39.02±0.99^{ab}
	6 周龄体重/g	0.0306*	739.80±32.82^b	808.76±22.82^a	814.83±22.68^a
g.-1453 G>T	9 周龄体重/g	0.0091**	1314.75±63.21^B	1469.63±43.90^A	1481.10±43.45^A
	10 周龄体重/g	0.0235*	1506.15±72.41^b	1657.71±51.19^a	1678.78±50.68^a
	11 周龄体重/g	0.0158*	1701.05±77.48^b	1866.16±50.60^a	1869.27±50.05^a
东农 F$_2$ 群体			*CC*	*CT*	*TT*
	出生重/g	0.0284*	39.72±1.10^a	39.50±0.10^b	39.06±0.99^b
	6 周龄体重/g	0.0292*	742.84±32.24^b	814.69±22.19^a	812.86±22.02^a
g.-1083 C>T	9 周龄体重/g	0.0118*	1330.54±60.91^b	1487.81±40.56^a	1473.72±40.10^a
	10 周龄体重/g	0.0327*	1524.40±69.15^b	1678.51±46.97^a	1670.47±46.46^a
	11 周龄体重/g	0.0379*	1718.32±74.17^b	1890.16±45.98^a	1859.26±45.40^{ab}
	12 周龄体重/g	0.0419*	1895.25±79.79^b	2079.82±47.86^a	2042.11±47.24^{ab}
东农 F$_2$ 群体			*TT*	*CT*	*CC*
	3 周龄体重/g	0.0262*	266.99±11.91^b	291.16±4.62^a	282.11±4.05^b
	6 周龄体重/g	0.0158*	715.34±37.58^b	815.63±18.85^a	806.88±17.50^a
	7 周龄体重/g	0.0048**	886.76±49.70^B	1036.48±24.86^A	1019.74±23.05^A
	8 周龄体重/g	0.0438*	1107.30±63.38^b	1251.07±26.77^a	1225.82±24.50^{ab}
g.-538 C>T	9 周龄体重/g	0.0035**	1260.13±72.31^B	1487.52±35.19^A	1464.85±32.46^A
	10 周龄体重/g	0.0093**	1439.09±82.83^B	1675.94±41.40^A	1661.76±38.28^A
	11 周龄体重/g	0.0054**	1611.78±91.74^B	1889.41±42.85^A	1854.55±38.96^A
	12 周龄体重/g	0.0111*	1795.63±100.04^b	2077.11±44.59^a	2038.20±40.45^a
高、低脂系			*GG*	*GT*	*TT*
g.-1453 G>T	3 周龄体重/g	0.0131*	546.90±5.85^b	543.14±5.19^b	567.37±7.59^a
	5 周龄体重/g	0.0313*	1296.44±11.80^b	1291.13±10.52^b	1340.18±16.68^a
高、低脂系			*CC*	*CT*	*TT*
	3 周龄体重/g	0.0119*	546.69±5.87^b	542.81±5.20^b	567.35±7.61^a
g.-1083 C>T	5 周龄体重/g	0.0273*	1294.88±11.92^b	1290.47±10.59^b	1340.24±16.75^a
	腹脂率/%	0.0485*	2.7±0.054^{ab}	2.9±0.049^a	2.7±0.067^b
高、低脂系			*TT*	*CT*	*CC*
	3 周龄体重/g	0.0439*	547.50±5.98^{ab}	543.24±5.16^b	563.39±7.36^a
g.-538 C>T	腹脂重/g	0.0424*	59.69±1.25^b	62.39±1.10^a	59.67±1.47^{ab}
	腹脂率/%	0.0309*	2.7±0.055^b	2.9±0.049^a	2.7±0.065^b

注：*P<0.05，**P<0.01；同行不同小写字母表示基因型间差异显著（*P*<0.05）；同行不同大写字母表示基因型间差异极显著（*P*<0.01）

（三）单倍型与鸡体组成性状的相关分析

本课题组 Zhao 等（2013）在高、低脂系第 14 世代群体和东农 F₂ 群体中，使用 Haploview 软件对 Lb-FABP 基因的 3 个 SNP 位点（SNP1、SNP2、SNP3）进行连锁不平衡程度分析，发现 3 个 SNP 位点紧密连锁；在 F₂ 群体和高、低脂系第 14 世代个体中分别用 3 个 SNP 位点的基因型构建单倍型，去除频率小于 0.01 的单倍型后，共得到 3 种主要单倍型：GCC、GCT 和 TTC（表 7-39）。用 JMP4.0 软件分别在 F₂ 群体和高、低脂系中进行二倍体基因型与鸡生长和体组成性状的相关分析。相关分析结果表明，在 F₂ 群体中，二倍体基因型对 6 周龄、7 周龄、9 周龄、10 周龄、11 周龄、12 周龄体重有显著影响（P<0.05），对其他性状无显著影响（P>0.05）；多重比较表明，GCT/GCT 基因型个体的 6 周龄、7 周龄、9 周龄、10 周龄、11 周龄、12 周龄体重显著低于 GCT/TTC 和 TTC/TTC 基因型个体（P<0.05）。在高、低脂系第 14 代群体中，二倍体基因型对 3 周龄、5 周龄的体重有显著影响（P<0.05），对其他性状无显著影响（P>0.05）；多重比较表明，TTC/TTC 基因型个体 3 周龄、5 周龄体重显著大于 GCC/TTC、GCT/GCT 和 GCT/TTC 基因型个体（表 7-39）。

表 7-39 Lb-FABP 基因二倍体基因型对鸡体重性状的影响（最小二乘均值）（Zhao et al.，2013）

性状	二倍体基因型（最小二乘均值±标准误）/g						P 值
东农 F₂ 群体	GCC/GCC	GCC/GCT	GCC/TTC	GCT/GCT	GCT/TTC	TTC/TTC	
6 周龄体重	837.64±70.88[abc]	743.57±41.84[bc]	782.86±29.01[abc]	709.98±40.46[b]	818.19±24.31[a]	816.40±23.88[ac]	0.0250
7 周龄体重	1109.52±93.27[a]	965.20±53.64[ab]	1000.16±35.76[a]	888.71±52.10[b]	1040.96±29.30[a]	1026.17±28.63[a]	0.0230
9 周龄体重	1433.19±154.31[a]	1376.99±79.11[ab]	1435.28±53.58	1263.19±77.15[b]	1490.29±44.49[a]	1479.19±43.47[a]	0.0329
10 周龄体重	1767.95±156.11[a]	1553.75±89.40[ab]	1625.80±60.90[a]	1440.05±87.16[b]	1682.05±49.99[a]	1675.30±48.71[a]	0.0403
11 周龄体重	2000.41±175.20[a]	1764.43±98.66[ab]	1826.03±63.64[a]	1612.51±95.67[b]	1896.33±50.33[a]	1866.32±48.89[a]	0.0334
12 周龄体重	2207.02±191.32[a]	1933.18±107.50[ab]	2013.92±67.84[a]	1786.85±104.15[b]	2085.80±52.85[a]	2049.01±51.24[a]	0.0452
高、低脂系	GCC/GCT	GCC/TTC	GCT/GCT	GCT/TTC	TTC/TTC		
3 周龄体重	531.53±27.15[ab]	515.46±24.39[b]	547.60±6.04[b]	543.74±5.33[b]	567.16±7.67[a]		0.0334
5 周龄体重	1274.30±60.67[abc]	1177.74±51.03[c]	1296.79±12.15[b]	1294.67±10.76[b]	1339.87±16.74[a]		0.0151

注：同行不同字母表示基因型间差异显著（P<0.05）

本研究发现 Lb-FABP 基因多态性位点的基因型与东农 F₂ 群体和高、低脂系体重性状显著相关。在高、低脂系群体里，g.-1453 G>T 位点 TT 基因型、g.-1083 C>T 位点 TT 基因型个体的体重显著高于相应位点的 GG、CC 基因型个体（表 7-38）。由此推断 g.-1453 G>T 位点等位基因 T、g.-1083 C>T 位点等位基因 T、g.-538 C>T 位点等位基因 C 能够促进鸡体重增长，是有利等位基因。单倍型是在相同染色体上核苷酸的特定组合，它们可以提供 DNA 变异和表型之间关系的准确信息（Grindflek et al.，2004；Stephens et al.，2001）。本研究发现 Lb-FABP 基因多态性位点所构建的二倍体基因型与东农 F₂ 群体和高、低脂系第 14 世代鸡群的体重显著相关，这和我们的单位点分析结果相一致。因此，我们认为 Lb-FABP 基因可能影响肉鸡的生长性状。本研究中的 SNP 均位于 5′侧翼区，而 5′

侧翼区含有基因表达调控的重要控制元件，对表型性状的形成具有重要的作用（Liu et al.，2006）。因此，我们推测这些 SNP 位点可能因为影响 *Lb-FABP* 基因的表达，进而影响它的生物学功能。*Lb-FABP* 基因在高体重肉鸡肝脏组织中的表达水平要高于在低体重肉鸡肝脏组织中的表达水平（Hughes and Piontkivska，2011），这暗示着 *Lb-FABP* 基因的高表达可能会提高肉鸡的体重。我们的实验结果也暗示 *Lb-FABP* 基因的 SNP 位点可能通过影响基因的表达，进而影响肉鸡的生长。

另外，我们发现在高、低脂系第 14 世代群体中，*Lb-FABP* 基因的 3 个 SNP 位点对腹脂重和腹脂率具有显著的影响（$P<0.05$），但是在 F_2 群体中并没有发现这样的结果。同时，在这两个群体中，我们也没有发现 *Lb-FABP* 基因的二倍体基因型对腹脂重和腹脂率的影响。通过以上数据分析我们可以得出，*Lb-FABP* 基因对脂肪性状可能具有一定的影响，但是仅通过上述这些研究结果无法下最终的结论，有待于进一步扩大样本含量和用其他生物学实验进行验证。

第七节　鸡黑素皮质素受体 4（*MC4R*）基因多态性与体脂性状的相关研究

黑素皮质素受体 4（melanocortin receptor-4，MC4R）是第一个被发现的与人类显性遗传疾病性肥胖相关的靶位点（Hwa et al.，2001）。鼠和人类遗传学研究显示 *MC4R* 基因在采食量和能量平衡调控中具有重要作用，缺乏 *MC4R* 基因的鼠易多食、肥胖，这说明 *MC4R* 基因在采食量和能量平衡调控中具有重要作用（Yeo et al.，1998；Huszar et al.，1997）。鸡 *MC4R* 基因被定位在 2 号染色体的 2q12 处（仇雪梅等，2004），有一个外显子，编码区序列长 996bp，编码 331 个氨基酸。本课题组霍明东等（2006）和 Li 等（2006）开展了该基因的多态性及鸡生长和体组成性状的相关分析。

一、鸡 *MC4R* 基因多态性检测

本课题组霍明东等（2006）以高、低脂系为研究材料，采用测序方法在 *MC4R* 基因编码区发现 1 个 G>T 的突变位点，命名为 g.923 G>T。采用 PCR-SSCP 方法对高、低脂系第 6 世代、第 8 世代鸡只进行基因分型，结果检测到 3 种基因型（*AA*、*AB*、*BB*）（图 7-21）。

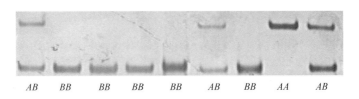

| *AB* | *BB* | *BB* | *BB* | *BB* | *AB* | *BB* | *AA* | *AB* |

图 7-21　g.923 G>T 不同基因型个体的 SSCP 结果（霍明东等，2006）

本课题组 Li 等（2006）采用测序方法在 *MC4R* 基因编码区发现 1 个 G>C 的突变，命名为 g.662 G>C。采用 PCR-SSCP 方法对高、低脂系第 6 世代鸡只进行基因分型，结

果检测到 3 种基因型（*AA*、*AB*、*BB*）（图 7-22）。

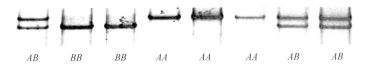

图 7-22　g.662 G>C 不同基因型个体的 SSCP 结果（Li et al.，2006）

二、突变位点多态性与生长性状的相关分析

（一）g.923 G>T 位点多态性与鸡体重和体脂性状的相关研究

基因型与体重和体脂性状的相关分析表明，在高、低脂系第 6 世代鸡群中，基因型对 7 周龄体重、屠体重有显著或接近显著的影响，对腹脂重、腹脂率有一定影响（$P<0.2$）；在第 8 世代鸡群中，基因型对 1 周龄、5 周龄、7 周龄体重、屠体重有显著或接近显著的影响，对腹脂重、腹脂率有一定影响（$P<0.2$）（表 7-40）。

表 7-40　鸡 *MC4R* 基因 g.923 G>T 位点基因型对体重和体脂性状的影响（*P* 值）（霍明东等，2006）

性状	第 6 世代	第 8 世代
1 周龄体重	—	0.0580
3 周龄体重	—	NS
5 周龄体重	—	0.0422
7 周龄体重	0.0534	0.0744
屠体重	0.0401	0.0619
腹脂重	0.0929	0.1291
腹脂率	0.1135	0.1845

注：NS 表示 $P>0.2$

多重比较结果表明（表 7-41），在第 6 世代鸡群中，*AA* 基因型个体的 7 周龄体重和屠体重最高，并且与 *AB* 基因型个体差异显著（$P<0.05$），而 *AA* 基因型和 *AB* 基因型与 *BB* 基因型个体相比均无显著差异（$P>0.05$）。

表 7-41　第 6 世代 g.923 G>T 突变不同基因型个体间性状的多重比较（霍明东等，2006）

项目	基因型		
	AA	*AB*	*BB*
个体数	57	104	57
7 周龄体重/g	2633.78±36[a]	2529.97±27[b]	2543.86±38[ab]
屠体重/g	2390.38±34[a]	2289.23±25[b]	2296.06±36[ab]

注：同行不同字母表示差异显著（$P<0.05$）

在第 8 世代鸡群中，5 周龄、7 周龄体重、屠体重 *AA* 基因型个体显著高于 *AB* 基因型和 *BB* 基因型个体（$P<0.05$），*AB* 基因型和 *BB* 基因型个体间差异不显著（$P>0.05$）。1 周龄体重 *AA* 基因型个体显著高于 *AB* 基因型个体（$P<0.05$），*BB* 基因型个体与 *AA* 基因

型和 *AB* 基因型个体差异不显著（*P*>0.05）（表 7-42）。

表 7-42 第 8 世代 g.923 G>T 突变不同基因型个体间性状的多重比较（霍明东等，2006）

项目	基因型		
	AA	*AB*	*BB*
个体数	70	215	109
1 周龄体重/g	103.76±1.79[a]	100.20±1.19[b]	102.74±1.44[ab]
5 周龄体重/g	1365.85±15.99[a]	1324.63±9.85[b]	1325.01±12.70[b]
7 周龄体重/g	2360.10±27.70[a]	2295.34±16.49[b]	2291.79±21.71[b]
屠体重/g	2090.06±24.91[a]	2030.11±14.83[b]	2026.00±19.53[b]

注：同行不同字母表示差异显著（*P*<0.05）

本研究结果显示，*MC4R* 基因 g.923 G>T 位点对两个世代鸡只的体重有显著影响，且在两个世代中有一致趋势。因此，推测该基因对鸡早期生长有明显的影响。多重比较结果表明，在高、低脂系第 6 世代鸡群中，*AA* 基因型个体体重、屠体重最高，且显著高于 *AB* 基因型个体；在高、低脂系第 8 世代鸡群中，*AA* 基因型个体体重、屠体重最高，*BB* 基因型最低，并且 *AA* 基因型个体显著高于 *AB* 基因型和 *BB* 基因型个体（*P*<0.05）。*AA* 基因型个体对鸡体重的影响在两个世代中表现一致。由此可见，*AA* 基因型是促进鸡体重增长的有利基因型。

（二）g.662 G>C 位点基因型与鸡体重和体脂性状的相关研究

在东北农业大学高、低脂系肉鸡第 6 世代群体中，对 *MC4R* 基因编码区 g.662 G>C 位点多态性与体重进行相关分析。研究结果表明 g.662 G>C 位点不同基因型对体重和屠体重有显著影响（*P*<0.05）（表 7-43）。

表 7-43 鸡 *MC4R* 基因 g.662 G>C 位点基因型对体重和体脂性状的影响（*P* 值）（Li et al.，2006）

性状	体重	屠体重	腹脂重	腹脂率
P 值	0.0291	0.0302	NS	NS

注：NS 表示 *P*>0.05

多重比较表明，*BB* 基因型个体的体重和屠体重显著高于 *AB* 基因型个体，*AA* 基因型个体的体重和屠体重与 *AB* 和 *BB* 基因型个体差异不显著（表 7-44）。

表 7-44 g.662 G>C 位点不同基因型个体间性状的多重比较（Li et al.，2006）

基因型	个体数	性状	
		体重	屠体重
AA	41	2557.8±39.59[ab]	2313.5±36.4[ab]
AB	101	2497.1±25.7[b]	2254.6±23.8[b]
BB	72	2589.4±32.1[a]	2337.0±29.7[a]
加性效应	—	15.8	11.75
显性效应	—	−76.5	−70.65

注：同行不同字母表示差异显著（*P*<0.05）

　　动物的体重及体内的脂肪含量受遗传、环境和众多行为因子的影响，其维持由涉及分解和合成代谢通路的负反馈调节环调控（Schwartz and Woods，2000），在此调控通路中，中枢黑素皮质素系统（CMS）起关键作用（Benoit et al.，2000）。MC3R 和 MC4R 是该系统中的重要成员（Raffin-Sanson and Bertherat，2001）。鼠和人遗传学研究显示，*MC4R* 基因在采食量和能量平衡调控中起重要作用（Cummincs and Schwartz，2000）。*MC4R* 基因的变异与鼠、猪生长和脂肪性状变异关系的研究已有报道（Kim et al.，2000a；Kim et al.，2000b），而在鸡上对该基因与以上性状关系的研究却未见报道。

　　本研究发现鸡 *MC4R* 基因编码区的两个 SNP 位点对体重有重要影响。其中 g.662 G>C 位点是 *MC4R* 编码区上的一个错义突变，该位点 DNA 链上的碱基改变，使其 mRNA 链上碱基编码的氨基酸由 Gln 突变为 His（谷氨酰胺突变为组氨酸），进而使得蛋白质结构和功能可能发生了改变。g.662 G>C 突变对体重的影响是否与蛋白质结构和功能的改变有关，还需对其在蛋白质水平上进一步验证。

　　综合多方面的信息，我们认为 *MC4R* 基因的序列变异与肉鸡体重性状的表型变异有关，该基因可能是影响鸡体重的重要基因。

第八节　鸡苹果酸脱氢酶（*MD*）基因多态性与体脂性状的相关研究

　　苹果酸脱氢酶（malate dehydrogenase，MD）是脂肪酸生物合成过程的关键酶，在生物体内的许多合成和代谢过程中都有重要作用。Hodnett 等（1996）克隆了鸡 *MD* 基因。该基因位于鸡 3 号染色体上，CDS（coding sequence）全长 1674bp，编码 558 个氨基酸，由 14 个外显子和 13 个内含子组成，包含一个由 4396bp 组成的 5′侧翼区。鸡和鼠的 *MD* 基因的结构、转录产物的大小都很相似，mRNA 序列同源性达 73%，编码蛋白质的氨基酸序列同源性达 77%（Guan et al.，2006）。

　　鉴于 MD 对脂肪合成的重要作用，本课题组 Guan 等（2006）选择 *MD* 基因作为影响鸡体脂性状的候选基因，以高、低脂系第 8 世代鸡群和东农 F_2 群体为研究材料，采用 DNA 测序、PCR-RFLP 和 PCR-SSCP 方法检测了鸡 *MD* 基因 5′侧翼区和编码区的多态性，并进行了多态性与鸡体脂性状的相关分析，探讨 *MD* 基因是否为影响鸡体脂性状的主效基因及能否作为分子标记对鸡体脂性状进行标记辅助选择。

一、鸡 *MD* 基因单核苷酸多态性检测及基因型分析

　　选取高、低脂系第 8 世代鸡群高、低脂公鸡各一只，以鸡基因组为模板对鸡 *MD* 基因部分 5′侧翼区进行 PCR 扩增，扩增片段长度为 656bp（图 7-23）。此片段测序结果与鸡 *MD* 基因 5′侧翼区序列（GenBank Accession No. U49693）比对后发现一个 C235T 的突变位点，命名为 g.235 C>T。

　　对该突变位点应用 PCR-RFLP 方法在高、低脂系第 8 世代鸡群中进行分型，共发现 3 种基因型，分别命名为 *AA*、*BB* 和 *AB*（图 7-24）。

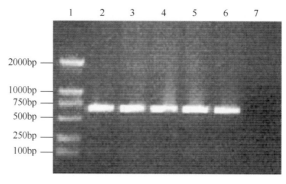

图 7-23　PCR 产物（Guan et al.，2006）

M. DL 2000 分子质量标准；1~6. PCR 产物；7. 阴性对照

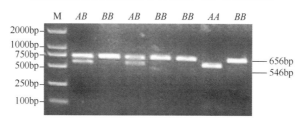

图 7-24　g.235 C>T 突变点 *Sph* I 酶切结果（Guan et al.，2006）

二、*MD* 基因单核苷酸多态性与鸡体脂性状的相关分析

在高、低脂系第 8 世代群体和东农 F$_2$ 群体对 *MD* 基因 g.235 C>T 突变位点基因型与生长和腹脂性状进行相关分析，发现该位点基因型对高、低脂系第 8 世代鸡群鸡腹脂重、腹脂率有一定影响（$P<0.2$）；对 F$_2$ 群体鸡只腹脂重和腹脂率无显著影响（$P>0.2$）（表 7-45）。

表 7-45　*MD* 基因 g.235 C>T 突变与体脂性状的相关分析（*P* 值）（Guan et al.，2006）

群体与性状	g.235 C>T	
	第 8 世代鸡群	东农 F$_2$ 群体
腹脂重	0.0986	NS
腹脂率	0.1235	NS

注：NS 表示 $P>0.2$

在高、低脂系第 8 世代鸡群中对 3 种基因型个体间的腹脂重、腹脂率进行多重比较。结果表明，*AA* 基因型个体的腹脂重和腹脂率显著高于 *BB* 基因型个体（$P<0.05$）（表 7-46）。

表 7-46　g.235 C>T 突变不同基因型对鸡腹脂性状的影响（最小二乘均值）（Guan et al.，2006）

基因型（个体数）	*AA*（268）	*AB*（86）	*BB*（25）
腹脂重/g	53.74±1.32[a]	52.25±1.69[ab]	47.71±2.70[b]
腹脂率/%	2.31±0.057[a]	2.25±0.072[ab]	2.06±0.012[b]

注：同行不同字母表示差异显著（$P<0.05$）

MD 是一种氧化还原性酶，参与体内肌肉和脂肪等组织的能量代谢。在机体发育过程中，许多转录因子参与调节肌肉基因的表达，其中有 4 个是肌肉特异性的螺旋-环蛋白，分别为 MyoD、Myogenin、MRF4 和 Myf-5（Molkentin and Olson，1996；Weintraub，1993）。Ekmark 等（2003）指出当 Myogenin 表达量增加时，MD1 的表达量也增加，同时进一步指出氧化还原性酶对 Myogenin 有影响。Gondret 等（1997）指出 MD1 对肌肉的形成有影响。在兔育肥期间限制能量饲料的摄入，导致 MD1 的表达量减少，从而降低了兔肌肉的沉积（Gondret et al.，2000）。MD 也参与体内长链脂肪酸的生物合成（Goodridge et al.，1989），并且 MD1 的活性与脂肪酸的合成效率之间存在密切的相关性（Rosebrough et al.，2002，Tanaka et al.，1983）。肝脏是禽类合成脂肪的主要部位，合成的脂肪再被转移到其他脂肪组织中储存，因此肝脏中 MD 的活性与体脂和腹脂合成效率呈正相关（Grisoni et al.，1991），Stelmanska 等（2004）指出 MD 表达量的增加可以增加大鼠脂肪组织和肝脏中脂肪的生物合成。这些结果表明 MD 活性影响脂质代谢（Ratledge，2002）。

本研究发现，MD 基因的 g.235 C>T 位点 AA 基因型个体的腹脂重和腹脂率显著高于 BB 基因型个体。这一结果表明，该位点可能影响鸡腹脂性状，BB 基因型可能是降低腹脂含量的有利基因型。

综合以上研究结果可知，MD 基因 g.235 C>T 位点的序列变异与肉鸡腹脂性状的表型变异有关。MD 基因可能是影响肉鸡腹脂性状的重要候选基因。

第九节　鸡载脂蛋白 B（ApoB）基因多态性与体脂性状的相关研究

载脂蛋白 B（apoliprotein B，ApoB）在能量的转运和代谢过程中发挥重要作用（Glickman et al.，1986）。ApoB 的主要功能为：①作为 LDL 受体的配体，负责 LDL 在体内的清理；②在肝脏中参与 VLDL 的合成分泌、向肝外组织运输脂类；③在小肠中合成的 ApoB 参与脂类的吸收。因此，ApoB 对脂类代谢具有重要作用。本课题组张森等（2006）、Zhang 等（2006）、陈维星等（2009）以高、低脂系为研究材料，采用测序和 PCR-RFLP 等方法检测鸡 ApoB 基因的多态性，并进行了基因型与生长和体组成性状的相关分析，探讨 ApoB 基因是否能够作为分子标记对鸡体重和腹脂性状进行标记辅助选择。

一、鸡 ApoB 基因多态性检测

（一）ApoB 基因 3′区域多态性检测

本课题组 Zhang 等（2006）在 ApoB 基因 3′区域设计一对引物进行突变检测。选取高脂系和低脂系肉鸡各 3 只，以上述个体的 DNA 为模板，进行 PCR 扩增。琼脂糖凝胶电泳检测结果表明，扩增片段长度与预期片段大小（173bp）一致，而且特异性较好。PCR 产物直接测序，之后进行比对寻找突变位点。

测序比对结果发现一个 9bp 的插入/缺失多态性位点，命名为 c.34202_34210del9。该位点位于终止密码子 TGA 下游 500bp 处。针对此插入/缺失多态性位点，采用 12%的聚丙烯酰胺凝胶进行基因分型。结果检测到 3 种基因型，分别命名为 *DD*（165bp 纯合型）、*DI*（165bp/174bp 杂合型）、*II*（174bp 纯合型），如图 7-25 所示。

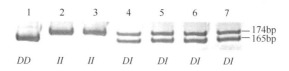

图 7-25　c.34202_34210del9 的插入/缺失多态性位点的基因分型结果（Zhang et al.，2006）

（二）*ApoB* 基因外显子 26 多态性检测

本课题组 Zhang 等（2006）在 *ApoB* 基因第 26 外显子区域设计一对引物进行突变检测。选取高脂系和低脂系肉鸡各 3 只，以上述个体的 DNA 为模板，进行 PCR 扩增，琼脂糖凝胶电泳检测结果表明扩增片段长度与预期片段大小（779bp）一致，而且特异性较好。PCR 产物直接进行测序，之后进行比对寻找突变位点。

测序比对结果发现一个 T>G 的突变，命名为 c.21751 T>G。该突变位点没有造成氨基酸的变化，是一个同义突变。经酶切位点分析发现，该突变位点造成了 *Acy* I 酶切位点的改变，G 突变位点可以被内切酶识别切割，而 T 位点不能被识别。采用 PCR-RFLP 方法进行基因型分型，在高、低脂系第 8 世代群体中检测到 3 种基因型，分别命名为 *TT*（779bp 纯合型）、*GG*（658bp 纯合型）和 *TG*（779bp/658bp 杂合型）（图 7-26）。

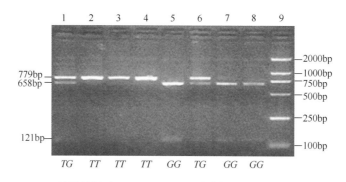

图 7-26　*ApoB* 基因外显子 26 c.21751 T>G 多态性检测（Zhang et al.，2006）

（三）*ApoB* 基因 5′区域多态性检测

本课题组张森等（2006）在 *ApoB* 基因 5′区域设计一对引物进行突变检测。选取高脂系和低脂系肉鸡各 3 只，以上述个体的 DNA 为模板，进行 PCR 扩增，琼脂糖凝胶电泳检测结果表明，扩增片段长度与预期片段大小（644bp）一致，而且特异性较好。PCR 产物直接进行测序，之后进行比对寻找突变位点。

在起始密码子 ATG 上游 112bp 处发现一个 A>G 的突变,将这一多态性位点命名为 c.-112 A>G。针对此多态性位点设计强制性 *Bsp*1407 I 酶切位点，扩增片段 207bp。等位基因 *G* 可以被 *Bsp*1407 I 内切酶识别并切割为 189bp 和 18bp，等位基因 *A* 不能被 *Bsp*1407 I 内切酶识别。对高、低脂系第 8 世代个体进行分型，结果检测到 3 种基因型，分别命名为 *GG*（189bp 纯合型）、*AG*（189bp/207bp 杂合型）、*AA*（207bp 纯合型）（图 7-27）。

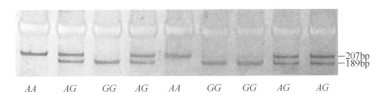

图 7-27　c.-112 A>G 多态性位点 PCR-RFLP 基因分型结果（张森等，2006）

二、鸡 *ApoB* 基因多态性与体脂性状的相关分析

本课题组 Zhang 等（2006）对位于终止密码子 TGA 下游 500bp 处的 c.34202_34210del9 多态性位点在高、低脂系第 8 世代鸡群开展多态性与生长和体组成性状的最小二乘分析。结果表明，该突变位点对出生重、1 周龄体重有显著影响（*P*<0.05）；对 3 周龄、5 周龄体重有一定影响（*P*<0.2）。多重比较分析结果表明，对于性状 1 周龄和 3 周龄体重，纯合子 *II* 和杂合子 *DI* 显著高于纯合子 *DD*（表 7-47）。

表 7-47　*ApoB* 基因 c.34202_34210del9 突变对体重和腹脂性状的影响（Zhang et al.，2006）

性状	*P* 值	*II*（*n*=106）	*DI*（*n*=190）	*DD*（*n*=80）
出生重/g	0.017	41.44±0.42[ab]	42.183±0.28[a]	40.55±0.45[b]
1 周龄体重/g	0.013	102.11±1.35[a]	102.40±0.90[a]	97.26±1.45[b]
3 周龄体重/g	0.07	600.90±6.11[a]	596.79±4.08[a]	581.31±6.50[b]
5 周龄体重/g	0.10	1335.83±13.49[ab]	1338.38±9.05[a]	1302.12±14.45[b]
7 周龄体重/g	0.34	2321.02±25.36	2286.89±16.94	2264.97±27.07
腹脂重/g	0.45	53.56±1.34	51.73±0.90	51.26±1.47
腹脂率/%	0.76	2.29±0.05	2.24±0.03	2.23±0.06

注：同行不同字母表示差异显著（*P*<0.05）

对第 26 外显子 123 处 T 突变为 G 同义突变（c.21751 T>G），本课题组张森等（2006）以高、低腹脂双向选择品系第 8 世代群体为研究材料，对鸡 *ApoB* 基因多态性与生长和体组成性状进行最小二乘分析。结果表明，该突变位点对 1 周龄、3 周龄体重、腹脂重和腹脂率有显著影响（*P*<0.05）（表 7-48）。进一步通过多重比较分析发现：对于 1 周龄体重，杂合子 *GT* 基因型显著高于纯合子 *GG* 基因型；对于 3 周龄体重，纯合子 *TT* 基因型和杂合子 *GT* 基因型显著高于纯合子 *GG* 基因型；对于腹脂性状，纯合子 *TT* 基因型显著高于 *GT* 和 *GG* 基因型（表 7-48）。

表 7-48   *ApoB* 基因 c.21751 T>G 突变对体重和腹脂性状的影响（张森等，2006）

性状	P 值	TT（n=69）	GT（n=184）	GG（n=123）
出生重/g	0.49	41.77±0.53	41.83±0.29	41.26±0.39
1 周龄体重/g	0.04	101.98±1.65^{ab}	102.51±0.93^a	98.72±1.25^b
3 周龄体重/g	0.05	602.92±7.54^a	598.05±4.16^a	593.89±5.63^b
5 周龄体重/g	0.11	1345.16±16.52	1337.45±9.25	1308.87±2.45
7 周龄体重/g	0.12	2331.10±31.09	2299.13±17.26	2253.83±23.23
腹脂重/g	0.03	56.74±1.65^a	51.45±0.91^b	50.76±1.25^b
腹脂率/%	0.05	2.40±0.06^a	2.22±0.04^b	2.23±0.05^b

注：同行不同字母表示差异显著（$P<0.05$）

本课题组陈维星等（2009）以高、低脂系第 9 世代鸡群为实验材料，对鸡 *ApoB* 基因以上 3 个多态性位点进行基因分型，开展了多态性与鸡生长和体组成性状相关分析。结果表明，c.-112 A>G 和 c.34202_34210del9 多态性与 7 周龄体重和屠体重显著相关（$P<0.05$），c.21751 T>G 与屠体重显著相关（$P<0.05$）（表 7-49）。

表 7-49   鸡 *ApoB* 基因多态性位点在第 9 世代群体中与生长和体组成性状的相关性（陈维星等，2009）

性状	*ApoB* 基因多态性位点		
	c.-112 A>G	c.21751 T>G	c.34202_34210del9
出生重	NS	NS	NS
1 周龄体重	NS	NS	NS
3 周龄体重	0.18	0.20	NS
5 周龄体重	0.07	0.124	0.19
7 周龄体重	0.0051	0.065	0.046
屠体重	0.006	0.0488	0.049
腹脂重	NS	NS	NS
腹脂率	NS	NS	NS

注：NS 表示 $P>0.2$

Peacock 等（1992）对经冠脉造影证实的冠心病患者进行研究时发现 ApoB100 信号肽区域一段插入/缺失影响血浆甘油三酯水平,插入纯合子基因型者甘油三酯水平较缺失纯合子基因型者高。Rebhi 等（2008）认为 *ApoB* 基因 5′插入/缺失和 3′VNTR 影响脂类代谢水平，同时增加了患冠状动脉病的可能性。Sniderman（2005）的研究表明 ApoB 在心血管疾病的预测中比低密度脂蛋白（LDL）更准确，并指出对 ApoB 的研究将进一步阐明胰岛素抵抗等代谢综合征与心血管疾病的发病关系。Pischon 等（2005）证实 ApoB 是冠心病强有力的预示因子。有报道认为 *ApoB* 基因的缺失和表达差异与肥胖有关。Lemleux（1997）报道了 ApoB 作为一种遗传因子与肥胖症状之间的关系，推测其影响体脂分布和内脏器官的脂肪沉积，并提出了其在早期肥胖诊断中的应用。Allan 和 Sniderman（2003）通过研究 147 位 LDL 水平正常而 ApoB 水平增高的患者，发现他们更倾向于肥胖、高血糖和凝血症，由此认为高水平的 ApoB 与高甘油三酯相关，而高甘油三酯会导致肥胖、高血糖和凝血等病症。Espinosa-Heidmann 等（2004）通过转基因小鼠模型研究，发现野生型小鼠与超表达 ApoB 的小鼠相比，野生型小鼠对高脂肪食物的消化和吸收能力较差、血脂水平较低。Inui 等（1997）报道在胖鼠肝脏中 ApoB 的表达要显著高于瘦鼠中的表达。本研究发现 ApoB 基因的 3 个多态性位点均与鸡体重性状显著相关，且 c.21751 T>G 对鸡腹脂性状有显著影响。这与一些 ApoB 与人类肥胖研究的结果相似。高树辉等（2003）对婴儿出生体重与血脂水平的关系进行了探讨，发现 ApoB 水平与出生重呈正相关。已证实，在中国、美国等很多国家中，ApoB 含量与代谢综合征显著相关，这也从另一个方面表明 ApoB 对体重有影响（Pei et al，2007）。Podolsky 等（2007）发现经济条件好的人群中，携带 ApoB4145Lys 等位基因的人，其腰围均值大于未携带此等位基因的人，说明 ApoB 基因与体重密切相关。

综合以上分析结果可以看出，ApoB 基因的多态性对肉鸡的后期体重和腹脂性状有显著影响，表明 ApoB 基因可能是影响肉鸡后期体重和腹脂性状的重要候选基因。

第十节　鸡类胰岛素生长因子结合蛋白2（IGFBP2）基因多态性与体重和腹脂性状的相关研究

类胰岛素生长因子结合蛋白 2（insulin-like growth factor binding protein，IGFBP2）是循环系统中含量第二大的 IGFBP，它能通过调节 IGF、TGFβ 等生长因子的生物活性影响脂肪细胞的分化（Butterwith and Goddard，1991）。鸡 IGFBP2 基因位于 7 号染色体，由 4 个外显子和 3 个内含子构成。该基因在鸡脂肪组织生长发育过程中持续表达（Matsubara et al.，2005）。本课题组 Li 等（2006）和 Leng 等（2009）以 IGFBP2 基因为影响鸡体脂性状的候选基因，开展了多态性检测及多态性与生长和体脂性状的关联分析工作。

一、IGFBP2 基因多态性检测

本课题组 Li 等（2006）设计引物扩增了 IGFBP2 基因内含子 2 区域 367bp 长度的一段序列，测序显示 1032bp 处 C 突变为 T（Accession No. AY326194），该位点命名为 g.1032 C>T。应用 PCR-RFLP 方法对东农 F_2 资源群体鸡只分型，结果显示有 AA、AB、BB 3 种基因型（图 7-28）。

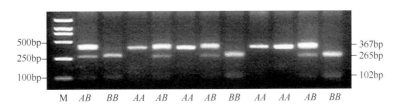

图 7-28　IGFBP2 基因内含子 2 C1032T 突变位点 PCR-RFLP 分型（Li et al.，2006）

本课题组 Leng 等（2009）设计引物对 IGFBP2 3′UTR 进行多态性检测，结果在 3′UTR 1196bp 处发现一个 C>A 的突变位点（Accession No. U15086），命名为 g.1196 C>A。通过 PCR-SSCP 方法在多个鸡群体中分型，检测到 AA、AB、BB 3 种基因型（图 7-29）。

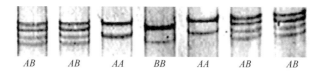

| AB | AB | AA | BB | AA | AB | AB |

图 7-29　*IGFBP2* 基因 3′UTR g.1196 C>A 突变 SSCP 分型（Leng et al.，2009）

二、不同品种（系）鸡 *IGFBP2* 基因 g.1196 C>A 等位基因和基因型频率分布

本课题组 Leng 等（2009）对 *IGFBP2* 基因 g.1196 C>A 突变位点在地方鸡种（北京油鸡、白耳黄鸡、石岐杂鸡）、海兰蛋鸡和 AA 肉鸡中进行分型，并对基因型频率和等位基因频率在不同鸡种中进行了卡方检验（表 7-50）。结果表明，品种间等位基因频率差异极显著（$P<0.01$）。白耳黄鸡和北京油鸡的等位基因 *A* 频率最高，而 AA 肉鸡的等位基因 *A* 频率最低。

表 7-50　基因型和基因频率在不同品种间比较（Leng et al.，2009）

品种（系）	检测个体数	*AA*	*AB*	*BB*	*A*	*B*	χ^2
白耳黄鸡	180	0.972（175）	0.022（4）	0.006（1）	0.983	0.017	
北京油鸡	73	0.904（66）	0.096（7）	0（0）	0.952	0.048	
石岐杂鸡	108	0.731（79）	0.259（28）	0.01（1）	0.861	0.139	$\chi^2=504$ $P<0.01$
海兰蛋鸡	119	0.529（63）	0.403（48）	0.068（8）	0.731	0.269	
AA 肉鸡	409	0.215（88）	0.384（157）	0.401（164）	0.407	0.593	

注：括号内数字表示检测的个体数

三、*IGFBP2* 基因多态性与肉鸡生长和屠体性状的相关分析

（一）*IGFBP2* 基因内含子 2 g.1032 C>T 多态性与肉鸡生长和屠体性状的相关分析

本课题组 Li 等（2006）对 *IGFBP2* 基因内含子 2 g.1032 C>T 突变位点在东农 F_2 群体中进行分型，并开展了多态性与生长和屠体性状的相关分析。结果表明，该位点的多态性与鸡 2~12 周龄体重、屠体重、腹脂重和腹脂率显著或极显著相关（$P<0.05$ 或 $P<0.01$）（表 7-51）。

表 7-51　*IGFBP2* 基因内含子 2 g.1032 C>T 多态性对鸡生长和腹脂性状的影响（*P* 值）（Li et al.，2006）

性状	周龄	*P* 值
体重	1	NS
体重	2	0.0460
体重	3	0.0213
体重	4	0.0075
体重	5	0.0378
体重	6	0.0035
体重	7	0.0292
体重	8	0.0136
体重	9	0.0065

续表

性状	周龄	P 值
体重	10	0.0112
体重	11	0.0066
体重	12	0.0012
屠体重	12	0.0018
腹脂重	12	0.0064
腹脂率	12	0.0011

注：NS 表示 $P>0.05$

多重比较显示，*BB* 基因型个体的 1~12 周龄体重、屠体重、腹脂重和腹脂率均显著或极显著高于 *AA* 基因型个体（表 7-52）。

表 7-52　*IGFBP2* 基因内含子 2 g.1032 C>T 多态性对鸡生长和腹脂性状的影响（最小二乘均值）（Li et al.，2006）

性状	基因型		
	AA（236）	*AB*（547）	*BB*（245）
1 周龄体重/g	74.462±1.269[b]	75.689±1.171[ab]	76.309±1.259[a]
2 周龄体重/g	160.610±2.411[b]	162.530±2.178[ab]	165.271±2.411[a]
3 周龄体重/g	284.863±4.148[b]	291.384±3.640[a]	294.892±4.150[a]
4 周龄体重/g	440.921±5.556[b]	450.994±4.716[a]	457.869±5.549[a]
5 周龄体重/g	617.301±6.868[b]	626.802±5.502[ab]	636.902±6.844[a]
6 周龄体重/g	807.521±9.022[B]	830.731±7.144[A]	840.651±9.032[A]
7 周龄体重/g	1028.473±12.203[b]	1051.181±9.744[a]	1063.646±12.101[a]
8 周龄体重/g	1232.102±13.939[b]	1266.452±10.867[a]	1276.082±13.948[a]
9 周龄体重/g	1464.582±16.945[b]	1503.274±12.977[a]	1526.792±16.723[a]
10 周龄体重/g	1648.434±18.246[b]	1694.319±13.554[a]	1712.605±17.932[a]
11 周龄体重/g	1841.175±19.754[b]	1890.731±14.684[a]	1917.223±19.611[a]
12 周龄体重/g	2009.955±21.068[B]	2074.636±15.340[A]	2105.615±20.873[A]
屠体重/g	1782.862±19.024[B]	1836.859±13.911[A]	1866.582±18.826[A]
腹脂重/g	75.844±3.070[b]	79.518±2.851[a]	82.492±3.068[a]
腹脂率/%	3.661±0.148[B]	3.910±0.132[A]	4.034±0.142[A]

注：同行不同小写字母表示差异显著（$P<0.05$）；同行不同大写字母表示差异极显著（$P<0.01$）

（二）鸡 *IGFBP2* 基因 g.1196 C>A 多态性与肉鸡生长和屠体性状的相关分析

本课题组 Leng 等（2009）对 *IGFBP2* 基因 3′UTR g.1196 C>A 突变位点在东农 F_2 群体和高、低脂系第 6~10 世代混合群体中进行基因分型，并开展了多态性与生长和屠体性状的相关分析。结果表明，该位点的多态性对 F_2 群体和第 6~10 世代混合群体鸡只的腹脂重和腹脂率有极显著的影响（表 7-53）。

表 7-53 *IGFBP2* 基因 g.1196 C>A 多态性对肉鸡腹脂性状的影响（*P* 值）（Leng et al.，2009）

性状	周龄	群体	
		6~10 世代混合	东农 F$_2$
腹脂重	7	0.0102	—
腹脂率	7	0.0074	—
腹脂重	12	—	0.0001
腹脂率	12	—	0.0001

多重比较显示，两个群体中 *BB* 基因型个体的腹脂重和腹脂率均显著高于 *AA* 和 *AB* 基因型个体（表 7-54）。

表 7-54 *IGFBP2* 基因 g.1196 C>A 多态性对肉鸡腹脂性状的影响（最小二乘均值）（Leng et al.，2009）

群体	性状	基因型		
		AA	*AB*	*BB*
6~10 世代混合	腹脂重/g	58.05±1.25^b（299）	59.81±0.85^b（828）	61.88±0.93^a（726）
	腹脂率/%	2.35±0.049^b（299）	2.42±0.034^b（828）	2.51±0.037^a（726）
东农 F$_2$ 群体	腹脂重/g	75.80±2.67^{cB}（388）	80.82±2.61^{bAB}（495）	86.99±3.23^{aA}（128）
	腹脂率/%	3.70±0.13^{cB}（388）	3.95±0.13^{bAB}（495）	4.22±0.16^{aA}（128）

注：同行不同小写字母表示差异显著（$P<0.05$）；同行不同大写字母表示差异极显著（$P<0.01$）；括号内数字表示检测的个体数

生长是受遗传因子控制的复杂性状，揭示其遗传机制将有助于对肉鸡生长速度进行有效选择（Deeb and Lamont，2002）。IGFBP2 生物学功能研究表明，选择低体重小鼠以降低生长速度可造成小鼠肝组织内 *IGFBP2* 基因 mRNA 的表达量和血清 IGFBP2 含量的增加（Höflich et al.，1999），这表明 IGFBP2 是生长的负调控因子。此外，有文献报道，在大鼠和猪的生长延迟实验模型中检测到 *IGFBP2* 基因表达量增加（Tapanainen et al.，1994；Kampman et al.，1993；Price et al.，1992）。DeKoning 等（2003）报道了 1 个影响鸡屠体重的 QTL，该 QTL 被定位于鸡 7 号染色体 MCW0030 与 MCW0236 标记之间，*IGFBP2* 基因位于该区域中。本研究发现，*IGFBP2* 基因 g.1032 C>T 多态性与肉鸡 2~12 周龄体重、屠体重显著相关，这一结果与已有报道是一致的。

IGFBP2 基因影响动物生长和脂肪代谢（Höflich et al.，1999；Rajaram et al.，1997）。Brockmann 等（2001）报道，鼠的腹脂重与血清中 IGFBP2 含量相关。在生长激素过量的情况下，鼠的 *IGFBP2* 基因过量表达能够抑制腹部脂肪的沉积（Höflich et al.，2001）。其机制是 IGFBP2 能够通过调节 IGF1 和 TGFβ 的生物学活性而调控脂肪细胞的发育（Richardson et al.，1998；Butterwith and Goddard，1991）。此外，Ikeobi 等（2002）在鸡 7 号染色体 LEI0064 和 ROS0019 标记之间定位了 1 个影响鸡脂肪沉积的 QTL，*IGFBP2* 基因位于该区域中。所有这些证据表明，*IGFBP2* 基因是控制体脂性状的合理的候选基因。

本研究中，Leng 等（2009）比较了 *IGFBP2* 基因 g.1196 C>A 突变位点在多个鸡种中的等位基因频率分布，发现品种间等位基因频率差异极显著。北京油鸡、白耳黄鸡基因 *A* 频率在 5 个品种中最高，而 AA 肉鸡中基因 *A* 频率最低；白耳黄鸡是中国地方鸡品种，其成年体重为 1.0~1.2kg（郑丕留等，1988）；北京油鸡是一种体形较小的蛋肉兼用型地方品种，其成年体重为 1.6~1.7kg（郑丕留等，1988）；而 AA 肉鸡为快大型肉鸡品种。这表明等位基因 *A* 可能降低鸡的体重。有研究表明，鸡的体重和腹脂重呈正相关（Havenstein et al.，2003），这意味着对能够降低体重的等位基因 *A* 的选择可以降低鸡的腹脂沉积。

本研究中，在 F_2 群体和高、低脂系第 6~10 世代混合群体中相关分析发现，g.1196 C>A 多态性与腹脂性状显著相关，且 *AA* 基因型个体腹脂含量最低。这与等位基因频率分布结果一致。此外，本研究发现 *IGFBP2* 基因 g.1032 C>T 位点在 F_2 群体中对腹脂性状的影响与 g.1196 C>A 位点完全相似，推测这两个位点处于连锁不平衡状态。

总之，本研究结果表明，*IGFBP2* 基因是影响鸡生长和腹脂沉积的重要基因，该基因 g.1196 C>A 位点多态性是影响鸡腹脂沉积的重要分子标记，本课题组已经证明其是影响鸡腹脂沉积的功能性 SNP（详见本章第十八节）。

第十一节 鸡甲状腺激素应答蛋白（*Spot14α*）基因多态性与体重性状的相关研究

甲状腺激素诱导的核内蛋白（thyroid hormone inducible nuclear protein spot14）也称为甲状腺激素响应 Spot14 蛋白（THRSP）。Seelig 等（1981）在研究甲状腺激素的作用，以及甲状腺激素和饮食在调节基因表达中的相互作用的分子机制时，从鼠肝脏中分离出的 231 种 mRNA 中发现了 Spot14。由于其 mRNA 能对甲状腺激素迅速响应，因此称为甲状腺激素响应 Spot14 蛋白。鸡 *Spot14* 基因首次从鸡肝脏中分离并得到确定（Cogburn et al.，2000），后被定位于染色体的 1q41~44 位置（Carré et al.，2001）。Spot14 有两个亚型，即 Spot14α 和 Spot14β。鸡的 *Spot14α* 基因含有两个外显子和一个内含子，外显子长分别为 422bp 和 355bp，内含子长 637bp，只有第一外显子编码蛋白质（Grillasca et al.，1997）。

Spot14α 基因是一种甲状腺激素敏感基因，该基因对机体的生长具有十分重要的作用。因此，本研究以 *Spot14α* 基因作为影响鸡体重的候选基因，在专门设计的资源群体中研究该基因的变异，结合数量遗传、生物统计学的方法分析这些变异对鸡体重的影响程度，探讨 *Spot14α* 基因是否为影响鸡体重的主效基因及能否作为分子标记对家禽的体重进行标记辅助选择。

一、鸡 *Spot14α* 基因多态性检测及基因型分析

本课题组曹志平等（2014）和 Cao 等（2007）根据 GenBank 中提供的鸡 *Spot14α* 基因的 mRNA 序列（GenBank Accession No. AY568628）与鸡基因组比对后的鸡 *Spot14α* 基因的基因组序列，共设计 5 对引物，进行鸡 *Spot14α* 基因的多态性检测和基因型分析。

  以东农 F_2 群体中 2 只白耳黄鸡和 2 只高脂系肉鸡的基因组为模板，利用引物 S1 扩增得到的 PCR 产物进行克隆测序，共发现了 4 个多态性位点。一个是位于鸡 *Spot14α* 基因 5′调控区的 A>G 突变，命名为 c.-40 A>G；两个是位于编码区的 A>C 突变和 9bp 插入/缺失，分别命名为 c.231 A>C 和 c.231_239del9；另一个是位于 3′调控区的 3bp 插入/缺失，命名为 c.717_719del3。

  针对 c.-40 A>G 位点设计了引物 S2，利用该对引物以东农 F_2 群体鸡只的基因组为模板进行 PCR 扩增，扩增产物用 1%琼脂糖凝胶检测，结果发现特异性良好，片段长度与所设计的片段大小一致（190bp）。PCR 产物用 *MSP* I 内切酶消化后，用 14%的聚丙烯酰胺凝胶进行电泳，结果显示出 3 种基因型，其中未被 *MSP* I 切开的，PCR 产物片段大小为 190bp，称为 *GG* 型；被 *MSP* I 完全切开的，PCR 产物片段大小分别为 124bp 和 66bp，称为 *HH* 型；杂合子称为 *GH* 型（图 7-30）。

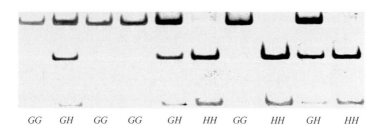

图 7-30 鸡 *Spot14α* 基因 5′ c.-40 A>G 突变的聚丙烯酰胺凝胶电泳图（曹志平等，2014）

  针对 c.231 A>C 位点设计了引物 S3，利用该对引物以东农 F_2 群体的基因组为模板进行 PCR 扩增，扩增产物用 1%的琼脂糖凝胶检测，结果发现特异性良好，片段长度与所设计的片段大小一致（419bp）。PCR 产物用 *Hin*1 I 内切酶消化后，用 2.5%的琼脂糖凝胶检测，结果显示出 3 种基因型，其中未被 *Hin*1 I 切开的，PCR 产物片段大小为 419bp，称为 *AA* 型；被 *Hin*1 I 完全切开的，PCR 产物片段大小分别为 319bp 和 100bp，称为 *BB* 型；杂合子称为 *AB* 型（图 7-31）。

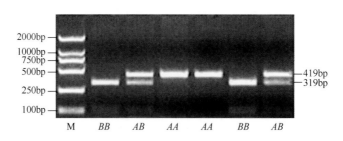

图 7-31 鸡 *Spot14α* 基因 c.231 A>C 位点的 *Hin*1 I 酶切结果琼脂糖凝胶电泳图（Cao et al.，2007）

  针对 c.231_239del9 多态性位点，利用引物 S4 对东农 F_2 群体的基因组进行 PCR 扩增，扩增产物用 1%的琼脂糖凝胶检测，结果发现特异性良好，片段长度与所设计的片段大小一致（166bp/157bp）。PCR 产物直接用 14%的聚丙烯酰胺凝胶进行电泳，结果显示出 3 种基因型，其中含有 9bp 的片段长度为 166bp，称为 *CC* 型；缺失 9bp 的片段长度为 157bp，称为 *DD* 型；杂合子命名为 *CD* 型（图 7-32）。

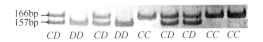

166bp →
157bp →
　　　CD　DD　CD　DD　CC　CD　CD　CC　CC

图 7-32　鸡 *Spot14α* 基因 c.231_239del9 的聚丙烯酰胺凝胶电泳图（Cao et al.，2007）

　　针对 c.717_719del3 多态性位点，利用引物 S5，以东农 F$_2$ 群体的基因组为模板进行 PCR 扩增，扩增产物用 1%的琼脂糖凝胶检测，结果发现特异性良好，片段长度与所设计的片段大小一致（210bp/213bp）。PCR 产物直接用变性的聚丙烯酰胺凝胶进行电泳，利用 Genotyper™2.5 软件确定出 3 种基因型，其中含有 3bp 的片段长度为 213bp，称为 *MM* 型；片段缺失 3bp 的 PCR 产物长度为 210bp，称为 *NN* 型；杂合子命名为 *MN* 型。

二、鸡 *Spot14α* 基因多态性与体重性状的相关分析

　　以东农 F$_2$ 群体为研究对象，对 *Spot14α* 基因 4 个多态性位点的多态性与鸡体重性状进行相关分析，发现 4 个多态性位点的基因型对大多数周龄体重性状有显著或极显著的影响。其中，c.-40 A>G 位点基因型对 5 周龄体重和 6 周龄体重有接近显著（$P=0.0662$）和显著影响（$P<0.05$），对 7~12 周龄体重有显著影响（$P<0.05$）；c.231 A>C 位点基因型对 5~12 周龄体重和屠体重有显著影响（$P<0.01$）；c.231_239del9 位点基因型 6 周龄、7 周龄体重有接近显著的影响（$P=0.0613$，$P=0.0664$），对 8~12 周龄体重及屠体重有显著或极显著影响（$P<0.05$ 或 $P<0.01$）；c.717_719del3 位点基因型对 5 周龄、7~12 周龄体重和屠体重有显著或极显著的影响（$P<0.05$ 或 $P<0.01$）（表 7-55）。

表 7-55　鸡 *Spot14α* 基因多态性及单倍型与体重性状的相关分析（*P* 值）
（曹志平等，2014；Cao et al.，2007）

性状	c.-40 A>G	c.231 A>C	c.231_239del9	c.717_719del3	c.231 A>C-c.231_239del9 单倍型	c.-40 A>G-c.717_719del3 单倍型
出生体重	NS	NS	NS	NS	NS	NS
1 周龄体重	NS	NS	NS	NS	NS	NS
2 周龄体重	NS	NS	NS	NS	NS	NS
3 周龄体重	NS	NS	NS	NS	NS	NS
4 周龄体重	NS	0.0752	NS	NS	0.1614	0.0578
5 周龄体重	0.0662	0.0107	0.1553	0.0340	0.0582	0.0214
6 周龄体重	0.0220	0.0019	0.0613	0.0528	0.0154	0.0026
7 周龄体重	0.0034	0.0008	0.0664	0.0115	0.0059	0.0022
8 周龄体重	0.0017	0.0003	0.0439	0.0039	0.0091	0.0004
9 周龄体重	0.0004	0.0006	0.0440	0.0028	0.0242	0.0003
10 周龄体重	0.0005	0.0003	0.0070	0.0023	0.0055	0.0005
11 周龄体重	0.0017	0.0002	0.0028	0.0082	0.0044	0.0005
12 周龄体重	0.0006	0.0001	0.0026	0.0056	0.0031	0.0005
屠体重	0.0014	0.0002	0.0041	0.0008	0.0037	0.0009

注：NS 表示 $P>0.2$

　　在东农 F$_2$ 群体中，分别对每个多态性位点 3 种基因型个体间体重性状的最小二乘均值进行多重比较。结果表明，对于鸡 5~12 周龄体重和屠体重，鸡 *Spot14α* 基因的 c.-40 A>G 位点的 *HH* 基因型个体显著高于 *GG* 基因型个体（表 7-56），c.231 A>C 位点的 *BB*

基因型个体显著或极显著高于 *AA* 基因型个体（表 7-57），c.231_239del9 位点的 *DD* 基因型个体显著或极显著高于 *CC* 基因型个体（表 7-58），c.717_719del3 位点的 *NN* 基因型个体显著高于 *MM* 型个体和 MN 基因型个体（表 7-59）。

表 7-56　鸡 *Spot14α* 基因 c.-40 A>G 多态性位点不同基因型的多重比较（曹志平等，2014）

性状	基因型（数量）		
	GG（136）	*GH*（323）	*HH*（136）
5 周龄体重/g	616.31±10.20[b]	623.75±8.62[ab]	639.85±10.27[a]
6 周龄体重/g	806.56±14.38[b]	819.02±12.37[b]	844.55±14.43[a]
7 周龄体重/g	1011.86±19.30[c]	1039.73±16.76[b]	1073.51±19.41[a]
8 周龄体重/g	1216.86±23.67[b]	1249.74±20.68[b]	1295.95±23.82[a]
9 周龄体重/g	1435.91±27.36[c]	1481.74±23.57[b]	1540.99±27.53[a]
10 周龄体重/g	1620.36±30.12[c]	1670.64±25.87[b]	1736.68±30.36[a]
11 周龄体重/g	1817.37±32.75[b]	1864.85±27.72[b]	1937.22±33.07[a]
12 周龄体重/g	1985.08±36.64[b]	2038.62±31.23[b]	2126.29±36.95[a]
屠体重/g	1753.45±32.88[b]	1803.75±27.92[b]	1875.08±33.20[a]

注：同行不同字母者差异显著（$P<0.05$）

表 7-57　鸡 *Spot14α* 基因 c.231 A>C 多态性位点不同基因型的多重比较（Cao et al.，2007）

性状	基因型（数量）		
	AA（76）	*AB*（391）	*BB*（352）
4 周龄体重/g	435.34±8.25[b]	449.21±5.09[ab]	453.49±5.19[a]
5 周龄体重/g	601.63±11.16[b]	625.43±6.48[a]	634.62±6.62[a]
6 周龄体重/g	788.23±14.73[C]	821.70±8.55[B]	838.54±8.72[A]
7 周龄体重/g	994.99±19.44[C]	1039.99±11.58[B]	1064.35±11.84[A]
8 周龄体重/g	1191.31±23.60[C]	1251.43±14.37[B]	1281.80±14.63[A]
9 周龄体重/g	1419.41±27.60[C]	1484.59±16.08[B]	1520.75±16.37[A]
10 周龄体重/g	1595.91±30.27[C]	1674.38±17.61[B]	1715.00±17.94[A]
11 周龄体重/g	1779.72±33.79[C]	1867.14±19.72[B]	1913.93±20.16[A]
12 周龄体重/g	1946.76±37.14[C]	2050.60±21.47[B]	2100.22±22.00[A]
屠体重/g	1723.04±33.21[C]	1817.71±18.86[B]	1860.25±19.35[A]

注：同行不同字母者差异显著或极显著（a、b，$P<0.05$；A~C，$P<0.01$）

表 7-58　鸡 *Spot14α* 基因 c.231_239del9 不同基因型的多重比较（Cao et al.，2007）

性状	基因型（数量）		
	CC（193）	*CD*（409）	*DD*（220）
6 周龄体重/g	811.19±10.75[b]	829.22±8.90[ab]	836.77±10.35[a]
7 周龄体重/g	1026.97±14.00[b]	1053.73±11.64[a]	1056.37±13.52[a]
8 周龄体重/g	1236.39±17.36[b]	1263.64±14.57[ab]	1280.14±16.82[a]
9 周龄体重/g	1469.70±19.56[b]	1497.99±16.19[ab]	1521.94±19.05[a]
10 周龄体重/g	1645.06±21.80[B]	1692.52±17.91[A]	1718.85±21.13[A]
11 周龄体重/g	1835.63±23.79[B]	1883.61±19.32[A]	1925.31±22.99[A]
12 周龄体重/g	2013.41±26.02[B]	2067.63±21.09[A]	2112.45±25.13[A]
屠体重/g	1784.29±22.97[B]	1832.36±18.39[A]	1870.20±22.17[A]

注：同行不同字母者差异显著或极显著（a、b，$P<0.05$；A、B，$P<0.01$）

表 7-59　鸡 *Spot14a* 基因 c.717_719del3 不同基因型的多重比较（曹志平等，2014）

性状	基因型（数量）		
	MM（63）	*MN*（599）	*NN*（248）
5 周龄体重/g	610.92±11.36[b]	624.72±5.57[b]	638.24±6.91[a]
6 周龄体重/g	809.32±15.04[b]	820.91±8.06[b]	839.62±9.75[a]
7 周龄体重/g	1016.62±19.64[b]	1039.82±10.43[b]	1068.90±12.76[a]
8 周龄体重/g	1226.92±23.53[b]	1248.36±11.95[b]	1290.59±14.89[a]
9 周龄体重/g	1452.40±29.17[b]	1481.89±14.45[b]	1533.24±17.88[a]
10 周龄体重/g	1642.43±31.33[b]	1673.76±15.39[b]	1733.96±19.58[a]
11 周龄体重/g	1828.56±34.68[b]	1870.56±15.56[b]	1926.23±20.53[a]
12 周龄体重/g	2014.52±37.46[b]	2054.39±16.35[b]	2120.10±21.95[a]
屠体重/g	1778.69±33.56[b]	1812.38±12.21[b]	1891.38±18.38[a]

注：同行不同字母表示差异显著（a、b，$P<0.05$）

三、*Spot14a* 基因在东农 F_2 群体中的单倍型分析

在东农 F_2 群体中，共检测了 4 个位点的多态性，结果均与体重相关。此外，我们分别对 c.231 A>C 和 c.231_239del9 多态性位点、c.-40 A>G 和 c.717_719del3 多态性位点在 F_2 群体中构建了单倍型。结果发现，c.231 A>C 和 c.231_239del9 多态性位点、c.-40 A>G 和 c.717_719del3 多态性位点的连锁不平衡系数 r^2 值分别为 0.14 和 0.13，均大于 0.1，说明两对位点是有意义的连锁，其单倍型块可以作为一个整体遗传。因此，对其进行单倍型与体重性状的相关分析。结果发现，c.231 A>C 和 c.231_239del9 多态性位点的单倍型对 5 周龄体重有接近显著的影响，对 6~12 周龄体重和屠体重有显著或极显著的影响（$P<0.05$ 或 $P<0.01$）（表 7-55），*AC/AC* 基因型个体的 5~12 周龄体重和屠体重显著极显著低于 *BD/BD* 基因型个体（$P<0.05$）（表 7-60）；c.-40 A>G 和 c.717_719del3 两个多态性位点的单倍型对 4 周龄体重有接近显著的影响，对 5~12 周龄体重及屠体重有显著或极显著影响（$P<0.05$ 或 $P<0.01$）（表 7-55），*NH/NH* 基因型个体的 5~12 周龄体重和屠体重显著高于 *MG/MG* 基因型个体（表 7-61）。

表 7-60　鸡 *Spot14a* 基因单倍型基因型的多重比较（Cao et al.，2007）

基因型	性状				
	5 周龄体重	6 周龄体重	7 周龄体重	8 周龄体重	9 周龄体重
AC/AC（41）	590.93±14.82[b]	781.99±19.32[c]	988.12±25.23[C]	1191.73±30.61[C]	1422.43±35.66[d]
AC/BC（114）	620.51±9.94[ab]	809.14±13.26[bc]	1023.88±17.03[BC]	1234.95±20.71[BC]	1469.34±23.59[bcd]
AC/AD（35）	611.18±16.56[ab]	797.94±22.15[bc]	1008.03±28.16[BC]	1194.97±32.97[C]	1419.14±39.98[cd]
AC/BD（124）	634.10±9.98[a]	838.01±13.13[ab]	1062.26±16.91[AB]	1270.64±20.60[AB]	1501.01±23.83[abc]
BC/BC（38）	636.08±15.91[a]	846.46±21.23[ab]	1078.34±27.35[AB]	1293.96±33.02[AB]	1530.47±38.67[ab]
BC/BD（175）	628.51±8.54[a]	829.56±11.25[ab]	1055.50±14.59[AB]	1274.70±17.76[AB]	1513.31±20.04[ab]
AD/BD（79）	618.23±12.10[ab]	816.34±15.82[abc]	1025.10±20.38[BC]	1255.77±24.86[ABC]	1497.97±29.01[abcd]
BD/BD（140）	640.09±9.25[a]	846.45±12.26[a]	1071.95±15.85[A]	1289.46±19.24[A]	1530.56±22.08[a]

基因型	性状			
	10 周龄体重	11 周龄体重	12 周龄体重	屠体重
AC/AC（41）	1582.78±38.90[C]	1779.47±43.25[D]	1944.35±47.87[D]	1719.63±42.88[D]
AC/BC（114）	1652.57±25.70[BC]	1848.04±27.86[BCD]	2023.60±31.10[BCD]	1797.76±27.61[BCD]
AC/AD（35）	1620.21±43.29[BC]	1792.27±47.55[CD]	1959.31±52.47[CD]	1734.87±47.06[CD]
AC/BD（124）	1697.52±26.01[AB]	1889.47±27.64[ABC]	2073.17±30.66[AB]	1838.42±27.14[AB]
BC/BC（38）	1702.91±42.91[AB]	1874.67±47.55[ABCD]	2069.65±52.37[ABCD]	1824.52±46.83[ABCD]
BC/BD（175）	1702.66±21.44[AB]	1902.59±23.11[AB]	2087.44±25.97[AB]	1849.27±22.92[AB]
AD/BD（79）	1673.77±31.20[ABC]	1876.74±33.95[ABCD]	2067.41±37.84[ABC]	1826.20±33.80[ABC]
BD/BD（140）	1738.11±23.72[A]	1946.32±25.79[A]	2131.06±28.77[A]	1889.33±25.47[A]

注：同列不同小写字母表示差异显著（$P<0.05$）；同列不同大写字母表示差异极显著（$P<0.01$）

表 7-61　鸡 Spot14α 基因单倍型基因型的多重比较（曹志平等，2014）

基因型	性状				
	5 周龄体重	6 周龄体重	7 周龄体重	8 周龄体重	9 周龄体重
MG/MG	602.25±18.57[b]	796.34±23.42[bc]	997.55±30.56[c]	1208.53±38.36[b]	1433.65±43.97[bc]
NG/MG	623.32±11.14[b]	813.95±14.84[bc]	1025.49±19.73[bc]	1226.27±24.07[b]	1448.10±26.57[b]
NG/NH	654.87±13.88[a]	860.24±18.40[a]	1087.02±24.48[a]	1320.48±30.29[a]	1556.92±33.68[a]
NH/MG	615.64±17.63[b]	793.14±22.44[c]	1012.64±30.65[bc]	1213.17±37.35[b]	1435.27±42.37[bc]
NH/MH	639.00±12.97[ab]	843.09±16.86[ab]	1067.63±22.51[ab]	1279.20±27.52[ab]	1530.34±30.77[ab]
NH/NH	654.17±13.22[a]	863.52±17.39[a]	1100.09±23.36[a]	1329.86±28.44[a]	1576.41±31.75[a]

基因型	性状			
	10 周龄体重	11 周龄体重	12 周龄体重	屠体重
MG/MG	1603.05±49.24[c]	1789.05±55.08[b]	1956.41±59.61[b]	1725.05±53.29[c]
NG/MG	1634.96±29.29[bc]	1839.20±31.65[b]	2010.42±33.81[b]	1776.99±29.84[bc]
NG/NH	1783.94±37.94[a]	1982.81±41.05[a]	2170.76±43.89[a]	1921.55±38.80[a]
NH/MG	1627.46±50.06[bc]	1804.80±54.40[b]	1979.53±59.01[b]	1762.26±52.68[bc]
NH/MH	1734.23±34.18[a]	1935.45±37.69[b]	2119.14±40.21[a]	1858.40±35.85[ab]
NH/NH	1766.56±35.67[a]	1972.75±39.34[a]	2157.47±42.23[a]	1906.67±37.47[a]

注：同列不同字母表示差异显著（$P<0.05$）

　　Spot14 基因是甲状腺激素响应基因。甲状腺激素调节基因的表达是通过甲状腺激素受体完成的，甲状腺激素受体通过结合在甲状腺激素响应基因的上游启动子区来调节同源基因表达。Spot14 家族的所有成员的氨基酸序列都存在 3 个保守区域，即亮氨酸拉链结构和两个疏水区域（Wang et al.，2004b）。*Spot14* 基因家族的侧翼基因的保守性都很高，其中有些基因对生长有很重要的作用（Wang et al.，2004b）。甲状腺素属于下丘脑-垂体-甲状腺轴，而下丘脑-垂体-甲状腺轴是通过甲状腺素增加耗氧量和产生热量来调节能量动态平衡的（Lanni et al.，2001；de Jesus et al.，2001）。扰乱甲状腺素的功能就会影响体重和能量消耗（Zimmermann-Belsing et al.，2003），据此，我们推测 *Spot14* 基因与体重有着密切的关系。

　　近几年，哺乳动物 *Spot14* 基因调控脂肪生成的研究越来越多（La et al.，2013；Wu

et al.，2013；Rempel et al.，2012），该基因是脂质合成的重要的调节基因，参与肝脏、乳腺、脂肪等组织中的脂质合成调控（吴静等，2012），对乳腺癌生长有着重要影响（Donnelly et al.，2009）。小鼠 *Spot14* 基因敲除实验显示，*Spot14* 基因敲除后，小鼠表现出体重增长速度下降，这是由脂肪蓄积的减少导致的。然而，关于鸡 *Spot14* 基因的功能研究报道还很少，该基因功能的阐述还不是很明确。在杏花鸡和隐性白鸡杂交产生的 F_2 资源群体中的研究结果显示，鸡 *Spot14* 基因的 3 个多态性位点与鸡体重和腹脂性状显著相关（d'André Hirwa et al.，2010）。本研究以东农 F_2 群体为研究对象，对 *Spot14* 基因 4 个多态性位点的多态性与鸡体重性状进行相关分析，发现 4 个多态性位点的基因型对大多数周龄体重性状有显著或极显著的影响。此外，分别对 c.231 A>C 和 c.231_239del9 多态性位点、c.-40 A>G 和 c.717_719del3 多态性位点在 F_2 群体中构建了单倍型，分析了其与鸡体重性状的相关性，发现单倍型对鸡 6~12 周龄体重和屠体重有显著或极显著影响。据此，我们推测鸡 *Spot14* 基因对生长有重要作用。生长是机体各器官生长发育的综合表现，受复杂的遗传调控，因此，揭示生长的分子机制对提高肉鸡的选择效率有重要的作用（Deeb and Lamont，2002）。

综合以上分析结果可知，*Spot14* 基因的序列变异对肉鸡体重性状有显著影响，表明 *Spot14* 基因是影响肉鸡体重性状的重要候选基因。

第十二节　鸡胰岛素样生长因子 1（*IGF1*）基因及其受体（*IGF1R*）基因多态性与体脂性状的相关研究

鸡胰岛素样生长因子 1（insulin-like growth factor 1，IGF1）是胰岛素样生长因子系统的重要成分之一。IGF1 的生物学功能主要是通过刺激有丝分裂、诱导细胞分化或促进分化功能的基因表达从而促进机体的生长发育（Pollak et al.，2004；Khandwala et al.，2000）。其精确的生物学功能取决于细胞发育的状态及其与其他激素（如生长激素、胰岛素）或生长因子的相互作用，其作用机制可能是促使细胞从 G_1 期向 S 期转变。这些作用需要通过特异性的 IGF1 受体和 IGF2 受体介导而完成。IGF1R（insulin-like growth factor 1 receptor，IGF1R）是 IGF 功能的介导者（杨凡，2000），其在促进糖类代谢中也起着重要的作用（刘宝英等，2000）。本课题组卞立红（2007）、Bian 等（2008）、高凤华等（2009）和王佩佩等（2014）以鸡 *IGF1* 和 *IGF1R* 基因作为影响鸡生长和体组成性状的候选基因，在专门设计的资源群体和品系中研究了 *IGF1*、*IGF1R* 基因的变异，分析了这些变异对生长和体组成性状的影响，以探讨 *IGF1* 和 *IGF1R* 基因是否为影响鸡生长和体组成性状的主效基因。

一、鸡 *IGF1*、*IGF1R* 基因多态性检测

（一）*IGF1* 基因

颜炳学（2005）报道，在 *IGF1* 基因 5′调控区上存在一个 A>C 突变（c.-366 A>C），此变异位点能够导致 *Hinf* I 酶切位点变化。本课题组 Bian 等（2008）针对该酶切位点

设计引物进行 PCR-RFLP 分析，在高、低脂系鸡只中共发现 3 种基因型，命名为 *AA*、*AC*、*CC*。

本课题组 Bian 等（2008）根据鸡 *IGF1* 基因的 CDS 序列（Accession No. M32791）设计引物，以高、低脂系鸡只肝脏 cDNA 为模板进行 PCR 扩增、回收和测序。测序结果表明在外显子 3 内存在一个 G>A 突变，即 c.528 G>A，该突变是一个沉默突变。设计一对引物对此多态性位点进行检测，共发现 3 种基因型，命名为 *GG*、*GA*、*AA*。

雷明明（2005）报道，在 *IGF1* 基因 3′调控区上存在一个 C>T 突变（c.*1024 C>T），此变异位点导致了 *Bsp*119 I 酶切位点变化。本课题组 Bian 等（2008）针对该酶切位点设计引物进行 PCR-RFLP 分析，在高、低脂系鸡只共发现 3 种基因型，命名为 *TT*、*CT*、*CC*。

（二）*IGF1R* 基因

本课题组王佩佩等（2014）根据卞丽红（2007）提供的鸡 *IGF1R* 基因 SNP 信息和鸡基因组序列设计了 7 对引物，对东农 F$_2$ 群体 4 个家系共 283 个体进行了多态性检测和基因分型。

针对 7 个突变位点分别用设计的引物进行 PCR 扩增，扩增片段与目的片段大小一致且特异性较好，PCR 产物采用 PCR-SSCP（图 7-33）和 PCR-RFLP（图 7-34）方法进行基因分型。

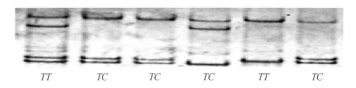

图 7-33　*IGF1R* 基因 g.115463 T>C 多态性位点不同基因型个体的
PCR-SSCP 分析结果（王佩佩等，2014）

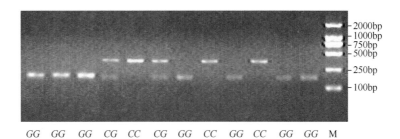

图 7-34　*IGF1R* 基因 g.111012 C>G 多态性位点不同基因型个
体的 PCR-RFLP 分析结果（王佩佩等，2014）

二、鸡 *IGF1*、*IGF1R* 基因多态性与体脂性状的相关分析

（一）*IGF1* 基因多态性位点与鸡生长和体组成性状的相关分析

本课题组 Bian 等（2008）对位于鸡 *IGF1* 基因 5′调控区的 c.-366 A>C、外显子的 c.528

G>A 和 3′调控区的 c.*1024 C>T 3 个突变位点在东农 F₂ 群体的 342 个个体中进行基因分型。应用 Phase2.1 软件对 3 个多态性位点进行单倍型构建，获得了 5 种主要单倍型（AGT、CGC、CAC、CGT、CAT），开展了单倍型与鸡体重性状相关分析，发现 IGF1 基因的序列变异对鸡体重有显著影响（表 7-62）。具体地说，鸡 IGF1 基因单倍型对鸡 2 周龄、4 周龄、6 周龄、8 周龄、10 周龄、12 周龄体重和 12 周龄屠体重有显著或极显著影响。具有 AGT 单倍型的鸡只体重显著大于 CAC 单倍型个体。这表明，AGT 单倍型能够增加体重，而 CAC 单倍型则减小体重。因此，AGT 单倍型是有利单倍型，在实际育种中可以通过对携带该单倍型个体的选择而提高群体携带该单倍型的频率，从而实现提高群体体重的目标。

表 7-62　鸡 *IGF1* 基因单倍型对鸡体重性状的影响（Bian et al.，2008）

性状 [1]	P 值 [2]	AGT（328 [3]）	CGC（68）	CAC（144）	CGT（46）	CAT（90）
BW2/g	0.0051	171.3（3.2 [4]）[a]	165.3（3.9）[b]	165.6（3.4）[b]	171.1（4.1）[ab]	170.2（3.6）[ab]
BW4/g	0.0245	467.7（5.7）[a]	453.0（8.7）[ab]	450.4（6.7）[b]	461.4（10.2）[ab]	462.7（7.9）[ab]
BW6/g	0.0003	859.2（10.0）[a]	832.7（15.5）[ab]	815.0（11.8）[b]	836.4（18.2）[ab]	855.2（14.0）[a]
BW8/g	0.0006	1311.2（17.9）[a]	1265.9（25.9）[bc]	1245.1（20.3）[c]	1280.4（30.6）[abc]	1305.1（23.7）[ab]
BW10/g	0.0002	1745.2（21.5）[a]	1678.3（32.7）[bc]	1652.8（25.0）[c]	1700.7（39.2）[abc]	1731.5（29.8）[ab]
BW12/g	0.0147	2109.9（27.7）[a]	2041.7（41.2）[ab]	2028.6（32.0）[b]	2083.2（47.9）[ab]	2108.5（37.2）[a]
CW/g	0.0149	1864.8（26.2）[a]	1800.0（37.8）[bc]	1793.6（29.8）[c]	1846.5（435.7）[abc]	1864.5（34.4）[ab]

注：同行不同字母表示差异显著；1. BW 表示周龄体重；CW 表示 12 周龄屠体重；2. 单倍型对性状的影响（P 值）；3. 个体数；4. 标准误

有研究表明，IGF1 基因 c.-366 A>C 位点的等位基因 A 通过与转录因子 CdxA 结合能够增加鸡小肠中 IGF1 基因的转录效率，当等位基因 A 突变为 C 后会阻碍 CdxA 与鸡 IGF1 基因结合（Amills et al.，2003）。相关分析发现，该突变位点与多个鸡独立群体的生长和体重性状显著相关（Zhou et al.，2005；Amills et al.，2003）。本研究中，IGF1 基因 c.528 G>A 突变位点没有造成任何氨基酸的改变，我们推测该突变位点可能与 IGF1 基因的功能性 SNP 相连锁。有研究报道 IGF1 基因 c.*1024 C>T 突变位点基因型与鸡出生重、12 周龄体重和屠体重显著相关，推测该位点可能是 1 个功能性 SNP 或与另一些影响鸡生长性状的基因紧密连锁（Lei et al.，2005）。

本研究结果显示，3 个突变位点所构建的单倍型对鸡体重性状有显著影响。巧合的是，Sewalem 等（2002）利用基因组扫描法在 1 个 F₂ 群体中对影响鸡体重性状的 QTL 进行了定位，结果在 1 号染色体 160cM 处（置信区间 114~180cM）发现了 1 个影响鸡 6 周龄体重的 QTL，而 IGF1 基因正好位于此区间内。

上述研究结果表明，鸡 IGF1 基因是影响鸡生长性状的重要基因。

（二）*IGF1R* 基因多态性位点与鸡生长和体组成性状的相关分析

1. tag SNP 筛选

本课题组王佩佩等（2014）应用 Haploview 软件对 IGF1R 基因的 7 个突变位点进行了连锁不平衡分析，发现 g.26636 C>T、g.101698 A>G、g.111012 C>G、g.115412 A>C

和 g.115463 T>C 是 *IGF1R* 基因的 tag SNP；多态性位点 g.115463 T>C、g.123900 G>A 和 g.130936 T>C 处于强连锁状态，位于一个单倍型块中（r^2>0.8）（图 7-35）。

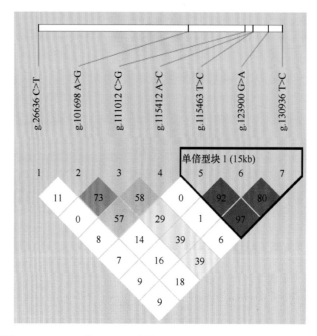

图 7-35 *IGF1R* 基因 SNP 连锁不平衡图谱（王佩佩等，2014）
颜色越深的方格表示连锁程度越高

本研究以 r^2>0.8 为标准对 *IGF1R* 基因进行单倍型块划分。由 Haploview 中的 LD Plot 结果可知，在 F_2 群体中 *IGF1R* 基因的 tag SNP 为 g.26636 C>T、g.101698 A>G、g.111012 C>G、g.115412 A>C 和 g.115463 T>C。

Wang 等（2006d）指出单倍型是基因组内处于 LD 状态的一组紧密连锁的等位基因，其不易受重组的影响，而是作为一个整体或一个单元遗传。Haploview 软件给出 g.115463 T>C 与 g.123900 G>A、g.130936 T>C 处于强连锁状态（r^2>0.8），位于一个单倍型块中，g.115463 T>C 为单倍型块的 tag SNP；由相关分析结果可知，g.115463 T>C 可以代表 g.123900 G>A、g.130936 T>C 的大部分信息，因此我们可以通过对多态性位点 g.115463 T>C 的研究来获知整个单倍型块的信息。

2. 鸡 *IGF1R* 基因 SNP 对生长和体组成性状的影响

在东农 F_2 群体中，开展了 *IGF1R* 基因 7 个多态性位点与体重性状的相关分析。结果发现：多态性位点 g.26636 C>T、g.101698 A>G、g.111012 C>G 和 g.115412 A>C 对体重性状的影响几乎都不显著；除 6 周龄体重外，g.115463 T>C、g.123900 G>A 和 g.130936 T>C 多态性位点对其他周龄体重性状有显著或接近显著的影响（表 7-63）。

考虑到 g.115463 T>C 为单倍型块的 tag SNP，因此进一步对该位点 3 种基因型效应进行了多重比较。结果发现，对于 10 周龄、11 周龄和 12 周龄体重，*TT* 型的个体显著高于 *TC* 型的个体（*P*<0.05）（表 7-64）。

表 7-63 *IGF1R* 基因多态性位点对鸡生长和体组成性状的影响（*P* 值）（王佩佩等，2014）

性状	g.26636 C>T	g.101698 A>G	g.111012 C>G	g.115412 A>C	g.115463 T>C	g.123900 G>A	g.130936 T>C
6 周龄体重	NS	NS	NS	NS	0.1282	0.1815	0.1838
7 周龄体重	NS	NS	NS	NS	0.0699	0.1072	0.0761
8 周龄体重	0.0988	NS	0.0730	NS	0.0683	0.0783	0.0454
9 周龄体重	NS	NS	NS	NS	0.0387	0.0697	0.0556
10 周龄体重	NS	NS	0.1900	NS	0.0266	0.0552	0.0309
11 周龄体重	NS	NS	NS	NS	0.0382	0.0560	0.0444
12 周龄体重	NS	NS	NS	NS	0.0491	0.0778	0.0579

注：NS 表示 $P>0.2$

表 7-64 *IGF1R* 基因多态性位点 **g.115463 T>C** 对鸡生长和体组成性状的
影响（最小二乘均值）（王佩佩等，2014）

性状	g.115463 T>C（*P* 值）	*CC*	*TC*	*TT*
10 周龄体重/g	0.0266	1719.83±67.92[ab]	1644.66±28.61[b]	1725.21±27.19[a]
11 周龄体重/g	0.0382	1887.22±74.56[ab]	1830.25±30.29[b]	1915.62±28.26[a]
12 周龄体重/g	0.0491	2066.01±79.70[ab]	2019.40±33.79[b]	2108.53±31.71[a]

注：同行不同字母表示差异显著（$P<0.05$）

哺乳动物的研究表明，IGF 作用于其受体在不同的生理条件下将会激活不同的信号通路，导致不同的生理现象。在禽类中，IGF1R 作为 IGF（IGF1、IGF2）的唯一受体，对 *IGF* 发挥功能非常重要。研究表明，IGF1R 介导 IGF1 的促生长活性。IGF1 通过与 IGF1R 的结合激活 IGF1R 细胞内酪氨酸激酶活性从而引发诸如细胞增殖、分化、迁移和抗凋亡等一系列反应（Pollak et al.，2004；Khandwala et al.，2000）。本研究发现 *IGF1R* 基因 g.26636 C>T、g.101698 A>G、g.111012 C>G 和 g.115412 A>C 多态性位点对所观测的性状几乎没有显著性影响，可能是由于上述位点本身不是功能性位点或与功能性位点不连锁造成的。由对 g.115463 T>C 多态性位点与目标性状的相关分析结果可知，g.115463 T>C 多态性位点对绝大多数体重有显著或接近显著的影响。对 *IGF1R* 基因多态性展开的研究在芦花鸡（雷明明等，2006；Lei et al.，2008）、日本鹌鹑（Moe et al.，2007）、武定鸡（熊海霞，2013）、东北农业大学肉鸡高低脂系（高凤华等，2009）也发现了类似的结果。

综合以上研究可知，*IGF1R* 基因的序列变异与肉鸡体重性状的表型变异有关，该基因可能是影响肉鸡体重性状的重要候选基因。

第十三节 鸡乙酰辅酶 A 羧化酶 α（*ACCα*）基因 与体脂性状的相关研究

生物体内脂肪的合成是一个有许多酶类参与的复杂的生物化学过程。其中，乙酰辅酶 A 羧化酶 α（acetyl-CoA carboxylase α，ACCα）是脂肪合成的限速调节酶，在催化乙酰辅酶 A 转变为脂肪酸的过程中起关键作用。1988 年，Takai 等在鸡肝脏中克隆到 *ACCα* 基因。鸡 *ACCα* 基因位于 19 号染色体，CDS 全长 6975bp，编码 2324 个氨基酸，DNA 序列由 50 个外显子和 49 个内含子组成，全长 92 409bp（Takai et al.，1988）。

鉴于 ACCα 对脂肪合成的重要作用，本课题组 Tian 等（2010）选择 *ACCα* 基因作为影响鸡体脂性状的候选基因，以高、低脂系第 8 世代鸡群和东农 F_2 群体为研究材料，通过测序在 *ACCα* 基因外显子区筛选出了 c.2292 G>A 多态性位点，随后开展了群体遗传学分析和基因型与鸡体脂性状的相关分析工作。

一、鸡 *ACCα* 基因多态性检测和基因分型

根据鸡 *ACCα* 基因序列（GenBank Accession No. NM-205505），在该基因 5′侧翼区和编码区设计引物，选取高、低脂系第 10 世代高脂公鸡和低脂公鸡各 3 只，以鸡肝脏 cDNA 为模板进行 PCR 扩增。经检测 PCR 产物大小与目的片段大小一致。通过回收和测序发现在 *ACCα* 基因上存在 12 个突变，其中在 *ACCα* 基因 5′侧翼区发现 6 个突变，编码区发现 6 个突变。位于外显子 19 的 c.2292 G>A 处于该基因生物活性的功能区，可能会对 *ACCα* 基因的功能产生较大的影响，因此针对该位点开展了基因分型及其与性状的相关分析。

针对 c.2292 G>A 位点设计一对引物，利用该引物以高、低脂系第 8~11 世代群体、东农 F_2 群体基因组 DNA 为模板进行 PCR 扩增，扩增产物用 1%琼脂糖凝胶电泳进行检测，结果发现 PCR 扩增特异性良好，片段长度与预期的片段大小一致（186bp）。PCR 产物用限制性内切酶 *Mwo* I 消化后，用 14% 聚丙烯酰胺凝胶进行电泳分型，结果显示出 3 种基因型，其中未被限制性内切酶 *Mwo* I 切开的，产物片段大小为 186bp，命名为 *AA* 型；被 *Mwo* I 完全切开的，产物片段大小为 165bp 和 21bp，命名为 *GG* 型；杂合子称为 *AG* 型。

二、鸡 *ACCα* 基因多态性与体脂性状的相关分析

以高、低脂系第 8~11 世代组成的混合群体和东农 F_2 群体为研究材料，对 *ACCα* 基因编码区 c.2292 G>A 多态性位点产生的 3 种基因型与鸡生长和体脂性状进行相关分析。

在高、低脂系混合群体和东农 F_2 群体中，该多态性位点产生的 3 种基因型对腹脂重、腹脂率均有极显著影响（$P<0.01$）（表 7-65）。多重比较结果表明，高、低脂系混合群体中的 *AA* 基因型个体的 7 周龄腹脂重、腹脂率显著高于 *AG* 和 *GG* 基因型个体（$P<0.05$），*ACCα* 基因以加性效应方式影响鸡腹脂性状；在东农 F_2 群体中，*AA*、*GG* 基因型个体的 12 周龄腹脂重、腹脂率显著高于 *AG* 基因型个体（$P<0.05$），*ACCα* 基因以超显性效应方式影响鸡腹脂性状（表 7-66）。

ACCα 基因在鸡的脂肪酸合成代谢过程中具有重要的作用（Takai et al.，1988）。鼠中的研究表明，*ACCα* 基因敲除鼠与野生型鼠相比，其脂肪酸从头合成和甘油三酯积累会显著减少（Mao et al.，2006）。Douaire 等（1992）以 9 周龄高、低腹脂双向选择品系公鸡为研究材料，发现 ACCα、FAS 等脂肪酸合成酶可以调控鸡腹部脂肪含量的变异。

表 7-65 *ACCα* 基因 c.2292 G>A 多态性位点对鸡生长和体脂性状的影响（Tian et al.，2010）

群体与性状	*ACCα* 基因 c.2292 G>A 位点在不同群体中的效应（*P* 值）	
	混合群体	东农 F₂ 群体
出生体重	0.9891	0.1083
1 周龄体重	0.2359	0.1085
2 周龄体重	/	0.0695
3 周龄体重	0.5205	0.6183
4 周龄体重	/	0.3777
5 周龄体重	0.6285	0.414
6 周龄体重	/	0.3375
7 周龄体重	0.1643	0.1762
8 周龄体重	/	0.1629
9 周龄体重	/	0.0936
10 周龄体重	/	0.0758
11 周龄体重	/	0.2121
12 周龄体重	/	0.2375
屠体重	0.1723	0.287
腹脂重	<0.0001	0.0004
腹脂率	<0.0001	0.0007

注："/"表示无度量值

表 7-66 *ACCα* 基因 c.2292 G>A 多态性位点不同基因型对鸡腹脂性状的
影响（最小二乘均值）（Tian et al.，2010）

群体	基因型	个体数	腹脂重/g	腹脂率/%
混合群体	*AA*	684	69.11±0.88[a]	2.81±0.03[a]
	AG	873	65.23±0.78[b]	2.67±0.03[b]
	GG	280	63.08±1.23[b]	2.56±0.05[b]
	加性效应		3.015	0.001 25
	显性效应		−0.865	−0.000 15
	显性度		−0.287	−0.120
东农 F₂ 群体	*AA*	125	81.54±3.35[a]	3.95±0.16[a]
	AG	433	75.93±2.83[b]	3.73±0.14[b]
	GG	415	81.88±2.87[a]	4.02±0.14[a]
	加性效应		−0.17	−0.000 35
	显性效应		−5.78	−0.002 55
	显性度		34	7.29

注：同一群体中，同列不同字母者差异显著（*P*<0.05）

本研究中，发现 *ACCα* 基因外显子 19 上存在 1 个突变位点 c.2292 G>A，并开展了该突变位点与高、低脂系混合群体和东农 F₂ 群体的腹脂重和腹脂率的相关分析。研究结果显示，在高、低脂系混合群体中，*GG* 基因型个体腹脂重和腹脂率显著低于 *AA* 和 *AG* 基因型个体，表明等位基因 *G* 能够降低鸡腹脂含量；而在 F₂ 群体中，*AA*、*GG* 基因型个体的腹脂重、腹脂率显著高于 *AG* 基因型个体，这与高、低脂系中的结果不同。这种差异可能是由两个群体的遗传背景不同及 *ACCα* 基因在不同群体中以不同的作用方式影响鸡腹脂性状所致。具体来说，在高、低脂系中，*ACCα* 基因以加性效应方式影响鸡腹脂性状，而在 F₂ 群体中，是以超显性方式对腹脂性状产生影响。尽管作用方式不同，但该突变位点对高、低脂系混合群体和 F₂ 群体的腹脂重和腹脂率都有显著影响，这在很大程度上表明 *ACCα* 基因可能是影响鸡腹脂含量的重要基因或与主效基因相连锁。此外，在其他农业动物上也发现 *ACCα* 基因的多态性与脂肪性状的变异有关。Badaoui 等（2007）发现 *ACCα* 基因的外显子 45 上的一个同义突变与山羊乳脂含量相关；Muñoz 等（2007）在一个杂交猪群体中发现 *ACCα* 基因编码区的 2 个同义突变与硬脂酸、棕榈酸含量存在显著相关；Sourdioux 等（1999）发现火鸡 *ACCα* 基因外显子 1 的一个突变与皮下脂肪重显著相关。

结合 *ACCα* 基因的功能和在其他动物上的研究结果，我们认为该基因可能是影响鸡体脂性状的重要基因；突变位点 c.2292 G>A 的多态性可能是影响鸡腹脂性状的重要分子标记，可以尝试应用于肉鸡育种。

第十四节　鸡过氧化物酶体增殖剂激活受体 γ（*PPARγ*）基因多态性与体脂性状的相关研究

PPAR 分为 α、β 和 γ 3 种亚型。PPARγ 是 PPAR 家族中最具脂肪细胞专一性的成员，而且它在脂肪细胞诱导分化过程中是在大多数脂肪细胞特异基因的表达之前被诱导的（柳晓峰和李辉，2006）。PPARγ 的表达足以诱导前脂肪细胞出现生长抑制现象并启动前脂肪细胞分化成成熟的脂肪细胞（Lehmann et al.，1995）。PPARγ 在脂肪细胞分化中起着关键的启动作用，与此同时它们在介导脂肪酸氧化及脂质代谢中也起重要作用（Heikkinen et al.，2007）。

本课题组韩青等（2009）以高、低脂系第 8、9 和 10 世代为实验材料，采用测序、PCR-RFLP 等方法对 *PPARγ* 基因进行了多态性检测和基因型分型，并构建了多态性位点的单倍型，分析了不同单倍型对鸡生长和体组成性状的遗传效应。

一、鸡 *PPARγ* 基因多态性检测

根据鸡的 *PPARγ* 基因序列（GenBank：AB045597）和鸡基因组测序结果（www.genome.ucsc.edu，UCSC），设计了 *PPARγ* 基因 5′侧翼区的测序用引物，扩增 5′侧翼区 1879bp 和第一外显子 74bp 区域。分别以第 10 世代高、低脂系各 5 只肉鸡的基因组为模板，进行 PCR 扩增、克隆和测序。利用 DNAMAN 软件对测序结果与 UCSC 中获得的序列进行比对，结果发现了 3 个突变位点，分别命名为 g.-1784_-1768del17、c.-1241 G>A 及 c.-75 G>A。g.-1784_-1768del17 位点 *AA* 型个体的基因序列和 UCSC 中的序列一致，*BB* 型个体的基因序列在转录起始位点上游 1768~1784bp 处发生了 17bp 缺失

突变；c.-1241 G>A 位点 *GG* 型个体的基因序列和 UCSC 中的序列一致，而 *AA* 型个体的基因序列在转录起始位点上游 1241bp 处发生 G>A 突变；c.-75 G>A 位点 *GG* 型个体的基因序列和 UCSC 中的序列一致，而 *AA* 型个体的基因序列在转录起始位点上游 75bp 处发生 G>A 突变。针对以上位点对高、低脂系肉鸡基因组 DNA 进行 PCR 扩增，扩增片段与目的片段大小一致且特异性较好。分别采用 PCR-LP、PCR-SSCP 和 PCR-RFLP 的方法进行个体基因型检测，各自产生了 3 种基因型，分别命名为 *AA*、*AB*、*BB*（图 7-36）、*GG*、*GA*、*AA*（图 7-37）和 *GG*、*GA*、*AA*（图 7-38）。

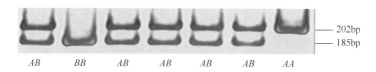

图 7-36　鸡 *PPARγ* 基因多态性位点 g.-1784_-1768del17 PCR-LP 分型胶图（韩青等，2009）

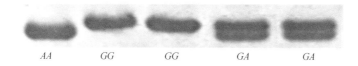

图 7-37　鸡 *PPARγ* 基因多态性位点 c.-1241 G>A PCR-SSCP 分型胶图（韩青等，2009）

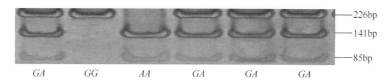

图 7-38　鸡 *PPARγ* 基因多态性位点 c.-75 G>A PCR-RFLP 分型胶图（韩青等，2009）

二、单倍型构建及连锁不平衡程度分析

利用 *PPARγ* 基因的 3 个多态性位点构建单倍型，剔除 3 个频率小于 0.01 的单倍型后，剩余 5 种主要单倍型分别为 *AGG*、*AGA*、*AAG*、*BGA*、*BAA*（表 7-67）。对 3 个多态性位点两两之间进行连锁不平衡参数 r^2 和 $|D'|$ 的计算，估计连锁不平衡程度。结果显示，3 个多态性位点两两之间 r^2 值均大于 0.33，$|D'|$ 大于 0.8，表明 3 个多态性位点处于强连锁不平衡状态（表 7-68）。

表 7-67　***PPARγ*** 基因单倍型对鸡生长和体组成性状的影响（最小二乘均值）（韩青等，2009）

项目	P 值	单倍型				
		AGG（1296）	*AGA*（550）	*AAG*（27）	*BGA*（55）	*BAA*（827）
单倍型频率/%		47	20	1	2	30
腹脂重/g	0.0091	63.982±0.935[b]	62.427±1.169[b]	58.495±3.543[b]	70.268±2.380[a]	63.702±1.0008[b]
腹脂率/%	0.0274	2.59±0.0364[b]	2.54±0.0458[b]	2.35±0.140[b]	2.80±0.0939[a]	2.58±0.0390[b]

注：括号内数字为相应单倍型数量；同行不同字母者差异显著（$P<0.05$）

表 7-68　鸡 *PPARγ* 基因连锁不平衡参数估计（韩青等，2009）

连锁不平衡参数	单倍型		
	g.-1784_-1768del17-c.-1241 G>A	c.-1241G>A-c.-75 G>A	g.-1784_-1768del17-c.-75 G>A
r^2	0.82	0.39	0.34
$\lvert D' \rvert$	0.92	0.90	0.95

三、*PPARγ* 基因单倍型多态性与鸡生长和体组成性状的相关分析

在高、低脂系第 8、9 和 10 世代混合群体进行 *PPARγ* 基因单倍型与鸡体脂性状相关分析，结果表明单倍型效应对腹脂重和腹脂率有显著影响（$P<0.05$）。不同单倍型间各性状的最小二乘均值比较结果表明，*BGA* 单倍型个体的腹脂重和腹脂率显著高于其他单倍型个体（$P<0.05$）（表 7-67）。

本研究中的 3 个多态性位点（g.-1784_-1768del17、c.-1241 G>A 及 c.-75 G>A）分别位于转录起始位点上游 1784bp、1241bp 及 75bp 处，覆盖了鸡 *PPARγ* 基因 5′侧翼区大约 2kb 区域，通过构建的单倍型和目标性状相关分析能够很好地保证对功能性位点的捕捉效率。此外，本研究以高、低脂系第 8、9 和 10 世代鸡群为实验材料，样本含量大（个体数达到 1420 只），统计效率较高，能有效地保证结果的可靠性。

PPARγ 可由多种脂肪酸及其衍生物激活，是脂肪细胞分化、脂质代谢的重要调节因子。Al-Shali 等（2004）研究发现 *PPARγ* 基因 5′侧翼区的 A>G 突变由于导致启动子活性降低，可引发人类的部分脂肪代谢障碍和代谢综合征。Meirhaeghe 等（2005）利用 *PPARγ* 基因分别处于 5′侧翼区和外显子区的 4 个多态性位点（P3-681 C>G、P2-689 C>T、Pro12Ala 和-1431 C>T）构建单倍型，通过相关分析发现在法国人群中 *GTGC* 单倍型与代谢综合征显著正相关。

基于已有文献报道和本研究结果，我们认为 *PPARγ* 基因可能是影响鸡腹脂性状的重要基因，该基因的 5′侧翼区可能存在影响鸡脂肪性状的 QTL。

第十五节　鸡 CCAAT 增强子结合蛋白 α（*C/EBPα*）基因多态性与体脂性状的相关研究

CCAAT 增强子结合蛋白（CCAAT/enhancer binding protein，C/EBP）属于碱性亮氨酸拉链（bZIP）蛋白家族，包括 C/EBPα、C/EBPβ、C/EBPγ、C/EBPδ、C/EBPε、C/EBPζ 等类型，该家族成员可以通过相互结合形成复合物，识别并结合在靶基因启动子区的特定结合位点上，从而调控相应的靶基因转录（Akira et al.，1990）。C/EBP 可对多种细胞或组织中的基因转录进行调控，在胎盘、肝脏、脂肪组织、肺脏、胰腺、小肠等细胞或组织中都可以检测到其表达信号（Lekstrom et al.，1998；Birkenmeier et al.，1989）。*C/EBPα* 基因是第一个被证明在脂肪细胞分化过程中起重要作用的转录因子（Yu et al.，1995），它能启动脂肪细胞特异性基因转录（Darlington et al.，1998）。本课题组张爱朋等（2010）

选取 *C/EBPα* 基因作为影响鸡生长和体组成性状的候选基因，以高、低脂系第 9 和 10 世代仔鸡为研究材料，采用测序、变性高效液相色谱分析（DHPLC）、PCR-SSCP 和 PCR-RFLP 等方法对 *C/EBPα* 基因的多态性进行检测并分析了该基因多态性与鸡生长和体组成性状的相关性。

一、鸡 *C/EBPα* 基因序列分析及多态性检测

（一）鸡 *C/EBPα* 基因的序列分析

通过向鸡基因组数据网站（http://genome.ucsc.edu/cgi-bin/hgBlat）提交鸡 *C/EBPα* 基因的 DNA 序列（GenBank Accession No. X66844）进行 BLAT 分析，结果表明鸡 *C/EBPα* 基因位于鸡 11 号染色体，CDS 全长 975bp，编码 324 个氨基酸，DNA 序列由单一外显子组成。经 DNAMAN 软件分析，*C/EBPα* 基因序列与人和鼠 *C/EBPα* 基因的编码区序列同源性分别为 71.14% 和 68.70%；与人和鼠 C/EBPα 蛋白的氨基酸同源性分别为 59.32% 和 58.51%。

（二）鸡 *C/EBPα* 基因的多态性检测

本课题组张爱朋等（2010）设计了 2 对测序用引物 F1/R1 和 F2/R2，以高、低脂系第 10 世代群体的 3 只高脂系肉鸡和 3 只低脂系肉鸡的基因组为模板，对 *C/EBPα* 基因部分 5′侧翼区、编码区和部分 3′侧翼区进行 PCR 扩增，扩增片段长度分别为 1185bp 和 1228bp。对 PCR 产物进行回收纯化后，将其连接到 T 载体上进行克隆测序。

测序结果显示，在鸡 *C/EBPα* 基因部分 5′侧翼区、编码区和部分 3′侧翼区内共发现 10 个突变位点。通过验证发现，只有基因编码区 552bp 处的 G>A 突变为真实突变，命名为 c.*552 G>A。

针对 c.*552 G>A 突变位点设计一条引物 F5/R5，利用该对引物以高、低脂系肉鸡第 9 和 10 世代群体基因组为模板进行 PCR 扩增，扩增产物用 1%琼脂糖凝胶检测，结果发现特异性良好，片段长度与目的片段大小一致（548bp）（图 7-39）。该突变导致 *Mbo* I 限制性内切酶酶切位点的变化。PCR 产物用 *Mbo* I 内切酶消化后，用 2%琼脂糖凝胶进行电泳，结果显示出 3 种基因型，其中未被 *Mbo* I 切开的 PCR 产物片段大小为 548bp，命名为 *GG* 型；被 *Mbo* I 完全切开的，PCR 产物片段大小为 344bp 和 204bp，命名为 *AA* 型；杂合子命名为 *GA* 型（图 7-40）。

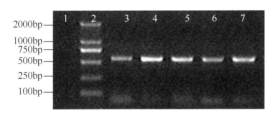

图 7-39　*C/EBPα* 基因 c.*552 G>A 的 PCR 扩增结果（张爱朋等，2010）
1. 阴性对照；2. DL 2000 分子质量标准；3~7. PCR 产物

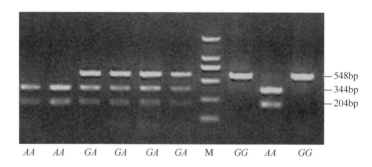

图 7-40 *C/EBPα* 基因 c.*552 G>A 多态性位点 PCR-RFLP 分析（张爱朋等，2010）

二、*C/EBPα* 基因多态性与鸡体脂性状的相关分析

以高、低脂系第 9 和 10 世代为实验材料，对 *C/EBPα* 基因 c.*552 G>A 多态性位点产生的 3 种基因型与鸡的生长和体组成性状进行相关分析。结果表明，该多态性位点对两个世代合并后鸡只的腹脂重、腹脂率有显著影响（$P<0.05$）（表 7-69）。

表 7-69 *C/EBPα* 基因多态性对鸡生长和体组成性状的影响（张爱朋等，2010）

性状	P 值
出生体重	NS
3 周龄体重	NS
腹脂重	0.021
腹脂率	0.033

注：NS 表示基因对性状没有显著影响（$P>0.2$）

对 *C/EBPα* 基因 c.*552 G>A 多态性位点的 3 种基因型个体的腹脂重、腹脂率进行多重比较（表 7-70）。结果发现，在第 9、第 10 世代合并群体中，*AA* 基因型个体的腹脂重和腹脂率显著高于 *GG* 基因型个体（$P<0.05$）。

表 7-70 *C/EBPα* 基因多态性位点不同基因型对鸡生长和体组成性状的
影响（最小二乘均值）（张爱朋等，2010）

性状	*AA*	*GA*	*GG*
腹脂重/g	70.35±1.38[a]	68.59±1.16[a]	65.68±1.53[b]
腹脂率/%	2.8±0.055[a]	2.7±0.046[ab]	2.6±0.061[b]

注：同行不同字母者差异显著（$P<0.05$）

从 *C/EBPα* 基因被发现至今已有 20 多年的历史。大量的研究表明，从酵母到人的进化过程中，CCAAT 结合蛋白的结构和功能都是高度保守的。C/EBP 转录因子的 DNA 结合域和激活域在不同物种间高度同源，尤其是其 DNA 结合域在进化过程中变异程度极低，这在一定程度上反映了 C/EBP 家族是一类在不同物种间都具有重要生物学作用的功能基因（Hynes et al.，2002；Zelilinger et al.，2001）。本研究以 *C/EBPα* 基因作为影响鸡生长和体组成性状的候选基因，在该基因部分 5′侧翼区、编码区和部分 3′侧翼区进行序列变异检测。通过测序、PCR-RFLP、PCR-SSCP、DHPLC 等方法检测到 10 个疑似发生突变的位点，并对这些位点进行验证分析。结果显示，只有编码区 c.*552 G>A 的沉默突变是真实的。本实验结果从一个侧面为 C/EBPα 转录因子在进化过程中具有高度保守性这一观点提供了证据。

　　C/EBPα 基因对于脂肪细胞的分化调控起着十分关键的作用。C/EBPα 在大多数特异性脂肪细胞基因转录之前就已经得以表达（王娉等，2007；Lekstrom et al.，1998）。此外，C/EBPα 以同源或者异源二聚体形式识别并结合脂肪细胞特异表达基因调控元件内的特异序列，进而启动脂肪细胞特异表达基因的转录，如 AFABP、PPARγ、FAS 等（姚焰础和高民，2008）。研究发现，当敲除 C/EBPα 基因时，小鼠出现磷酸烯醇丙酮酸羧激酶（PEPCK）基因功能丧失的现象，影响糖原的合成，进而影响糖类代谢和脂肪生成（Lee et al.，2002）。Wang 等（1995）研究发现在小鼠体内干扰 C/EBPα 基因后，其白色脂肪组织发育停滞。Koshiishi 等（2008）的研究结果表明，将小鼠脂联素基因启动子区内的 C/EBPα 基因结合位点突变后，脂肪细胞中脂联素基因的表达量明显降低。在本研究中，本实验发现鸡 C/EBPα c.*552 G>A 突变对肉鸡的腹脂重、腹脂率等脂肪沉积相关性状具有显著影响。

　　综合以上分析结果可知，C/EBPα 基因 c.*552 G>A 位点的多态性对肉鸡的腹脂性状有显著影响。C/EBPα 基因可能是影响肉鸡腹脂性状的重要候选基因。

第十六节　鸡视网膜母细胞瘤基因1（RB1）基因多态性与体重性状的相关研究

　　本课题组 Liu 等（2007b）利用微卫星标记构建鸡 1 号染色体连锁图谱，并以东北农业大学 F$_2$ 资源群体为研究材料，对鸡 1 号染色体上控制体重和体脂性状的 QTL 进行了初步定位，发现了 13 个控制不同周龄体重和体脂性状的 QTL。随后，在初步定位的基础上通过增大群体规模和标记密度的方法将影响体重和腹脂率的 QTL 分别精细定位在鸡 1 号染色体上 5.5Mb 和 3.7Mb 的区域内（Liu et al.，2008）。基于以上实验结果，本课题组 Zhang 等（2010）进一步利用 SNP 标记，通过基于 LD 的单倍型分析方法，将影响体重的 QTL 精细定位在 1 号染色体 400kb 的区域内，结合生物信息学方法在此 QTL 区域内鉴定出视网膜母细胞瘤基因 1（retinoblastoma1，RB1）等影响鸡生长的重要基因。2011 年，本课题组 Zhang 等（2011）以东北农业大学 F$_2$ 资源群体为实验材料，对 RB1 基因的 5 个多态性位点进行关联分析，结果表明 RB1 基因变异与鸡体重性状显著相关。随后，本课题组陈曦等（2012）在前期研究结果的基础上，以高、低脂系肉鸡为实验材料，采用基质辅助激光解吸电离飞行时间质谱（MALDI-TOF-MS）、PCR-RFLP 方法进行基因多态性检测和个体基因型分析，共获得 27 个 SNP 位点的基因型数据；采用滑动窗口法构建单倍型，并分别开展了单位点和单倍型与鸡体重性状进行的关联分析；结合单位点和单倍型分析结果，确定了 RB1 基因上 4 个显著影响 1 周龄体重的 SNP 位点，2 个显著影响 1 周龄、3 周龄体重的 SNP 位点。上述研究结果表明 RB1 基因是影响鸡早期体重性状的重要候选基因。

一、SNP 分型结果

本课题组陈曦等（2012）对 *RB1* 基因的 27 个 SNP 位点进行基因分型。其中的 25 个 SNP 位点委托公司利用 MALDI-TOF-MS 方法完成基因分型。针对公司无法成功分型的 2 个 SNP 位点（g.71107 T>C、g.57030 A>G）设计两对引物进行 PCR-RFLP 分型（图 7-41）。两个 SNP 位点均得到 3 种基因型，分别命名为 *TT*、*AA*、*AT* 和 *AA*、*GG*、*AG*。

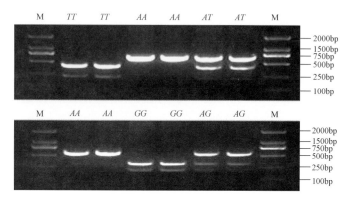

图 7-41　g.71107 T>C、g.57030 A>G 基因分型情况（陈曦等，2012）

二、单位点 SNP 与鸡体重的相关分析

本课题组陈曦等（2012）利用 JMP 4.0 软件开展了单位点基因型与鸡体重间的相关分析工作，结果见表 7-71。

表 7-71　***RB1* 基因变异位点样本读出数及对鸡体重的影响（*P* 值）**（陈曦等，2012）

SNP（样本读出数）	1 周龄体重（577）	3 周龄体重（580）	5 周龄体重（566）	7 周龄体重（611）	屠体重（572）
g.2768 A>G（600）	0.0765[†]	0.0395[*]	NS	NS	NS
g.2891 C>T（604）	NS	NS	NS	NS	NS
g.3933 C>A（596）	0.0511[†]	0.0097[**]	NS	0.1862[†]	NS
g.6882 A>G（603）	0.0593[†]	0.1144[†]	NS	0.1372[†]	NS
g.8089 C>T（598）	NS	0.1121[†]	NS	NS	NS
g.8451 C>G（607）	NS	0.0965[†]	NS	NS	NS
g.8553 C>A（601）	0.1109[†]	0.1326[†]	NS	0.1465[†]	NS
g.10512 A>G（598）	0.0358[*]	NS	NS	NS	NS
g.11799 C>A（589）	0.0058[**]	NS	NS	NS	NS
g.15440 T>C（589）	NS	NS	NS	NS	0.1324[†]
g.33503 T>C（601）	0.1304[†]	NS	NS	NS	NS
g.33768 G>T（599）	NS	NS	NS	NS	NS
g.33937 C>T（599）	0.0342[*]	0.1552[†]	0.1366[†]	NS	NS
g.35624 G>C（566）	0.0451[*]	NS	NS	NS	NS
g.36036 G>A（594）	NS	NS	NS	NS	NS
g.37385 T>A（595）	NS	0.0768[†]	NS	NS	0.1173[†]
g.45233 C>T（601）	NS	NS	NS	NS	NS

SNP（样本读出数）	1 周龄体重（577）	3 周龄体重（580）	5 周龄体重（566）	7 周龄体重（611）	屠体重（572）
g.50528 T>A（601）	NS	0.1292†	NS	NS	NS
g.55717 G>A（601）	0.0217*	0.1205†	0.1470†	NS	NS
g.56966 T>C（600）	0.0347*	0.0169*	0.1098†	NS	NS
g.57030 A>G（612）	0.0452*	0.0149*	0.1165†	0.1749†	NS
g.61519 C>G（600）	NS	NS	NS	NS	NS
g.65732 T>G（600）	NS	NS	NS	NS	NS
g.67004 T>C（603）	0.0539†	0.0130*	0.0917†	0.1843†	NS
g.70945 C>T（594）	0.0177*	0.0157*	0.0926†	NS	NS
g.71052 T>C（599）	NS	NS	NS	NS	NS
g.71107 T>C（612）	0.0612†	0.1781†	0.0881†	NS	NS

†表示建议性显著；*表示显著；**表示极显著；NS 表示差异不显著；括号内为每周龄称重样本数

表 7-71 结果表明，g.10512 A>G、g.11799 C>A、g.33937 C>T、g.35624 G>C、g.55717 G>A、g.56966 T>C、g.57030 A>G、g.70945 C>T 位点与 1 周龄体重显著或极显著相关（$P<0.05$ 或 $P<0.01$）；g.2768 A>G、g.3933 C>A、g.6882 A>G、g.8553 C>A、g.33503 T>C、g.67004 T>C、g.71107 T>C 位点与 1 周龄体重存在一定程度的相关（$P<0.2$）。

g.2768 A>G、g.3933 C>A、g.56966 T>C、g.57030 A>G、g.67004 T>C、g.70945 C>T 位点与 3 周龄体重显著或极显著相关（$P<0.05$ 或 $P<0.01$）；g.6882 A>G、g.8089 C>T、g.8451 C>G、g.8553 C>A、g.33937 C>T、g.37385 T>A、g.50528 T>A、g.55717 G>A、g.71107 T>C 位点与 3 周龄体重存在一定程度的相关（$P<0.2$）。

g.33937 C>T、g.55717 G>A、g.56966 T>C、g.57030 A>G、g.67004 T>C、g.70945 C>T、g.71107 T>C 位点与 5 周龄体重有一定程度的相关（$P<0.2$）。

g.3933 C>A、g.6882 A>G、g.8553 C>A、g.57030 A>G、g.67004 T>C 位点与 7 周龄体重有一定程度的相关（$P<0.2$）；g.15440 T>C、g.37385 T>A 位点与屠体重有一定程度的相关（$P<0.2$）。

对与体重显著相关（$P<0.05$）的 11 个 SNP 位点的不同基因型进行多重比较分析，结果见表 7-72。

表 7-72　*RB1* 基因多态性位点不同基因型对鸡体重的影响（最小二乘均值）（陈曦等，2012）

SNP	基因型	最小二乘均值（LSM）	
		1 周龄体重	3 周龄体重
g.2768 A>G	AA	—	536.662±6.167[b]
	AG	—	554.948±5.554[a]
	GG	—	553.832±7.806[ab]
g.3933 C>A	AA	—	537.271±6.413[b]
	AC	—	556.865±5.866[a]
	CC	—	529.048±12.699[b]
g.67004 T>C	CC	—	537.134±6.188[b]
	CT	—	556.854±5.311[a]
	TT	—	535.928±12.033[ab]

续表

SNP	基因型	最小二乘均值（LSM）	
		1 周龄体重	3 周龄体重
g.10512 A>G	AA	99.136±0.995[b]	—
	AG	101.526±0.845[a]	—
	GG	98.872±1.231[b]	—
g.11799 C>A	AA	98.940±1.243[b]	—
	AC	103.725±1.370[a]	—
	CC	99.342±0.820[b]	—
g.33937 C>T	CC	103.151±1.290[a]	—
	CT	100.291±0.986[b]	—
	TT	99.232±1.286[b]	—
g.35624 G>C	CC	100.384±1.9375[ab]	—
	CT	100.113±0.9292[b]	—
	TT	103.802±1.3748[a]	—
g.55717 G>A	AA	98.622±1.155[b]	—
	AG	102.310±1.171[a]	—
	GG	100.202±0.982[ab]	—
g.56966 T>C	CC	101.235±0.821[a]	554.369±4.915[a]
	TT	98.961±0.997[b]	537.230±6.207[b]
g.57030 A>G	AA	98.921±1.060[b]	538.326±6.112[b]
	AG	101.629±0.969[a]	557.240±5.277[a]
	GG	100.555±1.775[ab]	536.743±11.511[ab]
g.70945 C>T	CC	98.752±0.932[b]	536.620±6.159[b]
	CT	101.911±0.865[a]	557.112±5.579[a]
	TT	100.530±1.238[ab]	534.613±8.047[ab]

注：同一 SNP 位点内同列数据含有不同肩标字母表示差异显著（$P<0.05$）；含有相同肩标字母表示差异不显著（$P>0.05$）

由表 7-72 可知，g.10512 A>G 位点 AG 基因型个体的 1 周龄体重显著高于 AA 和 GG 基因型个体；g.11799 C>A 位点 AC 基因型个体的 1 周龄体重显著高于 AA 和 CC 基因型个体；g.33937 C>T 位点 CC 基因型个体的 1 周龄体重显著高于 CT 和 TT 基因型个体；g.35624 G>C 位点 TT 基因型个体的 1 周龄体重显著高于 CT 基因型个体；g.55717 G>A 位点 AG 基因型个体的 1 周龄体重显著高于 AA 基因型。

g.2768 A>G 位点 AG 基因型个体的 3 周龄体重显著高于 AA 基因型个体；g.3933 C>A 位点 AC 基因型个体的 3 周龄体重显著高于 AA 和 CC 基因型个体；g.67004 T>C 位点 CT 基因型个体的 3 周龄体重显著高于 CC 基因型个体。

g.56966 T>C 位点 CC 基因型个体的 1 周龄、3 周龄体重显著高于 TT 基因型个体；g.57030 A>G 位点 AG 基因型个体的 1 周龄、3 周龄体重显著高于 AA 基因型个体；g.70945

C>T 位点 *CT* 基因型个体的 1 周龄和 3 周龄体重显著高于 *CC* 基因型个体。

三、单倍型与鸡体重的相关分析

应用滑动窗口方法构建了单倍型,并利用 JMP4.0 软件对生成的 25 种单倍型进行与鸡体重的相关分析,结果见表 7-73。

表 7-73　**RB1** 基因单倍型对鸡体重的影响(**P** 值)(陈曦等,2012)

窗口(单倍型个体数)	1 周龄体重(577)	3 周龄体重(580)	5 周龄体重(566)	7 周龄体重(611)	屠体重(572)
窗口 1(601)	NS	NS	NS	NS	NS
窗口 2(593)	NS	NS	NS	NS	NS
窗口 3(603)	NS	NS	NS	NS	NS
窗口 4(604)	NS	NS	NS	NS	NS
窗口 5(604)	NS	NS	NS	NS	NS
窗口 6(597)	NS	NS	NS	NS	NS
窗口 7(572)	NS	NS	NS	NS	NS
窗口 8(565)	NS	NS	NS	NS	NS
窗口 9(572)	NS	NS	NS	NS	NS
窗口 10(591)	NS	NS	NS	NS	NS
窗口 11(600)	NS	NS	NS	NS	NS
窗口 12(575)	0.0283[*]	NS	NS	NS	NS
窗口 13(601)	0.0249[*]	NS	NS	NS	NS
窗口 14(512)	NS	NS	NS	NS	NS
窗口 15(591)	NS	NS	NS	NS	NS
窗口 16(601)	NS	NS	NS	NS	NS
窗口 17(558)	NS	NS	NS	NS	NS
窗口 18(597)	0.0241[*]	0.0052[**]	0.0994[†]	NS	NS
窗口 19(597)	0.0146[*]	0.0171[*]	0.0749[†]	NS	NS
窗口 20(596)	0.0095[**]	0.0309[*]	NS	NS	NS
窗口 21(597)	NS	NS	NS	NS	NS
窗口 22(597)	NS	NS	NS	NS	NS
窗口 23(500)	NS	NS	NS	NS	NS
窗口 24(598)	NS	NS	NS	NS	NS
窗口 25(594)	0.0287[*]	NS	NS	NS	NS

†表示建议性显著;*表示显著;**表示极显著;NS 表示差异不显著;括号内为每周龄称重样本数

单倍型分析结果显示,窗口 12(g.33768 G>T、g.33937 C>T、g.35624 G>C)、窗口 13(g.33937 C>T、g.35624 G>C、g.36036 G>A)、窗口 25(g.70945 C>T、g.71052 T>C、g.71107 T>C)的单倍型多态性与肉鸡 1 周龄体重显著相关,其中的 g.33937 C>T、g.35624 G>C、g.70945 C>T、g.71107 T>C 4 个位点单点关联分析结果与 1 周龄体重显著相关

（$P<0.05$）。窗口 18（g.50528 T>A、g.55717 G>A、g.56966 T>C）、窗口 19（g.55717 G>A、g.56966 T>C、g.57030 A>G）、窗口 20（g.56966 T>C、g.57030 A>G、g.61519 C>G）的单倍型多态性与肉鸡 1 周龄、3 周龄体重显著或极显著相关，并与 5 周龄体重有一定程度的相关，其中 g.56966 T>C 和 g.57030 A>G 两个位点单点关联分析结果与 1 周龄、3 周龄体重显著相关（$P<0.05$）；g.55717 G>A 一个位点单点关联分析结果与 1 周龄体重显著相关（$P<0.05$），与 3 周龄体重有一定程度的相关（$P<0.2$）。

本研究结果表明 *RB1* 基因的序列变异与肉鸡体重性状显著相关，本实验前期的研究结果表明，鸡 *RB1* 基因的序列变异对东农 F_2 群体鸡只的体重、屠体重有显著或极显著影响（Liu et al.，2008）。同时，前人研究表明，*RB1* 基因是细胞周期的负调控因子，所编码的蛋白 pRb 是一个位于细胞核的磷蛋白（Feinstein et al.，1994）。pRb 能够参与多种生长发育调节过程，如细胞周期的调控、细胞衰老、细胞凋亡及生长抑制等（刘双虎等，2010）。Jiang 等（1997）对小鼠胚胎形成过程的研究发现，*RB1* 基因在小鼠胚胎期的 8.5~17.5 天均有表达，表达峰值出现在胚胎期的 12.5~14.5 天，最低表达量出现在胚胎期的 17.5 天，表明 *RB1* 基因对小鼠胚胎发育具有一定影响。进一步研究发现，过表达 *pRb* 的转基因小鼠体重表现为剂量依赖性减少及生长发育迟缓，并导致小鼠的侏儒症（Riley et al.，1997）和 IGF1 血浆浓度升高；降低 pRb 的表达，可导致 IGF1 浓度降低（Nikitin et al.，2001）。pRb 敲除的小鼠表现为胚胎发育异常、骨化速度减慢（Berman et al.，2008）。pRb 完全缺失的小鼠在妊娠中期死亡，并且在各种组织中表现出细胞的异常增殖和凋亡（Clarke et al.，1992；Jacks et al.，1992）。上述研究表明，*RB1* 基因的正常表达对生物体胚胎期的生长发育是至关重要的，pRb 的异常表达会造成生长抑制。

本研究单点分析结果发现，*RB1* 基因的 8 个 SNP 位点与肉鸡 1 周龄体重显著或极显著相关，6 个 SNP 位点与 3 周龄体重显著或极显著相关。其中，g.56966 T>C、g.57030 A>G、g.70945 C>T 同时与鸡 1 周龄和 3 周龄的体重显著或极显著相关（$P<0.05$），并对 5 周龄体重有一定程度的影响（$P<0.2$）。对这 3 个位点的不同基因型个体进行多重比较分析，发现 g.56966 T>C 位点 *CC* 基因型个体的 1 周龄和 3 周龄体重显著高于 *TT* 基因型个体，说明 *CC* 基因型为有利基因型。g.57030 A>G 和 g.70945 C>T 位点均是杂合基因型个体的 1 周龄或（和）3 周龄体重显著高于纯合基因型个体，提示杂合基因型有利于肉仔鸡的早期生长。

进一步通过单倍型分析发现窗口 12、窗口 13、窗口 18、窗口 25 窗口中的单倍型多态性主要与 1 周龄体重显著相关，与单位点 g.33937 C>T、g.35624 G>C、g.55717 G>A、g.70945 C>T 的分析结果一致，推测这 4 个位点是影响 1 周龄体重的主要 SNP 位点；窗口 18、窗口 19、窗口 20 中的单倍型多态性与肉鸡 1 周龄、3 周龄体重显著或极显著相关，并与 5 周龄体重有一定程度的相关，这 3 个窗口中的 g.56966 T>C 和 g.57030 A>G 同时与 1 周龄、3 周龄、5 周龄体重均存在不同程度的相关，g.55717 G>A 位点单点关联分析结果与 1 周龄体重显著相关（$P<0.05$），与 3 周龄体重有一定程度的相关（$P<0.2$）。因此推测这些 SNP 可能是与肉鸡早期体重相关的主要 SNP 位点。

综合以上分析结果可以看出，*RB1* 基因的多态性对肉鸡的体重，尤其是早期体重具有显著影响，表明 *RB1* 基因是影响肉鸡体重性状的重要候选基因。后续可以通过对

RB1 基因上与体重相关的重要 SNP 的深入研究来进一步阐明其影响肉鸡体重性状的遗传机制。

第十七节 鸡脂肪酸合成酶（*FAS*）基因多态性与体脂性状的相关研究

Johns Hopkins 大学的 Loftus 等（2000）指出，脂肪酸合成酶（FAS）是体内合成脂肪途径中一种很重要的酶，他们通过给小鼠腹腔注射 FAS 抑制剂 C75，观测到小鼠体重显著减轻。进一步的研究实验表明，C75 诱导小鼠体重减轻的过程和抑制进食有关，因此，Loftus 等（2000）推测 FAS 与食欲调控之间可能存在重要联系，可以作为控制体重的一个潜在的治疗靶位。抑制 FAS 活性，既能够阻滞生脂通路，减少脂肪的合成，又能够造成丙二酰辅酶 A 浓度的升高，达到降低食欲的目的，具有一举两得的作用，而且由于 FAS 有 7 个不同的活性中心和一个连接活臂的酰基载体蛋白（田维熙等，1994），它有多个可进行活性控制的位点。脂肪酸合成酶是体内调节能量消耗和储存的重要位点之一。

Yuan 等（1988）克隆并测序了鸡肝脏 *FAS* 基因的部分 cDNA（长约 4.18kb）序列，发现鸡 *FAS* 基因是由 1.87kb 的非编码区和 2.31kb 的编码区（编码 769 个氨基酸）组成。

为了研究脂肪酸合成酶基因（*FAS*）对鸡生长、脂肪沉积和代谢的作用，本课题组冷丽等（2012）以鸡 *FAS* 基因作为影响鸡生长和体脂性状的候选基因，对其开展了多态性检测和多态性位点不同基因型与生长和体脂性状的相关研究。

一、*FAS* 基因多态性检测

本课题组冷丽等（2012）根据 GenBank 中提供的鸡 *FAS* 基因序列（Accession No. J02839）设计引物，进行 *FAS* 基因的多态性检测和基因型分析。将扩增得到的 PCR 产物进行克隆测序，共寻找到了两个多态性位点，一个是位于序列 769bp 处的 A>T 突变，命名为 g.769 A>T；另一个是位于基因序列 1417~1423bp 处的 7bp 插入/缺失突变，命名为 g.1417_1423del7。

针对两个多态性位点设计特异性引物，以高、低脂系肉鸡基因组 DNA 为模板进行 PCR 扩增，结果发现扩增特异性良好，可以用来进行后续的基因型分析。g.769 A>T 位点经 16% 的变性聚丙烯酰胺凝胶电泳检测到 3 种基因型，分别命名为 *AA*、*AB* 和 *BB*（图7-42）。g.1417_1423del7 位点经 14% 的聚丙烯酰胺凝胶电泳共检测到 3 种基因型，分别命名为 *CC*、*CD* 和 *DD*（图7-43）。

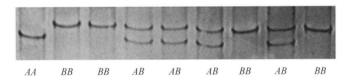

图 7-42 *FAS* 基因 g.769 A>T 位点不同基因型个体 PCR-SSCP 分型结果（冷丽等，2012）

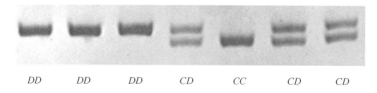

图 7-43　*FAS* 基因 g.1417_1423del7 位点不同基因型个体的 PCR-LP 分型结果（冷丽等，2012）

二、鸡 *FAS* 基因与体脂性状的相关分析

在高、低脂系第 6、7、8 和 9 共 4 个世代的合并群体中对多态性位点与生长和体脂性状进行相关分析。结果表明，g.769 A>T 位点对鸡的腹脂重和腹脂率有极显著影响（表 7-74），不同基因型的多重比较结果显示 *AB* 基因型个体的腹脂重和腹脂率显著低于 *AA* 基因型个体（表 7-75）；g.1417_1423del7 位点对合并群体的 7 周龄体重有一定影响（$P<0.2$）（表 7-74），不同基因型的多重比较结果显示 *CD* 基因型个体的 7 周龄体重显著高于 *CC* 基因型个体（表 7-75）。

表 7-74　多态性对高、低脂系合并群体生长和体脂性状的影响（*P* 值）（冷丽等，2012）

性状	g.769 A>T	g.1417_1423del7
7 周龄体重	NS	0.0942
腹脂重	0.0028	NS
腹脂率	0.0034	NS

注：NS 表示不显著

表 7-75　不同基因型对高、低脂系合并群体生长和体脂性状的影响（冷丽等，2012）

g.769 A>T	*AA*（768）	*AB*（358）	*BB*（63）
腹脂重/g	56.045±0.71[a]	52.64±0.99[b]	56.57±2.86[ab]
腹脂率/%	2.3±0.03[a]	2.1±0.04[b]	2.3±0.11[ab]
g.1417_1423del7	*CC*（575）	*CD*（531）	*DD*（144）
7 周龄体重/g	2430.91±11.49[b]	2458.79±11.34[a]	2427.37±21.71[ab]

注：括号内为该种基因型的个体数；同行不同小写字母表示差异显著（$P<0.05$）

Loftus 等（2000）认为 *FAS* 基因与食欲调控之间可能存在重要联系，可以作为控制体重的一个潜在的治疗靶位。*FAS* 基因也是影响体脂沉积和肉质性状的重要候选基因。在哺乳动物上已有许多 *FAS* 基因与脂肪相关的报道。熊文中等（2001）研究发现，猪脂肪组织中脂肪酸合成酶活性与胴体脂肪量、脂肪率呈极显著正相关。有研究表明 *FAS* 基因的多态性与牛乳脂含量显著相关（Roy et al., 2006）。乔永等（2007）研究表明，*FAS* 基因的表达水平对湖羊羔羊肌内脂肪的沉积有重要影响。

在家禽上，关于 FAS 与脂肪之间关系的研究也取得了一些重要的成果。田维熙等（1996）曾对家禽的脂肪酸合成酶活性和腹腔脂肪水平进行了研究，发现它们之间有很高的正相关。家禽肝脏中的 FAS 活性随着腹腔脂肪重量的增加而增加，腹腔脂肪含量和肝脏中 FAS 的活性随着年龄的增长而含量增加和活性增强。彭祥伟等（2005）研究表明，不同填饲时期，鹅肥肝中 FAS 酶活性存在一定差异。

本研究以 *FAS* 基因作为影响鸡体脂性状的候选基因，采用测序和 PCR-LP、PCR-SSCP 等方法分析了该基因的序列变异，共检测到了 2 个多态性位点。在高、低脂系 4 个世代的群体中进行了基因型与性状间的相关分析，结果表明：g.769 A>T 位点对鸡的腹脂重和腹脂率有显著影响（P<0.01），g.1417_1423del7 位点对肉鸡 7 周龄体重有一定影响（P<0.2），推测鸡 *FAS* 基因可能与生长和脂肪沉积有关。

综上所述，*FAS* 基因多态性对肉鸡的腹脂性状有显著影响，推测该基因可能是影响鸡腹脂性状的重要候选基因，但这些研究结果需要更进一步的分子生物学实验来证实。

第十八节　鸡腹脂性状重要基因功能性 SNP 鉴定研究

一、鸡载脂蛋白 AⅠ（*Apo-A Ⅰ*）基因功能性 SNP 的鉴定与分析

Apo-AⅠ是血浆高密度脂蛋白（HDL）的主要脱辅基蛋白成分，也是与高密度脂蛋白胆固醇（HDL-C）颗粒相关的重要蛋白质（Rye et al.，2016；Lamon-Fava et al.，1992）。Apo-AⅠ对于胆固醇的动态平衡和心血管疾病的发生发展非常重要，它能与外周组织细胞膜上的 ATP-结合盒式转运蛋白 1（ATP-binding cassette transporter 1，ABC1）结合，促进细胞内的胆固醇流出。Apo-AⅠ还能激活血浆中的卵磷脂胆固醇酰基转移酶（lecithin cholesterol acyltransferase，LCAT），而 LCAT 负责胆固醇的脂化（Silva et al.，2008；Zannis et al.，2006；Rothblat et al.，1982）。禽类脂肪的运转主要是通过血浆 VLDL 途径来实现的，血浆 VLDL 的变化与鸡腹部脂肪沉积量显著相关（Whitehead et al.，1982）。Apo-AⅠ作为血 HDL 的主要成分，调节胆固醇的动态平衡，也少量存在于鸡的血浆 VLDL 中，对血浆 VLDL 的合成具有调节作用（Hermier and Chapman，1985）。Douaire 等（1992）发现鸡 *Apo-A Ⅰ* 基因在高脂系鸡肝脏中的表达显著高于低脂系，并且其 mRNA 的含量与腹脂量高度相关（r=0.58，P<0.05）。前期本实验室在东北农业大学高、低脂鸡脂肪组织的蛋白质组学研究中发现，Apo-AⅠ在高、低脂系鸡脂肪组织中存在差异表达（P<0.05）（Wang et al.，2009a）。这些数据都表明，*Apo-A Ⅰ* 基因在禽类脂肪生长发育及脂类代谢中发挥重要作用。

本课题组前期在鸡 *Apo-A Ⅰ* 基因启动子区发现了 1 个多态性位点 g.-163 A>T，该位点与鸡腹脂重和腹脂率显著相关（王启贵等，2005）。序列分析提示，g.-163 A>T 位于 *Apo-A Ⅰ* 基因转录起始位点，推测该 SNP 可能影响 *Apo-A Ⅰ* 基因表达，进而影响鸡的脂肪性状。为此，本课题组乔书培等（2014）开展了该 SNP 位点的功能性鉴定和分析。

（一）鸡 *Apo-A Ⅰ* 基因启动子片段的克隆及不同等位基因的分型鉴定

首先，参照 GenBank 鸡 *Apo-A Ⅰ* 基因（M96012.1）序列设计了一对引物 APOA-F/APOA-R，利用这对引物扩增东北农业大学高、低脂系第 6 世代鸡只的基因组 DNA，经琼脂糖凝胶电泳检测，获得了 1 条大小为 403bp 的特异性扩增条带（图 7-44）。该扩增产物包含 *Apo-A Ⅰ* 基因 g.-163 A>T 位点，测序分析显示该 SNP 存在 3 种基因型（*AA*、*TT*、*AT*），与我们前期的研究结果一致（王启贵等，2005）（图 7-45A）。与 NCBI

和 UCSC 数据库的序列比对发现，*Apo-A I* 基因的 g.-163 A>T 位点恰好是 *Apo-A I* 基因转录起始位点（TSS）（图 7-45B）。

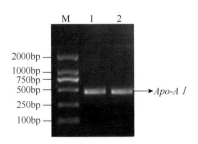

图 7-44　鸡 *Apo-A I* 基因启动子区（包含 g.-163 A>T SNP）的 PCR 扩增（乔书培等，2014）

M. DL2000 分子质量标准；1、2.2 只鸡的基因组 DNA 样品的 *Apo-A I* 基因启动子区的 PCR 扩增产物

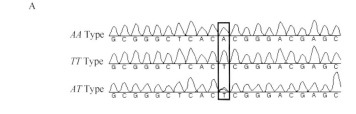

图 7-45　鸡 *Apo-A I* 基因的启动子区（包含 g.-163 A>T SNP）的测序峰图和基因结构模式图（乔书培等，2014）

A.鸡 *Apo-A I* 基因的启动子区（包含 g.-163 A>T SNP）的测序峰图。其中 *AA*、*AT* 和 *TT* 分别代表 g.-163 A>T 的 3 种基因型。
B.鸡 *Apo-A I* 基因的结构模式图。鸡 *Apo-A I* 基因具有 4 个外显子和 3 个内含子。APOA-F 和 APOA-R 为启动子扩增引物；
TSS 为转录起始位点；ATG 为起始密码子；g.-163 A>T SNP 位于转录起始位点

（二）鸡 *Apo-A I* 不同等位基因报道基因载体的构建

为了验证 g.-163 A>T 位点是否影响 *Apo-A I* 基因的表达，即是否为功能性 SNP，我们以不同等位基因的纯合个体基因组 DNA 作为模版，扩增 *Apo-A I* 基因启动子区片段（包含 g.-163 A>T 位点），扩增产物经琼脂糖凝胶电泳纯化，利用 T 载体克隆，获得不同等位基因的 *Apo-A I* 基因启动子片段，将其插入报道基因载体（pGL3-basic 载体），获得报道基因载体 pGL3-Apo-A I -T 和 pGL3-Apo-A I -A，并经 *Kpn* I 和 *Hind*III双酶切、*Kpn* I 单酶切验证（图 7-46）及测序验证无误。

（三）双萤光素酶报告系统检测及分析

为了使实验的结果更加准确可信，在人 HepG2 细胞和鸡 DF1 细胞 2 个不同的细胞系中分析了 g.-163 A>T 对启动子报道基因蛋白质表达的影响。结果发现，在人 HepG2

和鸡 DF1 细胞中，不同等位基因（*A* 和 *T*）启动子报道基因活性均存在显著差异（*P*<0.05），表现为等位基因 *T* 的报道基因活性分别是等位基因 *A* 的 1.16 倍和 1.1 倍（图 7-47）。

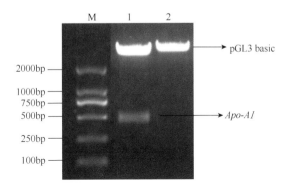

图 7-46　报道基因质粒 pGL3-*Apo-A I*-T 和 pGL3-*Apo-A I*-A 的酶切鉴定（乔书培等，2014）

M. DL2000 分子质量标准；1. pGL3-*Apo-A I*-T plasmid 的双酶切鉴定（*Kpn* I 和 *Hind*III）；

2. pGL3-*Apo-A I*-T 的 *Kpn* I 酶切鉴定

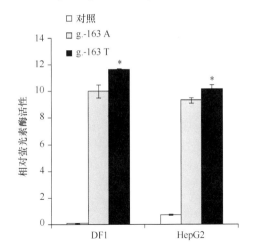

图 7-47　报道基因质粒 pGL3-*Apo-A I*-T 和 pGL3-*Apo-A I*-A 在两种

细胞中的活性分析（乔书培等，2014）

相对启动子报道基因活性计为萤火虫萤光素酶与海肾萤光素酶活性的比值，海肾萤光素酶报道基因作为内参。分别取 1μg pGL3-*Apo-A I*-T、pGL3-*Apo-A I*-A 和 pGL3 basic 空载体）与 50ng 海肾萤光素酶报道基因转染 HepG2 细胞或 DF1 细胞，转染 48h 后分别检测萤火虫萤光素酶与海肾萤光素酶活性。每个测量值都是 3 个独立实验结果的平均值，数据为平均值±标准差。星号代表两个等位基因间差异显著，*P*<0.05（*）（Student's t 检验）

（四）g.-163 A>T 位点变异对鸡 *Apo-A I* 基因转录的影响

为进一步确定该 SNP 是作用于转录水平还是翻译水平，利用 qRT-PCR 方法，以海肾报道基因作为内参，我们检测了 *Apo-A I* 不同等位基因的萤火虫萤光素酶报道基因在 mRNA 水平上的差异。结果表明（图 7-48），在 HepG2 细胞中，*T* 等位基因型报道基因的转录活性显著高于 *A* 等位基因型（*P*<0.05）；在 DF1 细胞中，*T* 等位基因型的转录活性极显著高于 *A* 等位基因型（*P*<0.01）。由此可见该 SNP 在转录水平影响 *Apo-A I* 基因的表达。

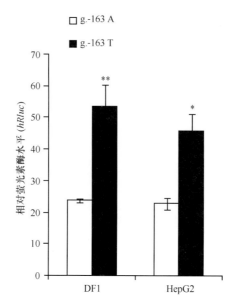

图 7-48　鸡 *Apo-A I* 基因不同等位基因启动子的转录活性分析（乔书培等，2014）

培养 HepG2 细胞和 DF1 细胞，待汇合度达 80%时，取 7.5μg 的 pGL3-*Apo-A I*-T、pGL3-*Apo-A I*-A 报道基因质粒分别与 0.375μg 海肾报道基因质粒共转染 HepG2 细胞和 DF1 细胞，转染 48h 后，利用 PureLink™ RNA Micro Kit 试剂盒提取细胞总 RNA，采用 Realtime RT-PCR 检测萤火虫萤光素酶和海肾萤光素酶 mRNA 在两种细胞中的表达情况。误差线为 3 个重复的标准差。星号表示两个纯合子（*AA* 和 *TT*）启动子转录活性差异显著；$P<0.05$（*）（Student's t-test），$P<0.01$（**）（Student's t 检验）

综上所述，本研究证实鸡 *Apo-A I* 基因的 g.-163 A>T 是功能性 SNP。该 SNP 影响 *Apo-A I* 基因启动子的转录活性，从而影响该基因表达。g.-163 A>T 有望作为低脂系鸡育种的功能性分子标记而应用于标记辅助育种。另外，本研究的结果也为进一步研究鸡 *Apo-A I* 基因在鸡脂肪生长发育中的功能研究奠定了基础。

二、鸡类胰岛素生长因子结合蛋白 2（*IGFBP2*）基因功能性 SNP 的鉴定与分析

类胰岛素样生长因子 1（insulin-like growth factor1，IGF1）在脂肪生成中发挥重要作用（Holly et al.，2006）。IGF1 能刺激间充质干细胞及前脂肪细胞分化为成熟脂肪细胞，促进脂肪沉积，并且抑制脂肪细胞的凋亡（Gude et al.，2012）。IGF1 的生物活性受类胰岛素样生长因子结合蛋白（insulin-like growth factor binding protein，IGFBP）的严密调控。IGFBP2 是一个大小为 36kDa 的可溶性蛋白质，是循环系统中含量第二多的 IGFBP，是白色前脂肪细胞分泌的主要 IGFBP（Boney et al.，1994）。研究结果表明，IGFBP2 在脂肪形成过程中发挥重要作用（Richardson et al.，1998）。鸡 *IGFBP2* 基因位于 7 号染色体，在脂肪组织生长发育过程中持续表达（Matsubara et al.，2005）。本课题组前期在鸡 7 号染色体上定位了 1 个显著影响鸡腹脂重和腹脂率的 QTL，其中 *IGFBP2* 是该区域唯一功能已知的基因（Wang et al.，2012）。此外，前期的基因多态性研究发现，鸡 *IGFBP2* 基因的 3'UTR 存在一个 SNP 位点（g.1196 C>A），该 SNP 与鸡腹脂重和腹脂率显著相关（Leng et al.，2009）。生物信息分析显示，鸡 *IGFBP2* 基因 3'UTR SNP（g.1196 C>A）是 gga-miR-456-3p 的一个潜在靶基因结合位点，推测该 SNP 可能是一个功能性

SNP。为此，本课题组于莹莹等（2014）开展了 SNP g.1196 C>A 的功能性鉴定及分析。

（一）*IGFBP2* 基因 3′UTR 的报道基因载体的构建

为验证 *IGFBP2* 基因 3′UTR 的 SNP（g.1196 C>A）是否为功能性 SNP，以高、低脂系第 10 世代肉仔鸡 g.1196 C>A 位点纯合基因型个体的基因组 DNA 为模板，PCR 扩增 *IGFBP2* 基因的 3′UTR（1160~1269bp，包含 g.1196 C>A 位点），获得 110bp 的目的片段。克隆和测序分析结果显示，我们分别成功获得了该 SNP 位点的两个等位基因克隆片段（图 7-49A）。双酶切阳性重组质粒，纯化回收 *IGFBP2* 基因 3′UTR 克隆片段，并插入双报道基因载体 psiCHECKTM-2 vector，获得等位基因 *A* 报道基因载体（psi-IGFBP2-A）和等位基因 *C* 报道基因载体（psi-IGFBP2-C）（图 7-49B）。双酶切鉴定及测序验证无误后，用于后续研究。

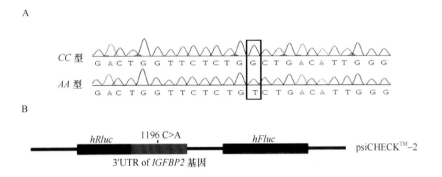

图 7-49　鸡 *IGFBP2* 基因 3′UTR 的测序峰图和 3′UTR 报道基因结构模式图（于莹莹等，2014）

A. 鸡 *IGFBP2* 基因 3′UTR 不同等位基因的测序峰图；B. 鸡 *IGFBP2* 基因 3′UTR 报道基因结构模式图；

hRluc 为海肾萤光素酶基因；*hFluc* 为萤火虫萤光素酶基因

（二）*IGFBP2* 基因不同等位基因的双萤光素酶报道基因活性检测

为保证实验结果准确可靠，我们分别在鸡前脂肪细胞和 DF 细胞中比较了 *IGFBP2* 基因 3′UTR SNP（g.1196 C>A）的两个不同等位基因（*A* 和 *C*）对报道基因活性的影响。双萤光素酶报道基因检测结果显示，在鸡前脂肪细胞和 DF1 细胞中，等位基因 *A* 和 *C* 的报道基因载体活性存在显著差异（$P<0.05$），都表现为等位基因 *A* 的报道基因活性显著高于等位基因 *C* 的，等位基因 *A* 的报道基因活性在鸡前脂肪细胞及 DF1 细胞中分别是等位基因 *C* 的 1.23 倍和 1.46 倍（图 7-50A），说明 SNP g.1196 C>A 影响报道基因活性（蛋白质表达）。为了进一步明确 g.1196 C>A 是否影响报道基因转录后的调控，我们以萤火虫萤光素酶基因作为内参基因（Halder et al.，2009），利用 qRT-PCR 方法，分析了 *IGFBP2* 基因的 *A* 和 *C* 两个等位基因的海肾萤光素酶报道基因在 mRNA 水平上的差异。结果发现，在鸡前脂肪细胞和 DF1 细胞中，等位基因 *A* 的 mRNA 水平均显著高于等位基因 *C* 的（$P<0.05$）（图 7-50B），说明该 SNP 影响 *IGFBP2* 基因转录后的调控。上述结果说明鸡 *IGFBP2* 基因 3′UTR 的 SNP（g.1196 C>A）为功能性 SNP。

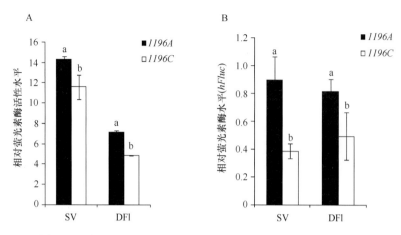

图 7-50　鸡 *IGFBP2* 基因 3′UTR 不同等位基因的报道基因活性及
报道基因 mRNA 表达分析（于莹莹等，2014）

A. 鸡 *IGFBP2* 基因 3′UTR 不同等位基因（g.1196 C>A）的报道基因活性。相对启动子报道基因活性为萤火虫萤光素酶与
海肾萤光素酶活性的比值，海肾萤光素酶报道基因作为内参。B. 萤光素酶的 Realtime RT-PCR 表达分析。将鸡 *IGFBP2* 基
因 3′UTR 不同等位基因（g.1196 C>A）的报道基因载体分别转染 DF1 细胞和鸡前脂肪细胞，采用 Realtime RT-PCR 检测报
道基因 mRNA 表达。SV 代表鸡前脂肪细胞；DF1 为鸡胚胎成纤维细胞系。*1196A* 和 *1196C* 为 *IGFBP2* SNP（g.1196 C>A）
的两个等位基因。每个测量值为 3 个独立实验的平均值；柱形图上方标注不同的小写字母表示两者间有显著差异（*P*<0.05）

（三）生物信息学分析

上述实验研究已证实 *IGFBP2* 基因 3′UTR 的 SNP（g.1196 C>A）影响报道基因的转录后调控。为进一步阐明其作用机制，我们利用 UTRdb（http://utrdb.ba.itb.cnr.it/）、Motif Search（http://motifsearch.com/）、Microinspector（http://bioinfo.uni-plovdiv.bg/microinspector/）、TargetScan（http://www.targetscan.org/）和 miRBase（http://www.mirbase.org/）等分析软件，开展了 *IGFBP2* 基因 3′UTR 的生物信息学分析，结果发现，SNP g.1196 C>A 恰好位于 gga-miR-456-3p 的一个潜在的结合区内，该结合区不位于 gga-miR-456-3p 种子序列的结合区，而是位于种子序列结合区的附近，g.1196 C>A 的等位基因 *C* 能与 gga-miR-456-3p 的第 14 个核苷酸互补（图 7-51）。已有研究显示，miRNA 5′端的第 12~17 个核苷酸，尤其是第 13~16 个核苷酸对 miRNA 与靶基因 3′UTR 的结合有重要促进作用（Grimson et al.，2007）。这提示 g.1196 C>A 可能影响 gga-miR-456-3p 与 *IGFBP2* mRNA 结合的稳定性，从而影响 *IGFBP2* 基因的表达调控。

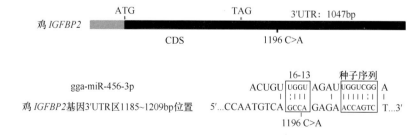

图 7-51　*IGFBP2* mRNA 结构模式图及预测的 gga-miR-456-3p 结合位点（于莹莹等，2014）
采用在线软件 Microinspector 和 TargetScan 预测 miRNA 结合位点。g.1196 C>A 位于 3′UTR，图中为等位基因 *C*。
g.1196 C>A 正好定位于一个潜在的 gga-miR-456-3p 结合位点

（四）gga-miR-456-3p 靶向调控 *IGFBP2* 基因表达的验证

为验证 SNP（g.1196 C>A）是否影响 gga-miR-456-3p 对 *IGFBP2* 基因的表达，我们设计合成了 gga-miR-456-3p 的 inhibitor、mimic 及无关干扰片段 NC，并将其分别与不同等位基因的报道基因载体质粒共转染 DF1 细胞，检测双萤光素酶报道基因活性。结果显示，与 NC 组相比，gga-miR-456-3p 的 inhibitor 和 mimic 对 psi-*IGFBP2*-A 海肾萤光素酶报道基因活性的影响均无显著差异，但是 gga-miR-456-3p 的 inhibitor 能显著地增加 psi-*IGFBP2*-C 海肾萤光素酶报道基因活性，而 gga-miR-456-3p 的 mimic 可显著地降低 psi-*IGFBP2*-C 海肾萤光素酶报道基因活性（图 7-52）。报道基因活性分析结果说明，gga-miR-456-3p 调控 *IGFBP2* 基因的表达，*IGFBP2* 基因 3′UTR 的 SNP（g.1196 C>A）影响 gga-miR-456-3p 的调控作用，与等位基因 *A* 相比，等位基因 *C* 更有利于 gga-miR-456-3p 发挥负调控作用。

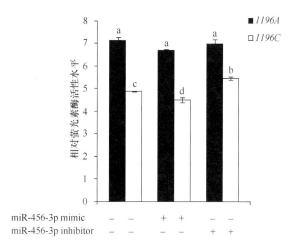

图 7-52　gga-miR-456-3p 对 *IGFBP2* 基因不同基因型（*1196A* 和 *1196C*）3′UTR 报道基因活性的影响（于莹莹等，2014）

1196A 和 *1196C* 为 *IGFBP2* g.1196 C>A 的两个等位基因。+表示 DF1 细胞转染 miR-456-3p 抑制剂或模拟物；−表示 DF1 细胞转染阴性对照。报道基因活性为海肾萤光素酶活性与萤火虫萤光素酶活性的比值。每个测量值都是 3 个独立实验的平均值；柱形图上方标注不同小写字母表示两者差异显著（*P*<0.05）

（五）gga-miR-456-3p 对细胞内源性 *IGFBP2* 基因表达的影响

为了解 gga-miR-456-3p 对细胞内源性 *IGFBP2* 基因表达的影响。我们利用 PCR 扩增克隆了 DF1 细胞 *IGFBP2* 基因 3′UTR（包含 SNP g.1196 C>A），实验发现 gga-miR-456-3p 作用于 *IGFBP2* 基因 3′UTR g.1196 C>A 的等位基因 *C*，因此，我们利用 gga-miR-456 inhibitor、mimic 及无关干扰片段 NC 分别转染 DF1 细胞，检测 DF1 细胞内源性 *IGFBP2* 基因的表达情况。实验结果与预期一致，与 NC 组相比，转染 gga-miR-456 mimic 能显著降低 DF1 细胞中 *IGFBP2* 基因 mRNA 的相对表达量，而转染 gga-miR-456 inhibitor 能显著提高 *IGFBP2* 基因 mRNA 的相对表达量（*P*<0.05）（图 7-53A）。Western blot 检测结果与 qRT-PCR 一致，与 NC 组相比，转染 mimic 能下调 DF1 细胞中 IGFBP2 蛋白的表达水平，而转染 inhibitor 可上调 DF1 细胞中 IGFBP2 蛋白的表达水平（图

7-53B）。内源性 *IGFBP2* 基因的表达分析与报道基因分析结果都证实，*IGFBP2* 是 gga-miR-456-3p 的一个靶基因，其 3′UTR 的 SNP（g.1196C>A）影响 gga-miR-456-3p 对 *IGFBP2* 基因的表达调控。

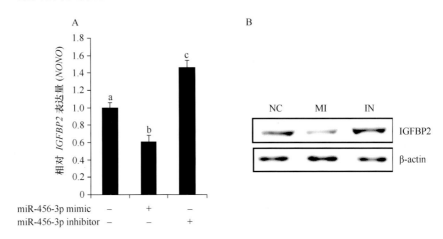

图 7-53　gga-miR-456-3p 对细胞内源性 *IGFBP2* 表达的影响（于莹莹等，2014）

A. Realtime RT-PCR 分析 miR-456-3p 抑制剂和模拟物对细胞 DF1 细胞内源性 *IGFBP2* 表达的影响。*NONO* 基因作为内参基因。B. Western blot 分析 miR-456-3p 抑制剂和模拟物对细胞 DF1 细胞内源性 *IGFBP2* 表达的影响。β-actin 作为内参；+表示 DF1 细胞转染 miR-456-3p 抑制剂或模拟物；–表示 DF1 细胞转染阴性对照。报道基因活性为海肾萤光素酶活性与萤火虫萤光素酶活性的比值。MI. miR-456-3p 模拟物处理组；IN. miR-456-3p 抑制剂处理组；NC. 阴性对照处理组。每个测量值都是 3 个独立实验的平均值；柱形图上方标注不同小写字母表示两者差异显著（P<0.05）

本研究的双萤光素酶报道基因活性分析及 DF1 细胞内源性 *IGFBP2* 基因的表达分析结果都证实 *IGFBP2* 是 gga-miR-456-3p 的一个靶基因，其 3′UTR SNP（g.1196 C>A）影响 gga-miR-456-3p 的调控作用，其中，gga-miR-456-3p 对 *IGFBP2* 的等位基因 *C* 的表达有较强的抑制作用。这一结果与我们早期的表达谱芯片和 miRNA 高通量测序研究结果一致，我们前期研究发现 *IGFBP2* 基因和 gga-miR-456-3p 在鸡前脂肪细胞存在共表达（未发表）。IGFBP2 抑制脂肪细胞分化和脂质沉积，如果其他影响因素不变，可以预期，与等位基因 *A* 纯合型肉鸡个体相比，等位基因 *C* 纯合型肉鸡个体应该有较高的腹脂重和腹脂率。这一预期与我们前期的研究结果相一致，即与等位基因 *C* 纯合型肉鸡个体相比较，等位基因 *A* 纯合型肉鸡个体表现出较低的腹脂重与腹脂率（Leng et al.，2009），这同样也支持 SNP（g.1196 C>A）是一个功能性 SNP。

综上所述，本研究证实 *IGFBP2* 基因是 gga-miR-456-3p 的靶基因，其 3′UTR SNP 1196 C>A 是一个功能性 SNP，它影响 gga-miR-456-3p 对鸡 *IGFBP2* 基因的表达调控作用。本研究结果对于鸡的标记辅助育种及 *IGFBP2* 基因在脂肪沉积中调控机制的阐明具有重要意义。

参 考 文 献

卞立红. 2007. 鸡 *IGF1*、*IGF1R* 基因多态性与生长和体组成性状的相关研究. 哈尔滨：东北农业大学博士学位论文.

曹志平, 张慧, 李辉. 2014. 鸡 *Spot14α* 基因多态性与体重的相关研究. 东北农业大学学报, 45(6): 91-96.

陈宽维, 章双杰, 屠云洁, 等. 2006. *A-FABP* 在不同鸡种中遗传多态性分析. 畜牧兽医学报, 37(11): 1114-1117.

陈维星, 王守志, 李辉. 2009. 鸡 *ApoB* 基因多态位点与生长和体组成性状的相关性研究. 东北农业大学学报, 40(2): 60-64.

陈曦, 张慧, 王宇祥, 等. 2012. 鸡视网膜母细胞瘤基因 1(*RB1*)多态性与体重性状的相关性. 遗传, 34(10): 1320-1327.

陈永华, 张德祥, 凌卫国, 等. 2002. *Dw* 基因在快大黄鸡配套系中的应用. 中国家禽, 24(14): 9-10.

初丽丽, 王启贵, 关天竹, 等. 2008. *I-FABP* 基因侧翼区多态性与鸡生长和胴体组成性状的相关研究. 东北农业大学学报, 39(9): 70-74.

戴茹娟, 吴常信, 李宁. 1996. 性连锁矮小鸡生长激素受体基因位点多态性分析. 畜牧兽医学报, 27(4): 315-318.

高凤华, 卞丽红, 王守志, 等. 2009. 鸡 *IGF1R* 基因多态性与生长和体组成性状的相关性研究. 东北农业大学学报, 40(1): 77-83.

高广亮, 关天竹, 王海威, 等. 2014. *A-FABP* 基因与肉鸡生长和体组成性状的相关分析. 中国畜牧杂志, 50(15): 28-32.

高树辉, 周杰, 张映辉, 等. 2003. 早产儿血脂水平与出生体重的关系. 中国当代儿科杂志, 5(3): 236-238.

顾志良, 张海峰, 朱大海, 等. 2002a. 鸡 *Myostatin* 基因单核苷酸多态性的群体遗传学分析. 遗传学报, 29(7): 599-606.

顾志良, 赵建国, 李辉, 等. 2002b. 鸡瘦蛋白受体(*OBR*)基因外显子9单核苷酸多态性分析. 遗传, 24(3): 259-262.

顾志良, 朱大海, 李宁, 等. 2003. 鸡 *Myostatin* 基因单核苷酸多态性与骨骼肌和脂肪生长的关系. 中国科学(C 辑), 33(3): 273-280.

韩青, 王守志, 户国, 等. 2009. *PPARγ* 基因 5′侧翼区单倍型与鸡生长和体组成性状的相关研究. 中国农业科学, 42(10): 3647-3654.

霍明东, 王守志, 李辉. 2006. *MC4R* 基因多态性与鸡生长和体组成性状的相关研究. 东北农业大学学报, 37(2): 184-189.

雷明明, 彭霞, 张细权. 2006. 鸡 IGF I-型受体基因单核苷酸多态与鸡生长性能的相关分析. 北京: 第十次全国畜禽遗传标记研讨会论文集: 121-124.

雷明明, 张德祥, 杨关福, 等. 2005. 鸡 IGF-I 基因单核苷酸多态与生长、屠宰性能的相关分析. 第十三次全国动物遗传育种学术讨论会. 哈尔滨. 412-415.

冷丽, 王宇祥, 李辉. 2012. 鸡脂肪酸合成酶基因多态性与生长和体组成性状的相关研究. 中国家禽, 34(11): 24-27.

李宁, 吴常信. 1993. 鸡性连锁矮小型基因的研究进展. 中国家禽, (4): 30-31.

李桢, 储明星, 曹红鹤, 等. 2004. 中外 11 个猪种 *A-FABP* 基因微卫星遗传变异的研究. 遗传, 26(4): 473-477.

李志辉, 王启贵, 赵建国, 等. 2004. 类胰岛素生长因子 II(*IGF2*)基因多态性与鸡体脂性状的相关研究. 中国农业科学, 37(4): 600-604.

刘宝英, 薛沿宁, 聂尚海, 等. 2000. Igf1r 在介导 igf1 促糖代谢过程中的作用研究. 中国糖尿病杂志, 8(3): 158-160.

刘剑锋, 王立贤, 张贵香, 等. 2005. *H-FABP* 基因型对中畜黑猪 I 系生长性能的影响. 畜牧兽医学报, 36(6): 555-558.

刘双虎, 王守志, 张慧, 等. 2010. 视网膜母细胞瘤基因1(*RB1*)研究进展. 遗传, 32(11): 1097-1104.

罗桂芬, 陈继兰, 文杰, 等. 2006. 鸡 *A-FABP* 基因多态性分析及其与脂肪性状的相关研究. 遗传, 28(1):

39-42.

彭祥伟, 范守城, 邢豫川, 等. 2005. 鹅肥肝的生产及其 FAS 活性测定. 中国家禽, 9(s1): 48-51.

乔书培, 王维世, 荣恩光, 等. 2014. 鸡 *Apo-A I* 基因 g. -163A>T 单核苷酸多态性的功能性分析. 中国生物化学与分子生物学报, 30(8): 824-830.

乔永. 2007. 湖羊羔羊不同部位肌肉肌内脂肪沉积相关基因表达的发育性变化研究. 南京: 南京农业大学硕士学位论文.

邱家维, 王志鹏, 张元良, 等. 2015. 林甸鸡群玫瑰冠性状、鱼腥味性状和矮小性状的遗传基础分析. 中国家禽, 37(14): 7-12.

仇雪梅, 李宁, 吴常信, 等. 2004. 用放射性杂交板定位鸡的 *MC4R* 基因以及其在鸡和人染色体上同源区的比较分析. 遗传学报, 31(12): 1356-1360.

石慧, 王启贵, 王宇祥, 等. 2008. 鸡 L-FABP 抗血清制备及组织表达特性分析. 畜牧兽医学报, 39(11): 1466-1469.

石统东, 吴玉章, 朱锡华. 1998. 真核 mRNA 3′非翻译区在基因表达中的作用. 生物化学与生物物理进展, 25(3): 195-196.

屠云洁, 陈宽维, 章双杰, 等. 2004. 3 个鸡种 *A-FABP* 基因单核苷酸多态性的研究. 扬州大学学报(农业与生命科学版), 25(4): 44-46.

田维熙, 蒋若帆, 吴海斌, 等. 1994. 鸭肝脂肪酸合成酶的 NADPH 底物抑制及作用动力学. 生物化学杂志, 10(4): 413-419.

田维熙, 董妍, 权晖, 等. 1996. 不同生长期蛋鸡的体脂水平和肝脏脂肪酸合成酶活性的关系. 生物化学杂志, 12(2):234-236.

王佩佩, 李晓存, 冷丽, 等. 2014. 鸡 *IGF-1R* 基因序列变异与骨骼、体重性状的相关研究. 中国家禽, 36(11): 5-9.

王娉, 王启贵, 李辉, 等. 2007. 鸡 *C/EBPα* 基因表达载体的构建及抗血清制备. 细胞与分子免疫学杂志, 23(10): 978-981.

王启贵, 关天竹, 王守志, 等. 2011. *A-FABP* 基因多态性与肉鸡生长和体组成性状的关联. 遗传, 33(2): 153-162.

王启贵, 李辉, 李宁, 等. 2005. *Apo-A I* 基因多态性与鸡生长和体组成性状的相关研究. 畜牧兽医学报, 36 (8): 751-754

王彦, 朱庆, 舒鼎铭, 等. 2007. 鸡 *H-FABP* 基因多态性及其与肌内脂肪含量的相关研究. 中国畜牧杂志, 43(11): 1-5.

王艳, 舒鼎铭. 2015. 家禽及哺乳动物类胡萝卜素氧化酶 BCMO1 及 BCO2 研究进展. 中国家禽, 37(20): 43-47.

王颖, 李辉, 顾志良, 等. 2004. 鸡瘦蛋白受体(OBR)基因内含子 8 单核苷酸多态性与体脂性状的相关研究. 遗传学报, 31(3): 265-269.

王振辉, 常晓彤, 侯小平, 等. 2006. 中老年人群 IFABP 基因 Ala54Thr 多态性对血脂水平的影响. 解放军医学杂志, 31(1): 32-34.

王重龙, 丁向东, 刘剑锋, 等. 2014. 基因组育种值估计的贝叶斯方法. 遗传, 36(2): 111-118.

吴静, 李晶, 门秀丽, 等. 2012. 甲状腺激素应答蛋白 Thrsp 在脂质合成中的调节作用. 生理科学进展, 43(5): 393-397.

熊海霞. 2013. 武定鸡 NPY 基因、IGF-1 基因多态性与产蛋性能关系的研究. 昆明: 云南农业大学硕士学位论文.

熊文中, 杨凤, 周安国. 2001. 猪重组生长激素对不同杂交肥育猪脂肪代谢调控的研究. 畜牧兽医学报, 32(1): 1-4.

徐宁迎, 赵兴波, 蒋思文. 2004. 猪鸡肉质性状分子标记及主效基因的研究进展. 中国畜牧杂志, 40(4): 42-44.

颜炳学. 2005. 鸡类胰岛素生长因子-Ⅰ基因单碱基突变对该基因转录、表达以及对生长、屠体性状的影响. 北京: 中国农业大学博士学位论文.

杨凡. 2000. 胰岛素样生长因子受体与生长发育. 国外医学妇幼保健分册, 11(3): 117-120.

姚焰础, 高民. 2008. 脂肪细胞分化的转录因子及转录调控. 中国畜牧杂志, 44(5): 50-54.

叶满红, 曹红鹤, 文杰, 等. 2003. 北京油鸡和矮脚鸡心脏型、脂肪型脂肪酸结合蛋白基因多态性的研究. 畜牧兽医学报, 34(5): 422-426.

叶满红, 文杰, 曹红鹤, 等. 2007. 脂肪型脂肪酸结合蛋白基因多态性与鸡肉品质性状的关系研究. 畜牧兽医学报, 38(6): 526-532.

于莹莹, 乔书培, 孙婴宁, 等. 2014. 鸡 *IGFBP2* 基因 3'UTR 区 1196C>A 单核苷酸多态性的功能性鉴定及分析. 生物化学与生物物理进展, 41(11): 1163-1172.

张爱朋, 王守志, 王启贵, 等. 2010. 鸡 *C/EBPα* 基因的多态性及其与生长和体组成性状的相关研究. 农业生物技术学报, 18(4): 746-752.

张庆秋, 石慧, 丁宁, 等. 2011. 鸡肝脏胆汁酸结合蛋白(L-BABP)抗血清制备及组织表达特性分析. 农业生物技术学报, 19(3): 571-576.

张森, 石慧, 李辉. 2006. 鸡 *apoB* 基因 T123G 多态位点与体组成性状的相关性研究. 畜牧兽医学报, 37(12): 1264-1268.

赵建国, 李辉, 孟和, 等. 2002. 解偶联蛋白基因(UCP)作为影响鸡脂肪性状候选基因的研究. 遗传学报, 29(6): 481-486.

郑丕留, 张仲葛, 陈效华, 等. 1988. 中国家禽品种志. 上海: 上海科学技术出版社.

郑以漫, 项坤三, 张蓉, 等. 2000. 解偶联蛋白 2 基因 Ala55Val 变异与中国人体脂代谢、体脂含量及分布的关系. 中华医学遗传学杂志, 17(2): 97-100.

Akira S, Isshiki H, Sugita T, et al. 1990. A nuclear factor for IL-6 expression (NF-IL6) is a member of a C/EBP family. EMBO, 9(6): 1897-1906.

Al-Shali K, Cao H, Knoers N, et al. 2004. A single-base mutation in the peroxisome proliferator-activated receptor γ4 promoter associated with altered *in vitro* expression and partial lipodystrophy. J Clin Endocrinol Metab, 89(11): 5655-5660.

Amills M, Jimenez N, Villalba D, et al. 2003. Identification of three single nucleotide polymorphisms in the chicken insulin-like growth factor 1 and 2 genes and their associations with growth and feeding traits. Poult Sci, 82(10): 1485-1493.

Badaoui B, Serradilla J M, Tomàs A, et al. 2007. Goat acetyl-coenzyme a carboxylase alpha: molecular characterization, polymorphism, and association with milk traits. J Dairy Sci, 90(2): 1039-1043.

Baier L J, Sacchettini J C, Knowler W C, et al. 1995. An amino acid substitution in the human intestinal fatty acid binding protein is associated with increased fatty acid binding, increased fat oxidation, and insulin resistance. J Clin Invest, 95(3): 1281-1287.

Benoit S, Schwarlz M, Baskin D, et al. 2000. CNS melanocortin system involvement in the regulation of food intake. Horm Behav, 37(4): 299-305.

Berman S D, Yuan T L, Miller E S, et al. 2008. The retinoblastoma protein tumor suppressor is important for appropriate osteoblast differentiation and bone development. Mol Cancer Res, 6(9): 1440-1451.

Bian L H, Wang S Z, Wang Q G, et al. 2008. Variation at the insulin-like growth factor 1 gene and its association with body weight traits in the chicken. J Anim Breed Genet, 125(4): 265-270.

Binas B, Danneberg H, McWhir J, et al. 1999. Requirement for the heart-type fatty acid binding protein in cardiac fatty acid uitlization. FASEB J, 13(8): 805-812.

Birkenmeier E H, Gwynn B, Howard S, et al. 1989. Tissue-specific expression, developmental regulation, and genetic mapping of the gene encoding CCAAT/enhancer binding protein. Genes Dev, 3(8): 1146-1156.

Boney C, Moats-Staats B, Stiles A, et al. 1994. Expression of insulin-like growth factor-Ⅰ(IGF-Ⅰ) and IGF-binding proteins during adipogenesis. Endocrinology, 135(5): 1863-1868.

Bouchard C, Perusses L, Chagnon Y C, et al. 1997. Linkage between markers in the vicinity of the uncoupling protein 2 gene and resting metabolic rate in humans. Hum Mol Genet, 6(11): 1887-1889.

Brockmann G A, Haley C S, Wolf E, et al. 2001. Genome-wide search for loci controlling serum IGF binding protein levels of mice. FASEB J, 15(6): 978-987.

Butterwith S C, Goddard C. 1991. Regulation of DNA synthesis in chicken adipocyte precursor cells by insulin-like growth factors, platelet-derived growth factor and transforming growth factor-beta. J Endocrinol, 131(2): 203-209.

Byrne P F, McMullen M D. 1996. Defining genes for agricultural traits: QTL analysis and the candidate gene approach. Probe, 7: 24-27.

Cao Z P, Wang S Z, Wang Q G, et al. 2007. Association of *Spot14α* gene polymorphisms with body weight in the chicken. Poult Sci, 86 (9): 1873-1880.

Capaldi S, Guariento M, Perduca M, et al. 2006. Crystal structure of axolotl (*Ambystoma mexicanum*) liver bile acid-binding protein bound to cholic and oleic acid. Proteins, 64(1): 79-88.

Carré W, Diot C, Fillon V, et al. 2001. Development of 112 unique expressed sequence tags from chicken liver using an arbitrarily primed reverse transcriptase polymerase chain reaction and sing lest rand conformation gel purification method. Anim Genet, 32(5): 289-297.

Cassell P G, Neverova M, Janmohamed S, et al. 1999. An uncoupling protein 2 gene variant is associated with a raised body mass index but not Type II diabetes. Diabetologia, 42:688-692.

Ceciliani F, Monaco H L, Ronchi S, et al. 1994. The primary structure of a basic (pI 9.0) fatty acid-binding protein from liver of Gallus domesticus. Comp Biochem Physiol B Biochem Mol Biol, 109(2-3): 261-271.

Chmurzyńska A. 2006. The multigene family of fatty acid-binding proteins (FABPs): function, structure and polymorphism. J Appl Genet, 47(1): 39-48.

Chmurzynska A, Szydlowski M, Stachowiak M, et al. 2007. Association of a new SNP in promoter region of the porcine FABP3 gene with fatness traits in a polish synthetic line. Anim Biotechnol, 18(1): 37-44.

Clarke A R, Maandag E R, van Roon M, et al. 1992. Requirement for a functional *Rb-1* gene in murine development. Nature, 359(6393): 328-330.

Cogburn L A, Tang J, Cui J, et al. 2000. DNA microarray analysis of gene expression in the liver of broiler chickens divergently selected for growth rate. Poult Sci, 79 (suppl.1): 72.

Cummings D E, Schwartz M W. 2000. Melanocortins and body weight: a tale of two receptors. Nat Genet, 26(1): 8-9.

Damcott C M, Feingold E, Moffett S P, et al. 2003. Variation in the FABP2 promoter alters transcriptional activity and is associated with body composition and plasma lipid levels. Hum Genet, 112(5-6): 610-616.

d'André Hirwa C, Yan W, Wallace P, et al. 2010. Effects of the thyroid hormone responsive spot 14alpha gene on chicken growth and fat traits. Poult Sci, 89(9): 1981-1991.

Darling D C, Brickell P M. 1996. Nucleotide sequence and genomic structure of the chicken insulin-like growth factor-II (IGF-II) coding region. Gen Comp Endocrinol, 102(3): 283-287.

Darlington G J, Ross S E, MacDougald O A. 1998. The role of *C/EBP* genes in adipocyte differentiation. J Biol Chem, 273(46): 30057-30060.

de Luis D A, Aller R, Izaola O, et al. 2006. Influence of ALA54THR polymorphism of fatty acid binding protein 2 on lifestyle modification response in obese subjects. Ann Nutr Metab, 50(4): 354-360.

de Jesus L A, Carvalho S D, Ribeiro M O, et al. 2001. The type 2 iodothyronine deiodinase is essential for adaptive thermogenesis in brown adipose tissue. J Clin Invest, 108(9): 1379-1385.

de Roos A P, Schrooten C, Mullaart E, et al. 2007. Breeding value estimation for fat percentage using dense markers on *Bos taurus* autosome 14. J Dairy Sci, 90(10): 4821-4829.

de Roos A P, Hayes B J, Spelman R J, et al. 2008. Linkage disequilibrium and persistence of phase in Holstein- Friesian, Jersey and Angus cattle. Genetics, 179(3): 1503-1512.

Dechiara T M, Robertson E J, Efstratiadis A. 1991. Parental imprinting of the mouse insulin-like growth II gene. Cell, 64(4): 849-859.

Decuypere E , Leenstra F R, Buyse J, et al. 1993. Plasma levels of growth hormone and insulin-like growth factor- I and - II from 2 to 6 weeks of age in meat-type chickens selected for 6 week body weight or for feed conversion and reared under high or normal environmental temperature conditions. Reprod Nutr Dev, 33(4): 361-372.

Deeb N, Lamont S J. 2002. Genetic architecture of growth and body composition in unique chicken population. J Hered, 93(2): 107-118.

Dekkers J. 2004. Commercial application of marker- and gene-assisted selection in livestock: strategies and lessons. J Anim Sci, 82E-Suppl:E313-328.

DeKoning D J, Windsor D, Hocking P M, et al. 2003. Quantitative trait locus detection in commercial broiler lines using candidate regions. J Anim Sci, 81(5): 1158-1165.

Donnelly C, Olsen A M, Lewis L D, et al. 2009. Conjugated linoleic acid (CLA) inhibits expression of the Spot 14 (THRSP) and fatty acid synthase genes and impairs the growth of human breast cancer and liposarcoma cells. Nutr Cancer, 61(1): 114-122.

Douaire M, Le Fur N, Khadir-Mounier C, et al. 1992. Identifying genes involved in the variability of genetic fatness in the growing chicken. Poult Sci, 71(11): 1911-1920.

Dunn I C, Boswell T, Friedman-Einat M, et al. 2000. Mapping of the leptin receptor gene (*lepr*) to chicken chromosome 8. Anim Genet, 31(4): 290.

Ekmark M, Grevik E, Schjerling P, et al. 2003. Myogenin induces higher oxidative capacity in pre-existing mouse muscle fibres after somatic DNA transfer. J Physiol, 548(Pt 1): 259-269.

Espinosa-Heidmann D G, Sall J, Hernandez E P, et al. 2004. Basal Laminar Deposit formation in APOB100 transgenic mice: complex interactions between dietary fat, blue light, and vitamin E. Invest Ophthalmol Vis Sci, 45(1): 260-266.

Feinstein R, Bolton W K, Quinones J N, et al. 1994. Characterization of a chicken cDNA encoding the retinoblastoma gene prod-uct. Biochim Biophys Acta, 1218(1): 82-86.

Fleury C, Neverova M, Collins S, et al. 1997. Uncoupling protein-2: a novel gene linked to obesity and hyperinsulinemia. Nature Gene, 15(3): 269-272.

Florini J R, Ewton D Z, Falen S L, et al. 1986. Biphasic concentration dependency of stimulation of myoblast differentiation by sometomedins. American Journal of Physiology, 250(5 Pt 1):C771-778.

Florini J R, Magri K A, Ewton D Z, et al. 1991. "Spontaneous" differentiation of skeletal myoblast is dependent upon autocrine secretion of insulin-like growth factor- II. Journal of Biological Chemistry, 266(24): 15917-15923.

Flower D R. 1996. The lipocalin protein family: structure and function. Biochem J, 318(Pt 1): 1-14.

Gerbens F, Jansen A, van Eip A J, et al. 1998. The adipocyte fatty acid-binding protein locus characterization and association with intramuscular fat content in pigs. Mamm Genome, 9(12): 1022-1026.

Gerbens F, Verburg F J, van Moerkerk H T, et al. 2001. Associations of heart and adipocyte fatty acid-binding protein gene expression with intramuscular fat content in pigs. J Anim Sci, 79(2): 347-354.

Gerrard D E, Okamura C S, Ranalletta M A, et al. 1998. Developmental expression and location of IGF-I and IGF-II mRNA and protein in skeletal muscle. J Anim Sci, 76(4): 1004-1011.

Glickman R M, Rogers M, Glickman J N. 1986. Apolipoprotein B synthesis by human liver and intestine *in vitro*. Proc Natl Acad Sci U S A, 83(14): 5296-5300.

Gondret F, Lebas F, Bonneau M. 2000. Restricted feed intake during fattening reduces intramuscular lipid deposition without modifying muscle fiber characteristics in rabbits. J Nutr, 130(2): 228-233.

Gondret F, Mourot J, Bonneau M. 1997. Developmental change in lipogenic enzymes in muscle compared to liver and extramuscular adipose tissues in the rabbit. Comp Biochem Physiol, 117(2): 259-265.

Goodridge A G, Crish J F, Hillgartmer F B, et al. 1989. Nutritional and hormonal regulation of the gene for avian malic enzyme. J Nutr, 119(2): 299-308.

Grillasca J P, Gastaldi M, Khiri H, et al. 1997. Cloning and initial characterization of human and mouse Spot14 genes. FEBS Lett, 401(1): 38-42.

Grimson A, Farh K K, Johnston W K, et al. 2007. MicroRNA targeting specificity in mammals: determinants beyond seed pairing. Mol Cell, 27(1): 91-105.

Grindflek E, Hoen N, Sundvold H, et al. 2004. Investigation of a peroxisome proliferator-activated receptor gamma haplotype effect on meat quality and carcass traits in pigs. Anim Genet, 35(3): 238-241.

Grisoni M L, Uzu G, Larbier M, et al. 1991. Effect of dietary lysine level on lipogenesis in broilers. Reprod Nutr Dev, 31(6): 683-690.

Gu Z L, Zhu D H, Li N, et al. 2004. The single nucleotide polymorphisms of the chicken myostatin gene are associated with skeletal muscle and adipose growth. Sci China C Life Sci, 47(1): 26-30.

Guan H Y, Tang Z Q, Li H. 2006. Correlation analysis between single-nucleotide polymorphism of malate dehydrogenase gene 5′-flanking region and growth and body composition traits in chicken. Acta Genetica Sinica, 33 (6): 501-506.

Gude M F, Frystyk J, Flyvbjerg A, et al. 2012. The production and regulation of IGF and IGFBPs in human adipose tissue cultures. Growth Hormone & IGF Research, 22(6): 200-205.

Guy H, Paz E, Tomer A, et al. 2000. Molecular cloning and properities of the chicken leptin-receptor(CLEPR) gene. Mol Cell Endocrinol, 162(1-2): 95-106.

Halder K, Wieland M, Hartig J S. 2009. Predictable suppression of gene expression by 5′-UTR-based RNA quadruplexes. Nucleic Acids Res, 37(20): 6811-6817.

Havenstein G B, Ferket P R, Qureshi M A. 2003. Carcass composition and yield of 1957 versus 2001 broilers when fed representative 1957 and 2001 broiler diets. Poult Sci, 82(10): 1509-1518.

Heikkinen S, Auwerx J, Argmann C A. 2007. PPARγ in human and mouse physiology. Biochim Biophys Acta, 1771(8): 999-1013.

Hermier D, Chapman M J. 1985. Plasma lipoproteins and fattening: description of a model in the domestic chicken, *Gallus domesticu*s. Reprod Nutr Dev, 25(1B): 235-241.

Hodnett D W, Fantozzi D A, Thurmond D C, et al. 1996. The chicken malic enzyme gene: structural organization and identification of triiodothyronine response elements in the 5′-flanking DNA. Arch Biochem Biophys, 334(2): 309-324.

Höflich A, Nedbal S, Blum W F, et al. 2001. Growth inhibition in giant growth hormone transgenic mice by overexpression of insulin-like growth factor-binding protein-2. Endocrinology, 142(5): 1889-1898.

Höflich A, Wu M, Mohan S, et al. 1999. Overexpression of insulin-like growth factor-binding protein-2 in transgenic mice reduces postnatal BW gain. Endocrinology, 140(12): 5488-5496.

Holly J, Sabin M, Perks C, et al. 2006. Adipogenesis and IGF-1. Metab Syndr Relat Disord, 4(1): 43-50.

Hu Z L, Park C A, Reecy J M. 2016. Developmental progress and current status of the Animal QTLdb. Nucleic Acids Res, 44(D1): D827-D833.

Hughes A L, Piontkivska H. 2011. Evolutionary diversification of the avian fatty acid-binding proteins. Gene, 490(1-2): 1-5.

Huszar D, Lynch C A, Faichild-Huntress V, et al. 1997. Targeted disruption of the melanocortin 4 receptor results in obesity in mice. Cell, 88(1): 131-141.

Huybrechts L M, Decuypere E, Buyse J, et al. 1992. Effect of recombinant human insulin-like growth factor-I on weight gain, fat content, and hormonal parameters in broiler chickens. Poultry Sciences, 71(1): 181-187.

Hwa J J, Ghibaudi L, Gao J, et al. 2001. Central melanocortin system modulates energy intake and expenditure of obese and lean Zucker rats. Am J Physiol Regul Integr Comp Physiol, 281(2): 444-451.

Hynes M J, Draht O W, Davis M A. 2002. Regulation of the *acuF* gene, encoding phosphoenolpyruvate carboxykinin in the filamentous fungus *Aspergillus nidulans*. J Bacteriol, 184(1): 183-190.

Ikeobi C O, Woolliams J A, Morrice D R, et al. 2002. Quantitative trait loci affecting fatness in the chicken. Anim Genet, 33(6): 428-435.

Inui Y, Keno Y, Fukuda K, et al. 1997. Modulation of apolipoprotein gene expression in fatty liver of obese rats: enhanced APOA-IV, but no APOB expression by a high sucrose diet. Int J Obes Relat Metab Disord, 21(3): 231-238.

Jacks T, Fazeli A, Schmitt E M, et al. 1992. Effects of an Rb mutation in the mouse. Nature, 59(6393): 295-300.

Jiang Z, Zacksenhaus E, Gallie B L, et al. 1997. The retinoblastoma gene family is differentially expressed during embryogenesis. Oncogene, 14(15): 1789-1797.

Kampman K A, Ramsay T G, White M E. 1993. Developmental changes in hepatic IGF-2 and IGFBP-2 mRNA levels in intrauterine growth-retarded and control swine. Comp Biochem, Physiol B, 104(2): 415-421.

Khandwala H M, McCutcheon I E, Flyvbjerg A, et al. 2000. The effects of insulin-like growth factors on tumorigenesis and neoplastic growth. Endocr Rev, 21(3): 215-244.

Kim H S, Liang L, Dean R G, et al. 2001. Inhibition of preadipocyte differentiation by myostatin treatment in 3T3-L1 cultures. Biochem Biophys Res Commun, 281(4): 902-906.

Kim K S, Larsen N J, Rothschild M F. 2000b. Rapid communication, linkage and physical mapping of the porcine melanocortin-4 receptor (MC4R) gene. J Anim Sci, 78(3): 791-792.

Kim K S, Larsen N, Short T. 2000a. A missense variant of the porcine melanocortin 4 receptor (*MC4R*) gene is associated with fatness, growth, and feed intake traits. Mamm Genome, 11(2): 131-135.

Ko Y H, Cheng C C, Shen T F, et al. 2004. Cloning and expression of Tsaiya duck liver fatty acid binding protein. Poultry Science, 83(11): 1832-1838.

Kocamis H, Kirkpatrick-Keller D C, Richter J, et al. 1999. The ontogeny of myostatin, follistatin and activin-B mRNA expression during chicken embryonic development. Growth Dev Aging, 63(4): 143-150.

Koshiishi C, Park H M, Uchiyama H, et al. 2008. Regulation of expression of the mouse adiponectin gene by the C/EBP family via a novel enhancer region. Gene, 424(1-2): 141-146.

Kramer W, Corsiero D, Friedrich M, et al. 1998. Intestinal absorption of bile acids: paradoxical behaviour of the 14kDa ileal lipid-binding protein in differential photoaffinity labelling. Biochem J, 333(Pt 2): 335-341.

La B, Oh D, Lee Y, et al. 2013. Association of bovine fatty acid composition with novel missense nucleotide polymorphism in the thyroid hormone-responsive (*THRSP*) gene. Anim Genet, 44(1): 118.

Lamon-Fava S, Sastry R, Ferrari S, et al. 1992. Evolutionary distinct mechanisms regulate apolipoprotein A-I gene expression: differences between avian and mammalian *apoA- I* gene transcription control regions. J Lipid Res, 33(6): 831-842.

Lanni A, Moreno M, Lombardi A, et al. 2001. Control of energy metabolism by iodothyronines. J Endocrinol Invest, 24(11): 897-913.

Lee I H, Lee J H, Lee M J, et al. 2002. Involvement of CCAAT/enhancer-binding protein alpha in haptoglobin gene expression by all-trans-retinoic acid. Biochem Biophys Res Commun, 294(5): 956-961.

Lehmann J M, Moore L B, Smith-Oliver T A, et al. 1995. An anti-diabetic thiazolidinedione is a high affinity ligand for peroxisome proliferators-activated receptory. J Biol Chem, 270(22): 12953-12956.

Lei M M, Nie Q H, Peng X, et al. 2005. Single nucleotide polymorphisms of the chicken insulin-like factor-1 gene associated with chicken growth and carcass traits. Poultry Science, 84(8): 1191-1198.

Lei M, Peng X, Zhou M, et al. 2008. Polymorphisms of the IGF1R gene and their genetic effects on chicken early growth and carcass traits. BMC Genet. 9:70.

Lekstrom H J, Xanthopoulos K G. 1998. Biological role of the CCAAT/enhancer-binding protein family of transcription factors. J Biol Chem, 273(44): 28545-28548.

Leng L, Li H. 2012. Relationship between combined genotypes of *UCP* gene and growth traits in chickens. Journal of Northeast Agricultural University (English Edition), 19(2): 42-46.

Leng L, Wang S, Li Z, et al. 2009. A polymorphism in the 3′-flanking region of insulin-like growth factor binding protein 2 gene associated with abdominal fat in chickens. Poult Sci, 88(5): 938-942.

Li C Y, Li H. 2006. Association of *MC4R* gene polymorphisms with growth and body composition traits in chicken. Asian-Australas J Anim Sci, 19(6): 763-768.

Li Z H, Li H, Wang Q G, et al. 2004. The study on correlation analysis of single nucleotide polymorphism of *IGF2* gene and body fatness traits in chicken. Agricultural Sciences in China, 3(10): 789-794.

Li Z H, Li H, Zhang H, et al. 2006. Identification of a single nucleotide polymorphism of the insulin-like growth factor binding protein 2 gene and its association with growth and body composition traits in the chicken. J Anim Sci, 84(11): 2902-2906.

Lin J, Arnold H B, Della-Fera M A. 2002. Myostatin knockout in mice increases myogenesis and decreases adipogenesis. Biochem Biophys Res Commun, 291(3): 701-706.

Liu R, Wang Y C, Sun D X, et al. 2006. Association between polymorphisms of lipoprotein lipase gene and chicken fat deposition. Asian-Australas J Anim Sci, 19(10): 1011-2367.

Liu S, Wang S Z, Li Z H, et al. 2007a. Association of single nucleotide polymorphism of chicken uncoupling protein gene with muscle and fatness traits. J Anim Breed Genet, 124(4): 230-235.

Liu X, Li H, Wang S, et al. 2007b. Mapping quantitative trait loci affecting body weight and abdominal fat weight on chicken chromosome one. Poult Sci, 86(6): 1084-1089.

Liu X, Zhang H, Li H, et al. 2008. Fine-mapping quantitative trait loci for body weight and abdominal fat traits: effects of marker density and sample size. Poult Sci, 87(7): 1314-1319.

Loftus T M, Jaworsky D E, Frehywot G L, et al. 2000. Reduced food intake and body weight in mice treated with fatty acid synthase inhibitors. Science, 288(5475): 2379-2381.

Luiken J J, Koonen D P, Coumans W A, et al. 2003. Long-chain fatty acid uptake by skeletal muscle is impaired in homozygous, but not heterozygous, heart-type-FABP null mice. Lipids, 38(4): 491-496.

Mao J, DeMayo F J, Li H, et al. 2006. Liver-specific deletion of acetyl-CoA carboxylase 1 reduces hepatic triglyceride accumulation without affecting glucose homeostasis. Proc Natl Acad Sci U S A, 103(22): 8552-8557.

Matsubara Y, Sato K, Ishii H, et al. 2005. Changes in mRNA expression of regulatory factors involved in adipocyte differentiation during fatty acid induced adipogenesis in chicken. Comp Biochem Physiol A Mol Integr Physiol, 141(1): 108-115.

Matsuda J, Hosoda K, Itoh H, et al. 1997. Cloning of rat uncoupling protein-3 and uncoupling protein-2 cDNAs: their gene expression in rats fed high-fat diet. FEBS Lett, 418(1-2): 200-204.

McMurtry J P, Francis G L, Vasilatos-Younken R. 1996. Metabolic responses of the chicken to an intravenous injection of either chicken (cIGF-I) or human insulin-like growth factor-I(hIGF-I). Poult Sci, 75(suppl 1): 47.

McPherron A C, Lee S J. 2002. Suppression of body fat accumulation in myostatin- deficient mice. J Clin Invest, 109(5): 595-601.

McPherron A C, Lawler A M, Lee S J.1997. Regulation of skeletal muscle mass in mice by a new TGF-beta superfamily member. Nature, 387(6628): 83-90.

Meirhaeghe A, Cottel D, Amouyel P, et al. 2005. Association between peroxisome proliferator-activated receptor γ haplotypes and the metabolic syndrome in French men and women. Diabetes, 54(10): 3043-3048.

Meuwissen T H, Hayes B J, Goddard M E. 2001. Prediction of total genetic value using genome-wide dense marker maps. Genetics, 157(4): 1819-1829.

Meuwissen T H, Goddard M E. 2000. Fine Mapping of quantitative trait loci using linkage disequilibria with closely linked marker loci. Genetics, 155(1): 421-430.

Moe H H, Shimogiri T, Kamihiraguma W, et al. 2007. Analysis of polymorphisms in the insulin-like growth factor 1 receptor (*IGF1R*) gene from Japanese quail selected for body weight. Anim Genet, 38(6): 659-661.

Molkentin J D, Olson E N. 1996. Defining the regulatory networks for muscle development. Curr Opin Genet Dev, 6(4): 445-453.

Montoudis A, Delvin E, Menard D, et al. 2006. Intestinal-fatty acid binding protein and lipid transport in human intestinal epithelial cells. Biochem Biophys Res Commun, 339(1): 248-254.

Montoudis A, Seidman E, Boudreau F, et al. 2008. Intestinal fatty acid binding protein regulates mitochondrion β-oxidation and cholesterol uptake. J Lipid Res, 49(5): 961-972.

Muñoz G, Alves E, Fernández A, et al. 2007. QTL detection on porcine chromosome 12 for fatty-acid composition and association analyses of the fatty acid synthase, gastric inhibitory polypeptide and acetyl-coenzyme A carboxylase alpha genes. Anim Genet, 38(6): 639-646.

Murai A, Furuse M, Kitaguchi K, et al. 2009. Characterization of critical factors influencing gene expression of two types of fatty acid-binding proteins (L-FABP and Lb-FABP) in the liver of birds. Comp Biochem Physiol A Mol Integr Physiol, 154(2): 216-223.

Newberry E P, Kennedy S M, Xie Y, et al. 2009. Diet-induced alterations in intestinal and extrahepatic lipid metabolism in liver fatty acid binding protein knockout mice. Mol Cell Biochem, 326(1-2): 79-86.

Nichesola D, Perduca M, Capaldi S, et al. 2004. Crystal structure of chicken liver basic fatty acid-binding protein complexed with cholic acid. Biochemistry, 43: 14072-14079.

Nikitin A Y, Shan B, Flesken-Nikitin A, et al. 2001. The retinoblastoma gene regulates somatic growth during mouse development. Cancer Res, 61(7): 3110-3118.

O'Dell S D. 1998. Day INM: molecules in focus: insulin-like growth factor II (IGF-II). International Journal of Biochemistry and Cell Biology, 30: 767-771.

Peacock R E, Hamsten A, Nilsson-Ehle P, et al. 1992. Associations between lipoprotein lipase gene polymorphisms and plasma correlations of lipids, lipoproteins and lipase activities in young myocardial infarction survivors and age-matched healthy individuals from Sweden. Atherosclerosis, 97(2-3): 171-185.

Pei W D, Sun Y H, Lu B, et al. 2007. Apolipoprotein B is associated with metabolic syndrome in Chinese families with familial combined hyperlipidemia, familial hypertriglyceridemia and familial hypercholesterolemia. Int J Cardiol, 116(2): 194-200.

Pischon T, Girman C J, Sacks F M, et al. 2005. Non-high-density lipoprotein cholesterol and apolipoprotein B in the prediction of coronary heart disease in men. Circulation, 112(22): 3375-3383.

Podolsky R H, Barbeau P, Kang H S, et al. 2007. Candidate genes and growth curves for adiposity in African- and European-American youth. Int J Obes, 31(10): 1491-1499.

Pollak M N, Schernhammer E S, Hankinson S E. 2004. Insulin-like growth factors and neoplasia. Nat Rev Cancer, 4(7): 505-518.

Price W A, Stiles A D, Moats-Staats B M, et al. 1992. Gene expression of insulin-like growth factors (IGFs), the type 1 IGF receptor, and IGF-binding proteins in dexamethasone-induced fetal growth retardation. Endocrinology, 130(3): 1424-1432.

Raffin-Sanson M L, Bertherat J. 2001, Mc3 and Mc4 receptors: complementary role in weight control. European Journal of Endocrinology, 144(3): 207-208.

Raimbault S, Dridi S, Denjean F, et al. 2001. An uncoupling protein homologue putatively involved in facultative muscle thermogenesis in birds. Biochem J, 353(Pt 3): 441-444.

Rajaram S, Baylink D J, Mohan S. 1997. Insulin-like growth factor-binding proteins in serum and other biological fluids: regulation and functions. Endocr Rev, 18(6): 801-831.

Ratledge C. 2002. Regulation of lipid accumulation in oleaginous micro-organisms. Biochem Soc Trans. 30(Pt 6): 1047-1050.

Rebhi L, Omezzine A, Kchok K, et al. 2008. 5′ ins/del and 3′ VNTR polymorphisms in the apolipoprotein B gene in relation to lipids and coronary artery disease. Clin Chem Lab Med, 46(3): 329-334.

Rempel L A, Nonneman D J, Rohrer G A. 2012. Polymorphism within thyroid hormone responsive (THRSP) associated with weaning-to-oestrus interval in swine. Anim Genet, 43(3): 364-365.

Richardson R L, Hausman G J, Wright J T. 1998. Growth factor regulation of insulin-like growth factor (IGF) binding proteins (IGFBP) and preadipocyte differentiation in porcinestromal-vascular cell cultures. Growth Dev Aging, 62(1-2): 3-12.

Riley D J, Liu C Y, Lee W H. 1997. Mutations of N-terminal re-gions render the retinoblastoma protein insufficient for functions in development and tumor suppression. Mol Cell Biol, 17(12): 7342-7352.

Rosebrough R W, Poch S M, Russell B A, et al. 2002. Richards Dietary protein regulates in vitro lipogenesis and lipogenic gene expression in broilers. Comparative Biochemistry and Physiology Part A, 132(2): 423-431.

Rothblat G H, Phillips M C. 1982. Mechanism of cholesterol efflux from cells. Effects of acceptor structure and concentration. J Biol Chem, 257(9): 4775-4782.

Rothschild M F, Soller M. 1997. Candidate gene analysis to detect genes controlling traits of economic importance in domestic livestock. Probe Newsletter for Agricultural Genomics, 8(2): 13-20.

Roy R, Ordovas L, Zaragoza P, et al. 2006. Association of polymorphisms in the bovine FASN gene with milk fat content. Anim Genet, 37(3): 215-218.

Rye K A, Barter P J, Cochran B J. 2016. Apolipoprotein A-I interactions with insulin secretion and production. Curr Opin Lipidol, 27(1): 8-13.

Sazanov A, Ewald D, Buitkamp J, et al. 1999. A molecular marker for the chicken myostatin gene (GDF8) maps to 7p11. Anim Genet, 30(5): 388-389.

Scanes C G, Harvey S, Marsh J A, et al. 1984. Hormones and growth in poultry. Poultry Science, 63(10): 2062-2074.

Scapin G, Spadon P, Pengo L, et al. 1988. Chicken liver basic fatty acid-binding protein (pI=9.0) purification, crystallization and preliminary X-ray data. FEBS Letters, 240(1-2): 196-200.

Schaap F G, Binas B, Danneberg H, et al. 1999. Impaired long-chain fatty acid utilization by cardiac myocytes isolated from mice lacking the heart-type fatty acid binding protein gene. Circ Res, 85(4): 329-337.

Schroeder F, Jolly C A, Cho T H, et al. 1998. Fatty acid binding protein isoforms: structure and function. Chem Phys Lipids, 92(1): 1-25.

Schwartz M W, Woods S C, Porte D J, et al. 2000. Central nervous system control of food intake. Nature, 404(6778): 661- 671.

Seelig S, Liaw C, Towle H C, et al. 1981. Thyroid hormone attenuates and augments hepatic gene expression at a pretranslational level. Proc Natl Acad Sci U S A, 78(8): 4733-4737.

Sewalem A, Morrice D M, Law A, et al. 2002. Mapping of quantitative trait loci for body weight at three, six and nine weeks of age in a broiler layer cross. Poult Sci, 81(12): 1775-1781.

Shearer J, Fueger P T, Rottman J N, et al. 2005. Heart-type fatty acid-binding protein reciprocally regulates glucose and fatty acid utilization during exercise. Am J Physiol Endocrinol Metab, 288(2): E292-E297.

Shi H, Wang Q, Zhang Q, et al. 2010. Tissue expression characterization of chicken adipocyte fatty acid-binding protein and its expression difference between fat and lean birds in abdominal fat tissue. Poult Sci, 89(2): 197-202.

Silva R A, Huang R, Morris J, et al. 2008. Structure of apolipoprotein A-I in spherical high density lipoproteins of different sizes. Proc Natl Acad Sci U S A, 105(34): 12176-12181.

Sniderman A D. 2003. Non-HDL cholesterol versus apolipoprotein B in diabetic dyslipoproteinemia: alternatives and surrogates versus the real thing. Diabetes Care, 26(7): 2207-2208.

Sniderman A D. 2005. Apolipoprotein B versus non-high-density lipoprotein cholesterol: and the winner Is... Circulation, 112(22): 3366-3367.

Solberg T R, Sonesson A K, Wooliams J A, et al. 2008. Genomic selection using different marker types and density. J Anim Sci, 86(10): 2447-2454.

Sourdioux M, Brevelet C, Delabrosse Y, et al. 1999. Association of fatty acid synthase gene and malic enzyme gene polymorphisms with fatness in turkeys. Poult Sci, 78(12): 1651-1657.

Spann N J, Kang S, Li A C, et al. 2006. Coordinate transcriptional repression of liver fatty acid-binding protein and microsomal triglyceride transfer protein blocks hepatic very low density lipoprotein secretion without hepatosteatosis. Journal of Biological Chemistry, 281(44): 33066-33077.

Spector A A. 1986. Structure and lipid binding properties of serum albumin. Methods Enzymol, 128: 320-339.

Spencer G S, Decuypere E, Buyse J, et al. 1996. Effect of recombinant human insulin-like growth factor II on weight gain and body composition of broiler chickens. Poult Sci, 75(3): 388-392.

Stelmanska E, Korczynska J, Swierczynski J. 2004. Tissue-specific effect of refeeding after short- and long-term caloric restriction on malic enzyme gene expression in rat tissues. Acta Biochim Pol, 51(3): 805-814.

Stephens J C, Schneider J A, Tanguay D A, et al. 2001. Haplotype variation and linkage disequilibrium in 313 human genes. Science, 293(5529): 489-493.

Sweetser D A, Birkenmeier E H, Klisak I J, et al. 1987. The human and rodent intestinal fatty acid binding protein genes. A comparative analysis of their structure, expression, and linkage relationships. J Biol Chem, 262(33): 16060-16071.

Takai T, Yokoyama C, Wada K, et al. 1988. Primary structure of chicken liver acetyl-CoA carboxylase deduced from cDNA sequence. J Biol Chem, 263(6): 2651-2657.

Tanaka K, Ohtani S, Shigeno K. 1983. Effect of increasing dietary energy on hepatic lipogenesis in growing chicks. Ⅰ. Increasing energy by carbohydrate supplementation. Poult Sci, 62(3): 445-451.

Tapanainen P J, Bang P, Wilson K, et al. 1994. Maternal hypoxia as a model for intrauterine growth retardation: effects on insulin-like growth factors and their binding proteins. Pediatr Res, 36(2): 152-158.

Tartaglia L A, Dembski M, Weng X, et al. 1995. Identification and expression cloning of a leptin receptor, OBR-R. Cell, 83(7): 1263-1271.

Tian J, Wang S, Wang Q, et al. 2010. A single nucleotide polymorphism of chicken acetyl-CoA carboxylase a gene associated with fatness traits. Anim Biotechnol, 21(1): 42-50.

Veerkamp J H, van Moerkerk H T. 1993. Fatty acid-binding protein and its relation to fatty acid oxidation. Mol Cell Biochem, 123(1-2): 101-106.

Veerkamp J H, Peeters R A, Maatman R G. 1991. Structural and functional features of different types of cytoplasmic fatty acid-binding proteins. Biochim Biophys Acta, 1081(1): 1-24.

Walder K, Norman R A, Hanson R L, et al. 1998. Association between uncoupling protein polymorphisms (UCP2-UCP3) and energy metabolic/obesity in Pima Indians. Hum Mol Genet, 7(9): 1431-1435.

Wang D, Wang N, Li N, et al. 2009a. Identification of differentially expressed proteins in adipose tissue of divergently selected broilers. Poult Sci, 88(11): 2285-2292.

Wang N D, Finegold M J, Bradley A, et al. 1995. Impaired energy homeostasis in C/EBP alpha knockout mice. Science, 269(5227) : 1108-1112.

Wang Q H, Dooner H. 2006d. Remarkable variation in maize genome structure inferred from haplotype diversity at the bz locus. Proc Natl Acad Sci U S A, 103(47): 17644-17649.

Wang Q, Guan T, Li H, et al. 2009b. A novel polymorphism in the chicken adipocyte fatty acid-binding protein gene (*FABP4*) that alters ligand-binding and correlates with fatness. Comp Biochem Physiol B Biochem Mol Biol, 154(3): 298-302.

Wang Q, Li H, Leng L, et al. 2007. Polymorphism of heart fatty acid-binding protein gene associated with fatness traits in the chicken. Anim Biotechnol, 18(2): 91-99.

Wang Q, Li H, Li N, et al. 2004a. Cloning and characterization of chicken adipocyte fatty acid binding protein gene. Anim Biotechnol, 15(2): 121-132.

Wang Q, Li H, Li N, et al. 2006b. Identification of single nucleotide polymorphism of adipocyte fatty acid-binding protein gene and its association with fatness traits in the chicken. Poult Sci, 85(3): 429-434.

Wang Q, Li H, Li N, et al. 2006c. Tissue expression and association with fatness traits of liver fatty acid-binding protein gene in chicken. Poult Sci, 85(11): 1890-1895.

Wang S Z, Hu X X, Wang Z P, et al. 2012. Quantitative trait loci associated with body weight and abdominal fat traits on chicken chromosomes 3, 5 and 7. Genet Mol Res, 11(2): 956-965.

Wang X, Carre W, Zhou H, et al. 2004b. Duplicated Spot 14 genes in the chicken: characterization and identification of polymorphisms associated with abdominal fat traits. Gene, 332: 79-88.

Wang Y, Li H, Zhang Y D, et al. 2006a. Analysis on association of a SNP in the chicken *OBR* gene with growth and body composition traits. Asian-Australas J Anim Sci, 19(12): 1706-1710.

Weintraub H. 1993. The myoD family and myogenesis: redundancy, networks, and thresholds. Cell, (75): 1241-1244.

Whitehead C, Griffin H. 1982. Plasma lipoprotein concentration as an indicator of fatness in broilers: effect of age and diet. Br Poult Sci, 23(4): 299-305.

Wu J, Wang C, Li S, et al. 2013. Thyroid hormone-responsive SPOT 14 homolog promotes hepatic lipogenesis, and its expression is regulated by liver X receptor α through a sterol regulatory element-binding protein 1c-dependent mechanism in mice. Hepatology, 58(2): 617-628.

Xu A, Wang Y, Xu J Y, et al. 2006. Dipocyte fatty acid-binding protein is a plasma biomarker closely associated with obesity and metabolic syndrome. Clin Chemistry, 52(3): 405-413.

Yeo G S, Farooqi I S, Aminian S, et al. 1998. A frame shift mutation in MC4R associated with dominantly inherited human obesity. Nat Genet, 20(2): 111-112.

Yu L, Wu Q, Yang C P, et al. 1995. Coordination of transcription factors, NF-Y and C/EBP beta, in the regulation of the mdrlb promoter. Cell Growth Differ, 6(12): 1505-1512.

Yuan Z Y, Liu W, Hammes G G. 1988. Molecular cloning and sequencing of DNA complementary to chicken liver fatty acid synthase mRNA. Proc Natl Acad Sci U S A, 85(17): 6328-6331.

Zannis V I, Chroni A, Krieger M. 2006. Role of apoA-I, ABCA1, LCAT, and SR-BI in the biogenesis of HDL. J Mol Med (Berl), 84(4): 276-294.

Zelilinger S, Ebner A, Marosits T, et al. 2001. The *Hypocrea jecorina* HAP2/3/5 protein complex binds to the inverted CCAAT-box(ATTGG) within the cbh2 (cellobiohydrolase II -gene) activating element. Mol Genet Genomics, 266(1): 56-63.

Zhang H, Liu S H, Zhang Q, et al. 2011. Fine-mapping of quantitative trait loci for body weight and bone traits and positional cloning of the *RB1* gene in chicken. J Anim Breed Genet, 128(5): 366-375.

Zhang H, Zhang Y D, Wang S Z, et al. 2010. Detection and fine mapping of quantitative trait loci for bone traits on chicken chromosome one. J Anim Breed Genet, 127(6): 462-468.

Zhang S, Li H, Shi H. 2006. Single marker and haplotype analysis of the chicken Apolipoprotein B gene T123G and D9500D9-polymorphism reveals association with body growth and obesity. Poult Sci, 85(2): 178-184.

Zhang Y, Proenca R, Maffei M. 1994. Positional cloning of the mouse obese gene and its human homologue. Nature, 372(6505): 425-432.

Zhao J G, Li H, Kong X T, et al. 2006. Identification of single nucleotide polymorphisms in avian uncoupling protein gene and their association with growth and body composition traits in broilers. Can J Anim Sci, 86: 345-350.

Zhao Y, Rong E, Wang S, et al. 2013. Identification of SNPs of the L-BABP and L-FABP and their association with growth and body composition traits in chicken. J Poult Sci, 50(4): 300-310.

Zhou H J, Mitchell A D, McMurtry J P, et al. 2005. Insulin-like growth factor- I gene polymorphism associations with growth, body composition, skeleton integrity, and metabolic traits in chickens. Poult Sci, 84(2): 212-219.

Zimmermann-Belsing T, Brabant G, Holst J J, et al. 2003. Circulating leptin and thyroid dysfunction. Eur J Endocrinol, 149(4): 257-271.

第八章　鸡脂肪细胞的培养

脂肪细胞作为一种内分泌细胞，可以分泌瘦素、抵抗素、补体相关蛋白等细胞因子，在许多生理和病理过程中起着重要的作用（Haque and Garg，2004）。脂肪细胞是研究脂肪组织生长发育的理想模型。体外培养脂肪细胞，不仅能够使我们完整地认识脂肪组织生长发育的全过程，而且可以直接观察各种因素对这个过程的调控。同时，脂肪细胞的离体培养也是进行生理学、生物化学、分子生物学、毒理学、药理学及病理学相关研究的重要技术平台之一。

近年来，随着人们对脂肪细胞增殖和分化的关注，体外培养脂肪细胞的体系得到较快的发展。一些对比实验表明，不同物种之间脂肪组织的生长和发育模式有很大的区别（Tchkonia et al.，1983），但不同物种之间脂肪细胞增殖和分化的机制十分相似（Cryer et al.，1985；Van，1985）。即便如此，由于生理上的差别，鸡脂肪细胞的取材和培养同哺乳动物仍有诸多不同之处。鸡前脂肪细胞的原代培养方法在 20 世纪 80 年代就已经建立起来（Cryer et al.，1987），后续 Ramsay 和 Rosebrough（2003）等对其培养条件进行了一定的优化，Matsubara 等（2005）也研究了鸡前脂肪细胞诱导分化的条件。然而，这些关于鸡前脂肪细胞原代培养的方法和技术均来自国外，国内鲜见成功培养的报道，鸡前脂肪细胞系的建立至今也未见报道。

为深入了解鸡脂肪组织生长发育的遗传学基础，建立和完善鸡脂肪细胞体外培养体系显得尤为重要。为此，东北农业大学家禽课题组（以下简称"本课题组"）总结了前人的研究进展，并在此基础上优化了原代鸡前脂肪细胞分离培养和诱导分化的方法，搭建了在体外研究脂质代谢相关基因功能的技术平台，为进一步揭示鸡脂肪组织生长发育的分子遗传学机制奠定了基础。

第一节　脂肪细胞的来源、分布、结构和功能

一、脂肪细胞的来源

脂肪组织中含有多种细胞类型，包括血细胞、内皮细胞、巨噬细胞及不同分化程度的脂肪细胞等（Gimble et al.，2007）。1979 年，Taylor 等用多潜能干细胞诱导分化出了肌肉、软骨和脂肪细胞；1997 年，Dani 等将胚胎干细胞诱导分化成前脂肪细胞；1999年，Pittenger 等用骨髓衍生的基质细胞诱导生成了骨骼细胞和脂肪细胞。这些结果都表明胚胎干细胞或多潜能干细胞可能是脂肪细胞的直接来源。大多数物种中，脂肪组织在出生前就已经开始形成（Poissonnet et al.，1988，1983；Slavin，1979；Desnoyers and Vodovar，1977）。出生后，随着脂肪细胞数量增加和体积增大，脂肪组织迅速生长发育，并且在成年后仍具有产生新脂肪细胞的潜力（Spalding et al.，2008）。

对哺乳动物多能干细胞系的研究表明,脂肪细胞来源于间充质干细胞(mesenchymal stem cell,MSC)(Bray and Bouchard,1998)。间充质干细胞具有多潜能性,在合适的培养条件下能够分化为成软骨细胞、成骨细胞、成肌细胞和前脂肪细胞(Scuteri et al.,2011;Beyer Nardi and da Silva Meirelles,2006;Pittenger et al.,1999)。体外培养的前脂肪细胞呈梭形,为成纤维细胞样细胞。前脂肪细胞分化早期能够表达标志基因[如前脂肪细胞因子1(preadipocyte factor-1,Pref-1)],这时胞质内还没有积累甘油三酯。这种细胞经过终末分化形成充满小脂滴的未成熟的脂肪细胞,而后小脂滴逐渐汇合成一个大脂滴,胞质内甘油三酯大量积聚,形成典型的脂肪细胞(Gregoire et al.,1998)。成熟的脂肪细胞一般以一个大脂滴充满细胞的大部分,而稍微扁平的细胞核则位于周围胞质的狭小区域中(田志华和杨公社,2001)。图 8-1 比较了体内脂肪组织中的各种细胞类型与体外脂肪细胞不同分化阶段的细胞类型(Bray and Bouchard,1998)。

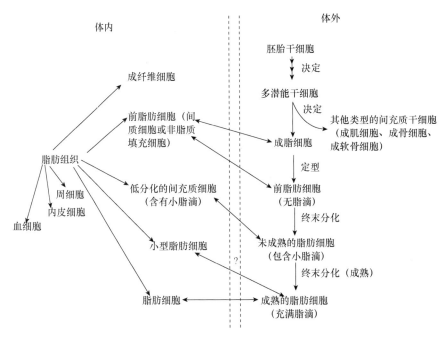

图 8-1　体内脂肪组织中的各种细胞类型和体外脂肪细胞不同分化阶段的细胞类型(引自 Bray and Bouchard,1998)

二、脂肪细胞的分布

动物脂肪组织是结缔组织的一种特殊形式,是机体较大的组织之一,可分为白色脂肪组织(white adipose tissue,WAT)和棕色脂肪组织(brown adipose tissue,BAT),分别由白色脂肪细胞和棕色脂肪细胞组成(滑留帅等,2013)。白色脂肪组织主要以甘油三酯的形式储存能量;棕色脂肪组织则可通过位于线粒体内膜的解偶联蛋白 1(UCP1)使线粒体氧化与磷酸化解偶联,从而以热量的形式消耗能量来维持体温(苏雪莹等,2015)。白色脂肪组织分布在动物的皮下、网膜、肠系膜、腹膜后、胸腔纵隔和腹腔浆膜下等处,数量多。棕色脂肪组织分布在多数哺乳动物(特别是婴儿和新生仔畜)的颈、肩、腋窝和背部肩胛间，是一种呈现棕色的特殊类型的脂肪组织，数量与白色脂肪组织相比要少得多（Gregoire et al.，1998）。

尽管在组织构成上很相似，但不同部位脂肪的功能及其对代谢的影响不完全一致。在肥胖的发展过程中，腹部内脏脂肪的堆积会引起病理性炎症反应和胰岛素抵抗，而臀部和大腿皮下脂肪则被认为可以增加胰岛素敏感性、改善糖耐量、降低糖尿病的患病风险（苏雪莹等，2015）。不同部位的脂肪组织在基因表达模式、激素受体分布及脂肪因子的分泌上也不完全相同。在发育过程中，不同部位的脂肪出现的时间也不尽相同，在啮齿类动物中，皮下脂肪在刚出生的时候就已经存在，而附睾脂肪和网膜脂肪的形成则相对较晚（Tchkonia et al.，2013）。更有意思的是，不同脂肪组织来源的脂肪前体细胞在基因表达、脂肪分化能力及对各种因子的反应能力方面都不完全一致（Macotela et al.，2012）。这些差异提示，不同部位的脂肪组织在生长发育过程中形成各自独特的代谢模式，对机体产生不同的影响（苏雪莹等，2015）。

三、脂肪细胞的结构

白色脂肪细胞呈圆形、椭圆形或多边形，大小不等。细胞内有一个大的脂滴，用油红O、苏丹III、BODIPY或锇酸等脂肪染料可以显示出来。脂滴中含有大量的中性脂类物质，主要是甘油三酯（TG）和胆固醇酯。脂滴周围的胞质中含有较多的线粒体、少量的游离核糖体及粗面内质网和滑面内质网，偶尔可见高尔基体、溶酶体、微丝和微管等细胞器，有时还可见糖原颗粒和脂质体（liposome，即新合成的脂）。脂肪细胞的细胞核则被脂滴挤到细胞的一侧。脂肪细胞膜表面有基膜，基膜外有薄层胶原纤维紧贴，形成基膜复合体（向钊，2003）。

棕色脂肪细胞除在脂肪细胞中分布许多含TG的小脂滴之外，还含有大量线粒体。由于线粒体中细胞色素多，脂肪细胞呈现棕色，故得名棕色脂肪细胞（Gregoire et al.，1998）。

四、脂肪细胞的功能

哺乳动物白色脂肪细胞除能储存脂类、调节能量平衡外，还具有以下功能：①合成脂蛋白脂酶（lipoprotein lipase，LPL），并将其运输到毛细血管内皮细胞表面，参与脂类代谢；②产生前列腺素（PGE_2和PGI_2）；③储存胆固醇；④降解低密度脂蛋白（LDL）；⑤产生少量的胶原纤维；⑥产生瘦素（leptin）（Hausman et al.，2001）。

除此之外，随着研究的深入，人们还发现了白色脂肪细胞一些新的功能。Turtzo等（2001）将3T3-L1前脂肪细胞与神经细胞进行联合培养，发现两种细胞均可以进行正常的形态分化，表达各自细胞特有的标志产物，但脂解作用和脂肪细胞分泌瘦素的能力降低了，这显然是联合培养的神经细胞神经肽Y（NPY）作用的结果。同时，NPY的分泌又因为脂肪细胞的存在而剧烈增加，说明脂肪细胞可能分泌某种可溶性因子，并能作用于神经细胞（Casimir et al.，1996）。

哺乳动物棕色脂肪细胞的主要功能是产热。成年机体遭受刺激，通常可以通过战栗由骨骼肌产热或化学途径产热。婴儿及新生仔畜由于还不会通过战栗途径产热，其所需热量几乎全靠化学途径来供应，因此棕色脂肪细胞的存在显得尤为重要（Sell et al.，2004）。

第二节　鸡脂肪细胞的离体培养

脂肪细胞的发生一般可分为脂肪细胞前体（adipocyte precursor）、前脂肪细胞（preadipocyte）和成熟脂肪细胞（adipocyte）3 个基本过程（成念忠，1992）。各种动物的脂肪组织经胶原酶消化后均可分离出基质血管（stromal-vascular, S-V）细胞，S-V 细胞由多种类型细胞组成，绝大部分是未定型的前脂肪细胞。这些未定型的前脂肪细胞在离体培养条件下可分化为成熟脂肪细胞。前脂肪细胞系则是从一些多潜能细胞系分离克隆出来的，这种特定细胞系也可在离体培养条件下分化成脂肪细胞。Aso 等（1995）从牛肌间脂肪组织的脂肪细胞前体培养物中分离克隆出了前脂肪细胞系；还有研究发现，在视黄酸作用一段时间后，再用促分化激素处理，胚胎干细胞可以较高效率地分化成成熟的脂肪细胞（Dani et al.，1997）。

一、前脂肪细胞的培养模式及其特点

根据细胞是否贴附生长的特性可将细胞分为贴附型和悬浮型两大类（鄂征，1997；司徒镇强和吴军正，1996）。贴附型细胞在培养时需贴在支持物表面上，哺乳动物前脂肪细胞需要贴附底物而生长，属于贴附型细胞。贴附的成功对于细胞培养成功与否是最关键的因素，尤其是原代培养。不同的细胞对底物要求不同，底物不适，则细胞生长不良（鄂征，1997；司徒镇强和吴军正，1996）。血清或细胞中一些特殊的促细胞附着因子可促进细胞贴附。这些促贴附因子先吸附于底物上，然后悬浮细胞再与促贴附因子附着。纤维连接蛋白、层粘连蛋白、亲玻粘连蛋白有利于前脂肪细胞的贴附（Deslex et al.，1987）。前脂肪细胞在贴附前呈球形，贴附后细胞呈成纤维细胞样或上皮细胞样。成纤维细胞样细胞呈梭形或不规则三角形，中央有核，胞质向外伸出 2 或 3 个长短不同的突起。除成纤维细胞外，凡由中胚层间充质干细胞起源的细胞贴附时均呈成纤维细胞样形态。上皮细胞样细胞为扁平的多角形，细胞质近中央处有圆形的细胞核。生长特点为细胞之间紧密相靠，互相衔接，具有连接成片的能力。细胞贴附后，还需经过一个潜伏阶段才能进入生长和增殖期。潜伏期细胞有运动，基本无增殖。潜伏期的长短与细胞接种密度、细胞种类和培养基性质等有关（鄂征，1997；司徒镇强和吴军正，1996）。

（一）培养前脂肪细胞的合成培养基

合成培养基为细胞提供了一个类似体内的生存环境，同时又便于控制和标准化体外的生存环境，应用十分广泛。脂肪细胞培养常用 M199 培养基和 DMEM/F12 培养基。M199 培养基一般常用于脂肪细胞有血清培养，而较少用于无血清培养，这是因为 M199 培养基无血清培养效果不如 DMEM/F12 培养基（Hausman，1989）。DMEM/F12 培养基以利用 F12 含有多种微量元素和 DMEM 含有较高浓度的营养成分（多种氨基酸、维生素、丙酮酸和微量的铁离子等）为优点，有利于脂肪细胞无血清培养。根据脂肪细胞的生长特点和实验条件，在基础培养基内还需添加一定量的促生长增殖成分。促生长增殖成分没有统一配方，补加的成分主要有激素、生长因子、细胞附着蛋白、金属离子转移蛋白、细胞结合蛋白、脂蛋白、脂肪酸、酶抑制剂及微量元素等（鄂征，1997；司徒镇强和吴军正，1996）。

（二）前脂肪细胞的培养模式

多种动物（包括人）都建立了前脂肪细胞的培养模式，其中以大鼠前脂肪细胞培养模式的应用最广泛。大鼠的前脂肪细胞来源于不同年龄阶段的皮下、附睾部、腹膜后的脂肪组织。最常用的诱导分化剂为胰岛素，添加 10% 胎牛血清培养时用低浓度胰岛素，无血清培养时用高浓度胰岛素（Wabitsch et al.，1996，1995；Grégoire et al.，1991，1990；Deslex et al.，1987；Wiederer and Loffler，1987）。猪的前脂肪细胞可来源于胎儿、新生仔猪（1~7 天）皮下、腹膜后的脂肪组织（Suryawan et al.，1997；Hausman，1996）。Suryawan 等（1997）研究了猪前脂肪细胞培养的最优条件，并确定了使前脂肪细胞分化达到最大程度的最佳激素剂量。Dodson 等（1997）尝试了肌肉细胞和脂肪细胞的联合培养模式，这一模式有利于研究脂肪组织和肌肉组织细胞间的生长调控机制。反刍动物前脂肪细胞的研究已相当广泛，Sato 等（1996）研究了牛肌间前脂肪细胞培养条件，发现反刍家畜前脂肪细胞的分化和代谢机制与其他种属有所不同。其他动物（包括人）也都有自己的前脂肪细胞培养模式。这些培养模式在细胞来源部位、年龄阶段及诱导分化试剂的种类和浓度上都有所不同。

（三）前脂肪细胞培养模式的特点

在过去的几十年，人们利用前脂肪细胞培养模式对前脂肪细胞的分化做了大量研究，包括从未定型成纤维样的前脂肪细胞到成熟、圆形脂肪细胞转变的整个过程。直接来源于体内的前脂肪细胞相对于前脂肪细胞系有如下特点：①原代前脂肪细胞是双倍体，比非整倍体细胞系能更好地反映体内机制；②原代前脂肪细胞可以来源于多种属动物、同一个体的不同分化阶段及不同部位的脂肪组织，可在多方面多层次研究前脂肪细胞分化的相关问题。但是，与前脂肪细胞系相比，直接来源于体内的前脂肪细胞潜在的异质性和有限的生命周期是其最大的弊端（Hausman et al.，1992；Grégoire et al.，1991，1990；Hauner et al.，1989；Deslex et al.，1987；Björntorp et al.，1982）。

如果培养条件合适，年幼动物的前脂肪细胞几乎可全部分化为脂肪细胞（Grégoire et al.，1990；Deslex et al.，1987）。随着动物年龄增加，前脂肪细胞的分化能力明显下降（Akambi et al.，1994；Bjorntorp et al.，1982）。例如，育肥绵羊前脂肪细胞的分化能力弱于胎儿绵羊前脂肪细胞和哺乳绵羊前脂肪细胞的分化能力（Soret et al.，1999）。前脂肪细胞的分化能力还与供体有关。例如，猪与绵羊的品种影响前脂肪细胞的分化能力；遗传性肥胖品种前脂肪细胞的分化能力大于瘦肉品种前脂肪细胞的分化能力，这一差异是由前脂肪细胞本身活力决定的，而不是血清因素等影响的（Soret et al.，1999；Akambi et al.，1994）。另外，胰岛素对猪肌内脂肪组织来源的前脂肪细胞和皮下脂肪组织来源的前脂肪细胞无促分化作用，而对肌间脂肪组织前脂肪细胞有促分化作用（Akambi et al.，1994）；绵羊皮下脂肪组织来源的前脂肪细胞与腹部脂肪组织来源的前脂肪细胞也有不同的分化能力（Soret et al.，1999）。这些研究结果表明不同部位脂肪组织来源的前脂肪细胞有着不同的分化能力并存在着不同的分化调控机制。

（四）前脂肪细胞的培养体系

最近几十年，对脂肪细胞体外培养体系的研究报道很多。在围绕此领域的相关研究中，前脂肪细胞系和原代脂肪细胞已经被广泛应用。本课题组王颖（2006）综述了相关的研究进展。表 8-1 列举了目前最常用的脂肪细胞系体外分化模型（Dani et al.，1997；Konieczny and Emerson，1984；Negrel et al.，1978；Green and Kehinde，1976，1975，1974）。由于对前脂肪细胞系的分化时间和分化阶段还存有疑问，因此培养原代前脂肪细胞来验证前脂肪细胞系获得的结果尤为重要（Gregoire et al.，1998）。对人、大鼠、小鼠、兔、猪等物种的原代前脂肪细胞的培养都已经十分成功，具体结果如表 8-2 所示（Serrero et al.，1997；Hausman，1992；Grégoire et al.，1991，1990；Kirkland et al.，1990；Hauner et al.，1989）。

表 8-1　脂肪细胞系体外分化模型（王颖，2006）

细胞系	来源/发育阶段	分化诱导剂
ES cells	小鼠囊胚（mouse blastocyst）	视黄酸（retinoic acid）
C3H10T1/2	小鼠胚胎（mouse embryo）	脱甲基 5′-氮胞苷（demethylating agent 5′-azacytidine）
TA1	5′-氮胞苷（5-azacytidine-treated 10 T1/2）	10% FBS，insulin，and Dex （10% FBS、胰岛素和地塞米松）
3T3-L1	17~19 天小鼠胚胎 （17- to 19-day disaggregated mouse embryo）	10% FBS，Dex and IBMX，insulin（high concentration） [10% FBS、地塞米松和 3-异丁基-1-甲基黄嘌呤、胰岛素（高浓度）]
3T3-F442A	17- to 19-day disaggregated mouse embryo	10% FBS，insulin （10% FBS、胰岛素）
Ob17	成年人附睾脂肪垫 （epididymal fat pads of adult）	8% FBS，insulin，and T_3 （8%FBS、胰岛素和三碘甲状腺原氨酸）

表 8-2　各物种原代前脂肪细胞的培养（王颖，2006）

物种	来源/阶段	分化诱导剂
大鼠	成年、4 周龄、新生 48h 的皮下、附睾、腹膜脂肪 subcutaneous，epididymal，retroperitoneal/newborn（48h），4 wk old，or adult	insulin（low concentration in 10% FBS，high concentration in serum free，accelerated） [胰岛素（10% FBS 时低浓度、无血清时高浓度）]
小鼠	8~12 天皮下脂肪 subcutaneous/8-12 day old	serum free；insulin，HDL，Dex （无血清；胰岛素、高密度脂蛋白、地塞米松）
兔	4 周龄肾周围脂肪 perirenal/4 wk old	serum free；insulin，Dex （无血清；胰岛素、地塞米松）
猪	1~7 天的肾周围、皮下脂肪 perirenal，Subcutaneous/fetal，newborn（1-7 day old）	serum free；insulin with or without glucocorticoids [无血清；胰岛素（不）加糖皮质激素]
人	不同年龄皮下（腹部）脂肪 subcutaneous（abdominal）/ variable age	serum free；insulin（high concentration）and glucocorticoids （无血清；高浓度胰岛素加糖皮质激素）

二、前脂肪细胞的增殖与分化

脂肪细胞是由起源于中胚层的多能干细胞逐步分化、发育而来的。研究显示，脂肪细胞分化过程可分为如下几个阶段：①多能干细胞向脂肪母细胞定向分化，形成静息前脂肪细胞；②静息前脂肪细胞发生克隆性增殖。该过程与胰岛素样生长因子 1（IGF1）、cAMP、糖皮质激素及脂肪酸等诱导剂促进细胞有丝分裂活动有关；③前脂肪细胞在上述诱导剂的介导下，表达特异性分化转录因子，并伴随细胞克隆性增殖的终止；④分化转录因子诱导脂肪细胞特异性功能基因的转录和翻译。脂肪细胞特异性功能基因产物包括实现能量储存和能量动员所需的关键酶系、调节蛋白、激素受体及受体后成分、细胞骨架、基质结构和分泌性蛋白等（金生浩和廖侃，1999）。由此可见，分化转录因子是实现脂肪细胞终末分化、完成脂肪细胞特异性功能的关键物质（汪善锋和李凌云，2004）。

（一）脂肪细胞增殖和分化的过程

对脂肪细胞增殖分化及调控方面的研究主要是在前脂肪细胞中完成的（Smas and Sul，1995；Farese et al.，1992；Corin et al.，1990）。研究结果表明，前脂肪细胞分化成脂肪细胞的关键在于不同时期特定基因的表达，即分化的早期、中期和末期特定基因 mRNA 和蛋白质的表达，以及甘油三酯的聚集（Moustaid and Sul，1991；Wilkson et al.，1990）。在适当的环境条件下，促进脂肪细胞分化的基因大量表达，使前脂肪细胞达到生长抑制，完成克隆性增殖和随后的终末分化。脂肪细胞分化过程中一些关键的分子事件如图 8-2 所示。

1. 生长抑制现象

前脂肪细胞系和原代前脂肪细胞具有分化为成熟脂肪细胞的能力。待分化的细胞具有一切正常细胞所具有的包括生长和有丝分裂在内的细胞周期，而开始进入分化的前提就是退出此细胞周期（张崇本，2004）。一般将待分化的细胞退出细胞周期的现象称为生长抑制（growth arrest）（张崇本，2004），脂肪细胞分化也是以生长抑制作为前提条件的。生长抑制之前，前脂肪细胞一般经历一个细胞汇合（confluence）的阶段，但这种细胞间接触并不是脂肪细胞分化的先决条件，如在无血清培养基中培养密度较低的鼠原代前脂肪细胞在缺少细胞间接触的条件下也能分化（Vanderstraeten-Gregoire，1989）。一般认为，脂肪细胞分化前的生长抑制发生于细胞周期的 G_1 期，这时的细胞不但停止生长而且失去了对有丝分裂的反应，称为 Gd 期（张崇本，2004）。另外，还存在由于缺少生长因子而引起的生长抑制（Gs）和由于缺少营养而引起的生长抑制（Gn），这两种生长抑制也都发生于 G_1 期，但只有抑制于 Gd 期的细胞能在缺少 DNA 合成的情况下获得分化表型，能在甲基异丁基黄嘌呤（IMBX）的诱导下增殖，而这两个特征是处于 Gs 和 Gn 期的细胞所不具备的（Cornelius et al.，1994）。

2. 克隆性增殖现象

生长抑制之后，前脂肪细胞在合适的促有丝分裂和促脂肪生成信号（主要是激素类）

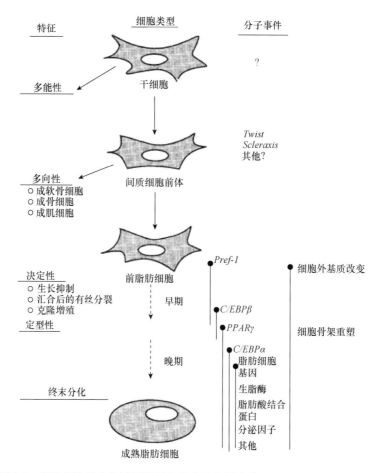

图 8-2　脂肪细胞的分化过程及其中发生的分子事件（Gregoire et al.，1998）

的作用下完成接下来的分化（张崇本，2004）。对前脂肪细胞系的研究表明，生长抑制的前脂肪细胞必须经过至少一轮的 DNA 复制和细胞加倍（cell doubling），进入一种无性增殖阶段，此过程可称为克隆性增殖（clonal expansion）（张崇本，2004）。最近的研究证明克隆性增殖是 3T3-L1 前脂肪细胞向成熟脂肪细胞分化的必要前提（Tang et al.，2003）。克隆性增殖的意义在于细胞通过增殖而为快速分化打下基础。然而，从人类脂肪组织获得的前脂肪细胞不需要经过细胞增殖就能够进入分化阶段（Entenmann and Hauner，1996）。由此可见，克隆性增殖对细胞分化来说并不是必需的步骤。有些细胞可能已经在体内完成了关键的细胞分裂，因此能够顺利地进行后续的分化。

3. 分化的早期阶段

经历（或不经历）克隆性增殖的前脂肪细胞开始表现出脂肪细胞的某些特征，这个阶段可看成是分化的早期阶段。

此时都发生了哪些事件及这些事件的确切顺序，目前还不很清楚。Macdougald 和 Lane（1995）认为脂蛋白脂酶（LPL）的表达是脂肪细胞分化的早期标记。脂蛋白脂酶（LPL）是一个 60kDa 的糖蛋白，在脂肪细胞分化早期即有表达，并随分化进程表达逐渐增加，至分化晚期表达渐趋稳定。成熟脂肪细胞分泌的 LPL 经载脂蛋白 Apo-C II 激活后，能够水解乳糜微粒和极低密度脂蛋白中的甘油三酯，产生可直接作为能源的游离脂肪酸，并在能量代谢和脂质积聚过程中发挥重要作用，脂肪细胞分化早期 LPL 是否具有上述功能尚不清楚。由于脂源性干细胞（adipose-derived stem cell，ADSC）在定向分化为前脂肪细胞阶段缺乏 LPL 的表达，LPL 常被看作促进脂肪细胞分化的重要因子之一。然而，LPL 的表达是在细胞汇合时自然发生的，不受是否存在脂肪细胞分化所必需的各种介质的影响；同时 LPL 的表达也不是脂肪细胞所特有的，其他类型的间质细胞如心肌细胞和巨噬细胞也能合成和分泌 LPL（Ailhaud，1996）。因此，LPL 只能作为脂肪细胞分化的一个早期参考性标记，而不能作为特异性标记。

另一种早期标记是前脂肪细胞因子（Pref-1），它是脂肪细胞分化早期具有分化抑制作用的分子标记。Smas 等（1999）发现，Pref-1 标记出现于前脂肪细胞阶段，其 mRNA 在前脂肪细胞阶段具有较高的表达水平，随分化进程其表达迅速下调。进一步研究表明，Pref-1 的持续高表达可明显抑制脂肪细胞分化，而其表达抑制明显增强脂肪细胞的分化，这表明 Pref-1 在前脂肪细胞向成熟脂肪细胞分化过程中是一个重要的抑制性分子标记。

目前普遍接受的是将过氧化物酶体增殖物激活受体（peroxisome proliferator activated receptor，PPAR）和 CCTTA 增强子结合蛋白（CCTTA enhancer binding protein，C/EBP）作为脂肪细胞分化的早期标记（张崇本，2004）。二者中的主要异构体是脂肪细胞和脂肪组织所特有的，它们在前脂肪细胞中就能检测到，在加入诱导分化的激素或介质之后表达迅速增加，在成熟的脂肪细胞中达到最高水平（Wu et al.，1996）。另外，细胞骨架成分及细胞外基质成分的种类和水平也伴随着脂肪细胞的分化而变化（Seo et al.，2003）。随着分化的进行，细胞形状从成纤维细胞样逐渐变成近圆形和圆形。细胞形态的变化是分化过程中必须经历的一步，而不仅仅是脂类积累的结果。例如，阻断脂肪酸的合成使脂类积累不能实现，仍可以观察到 3T3-L1 前脂肪细胞经历形态学上的变化，因此细胞形态的变化也是脂肪细胞分化的早期标记之一（张崇本，2004）。

4. 分化的晚期阶段

在脂肪细胞分化的晚期阶段，脂肪细胞数量显著增加，脂肪合成速度和对胰岛素的敏感性也显著提高（张崇本，2004）。这时期最主要的标志是与甘油三酯代谢关系密切的酶的活性显著增加。这些酶包括 ATP 柠檬酸裂解酶（ATP citrate lyase）、乙酰辅酶 A 羧化酶（acetyle CoA carboxylase，ACC）、脂肪酸合成酶（fatty acid synthase，FAS）、甘油-3-磷酸脱氢酶（glycerol phosphate dehydrogenase，GPDH）等（张崇本，2004）。此时的其他变化还有：葡萄糖转运蛋白和胰岛素受体数目增加，瘦素（leptin）开始合成等；某些脂肪组织特有的产物开始合成或加速合成，如脂肪酸结合蛋白（aP2）、脂肪酸运转蛋白（FAT/CD36）、脂滴包被蛋白（Perilipin）、monobutyrin（一种血管生成介质）、抵抗素（resitin）及几种血管紧张素肽原等（倪毓辉等，2004）。

超越脂肪细胞分化特定阶段的细胞必定会进入随后的最终分化。一旦进入最终分化，则既不能去分化，也不能重新进入有丝分裂（张崇本，2004）。失去增殖能力是脂肪细胞进入最终分化的标志（张崇本，2004）。小鼠 3T3-L1 前脂肪细胞分化过程见图 8-3。

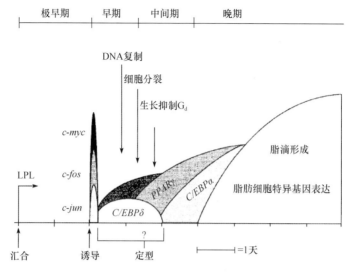

图 8-3　小鼠 3T3-L1 前脂肪细胞分化过程（James and Young-Cheul，2000）

G_d 为细胞分裂间期 G_1 期中的一个特定阶段

（二）影响前脂肪细胞增殖与分化的因素

对启动或加强前脂肪细胞分化的激素和生长因子的研究已有诸多报道。在各种不含血清的综合培养基中，加入胰岛素（insulin）、胰岛素生长因子-1、cAMP、生长激素（GH）和甲状腺素（T3）能够有效地诱导前脂肪细胞的增殖和分化，而糖皮质激素的加入则可进一步加强这种作用（Suryawan et al.，1997；Grégoire et al.，1991；Hauner et al.，1989；Deslex et al.，1987；Wiederer and Loffler，1987）。

1. 激素对脂肪细胞增殖与分化的影响

（1）生长激素（growth hormone，GH）。生长激素在成脂分化过程中是必需的。特别是在成脂分化后期，生长激素能促进 IGF1 的表达，而后者又是细胞分化过程中可代替胰岛素的成脂剂。生长激素可能通过蛋白激酶 C（protein kinase C，PKC）途径来促进成脂。因此生长激素在成脂分化过程，特别是体外无血清培养（不含激素）前体细胞的分化中是必要的（Butterwith，1994；Ailhaud et al.，1992）。但 Waditsch 等（1996）认为，生长激素虽然可促进未分化细胞增殖，但抑制成脂分化。

（2）胰岛素（insulin）。胰岛素在前脂肪细胞分化过程中发挥着相当重要的作用，它不仅本身能够促进脂肪的积聚，同时又具有促进其他药物（如地塞米松）积聚脂肪的能力（Sakoda et al.，2000）。

（3）前列腺素（prostaglandin，PG）。脂肪组织内有多种前列腺素的受体，包括 PGI_2、PGE_1、PGE_2 和 PGF_{2α} 等，同时脂肪组织也是产生这些前列腺素的重要场所（Børglum et al.，1999）。前列环素（prostacyclin，PGI_2）对小鼠前脂肪细胞具有潜在的促分化作用（Vassaux et al.，1994）。PGI_2 与受体结合后能够提高 cAMP 及 Ca^{2+} 浓度，引起前脂肪细胞的分化（朱晓海等，2003）。PGE_1 和 PGE_2 与受体结合后，可通过降低脂肪细胞内的 cAMP 浓度抵抗脂肪的分解（Vassaux et al.，1992）。PGF_{2α} 虽然无促进前脂肪细胞内 cAMP

浓度升高的作用，但是可以促进磷脂酰肌醇降解和蛋白激酶 C 的激活，因而可增强 PGI_2 促进前脂肪细胞分化的作用（Aubert et al.，2000）。

（4）糖皮质激素（glucocorticoid）。糖皮质激素能够强烈地诱导 3T3-L1、TA-1 前脂肪细胞及其他一些特定细胞的分化（Knight et al.，1987；Chapman et al.，1985）。研究表明，糖皮质激素的促脂肪细胞分化作用是通过其受体调节的，糖皮质激素受体（glucocorticoid receptor，GR）数目的增加增强了前脂肪细胞对糖皮质激素的敏感性，从而促进其分化（Chen et al.，1995；Hentges and Hausman，1989）。糖皮质激素作用的一个可能的靶基因是 *C/EBPδ*，另一个可能是磷脂酶 A2（phospholipase A2）。它可能通过抑制磷脂酶 A2 的活性，减轻前列腺素对脂肪细胞分化的抑制作用，进而实现其促进脂肪细胞分化的作用（许晓波和陈杰，2004）。

2. 生长因子对脂肪细胞增殖与分化的影响

（1）胰岛素样生长因子 1（insulin-like growth factor 1，IGF1）。研究发现，脂肪组织产生大量的 IGF1 和 IGF1 结合蛋白（Mandrup and Lane，1997；Sato et al.，1996），它们对脂肪组织自身生长调控起重要作用。在脂肪细胞分化过程中，IGF1 可以促进前脂肪细胞的分化。高浓度的 IGF1 能激活胰岛素受体，发挥抑制脂肪分解的作用（Sato et al.，1996），而低浓度的 IGF1 可以促进脂肪分解（Mandrup and Lane，1997）。

有证据表明，胰岛素的促脂肪细胞分化作用是通过 IGF1 受体介导的（许晓波和陈杰，2004），虽然胰岛素能够模拟 IGF1 的多种生物学效应，但与 IGF1 相比，胰岛素对 IGF1 受体的亲和力很低，因此胰岛素只有在高浓度（非生理状态）时才具有这种诱导分化的作用。而相比之下，IGF1 处于比胰岛素低得多的浓度（生理状态）时就能够有效地诱导脂肪细胞的分化，因而研究者推测 IGF1 有可能是体内真正的分化诱导物（许晓波和陈杰，2004）。

（2）表皮生长因子（epidermal growth factor，EGF）。EGF 可使细胞由静止期进入增殖期，促进 DNA 复制，推进细胞周期进程，使分裂加快，细胞周期缩短（Van and Roncari，1978）。多项研究均表明 EGF 可以促进前脂肪细胞增殖（Boone et al.，2000；Burt et al.，1992）。

（3）转化生长因子（transforming growth factor，TGF）。TGF 有 TGF-α 与 TGF-β 两种，作用范围相当广泛。TGF-α 可抑制大鼠前脂肪细胞的分化，这种作用是通过转化生长因子受体而起作用的（Vassaux et al.，1994）。TGF-β 对前脂肪细胞的促增殖作用机制尚不清楚，但已有研究表明，TGF-β 能抑制原代培养或者前脂肪细胞系的分化（Torti et al.，1989）。

（4）肿瘤坏死因子 α（tumor necrosis factor α，TNF-α）。TNF-α 具有多种作用，包括诱导胰岛素抗性、诱导瘦素（leptin）产生、促进脂解、抑制脂质合成、导致脂肪细胞正常形态丧失、阻滞体外培养的前脂肪细胞的分化等，这些作用均趋向于降低脂肪细胞的数量和体积，因而 TNF 具有限制脂肪增加的功能（Paieault and Green，1979）。TNF-α 可以减少如 LPL 和 ACC 等对脂肪生成必需关键酶的合成或降低酶的活力，或通过抑制 GLUT4 的表达和/或 GLUT4 通路的功能而抑制脂肪沉积。TNF-α 对前脂肪细胞的作用与 C/EBPα 和 PPARγ 的表达降低有关（Wabitsch et al.，1995）。

（5）成纤维细胞生长因子（fibroblast growth factor，FGF）。成纤维细胞生长因子能抑制前脂肪细胞的分化，这是一种直接抑制作用，而不是通过持续的促分裂作用来间接抑制的（Moustaid and Sul，1991）。

（6）前脂肪细胞因子-1（preadipocyte factor-1，Pref-1）。从前脂肪细胞分化开始到形成成熟的脂肪细胞，Pref-1 的表达量逐渐下降以至于消失，说明 *Pref-1* 基因的表达参与了前脂肪细胞的分化和表型的维持（Smas et al.，1997，1994）。

除此以外，其他生长因子对脂肪细胞的增殖或分化也有一定的影响。例如，脂肪生成抑制因子（AGIF）可抑制 3T3-L1 前脂肪细胞的分化（徐萍和丁宗一，2000）；血小板衍生生长因子（platelet derived growth factor，PDGF）、白细胞介素 1（interleukin 1）等通过促分裂原活化的蛋白激酶通路以磷酸化 PPAR 的方式抑制脂肪细胞分化（Rosen et al.，2000）。

3. 核激素超家族对脂肪细胞增殖与分化的影响

影响前脂肪细胞分化的核激素超家族包括糖皮质激素、三碘甲状腺原氨酸（triiodothyronine，T3）和视黄酸（retinoid acid，RA）（许晓波和陈杰，2004）。研究表明，糖皮质激素能够强烈地诱导 3T3-L1、TA-1 前脂肪细胞及其他一些特定细胞的分化（Knight et al.，1987；Chapman et al.，1985）；Ob17 前脂肪细胞的分化需要依赖甲状腺素（T3）的存在，但在添加 8-Bromo-cAMP 后，这种分化就可以不依赖甲状腺素（Student et al.，1980）；一些体内的实验数据表明，视黄酸有刺激脂肪组织生成的作用，在牛中视黄酸水平与肌内脂肪的生成呈正相关（Oka et al.，1992）。

4. 细胞外基质与细胞骨架组分对脂肪细胞增殖与分化的影响

在前脂肪细胞的分化过程中，细胞形态、细胞骨架组分（肌动蛋白、微管蛋白、波形蛋白、黏着斑蛋白、α-辅肌动蛋白和原肌球蛋白）及细胞外基质组分的类型和分泌水平都会发生巨大变化（Boone et al.，1999；Spiegelman and Farmer，1982）。Ⅰ型和Ⅲ型胶原、纤粘连蛋白、多聚赖氨酸及 β-整合蛋白等与前脂肪细胞的分化呈负相关（Bortell et al.，1994；Antras-Ferry et al.，1994；Rodríguez Fernádez and Ben-ze'ev，1989；Aratani and Kitagawa，1988；Spiegelman and Ginty，1983），而Ⅳ型胶原、触觉蛋白、层粘连蛋白复合体等与前脂肪细胞的分化呈正相关（Ono et al.，1990；Aratani and Kitagawa，1988）。Boone 等（1999）调查了前脂肪细胞形态与脂肪细胞聚集脂滴能力的关系，结果发现猪前脂肪细胞的形态与脂肪细胞聚集较大脂滴的能力存在很高的相关性，但脂滴聚集的起始与细胞形态无明显相关，而主要受细胞外基质组分的调控。

（三）前脂肪细胞分化诱导剂

1. 激素混合物

在 3T3-L1 脂肪细胞分化的研究中，被广泛应用的诱导剂是激素混合物（cocktail）。该激素混合物的主要成分包括地塞米松（DEX）、3-异丁基-1-甲基黄嘌呤（IBMX）及胰岛素（insulin）。DEX 是一种人工合成的糖皮质激素，主要是通过细胞核内的糖皮质激素作用元件（glucocorticoid response element，GRE）起作用。DEX 通过诱导 C/EBPδ 的表达，并使其和 C/EBPβ 形成复合物，进一步诱导 C/EBPα 和 PPARγ 的表达和活化，从而促进脂肪细胞的分化（Farmer，2006）。另外，还有研究发现 DEX 还可以通过抑制肿瘤坏死因子 α（TNF-α）和前脂肪细胞因子-1（Pref-1）的表达而促进脂肪细胞的分化（Gregoire，2001）。IBMX 可以通过抑制细胞内 cAMP 磷酸二酯酶的活性增加腺苷酸环化酶的活性，来增加胞内 cAMP 的浓度，再和细胞核内的 cAMP 反应元件作用，从而诱导分化相关基因（如 C/EBPβ）的表达。研究发现 cAMP 浓度增加后，细胞内 PPARγ 配体的浓度会增加。另外，cAMP 的增加还可以抑制 Wnt 信号通路，促进脂肪细胞的分化（Johnson and Greemwood，1988）。insulin 是一种生长因子，能够促进脂肪细胞的增殖和分化。insulin 在哺乳动物及鼠的前脂肪细胞分化中起到相当重要的作用，它本身促进脂肪的积聚，又可促进其他药物（如地塞米松）的脂肪积聚作用（Sakoda et al.，2000）。Matsubara 等（2008）的研究表明，insulin 在鸡脂肪细胞分化过程中主要是起促进脂类沉积的作用，并不能作为一种诱导剂诱发其分化。3T3-L1 前脂肪细胞在胎牛血清培养基中经过数周可自发分化为脂肪细胞，在经典激素混合物诱导条件下，可加速分化为成熟的脂肪细胞（Ntambi and Kim，2000）。

2. 脂肪酸

脂肪酸分为饱和脂肪酸和不饱和脂肪酸。不饱和脂肪酸又分为单不饱和脂肪酸[如油酸（oleic acid）]和多不饱和脂肪酸，如二十碳五烯酸（eicosapentaenoic acid，EPA）、二十二碳六烯酸（docosahexaenoic acid，DHA）、花生四烯酸（arachidonic acid）、共轭亚油酸（conjugated linoleic acid，CLA）等。脂肪酸作为一种普遍存在的生物分子在动物体内行使着许多功能。除了被广泛认知的细胞膜组成成分及代谢底物的功能外，在哺乳动物上，很多研究表明脂肪酸在脂肪细胞分化过程中起非常关键的作用（Kim et al.，2006）。1989 年，Gaillard 等发现在鼠 Ob1771 前脂肪细胞系中加入花生四烯酸盐（arachidonate）可以促进脂类合成；Amri 等（1995）以鼠的前脂肪细胞系作为研究对象，发现向其中加入脂肪酸可以诱发前脂肪细胞分化，并能诱导脂肪细胞分化特异基因的表达。Krey 等（1997）研究发现，像 DHA 和 EPA 这样 n-3 家族的长链多不饱和脂肪酸，与脂肪细胞分化转录因子 PPARγ 具有高亲和力，并可通过与 PPARγ 的结合而调节 PPARγ 的表达。2005 年，Matsubara 等研究发现，向 cocktail 中加入油酸可以诱导鸡前脂肪细胞分化；2008 年，Matsubara 等利用长链脂肪酸混合物同样成功诱导了鸡前脂肪细胞的分化。

共轭亚油酸（conjugated linoleic acid，CLA）是一组由具有共轭不饱和双键的亚油酸异构体构成的混合物，不同异构体之间不饱和双键位置和空间构型不同。研究发现，其异构体中双键位置在 9、11 位的顺-9、反-11（cis-9，trans-11）CLA 和双键位置在 10、12 位的反-10、顺-12（trans-10，cis-12）CLA 具有重要的生理学功能。例如，Kang 等（2003）在 3T3-L1 前脂肪细胞中发现反-10、顺-12 的 CLA 可减少 PPARγ 的表达，抑制细胞的分化；Yang 等（2001）和 Park 等（1999）发现在有反-10、顺-12 的 CLA 的 3T3-L1

前脂肪细胞中脂蛋白脂酶活性降低，而顺-9、反-11 的 CLA 却不降低其活性。有研究表明，CLA 作为 PPARγ 的配体，可与其结合后激活 PPARγ，然而多数研究表明 CLA 抑制脂肪形成和前脂肪细胞分化（Granlund et al.，2005；Kang et al.，2003；Kang and Pariza，2001）。所以 CLA 对于 PPARγ 的作用不一定是持续激活，而有可能在前脂肪细胞分化的后期，作为 PPARγ 激活剂的竞争者，发挥抑制 PPARγ 活性的作用（刘华，2007）。Rahman 等（2001）研究发现 CLA 可使小鼠甘油醛-3-磷酸脱氢酶活性降低；Tsuboyama-Kasaoka 等（2000）观察到 CLA 使脂肪酸合成酶（FAS）和乙酰辅酶 A 羧化酶（ACC）减少，CLA 还能使脂蛋白脂酶（LPL）表达量减少。可见，CLA 能够影响脂肪代谢过程，减少体内脂肪累积。

3. 鸡脂肪细胞分化的体外诱导剂

在小鼠 3T3-L1 前脂肪细胞诱导分化中广泛应用的诱导剂为激素混合物（cocktail）（Kamei et al.，1993）。而鸡前脂肪细胞体外分化的研究起步较晚，为了能够建立成熟稳定的鸡前脂肪细胞体外诱导分化体系，科研工作者通过调整诱导培养基的成分，不断优化完善了鸡前脂肪细胞的体外诱导分化条件，其中包括调整鸡血清（chicken serum）的浓度（Ramsay and Rosebrough，2003；Cryer et al.，1987）；添加胰岛素（insulin）、三碘甲状腺原氨酸（T3）、胰岛素样生长因子 1（IGF-1）、地塞米松（DEX）（Ramsay and Rosebrough，2003）、激素混合物（Sato et al.，2009；Matsubara et al.，2005）、脂肪酸（Sato et al.，2009；Matsubara et al.，2008，2005）、曲格列酮（Sato et al.，2009）及 GW501516（PPARβ/δ 的配体）（Sato et al.，2009）等。

早期开展鸡前脂肪细胞体外诱导分化研究时使用的是鸡血清和鸡原生质脂蛋白（Cryer et al.，1987），而后 Butterwith 和 Griffin（1989）将巨噬细胞分泌的细胞因子加入含鸡血清培养的原代前脂肪细胞中，发现脂肪细胞中脂类沉积量几乎增加了 2 倍。Ramsay 和 Rosebrough（2003）等使用含低浓度鸡血清（2.5%）的 DMEM/F12 培养基培养鸡前脂肪细胞，分析了各种外源激素（胰岛素、T3、地塞米松和肝磷脂）对细胞增殖和分化的影响，从而确定了在基础培养基（DMEM/F12）的基础上添加胰岛素、肝磷脂、地塞米松和 2.5%鸡血清的体外鸡前脂肪细胞诱导分化体系。然而，鸡血清中含有的成分较复杂，无法具体阐明究竟是其中哪种因子对鸡脂肪细胞分化起到了直接诱导作用。

由于鸡血清中含有许多不确定因素，不利于研究单一因素对鸡脂肪细胞分化的影响。Matsubara 等（2005）将培养基中的鸡血清去除，并添加了细胞培养中常规使用的胎牛血清（fetal bovine serum，FBS）来研究其他因子对鸡脂肪细胞分化的影响。结果表明，应用于 3T3-L1 前脂肪细胞系的经典诱导剂（cocktail）并不能诱导鸡前脂肪细胞分化，但在 cocktail 的基础上加入脂肪酸（油酸）后，体外培养的鸡前脂肪细胞内开始沉积脂滴，甘油-3-磷酸脱氢酶（GPDH）活性随着分化进程逐渐升高，并且过氧化物酶体增殖物激活受体 γ（PPARγ）基因被诱导表达，48h 后细胞表现出明显的分化特征。2008 年，Matsubara 等利用脂肪酸混合物（主要包括棕榈酸、硬脂酸、油酸、亚油酸、花生四烯酸等）在无血清培养条件下诱导原代鸡前脂肪细胞分化。Realtime RT-PCR 结果显示，脂肪酸诱导组与对照组相比，*PPARγ* 基因的表达量显著升高，这一结果再一次印证了鸡脂肪细胞对脂肪酸的特殊敏感性。鸡脂肪细胞分化的诱导剂不同于 3T3-L1 前脂肪细胞系，可能与不同种属间脂类合成的位置不同有关。啮齿类动物脂类合成主要在肝脏和脂肪组织中进行，猪和反刍动物主要在脂肪组织，而禽类 90% 的脂类合成在肝脏中完成（Donaldson，1985；Steffen et al.，1978；Allee et al.，1971）。鸡脂肪组织利用肝脏合成的脂类通过 VLDL 运输到脂肪组织中完成脂类的沉积（Griffin and Hermier，1988）。外源脂肪酸很可能对鸡脂肪细胞分化起到关键的调节作用。

胰岛素作为 3T3-L1 前脂肪细胞系经典诱导剂的成分之一，对脂肪细胞分化有正向的促进作用（Suryawan et al.，1997；Ramsay et al.，1992；Hauner，1990）。然而，胰岛素在鸡脂肪细胞分化中的作用不同于哺乳动物。在低浓度鸡血清存在的培养条件下，胰岛素能够促进细胞内脂类的沉积（Ramsay and Rosebrough，2003），而无血清条件下单独使用胰岛素并不能诱导鸡脂肪细胞分化。此外，研究发现在胰岛素和脂肪酸共同存在的培养条件下，细胞内沉积了大量的脂滴，并且达到了终末分化程度（Matsubara et al.，2008）。

（四）鸡前脂肪细胞分化的分子调控

哺乳动物中的研究表明，脂肪细胞的分化涉及一系列转录调控因子及辅助因子的协同作用（Farmer，2006）。前人的研究确定了许多前脂肪细胞向脂肪细胞分化过程中关键的转录调控因子，其中包括 CAAT 增强子结合蛋白家族（C/EBPα、C/EBPβ、C/EBPδ）、过氧化物酶体增殖物激活受体 γ（PPARγ）、甾醇调节元件结合蛋白 1（SREBP1）、GATA 结合蛋白 2（GATA2）等，它们在脂肪细胞分化过程中，通过表达量或活性的变化对脂肪细胞的分化起着重要的调控作用（Farmer，2006；Rosen et al.，2006；MacDougald and Lane，1995）。

1. PPARγ 和 C/EBPα

对脂肪细胞分化过程中分子调控的认识大部分是从鼠 3T3-L1 前脂肪细胞系的研究结果中获得的（Morrison and Farmer，2000）。*PPARγ* 基因的表达水平常作为反映脂肪细胞分化程度的重要标志（Gregoire et al.，1998）。PPARγ2 是对脂肪细胞分化具有决定性作用的 PPARγ 的一个异构体，具有脂肪组织特异性，是调控脂肪生成的重要转录因子。PPARγ2 在脂肪细胞特异性基因转录前就被诱导表达，在前脂肪细胞中就能检测到，可以作为脂肪细胞分化的分子标记；脂肪细胞分化后其表达迅速增加，在成熟脂肪细胞中达到最高水平，对脂肪细胞的分化起着重要作用（Wu et al.，1996）。在成纤维细胞和成肌细胞中异位表达 PPARγ 能诱导这些细胞向脂肪样细胞转分化（El-Jack et al.，1999）。在 3T3-L1 前脂肪细胞分化过程中，C/EBPα 在 PPARγ 之后被激活，并且受到 PPARγ 的正向调节（Tamori et al.，2002），而后 C/EBPα 协同 PPARγ 共同调控脂肪细胞分化（Mandrup and Lane，1997）。C/EBPα、PPARγ 二者可以各自独立参与脂肪细胞代谢调控，也能通过相互作用共同刺激脂肪细胞分化。这两个转录因子在鸡前脂肪细胞分化过程中的调控模式与哺乳动物相似。Matsubara 等（2005）的研究表明，在鸡前脂肪细胞培养基中加入 cocktail 和油酸后，PPARγ 的表达量迅速升高，在 9h 左右达到最高，而 C/EBPα 的激活要晚于 PPARγ；2008 年，Matsubara 等利用脂肪酸混合物诱导鸡前脂肪细胞分化，向培养基中加入脂肪酸混合物后，发现 *PPARγ* mRNA 水平迅速上调，而 *C/EBPα* 基因表达量的上调同样晚于 PPARγ。尽管 PPARγ 和 C/EBPα 对鸡脂肪细胞分化的调控机制还不明确，但以上研究表明，在鸡脂肪细胞分化过程中，*PPARγ* 基因表达量的上调可以促进 *C/EBPα* 基因的表达，然后二者协同作用，共同促进鸡脂肪细胞分化。2008 年，本课题组 Wang 等利用 RNA 干扰（RNAi）技术在诱导分化后的鸡前脂肪细胞中干扰 PPARγ 的表达，发现鸡前脂肪细胞的分化受到明显的抑制，同时脂肪型脂肪酸结合蛋白（*A-FABP*）基因的表达量出现下降趋势，这一结果更加明确了 PPARγ 在鸡前脂肪细胞分化过程中的重要调控作用。此外，有研究表明给鸡饲喂曲格列酮（PPARγ 的配体）能够促进鸡腹部脂肪的沉积（Sato et al.，2004）。给 1 日龄的鸡雏腹膜内注射曲格列酮，发现 7 日龄鸡腹部脂肪组织中 PPARγ、C/EBPα 和 A-FABP 的表达量显著高于未注射曲格列酮组（Sato et al.，2008）。这些研究都表明，PPARγ 与 C/EBPα 的激活可能是鸡脂肪细胞诱导分化的第一步，这两个转录因子在调控鸡脂肪细胞分化过程中起关键作用。

2. C/EBPβ 和 C/EBPδ

当 3T3-L1 前脂肪细胞被诱导分化后，C/EBPβ 和 C/EBPδ 的 mRNA 水平会立即升高，而后激活 C/EBPα 和 PPARγ 的表达，从而引发 3T3-L1 脂肪细胞的分化（Cao et al.，1991）。这两个转录因子在鸡脂肪细胞分化过程中的表达模式不同于 3T3-L1 前脂肪细胞。在鸡前脂肪细胞中加入诱导剂后，C/EBPβ 和 C/EBPδ 的表达量并非立即升高，而是随着分化的进程逐渐升高（Matsubara et al.，2005）。同样，在新建立的鼠前脂肪细胞系 DFAT-D1 中，C/EBPβ 和 C/EBPδ 的表达模式与 3T3-L1 前脂肪细胞的表达模式也不相同（Yagi et al.，2004）。由此可见，C/EBPβ 和 C/EBPδ 在鸡脂肪细胞和 3T3-L1 前脂肪细胞系中的表达模式差异可能并非种属特异性所致。C/EBPβ 和 C/EBPδ 对鸡脂肪细胞分化的调控机制仍需进一步研究。

3. PPARβ/δ

过氧化物酶体增殖物激活受体 β/δ（PPARβ/δ）是过氧化物酶体增殖物激活受体家族（PPAR）中的一个亚型。在哺乳动物中，PPARβ/δ 能够促进脂肪酸氧化（Wang et al.，2003）、增加胞质内脂类沉积而参与脂肪细胞分化（Matsusue et al.，2004）。体外培养 PPARβ/δ 敲除鼠的脂肪细胞表现出分化受阻的现象（Matsusue et al.，2004）。2009 年，Sato 等通过向培养基中加入 GW501516（PPARβ/δ 的配体）来研究 PPARβ/δ 在鸡脂肪细胞分化中的作用。结果表明，*PPARβ/δ* 基因在鸡脂肪细胞分化过程中并非起到关键的激活作用，但是能够促进已经分化的脂肪细胞向成熟脂肪细胞转变。

4. SREBP1 和 FAS

SREBP1 在 3T3-L1 前脂肪细胞分化早期表达较高（Ericsson et al.，1997），并且可以促进 PPARγ 配体的生成及激活脂肪酸合成酶（*FAS*）基因的表达（Fajas et al.，1999）。在鸡脂肪细胞分化过程中，*SREBP1* 和 *FAS* 基因的表达量随着分化的进程逐渐升高，并且这两个基因表达量的变化与 C/EBPα 表达量的变化相对应，这表明 SREBP1 和 FAS 参与鸡脂肪细胞的分化，并且很可能受 C/EBPα 的调控（Matsubara et al.，2005）。

5. A-FABP 和 LPL

脂肪型脂肪酸结合蛋白（A-FABP）在脂肪细胞分化或者单核细胞向活化的巨噬细胞转化的过程中表达量显著增加，而且特异地对长链脂肪酸（LCFA）有较高的亲和性。这两个特点表明 A-FABP 在脂肪细胞的甘油三酯（TG）储存和释放过程中发挥重要的作用（Storch and Corsico，2008），因此该基因被认为是脂肪细胞分化中晚期的标志（MacDougald and Lane，1995；Yang et al.，1989）。然而，鸡前脂肪细胞诱导分化后，A-FABP 基因 mRNA 表达量在分化早期就有了明显的上升，并且早于 C/EBPα 被激活（Matsubara et al.，2008，2005）。因此，与哺乳动物不同，A-FABP 基因也可能是鸡脂肪细胞分化的早期标志之一。

脂蛋白脂酶（LPL）是在鸡前脂肪细胞中最早被研究的与脂肪细胞增殖分化密切相关的关键酶之一。在 3T3-L1 前脂肪细胞分化早期阶段，细胞完全汇合时，脂蛋白脂酶（LPL）基因高表达，LPL 因此常被认为是脂肪细胞分化早期的标志（Ntambi and Kim，2000；MacDougald and Lane，1995）。

6. GLUT1 和 GLUT8

在哺乳动物中，脂肪细胞需要葡萄糖作为原料来进行脂质沉积。葡萄糖转运蛋白（GLUT）家族在运输葡萄糖方面起到关键作用，其中 GLUT4 在哺乳动物脂肪细胞分化过程中的作用尤其重要（Kaestner et al.，1990）。鸡缺乏 GLUT4 的同源序列（Seki et al.，2003）。Matsubara 等（2005）研究表明，随着鸡脂肪细胞的分化，GLUT1 和 GLUT8 的表达量逐渐增加。由此可见，在鸡脂肪细胞分化过程中，GLUT1 和 GLUT8 可能代替GLUT4 参与鸡脂肪细胞的分化。

7. Pref-1/DLK1

前脂肪细胞因子-1（Pref-1，也称 delta-like protein 1，DLK1）是一种包含表皮生长因子（EGF）重复序列的跨膜蛋白，其 mRNA 在 3T3-L1 前脂肪细胞中高表达，随着分化进程其表达量逐渐减少，在成熟的脂肪细胞中检测不到表达（Gregoire et al.，1998）。Pref-1 的组成性表达（constitutive expression）抑制 C/EBPα 和 PPARγ 的表达，阻止脂肪细胞分化（周丽斌，2001）。地塞米松能够抑制 Pref-1 的转录，从而对 Pref-1 的表达起着负性调节作用（Mei et al.，2002）。常规剂量的地塞米松作为促脂肪形成媒介物，部分是经由抑制 Pref-1 的表达来诱导脂肪细胞分化的。Wu 等（2005）发现 Krüppel 样转录因子 2（Krüppel-like transcription factor 2，KLF2）在体内抑制前脂肪细胞分化部分是通过调节 Pref-1 而实现的。Pref-1 的持续高表达可明显抑制脂肪细胞分化，而其表达抑制则明显增强脂肪细胞分化，提示 Pref-1 在前脂肪细胞向成熟脂肪细胞分化过程中是一个重要的抑制性标志因子。Shin 等（2008）的研究表明，随着日龄的增加，Pref-1 基因在鸡脂肪组织中的表达量有下降的趋势，而该基因在鸡脂肪组织来源的 SVF 细胞中的表达量显著高于成熟脂肪细胞。这些研究结果提示 Pref-1 基因在鸡脂肪细胞分化过程中的作用可能与哺乳动物相似。

相对于哺乳动物，鸡前脂肪细胞分化分子调控方面的研究较少，鸡前脂肪细胞分化这一生物学过程究竟涉及哪些基因表达的变化及其分子调控机制仍然有待进一步阐明。

第三节　油酸对鸡原代细胞的诱导分化作用

目前对于哺乳动物脂肪细胞分化的研究已取得了突破进展（Farmer，2006），然而，国内外对于鸡脂肪细胞分化方面的研究报道还比较少。从已有的研究报道来看，鸡与哺乳动物脂肪细胞分化的分子机制并不完全相同（Matsubara et al.，2008，2005）。脂肪细胞的分化是一个由许多转录因子参与的复杂的调控过程。体外研究脂肪细胞分化经典的诱导剂是激素混合物（cocktail），而鸡脂类合成不同于哺乳动物，脂肪细胞分化的分子机制也不尽相同，所以分化诱导剂理应有所不同。2005 年和 2008 年 Matsubara 等研究表明，脂肪酸对鸡脂肪细胞分化有正向的诱导作用。油酸是一种广泛存在的并且机体自身可以合成的单不饱和脂肪酸。研究表明，油酸具有诱导鸡前脂肪细胞分化为脂肪细胞的能力（Matsubara et al.，2005），也可以诱导非脂源性细胞转分化为典型的脂肪细胞（杨林辉和陈东风，2007；Wolins et al.，2006；Jump et al.，2005）。为验证油酸的诱导分化作用，本课题组 Liu 等（2009）用油酸诱导了原代培养的鸡成纤维细胞、成肌细胞、前脂肪细胞。结果发现加入油酸后，前脂肪细胞和鸡成纤维细胞中均有脂滴出现，但成肌细胞的形态没有变化；同时，在油酸诱导后的鸡成纤维细胞中，A-FABP 的 mRNA 和蛋白质表达水平显著提高，*C/EBPα*、*PPARγ* 和 *SREBP-1* 基因的 mRNA 表达水平呈现不同程度的升高。这些结果说明油酸可以诱导鸡成纤维细胞转分化成脂肪样细胞，但对成肌细胞没有影响。

一、油酸诱导鸡成纤维细胞转分化为脂肪样细胞

脂肪细胞的分化会受到大量的细胞外信号影响，有些会促进其分化，而有些则抑制这个过程（Xu et al.，2008）。例如，在哺乳动物中，被称为脂肪细胞分化"鸡尾酒"（cocktail）的地塞米松（DEX）、3-异丁基-1-甲基黄嘌呤（IBMX）和胰岛素（insulin）混合物可以在体外诱导脂肪细胞的分化（Soret et al.，1999；Pairault and Lasnier，1987）。近年来的研究表明，脂肪酸是脂肪细胞分化过程中最基本的诱导剂（Matsubara et al.，2008）。实际上，许多以前的研究也发现，脂肪酸及其衍生物具有类激素样的作用，可以通过调节特定基因的表达来影响前脂肪细胞的增殖与分化（Matsubara et al.，2005；Azain，2004）。油酸被发现能够诱导鸡前脂肪细胞分化为脂肪细胞（Matsubara et al.，2005）。而且，油酸还可以诱导非脂源性细胞（如肝脏细胞、OP9 小鼠基质细胞）转分化为典型的成熟脂肪细胞（杨林辉和陈东风，2007；Wolins et al.，2006；Jump et al.，2005）。鸡成纤维细胞、成肌细胞虽然与前脂肪细胞一样，均来源于中胚层，但它们几乎没有自发启动脂肪形成的能力（Yamanouchi et al.，2007；Freytag et al.，1994）。为了验证这两种细胞类型是否具有在油酸诱导下转分化为脂肪样细胞的潜力，本课题组 Liu 等（2009）

开展了相关研究。

（一）油酸诱导后鸡前脂肪细胞、成纤维细胞和成肌细胞形态的变化

我们在鸡前脂肪细胞、成纤维细胞和成肌细胞中添加 300μmol/L 的油酸进行诱导分化，96h 后观察细胞形态的变化。结果发现，与未添加油酸的鸡前脂肪细胞相比，添加 300μmol/L 的油酸诱导后，鸡前脂肪细胞变圆，并且细胞中可被油红 O 染色的脂滴显著增加（图 8-4A，图 8-4B）；与未添加油酸的鸡成纤维细胞相比，添加 300μmol/L 的油酸诱导 96h 后，鸡成纤维细胞中出现了可被油红 O 染色的脂滴（图 8-4C，图 8-4D）。然而，用同样含量（300μmol/L）的油酸诱导鸡成肌细胞 96h 后，大多数成肌细胞分化出肌管，但细胞中未出现脂滴沉积，未表现出脂肪样细胞的形态（图 8-4E，图 8-4F）。

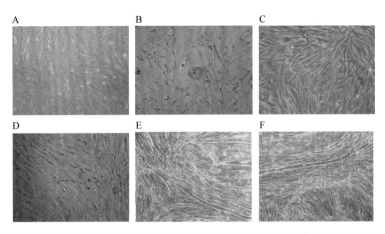

图 8-4　油酸诱导后鸡前脂肪细胞、成纤维细胞、成肌细胞的形态变化（Liu et al.，2009）

A、B 为前脂肪细胞；C、D 为成纤维细胞；E、F 为成肌细胞。A、C、E 为未添加油酸的细胞形态；B、D、F 为添加 300μmol/L
油酸诱导 96h 后的细胞形态

（二）油酸诱导后鸡成纤维细胞中 A-FABP 表达量的变化

为进一步确定油酸对鸡成纤维细胞转分化的诱导作用，我们检测了油酸诱导 0~96h 后细胞中脂滴的沉积和 A-FABP 表达量的变化情况。结果发现，随着油酸诱导时间的增加，鸡成纤维细胞中的脂滴含量逐渐增加（图 8-5，图 8-6）。油酸诱导 96h 后，A-FABP 蛋白表达水平显著升高（图 8-7）；A-FABP 基因的 mRNA 表达水平从诱导 6h 后显著提高，并一直维持高水平表达直至 96h（图 8-8A）。

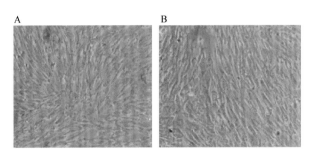

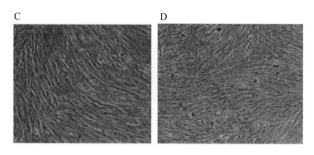

图 8-5　油酸诱导后不同分化时间鸡成纤维细胞形态的变化（Liu et al.，2009）

A. 诱导 12h；B. 诱导 24h；C. 诱导 48h；D. 诱导 96h

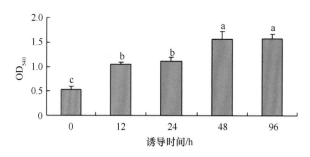

图 8-6　油酸诱导后不同分化时间鸡成纤维细胞内脂滴的沉积（Liu et al.，2009）

不同字母表示差异显著（$P<0.05$）

图 8-7　油酸诱导后鸡成纤维细胞中 A-FABP 蛋白水平的变化（Liu et al.，2009）

A.未添加油酸诱导；B.油酸诱导 96h

（三）油酸诱导后鸡成纤维细胞中脂肪分化转录因子基因表达量的变化

我们同时检测了油酸诱导后 0~96h 细胞中 $C/EBP\alpha$、$PPAR\gamma$ 和 $SREBP\text{-}1$ 等脂肪分化转录因子基因表达量的变化情况。结果发现，$PPAR\gamma$ 基因的表达量在油酸诱导后至 9h 逐步增加，9~48h 时又逐步下降，在 96h 有轻微回升（图 8-8B）；$C/EBP\alpha$ 基因的表达量在油酸诱导后 3h 达到最大值，并在 6h 快速下降，然后维持同一水平直至 96h（图 8-8C）；$SREBP\text{-}1$ 基因的表达水平在油酸诱导后 12h 达到最大值，并在 24h 降至最低，然后维持同一水平直至 96h（图 8-8D）。

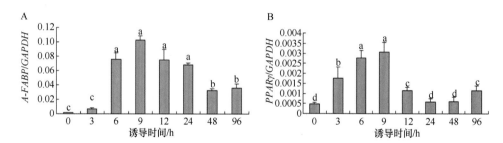

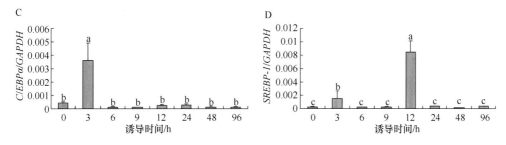

图 8-8　油酸诱导后鸡成纤维细胞中基因表达量的变化（Liu et al.，2009）
不同字母表示差异显著（P<0.05）

作为一类富含能量的分子，脂肪酸在脂质代谢过程中发挥着重要作用。脂肪酸对细胞的增殖与分化有明显的影响（Amri et al.，1994），脂肪酸也可直接促进鸡脂肪细胞的分化（Matsubara et al.，2008）。本研究中，在油酸诱导下，鸡前脂肪细胞分化为脂肪细胞，表现为细胞变圆并在细胞质中沉积了脂滴（图 8-4B）。而鸡成纤维细胞在油酸诱导下，细胞中虽然同样出现了脂滴，但细胞形态始终保持为梭形（图 8-4D），因此我们称这些转分化的成纤维细胞为"脂肪样细胞"。

脂肪型脂肪酸结合蛋白（A-FABP）在哺乳动物的脂肪细胞分化和脂肪酸转运过程中发挥着重要作用（Motojima，2000），它同时也是脂肪细胞分化的重要标志（Xu et al.，2008）。在 NIH-3T3 细胞转分化为脂肪细胞的过程中，A-FABP 的表达量显著增加（El-Jack et al.，1999）。在本研究中，添加油酸的鸡成纤维细胞中 A-FABP 的 mRNA 和蛋白质表达量都显著增加，暗示油酸可以诱导鸡成纤维细胞转分化为脂肪样细胞。

另外，我们发现，油酸诱导后的鸡成纤维细胞中 *PPARγ* 基因的表达量持续增加直至9h，并且其表达规律与 A-FABP 相似（图 8-8A，图 8-8B），暗示 PPARγ 是鸡成纤维细胞转分化为脂肪样细胞过程中的一个关键调控因子。*C/EBPα* 基因的表达量在油酸诱导后 3h 有短暂的增加，表明 C/EBPα 可能在转分化的早期阶段发挥重要作用。有研究表明，在3T3-L1 脂肪细胞的分化过程中，PPARγ 和 C/EBPα 是通过相互调节来维持其表达水平的（Schwarz et al.，1997）。在我们的研究中，PPARγ 和 C/EBPα 在转分化早期阶段的同一时间（3h）表达量增加，暗示 C/EBPα 可能与 PPARγ 协同刺激鸡成纤维细胞的转分化。

有文献报道，脂肪酸可以阻止成肌细胞的肌原性分化，无论该成肌细胞是来源于细胞系（C2C12N）还是原代培养的肌肉细胞，同时脂肪酸还会促进这些细胞转分化为脂肪样细胞（Teboul et al.，1995）。然而，在本研究中，我们发现尽管成肌细胞也分化形成了多核的肌管，但并未发现成肌细胞转分化为含有脂滴的脂肪样细胞，说明在300μmol/L 的油酸诱导条件下，鸡成肌细胞不能发生转分化。

总之，从细胞形态和基因表达水平的变化来看，油酸可以诱导鸡成纤维细胞转分化为脂肪样细胞，但对鸡成肌细胞没有作用，说明并不是所有类型的细胞都可以被油酸诱导转分化为脂肪样细胞。

二、油酸诱导鸡前脂肪细胞分化为脂肪细胞

哺乳动物中被广泛接受的脂肪发生诱导剂是由 IDX（胰岛素、地塞米松、3-异丁基-1-

甲基黄嘌呤）组成的激素混合物，它可以通过提高脂肪细胞分化主要调节因子的表达水平和细胞质中的脂滴沉积来诱导前脂肪细胞分化（Farmar，2006）。由于目前尚未有可利用的鸡前脂肪细胞系，因此多数关于鸡前脂肪细胞分化的研究均以来源于脂肪组织的 S-V 细胞为实验材料（Zhang et al.，2013；Sato et al.，2009；Wang et al.，2008）。然而，IDX 并不足以促进鸡前脂肪细胞的分化（Matsubara et al.，2005），为此人们尝试了多种方法来改善鸡前脂肪细胞分化的培养条件，如添加鸡血清、脂肪酸、激素等（Matsubara et al.，2005；Ramsay and Rosebrough，2003）。目前，脂肪酸被认为是鸡前脂肪细胞分化的最佳诱导剂（Matsubara et al.，2008）。

作为脂肪酸的一个重要成员，油酸在脂肪细胞分化中也发挥着重要作用。与激素结合，油酸可以诱导鸡原代前脂肪细胞分化为成熟的脂肪细胞（Matsubara et al.，2005）；油酸也可以独自诱导细胞内的脂滴沉积并促进成肌细胞、成纤维细胞转分化为脂肪细胞（张广峰等，2012；Liu et al.，2009）。为了筛选、确定更适合鸡前脂肪细胞分化的诱导剂，本课题组 Shang 等（2014）从细胞形态、基因表达水平等方面比较了 3 种不同的诱导剂（IDX、IDX+油酸和油酸）对鸡前脂肪细胞分化作用的异同。结果发现，鸡前脂肪细胞单独加入油酸诱导后，细胞质出现明显的脂滴和脂质沉积，同时伴有 *PPARγ* 基因表达量的上调和 *GATA2* 基因表达量的下降；而用 IDX 诱导的鸡前脂肪细胞中却几乎见不到脂滴出现。这些结果说明，相对于 IDX，油酸更适合作为鸡前脂肪细胞的脂肪发生诱导剂。

（一）鸡前脂肪细胞分化的诱导方案

我们将传代后的鸡前脂肪细胞再次长满时，即诱导开始的时间点，记为 0h。不同处理组、不同诱导时间更换不同成分的培养基进行诱导，具体分组情况及培养基的成分见图 8-9。其中对照组为仅用基础培养基培养，IDX 组为在基础培养基中添加 IDX 或胰岛素（insulin），IDX+油酸组为在基础培养基中同时添加 IDX 和油酸（或 INS 和油酸），油酸组为在基础培养基中仅添加油酸。

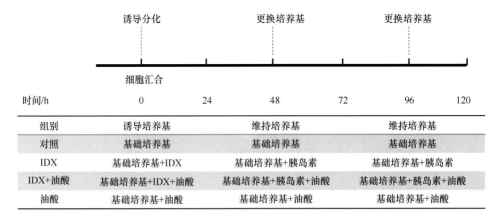

图 8-9　不同处理组鸡前脂肪细胞的诱导方法（Shang et al.，2014）

基础培养基为 DMEM/F12 加 10%胎牛血清；IDX 为胰岛素、地塞米松、IBMX 混合物；油酸组和 IDX+油酸组中油酸的终浓度为 160μmol/L

（二）鸡前脂肪细胞分化过程中的形态学观察

利用油红 O 染色的方法，本课题组 Shang 等（2014）对鸡前脂肪细胞分化过程中的细胞形态进行了观察。结果发现，对照组细胞随着体外培养时间的增加，细胞内有少量的脂滴沉积，表明常规培养的鸡原代前脂肪细胞存在缓慢自发分化的现象，油酸组细胞内的脂滴含量随诱导时间的增加而增多，IDX+油酸组呈现了和油酸组相似的脂滴沉积效果，而 IDX 组的细胞与对照组相似，并未显著地沉积脂滴（图 8-10）。这些结果表明油酸在脂肪细胞脂滴沉积过程中起到了关键的作用。

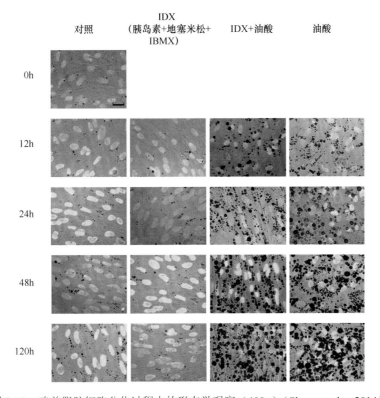

图 8-10　鸡前脂肪细胞分化过程中的形态学观察（400×）（Shang et al.，2014）

（三）不同处理组鸡前脂肪细胞分化程度的检测

利用油红 O 提取比色的方法，我们检测了不同处理组鸡前脂肪细胞分化的程度。结果表明，与形态学观察的结果相似，鸡前脂肪细胞诱导 120h 后，油酸组和 IDX+油酸组中的脂滴含量显著高于未诱导的前脂肪细胞、120h 的对照组细胞和 IDX 组细胞中的脂滴含量（$P<0.05$）（图 8-11）。

（四）鸡前脂肪细胞分化过程中相关基因表达量的变化

利用 Realtime RT-PCR 的方法，我们检测了各处理组细胞在各诱导时间点（0h、12h、24h、48h、72h、96h、120h）*PPARγ*、*AFABP* 和 *GATA2* 基因的表达变化趋势。结果表明，在前脂肪细胞分化过程中，油酸组中 *PPARγ* 基因的表达量逐渐升高，并且在 12h 和 120h 显著高于

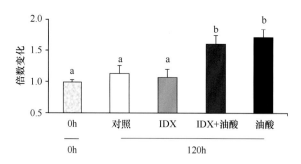

图 8-11　鸡前脂肪细胞和诱导 120h 的脂肪细胞油红 O 提取比色的结果（Shang et al.，2014）
不同字母表示差异达显著水平（$P<0.05$）

对照组（$P<0.05$）；油酸组中 *AFABP* 基因的表达量在 24h 有明显的升高，并且在 12h、24h、72h 都显著高于对照组（$P<0.05$）；油酸组中 *GATA2* 基因的表达量在整个前脂肪细胞分化过程中较对照组低，并且在 24h、72h、96h 和 120h 达到显著水平（$P<0.05$）（图 8-12）。

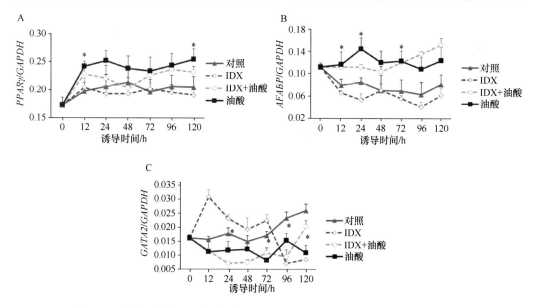

图 8-12　鸡前脂肪细胞分化过程中相关基因的表达趋势（Shang et al.，2014）
*表示差异达显著水平（$P<0.05$）

对哺乳动物的研究表明，PPARγ 是脂肪发生调控通路中的重要转录因子，可以作为脂肪细胞分化的分子标记，在前脂肪细胞中就能检测到，而且其表达量随脂肪细胞分化迅速增加，并在成熟脂肪细胞中达到最高水平（Wu et al.，1996）。因此，*PPARγ* 基因的表达水平常作为反映脂肪细胞分化程度的重要标志（Gregoire et al.，1998）。A-FABP 是一种脂肪酸结合蛋白，在哺乳动物脂肪细胞分化中被看作一个分化晚期的标志，但是鸡脂肪细胞研究的结果表明，其在鸡脂肪细胞分化早期同样高表达（Matsubara et al.，2008，2005），由此推测，*AFABP* 基因可能是鸡脂肪细胞分化早期的标志。GATA2 是脂肪细胞分化的负调控因子，它能够通过抑制 C/EBPδ 和 C/EBPβ 的活性从而抑制脂肪细胞分化（Tong et al.，2005）。有研究表明，在 3T3-F442A 细胞系中过表达 *GATA2* 和 *GATA3* 基因能够抑制细胞的分化（Tong et al.，2000）。从本研究的结果中可以看出，油酸组与对照组相比，*PPARγ* 基因的表达水平在 12h 和 120h 显著上调（$P<0.05$），*AFABP* 基因的表达水平在 12h、24h、72h 显著上调（$P<0.05$），*GATA2* 基因的表达水平在 24h、72h、96h、120h 时显著下调（$P<0.05$），说明油酸诱导鸡前脂肪细胞分化的同时，引起了与脂质代谢相关基因表达量的变化，同时基因表达量的变化趋势也印证了油酸的诱导作用。综合鸡前脂肪细胞形态学的变化、油红 O 提取比色的结果及脂肪细胞分化相关基因表达的变化趋势，我们可以确定在基础培养基中单独加入油酸即可以诱导鸡前脂肪细胞的分化。

参 考 文 献

成念忠. 1992. 组织学. 2 版. 北京: 人民卫生出版社.

鄂征. 1997. 组织培养和分子细胞学技术. 北京: 北京出版社.

滑留帅, 王璟, 李明勋, 等. 2013. 动物脂肪组织的分化起源. 中国牛业科学, 39(1): 42-45.

金生浩, 廖侃. 1999. 脂肪细胞分化的转录调控. 生命的化学, 19(5): 216-219.

刘华. 2007. 共轭亚油酸对前脂肪细胞 3T3-L1 的作用研究. 南昌: 南昌大学硕士学位论文.

倪毓辉, 郭锡熔, 陈荣华. 2004. 脂肪细胞分化的表型特征、分子标志和调控. 国外医学（儿科学分册）, 31(6): 306-308.

司徒镇强, 吴军正. 1996. 细胞培养. 西安: 世界图书出版西安公司.

苏雪莹, 魏苏宁, 徐国恒. 2015. 脂肪细胞的起源. 生理科学进展, 46(2): 99-102.

田志华, 杨公社. 2001. 猪脂肪细胞分化的研究进展. 黑龙江畜牧兽医, 6: 36-38.

汪善锋, 李凌云. 2004. 脂肪细胞的分化作用及其调控. 中国饲料, 2: 11-13.

王颖. 2006. 鸡脂肪细胞分化转录因子基因的功能研究. 哈尔滨: 东北农业大学博士学位论文.

向钊. 2003. IGF-I 和 EGF 对大鼠前体脂肪细胞增殖与分化的影响. 杨凌: 西北农林科技大学硕士学位论文.

徐萍, 丁宗一. 2000. 脂肪细胞凋亡研究进展及其与肥胖的关系. 中华儿科杂志, 38(1): 58-59.

许晓波, 陈杰. 2004. 脂肪细胞的分化及其调控. 畜牧与兽医, 36(11): 41-43.

杨林辉, 陈东风. 2007. 油酸诱导培养肝细胞脂肪变性模型的建立. 重庆医学, (08):698-700.

张崇本. 2004. 脂肪细胞的分化及调控. 生理科学进展, 35(1): 7-12.

张广峰, 陈祥贵, 林琳, 等. 2012. 脂肪酸对成肌细胞增殖和分化的影响. 卫生研究, 41(06):883-888.

周丽斌. 2001. 脂肪细胞的分化调控. 国外医学.内分泌学分册, 21(4): 206-209.

朱晓海, 何清濂, 林子豪, 等. 2003. 前列腺素类药物对人前脂肪细胞增殖和分化的影响. 第二军医大学学报, 24(1): 55-57.

Ailhaud G. 1996. Early adipocyte differentiation. Biochem Soc Trans, 24(2): 400-402.

Ailhaud G, Grimaldi P, Négrel R, et al. 1992. Cellular and molecular aspects of adipose tissue development. Annu Rev Nutr, 12: 207-233.

Akambi K A, Brodie A E, Svryawan A, et al. 1994. Effect of age on the differentiation of porcine adipose stromal-vascular cells in culture. J Anim Sci, 72(11): 2828-2835.

Allee G L, O'Hea E K, Leveille G A. 1971. Influence of dietary protein and fat on lipogenesis and enzymatic activity in pig adipose tissue. J Nutr, 101(7): 869-878.

Amri E Z, Ailhaud G, Grimaldi P A. 1994. Fatty acids as signaling molecules: involvement in the differentiation of preadipose to adipose cells. J Lipid Res, 35(5): 930-937.

Amri E Z, Bonino F, Ailhaud G, et al. 1995.   J Biol Chem, 270(5): 2367-2371.

Antras-Ferry J, Hilliou F, Lasnier F, et al. 1994. Forskolin induces the reorganization of extracellular matrix fibronectin and cytoarchitecture in 3T3-F442A adipocytes: its effect on fibronectin gene expression.

Biochim Biophys Acta, 1222(3): 390-394.

Aratani Y, Kitagawa Y. 1988. Enhanced synthesis and secretion of type IV collagen and entactin during adipose conversion of 3T3-L1 cells and production of unorthodox laminin complex. J Biol Chem, 263(31): 16163-16169.

Aso H, Abe H, Nakajima A. 1995. A preadipocyte clonal line from bovine intramuscular adipose tissue: nonexpression of GLUT-4 protein during adipocyte differentiation. Biochem Biophys Res Commun, 213(2): 369-375.

Aubert J, Saint-Marc P, Belmonte N, et al. 2000. Prostacyclin IP receptor up regulates the early expression of C/EBP beta and C/EBP delta in preadipose cells. Mol Cell Endocrinol, 160(1-2): 149-156.

Azain M J. 2004. Role of fatty acids in adipocyte growth and development. J Anim Sci, 82(3): 916-924.

Baar R A, Dingfelder C S, Smith L A, et al. 2005. Investigation of *in vivo* fatty acid metabolism in AFABP/aP2−/− mice. Am J Physiol Endocrinol Metab, 288(1): 187-193.

Beyer Nardi N , da Silva Meirelles L. 2006. Mesenchymal stem cells: isolation, *in vitro* expansion and characterization. Handb Exp Pharmacol, (174): 249-282.

Björntorp P, Karlsson M, Pettersson P. 1982. Expansion of adipose tissue storage capacity at different ages in rats. Metabolism, 31(4): 366-373.

Boone C, Gregoire F, Clercq L P, et al. 1999. The modulation of cell shape influences porcine preadipocyte differention. In Vitro Cell Dev Biol Anim, 35(2): 61-63.

Boone C, Gregoire F, Remacle C. 2000. Culture of porcine stromal-vascular cells in serum-free medium: differential action of various hormonal agents on adipose conversion. J Anim Sci, 78(4): 885-895.

Børglum J D, Pedersen S B, Ailhaud G, et al. 1999. Differential expression of prostaglandin receptor mRNAs during adipose cell differentiation. Prostaglandins Other Lipid Mediat, 57(5-6): 305-317.

Bortell R, Aowen T, Ignotz R, et al. 1994. TGF beta 1 prevents the down-regulation of type I procollagen, fibronectin, and TGF beta 1 gene expression associated with 3T3-L1 pre-adipocyte differentiation. J Cell Biochem, 54(2): 256-263.

Bray G A, Bouchard C. 1998. Handbook of Obesity. New York: Marcel Dekker.

Burt D W, Boswell J M, Paton I R, et al. 1992. Multiple growth factor messenger RNAs are expressed in chicken adipocyte precursor cells. Biochem Biophys Res Commun, 187(3): 1298-1305.

Butterwith S C. 1994. Molecular events in adipocyte development. Pharmacol Ther, 61(3): 99-111.

Butterwith S C, Griffin H D. 1989. The effects of macrophage-derived cytokines on lipid metabolism in chicken(*Gallus domesticus*)hepatocytes and adipocytes. Comp Biochem Physiol A Mol Integr Physiol, 94(4): 721-724.

Cao Z, Umek R M, McKnight S L. 1991. Regulated expression of three C/EBP isoforms during adipose conversion of 3T3-L1 cells. Genes Dev, 5(9): 1538-1552.

Casimir D A, Miller C W, Ntambi J M. 1996. Preadipocyte differentiation blocked by prostaglandin stimulation of prostanoid FP2 receptor in murine 3T3-L1 Cells. Differentiation, 60(4): 203-210.

Chapman A B, Knight D M, Ringold G M. 1985. Glucocorticoid regulation of adipocyte differentiation: hormonal triggering of the developmental program and induction of a differentiation-dependent gene. J Cell Biol, 101(4): 1227-1235.

Chen N X, White B D, Hausman G J. 1995. Glucocorticoid receptor binding in porcine preadipocyte during development. J Anim Sci, 73(3): 722-727.

Corin R E, Guller S, Wu K Y. 1990. Growth hormone and adipose differentiation: growth hormone-induced antimitogenic state in 3T3-F442A preadipose cells. Proc Natl Acad Sci U S A, 87(19): 7507-7511.

Cornelius P, MacDougald O A, Lane M D. 1994. Regulation of adipocyte development. Annu Rev Nutr, 14: 99-129.

Cryer A. 1983. The growth and metabolism of developing adipose tissue. *In*: Jones C T. The Biochemical Development of the Fetus and Neonate. Amsterdam: Elsevier Biomedical Press: 731-757.

Cryer A. 1985. Biochemical markers of adipocyte precursor differentiation. *In*: Cryer A, Van R L R. New Prespectives in Adipose Tissue, Structure, Function and Development. London: Butterworths: 383-405.

Cryer J, Woodhead B G, Cryer A. 1987. The isolation and characterization of a putative adipocyte precursor cell type form the white adipose tissue of the chicken(*Gallus domesticus*). Comp Biochem Physiol A Comp Physiol, 86(3): 515-521.

Dani C, Smith A G, Dessolin S, et al. 1997. Differentiation of embryonic stem cells into adipocyte *in vitro*. J Cell Sci, 110(Pt 11): 1279-1285.

Deslex S, Negrel R, Ailhaud G. 1987. Differentiation of rat adipose precursor cells. Exp Cell Res, 168(1): 15-30.

Desnoyers F, Vodovar N. 1977. Etude histologique compare chez le porc et le rat du tissue adipeux perirenal au stade de son apparition. Biol Cell, 29: 177-182.

Dodson M V, Vierck J L, Hossner K L, et al. 1997. The development and utility of a defined muscle and fat co-culture system. Tissue Cell, 29(5): 517-524.

Donaldson W E. 1985. Lipogenesis and body fat in chicks: effects of calorie-protein ratio and dietary fat. Poult Sci, 64(6): 1199-1204.

El-Jack A K, Hamm J K, Pilch P F, et al. 1999. Reconstitution of insulin-sensitive glucose transport in fibroblasts requires expression of both PPAR gamma and C/EBP alpha. J Biol Chem, 274(12): 7946-7951.

Entenmann G, Hauner H. 1996. Relationship between replication and differentiation in cultured human adipocyte precursor cells. Am J Physiol, 270(4 Pt 1): C1011-1016.

Ericsson J, Jackson S M, Kim J B, et al. 1997. Identification of glycerol-3-phosphate acyltransferase as an adipocyte determination and differentiation factor 1- and sterol regulatory element-binding protein-responsive gene. J Biol Chem, 272(11): 7298-7305.

Fajas L, Schoonjans K, Gelman L, et al. 1999. Regulation of peroxisome proliferator- activated receptor gamma expression by adipocyte differentiation and determination factor 1/sterol regulatory element binding protein 1: implications for adipocyte differentiation and metabolism. Mol Cell Biol, 19(8): 5495-5503.

Farese R V, Standaert M L, Francois A J, et al. 1992. Effects of insulin and phorbol esters on subcellular distribution of protein kinase C isoforms in rat adipocyte. Biochem J, 288(Pt 1): 319-323.

Farmer S R. 2006. Transcriptional control of adipocyte formation. Cell Metab, 4(4): 263-273.

Freytag S O, Paielli D L, Gilbert J D. 1994. Ectopic expression of the CCAAT/enhancer binding protein alpha promotes the adipogenic program in a variety of mouse fibroblastic cells. Genes Dev, 8(14): 1654-1663.

Gaillard D, Négrel R, Lagarde M, et al. 1989. Requirement and role of arachidonic acid in the differentiation of pre-adipose cells. Biochem J, 257(2): 389-397.

Gimble J M, Katz A J, Bunnell B A, et al. 2007. Adipose-derived stem cells for regenerative medicine. Circ Res, 100(9): 1249-1260.

Granlund L, Pedersen J I, Nebb H I. 2005. Impaired lipid accumulation by *trans*10, *cis*12 CLA during adipocyte differentiation is dependent on timing and length of treatment. Biochim et Biophys Acta, 1687(1-3): 11-22.

Green H, Kehinde O. 1974. Sublines of mouse 3T3 cells that accumulate lipid. Cell, 1(3): 113-116.

Green H, Kehinde O. 1975. An established preadipose cell line and its differentiation in culture. II. Factors affecting the adipose conversion. Cell, 5(1): 19-27.

Green H, Kehinde O. 1976. Spontaneous heritable changes leading to increased adipose conversion in 3T3 cells. Cell, 7(1): 105-113.

Gregoire F M. 2001. Adipocyte differentiation: from fibroblast to endocrine cell. Exp Biol Med(Maywood). 226(11): 997-1002.

Gregoire F M, Smas C M, Sul H S. 1998. Understanding adipocyte differentiation. Physiol Rev, 78(3): 783-809.

Grégoire F, Genart C, Hauser N, et al. 1991. Glucocorticoids induce a drastic inhibition of proliferation and stimulate differentiation of adult rat fat cell precursors. Exp Cell Res, 196(2): 270-278.

Grégoire F, Todoroff G, Hauser N, et al. 1990. The stroma-vascular fraction of rat inguinal and epididymal adipose tissue and the adipoconversion of fat cell precursors in primary culture. Biol Cell, 69(3):

215-222.

Griffin H D, Hermier D. 1988. Plasma lipoprotein metabolism and fattening on poultry. *In*: Leclercq B, Whitehead C C. Leanness in Domestic Birds: Genetic, Metabolic and Hormonal Aspects. London: Butterworths: 175-201.

Guo W, Xie W, Lei T, et al. 2005. Eicosapentaenoic acid, but not oleic acid, stimulates β-oxidation in adipocytes. Lipids, 40(8): 815-821.

Haque W A, Garg A. 2004. Adipocyte biology and adipocytokines. Clin Lab Med, 24(1): 217-234.

Hauner H. 1990. Complete adipose differentiation of 3T3 L1 cells in a chemically defined medium: comparison to serum-containing culture conditions. Endocrinology, 127(2): 865-872.

Hauner H, Entenmann G, Wabitsch M, et al. 1989. Promoting effect of glucocorticoids on the differentiation of human adipocyte precursor cells cultured in a chemically defined medium. J Clin Invest, 84(5): 1663-1670.

Hausman D B, Digirolamo M, Bartness T J, et al. 2001. The biology of white adipocyte proliferation. Obes Rev, 2(4): 239-254.

Hausman G J. 1989. The influence of insulin triiodothyronine and insulin-like growth factor-1 on the differentiation of preadipocytes in serum-free cultures of pig stromal-vascular cells. J Anim Sci, 67(11): 3136-3143.

Hausman G J, Novakofski J E, Martin R J. 1984. The development of adipocytes in primary stromal-vascular culture of fetal pig adipose tissue. Cell Tissue Res, 236(2): 459-464.

Hausman G J, Wright J T, Richardson R T. 1996. The influence of extracellular matrix substrata on preadipocytes development in serum-free cultures of pig stromal-vascular cells. J Anim Sci, 74(9): 2117-2128.

Hausman G J. 1992. Responsiveness to adipogenic agents in stromal-vascular cultures derived from lean and preobese pig fetuses: an ontogeny study. J Anim Sci, 70(1): 106-114.

Hentges E J, Hausman G J. 1989. Primary cultures of stromal-vascular cells from pig adipose tissue: the influence of glucocorticoids and insulin as inducers of adipocyte differentiation. Domest Anim Endocrinol, 6(3): 275-285.

Hermier D. 1997. Lipoprotein metabolism and fattening in poultry. J Nutr,127(5 Suppl): 805-808.

Hyman B T, Stoll L L, Spector A A. 1982. Prostaglandin production by 3T3-L1 cells in culture. Biochim Biophys Acta, 713(2): 375-385.

James M N, Young-Cheul K. 2000. Adipocyte differentiation and gene expression. symposion: adipocyte function, differentiation and metabolism. University of Wisconsin Madison, 130: 3122S-3126S.

Johnson P R, Greemwood M R C. 1988. Adipose tissue. *In*: Weiss L. Cell and Tissue Biology—A Textbook of Histology. Baltimore: Urban and Schwarzenberg: 191-209.

Jump D B, Botolin D, Wang Y, et al. 2005. Fatty acid regulation of hepatic gene transcription. J Nutr, 135(11): 2503-2506.

Kaestner K H, Christy R J, Lane M D. 1990. Mouse insulin-responsive glucose transporter gene: characterization of the gene and trans-activation by the CCAAT/enhancer binding protein. Proc Natl Acad Sci U S A, 87(1): 251-255.

Kamei Y, Kawada T, Kazuki R, et al. 1993. Retinoic acid receptor gamma 2 gene expression is up-regulated by retinoic acid in 3T3-L1 preadipocytes. Biochem J, 293(3): 807-812.

Kang K, Liu W, Albright K J, et al. 2003. *trans*-10, *cis*-12 CLA inhibits differentiation of 3T3-L1 adipocytes and decreases PPAR gamma expression. Biochem Biophys Res Commun, 303(3): 795-799.

Kang K, Pariza M W. 2001. *trans*-10, *cis*-12-conjugated linoleic acid reduces leptin secretion from 3T3-L1 adipocytes. Biochem Biophys Res Commun, 287(2): 377-382.

Kim H K, Della-Fera M, Lin J, et al. 2006. Docosahexaenoic acid inhibits adipocyte differentiation and induces apoptosis in 3T3-L1 preadipocytes. J Nutr, 136(12): 2965-2969.

Kirkland J L, Hollenberg C H, Gillon W S. 1990. Age, anatomic site, and the replication and differentiation of adipocyte precursors. Am J Physiol, 258(2 Pt 1): 206-210.

Knight D M, Chapman A B, Navre M, et al. 1987. Requirements for triggering of adipocyte differentiation by glucocorticoids and indomethacin. Mol Endocrinol, 1 (1): 36-43.

Konieczny S F, Emerson C P Jr. 1984. 5-Azacytidine induction of stable mesodermal stem cell lineages from 10T1/2 cells: evidence for regulatory genes controlling determination. Cell, 38(3): 791-800.

Krey G, Braissant O, L'Horset F, et al. 1997. Fatty acids, eicosanoids and hypolipidemic agents identified as ligands of peroxisome proliferators-activated receptors by coactivator-dependent receptor ligand assay. Mol Endocrinol, 11(6): 779-791.

Liu S, Wang L, Wang N, et al. 2009. Oleate induces transdifferentiation of chicken fibroblasts into adipocyte-like cells. Comp Biochem Physiol A Mol Integr Physiol, 154(1): 135-141.

Macdougald O A, Lane M D. 1995. Transcriptional regulation of gene expression during adipocyte differentiation. Annu Rev Biochem, 64: 345-373.

Macotela Y, Emanuelli B, Mori M A, et al. 2012. Intrinsic differences in adipocyte precursor cells from different white fat depots. Diabetes, 61(7): 1691-1699.

Mandrup S, Lane M D. 1997. Regulating Adipogenesis. J Biol Chem, 272(9): 5367-5370.

Matsubara Y, Endo T, Kano K. 2008. Fatty acids but not dexamethasone are essential inducers for chick adipocyte differentiation *in vitro*. Comp Biochem Physiol A Mol Integr Physiol, 151(4): 511-518.

Matsubara Y, Sato K, Ishii H, et al. 2005. Changes in mRNA expression of regulatory factors involved in adipocyte differentiation during fatty acid induced adipogenesis in chicken. Comp Biochem Physiol A Mol Integr Physiol, 141(1): 108-115.

Matsusue K, Peters J M, Gonzalez F J. 2004. PPAR beta/delta potentiates PPAR gamma stimulated adipocyte differentiation. FASEB J, 18(12): 1477-1479.

Mei B, Zhao L, Chen L, et al. 2002. Only the large soluble form of preadipocyte factor-1(Pref-1), but not the small soluble and membrane forms, inhibits adipocyte differentiation: role of alternative splicing. Biochem J, 364(1): 137-144.

Morrison R F, Farmer S R. 2000. Hormonal signaling and transcriptional control of adipocyte differentiation. J Nutr, 130(12): 3116-3121.

Motojima K. 2000. Differential effects of PPAR activators on induction of ectopic expression of tissue-specific fatty acid binding protein genes in the mouse liver. Int J Biochem Cell Biol, 32(10): 1085-1092.

Moustaid N, Sul H S. 1991. Regulation of expression of the fatty acid synthase gene in 3T3-L1 cells by differentiation and triiodothyronine. J Biol Chem, 266(28): 18550-18554.

Negrel R, Grimaldi P, Ailhaud G. 1978. Establishment of preadipocyte clonal line from epididymal fat pad of ob/ob mouse that responds to insulin and to lipolytic hormones(abstract). Proc Natl Acad Sci U S A, 75(12): 6054-6058.

Ntambi J M, Young-Cheul K. 2000. Adipocyte differentiation and gene expression. Nutr, 130(12): 3122S-3126S.

Oka A, Miki T, Maruo Y, et al.1992. Effects of vitamin A on the quality of Japanese bovine marbling. J Clin Vet Med, 10: 34-40.

Ono M, Aratani R Y, Kitagawa I, et al. 1990. Ascorbic acid phosphate stimulates type IV collagen synthesis and accelerates adipose conversion of 3T3-L1 cells. Exp Cell Res, 187(2): 309-314.

Paieault J, Green H. 1979. A study of the adipose conversion of suspended 3T3 cells by using glycerophosphate dehydrogenase as differentiation marker. Proc Natl Acad Sci U S A, 76(10): 5138-5142.

Pairault J, Lasnier F. 1987. Control of the adipogenic of 3T3-F442A cells by retinoic acid, dexamethasone, insulin: a topographic analysis. J Cell Physiol, 132(2): 279-286.

Park Y, Albright K J, Storkson J M, et al. 1999. Changes in body composition in mice during feeding and withdrawal of conjugated linoleic acid. Lipids, 34(3): 243-248.

Pittenger M F, Mackay A M, Beck S C, et al. 1999. Multilineage potential of adult human mesenchymal stem cells. Science, 284(5411): 143-147.

Poissonnet C M, Burdi A R, Boodstein F L. 1983. Growth and development of human adipose tissue during early gestation. Early Hum Dev, 8(1): 1-11.

Poissonnet C M, Lavelle M, Burdi A R. 1988. Growth and development of adipose tissue. J Pediatr, 113(1): 1-9.

Rahman S M, Wang Y, Yotsumoto H, et al. 2001. Effects of conjugated linoleic acid on serum leptin concentration, body-fat accumulation, and beta-oxidation of fatty acid in OLETF rats. Nutrition, 17(5): 385-390.

Ramsay T G, Rao S V, Wolverton C K. 1992. *In vitro* systems for the analysis of the development of adipose tissue in domestic animals. J Nutr, 122(3 Suppl): 806-817.

Ramsay T G, Rosebrough R W. 2003. Hormonal regulation of postnatal chicken preadipocyte differentiation *in vitro*. Comp Biochem Physiol B Biochem Mol Biol, 136(2): 245-253.

Richardaon R L, Hausman G J, Campion D R, et al. 1986. Adipocyte development in primary rat cell cultures: a scanning electron microscopy study. Anat Rec, 216(3): 416-422.

Rodríguez Fernádez J L, Ben-ze'ev A. 1989. Regulation of fibronectin, integrin and cytoskeleton expression in differentiating adipocytes: inhibition by extracellular matrix and polylysine. Differentiation, 42(2): 65-74.

Rosen E D, MacDougald O A. 2006. Adipocyte differentiation from the inside out. Nat Rev Mol Cell Biol, 7(12): 885-896.

Rosen E D, Walkey C J, Puigserver P, et al. 2000. Transcriptional regulation of adipogenesis. Gene Dev, 14(11): 1293-1307.

Sakoda H, Ogihara T, Anai M. 2000. Dexamethasone induced insulin resistance in 3T3-L1 adipocytes is due to inhibition of glucose transport rather than insulin signal transduction. Diabetes, 49(10): 1700-1708.

Sato K, Fukao K, Seki Y, et al. 2004. Expression of the chicken peroxisome proliferator-activated receptor-gamma gene is influenced by aging, nutrition, and agonist administration. Poult Sci, 83(8): 1342-1347.

Sato K, Matsushita K, Matsubara Y, et al. 2008. Adipose tissue fat accumulation is reduced by a single intraperitoneal injection of peroxisome proliferator-activated receptor gamma agonist when given to newly hatched chicks. Poult Sci, 87(11): 2281-2286.

Sato K, Nakanishi N, Mitsumoto M. 1996. Culture condition supporting adipocyte conversion of stromal-vascular cells from bovine intramuscular adipocyte tissues. J Vet Med Sci, 58(11): 1073-1078.

Sato K, Yonemura T, Ishii H, et al. 2009. Role of peroxisome proliferator-activated receptor beta/delta in chicken adipogenesis. Comp Biochem Physiol A Mol Integr Physiol, 154(3): 370-375.

Schwarz E J, Reginato M J, Shao D, et al. 1997. Retinoic acid blocks adipogenesis by inhibiting C/EBPbeta-mediated transcription. Mol Cell Biol, 17(3): 1552-1561.

Scuteri A, Miloso M, Foudah D, et al. 2011. Mesenchymal stem cells neuronal differentiation ability: a real perspective for nervous system repair? Curr Stem Cell Res Ther, 6(2): 82-92.

Seki Y, Sato K, Kono T, et al. 2003. Broiler chickens (Ross strain) lack insulin-responsive glucose transporter GLUT4 and have GLUT8 cDNA. Gen Comp Endocrinol, 133(1): 80-87.

Sell H, Deshaies Y, Richard D. 2004. The brown adipocyte: update on its metabolic role. Int JBiochem Cell Biol, 36(11): 2098-2104.

Seo J B, Noh M J, Yoo E J, et al. 2003. Functional characterization of the human resistin promoter with adipocyte determination and differentiation dependent factor1/sterol regulatory element binding protein 1c and CCAAT enhancer binding protein-alpha. Mol Endocrinol, 17(8): 1522-1533.

Serrero G, Lepak N M, Goodrich S P. 1992. Prostaglandin F_2 alpha inhibits the differentiation of adipocyte precursors in primary culture. Biochem Biopohys Res Commun, 183(2): 438-442.

Serrero G, Lepak N M. 1997. Prostaglandin F_2alpha receptor (FP receptor) agonists are potent adipose differentiation inhibitors for primary culture of adipocyte precursors in defined medium. Biochem Biophys Res Commun, 233(1): 200-202.

Shang Z, Guo L, Wang N, et al. 2014. Oleate promotes differentiation of chicken primary preadipocytes *in vitro*. Biosci Rep, 34(1): 51-57.

Shaughnessy S, Smith E R, Kodukula S, et al. 2000. Adipocyte metabolism in adipocyte fatty acid binding protein knockout(aP2−/−)mice after short-term high-fat feeding. Diabetes, 49(6): 904-911.

Shin J, Lim S, Latshaw J D, et al. 2008. Cloning and expression of delta-like protein 1 messenger ribonucleic acid during development of adipose and muscle tissues in chickens. Poult Sci, 87(12): 2636-2646.

Slavin B G. 1979. Fine structural studies on white adipocyte differentiation. Anat Rec, 195(1): 63-72.

Smas C M, Chen L, Sul H S. 1994. Structural characterization and alternate splicing of the gene encoding the preadipocyte EGF-like protein pref-1. Biochemistry, 33(31): 9257-9265.

Smas C M, Chen L, Sul H S. 1997. Cleavage of membrane associated pref-1 generates a soluble inhibitor of adipocyte differentiation. Mol Cell Biol, 17(2): 977-988.

Smas C M, Chen L, Zhao L, et al. 1999. Transcriptional repression of pref-1 by glucocorticoids promotes 3T3-L1 adipocyte differentiation. J Biol Chem, 274(18): 12632-12641.

Smas C M, Sul H S. 1995. Control of adipocyte differentiation. Biochem J, 309(Pt 3): 697-710.

Soret B, Lee H J, Finley E. 1999. Regulation of differentiation of sheep subcutaneous and abdominal preadipocytes in culture. J Endocrinol, 161(3): 517-524.

Spalding K L, Arner E, Westermark P O, et al. 2008. Dynamics of fat cell turnover in humans. Nature, 453(7196): 783-787.

Spiegelman B M, Farmer S R. 1982. Decreases in tubulin and actin gene expression prior to morphological differentiation of 3T3 adipocytes. Cell, 29(1): 53-60.

Spiegelman B M, Ginty C A. 1983. Fibronectin modulation of cell shape and lipogenic gene expression in 3T3-adipocytes. Cell, 35(3 Pt 2): 657-666.

Steffen D G, Chai E Y, Brown L J, et al. 1978. Effects of diet on swine glyceride lipid metabolism. J Nutr, 108(6): 911-918.

Storch J, Corsico B. 2008. The emerging functions and mechanisms of mammalian fatty acid-binding proteins. Annu Rev Nutr, 28(1): 73-95.

Student A K, Hsu R Y, Lane M D. 1980. Induction of fatty acid synthetase synthesis in differentiating 3T3-L1 preadipocytes. J Biol Chem, 255(10): 4745-4750.

Suryawan A, Swanson L V, Hu C Y. 1997. Insulin and hydrocortisone, but not triiodothyronine, are required for the differentiation of pig preadipocytes in primary culture. J Anim Sci, 75(1): 105-111.

Tamori Y, Masugi J, Nishino N, et al. 2002. Role of peroxisome proliferator-activated receptor-γ in maintenance of the characteristics of mature 3T3-L1 adipocytes. Diabetes, 51(7): 2045-2055.

Tang Q Q, Otto T C, Lane M D. 2003. CCAAT/enhancer-binding protein beta is required for mitotic clonal expansion during adipogenesis. Proc Natl Acad Sci U S A, 100(3): 850-855.

Taylor W M, Goldrick R B, Ishikawa T. 1979. Glycerokinase in rat and human adipose tissue: response to hormonal and dietary stimuli. Horm Metab Res, 11(4): 280-284.

Tchkonia T, Thomou T, Zhu Y, et al. 2013. Mechanisms and metabolic implications of regional differences among fat depots. Cell Metab, 17(5): 644-656.

Teboul L, Gaillard D, Staccini L, et al. 1995. Thiazolidinediones and fatty acids convert myogenic cells into adipose-like cells. J Biol Chem, 270(47): 28183-28187.

Tong Q, Dalgin G, Xu H, et al. 2000. Function of GATA transcription factors in preadipocyte-adipocyte transition. Science, 290(5489): 134-138.

Tong Q, Tsai J, Tan G, et al. 2005. Interaction between GATA and the C/EBP family of transcription factors is critical in GATA mediated suppression of adipocyte differentiation. Mol Cell Biol, 25(2): 706-715.

Torti F M, Torti S V, Larrick J W, et al. 1989. Modulation of adipocyte differentiation by tumor necrosis factor and transforming growth factor beta. J Cell Biol, 108(3): 1105-1113.

Tsuboyama-Kasaoka N, Takahashi M, Tanemura K, et al. 2000. Conjugated linoleic acid supplementation reduces adipose tissue by apoptosis and develops lipodystrophy in mice. Diabetes, 49(9): 1534-1542.

Turtzo L C, Marx R, Lane M D. 2001. Cross-talk between sympathetic neurons and adipocytes in coculture. Proc Natl Acad Sci U S A, 98(22): 12385-12390.

Van R L. 1985. The adipocyte precursor cell. In: New Perspectives in Adipose Tissue: Structure, Function and Development. London: Butterworth: 353-382.

Vanderstraeten-Gregoire F La. 1989. Differentiation in vitro des precurseurs des cellules adpipeuses de rat. Louvain: Universite Catholique de Louvain (PhD thesis).

Van R L, Roncari D A. 1978. Complete differentiation of adipocyte Precursors. A culture system for studying the cellular nature of adipose tissue. Cell Tissue Res, 195(2): 317-329.

Vassaux G, Gaillard D, Darimont C, et al. 1992. Differential response of preadipocytes and adipocytes to prostacyclin and prostaglandin E2: physiological implications. Endocrinology, 131(5): 2393-2398.

Vassaux G, Négrel R, Ailhaud G, et al. 1994. Proliferation and differentiation of rat adipose precursor cells in chemically defined medium: differential action of anti-adipogenic agents. J Cell Physiol, 161(2): 249-256.

Wabitsch M, Hauner H, Heinze E, et al. 1995. The role of growth hormone/insulin-like growth factors in adipocyte differentiation. Metabolism, 44(10 Suppl 4): 45-49.

Waditsch M, Heinze E, Haunter H, et al. 1996. Biological effects of human growth hormone in rat adipocyte precursor cell and newly differentiated adipocytes in primary culture. Metabolism, 45(1): 34-42.

Wang Y X, Lee C H, Tiep S, et al. 2003. Peroxisome proliferator-activated receptor delta activates fat metabolism to prevent obesity. Cell, 113(2): 159-170.

Wang Y, Mu Y, Li H, et al. 2008. Peroxisome proliferator-activated receptor-gamma gene: a key regulator of adipocyte differentiation in chickens. Poult Sci, 87(2): 226-232.

Wiederer L, Löffler G. 1987. Hormonal regulation of the differentiation of rat adipocyte precursor cells in primary culture. J Lipid Res, 28(6): 649-658.

Wilkson W O, Min H Y, Claffey K P, et al. 1990. Control of the adipsin gene in adipocyte differentiation. Identification of distinct nuclear factors binding to single and double-stranded DNA. J Bio Chem, 265(1): 477-482.

Wolins N E, Quaynor B K, Skinner J R, et al. 2006. OP9 mouse stromal cells rapidly differentiate into adipocytes: characterization of a useful new model of adipogenesis. J Lipid Res, 47(2): 450-460.

Wu J, Srinivasan S V, Neumann J C, et al. 2005. The KLF2 transcription factor does not affect the formation of preadipocytes but inhibits their differentiation into adipocyte. Biochemistry, 44(33): 11098-110105.

Wu Z, Bucher N L, Farmer S R. 1996. Induction of peroxisome proliferator-activated receptor gamma during the conversion of 3T3 fibroblasts into adipocytes is mediated by C/EBPβ, and glucocorticoids. Mol Cell Biol, 16(8): 4128-4136.

Xu Z, Yu S, Hsu C H, et al. 2008. The orphan nuclear receptor chicken ovalbumin upstream promoter-transcription factor II is a critical regulator of adipogenesis. Proc Natl Acad Sci U S A, 105(7): 2421-2426.

Yagi K, Kondo D, Okazaki Y, et al. 2004. A novel preadipocyte cell line established from mouse adult mature adipocytes. Biochem Biophys Res Commun, 321(4): 967-974.

Yamanouchi K, Ban A, Shibata S, et al. 2007. Both PPAR gamma and C/EBPα are sufficient to induce transdifferentiation of goat fetal myoblasts into adipocytes. J Reprod Dev, 53(3): 563-572.

Yang M, Wang C, Chen H, et al. 2001. Green, oolong and black tea extracts modulate lipid metabolism in hyperlipidemia rats fed high-sucrose diet. J Nutr Biochem, 12(1): 14-20.

Yang V W, Christy R J, Cook J S, et al. 1989. Mechanism of regulation of the 422(aP2)gene by cAMP during preadipocyte differentiation. Proc Natl Acad Sci U S A, 86(10): 3629-3633.

Zhang Z, Wang H, Sun Y, et al. 2013. Klf7 modulates the differentiation and proliferation of chicken preadipocyte. Acta Biochim Biophys Sin(Shanghai), 45(4): 280-288.

第九章　鸡脂肪型脂肪酸结合蛋白（A-FABP）的功能研究

脂肪细胞除了储能和热绝缘作用外，还有非常活跃的分泌功能，脂肪细胞通过分泌多种脂肪素来调控肝脏、脑、肌肉、血管系统及生殖系统的活动（Cinti，2001）。另外，脂肪细胞与免疫细胞之间的密切联系和相似性，使得脂肪细胞的生物学功能成为当前研究的热点，通过对其生物学功能的深入研究，对于肥胖的预防和肥胖引起的相关疾病的治疗具有重要的意义。

脂肪型脂肪酸结合蛋白（adipocyte fatty acid binding protein，A-FABP）在白色脂肪组织和棕色脂肪组织中都高量表达，是脂肪细胞中脂肪酸的伴侣分子（Xu et al.，2006）。A-FABP 主要参与长链脂肪酸的代谢，如与脂肪酸、维甲酸和类花生酸类物质结合并参与其转运（Schaap et al.，2002），通过调节脂肪细胞中脂肪酸的浓度调控体内脂类代谢的过程和细胞内脂肪酸的摄取（Veerkamp et al.，1991），并将其转运至 β 氧化场所，以及甘油三酯和磷脂的合成部位（Chmurzyńska et al.，2006）。

A-FABP 作为影响肌内脂肪（intramuscular fat，IMF）的重要候选基因之一，越来越受到人们的关注。猪 *A-FABP* 基因的研究主要是将其作为一个影响猪肌内脂肪代谢的候选基因，研究该基因的多态性与 IMF 含量的相关性（李桢等，2004；Gerbens et al.，1998；Brockmann et al.，1996），有研究表明 *A-FABP* 上的一个微卫星序列与猪 IMF 含量相关，且各基因型间的 IMF 含量差异显著（Gerbens et al.，2001）；Li 等（2008）在北京油鸡和京星鸡中发现，胸肌组织中 *A-FABP* 基因的 mRNA 表达水平在北京油鸡中显著高于京星鸡，公鸡显著高于母鸡，并推测在这两个品种中 *A-FABP* 基因对肌内脂肪含量有显著影响。

东北农业大学家禽课题组（以下简称"本课题组"）先后研究发现：鸡 *A-FABP* 基因仅在鸡脂肪组织中表达（Shi et al.，2010a；Wang et al.，2004）；鸡 *A-FABP* 基因的表达量与腹脂沉积有密切的关系（Wang et al.，2004）。*A-FABP* 基因在 mRNA 和蛋白质水平上的表达量均为低脂系肉鸡高于高脂系肉鸡，推测该基因的高表达水平可诱导高的脂解率，从而导致腹部脂肪块的减少（Shi et al.，2010a）；利用 *A-FABP* 基因的干扰载体和真核表达载体对该基因进行干扰和过表达，分别在干扰和过表达 24h、36h、48h、60h 和 72h 后检测脂类代谢相关基因的表达情况，结果显示，在前脂肪细胞中，鸡 *A-FABP* 表达量的变化影响 *PPARγ*、*Perilipin* 和 *E-FABP* 基因的表达（张庆秋等，2012）；*A-FABP* 基因可能通过 *PPARγ* 通路影响鸡前脂肪细胞分化过程中油酸的摄取、甘油三酯的分解和脂滴的沉积（Shi et al.，2011，2010b）。*A-FABP* 作为一个影响禽类脂类代谢的重要候选基因，其在脂类代谢过程中的功能研究备受瞩目。

第一节　鸡 *A-FABP* 基因的时空表达规律分析

一、鸡 *A-FABP* 基因的克隆与序列分析

　　根据人 *A-FABP* 基因序列，本课题组王启贵以鸡脂肪组织 cDNA 为模板，利用 RT-PCR、3′RACE（cDNA 末端快速扩增法）和 5′RACE 的方法获得了一条 640bp 的 cDNA 序列，该序列与人和猪 *A-FABP* 基因的编码区序列同源性分别为 73.43% 和 73.68%；演绎成氨基酸之后同源性分别为 76.62% 和 75.76%。将其命名为鸡 *A-FABP* 基因（王启贵，2004；Wang et al.，2004）。

　　对鸡 *A-FABP* 基因结构进行分析，发现该基因与人和猪等哺乳动物的 *A-FABP* 基因相似，由 4 个外显子、3 个内含子构成。4 个外显子的长度分别为 73bp、173bp、102bp 和 51bp，共编码 132 个氨基酸；3 个内含子的长度分别为 1240bp、223bp 和 1287bp（图 9-1）（GenBank 登录号：AF432507，AF526378）。将鸡的 *A-FABP* 基因序列与鸡的基因组序列数据库进行比较分析，结果表明该基因序列与鸡的 2 号染色体 120792749~120795971bp 的序列有 99.4% 的同源性，由此可知鸡的 *A-FABP* 基因位于鸡 2 号染色体上。

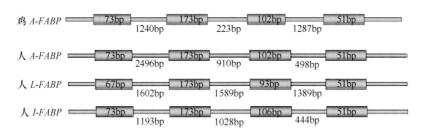

图 9-1　鸡和人 *A-FABP* 基因结构比较（Wang et al.，2004）

二、鸡 *A-FABP* 基因在不同组织中的表达分析

　　许多物种的 *A-FABP* 基因在脂肪组织中都有高丰度的表达。例如，Gordon 等（1985）利用 RT-PCR 方法发现小鼠 *A-FABP* 基因在脂肪组织中高表达；Armstrong 等（1990）通过 Western blot 方法发现猪 A-FABP 在脂肪组织中高表达；张红（2006）采用 RT-PCR 方法发现鸭 *A-FABP* 基因在卵巢、骨骼肌、心脏、脾脏、小肠、腺胃、肝脏、肌胃、脂肪组织中均有表达，其中脂肪组织的表达量最高。

　　本课题组王启贵利用 Northern blot 和 RT-PCR 方法同时证明了鸡 *A-FABP* 基因仅在脂肪组织中表达（图 9-2）（王启贵，2004；Wang et al.，2004）。本课题组石慧采用 Western blot 方法检测鸡 A-FABP 的组织表达特性，结果表明鸡 A-FABP 在脂肪组织中表达，在心脏、肝脏、肌肉、肌胃、脾脏、小肠、肺脏、肾脏中没有检测到信号（图 9-3）（Shi et al.，2010a）。鉴于某种 FABP 在特定的组织或细胞中表达预示着其在该种组织或细胞的生理过程中发挥重要的作用（Zimmerman and Veerkamp，2002），上述结果预示鸡

A-FABP 基因可能在鸡脂肪组织的脂类代谢过程中发挥重要的作用。

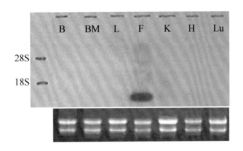

图 9-2　鸡 *A-FABP* 基因在不同组织中的 Northern blot（Wang et al.，2004）

B. 大脑；BM. 胸肌；L. 肝脏；F. 脂肪；K. 肾脏；H. 心脏；Lu. 肺脏

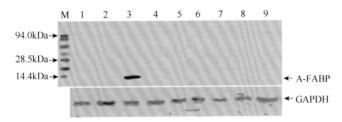

图 9-3　A-FABP 组织表达特性（Shi et al.，2010a）

M. 蛋白质分子质量标准；1. 心脏；2. 肝脏；3. 脂肪；4. 肌肉；5. 肌胃；6. 脾脏；7. 小肠；8. 肺脏；9. 肾脏

三、鸡 *A-FABP* 基因在高、低脂系肉鸡脂肪组织中的表达差异分析

本课题组前期研究结果确定了鸡 *A-FABP* 是影响鸡脂类代谢的重要基因之一（Wang et al.，2009，2007，2004）。

随后，本课题组石慧采用 RT-PCR 和 Western blot 方法分析了 A-FABP 在 2~10 周龄高、低脂系肉鸡腹部脂肪组织中的表达差异（石慧，2008；Shi et al.，2010a）。结果显示低脂系鸡腹部脂肪组织中 *A-FABP* mRNA 表达水平在 2~10 周龄均高于高脂系，其中 2 周龄、3 周龄、4 周龄、6 周龄、7 周龄、9 周龄和 10 周龄达到显著或极显著水平（图 9-4）；低脂系鸡腹部脂肪组织中 A-FABP 蛋白表达水平在 6 周龄和 10 周龄显著高于高脂系（图 9-5，图 9-6）。这些结果提示 A-FABP 的表达量可能与鸡腹脂沉积有密切的关系。

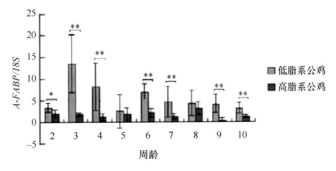

图 9-4　高、低脂系鸡腹脂中 *A-FABP* mRNA 表达情况（Shi et al.，2010a）

*$P<0.05$ 差异显著，**$P<0.01$ 差异极显著

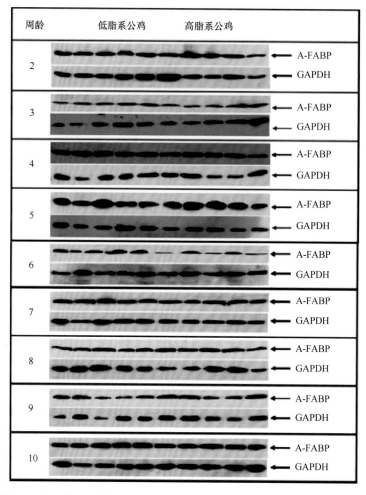

图9-5　高、低脂系鸡腹脂中 A-FABP 蛋白表达情况（Shi et al.，2010a）

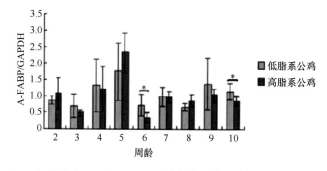

图9-6　高、低脂系鸡腹脂中 A-FABP 蛋白表达情况分析（Shi et al.，2010a）

*P<0.05 差异显著

　　关于 *A-FABP* 的表达量与脂肪含量的相关性在许多物种中都有研究。*A-FABP* 基因敲除小鼠的附睾、肾周、肩胛骨、腋窝、腹股沟等处的脂肪增加，并且在高脂肪食物饲喂的条件下，敲除小鼠的脂解作用会降低（Hertzel et al.，2006；Baar et al.，2005；Shaughnessy et al.，2000；Coe et al.，1999；Scheja et al.，1999）。胖人皮下脂肪组织中的 *A-FABP* 表达量显著高于网膜脂肪组织，而皮下脂肪的脂解速率显著高于网膜脂肪组织，这预示着人 *A-FABP* 基因的功能与小鼠相似，其表达量都与脂解速率呈正相关（Fisher et al.，2002）。另外，鸡上的研究结果表明 *A-FABP* 和 *H-FABP* 的转录表达与肌内脂肪率（intramuscular fat percentage，IFP）相关（Li et al.，2008）。本研究结果显示，*A-FABP* 基因 mRNA 水平和蛋白质水平的表达量在高、低脂系间存在显著差异，2 周龄、3 周龄、4 周龄、6 周龄、7 周龄、9 周龄、10 周龄低脂系肉鸡 *A-FABP* 基因 mRNA 水平的表达量显著或极显著高于高脂系肉鸡，而 6 周龄和 10 周龄低脂系肉鸡 *A-FABP* 蛋白水平的表达量显著高于高脂系。由以上结果我们推测低脂系鸡脂肪组织中 A-FABP 的高量表达可能会引起脂解速率的增加，从而导致脂肪沉积的减少。

高、低脂系间 *A-FABP* mRNA 和蛋白质水平的差异表达并不完全一致，mRNA 水平是在 2 周龄、3 周龄、4 周龄、6 周龄、7 周龄、9 周龄、10 周龄差异表达，蛋白质水平是在 6 周龄和 10 周龄差异表达，我们推测鸡 *A-FABP* 基因表达可能存在转录后调控模式。这与猪 *A-FABP* 的研究结果相似，Gerbens 等（2001）发现猪 *A-FABP* mRNA 和蛋白质表达量的相关性也很低。我们推测，鸡 *A-FABP* 基因的表达与转录后修饰有关。

总之，通过本研究结果证实，鸡 *A-FABP* 基因特异表达于脂肪组织；*A-FABP* 可能通过调控脂解速率来影响脂肪组织的发育和生长；mRNA 水平和蛋白质水平表达量的相关性较低暗示鸡 *A-FABP* 基因存在转录后修饰。然而，*A-FABP* 调控鸡腹部脂肪组织生长和发育的确切机制仍然需要进一步的研究。

第二节　鸡 *A-FABP* 基因在脂类代谢中的功能研究

大量研究表明哺乳动物的 *A-FABP* 基因在脂类代谢过程中发挥重要的作用，它一方面可以促进非脂化脂肪酸（nonestesterified fatty acid，NEFA）由脂滴向细胞膜的流动；另一方面可以结合脂肪酸调控脂类代谢相关基因的表达（Smith et al.，2007）。*A-FABP* 敲除小鼠表现出脂解速率降低，肌肉葡萄糖的氧化作用增加等（Baar et al.，2005；Coe et al.，1999；Scheja et al.，1999；Hotamisligil et al.，1996）。同时出现 *HSL* 基因表达下调、*Perilipin* 基因表达上调、与脂肪从头合成相关基因（*LPL*、*CD36*、长链酰基辅酶 A 合成酶 5 和二酰基甘油酰基转移酶）表达上调（Hertzel et al.，2006）的现象。

本课题组石慧以多室脂肪细胞和前脂肪细胞为实验材料，采用干扰或过表达的方法下调或者上调 *A-FABP* 基因的表达，通过检测细胞脂类代谢的变化及与脂类代谢相关基因的表达情况，探讨了 *A-FABP* 基因在鸡脂类代谢过程中的作用（石慧，2010；Shi et al.，2010b）。

一、鸡 *A-FABP* 在"前脂肪细胞—诱导—转染"过程中的功能研究

本课题组石慧分离培养原代鸡前脂肪细胞，油酸诱导其分化为多室脂肪细胞后，利用 RNAi 和基因过量表达技术下调或上调 *A-FABP* 基因的表达，分析 *A-FABP* 基因表达量改变后，细胞脂解代谢、脂滴沉积和脂类代谢相关基因表达情况的变化，探讨 *A-FABP*

基因在多室脂肪细胞脂类代谢过程中的功能（石慧，2010；Shi et al.，2010b）。

在该研究的干扰（RNAi）实验中，采用 Western blot 方法分析干扰组和无关干扰组细胞中 A-FABP 的表达情况，结果显示在干扰 24h、36h、48h、60h 和 72h 时，干扰组细胞中 A-FABP 的表达量均显著或极显著低于无关干扰组（图 9-7A，图 9-7B），这表明本研究所构建的干扰质粒能够有效地下调 A-FABP 的表达；采用油红 O 提取比色法分别检测干扰 24h、36h、48h、60h 和 72h 后细胞内脂滴沉积情况，结果表明，与无关干扰组相比细胞内的脂滴沉积在检测的 5 个时间点均无显著差异（图 9-8C）；利用 NEFA 测试盒检测上述 5 个时间点干扰组和无关干扰组细胞释放的 NEFA，结果表明两组间细胞释放的 NEFA 在各检测时间点均无显著差异（图 9-8A）；采用 RT-PCR 的方法检测干扰组和无关干扰组细胞中与脂类代谢相关基因（*LPL*、*FAS*、*ACC*、*Perilipin*、*PPARγ*、*ATGL*、*E-FABP*）的表达情况（图 9-9），结果表明这些基因的表达量在两组细胞间无显著差异。

A

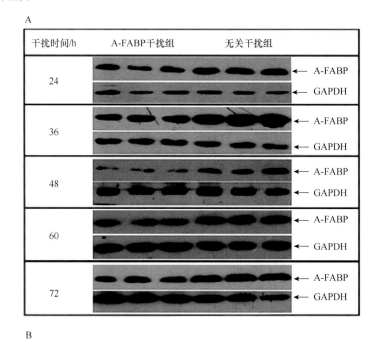

B

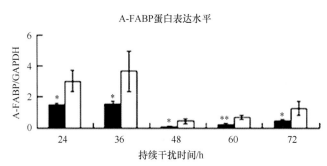

图 9-7　A-FABP 干扰效果分析（Shi et al.，2010b）

黑色柱子是 A-FABP 干扰组，白色柱子是无关干扰组；*表示与无关干扰组相比显著下调（$P<0.05$）

**表示与无关干扰组相比极显著下调（$P<0.01$）

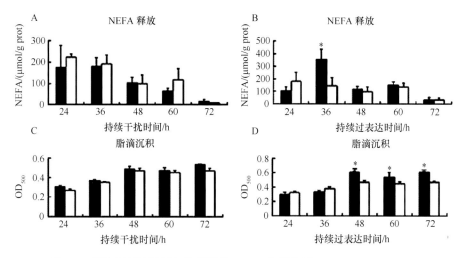

图 9-8　脂滴沉积情况及细胞释放的 NEFA 含量分析（Shi et al.，2010b）

A、C 中的黑色柱子是 *A-FABP* 干扰组，白色柱子是无关干扰组；B、D 中的黑色柱子是 *A-FABP* 过表达组，白色柱子是无关干扰组；*表示显著上调或下调（$P<0.05$）

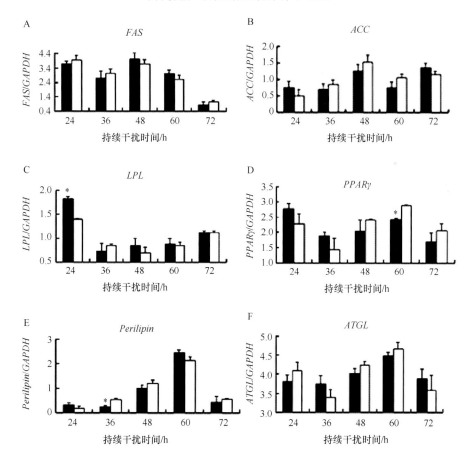

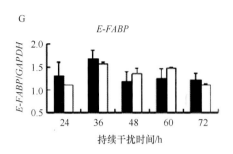

图 9-9　干扰 *A-FABP* 后脂类代谢相关基因的表达情况（Shi et al.，2010b）

黑色柱子是 *A-FABP* 干扰组，白色柱子是无关干扰组；*表示显著上调或下调（$P<0.05$）

与无关干扰组细胞相比，*A-FABP* 干扰组细胞的脂滴沉积、NEFA 释放和脂类代谢相关基因（*FAS*、*ACC*、*LPL*、*PPARγ*、*Perilipin*、*ATGL* 和 *E-FABP*）的表达量都没有显著的变化。可能的原因是干扰组细胞中 *A-FABP* 基因被下调的水平不足以引起细胞脂类代谢平衡的改变，需要更高的下调水平甚至敲除 *A-FABP* 基因才能改变细胞内脂质代谢的平衡状态。

在该研究的过表达（overexpression）实验中，采用 Western blot 方法分析过表达组和对照组细胞中 A-FABP 的表达差异（图 9-10A，图 9-10B），结果显示在转染 *A-FABP* 真核表达质粒 24h、36h、48h、60h 和 72h 后，细胞中 A-FABP 的表达量被显著上调了；采用油红 O 提取比色法分别检测过表达 24h、36h、48h、60h 和 72h 后细胞内的脂滴沉积情况，结果发现在过表达 48h、60h 和 72h 后，过表达组细胞内脂滴沉积显著多于对照组（图 9-8D）；利用 NEFA 测试盒检测过表达组和对照组细胞释放的 NEFA 水平，结果表明在过表达 36h 时，过表达组细胞释放的 NEFA 水平显著高于对照组。在其他时间点，两组细胞释放的 NEFA 水平无差异（图 9-8B）；采用 RT-PCR 的方法检测过表达组和对照组的细胞中与脂类代谢相关基因（*LPL*、*FAS*、*ACC*、*PPARγ*、*Perilipin*、*ATGL*、*E-FABP*）的表达情况，结果表明 *LPL*、*FAS*、*ACC* 基因在检测的 5 个时间点，两组间均无规律的变化趋势。在 *A-FABP* 基因过表达 24h、36h、48h 和 72h 时，过表达组 *Perilipin* 基因表达量显著高于对照组。在 *A-FABP* 基因过表达 24h、36h、48h、60h 和 72h 时，过表达组 *PPARγ* 基因表达量均显著高于对照组。在 *A-FABP* 基因过表达 24h 时，过表达组 *ATGL* 基因表达量显著高于对照组。在 *A-FABP* 基因过表达 24h、36h、48h、60h 和 72h 时，过表达组 *E-FABP* 基因表达量均显著低于对照组（图 9-11）。

A-FABP 存在于循环系统和细胞质中，同时，血清 A-FABP 水平与一些疾病相关。例如，血清 A-FABP 含量的增加与人类冠状动脉疾病显著相关（Miyoshi et al.，2010）；Hancke 等（2010）研究发现高血清 A-FABP 水平与肥胖、患乳腺癌的风险及恶性肿瘤特征有关。*A-FABP* 是组织中脂肪沉积的标志基因（Hocquette et al.，2010），同时，它也是脂肪细胞中表达的一种胞质脂肪酸伴侣（Xu et al.，2006）。A-FABP 只与长链脂肪酸结合，这个配体特异性让我们认识到 *A-FABP* 在细胞脂质代谢中发挥着重要的作用。A-FABP 精确的生理作用在基因敲除鼠模型中已经得到了验证。在脂类分解过程中 A-FABP 扮演着重要的角色。首先，A-FABP 通过将 NEFA 从脂滴转运到膜，从而促进

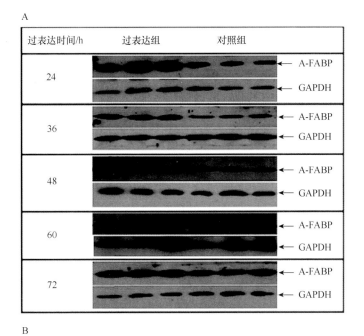

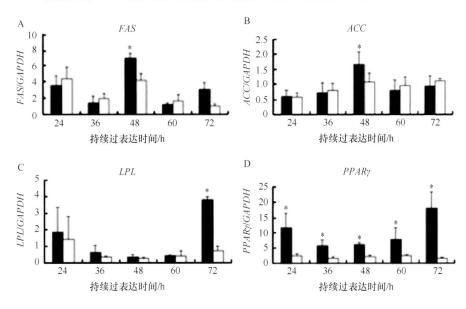

图 9-10　A-FABP 过表达效果分析（Shi et al.，2010b）

黑色柱子是 A-FABP 过表达组，白色柱子是对照组；*表示与对照组相比显著上调（$P<0.05$）

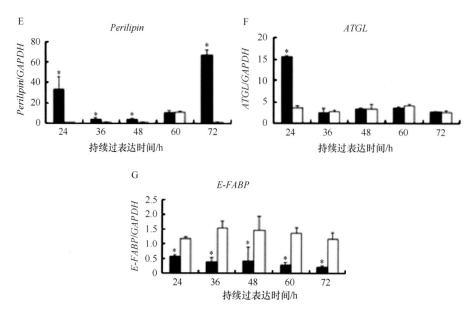

图 9-11　过表达 *A-FABP* 后脂类代谢相关基因的表达情况（Shi et al.，2010b）

黑色柱子是 *A-FABP* 过表达组，白色柱子是对照组；*表示显著上调或下调（*P*<0.05）

NEFA 的流出，这一反应与激素敏感脂肪酶（HSL）的物理结合是独立的。A-FABP 的减少或许可以解释游离脂肪酸释放的减少。其次，A-FABP 与脂肪酸结合后通过作用于脂滴表面具有活性的磷脂化 HSL 来发挥其调控作用。A-FABP 与 HSL 互作通过反馈抑制脂肪酸的传递导致脂类水解作用的减少，相反 A-FABP 的减少可能导致脂质水解的增加（Smith et al.，2007）。然而，从本研究结果来看，干扰 *A-FABP* 后的脂肪细胞没有发现游离脂肪酸释放的减少或脂质水解的增加。此外，本研究还发现，干扰 *A-FABP* 后的脂肪细胞中脂质代谢相关基因 *FAS*、*ACC*、*ATGL*、*E-FABP* 的表达量与无关干扰组相比没有显著差异。其可能原因是，在脂肪细胞中干扰 *A-FABP* 导致的表达量的降低并不足以引发脂质代谢的波动，想要引发脂质代谢的变化则需要更大程度的降低 *A-FABP* 基因的表达，甚至敲除该基因。

　　E-FABP 转基因小鼠中总 *FABP* 水平上调，脂肪细胞的脂解作用增加，同时伴随着一些编码产物和脂类分解相关基因（*HSL* 和 *ATGL*）表达量的增加（Shen et al.，2007；Hertzel et al.，2006）。在本研究发现，在脂肪细胞中过表达 *A-FABP* 36h 后，通过检测细胞外的 NEFA 水平，发现细胞的脂解作用增加。然而，在同一时间点没有观察到预期的 *ATGL* 基因表达量的增加。转染 *A-FABP* 过表达质粒48h、60h 和 72h 后，脂肪细胞的脂质积累显著增加（*P*<0.05），同时 *PPARγ* 和 *Perilipin* 的表达量也增加，而与脂肪从头合成直接相关的基因（*FAS*、*ACC*、*LPL*）表达量没有显著变化。因此，我们推测鸡 *A-FABP* 基因影响脂质代谢的机制可能与小鼠不同。在小鼠中，脂肪组织是脂肪酸合成的关键器官，但是，鸡脂肪酸的合成主要发生在肝脏。鸡脂肪细胞的脂质积累并不依赖于脂肪酸的从头合成（Diot and Duaire，1999）。根据本研究结果，我们推测，鸡 *A-FABP* 基因影响脂质代谢的潜在机制可能是通过 *PPARγ* 通路实现的。此外，与小鼠的结果相类似（Shaughnessy et al.，2000；Scheja et al.，1999），本研究结果发现，

A-FABP 的过表达可以导致 *E-FABP* 基因表达量的减少，这表明在鸡上 *A-FABP* 和 *E-FABP* 的功能也存在互补。

总之，在干扰 *A-FABP* 的脂肪细胞中没有发现脂质代谢的显著变化，这可能归因于 *A-FABP* 基因表达量降低的程度不够。*A-FABP* 过表达实验结果表明鸡 *A-FABP* 基因可能通过 *PPARγ* 通路来影响脂质代谢。然而，其精确的机制需要进一步研究。

二、鸡 *A-FABP* 在"前脂肪细胞—转染—诱导"过程中的功能研究

本课题组石慧分离培养原代鸡前脂肪细胞，利用 RNAi 和基因过表达技术下调或上调 *A-FABP* 基因的表达，再添加油酸诱导细胞分化，分析在油酸诱导细胞分化的过程中 *A-FABP* 基因表达量的改变情况、培养基中 NEFA 的含量变化，以及脂滴沉积和脂类代谢相关基因表达情况的变化（Shi et al.，2011；石慧，2010）。首先以前脂肪细胞为实验材料，进行 *A-FABP* 基因的干扰和过表达，在转染 24h 时，添加油酸诱导细胞分化，然后分别在诱导 1h、6h、12h、24h 和 48h 时检测细胞脂滴沉积，培养基中 NEFA 含量，以及脂类代谢相关基因的表达情况。

在该研究的干扰（RNAi）实验中，采用 Western blot 方法分析干扰组和无关干扰组细胞中 A-FABP 的表达情况，结果表明在油酸诱导 1h、6h、24h 和 48h 后，干扰组细胞中 A-FABP 的表达量均显著低于无关干扰组，而在油酸诱导 12h 后，这两组细胞中 A-FABP 的表达量无显著差异（图 9-12）；采用油红 O 提取比色的方法分别检测油酸诱导 1h、6h、12h、24h 和 48h 时干扰组和无关干扰组细胞内的脂滴沉积情况，结果表明在油酸诱导 6h 时，干扰组细胞脂滴沉积显著低于无关干扰组（图 9-13A）；利用 NEFA 测试盒检测干扰组和无关干扰组细胞培养基中的 NEFA 含量，结果表明在油酸诱导 1h 和 6h 时，干扰组培养基中的 NEFA 含量显著多于无关干扰组（图 9-13C）；采用 RT-PCR 的方法检测干扰组和无关干扰组细胞中与脂类代谢相关基因（*LPL*、*FAS*、*ACC*、*Perilipin*、*PPARγ*、*ATGL*、*E-FABP*）的表达情况，结果表明在油酸诱导 1h、6h、12h、24h 和 48h 时，干扰组 *LPL*、*Perilipin* 和 *PPARγ* 基因的表达量均显著高于无关干扰组，*FAS* 和 *ACC* 基因没有明显的变化趋势。在油酸诱导 6h、24h 和 48h 时，干扰组 *ATGL* 基因的表达量显著高于无关干扰组。*E-FABP* 基因在油酸诱导 1h、6h、12h、24h 和 48h 时，均表现为干扰组的表达量显著低于无关干扰组（图 9-14）。

在该研究的过表达（overexpression）实验中，采用 Western blot 方法分析过表达组和对照组细胞中 A-FABP 的表达差异，结果表明在油酸诱导 1h、6h、12h、24h 和 48h 时，过表达组细胞中 *A-FABP* 的表达量均显著高于对照组（图 9-15）；采用油红 O 提取比色的方法分别检测油酸诱导 1h、6h、12h、24h 和 48h 时，过表达组和对照组的细胞内脂滴沉积情况，结果表明两组细胞内的脂滴沉积在检测的 5 个时间点均无差异（图 9-13B）；利用 NEFA 测试盒检测过表达组和对照组培养基中的 NEFA 含量，结果表明在油酸诱导 1h 时，过表达组培养基中的 NEFA 含量显著低于对照组（图 9-13D）；采用 RT-PCR 的方法检测过表达组和对照组细胞中与脂类代谢相关基因（*LPL*、*FAS*、*ACC*、*Perilipin*、*PPARγ*、*ATGL*、*E-FABP*）的表达情况，结果表明各基因均无规律的变化趋势（图 9-16）。

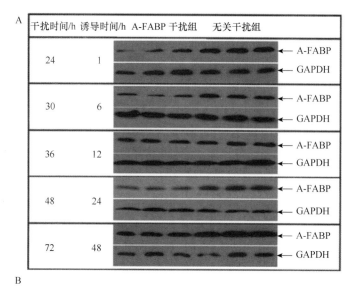

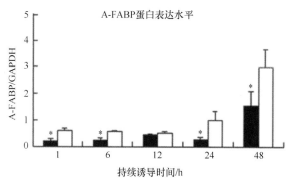

图 9-12　A-FABP 干扰效果分析（Shi et al.，2011）

黑色柱子是 A-FABP 干扰组，白色柱子是无关干扰组；*表示显著下调（*P*<0.05）

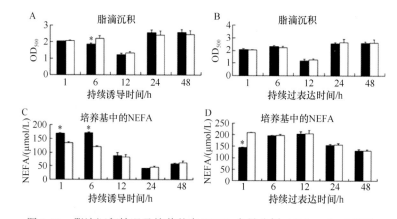

图 9-13　脂滴沉积情况及培养基中 NEFA 含量分析（Shi et al.，2011）

A、C 中的黑色柱子是 *A-FABP* 干扰组，白色柱子是无关干扰组；B、D 中的黑色柱子是 *A-FABP* 过表达组，白色柱子是对照组；*表示显著上调或下调（*P*<0.05）

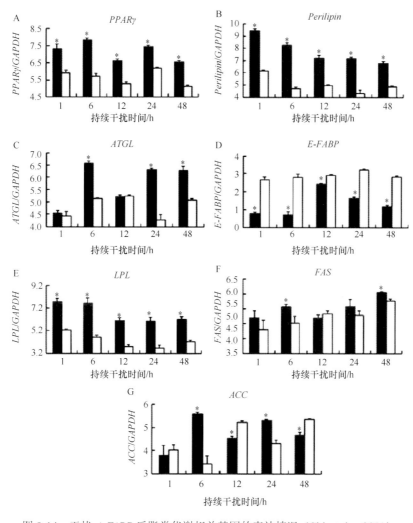

图 9-14　干扰 *A-FABP* 后脂类代谢相关基因的表达情况（Shi et al.，2011）

黑色柱子是 *A-FABP* 干扰组，白色柱子是无关干扰组；*表示显著上调或下调（$P<0.05$）

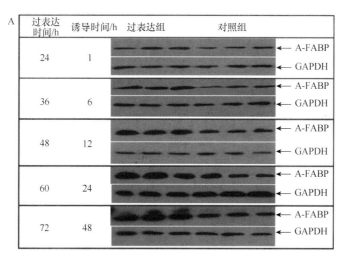

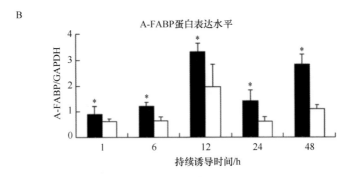

图 9-15 *A-FABP* 过表达效果分析（Shi et al.，2011）

黑色柱子是 *A-FABP* 过表达组，白色柱子是对照组；*表示显著上调（*P*<0.05）

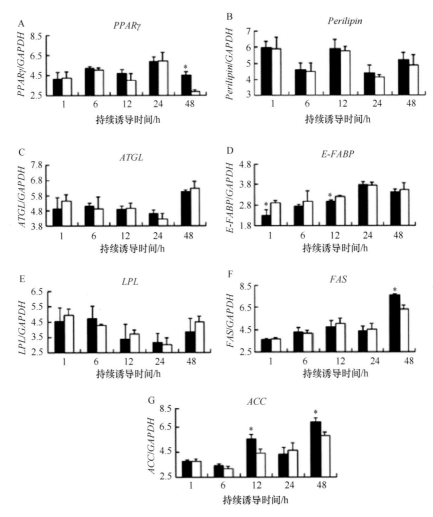

图 9-16 过表达 *A-FABP* 后脂类代谢相关基因的表达情况（Shi et al.，2011）

黑色柱子是 *A-FABP* 过表达组，白色柱子是对照组；*表示显著上调或下调（*P*<0.05）

之前的研究表明，在哺乳动物的前脂肪细胞中，脂肪酸是 *A-FABP* 基因转录的诱导剂（Amri et al.，1991）。本研究结果发现，干扰组经油酸诱导 1h、6h、24h 和 48h 后检测到 A-FABP 表达量降低，这与预期的结果是一致的。在哺乳动物中，许多基因的表达都是由脂肪酸调控的，如 *PPARγ* 和 *A-FABP*，同时，*PPARγ* 可以上调 *A-FABP* 的表达（Guan et al.，2005）。根据本研究结果，我们推测 *A-FABP* 的表达至少由两条通路调节，即脂肪酸通路和 PPARγ 通路。

脂肪酸是富含能量的生物大分子，在机体的代谢过程中发挥重要的作用。脂肪酸作为膜组件也是细胞不可或缺的一部分，可以影响细胞的流动性及受体或通道的功能（李喜艳等，2009）。在细胞中，游离脂肪酸是一种信号分子，它可以在一种称为脂肪酸的转运体（FAT）的膜蛋白的帮助下进出细胞（颜士禄等，2008）。在哺乳动物中有 6 种 FAT：脂肪酸转移酶（FAT-CD36）、脂肪酸运输蛋白、线粒体天冬氨酸转氨酶、小窝蛋白、脂肪细胞分化相关蛋白和脂肪酸结合蛋白（FABP）（Duplus et al.，2000）。本研究发现，在干扰 *A-FABP* 的脂肪细胞中加入油酸 1h 和 6h 后，脂质沉积减少，即油酸利用量降低。结合哺乳动物的研究结果，我们推测鸡 A-FABP 是一种 FAT，并且在油酸诱导脂肪细胞分化过程中 A-FABP 的表达水平可能影响油酸的利用，即 A-FABP 表达水平的降低可能引起脂肪细胞对油酸吸收的减少，进而导致 12h 时细胞脂质积累的减少。

为了分析 *A-FABP* 干扰后脂肪细胞油酸摄入及脂质沉积减少这一现象的潜在机制，我们检测了 *PPARγ*、*Perilipin*、*ATGL*、*E-FABP*、*LPL*、*FAS* 和 *ACC* 基因的表达情况。结果表明，在干扰 *A-FABP* 的脂肪细胞经油酸诱导 1h、6h、12h、24h 和 48h 后，*PPARγ*、*Perilipin* 和 *LPL* 基因的表达量上调。大量的研究表明，*Perilipin* 和 *LPL* 是 PPARγ 通路的下游基因（Brasaemle，2007；Shimizu et al.，2004；Barbier et al.，2002；Robinson et al.，1999）。在本研究中，我们发现在所有被检测的时间点，干扰 *A-FABP* 后脂肪细胞中 *PPRAγ* 表达量的改变都伴随着 *PPARγ* 下游基因表达量的改变。因此，我们推测在鸡脂肪细胞中 A-FABP 是 *PPARγ* 的一个潜在的调控因子，它可能作为 *PPARγ* 表达的触发器，而不是持续影响 *PPARγ* 的表达。然而，具体的机制仍需要进一步的实验验证。

总之，本研究结果表明，干扰 *A-FABP* 可能导致鸡脂肪细胞脂质积累的减少，其可能的机制是 A-FABP 作为 *PPARγ* 表达的触发器，影响 PPARγ 通路，进而影响脂肪细胞的脂质代谢。

三、前脂肪细胞中鸡 *A-FABP* 的功能研究

本课题组石慧（2010）、张庆秋等（2012）分离培养原代鸡前脂肪细胞，利用 RNAi 和基因过表达技术下调或上调 *A-FABP* 基因的表达，采用 RT-PCR 方法分析 *A-FABP* 基因表达量改变后，细胞内脂类代谢相关基因表达情况的变化，探讨前脂肪细胞中 *A-FABP* 基因与脂类代谢相关基因的调控关系。

在该研究的干扰（RNAi）实验中，采用 Western blot 方法分析干扰组和无关干扰组细胞中 A-FABP 的表达差异。结果表明在 *A-FABP* 干扰 24h、36h、48h、60h 和 72h 时，干扰组细胞中 A-FABP 的表达量均显著低于无关干扰组（图 9-17）；采用 RT-PCR 的方法检测干扰组和无关干扰组细胞中与脂类代谢相关基因（*LPL*、*FAS*、*ACC*、*Perilipin*、*PPARγ*、*ATGL*、*E-FABP*）的表达情况，结果表明干扰 *A-FABP* 表达后，*LPL*、*FAS*、*ACC* 和 *ATGL* 基因均无规律的变化趋势；*A-FABP* 干扰 24h 和 36h 时，干扰组 *Perilipin* 基因

的表达显著低于无关干扰组；*A-FABP* 干扰 48h 时，干扰组细胞 *PPARγ* 和 *Perilipin* 基因的表达显著高于无关干扰组；在 *A-FABP* 干扰 48h 和 72h 时，干扰组 *E-FABP* 基因的表达量显著低于无关干扰组。其他时间点，两组间无差异（图 9-18）。

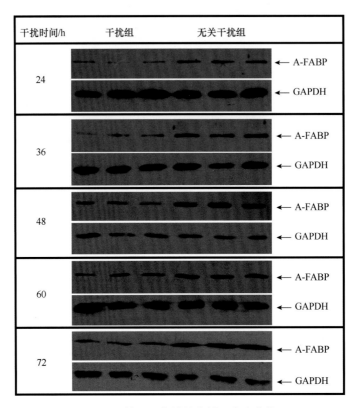

图 9-17　*A-FABP* 基因干扰效果分析（张庆秋等，2012）

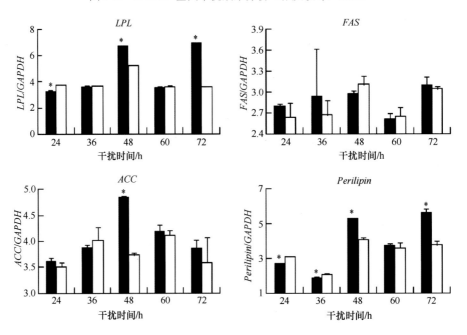

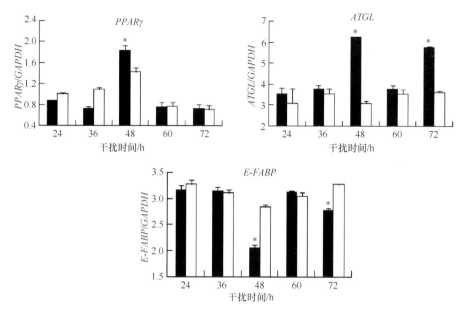

图 9-18　干扰 *A-FABP* 后脂类代谢相关基因的表达情况（张庆秋等，2012）

黑色柱子代表 *A-FABP* 干扰组，白色柱子代表无关干扰组；*表示显著上调或下调（$P<0.05$）

　　在该研究的过表达（overexpression）实验中，采用 Western blot 方法分析过表达组和空载对照组细胞中 A-FABP 的表达差异。结果表明在 *A-FABP* 过表达 24h、36h、48h、60h 和 72h 时，过表达组细胞中 A-FABP 的表达量均显著高于空载对照组（图 9-19）；采用 RT-PCR 的方法检测过表达组和空载对照组细胞中与脂类代谢相关基因（*LPL*、*FAS*、*ACC*、*Perilipin*、*PPARγ*、*ATGL*、*E-FABP*）的表达情况。结果表明在过表达 *A-FABP* 时，

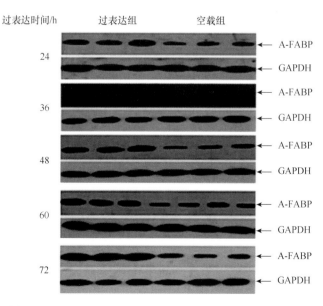

图 9-19　*A-FABP* 基因过表达效果分析（张庆秋等，2012）

LPL、*FAS*、*ACC* 和 *ATGL* 基因均无规律的变化趋势；*A-FABP* 过表达 24h 和 36h 时，过表达组细胞 *PPARγ* 和 *Perilipin* 基因的表达显著高于对照组；*A-FABP* 过表达 48h 时，过表达组细胞 *PPARγ* 和 *Perilipin* 基因的表达显著低于对照组；*A-FABP* 过表达 24h、36h、48h、60h 和 72h 时，过表达组细胞 *E-FABP* 基因表达显著低于对照组（图 9-20）。

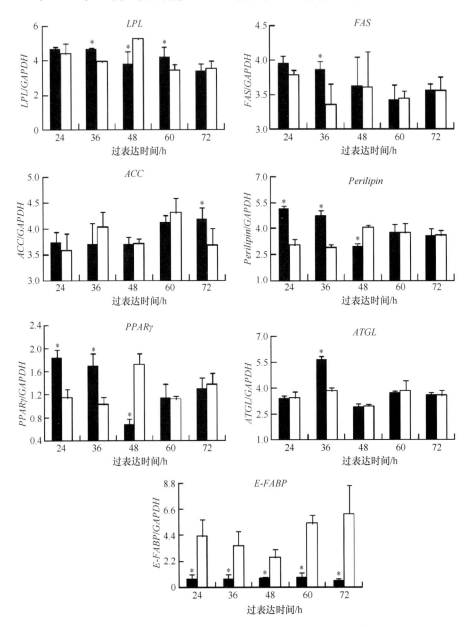

图 9-20　过表达 *A-FABP* 后脂类代谢相关基因的表达情况（张庆秋等，2012）

黑色柱子代表 *A-FABP* 过表达组，白色柱子代表对照组；*表示显著上调或下调（*P*<0.05）

Robers 等（1998）研究表明，PPARγ 可调控 *A-FABP* 的表达。转录因子过氧化物酶体增生体激活受体（PPAR）的 DNA 结合区位于 *A-FABP* 基因启动子区域。当长链脂肪酸的浓度增加时，可与 PPAR 结合，促进其下游 *A-FABP* 靶基因表达。而 Tan 等（2002）研究表明，A-FABP 可以特异性地转录激活 *PPARγ* 的表达。总结哺乳动物的研究结果显示，*Perilipin* 基因位于 PPARγ 通路，*Perilipin* 的表达也受到 PPARγ 的调控，即 *PPARγ* 基因表达水平的增加可以引起 *Perilipin* 基因表达的上调（Shimizu et al.，2004；Prusty et al.，2002）。Arimura 等（2004）利用报道基因的方法对小鼠 *Perilipin1* 基因的 5′侧翼区进行了研究，发现 *Perilipin1* 基因 5′侧翼区内存在 *PPARγ* 基因功能性的反应元件（PPRE），进一步研究表明，内源性的 PPARγ2 蛋白能够结合到 *Perilipin1* 基因的启动子区，*Perilipin1* 基因在脂肪细胞分化过程中的表达受到 *PPARγ2* 基因的调控，而其他转录因子如 C/EBPα、SREBP1 对于 *Perilipin* 基因的表达没有明显的调控作用。PPARγ 在诱导脂肪细胞分化的过程中能够直接在转录水平激活 *A-FABP* 基因的表达（Kim et al.，2004），它对脂肪代谢的调控是通过调节细胞内脂肪代谢相关基因（如 *ATGL*、*HSL*、*LPL* 等）的表达来完成的（Kershaw et al.，2007；Shen et al.，2007；Festuccia et al.，2006）。磷酸化的 Perilipin 可激活 *ATGL* 基因的表达，进而启动脂肪的分解代谢过程（Miyoshi et al.，2007），被磷酸化的 Perilipin 还可以激活另一个参与脂肪分解的重要基因，即 *HSL* 基因（Holm et al.，1988）。另外，A-FABP 和 HSL 可以组成复合物增加 HSL 的活性，在调节细胞脂类代谢的过程中发挥重要的作用（Smith et al.，2007）。总之，对哺乳动物的研究表明，*PPARγ*、*A-FABP*、*Perilipin*、*ATGL*、*HSL* 基因之间存在着密切的调控关系。这些结论在本研究中也得到了体现，在干扰和过表达 *A-FABP* 时，前脂肪细胞中 *PPARγ* 和 *Perilipin* 基因的表达均受到了不同程度的影响，*Perilipin* 与 *PPARγ* 基因的表达变化趋势是一致的，因此推测在鸡前脂肪细胞中，*A-FABP*、*PPARγ* 和 *Perilipin* 基因之间存在密切的相互调控关系，但是其精确机制还有待于进一步的研究。此外，*A-FABP* 和 *E-FABP* 基因在功能上是相互代偿的（Smith et al.，2007）。本研究发现，在 *A-FABP* 基因表达量增加时，*E-FABP* 基因表达量下降，这与在哺乳动物上的研究结果一致（Shaughnessy et al.，2000），但是在下调 *A-FABP* 基因的表达量后，*E-FABP* 基因表达量没有显著的变化，可能是前脂肪细胞在没有其他因素刺激的情况下，较低量的 *A-FABP* 就可以维持细胞的代谢水平，不需要通过上调 *E-FABP* 基因增加 *FABP* 的总量来满足细胞代谢的需要。

　　本研究分析了鸡 *A-FABP* 基因在前脂肪细胞中可能存在的功能，检测到 *A-FABP* 基因的表达变化影响了 *PPARγ*、*Perilipin* 和 *E-FABP* 基因的表达，这些结果为进一步探讨 *A-FABP* 基因在鸡脂类代谢过程中的作用，以及该基因与脂类代谢相关基因间的网络调控关系提供了有益参考。

参 考 文 献

李喜艳, 王加启, 卜登攀, 等. 2009. 多不饱和脂肪酸对细胞膜功能影响的研究进展. 生物技术通报, (12): 22-26.

李桢, 储明星, 曹红鹤, 等. 2004. 中外 11 个猪种 *A-FABP* 基因微卫星遗传变异的研究. 遗传, 26(04): 473-477.

石慧. 2008. 鸡 *A-FABP*, *L-FABP* 多克隆抗血清制备及组织表达分析. 哈尔滨: 东北农业大学硕士学位论文.

石慧. 2010. 鸡脂肪型脂肪酸结合蛋白(*A-FABP*)在脂类代谢中的功能研究. 哈尔滨: 东北农业大学博士学位论文.

王启贵. 2004. 鸡 *FABP* 基因克隆, 表达特性及功能研究. 哈尔滨: 东北农业大学博士学位论文.

颜士禄, 张铁鹰, 刘强. 2008. 脂肪酸的吸收与脂肪酸结合蛋白. 饲料工业, 29(17): 17-21.

张红. 2006. 鸭 *A-FABP* 基因和 *H-FABP* 基因的克隆, 表达及其功能研究. 扬州: 扬州大学硕士学位论文.

张庆秋, 石慧, 王宇祥, 等. 2012. 鸡前脂肪细胞中 *A-FABP* 基因表达的变化对 *PPARγ*、*perilipin* 和 *E-FABP* 表达的影响. 畜牧兽医学报, 43(10): 1531-1538.

Amri E Z, Ailhaud G, Grimaldi P. 1991. Regulation of adipose cell differentiation. II. Kinetics of induction of the *aP2* gene by fatty acids and modulation by dexamethasone. J Lipid Res, 32(9): 1457-1463.

Arimura N, Horiba T, Imagawa M, et al. 2004. The peroxisome proliferator-activated receptor gamma regulates expression of the *perilipin* gene in adipocytes. J Biol Chem, 279(11): 10070-10076.

Armstrong M K, Bernlohr D A, Storch J, et al. 1990. The purification and characterization of a fatty acid binding protein specific to pig (*Sus domesticus*) adipose tissue. Biochem J, 267(2): 373-378.

Baar R A, Dingfelder C S, Smith L A, et al. 2005. Investigation of *in vivo* fatty acid metabolism in *A-FABP/ap2-/-* mice. Am J Physiol Endocrinol Metab, 288: E187-E193.

Barbier O, Torra I P, Duguay Y, et al. 2002. Pleiotropic actions of peroxisome proliferator-activated receptors in lipid metabolism and atherosclerosis. Arterioscler Thromb Vasc Biol, 22(5): 717-726.

Brasaemle D L. 2007. Thematic review series: adipocyte biology. The perilipin family of structural lipid droplet proteins: stabilization of lipid droplets and control of lipolysis. J Lipid Res, 48(12): 2547-2559.

Brockmann G, Timtchenko D, Das P, et al. 1996. Detection of QTL for body weight and body fat content in mice using genetic markers. J Anim Breed Genet, 113(1-6): 373-379.

Chmurzyńska A. 2006. The multigene family of fatty acid-binding proteins (FABPs): function, structure and polymorphism. J Appl Genet, 47(1): 39-48.

Cinti S. 2001. The adipose organ: morphological perspectives of adipose tissues. Proc Nutr Soc, 60(3): 319-328.

Coe N R, Simpson M A, Bernlohr D A. 1999. Targeted disruption of the adipocyte lipid-binding protein (aP2 protein) gene impairs fat cell lipolysis and increases cellular fatty acid levels. J Lipid Res, 40(5): 967-972.

Diot C, Douaire M. 1999. Characterization of a cDNA sequence encoding the peroxisome proliferator activated receptor alpha in the chicken. Poult Sci, 78(8): 1198-1202.

Duplus E, Glorian M, Forest C. 2000. Fatty acid regulation of gene transcription. J Biol Chem, 275(40): 30749-30752.

Festuccia W T, Laplante M, Berthiaume M, et al. 2006. PPARgamma agonism increases rat adipose tissue lipolysis, expression of glyceride lipases, and the response of lipolysis to hormonal control. Diabetologia, 49(10): 2427-2436.

Fisher R M, Thörne A, Hamsten A, et al. 2002. Fatty acid binding protein expression in different human adipose tissue depots in relation to rates of lipolysis and insulin concentration in obese individuals. Mol Cell Biochem, 239(1-2): 95-100.

Gerbens F, Jansen A, van Erp A J, et al. 1998. The adipocyte fatty acid-binding protein locus: characterization and association with intramuscular fat content in pigs. Mamm Genome, 9(12): 1022-1026.

Gerbens F, Verburg F J, Van Moerkerk H T, et al. 2001. Associations of heart and adipocyte fatty acid-binding protein gene expression with intramuscular fat content in pigs. J Anim Sci, 79(2): 347-354.

Gordon J I, Elshourbagy N, Lowe J B, et al. 1985. Tissue specific expression and developmental regulation of two genes coding for rat fatty acid binding proteins. J Biol Chem, 260(4): 1995-1998.

Guan H P, Ishizuka T, Chui P C, et al. 2005. Corepressors selectively control the transcriptional activity of PPARgamma in adipocytes. Genes Dev, 19(4): 453-461.

Hancke K, Grubeck D, Hauser N, et al. 2010. Adipocyte fatty acid-binding protein as a novel prognostic factor in obese breast cancer patients. Breast Cancer Res Treat, 119(2): 367-367.

Hertzel A V, Smith L A, Berg A H, et al. 2006. Lipid metabolism and adipokine levels in fatty acid-binding protein null and transgenic mice. Am J Physiol Endocrinol Metab, 290(5): E814-E823.

Hocquette J F, Gondret F, Baéza E, et al. 2010. Intramuscular fat content in meat-producing animals: development, genetic and nutritional control, and identification of putative markers. Animal, 4(2): 303-319.

Holm C, Kirchgessner T G, Svenson K L, et al. 1988. Hormone-sensitive lipase: sequence, expression, and chromosomal localization to 19 cent-q13.3. Science, 241(4872): 1503-1506.

Hotamisligil G S, Johnson R S, Distel R J, et al. 1996. Uncoupling of obesity from insulin resistance through a targeted mutation in aP2, the adipocyte fatty acid binding protein. Science, 274(5291): 1377-1379.

Kershaw E E, Schupp M, Guan H P, et al. 2007. PPARgamma regulates adipose triglyceride lipase in adipocytes *in vitro* and *in vivo*. Am J Physiol Endocrinol Metab, 293(6): E1736-E1745.

Kim Y O, Park S J, Balaban R S, et al. 2004. A functional genomic screen for cardiogenic genes using RNA interference in developing *Drosophila* embryos. Proc Natl Acad Sci U S A, 101(1): 159-164.

Li W J, Li H B, Chen J L, et al. 2008. Gene expression of heart- and adipocyte-fatty acid-binding protein and correlation with intramuscular fat in Chinese chickens. Anim Biotechnol, 19(3): 189-193.

Miyoshi H, Perfield J W 2nd, Souza S C, et al. 2007. Control of adipose triglyceride lipase action by serine 517 of perilipin A globally regulates protein kinase A-stimulated lipolysis in adipocytes. J Biol Chem, 282(2): 996-1002.

Miyoshi T, Onoue G, Hirohata A, et al. 2010. Serum adipocyte fatty acid-binding protein is independently associated with coronary atherosclerotic burden measured by intravascular ultrasound. Atherosclerosis, 211(1): 164-169.

Prusty D, Park B H, Davis K E, et al. 2002. Activation of MEK/ERK signaling promotes adipogenesis by enhancing peroxisome proliferator-activated receptor gamma (PPARgamma) and *C/EBPalpha* gene expression during the differentiation of 3T3-L1 preadipocytes. J Biol Chem, 277(48): 46226-46232.

Robers M, Van der Hulst F F, Fischer M A, et al. 1998. Development of a rapid microparticle-enhanced turbidimetric immunoassay for plasma fatty acid-binding protein, an early marker of acute myocardial infarction. Clin Chem, 44(7): 1564-1567.

Robinson C E, Wu X, Nawaz Z, et al. 1999. A corepressor and chicken ovalbumin upstream promoter transcriptional factor proteins modulate peroxisome proliferator-activated receptor-gamma2/retinoid X receptor alpha-activated transcription from the murine lipoprotein lipase promoter. Endocrinology, 140(4): 1586-1593.

Schaap F G, van der Vusse G J, Glatz J F. 2002. Evolution of the family of intracellular lipid binding proteins in vertebrates. Mol Cell Biochem, 239(1-2): 69-77.

Scheja L, Makowski L, Uysal K T, et al. 1999. Altered insulin secretion associated with reduced lipolytic efficiency in aP2-/- mice. Diabetes, 48(10): 1987-1994.

Shaughnessy S, Smith E R, Kodukula S, et al. 2000. Adipocyte metabolism in adipocyte fatty acid binding protein knockout mice (*aP2-/-*) after short-term high-fat feeding: functional compensation by the keratinocyte [correction of keritinocyte] fatty acid binding protein. Diabetes, 49(6): 904-911.

Shen W J, Patel S, Yu Z, et al. 2007. Effects of rosiglitazone and high fat diet on lipase/esterase expression in adipose tissue. Biochim Biophys Acta, 1771(2): 177-184.

Shi H, Wang Q, Wang Y, et al. 2010b. Adipocyte fatty acid-binding protein: an important gene related to lipid metabolism in chicken adipocytes. Comp Biochem Physiol B Biochem Mol Biol, 157(4): 357-363.

Shi H, Wang Q, Zhang Q, et al. 2010a. Tissue expression characterization of chicken adipocyte fatty acid-binding protein and its expression difference between fat and lean birds in abdominal fat tissue. Poult Sci, 89(2): 197-202.

Shi H, Zhang Q, Wang Y, et al. 2011. Chicken adipocyte fatty acid-binding protein knockdown affects expression of peroxisome proliferator-activated receptor γ gene during oleate-induced adipocyte differentiation. Poult Sci, 90(5): 1037-1044.

Shimizu M, Takeshita A, Tsukamoto T, et al. 2004. Tissue-selective, bidirectional regulation of *PEX11 alpha* and *perilipin* genes through a common peroxisome proliferator response element. Mol Cell Biol, 24(3): 1313-1323.

Smith A J, Thompson B R, Sanders M A, et al. 2007. Interaction of the adipocyte fatty acid-binding protein with the hormone-sensitive lipase: regulation by fatty acids and phosphorylation. J Biol Chem, 282(44): 32424-32432.

Tan N S, Shaw N S, Vinckenbosch N, et al. 2002. Selective cooperation between fatty acid binding proteins and peroxisome proliferator-activated receptors in regulating transcription. Mol Cell Biol, 22(14): 5114-5127.

Veerkamp J H, Peeters R A, Maatman R G. 1991. Structural and functional features of different types of cytoplasmic fatty acid-binding proteins. Biochim Biophys Acta, 1081(1): 1-24.

Wang D, Wang N, Li N, et al. 2009. Identification of differentially expressed proteins in adipose tissue of divergently selected broilers. Poult Sci, 88(11): 2285-2292.

Wang H B, Li H, Wang Q G, et al. 2007. Profiling of chicken adipose tissue gene expression by genome array. BMC Genomics, 8: 193.

Wang Q, Li H, Li N, et al. 2004. Cloning and characterization of chicken adipocyte fatty acid binding protein gene. Anim Biotechnol, 15(2): 121-132.

Xu A, Wang Y, Xu J Y, et al. 2006. Adipocyte fatty acid-binding protein is a plasma biomarker closely associated with obesity and metabolic syndrome. Clin Chem, 52(3): 405-413.

Zimmerman A W, Veerkamp J H. 2002. New insights into the structure and function of fatty acid-binding proteins. Cell Mol Life Sci, 59(7): 1096-1116.

第十章 其他脂肪酸结合蛋白家族基因的功能研究

血液中游离的脂肪酸和脂类水解后释放到血液中的脂肪酸可以与血液中的白蛋白结合形成脂肪酸白蛋白复合物，从而将脂肪酸运输到组织细胞膜表面，并通过相关的跨膜蛋白运输到细胞内。在细胞内，脂肪酸与脂肪酸结合蛋白（fatty acid binding protein，FABP）结合后可被运输到线粒体及过氧化物酶体中进行脂肪酸氧化，或者在内质网中合成甘油三酯或磷脂，或者进入细胞核内发挥其可能的调控功能（图 10-1）。

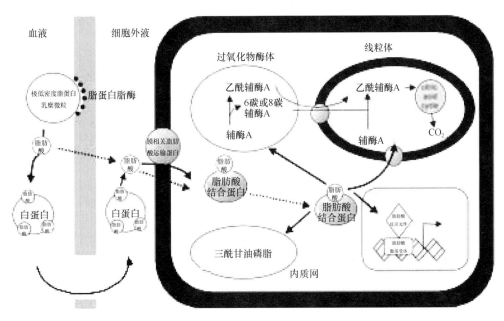

图 10-1　脂肪酸转运的示意图（Zimmerman et al.，2002）

FABP 是同源性极高的一族小分子细胞内蛋白质，由 126~134 个氨基酸组成，分子质量为 14~15kDa，在动物的多种组织细胞中广泛存在。它们的氨基酸序列只有 22%~73% 的同源性，但是三级结构有着高度的相似性（Chmurzyńska，2006）。目前，在哺乳动物细胞内已经发现了至少 9 种 FABP，各成员的名称和分布见表 10-1。

表 10-1　哺乳动物中各种类型 FABP 的组织分布特点（Chmurzyńska，2006）

FABP 类型	基因	组织分布
肝脏型脂肪酸结合蛋白（L-FABP）	FABP1	肝脏、小肠、肾脏
小肠型脂肪酸结合蛋白（I-FABP）	FABP2	小肠
心脏型脂肪酸结合蛋白（H-FABP）	FABP3	心肌、骨骼肌、脑、乳房、肾脏、肾上腺、卵巢、睾丸、胎盘、肺脏、胃
脂肪型脂肪酸结合蛋白（A-FABP）	FABP4	脂肪细胞、巨噬细胞

续表

FABP 类型	基因	组织分布
表皮型脂肪酸结合蛋白（E-FABP）	*FABP5*	表皮、脂肪细胞、巨噬细胞、乳房、舌、睾丸、肝脏、肺脏、脑、心肌、骨骼肌、视网膜、肾脏
回肠型脂肪酸结合蛋白（IL-FABP）	*FABP6*	小肠
脑型脂肪酸结合蛋白（B-FABP）	*FABP7*	中枢神经系统、视网膜
髓磷脂型脂肪酸结合蛋白（M-FABP）	*FABP8*	周围神经髓磷脂
睾丸型脂肪酸结合蛋白（T-FABP）	*FABP9*	睾丸

　　FABP 是影响脂类代谢的重要基因家族，其各个成员的基因功能研究备受瞩目。东北农业大学家禽课题组（以下简称"本课题组"）除开展了鸡 *A-FABP*（详见第九章）研究外，还对鸡 *H-FABP*、*I-FABP*、*L-FABP*、*L-BABP*（liver bile acid binding protein，也称 liver basic fatty acid binding protein，*Lb-FABP*，是禽类、鱼类和两栖类等非哺乳动物肝脏中特有的一类脂肪酸结合蛋白）基因进行了克隆与序列分析及时空表达规律的研究，并着重对 *L-FABP* 和 *L-BABP* 基因进行了功能研究。研究发现鸡的这些基因都由 4 个外显子和 3 个内含子构成（Wang et al.，2005，2004）；鸡 *H-FABP* 基因在多种组织中都有表达（Wang et al.，2005）；鸡 *I-FABP* 基因仅在小肠组织中表达（Wang et al.，2005）；鸡 *L-FABP* 基因在肝脏和小肠组织中表达（石慧等，2008）；鸡 *L-BABP* 基因仅在肝脏组织中表达（张庆秋等，2011）；*L-FABP* 基因参与肝细胞中脂类代谢过程，并影响总胆固醇的含量（Gao et al.，2015）；*L-BABP* 基因可能参与肝脏细胞的脂肪沉积、总胆固醇代谢和脂解过程（高广亮等，2015）。

第一节　鸡 *H-FABP* 基因

　　心脏型脂肪酸结合蛋白（heart fatty acid binding protein，H-FABP）对长链脂肪酸具有很强的亲和能力，并参与脂肪酸的运输和代谢平衡过程（Haunerland and Spener，2004）。*H-FABP* 基因主要在畜禽的心肌、骨骼肌和乳腺中表达，参与心肌、骨骼肌和乳腺等组织中甘油三酯的沉积过程（Binas et al.，2003；Bonen et al.，1998），是影响畜禽肌内脂肪含量、肉质性状和乳性状的重要候选基因（Wang et al.，2016；李武峰等，2004；Gerbens et al.，1999，1997）。

一、鸡 *H-FABP* 基因的克隆与序列分析

　　本课题组 Wang 等（2005）利用比较基因组学的方法在鸡心脏组织表达序列标签（EST）中发现一条与人 *H-FABP* mRNA 序列同源性很高的 EST 序列（GenBank Accession No. BI067866），同源性为 75%。参照发现的这条 EST 序列设计 PCR 引物，对鸡心脏组织 cDNA 进行扩增，经克隆、测序得到了长度为 280bp 的 cDNA 序列，进而以此序列为基础，通过 RACE 的方法获得了 510bp 的 cDNA 序列，分析表明该序列包含一个完整的编码区。以鸡的基因组 DNA 为模板，扩增获得了该基因内含子序列；经过比对和拼接，最终获得了 3310bp 的 DNA 序列，命名为鸡 *H-FABP* 基因，并将其提交 GenBank 数据

库中（GenBank Accession No. AY648562）。

生物信息学分析发现，鸡的 *H-FABP* 基因与人和猪等哺乳动物的 *H-FABP* 基因相似，均由 4 个外显子、3 个内含子构成（图 10-2）。鸡的 *H-FABP* 基因位于鸡 23 号染色体上（Wang et al.，2005）。该基因 4 个外显子长度分别为 73bp、173bp、102bp 和 54bp，共编码 133 个氨基酸；3 个内含子长度分别为 578bp、1933bp 和 79bp（GenBank Accession No. AY207009）。鸡 *H-FABP* 基因 mRNA 序列与人、鼠、猪 *H-FABP* 基因的 mRNA 序列同源性为 75%~77%；演绎成氨基酸之后同源性为 75%~78%。

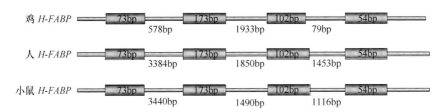

图 10-2　鸡、人和小鼠 *H-FABP* 基因结构比较（王启贵，2004）

二、鸡 *H-FABP* 基因的时空表达规律分析

（一）鸡 *H-FABP* 基因在不同发育阶段不同组织中的表达

Wang 等（2005）利用 Northern blot 方法检测了鸡 *H-FABP* 基因在不同组织的表达，结果表明：*H-FABP* 基因有 2 个大小分别为 5.0kb 和 2.5kb 的转录物，显示该基因可能存在多种异构体；*H-FABP* 基因在包括 2 周龄、6 周龄和 12 周龄鸡的大脑、肺脏、肌胃、腺胃、腿肌、胸肌、心脏、卵巢、脂肪组织中广泛表达，特别是在心脏和脂肪组织中高表达（图 10-3）。该基因的组织表达特性与在鼠和人类上的研究结果相似（Zimmerman and Veerkamp，2002；Bartetzko et al.，1993；Unterberg et al.，1990）。

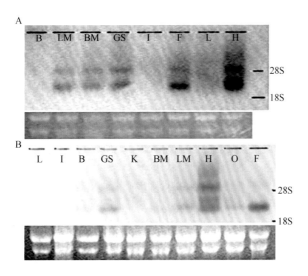

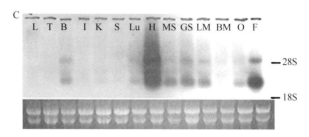

图 10-3　*H-FABP* 基因在鸡 2 周龄（A）、6 周龄（B）、12 周龄（C）的不同组织中的 Northern blot 结果（Wang et al.，2005）

L. 肝脏；T. 睾丸；B. 大脑；I. 小肠；K. 肾脏；S. 脾脏；Lu. 肺脏；H. 心脏；MS. 肌胃；GS. 腺胃；LM. 腿肌；BM. 胸肌；O. 卵巢；F. 脂肪

（二）鸡 *H-FABP* 基因在不同发育阶段不同品种间的表达差异

Wang 等（2005）以东北农业大学肉鸡高、低腹脂双向选择品系（以下简称"高、低脂系"）第 6 世代 2 周龄、6 周龄和 12 周龄的高脂系肉鸡公鸡和白耳黄鸡公鸡各 3 只为研究材料，提取心脏组织总 RNA，使用 *GAPDH* 基因作为内参，检测鸡 *H-FABP* 基因在不同品种间心脏组织中的表达情况。Northern blot 结果表明：在检测的各时期鸡只中，该基因在 6 周龄心脏组织中的表达水平在两品种间差异显著（*P*<0.05），且肉鸡的表达水平低于白耳黄鸡（图 10-4）。

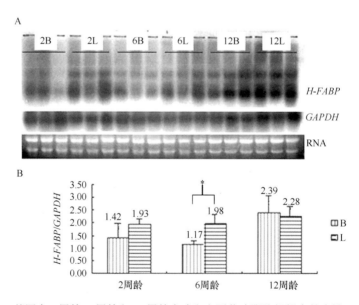

图 10-4　*H-FABP* 基因在 2 周龄、6 周龄和 12 周龄肉鸡和白耳黄鸡脂肪组织中的表达（Wang et al.，2005）

A. *H-FABP* 基因在 2 周龄、6 周龄和 12 周龄肉鸡和白耳黄鸡心脏中的表达情况；B. *H-FABP* 基因 2 周龄、6 周龄和 12 周龄肉鸡和白耳黄鸡心脏中表达的定量分析结果。2B. 2 周龄肉鸡；2L. 2 周龄白耳黄鸡；6B. 6 周龄肉鸡；6L. 6 周龄白耳黄鸡；12B. 12 周龄肉鸡；12L. 12 周龄白耳黄鸡。*表示差异显著（*P*<0.05）

本研究通过比较基因组学等方法首次克隆了鸡 *H-FABP* 基因序列，分析发现该基因的结构、表达特性与哺乳动物的高度一致，推测该基因的功能在鸡和哺乳动物中可能非常相似。有研究表明，*H-FABP* 基因敲除的小鼠表现出对外围长链脂肪酸利用的严重缺陷，心脏不能有效地摄取在正常情况下作为主要燃料的血浆中的长链脂肪酸，转而利用葡萄糖（Binas et al.，1999）。此外，由于 H-FABP 的缺失不能被完全补偿，会导致小鼠对剧烈运动的耐受性降低，进而会引起老龄小鼠局部性的心肌肥大（Binas et al.，1999）。这些结果表明 H-FABP 在长链脂肪酸的摄取与氧化、燃料的选择和能量代谢的动态平衡中起着重要的作用。本研究发现该基因在 6 周龄肉鸡和白耳黄鸡心脏组织中的表达有显著的差异（$P<0.05$），肉鸡的表达低于白耳黄鸡。高脂系肉鸡来源于经过了 7 个世代对腹部脂肪组织进行选择的肉鸡群体，白耳黄鸡是中国的地方鸡种，这两个品种在生长发育和能量代谢方面有明显的差异，因此我们推测 H-FABP 基因的 mRNA 在两个鸡种中差异表达可能与不同品种鸡的心脏耐受能力和能量代谢不同有关。

然而，H-FABP 基因 mRNA 的表达水平在 2 周龄和 12 周龄没有显著差异，上述结论还需要进一步实验加以验证。

第二节　鸡 I-FABP 基因

肠型脂肪酸结合蛋白（intestinal fatty acid binding protein，I-FABP）是脂肪酸结合蛋白家族成员之一。人、猕猴、大鼠和鸡的 I-FABP 基因仅在小肠表达，具有高度的组织特异性（Wang et al.，2005；Sweetser et al.，1987）。在哺乳动物中的研究发现，I-FABP 与长链脂肪酸运输和脂类的合成、分解代谢有关（Montoudis et al.，2008，2006）。I-FABP 基因多态性与人的 2 型糖尿病、血脂含量、形体指数和体重相关（Thumser et al.，2014；Lagakos et al.，2011；王振辉等，2006；Baier et al.，1995）。

一、鸡 I-FABP 基因的克隆与序列分析

本课题组 Wang 等（2005）利用人和小鼠等哺乳动物 I-FABP 基因序列与鸡的 EST 序列进行比对，结果发现一条与哺乳动物 I-FABP 基因序列同源性很高的 EST 序列（GenBank Accession No. BU123336）。分析该 EST 序列发现其包含一个完整的编码区序列，与人 I-FABP mRNA 序列同源性为 71.18%。根据该 EST 序列设计 PCR 引物对鸡基因组进行扩增，获得长度为 2847bp 的 DNA 序列，命名为 I-FABP 基因，并将其提交 GenBank 数据库中（GenBank Accession No. AY254202）。

鸡 I-FABP 基因结构与人和小鼠等哺乳动物的 I-FABP 基因相似，由 4 个外显子、3 个内含子构成（图 10-5），4 个外显子分别为 67bp、173bp、108bp 和 51bp，共编码 132 个氨基酸；3 个内含子分别为 632bp、572bp 和 843bp（GenBank Accession No. AY254202）。鸡 I-FABP 基因 mRNA 序列与人、鼠、猪 I-FABP 基因的 mRNA 序列同源性为 71%~72%；演绎成氨基酸之后同源性为 70%~78%。将鸡的 I-FABP 基因序列与鸡的全基因组序列数据库进行比对分析发现该基因位于鸡 4 号染色体上。

二、鸡 I-FABP 基因的时空表达规律分析

（一）鸡 I-FABP 基因在不同发育阶段不同组织中的表达

Wang 等（2005）利用 Northern blot 方法检测了 2 周龄、6 周龄和 12 周龄鸡不同组

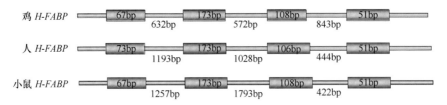

图 10-5 鸡、人和小鼠 *I-FABP* 基因结构比较（王启贵，2004）

织中 *I-FABP* 基因的表达特性。结果表明：*I-FABP* 基因仅在 2 周龄、6 周龄和 12 周龄鸡的小肠组织中表达，转录物约为 1.5kb（图 10-6）。该基因的表达特点与其在鼠和人类上的研究结果相似（Zimmerman and Veerkamp，2002；Bartetzko et al.，1993；Unterberg et al.，1990）。

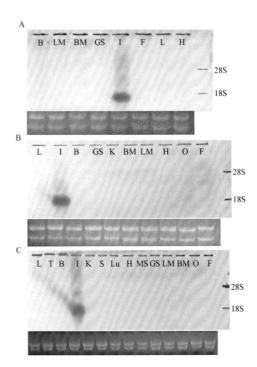

图 10-6 *I-FABP* 基因在鸡 2 周龄（A）、6 周龄（B）、12 周龄（C）的不同组织中的 Northern blot 结果（Wang et al.，2005）

L. 肝脏；T. 睾丸；B. 大脑；I. 小肠；K. 肾脏；S. 脾脏；Lu. 肺脏；H. 心脏；MS. 肌胃；GS. 腺胃；LM. 腿肌；BM. 胸肌；O. 卵巢；F. 脂肪

（二）鸡 *I-FABP* 基因在不同发育阶段不同品种间中的表达差异

Wang 等（2005）以高、低脂系第 6 世代 2 周龄、6 周龄和 12 周龄的高脂系公鸡和白耳黄鸡公鸡各 3 只为实验材料，提取小肠组织总 RNA，以 *GAPDH* 基因作为内参，检测鸡 *I-FABP* 基因在不同品种间小肠组织中的表达差异。Northern blot 结果表明：在检测的各时期鸡只中，该基因在两品种 6 周龄小肠组织中的表达水平差异显著（P<0.05），肉鸡的表达水平低于白耳黄鸡；2 周龄和 12 周龄时该基因在小肠组织中的表达在两品种间无显著差异（P>0.05），但在品种内个体间存在差异表达（图 10-7A，图 10-7B）（Wang et al.，2005）。

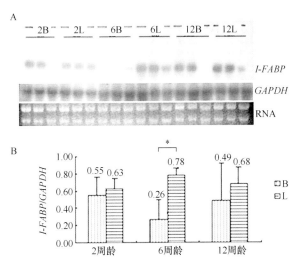

图 10-7　*I-FABP* 基因在 2 周龄、6 周龄和 12 周龄肉鸡和白耳黄鸡脂肪组织中的表达（Wang et al.，2005）
A. *I-FABP* 基因在 2 周龄、6 周龄和 12 周龄肉鸡和白耳黄鸡心脏中的表达情况；B. *I-FABP* 基因在 2 周龄、6 周龄和 12 周龄肉鸡和白耳黄鸡心脏中表达的定量分析结果。2B. 2 周龄肉鸡；2L. 2 周龄白耳黄鸡；6B. 6 周龄肉鸡；6L. 6 周龄白耳黄鸡；12B. 12 周龄肉鸡；12L. 12 周龄白耳黄鸡；*表示差异显著（P<0.05）

　　本研究首次克隆了鸡 *I-FABP* 基因 DNA 序列，发现该基因结构、表达特性与其在哺乳动物中高度一致（Sweetser et al.，1987），推测该基因的功能在鸡和哺乳动物中可能非常相似。对 *I-FABP* 基因缺陷型小鼠研究结果显示无论是饲喂高能还是低能日粮，缺陷型雄性小鼠都表现出体重的增加；然而缺陷型雌性小鼠在饲喂低能日粮时体重没有变化，但在饲喂高能日粮时体重显著下降（Vassileva et al.，2000）。这一结果表明 I-FABP 对日粮中脂肪的吸收并不起决定性作用，其对体重的调节作用与性别有关。为了研究鸡 *I-FABP* mRNA 在不同发育阶段不同品种间的表达差异，探讨 *I-FABP* 基因的表达是否与鸡脂类代谢和体重调控有直接的关系，本研究采用 Northern blot 方法检测 2 周龄、6 周龄和 12 周龄的高脂系肉鸡公鸡和白耳黄鸡公鸡小肠组织中 *I-FABP* 基因的表达特点。研究发现该基因在两个品种的 6 周龄小肠组织中的表达水平差异显著，且肉鸡的表达量低于白耳黄鸡。高脂系肉鸡和白耳黄鸡在生长速度和脂肪沉积方面存在极大的差异，高脂系肉鸡 2 周龄、6 周龄和 12 周龄的体重分别是白耳黄鸡相应周龄体重的 3.9 倍、4.2 倍和 2.6 倍；高脂系肉鸡 12 周龄腹脂重和腹脂率分别是相应周龄白耳黄鸡腹脂重和腹脂率的 17 倍和 4 倍。因此推测该基因的表达可能与鸡的脂类代谢和体重调节有关。然而，该基因 mRNA 的表达水平在 2 周龄和 12 周龄两品种间无显著差异，且在蛋白质水平上未开展相应的研究，因此上述结论还需要进一步实验加以证实。

第三节 鸡 *L-FABP* 基因

禽类脂质代谢及其调控与哺乳动物不尽相同，禽类脂质合成主要是在肝脏中进行，而脂肪组织主要是储存脂肪的场所（Griffin et al., 1992; O'hea and Leveille, 1968）。在家禽脂类代谢过程中肝脏起着至关重要的作用（尹靖东等, 2000）。在维持肝脏内脂质动态平衡过程中有 3 个蛋白起着重要作用，分别是载脂蛋白 B（apolipoprotein B, ApoB）、微粒甘油三酯运输蛋白（microsomal triglyceride transfer protein, MTP）和肝脏型脂肪酸结合蛋白（L-FABP），它们共同调控肝内极低密度脂蛋白（very low density lipoprotein, VLDL）的合成和分泌，以及调节肝内脂质的动态平衡（Spann et al., 2006）。在鸡肝脏细胞质中分离出两种脂肪酸结合蛋白，一种是对脂肪酸具有较强的亲和力，与哺乳动物的 L-FABP 在结构上高度相似，被命名为鸡肝脏型脂肪酸结合蛋白（liver fatty acid binding protein, L-FABP）。另一种是非特异性脂肪酸结合蛋白，它与在鲇鱼和蜥蜴的肝脏中发现的一种特殊的 FABP 相似，而与哺乳动物肝脏来源的 FABP 不同，被命名为肝脏基础型脂肪酸结合蛋白（liver basic fatty acid binding protein, Lb-FABP）（Sams et al., 1991; Sewell et al., 1989）。由于 Lb-FABP 对脂肪酸结合能力较弱，而对胆汁酸具有较强的亲和力，因此也被称为肝脏胆汁酸结合蛋白（live bile acid binding protein, L-BABP）。

近年来，对 *L-FABP* 基因在畜禽生长和脂类代谢过程中的功能研究越来越广泛。研究发现 *L-FABP* 基因与 2 型糖尿病、肥胖和脂肪肝等疾病的发生有关（Atshaves et al., 2010; Jolly et al., 2000）。L-FABP 参与体重调节、胞内脂肪酸的摄取、β 氧化等过程（Newberry et al., 2009; Martin et al., 2003）；在禽类的研究中发现，*L-FABP* 基因在脂类代谢和肌内脂肪代谢等方面发挥着重要的作用（He et al., 2013, 2012; Zhang et al., 2013）。

一、鸡 *L-FABP* 基因的时空表达规律分析

鉴于 *L-FABP* 基因在禽类的脂类代谢和肌内脂肪代谢等方面发挥着重要的作用，本课题组先后开展了该基因在不同发育阶段不同组织间和不同品种间的表达研究（Wang et al., 2006），以及高、低脂系鸡只肝脏组织 L-FABP 蛋白水平表达差异研究（Zhang et al., 2013）。

（一）鸡 *L-FABP* 基因在不同发育阶段不同组织中的表达

本课题组 Wang 等（2006）以高、低脂系第 6 世代 2 周龄、6 周龄和 12 周龄的高脂系公鸡和白耳黄鸡母鸡各 3 只为实验材料，提取不同组织总 RNA，然后将同一种组织同一时间点的 3 只高脂系公鸡和 3 只白耳黄鸡母鸡的 RNA 混合，检测鸡 *L-FABP* 基因在不同组织中的表达特性。结果表明：在 2 周龄的 8 种组织、6 周龄的 10 种组织和 12 周龄的 14 种组织中该基因仅在肝脏和小肠组织中表达（图 10-8）。需要特别指出的是，Northern blot 分析该基因表达时，检测到两条信号带，因此推测鸡 *L-FABP* 基因可能与哺乳动物中该基因相似，也存在两种可变剪接体（Wang et al., 2006）。

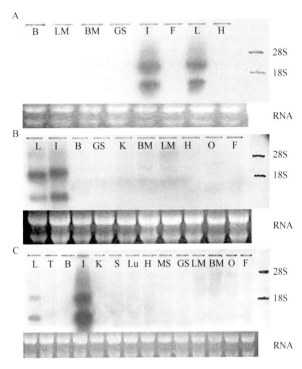

图 10-8　*L-FABP* 基因在鸡 2 周龄（A）、6 周龄（B）、12 周龄（C）的不同
组织中的 Northern blot 结果（Wang et al.，2006）

L. 肝脏；T. 睾丸；B. 大脑；I. 小肠；K. 肾脏；S. 脾脏；Lu. 肺脏；H. 心脏；MS. 肌胃；
GS. 腺胃；LM. 腿肌；BM. 胸肌；O. 卵巢；F. 脂肪

　　本课题组石慧等（2008）采用 Western blot 方法分析了 L-FABP 在鸡心脏、肝脏、
脂肪、肌肉、肌胃、脾脏、小肠、肺脏和肾脏组织中的表达情况。结果显示鸡 L-FABP
在肝脏和小肠中表达，而在心脏、脂肪、肌肉、肌胃、脾脏、肺脏和肾脏中没有检测到
表达信号（图 10-9），这与 *L-FABP* mRNA 水平上的表达特点相一致，因此推测其在这
两种组织中发挥重要的作用（石慧等，2008）。

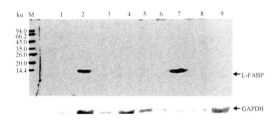

图 10-9　鸡 L-FABP 组织表达特性分析（石慧等，2008）

M. 蛋白质分子质量标准；1. 心脏；2. 肝脏；3. 脂肪；4. 肌肉；5. 肌胃；6. 脾脏；7. 小肠；8. 肺脏；9. 肾脏

（二）鸡 *L-FABP* 基因在不同发育阶段不同品种间的表达差异

　　Wang 等（2006）以高、低脂系第 6 世代 2 周龄、6 周龄和 12 周龄的高脂系公鸡和
白耳黄鸡公鸡各 3 只为实验材料，提取肝脏和小肠组织总 RNA，使用 *GAPDH* 基因作为
内参，检测鸡 *L-FABP* 基因在不同品种间肝脏和小肠组织中的表达差异。Northern blot

结果显示在检测的各时期鸡只中，该基因在两品种 6 周龄和 12 周龄肝脏组织中的表达水平差异极显著（$P<0.01$），白耳黄鸡的表达均高于同周龄的肉鸡（图 10-10）；该基因在两品种 6 周龄小肠组织中的表达水平差异极显著（$P<0.01$），白耳黄鸡的表达也高于肉鸡（图 10-11）（Wang et al.，2006）。

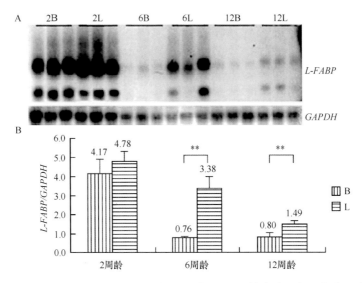

图 10-10　*L-FABP* 基因在 2 周龄、6 周龄和 12 周龄肉鸡和白耳黄鸡肝脏组织中的表达（Wang et al.，2006）

A. *L-FABP* 基因在 2 周龄、6 周龄和 12 周龄肉鸡和白耳黄鸡肝脏中的表达情况；B. *L-FABP* 基因在 2 周龄、6 周龄和 12 周龄肉鸡和白耳黄鸡肝脏中表达的定量分析结果。2B. 2 周龄肉鸡；2L. 2 周龄白耳黄鸡；6B. 6 周龄肉鸡；6L. 6 周龄白耳黄鸡；12B. 12 周龄肉鸡；12L. 12 周龄白耳黄鸡；**表示差异极显著（$P<0.01$）

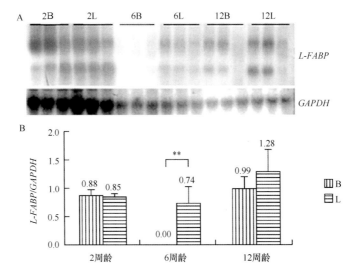

图 10-11　*L-FABP* 基因在 2 周龄、6 周龄和 12 周龄肉鸡和白耳黄鸡小肠组织中的表达（Wang et al.，2006）

A. *L-FABP* 基因在 2 周龄、6 周龄和 12 周龄肉鸡和白耳黄鸡小肠中的表达情况；B. *L-FABP* 基因在 2 周龄、6 周龄和 12 周龄肉鸡和白耳黄鸡小肠中表达的定量分析结果。2B. 2 周龄肉鸡；2L. 2 周龄白耳黄鸡；6B. 6 周龄肉鸡；6L. 6 周龄白耳黄鸡；12B. 12 周龄肉鸡；12L. 12 周龄白耳黄鸡；**表示差异极显著（$P<0.01$）

本课题组 Zhang 等（2013）采用 Realtime RT-PCR 方法分析高、低脂系第 14 世代鸡肝脏组织中 *L-FABP* 基因 mRNA 的表达量。结果表明 *L-FABP* 的表达量在 1~10 周龄均有高脂系高于低脂系的趋势，其中在 2 周龄、3 周龄、4 周龄、5 周龄、6 周龄和 10 周龄差异显著（$P<0.05$）或极显著（$P<0.01$）（图 10-12）。将各周龄两系数据合并后经 ANOVA 分析，结果显示：高脂系肝脏组织中 *L-FABP* 基因 mRNA 表达量是低脂系的 1.69 倍，显著高于低脂系（$P<0.05$）。

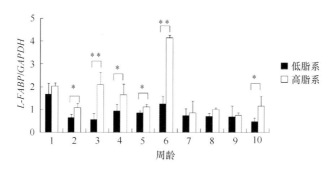

图 10-12 第 14 世代高、低脂系间 *L-FABP* 基因 mRNA 水平表达差异（Zhang et al.，2013）

*表示差异显著（$P<0.05$）；**表示差异极显著（$P<0.01$）

（三）高、低脂系鸡只肝脏组织 L-FABP 蛋白水平表达差异

Zhang 等（2013）采用 Western blot 方法分析高、低脂系第 11 和 14 世代鸡肝脏组织 L-FABP 的表达情况。结果表明：第 11 世代高脂系 L-FABP 蛋白表达水平在 7 周龄显著高于低脂系（$P<0.05$），而在 9 周龄时显著低于低脂系（$P<0.05$），其他周龄两系间无显著差异（图 10-13，图 10-14）；第 14 世代鸡只 L-FABP 蛋白表达水平在 3 周龄、5 周龄、6 周龄、7 周龄、10 周龄高、低脂系间差异显著（$P<0.05$）或极显著（$P<0.01$），且高脂系高于低脂系，其他周龄间没有显著差异（图 10-15，图 10-16）。

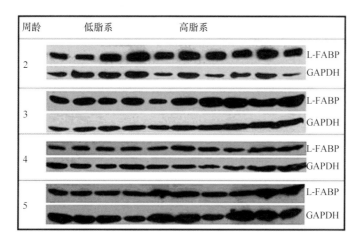

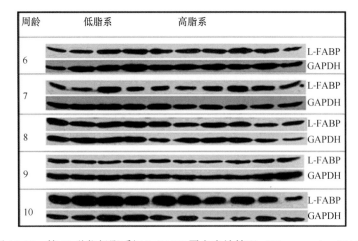

图 10-13　第 11 世代低脂系间 L-FABP 蛋白表达情况（Zhang et al.，2013）

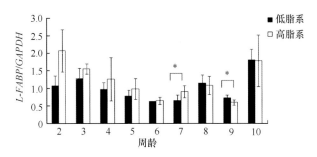

图 10-14　第 11 世代高、低脂系间 L-FABP 蛋白水平差异（Zhang et al.，2013）

*表示差异显著（$P<0.05$）

将第 11 和 14 世代得到的两批 Western blot 数据合并后经 ANOVA 分析，结果显示：高脂系肝脏组织中 L-FABP 蛋白表达水平在 3 周龄、5 周龄、6 周龄和 7 周龄显著或极显著高于低脂系（$P<0.05$，$P<0.01$），其他周龄两系间没有显著差异（图 10-17）。

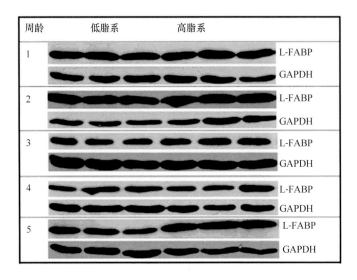

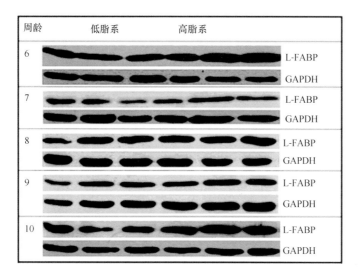

图 10-15　第 14 世代高、低脂系间 L-FABP 蛋白表达情况（Zhang et al.，2013）

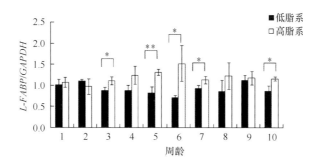

图 10-16　第 14 世代高、低脂系间 L-FABP 蛋白水平差异（Zhang et al.，2013）
*表示差异显著（$P<0.05$），**表示差异极显著（$P<0.01$）

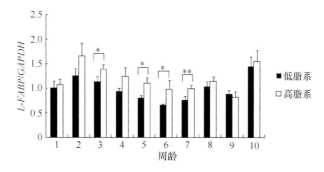

图 10-17　第 11 和 14 世代数据合并后高、低脂系间 L-FABP 蛋白水平差异（Zhang et al.，2013）
*表示差异显著（$P<0.05$），**表示差异极显著（$P<0.01$）

　　与人和鼠上的研究结果相似，鸡的 *L-FABP* 基因也有 2 个转录物且仅在肝脏和小肠组织中表达（Schroeder et al.，1998；Veerkamp et al.，1991），这表明鸡 *L-FABP* 基因的功能可能与哺乳动物相似，在脂质代谢中扮演重要的作用。

　　Wang 等（2002）采用微阵列方法获得了用丙基硫尿嘧啶（PTU）处理产生的肥鸡

和用三碘甲状腺原氨酸（T3）处理产生的瘦鸡的肝脏基因表达谱，结果显示 *L-FABP* 基因在瘦鸡肝脏中的表达比在肥鸡肝脏中的表达上调 1.66 倍，推测该基因在肝脏中的高表达可能会抑制脂肪沉积。本研究结果显示，6 周龄和 12 周龄白耳黄鸡肝脏组织 *L-FABP* 基因 mRNA 表达水平显著高于其在高脂系肉鸡中的表达。肉鸡体脂含量高于相应周龄白耳黄鸡，*L-FABP* 基因的高表达可能会增强脂肪酸转运到线粒体或过氧化物酶体、促进脂肪酸氧化进而降低脂肪沉积。

然而，本课题组 Zhang 等（2013）的研究发现，*L-FABP* 的 mRNA 表达量在 2 周龄、3 周龄、4 周龄、5 周龄、6 周龄和 10 周龄高脂系肝脏组织中的表达水平显著或极显著高于其在低脂系中的表达水平；L-FABP 蛋白表达水平在 3 周龄、5 周龄、6 周龄、7 周龄、10 周龄两系间也存在显著差异，也是高脂系高于低脂系，虽然 mRNA 和蛋白质的差异表达并不完全一致，但整体趋势是一致的，均是高脂系的表达量高于低脂系。已有研究报道，*L-FABP* 基因缺失的小鼠会表现出细胞溶质中脂肪酸结合能力的降低，进而导致细胞内甘油三酯的沉积显著减少（Newberry et al.，2009；Martin et al.，2003）。众所周知，*L-FABP* 基因和微体甘油三酯转移蛋白基因的转录是肝脏极低密度脂蛋白（VLDL）和小肠乳糜微粒合成所必需的，两者都受 PPARα 调控。*L-FABP* 基因敲除后能够阻止肝细胞的脂肪变性，而且可以降低肝脏中 VLDL 的合成（Spann et al.，2006）。因此，我们推测鸡 *L-FABP* 在高脂系中的高表达增加了脂肪酸和 VLDL 合成的速率，并相应地导致了过多的脂肪沉积。

二、鸡 *L-FABP* 基因的功能研究

本课题组 Gao 等（2015）以 16~18 日龄 AA 肉鸡的原代肝细胞为实验材料，探讨鸡 *L-FABP* 基因对脂类代谢相关基因及生化指标（总胆固醇、甘油三酯、低密度脂蛋白和高密度脂蛋白）的影响。利用干扰和过表达技术下调和上调该基因的表达，分别在干扰和过表达 24h、36h、48h、60h 和 72h 时检测鸡肝细胞中脂类代谢相关基因的表达量变化及细胞培养基中脂类代谢相关生化指标的变化。

（一）鸡 *L-FABP* 基因干扰、过表达效果检测

Gao 等（2015）在鸡原代肝细胞中干扰和过表达 *L-FABP* 基因，分别在处理后的 24h、36h、48h、60h 和 72h 时检测干扰和过表达效果，结果显示：各时间点干扰组 *L-FABP* 基因的表达量极显著低于干扰对照组（$P<0.01$）；各时间点过表达组 *L-FABP* 基因的表达量极显著高于过表达对照组（$P<0.01$）（图 10-18，图 10-19）。

（二）鸡 *L-FABP* 基因干扰之后相关基因变化

Gao 等（2015）利用 Realtime RT-PCR 的方法检测干扰组和对照组细胞中脂类代谢相关基因（*ACC*、*PPARα*、*ACSL4*、*Perilipin*、*CPT1*、*Apo-A* Ⅰ、*APOB*、*SREBP1* 和 *L-BABP*）的表达情况，结果显示：*L-FABP* 基因被干扰 48h、60h 和 72h 时，*ACC* 基因表达水平极显著下降；*L-FABP* 基因被干扰 24h、48h 和 60h 时，*PPARα* 基因表达水平极显著下降；*L-FABP* 基因被干扰 24h、48h、60h 和 72h 时，*Perilipin* 基因表达水平显著或极显著

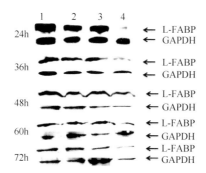

图 10-18 *L-FABP* 基因干扰、过表达 Western blot 检测结果（Gao et al.，2015）

1. 过表达组；2. 过表达对照组；3. 干扰对照组；4. 干扰组

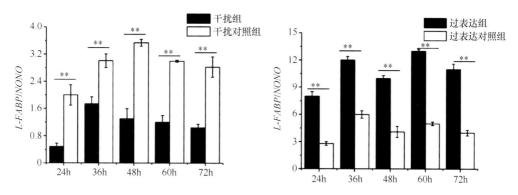

图 10-19 *L-FABP* 基因干扰、过表达量化结果（Gao et al.，2015）

**表示差异极显著（*P*<0.01）；*NONO* 为内参基因

下降；*L-FABP* 基因被干扰 60h 和 72h 时，*CPT1* 基因表达水平极显著下降；*L-FABP* 基因被干扰 36h、48h 和 60h 时，*APOB* 基因表达水平极显著下降；*L-FABP* 基因被干扰 24h、48h 和 60h 时，*L-BABP* 基因表达水平极显著下降；*L-FABP* 基因被干扰 48h、60h、72h 时，*ACSL4* 基因表达水平显著或极显著上升；*L-FABP* 基因被干扰 24h、48h 和 60h 时，*Apo-A I* 基因表达水平极显著上升；*L-FABP* 基因被干扰 24h 时，*SREBP1* 基因表达水平极显著上升，*L-FABP* 基因被干扰 48h 和 60h 时，*SREBP1* 基因表达水平却极显著下降（图 10-20）（Gao et al.，2015）。

（三）鸡 *L-FABP* 基因过表达之后相关基因变化

Gao 等（2015）利用 Realtime RT-PCR 的方法检测过表达组细胞和过表达对照组细胞中脂类代谢相关基因（*ACC*、*PPARα*、*ACSL4*、*Perilipin*、*CPT1*、*Apo-A I*、*APOB*、*SREBP1* 和 *L-BABP*）的表达情况，结果显示：*L-FABP* 基因过表达 24h 和 48h 时，*ACC* 基因表达水平极显著下降，但在 36h 和 60h 时，*ACC* 基因表达水平极显著上升；*L-FABP* 基因过表达 36h 和 60h 时，*PPARα* 基因表达水平极显著上升，但在 72h 时，*PPARα* 基因表达水平极显著下降；*L-FABP* 基因过表达 36h、48h 和 60h 时，*ACSL4* 基因表达水平显著或极显著上升，但在 72h 时，*ACSL4* 基因表达水平极显著下降；*L-FABP* 基因过表达 24h、36h 和 72h 时，*Perilipin* 基因表达水平极显著下降，但在 48h 和 60h 时，*Perilipin*

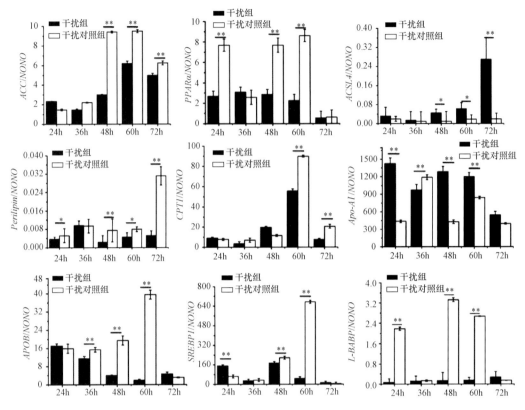

图 10-20 *L-FABP* 基因被干扰之后相关脂类代谢基因变化（Gao et al.，2015）

*表示差异显著（*P*<0.05）；**表示差异极显著（*P*<0.01）；*NONO* 为内参基因

基因表达水平极显著上升；*L-FABP* 基因过表达 24h、48h 和 72h 时，*CPT1* 基因表达水平极显著下降，但在 60h 时，*CPT1* 基因表达水平极显著上升；*L-FABP* 基因过表达 24h、36h 和 60h 时，*Apo-A*Ⅰ基因表达水平显著或极显著上升，但在 72h 时，*Apo-A*Ⅰ基因表达水平极显著下降；*L-FABP* 基因过表达 36h 时，*APOB* 基因表达水平极显著上升，但在 60h 和 72h 时，*APOB* 基因表达水平极显著下降；*L-FABP* 基因过表达 36h 和 60h 时，*SREBP1* 基因表达水平极显著上升，但在 72h 时，*SREBP1* 基因表达水平极显著下降；*L-FABP* 基因过表达 24h、36h、60h 和 72h 时，*L-BABP* 基因表达水平极显著上升（图 10-21）（Gao et al.，2015）。

（四）鸡 *L-FABP* 基因干扰之后培养基中生化指标的变化

Gao 等（2015）利用半自动生化分析仪测定 *L-FABP* 基因被干扰之后培养基中生化指标（总胆固醇、甘油三酯、高密度脂蛋白和低密度脂蛋白）的变化情况。结果显示：*L-FABP* 基因被干扰 24h、36h、48h、60h 和 72h 时，培养基中的总胆固醇含量显著或极显著高于干扰对照组（*P*<0.05 或 *P*<0.01）；然而甘油三酯、高密度脂蛋白、低密度脂蛋白却无一致性的变化规律（图 10-22）。

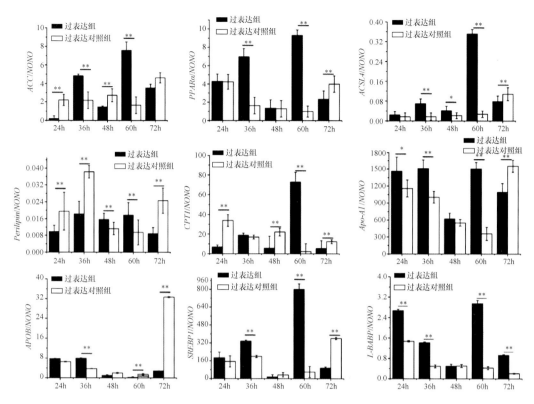

图 10-21 *L-FABP* 基因过表达之后相关脂类代谢基因变化（Gao et al.，2015）

*表示差异显著（P<0.05），**表示差异极显著（P<0.01）；NONO 为内参基因

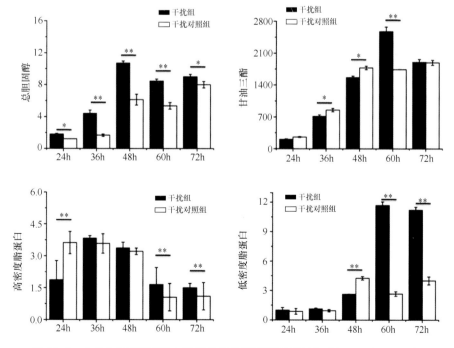

图 10-22 *L-FABP* 基因干扰之后相关脂类代谢基因的变化（Gao et al.，2015）

*表示差异显著（P<0.05）；**表示差异极显著（P<0.01）

（五）鸡 *L-FABP* 基因过表达之后培养基中生化指标的变化

Gao 等（2015）利用半自动生化分析仪测量 *L-FABP* 基因过表达之后培养基中生化指标（总胆固醇、甘油三酯、高密度脂蛋白和低密度脂蛋白）的变化情况。结果显示：*L-FABP* 基因过表达 36h、48h、60h 和 72h 时，培养基中的总胆固醇含量极显著低于过表达对照组（*P*<0.01）；然而，甘油三酯、高密度脂蛋白、低密度脂蛋白无一致性的变化规律（图 10-23）。

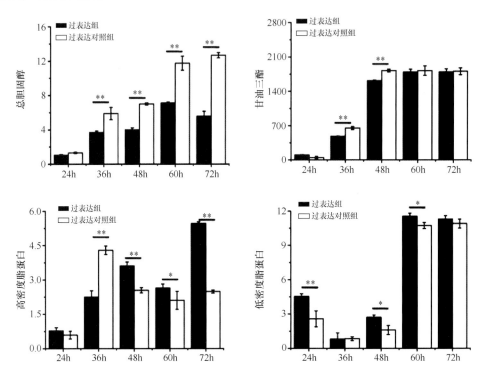

图 10-23　*L-FABP* 基因过表达之后相关脂类代谢基因变化（Gao et al.，2015）
*表示差异显著（*P*<0.05）；**表示差异极显著（*P*<0.01）

L-FABP 作为脂质代谢中的重要基因已经引起了广泛关注。L-FABP 在哺乳动物的脂质代谢中起着重要作用，与人的 2 型糖尿病、肥胖症、胰岛素抵抗和脂肪肝等疾病相关（Atshaves et al.，2010；Jolly et al.，2000）；此外，它能够参与体重的调节、影响细胞内脂肪酸的摄取速率并且参与哺乳动物肝脏和肠道中脂质的 β 氧化（Newberry et al.，2009；Spann et al.，2006；Martin et al.，2003）。有研究表明该基因影响鸡腹脂沉积（Zhang et al.，2013）、脂肪酸转运和肌内脂肪含量（He et al.，2013，2012）。本研究利用 Realtime RT-PCR 的方法检测了干扰和过表达 *L-FABP* 后肝细胞中脂类代谢相关基因（*ACC*、*PPARα*、*ACSL4*、*Perilipin*、*CPT1*、*Apo-A* Ⅰ、*APOB*、*SREBP1* 和 *L-BABP*）的表达情况，发现 *L-FABP* 基因被干扰 24h、36h、48h、60h 和 72h 后，*ACC*、*PPARα*、*Perilipin*、*APOB* 和 *L-BABP* 基因的表达在多个时间点显著下降；*ACSL4* 和 *Apo-A* Ⅰ基因的表达在多个时间点显著上升。*L-FABP* 基因过表达 24h、36h、60h 和 72h 时，*L-BABP* 基因表达水平极显著上升，其他基因无一致的变化规律。

乙酰辅酶 A 羧化酶（acetyl CoA carboxylase，ACC）是催化脂肪酸合成代谢第一步反应的限速酶，在脂肪酸合成和分解代谢中发挥着重要作用。本研究发现干扰 *L-FABP* 基因后 *ACC* 基因表达量显著下降，进而可能会抑制脂肪酸的合成。研究表明 *FABP* 基因和 *PPAR* 基因家族都具有组织特异表达特性，两类基因家族成员可以互相调控。例如，A-FABP 和 PPARγ 能够在脂肪组织中互相调控，E-FABP 和 PPARδ 可以在表皮组织中互相调控（Adida and Spener，2002）。L-FABP 和 PPARα 在肝脏细胞中也有相似的调控机制（Atshaves et al.，2010）。L-FABP 在人肝癌细胞系和原代鸭肝细胞中的过表达导致 PPARα 的 mRNA 水平上调（Bordewick et al.，1989）。鸭上的研究发现 L-FABP 可以通过 PPARα 调节脂质代谢相关基因（如 *FAS* 和 *LPL*）（He et al.，2012）。本研究发现干扰 *L-FABP* 基因后 *PPARα* 基因表达量显著或极显著下降，这表明在鸡的肝细胞中也存在 L-FABP 和 PPARα 的互相调控机制。哺乳动物的研究结果表明 Perilipin 在脂肪细胞脂解过程中发挥着重要的调控作用。在基础状态下，Perilipin 包被在脂肪细胞中脂滴的表面，通过阻止脂肪细胞中甘油三酯水解酶接近脂滴来抑制脂肪细胞的脂解作用（Brasaemle et al.，2000）。本研究发现干扰 *L-FABP* 基因后 *Perilipin* 基因表达量显著或极显著下降，这表明 *L-FABP* 下调表达可能会调控 *Perilipin* 基因的低表达进而来促进脂解。在肝细胞中存在的另外一个 FABP 家族的成员即 *L-BABP* 基因，该基因仅在肝脏中表达（张庆秋等，2011），其多态性显著影响鸡体重、腹脂重和腹脂率（Zhao et al.，2013）。本研究发现在鸡肝细胞中干扰 *L-FABP* 基因后 *L-BABP* 基因表达量显著或极显著下调，过表达 *L-FABP* 后 *L-BABP* 基因表达显著或极显著上调，我们推测 *L-FABP* 基因与 *L-BABP* 基因存在某种内在协调机制而共同参与鸡脂肪代谢过程。

本研究还发现 *L-FABP* 基因被干扰 24h、36h、48h、60h 和 72h 时，培养基中的总胆固醇含量显著或极显著上升；*L-FABP* 基因过表达 36h、48h、60h 和 72h 时，培养基中的总胆固醇含量显著下降。哺乳动物的研究已经表明，L-FABP 影响内质网中的总胆固醇、甘油三酯和载脂蛋白的合成（Atshaves et al.，2010）。荧光杂交实验证实 L-FABP 能够结合胆固醇及其同系物（Martin et al.，2009）。L-FABP 在哺乳动物肝细胞中可以调节胆固醇的吸收和代谢，并影响其在双层膜中的运动（Martin et al.，2005）。本研究的结果与在哺乳动物上的研究结果相似，即 L-FABP 表达水平与从肝细胞分泌的总胆固醇的量之间存在负相关。

三、鸡 *L-FABP* 基因的转录调控研究

本课题组高广亮等（2012）利用在线软件 TFSEARCH 和 MOTIF Search 分析了 *L-FABP* 基因启动子序列。结果表明，在鸡 *L-FABP* 基因转录起始位点上游存在多个转录调控元件，如 C/EBPα（–370bp、–1209bp）、GATA-1（–761bp）、CCAAT 框（–929bp）、TATA（–1131bp）、AP-1（–1215bp）和 SREBP-1（–1904bp）。其中 SREBP-1 和 CCAAT 框在鸡、人和鼠的启动子序列中是高度保守的。利用 CpG 岛在线分析软件对该基因启动子区序列进行分析表明，鸡 *L-FABP* 基因启动子区不存在 CpG 岛（图 10-24）。

HNF-1	SREBP-1		AP-1	C/EBPα	Oct-1	TATA	CCAAT	GATA-1	C/EBPα	ATG
−2144	−1904		−1215	−1209	−1177	−1131	−929	−761	−370	+1

图 10-24　*L-FABP* 基因生物信息学分析（高广亮等，2012）

随后，高广亮等（2012）根据 NCBI 提供的鸡 *L-FABP* 基因（GeneBank Accession no. AY563636）序列，扩增该基因 5′侧翼区约 2kb 区域，并截断成 3 条片段，将截断的片段连接到萤光素酶报道基因 pGL3-Basic 载体上，并进行测序验证，结果表明鸡 *L-FABP* 基因报道基因系列缺失载体构建成功（图 10-25），分别将其瞬时转染到人肝癌细胞系（HEPG2）中，利用双萤光素酶报道基因系统测定萤光素酶活性。结果发现，三段启动子报道基因均有明显的启动活性，与对照组（pGL3-Basic）相比，启动活性极显著升高（*P*<0.01）（图 10-26）。在−2076bp/−20bp 区域，报道基因活性最强，随着片段由 5′端逐渐缩短，报道基因活性逐渐减弱，在−522bp/−20bp 区域最弱。

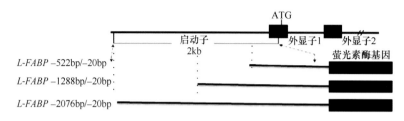

图 10-25　鸡 *L-FABP* 基因启动子区系列缺失载体构建示意图（高广亮等，2012）

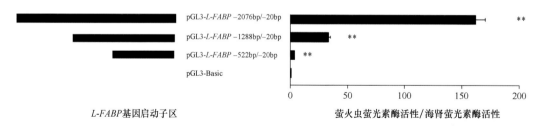

图 10-26　鸡 *L-FABP* 基因启动子 5′侧翼区缺失片段活性分析（高广亮等，2012）
将不同长度鸡 *L-FABP* 基因启动子报道基因载体（−2076bp/−20bp、−1288bp/−20bp、−522bp/−20bp）转染 HEPG2 细胞，并以 pGL3-Basic 载体作为阴性对照；以报道基因相对表达量反映启动子活性（5 次平行实验）；左侧条形图表示鸡 *L-FABP* 基因启动子区域，右侧条形图表示相应的启动子相对活性；**表示差异极显著（*P*<0.01）

为研究鸡 C/EBPα 对 *L-FABP* 基因的转录调控作用，将不同长度 *L-FABP* 基因启动子的报道基因表达载体分别与 *C/EBPα* 基因真核表达载体共转染 HEPG2 细胞，48h 后检测萤光素酶活性。结果发现：C/EBPα 对 *L-FABP* 基因启动子有负调控作用，尤其对−2076bp/−20bp 区域启动子活性作用特别明显，降低至原来的 1/59（图 10-27）。

人 *L-FABP* 基因启动子的许多重要顺式作用元件已经被鉴定，重要的调控元件包括 PPAR 元件、甾族调节元件 SRE、C/EBPα 和 AP1（Murai et al.，2009）。PPAR 元件结合在人 *L-FABP* 基因启动子区−68bp/−56bp 区域，与人 *L-FABP* 基因相互调节（Schachtrup et al.，2004）。然而，生物信息学分析结果显示，鸡 *L-FABP* 基因启动子区并不具有 PPAR 转录因子结合位点。

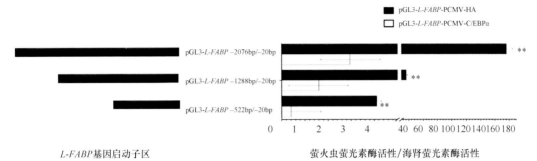

■ pGL3-*L-FABP*-PCMV-HA
□ pGL3-*L-FABP*-PCMV-C/EBPα

图 10-27　C/EBPα 对 *L-FABP* 基因启动子活性的影响（高广亮等，2012）

鸡 *L-FABP* 基因启动子报道基因载体（−2076bp/−20bp、−1288bp/−20bp、−522bp/−20bp）分别与 C/EBPα 表达载体共转染 HEPG2 细胞作为实验组，与 PCMV-HA 载体共转染 HEPG2 细胞作为对照组；以报道基因相对表达量反映启动子活性（5 次平行实验）；左侧条形图表示鸡 *L-FABP* 基因启动子区域，右侧条形图表示相应的启动子相对活性。**表示差异极显著（$P<0.01$）

C/EBP 家族是一类在不同物种都具有重要生物学作用的功能基因（Hynes et al.，2002；Zeilinger et al.，2001）。人的 *L-FABP* 基因受 C/EBPα 调控（Atshaves et al.，2010），C/EBPα 的 DNA 结构域在人和鸡之间高度保守，氨基酸保守性也很高（McIntosh et al.，2009）。本研究发现 C/EBPα 对 *L-FABP* 基因启动子区各片段均有负调控作用，且随着片段的逐渐缩短，C/EBPα 对 *L-FABP* 基因抑制作用逐渐减弱，这也进一步证实这段区域内至少存在 3 个 C/EBPα 的结合位点。

本研究使用人的肝癌细胞系 HEPG2 作为实验材料，由于 *L-FABP* 基因和 *C/EBPα* 基因在人和鸡的肝脏中都有表达且氨基酸的保守性很高，因此推测人和鸡的 *L-FABP* 基因具有相同的调控机制，即鸡 *L-FABP* 基因同样受到 C/EBPα 的负调控作用。

第四节　鸡 *L-BABP* 基因

Lb-FABP 最早是从鸡的肝脏中被分离出来的（Scapin et al.，1988），因其对脂肪酸的亲和力较弱，而对胆汁酸具有较强的亲和力，也被称为肝脏胆汁酸结合蛋白（*L-BABP*）（Capaldi et al.，2006；Nichesola et al.，2004）。

一、鸡 *L-BABP* 基因的组织表达特性分析

本课题组张庆秋等（2011）以鸡 *GAPDH* 为内参，采用 Western blot 方法分析鸡 L-BABP 在 13 种组织中的表达特性。结果显示鸡 L-BABP 仅在肝脏组织中表达，而在其他 12 种检测的组织中都没有表达（图 10-28）。

二、鸡 *L-BABP* 基因在高、低脂系肉鸡肝脏组织中的表达差异分析

（一）高、低脂系肉鸡肝脏组织 *L-BABP* mRNA 表达差异

本课题组 Zhang 等（2013）以 *GAPDH* 为内参，采用 Realtime RT-PCR 方法分析高、低脂系第 14 世代鸡肝脏组织中 *L-BABP* 基因的表达量。结果表明 *L-BABP* 的表达量在 1~10 周龄均有高脂系高于低脂系的趋势，其中在 1 周龄、2 周龄、3 周龄、4 周龄、8

周龄和 10 周龄差异显著或极显著（P<0.05，P<0.01）（图 10-29）。

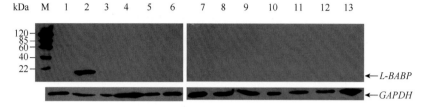

图 10-28　L-BABP 组织表达特性（张庆秋等，2011）

M. 蛋白质分子质量标准；1. 肾脏；2. 肝脏；3. 肺脏；4. 腿肌；5. 腺胃；6. 胸肌；7. 心脏；8. 脂肪；
9. 脾脏；10. 回肠；11. 肌胃；12. 空肠；13. 十二指肠

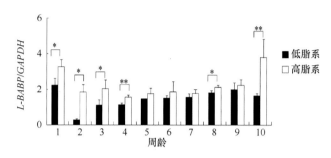

图 10-29　第 14 世代高、低脂系间 L-BABP 基因 mRNA 水平表达差异（Zhang et al.，2013）

*表示差异显著（P<0.05）；**表示差异极显著（P<0.01）

（二）高、低脂系肉鸡肝脏组织 L-BABP 蛋白水平表达差异

Zhang 等（2013）以 GAPDH 为内参，采用 Western blot 方法分析高、低脂系第 11 和第 14 世代鸡肝脏组织 L-BABP 的表达情况。结果表明：第 11 世代高脂系 L-BABP 蛋白表达量在 3 周龄、4 周龄和 6 周龄极显著高于低脂系（P<0.01），而在 10 周龄显著低于低脂系，其他周龄两系间没有显著差异（图 10-30，图 10-31）。第 14 世代高脂系 L-BABP 蛋白表达量在 4 周龄和 8 周龄显著高于低脂系（P<0.05），其他周龄两系间没有显著差异（图 10-32，图 10-33）。

将第 11 世代和第 14 世代得到的两批 Western blot 数据合并后经过 ANOVA 分析，结果显示：高脂系 L-BABP 蛋白表达量在 3 周龄、4 周龄、5 周龄和 6 周龄时显著或极显著高于低脂系（P<0.05，P<0.01），其他周龄两系间差异不显著（图 10-34）。

Murai 等（2009）利用 Northern blot 方法研究发现鸡 L-BABP 基因仅在肝脏组织中表达。本研究利用 Western blot 方法研究表明鸡 L-BABP 在蛋白质水平上也仅在肝脏组织中表达。鉴于鸡 L-BABP 仅在肝脏组织中表达，而肝脏又是将胆固醇分解为胆汁酸的场所，同时胆汁酸是 L-BABP 的主要结合配基（Guariento et al.，2008；Nichesola et al.，2004），所以我们推测 L-BABP 对鸡肝脏中的胆固醇代谢和胆汁酸运输起着重要的作用。

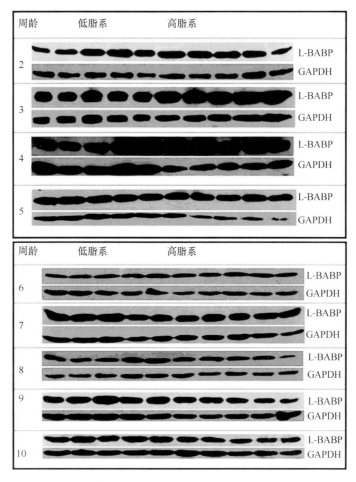

图 10-30 第 11 世代高、低脂系间 L-BABP 表达情况（Zhang et al.，2013）

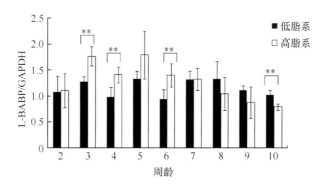

图 10-31 第 11 世代高、低脂系间 L-BABP 蛋白水平差异（Zhang et al.，2013）

**表示差异极显著（$P<0.01$）

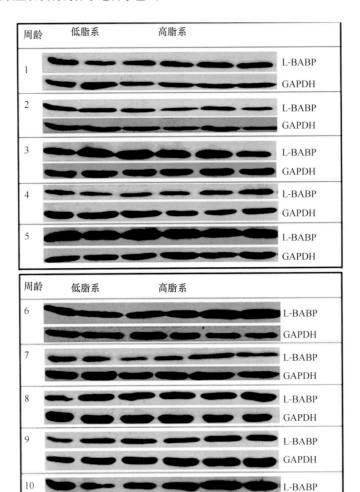

图 10-32　第 14 世代高、低脂系间 L-BABP 表达情况（Zhang et al.，2013）

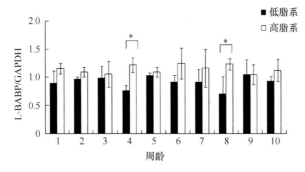

图 10-33　第 14 世代高、低脂系间 L-BABP 蛋白水平差异（Zhang et al.，2013）

*表示差异显著（$P<0.05$）

L-BABP 是鸡肝脏中的另一种细胞内脂类结合蛋白。相对于其他脂肪酸转运蛋白，L-BABP 更有可能作为胆汁酸的转运蛋白而发挥作用（Guariento et al.，2008；Nichesola

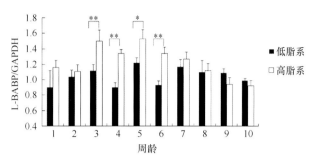

图 10-34　高、低脂系间 L-BABP 蛋白水平差异（Zhang et al.，2013）
*表示差异显著（P<0.05）；**表示差异极显著（P<0.01）

et al.，2004）。胆汁酸在脂肪的消化和吸收中起重要作用（Kramer et al.，1998）。本研究结果表明，高脂系中 L-BABP 在 mRNA 和蛋白质水平上的表达在多个时间点均显著高于低脂系，我们还发现高脂鸡和低脂鸡之间腹部脂肪沉积的差异在第 11 世代的 2~6 和第 14 世代的 1~5 周龄呈现快速上升趋势，而 L-BABP 的 mRNA 或蛋白质表达差异主要是在这些时期，因此推测 L-BABP 高表达可以通过调节胆汁酸转运来增加饲料中脂肪的吸收而最终促进脂肪的生成和沉积。然而，检测到高、低脂系鸡只的 L-FABP 基因表达差异和两系腹脂率之间的差异的时间点并非完全一致。实际上，脂肪生成和沉积是多个基因和信号通路参与的复杂过程。鸡肝脏组织表达谱的结果显示，许多参与脂肪酸转运和分解的基因，如 Apo-A I、PPARγ、APOVLDL-II 和 FABP 家族，在高、低脂系的肝脏组织中是差异表达的（Wang et al.，2010）。在本研究中，L-BABP 在肝组织中的 mRNA 表达水平与蛋白质表达水平未观测到一致的变化，我们推测鸡 L-BABP 基因的表达与转录后修饰有关。

三、鸡 L-BABP 基因的功能研究

本课题组高广亮等（2015）以 16~18 日龄的 AA 肉鸡原代肝细胞为实验材料，研究了鸡 L-BABP 基因对脂类代谢相关基因及生化指标（总胆固醇、甘油三酯、低密度脂蛋白和高密度脂蛋白）的影响。利用 RNAi 和过表达技术下调和上调该基因的表达，分别在干扰和过表达 24h、36h、48h、60h 和 72h 时，利用 Realtime RT-PCR 方法检测鸡肝细胞中脂类代谢相关基因的表达水平。按照总胆固醇、甘油三酯、低密度脂蛋白和高密度脂蛋白试剂盒说明书的步骤，检测肝细胞中 L-BABP 基因被干扰和过表达之后培养基中总胆固醇、甘油三酯、低密度脂蛋白和高密度脂蛋白 4 项生化指标的变化情况。

（一）鸡 L-BABP 基因干扰、过表达效果检测

高广亮等（2015）分别在鸡原代肝细胞中干扰和过表达鸡 L-BABP 基因，在处理后 24h、36h、48h、60h 和 72h 时检测干扰和过表达效果，结果显示：对目标基因的干扰、过表达效果在检测的这些时间点均达到了极显著水平。各时间点干扰组 L-FABP 基因的表达极显著低于干扰对照组；各时间点 L-FABP 基因过表达组的表达量极显著高于过表达对照组（图 10-35，图 10-36）。

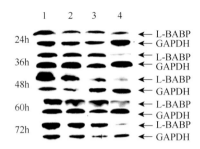

图 10-35　*L-BABP* 基因干扰、过表达的 Western 检测结果（高广亮等，2015）

1. 过表达组；2. 过表达对照组；3. 干扰对照组；4. 干扰组

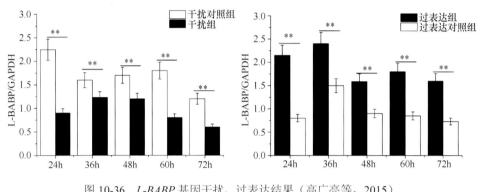

图 10-36　*L-BABP* 基因干扰、过表达结果（高广亮等，2015）

**表示差异极显著（$P<0.01$）

（二）鸡 *L-BABP* 基因下调表达后脂类代谢相关基因的表达情况

高广亮等（2015）利用 Realtime RT-PCR 方法，以 *NONO* 基因为内参检测干扰组和干扰对照组细胞中脂类代谢相关基因（*PPARα*、*CPT1*、*Apo-A I*、*APOB*、*SREBP1*、*Perilipin* 和 *L-FABP*）的表达情况，结果显示：*L-BABP* 基因被干扰 36h、48h 和 60h 时，*Apo-A I* 基因表达水平显著或极显著上升；*L-BABP* 基因被干扰 24h、36h、48h 和 60h 时，*SREBP1* 基因表达水平极显著上升，72h 时，极显著下降；*L-BABP* 基因被干扰 24h、36h 和 60h 时，*Perilipin* 基因表达水平极显著上升；*L-BABP* 基因表达量下调后，*PPARα*、*CPT1*、*APOB* 和 *L-FABP* 基因表达量的变化没有明显规律（图 10-37）。

（三）鸡 *L-BABP* 基因上调表达后脂类代谢相关基因的表达情况

高广亮等（2015）利用 Realtime RT-PCR 方法检测过表达和过表达对照组细胞中与脂类代谢相关基因（*PPARα*、*CPT1*、*Apo-A I*、*APOB*、*SREBP1*、*Perilipin* 和 *L-FABP*）的表达情况，结果显示：*L-BABP* 基因过表达 36h 时，*PPARα* 基因表达水平极显著上升；*L-BABP* 基因过表达 36h、48h 时，*CPT1* 基因表达水平显著或极显著上升；*L-BABP* 基因过表达 24h、36h 和 48h 时，*Apo-A I* 基因表达水平极显著下降；*L-BABP* 基因过表达 24h、36h 和 48h 时，*Perilipin* 基因表达水平极显著下降；*L-BABP* 基因表达量上调后，*APOB*、*SREBP1* 和 *L-FABP* 基因表达量的变化没有明显规律（图 10-38）。

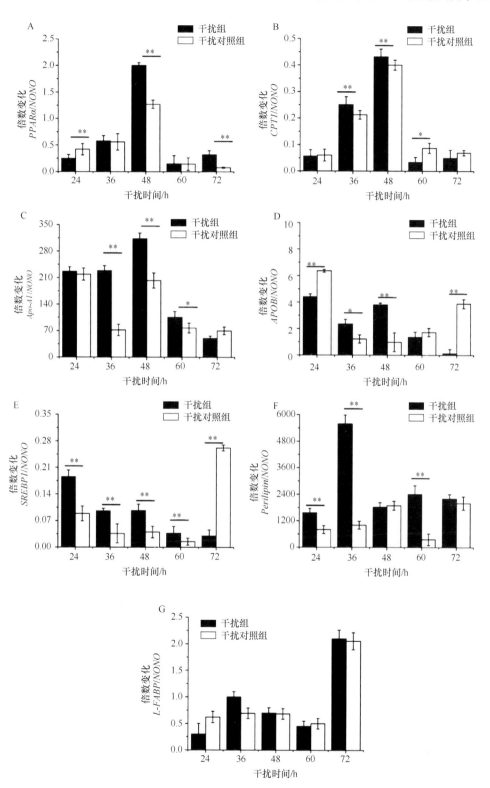

图 10-37　*L-BABP* 基因干扰之后相关脂类代谢基因变化（高广亮等，2015）

*表示差异显著（*P*<0.05）；**表示差异极显著（*P*<0.01）；*NONO* 为内参基因

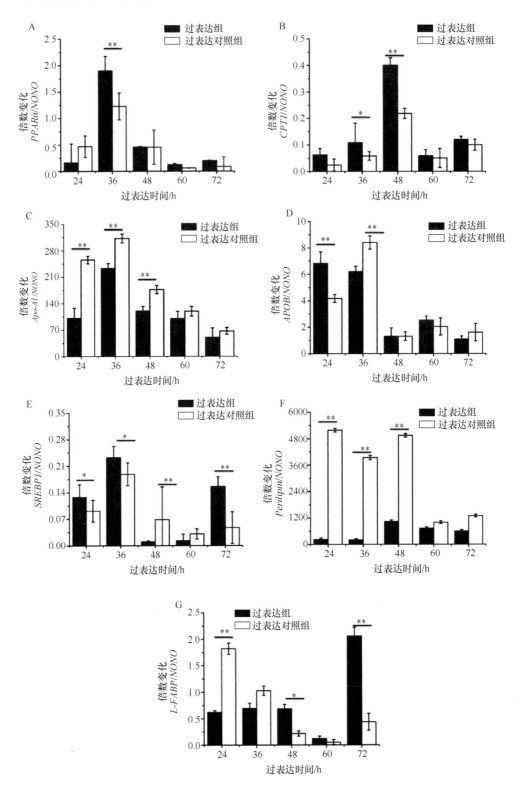

图 10-38　*L-BABP* 基因过表达之后相关脂类代谢基因变化（高广亮等，2015）

*表示差异显著（*P*<0.05）；**表示差异极显著（*P*<0.01）；*NONO* 为内参基因

（四）鸡 *L-BABP* 基因干扰后培养基中生化指标的变化

利用半自动生化分析仪测定 *L-BABP* 基因被干扰之后培养基中生化指标的变化情况。分别测定了总胆固醇、高密度脂蛋白、低密度脂蛋白和甘油三酯 4 项生化指标，结果显示：*L-BABP* 基因被干扰 24h 和 72h 时，培养基中总胆固醇含量极显著下降；*L-BABP* 基因被干扰 24h 时，培养基中高密度脂蛋白含量显著下降，干扰 60h 时却极显著上升；*L-BABP* 基因被干扰 24h 和 72h 时，培养基中低密度脂蛋白含量显著下降，而在 48h 和 60h 时，培养基中低密度脂蛋白含量极显著上升；*L-BABP* 基因被干扰 24h、60h 和 72h 时，培养基中甘油三酯含量显著或极显著上升（图 10-39）。

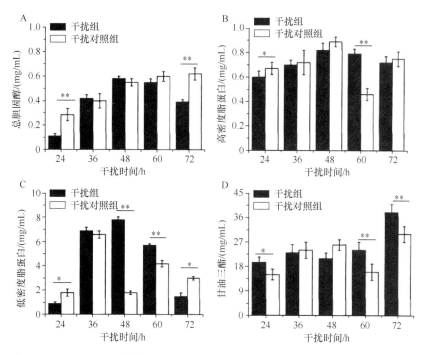

图 10-39 *L-BABP* 基因被干扰之后培养基中生化指标的变化（高广亮等，2015）

*表示差异显著（$P<0.05$）；**表示差异极显著（$P<0.01$）

（五）鸡 *L-BABP* 基因过表达后培养基中生化指标的变化

利用半自动生化分析仪测量 *L-BABP* 基因过表达之后培养基中生化指标的变化。分别测量了总胆固醇、高密度脂蛋白、低密度脂蛋白和甘油三酯 4 项生化指标，结果显示：*L-BABP* 过表达 24h 和 72h 时，培养基中的总胆固醇含量极显著上升；*L-BABP* 基因过表达 24h 和 48h 时，培养基中的高密度脂蛋白含量极显著下降，而过表达 36h 时，高密度脂蛋白含量显著上升；*L-BABP* 基因过表达 36h 时，培养基中的低密度脂蛋白含量显著上升，而过表达 48h 和 72h 时，低密度脂蛋白含量却显著或极显著降低；*L-BABP* 基因过表达 24h 和 72h 时，培养基中的甘油三酯含量极显著下降（图 10-40）。

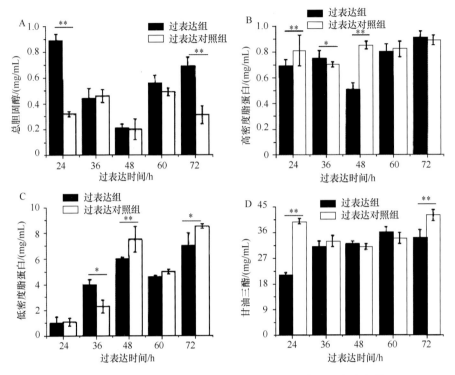

图 10-40　L-BABP 基因过表达之后培养基中生化指标的变化（高广亮等，2015）
*表示差异显著（$P<0.05$），**表示差异极显著（$P<0.01$）

本研究以鸡原代肝细胞为实验材料，探讨了鸡 L-BABP 基因对脂类代谢相关基因及生化指标的影响，研究发现 L-BABP 基因下调表达后，Apo-A I、SREBP1、Perilipin 基因的表达显著上升，其他基因无一致的变化规律；L-BABP 基因上调表达后，Apo-A I、Perilipin 的表达量显著下降，而其他基因无一致的变化规律。

禽类肝内脂肪酸代谢主要包括 3 个环节：肝内脂肪合成、脂肪的分解和肝合成的脂肪向肝外组织的转运。禽类脂肪的转运主要是通过血浆 VLDL 途径实现的，血浆 VLDL 的变化与鸡腹部脂肪沉积量显著相关（Whitehead and Griffin，1982）。Apo-A I 作为血液 HDL 的主要成分，调节胆固醇的动态平衡，也少量存在于鸡的血浆 VLDL 中，对血浆 VLDL 的合成具有调节作用（Hermier and Chapman，1985）。本研究发现，在肝细胞中下调 L-BABP 基因表达后 Apo-A I 基因表达量显著或极显著上升；上调 L-BABP 基因表达后 Apo-A I 基因显著或极显著下降，即 L-BABP 基因表达量与 Apo-A I 基因表达量呈负相关。本课题组前期研究发现 Apo-A I 基因多态性与腹脂重和腹脂率显著相关（Wang et al.，2009；王启贵等，2005），进一步发现位于鸡 Apo-A I 基因启动子区的 g.-163 A>T 是一个影响鸡腹脂沉积的功能性 SNP（乔书培等，2014）（详见第七章）。综合这些研究结果，我们推测在鸡肝细胞中 L-BABP 基因可以通过调节 Apo-A I 的表达而影响 HDL 和 VLDL 的分泌，进而影响胆固醇的动态平衡和脂肪的转运。

有研究表明，填饲四川白鹅和朗德鹅的过程中，肝细胞中 Perilipin 基因表达及甘油三酯含量都显著升高（潘志雄等，2010）。本研究发现，L-BABP 基因下调表达后 Perilipin

基因表达量显著上升；*L-BABP* 基因上调表达后 *Perilipin* 基因表达量显著或极显著下降。因此，我们推测在鸡肝细胞中 *L-BABP* 基因可以通过调节 *Perilipin* 的表达来影响脂解反应。

本研究还发现 *L-BABP* 基因下调表达后，细胞培养基中总胆固醇和甘油三酯含量分别显著下降和显著上升；*L-BABP* 基因上调表达后，细胞培养基中总胆固醇和甘油三酯含量分别显著上升和显著下降。晶体学结构研究证实 L-BABP 可以结合胆汁酸（Scapin et al.，1990），推测 L-BABP 可能参与肝内胆汁酸的运输并在胆汁酸代谢途径中发挥重要的作用，而胆汁酸在胆固醇代谢中发挥重要作用。本研究发现，*L-BABP* 基因表达量与培养基中的总胆固醇含量呈显著正相关，推测 L-BABP 可能通过参与胆汁酸代谢途径，间接参与总胆固醇的代谢过程。同时，本研究还发现，*L-BABP* 基因表达量与培养基中的甘油三酯含量呈显著负相关。由于禽类的脂肪沉积取决于甘油三酯水平，我们推测 L-BABP 通过调节肝脏中胆汁酸的含量，进而影响甘油三酯分解，即当长链脂肪酸需要分解时，相应的机制会促使 *L-BABP* 基因下调表达，使得肝细胞中的胆汁酸含量上升。

结合研究结果和文献报道，我们推测 *L-BABP* 基因参与禽类脂肪沉积过程、总胆固醇的代谢和脂解过程，具体的作用机制需进一步深入研究。

四、鸡 *L-BABP* 基因的转录调控研究

本实验室王启贵等（2014）利用 MOTIF Search 和 TFSEARCH 在线软件分析鸡 *L-BABP* 基因启动子区调控元件，结果表明：在该基因转录起始位点上游存在调控基因表达的基本调控元件，如 CCAAT 框（–306bp）、TATA 框（–995bp）、GATA-1（–1844bp）和 SREBP-1（–1866bp），在转录起始位点上游 1343bp 处和 617bp 处存在 2 个 C/EBPα 的结合位点。CpG Island 在线软件分析结果表明，鸡 *L-BABP* 基因 5′侧翼区 2kb 范围内没有 CpG 岛存在。用该软件同时分析人和鼠 *L-BABP* 基因 5′侧翼区，在 2kb 区域均没有发现 CpG 岛（图 10-41）。

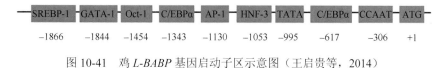

图 10-41　鸡 *L-BABP* 基因启动子区示意图（王启贵等，2014）

为研究鸡 *L-BABP* 基因启动子不同区域的活性，扩增鸡 *L-BABP* 基因 5′侧翼区约 2kb 的 DNA 片段，并截断成 3 条片段，将截断的片段连接到萤光素酶报道基因 pGL3-Basic 载体上，并进行测序验证，构建了鸡 *L-BABP* 基因报道基因系列缺失载体（图 10-42），将带有不同长度 *L-BABP* 基因启动子的报道基因表达载体分别与海肾质粒（pRL2-TK）瞬时转染进入人肝癌细胞系（HEPG2）。48h 后分别检测萤火虫萤光素酶和海肾萤光素酶的活性。研究结果表明，克隆的三段报道基因载体均有明显的启动活性，与对照空载体质粒组（pGL3-Basic）相比均差异极显著（*P*<0.01）（图 10-43）。–1096bp/–66bp 片段报道基因活性最强，–545bp/–62bp 片段报道基因活性最弱。

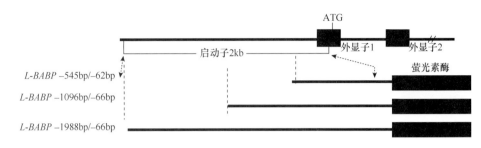

图 10-42　*L-BABP* 基因启动子区系列载体构建示意图（王启贵等，2014）

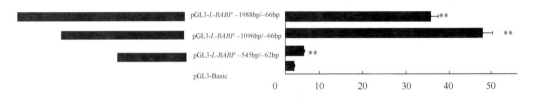

图 10-43　*L-BABP* 基因启动子报道基因活性分析（王启贵等，2014）

不同长度鸡 *L-BABP* 基因启动子报道基因载体（−545bp/−62bp、−1096bp/−66bp、−1988bp/−66bp）转染 HEPG2 细胞（以 pGL3-Basic 载体作为阴性对照）；以报道基因相对表达量反映启动子活性（5 次平行实验）；左侧条形图表示鸡 *L-BABP* 基因启动子区域，右侧条形图表示相应的启动子相对活性；**表示差异极显著（$P<0.01$）

为研究鸡 C/EBPα 对 *L-BABP* 基因的转录调控，将不同长度 *L-BABP* 基因启动子的报道基因表达载体分别与 C/EBPα 基因真核表达载体共转染 HEPG2 细胞，48h 后检测萤光素酶活性。结果发现：C/EBPα 对 *L-BABP* 基因启动子区有负调控作用，尤其对 −1096bp/−66bp 区域启动子活性调控作用最明显（图 10-44）。

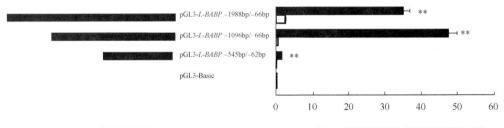

图 10-44　C/EBPα 对 *L-BABP* 基因启动子报道基因活性的影响（王启贵等，2014）

鸡 *L-BABP* 基因启动子各报道基因载体（−1988bp/−66bp、−1096bp/−66bp、−545bp/−62bp）分别与 PCMV-HA-C/EBPα 表达载体共转染 HEPG2 细胞作为实验组，与 PCMV-HA 载体共转染 HEPG2 细胞为对照组。以报道基因相对表达量反映启动子活性（5 次平行实验）。左侧条形图表示鸡 *L-BABP* 基因启动子区域，右侧条形图表示相应的启动子相对活性。SPSS13.0 进行 3 组数值之间单因素方差分析与 *t* 检验，**表示差异极显著（$P<0.01$）

本研究发现鸡 *L-BABP* 基因 5′侧翼区−1096bp/−66bp 区域报道基因活性最强，−545bp/−62bp 区域报道基因活性最弱，因此推测在−1096bp/−66bp 区域存在正调控因子结合位点，在−1988bp/−66bp 区域存在负调控因子结合位点。生物信息学分析发现，在鸡 *L-BABP* 基因转录起始位点上游−306bp、−617bp 和−1343bp 处存在 3 个 C/EBPα 的结合位点，本实验结果显示 C/EBPα 对鸡 *L-BABP* 基因启动子有负调控作用，但其抑制作用并不是随片段缩短而逐渐减弱，因此其对 *L-BABP* 基因负调控机制有待于进一步研究证实。

五、鸡 *L-BABP* 和 *L-FABP* 配基结合属性研究

FABP 是一类分子质量较小的胞内蛋白质，它们可以将细胞内的脂肪酸运输到脂肪酸的氧化位置（线粒体、过氧化物酶体），或者是脂肪酸酯化成甘油三酯和磷脂的位置（He et al.，2011；Spann et al.，2006；Newberry et al.，2003），也可以进入细胞核内部发挥其可能的调控作用（Veerkamp and Maatman，1995）。对哺乳动物的研究表明，胞内 FABP 对长链脂肪酸的摄入、运输和利用起着重要的作用（Storch and Corsico，2008；Chmurzyńska，2006；Schaap et al.，2002）。

从鸡肝细胞细胞质中分离出了两种 FABP，一种是与哺乳动物肝脏 FABP 同源的 L-FABP，另一种是禽类、部分鱼类和两栖类等肝脏中特有的 L-BABP（或称 Lb-FABP）（Murai et al.，2009；Ceciliani et al.，1994；Sams et al.，1991；Sewell et al.，1989）。FABP 家族成员的三维结构具有高度的保守性，它们都是由 10 条反平行的 β 链和 2 个 α 螺旋所构成的，这 10 条反平行 β 链形成了一个 β 折叠桶。FABP 的配体就结合在这个 β 折叠桶空洞的中心。空洞的内部是由极性疏水的氨基酸侧链所支撑，这些存在于内部的氨基酸可能决定了空洞体积和配体结合的特异性。L-BABP 的蛋白质结构和 FABP 家族成员存在相似性，也是由 10 条反平行 β 链和 N 端两个短 α 螺旋构成，基于在氨基酸序列上和结构上与哺乳动物的 I-LBP（胞内脂质结合蛋白）具有高度相似性，因此，推测胆汁酸可能是 L-BABP 的特异性配体（Vasile et al.，2003；Scapin et al.，1990）。

Takikawa 和 Kaplowitz 等（1982）发现 8-苯胺基 1-萘磺酸（1,8-ANS）荧光探针可以结合鲨鱼的 Z 蛋白，并且油酸可以与探针竞争相同的结合位点。Kirk 等（1996）提出 1,8-ANS 荧光探针可以与 I-FABP 蛋白产生相互作用。1996 年，Christopher 等做了 1,8-ANS 探针与 I-LBP 不同家族成员结合的深入研究，形成了一种对疏水性蛋白配基结合特性的测定方法（Kane and Bernlohr，1996）。本课题组赵玉芳等（2013）对 L-BABP 和 L-FABP 的融合蛋白的配体结合能力进行分析，同时又对它们与 5 种不同的疏水性配基（棕榈酸、花生四烯酸、油酸、胆汁酸和维甲酸）的结合属性进行了分析，力图为后续研究这两个蛋白质是否在鸡肝脏内外担当脂肪酸和胆汁酸运输的功能提供佐证。

（一）1,8-ANS 结合分析

本课题组赵玉芳等（2013）将 1,8-ANS 探针作为一个配体用于研究 L-BABP 和 L-FABP 蛋白的配体结合能力。L-BABP 和 L-FABP 融合蛋白分别与 1,8-ANS 荧光探针进行等温结合反应，然后测定荧光值。结果显示这两种蛋白质对 1,8-ANS 探针有不同的亲和力，L-BABP 蛋白的表观解离常数 $K_d=（4.71\pm0.62）$ μmol/L，而 L-FABP 蛋白的表观解离常数 $K_d=（1.95\pm0.32）$ μmol/L（图 10-45）。这说明 L-FABP 和 L-BABP 均表现出对荧光探针较强的结合能力，且 L-FABP 的结合能力比 L-BABP 强。

（二）配基置换分析

为了进一步研究鸡 L-BABP 和 L-FABP 与脂肪酸及其他配基结合的特异性，本研究

进行了配基置换实验。在 L-BABP 和 L-FABP 与 1,8-ANS 探针的混合物中，分别加入等浓度的棕榈酸、花生四烯酸、油酸、胆汁酸和维甲酸，相应的荧光值曲线如图 10-46 和图 10-47 所示，并计算了竞争抑制常数 K_i（表 10-2）。结果显示，鸡 L-BABP 与脂肪酸

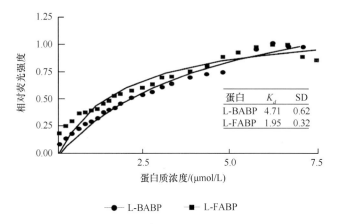

图 10-45　1,8-ANS 与 L-BABP 和 L-FABP 蛋白结合能力分析（赵玉芳等，2013）

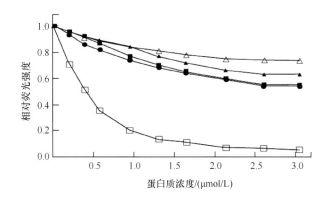

图 10-46　L-BABP 蛋白的配基置换分析（赵玉芳等，2013）

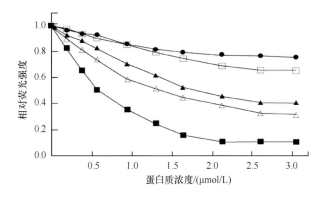

图 10-47　L-FABP 蛋白的配基置换分析（赵玉芳等，2013）

表 10-2　**L-BABP 和 L-FABP 蛋白竞争分析 K_i 值测定**（赵玉芳等，2013）

配基	L-BABP/（μmol/L）	L-FABP/（μmol/L）
棕榈酸（$C_{16}H_{32}O_2$）	7.43	12.36
油酸（$C_{18}H_{34}O_2$）	7.87	1.56
花生四烯酸（$C_{20}H_{32}O_2$）	8.95	4.90
胆汁酸（$C_{24}H_{40}O_5$）	11.33	4.21
维甲酸（$C_{20}H_{28}O_2$）	0.30	8.57

的结合能力要低于 L-FABP；同时，L-BABP 对维甲酸具有较高的亲和力（K_i=0.30），而 L-FABP 对油酸具有较高的亲和力（K_i=1.56）。

蛋白质与 1,8-ANS 探针的相互作用会导致量子产率的大幅度增长（Kane and Bernlohr，1996），因此，1,8-ANS 荧光探针常用于蛋白质的疏水性测定。本研究进行鸡的 L-BABP 和 L-FABP 蛋白与 1,8-ANS 探针结合特性的测定，发现 L-FABP 蛋白（K_d=1.95）对探针的亲和力高于 L-BABP 蛋白（K_d=4.71）。有研究表明 L-FABP 可以结合两分子的游离脂肪酸（Guariento et al.，2008），而 L-BABP 对游离脂肪酸的亲和力较弱，且只能结合一分子的游离脂肪酸（Beringhelli et al.，2001；Schievano et al.，1994）。这两种蛋白质对游离脂肪酸结合能力的不同可能是由于它们 β 折叠桶的空间结构不同。同时，L-BABP 和 L-FABP 的氨基酸序列不同，也会导致两个蛋白质所结合的配体具有特异性。

我们使用竞争分析的方法对鸡的 L-BABP 和 L-FABP 蛋白配体结合特异性进行测定，使用棕榈酸、花生四烯酸、油酸、胆汁酸和维甲酸来置换 1,8-ANS 探针。本研究发现，L-BABP 对脂肪酸的亲和力较低，却对维甲酸有较高的亲和能力。Di Pietro 等（1999）研究蝾螈的 L-BABP 蛋白结合能力时也发现其对维甲酸具有较高的结合能力。Bass（1993）发现胞内维甲酸结合蛋白（CRABP）的一个重要作用就是可以消除维甲酸或使维甲酸失活，对维生素 A 类物质的代谢和调控过程具有一定作用。鸡的 L-BABP 蛋白对维甲酸具有的高亲和力，暗示着其可能参与了维生素 A 类物质的代谢和调控过程。

本研究发现，L-FABP 对脂肪酸具有较高的亲和力，尤其是油酸。这与 Zimmerman 等（2001）和 Rolf 等（1995）在哺乳动物及 Di Pietro 等（1999）在蝾螈的研究中发现 L-FABP 对油酸具有较高的亲和力的结果一致。这说明鸡 L-FABP 对细胞内脂肪酸的运输尤其是对油酸的运输起到重要作用。

综上所述，本研究测定了鸡 L-BABP 和 L-FABP 蛋白的配体表观解离常数（K_d）。在此基础上，使用 5 种配基进行了 L-BABP 和 L-FABP 蛋白的配基置换分析，发现 L-BABP 蛋白对维甲酸的结合能力最强，而 L-FABP 蛋白对油酸的结合能力最强，这些结果为后续研究这两个蛋白质是否在鸡肝脏内外担当脂肪酸和胆汁酸运输的功能提供了重要的参考。

参 考 文 献

高广亮, 冷丽, 张会丰, 等. 2012. 鸡肝脏型脂肪酸结合蛋白基因启动子活性分析. 中国兽医学报, 32(9): 1344-1348.

高广亮, 张庆秋, 李辉, 等. 2015. 鸡肝细胞中 *L-BABP* 基因表达对脂类代谢基因及甘油三酯和总胆固醇的影响. 畜牧兽医学报, 46(1): 32-40.

李武峰, 许尚忠, 曹红鹤, 等. 2004. 3 个杂交牛种 *H-FABP* 基因第二内含子的遗传变异与肉品质性状的相关分析. 畜牧兽医学报, 35(3): 252-255.

潘志雄, 王继文, 唐慧, 等. 2010. 鹅 *Perilipin* 基因部分片段的克隆、不同品种及填饲对组织 mRNA 表达水平的影响. 畜牧兽医学报, 41(8): 939-943.

乔书培, 王维世, 荣恩光, 等. 2014. 鸡 *Apo-AⅠ* 基因 g.-163A>T 单核苷酸多态性的功能性分析. 中国生物化学与分子生物学报, 30(8): 824-830.

石慧, 王启贵, 王宇祥, 等. 2008. 鸡 L-FABP 抗血清制备及组织表达特性分析. 畜牧兽医学报, 39(11): 1466-1469.

王启贵. 2004. 鸡 *FABP* 基因克隆、表达特性及功能研究. 哈尔滨: 东北农业大学博士学位论文.

王启贵, 高广亮, 马广伟, 等. 2014. 鸡肝脏胆汁酸结合蛋白基因启动子活性分析. 东北农业大学学报, 45(4): 88-93.

王启贵, 李辉, 李宁, 等. 2005. *Apo-AⅠ* 基因多态性与鸡生长和体组成性状的相关研究. 畜牧兽医学报, 36(8): 751-754.

王振辉, 常晓彤, 侯小平, 等. 2006. 中老年人群 *IFABP* 基因 Ala54Thr 多态性对血脂水平的影响. 解放军医学杂志, 31(1): 32-34.

尹靖东, 齐广海, 霍启光. 2000. 家禽脂类代谢调控机理的研究进展. 动物营养学报, 12(2): 1-7.

张庆秋, 石慧, 丁宁, 等. 2011. 鸡肝脏胆汁酸结合蛋白(L-BABP)抗血清制备及组织表达特性分析. 农业生物技术学报, 19(3): 571-576.

赵玉芳, 冷丽, 王守志, 等. 2013. 鸡肝脏基础型脂肪酸结合蛋白和肝脏脂肪酸结合蛋白配基结合特性分析. 中国家禽, 35(10): 6-10.

Adida A, Spener F. 2002. Intracellular lipid binding proteins and nuclear receptors involved in branched-chain fatty acid signaling. Prostaglandins Leukot Essent Fatty Acids, 67(2-3): 91-98.

Atshaves B P, Martin G G, Hostetler H A, et al. 2010. Liver fatty acid binding protein and obesity. J Nutr Biochem, 21(11): 1015-1032.

Baier L J, Sacchettini J C, Knowler W C, et al. 1995. An amino acid substitution in the human intestinal fatty acid binding protein is associated with increased fatty acid binding, increased fat oxidation, and insulin resistance. J Clin Invest, 95(3): 1281-1287.

Bartetzko N, Lezius A G, Spener F. 1993. Isoforms of fatty-acid-binding protein in bovine heart are coded by distinct mRNA. Eur J Biochem, 215(3): 555-559.

Bass N M. 1993. Cellular binding proteins for fatty acids and retinoids: similar or specialized functions? Mol Cell Biochem, 123(1-2): 191-202.

Beringhelli T, Goldoni L, Capaldi S, et al. 2001. Interaction of chicken liver basic fatty acid-binding protein with fatty acids: a 13C NMR and fluorescence study. Biochemistry. 40(42): 12604-12611.

Binas B, Han X X, Erol E, et al. 2003. A null mutation in H-FABP only partially inhibits skeletal muscle fatty acid metabolism. Am J Physiol Endocrinol Metab, 285(3): E481-E489.

Binas B, Danneberg H, McWhir J, et al. 1999. Requirement for the heart-type fatty acid binding protein in cardiac fatty acid utilization. FASEB J, 13(8): 805-812.

Bonen A, Luiken J J, Liu S, et al. 1998. Palmitate transport and fatty acid transporters in red and white muscles. Am J Physiol, 275(3 Pt 1): E471-E478.

Bordewick U, Heese M, Börchers T, et al. 1989. Compartmentation of hepatic fatty-acid-binding protein in liver cells and its effect on microsomal phosphatidic acid biosynthesis. Biol Chem Hoppe Seyler, 370(3): 229-238.

Brasaemle D L, Rubin B, Harten I A, et al. 2000. Perilipin A increases triacylglycerol storage by decreasing the rate of triacylglycerol hydrolysis. J Biol Chem, 275(49): 38486-38493.

Capaldi S, Guariento M, Perduca M, et al. 2006. Crystal structure of axolotl(*Ambystoma mexicanum*)liver bile acid-binding protein bound to cholic and oleic acid. Proteins, 64(1): 79-88.

Ceciliani F, Monaco H L, Ronchi S, et al. 1994. The primary structure of a basic (pI 9.0)fatty acid-binding protein from liver of *Gallus domesticus*. Comp Biochem Physiol B Biochem Mol Biol, 109(2-3): 261-271.

Chmurzyńska A. 2006. The multigene family of fatty acid-binding proteins(FABPs): function, structure and polymorphism. J Appl Genet, 47(1): 39-48.

Di Pietro S M, Veerkamp J H, Santomé J A. 1999. Isolation, amino acid sequence determination and binding properties of two fatty-acid-binding proteins from axolotl (*Ambystoma mexicanum*) liver. Eur J Biochem, 259(1-2): 127-134.

Gao G L, Na W, Wang Y X, et al. 2015. Role of a liver fatty acid-binding protein gene in lipid metabolism in chicken hepatocytes. Genet Mol Res, 14(2): 4847-4857.

Gerbens F, Rettenberger G, Lenstra J A, et al. 1997. Characterization, chromosomal localization, and genetic variation of the porcine heart fatty acid-binding protein gene. Mamm Genome, 8(5): 328-332.

Gerbens F, van Erp A J, Harders F L, et al. 1999. Effect of genetic variants of the heart fatty acid-binding protein gene on intramuscular fat and performance traits in pigs. J Anim Sci, 77(4): 846-852.

Griffin H D, Guo K, Windsor D, et al. 1992. Adipose tissue lipogenesis and fat deposition in leaner broiler chickens. J Nutr, 122(2): 363-368.

Guariento M, Raimondo D, Assfalg M, et al. 2008. Identification and functional characterization of the bile acid transport proteins in non-mammalian ileum and mammalian liver. Proteins, 70(2): 462-472.

Haunerland N H, Spener F. 2004. Fatty acid-binding proteins—insights from genetic manipulations. Prog Lipid Res, 43(4): 328-349.

He J, Chen J, Lu L, et al. 2012. A novel SNP of liver-type fatty acid-binding protein gene in duck and its associations with the intramuscular fat. Mol Biol Rep, 39(2): 1073-1077.

He J, Tian Y, Li J, et al. 2013. Expression pattern of L-FABP gene in different tissues and its regulation of fat metabolism-related genes in duck. Mol Biol Rep, 40(1): 189-195.

Hermier D, Chapman M J. 1985. Plasma lipoproteins and fattening: description of a model in the domestic chicken, *Gallus domesticus*. Reprod Nutr Dev, 25(1B): 235-241.

Hynes M J, Draht O W, Davis M A. 2002. Regulation of the *acuF* gene, encoding phosphoenolpyruvate carboxykinase in the filamentous fungus *Aspergillus nidulans*. J Bacteriol, 184(1): 183-190.

Jolly C A, Wilton D C, Schroeder F. 2000. Microsomal fatty acyl-CoA transacylation and hydrolysis: fatty acyl-CoA species dependent modulation by liver fatty acyl-CoA binding proteins. Biochim Biophys Acta, 1483(1): 185-197.

Kane C D, Bernlohr D A. 1996. A simple assay for intracellular lipid-binding proteins using displacement of 1-anilinonaphthalene 8-sulfonic acid. Anal Biochem, 233(2): 197-204.

Kirk W R, Kurian E, Prendergast F G. 1996. Characterization of the sources of protein-ligand affinity: 1-sulfonato-8-(1′)anilinonaphthalene binding to intestinal fatty acid binding protein. Biophys J, 70(1): 69-83.

Kramer W, Corsiero D, Friedrich M, et al. 1998. Intestinal absorption of bile acids: paradoxical behaviour of the 14 kDa ileal lipid-binding protein in differential photoaffinity labelling. Biochem J, 333(Pt 2): 335-341.

Lagakos W S, Gajda A M, Agellon L, et al. 2011. Different functions of intestinal and liver-type fatty acid-binding proteins in intestine and in whole body energy homeostasis. Am J Physiol Gastrointest Liver Physiol, 300(5): G803-G814.

Martin G G, Atshaves B P, Huang H, et al. 2009. Hepatic phenotype of liver fatty acid binding protein gene-ablated mice. Am J Physiol Gastrointest Liver Physiol, 297(6): G1053-G1065.

Martin G G, Atshaves B P, McIntosh A L, et al. 2005. Liver fatty-acid-binding protein (*L-FABP*) gene ablation alters liver bile acid metabolism in male mice. Biochem J, 391(Pt 3): 549-560.

Martin G G, Danneberg H, Kumar L S, et al. 2003. Decreased liver fatty acid binding capacity and altered liver lipid distribution in mice lacking the liver fatty acid-binding protein gene. J Biol Chem, 278(24): 21429-21438.

McIntosh A L, Atshaves B P, Hostetler H A, et al. 2009. Liver type fatty acid binding protein (L-FABP) gene ablation reduces nuclear ligand distribution and peroxisome proliferator-activated receptor-alpha activity in cultured primary hepatocytes.Arch Biochem Biophys. 485(2):160-173.

Montoudis A, Delvin E, Menard D, et al. 2006. Intestinal-fatty acid binding protein and lipid transport in human intestinal epithelial cells. Biochem Biophys Res Commun, 339(1): 248-254.

Montoudis A, Seidman E, Boudreau F, et al. 2008. Intestinal fatty acid binding protein regulates mitochondrion beta-oxidation and cholesterol uptake. J Lipid Res, 49(5): 961-972.

Murai A, Furuse M, Kitaguchi K, et al. 2009. Characterization of critical factors influencing gene expression of two types of fatty acid-binding proteins (L-FABP and Lb-FABP) in the liver of birds. Comp Biochem Physiol A Mol Integr Physiol, 154(2): 216-223.

Newberry E P, Kennedy S M, Xie Y, et al. 2009. Diet-induced alterations in intestinal and extrahepatic lipid metabolism in liver fatty acid binding protein knockout mice. Mol Cell Biochem, 326(1-2): 79-86.

Newberry E P, Xie Y, Kennedy S, et al. 2003. Decreased hepatic triglyceride accumulation and altered fatty acid uptake in mice with deletion of the liver fatty acid-binding protein gene. J Biol Chem, 278(51): 51664-51672.

Nichesola D, Perduca M, Capaldi S, et al. 2004. Crystal structure of chicken liver basic fatty acid-binding protein complexed with cholic Acid. Biochemistry, 43(44): 14072-14079.

O'Hea E K, Leveille G A. 1968. Lipogenesis in isolated adipose tissue of the domestic chick (*Gallus domesticus*). Comp Biochem Physiol, 26(1): 111-120.

Rolf B, Oudenampsen-Krüger E, Börchers T, et al. 1995. Analysis of the ligand binding properties of recombinant bovine liver-type fatty acid binding protein. Biochim Biophys Acta, 1259(3): 245-253.

Sams G H, Hargis B M, Hargis P S. 1991. Identification of two lipid binding proteins from liver of *Gallus domesticus*. Comp Biochem Physiol B, 99(1): 213-219.

Scapin G, Spadon P, Mammi M, et al. 1990. Crystal structure of chicken liver basic fatty acid-binding protein at 2.7 A resolution. Mol Cell Biochem, 98(1-2): 95-99.

Scapin G, Spadon P, Pengo L, et al. 1988. Chicken liver basic fatty acid-binding protein (pI=9.0) purification, crystallization and preliminary X-ray data. FEBS Letters, 240(1-2): 196-200.

Schaap F G, van der Vusse G J, Glatz J F. 2002. Evolution of the family of intracellular lipid binding proteins in vertebrates. Mol Cell Biochem, 239(1-2): 69-77.

Schachtrup C, Emmler T, Bleck B. 2004. Functional analysis of peroxisome-proliferator-responsive element motifs in genes of fatty acid-binding proteins. Biochem J, 382(Pt 1): 239-245.

Schievano E, Quarzago D, Spadon P, et al. 1994. Conformational and binding properties of chicken liver basic fatty acid binding protein in solution. Biopolymers, 34(7): 879-887.

Schroeder F, Jolly C A, Cho T H, et al. 1998. Fatty acid binding protein isoforms: structure and function. Chem Phys Lipids, 92(1): 1-25.

Sewell J E, Davis S K, Hargis P S. 1989. Isolation, characterization, and expression of fatty acid binding protein in the liver of *Gallus domesticus*. Comp Biochem Physiol B, 92(3): 509-516.

Spann N J, Kang S, Li A C, et al. 2006. Coordinate transcriptional repression of liver fatty acid-binding protein and microsomal triglyceride transfer protein blocks hepatic very low density lipoprotein secretion without hepatosteatosis. J Biol Chem, 281(44): 33066-33077.

Storch J, Corsico B. 2008. The emerging functions and mechanisms of mammalian fatty acid-binding proteins. Annu Rev Nutr, 28: 73-95.

Sweetser D A, Birkenmeier E H, Klisak I J, et al. 1987. The human and rodent intestinal fatty acid binding protein genes. A comparative analysis of their structure, expression, and linkage relationships. J Biol Chem, 262(33): 16060-16071.

Takikawa H, Kaplowitz N. 1986. Binding of bile acids, oleic acid, and organic anions by rat and human hepatic Z protein. Arch Biochem Biophys, 251(1): 385-392.

Thumser A E, Moore J B, Plant N J. 2014. Fatty acid binding proteins: tissue-specific functions in health and disease. Curr Opin Clin Nutr Metab Care, 17(2): 124-129.

Unterberg C, Börchers T, Højrup P, et al. 1990. Cardiac fatty acid-binding proteins. Isolation and characterization of the mitochondrial fatty acid-binding protein and its structural relationship with the cytosolic isoforms. J Biol Chem, 265(27): 16255-16261.

Vasile F, Ragona L, Catalano M, et al. 2003. Solution structure of chicken liver basic fatty acid binding protein. J Biomol NMR, 25(2): 157-160.

Vassileva G, Huwyler L, Poirier K, et al. 2000. The intestinal fatty acid binding protein is not essential for dietary fat absorption in mice. FASEB J, 14(13): 2040-2046.

Veerkamp J H, Maatman R G. 1995. Cytoplasmic fatty acid-binding proteins: their structure and genes. Prog Lipid Res, 34(1): 17-52.

Veerkamp J H, Peeters R A, Maatman R G. 1991. Structural and functional features of different types of cytoplasmic fatty acid-binding proteins. Biochim Biophys Acta, 1081(1): 1-24.

Wang D, Wang N, Li N, et al. 2009. Identification of differentially expressed proteins in adipose tissue of divergently selected broilers. Poult Sci, 88(11): 2285-2292.

Wang H B, Wang Q G, Zhang X Y, et al. 2010. Microarray analysis of genes differentially expressed in the liver of lean and fat chickens. Animal, 4(4): 513-522.

Wang Q, Li H, Li N, et al. 2004. Cloning and characterization of chicken adipocyte fatty acid binding protein gene. Anim Biotechnol, 15(2): 121-132.

Wang Q, Li H, Li N, et al. 2006. Tissue expression and association with fatness traits of liver fatty acid-binding protein gene in chicken. Poult Sci, 85(11): 1890-1895.

Wang Q, Li H, Liu S, et al. 2005. Cloning and tissue expression of chicken heart fatty acid-binding protein and intestine fatty acid-binding protein genes. Anim Biotechnol, 16(2): 191-201.

Wang X, Carre W, Rejto L, et al. 2002. Global gene expression profiling in liver of thyroid manipulated and/or growth hormone (GH) injected broiler chickens. Poultry Science, 81(Suppl 1): 63.

Wang Y, Hui X, Wang H, et al. 2016. Association of H-FABP gene polymorphisms with intramuscular fat content in Three-yellow chickens and Hetian-black chickens. J Anim Sci Biotechnol, 7: 9.

Whitehead C C, Griffin H D. 1982. Plasma lipoprotein concentration as an indicator of fatness in broilers: effect of age and diet. Br Poult Sci, 23(4): 299-305.

Zeilinger S, Ebner A, Marosits T, et al. 2001. The *Hypocrea jecorina* HAP 2/3/5 protein complex binds to the inverted CCAAT-box(ATTGG)within the *cbh2* (cellobiohydrolase II-gene) activating element. Mol Genet Genomics, 266(1): 56-63.

Zhang Q, Shi H, Liu W, et al. 2013. Differential expression of L-FABP and L-BABP between fat and lean chickens. Genet Mol Res, 12(4): 4192-4206.

Zhao Y, Rong E, Wang S, et al. 2013. Identification of SNPs of the L-BABP and L-FABP and their association with growth and body composition traits in chicken. J Poult Sci, 50(4): 300-310.

Zimmerman A W, van Moerkerk H T, Veerkamp J H. 2001. Ligand specificity and conformational stability of human fatty acid-binding proteins. Int J Biochem Cell Biol, 33(9): 865-876.

Zimmerman A W, Veerkamp J H. 2002. New insights into the structure and function of fatty acid-binding proteins. Cell Mol Life Sci, 59(7): 1096-1116.

第十一章 鸡 *PPARγ* 基因的功能研究

过氧化物酶体（peroxisome，P）是一种具有多种功能的细胞器，如参与脂肪酸的氧化、含氮物质的代谢、氧化分解毒性物质和调节细胞内氧浓度等。P 功能缺陷可以引起肥胖、高血压、动脉硬化、糖尿病、癌症、炎症、脂肪肝等多种疾病。P 能在许多不同结构的化学物质作用下增生，这些物质被称为过氧化物酶体增殖剂（peroxisome proliferator，PP）（亓立峰和许梓荣，2003）。1990 年 Issemann 等首先发现了一种新的甾类激素受体，它能被一类脂肪酸样化合物——过氧化物酶体增殖剂激活，因而被命名为过氧化物酶体增殖物激活型受体（peroxisome proliferator activated receptor，PPAR）。PPAR 是一类由配体激活的核转录因子，属于类固醇/甲状腺/维甲酸受体超家族。PPAR 能够调控许多参与细胞内外与脂类代谢的相关基因的表达，尤其是编码 β 氧化过程中一些重要酶类的基因；另外 PPAR 也参与脂肪细胞的分化（Tontonoz and Spiegelman，1994）。

PPAR 主要包括 3 种亚型，即 α、β（或 δ）和 γ，它们与配体结合后均能与视黄酸类受体形成异二聚体，通过与靶基因启动子上游的过氧化物增殖体反应元件结合而发挥转录调控作用（Ferré，2004）。PPARα 主要在肝脏、心脏、肾脏、肠黏膜和棕色脂肪组织中表达，与脂质代谢、葡萄糖代谢及免疫反应有关（Braissant et al.，1996）。PPARβ 分布于多种组织，目前对其生理作用的了解相对较少，它被认为与体内脂质稳定有关，有研究表明它可能是巨噬细胞中胆固醇转运和高密度脂蛋白代谢的重要调节因子（Francis et al.，2003）。

PPARγ 是 PPAR 家族中最具脂肪细胞专一性且成脂作用最强的成员，它主要在脂肪组织中表达，并在脂质代谢和脂肪细胞分化过程中起重要作用（Lehrke and Lazar，2005）。对鼠的研究表明，PPARγ 的表达可以诱导脂肪细胞生长抑制并启动前脂肪细胞分化成成熟的脂肪细胞（El-Jack et al.，1999）。控制脂肪细胞成熟的转录调控网络一直是脂肪细胞生长发育研究的热点（MacDougald and Mandrup，2002），PPARγ 基因恰恰处于该调控网络的中心位置，在脂肪细胞分化过程中，尤其是脂肪细胞分化早期发挥着不可或缺的重要作用（Lehrke and Lazar，2005）。研究表明，没有任何一个细胞因子能在 PPARγ 不存在的情况下起始脂肪细胞的分化过程（Tontonoz and Spiegelman，2008）。

然而，以上绝大部分研究结果都来自哺乳动物，在鸡上的相关报道很少。东北农业大学家禽课题组（以下简称"本课题组"）以东北农业大学肉鸡高、低腹脂双向选择品系（以下简称"高、低脂系"）为实验材料，围绕鸡 PPARγ 基因的表达特性、功能和转录调控作用开展了深入的研究（史铭欣，2013；王丽等，2012；丁宁，2010；韩青，2009；户国等，2009；刘冰，2008；王洪宝，2008；王颖，2006；李春雨，2005；孟和等，2004；Sun et al.，2014；Ding et al.，2011；Liu et al.，2010；Wang et al.，2010，2008；Meng et al.，2005）。

在表达特性方面，mRNA 水平上，我们发现 *PPARγ* 基因在脂肪组织中高表达，在肾脏、脑、脾脏、肌胃、腺胃、心脏、肺脏、小肠等组织中低表达，在肝脏和胸肌中未检测到表达信号（Meng et al.，2005；孟和等，2004）；脂肪组织中，*PPARγ* 基因在 2 周龄、3 周龄、7 周龄高脂系中的表达量高于低脂系（Sun et al.，2014）；肝脏组织中，*PPARγ* 基因在 4 周龄、7 周龄高、低脂系中差异表达（Wang et al.，2010）。在蛋白质水平上，PPARγ 在 7 周龄高脂系肉鸡腹部脂肪组织、肌胃、脾脏、肾脏组织中表达量较高，在心脏中表达量较低，在肝脏、胸肌、腿肌、十二指肠中未检测到表达信号；与高脂系相比，PPARγ 在 5 周龄和 7 周龄低脂系肉鸡腹部脂肪组织中的表达量较低（王丽等，2012）。

在基因功能方面，我们发现 *PPARγ* 基因的表达被抑制后，鸡前脂肪细胞的增殖能力增强，分化能力减弱；同时，*C/EBPα*、*SREBP1*、*A-FABP*、*Perilipin1*、*LPL*、*IGFBP2* 基因的表达量均下降（王丽等，2012；Wang et al.，2008）；此外，在曲格列酮存在的条件下，过量表达 *PPARγ* 基因可诱导鸡胚成纤维细胞转分化为脂肪样细胞，同时伴有脂滴的沉积和脂肪代谢相关基因（如 *A-FABP* 基因）表达量的上升（Liu et al.，2010）。这些结果说明 *PPARγ* 基因对鸡前脂肪细胞的分化和鸡胚成纤维细胞向脂肪样细胞的转分化具有一定的促进作用。

在基因转录调控方面，我们发现鸡 *PPARγ* 基因的启动子区含有 C/EBP、GATA2、AP-1 等多个转录因子结合位点；核心启动子位于–915bp~–665bp，转录起始位点位于–656bp；启动子–1261bp/–1026bp 区域对该基因的转录具有重要影响（Ding et al.，2011）。此外，我们发现 PPARγ 的靶基因显著富集于 36 个 GO 节点，并参与了 10 个 KEGG 代谢通路，这其中大部分 GO 节点和 KEGG 代谢通路与脂质代谢密切相关（户国等，2009）。这些结果说明 *PPARγ* 基因对鸡脂质代谢具有重要的调控作用。

第一节　鸡 *PPARγ* 基因的时空表达规律分析

PPARγ 基因的组织表达研究已在人类和多种动物上展开。在成年爪蟾上的研究结果显示，*PPARγ* 基因在脂肪组织中表达量最高，在肝脏和肾脏中表达量较低；在成年啮齿动物上的研究也得到了相似的结果，即 *PPARγ* 基因主要在脂肪组织中表达（Michalik et al.，2002）；人类的研究结果表明，*PPARγ* 基因在脂肪组织中表达量较高，在骨骼肌、肝脏和心脏中表达量较低（Rosen and Spiegelman，2001）。

一、鸡 *PPARγ* 基因在 mRNA 水平的时空表达规律分析

（一）鸡 *PPARγ* 基因在不同组织中的表达规律分析

本课题组孟和以 *GAPDH* 基因为内参，采用半定量 RT-PCR 的方法检测了 8 周龄 AA 肉鸡的心脏、肝脏、脾脏、肺脏、肾脏、肌胃、小肠、脑、胸肌和腹部脂肪共 10 种组织中 *PPARγ* 基因的表达情况。结果发现，*PPARγ* 基因高量表达于腹部脂肪，其次是脑和肾脏，低量表达于脾脏、心脏、肺脏、肌胃、小肠，在肝脏和胸肌中未检测到表达信号（图 11-1，图 11-2）（Meng et al.，2005；孟和等，2004）。同时，Northern blot 的结果表明，*PPARγ* 基因只在腹部脂肪和肾脏组织中有杂交信号（图 11-3）（Meng et al.，2005）。

图 11-1　*PPARγ* 基因在肉鸡不同组织中的表达情况（RT-PCR）（Meng et al.，2005）

1. 心脏；2. 肝脏；3. 脾脏；4. 肺脏；5. 肾脏；6. 肌胃；7. 小肠；8. 脑；9. 胸肌；10. 腹部脂肪

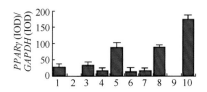

图 11-2　*PPARγ* 基因在肉鸡不同组织中的表达情况（Meng et al.，2005）

1. 心脏；2. 肝脏；3. 脾脏；4. 肺脏；5. 肾脏；6. 肌胃；7. 小肠；8. 脑；9. 胸肌；10. 腹部脂肪

IOD 为积分光密度（integrated option density）

图 11-3　*PPARγ* 基因在肉鸡不同组织中的表达情况（Northern blot）（Meng et al.，2005）

1. 心脏；2. 肝脏；3. 脾脏；4. 肺脏；5. 肾脏；6. 肌胃；7. 小肠；8. 脑；9. 胸肌；10. 腹部脂肪

综上，我们发现在 mRNA 水平上，鸡 *PPARγ* 基因高表达于脂肪组织，低表达于肾脏、脑、脾脏、肌胃、心脏、肺脏、小肠等组织，在肝脏和胸肌中未检测到信号。这些结果与啮齿动物和人的研究结果是一致的，说明 *PPARγ* 基因只在部分组织表达并在脂肪组织中高表达。值得注意的是 *PPARγ* 基因在鸡肾脏中表达水平较高，而在其他物种没有这样的结果，这是否是鸡 *PPARγ* 基因表达的独特之处，以及该基因在鸡肾脏中是否有特殊的作用，需作进一步研究。

（二）鸡 *PPARγ* 基因在肉鸡不同发育阶段脂肪组织中的表达规律分析

本课题组 Sun 等（2014）利用 Realtime RT-PCR 的方法，检测了 *PPARγ* 基因在第 14 世代高、低脂系 2 周龄、3 周龄、7 周龄肉鸡脂肪组织中的表达规律。结果发现，鸡 *PPARγ* 基因的 mRNA 表达量在高脂系中显著高于低脂系（$P<0.0001$；图 11-4A）；2 周龄、3 周龄时，*PPARγ* 基因在高脂系中的 mRNA 表达量大约是低脂系的 3 倍，7 周龄时，在高脂系中的 mRNA 表达量大约是低脂系的 2 倍（图 11-4B）；无论高脂系还是低脂系，*PPARγ* 基因的 mRNA 表达量都随着周龄的增加逐渐上升，而且 7 周龄的表达量要显著高于 2 周龄、3 周龄（图 11-4B）。

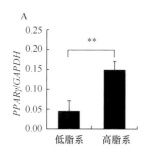
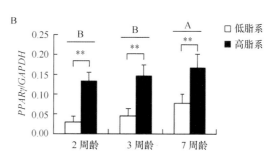

图 11-4　高、低脂系肉鸡腹部脂肪组织中 *PPARγ* 基因的表达差异（Sun et al.，2014）

A. *PPARγ* 基因在高、低脂系脂肪组织中的平均表达水平；B. *PPARγ* 基因在 2 周龄、3 周龄、7 周龄高、低脂系脂肪组织中的平均表达水平；**表示两品系间表达差异极显著（$P<0.01$）；不同大写字母表示不同周龄间表达差异极显著（$P<0.01$）

上述研究结果表明，在发育早期(2~7 周龄)，两系肉鸡腹部脂肪组织中的 *PPARγ* mRNA 表达量随周龄增加呈上升趋势，这与 Sato 等（2009）的研究结果基本一致。此外，我们还发现鸡 *PPARγ* 基因在 2 周龄、3 周龄、7 周龄高脂系脂肪组织中的表达量高于低脂系，暗示两系在这些时间点的脂质沉积规律可能存在不同。

（三）鸡 *PPARγ* 基因在肉鸡不同发育阶段肝脏组织中的表达规律分析

本课题组 Wang 等（2010）利用基因芯片技术筛选高、低脂系肉鸡不同发育时期（1 周龄、4 周龄、7 周龄）肝脏组织中差异表达基因时发现，*PPARγ* 基因在 4 周龄和 7 周龄高、低脂系肝脏组织中差异表达：4 周龄时，高脂系肝脏组织中的表达量较高，7 周龄时，低脂系肝脏组织中的表达量较高（表 11-1）。

表 11-1　*PPARγ* 基因在高、低脂系肉鸡肝脏组织间差异表达情况（Wang et al.，2010）

发育时期	LogRatio（高脂/低脂）	*P* 值	*Q* 值
4 周龄	2.75	0.006	0.004
7 周龄	−1.78	0.01	0.004

注：LogRatio 表示差异表达倍数的对数值；*Q* 值是 *P* 值的校正值

相对于脂肪组织或细胞，*PPARγ* 基因在肝脏组织中表达量很低。通常情况下，*PPARγ* 基因在人和鼠肝脏中的表达量仅有脂肪组织中的 10%~30%（Peters et al.，2000；Tontonoz et al.，1994）。PPARγ 在肝脏中的功能还不清楚。Gavrilova 等（2003）报道，肝脏内的 PPARγ 能够调节甘油三酯（TG）的体内平衡，引起肝脏的脂肪变性，但对其他组织的 TG 沉积和胰岛素抵抗有抑制作用。Matsusue 等（2003）报道，在肥胖糖尿病小鼠中，肝脏中的 PPARγ 在 TG 含量调节、体内血糖平衡和胰岛素抵抗方面有一定的作用。在本研究中，*PPARγ* 基因在 4 周龄、7 周龄两系间差异表达，暗示肝脏中的 PPARγ 在鸡的脂质代谢中可能发挥重要的作用。

二、鸡 *PPARγ* 基因在蛋白质水平的时空表达规律分析

（一）鸡 PPARγ 在不同组织中的表达规律分析

以 *GAPDH* 基因为内参，本课题组王丽等（2012）采用 Western blot 的方法检测了

鸡 PPARγ 在 7 周龄肉鸡 9 种组织中的表达情况。结果表明，鸡 PPARγ 在腹部脂肪组织、肌胃、脾脏和肾脏中表达量较高，在心脏组织中表达量较低，在肝脏、胸肌、腿肌、十二指肠中没有检测到表达信号（图 11-5）。这与其他物种上的研究结果（Michalik et al.，2002；Rosen and Spiegelman，2001），以及我们前期的研究结果一致，即 *PPARγ* 基因在脂肪组织中高表达（Meng et al.，2005）。

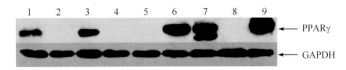

图 11-5　鸡 PPARγ 的组织表达特性（王丽等，2012）

1. 心脏；2. 肝脏；3. 脂肪；4. 胸肌；5. 腿肌；6. 肌胃；7. 脾脏；8. 十二指肠；9. 肾脏

（二）鸡 PPARγ 在肉鸡不同发育阶段脂肪组织中的表达规律分析

此外，本课题组王丽等（2012）利用 Western blot 的方法分析了鸡 PPARγ 在高、低脂系第 11 世代 5 周龄、7 周龄、9 周龄公鸡腹部脂肪组织中的表达差异。结果发现，PPARγ 在 5 周龄、7 周龄高脂系公鸡脂肪组织中的蛋白质表达丰度显著高于低脂系公鸡脂肪组织中的表达丰度（$P<0.05$），但在 9 周龄时，PPARγ 在两系间的表达量无差异（$P>0.05$）（图 11-6）。

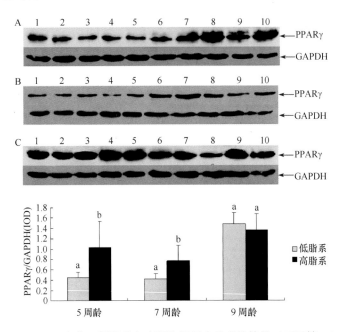

图 11-6　PPARγ 在高、低脂系肉鸡脂肪组织中的表达特性（王丽等，2012）

1~5：低脂系鸡腹部脂肪组织；6~10：高脂系肉鸡腹部脂肪组织

A. 5 周龄；B. 7 周龄；C. 9 周龄；不同字母表示差异显著（$P<0.05$）

本研究比较了 PPARγ 在高、低脂系 5 周龄、7 周龄和 9 周龄脂肪组织中的表达情况。结果表明，PPARγ 在 5 周龄和 7 周龄高脂系肉鸡脂肪组织中的表达量显著高于低脂系

（*P*<0.05）。众所周知，动物体内脂肪的形成包括脂肪细胞数目增加和体积增大，即增殖与分化两个方面（Bray and Bouchard，2008）。Hermier 等（1989）在对 F$_8$ 和 F$_9$ 世代高、低脂系肉鸡的腹部脂肪进行比较研究时发现，从 2 周龄开始，高脂系肉鸡腹部脂肪细胞的体积大于低脂系。本课题组基于高、低脂系的研究结果也表明，生长前期（3~7 周龄）高脂系肉鸡腹部脂肪细胞的体积大于低脂系（Guo et al.，2011）。结合本研究的结果可以发现这一规律：肉鸡腹部脂肪细胞的分化程度与 *PPARγ* 基因的表达量有着密切的关系，高脂系肉鸡腹部脂肪细胞体积大于低脂系，同时 *PPARγ* 基因在高脂系肉鸡腹部脂肪组织中的表达量高于低脂系。由此可以推测，*PPARγ* 基因与鸡脂肪细胞分化过程密切相关，并且有可能起到主要的调控作用。

第二节　*PPARγ* 基因对鸡前脂肪细胞和鸡胚成纤维细胞增殖与分化的影响

动物体内脂肪组织中脂肪细胞的过度增殖和分化会造成过多的脂肪细胞生成，从而引发机体脂肪的过度蓄积（Bray and Bouchard，2008）。因此，阐明脂肪细胞分化和增殖的遗传学机制对防止机体脂肪过度蓄积有特别重要的意义。哺乳动物上的研究结果表明，脂肪细胞分化是由分化转录因子调控的复杂过程（Lefterova and Lazar，2009）。调控脂肪细胞分化的转录因子有很多种，主要包括过氧化物酶体增殖物激活受体家族（PPAR）、CAAT 增强子结合蛋白家族（C/EBP）和固醇调节元件结合蛋白家族（SREBP）成员。另外，有研究证明 Sp1/Krüppel 样转录因子家族（KLF）和 wingless-and int-related proteins 家族（Wnts）的成员也是脂肪细胞分化过程中的重要转录因子（Lefterova and Lazar，2009）。在众多调控脂肪细胞分化的转录因子中，PPARγ 的作用极为重要。

PPARγ 是 PPAR 家族中最具脂肪细胞专一性、成脂作用最强的成员。在脂肪细胞的分化过程中，*PPARγ* 基因的表达通常要早于大多数脂肪细胞特异基因的表达（Gregoire et al.，1998）。它可通过调节转录因子 C/EBPα、脂代谢关键酶转运蛋白、脂肪细胞分泌蛋白的表达来影响脂肪细胞的分化过程（Seo et al.，2003）。

众所周知，禽类脂肪的形成过程与哺乳动物有着极大的差别（Han et al.，2009；O'Hea and Leveille，1969）。关于脂肪形成的研究结果大部分来自哺乳动物的研究，而在禽类上对与脂肪分化相关基因功能的研究相对较少。因此，本研究选择鸡脂肪分化转录因子 *PPARγ* 作为目标基因，研究其对鸡前脂肪细胞增殖与分化的影响，其结果将为揭示 *PPARγ* 基因在禽类脂肪细胞分化过程中的分子调控机制奠定基础，进而为研究人类脂肪代谢紊乱等相关疾病的发生机制起到推动作用。

一、*PPARγ* 基因对鸡前脂肪细胞增殖与分化的影响

为揭示 *PPARγ* 基因在鸡脂肪细胞分化过程中所发挥的重要作用，我们以鸡原代前脂肪细胞为实验材料，利用 RNAi 技术，分别从转录、翻译和细胞形态等方面研究了鸡

PPARγ 基因对脂肪细胞增殖和分化的调控作用。本课题组 Wang 等（2008）的研究表明，在鸡原代前脂肪细胞中抑制 *PPARγ* 基因的表达，干扰组的细胞数量显著高于阴性对照组（*P*<0.05），但显著低于细胞对照组（*P*<0.05，表 11-2）；干扰组与阴性对照组中的油红 O 含量有显著差异（*P*<0.05，表 11-3），干扰组脂肪分化相关的 *A-FABP* 基因的表达量显著下降（*P*<0.05，表 11-4）。

表 11-2　抑制 *PPARγ* 基因后鸡前脂肪细胞的增殖情况（Wang et al., 2008）

组别	鸡前脂肪细胞数量/个	
	第一批	第二批
干扰组	21.67±0.5605[b]	25.50±0.5204[b]
阴性对照组	18.42±1.1188[c]	22.17±1.8338[c]
细胞对照组	28.58±0.6468[a]	33.17±1.5434[a]

注：同列不同字母表示差异显著（*P*<0.05）

表 11-3　抑制 *PPARγ* 基因后鸡前脂肪细胞的分化情况（Wang et al., 2008）

组别	油红 O 含量	
	第一批	第二批
干扰组	0.21±0.0186[b]	0.19±0.0073[b]
阴性对照组	0.45±0.0762[a]	0.36±0.0387[a]
细胞对照组	0.33±0.0088[ab]	0.26±0.0132[a]

注：同列不同字母表示差异显著（*P*<0.05）

表 11-4　抑制 *PPARγ* 基因后 *A-FABP* 基因表达量的变化情况（Wang et al., 2008）

组别	*A-FABP* 的表达水平	
	第一批	第二批
干扰组	1.07±0.0278[b]	0.50±0.0800[b]
阴性对照组	1.59±0.0249[a]	0.76±0.0900[a]
细胞对照组	1.64±0.0403[a]	0.70±0.046[a]

注：同列不同字母表示差异显著（*P*<0.05）

　　本课题组王丽等（2012）的研究再次表明，*PPARγ* 基因对鸡前脂肪细胞的增殖和分化存在着不同程度的影响。首先，我们从 mRNA 和蛋白质水平分别检测了 *PPARγ* 基因的干扰效果。结果显示，转染 RNAi 重组体 pGenesil-1/PPARγ shRNA1（sh PPARγ）后 24h，干扰效果最明显（图 11-7）。同时，Western blot 的结果也证明，干扰 24h 后，PPARγ 的表达量显著降低（*P*<0.05，图 11-8）。

　　然后，我们利用噻唑兰（methylthiazolyldiphenyl-tetrazolium bromide，MTT）的方法检测了 *PPARγ* 基因表达量下降后，脂肪细胞的增殖情况。以干扰时间点为 0 点（则诱导时间点为−24h），在干扰后每隔 12h 对干扰组和无关干扰组的细胞增殖情况进行比较。结果显示，从干扰后 36h 开始，直至 72h，干扰组的细胞增殖能力显著高于无关干扰组（*P*<0.05）（图 11-9）。

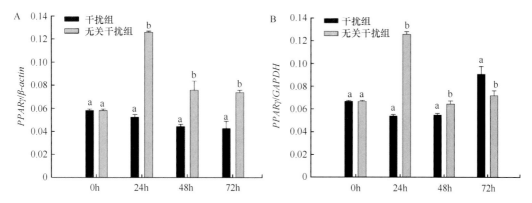

图 11-7　干扰后 *PPARγ* 基因在脂肪细胞中的表达量（Realtime RT-PCR）（王丽等，2012）

A. 以 *β-actin* 为内参；B. 以 *GAPDH* 为内参。字母不同表示差异显著（*P*<0.05）

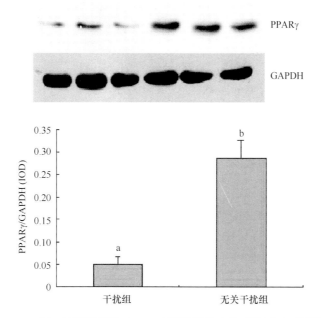

图 11-8　Western blot 检测干扰后 PPARγ 在脂肪细胞中的表达量（王丽等，2012）

1~3. 干扰组；4~6. 无关干扰组。字母不同表示差异显著（*P*<0.05）

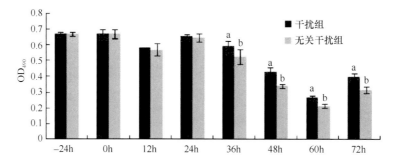

图 11-9　*PPARγ* 基因表达量下降后鸡脂肪细胞的增殖情况（王丽等，2012）

字母不同表示差异显著（*P*<0.05）

之后，我们利用油红 O 提取比色的方法检测了 *PPARγ* 基因表达量下降后脂肪细胞的分化情况。以干扰时间点为 0 点（则诱导时间点为-24h），在干扰后每隔 12h 对干扰组和无关干扰组的细胞分化情况进行比较。结果显示，从干扰后 12h 开始，直至 72h，干扰组的细胞分化能力显著低于无关干扰组（*P*<0.05）（图 11-10）。

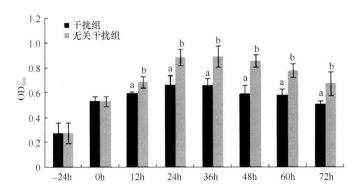

图 11-10　*PPARγ* 基因表达量下降后鸡脂肪细胞的分化情况（王丽等，2012）

字母不同表示差异显著（*P*<0.05）

最后，我们在干扰 *PPARγ* 基因 24h 后，利用 Realtime RT-PCR 的方法检测了其他脂肪细胞分化转录因子（C/EBPα、SREBP1、GATA2）和其他与脂肪细胞分化相关的重要基因（*A-FABP*、*Perilipin1*、*LPL*、*IGFBP2*、*FAS*）mRNA 水平的表达量变化情况。结果显示，*PPARγ* 基因表达量降低后，*C/EBPα*、*SREBP1*、*A-FABP*、*Perilipin1*、*LPL* 和 *IGFBP2* 基因的表达量均明显降低（*P*<0.05），*GATA2* 和 *FAS* 基因的表达量没有发生明显的变化（图 11-11）。

同时，我们还利用 Western blot 的方法检测了其他脂肪细胞分化转录因子（C/EBPα 和 SREBP1）和其他与脂肪细胞分化相关的重要基因（*A-FABP* 和 *Perilipin1*）蛋白质水平的表达量变化情况。结果显示，*PPARγ* 基因表达量降低后，C/EBPα、SREBP1 和 A-FABP、Perilipin1 的表达量均明显降低（*P*<0.05）（图 11-12）。

上述研究结果表明，*PPARγ* 基因的表达量降低后，脂肪细胞的增殖能力显著增强，分化能力显著降低。该结果与本课题组前期在鸡前脂肪细胞上的研究结果相一致，即 *PPARγ* 基因有抑制鸡前脂肪细胞增殖、促进分化的作用（Wang et al.，2008）。在脂肪细胞分化这样一个受众多基因共同调控的复杂过程中，*PPARγ* 基因处于脂肪细胞分化过程调控网络的中心位置，在脂肪细胞分化过程中，尤其是脂肪细胞分化早期发挥着不可或缺的重要作用（Lehrke and Lazar，2005）。哺乳动物上的研究表明，*PPARγ* 基因的表达足以诱导脂肪细胞出现生长抑制现象，并启动前脂肪细胞分化为成熟脂肪细胞（El-Jack et al.，1999），而在缺失 PPARγ 的情况下，脂肪细胞的分化则无法正常启动（Rosen et al.，2002）。PPARγ 可通过调节转录因子 C/EBPα、脂代谢关键酶活转运蛋白、脂肪细胞分泌蛋白的表达来影响脂肪细胞的分化过程（Seo et al.，2003）。由此可见，无论是在禽类还是在哺乳动物，*PPARγ* 基因在脂肪细胞分化的过程中均发挥着重要的调控作用。

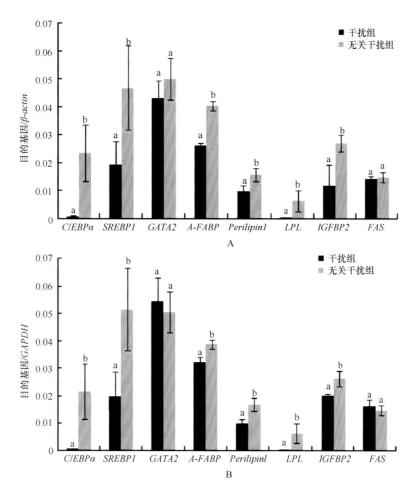

图 11-11 鸡 *PPARγ* 基因表达量下降后其他基因在 mRNA 水平的表达情况（王丽等，2012）

A. 以 *β-actin* 为内参；B. 以 *GAPDH* 为内参；字母不同表示差异显著（*P*<0.05）

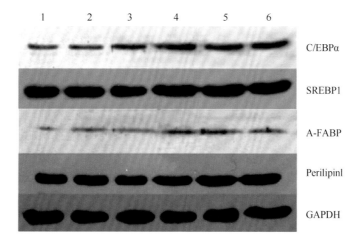

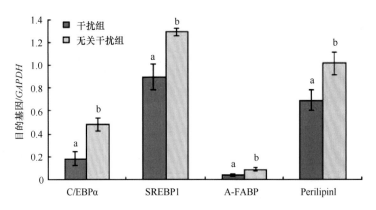

图 11-12　鸡 *PPARγ* 基因表达量下降后其他基因在蛋白质水平的表达情况（王丽等，2012）

1~3. 干扰组；4~6. 无关干扰组；字母不同表示差异显著（$P<0.05$）

除 *PPARγ* 基因外，还有大量的基因参与到脂肪细胞分化的过程中，共同组成了脂肪细胞分化的调控网络，如 *C/EBPα*、*SREBP1*、*GATA2*、*A-FABP*、*Perilipin1*、*LPL*、*IGFBP2* 和 *FAS* 等。CAAT/增强子结合蛋白 α（C/EBPα）是第一个被证明能在脂肪细胞分化过程中起重要作用的转录因子，它能够促进 *PPARγ* 基因的高表达，保持分化细胞的表型（Farmer，2006）；类固醇调控元件结合蛋白 1（SREBP1）是脂肪细胞分化过程中另一重要的转录因子，其对脂类的生成、脂肪细胞的分化及机体的生长发育有重要作用（Kim et al.，1998），并可以调节葡萄糖、脂肪酸及甘油三酯代谢中关键基因的表达（Horton et al.，2002）。此外，SREBP1 还与 *PPARγ* 基因内源性配体的生成有关（Farmer，2006；Otto and Lane，2005）；GATA2 是脂肪细胞分化过程中的负转录调控因子，其在前脂肪细胞中大量表达，通过抑制 *PPARγ* 基因的表达来抑制脂肪细胞的终末分化（Rosen and MacDougald，2006）；脂肪型脂肪酸结合蛋白（A-FABP）在哺乳动物的脂肪酸运输和脂肪细胞分化过程中发挥着重要的作用（Motojima，2000），是脂肪细胞分化晚期的标志基因之一（Xu et al.，2006），在诱导脂肪细胞分化的过程中，它能够直接被 PPARγ 在转录水平激活（Kim et al.，2004）；脂滴包被蛋白（Perilipin1）特异性地分布于脂肪细胞脂滴的表面（Greenberg et al.，1991），在脂肪细胞脂解过程中发挥着十分重要的功能，其 5′侧翼区存在 *PPARγ* 基因功能性的反应元件（PPRE），内源性的 PPARγ2 蛋白能够结合 *Perilipin1* 基因的启动子区，调控 *Perilipin1* 基因在脂肪细胞分化过程中的表达（Arimura et al.，2004）；脂蛋白脂酶（LPL）是催化甘油三酯水解作用的酶，它可将血液中的乳糜微粒和极低密度脂蛋白（VLDL）所携带的甘油三酯水解成甘油和脂肪酸，以供机体各组织储存和利用；同时 *LPL* 基因也是脂肪细胞分化的早期标记基因，该基因的表达预示着脂肪积累的开始（Ailhaud，1996）；类胰岛素生长因子结合蛋白 Ⅱ（IGFBP2）能调控前脂肪细胞的增殖分化，影响脂肪代谢（Brockmann et al.，2001）；脂肪酸合成酶（FAS）在动物体脂沉积中发挥重要作用（Smith et al.，2003），其功能是将碳水化合物合成脂肪酸，并以甘油三酯的形式储存（Chirala and Wakil，2004），有文献报道，在哺乳动物的肝细胞中异位表达 *PPARγ* 可以上调 *FAS* 基因的表达量（Schadinger et al.，2005）。

本研究结果显示，随着 *PPARγ* 基因表达量的下调，许多与脂肪细胞分化相关基因的表达量表现出不同程度的降低：*C/EBPα*、*SREBP1*、*A-FABP* 和 *Perilipin1* 基因的表达量无论是在 mRNA 水平还是在蛋白质水平都明显降低；*LPL* 和 *IGFBP2* 基因在 mRNA 水平的表达量显著降低。由此可见，*PPARγ* 基因在脂肪细胞分化过程的调控网络中处于中心位置，发挥着调控其他脂肪细胞分化相关基因表达的重要作用。

进一步利用在线分析软件（TFSEARCH）对所检测基因的启动子序列进行分析，结果表明，*C/EBPα*、*A-FABP* 和 *Perilipin1* 基因的启动子区都存在 *PPARγ* 基因的结合位点，*SREBP1*、*LPL*、*IGFBP2*、*GATA2* 和 *FAS* 基因的启动子区没有发现 *PPARγ* 基因的结合位点。由此我们推测，鸡 *PPARγ* 基因可能通过与 *C/EBPα*、*A-FABP* 和 *Perilipin1* 基因的启动子区结合来调控它们的表达。在脂肪细胞分化过程中，PPARγ 与 C/EBPα 间的相互调控作用一直以来都是研究的热点，大量的研究表明它们之间有相互调控作用（Lefterova and Lazar，2009；Rosen et al.，2002）。本课题组的研究结果证实，鸡 *PPARγ* 基因的启动子区有 C/EBPα 的结合位点，C/EBPα 能够直接结合在 *PPARγ* 基因的启动子区，从而执行对 *PPARγ* 基因的调控作用（Ding et al.，2011），但 PPARγ 对 *C/EBPα* 基因的调控作用是否是通过直接结合于其启动子区来实现的还在进一步的研究中。在哺乳动物上有研究证明，PPARγ 对 *C/EBPα* 基因的调控过程不是通过结合在其启动子上来完成的，而是通过蛋白质-蛋白质间的作用进行表达调控的（Pascual et al.，2005；Hamm et al.，2001）。在哺乳动物上，已经证实 PPARγ 可结合在 *A-FABP* 和 *Perilipin1* 基因的启动子上发挥调控功能（Chui et al.，2005；Guan et al.，2005；Arimura et al.，2004）。关于禽类 PPARγ 对以上 3 个基因的具体调控机制还有待进一步的实验证明。由于 *SREBP1*、*LPL* 和 *IGFBP2* 这 3 个基因的启动子上没有发现 PPARγ 的结合位点，而其表达量却随着 *PPARγ* 基因表达量的降低而降低，因此我们推测 PPARγ 对这 3 个基因的调控作用可能是通过其他因子间接发挥的，具体机制有待进一步研究。哺乳动物上的研究表明，在成熟的脂肪细胞中，*PPARγ* 基因的表达量下调后，*GATA2* 基因的表达量并未受到影响，仍然维持在一个较低的表达水平（Schupp et al.，2009），这与本研究结果一致。结合在线分析软件预测的结果——鸡 *PPARγ* 基因的启动子区有 GATA2 的结合位点，可推测出鸡 *GATA2* 基因与哺乳动物 *GATA2* 基因相似，是 *PPARγ* 基因的上游基因，其表达不受 PPARγ 的直接调控。本研究还发现鸡 *FAS* 基因在脂肪细胞中的表达可能也不受 PPARγ 的直接调控，而哺乳动物上的研究结果表明，肝脏组织 *PPARγ* 基因的表达可以上调 *FAS* 基因的表达（Schadinger et al.，2005），推测产生这种现象的原因可能是 *FAS* 在脂肪组织中和在肝脏组织中有着不同的表达调控模式，也有可能是由于禽类与哺乳动物在脂肪形成及脂类代谢方面存在差异。

综上所述，鸡 PPARγ 对其他众多脂肪细胞分化转录因子及脂肪细胞分化相关的重要基因具有一定的调控作用。

二、*PPARγ* 基因对鸡胚成纤维细胞的转分化作用

目前的研究结果表明，前脂肪细胞分化成脂肪细胞的关键在于不同时期特定基因的表达，即分化的早期、中期和末期特定基因 mRNA 和蛋白质的表达，以及甘油三酯的聚集（Moustaïd and Sul，1991；Wilkson et al.，1990）。在适当的环境条件下，促进脂

肪细胞分化的基因大量表达，可以使前脂肪细胞达到生长抑制，完成克隆性增殖和随后的终末分化，然而脂肪细胞分化过程中一些关键的分子事件（图 11-13）还需要我们深入研究。

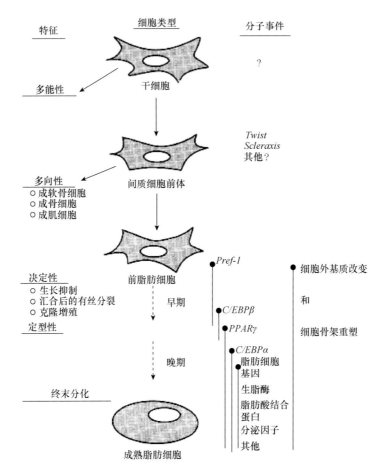

图 11-13　脂肪细胞的分化过程及其中发生的分子事件（引自 Gregoire et al.，1998）

细胞转分化是指一种细胞失去其特有的表型，获得新的表型而转化为另一种细胞的过程。其特点是细胞发生了形态、表型及功能的改变（Hay and Zuk，1995；Eguchi and Kodama，1993）。PPARγ 是 PPAR 家族中最具脂肪细胞专一性的成员，它不仅对前脂肪细胞的增殖与分化具有重要作用，而且异位表达 *PPARγ* 还会诱导不同类型细胞转分化为具有脂肪细胞特征的脂肪样细胞。已有的研究结果表明，在鼠的成纤维细胞中异位表达 *PPARγ* 可诱导脂肪细胞分化的全过程，并且能够促进脂质积累，诱导脂肪细胞特异性基因的表达（El-Jack et al.，1999）；*PPARγ* 也可以诱导鼠的成肌细胞转分化为脂肪细胞（Yu et al.，2006）；针对羊胚胎成肌细胞的研究也得到了同样的结果（Yamanouchi et al.，2007）。

为确定异位表达 *PPARγ* 基因是否能够诱导鸡胚成纤维细胞（chicken embryo fibroblast，CEF）转分化为脂肪样细胞，本课题组 Liu 等（2010）在添加和未添加曲格列酮（PPARγ 的配体）的条件下，检测了 *PPARγ* 基因异位表达后细胞形态和 *A-FABP* 基因表达量的变化。

　　在未添加曲格列酮（trog）的情况下，感染 pBabe-*PPARγ* 重组病毒 6 天后，鸡胚成纤维细胞表现出了脂肪细胞的表型（细胞质中出现了脂滴沉积），但细胞中仅沉积了有限的脂滴（图 11-14A，图 11-15A）；同时，感染后 1~6 天，异位表达 *PPARγ* 基因的细胞中 *A-FABP* 基因表达量始终与对照组细胞没有显著差异（图 11-16A）。

　　在添加曲格列酮（trog）的情况下，与对照组相比，感染 pBabe-*PPARγ* 重组病毒的鸡胚成纤维细胞中出现了明显的脂滴沉积（图 11-14B，11-15B）。同时，伴随着脂肪细胞表型的出现，感染 pBabe-*PPARγ* 重组病毒细胞中 *A-FABP* 基因表达量也稳步上升，而且其表达量在感染后的 2~6 天始终显著高于对照组细胞（图 11-16B）。

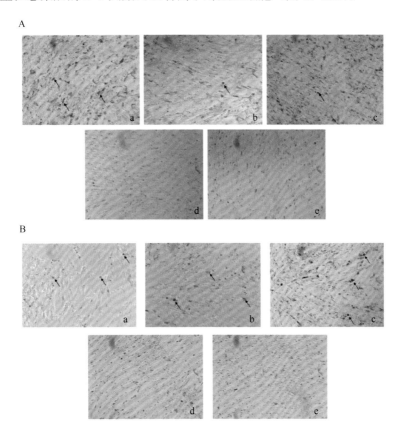

图 11-14　异位表达 *PPARγ* 基因后鸡胚成纤维细胞的分化情况（油红 O 染色）（Liu et al.，2010）

A. 未添加曲格列酮；B. 添加曲格列酮；a. 异位表达 *C/EBPα*；b. 异位表达 *PPARγ*；c. 异位表达 *SREBP1*；d. 正常培养基培养的细胞；e. 转染空载体逆转录病毒的细胞

　　PPARγ 是 PPAR 家族中最具脂肪细胞专一性的成员，它能通过诱导脂肪形成关键基因的表达来引发脂肪细胞的分化（Schoonjans et al.，1996）。据报道，PPARγ 的配体激活足以诱导处于对数生长中的成纤维细胞出现生长抑制并启动脂肪生成，这表明 PPARγ 在哺乳动物脂肪细胞分化的调控中发挥着重要作用（Altiok et al.，1997）。PPARγ 在 NIH-3T3、Swiss-3T3 和 BALB/c-3T3 成纤维细胞，MC3T3-E1 成骨细胞及山羊胎儿成肌

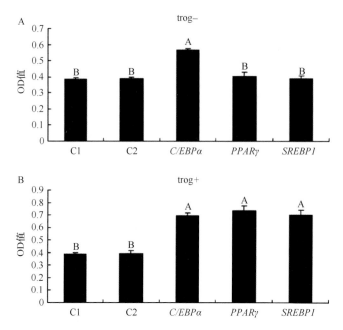

图 11-15　异位表达 *PPARγ* 基因后鸡胚成纤维细胞的分化情况（油红 O 提取比色）（Liu et al.，2010）

A. 未添加曲格列酮；B. 添加曲格列酮。A、B 表示处理组与对照组之间差异极显著（*P*<0.01）。培养液中加入脂质体组简称为 C1，培养液无添加物组简称为 C2

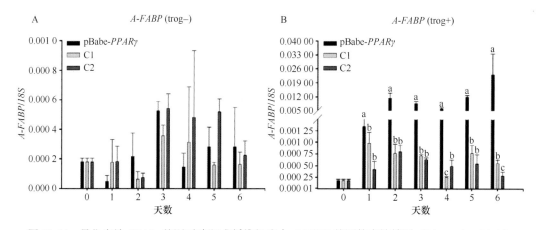

图 11-16　异位表达 *PPARγ* 基因后鸡胚成纤维细胞中 *A-FABP* 基因的表达情况（Liu et al.，2010）

a、b、c 表示处理组与对照组之间差异显著（*P*<0.05）。培养液中加入脂质体组简称为 C1，培养液无添加物组简称为 C2

细胞中的异位表达能够诱导这些细胞转分化为脂肪细胞（Yamanouchi et al.，2007；Kim et al.，2005），而且 *PPARγ* 基因表达量的下调能够抑制鸡前脂肪细胞的分化（Wang et al.，2008）。本研究结果显示，在曲格列酮存在的条件下，异位表达 *PPARγ* 的鸡胚成纤维细胞表现出脂滴沉积的脂肪细胞表型，同时 *A-FABP* 基因的表达比对照组有显著提高。有研究表明，在没有曲格列酮存在的条件下超表达 *PPARγ* 并不能诱导卫星细胞的脂肪生成（Ban et al.，2008）。我们的研究结果显示，未添加曲格列酮的情况下，异位表达鸡 *PPARγ* 的鸡胚成纤维细胞仅出现了少量的脂滴，而且 *A-FABP* 基因的表达量与对照组也没有显著差异。这些结果表明 *PPARγ* 激活鸡胚成纤维细胞的脂肪形成程序是配体依赖的。

第三节　鸡 *PPARγ* 基因启动子的克隆及活性分析

在哺乳动物中，*PPARγ* 是一个多启动子调控的基因。人脂肪组织的 *PPARγ* 基因有 4 个启动子、4 种 mRNA 亚型和 2 种蛋白亚型（Sundvold and Lien，2001）；鼠的 *PPARγ* 基因有 2 个启动子，2 种 mRNA 亚型和 2 种蛋白亚型（Takenaka et al.，2013）。其中 PPARγ2 比 PPARγ1 更具有脂肪特异性（Elberg et al.，2000；Saladin et al.，1999）；在人和鼠中，C/EBPα 能够直接与 *PPARγ2* 启动子上的结合位点结合来调控其表达（Tang et al.，2004；Elberg et al.，2000；Saladin et al.，1999）。在鸡上，*PPARγ* 基因只有一种 mRNA 和一种蛋白亚型（Sato et al.，2004），而且鸡 C/EBPα 能否结合到鸡 *PPARγ* 基因上调控其表达还不得而知。为此，本课题组 Ding 等（2011）克隆了鸡 *PPARγ* 基因的启动子并进行了序列分析和活性检测。

一、鸡 *PPARγ* 基因启动子的克隆及序列分析

为了研究鸡 *PPARγ* 基因的转录调控机制，本课题组 Ding 等（2011）以鸡基因组 DNA 为模板，扩增了鸡 *PPARγ* 基因转录起始位点上游的侧翼区（−1985～89bp），得到了一个 1895bp 的特异片段。测序结果表明，扩增的片段与鸡基因组的相应序列有 99.1% 的同源性。利用在线软件 TRANSFAC 和 TFSEARCH，我们分析了该特异序列中可能存在的转录因子结合位点。结果表明，在鸡 *PPARγ* 基因 5′侧翼区存在 17 个 C/EBP 结合位点（−1896bp、−1609bp、−1582bp、−1503bp、−1483bp、−1444bp、−1399bp、−1387bp、−1364bp、−1207bp、−1182bp、−1106bp、−884bp、−667bp、−447bp、−432bp 和−150bp），两个 GATA2 结合位点（−1656bp 和−1351bp）和一个 GATA3 结合位点（−1761bp）。此外，这个片段还包含了激活蛋白-1（AP-1）的几个结合位点（−1718bp、−1218bp、−937bp、−431bp），以及 Sp1（−1341bp）和 Oct-1（−1178bp、−495bp 和−119bp）的结合位点。Promoter Scan 软件分析表明，鸡 *PPARγ* 基因转录起始位点上游−915bp/−665bp 区域是其核心启动子，包含了一个 TATA 框（−686bp/−681bp）。鸡 *PPARγ* 基因的转录起始位点预测位于−656bp。CpG 岛分析表明，在此片段中不存在 CpG 岛 GC 富集区（图 11-17）。

此外，我们也利用 TRANSFAC 和 TFSEARCH 分析了人和小鼠 *PPARγ1* 和 *PPARγ2* 基因启动子序列中可能存在的转录因子结合位点。结果表明，C/EBP、Sp1 和 AP-1 的结合位点在哺乳动物的 *PPARγ1*、*PPARγ2* 和鸡的 *PPARγ* 基因启动子间是保守的。然而，哺乳动物的 *PPARγ1* 和 *PPARγ2* 基因启动子略有不同。例如，*PPARγ1* 启动子上没有 TATA 框，有 SRE 和 CpG 岛。但与 *PPARγ1* 基因不同，哺乳动物 *PPARγ2* 启动子上有 TATA 框，没有 SRE 和 CpG 岛 GC 富集区。鸡 *PPARγ* 基因启动子的结构与哺乳动物 *PPARγ2* 基因的启动子更为相似（图 11-17）。

在哺乳动物和鸡中，PPARγ 对脂肪生成具有重要作用。然而，许多证据显示 *PPARγ* 基因在哺乳动物和鸡中的调控机制不同。人和小鼠 *PPARγ* 基因有多个独立的启动子，能够产生多种不同的 mRNA 亚型（Takenaka et al.，2013；Sundvold and Lien，2001），而鸡 *PPARγ* 基因只有一个 mRNA 和一个蛋白亚型（Sato et al.，2004）。此外，*PPARγ* 基因

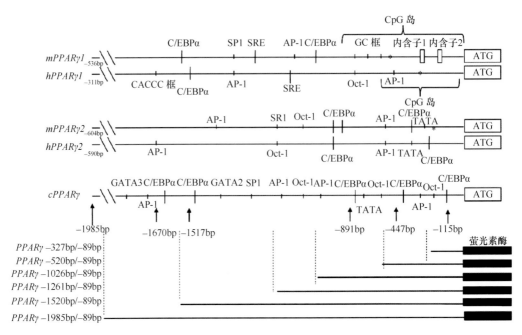

图 11-17　人、小鼠、鸡 *PPARγ* 基因启动子和鸡 *PPARγ* 序列缺失启动子的示意图（Ding et al.，2011）
转录起始位点用*表示

在鸡的肾脏中表达，但在其他物种中未发现这种现象（Meng et al.，2005）。基于此，对鸡 *PPARγ* 基因的转录调控机制很有必要进行深入研究。核酸序列的比对结果表明，鸡和哺乳动物 *PPARγ* 基因的启动子同源性较低。人和小鼠 *PPARγ1*、*PPARγ2* 的启动子同源性分别为 26% 和 75%，但鸡 *PPARγ* 启动子与人和小鼠 *PPARγ1*、*PPARγ2* 启动子的同源性均低于 15%。人、小鼠和鸡 *PPARγ* 启动子上转录因子结合位点的生物信息学分析结果表明，与哺乳动物 *PPARγ1* 启动子相比，鸡 *PPARγ* 启动子与哺乳动物 *PPARγ2* 启动子更为相似，暗示鸡 PPARγ 可能与哺乳动物 PPARγ2 有相似的调控机制。然而，与哺乳动物 PPARγ1 相似，鸡 PPARγ 在 N 端没有多余的氨基酸。因此，我们推测，在从鸟类到哺乳动物的进化过程中，*PPARγ* 基因可能从一个启动子、一个 mRNA 亚型进化成 2 个启动子、3 个 mRNA 亚型，并且鸡 PPARγ 可能具有哺乳动物 PPARγ1 和 PPARγ2 的组合功能。

二、鸡 *PPARγ* 基因 5′侧翼区的启动子活性分析

为确定鸡 *PPARγ* 基因 5′侧翼区的启动子活性，本课题组 Ding 等（2011）利用 PCR 及酶切的方法构建了一系列 5′ 截短突变的报道基因重组体：pGL3-cPPARγ（−1985bp/−89bp）、pGL3-cPPARγ（−1520bp/−89bp）、pGL3-cPPARγ（−1261bp/−89bp）、pGL3- cPPARγ（−1026bp/−89bp）、pGL3-cPPARγ（−520bp/−89bp）和 pGL3-cPPARγ（−327bp/−89bp）。将不同长度鸡 *PPARγ* 基因启动子的报道基因重组体分别与 pRL-TK 质粒共转染 DF-1 细胞，48h 后检测萤光素酶活性。结果显示，与对照组相比，−1985bp/−89bp 启动子和它的截短突变体均有启动子活性；pGL3-cPPARγ（−1261bp/−89bp）启动子重组体比其他的启动子重组体具有更强的启动子活性，达到对照组萤光素酶活性的 6 倍；随着启动子片段由 −1261bp 截短至−1026bp，启动子活性极显著下降（*P*<0.01），暗示在−1261bp/−1026bp 区

域存在正调控因子；这 6 个不同长度的启动子中，–327bp/–89bp 片段的启动子活性最弱（图 11-18）。

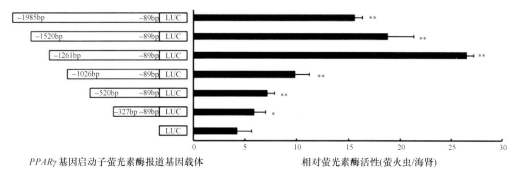

PPARγ 基因启动子萤光素酶报道基因载体　　　　　相对萤光素酶活性(萤火虫/海肾)

图 11-18　鸡 *PPARγ* 基因启动子 5′缺失片段报道基因活性分析（Ding et al.，2011）
**表示差异极显著（*P*<0.01）；*表示差异显著（*P*<0.05）

启动子缺失分析结果显示，启动子片段由–1985bp 截短至–1261bp，启动子活性明显增强，暗示该区域可能存在负调控因子（图 11-18）。结合生物信息学分析结果可知，–1985bp/–1261bp 区域存在一些负调控因子，如 GATA2/3 的结合位点。有研究表明，GATA2/3 可以通过结合 *PPARγ* 基因的启动子来抑制其表达（Tong et al.，2000，2005）。然而，启动子继续从–1261bp 截短至–1026bp，启动子活性极显著下降（图 11-18）。序列分析表明，在此区域存在一些对启动子功能非常重要的因子，如 AP-1、Oct-1 和 TFIIB 等的结合位点，缺失这些位点可能会降低鸡 *PPARγ* 基因启动子的转录活性。这些结果表明，鸡 *PPARγ* 基因启动子的–1261bp/–1026bp 区域对该基因的转录具有重要影响，同时–1985bp/–1261bp 区域的启动子片段可能对该基因的转录具有一定的负调控作用。

第四节　*PPARγ* 基因对脂质代谢调控机制的生物信息学分析

基因调控网络是功能基因组学研究的重要内容，它从基因之间相互作用的角度揭示复杂的生命现象，改变了以往偏重于单个基因的研究策略，在整体水平上研究基因的定位、结构、功能及基因相互作用等，越来越受到人们的重视。基因调控网络研究不仅大大地加快了生命科学发展的速度，带动了基因组信息学、比较基因组等新兴学科的发展，而且为农业、医学等相关产业的发展注入了新的内容和动力。

一般来说，基因表达谱和功能之间存在密切的联系，在不同实验条件下表达变化相关的基因一般都有相似的功能或参与相同的细胞过程，而且被共同的转录因子所调控，这种假设在分析研究中不断被证实。许多细胞定位相同、参与构建复合物或功能上紧密相关的基因在表达上都有聚类集群的现象，因此有人提出"具有相关功能的基因被聚在一起；聚在一起的基因可能具有相关功能"（Eisen et al.，1998）。

聚类、差异表达基因的筛选都只考虑了表达谱的数值特征，而分析中重要的部分——结果的生物学解释只能靠进一步的人工检测来完成（Adryan and Schuh，2004）。然而，表达模式相关的基因不一定有共同的生物功能（Clare and King，2002；Gibbons and Roth，2002），而有共同生物功能的基因也不一定表达非常相似（Cheng et al.，2004）。因此将生物知识结合到芯片数据的分析中，可以减少传统统计学方法的盲目性。生物知识包括序列信息、蛋白质结构和生物功能。生物知识以生物网络的形式引入芯片表达谱数据分析是目前应用最广泛的做法。生物网络将基因之间的注释关联表现为网络结构，如代谢网络、蛋白质互作网络等。基于生物网络的表达谱分析可以从基因表达谱中找出有共同功能的基因，还可以通过检验所有行使某生物功能的基因的表达状态来评价此功能在当前实验条件下的重要性。

有三类比较通用的生物网络：代谢网络、分子互作网络和基因本体论（gene ontology，GO），这些网络的信息都可以从公共数据库中得到。

基因本体论借助在生物学上已有的体系结构和知识，通过发展有效的生物信息学方法，实现了基因网络分析及对未知功能基因的功能预测等目标。GO 数据库建有三大独立的系统：分子功能（molecular function）、生物学进程（biological process）及细胞组分（cellular component）。京都基因与基因组百科全书（Kyoto Encyclopedia of Genes and Genomes，KEGG），其目的是整理出已知的代谢调控网络，并建立其中每个组件与基因间的关系。通过 KEGG，可以实现由基因组至细胞层次的整合性联结，并对生命现象做出理论分析。

PPARγ 是 PPAR 家族中最具脂肪细胞专一性的成员，它是脂肪细胞基因表达和胰岛素细胞间信号转导的主要调节者，参与脂肪细胞分化和糖脂代谢的调节（柳晓峰和李辉，2006）。其在脂肪细胞的分化过程中不仅能促进前脂肪细胞的分化，而且能促进非脂肪细胞转分化成脂肪细胞，与肥胖的发生、发展密切相关（Laffitte et al.，2001）。因此，PPARγ 在脂质代谢中的作用机制一直是肥胖和糖尿病研究领域十分关注的问题（Michael and Mitchell，2005）。明确其靶基因谱有助于理解 PPARγ 对脂质代谢影响的分子机制，对肥胖和糖尿病等复杂疾病的诊断、预防和治疗具有积极意义。为此，本课题组户国等（2009）以 PPARγ 基因作为目标基因，以人类基因组全部参考序列基因为实验数据集，采用 MEME/MAST 方法对其进行了全基因组范围的靶基因生物信息学定位，并对获得的靶基因集合进行了 GO 富集和 KEGG 通路分析，探讨了 PPARγ 对脂质代谢影响的分子机制。

一、Motif 与筛选压力的确定

根据 MAST 对 3 条 motif 进行的不同筛选压力下的扫描分析所绘制的 ROC 曲线（图 11-19），我们确定了全基因组扫描的 motif 为 M00512（图 11-20），筛选条件为 $P<0.000\ 01$，此时的假阳性率为 5%，假阴性率为 65%。

二、PPARγ 靶基因数据集的获取与功能基因组学分析

在上述条件下，我们对 23 488 个参考序列基因的 5′ 上游 5000bp 侧翼序列进行了扫描，获得了一个包含 2933 个基因的 PPARγ 靶基因数据集。对该数据集进行 GO 富集分

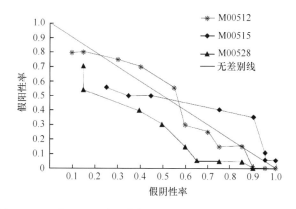

图 11-19　3 条 motif 预测精度的 ROC 曲线（户国等，2009）

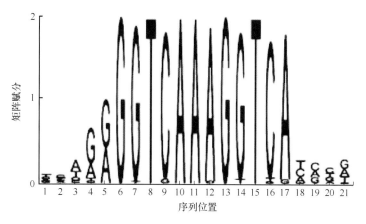

图 11-20　M00512 的标识（户国等，2009）

析，我们发现了 36 个显著富集（$P<0.05$）的 GO 节点，将其中富集基因个数超过 10 的节点绘制了柱状图（图 11-21）。此外，我们还对这些靶基因进行了 KEGG 代谢通路分析，发现了 10 个具有显著意义（$P<0.05$）的通路（表 11-5）。

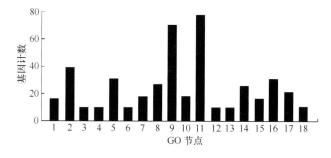

图 11-21　PPARγ 靶基因 GO 富集分析的结果（户国等，2009）

1. 轴突形态建成；2. 蛋白激酶级联反应；3. 脂蛋白代谢进程；4. *N*-酰基转移酶活性；5. 脂质生物合成进程；6. 甾族激素受体活性；7. 轴突发育；8. 神经元增殖；9. 细胞增殖；10. 核膜-内质网网状系统；11. 脂质代谢进程；12. 细胞溶质钙离子调节平衡；13. 细胞溶质钙离子富集；14. 神经元分化；15. 糖基磷脂酰肌醇锚定结合；16. 酶结合；17. 神经元发育；18. 生血素/干扰素细胞因子受体活性

表 11-5　PPARγ 靶基因 KEGG 通路富集分析结果（户国等，2009）

通路编号	通路名称	基因计数	P
3320	PPAR 信号通路	12	0.005 446 3
61	脂肪酸生物合成	2	0.010 128
460	氰基氨基酸代谢	2	0.016 614
4920	脂肪细胞因子信号通路	11	0.017 392
5060	朊病毒病	3	0.020 02
71	脂肪酸代谢	8	0.023 489
602	乳糖系列鞘糖脂生物合成	4	0.028 506
562	肌醇磷酸代谢	8	0.029 686
2010	ATP 结合物载体	7	0.030 161
563	锚定糖基磷脂酰肌醇生物合成	4	0.040 982

依据 GO 数据库中的三大独立系统，我们对本研究 GO 分析中显著富集的节点类型进行分类。结果发现：在细胞组分方面，PPARγ 靶基因在核膜-内质网网状系统（GO：42175；nuclear envelope-endoplasmic reticulum network）节点富集，这与 PPARγ 是一类 II 型核受体超家族成员的亚细胞定位相一致；在分子功能方面，PPARγ 靶基因在生血素/干扰素（D200 结构域）细胞因子受体活性［GO：4896；hematopoietin/interferon-class（D200-domain）cytokine receptor activity］、酶结合（GO：19899；enzyme binding）、糖基磷脂酰肌醇锚定结合（GO：48503；GPI anchor binding）、甾族激素受体活性（GO：3707；steroid hormone receptor activity）、N-酰基转移酶活性（GO：16410；N-acyltrans-ferase activity）等节点富集，这与 PPARγ 是一类由配体激活的核转录因子有关；而在生物学进程方面，PPARγ 的大量靶基因在脂质生物合成进程（GO：8610；lipid biosynthetic process）、脂质代谢进程（GO：6629；lipid metabolic process）、脂蛋白代谢进程（GO：42157；lipoprotein metabolic process）、细胞溶质钙离子浓度提高（GO：7204；elevation of cytosolic calcium ion concentration）、细胞溶质钙离子调节平衡（GO：51480；cytosolic calcium ion homeostasis）等节点富集。以上分析表明，本研究结果与目前已知的 *PPARγ* 基因亚细胞定位、分子结构与功能、参与的生物学进程非常符合；同时该结果也在一定程度上揭示了 PPARγ 在脂质相关代谢过程中发挥重要作用的可能机制。

在 KEGG 通路分析中，我们发现 PPARγ 的靶基因在以下与脂质代谢密切相关的重要通路中富集：PPAR 信号通路（KEGG：3320；PPAR signaling pathway）、脂肪细胞因子信号通路（KEGG：4920；adipocytokine signaling pathway）、脂肪酸生物合成（KEGG：61；fatty acid biosynthesis）、脂肪酸代谢（KEGG：71；fatty acid metabolism）、乳糖系列鞘糖脂生物合成（KEGG：602；glycosphingolipid biosynthesis-neo-lactoseries）、锚定糖基磷脂酰肌醇生物合成（KEGG：563；glycosylphosphatidylinositol（GPI）-anchor biosynthesis）、氰基氨基酸代谢（KEGG：460；cyano amino acid metabolism）、肌醇磷酸代谢（KEGG：562；inositol phosphate metabolism）、ATP 结合物载体（KEGG：2010；ABC transporters-general）等。KEGG 通路分析结果显示，*PPARγ* 基因参与了对众多与脂质代谢密切相关的代谢通路的调控。

除上述生物学实验证实的功能外，GO 富集分析与 KEGG 通路分析还提示了 *PPARγ* 基因可能参与的一些新的代谢过程。PPARγ 靶基因还在诸如蛋白激酶级联反应（GO：7243；protein kinase cascade）、细胞增殖（GO：8283；cell proliferation）等相关 GO 节点显著富集，而在基于实验获得的 PPARγ 直接靶基因中鲜见此类功能基因。KEGG 通路分析显示 *PPARγ* 基因在朊病毒引发疾病通路（KEGG：5060；prion disease）中发挥重要作用，这在以往的研究中未见报道，可能具有巨大的潜在临床应用价值。此外，目前尚无有效的实验证据支持 *PPARγ* 基因对神经系统功能发挥直接作用，但是我们的分析发现，有大量 PPARγ 靶基因在神经元发育（GO：48666；neuron development）、神经元分化（GO：30182；neuron differentiation）、神经元增殖（GO：48699；generation of neuron）、轴突发育（GO：31175；neurite development）和轴突形态建成（GO：48812；neurite morphogenesis）等神经生物学相关节点显著富集，暗示 *PPARγ* 基因很可能在神经系统发生、发育等生物学过程中发挥重要的作用。

综上，PPARγ 靶基因大量富集于与脂质代谢密切相关的 GO 节点和 KEGG 代谢通路，提示 PPARγ 对脂质代谢的调控很可能是通过参与对上述靶基因和代谢途径的调控来实现的。

参 考 文 献

丁宁. 2010. 鸡转录因子 PPARγ 及 CEBP/α 的转录调控研究. 哈尔滨: 东北农业大学博士学位论文.

韩青. 2009. 鸡 *PPARγ* 基因与生长和体组成性状关系的遗传学研究. 哈尔滨: 东北农业大学硕士学位论文.

广国, 王守志, 李辉. 2009. *PPAR-γ* 基因对脂质代谢调控机制的生物信息学分析. 东北农业大学学报, 40(12): 66-70.

李春雨. 2005. 鸡脂肪细胞分化转录因子基因的表达特性和功能研究. 哈尔滨: 东北农业大学博士学位论文.

刘冰. 2008. 鸡脂肪细胞分化转录因子抗血清的制备及组织表达特性分析. 哈尔滨: 东北农业大学硕士学位论文.

柳晓峰, 李辉. 2006. *PPARγ* 基因与脂肪代谢调控. 遗传, 28(2): 243-248.

孟和, 李辉, 王宇祥. 2004. 鸡 *PPARs* 基因组织表达特性的研究. 遗传学报, 31(7): 682-687.

亓立峰, 许梓荣. 2003. 过氧化物酶体增殖剂受体与脂质代谢调控. 中国兽药杂志, 37(7): 33-35,32.

史铭欣. 2013. 高、低脂系肉鸡脂肪组织脂类代谢基因表达的比较分析. 哈尔滨: 东北农业大学硕士学位论文.

王洪宝. 2008. 影响鸡脂类代谢重要基因的筛选及调控通路分析. 哈尔滨: 东北农业大学博士学位论文.

王丽, 那威, 王宇祥, 等. 2012. 鸡 *PPARγ* 基因的表达特性及其对脂肪细胞分化的影响. 遗传, 34(5): 454-464.

王颖. 2006. 鸡脂肪细胞分化转录因子基因的功能研究. 哈尔滨: 东北农业大学博士学位论文.

Adryan B, Schuh R. 2004. Gene-ontology-based clustering of gene expression data. Bioinformatics, 20(16): 2851-2852.

Ailhaud G. 1996. Early adipocyte differentiation. Biochem Soc Trans, 24(2): 400-402.

Altiok S, Xu M, Spiegelman B M. 1997. PPARgamma induces cell cycle withdrawal: inhibition of E2F/DP DNA-binding activity via down-regulation of PP2A. Genes Dev, 11(15): 1987-1998.

Arimura N, Horiba T, Imagawa M, et al. 2004. The peroxisome proliferator-activated receptor gamma regulates expression of the perilipin gene in adipocytes. J Biol Chem, 279(11): 10070-10076.

Ban A, Yamanouchi K, Matsuwaki T, et al. 2008. *In vivo* gene transfer of PPAR gamma is insufficient to induce adipogenesis in skeletal muscle. J Vet Med Sci, 70(8): 761-767.

Braissant O, Foufelle F, Scotto C, et al. 1996. Differential expression of peroxisome proliferator-activated receptors (PPARs): tissue distribution of PPAR-alpha, -beta, and -gamma in the adult rat. Endocrinology, 137(1): 354-366.

Bray G A, Bouchard C. 2008. Handbook of Obesity: Clinical Applications, Third Edition. New York: Informa Healthcare USA, Inc.

Brockmann G A, Haley C S, Wolf E, et al. 2001. Genome-wide search for loci controlling serum IGF binding protein levels of mice. FASEB J, 15(6): 978-987.

Cheng J, Cline M, Martin J, et al. 2004. A knowledge-based clustering algorithm driven by gene ontology. J Biopharm Stat, 14(3): 687-700.

Chirala S S, Wakil S J. 2004. Structure and function of animal fatty acid synthase. Lipids, 39(11): 1045-1053.

Chui P C, Guan H P, Lehrke M, et al. 2005. PPARgamma regulates adipocyte cholesterol metabolism via oxidized LDL receptor 1. J Clin Invest, 115(8): 2244-2256.

Clare A, King R D. 2002. How well do we understand the clusters found in microarray data? In Silico Biology, 2(4): 511-522.

Ding N, Gao Y, Wang N, et al. 2011. Functional analysis of the chicken PPARγ gene 5′-flanking region and C/EBPα-mediated gene regulation. Comp Biochem Physiol B Biolchem Mol Biol, 158(4): 297-303.

Eguchi G, Kodama R. 1993. Transdifferentiation. Curr Opin Cell Biol, 5(6): 1023-1028.

Eisen M B, Spellman P T, Brown P O, et al. 1998. Cluster analysis and display of genome-wide expression patterns. Proc Natl Acad Sci U S A, 95(25): 14863-14868.

Elberg G, Gimble M J, Tsai S Y. 2000. Modulation of the murine peroxisome proliferator-activated receptor γ2 promoter activity by CCAAT/enhancer-binding proteins. J Biol Chem, 275(36): 27815-27822.

El-Jack A K, Hamm J K, Pilch P F, et al. 1999. Reconstitution of insulin-sensitive glucose transport in fibroblasts requires expression of both PPARgamma and C/EBPalpha. J Biol Chem, 274(12): 7946-7951.

Farmer S R. 2006. Transcriptional control of adipocyte formation. Cell Metab, 4(4): 263-273.

Ferré P. 2004. The biology of peroxisome proliferator-activated receptors: relationship with lipid metabolism and insulin sensitivity. Diabetes, 53(Suppl 1): 43-50.

Francis G A, Annicotte J S, Auwerx J. 2003. PPAR agonists in the treatment of atherosclerosis. Curr Opin in Pharmacol, 3(2): 186-191.

Gavrilova O, Haluzik M, Matsusue K, et al. 2003. Liver peroxisome proliferatoractivated receptor gamma contributes to hepatic steatosis, triglyceride clearance, and regulation of body fat mass. J Biol Chem, 278(36): 34268-34276.

Gibbons F D, Roth F P. 2002. Judging the quality of gene expression-based clustering using gene annotation. Genome Res, 12(10): 1574-1581.

Greenberg A S, Egan J J, Wek S A, et al. 1991. Perilipin, a major hormonally regulated adipocyte-specific phosphoprotein associated with the periphery of lipid storage droplets. J Biol Chem, 266(17): 11341-11346.

Gregoire F M, Smas CM, Sul H S. 1998. Understanding adipocyte differentiation. Physiol Rev, 78(3): 783-809.

Guan H P, Ishizuka T, Chui P C, et al. 2005. Corepressors selectively control the transcriptional activity of PPARγ in adipocytes. Genes Dev, 19(4): 453-461.

Guo L, Sun B, Shang Z, et al. 2011. Comparison of adipose tissue cellularity in chicken lines divergently selected for fatness. Poult Sci, 90(9): 2024-2034.

Hamm J K, el Jack A K, Pilch P F et al. 1999. Role of PPAR gamma in regulating adipocyte differentiating and insulin-responsive glucoseuptake. Ann NY Acad Sci, 892: 134-145.

Hamm J K, Park B H, Farmer S R. 2001. A role for C/EBPbeta in regulating peroxisome proliferator-activated receptor gamma activity during adipogenesis in 3T3-L1 preadipocytes. J Biol Chem, 276(21):

18464-18471.

Han C, Wang J, Li L, et al. 2009. The role of LXR in goose primary hepatocyte lipogenesis. Mol Cell Biochem, 322(1-2): 37-42.

Hay E D, Zuk A. 1995. Transformations between epithelium and mesenchyme: normal, pathological, and experimentally induced. Am J Kidney Dis, 26(4): 678-690.

Hermier D, Quignard-Boulangé A, Dugail I, et al. 1989. Evidence of enhanced storage capacity in adipose tissue of genetically fat chickens. J Nutr, 119(10): 1369-1375.

Horton J D, Shimomura I, Brown M S, et al. 1998. Activation of cholesterol synthesis in preference to fatty acid synthesis in liver and adipose tissue of transgenic mice overproducing sterol regulatory element binding protein-2. J Clin Invest, 101(11): 2331-2339.

Issemann I, Green S. 1990. Activation of a member of the steroid hormone receptor superfamily by peroxisome proliferators. Nature, 347(6294): 645-650.

Kim J B, Wright H M, Wright M, et al. 1998. ADD1/SREBP1 activates PPARγ through the production of endogenous ligand. Proc Natl Acad Sci U S A, 95(8): 4333-4337.

Kim S W, Her S J, Kim S Y, et al. 2005. Ectopic overexpression of adipogenic transcription factors induces transdifferentiation of MC3T3-E1 osteoblasts. Biochem Biophys Res Commun, 327(3): 811-819.

Kim Y O, Park S J, Balaban R S, et al. 2004. A functional genomic screen for cardiogenic genes using RNA interference in developing *Drosophila* embryos. Proc Natl Acad Sci U S A, 101(1): 159-164.

Laffitte B A, Repa J J, Joseph S B, et al. 2001. LXRs control lipid-inducible expression of the apolipoprotein E gene in macrophages and adipocytes. Proc Natl Acad Sci U S A, 98(2): 507-512.

Lefterova M I, Lazar M A. 2009. New developments in adipogenesis. Trends Endocrinol Metab, 20(3): 107-114.

Lehrke M, Lazar M A. 2005. The many faces of PPARgamma. Cell, 123(6): 993-999.

Liu S, Wang Y X, Wang L, et al. 2010. Transdifferentiation of fibroblasts into adipocyte-like cells by chicken adipogenic transcription factors. Comp Biochem Physiol A Mol Integr Physiol, 156(4): 502-508.

MacDougald O A, Mandrup S. 2002. Adipogenesis: forces that tip the scales. Trends Endocrinol Metab, 13(1): 5-11.

Matsusue K, Haluzik M, Lambert G, et al. 2003. Liver-specific disruption of PPAR gamma in leptin-deficient mice improves fatty liver but aggravates diabetic phenotypes. J Clin Invest, 111(5): 737-747.

Meng H, Li H, Zhao J G, et al. 2005. Differential expression of peroxisome proliferator-activated receptors alpha and gamma gene in various chicken tissues. Domest Anim Endocrinol, 28(1): 105-110.

Michalik L, Desvergne B, Dreyer C, et al. 2002. PPAR expression and function during vertebrate development. Int J Dev Biol, 46(1): 105-114.

Motojima K. 2000. Differential effects of PPARα activators on induction of ectopic expression of tissue-specific fatty acid binding protein genes in the mouse liver. Int J Biochem Cell Biol, 32(10): 1085-1092.

Moustaïd N, Sul H S. 1991. Regulation of expression of the fatty acid synthase gene in 3T3-L1 cells by differentiation and triiodothyronine. J Biol Chem, 266(28): 18550-18554.

O'Hea E K, Leveille G A. 1969a. Influence of fasting and refeeding on lipogenesis and enzymatic activity of pig adipose tissue. J Nutr, 99(3): 345-352.

O'Hea E K, Leveille G A. 1969b. Lipid biosynthesis and transport in the domestic chick (*Gallus domesticus*). Comp Biochem Physiol, 30(1): 149-159.

Otto T C, Lane M D. 2005. Adipose development: from stem cell to adipocyte. Crit Rev Biochem Mol Biol, 40(4): 229-242.

Pascual G, Fong A L, Ogawa S, et al. 2005. A SUMOylation-dependent pathway mediates transrepression of inflammatory response genes by PPAR-γ. Nature, 437(7059): 759-763.

Peters J M, Rusyn I, Rose M L, et al. 2000. Peroxisome proliferator-activated receptor alpha is restricted to hepatic parenchymal cells, not Kupffer cells: implications for the mechanism of action of peroxisome proliferators in hepatocarcinogenesis. Carcinogenesis, 21(4): 823-826.

Rosen E D, Hsu C H, Wang X, et al. 2002. C/EBPalpha induces adipogenesis through PPARgamma: a unified pathway. Genes Dev, 16(1): 22-26.

Rosen E D, MacDougald O A. 2006. Adipocyte differentiation from the inside out. Nat Rev Mol Cell Biol, 7(12): 885-896.

Rosen E D, Sarraf P, Troy A E, et al. 1999. PPAR gamma is required for the differentiation of adipose tissue *in vivo* and *in vitro*. Mol Cell, 4(4): 611-617.

Rosen E D, Spiegelman B M. 2001. PPARgamma: a nuclear regulator of metabolism, differentiation, and cell growth. J Biol Chem, 276(41): 37731-37734.

Saladin R, Fajas L, Dana S. 1999. Differential regulation of peroxisome proliferator activated receptor-γ1 (PPARγ1) and PPARγ2 messenger RNA expression in the early stages of adipogenesis. Cell Growth Differ, 10(1): 43-48.

Sato K, Abe H, Kono T, et al. 2009. Changes in peroxisome proliferator-activated receptor gamma gene expression of chicken abdominal adipose tissue with different age, sex and genotype. Anim Sci J, 80(3): 322-327.

Sato K, Fukao K, Seki Y, et al. 2004. Expression of the chicken peroxisome proliferator-activated receptor-γ gene is influenced by aging, nutrition, and agonist administration. Poult Sci, 83(8): 1342-1347.

Schadinger S E, Bucher N L R, Schreiber B M, et al. 2005. PPARgamma2 regulates lipogenesis and lipid accumulation in steatotic hepatocytes. Am J Physiol Endocrinol Metab, 288(6): 1195-1205.

Schoonjans K, Staels B, Auwerx J. 1996. The peroxisome proliferator activated receptors(PPARS)and their effects on lipid metabolism and adipocyte differentiation. Biochim Biophys Acta, 1302(2): 93-109.

Schupp M, Cristancho A G, Lefterova M I, et al. 2009. Re-expression of GATA2 cooperates with peroxisome proliferator-activated receptor-gamma depletion to revert the adipocyte phenotype. J Biol Chem, 284(14): 9458-9464.

Seo J B, Noh M J, Yoo E J, et al. 2003. Functional characterization of the human resistin promoter with adipocyte determination and differentiation dependent factor1/sterol regulatory element binding protein 1c and CCAAT enHancer binding protein-alpha. Mol Endocrinol, 17(8): 1522-1533.

Smith S, Witkowski A, Joshi A K. 2003. Structural and functional organization of the animal fatty acid synthase. Prog Lipid Res, 42(4): 289-317.

Sun Y N, Gao Y, Qiao S P, et al. 2014. Epigenetic DNA methylation in the promoters of peroxisome proliferator-activated receptor γ in chicken lines divergently selected for fatness. J Anim Sci, 92(1): 48-53.

Sundvold H, Lien S. 2001. Identification of a novel peroxisome proliferator-activated receptor (PPAR) gamma promoter in man and transactivation by the nuclear receptor RORalpha1. Biochem Biophys Res Commun, 287(2): 383-390.

Takenaka Y, Inoue I, Nakano T, et al. 2013. A Novel Splicing Variant of Peroxisome Proliferator-Activated Receptor-γ (Pparγ1sv) Cooperatively Regulates Adipocyte Differentiation with Pparγ2. PLoS One, 8(6): e65583.

Tang Q Q, Zhang J W, Daniel Lane M. 2004. Sequential gene promoter interactions by C/EBPbeta, C/EBPalpha, and PPARgamma during adipogenesis. Biochem Biophys Res Commun, 318(1): 213-218.

Tong Q, Dalgin G, Xu H, et al. 2000. Function of GATA transcription factors in preadipocyte-adipocyte transition. Science, 290(5489): 134-138.

Tong Q, Tsai J, Tan G, et al. 2005. Interaction between GATA and the C/EBP family of transcription factors is critical in GATA-mediated suppression of adipocyte differentiation. Mol Cell Biol, 25(2): 706-715.

Tontonoz P, Hu E, Spiegelman B M. 1994. Stimulation of adipogenesis in fibroblasts by PPARgamma 2, a lipid activated transcription factor. Cell, 79(7): 1147-1156.

Tontonoz P, Spiegelman B M. 2008. Fat and beyond: the diverse biology of PPARγ. Annu Rev Biochem, 77: 289-312.

Wang H B, Wang Q G, Zhang X Y, et al. 2010. Microarray analysis of genes differentially expressed in the liver of lean and fat chickens. Animal, 4(4): 513-522.

Wang Y, Mu Y, Li H, et al. 2008. Peroxisome proliferator-activated receptor-gamma gene: a key regulator of adipocyte differentiation in chickens. Poult Sci, 87(2): 226-232.

Wilkson W O, Min H Y, Claffey K P, et al. 1990. Control of the adipsin gene in adipocyte differentiation.

Identification of distinct nuclear factors binding to single and double-stranded DNA. J Bio Chem, 265(1): 477-482.

Xu A M, Wang Y, Xu J Y, et al. 2006. Adipocyte fatty acid-binding protein is a plasma biomarker closely associated with obesity and metabolic syndrome. Clin Chem, 52(3): 405-413.

Yamanouchi K, Ban A, Shibata S, et al. 2007. Both PPARgamma and C/EBPalpha are sufficient to induce transdifferentiation of goat fetal myoblasts into adipocytes. J Reprod Dev, 53(3): 563-572.

Yu Y H, Liu B H, Mersmann H J, et al. 2006. Porcine peroxisome proliferator-activated receptor gamma induces transdifferentiation of myocytes into adipocytes. J Anim Sci, 84(10): 2655-2665.

第十二章 鸡 *C/EBPα* 基因和 *SREBP1* 基因的功能研究

第一节 鸡 *C/EBPα* 基因的功能研究

CCAAT 增强子结合蛋白（CCAAT/enhancer binding protein，C/EBP）是一类与增强子结合的转录因子，属于碱性亮氨酸拉链（bZIP）蛋白家族，包括 C/EBPα、C/EBPβ、C/EBPγ、C/EBPδ、C/EBPε、C/EBPζ 等类型，其中的一些类型又具有数种异构体，在脂肪细胞的分化及机体脂类代谢中发挥重要作用。

C/EBPα 是第一个被证明在脂肪细胞分化过程中起重要作用的转录因子，对脂肪细胞的分化调控起着十分关键的作用（Morrison and Farmer，1994）。C/EBPα 调控脂肪细胞分化的机制主要为如下几个方面：①C/EBPα 能够启动脂肪细胞特异表达基因的转录。C/EBPα 的表达虽然不是脂肪细胞特异的，但 C/EBPα 可通过结合许多脂肪细胞特异表达基因调控区内的 CAAT 重复序列来启动基因的表达（Hwang et al.，1996；Mckeon and Pham，1991；Kaestner et al.，1990）。②C/EBPα 的表达产物可激活自身基因转录，引起 C/EBPα 水平急剧升高，保证 C/EBPα 发挥其调控细胞分化功能的剂量要求。在 3T3-L1 前脂肪细胞内，*C/EBPα* 基因是不表达的，在脂肪细胞分化诱导剂的作用下，*C/EBPα* 基因开始表达，并且它的表达具有自身诱导作用，即在 *C/EBPα* 基因的调控区内有一个它自己的结合位点，一旦 *C/EBPα* 基因开始表达，产生的转录因子就能不断地与自身基因调控区的结合位点结合，进一步诱导自身的表达，从而产生大量的 C/EBPα 转录因子诱导细胞的分化（MacDougald and Lane，1995；Lin and Lane，1994）。③C/EBPα 能够诱导前脂肪细胞克隆增殖的终止，为促进其进入终末性分化阶段创造特定的环境。C/EBPα 的这种作用与其抑制 *AP2* 基因的解除作用有关，AP2 可作为 C/EBPα 的转录抑制因子抑制脂肪细胞分化（Jiang et al.，1998）。东北农业大学家禽课题组（以下简称"本课题组"）以东北农业大学肉鸡高、低腹脂双向选择品系（以下简称"高、低脂系"）肉鸡的组织样和鸡原代前脂肪细胞、鸡胚成纤维细胞为实验材料，针对鸡 *C/EBPα* 基因的表达特性、功能和转录调控作用开展了一系列深入的研究（贺綦等，2015，2014；武春艳等，2014；高广亮等，2012；丁宁，2010；刘冰等，2009；张爱朋，2009；刘冰，2008；刘爽，2008；王颖，2006；李春雨，2005；Gao et al.，2015；Ding et al.，2011；Liu et al.，2010）。

在表达特性方面，我们发现 C/EBPα 蛋白在鸡的回肠、肾脏、肌胃、腺胃、心脏、肝脏、腹脂、脾脏等组织中表达量较高，而在胸肌、腿肌中表达量较低（刘冰等，2009）；肝脏组织中，C/EBPα 蛋白的表达量在高、低脂系间存在差异，7 周龄时在高脂系中的表达丰度要低于低脂系（刘冰等，2009）；*C/EBPα* 基因的 mRNA 在 2 周龄时高脂系肉鸡脂肪组织中的表达量高于低脂系（Gao et al.，2015）。

在基因功能方面，我们发现过量表达 *C/EBPα* 基因可诱导鸡胚成纤维细胞转分化为脂肪样细胞，表现为细胞内脂滴的沉积和 *A-FABP* 基因表达量的上升（Liu et al.，2010）。

在基因转录调控方面，我们发现鸡 C/EBPα 能够显著激活 *PPARγ* 基因的表达（武春艳等，2014；Ding et al.，2011），而且该调控作用是通过结合于鸡 *PPARγ* 基因启动子 –171bp/–89bp 位点实现的（Ding et al.，2011）；过表达 *C/EBPα* 基因能显著抑制鸡 *L-FABP* 基因启动子活性（贺慕等，2015，2014；高广亮等，2012），这很可能是 C/EBPα 与 *L-FABP* 基因的–1854bp/–1841bp 位点结合实现的（贺慕等，2015）。

一、鸡 *C/EBPα* 基因的时空表达规律分析

C/EBPα 最初由 Steve McKnight 及其同事在大鼠肝细胞核中发现，它作为热稳定因子，可以与多种基因中的 CCAAT 盒相互作用，并能与数种动物病毒（如 SV40、MSV、多瘤病毒）的增强子核心同源序列选择性结合（应霁和王伟铭，2015）。C/EBPα 的组织分布具有一定的时空限制性。在空间上，C/EBPα 主要分布在脂肪和胆固醇代谢旺盛的组织中，如肝脏、脂肪、小肠、肺脏、肾上腺和胰腺等；在时间上，C/EBPα 主要在无增殖能力的终末分化细胞中表达（杨根焰和张永莲，1999）。

（一）*C/EBPα* 基因在鸡不同组织中的表达规律

本课题组刘冰等（2009）以鸡 GAPDH 为内参，采用 Western blot 方法分析了鸡 C/EBPα 在高脂系肉鸡 10 种组织中的表达特性。结果发现，鸡 C/EBPα 在回肠、肾脏、心脏、肌胃、肝脏、腺胃、腹脂、脾脏等组织中表达量较高，而在胸肌和腿肌中表达丰度较低（图 12-1）。

图 12-1　C/EBPα 在鸡不同组织中的表达（刘冰等，2009）

1. 回肠；2. 肾脏；3. 心脏；4. 肌胃；5. 肝脏；6. 胸肌；7. 腿肌；8. 腺胃；9. 腹脂；10. 脾脏

杨根焰和张永莲（1999）研究发现，C/EBPα 主要分布在脂肪和胆固醇代谢旺盛的组织中，如肝脏、脂肪、小肠、肺脏、肾上腺和胰腺等；对小鼠的研究结果表明，*C/EBPα* 基因在体组织中广泛存在，在肝脏和脂肪组织中表达量最为丰富，而在骨骼肌中表达量较低（Birkenmeier et al.，1989）。本研究也获得了相似的结果。

（二）*C/EBPα* 基因在高、低脂系肝脏和脂肪组织中的表达差异

本课题组刘冰等（2009）以鸡 GAPDH 为内参，采用 Western blot 方法分析了鸡 C/EBPα 蛋白在 7 周龄高、低脂系公鸡肝脏组织中的表达差异。结果发现，鸡 C/EBPα 在高脂系中的表达丰度要低于低脂系（图 12-2）。

本课题组 Gao 等（2015）利用 Realtime RT-PCR 方法检测 2 周龄、3 周龄、7 周龄高、低脂系公鸡脂肪组织中 *C/EBPα* 基因的表达差异时发现，总体来看，*C/EBPα* 基因在高脂系中的表达量要高于低脂系，但未达到显著水平（*P*=0.0505）（图 12-3A）。同一系别内，无论是高脂系还是低脂系，*C/EBPα* 基因的表达量在 3 个时间点间均没有显著差异

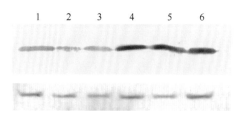

图 12-2　C/EBPα 在高、低脂系公鸡肝脏组织中的表达（刘冰等，2009）

1~3. 高脂系公鸡肝脏组织蛋白；4~6. 低脂系公鸡肝脏组织蛋白

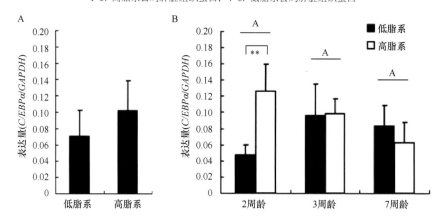

图 12-3　*C/EBPα* 在高、低脂系公鸡脂肪组织中的表达（Gao et al.，2015）

**代表差异极显著（*P*<0.01）；不同大写字母代表差异极显著（*P*<0.01）

（图 12-3B）；但在两系之间，2 周龄时，高脂系脂肪组织中的 *C/EBPα* 基因表达量要极显著高于低脂系（*P*=0.0013），3 周龄和 7 周龄时，两系间 *C/EBPα* 基因表达量没有显著差异（*P*=0.9159 和 *P*=0.3709）（图 12-3B）。

　　本研究在检测 2 周龄、3 周龄、7 周龄高、低脂系公鸡脂肪组织中 *C/EBPα* 基因表达差异的同时，也检测了上述 3 个周龄鸡 *C/EBPα* 基因启动子区的甲基化情况，结果发现，只有在 2 周龄时，鸡 *C/EBPα* 基因启动子区的甲基化水平与 *C/EBPα* 基因的表达呈负相关（Gao et al.，2015，数据未列）。因此，我们推测鸡 *C/EBPα* 基因的表达可能仅在鸡的早期脂肪发育过程中受到 DNA 甲基化的调节。

二、鸡 *C/EBPα* 基因对鸡胚成纤维细胞的转分化作用

　　对脂肪细胞特别是 3T3-L1 细胞的研究表明，C/EBPα 在脂肪细胞分化过程中发挥着重要作用。Wang 等（1995）在小鼠体内干扰了 *C/EBPα* 基因，小鼠表现出白色脂肪组织发育停滞现象。研究表明，*C/EBPα* 基因的异位表达可诱导羊原代成肌细胞转分化为脂肪细胞（Yamanouchi et al.，2007）；在鼠 NIH-3T3 成纤维细胞中异位表达 *C/EBPα* 基因，可使其转分化为脂肪细胞，诱导脂肪细胞标志性基因 *A-FABP* 的表达，并且该过程不依赖于 PPARγ 调控脂肪合成的通路（El-Jack et al.，1999）。

（一）过量表达 *C/EBPα* 基因对鸡胚成纤维细胞转分化的影响

　　本课题组 Liu 等（2010）用 pBabe-*C/EBPα* 重组病毒感染鸡胚成纤维细胞（chicken embryo fibroblast，CEF），6 天后进行油红 O 染色，观察 *C/EBPα* 基因过量表达后鸡胚成

纤维细胞向脂肪细胞转分化的情况。结果发现，无论 *PPARγ* 基因的配体——曲格列酮（trog）是否存在，过量表达 *C/EBPα* 的实验组细胞中都可观察到被油红 O 染成红色的脂滴；但是，未添加 trog 的过量表达 *C/EBPα* 实验组能被油红 O 染色的细胞数少于添加 trog 组；两个对照组细胞（C1 组细胞仅转染 pLIRN 质粒；C2 组细胞不转染任何质粒）中，几乎看不到可被油红 O 染色的细胞（图 12-4）。另外，感染重组病毒 6 天后，各组细胞的油红 O 提取比色结果显示，过量表达 *C/EBPα* 实验组中油红 O 的含量显著高于两个对照组（图 12-5）。

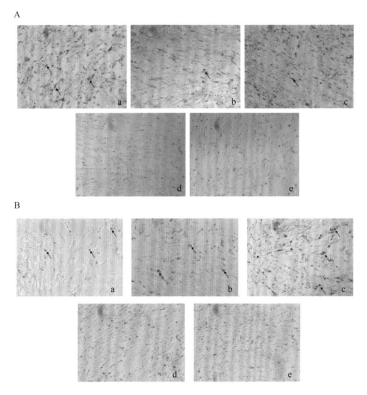

图 12-4 异位表达 *C/EBPα* 基因后鸡胚成纤维细胞的分化情况（油红 O 染色）

A. 未添加曲格列酮；B. 添加曲格列酮；a. 异位表达 *C/EBPα*；b. 异位表达 *PPARγ*；c. 异位表达 *SREBP1*；d. 正常培养基培养的细胞；e. 转染空载体逆转录病毒的细胞

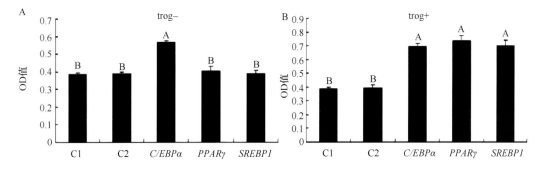

图 12-5 异位表达 *C/EBPα* 基因后鸡胚成纤维细胞的分化情况（油红 O 提取比色）（Liu et al., 2010）

A. 未添加曲格列酮；B. 添加曲格列酮。字母不同表示差异极显著（$P<0.01$）
培养液中加入脂质体组简称为 C1，培养液无添加物组简称为 C2

（二）C/EBPα 基因过量表达后 A-FABP 基因的表达情况

本课题组 Liu 等（2010）利用 Realtime RT-PCR 方法检测了 C/EBPα 基因表达上调之后鸡胚成纤维细胞中 A-FABP 基因的表达情况，结果发现，无 trog 实验组，C/EBPα 基因过量表达后，2~4 天 A-FABP 基因的表达量与两个对照组相近，5~6 天时 A-FABP 的表达量迅速上升，极显著高于两个对照组（P<0.01）（图 12-6A）；添加 trog 实验组，C/EBPα 基因过量表达后，A-FABP 基因的表达量自第 1 天起即显著高于对照组（P<0.05），2~6 天更是达到极显著水平（P<0.01）（图 12-6B）。

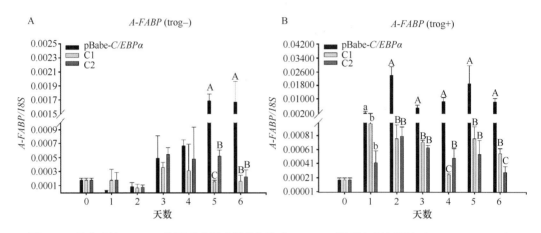

图 12-6 异位表达 C/EBPα 基因后鸡胚成纤维细胞中 A-FABP 基因的表达情况（Liu et al.，2010）

字母不同表示差异显著或极显著（A~C，P<0.01，a~b，P<0.05），

培养液中加入脂质体组简称为 C1，培养液无添加物组简称为 C2

C/EBPα 在脂肪组织和肝脏组织中高量表达，并且对脂肪分化的转录激活具有重要的作用（Mandrup and Lane，1997）。研究表明，C/EBPα 的表达是诱导 3T3-L1 前脂肪细胞分化为脂肪细胞的充分条件（Lin and Lane，1994）；与此相反，C/EBPα 反义 RNA 的表达则阻止了 3T3-L1 前脂肪细胞的分化（Lin and Lane，1992）。在哺乳动物研究中表明，异位表达 C/EBPα 能够有效地促进许多其他类型细胞的脂肪发生过程，甚至包括那些几乎没有自发启动脂肪生成能力的细胞，如原代培养的山羊胎儿成肌细胞和各类小鼠成纤维细胞（Yamanouchi et al.，2007；Freytag et al.，1994）。在本研究中，我们发现无论曲格列酮是否存在，异位表达 C/EBPα 均能诱导鸡胚成纤维细胞转分化为脂肪样细胞，这意味着 C/EBPα 激活了鸡胚成纤维细胞中的脂肪发生过程。此外，我们的研究还发现，在未添加曲格列酮的条件下，异位表达 C/EBPα 的细胞比异位表达 PPARγ 或 SREBP1 的细胞沉积了更多的脂滴（图 12-4），这表明 C/EBPα 可能比 PPARγ 或 SREBP1 具有更强的促进鸡脂肪形成的能力。

三、鸡 C/EBPα 对 PPARγ 基因的转录调控作用

C/EBPα 和 PPARγ 基因是脂肪分化过程中重要的转录因子，多项研究结果表明这两个基因能够相互协调共同促进脂肪分化。前人研究结果表明，在脂肪细胞中降低 C/EBPα

表达量，*PPARγ* 基因表达量也随之降低（Rosen et al.，2002，2000）。Hu 等（1995）发现在鼠 G8 肌细胞中同时表达 PPARγ 和 C/EBPα 能够促使成肌细胞向脂肪细胞转分化，但是当单独异位表达 *C/EBPα* 时，则不能诱导成肌细胞向脂肪细胞的转分化。Wu 等（1999）研究发现，当前脂肪细胞系缺乏 C/EBPα 时，不能产生内源性的 PPARγ，只有通过外源的 PPARγ 刺激才能生成有缺陷的脂肪细胞。在鼠 3T3 细胞系中开展的电泳迁移率实验（electrophoretic mobility shift assay，EMSA）和染色质免疫沉淀（CHIP）实验结果表明，C/EBPα 能够直接结合在 *PPARγ* 启动子区，从而行使转录调控功能（Tang et al.，2004；Elberg et al.，2000）。此外，关于人类的研究结果证明 C/EBPα 及 C/EBPβ 均能够结合在 *PPARγ* 启动子区的 C/EBP 结合位点上，C/EBPβ 能够启动 *PPARγ* 的转录，C/EBPα 更倾向于维持 *PPARγ* 的转录活性（Saladin et al.，1999）。综上所述，*C/EBPα* 与 *PPARγ* 的协同作用对脂肪分化有着重要影响，同时 C/EBPα 能够在转录水平直接调控 *PPARγ* 基因。

本课题组 Ding 等（2011）以鸡为研究对象，开展了 C/EBPα 对 *PPARγ* 基因转录调控的研究。报道基因分析结果表明，与对照组相比，共转染鸡 *C/EBPα* 的表达质粒能极显著增强 *PPARγ* 基因启动子的活性（$P<0.01$）（图 12-7）。本课题组武春艳等（2014）也发现过表达 *C/EBPα* 能显著促进鸡 *PPARγ* 基因启动子的活性（$P<0.05$）。因此，我们推测鸡 C/EBPα 能够激活鸡 *PPARγ* 基因的启动子。Ding 等（2011）的研究结果表明，随着 *PPARγ* 基因启动子片段的逐渐截短，鸡 C/EBPα 对 *PPARγ* 的上调作用愈加明显，并且使 *PPARγ* 基因启动子活性最小区域（–327bp/–89bp）启动子活性提高了 7 倍（图 12-7）。由生物信息学分析结果可知，在此区域内有一个 C/EBPα 的结合位点（Ding et al.，2011，详见第十一章"鸡 *PPARγ* 基因启动子的克隆及序列分析"）。

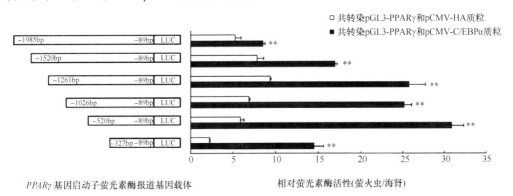

图 12-7　C/EBPα 对 *PPARγ* 基因启动子活性的影响（Ding et al.，2011）

**表示差异极显著（$P<0.01$）

为确定鸡 *PPARγ* 基因启动子的–327bp/–89bp 区的 C/EBPα 结合位点，我们将 –327bp/–89bp 区域分为四段，分别对应：–350bp/–270bp、–285 bp/ –215bp、–235bp/–155bp 和–171bp/–89bp，之后设计探针分别进行 EMSA。结果显示，在 4 个片段中，只有 –171bp/–89bp 片段中出现了探针与蛋白质复合物的阻滞条带（图 12-8B，泳道 4）。结合报道基因分析结果可以确定，该区域存在 C/EBPα 结合位点，这与生物信息学分析结果一致。为进一步证明结合的特异性，我们进行了竞争实验。结果表明，与对照组相比（图 12-8C，泳道 2），添加过量的未标记探针–171bp/–89bp 使得结合条带明显变弱（图 12-8C，泳道 3 和 4），并在添加 50 倍未标记探针时条带完全消失（图 12-8C，泳道 5）。这说明过量的未标记探针能够完全竞争掉标记探针的结合，表明 DNA 结合是序列特异的。

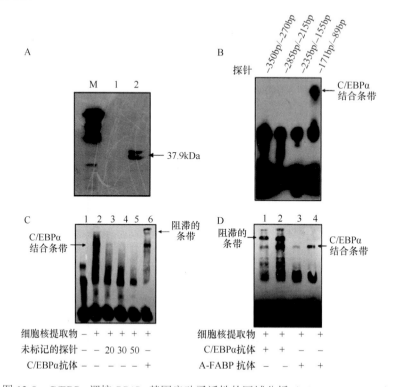

图 12-8　C/EBPα 调控 *PPARγ* 基因启动子活性的区域分析（Ding et al.，2011）

A. 利用 C/EBPα 抗体对细胞核提取物进行的 Western blot 分析；M. 蛋白分子质量标准；1. 正常细胞的细胞核提取物；2. 转染 pCMV-HA-C/EBPα 质粒的细胞核提取物；B. 针对−350bp/−270bp，−285bp/−215bp，−235bp/−155bp 和 −171bp/−89bp 4 个区段设计的特异性生物素探针分别与转染 pCMV-HA-C/EBPα 质粒的细胞核提取物进行的 EMSA；C. 用不同倍数（20 倍、30 倍和 50 倍）的未标记探针开展的竞争 EMSA（泳道 3~5）；用 C/EBPα 抗体进行的超迁移实验（泳道 6）；D. 针对 −171bp/−89bp 区段开展的超迁移实验；1、2. cC/EBPα 抗体；3、4. A-FABP 抗体（阴性对照）

　　为确定 C/EBPα 的结合位点，我们利用 TRANSFAC 和 TFSEARCH 软件对鸡 *PPARγ* 基因启动子的−171bp/−89bp 区进行了分析。结果发现在此区域的−150bp/−154bp 存在一个 C/EBPα 的结合位点。为确定此位点是否为真正的 C/EBPα 结合位点，我们利用合成的方法将该位点由 ATTTG 突变为 GATGT，并制备突变探针。将标记的突变探针用于 EMSA，未突变探针作为对照，结果发现突变探针不能形成特异性结合条带（图 12-9A）。在正常的未突变探针结合反应中，加入过量的未标记突变探针进行竞争实验，结果显示，过量的未标记突变探针不能竞争掉结合条带（图 12-9B）。以上结果表明，C/EBPα 的结合位点位于鸡 *PPARγ* 基因启动子的−150bp/−154bp 位置。

　　为证明鸡 C/EBPα 能够特异性地结合在上述预测的位点上，我们利用鸡 C/EBPα 抗体进行了超迁移实验。结果发现，与添加 A-FABP 抗体的对照组相比，添加鸡 C/EBPα 抗体形成了一条由 DNA-蛋白质-抗体复合物构成的滞后条带（图 12-8D），说明鸡 C/EBPα 蛋白能够特异性结合到位于鸡 *PPARγ* 基因启动子−150bp/−154bp 位置的 C/EBPα 结合位点上。

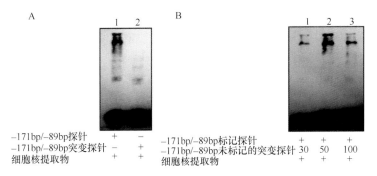

图 12-9　C/EBPα 结合位点（−150bp/−154bp）的突变分析（Ding et al.，2011）

A. −171bp/−89bp 区段的探针、突变探针与转染 pCMV-HA-C/EBPα 质粒的细胞核提取物进行的 EMSA；1. 探针
−171bp/−89bp；2. 突变探针−171bp/−89bp；B. 用未标记的突变探针进行的竞争性 EMSA；1~3. 分别添加 30 倍、50 倍、
100 倍的未标记突变探针

为研究鸡 *PPARγ* 基因启动子−327bp/−89bp 区域内的 C/EBPα 结合位点对该基因转录调控的影响，本研究利用定点突变技术，将该区域内 C/EBPα 结合位点（ATTTG）的核心碱基 TTG 定点突变为 ACA，并将正常报道基因重组质粒[pGL3-PPARγ（−327bp/−89bp）]、突变体报道基因重组质粒 [Mut-pGL3-PPARγ（−327bp/−89bp）] 分别与 C/EBPα 表达重组载体共转染 DF1 细胞，分析该位点对 C/EBPα 调控 *PPARγ* 基因转录作用的影响。结果显示，在未添加鸡 C/EBPα 时，pGL3-PPARγ（−327bp/−89bp）质粒与 Mut-pGL3-PPARγ（−327bp/−89bp）具有相似的启动子活性。然而，当添加鸡 C/EBPα 时，与 Mut-pGL3-PPARγ（−327bp/−89bp）质粒相比，pGL3-PPARγ（−327bp/−89bp）质粒的启动子活性增加（图 12-10）。这些数据表明，上述 C/EBPα 结合位点对于 C/EBPα 在鸡 *PPARγ* 基因启动子−327bp/−89bp 区进行转录调控是不可缺少的。

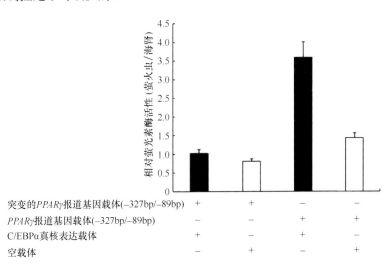

图 12-10　鸡 *PPARγ* 基因启动子（−327bp/−89bp）C/EBPα 结合位点的报道基因分析（Ding et al.，2011）

启动子活性用相对萤光素酶活性表示（萤火虫/海肾）

综上，我们的研究表明，鸡 C/EBPα 能够直接结合到鸡 *PPARγ* 基因的启动子上，并激活其表达。

其他物种的研究表明，小鼠的 C/EBPα 能够结合到 *PPARγ2* 基因的启动子上激活其表达（Tang et al.，2004；Elberg et al.，2000）；人的 C/EBPα 和 C/EBPβ 能特异性地结合到 *PPARγ2* 基因的启动子上，并调节脂肪细胞的分化（Saladin et al.，1999）。在本研究中，我们发现，鸡 C/EBPα 能够直接结合到鸡 *PPARγ* 基因的启动子上并激活其表达，C/EBPα 的结合位点位于鸡 *PPARγ* 基因启动子的 −150bp/−154bp，其核心序列为 TTG（图 12-9）。与之前的研究相比较（Clarke et al.，1997；Saladin et al.，1999），我们发现这个 C/EBPα 结合位点在人、小鼠 *PPARγ2* 基因启动子和鸡 *PPARγ* 基因启动子之间是保守的，而且这个位点在人和小鼠上已经被证明是有功能的。这些结果表明，C/EBPα 调控 *PPARγ* 基因的机制在哺乳动物和鸟类之间在进化上是保守的。除了这个 C/EBPα 结合位点，在鸡 *PPARγ* 基因的启动子区还有几个预测出的 C/EBPα 结合位点，在本研究中我们仅证实了其中的一个位点。由于转录因子与顺式作用元件的协同结合对于基因表达调控是最基本的，因此我们不能排除 C/EBPα 会与其他的 C/EBPα 位点结合来调控鸡 *PPARγ* 基因的表达。

四、鸡 C/EBPα 对 *L-FABP* 基因的转录调控作用

禽类脂质代谢及其调控与哺乳动物不同，脂质合成主要是在肝脏中进行，而脂肪组织只是储存的场所（Griffin et al.，1992），因此肝脏在禽类脂类代谢中发挥着非常重要的作用（尹靖东等，2000）。肝细胞中肝脏型脂肪酸结合蛋白（liver fatty acid binding protein，L-FABP）表达水平高并且与脂肪酸代谢关系密切（Storch and Thumser，2000）。鸡 *L-FABP* 基因特异表达于肝脏组织和小肠中（石慧等，2008）。鸡与哺乳动物 L-FABP 蛋白结构相似（He et al.，2007）。针对哺乳动物的研究显示，*L-FABP* 基因启动子区存在包括 PPAR 元件、甾族调节元件 SRE、C/EBPα 和 AP-1 等多个重要的调控元件，这些重要的顺式作用元件已经通过实验鉴定（Murai et al.，2009）。尽管在哺乳动物中 L-FABP 调控机制的研究较为透彻，但在家禽上关于 *L-FABP* 基因的报道相对较少。

（一）鸡 C/EBPα 对 *L-FABP* 基因的转录调控

为研究鸡 C/EBPα 对 *L-FABP* 基因的转录调控，本课题组高广亮等（2012）将不同长度 *L-FABP* 基因启动子的报道基因表达载体分别与 *C/EBPα* 基因真核表达载体共转染 HEPG2 细胞（人肝癌细胞系），48h 后检测萤火虫萤光素酶活性。结果发现：C/EBPα 对 *L-FABP* 基因启动子有负调控作用，而且对各片段均有作用，尤其对 −2076bp/−20bp 区域启动子活性作用特别明显，降低至 1/59（图 12-11）。这些结果表明鸡 *L-FABP* 基因可能受 C/EBPα 的负调控，而且启动子区内存在多个 C/EBPα 结合位点。本课题组贺綦等（2014）的研究也发现了同样的现象。

C/EBP 家族是一类在不同物种间都具有重要生物学作用的功能基因（Hynes et al.，2002；Zeilinger et al.，2001）。人 *L-FABP* 基因同样受 C/EBPα 调控，*C/EBPα* 的 DNA 结构域在人和鸡之间高度保守，氨基酸保守性也很高（张爱朋等，2010；Mcintosh et al.，2009）。生物信息学分析结果显示，在鸡 *L-FABP* 基因启动子 −2076bp/−20bp 区域内存在 2 个 C/EBPα 的结合位点（数据未列）。本研究发现 C/EBPα 对 *L-FABP* 基因启动子区各

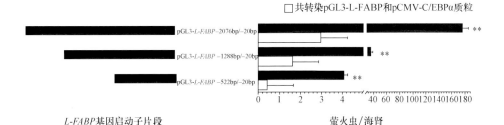

图 12-11　C/EBPα 对 *L-FABP* 基因启动子活性的影响（高广亮等，2012）

**表示差异极显著（*P*<0.01）

片段均有负调控作用，且随着片段的逐渐缩短，C/EBPα 对 *L-FABP* 基因的抑制作用逐渐减弱。因此，我们推断这段区域内可能存在不止 2 个 C/EBPα 的结合位点。本研究是在人的肝癌细胞系 HEPG2 中获得的结果，由于 *L-FABP* 基因和 *C/EBPα* 基因在人和鸡的肝脏中都有表达且氨基酸序列的保守性很高，因此我们推测人和鸡的 *L-FABP* 基因具有相同的调控机制，即鸡 *L-FABP* 基因同样受到 C/EBPα 的负调控作用。

（二）鸡 *L-FABP* 启动子区 C/EBPα 结合位点的定点突变分析

1. *L-FABP* 启动子区域的 C/EBPα 结合位点分析

本课题组贺綦等（2015）利用 Mulan（http://mulan.dcode.org）和 TF-SEARCH（http://www.cbrc.jp/research/db/TF-SEARCH.html）网站分析了鸡 *L-FABP*（–2076bp/–20bp）启动子序列上转录因子 C/EBPα 的结合位点。结果发现，在鸡 *L-FABP*（–2076bp/–20bp）启动子序列区间存在 1 个 C/EBPα 结合位点，位于 *L-FABP* 基因翻译起始位点上游–1854bp/–1841bp 处，结合序列为 AGATTTGTCAATAT。两个软件预测结果一致。

2. C/EBPα 结合位点定点突变重组体的启动子活性分析

为检测 C/EBPα 结合位点的突变是否影响 *L-FABP* 启动子的活性，本课题组贺綦等（2015）根据生物信息学分析结果对 *L-FABP* 启动子区域的 C/EBPα 结合位点进行定点突变（由 AGATTTGTC*AAT*AT 突变为 AGATTTGTC*CGC*AT），并将 *L-FABP* 启动子突变体与 C/EBPα 表达质粒共转染 HEPG2 细胞，48h 后检测报道基因活性。结果表明：①*C/EBPα* 的过表达可以抑制野生型 *L-FABP* 的启动子活性（*P*=0.028）；②*C/EBPα* 过表达后突变型 *L-FABP* 的启动子活性增强（*P*=0.0192）；③突变型 *L-FABP* 与野生型 *L-FABP* 相比，突变型 *L-FABP* 的启动子活性高于野生型 *L-FABP* 启动子活性（*P*=0.0035）；④过表达 *C/EBPα*，突变型 *L-FABP* 启动子活性高于野生型 *L-FABP* 启动子活性（*P*=0.0022）（图 12-12）。这些结果说明，C/EBPα 对 *L-FABP* 启动子活性的抑制效应是通过结合该位点发挥作用的。

在不同物种中，*C/EBP* 家族都是具有重要生物学作用的功能基因（Hynes et al.，2002；Zeilinger et al.，2001）。目前，大量研究证实 C/EBPα 蛋白与多种蛋白因子相互协调，在脂肪细胞增殖分化、脂肪沉积、胚胎发育、机体能量代谢、免疫反应及多种疾病过程中发挥重要作用（王娉等，2007；Fajas et al.，1998；Constance et al.，1996）。C/EBPα 能

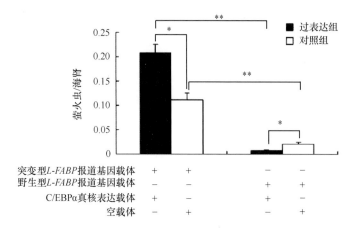

图 12-12　定点突变技术分析鸡 *L-FABP* 基因启动子区 C/EBPα 结合位点对该基因
转录调控的影响（贺紊等，2015）

*表示差异显著（*P*<0.05），**表示差异极显著（*P*<0.01）

与 *Ap2*、*SCD1*、*GluT4*、*Leptin* 等脂肪细胞相关基因的启动子位点相结合并激活其表达，而这些基因启动子区的 C/EBPα 结合位点突变后，C/EBPα 对其无激活效应（Macdougald and Lane，1995）。本研究的结果显示，*L-FABP* 启动子区域中 C/EBPα 结合位点突变后，*L-FABP* 的启动子活性明显升高；*L-FABP* 突变体启动子与 C/EBPα 共转染至人肝癌细胞中，*L-FABP* 突变体启动子活性显著增强。说明 C/EBPα 对 *L-FABP* 基因的表达存在抑制作用，而这种抑制作用是通过 AGATTTGTC***AAT***AT 实现的。

此外，生物信息学分析显示鸡 *L-FABP* 基因启动子区存在多个 PPARγ 结合位点。Ding 等（2011）的研究显示，鸡 C/EBPα 能够结合于 *PPARγ* 基因启动子区，并显著激活其转录。有报道显示，激活的 PPARγ 可诱导 L-FABP 的表达，从而有效地转运脂质并促进其代谢（Berger and Moller，2002），因此我们推测过表达 *C/EBPα* 可能促进 PPARγ 的转录，进而提高了 L-FABP 突变体的启动子活性，但该推测还需进一步研究验证。

第二节　鸡 *SREBP1* 基因的功能研究

SREBP1 基因是碱性螺旋-环-螺旋（basic helix-loop-helix）转录因子家族的一个成员，此转录因子家族调节特异组织中的基因表达，特别是起源于中胚层的脂肪组织和肌肉组织的基因表达。固醇调节元件结合蛋白（SREBP）是动物体内脂肪合成的一个极重要的调节因子，它通过调节动物体内与脂肪生成相关酶类基因的转录水平来调节这些酶的活性，从而控制体内脂肪合成（Stoeckman and Towle，2002）。Yokoyama 等（1993）的研究结果表明 *SREBP1* 基因在脂肪细胞分化过程中发挥着重要的作用。基于此，本课题组以高、低脂系肉鸡为实验材料，针对鸡 *SREBP1* 基因的表达特性、功能和转录调控开展了一系列深入的研究（武春艳等，2014；史铭欣等，2013；张影，2009；刘冰，2008；刘爽，2008；王颖，2006；Liu et al.，2010）。

在基因表达特性方面，我们发现 *SREBP1* 基因在高、低脂系肉鸡肝脏组织生长发育过程中表现出幼龄期表达量偏低,生长后期表达量较高的趋势,同时在 10 周龄时,*SREBP1* 基因在高脂系肝脏组织中的表达量显著高于低脂系(史铭欣等,2013)。在基因功能方面,我们发现在曲格列酮存在的条件下,过量表达 *SREBP1* 可诱导鸡胚成纤维细胞转分化为脂肪样细胞,表现为细胞内脂滴的沉积和 *A-FABP* 基因表达量的上升(Liu et al.,2010)。在基因转录调控方面,我们发现过表达 *SREBP1* 能促进鸡 *PPARγ* 基因启动子的活性,抑制鸡 *C/EBPα* 基因启动子的活性(武春艳等,2014)。

一、鸡 *SREBP1* 基因的时空表达规律分析

2001 年 Gondret 等对禽类 *SREBP1* 在肝脏和脂肪组织中的表达进行了研究,结果在脂肪组织中没有检测到 SREBP1 的成熟形式。2003 年 Assaf 和 Hazard 等用杂交的方法对 *SREBP1* 在鸡肝脏、脂肪、尾羽腺、心脏、肺脏、肾脏、肠、肌肉等几种重要的组织中进行表达研究,发现该基因在尾羽腺中表达丰度最高,其次是肝脏、肾脏、脑组织和肠。2005 年 Yen 等用 Northern 杂交的方法对禽类 *SREBP1* 的表达进行了分析,结果表明,其在脂肪、肝脏、肌肉、卵巢、骨骼等组织都有表达,但表达量均比较低。

本课题组史铭欣等(2013)以高、低脂系第 14 世代鸡群为实验材料,利用 Realtime RT-PCR 方法,分析了 *SREBP1* 基因在 1~12 周龄高、低脂系肉鸡肝脏组织中的表达模式和表达差异。结果发现 *SREBP1* 基因在高、低脂系肉鸡肝脏组织生长发育过程中的表达模式表现出幼龄期表达量偏低,生长后期表达量较高,且出现一个表达高峰(图 12-13)。除第 5 周龄、7 周龄、8 周龄外,在其他周龄的高脂系鸡肝脏组织中 *SREBP1* 基因的表达量都有高于低脂系的趋势,并且在第 10 周龄达到了极显著水平($P<0.01$)。

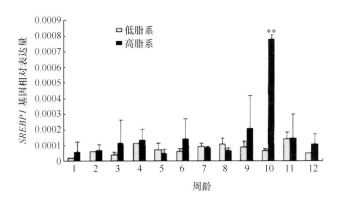

图 12-13　*SREBP1* 基因在高、低脂系公鸡 1~12 周龄肝脏组织中的表达分析(史铭欣等,2013)
**表示差异极显著($P<0.01$)

史铭欣等(2013)的研究还发现在 1~12 周龄的肝脏组织中,鸡 *SREBP1* 与脂肪酸合成酶(*FAS*)的表达模式表现出一定的一致性,这说明 SREBP1 是 FAS 的重要转录调控因子(Assaf et al.,2004)。此外,哺乳类与禽类的研究都证实,SREBP1 还可以调控乙酰辅酶 A 羧化酶(ACC)的转录(Zhang et al.,2003;Magana et al.,1997),进而促进脂肪合成。但史铭欣等(2013)的表达分析显示,*SREBP1* 和 *ACC* 的表达模式不同,这可能是由于 *ACC* 基因受多个转录因子调控或存在表观遗传调控机制等。本研究发现

10 周龄高脂系鸡肝脏组织中 *SREBP1* 基因的表达量极显著高于低脂系鸡,暗示高脂系鸡肝脏的脂肪酸合成能力可能强于低脂系鸡。

二、鸡 *SREBP1* 基因对鸡胚成纤维细胞的转分化作用

SREBP1 属于碱性螺旋-环-螺旋(basic helix-loop-helix)转录因子家族的一个成员,此转录因子家族调节特异组织中的基因表达,特别是起源于中胚层的脂肪组织和肌肉组织中的基因表达。研究表明 *SREBP1a* 和 *SREBP1c* 对脂肪细胞的分化起到重要的调控作用。对 *SREBP1* 基因的异位表达研究显示,异位表达 *SREBP1* 的 NIH-3T3 细胞在激素环境下培养时并未向脂肪细胞分化,但 SREBP1 仍然可以诱导脂肪酸合成酶基因的表达(Moldes et al.,1999)。

(一)过量表达 *SREBP1* 基因对鸡胚成纤维细胞转分化的影响

本课题组 Liu 等(2010)用 pBabe-*SREBP1* 重组病毒感染鸡胚成纤维细胞,6 天后进行油红 O 染色,观察 *SREBP1* 基因过量表达后,成纤维细胞是否向脂肪细胞转分化。结果表明,无 trog 存在时,过量表达 *SREBP1* 的实验组细胞中,每个视野仅偶尔见到几个可被油红 O 染色的脂滴;添加 trog 时,过量表达 *SREBP1* 的实验组细胞中,可观察到被油红 O 染成红色的脂滴;而两个对照组细胞中,几乎看不到可被油红 O 染色的脂滴(图 12-4)。另外,感染重组病毒 6 天后进行的油红 O 提取比色结果显示,无 trog 的过量表达实验组中油红 O 的含量与两个对照组无明显差别;添加 trog 的过量表达实验组中油红 O 的含量显著高于两个对照组($P<0.05$)(图 12-5)。

(二)*SREBP1* 基因过量表达后 *A-FABP* 基因的表达情况

利用 Realtime RT-PCR 方法,本课题组 Liu 等(2010)检测了 *SREBP1* 基因表达上调之后鸡胚成纤维细胞中 *A-FABP* 基因的表达情况。结果发现,*SREBP1* 基因过量表达后,无 trog 实验组 *A-FABP* 基因的表达量与两对照组相近并有低于对照组的趋势;添加 trog 实验组 *A-FABP* 基因表达量从第 2 天开始上升,第 4 天达到最高值,随后下降,该基因 3~6 天的表达量均极显著高于对照组($P<0.01$)(图 12-14)。

SREBP1 最早是在人的 HeLa 细胞中克隆出来的,它能够调节多个脂肪酸和甘油三酯代谢中关键基因的表达(Le Lay et al.,2002;Stoeckman and Towle,2002;Hua et al.,1995)。Northern 分析表明,SREBP1 虽然不是严格的脂肪细胞特异性表达,但它优先表达于脂肪组织(Tontonoz et al.,1993)。多项研究已经证实,*SREBP1* 在多种细胞的脂肪发生中发挥着重要作用。在小鼠肝细胞中过表达 SREBP1 会导致脂肪酸合成酶和乙酰辅酶 A 羧化酶基因一定程度的表达(Stoeckman and Towle,2002)。在 3T3-L1 前脂肪细胞中异位表达显性抑制(dominant-negative)的 SREBP1 强烈地阻止了脂肪细胞的分化,并抑制了脂肪细胞特定基因的表达(Kim and Spiegelman,1996)。异位表达 *SREBP1* 能够诱导少量培养在分化培养基(cocktail)中的成纤维细胞转分化成脂肪细胞。当向分化培养基中添加 PPARγ 的激活剂二十碳四烯酸(eicosatetraenoic acid,ETYA)时,异位表达 *SREBP1* 的细胞表现出更强烈的分化状态,这表明 SREBP1 能够在 PPARγ 介导的转

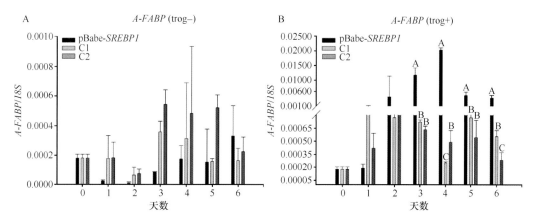

图 12-14　异位表达 *SREBP1* 基因后鸡胚成纤维细胞中 *A-FABP* 基因的表达情况（Liu et al.，2010）

字母不同表示差异显著或极显著（A~C，*P*<0.01）

培养液中加入脂质体组简称为 C1，培养液无添加物组简称为 C2

录中发挥作用（Kim and Spiegelman，1996）。本研究中，在曲格列酮存在的情况下，鸡胚成纤维细胞中异位表达鸡 *SREBP1* 造成了细胞表型的变化，同时发现细胞中脂滴的沉积增加及 *A-FABP* 基因表达量的增高。然而，在缺乏曲格列酮的条件下，异位表达 *SREBP1* 的鸡胚成纤维细胞仅有少量的脂滴沉积，而且 *A-FABP* 基因的表达水平与对照组相比没有变化。这些结果表明，单独的 SREBP1 可能并不足以诱导鸡胚成纤维细胞的转分化，它促进脂肪发生的作用需要 PPARγ 介导的通路来支持。

三、鸡 *SREBP1* 基因的转录调控作用分析

SREBP1 是一个跨膜蛋白，经过两次切割加工后，剩余的 N 端 bHLH 结构会作为一个转录因子进入细胞核发挥转录调控作用（Brown and Goldstein，1997）。SREBP1 也是脂肪细胞分化的重要调控因子，利用 3T3-L1 细胞进行的研究结果表明，SREBP1 可以通过促进 PPARγ 内源性配体产生的方式增强 PPARγ 的转录调控能力（Kim et al.，1998）。此外，SREBP1 还可以通过直接激活 C/EBPβ 和 C/EBPδ 等脂肪细胞分化促进因子的表达来促进脂肪细胞的分化（Le Lay et al.，2002）。然而这些都是哺乳动物上的研究结果，目前还没有 C/EBPα、PPARγ 和 SREBP1 在鸟类脂肪细胞分化过程中的相互作用机制的研究报道。本课题组武春艳等（2014）利用报道基因的方法，研究了 SREBP1 对 *C/EBPα* 和 *PPARγ* 的转录调控作用。

我们将鸡 *SREBP1* 过表达载体分别与 *C/EBPα* 启动子（–2214bp/–19bp）和 *PPARγ* 启动子（–1985bp/–89bp）报道基因载体共转染 DF1 细胞，48h 后检测萤光素酶活性。结果显示,过表达 *SREBP1* 可显著增强鸡 *PPARγ* 基因启动子的活性（*P*<0.05）（图 12-15），显著抑制鸡 *C/EBPα* 基因启动子的活性（*P*<0.05）（图 12-16）。

对鸡 *C/EBPα* 启动子上的转录因子结合位点进行分析，我们发现鸡 *C/EBPα* 启动子（–2214bp/–19bp）上存在转录因子 SREBP1 的结合位点，提示 SREBP1 可能是通过直接结合在 *C/EBPα* 启动子的相应位点上来发挥对 *C/EBPα* 基因的转录抑制作用的。3T3-L1 前脂肪细胞的研究表明，*C/EBPβ* 过表达促进 *C/EBPα* 基因的转录（Zuo et al.，2006），

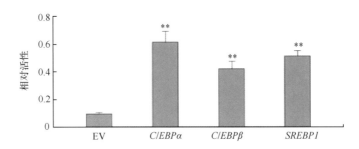

图 12-15　过表达 SREBP1 对 *PPARγ* 基因启动子活性的影响（武春艳等，2014）

**表示显著差异（$P<0.05$）

EV 为空载体；其他为基因的过表达载体

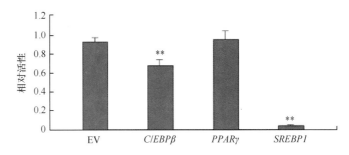

图 12-16　过表达 SREBP1 对 *C/EBPα* 基因启动子活性的影响（武春艳等，2014）

**表示显著差异（$P<0.05$）

EV 为空载体；其他为基因的过表达载体

SREBP1 通过促进 *C/EBPβ* 表达间接促进 *C/EBPα* 基因的表达（Le Lay et al.，2002），然而本研究发现 DF1 细胞中 *SREBP1* 过表达抑制 *C/EBPα* 基因的启动子活性，与 3T3-L1 前脂肪细胞中得到的结果正好相反，产生这种结果的原因可能是由于 DF1 细胞和 3T3-L1 前脂肪细胞的遗传背景差异，这一结果还需进行进一步的研究。

　　此外，本研究发现鸡 *SREBP1* 的过表达可促进鸡 *PPARγ* 基因的启动子活性，暗示鸡 SREBP1 可能是 *PPARγ* 的转录促进因子。然而，不同于哺乳动物 PPARγ1 和 PPARγ3 的启动子（杜建青和赵婷婷，2011），鸡 *PPARγ* 启动子（−1985bp/−89bp）上并未发现转录因子 SREBP1 的结合位点，暗示鸡 SREBP1 对鸡 *PPARγ* 启动子活性的促进作用很可能同哺乳动物中的 SREBP1 一样，通过促进 *C/EBPβ* 和 *C/EBPδ* 的表达（Le Lay et al.，2002）来间接促进 *PPARγ* 的启动子活性。

参 考 文 献

丁宁. 2010. 鸡转录因子 PPARγ 及 CEBP/α 的转录调控研究. 哈尔滨：东北农业大学博士学位论文.

杜建青，赵婷婷，许丹焰. 2011. 脂肪酸合酶与冠心病的关系. 中国动脉硬化杂志，19(3)：227-231.

高广亮，冷丽，张会丰，等. 2012. 鸡肝脏型脂肪酸结合蛋白基因启动子活性分析.中国兽医学报，32(9)：1344-1348.

贺綦，史洪岩，王海霞，等. 2014. 鸡转录因子 C/EBPα、KLF2、KLF7、PPARα 对 L-FABP 启动子活性的影响. 中国畜牧杂志，50(17)：13-17.

贺綦，孙婴宁，李辉，等. 2015. 鸡 L-FABP 启动子区 C/EBPα 结合位点的定点突变分析. 畜牧兽医学报，

46(9): 1496-1501.

李春雨. 2005. 鸡脂肪细胞分化转录因子基因的表达特性和功能研究. 哈尔滨: 东北农业大学博士学位论文.

刘冰. 2008. 鸡脂肪细胞分化转录因子抗血清的制备及组织表达特性分析. 哈尔滨: 东北农业大学硕士学位论文.

刘冰, 王宇祥, 石慧, 等. 2009. 鸡 C/EBPα 抗血清制备及组织表达的特性. 农业生物技术学报, 17(1): 47-51.

刘爽. 2008. 鸡脂肪细胞分化转录因子诱导细胞转分化研究. 哈尔滨: 东北农业大学博士学位论文.

石慧, 王启贵, 王宇祥, 等. 2008. 鸡 L-FABP 抗血清制备及组织表达特性分析. 畜牧兽医学报, 39(11): 1466-1469.

史铭欣. 2013. 高、低脂系肉鸡脂肪组织脂类代谢基因表达的比较分析. 哈尔滨: 东北农业大学硕士学位论文.

史铭欣, 史洪岩, 李辉, 等. 2013. 高、低脂系肉鸡肝脏脂肪合成代谢相关基因的表达差异分析. 农业生物技术学报, 21(3): 306-312.

王娉, 王启贵, 李辉, 等. 2007. 鸡 *C/EBPα* 基因表达载体的构建及抗血清制备. 细胞与分子免疫学杂志, 23(10): 978-981.

王遂军, 贾伟平, 包玉倩, 等. 2005. 血清脂联素与肥胖的关系. 中华内分泌代谢杂志, 21(1): 36-38.

王颖. 2006. 鸡脂肪细胞分化转录因子基因的功能研究. 哈尔滨: 东北农业大学博士学位论文.

武春艳, 张志威, 王秋实, 等. 2014. 转录因子互作调控鸡脂肪细胞分化研究. 中国家禽, 36(8): 8-13.

杨根焰, 张永莲. 1999. CAAT 区/增强子结合蛋白(C/EBP)的结构与功能. 生物化学与生物物理进展, 26(1): 26-30.

尹靖东, 齐广海, 霍启光. 2000. 家禽脂类代谢调控机理的研究进展. 动物营养学报, 12(2): 1-7.

应霁, 王伟铭. 2015. 转录因子 CCAAT 增强子结合蛋白 α 的研究进展. 上海交通大学学报(医学版), 35(2): 262-267.

张爱朋. 2009. 鸡 *C/EBPα*、*C/EBPβ* 基因与生长和体组成性状关系的遗传学研究. 哈尔滨: 东北农业大学硕士学位论文.

张爱朋, 王守志, 王启贵, 等. 2010. 鸡 *C/EBPα* 基因的多态性与生长和体组成性状的相关研究. 农业生物技术学报, 18(4): 746-752.

张影. 2009. 鸡类固醇调节元件结合蛋白 1 基因的克隆和功能分析. 哈尔滨: 东北农业大学硕士学位论文.

Assaf S, Hazard D, Pitel F, et al. 2003. Cloning of cDNA encoding the nuclear form of chicken sterol response element binding protein-2(SREBP-2), chromosomal localization, and tissue expression of chicken SREBP-1 and -2 genes. Poult Sci, 82(1): 54-61.

Assaf S, Lagarngue S, Daval S, et al. 2004. Genetic linkage and expression analysis of SREBP and lipogenic genes in fat and lean chicken. Comp Biochem Physiol B Biochem Mol Biol, 137(4): 433-441.

Berger J, MolLer D E. 2002. The mechanisms of action of PPARs. Annu Rev Med, 53: 409-435.

Birkenmeier E H, Gwynn B, Howard S, et al. 1989. Tissue-specific expression, developmental regulation and genetic mapping of the gene encoding CCAAT/enhancer binding protein. Genes Dev, 3(8): 1146-1156.

Brown M S, Goldstein J L. 1997. The SREBP pathway: regulation of cholesterol metabolism by proteolysis of a membrane-bound transcription factor. Cell, 89(3): 331-340.

Clarke S L, Robinson C E, Gimble J M. 1997. CAAT/enhancer binding proteins directly modulate transcription from the peroxisome proliferator-activated receptor gamma2 promoter. Biochem Biophys Res Commun, 240(1): 99-103.

Constance C M, Morgan J I 4th, Umek R M. 1996. C/EBPalpha regulation of the growth-arrest-associated gene gadd45. Mol Cell Biol, 16(7): 3878-3883.

Ding N, Gao Y, Wang N, et al. 2011. Functional analysis of the chicken PPARγ gene 5′-flanking region and

C/EBPα-mediated gene regulation. Comp Biochem Physiol B Biochem Mol Biol, 158(4): 297-303.

Elberg G, Gimble M J, Tsai S Y. 2000. Modulation of the murine peroxisome proliferator-activated receptor γ2 promoter activity by CCAAT/Enhancer-binding proteins. J Biol Chem, 275(36): 27815-27822.

El-Jack A K, Hamm J K, Pilch P F, et al. 1999. Reconstitution of insulin-sensitive glucose transport in fibroblasts requires expression of both PPARgamma and C/EBPalpha. J Biol Chem, 274(12): 7946-7951.

Fajas L, Fruchart J C, Auwerx J. 1998. Transcriptional control of adipogenesis. Curr Opin Cell Biol, 10(2): 165-173.

Freytag S O, Paielli D L, Gilbert J D. 1994. Ectopic expression of the CCAAT/enhancer binding protein alpha promotes the adipogenic program in a variety of mouse fibroblastic cells. Genes Dev, 8(14): 1654-1663.

Gao Y, Sun Y N, Wang N. 2015. DNA methylation and mRNA expression of CCAAT/enhancer binding protein alpha gene in chicken lines divergently selected for fatness. Anim Genet, 46(4): 410-417.

Gondret F, Ferre P, Dugail I. 2001. ADD-1/SREBP-1 is a major determinant of tissue differential lipogenic capacity in mammalian and avian species. J Lipid Res, 42(1): 106-113.

Griffin H D, Guo K, Windsor D, et al. 1992. Adipose tissue lipogenesis and fat deposition in leaner broiler chickens. J Nutr, 122(2): 363-368.

He Y, Yang X, Wang H, et al. 2007. Solution-state molecular structure of apo and oleate-liganded liver fatty acid-binding protein. Biochemistry, 46(44): 12543-12556.

Hu E, Tontonoz P, Spiegelman B M. 1995. Transdifferentiation of myoblasts by the adipogenic transcription factors PPAR gamma and C/EBP alpha. Proc Natl Acad Sci U S A, 92(21): 9856-9860.

Hua X, Wu J, Goldstein J L, et al. 1995. Structure of the human gene encoding sterol regulatory element binding protein-1 (SREBF1) and localization of SREBF1 and SREBF2 to chromosomes 17p11.2 and 22q13. Genomics, 25(3): 667-673.

Hwang C S, Mandrup S, MacDougald O A, et al. 1996. Transcriptional activation of the mouse obese (ob) gene by CCAAT/enhancer binding protein alpha. Proc Natl Acad Sci U S A, 93(2): 873-877.

Hynes M J, Draht O W, Davis M A. 2002. Regulation of the acuF gene, encoding phosphoenolpyruvate carboxykinase in the filamentous fungus Aspergillus nidulans. J Bacteriol, 184(1): 183-190.

Jiang M S, Tang Q Q, McLenithan J, et al. 1998. Derepression of the C/EBPalpha gene during adipogenesis: identificaton of AP-2alpha as a repressor. Proc Natl Acad Sci U S A, 95(7): 3467-3471.

Kaestner K H, Christy R J, Lane M D. 1990. Mouse insulin-responsive glucose transporter gene: characterization of the gene and trans-activation by the CCAAT/enhancer binding protein. Proc Natl Acad Sci U S A, 87(1): 251-255.

Kim J B, Spiegelman B M. 1996. ADD1/SREBP1 promotes adipocyte differentiation and gene expression linked to fatty acid metabolism. Genes Dev, 10(9): 1096-1107.

Kim J B, Wright H M, Wright M. 1998. ADD1/SREBP1 activates PPAR gamma through the production of endogenous ligand. Proc Natl Acad Sci U S A, 95(8): 4333-4337.

Le Lay S, Lefrère I, Trautwein C. 2002. Insulin and sterol-regulatory element-binding protein-1c (SREBP-1C) regulation of gene expression in 3T3-L1 adipocytes. Identification of CCAAT/enhancer-binding protein beta as an SREBP-1C target. J Biol Chem, 277(38): 35625-35634.

Lin F T, Lane M D. 1992. Antisense CCAAT/enhancer-binding protein RNA suppresses coordinate gene expression and triglyceride accumulation during differentiation of 3T3-L1 preadipocytes. Genes Dev, 6(4): 533-544.

Lin F T, Lane M D. 1994. CCAAT/enhancer binding protein alpha is sufficient to initiate the 3T3-L1 adipocyte differentiation program. Proc Natl Acad Sci U S A, 91(19): 8757-8761.

Liu S, Wang Y, Wang L, et al. 2010. Transdifferentiation of fibroblasts into adipocyte-like cells by chicken adipogenic transcription factors. Comp Biochem Physiol A Mol Integr Physiol, 156(4): 502-508.

MacDougald O A, Lane M D. 1995. Transcriptional regulation of gene expression during adipocyte differentiation. Annu Rev Biochem, 64: 345-373.

Magana M M, Lin S S, Dooley K A, et al. 1997. Sterol regulation of acetyl coenzyme A carboxylase promoter requires two interdependent binding sites for sterol regulatory element binding proteins. J Lipid Res, 38(8): 1630-1638.

Mandrup S, Lane M D. 1997. Regulating adipogenesis. J Biol Chem, 272(9): 5367-5370.

Mcintosh A L, Atshaves B P, Hostetler H A, et al. 2009. Liver type fatty acid binding protein (*L-FABP*) gene ablation reduces nuclear ligand distribution and peroxisome proliferator-activated receptor-alpha activity in cultured primary hepatocytes. Arch Biochem Biophys, 485(2): 160-173.

McKeon C, Pham T. 1991. Transactivation of the human insulin receptor gene by the CCAAT/enhancer binding protein. Biochem Biophys Res Commun, 174(2): 721-728.

Moldes M, Boizard M, Liepvre X L, et al. 1999. Functional antagonism between inhibitor of DNA binding (Id) and adipocyte determination and differentiation factor 1/sterol regulatory element-binding protein-1c (ADD1/SREBP-1c) trans-factors for the regulation of fatty acid synthase promoter in adipocytes. Biochem J, 344(3): 873-880.

Morrison R F, Farmer S R. 1994. Role of PPAR gamma in regulating a cascade expression of cyclin-dependent kinase inhibitors, P18(INK 4c)and P21(Wafl/Cipl), during adipogenesis. J Biol Chem, 274(24): 17088-17097.

Murai A, Furuse M, Kitaguchi K, et al. 2009. Characterization of critical factors influencing gene expression of two types of fatty acid-binding proteins(L-FABP and Lb-FABP)in the liver of birds. Comp Biochem Physiol A Mol Integr Physiol, 154(2): 216-223.

Qiao L, MacLean P S, Schaack J. 2005. C/EBP alpha regulates human adiponectin gene transcription through an intronic enhancer. Diabetes, 54(6): 1744-1754.

Rosen E D, Hsu C H, Wang X, et al. 2002. C/EBPalpha induces adipogenesis through PPARgamma: a unified pathway. Genes Dev, 16(1): 22-26.

Rosen E D, Walkey C J, Puigserver P, et al. 2000. Transcriptional regulation of adipogenesis. Genes Dev, 14(11): 1293-1307.

Saladin R, Fajas L, Dana S, et al. 1999. Differential regulation of peroxisome proliferator activated receptor gamma1 (PPARgamma1) and PPARgamma2 messenger RNA expression in the early stages of adipogenesis. Cell Growth Differ, 10(1): 43-48.

Stoeckman A K, Towle H C. 2002. The role of SREBP-1c in nutritional regulation of lipogenic enzyme gene expression. J Biol Chem, 277(30): 27029-27035.

Storch J, Thumser A E. 2000. The fatty acid transport function of fatty acid -binding proteins. Biochim Biophys Acta, 1486(1): 28-44.

Tang Q Q, Zhang J W, Daniel Lane M. 2004. Sequential gene promoter interactions by C/EBPb, C/EBPa, and PPARc during adipogenesis. Biochem Biophys Res Commun, 319(1): 235-239.

Tontonoz P, Kim J B, Graves R A, et al. 1993. ADD1: a novel helix-loop-helix transcription factor associated with adipocyte determination and differentiation. Mol Cell Biol, 13(8): 4753-4759.

Wang H, Liu F, Millette C F, et al. 2002. Expression of a novel, sterol-insensitive form of sterol regulatory eLement binding protein 2 (SREBP2) in male germ cells suggests important cell- and stage-specific functions for SREBP targets during spermatogenesis. Mol Cell Biol, 22(24): 8478-8490.

Wang N D, Finegold M J, Bradley A, et al. 1995. Impaired energy homeostasis in C/EBP alpha knockout mice. Science, 269(5227): 1108-1112.

Wu Z, Rosen E D, Brun R. 1999. Cross-regulation of C/EBP alpha and PPAR gamma controls the transcriptional pathway of adipogenesis and insulin sensitivity. Mol Cell, 3(2): 151-158.

Yamanouchi K, Ban A, Shibata S, et al. 2007. Both PPAR gamma and C/EBPalpha are sufficient to induce transdifferentiation of goat fetal myoblasts into adipocytes. J Reprod Dev, 53(3): 563-572.

Yokoyama C, Wang X, Briggs M R, et al. 1993. SREBP-1, a basic-helix-loop- helix-Leucine zipper protein that controls transcription of the low density lipoprotein receptor gene. Cell, 75(1): 187-197.

Zeilinger S, Ebner A, Marosits T, et al. 2001. The *Hypocrea jecorina* HAP 2/3/5 protein complex binds to the inverted CCAAT-box (ATTGG) within the *cbh2* (cellobiohydrolase II-gene) activating element. Mol

Genet Genomics, 266(1): 56-63.

Zhang Y, Yin L, Hillgartner F B. 2003. SREBP-1 integrates the actions of thyroid hormone, insulin, cAMP, and medium-chain fatty acids on ACC alpha transcription in hepatocytes. J Lipid Res, 44(2): 356-368.

Zuo Y, Qiang L, Farmer S R, et al. 2006. Activation of CCAAT/enhancer-binding protein(C/EBP)alpha expression by C/EBP beta during adipogenesis requires a peroxisome proliferator-activated receptor-gamma-associated repression of HDAC1 at the C/ebp alpha gene promoter. J Biol Chem, 281(12): 7960-7967.

第十三章　KLF 家族基因的功能研究

KLF 因子（Krüppel-like factor，KLF）普遍存在于从线虫到人类的多个物种中（Kaczynski et al.，2003），是一类羧基端具有 3 个连续 Cys_2-His_2 锌指结构的转录因子。KLF 的 3 个连续 Cys_2-His_2 锌指结构高度保守，其氨基酸序列都可以表示为 C-$X_{2\sim5}$-C-X_3-(F/Y)-X_5-ψ-X_2-H-$X_{3\sim5}$-H（一个字母代表一个氨基酸残基），其中 X 代表任意氨基酸，ψ 代表疏水氨基酸（Wolfe et al.，2000）。KLF 锌指结构的长度是固定的，前两个锌指结构含有 23 个氨基酸，第三个锌指结构含有 21 个氨基酸。锌指结构之间的间隔序列由 7 个高度保守的氨基酸构成，其氨基酸序列为 TGE（R/K）（P/K/R）（F/Y）X（图 13-1A）。KLF 的锌指结构主要参与 DNA 的结合，同时也可以通过蛋白质互作来发挥其转录调节功能（Song et al.，2002；Zhang et al.，2001）。与 KLF 转录因子结合的靶基因 DNA 序列相似，均为富含 GC 的序列，即 CACCC/GC 框模序（motif）（Pearson et al.，2008；Kaczynski et al.，2003；Bieker，2001；Black et al.，2001）。KLF 成员对 CACCC/GC 框模序的结合具有竞争性。体内和体外的实验均表明，KLF2、KLF4 和 KLF5 可结合相同的 DNA 结合位点（Jiang et al.，2008），KLF1 和 KLF3 可以竞争同一个 DNA 结合位点（Funnell et al.，2007）。如果锌指结构中某些关键氨基酸残基发生改变，将会导致其结合 DNA 的能力改变，锌指结构间的间隔序列也会影响锌指蛋白与 DNA 的结合（Kaczynski et al.，2003；Wolfe et al.，2000）。

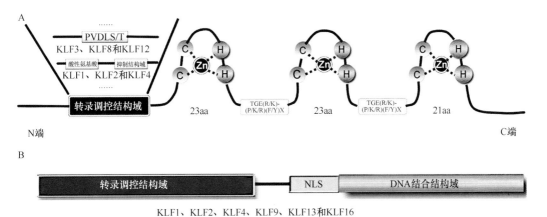

图 13-1　KLF 分子结构模式图和核定位序列（引自 Pearson et al.，2008；Kaczynski et al.，2003）
A. KLF 分子结构模式图；B. 核定位序列（NLS）在 KLF1、KLF2、KLF4、KLF9、KLF13 和 KLF16 分子上的具体位置

KLF 的转录调节结构域位于氨基端，该结构域在不同家族成员间保守性差，这也正是家族成员间赖以区分的重要标志。KLF1、KLF2 和 KLF4 的转录调节结构域富含酸性氨基酸，而处于同一亚家族的 KLF3、KLF8 和 KLF12 转录调节结构域的核心却是

PVDLS/T 模序（图 13-1A）。此外，多个 KLF 含有核定位序列（NLS），如 KLF1、KLF2、KLF4、KLF9、KLF13 和 KLF16（图 13-1B），NLS 一般邻近或包含在锌指结构域中（Song et al.，2002；Shields and Yang，1997）。

KLF 功能各异，有的激活靶基因表达，有的抑制靶基因表达，有的既可以激活又可以抑制靶基因表达。同一个 KLF 转录因子因其结合的启动子或与之互作的辅助调节因子不同，发挥不同的调控作用。例如，KLF9 对启动子区含有多个 GC 框的基因具有激活作用，但对启动子仅有一个 GC 框的基因具有抑制作用（Imataka et al.，1992）。此外，研究还发现一些 KLF 转录因子能调控自身或其他 KLF 转录因子的表达。

KLF 靶基因众多，它们参与细胞的增殖、凋亡、分化、胚胎发育和其他生物体的重要生理病理活动（图 13-2）。已报道的 KLF 靶基因有细胞周期蛋白 D（*cyclin D*）（Funnell et al.，2005；Zhang et al.，2001）、过氧化物酶增殖体激活受体 γ（peroxisome proliferator-activated receptor γ，*PPARγ*）（Wu et al.，2005）、同源可读框基因 a10（homeobox a10，*Hoxa10*）（Funnell et al.，2005；Simmen et al.，2004）、生长激素受体基因（growth hormone receptor gene，*GHR*）（Gowri et al.，2003）和胰岛素样生长因子结合蛋白 2（insulin-like growth factor-binding protein-2，*IGFBP2*）（Min et al.，2002；Simmen et al.，2002）等。

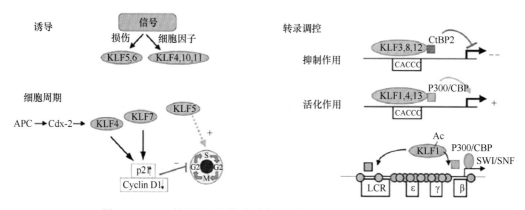

图 13-2　KLF 转录因子调控多个细胞过程（改自 Bieker，2001）
–表示抑制作用；+表示活化作用

哺乳动物的研究表明，KLF 在脂肪细胞分化中发挥着重要作用，多个 KLF 转录因子参与了脂肪细胞分化的调控。KLF 转录因子在脂肪细胞分化和肥胖症发生等过程中的作用及其机制研究已成为脂肪生物学研究的热点之一，并且不断有新的研究成果报道。在哺乳动物体内，目前已经有研究证实 KLF2～KLF9、KLF13 和 KLF15 参与脂肪细胞分化的调控，并且 KLF4~KLF6（张志威等，2009）、KLF8、KLF9（Lee et al.，2012；Pei et al.，2011）、KLF13（Jiang et al.，2015）和 KLF15 是脂肪细胞分化的正调控转录因子，KLF2、KLF3 和 KLF7 是脂肪细胞分化的负调控转录因子（张志威等，2009）。

鉴于哺乳动物的脂肪组织与鸟类的脂肪组织具有较大的差异，特别是哺乳动物同时具有棕色和白色脂肪组织，而鸟类仅有白色脂肪组织，所以哺乳动物中的研究成果不能直接应用于鸟类。为了揭示 KLF 在鸡脂肪组织中的作用，并探讨将其应用于低脂肉鸡育种的可能性，东北农业大学家禽课题组（以下简称"本课题组"）结合东北农业大学肉鸡高、低腹脂双向选择品系（以下简称"高、低脂系"）脂肪组织基因表达芯片结果，以及哺乳动物的研究成果，选择了鸡 *KLF2*、*KLF3* 和 *KLF7* 作为候选基因，对它们在鸡脂肪组织生长发育过程中的功能进行了研究（张志威等，2013，2009；张志威，2012；Zhang et al.，2014a，2014b，2013a，2013b）。

第一节　鸡 *KLF2* 基因的功能研究

KLF2 最初被称为肺特异的 KLF 因子（lung-specific Krüppel-like factor，LKLF）（Anderson et al.，1995）。人转录因子 KLF2 的 N 端含有一个转录激活结构域和抑制结构域，其转录抑制结构域可以特异结合具有 WW 结构域的 E3 泛素蛋白连接酶 1（WWP1）。WWP1 能够衰减 KLF2 的转录调控能力，并促进 KLF2 的降解（Zhang et al.，2004；Conkright et al.，2001）。

人和小鼠的 *KLF2* 基因均在肺脏中高水平表达，并在心脏、肌肉、脾脏、淋巴、胰腺和脂肪等组织中低水平表达（Su et al.，2004；Wani et al.，1999；Anderson et al.，1995）。研究发现，*KLF2* 敲除小鼠（*KLF2*$^{-/-}$）在胚胎期（E11.5 和 E13.5 之间）死亡（Wani et al.，1998），而 *KLF2*$^{-/-}$ 干细胞与部分野生型细胞融合产生的嵌合体小鼠却可以存活。这种嵌合体小鼠的研究表明，KLF2 是肺脏发育所必需的（Wani et al.，1999）。KLF2 还调控 T 淋巴细胞的分化和周围组织 T 淋巴细胞的循环（Carlson et al.，2006；Kuo et al.，1997）。此外，过表达 *KLF2* 抑制 3T3-L1 前脂肪细胞的分化，并且导致 *PPARγ* 基因、CCAAT/增强子结合蛋白 α（CCAAT/enhancer binding protein α，*C/EBPα*）基因和固醇调节元件结合蛋白 1c（sterol regulatory element-binding protein-1c，*SREBP-1c*）基因表达量的下调（Banerjee et al.，2003）。对 *KLF2*$^{-/-}$ 胚胎成纤维细胞的研究显示，KLF2 不影响多能干细胞向前脂肪细胞的决定过程，但是抑制前脂肪细胞向成熟脂肪细胞的分化（Wu et al.，2005）。

一、鸡 *KLF2* 基因的克隆和序列分析

本课题组 Zhang 等（2014a）以 NCBI 提供的鸡 *KLF2* 基因 mRNA 预测序列（GenBank ID：XM_418264）为参考，以肉鸡腹部脂肪组织 cDNA 为模板，通过 PCR 扩增，获得一条长度约为 1100bp 的特异性条带。测序结果显示，克隆获得的鸡 *KLF2*（chicken *KLF2*，*gKLF2*）基因序列（GenBank Accession No.JQ687128）由 1143 个碱基组成，包括起始密码子和终止密码子，编码 380 个氨基酸。该序列与 NCBI 数据库提供的鸡 KLF2 蛋白预测序列一致（GenBank Accession No.XP_418264.1；氨基酸一致性 100%）。此外，序列分析结果表明，gKLF2 蛋白序列与人（GenBank Accession No.NP_057354）和小鼠（GenBank Accession No.NP_032478）的 KLF2 蛋白序列同源性较低（氨基酸一致性均小于 60%）。

二、鸡 *KLF2* 基因的表达特性分析

（一）鸡 *KLF2* 基因的组织表达规律分析

利用 Realtime RT-PCR 方法，本课题组 Zhang 等（2014a）分析了 *gKLF2* 基因在鸡

7 周龄 15 种组织中的表达谱。结果发现 *gKLF2* mRNA 在腹部脂肪组织中高水平表达，在胰腺、肌胃、脾脏中中等水平表达，在十二指肠、大脑、胸肌、腺胃、心脏、空肠、回肠、肾脏、肝脏、腿肌和睾丸中低水平表达。此外，*gKLF2* 基因在高脂系公鸡的胸肌、空肠、腿肌和胰腺组织中的表达量极显著或显著高于低脂系相应组织中的表达量（$P<0.01$，$P<0.05$）（图 13-3）。

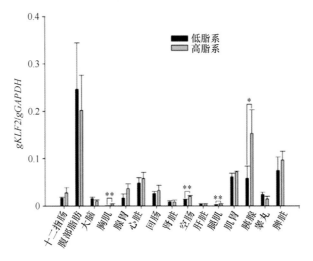

图 13-3 *gKLF2* 在 7 周龄肉鸡中的组织表达特性（Zhang et al.，2014a）

7 周龄肉鸡（高、低脂肉鸡各 3 只）15 种组织中 *gKLF2* mRNA 的表达水平（*GAPDH* 作为内参）。柱状图表示 *KLF2* 的相对表达量（平均数±标准差），星号表示差异显著或极显著，$P<0.05$（*），$P<0.01$（**）

上述结果显示，与人和鼠 *KLF2* 基因的表达模式类似（Su et al.，2004），鸡 *KLF2* 基因也在多种不同组织中表达。然而，不同于人和小鼠，鸡 *KLF2* 基因在脂肪组织中高水平表达。

（二）鸡 *KLF2* 基因在脂肪组织发育过程中的表达模式

为研究 *gKLF2* 在脂肪组织发育过程中的表达模式，本课题组 Zhang 等（2014a）用 Realtime RT-PCR 的方法检测了高、低脂系 1~12 周龄公鸡腹部脂肪组织中 *gKLF2* 的表达情况。结果表明，在鸡脂肪组织的发育过程中，*gKLF2* mRNA 表达水平在不同周龄间存在极显著差异（$P<0.01$）。鸡腹部脂肪组织 *KLF2* 基因在发育早期（1~3 周龄）随着周龄的变化呈现下降趋势，并且在 1 周龄时，低脂肉鸡腹部脂肪组织 *KLF2* 的 mRNA 表达水平极显著高于高脂肉鸡（$P<0.01$）（图 13-4），暗示 *KLF2* 可能在鸡腹部脂肪组织发育的早期起抑制作用。鸡腹部脂肪组织 *KLF2* 基因在发育后期（4~12 周龄）随着周龄的变化呈现逐渐上升趋势，并且在 3 周龄、5 周龄和 8 周龄时，高脂肉鸡腹部脂肪组织 *KLF2* 的表达水平显著高于低脂肉鸡（$P<0.05$）（图 13-4），暗示 *KLF2* 可能在鸡腹部脂肪组织发育的后期也发挥作用。

上述结果表明，*gKLF2* 在鸡 1~12 周龄的腹部脂肪中持续表达，并且其表达水平与肉鸡的年龄显著相关，说明 KLF2 可能对鸡腹部脂肪的生长发育具有调控作用。体内的基因表达是动态的、复杂的，并且会受到许多因子（如年龄）的影响，因此我们很难解

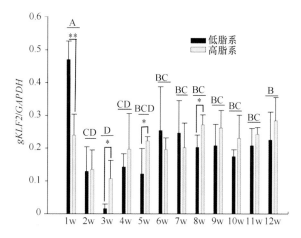

图 13-4　鸡 *KLF2* 基因在脂肪组织发育过程中的表达规律（1~12w，1~12 周龄）

（Zhang et al.，2014a）

1~12 周龄高、低脂系肉鸡腹部脂肪组织（每个品系 *n*≥3）中 *gKLF2* mRNA 的表达水平（*GAPDH* 作为内参）。柱状图表示 *KLF2* 的相对表达量（平均数±标准差），星号表示差异显著或极显著，*P*<0.05（*），*P*<0.01（**）。柱形图顶上不同大写 字母表示不同周龄间 *KLF2* 表达量存在极显著差异（*P*<0.01）

释为何在 1 周龄时低脂系肉鸡腹部脂肪组织中 *gKLF2* 的表达量会高于高脂系，而在 3 周龄、5 周龄、8 周龄时却低于高脂系。但这些数据表明，*gKLF2* 可能会对鸡脂肪的发 育有一定的作用，并且对高、低脂系脂肪性状的差异有一定的影响。

（三）鸡 *KLF2* 基因在脂肪细胞分化过程中的表达规律

为了进一步研究 *KLF2* 在鸡脂肪细胞中的功能，本课题组 Zhang 等（2014a）利用 Realtime RT-PCR 的方法检测了 *gKLF2* mRNA 在直接分离的鸡前脂肪细胞（SV 细胞） 和成熟的脂肪细胞（FC 细胞）中的表达水平。结果表明，*gKLF2* 在鸡前脂肪细胞中 mRNA 表达水平是成熟脂肪细胞中的两倍（图 13-5A）。此外，我们发现随着油酸诱导分化时

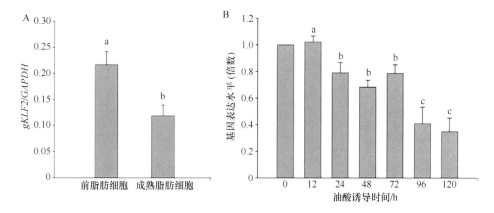

图 13-5　鸡 *KLF2* 基因在鸡脂肪细胞分化过程中的表达规律（Zhang et al.，2014a）

A. 鸡 *KLF2* 基因在原代分离（未经培养）的鸡前脂肪细胞（stromal-vascular，SV）和成熟脂肪细胞中（fat cell，FC）中的 表达规律；B. 鸡 *KLF2* 基因在油酸诱导分化的鸡前脂肪细胞中的表达规律（0~120h，诱导 0~120h）。柱状图表示 *gKLF2* 的相对表达量（平均数±标准差），柱形图顶上不同的小写字母表示不同组间 *gKLF2* 表达量存在显著差异（*P*<0.05）

间的增加，*gKLF2* 在鸡前脂肪细胞中的 mRNA 表达水平逐渐下降（图 13-5B）。暗示与人类和小鼠的研究报道相似（Wu et al.，2005；Banerjee et al.，2003），鸡 *KLF2* 在鸡脂肪细胞分化过程中可能也具有抑制作用。

研究表明，小鼠 KLF2 仅在前脂肪细胞中表达（Banerjee et al.，2003），而鸡 *KLF2* 基因在前脂肪细胞和成熟脂肪细胞均有表达。这些结果暗示，鸡 *KLF2* 基因在脂肪组织中的功能可能比人和小鼠的更复杂。

三、鸡 *KLF2* 基因对鸡前脂肪细胞分化的影响

为进一步验证 KLF2 在鸡脂肪细胞分化过程中是否确实具有抑制作用，本课题组 Zhang 等（2014a）构建了 *gKLF2* 过表达载体 pCMV-myc-gKLF2。在前脂肪细胞中转染该质粒，发现转染该质粒的鸡前脂肪细胞可以成功表达鸡 KLF2 蛋白（图 13-6A）；油红 O 染色（图 13-6B）和提取比色（图 13-6C）分析细胞中的脂滴沉积情况，发现与转染空载体的细胞相比，转染 pCMV-myc-gKLF2 的鸡前脂肪细胞在油酸诱导分化 2 天的细胞内脂质蓄积量明显减少（P<0.05）；同时发现，在 *gKLF2* 过表达的细胞中 *PPARγ* 和 *C/EBPα* 的表达量降低，而 *GATA2* 的表达量增加（图 13-6D）（P<0.05，P<0.01）。这些结果表明，在前脂肪细胞中过表达鸡 *KLF2* 可以抑制鸡前脂肪细胞的分化。

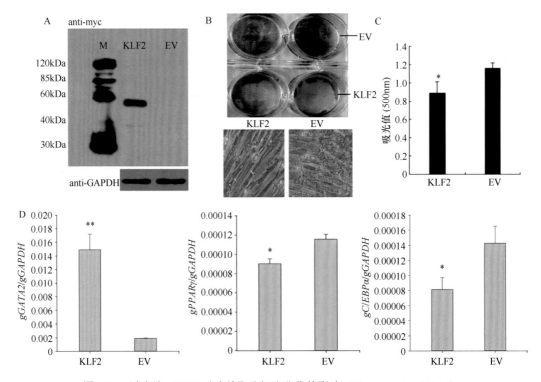

图 13-6 过表达 *gKLF2* 对鸡前脂肪细胞分化的影响（Zhang et al.，2014a）

A. Western-blot 验证 pCMV-myc-gKLF2 质粒能否在鸡前脂肪细胞中成功表达 KLF2 蛋白；B. 油酸诱导分化 48h 后，油红 O 染色结果；C. 油酸诱导分化 48h 后，油红 O 提取比色结果；D. 油酸诱导分化 48h 后，过表达鸡 *KLF2* 对鸡前脂肪细胞中脂肪细胞分化标志基因的影响；KLF2 为转染 *KLF2* 过表达质粒 pCMV-myc-gKLF2 的细胞，EV 为转染空载体（empty vector，EV）质粒 pCMV-myc 的细胞；星号表示差异显著或极显著，P<0.05（*），P<0.01（**）

小鼠和鸡 *KLF2* 基因的表达水平在前脂肪细胞分化过程中都呈现下降的趋势，而且与小鼠的 *KLF2* 基因相似，过表达鸡 *KLF2* 基因抑制了鸡前脂肪细胞的分化。这些结果表明，与哺乳动物上的报道一致（Wu et al.，2005；Banerjee et al.，2003），鸡 KLF2 也是前脂肪细胞分化的一个负调控因子。

四、鸡 KLF2 对 *C/EBPα* 和 *PPARγ* 基因的表达调控研究

脂肪细胞分化是一个复杂的生物学过程，涉及众多转录因子的协同作用（Lefterova and Lazar，2009）。PPARγ 和 C/EBPα 是脂肪细胞分化的主要调控因子（Lefterova and Lazar，2009；Farmer，2006；Rosen and MacDougald，2006）。在脂肪细胞分化过程中，KLF2 在 C/EBPα 和 PPARγ 的上游发挥功能的现象已经在哺乳动物的研究中证实（Banerjee et al.，2003）。为了研究 gKLF2 是否也在鸡脂肪细胞分化过程中调控 *C/EBPα* 和 *PPARγ* 基因的转录，本课题组 Zhang 等（2014a）在 DF1 细胞中分析了 *gKLF2* 基因过表达对 *C/EBPα* 和 *PPARγ* 启动子报道基因萤光素酶活性的影响。结果显示，过表达 *gKLF2* 抑制了鸡 *PPARγ*（–1978bp/–82bp）和 *C/EBPα* 启动子活性（–1863bp/+332bp；$P<0.05$）（图 13-7A），并且抑制效应呈现剂量依赖性（图 13-7A）；同时，半定量 RT-PCR 结果表明，在 DF1 细胞中过表达 *gKLF2* 抑制了细胞内源性 *PPARγ* 基因的表达并且促进了内源性 *GATA2* 基因的表达，与鸡前脂肪细胞中发现的结果相似，但是在 DF1 细胞中没有检测出鸡 *C/EBPα* 基因的表达（图 13-7B）。

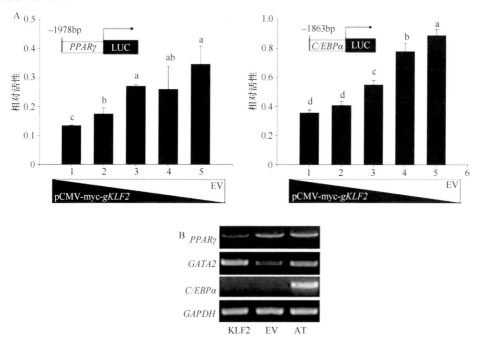

图 13-7　过表达鸡 *KLF2* 对 DF1 细胞中 *PPARγ*、*C/EBPα* 和 *GATA2* 表达水平的影响（Zhang et al.，2014a）
A. 过表达 *gKLF2* 对鸡 *PPARγ* 和 *C/EBPα* 启动子活性的影响，1~5 表达 5 种不同浓度的 pCMV-myc-*gKLF2*（KLF2）和 pCMV-myc（EV）质粒混合，pCMV-myc-*gKLF2* 和 pCMV-myc 的浓度比依次为 3∶0、2∶1、1∶1、1∶2 和 0∶3。柱状图表示相对萤光素酶活性（平均数±标准差），柱形图顶上不同的小写字母表示不同组间相对萤光素酶活性存在显著差异（$P<0.05$）。B. 半定量 RT-PCR 分析过表达 *gKLF2* 对鸡 *PPARγ*、*C/EBPα* 和 *GATA2* 表达量的影响；KLF2 为转染 *KLF2* 过表达质粒 pCMV-myc-*gKLF2* 的细胞，EV 为转染空载体（empty vector，EV）质粒 pCMV-myc 的细胞，AT 为鸡脂肪组织

在上述研究中，我们发现与小鼠的 *KLF2* 基因相似（Banerjee et al.，2003），过表达 *gKLF2* 能够抑制鸡 *PPARγ* 和 *C/EBPα* 基因的启动子活性，这与在鸡前脂肪细胞中过表达 *gKLF2* 后鸡 *PPARγ* 和 *C/EBPα* 基因的表达模式一致，说明 *gKLF2* 可以通过下调 *PPARγ* 和 *C/EBPα* 基因的表达来抑制鸡前脂肪细胞的分化。此外，定量 RT-PCR 的分析显示，在鸡前脂肪细胞和 DF1 细胞中过表达 *gKLF2* 均能增加 *GATA2* 基因的 mRNA 表达水平。我们之前的研究表明，在 DF1 细胞中过表达 *GATA2* 能够抑制 *PPARγ* 基因的转录（张志威等，2012）。因此，我们推测 *gKLF2* 抑制前脂肪细胞分化可能有两种机制：第一，与小鼠的 *KLF2* 基因类似，鸡 KLF2 直接结合在 *PPARγ* 和 *C/EBPα* 基因的启动子上，抑制 *PPARγ* 和 *C/EBPα* 基因的表达，进而抑制前脂肪细胞的分化；第二，鸡 KLF2 通过促进 *GATA2* 基因 [一种脂肪生成的负调控因子（Tong et al.，2000）] 的表达，间接下调鸡 *PPARγ* 基因的表达，从而实现对前脂肪细胞分化的抑制作用。

综上所述，本研究结果表明，鸡 KLF2 可以通过直接或间接地抑制 *PPARγ* 和 *C/EBPα* 基因的表达来实现对鸡前脂肪细胞分化的抑制作用。

第二节　鸡 *KLF3* 基因的功能研究

KLF3 由于带有蛋白质碱性电荷，因此又被称为碱性 KLF 因子（basic Krüppel-like factor）。KLF3 最早在小鼠红细胞中克隆得到（Crossley et al.，1996）。哺乳动物 KLF3 是强转录抑制因子，它的转录抑制结构域位于 N 端（Crossley et al.，1996）。Pro-Val-Asp-Leu-Thr（PVDLT）模序对 KLF3 的转录抑制作用非常重要，该模序位于转录抑制结构域，是 KLF3 与互作因子 C 端结合蛋白（C-terminal binding protein，CtBP）的互作位点，KLF3-CtBP 互作障碍会导致 KLF3 的转录抑制功能显著降低，但与 CtBP 互作缺失不会完全消除 KLF3 的转录抑制作用（Turner and Crossley，1998）。通过小泛素样修饰（small ubiquitin-like modification，SUMOylation）可以增强 KLF3 的转录抑制作用（Perdomo et al.，2005），SUMO 样修饰和与 CtBP 互作对 KLF3 的功能至关重要。缺乏 SUMO 样修饰的同时丢失与 CtBP 的相互作用，可能导致 KLF3 转录抑制潜能的丢失，甚至使得 KLF3 获得转录激活的潜能（Perdomo et al.，2005）。

哺乳动物 KLF3 在细胞自噬（Guo et al.，2013）、红细胞生成（Funnell et al.，2007）、B 淋巴细胞发育（Ulgiati et al.，2000）、心肌细胞的分化（Himeda et al.，2010）和脂肪细胞分化（Sue et al.，2008）过程中都发挥着重要调控作用。敲除 *KLF3* 基因小鼠表现出明显的白色脂肪组织减少、饮食诱导肥胖现象减少和葡萄糖不耐受（Bell-Anderson et al.，2013；Sue et al.，2008）等现象，并且它们的腹部脂肪垫包含的脂肪细胞比野生型的同窝个体更少、更小（Sue et al.，2008）。与体内研究结果相反，细胞水平的研究显示，*KLF3* 敲除的鼠胚成纤维细胞表现出了增强的成脂分化潜能（Sue et al.，2008）。此外，在 3T3-L1 脂肪细胞分化过程中，*KLF3* 的 mRNA 和蛋白质表达水平逐渐下降（Sue et al.，2008）。过表达 *KLF3*，抑制了 3T3-L1 前脂肪细胞的分化；过表达不能与 CtBP 互作的 *KLF3* 突变型，则不能抑制 3T3-L1 前脂肪细胞的分化（Sue et al.，2008）。进一步的研究显示，KLF3 可以通过直接结合 *C/EBPα* 基因的启动子，下调 *C/EBPα* 基因的表达，进而抑制 3T3-L1 前脂肪细胞的分化（Sue et al.，2008）。

上述研究结果表明，KLF3 对脂肪细胞的分化具有重要的调控作用，在 3T3-L1 细胞系中，KLF3 抑制脂肪细胞分化，而 *KLF3* 基因敲除的小鼠则表现出明显的脂肪组织减少（Sue et al.，2008），暗示 KLF3 在体内和细胞水平可能发挥着不同的作用。

一、鸡 *KLF3* 基因 CDS 区的克隆

NCBI 基因数据库资料显示，鸡 *KLF3* 编码区预测序列（GenBank Accession No.XM_427367.3）全长 1044bp，编码 347 个氨基酸。本课题组 Zhang 等（2014b）根据该预测序列设计了鸡 *KLF3* 编码区克隆引物，以鸡腹部脂肪组织 cDNA 为模板，利用 PCR 方法对鸡 *KLF3* 编码区的 40~1044bp 序列进行了基因克隆。测序结果表明，扩增片段为 1005bp，除 2 个核苷酸外与参考序列完全相同；测序结果所推导的蛋白质序列和预测的 *gKLF3* 蛋白序列（GenBank Accession No.XP_427367.3）的第 14~347 个氨基酸，除 1 个氨基酸外，其他完全一致（图 13-8）。该序列已提交到 GenBank（GenBank Accession No.JX673910）。同时，序列同源性分析结果表明，KLF3 的蛋白质序列在人、鼠、鸡上高度保守（图 13-8），暗示 KLF3 在这些物种中具有相似功能。

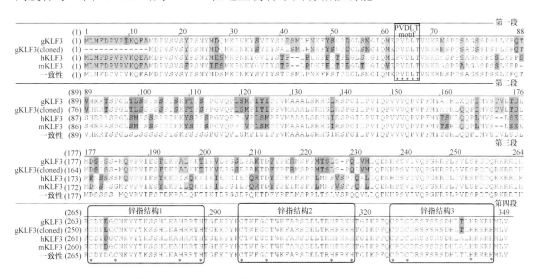

图 13-8　KLF3 蛋白序列分析（Zhang et al.，2014b）

gKLF3. 鸡 KLF3 蛋白预测序列（GenBank Accession No.XP_427367.3）；gKLF3（cloned）. 测序结果推测的鸡 KLF3 蛋白序列；hKLF3. 人 KLF3 蛋白序列（GenBank Accession No.NP_057615.3）；mKLF3. 小鼠 KLF3 蛋白序列（GenBank Accession No.NP_032479.1）

二、鸡 *KLF3* 基因的时空表达规律分析

本课题组 Zhang 等（2014b）以 *GAPDH* 基因为内参，利用 Realtime RT-PCR 的方法，在 mRNA 水平对鸡 *KLF3* 基因在 7 周龄高、低脂系 15 种组织中的表达特性进行了检测。结果显示，*gKLF3* 基因在所选的 15 种组织中均有表达；*gKLF3* 的表达量在不同组织间表达水平不同，*gKLF3* 在胰腺中表达相对较高，而在胸肌和腿肌中表达较低；在腺胃和脾脏中，高脂肉鸡 *gKLF3* 的表达量显著高于低脂肉鸡（$P<0.05$），而在腹部脂肪、胸肌、心脏、肾脏、肝脏、腿肌、肌胃和睾丸中，高脂肉鸡 *gKLF3* 的表达量显著或极显著低

于低脂肉鸡（*P*<0.05，*P*<0.01，图 13-9）。

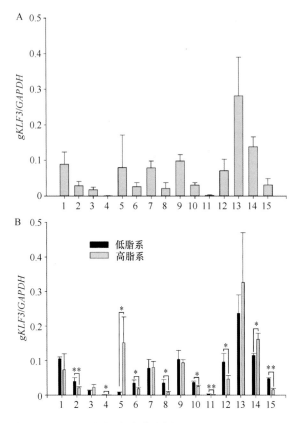

图 13-9 *gKLF3* 组织表达谱分析（Zhang et al.，2014b）

7 周龄肉鸡（高、低脂系各 3 只）15 种组织中 *gKLF3* mRNA 的表达水平（*GAPDH* 作为内参）。柱状图表示 *gKLF3* 的相对表达量（平均数±标准差），星号表示差异显著或极显著，*P*<0.05（*），*P*<0.01（**）。1. 十二指肠；2. 腹部脂肪；3. 脑；4. 胸肌；5. 腺胃；6. 心脏；7. 回肠；8. 肾脏；9. 空肠；10. 肝脏；11. 腿肌；12. 肌胃；13. 胰腺；14. 脾脏；15. 睾丸
A. *gKLF3* 基因在不同组织中的表达特性；B. *gKLF3* 基因在高、低脂系不同组织中的表达差异

　　鸡 *KLF3* 基因与人 *KLF3* 基因的表达模式大体相似（王茳桔等，2003）。例如，两个物种的 *KLF3* 基因均广泛表达于多种组织，并且和人 *KLF3* 一样，鸡 *KLF3* 同样在肌肉组织中低表达。但是，鸡 *KLF3* 的组织表达模式又不完全和人 *KLF3* 相同，如在人胰腺组织中 *KLF3* 的表达量较低（王茳桔等，2003），然而鸡 *KLF3* 在胰腺组织中具有相当高的表达水平。此外，在这 15 种组织中，有 10 种组织中 *KLF3* 基因的表达水平在高、低脂系肉鸡间存在显著或极显著差异，这一结果暗示了深入研究 *KLF3* 的生物学功能可能对于进一步揭示肥胖及其有关疾病具有重要意义。

　　以 *GAPDH* 基因为内参，利用 Realtime RT-PCR 的方法，本课题组 Zhang 等（2014b）检测了 *gKLF3* 基因在高、低脂系 1~12 周龄肉鸡脂肪组织中的表达规律。结果显示，*gKLF3* 基因在高、低脂系 1~12 周龄的脂肪组织中均有表达，暗示与小鼠中的报道一致（Sue et al.，2008），KLF3 可能参与鸡脂肪组织生长发育的调控。分析 1~12 周龄脂肪组织中 *gKLF3* 表达水平数据发现，鸡 *KLF3* 基因在高、低脂系肉鸡腹部脂肪组织中的表达量随着周龄的变化而呈现出明显的变化；在 7 周龄和 10 周龄，*gKLF3* 的表达量在两系肉鸡间存在

显著或极显著差异（P<0.05，P<0.01），7 周龄时 KLF3 基因在低脂肉鸡腹部脂肪组织中的表达量极显著高于高脂肉鸡（P<0.01），而在 10 周龄时 KLF3 基因在高脂肉鸡腹部脂肪中的表达量明显高于低脂肉鸡（P<0.05）（图 13-10）。两个时间点，高、低脂系间 KLF3 的相对表达量差异不同，提示了在这两个时间点 KLF3 发挥的功能可能不完全一样。

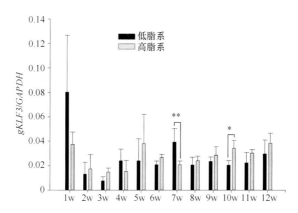

图 13-10　gKLF3 在脂肪组织发育过程中的表达模式（Zhang et al.，2014b）

gKLF3 mRNA 在高、低脂不同周龄（1~12w，1~12 周龄）肉鸡腹部脂肪组织中的表达水平（GAPDH 作为内参）。柱状图表示 gKLF3 的相对表达量（平均数±标准差），星号表示差异显著或极显著，P<0.05（*），P<0.01（**）

三、鸡 KLF3 对脂肪组织发育重要基因启动子活性的影响

为了进一步研究 KLF3 在鸡脂肪组织生长发育中的作用，本课题组 Zhang 等（2014b）在 DF1 细胞和鸡原代前脂肪细胞中分析了 gKLF3 过表达对多个脂肪组织发育重要基因启动子活性的影响。DF1 细胞系的结果表明，过表达 gKLF3 显著抑制不同长度的鸡 C/EBPα 启动子活性，促进不同长度的鸡 PPARγ 启动子活性（图 13-11）；鸡前脂肪细胞中的研究结果显示，过表达 gKLF3 抑制鸡 C/EBPα 启动子活性，促进鸡 PPARγ 启动子活性（图 13-12）。KLF3 抑制鸡 C/EBPα 启动子活性和小鼠 3T3 前脂肪细胞中的研究报道一致（Sue et al.，2008），但是 KLF3 促进了鸡 PPARγ 启动子活性，与小鼠 3T3 前脂肪细胞中过表达 gKLF3 抑制 PPARγ 基因的表达结果相反（Sue et al.，2008）。

为了进一步验证 KLF3 对 PPARγ 基因表达的促进作用是否真实存在于鸡体内，本课题组 Zhang 等（2014b）利用半定量 RT-PCR 和 Western blot 技术研究了 DF1 细胞中 KLF3 过表达对内源性鸡 PPARγ 基因表达水平的影响。结果显示，过表达 KLF3 抑制了鸡 PPARγ 基因的表达（图 13-13），与小鼠细胞中过表达 KLF3 抑制 PPARγ 基因的表达结果一致（Sue et al.，2008）。结合 KLF3 对 C/EBPα 启动子活性的抑制作用，我们推测 KLF3 可能在鸡脂肪组织生长发育中发挥着负调控作用。针对 KLF3 对鸡 PPARγ 启动子报道基因和内源性表达结果不一致的原因，我们推测可能是由 PPARγ 启动子报道基因质粒与鸡染色体上 PPARγ 启动子的高级结构（如组蛋白修饰等）不完全相同造成的。总之，这些结果表明，KLF3 对鸡的脂肪生成可能具有重要作用，这种作用至少部分是通过调节 PPARγ 和 C/EBPα 基因的表达实现的。

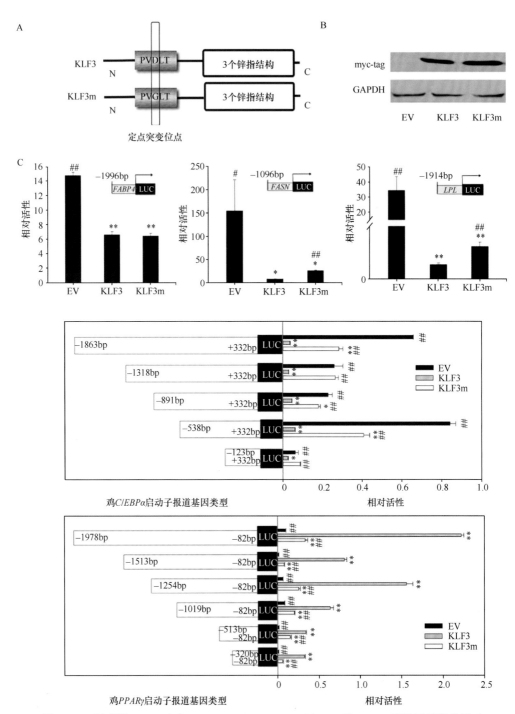

图 13-11　过表达 *KLF3* 对鸡 *FABP4*、*FASN*、*LPL*、*C/EBPα* 和 *PPARγ* 启动子活性的影响

（Zhang et al.，2014b）

A. KLF3 突变体（KLF3m）的示意图；B. KLF3 和 KLF3m 过表达效果分析；C. *KLF3* 过表达对鸡 *FABP4*、*FASN*、*LPL*、*C/EBPα* 和 *PPARγ* 启动子活性的影响。KLF3 为转染 *KLF3* 过表达质粒 pCMV-myc-*gKLF3* 的细胞；EV 为转染空载体（empty vector，EV）质粒 pCMV-myc 的细胞，KLF3m 为转染 *KLF3* 突变体过表达质粒 pCMV-myc-*gKLF3m* 的细胞。星号表示其他组与转染空载体组间启动子活性存在显著或极显著差异，*P*<0.05（*），*P*<0.01（**）；#号表示其他组与转染 *KLF3* 过表达质粒组间启动子活性存在显著或极显著差异，*P*<0.05（#），*P*<0.01（##）

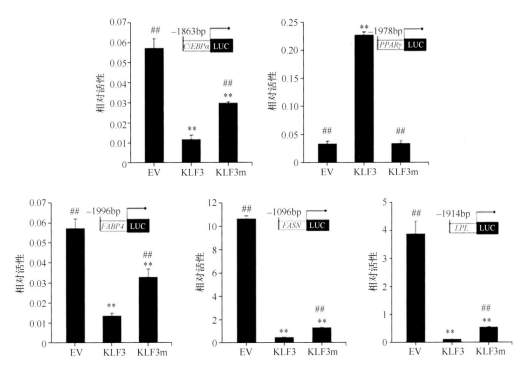

图 13-12　过表达 *KLF3* 对鸡前脂肪细胞 *C/EBPα*、*PPARγ*、*FABP4*、*FASN* 和 *LPL* 启动子活性的影响
（Zhang et al.，2014b）

KLF3 为转染 *KLF3* 过表达质粒 pCMV-myc-gKLF3 的细胞，EV 为转染空载体（empty vector，EV）质粒 pCMV-myc 的细胞，
KLF3m 为转染 *KLF3* 突变体过表达质粒 pCMV-myc-gKLF3m 的细胞。星号表示其他组与转染空载体组间启动子活性存在显
著或极显著差异，$P<0.05$（*），$P<0.01$（**）；#号表示其他组与转染 *KLF3* 过表达质粒组间启动子活性存在显著或极显著
差异，$P<0.05$（#），$P<0.01$（##）

　　此外，DF1 细胞系和鸡前脂肪细胞中的研究还发现 *KLF3* 过表达显著抑制了鸡脂肪
细胞型脂肪酸结合蛋白（fatty acid binding protein 4，*FABP4*）、脂肪酸合成酶（fatty acid
synthase，*FASN*）和脂蛋白脂酶（lipoprotein lipase，*LPL*）基因的启动子活性（图 13-11、
图 13-12）。FASN 是脂肪酸合成的关键酶，它可以催化长链脂肪酸的合成。过表达 *KLF3*
抑制 *FASN* 启动子活性，表明 KLF3 可能对脂肪酸合成具有抑制作用。FABP4 是脂肪细
胞中脂肪酸的分子伴侣，LPL 在脂肪酸的转运和代谢过程中起着重要作用，过表达
KLF3 抑制鸡 *FABP4* 和 *LPL* 启动子活性表明，KLF3 可能对鸡体内的脂肪酸转运和代
谢均具有抑制作用。这些结果提示，KLF3 可能会通过两种途径来抑制鸡脂肪组织中
脂滴的储存，一种途径是通过阻止 *FASN* 基因的转录直接抑制脂肪酸的合成，另一种
途径是通过抑制 *FABP4* 和 *LPL* 基因的表达来抑制脂肪酸的转运和代谢，进而抑制脂肪
组织中脂滴的储存。

四、突变 PVDLT 模序中的 Asp 残基对鸡 KLF3 调控活性的影响

　　哺乳动物上的研究表明，用 Ala-Ser 或 Ala-Ala 替代 PVDLT 模序中的两个连续的氨
基酸 Asp-Leu 会显著减弱 KLF3 的转录抑制能力（Perdomo et al.，2005；Turner and
Crossley，1998）。到目前为止，单个突变 PVDLT 模序上的 Asp 对 KLF3 转录调控作用

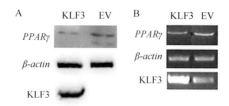

图 13-13　过表达 *KLF3* 对鸡 DF1 细胞中 *PPARγ* 表达水平的影响（Zhang et al.，2014b）

A. Western blot 结果；B. 半定量 RT-PCR 结果；KLF3 为转染 *KLF3* 过表达质粒 pCMV-myc-g*KLF3* 的细胞；EV 为转染空载体（empty vector，EV）质粒 pCMV-myc 的细胞

的影响仍不清楚。本课题组 Zhang 等（2014b）利用定点突变技术构建了将 PVDLT 模序上的 Asp 突变为 Gly 的 *KLF3* 突变体（KLF3 mutation，KLF3m）过表达质粒（图 13-11A），在 DF1 细胞系和鸡前脂肪细胞中的研究显示：突变掉 PVDLT 模序中 Asp 的 *KLF3m* 过表达质粒依然可以显著抑制鸡 *FABP4*（–1996bp/+22bp）、*FASN*（–1096bp/+160bp）、*LPL*（–1914bp/+66bp）、*C/EBPα*（–1863bp/+332bp、–891bp/+332bp、–538bp/+332bp）的启动子活性，增强鸡 *PPARγ*（–1978bp/–82bp、–1513bp/–82bp、–1254bp/–82bp、–1019bp/–82bp、–513bp/–82bp 和–320bp/–82bp）的启动子活性（$P<0.05$）（图 13-11）。但是，与过表达 *KLF3* 相比，过表达 *KLF3m* 对鸡 *FASN*（–1096bp/+160bp）、*LPL*（–1914bp+66bp）和 *C/EBPα*（–1863bp/+332bp、–1318bp/+332bp、–891bp/+332bp、–538bp/+332bp 和–123bp/+332bp）启动子活性的抑制和对鸡 *PPARγ*（–1978bp/–82bp、–1513bp/–82bp、–1254bp/–82bp、–1019bp/–82bp、–513bp/–82bp 和–320bp/–82bp）启动子活性的增强能力显著减弱（$P<0.05$）（图 13-11）。这些结果表明，PVDLT 模序中的 Asp 突变为 Gly 能够降低但不能完全消除 KLF3 的活性，这与在哺乳动物中突变掉 PVDLT 模序中两个连续的氨基酸 Asp-Leu 的结果一致（Perdomo et al.，2005；Turner and Crossley，1998），说明 Asp 是 PVDLT 模序上的一个关键氨基酸残基，单个突变 PVDLT 模序上的 Asp 就可以显著影响 KLF3 的转录调控能力。此外，本研究还发现过表达 *KLF3m* 和 *KLF3* 野生型对鸡 *FABP4* 启动子（–1996bp/+22bp）活性的抑制能力没有显著差异（$P>0.05$）（图 13-11），说明突变 PVDLT 模序上的 Asp 残基对 KLF3 转录调控能力的影响与其靶基因启动子区的序列有关。

综上，本研究结果表明，KLF3 在鸡脂肪组织中表达，并且能够调控与前脂肪细胞分化和脂质代谢相关的重要基因；KLF3 的 PVDLT 模序中的 Asp 残基很可能就是该模序的关键残基，突变 Asp 残基能够显著降低但不能消除 KLF3 的活性。

第三节　鸡 *KLF7* 基因的功能研究

KLF7 最早是由 Matsumoto 等（1998）利用简并 PCR 的方法从人血管内皮细胞中克隆得到的。根据其广泛表达于成人多种组织的特性，又被命名为广泛表达的 KLF 因子（ubiquitous Krüppel-like factor，UKLF）。*KLF7* 缺失小鼠由于轴突发育异常导致产生神经缺陷，在出生后的 2 天内会大量死亡，少量存活下来的小鼠对痛觉不敏感，表明 KLF7 对神经系统特别是痛觉神经的发育具有重要的调控作用（Lei et al.，2005）。人类群体遗传学的研究结果表明，KLF7 与肥胖和 2 型糖尿病密切相关（Zobel et al.，2009；Kanazawa et al.，2005）。人和小鼠上的研究表明，KLF7 抑制脂肪细胞分化（Kawamura et al.，2006），并且对多个脂肪细胞分化标记基因的表达具有抑制作用，包括 *PPARγ*、*C/EBPα*、*FABP4*（Kawamura et al.，2006）。此外，KLF7 还调节人类成熟脂肪细胞中脂肪因子的表达，抑制葡萄糖诱导的胰岛 β-细胞分泌胰岛素，在 2 型糖尿病的发病过程中发挥重要作用（Kawamura et al.，2006）。

目前，*KLF7* 基因单核苷酸多态性（single nucleotide polymorphism，SNP）的研究在人和牛等多个物种中均有报道。日本人群体的研究表明，*hKLF7* 第二内含子的一个 SNP（rs2302870，Chr2；207953406 A/C）与 2 型糖尿病的发生相关，并且等位基因 *A* 个体的 2 型糖尿病发病率高于等位基因 *C* 个体（Kanazawa et al.，2005）。丹麦人群研究显示该位点与 2 型糖尿病的发生不存在相关性；但是，丹麦人群体中位于 *hKLF7* 5′UTR 的一个 SNP（rs7568369，Chr2；208031315 C/A）与肥胖相关，并且对于该位点，等位基因 *A* 个体的肥胖发生概率低于等位基因 *C* 个体（Zobel et al.，2009）。

一、鸡 *KLF7* 基因 CDS 区的克隆及结构分析

KLF7 是一个非常重要的锌指结构转录因子。目前，对 *KLF7* 基因的研究成果都是在哺乳动物中取得的，关于鸟类 *KLF7* 基因还没有研究报道。本课题组 Zhang 等（2013a）根据 NCBI 上提供的鸡 *KLF7* 基因 mRNA 预测序列（GenBank ID：XM_426569）设计引物，以肉鸡腹部脂肪组织 cDNA 为模板，通过 PCR 扩增得到一条长度约为 900bp 的特异性条带。测序结果显示，克隆的鸡 *KLF7*（chicken *KLF7*，*gKLF7*）基因序列全长 891bp，编码 296 个氨基酸，该序列已经提交到 GenBank 数据库（GenBank ID：JQ736790）。同源性对比分析表明，该基因位于鸡 7 号染色体，覆盖 53kb 的序列，包含 4 个外显子。

我们比较分析了 KLF7 蛋白序列在人和鸡之间的同源性。结果发现，鸡 KLF7 蛋白序列与人的同源性较高：氨基端的酸性结构域（氨基酸：1~47）同源性为 96%，羧基端保守的 3 个 C_2H_2 型锌指结构域（氨基酸：215~296）同源性为 78%，介于二者之间的丝氨酸富集疏水结构域（氨基酸：76~205）同源性达 100%。此外，我们在鸡 KLF7 蛋白序列中还发现了细胞核定位信号（nuclear localization signal，NLS）（氨基酸：206~212，同源性 100%）。人和鸡 KLF7 蛋白序列的高度保守性暗示 KLF7 在两个物种中可能具有相似的功能。

二、鸡 *KLF7* 基因的表达特性分析

（一）鸡 *KLF7* 基因的组织表达特性分析

本课题组 Zhang 等（2013a）以 *GAPDH* 基因为内参，利用 Realtime RT-PCR 的方法，在 mRNA 水平对鸡 *KLF7* 基因在高、低脂系肉鸡 7 周龄 15 种组织中的表达特性进行了检测。结果表明，鸡 *KLF7* 基因在所选择的 15 种不同组织中均具有一定程度的表达（图 13-14），与人和鼠 *KLF7* 的组织表达模式类似（Kawamura et al.，2006；Matsumoto et al.，1998）。此外，*KLF7* 的表达量在不同组织间存在着极显著差异（$P<0.01$），*gKLF7* 在脾脏中的表达量最高，而在肾脏、胸肌和腿肌中较低（图 13-14）。鸡 *KLF7* 在肌肉组织（包括胸肌和腿肌）中低水平表达和已经报道的猪 *KLF7* 基因在肌肉组织中表达量很低的结果相一致（Yang et al.，2007）。

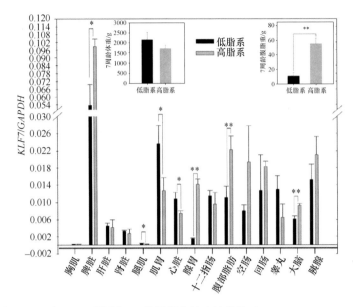

图 13-14　鸡 *KLF7* 基因在 15 种组织中的表达特性（Zhang et al.，2013a）

星号表示差异显著或极显著，*P*<0.05（*），*P*<0.01（**）

总体上来说，鸡 *KLF7* 基因的组织表达特性和已经报道的人、猪 *KLF7* 的组织表达模式基本一致。分析鸡 *KLF7* 在高脂和低脂两个品系相同组织的表达水平，我们发现 *KLF7* 的表达水平在高脂肉鸡脾脏、腺胃、腹部脂肪和大脑中显著或极显著高于低脂肉鸡的相应组织（*P*<0.05，*P*<0.01），而在腿肌、肌胃和心脏中，高脂肉鸡 *gKLF7* 的表达量显著低于低脂肉鸡相应组织的表达量（*P*<0.05）（图 13-14），其他几种组织中 *gKLF7* 的表达在两系间没有差异。这些结果暗示，鸡 *KLF7* 的 mRNA 表达水平可能受腹部脂肪含量的调节，而且这种调节是具有组织特异性的。

（二）鸡 *KLF7* 基因在鸡脂肪组织发育过程中的表达规律

为研究鸡 *KLF7* 基因在脂肪组织发育过程中的作用，本课题组 Zhang 等（2013b）利用 Realtime RT-PCR 的方法，以 *β-actin* 基因为内参，检测了 *gKLF7* 基因在高、低脂系第 14 世代 1～12 周龄肉鸡脂肪组织中的表达规律。结果表明，鸡 *KLF7* 基因在 1～12 周龄肉鸡腹部脂肪组织中均有表达。统计分析结果表明，腹部脂肪组织中鸡 *KLF7* 基因的 mRNA 相对表达水平（*gKLF7/gβ-actin*）在高、低脂系间差异显著（*P*=0.007），低脂系脂肪组织中 *gKLF7* 基因的 mRNA 表达水平极显著高于高脂系（*P*<0.01）（图 13-15A）。此外，鸡 *KLF7* 基因的 mRNA 水平在脂肪组织发育过程中有显著改变（*P*=0.0007），其表达量在 1 周龄最高（*P*<0.01）（图 13-15B）。对比 1～12 周龄高、低脂系脂肪组织中 *gKLF7* 基因的表达量，我们发现，2 周龄和 5 周龄时，*gKLF7* 基因在低脂系中的表达量显著高于高脂系（*P*<0.05）（图 13-15B）。

本课题组以前的研究表明，鸡 *KLF7* 基因编码区的一个 SNP 与鸡的脂肪性状显著相关（数据未发表）。在本研究中，腹部脂肪组织中鸡 *gKLF7* 基因的 mRNA 表达水平在两系间差异显著，并且低脂系脂肪组织中的 *gKLF7* 基因的 mRNA 表达水平极显著高于高脂

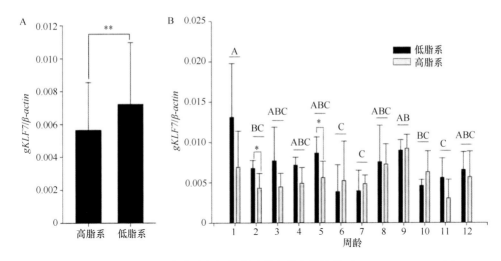

图 13-15 鸡 *KLF7* 基因在脂肪组织发育过程中的表达特性（Zhang et al.，2013b）

星号表示差异显著或极显著，*P*<0.05（*），*P*<0.01（**）。柱形图顶上不同的大写字母表示不同周龄间 *KLF7* 表达量存在极显著差异（*P*<0.01）

系（*P*<0.01）（图 13-15A），暗示鸡 *KLF7* 基因可能对鸡的腹部脂肪沉积具有一定的抑制作用，这与哺乳动物中关于 KLF7 抑制前脂肪细胞分化的报道一致（Cho et al.，2007；Kawamura et al.，2006）。

尽管 KLF7 表达水平与前脂肪细胞分化之间的相关性在哺乳动物中已有很多报道（Cho et al.，2007；Kawamura et al.，2006），但其在脂肪组织发育过程中的表达规律仍不清楚。本研究结果显示，腹部脂肪组织中鸡 *KLF7* 基因的 mRNA 水平与肉鸡的年龄极显著相关（*P*<0.01），暗示 KLF7 与鸡脂肪组织的发育有关。此外，我们的研究结果显示，鸡 *KLF7* 基因在 1 周龄表达量最高（*P*<0.01）（图 13-15B），说明 KLF7 可能主要在鸡腹部脂肪发育的早期阶段发挥作用。

（三）鸡 *KLF7* 基因在鸡脂肪细胞中的表达规律

脂肪组织主要由脂肪细胞组成，脂肪组织的发育往往伴随着脂肪细胞的分化和增殖，*gKLF7* 在不同周龄肉鸡腹部脂肪组织中差异表达，暗示鸡 *KLF7* 基因可能在鸡脂肪细胞分化过程中存在着表达量的变化。为了验证这种猜测，本课题组 Zhang 等（2013b）从 12 日龄 AA 肉鸡腹部脂肪组织中直接分离了前脂肪细胞和成熟脂肪细胞，并且利用定量 PCR 的方法分析了 *gKLF7* 在前脂肪细胞和成熟脂肪细胞中，以及前脂肪细胞诱导分化过程中的表达规律。结果发现在前脂肪细胞诱导分化过程中，鸡 *KLF7* 基因的表达量随着分化的进行呈现波动性变化。在分化的早期阶段，*gKLF7* 基因的表达量下降，并在诱导后 24h 和 48h 维持在较低水平，然后在 72h 表达量上升至最高，最后又稳步下降（图 13-16A）。此外，我们还发现，鸡 *KLF7* 基因在前脂肪细胞中的表达水平显著高于成熟脂肪细胞中的表达水平（*P*<0.05）（图 13-16B）。

前脂肪细胞分化是脂肪组织发育过程中的一个重要环节。在人和小鼠上的研究表明，KLF7 是前脂肪细胞分化的负调控因子（Cho et al.，2007；Kawamura et al.，2006），我们研究的结果也显示，鸡 KLF7 是鸡前脂肪细胞分化的抑制因子（图 13-17）。Farmer

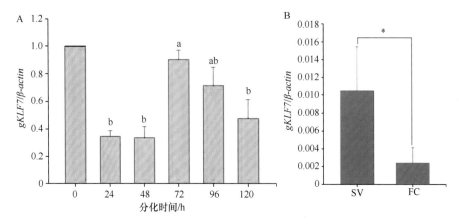

图 13-16　鸡 *KLF7* 在鸡脂肪细胞分化过程中的表达规律（Zhang et al.，2013b）

A. 鸡 *KLF7* 基因在油酸诱导分化的鸡前脂肪细胞中的表达规律（0~120h，诱导 0~120h）；B. *KLF7* 在分离的鸡前脂肪细胞（SV）和成熟脂肪细胞（FC）中的表达分析。星号表示差异显著 *P*<0.05（*）。柱形图顶不同字母表示 *gKLF7* 表达量存在显著差异（*P*<0.05）

等（2006）研究发现前脂肪细胞负调控因子表达量在细胞分化后稳步下降。然而，本研究结果显示，与其他前脂肪细胞负调控因子不同，鸡 *KLF7* 基因的表达在分化的早期下降然后上升，并在 72h 达到顶点，这一表达趋势和已经报道的 3T3-L1 细胞诱导分化过程中 *KLF7* 的表达规律一致（Cho et al.，2007；Kawamura et al.，2006）。这些结果表明，与小鼠类似，鸡 *KLF7* 基因可能对前脂肪细胞的分化在不同阶段具有不同的作用。

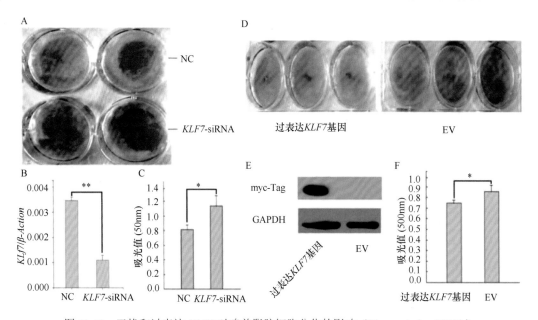

图 13-17　干扰和过表达 *KLF7* 对鸡前脂肪细胞分化的影响（Zhang et al.，2013b）

A. 转染 pGenesil-1-siKLF7（干扰 *KLF7* 基因）或 pGenesil-1-NC（NC，阴性对照）的鸡前脂肪细胞经油酸诱导 48h 后的油红 O 染色结果；B. 鸡 *KLF7* 基因的干扰效果。数字表示 *KLF7* 基因的 mRNA 表达水平；C. 转染 pGenesil-1-siKLF7 或 pGenesil-1-NC 的鸡前脂肪细胞经油酸诱导 48h 后的脂质含量；D. 转染 pCMV-myc-gKLF7（过表达 *KLF7* 基因）或 pCMV-myc（EV，空载体）的鸡前脂肪细胞经油酸诱导 48h 后的油红 O 染色结果；E. 鸡前脂肪细胞中转染 pCMV-myc-gKLF7 或 pCMV-myc 后 *gKLF7* 的过表达效果；F. 转染 pCMV-myc-gKLF7 或 pCMV-myc 的鸡前脂肪细胞经油酸诱导 48h 后的脂质含量。*表示 *P*<0.05；**表示 *P*<0.01

三、鸡 *KLF7* 基因对鸡前脂肪细胞分化和增殖的影响

哺乳动物上的研究表明，在前脂肪细胞中过表达 *gKLF7* 抑制脂肪细胞的分化（Kawamura et al., 2006）。在之前的研究中，我们发现低脂系脂肪组织中的 *gKLF7* 基因的 mRNA 表达水平显著高于高脂系，暗示鸡 KLF7 对脂肪细胞分化也具有抑制作用（Zhang et al., 2013b）。为了验证这一猜测，本课题组 Zhang 等（2013b）利用干扰和过表达技术分析了鸡 KLF7 对脂肪细胞分化的影响。在原代培养的鸡前脂肪细胞中分别转染 pGenesil-1-shRNA（271）（干扰 KLF7 表达质粒）、pGenesil-1-shRNA（NC）（无关干扰质粒对照）、pCMV-myc（空载体对照）和 pCMV-myc-KLF7（*KLF7* 过表达载体），培养 24h 后，加入油酸诱导细胞分化，诱导 48h 后，进行油红 O 染色和提取比色。实验结果表明，干扰 *KLF7* 基因表达促进了鸡前脂肪细胞的分化（*P*<0.05）（图 13-17），而过表达 *KLF7* 抑制了鸡脂肪细胞的分化（*P*<0.05，*P*<0.01）（图 13-17），表明鸡 KLF7 和哺乳动物 KLF7 一样对脂肪细胞分化具有抑制作用。

此外，为了确定鸡 KLF7 在脂肪细胞增殖中的作用，本课题组 Zhang 等（2013b）利用干扰和过表达技术分析了 KLF7 对鸡脂肪细胞增殖的影响。结果显示，过表达 *KLF7* 促进了鸡前脂肪细胞的增殖，过表达 *KLF7* 在 48h 和 120h 对鸡前脂肪细胞增殖的促进作用达到了显著水平（*P*<0.05）（图 13-18A），表明 KLF7 对前脂肪细胞增殖具有促进作用。但是，干扰 KLF7 对鸡前脂肪细胞增殖的影响与对照组相比，未发现显著差异（*P*>0.05）（图 13-18B）。

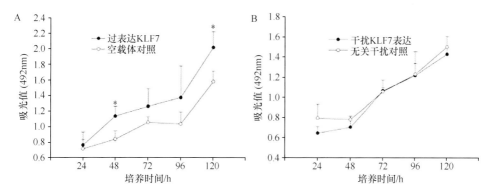

图 13-18　干扰和过表达 *KLF7* 对鸡前脂肪细胞增殖的影响（Zhang et al., 2013b）
A. 过表达 *KLF7* 对鸡前脂肪细胞增殖的影响；B. 干扰 *KLF7* 对鸡前脂肪细胞增殖的影响
*表示差异显著（*P*<0.05）

前脂肪细胞的增殖是脂肪组织发育中的另一个重要过程。在本研究中，MTT 结果显示，过表达鸡 *KLF7* 促进了鸡前脂肪细胞的增殖，暗示鸡 KLF7 对鸡前脂肪细胞的增殖具有促进作用。然而，与小鼠胚胎干细胞中的报道一致（Caiazzo et al., 2010），*gKLF7* 干扰组的细胞增殖情况与对照组之间没有显著差异，说明下调鸡 *KLF7* 对细胞增殖没有明显的作用。因此，我们推测 KLF7 只有在高剂量时才对细胞增殖有作用。

四、鸡 **KLF7** 对脂肪细胞分化标志基因启动子活性的影响

哺乳动物的研究表明，KLF7 抑制脂肪细胞的分化，同时伴随着脂肪细胞分化标志基

因 *PPARγ*、*C/EBPα*、*FABP4* 和 *adipsin* 的表达量下调（Kawamura et al.，2006）。本研究发现鸡 KLF7 同样对前脂肪细胞的分化具有抑制作用，为了研究 gKLF7 通过何种途径来抑制鸡前脂肪细胞分化，本课题组 Zhang 等（2013b）利用启动子萤光素酶报道基因共转染的方法分析了过表达和干扰 *KLF7* 对多个脂肪细胞分化标志基因启动子活性的影响。结果发现，过表达 *gKLF7* 抑制了鸡 *C/EBPα*（−1863bp/+332bp）、*FASN*（−1096bp/+170bp）和 *LPL*（−1914/+163bp）的启动子活性（$P<0.05$，$P<0.01$，图 13-19），对 *PPARγ*（−1978/−82bp）和 *FABP4*（−1996/+35bp）的启动子活性没有显著影响；干扰 KLF7 促进了鸡 *PPARγ*、*C/EBPα* 和 *FABP4* 的启动子活性（$P<0.01$，图 13-19），对 *FASN* 和 *LPL* 的启动子活性没有显著影响（$P>0.05$）（图 13-19）。

在小鼠中的研究表明，KLF7 对脂肪发生具有重要作用（Kawamura et al.，2006），然而，关于其靶基因却鲜有报道。C/EBPα 是细胞循环的调节因子，也是脂肪细胞分化的重要调节因子（Schrem et al.，2004）。它通过抑制细胞循环依赖激酶 2、4、6 的活性和 *S-phase* 基因的转录，实现对细胞增殖的抑制作用（Johnson et al.，2005）。在成熟脂肪细胞中，C/EBPα 也可以通过维持 *PPARγ* 基因的表达和激活许多脂肪细胞相关基因的表达，来促进前脂肪细胞的分化（Wu et al.，1999）。在本研究中，过表达 *gKLF7* 和沉默 *gKLF7* 的研究结果均表明，KLF7 能够抑制 *C/EBPα* 基因的启动子活性，暗示 KLF7 对鸡 *C/EBPα* 基因的转录具有负调控作用，*C/EBPα* 基因可能是 KLF7 的一个靶基因。由此我们推测，KLF7 抑制鸡前脂肪细胞分化和促进前脂肪细胞增殖的作用很可能是通过调节 *C/EBPα* 基因的表达实现的。在哺乳动物和鸟类中的研究表明，PPARγ 在前脂肪细胞分化中是一个重要的正调节因子（Wang et al.，2008；Rosen et al.，2002）。在本研究中，下调 *gKLF7* 促进了鸡 *PPARγ* 基因的表达，这恰恰与沉默 *gKLF7* 的前脂肪细胞分化能力增强相吻合。FASN、LPL 和 FABP4 均是脂肪组织和脂肪细胞中的重要功能性蛋白（Shi et al.，2010；Berndt et al.，2007；Mead et al.，2002）。过表达 *gKLF7* 抑制了鸡 *FASN* 和 *LPL* 基因的启动子活性，并且下调 *gKLF7* 增加了鸡 *FABP4* 基因的启动子活性。这些结果与 KLF7 对前脂肪细胞分化的负调控作用相一致。

综上，本研究结果表明，鸡 *KLF7* 基因在腹部脂肪组织中的 mRNA 表达水平与腹部脂肪含量显著相关；*gKLF7* 抑制鸡前脂肪细胞的分化并促进鸡前脂肪细胞的增殖。

五、鸡 *KLF7* 基因辅助因子的相关研究

哺乳动物的研究表明，F-box only protein 38（*FBXO38*，又称为 MoKA）是 KLF7 的辅助因子，在调控 KLF7 在细胞核和细胞质中的亚细胞定位过程中发挥重要作用（Smaldone et al.，2004）。目前关于 *FBXO38* 在脂肪组织中的功能还鲜有报道。因此，研究 *FBXO38* 在脂肪组织中的功能不仅能进一步揭示 KLF7 对鸡前脂肪细胞分化与增殖的作用机制，而且有可能发现调控肉鸡脂肪沉积的其他重要基因。

本课题组张志威等（2013）在 NCBI Nucleotide 数据库查找与小鼠 *FBXO38*（GenBank ID：NM_134136）同源的鸡 cDNA 序列，发现存在两个与小鼠 *FBXO38* 高度同源的 cDNA 预测序列，分别是鸡 *FBXO38*（*Gallus gallus FBXO38*-like）预测 cDNA 序列（GenBank ID：XM_003642051，4060bp）和鸡假想基因 *LOC416151*（*Gallus gallus* hypothetical LOC416151）

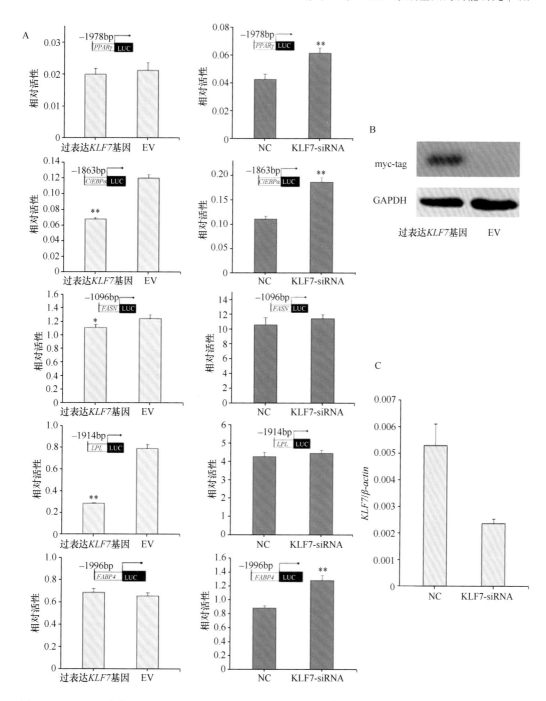

图 13-19　KLF7 对鸡 *PPARγ*、*LPL*、*C/EBPα*、*FABP4* 和 *FASN* 启动子活性的影响（Zhang et al.，2013b）
A. DF1 细胞中过表达和干扰 *KLF7* 对 *PPARγ*、*LPL*、*C/EBPα*、*FABP4* 和 *FASN* 启动子活性的影响；B. 转染 pCMV-myc-KLF7
质粒 48h 后 DF1 表达 KLF7 融合蛋白；C. 转染干扰质粒 48h 后 DF1 细胞中 *gKLF7* 的表达水平。KLF7-overexpressed 为转
染 *KLF7* 过表达 pCMV-myc-gKLF7 质粒，EV 为转染空载体 pCMV-myc 质粒，NC 为转染无关干扰片段，KLF7-siRNA 为
转染 KLF7 干扰片段。*表示差异显著，$P<0.05$；**表示差异极显著，$P<0.01$

预测 cDNA 序列（GenBank ID：XM_414482，2155bp）。

利用 UCSC 网站 Blat 工具分析二者在鸡基因组上的位置，发现它们都位于鸡第 13 号染色体，且鸡假想基因 *LOC416151* 预测 cDNA 序列所在的基因组区域（chromosome="13"，7526570~7533408）包含在鸡 *FBXO38* 预测 cDNA 序列所在的基因组区域（chromosome="13"，7524219~7546884）之内，并且二者的多个外显子完全一致（图 13-20A）。此外，Blat 结果还显示二者所在这段基因组区域是鸡 *FBXO38* 所在的基因组区域（图 13-20A），表明鸡假想基因 *LOC416151* 预测 cDNA 序列和鸡 *FBXO38* 预测 cDNA 序列是鸡 *FBXO38* 的两个不同预测转录物。

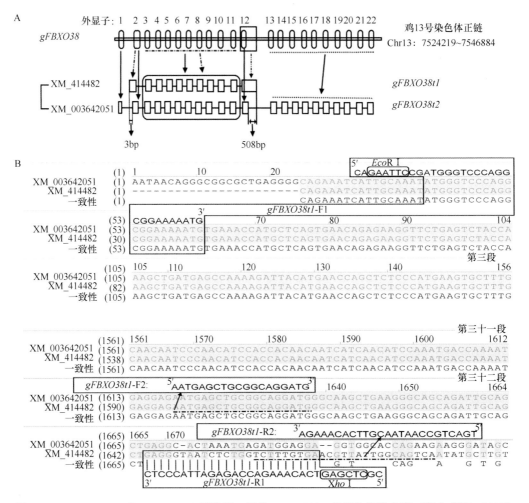

图 13-20　*gFBXO38t1* 和 *gFBXO38t2* 示意图，以及 *gFBXO38t1* 的引物设计方案（张志威等，2013）

A. *gFBXO38t1* 和 *gFBXO38t2* 示意图；B. *gFBXO38t1* 的引物设计方案

为了研究的方便，本研究将鸡假想基因 *LOC416151* 预测 cDNA 序列（GenBank ID：XM_414482）命名为鸡 *FBXO38* 基因转录剪接体 1（*Gallus gallus FBXO38* transcript variant 1，*gFBXO38t1*），鸡 *FBXO38* 预测 cDNA 序列（GenBank ID：XM_003642051）命名为鸡 *FBXO38* 基因转录剪接体 2（*Gallus gallus FBXO38* transcript variant 2，*gFBXO38t2*）

（图 13-20A）。本课题组张志威等（2013）设计了这两种转录物 mRNA 表达的特异性检测引物，半定量 RT-PCR 结果显示，在 6 周龄和 7 周龄肉鸡腹部脂肪组织中 *gFBXO38t1* 和 *gFBXO38t2* 均有表达，并且 *gFBXO38t1* 的表达水平极显著高于 *gFBXO38t2* 的表达水平（$P<0.01$）（图 13-21）。

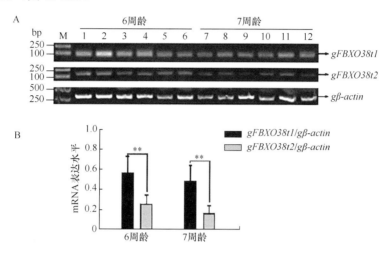

图 13-21　*gFBXO38t1* 和 *gFBXO38t2* 在鸡腹部脂肪组织表达分析（张志威等，2013）

*表示差异极显著，$P<0.01$

蛋白质序列分析显示，*gFBXO38t1* 蛋白预测序列（GenBank ID：XP_414482.2）和 *gFBXO38t2* 蛋白预测序列（GenBank ID：XP_003642099.1）与已经报道的人 *FBXO38* 的两个转录剪接体蛋白质序列（human FBXO38 transcript variant 1，GenBank ID：NP_110420.3 和 human FBXO38 transcript variant 2，GenBank ID：NP_995308.1）及小鼠 FBXO38 蛋白质序列（GenBank ID：NP_598897.2）的同源性很高（≥80%）（图 13-22）。鉴于较高的蛋白质序列同源性，并且小鼠 FBXO38 的蛋白质结构已经有了明确的研究报道（Smaldone and Ramirez，2006；Smaldone et al.，2004），本课题组张志威等（2013）参考小鼠 FBXO38 蛋白序列，对它们进行了生物信息学分析。结果显示，人 FBXO38 的两个转录剪接体蛋白序列和 *gFBXO38t2* 预测蛋白序列均包含小鼠 FBXO38 蛋白具有的所有功能结构域，而 *gFBXO38t1* 预测蛋白序列仅具有 F-box 模序和 4 个出核信号序列（nuclear export signal，NES）；缺少 1 个完整的转录激活结构域（transactivating domain）和全部 3 个核定位信号序列（nuclear localization sequence，NLS）（图 13-22）。进一步的蛋白质结构分析发现，*gFBXO38t2* 预测蛋白序列、人 FBXO38 的转录剪接体 2 蛋白序列与小鼠 FBXO38 蛋白序列在结构上更加接近，并且序列长度极为接近（图 13-22），显示人 FBXO38 的转录剪接体 2、gFBXO38t2 分别是人和鸡体内与小鼠 FBXO38（即 MoKA）最为相近的转录剪接体。与小鼠 FBXO38 蛋白序列相比，人 FBXO38 的转录剪接体 1 蛋白序列缺失了位于转录激活结构域和第二个 NLS 之间的 80 多个氨基酸（图 13-22）。*gFBXO38t1* 预测蛋白序列比两种人 *FBXO38* 转录剪接体和鼠 *FBXO38* 蛋白序列都短，并且明显缺失了多个 3′端的重要功能结构域（图 13-22），可见 *gFBXO38t1* 是一种从未报道过的 *FBXO38* 新转录剪接体。

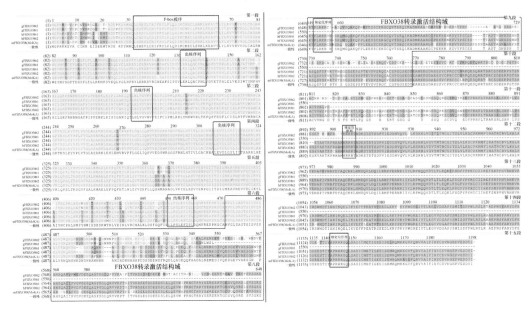

图 13-22　鸡 FBXO38t1 蛋白序列分析（张志威等，2013）

　　为证实 *gFBXO38t1* 是否真实存在，本课题组张志威等（2013）根据序列 XM_414482 的特异性设计了一对扩增 *gFBXO38t1* 全长编码区的克隆引物 *gFBXO38t1*-F1/R1 和一对分析 *gFBXO38t1* mRNA 表达水平的检测引物 *gFBXO38t1*-F2/R2。这两对引物的上游引物 *gFBXO38t1*-F1 和 *gFBXO38t1*-F2 处于两个序列同源性很高的保守区域，而下游引物 *gFBXO38t1*-R1 和 *gFBXO38t1*-R2 则都位于 *gFBXO38t1*（GenBank ID：XM_414482）的特有序列上（图 13-20B）。利用引物 *gFBXO38t1*-F1/R1，我们以肉鸡腹部脂肪组织 cDNA 为模板进行 PCR，获得了一条长度为 1.6kb 左右的特异性条带（图 13-23），测序结果显示获得的序列长 1650bp，与 NCBI 数据库提供的鸡假想基因 *LOC416151*（GenBank ID：XM_414482）的全长 CDS 序列完全一致（DNA 序列相似性为 100%），测序所得序列已经提交 GenBank 数据库（GenBank Accession No.JX290204）。

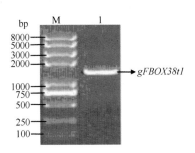

图 13-23　鸡 *gFBXO38t1* 的 PCR 扩增（张志威等，2013）
M. DNA 相对分子质量标准；1. PCR 产物

　　小鼠上的研究结果表明，FBXO38 不参与形成 SCF（skp1-cullin-F-box protein）复合体，它通过与 KLF7 形成 KLF7-FBXO38 蛋白复合体发挥转录调控作用（Smaldone et al.，2004）。人上的研究表明，*FBXO38* 是一个具有多种转录剪接体的基因，目前已鉴定出了

两种人 *FBXO38* 转录物，分别是人 *FBXO38t1*（human *FBXO38* transcript variant 1，GenBank ID：NM_030793）和人 *FBXO38t2*（human *FBXO38* transcript variant 2，GenBank ID：NM_205836）。本研究利用鸡腹部脂肪组织 cDNA 为模板，通过 PCR 的方法获得了一个转录激活结构域不完整并且不具有 NLS 的鸡 FBXO38 转录剪接体（*gFBXO38t1*）。这是目前第一个被克隆测序证实的鸡 *FBXO38* 转录剪接体，同时这也是一个全新的 *FBXO38* 基因转录剪接体，它和已经报道的所有人和小鼠 *FBXO38* 转录剪接体都不一样。序列分析结果显示，*gFBXO38t1* 产生的原因是，鸡 *FBXO38* 基因在转录拼接时缺失了第1 和第 13~22 外显子，并且第 12 外显子和部分第 12 内含子序列被剪接成了一个带有翻译终止密码子的新外显子（图 13-20A）。

　　利用 Realtime RT-PCR 方法，本课题组张志威等（2013）分析了 7 周龄高、低脂系肉鸡 15 种组织中 *gFBXO38t1* 的表达水平，结果显示鸡 *gFBXO38t1* 在所选的 15 种组织（胸肌、脾脏、肝脏、肾脏、腿肌、肌胃、心脏、腺胃、十二指肠、腹部脂肪、空肠、回肠、睾丸、脑、胰腺）中均有一定程度的表达（图 13-24A），这与 *gKLF7* 基因的表达规律基本一致（张志威，2012），暗示 *gFBXO38t1* 在功能上可能与 KLF7 具有一定的联系。比较 *gFBXO38t1* 在肉鸡不同组织中的相对表达水平，发现相对于其他组织，

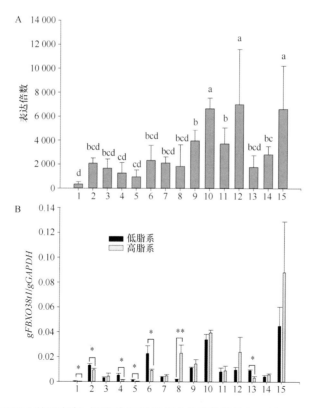

图 13-24　鸡 *FBXO38t1* 基因在高、低脂系 15 种组织中的表达特性（Realtime RT-PCR）（张志威等，2013）
A. 多种组织中 *gFBXO38t1* 的表达谱，柱形图表示以人这些组织中报道的相对 *GAPDH* 表达水平（Barber et al.，2005）标准化后的 *gFBXO38t1* 相对表达水平；B. 以 *GAPDH* 为内参的 7 周龄高、低脂系肉鸡多种组织的 *gFBXO38t1* mRNA 的表达水平：1. 胸肌；2. 脾脏；3. 肝脏；4. 肾脏；5. 腿肌；6. 肌胃；7. 心脏；8. 腺胃；9. 十二指肠；10. 腹部脂肪；11. 空肠；12. 回肠；13. 睾丸；14. 脑；15. 胰腺。柱形图顶不同字母表示 *FBXO38t1* 表达量存在显著差异（*P*<0.05）。星号表示差异显著或极显著，*P*<0.05（*），*P*<0.01（**）

gFBXO38t1 在腹部脂肪、回肠和胰腺中的表达水平较高（*P*<0.05）（图 13-24B），暗示 *gFBXO38t1* 可能在这 3 种组织中发挥重要作用。两系间的比较分析结果表明，在胸肌、腿肌、肌胃、脾脏、睾丸和肾脏组织中，高脂肉鸡 *gFBXO38t1* 的表达量要显著低于低脂肉鸡（*P*<0.05），而在腺胃中，高脂肉鸡 *FBXO38t1* 的表达量要极显著高于低脂肉鸡（*P*<0.01）（图 13-24B），暗示腹脂含量与这些组织中 *gFBXO38t1* 的表达水平具有一定的联系。

为分析 *gFBXO38t1* 在肉鸡脂肪组织中的表达模式，本课题组张志威等（2013）利用 Realtime RT-PCR 的方法，分析了 *gFBXO38t1* 在高、低脂系第 14 世代 1~12 周龄肉鸡腹部脂肪组织中的表达规律。结果表明，*gFBXO38t1* 在高、低脂系 1~12 周龄肉鸡腹部脂肪组织均有表达；统计分析显示，随着周龄的变化，肉鸡腹部脂肪组织中 *gFBXO38t1* 的表达量呈现出先上升后下降的趋势，在 3 周龄时鸡 *FBXO38t1* 基因的表达量达到最高，而后又下降（*P*<0.05）（图 13-25）。此外，在 3 周龄和 4 周龄时 *gFBXO38t1* 的表达水平在两系间存在显著差异（*P*<0.05），低脂肉鸡腹部脂肪组织中 *gFBXO38t1* 的表达水平显著高于高脂肉鸡（*P*<0.05）（图 13-25）。

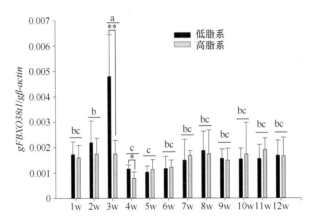

图 13-25　鸡 *FBXO38t1* 基因在高、低脂系肉鸡腹部脂肪组织生长发育过程中的表达模式

（张志威等，2013）

FBXO38t1 mRNA 在高、低脂不同周龄（1~12w，1~12 周龄）肉鸡腹部脂肪组织表达水平（*β-actin* 作为内参）。柱状图表示 *FBXO38t1* 的相对表达量（平均数±标准差），柱状图上星号表示高、低脂系间 *gFBXO38t1* 表达量存在显著差异（*P*<0.05）。柱形图顶上不同的小写字母表示不同周龄间 *FBXO38t1* 表达量存在显著差异（*P*<0.05）

此外，本课题组张志威等（2013）利用 Realtime RT-PCR 方法分析了 *gFBXO38t1* 在鸡脂肪细胞分化过程的表达规律，发现在油酸诱导鸡前脂肪细胞分化过程中，随着诱导时间的增加，*gFBXO38t1* 的表达量总体呈现出下降的趋势（*P*<0.05）（图 13-26A）。而且，*gFBXO38t1* 在直接分离（未经培养）的前脂肪细胞中的表达水平极显著高于在成熟脂肪细胞的表达水平（*P*<0.01）（图 13-26B）。

对以上研究结果进行总结，我们发现：*gFBXO38t1* 在腹部脂肪组织中的表达水平随着肉鸡周龄的变化而呈现出显著的变化，表明腹部脂肪组织发育过程中 *gFBXO38t1* 的表达受到了调控，暗示 *gFBXO38t1* 参与了鸡腹部脂肪组织的发育调控；在 3 周龄和 4 周龄时，高、低脂系腹部脂肪组织中 *gFBXO38t1* 表达量存在显著差异，暗示 3~4 周龄可能是 *gFBXO38t1* 调控鸡腹部脂肪组织发育的重要阶段。在 3 周龄和 4 周龄时，低脂

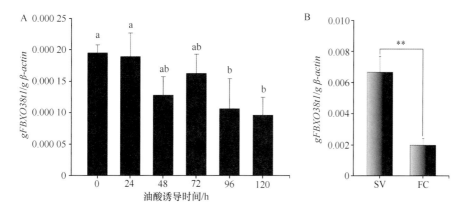

图 13-26　鸡 *FBXO38t1* 基因在鸡前脂肪细胞分化过程中的表达模式（张志威等，2013）

A. 鸡 *FBXO38t1* 基因在油酸诱导分化的鸡前脂肪细胞中的表达规律（0~120h，诱导 0~120h）；B. 鸡 *FBXO38t1* 基因在分离的鸡前脂肪细胞（SV）和成熟脂肪细胞（FC）中的表达分析。柱形图顶不同字母表示 *gFBXO38t1* 表达量存在显著差异（*P*<0.05）。**表示差异极显著，*P*<0.01

肉鸡腹部脂肪中 *gFBXO38t1* 表达水平显著高于高脂肉鸡，进一步暗示 *gFBXO38t1* 可能对肉鸡腹部脂肪组织发育具有负调控作用；体外培养的鸡前脂肪细胞分化过程中 *gFBXO38t1* 的表达量逐渐下降，前脂肪细胞中 *gFBXO38t1* 的表达水平明显高于成熟脂肪细胞中的表达水平，这和已经报道的众多脂肪细胞分化负调控因子（如 GATA2/3、ETO/MTG8 和 GILZ 等）的表达模式完全一致（Farmer，2006），进一步暗示了 *gFBXO38t1* 可能具有抑制鸡脂肪细胞分化的作用。

　　哺乳动物上的研究表明，FBXO38 的主要功能是增强转录因子 KLF7 的转录调控作用（Smaldone et al.，2004）。为进一步研究 *gFBXO38t1* 在鸡脂肪组织中的生物学功能，本课题组张志威等（2013）构建了 pCMV-HA-*gFBXO38t1* 表达质粒，Western blot 分析显示，转染了 pCMV-myc-*gKLF7* 和 pCMV-HA-*gFBXO38t1* 质粒的 DF1 细胞，分别成功表达了鸡 KLF7 和鸡 FBXO38t1 蛋白（图 13-27B）。启动子报道基因分析结果显示，与对照组（转染空质粒的细胞）相比，过表达 *gFBXO38t1* 对鸡 *C/EBPα*、*LPL*、*FASN* 和 *FABP4* 的启动子活性均具有极显著的抑制作用（*P*<0.01，图 13-27A），同时过表达鸡 *KLF7* 和 *FBXO38t1* 极显著抑制 *LPL* 和 *C/EBPα* 启动子活性（*P*<0.01，图 13-27A），但是对鸡 *FASN* 和 *FABP4* 启动子活性没有明显影响（*P*>0.05，图 13-27A）。此外还发现，同时过表达鸡 *KLF7* 和 *FBXO38t1* 对 *LPL* 启动子活性的影响介于单独过表达鸡 *KLF7* 和单独过表达鸡 *FBXO38t1* 之间，对 *C/EBPα* 启动子的抑制作用则略强于单独转染二者之一。

　　脂肪组织发育是一个复杂的生物学过程，它的调控过程涉及众多的转录因子（Lefterova and Lazar，2009），PPARγ 和 C/EBPα 是脂肪细胞分化的主要调控因子（Lefterova and Lazar，2009；Farmer，2006；Rosen and MacDougald，2006）。此外，脂肪组织是机体重要的能量储存库和内分泌器官，它在能量平衡、糖脂代谢、免疫、生殖及癌症发生等多方面发挥着重要的调控作用（Lefterova and Lazar，2009；Rosen and MacDougald，2006）。LPL、FASN 和 FABP4 是脂肪组织的重要功能性蛋白（Shi et al.，2010；Berndt et al.，2007；Mead et al.，2002）。本研究发现，过表达 *gFBXO38t1* 对鸡 *PPARγ*、*C/EBPα*、*LPL*、*FABP4* 和 *FASN* 的启动子活性都具有调控作用，表明 *gFBXO38t1*

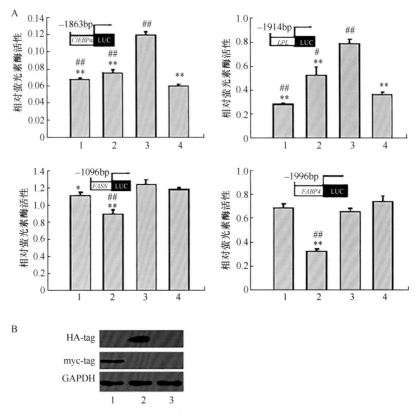

图 13-27　鸡 *FBXO38t1* 和 *KLF7* 同时过表达对鸡 *LPL*、*C/EBPα*、*FABP4* 和 *FASN* 基因启动子活性的影响（张志威等，2013）

A. DF1 细胞进行的启动子活性测定，相对萤光素酶活性表示为萤火虫/海肾萤光素酶活性。星号表示和对照组（3）之间的差异显著或极显著 *P*<0.05（*）或 *P*<0.01（**），#号表示与 *FBXO38t1* 和 *KLF7* 共转染组（4）差异显著或极显著 *P*<0.05（#）或 *P*<0.01（##）；B. 对转染 pCMV-myc-*KLF7* 的 pCMV-HA-*FBXO38t1* 和空载体转染的 DF1 细胞进行 Western blot 分析
1. *KLF7* 过表达；2. *FBXO38t1* 过表达；3. 空载体转染；4. *FBXO38t1* 和 *KLF7* 同时过表达

对脂肪组织的发育和功能可能具有重要的调控作用。过表达 *gFBXO38t1* 抑制鸡 *C/EBPα*、*LPL*、*FABP4* 和 *FASN* 的启动子活性，从另一个角度暗示 *gFBXO38t1* 对鸡脂肪组织发育有抑制作用。

哺乳动物上的研究结果表明，FBXO38 作为转录因子 KLF7 的辅助因子来发挥生物学作用（Smaldone et al.，2004）。本研究发现，在过表达 *gFBXO38t1* 的同时，过表达鸡 *KLF7* 基因并不能显著增强过表达 *gFBXO38t1* 对鸡 *LPL* 基因启动子活性的调控作用，只是略微增强了对鸡 *C/EBPα* 基因启动子的抑制作用，表明在 DF1 细胞这一系统中，*gFBXO38t1* 对这些基因的转录调控可能不完全依赖于转录因子 KLF7，*gFBXO38t1* 可能还存在其他作用途径来发挥对这些基因的转录调控作用。此外，本研究还发现，同时过表达鸡 *KLF7* 可以抵消过表达 *gFBXO38t1* 对鸡 *FASN* 和 *FABP4* 基因启动子活性造成的抑制作用，暗示鸡 FBXO38t1 和鸡 KLF7 可能存在蛋白质互作。序列分析结果显示 *gFBXO38t1* 虽然具有与 KLF7 蛋白互作相关的 F-box 模序，但是 *gFBXO38t1* 不存在核定位序列，且缺乏完整的转录激活结构域，暗示 *gFBXO38t1* 虽然有可能与鸡 KLF7 发生蛋白质互作，但是它发挥作用的方式很可能与小鼠 FBXO38 不完全相同。

综上所述，本研究在鸡体内发现了一个全新的 *FBXO38* 的转录剪接体（*gFBXO38t1*）。*gFBXO38t1* 在多个组织中广泛表达，脂肪组织发育过程和脂肪细胞分化中 *gFBXO38t1* 的表达模式，以及 DF1 细胞中报道基因的分析结果提示其可能是脂肪组织形成的抑制因子。

六、鸡 *KLF7* 基因多态性与鸡 7 周龄屠体性状的相关研究

基因多态性研究表明，人类 *KLF7* 基因上的单核苷酸多态性（SNP）与人类 2 型糖尿病和肥胖密切相关。在日本人群体的研究表明，位于 *KLF7* 基因上的多态性位点 rs2302870 与 2 型糖尿病相关（Kanazawa et al.，2005）；在丹麦人群体的研究表明，位于 *KLF7* 基因区域的多态性位点 rs7568369 与人类肥胖密切相关（Zobel et al.，2009）。此外，有研究表明，牛 *KLF7* 基因第二内含子上的两个 SNP 可以作为牛生长性状的潜在遗传标记（Ma et al.，2011）。然而，尚未见有关鸡 *KLF7* 基因多态性的报道。鸡 *KLF7* 基因的结构和表达谱与人类 *KLF7* 基因相似，在脂肪细胞分化过程中的功能与人和鼠 *KLF7* 相似。因此我们推测鸡 *KLF7* 所在基因组区域也可能存在与脂肪性状相关联的 SNP 位点。

本课题组 Zhang 等（2013a）通过 PCR 测序的方法对鸡 *KLF7* 编码区进行了 SNP 位点筛查。结果共发现一个错义突变 c.270 G>C（p.Glu>Asp）和 3 个同义突变 [c.141A>G（p.Pro>Pro）、c.210 A>G（Ala>Ala）和 c.515 C>G（p.Ser>Ser）]。随后，我们利用 PCR-RFLP 方法分析了错义突变位点 c.141 A>G 在 AA 肉鸡随机群体和高、低脂系第 8 世代群体的多态性并进行了关联分析。结果表明，在 AA 肉鸡群体中，该位点主要与血浆极低密度脂蛋白（very low density lipoprotein，VLDL）浓度（P<0.05；表 13-1）、腹脂重和腹脂率（P<0.01）相关，在第 8 世代高、低脂系肉鸡群体中，该位点主要与趾骨长（P<0.05）、血浆 VLDL 浓度（P<0.01）、腹脂重（P<0.05）和腹脂率（P<0.05）相关（表 13-1）。

表 13-1　**KLF7 多态性与肉鸡屠体性状的关联分析（*P* 值）**（Zhang et al.，2013a）

性状	年龄/周	AA 肉鸡群体	东北农业大学肉鸡高、低脂系第 8 世代群体
1 周龄体重	1	NS	NS
3 周龄体重	3	NS	NS
5 周龄体重	5	NS	NS
7 周龄体重	7	NS	NS
屠体重	7	NS	NS
趾骨长	7	NS	0.0354
血浆 VLDL 浓度	7	0.0160	0.0070
腹脂重	7	0.0026	0.0383
腹脂率	7	0.0042	0.0364
肝脏重	7	NS	NS
肌胃重	7	NS	NS
心脏重	7	NS	NS
脾脏重	7	NS	NS
腺胃重	7	NS	NS
睾丸重	7	NS	NS
胸宽	7	NS	NS

注：腹脂率是指 7 周龄腹部脂肪重和 7 周龄体重的比值；NS 表示 P>0.05

多重比较分析发现，在 AA 肉鸡随机群体和高、低脂系第 8 世代群体中，*AA* 基因型肉鸡的腹脂性状（腹脂重、腹脂率）和血浆 VLDL 浓度显著高于 *GG* 基因型的肉鸡（$P<0.05$；表 13-2）。这些结果表明，位于鸡 *KLF7* 编码区的 SNP 位点 c.141 A>G 可能是一个对低脂肉鸡选育有用的遗传标记。同时，也从侧面证明 *KLF7* 在鸡脂肪细胞分化过程中具有重要的作用。

表 13-2　*KLF7* 基因型对腹脂和血浆 VLDL 浓度的影响（最小二乘法分析）（Zhang et al.，2013a）

性状	AA 肉鸡群体			东北农业大学肉鸡高、低脂系第 8 世代群体		
	AA（104[2]）	*AG*（167）	*GG*（96）	*AA*（46）	*AG*（153）	*GG*（176）
腹脂重/g	61.82±1.720[a]	60.67±1.338[a]	53.86±1.810[b]	56.54±1.87[a]	52.39±1.179[b]	51.51±1.221[b]
腹脂率[1]/%	0.0228±0.000[a]	0.0222±0.0005[a]	0.0195±0.0007[b]	0.0243±0.0008[a]	0.0224±0.0005[b]	0.0221±0.0005[b]
血浆 VLDL 浓度（OD）	0.1580±0.0051[a]	0.1522±0.0040[a]	0.1372±0.0054[b]	0.1769±0.0091[a]	0.1754±0.0053[a]	0.1562±0.0056[b]

注：不同的字母表示存在显著差异（平均数±标准误，$P<0.05$）；1. 腹脂率指 7 周龄腹部脂肪重和 7 周龄体重的比值；2. 数字表示相应基因型个体数

上述研究结果表明，鸡 *KLF7* 基因编码区的 SNP（XM_426569.3：c. A141G；XP_426569.3：p. Pro47Pro）在 AA 肉鸡随机群体和高、低脂系第 8 世代群体中，主要与肉鸡的肥度性状（腹脂重、腹脂率、VLDL）相关，并且 *AA* 基因型鸡的腹脂重、腹脂率、VLDL 水平显著高于 *GG* 基因型的鸡。这一结果与 *KLF7* 基因作为人类肥胖和 2 型糖尿病的候选基因的报道相吻合（Zobel et al.，2009；Kanazawa et al.，2005）。因此，我们推测鸡 *KLF7* 基因可能是鸡肥度性状的一个重要候选基因，SNP（c.A141G）可以作为遗传标记用于分子育种。

参 考 文 献

王茫桔, 瞿祥虎, 王立升, 等. 2003. 人类新型 Krüppel 类转录因子 hBKLF 的 cDNA 克隆、亚细胞定位及表达特征. 遗传学报, 30(1): 1-9.

张志威. 2012. KLF2、KLF3 和 KLF7 在脂肪组织生长发育中的功能研究. 哈尔滨: 东北农业大学博士学位论文.

张志威, 陈月婵, 裴文字, 等. 2012. 过表达鸡 *Gata2* 或 *Gata3* 基因抑制 *PPARγ* 基因的转录. 中国生物化学与分子生物学报, 28(9): 835-842.

张志威, 李辉, 王宁. 2009. KLF 转录因子家族与脂肪细胞分化. 中国生物化学与分子生物学报, 25(11): 983-990.

张志威, 孙婴宁, 荣恩光, 等. 2013. 鸡 FBXO38 转录剪接体 1 的克隆、表达和功能分析. 生物化学与生物物理进展, 40(9): 845-858.

Anderson K P, Kern C B, Crable S C, et al. 1995. Isolation of a gene encoding a functional zinc finger protein homologous to erythroid Krüppel-like factor: identification of a new multigene family. Mol Cell Biol, 15(11): 5957-5965.

Banerjee S S, Feinberg M W, Watanabe M, et al. 2003. The Krüppel-like factor KLF2 inhibits peroxisome proliferator-activated receptor-gamma expression and adipogenesis. J Biol Chem, 278(4): 2581-2584.

Bell-Anderson K S, Funnell A P, Williams H, et al. 2013. Loss of Krüppel-like factor 3 (KLF3/BKLF) leads to upregulation of the insulin-sensitizing factor adipolin (FAM132A/CTRP12/C1qdc2). Diabetes(8), 62:

2728-2737.

Berndt J, Kovacs P, Ruschke K, et al. 2007. Fatty acid synthase gene expression in human adipose tissue: association with obesity and type 2 diabetes. Diabetologia, 50(7): 1472-1480.

Bieker J J. 2001. Krüppel-like factors: three fingers in many pies. J Biol Chem, 276(37): 34355-34358.

Black A R, Black J D, Azizkhan-Clifford J. 2001. Sp1 and krüppel-like factor family of transcription factors in cell growth regulation and cancer. J Cell Physiol, 188(2): 143-160.

Caiazzo M, Colucci-D'Amato L, Esposito M T, et al. 2010. Transcription factor KLF7 regulates differentiation of neuroectodermal and mesodermal cell lineages. Exp Cell Res, 316(14): 2365-2376.

Carlson C M, Endrizzi B T, Wu J, et al. 2006. Krüppel-like factor 2 regulates thymocyte and T-cell migration. Nature, 442(7100): 299-302.

Cho S Y, Park P J, Shin H J, et al. 2007. (-)-Catechin suppresses expression of Krüppel-like factor 7 and increases expression and secretion of adiponectin protein in 3T3-L1 cells. Am J Physiol Endocrinol Metab, 292(4): 1166-1172.

Conkright M D, Wani M A, Lingrel J B. 2001. Lung Krüppel-like factor contains an autoinhibitory domain that regulates its transcriptional activation by binding WWP1, an E3 ubiquitin ligase. J Biol Chem, 276(31): 29299-29306.

Crossley M, Whitelaw E, Perkins A, et al. 1996. Isolation and characterization of the cDNA encoding BKLF/TEF-2, a major CACCC-box-binding protein in erythroid cells and selected other cells. Mol Cell Biol, 16(4): 1695-1705.

Farmer S R. 2006. Transcriptional control of adipocyte formation. Cell Metab, 4(4): 263-273.

Funnell A P, Maloney C A, Thompson L J, et al. 2007. Erythroid Krüppel-like factor directly activates the basic Krüppel-like factor gene in erythroid cells. Mol Cell Biol, 27(7): 2777-2790.

Funnell M C, Geng Y, Eason R R, et al. 2005. Null mutation of Krüppel-like factor 9/basic transcription element binding protein-1 alters peri-implantation uterine development in mice. Biol Reprod, 73(3): 472-481.

Gowri P M, Yu J H, Shaufl A, et al. 2003. Recruitment of a repressosome complex at the growth hormone receptor promoter and its potential role in diabetic nephropathy. Mol Cell Biol, 23(3): 815-825.

Guo L, Huang J X, Liu Y, et al. 2013. Transactivation of Atg4b by C/EBPbeta promotes autophagy to facilitate adipogenesis. Mol Cell Biol, 33(16): 3180-3190.

Himeda C L, Ranish J A, Pearson R C, et al. 2010. KLF3 regulates muscle-specific gene expression and synergizes with serum response factor on KLF binding sites. Mol Cell Biol, 30(14): 3430-3443.

Imataka H, Sogawa K, Yasumoto K, et al. 1992. Two regulatory proteins that bind to the basic transcription element (BTE), a GC box sequence in the promoter region of the rat *P-4501A1* gene. Embo J, 11(10): 3663-3671.

Jiang J, Chan Y S, Loh Y H, et al. 2008. A core Klf circuitry regulates self-renewal of embryonic stem cells. Nat Cell Biol, 10(3): 353-360.

Jiang S, Wei H, Song T, et al. 2015. KLF13 promotes porcine adipocyte differentiation through PPARγ activation. Cell Biosci, 5: 28.

Johnson P F. 2005. Molecular stop signs: regulation of cell-cycle arrest by C/EBP transcription factors. J Cell Sci, 118(Pt 12): 2545-2555.

Kaczynski J, Cook T, Urrutia R. 2003. Sp1- and Krüppel-like transcription factors. Genome Biol, 4(2): 206.

Kanazawa A, Kawamura Y, Sekine A, et al. 2005. Single nucleotide polymorphisms in the gene encoding Krüppel-like factor 7 are associated with type 2 diabetes. Diabetologia, 48(7): 1315-1322.

Kawamura Y, Tanaka Y, Kawamori R, et al. 2006. Overexpression of Krüppel-like factor 7 regulates adipocytokine gene expressions in human adipocytes and inhibits glucose-induced insulin secretion in pancreatic beta-cell line. Mol Endocrinol, 20(4): 844-856.

Kuo C T, Veselits M L, Leiden J M. 1997. LKLF: A transcriptional regulator of single-positive T cell quiescence and survival. Science, 277(5334): 1986-1990.

Lee H, Kim H J, Lee Y J, et al. 2012. Krüppel-like factor KLF8 plays a critical role in adipocyte differentiation. PLoS One, 7(12): e52474.

Lefterova M I, Lazar M A. 2009. New developments in adipogenesis. Trends Endocrinol Metab, 20(3): 107-114.

Lei L, Laub F, Lush M, et al. 2005. The zinc finger transcription factor Klf7 is required for *TrkA* gene expression and development of nociceptive sensory neurons. Genes Dev, 19(11): 1354-1364.

Ma L, Qu Y J, Huai Y T, et al. 2011. Polymorphisms identification and associations of KLF7 gene with cattle growth traits. Livest Sci, 135(1): 1-7.

Matsumoto N, Laub F, Aldabe R, et al. 1998. Cloning the cDNA for a new human zinc finger protein defines a group of closely related Krüppel-like transcription factors. J Biol Chem, 273(43): 28229-28237.

Mead J R, Irvine S A, Ramji D P. 2002. Lipoprotein lipase: structure, function, regulation, and role in disease. J Mol Med (Berl), 80(12): 753-769.

Min S H, Simmen R C, Alhonen L, et al. 2002. Altered levels of growth-related and novel gene transcripts in reproductive and other tissues of female mice overexpressing spermidine/spermine N1-acetyltransferase (SSAT). J Biol Chem, 277(5): 3647-3657.

Pearson R, Fleetwood J, Eaton S, et al. 2008. Krüppel-like transcription factors: a functional family. Int J Biochem Cell Biol, 40(10): 1996-2001.

Pei H, Yao Y, Yang Y, et al. 2011. Krüppel-like factor KLF9 regulates PPARgamma transactivation at the middle stage of adipogenesis. Cell Death Differ, 18(2): 315-327.

Perdomo J, Verger A, Turner J, et al. 2005. Role for SUMO modification in facilitating transcriptional repression by BKLF. Mol Cell Biol, 25(4): 1549-1559.

Rosen E D, Hsu C H, Wang X, et al. 2002. C/EBPalpha induces adipogenesis through PPARgamma: a unified pathway. Genes Dev, 16(1): 22-26.

Rosen E D, MacDougald O A. 2006. Adipocyte differentiation from the inside out. Nat Rev Mol Cell Biol, 7(12): 885-896.

Schrem H, Klempnauer J, Borlak J. 2004. Liver-enriched transcription factors in liver function and development. Part II: the C/EBPs and D site-binding protein in cell cycle control, carcinogenesis, circadian gene regulation, liver regeneration, apoptosis, and liver-specific gene regulation. Pharmacol Rev, 56(2): 291-330.

Shi H, Wang Q, Wang Y, et al. 2010. Adipocyte fatty acid-binding protein: an important gene related to lipid metabolism in chicken adipocytes. Comp Biochem Physiol B Biochem Mol Biol, 157(4): 357-363.

Shields J M, Yang V W. 1997. Two potent nuclear localization signals in the gut-enriched Krüppel-like factor define a subfamily of closely related Krüppel proteins. J Biol Chem, 272(29): 18504-18507.

Simmen R C, Eason R R, McQuown J R, et al. 2004. Subfertility, uterine hypoplasia, and partial progesterone resistance in mice lacking the Krüppel-like factor 9/basic transcription element-binding protein-1 (Bteb1) gene. J Biol Chem, 279(28): 29286-29294.

Simmen R C, Zhang X L, Michel F J, et al. 2002. Molecular markers of endometrial epithelial cell mitogenesis mediated by the Sp/Krüppel-like factor BTEB1. DNA Cell Biol, 21(2): 115-128.

Smaldone S, Laub F, Else C, et al. 2004. Identification of MoKA, a novel F-box protein that modulates Krüppel-like transcription factor 7 activity. Mol Cell Biol, 24(3): 1058-1069.

Smaldone S, Ramirez F. 2006. Multiple pathways regulate intracellular shuttling of MoKA, a co-activator of transcription factor KLF7. Nucleic Acids Res, 34(18): 5060-5068.

Song A, Patel A, Thamatrakoln K, et al. 2002. Functional domains and DNA-binding sequences of RFLAT-1/KLF13, a Krüppel-like transcription factor of activated T lymphocytes. J Biol Chem, 277(33): 30055-30065.

Song C Z, Keller K, Murata K, et al. 2002. Functional interaction between coactivators CBP/p300, PCAF, and transcription factor FKLF2. J Biol Chem, 277(9): 7029-7036.

Su A I, Wiltshire T, Batalov S, et al. 2004. A gene atlas of the mouse and human protein-encoding transcriptomes. Proc Natl Acad Sci U S A, 101(16): 6062-6067.

Sue N, Jack B H, Eaton S A, et al. 2008. Targeted disruption of the basic Krüppel-like factor gene (Klf3) reveals a role in adipogenesis. Mol Cell Biol, 28(12): 3967-3978.

Tong Q, Dalgin G, Xu H, et al. 2000. Function of GATA transcription factors in preadipocyte-adipocyte transition. Science, 290(5489): 134-138.

Turner J, Crossley M. 1998. Cloning and characterization of mCtBP2, a co-repressor that associates with basic Krüppel-like factor and other mammalian transcriptional regulators. EMBO J, 17(17): 5129-5140.

Ulgiati D, Subrata L S, Abraham L J. 2000. The role of Sp family members, basic Krüppel-like factor, and E box factors in the basal and IFN-gamma regulated expression of the human complement C4 promoter. J Immunol, 164(1): 300-307.

Wang Y, Mu Y, Li H, et al. 2008. Peroxisome proliferator-activated receptor-gamma gene: a key regulator of adipocyte differentiation in chickens. Poult Sci, 87(2): 226-232.

Wani M A, Conkright M D, Jeffries S, et al. 1999. cDNA isolation, genomic structure, regulation, and chromosomal localization of human lung Kruppel -like factor. Genomics, 60(1): 78-86.

Wani M A, Means R T Jr, Lingrel J B. 1998. Loss of LKLF function results in embryonic lethality in mice. Transgenic Res, 7(4): 229-238.

Wolfe S A, Nekludova L, Pabo C O. 2000. DNA recognition by Cys2His2 zinc finger proteins. Annu Rev Biophys Biomol Struct, 29: 183-212.

Wu J, Srinivasan S V, Neumann J C, et al. 2005. The KLF2 transcription factor does not affect the formation of preadipocytes but inhibits their differentiation into adipocytes. Biochemistry, 44(33): 11098-11105.

Wu Z, Rosen E D, Brun R, et al. 1999. Cross-regulation of C/EBP alpha and PPAR gamma controls the transcriptional pathway of adipogenesis and insulin sensitivity. Mol Cell, 3(2): 151-158.

Yang H W, Xia T, Chen Z L, et al. 2007. Cloning, chromosomal localization and expression patterns of porcine Kruppel -like factors 4, -5, -7 and the early growth response factor 2. Biotechnol Lett, 29(1): 157-163.

Zhang W, Kadam S, Emerson B M, et al. 2001. Site-specific acetylation by p300 or CREB binding protein regulates erythroid Krüppel-like factor transcriptional activity via its interaction with the SWI-SNF complex. Mol Cell Biol, 21(7): 2413-2422.

Zhang X L, Simmen F A, Michel F J, et al. 2001. Increased expression of the Zn-finger transcription factor BTEB1 in human endometrial cells is correlated with distinct cell phenotype, gene expression patterns, and proliferative responsiveness to serum and TGF-beta1. Mol Cell Endocrinol, 181(1-2): 81-96.

Zhang X, Srinivasan S V, Lingrel J B. 2004. WWP1-dependent ubiquitination and degradation of the lung Krüppel-like factor, KLF2. Biochem Biophys Res Commun, 316(1): 139-148.

Zhang Z W, Rong E G, Shi M X, et al. 2014a. Expression and functional analysis of Krüppel-Like factor 2 in chicken adipose tissue. J Anim Sci, 92(11): 4797-4805.

Zhang Z W, Wang H X, Sun Y N, et al. 2013b. Klf7 modulates the differentiation and proliferation of chicken preadipocyte. Acta Biochim Biophys Sin (Shanghai), 45(4): 280-288.

Zhang Z W, Wang Z P, Zhang K, et al. 2013a. Cloning, tissue expression and polymorphisms of chicken Krüppel-like factor 7 gene. Anim Sci J, 84(7): 535-542.

Zhang Z W, Wu C Y, Li H, et al. 2014b. Expression and functional analyses of Krüppel-like factor 3 in chicken adipose tissue. Biosci Biotechnol Biochem, 78(4): 614-623.

Zobel D P, Andreasen C H, Burgdorf K S, et al. 2009. Variation in the gene encoding Krüppel-like factor 7 influences body fat: studies of 14 818 Danes. Eur J Endocrinol, 160(4): 603-609.

第十四章　其他与鸡脂肪组织生长发育
相关基因的功能研究

第一节　鸡 *Perilipin1* 基因的功能研究

机体内脂肪的过度蓄积，主要是脂肪组织中脂肪细胞的过度增殖和分化，从而造成过多的脂肪细胞生成而引起的。成熟脂肪细胞最主要的组成部分之一是细胞内的脂滴，从白色脂肪组织中分离到的典型的脂肪细胞含有一个大的脂滴，细胞内的空间几乎都被脂滴所占据。从形态学的角度分析，脂肪细胞的分化程度主要取决于脂滴的大小。目前，脂滴的结构已经比较清楚：甘油三酯和少量的胆固醇酯构成脂滴的核心，外面覆盖着单层磷脂（Tauchi-Sato et al.，2002）。单层磷脂内镶嵌着多种蛋白质，称为脂滴相关蛋白，这些蛋白质对于脂滴的代谢具有重要作用。其中，脂滴包被蛋白（Perilipin1，又称Perilipin，PLIN）是脂滴表面含量最多的一种蛋白质，特异性地分布于脂肪细胞中脂滴的表面（Blanchette-Mackie et al.，1995；Greenberg et al.，1991）。

哺乳动物上的研究表明，Perilipin1 在脂肪细胞脂解过程中发挥着重要的调控作用：一方面，在基础状态下，Perilipin1 包被在脂肪细胞中脂滴的表面，通过阻止脂肪细胞中甘油三酯水解酶接近脂滴从而抑制脂解作用（Brasaemle et al.，2000）；另一方面，在儿茶酚胺的刺激下，Perilipin1 可被蛋白激酶 A（PKA）高度磷酸化而有利于脂解酶接近脂滴表面，从而激活并促进脂解作用（Souza et al.，2002）。鸡 *Perilipin1* 基因优先在脂肪组织表达，而且其在不同组织中的时空表达规律与脂肪性状及肌内脂肪的发育变化呈极显著的正相关（赵小玲等，2009），暗示 *Perilipin1* 基因在鸡脂质代谢过程中发挥着重要作用。东北农业大学家禽课题组（以下简称"本课题组"）以东北农业大学肉鸡高、低腹脂双向选择品系（以下简称"高、低脂系"）为实验材料，围绕鸡 *Perilipin1* 基因的克隆、表达特性、亚细胞定位、功能和转录调控开展了深入的研究（秦菲悦等，2016；周纬男等，2016，2012；周纬男，2013；王彦博等，2011；王彦博，2010；王洪宝，2008）。在基因克隆方面，我们利用 RT-PCR 和 RACE 技术扩增并克隆了鸡 *Perilipin1* 基因的5′UTR、CDS 和 3′UTR 片段，分析了该基因的结构（秦菲悦等，2016）；在基因的表达特性方面，我们利用半定量 RT-PCR 和 Western blot 的方法，发现鸡 *Perilipin1* 基因在脂肪组织中表达量较高，在肝脏、十二指肠、胸肌、腿肌、肌胃、心脏、脾脏、肾脏 8 种组织中表达量极低或不表达（王彦博等，2011）；同时发现鸡 Perilipin1 在高脂系公鸡脂肪组织中的蛋白质表达丰度显著高于低脂系公鸡脂肪组织中的表达丰度（王彦博等，2011）；在基因的亚细胞定位方面，我们利用免疫荧光结合激光共聚焦技术，发现在油酸诱导分化后不同时间点（12~120h）的前脂肪细胞中，Perilipin1 始终包被在脂滴周围（秦菲悦等，2016）；在基因功能方面，我们发现过表达 *Perilipin1* 可显著促进油酸诱导分化后期（48h 和 72h）鸡前脂肪细胞的脂质蓄积（周纬男等，2012）；在基因的转录调控作用方面，我们发现鸡 *Perilipin1* 基因启动子不存在典型的 TATA 框结构和 CpG岛，但可能存在 TFIID、Sp1、AP-2、PPAR、RXR、SREBP1、C/EBP、GATA、ER、KLF5等多个转录因子结合位点；同时报道基因结果表明，鸡 *Perilipin1* 基因–360bp/–11bp 区域的启动子片段具有最强的转录活性，包含该基因的核心启动子序列（周纬男等，2016）。

一、鸡 *Perilipin1* 基因的克隆

cDNA 完整序列的获得对基因结构、蛋白质表达、基因功能的研究至关重要。cDNA末端快速扩增（rapid-amplification of cDNA ends，RACE）技术是快速获得新基因 5′端和 3′端未知序列最为有效的方法。本课题组秦菲悦等（2016）通过末端脱氧核糖核酸转移酶（TDT 酶）5′RACE 的方法获得了鸡 *Perilipin1* 基因的 5′UTR 序列（图 14-1），同时利用 RT-PCR 和 3′RACE 的方法，获得了鸡 *Perilipin1* 基因的 CDS 和 3′UTR 序列（图 14-2，图 14-3）。

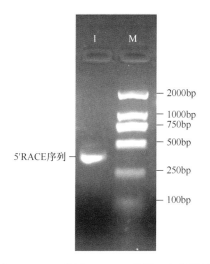

图 14-1　鸡 *Perilipin1* 基因 5′RACE 结果（秦菲悦等，2016）

M. DNA 相对分子质量标准；1. PCR 扩增产物

将以上克隆的序列拼接后获得了一条鸡 *Perilipin1* 基因的 cDNA 序列，与 UCSC数据库（http://genome.ucsc.edu/）提供的鸡基因组序列比对后，我们最终确定鸡*Perilipin1* 基因位于鸡 10 号染色体，由 9 个外显子、8 个内含子组成（ATG 位于第二外显子上）（图 14-4）；鸡 *Perilipin1* 基因 CDS 区全长 1551bp，编码 516 个氨基酸；5′UTR长 94bp，3′UTR 长 733bp。该结果已提交 NCBI 数据库并获得序列号（Accession No.GU327532），其对应的氨基酸序列如图 14-5 所示。

利用在线软件 Clustalw（http://www.genome.jp/tools/clustalw/），我们将本研究克隆的鸡 *Perilipin1* 基因编码区与 NCBI 数据库中人（NM_001145311）和小鼠（NM_175640）的 *Perilipin1* 基因编码区序列进行了同源性分析（表 14-1，图 14-6）。结果显示，鸡 *Perilipin1*基因编码区序列与小鼠和人的同源性较低，分别约为 38% 和 41%。

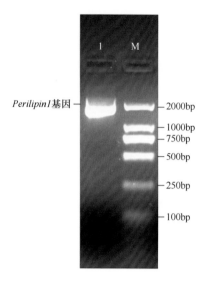

图 14-2　鸡 *Perilipin1* 基因 CDS 的扩增（秦菲悦等，2016）

M. DNA 相对分子质量标准；1. PCR 产物

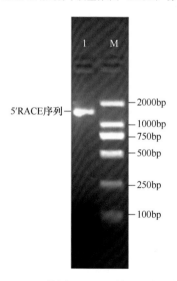

图 14-3　鸡 *Perilipin1* 基因 3′RACE 结果（秦菲悦等，2016）

M. DNA 相对分子质量标准；1. PCR 扩增产物

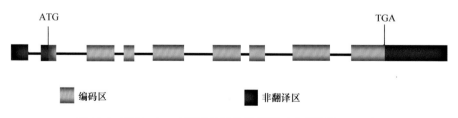

图 14-4　鸡 *Perilipin1* 基因的结构示意图（秦菲悦等，2016）

目前，*Perilipin1* 基因在哺乳动物（人和小鼠）上的研究较为深入。人的 *Perilipin1* 基因定位于 15 号染色体，小鼠的定位于 7 号染色体，它们都由 9 个外显子和 8 个内含

```
1    ATGACGGCGAAGAAGAATCAGCCCTTGCAGAATGGAAGGGCCAAGGAGAACGTGCTGCAG
1    M  T  A  K  K  N  Q  P  L  Q  N  G  R  A  K  E  N  V  L  Q

61   CGGGTCCTGCAGCTGCCAGTGGTGAGCTCAACCTGCGAAAGCTTGCAGCGGACCTACACC
21   R  V  L  Q  L  P  V  V  S  S  T  C  E  S  L  Q  R  T  Y  T

121  AGCACCAAAGAGGTCCACCCATTTGTGGCCTCGGTGTGTGAGGTCTATGAGCAGGGAGTG
41   S  T  K  E  V  H  P  F  V  A  S  V  C  E  V  Y  E  Q  G  V

181  AAGGGTGCCAGCGCCTTGGCCATGTGGAGCATGGAGCCTGTGGTGCGCAGGCTGGAGCCC
61   K  G  A  S  A  L  A  M  W  S  M  E  P  V  V  R  R  L  E  P

241  CAGTTCTCAATGGCCAACACTTTGGCATGTCGGGGCTTGGACCACCTGGAGGAGAAGATC
81   Q  F  S  M  A  N  T  L  A  C  R  G  L  D  H  L  E  E  K  I

301  CCAGCCCTTCAGTACCCTGTTGATAAGCTTGCCTCCAAACTGAAGGACACTATCTCCAGC
101  P  A  L  Q  Y  P  V  D  K  L  A  S  K  L  K  D  T  I  S  S

361  CCCATCCAATGTGCCAAGAGCACCATCGGCAACTCTATGGACAAGATCCTGGGGCTGGCA
121  P  I  Q  C  A  K  S  T  I  G  N  S  M  D  K  I  L  G  L  A

421  GTCGGGGGCTATGAGACAACCAAGAGCACCGTGGAGACCACAGCCAAGGTACACGAGGAGC
141  V  G  G  Y  E  T  T  K  S  T  V  E  T  T  A  R  Y  T  R  S
```

图 14-5　鸡 *Perilipin1* 基因的 CDS 区对应的氨基酸序列（部分）（秦菲悦等，2016）

表 14-1　Clustalw 软件对 *Perilipin1* 基因 CDS 序列同源性的分析结果（秦菲悦等，2016）（%）

	鸡	人	小鼠
鸡	100.00	41.07	38.81
人	41.07	100.00	78.06
小鼠	38.81	78.06	100.00

```
人 Homo sapiens NM_001145311   TACACCAGCACTAAGGAAGCCCACCCCCTGGTGGCCTCTGTGTGCAATGCCTATGAGAAG
小鼠 Mus musculus NM_175640     TACAACAGCACCAAAGAAGCCCACCCCCTGGTGGCCTCTGTGTGCAATGCCTATGAGAAG
鸡 Gallus gallus GU327532       TACACCAGCACCAAAGAGGTCCACCCATTTGTGGCCTCGGTGTGTGAGGTCTATGAGCAG
                                **** ****** ** ** * ****** * ********* ***** * * ******* **

人 Homo sapiens NM_001145311   GGCGTGCAGAGCGCCAGTAGCTTGGCTGCCTGGAGCATGGAGCCGGTGGTCCGCAGGCTG
小鼠 Mus musculus NM_175640     GGTGTACAGGGTGCCAGCAACCTGGCTGCCTGGAGCATGGAGCCGGTGGTCCGTCGGCTG
鸡 Gallus gallus GU327532       GGAGTGAAGGGTGCCAGCGCCTTGGCCATGTGGAGCATGGAGCCTGTGGTGCGCAGGCTG
                                ** ** ** * ***** * **** ************* ***** ** *****

人 Homo sapiens NM_001145311   TCCACCCAGTTCACAGCTGCCAATGAGCTGGCCTGCCGAGGCTTGGACCACCTGGAGGAA
小鼠 Mus musculus NM_175640     TCCACCAGTTCACAGCTGCCAATGAGTTGGCCTGCGCAGAGGCTGGACCACCTGGAGGAA
鸡 Gallus gallus GU327532       GAGCCCAGTTCTCAATGGCCAACACTTTGGCATGTCGGGGCTTGGACCACCTGGAGGAG
                                ******** **** * ***** **** ** * ****************

人 Homo sapiens NM_001145311   AAGATCCCCGCCCTCCAGTACCCCCCTGAAAAGATTGCTTCTGAGCTGAAGGACACCATC
小鼠 Mus musculus NM_175640     AAGATCCCGGCTCTTCAATACCCTCCAGAAAAGATCGCCTCTGAACTGAAGGGCACCATC
鸡 Gallus gallus GU327532       AAGATCCCAGCCCTTCAGTACCCTGTTGATAAGCTTGCCTCCAAACTGAAGGACACTATC
                                ******** ** ** ** ***** ** *** * ** ** * ****** *** ***
```

图 14-6　人、小鼠、鸡 *Perilipin1* 基因编码区同源性的比对分析（部分）（秦菲悦等，2016）

子构成，编码 517 个氨基酸，人和鼠 *Perilipin1* 基因起始密码子均位于第二外显子（张利红等，2006）。在哺乳动物中，脂滴包被蛋白由一个单拷贝的 *Perilipin1* 基因编码，由于 mRNA 水平的剪切形式不同而产生 4 种不同的同源蛋白质：Perilipin1A、Perilipin1B、Perilipin1C、Perilipin1D，其中 Perilipin1A 是 Perilipin1 在成熟脂肪细胞中含量最多的亚型（Brasaemle et al.，2000；Greenberg et al.，1993），目前几乎所有的功能研究都集中在 Perilipin1A 上。在这 4 种蛋白质形式中，Perilipin1A、Perilipin1B 两种亚型在脂肪细胞和类固醇激素合成细胞中特异性表达，而 Perilipin1C、Perilipin1D 两种亚型仅存在于类固醇激素合成细胞中（Lu et al., 2001）。我们的研究结果显示，鸡 Perilipin1 基因位于第 10 号染色体，mRNA 由 9 个外显子、8 个内含子组成，起始密码子也位于第二外显子；该基因 CDS 全长 1551bp，编码 516 个氨基酸。目前，鸡上尚未有多种 Perilipin1 同源蛋白质的报道。鸡 Perilipin1 基因编码区序列与小鼠和人的同源性仅分别约为 38% 和 41%，而该基因编码区序列在小鼠和人之间的同源性是 78.06%，说明哺乳动物间的保守性高于与禽类的保守性，这也暗示禽类的 Perilipin1 在脂肪细胞脂解过程中的作用可能与哺乳动物存在一定的区别。

二、鸡 *Perilipin1* 基因的组织表达特性分析

Greenberg 等（1991）利用 Western blot 的方法检测了 Perilipin1 在小鼠多种组织中的表达规律，结果表明 Perilipin1 仅在脂肪组织中表达，而在睾丸、心脏、脾脏、肌肉、脑、肝脏等组织中不表达。随后，Greenberg 等（1993）利用 Northern blot 的方法在 mRNA 水平对 Perilipin1 基因的表达规律进行研究，发现了与蛋白质水平一致的结果。

（一）鸡 *Perilipin1* 基因的组织表达规律分析

本课题组王彦博等（2011）利用半定量 RT-PCR 的方法，以 GAPDH 基因为内参，在 mRNA 水平对鸡 Perilipin1 基因的组织表达特性进行了检测。结果表明，鸡 Perilipin1 基因在脂肪组织中表达量较高，在肝脏、十二指肠、胸肌、腿肌、肌胃、心脏、脾脏、肾脏 8 种组织中表达量极低或不表达（图 14-7）。

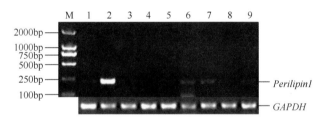

图 14-7　*Perilipin1* 基因在鸡不同组织中的表达特性（RT-PCR）（王彦博等，2011）
M. Marker；1. 肝脏；2. 脂肪；3. 十二指肠；4. 胸肌；5. 腿肌；6. 肌胃；7. 心脏；8. 脾脏；9. 肾脏

同时，王彦博等（2011）利用 Western blot 的方法，以 GAPDH 为内参，在蛋白质水平分析了鸡 Perilipin1 在 9 种不同组织中的表达特性。结果表明，鸡 Perilipin1 在脂肪组织中特异性表达且表达量较高，在肝脏、十二指肠、胸肌、腿肌、肌胃、心脏、脾脏、肾脏 8 种组织中不表达（图 14-8），该结果与鸡 Perilipin1 基因 mRNA 水平的组织表达规律基本一致。

在我们的研究中，mRNA 和蛋白质水平上的结果同时表明 Perilipin1 在鸡脂肪组织中高表达，这一结果与在小鼠中的研究结果一致（Greenberg et al., 1993, 1991）。在哺乳动物中，Perilipin1 作为脂肪细胞中与脂滴相关的主要蛋白质之一，分布于脂肪细胞及甾体生成细胞中（徐冲等，2006），在脂类代谢及胆固醇合成等方面都有非常重要的作用

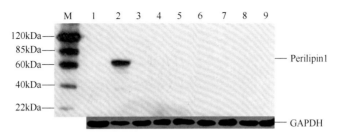

图 14-8　Perilipin1 在鸡不同组织中的表达特性（Western blot）（王彦博等，2011）

M. 蛋白质分子质量标准；1. 肝脏；2. 脂肪；3. 十二指肠；4. 胸肌；5. 腿肌；6. 肌胃；7. 心脏；8. 脾脏；9. 肾脏

（Lu et al.，2001）。基于上述研究结果，我们推测 Perilipin1 可能与鸡的脂类代谢也具有密切的关系。

（二）鸡 *Perilipin1* 基因在脂肪组织中的表达规律

以鸡 GAPDH 为内参，本课题组王彦博等（2011）利用 Western blot 技术分析了 Perilipin1 在高、低脂系间公鸡脂肪组织中的表达差异，结果显示 Perilipin1 在高脂系公鸡脂肪组织中蛋白质表达丰度显著高于低脂系公鸡脂肪组织中的表达丰度（$P<0.05$）（图 14-9，图 14-10）。

图 14-9　Perilipin1 在高、低脂系公鸡脂肪组织中的差异表达（Western blot）（王彦博等，2011）

1~5. 低脂系公鸡脂肪组织蛋白；6~10. 高脂系公鸡脂肪组织蛋白

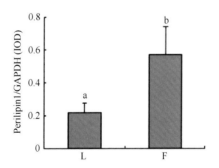

图 14-10　Perilipin1 在高、低脂系公鸡脂肪组织中的差异表达（IOD 值）（王彦博等，2011）

L. Perilipin1 在低脂系公鸡腹部脂肪组织中的表达水平；F. Perilipin1 在高脂系公鸡腹部脂肪组织中的表达水平；字母不同表示差异显著（$P<0.05$）

鉴于脂肪细胞脂解作用对于肥胖和胰岛素抵抗的潜在重要性，Kern 等（2004）利用 Northern blot 及 Western blot 方法分析了瘦人和胖人脂肪组织中 Perilipin1 的表达情况。两种方法取得了一致结果：*Perilipin1* 基因在胖人脂肪组织中的表达量高于在瘦人脂肪组织中的表达量。我们的研究结果表明，Perilipin1 在高脂系脂肪组织中的表达量显著高于低脂系中的表达量，这一结果与 Perilipin1 在胖人和瘦人间差异表达结果相一致，暗示鸡 Perilipin1 发挥作用的机制可能与人类似。在哺乳动物中，基础状态下，Perilipin1 包被在脂肪细胞中脂滴的表面，通过阻止脂肪细胞中甘油三酯水解酶接近脂滴来调控脂肪细胞的代谢（Brasaemle et al.，2000）。结合本研究的结果，Perilipin1 高表达鸡只的腹部脂肪组织含量明显高于 Perilipin1 低表达的鸡只（数据未列），暗示 Perilipin1 在鸡脂肪组织中的高量表达可能增加了其对脂滴的保护作用，降低了基础状态下鸡脂肪组织的脂解速率，从而导致了两个肉鸡品系间脂肪沉积的明显差异。

三、鸡 Perilipin1 的亚细胞定位

脂肪细胞中的脂滴是中性脂质的主要储存场所（Lu et al.，2001；刘芳等，2010）。PAT（Perilipin-ADRP-TIP47）家族蛋白是一类包被在脂肪细胞内中性脂滴表面的结构蛋白，它们与脂类代谢及其调节具有十分密切的关系（Lu et al.，2001）。该家族成员包括脂滴包被蛋白（Perilipin）、脂肪细胞分化相关蛋白（ADRP）、尾连蛋白（TIP47）、S3-12 和 OXPAT/MLDP 等，它们的蛋白质序列在氨基端大约 100 个氨基酸的区域高度保守。由于长期以来对于 PAT 蛋白家族命名缺乏一致性和精确性，经小鼠命名委员会讨论，2009 年对 PAT 蛋白家族的成员进行了统一命名，其中 Perilipin1 代表 Perilipin，Perilipin2 代表 ADRP，Perilipin3 代表 TIP47，Perilipin4 代表 S3-12，Perilipin5 代表 OXPAT/MLDP。

Perilipin1 是 PAT 家族蛋白中的主要成员，1990 年 Perilipin1 首次被发现于大鼠脂肪细胞的脂滴表面。Perilipin1 的功能已经在许多细胞系中被研究，包括 NIH 3T3、3T3-L1 脂肪细胞，CHO 和鼠胚成纤维细胞系等。1991 年，Greenberg 等通过免疫荧光结合激光共聚焦技术，以 3T3-L1 脂肪细胞为实验材料，首次对 Perilipin1 开展了亚细胞定位实验，结果发现 Perilipin1 紧密地环绕于 3T3-L1 脂肪细胞中脂滴的外周。

为研究鸡 Perilipin1 的功能，本课题组秦菲悦等（2016）以鸡原代前脂肪细胞为实验材料，利用免疫荧光结合激光共聚焦技术，对 Perilipin1 在鸡前脂肪细胞分化过程中的表达位置展开研究，得到了与哺乳动物中较为一致的研究结果：在诱导分化后不同时间点（12~120h）的前脂肪细胞中，Perilipin1 始终包被在脂滴周围（图 14-11）。此结果暗示，Perilipin1 在鸡和哺乳动物脂类代谢过程中可能发挥着相似的功能，即在基础条件下，Perilipin1 作为一个保护屏障来抑制脂解。

PAT 家族的成员在脂肪细胞脂滴的形成过程中扮演着重要角色：随着脂滴的形成该家族成员轮流出现，其中 Perilipin1 随单室脂滴的增加而增加。有文献报道 Perilipin3、Perilipin4、Perilipin5 包被在新生脂滴表面，促进甘油三酯（triglyceride，TG）的合成；随着单室脂滴形成，Perilipin3~Perilipin5 逐渐被 Perilipin1 和 Perilipin2 代替，最终 Perilipin1 代替 Perilipin2 包被在成熟的单室脂滴表面（Yang et al.，2012；Wolins et al.，2005）。我们的研究结果表明，在脂滴形成初期（12h 和 24h），鸡 Perilipin1 就出现在脂滴周围，随着诱导时间的延长，鸡 Perilipin1 的表达量逐渐增加，并且在整个诱导期间，鸡 Perilipin1 始终包被在前脂肪细胞的脂滴周围，这与哺乳动物上的研究结果不尽相同，暗示禽类与哺乳动物在脂肪细胞的脂滴蓄积方面存在差异。

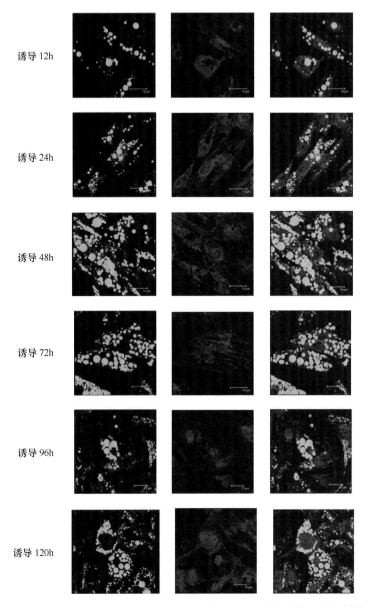

图 14-11　鸡原代前脂肪细胞分化过程中 Perilipin1 在脂肪细胞中的定位（秦菲悦等，2016）

绿色为脂滴；红色为鸡 Perilipin1 蛋白；第三列为两者的叠加图

四、鸡 *Perilipin1* 基因的功能研究

Perilipin1 特异性地包被于脂肪细胞中脂滴的表面，调控着脂肪细胞的脂质蓄积（Miyoshi et al.，2010）。细胞模型和动物模型上的研究结果表明，Perilipin1 对脂肪细胞的脂肪分解代谢具有重要的调节作用（Brasaemle，2007）。一方面，在基础状态下，Perilipin1 是中性脂滴的保护屏障，它可以通过抑制脂肪分解作用来促进脂质蓄积。在 3T3-L1 前脂肪细胞中异位表达 Perilipin1，脂肪细胞的脂肪分解率下降至 1/5，而甘油三酯含量升高 6~30 倍（Brasaemle et al.，2000）；*Perilipin1* 基因敲除实验表明，*Perilipin1* 基因敲除鼠

具有较高的基础脂肪分解率、较少的白色脂肪组织和较小的脂肪细胞体积（Zhai et al.，2010；Saha et al.，2004）。另一方面，在儿茶酚胺类激素的刺激下，Perilipin1 可被 PKA 高度磷酸化，从而有利于脂肪酶接近脂滴表面来激活并促进脂肪细胞的脂肪分解作用（Tansey et al.，2003）。

（一）过表达 *Perilipin1* 对鸡前脂肪细胞脂质蓄积的影响

为探讨 Perilipin1 对鸡前脂肪细胞脂质蓄积的影响，本课题组周纬男等（2012）利用油红 O 提取比色的方法分析了 Perilipin1 表达量升高后鸡前脂肪细胞的脂质蓄积情况。结果发现，与转染空载体的对照组细胞相比，过表达 *Perilipin1* 显著促进了油酸诱导分化后期（48h 和 72h）鸡前脂肪细胞的脂质蓄积（*P*<0.05），但对诱导分化早期（24h）的脂质蓄积没有显著影响（图 14-12）。

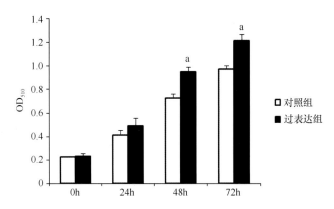

图 14-12　Perilipin1 表达量升高后鸡前脂肪细胞脂质蓄积情况（周纬男等，2012）

a 表示过表达组与相应对照组差异显著（*P*<0.05）

对哺乳动物的研究结果表明，PAT 蛋白家族成员在脂肪细胞脂滴形成过程中发挥作用的阶段不同，即在脂滴形成初期，脂滴主要由尾连蛋白（TIP47）和 S3-12 包被；而当形成中等大小的脂滴时，脂滴主要由脂肪细胞分化相关蛋白（ADRP）包被；只有当形成相对成熟的脂滴时，脂滴才是由 Perilipin1 包被（刘咏梅等，2010）。本研究结果显示，诱导 24h 的鸡前脂肪细胞分化程度较低，尚未形成成熟脂滴（结果未列出）。结合哺乳动物的研究结果，我们推测诱导 24h 的鸡前脂肪细胞中脂滴表面主要的结构蛋白不是 Perilipin1，因此，过量表达的 Perilipin1 无法发挥其对中性脂滴的保护功能，使得脂肪细胞的脂滴含量无明显变化。而随着脂肪细胞分化程度的提高，Perilipin1 的功能得以发挥，它通过在脂滴表面形成一个保护屏障来抑制脂解，因此促进了鸡前脂肪细胞中的脂质蓄积。

（二）过表达 *Perilipin1* 对脂类代谢相关基因表达的影响

为了探究过表达 *Perilipin1* 促进鸡前脂肪细胞脂质蓄积的分子机制，本课题组周纬男等（2012）利用 Realtime RT-PCR 的方法分析了鸡 Perilipin1 表达量升高后，脂肪合成相关基因（*FAS*、*ACC*）和脂肪分解相关基因（*ATGL*）表达量的变化情况。脂肪酸合成酶（FAS）是脂肪酸合成的关键酶，它对于脂肪酸的合成及脂质蓄积具有重要的作用（罗建学等，2011）；乙酰辅酶 A 羧化酶（ACC）是脂肪酸合成的限速酶，它在脂肪酸代谢过程中发挥着重要的作用（李洁琼等，2011）；脂肪甘油三酯脂肪酶（ATGL）是甘油三酯水解的关键酶，它在脂肪分解过程中发挥着重要的作用（胡深强等，2011）。此外，有研究还表明，ATGL 介导的脂肪分解作用受到 Perilipin1 的调控（Miyoshi et al.，2007）。

我们的研究结果显示，过表达 *Perilipin1* 对上述与脂类代谢相关重要基因（*FAS*、*ACC*、*ATGL*）的表达均无显著影响（图 14-13）。

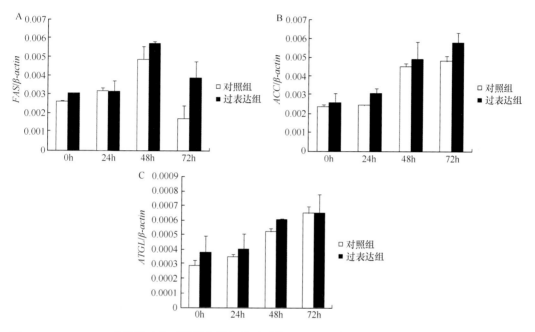

图 14-13　Perilipin1 表达量升高后脂类代谢相关重要基因 mRNA 水平的表达情况（周纬男等，2012）
A. *FAS* 基因；B. *ACC* 基因；C. *ATGL* 基因

对哺乳动物的研究表明，脂肪合成相关基因的表达量在 *Perilipin1* 转基因鼠的白色脂肪组织中无显著变化（Miyoshi et al.，2010）。我们的研究结果与此一致，推测产生这种现象的原因可能是因为 *Perilipin1* 基因是脂类代谢通路的终末靶点之一，它可能对其他与脂类代谢相关的重要基因（*FAS*、*ACC*、*ATGL*）的反馈调节作用较弱；此外，这种现象也有可能是由于脂肪细胞脂类代谢是一个受众多基因共同调控的复杂过程，*Perilipin1* 基因是通过影响脂类代谢通路上除 *FAS*、*ACC* 和 *ATGL* 基因以外的其他基因的表达来调控脂肪细胞脂质蓄积的，抑或 Perilipin1 对 *FAS*、*ACC* 和 *ATGL* 基因的表达调控主要发生在转录后水平。因此，关于鸡 *Perilipin1* 基因对脂质代谢的调控机制还有待进一步研究。

五、鸡 *Perilipin1* 基因启动子的克隆及活性分析

家禽的脂质代谢规律与哺乳动物有诸多不同，为揭示 *Perilipin1* 基因在家禽脂质代谢过程中的作用，国内外研究者开展了大量的研究工作，并获得了一系列重要的研究结果（周纬男等，2012；潘志雄等，2010；赵小玲等，2009）。在此基础上，我们利用 PCR、生物信息学分析及报道基因检测等方法对鸡 *Perilipin1* 基因的启动子进行了克隆及分

析，发现了多个与脂质代谢相关的转录因子结合位点，并初步确定了该基因的核心启动子区域，这些结果为深入研究鸡 *Perilipin1* 基因的表达调控机制奠定了基础。

（一）鸡 *Perilipin1* 基因启动子的克隆

前期的研究结果显示，鸡 *Perilipin1* 基因位于鸡 10 号染色体，其 mRNA 序列由 9 个外显子、8 个内含子组成（ATG 位于第 2 外显子上）。在此基础上，本课题组周纬男等（2016）根据鸡 *Perilipin1* 基因的 mRNA 序列（GenBank Accession No. GU327532.1）及鸡的全基因组序列（http://genome.ucsc.edu，UCSC）克隆了鸡 *Perilipin1* 基因的启动子。测序结果表明该片段长度为 1982bp。随后我们又将此启动子片段亚克隆到 pGL3-Basic 质粒上，构建了鸡 *Perilipin1* 基因的报道基因质粒（Plin–1992bp/–11bp）（图 14-14）。

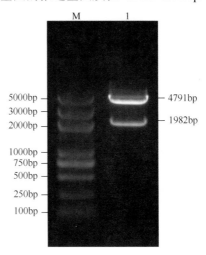

图 14-14　鸡 *Perilipin1* 基因启动子报道基因重组质粒的酶切鉴定（周纬男等，2016）
M. Trans2K Plus DNA marker；1. 重组质粒 Plin–1992bp/–11bp 经 *Kpn* I、*Xho* I 酶切结果

（二）鸡 *Perilipin1* 基因启动子的序列分析

1. 同源性分析

本课题组周纬男等（2016）根据人 *Perilipin1* 基因的完整序列（GenBank Accession No. NG_029172.1）、小鼠 *Perilipin1* 基因的 mRNA 序列（GenBank Accession No. NM_175640.2，No. NM_001113471.1）及小鼠的全基因组序列（http://genome.ucsc.edu，UCSC），查找确定了人、小鼠 *Perilipin1* 基因第一外显子上游的 2000bp 基因序列，并将这两段序列与本研究中克隆获得的鸡 *Perilipin1* 基因启动子序列进行了比对分析，结果发现鸡 *Perilipin1* 基因启动子序列与人、小鼠的启动子序列同源性较低，分别为 40.44% 和 40.62%（表 14-2，图 14-15）。

表 14-2　**Clustal** 软件对 *Perilipin1* 基因启动子序列同源性的分析结果（周纬男等，2016）（%）

	鸡	人	小鼠
鸡	100.00	40.44	40.62
人	40.44	100.00	49.86
小鼠	40.62	49.86	100.00

CLUSTAL　0 (1. 2. 1) multiple sequence alignment

```
鸡 Chicken    TGGGCTGTCTCAGCAAGTACAGTCTTAACCTGGGAGATGGGGCAATGAATTTTCAGCCTT
人 Human       ---CCAGGCTGAGGAGGAGGATGG------AGAAAGATTGAGATGTAGAGCC---TCTGG
小鼠 Mouse     AAGGCAGGCTGCCCTTTAGCCTGG----------------------------GCTGT
              *  *  **

鸡 Chicken    CCTCAGCCTTACCTGTTCCATTTGGCATAACAC--AGGTCAG--AGCGTACAGGAGTAAC
人 Human       GTTGAGAGGGACCTCTG--AAATG--AACTCATCTAGACTGCTGCCATGGA-GATGGTGC
小鼠 Mouse     GTCCAGATGCAAGTCTCCCAGATTACTCGTCCTGAACCTTGAAGCAAAGGCAGAGGCCAC
                  **    *  *  *  *    *    *     *            *   *  *

鸡 Chicken    TTAACTGGATG---TTAAGCACTAATACTGCCTTTCTGCTCCTCTGCTGGGGGCTAGCAG
人 Human       TCTACAGTAGC-----CCTGTCAATCGCTGGCT-----------GGCTTCTGCC---TAG
小鼠 Mouse     TTTACACGCTCCCCTCCTTCCCCACTGCTGTCTTACAGCCCAAAGGCTCAGACC---AAG
              *  **        *  *   ***  **       ***     *    **

鸡 Chicken    TTAAATGTACCTTAATGTGATGTGAC-----------TGAAGCCATAGAATTGCAATCA
人 Human       GTAAGTCTGCCTTGAATTCATGGTGG-------TATGTT------------ATGTTAC
小鼠 Mouse     ATTAATAAGTATCAAATGCATGACATATTCATTACCTCTTCTGGAAGCTCCTTGTTCCAC
               *  *    *  *   ***            *

鸡 Chicken    AATGGAGAAAATCCTTTTAGTGCCTTTTCTGTGTATGTTTCTGATACGACAGCTGGAATG
人 Human       AGTGGTATCCATCTTTGGTA-----CTTTTG-TCCT-------------------------
小鼠 Mouse     ACCCCTCCCTTTCCTGGCA------TCTTGTTCCCTGTTTTATTATACTGAAGATAAAATT
              *          *  *  *    *    **

鸡 Chicken    AGGAG------AGCTGTTTGAACACAAGCAATAAACGTTGATGCATATGACACTGCATCT
人 Human       --CTGCAATGGTGAGTGGTGGGGAGTTTGGGAAATACTAC--------------------
小鼠 Mouse     TACTACCAAGGATCTATCGGTAGCCTTTCTCACATCCTTATTGTTTA-----TTGCATTT
                                *             *    *
```

图 14-15　人、小鼠、鸡 *Perilipin1* 基因启动子同源性的比对分析（部分）（周纬男等，2016）

2. 启动子结构的预测与分析

对本研究扩增获得的鸡 *Perilipin1* 基因 5′侧翼序列进行启动子分析时，周纬男等（2016）发现不同的在线软件分析结果有所不同。Promoter 2.0 和 Neural Network Promoter Prediction（NNPP）软件在该片段中预测出了潜在的启动子位置及序列（表 14-3，表 14-4），而 Promoter Scan 和 FPROM 软件则在该段序列中未发现启动子结构（不存在典型的 TATA 框序列）（表 14-5）。在对小鼠 *Perilipin1* 基因 5′侧翼序列进行核心启动子预测时，也发现了类似的结果（表 14-3~表 14-5）。但对人 *Perilipin1* 基因 5′侧翼序列进行核心启动子预测时，Neural Network Promoter Prediction 和 FPROM 软件在该片段中预测出潜在的启动子位置、序列及 TATA 框位置（表 14-4，表 14-5），而 Promoter 2.0 和 Promoter Scan 软件则在该段序列中未发现启动子结构（表 14-3）。

表 14-3　**Promoter 2.0 软件对 *Perilipin1* 基因启动子的预测结果**（周纬男等，2016）

物种	位置/bp	分值	可能性
人	—	—	—
小鼠	−1601	0.510	临界预测
	−1101	0.605	临界预测
	−601	0.521	临界预测
鸡	−493	0.63	临界预测

表 14-4　**Neural Network Promoter Prediction** 软件对 *Perilipin1* 基因启动子的预测结果
（周纬男等，2016）

物种	预测结果定位/bp	评分	启动子序列
人	−902~−852	0.58	CAACAATACATATAATTCCACCAGCAACAAAGAAAATAAGTTTTGTTTTC
	−643~−593	0.63	ACCCAGGAGAATAAAAATCTACTTGGCTCTCCTACTCTTCATTCTGGTAG
	−564~−514	0.55	TTTTTTGAATTCTAAGAAGTGGGAATTCCTCCCTCAACTCAAAGGCTATA
小鼠	−1689~−1639	0.62	CATTTATGCATTTATTTGGGGTGTGTGTGCGTGTGTGTGCGTGTGTGTGT
	−1290~−1240	0.76	CTAGTTGGTCTAAAGACACAGCTTGGCACCACAGTGCTCCATCAACATTA
	−640~−590	0.50	AATGTTTTCTTTAACCCTGGGGGTTTACAGAGGATGAGACATCTCCTGCG
	−187~−137	0.71	TTGCCTAAACATCCCCCATAGAAGTTAGGGTGAGCCCAGGGGACACCCTG
鸡	−1505~−1455	0.72	GGATAACGAGTAAAAAGAAGCTCTTGCTGGTAGCTTACTGCTTACTCCTA
	−1078~−1028	0.76	GTGGAAGGCAATAAATCGGTCTCTAATCCACCCAAGGGGTAATACATATA
	−700~−650	0.74	GGGGTGAGCCTGTTAATGCAGGGCTGTGGACAAGCCCAGGCTCTTCCAGG

注：序列中的大号字母表示预测的转录起始位点

表 14-5　**FPROM** 软件对 *Perilipin1* 基因启动子的预测结果（周纬男等，2016）

物种	启动子位置/bp	TATA 框位置/bp
人	−603	−634
小鼠	—	—
鸡	—	—

3. CpG 岛的预测

　　周纬男等（2016）利用 CpG Island Searcher 软件，以 GC% 为 55%、GC 二核苷酸比例（observed-to-expected）为 0.65、CpG 岛片段长度为 600bp、相邻 CpG 岛的间隔 100bp 为检测依据（Takai and Jones，2002）进行 CpG 岛的检测分析，结果发现，人、小鼠、鸡 *Perilipin1* 基因启动子序列中含有多个 CpG 位点，但均不存在典型的 CpG 岛结构（图 14-16）。

　　为研究 *Perilipin1* 基因在脂肪细胞中发挥作用的机制，Nagai 等（2004）对小鼠 *Perilipin1* 基因的 5′ 侧翼区进行了分析，结果发现小鼠 *Perilipin1* 基因启动子区不存在典型的 TATA 框、GC 框和 CAAT 框等基本转录元件，并且在转录起始位点附近也没有典型的启动子起始序列。在我们的研究中，鸡 *Perilipin1* 基因的启动子与人、小鼠 *Perilipin1* 基因的启动子同源性均较低，其结构与人的不同，与小鼠的类似，同样也不存在 TATA 框等基本转录元件。然而，本研究在鸡 *Perilipin1* 基因启动子区却发现了 TFIID 转录因子的结合位点（−975~967bp）（表 14-6），该转录因子是 TATA 框结合蛋白（TATA-box binding protein，TBP）和 13 种 TBP 协同因子（TBP-associated factor，TAF）在体内装配的多蛋白复合物，可与转录激活因子结合形成共激活因子，启动 RNA 转录起始复合物的形成，引发 RNA 合成过程，是调控基因转录的基本转录因子（Bieniossek et al.，2013）。因此，我们推测鸡 *Perilipin1* 基因的转录表达可能与此位点有关。我们的研究还发现，人、小鼠、鸡 *Perilipin1* 基因的启动子区虽然存在多个 CpG 位点，但均没有典型的 CpG 岛，暗示 *Perilipin1* 基因的表达调控受 DNA 甲基化影响的可能性较小。

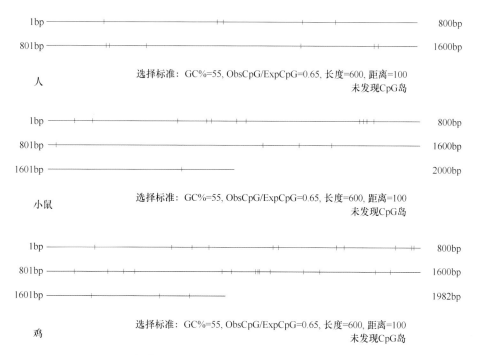

图 14-16　CpG Island Searcher 软件对 *Perilipin1* 基因启动子中 CpG 岛的预测结果（周纬男等，2016）
横线为 *Perilipin1* 基因启动子序列，竖线为 CpG 位点

4. 转录因子结合位点的预测

周纬男等（2016）利用 JASPAR 和 PROMO 在线软件预测了鸡 *Perilipin1* 基因启动子的转录因子结合位点。利用 JARPAR 软件在该序列中发现了 79 种转录因子共 228 个结合位点，利用 PROMO 软件发现了 159 种转录因子共 2374 个结合位点，两种软件共有的转录因子共 16 种，对应 20 个结合位点，其中包括 TFIID、SP1、AP-2、PPARγ、RXRα、SREBP1c、C/EBPα、GATA、ERα、KLF5 等转录因子（表 14-6，图 14-17）。

表 14-6　鸡 *Perilipin1* 基因启动子的转录因子结合位点预测结果（周纬男等，2016）

转录因子	起始位置/bp	终止位置/bp	序列	预测软件
AhR：Arnt	−614	−605	GCACGCCCCC	PROMO 和 JASPAR
C/EBPα	−1373	−1370	ATTT	PROMO 和 JASPAR
C/EBPα	−1332	−1322	ATTTCATAATA	PROMO 和 JASPAR
C/EBP（C/EBPβ）	−1956	−1950	TGGGGCA	PROMO 和 JASPAR
Crx	−1059	−1052	CTCTAATC	PROMO 和 JASPAR
Ddit3：C/EBPα	−1392	−1381	AGCATTGCATTC	PROMO 和 JASPAR
Elk-1	−933	−926	ACAGGAAG	PROMO 和 JASPAR
GATA1	−1294	−1289	GAGATA	PROMO 和 JASPAR
GATA1（GATA4）	−1295	−1288	TGAGATAA	PROMO 和 JASPAR
HNF4A	−786	−772	CTGCCCTTTGTCCCA	PROMO 和 JASPAR
MyoD	−1725	−1718	GACAGCTG	PROMO 和 JASPAR
NF-AT2（NFATC2）	−507	−501	TTTTCCT	PROMO 和 JASPAR

续表

转录因子	起始位置/bp	终止位置/bp	序列	预测软件
NF-AT3（NFATC2）	−1638	−1629	GGAAAAGAGA	PROMO 和 JASPAR
Nkx2-1（Nkx2-5）	−1083	−1077	ACAAGTG	PROMO 和 JASPAR
Nkx3-2	−1083	−1075	ACAAGTGGA	PROMO 和 JASPAR
Nkx6-2（Nkx3-2）	−981	−973	TTAAGTGAA	PROMO 和 JASPAR
PPAR-gamma：RXR-alpha	−785	−774	TGCCCTTTGTCC	PROMO 和 JASPAR
RFX1	−86	−73	GTTTCCCCAGCAAC	PROMO 和 JASPAR
RXR-beta（RXR-alpha）	−1903	−1893	CACAGGTCAGA	PROMO 和 JASPAR
STAT4（STAT3）	−1227	−1222	GGAAGA	PROMO 和 JASPAR
KLF5	−926	−917	GGGGAGGGGA	JASPAR
SP1	−1112	−1102	GAGGGAGGGGG	JASPAR
AP-2	−1456	−1447	TCCCCTGCAG	PROMO
GATA2	−576	−568	GCCATATCC	PROMO
SREBP1c	−982	−973	CTTAAGTGAA	PROMO
Erα	−594	−587	CTGACCA	PROMO
Erα	−1904	−1894	ACACAGGTCAG	PROMO
TFIID	−975	−967	GAAATAAAA	PROMO

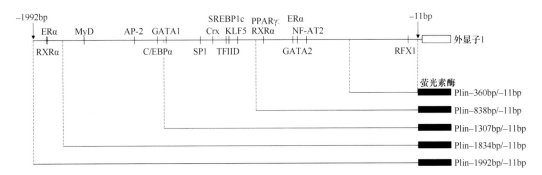

图 14-17　鸡 *Perilipin1* 基因启动子的转录因子结合位点预测结果（周纬男等，2016）

人和小鼠上的研究结果表明，*Perilipin1* 基因是 PPARγ、ERRα 和 LXR 的靶基因（Stenson et al.，2011；Akter et al.，2008；Arimura et al.，2004）。PPARγ 直接结合于 *Perilipin1* 基因的−1986~1974bp 区域，上调 *Perilipin1* 基因表达（Arimur et al.，2004）；ERRα 直接结合于 *Perilipin1* 基因的−414~406bp 区域，上调 *Perilipin1* 基因表达（Akter et al.，2008）；LXR 直接结合于 *Perilipin1* 基因启动子区域近端，下调 *Perilipin1* 基因表达（Stenson et al.，2011）。本研究的结果表明，鸡 *Perilipin1* 基因的 5′侧翼序列也存在许多转录因子结合位点，如 Sp1、AP-2、PPAR、RXR、SREBP1、C/EBP、GATA、ER、KLF5 等，但未发现 ERRα、LXR 等转录因子的结合位点。这些结果表明，鸡 *Perilipin1* 基因启动子的结构与人类、小鼠的不尽相同，暗示其转录调控机制也有所区别，其具体的机制有待进一步深入研究。

（三）鸡 *Perilipin1* 基因的启动子活性检测

为进一步确定鸡 *Perilipin1* 基因的核心启动子区域，周纬男等（2016）以Plin–1992bp/–11bp 质粒为模板进行 PCR 扩增，以约 500bp 的距离截短启动子，获得了长度分别为 1824bp、1297bp、828bp 和 350bp 的启动子片段。将这些片段进一步亚克隆到 pGL3-Basic 载体上，获得鸡 *Perilipin1* 基因启动子系列片段缺失报道基因重组质粒：Plin–1834bp/–11bp、Plin–1307bp/–11bp、Plin–838bp/–11bp 及 Plin–360bp/–11bp。

将 5 种启动子报道基因重组质粒分别与对照质粒（pRL-TK）共转染到 DF1 细胞中，转染 48h 后检测报道基因活性。结果显示，与对照组相比，Plin–1992bp/–11bp、Plin–1834bp/–11bp、Plin–1307bp/–11bp、Plin–838bp/–11bp 及 Plin–360bp/–11bp 质粒均具有极显著的报道基因活性（$P<0.01$），并且随着启动子片段由 5'端逐渐截短，报道基因活性表现出逐渐增强的趋势，其中 Plin–360bp/–11bp 质粒具有最强的报道基因活性（图 14-18）。这些结果表明，鸡 *Perilipin1* 基因–360bp/–11bp 区域的启动子片段具有最强的转录活性，包含该基因的核心启动子序列。

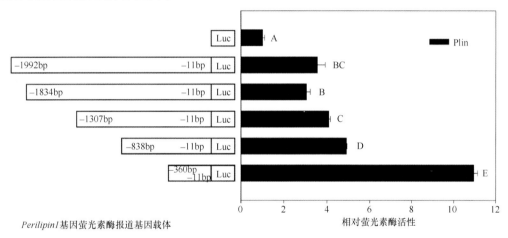

图 14-18　鸡 *Perilipin1* 基因的启动子活性分析（周纬男等，2016）

启动子活性表示为相对萤光素酶活性（萤火虫/海肾），对照质粒 pGL3-Basic（Luc）的启动子活性表示为 "1"；不同大写字母表示差异极显著（$P<0.01$）

利用生物信息学预测和分析启动子序列后，往往需要进行启动子缺失突变分析，目的是验证生物信息学预测的结果，同时缩小启动子功能序列的范围。在本研究中，生物信息学方法对鸡 *Perilipin1* 基因启动子区域的预测结果与报道基因获得的结果有较大不同，前者预测转录起始位点在–493bp（Promoter 2.0，表 14-3），启动子区域在–1505bp/–1455bp、–1078bp/–1028bp、–700bp/–650bp 三个区域（Neural Network Promoter Prediction，NNPP，表 14-4），后者则发现该基因的–360bp/–11bp 区域表现出最强的启动子活性。究其原因，一方面 Promoter 2.0 的结果仅为 "临界预测"（marginal prediction），即仅有 65%的真实性；另一方面 NNPP 软件预测的结果主要依据于人和果蝇的相关数据和算法，利用此软件分析禽类的启动子也存在一定的误差。而报道基因的结果则是在鸡胚成纤维细胞中实验验证的数据，更具有可信性。因此，我们推测–360bp/–11bp 区域包含鸡 *Perilipin1* 基因的核心启动子序列，在该基因的转录调控中具有重要作用。但该片段中包含的控制鸡 *Perilipin1* 基因转录的调控元件及确切的转录起始位点尚需进一步研究确定。

此外，报道基因检测结果表明，启动子片段由–838bp/–11bp 截短至–360bp/–11bp 时，报道基因活性有极显著的提高（$P<0.01$），结合生物信息学分析结果可知，鸡 *Perilipin1* 基因的–838～360bp 区域存在 GATA2 等负调控因子的结合位点，因此，我们推测这些负调控因子可能对鸡 *Perilipin1* 基因的转录活性有一定的抑制作用（张志威等，2012），其确切的调控机制有待后续实验验证。

第二节 鸡 *LPL* 基因的功能研究

家禽体内的脂类物质在循环系统中运输时，是以某种方式和蛋白质结合在一起的。一般情况下，极低密度脂蛋白（VLDL）和乳糜微粒（LM）中的主要脂质成分为甘油三酯（TG）。Whitehead 和 Griffin（1982）发现血浆 VLDL 加上低密度脂蛋白（LDL）中的 TG 浓度和体脂含量之间存在着中等程度的表型相关。脂蛋白脂酶（lipoprotein lipase，LPL）的生理功能恰恰是水解 VLDL 中的甘油三酯，可见其对禽类脂类储存具有重要作用。

LPL 主要在肝外组织实质细胞的粗面内质网中合成，包括心脏、肾脏、乳腺、脑、骨骼肌、脂肪组织等（田国平等，2012；叶平等，1995）；合成后的 LPL 被释放进入血液循环，而后结合在毛细血管内皮细胞表面的 LPL 受体上发挥作用，同时 LPL 水解甘油三酯的反应中释放出的游离脂肪酸可进一步发生氧化反应来供应能量（如在肌肉组织），或者作为能源物质被再酯化储存在脂肪细胞中，可见该酶在血浆蛋白的运输过程和能量代谢方面发挥着重要作用（宋艳丽和牛振民，1998）。

鉴于 *LPL* 基因在脂质代谢中的重要作用，本课题组以高、低脂系为实验材料，围绕鸡 *LPL* 基因的表达特性和启动子活性开展了一系列的研究（毕静等，2010；毕静，2009；王洪宝，2008；王宇祥，2004）。生物信息学分析结果表明，鸡 *LPL* 基因启动子区存在 GC 框、CCAAT 框等顺式作用元件，以及 Oct-1、GATA、AP-1 等转录因子的结合位点；并且在启动子–575~+137bp 区域存在一个 CpG 岛。报道基因检测结果表明，鸡 *LPL* 基因启动子的–601~+163bp 区域具有最强的启动子活性（毕静等，2010）。

一、鸡 *LPL* 基因启动子的克隆及序列分析

对哺乳动物的研究结果表明，*LPL* 基因在脂肪组织中表达量较高（Zechner，1997），且其表达受营养因素的影响较大（Bergö et al.，1996）。在肌肉组织中，LPL 是肌内脂肪沉积的重要参与者，对肌内脂肪的沉积具有重要影响（王刚等，2007）。此外，在哺乳动物脂肪细胞分化过程中，*LPL* 基因表达量也较高（Semenkovich et al.，1989）。然而，鸡 *LPL* 基因在脂肪组织中表达量很低，而且鸡 *LPL* 基因表达受年龄与营养因素的影响较小（Sato and Akiba，2002）。鸡脂肪细胞分化过程中的基因表达分析结果显示，*LPL* 基因的表达水平极低（Matsubara et al.，2005）。这些结果表明，鸡和哺乳动物 *LPL* 基因的表达模式不同，暗示鸡与哺乳动物的 *LPL* 基因存在不同的调控机制。

为研究鸡 *LPL* 基因的转录调控机制，本课题组毕静等（2010）克隆了鸡 *LPL* 基因

启动子区 1990bp 的序列，并利用 MOTIF Search 和 TFSEARCH 在线软件分析了 *LPL* 基因的启动子序列。结果发现，在鸡 *LPL* 基因转录起始位点上游存在基本的顺式作用元件，如 CCAAT 框（–69bp）、GC 框（–89bp），以及许多转录因子的结合位点，如两个连续的 Oct-1（–50bp、–42bp）、SRE（–123bp）、GATA（–1691bp）、AP-1（–1096bp）、MZF1（–1543bp、–1094bp、–121bp、–31bp）和 CdxA（–675bp、–645bp）等。其中 CCAAT 框元件和 SRE、Oct-1 转录因子的结合位点在鸡、人、小鼠的启动子中是高度保守的。此外，与人和小鼠相比，在鸡 *LPL* 基因的启动子区存在一个特有的 GC 框（–89bp）结构，但鸡在此区域没有 PPRE 序列。

此外，CpG Island 在线软件分析结果表明，鸡 *LPL* 基因启动子区–575~+137bp 存在一个 CpG 岛，其中在–282~–58bp 区域，GC 含量达 83.5%。根据人和小鼠的 *LPL* 基因序列（GenBank Accession No. NC_000008 和 NC_000074）和全基因组序列（UCSC: http://genome.ucsc.edu/），我们截取了人和小鼠 *LPL* 基因启动子区 2kb 的序列，同时用 CpG Island 在线软件分析了人与小鼠 *LPL* 基因的启动子结构。结果发现人 *LPL* 基因启动子区没有 CpG 岛，小鼠 *LPL* 基因启动子区–317~–113bp 存在 CpG 岛，但 GC 含量仅有 50.5%。

人 *LPL* 基因启动子上重要的顺式作用元件和转录因子结合位点已经被鉴定。其中最重要的位点是位于–46bp 处的 Oct（5′ATTTGCAT 3′）结合位点，其序列及邻近序列对 *LPL* 基因的转录起始有着重要影响（Nakshatri et al., 1995）；此外，在–65bp 位置存在一个 CCAAT 框（Previato et al., 1991），–90bp 处存在甾族调节元件 SRE 的结合序列（Schoonjans et al., 2000），在–170bp 处存在 PPRE 序列（Schoonjans et al., 1996）等。人和小鼠 *LPL* 基因启动子区的比较分析结果表明，二者启动子区均有保守的 CCAAT 框元件和 Oct、SRE、PPRE 等转录因子的结合位点；并且在转录起始位点上游 200bp 范围内，人和小鼠 *LPL* 基因启动子序列高度同源（Bey et al., 1998）。

鸡 *LPL* 基因的启动子分析结果表明，在该基因转录起始位点上游存在许多基本转录元件和转录因子的结合位点，其中 CCAAT 框元件和 SRE、Oct-1 转录因子的结合位点在鸡、人、小鼠的启动子序列中是高度保守的。与人和鼠 *LPL* 基因启动子区比较，鸡 *LPL* 基因启动子区有一个特有的 GC 框，该序列在鸡 *LPL* 基因表达过程中发挥着重要作用，除去该 GC 框会显著降低鸡 *LPL* 基因的表达（Lu and Bensadoun, 1993）。与人和小鼠相比，鸡 *LPL* 基因启动子区还缺少 PPRE 序列，该序列是转录因子 PPARγ 的结合位点，而 PPARγ 是脂肪细胞分化最重要的调控因子（Mandru and Lane, 1997）。鸡 *LPL* 基因启动子的这些特征可能是导致鸡与人和小鼠等哺乳动物 *LPL* 基因表达模式不同的原因。

综上可知，与人和小鼠 *LPL* 基因启动子区相比较，鸡 *LPL* 基因启动子区具有 3 个明显特征：①鸡 *LPL* 基因启动子区域没有 PPRE 序列；②鸡 *LPL* 启动子区域有一个特有的 GC 框；③鸡 *LPL* 基因启动子区存在较大的 CpG 岛。

二、鸡 *LPL* 基因启动子的活性分析

为确定鸡 *LPL* 基因的核心启动子区域，本课题组毕静等（2010）构建了 *LPL* 基因全长启动子及其截短突变的报道基因载体，并将其转染至鸡胚成纤维细胞（DF1）中，分析了不同长度启动子活性的差异。按照启动子长度由长到短，各报道基因载体依次命名为 pGL3-LPL、pGL3-LPL（–1219bp）、pGL3-LPL（–601bp）、pGL3-LPL（–359bp）（图 14-19）。

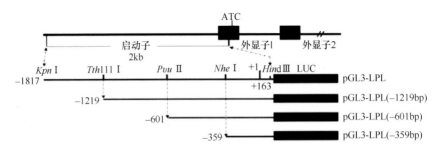

图 14-19　鸡 *LPL* 基因启动子系列缺失载体（毕静等，2010）

在 DF1 细胞中的报道基因分析结果表明，各长度的 *LPL* 基因启动子报道基因载体均有活性，与对照质粒 pGL3-Basic 相比差异显著（$P<0.05$）（图 14-20）；同时，各长度启动子片段中全长 2kb 的启动子活性最低，而包含–601~+163bp 区域的启动子活性最高；启动子区域由–1817bp 缩短至–1219bp，启动子活性增强近 1/3；由–1219bp 缩短至–601bp，启动子相对活性又呈现增强的趋势；当启动子区域由–601bp 缩短至–359bp，启动子相对活性减少了近三分之一。同时，–359~+163bp 区域的近端启动子活性显著高于对照质粒（$P<0.05$）（图 14-20），说明此区段具有基本的转录活性。

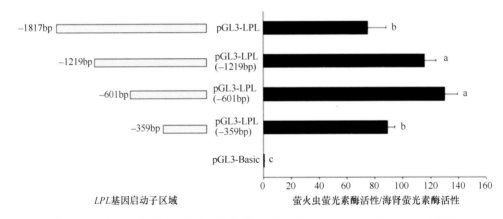

图 14-20　鸡 *LPL* 基因启动子及其缺失突变的萤光素酶相对活性（毕静等，2010）
字母不同表示差异显著（$P<0.05$）

上述研究结果表明，启动子区域由–1817bp 处逐渐缩短至–601bp 处时，启动子活性逐渐增强，由–601bp 处缩短至–359bp 处时，启动子活性减弱。所以我们推测在–1817~–601bp 区段中可能存在负调控元件，而–601~–359bp 区段中可能存在正调控元件。

Lu 和 Bensadoun（1993）在鸡前脂肪细胞中对鸡 *LPL* 启动子各区域进行转录活性分析时发现，鸡 *LPL* 基因启动子–1947~–139bp 区域主要存在负调控元件，转录起始位点至其上游 138bp 区域内主要存在正调控元件。我们的研究结果与 Lu 和 Bensadoun（1993）的研究结果有所不同，即–601~–359bp 区段中可能存在正调控元件，缺失此区域，启动子的活性降低（图 14-20）。产生这种转录活性差异的原因可能是研究所用的细胞不同。本研究使用的是鸡胚成纤维细胞，而 Lu 和 Bensadoun（1993）的研究采用的是鸡成熟脂肪细胞，这两种细胞的组成不同,导致转录复合物的构成有一定差异,从而导致 *LPL* 基因转录活性不同。此外,也有可能是由实验血清的差异导致。本研究细胞培养基中添加的是胎牛血清,而 Lu 和 Bensadoun(1993)研究中应用的是鸡血清,血清中含有大量的生物活性因子,培养基中血清的差异也可能导致鸡 *LPL* 基因表达的差异。因此,鸡 *LPL* 基因的转录调控机制还有待进一步研究。

参 考 文 献

毕静. 2009. 鸡 *A-FABP*、*LPL*、*FAS* 基因启动子克隆及活性分析. 哈尔滨: 东北农业大学硕士学位论文.

毕静, 丁宁, 王宁, 等. 2010. 鸡脂蛋白酯酶基因启动子的克隆及活性分析. 畜牧兽医学报, 41(6): 651-656.

胡深强, 潘志雄, 王继文. 2011. 脂肪甘油三酯脂肪酶(ATGL)的生物学功能及调控机制. 中国生物化学与分子生物学报, 27(8): 721-727.

李洁琼, 郑世学, 喻子牛, 等. 2011. 乙酰辅酶 A 羧化酶: 脂肪酸代谢的关键酶及其基因克隆研究进展. 应用与环境生物学报, 17(5): 753-758.

刘芳, 张利军, 叶菁, 等. 2010. 脂肪储存小滴蛋白 5 基因真核表达载体的构建及亚细胞定位. 细胞与分子免疫学杂志, 26(5): 438-439.

罗建学, 李春风, 初晓辉, 等. 2011. 脂肪酸合成酶基因的研究进展. 中国畜牧兽医, 38(6): 118-123.

潘志雄, 王继文, 唐慧, 等. 2010. 鹅 *Perilipin* 基因部分片段的克隆、不同品种及填饲对组织 mRNA 表达水平的影响. 畜牧兽医学报, 41(8): 939-943, 443.

秦菲悦, 周纬男, 王彦博, 等. 2016. 鸡 *Perilipin1* 基因的克隆及亚细胞定位. 农业生物技术学报, 24(10): 1560-1568.

宋艳丽, 牛振民. 1998. 脂蛋白脂酶的研究进展. 中国心血管杂志, 3(5): 388-391.

田国平, 陈五军, 何平平, 等. 2012. 脂蛋白酯酶研究进展及对动脉粥样硬化的影响. 生理科学进展, 43(5): 345-350.

王刚, 曾勇庆, 武英, 等. 2007. 猪肌肉组织 *LPL* 基因表达的发育性变化及其与肌内脂肪沉积关系的研究. 畜牧兽医学报, 38(3): 253-257.

王洪宝. 2008. 影响鸡脂类代谢重要基因的筛选及调控通路分析. 哈尔滨: 东北农业大学博士学位论文.

王彦博. 2010. 鸡 *Perilipin1* 基因的克隆、表达及功能分析. 哈尔滨: 东北农业大学硕士学位论文.

王彦博, 王宁, 王丽, 等. 2011. 鸡 Perilipin1 抗血清制备及组织表达特性分析. 畜牧兽医学报, 42(3): 349-355.

王宇祥. 2004. 鸡 *FAS* 与 *LPL* 基因多态性与生长和体组成性状的相关研究. 哈尔滨: 东北农业大学硕士学位论文.

徐冲, 何金汗, 徐国恒. 2006. 脂滴包被蛋白(perilipin)调控脂肪分解. 生理科学进展, 37(3): 221-224.

叶平. 1995. 脂蛋白脂酶的研究进展. 心血管病学进展, 16(5): 299-302.

张利红, 张立杰, 杨公社. 2006. 一种调控脂解的重要蛋白——围脂滴蛋白(Perilipin). 中国生物化学与分子生物学报, 22(12): 931-934.

张志威, 陈月婵, 裴文宇, 等. 2012. 过表达鸡 *Gata2* 或 *Gata3* 基因抑制 *Ppar*γ 基因的转录. 中国生物化学与分子生物学报, 28(9): 835-842.

赵小玲, 刘益平, 罗轶, 等. 2009. 鸡多个组织 *Perilipin1* 基因表达的发育性变化与脂肪性状的相关研究. 畜牧兽医学报, 40(2): 149-154.

周纬男. 2013. 鸡 *Perilipin1* 基因功能及转录调控研究. 哈尔滨: 东北农业大学硕士学位论文.

周纬男, 史铭欣, 乔书培, 等. 2016. 鸡 *Perilipin1* 基因启动子的克隆及分析. 畜牧兽医学报, 47(2): 249-259.

周纬男, 王宇祥, 李辉. 2012. 脂滴包被蛋白对鸡前脂肪细胞脂质蓄积的影响. 细胞与分子免疫学杂志, 28(9): 944-947,951.

Akter M H, Yamaguchi T, Hirose F, et al. 2008. Perilipin, a critical regulator of fat storage and breakdown, is a target gene of estrogen receptor-related receptor alpha. Biochem Biophys Res Commun, 368(3): 563-568.

Amri E Z, Bonlno F, Ailhaud G I, et al. 1995. Cloning of a protein that mediates transcriptional effects of fatty acids in preadipocytes. Homology to peroxisome proliferator-activated receptors. J Biol Chem, 270(5): 2367-2371.

Amri E Z, Teboul L, Vannier C, et al. 1996. Fatty acids regulate the expression of lipoprotein lipase gene and activity in preadipose and adipose cells. Biochem J, 314(Pt 2): 541-546.

Arimura N, Horiba T, Imagawa M, et al. 2004. The peroxisome proliferator-activated receptor gamma regulates expression of the *perilipin* gene in adipocytes. J Biol Chem, 279(11): 10070-10076.

Bergö M, Olivecrona G, Olivecrona T. 1996. Diurnal rhythms and effects of fasting and refeeding on rat adipose tissue lipoprotein lipase. Am J Physiol, 271(6 Pt 1): 1092-1097.

Bey L, Etienne J, Tse C, et al. 1998. Cloning, sequencing and structural analysis of 976 base pairs of the promoter sequence for the rat lipoprotein lipase gene. Comparison with the mouse and human sequences. Gene, 209(1-2): 31-38.

Bieniossek C, Papai G, Schaffitzel C, et al. 2013. The architecture of human general transcription factor TFIID core complex. Nature, 493(7434): 699-702.

Blanchette-Mackie E J, Dwyer N K, Barber T, et al. 1995. Perilipin is located on the surface layer of intracellular lipid droplets in adipocytes. J Lipid Res, 36(6): 1211-1226.

Brasaemle D L. 2007. Thematic review series: adipocyte biology. The perilipin family of structural lipid droplet proteins: stabilization of lipid droplets and control of lipolysis. J Lipid Res, 48(12): 547-2559.

Brasaemle D L, Rubin B, Harten I A, et al. 2000. Perilipin A increases triacylglycerol storage by decreasing the rate of triacylglycerol hydrolysis. J Biol Chem, 275(49): 38486-38493.

Deeb S S, Peng R L. 1989. Structure of the human lipoprotein lipase gene. Biochemistry, 28(10): 4131-4135.

Greenberg A G, Egan J J, Wek S A, et al. 1993. Isolation of cDNAs of perilipins A and B: sequence and expression of lipid droplet-associated proteins of adipocytes. Proc Natl Acad Sci U S A, 90(24): 12035-12039.

Greenberg A S, Egan J J, Wek S A, et al. 1991. Perilipin, a major hormonally regulated adipocyte-specific phosphoprotein associated with the periphery of lipid storage droplets. J Biol Chem, 266(17): 11341-11346.

Griffin H D, Whitehead C C, Broadbent L A. 1982. The relationship between plasma triglyceride concentrations and body fat content in male and female broilers– a basis for selection? Br Poult Sci, 23(1): 15-23.

Kern P A, Di Gregorio G, Lu T, et al. 2004. Perilipin expression in human adipose tissue is elevated with obesity. J Clin Endocrinol Metab, 89(3): 1352-1358.

Lu S C, Bensadoun A. 1993. Identification of the 5′ regulatory elements of avian lipoprotein lipase gene: synergistic effect of multiple factors. Biochim Biophys Acta, 1216(3): 375-384.

Lu X, Gruia-Gray J, Copeland N G, et al. 2001. The murine *perilipin* gene: the lipid droplet-associated perilipins derive from tissue-specific, mRNA splice variants and define a gene family of ancient origin. Mamm Genome, 12(9): 741-749.

Mandru P S, Lane M D. 1997. Regulating adipogenesis. J Biol Chem, 272(9): 5367-5370.

Matsubara Y, Sato K, Ishii H, et al. 2005. Changes in mRNA expression of regulatory factors involved in adipocyte differentiation during fatty acid induced adipogenesis in chicken. Comp Biochem Physiol A Mol Integr Physiol, 141(1): 108-115.

Miyoshi H, Perfield J W 2nd, Souza S C, et al. 2007. Control of adipose triglyceride lipase action by serine 517 of perilipin A globally regulates protein kinase A-stimulated lipolysis in adipocytes. J Biol Chem, 282(2): 996-1002.

Miyoshi H, Souza S C, Endo M, et al. 2010. Perilipin overexpression in mice protects against diet-induced obesity. J Lipid Res, 51(5): 975-982.

Nagai S, Shimizu C, Umetsu M, et al. 2004. Identification of a functional peroxisome proliferator-activated receptor responsive element within the murine *perilipin* gene. Endocrinology, 145(5): 2346-2356.

Nakshatri H, Nakshatri P, Currie R A. 1995. Interaction of Oct-1 with TFIIB. Implications for a novel response elicited through the proximal octamer site of the lipoprotein lipase promoter. J Biol Chem, 270(33): 19613-19623.

Previato L, Parrott C L, Santamarina-Fojo S, et al. 1991. Transcriptional regulation of the human lipoprotein lipase gene in 3T3-L1 adipocytes. J Biol Chem, 266(28): 18958-18963.

Saha P K, Kojima H, Martinez-Botas J, et al. 2004. Metabolic adaptations in the absence of perilipin: increased beta-oxidation and decreased hepatic glucose production associated with peripheral insulin resistance but normal glucose tolerance in perilipin-null mice. J Biol Chem, 279(34): 35150-35158.

Sato K, Akiba Y. 2002. Lipoprotein lipase mRNA Expression in abdominal adipose tissue is little modified by age and nutritional state in broiler chickens. Poult Sci, 81(6): 846-852.

Schoonjans K, Gelman L, Haby C, et al. 2000. Induction of LPL gene expression by sterols is mediated by a sterol regulatory element and is independent of the presence of multiple E boxes. J Mol Biol, 304(3): 323-334.

Schoonjans K, Peinado-Onsurbe J, Lefebvre A M, et al. 1996. PPARalpha and PPARgamma activators direct a distinct tissue-specific transcriptional response via a PPRE in the lipoprotein lipase gene. EMBO J, 15(19): 5336-5348.

Semenkovich C F, Wim S M, Noe L, et al. 1989. Insulin regulation of lipoprotein lipase activity in 3T3-L1 adipocytes is mediated at posttranscriptional and posttranslational levels. J Biol Chem, 264(15): 9030-9038.

Souza S C, Muliro K V, Liscum L, et al. 2002. Modulation of hormone-sensitive lipase and protein kinase A-mediated lipolysis by perilipin A in an adenoviral reconstituted system. J Biol Chem, 277(10): 8267-8272.

Stenson B, Rydén M, Venteclef N, et al. 2011. Liver X receptor (LXR) regulates human adipocyte lipolysis. J Biol Chem, 286(1): 370-379.

Takai D, Jones P A. 2002. Comprehensive analysis of CpG islands in human chromosomes 21 and 22. Proc Natl Acad Sci U S A, 99(6): 3740-3745.

Tansey J T, Huml A M, Vogt R, et al. 2003. Functional studies on native and mutated forms of perilipins. A role in protein kinase A-mediated lipolysis of triacylglycerols. J Biol Chem, 278(10): 8401-8406.

Tauchi-Sato K, Ozeki S, Houjou T, et al. 2002. The surface of lipid droplets is a phospholipid monolayer with a unique Fatty Acid composition. J Biol Chem, 277(46): 44507-44512.

Whitehead C C, Griffin H D. 1982. Plasma lipoprotein concentration as an indicator of fatness in broilers: effect of age and diet. Br Poult Sci, 23(4): 299-305.

Wolins N E, Quaynor B K, Skinner J R, et al. 2005. S3-12, Adipophilin, and TIP47 package lipid in adipocytes. J Biol Chem, 280(19): 19146-19155.

Yang H, Galea A, Sytnyk V, et al. 2012. Controlling the size of lipid droplets: lipid and protein factors. Curr Opin Cell Biol, 24(4): 509-516.

Zechner R. 1997. The tissue-specific expression of lipoprotein lipase: implications for energy and lipoprotein metabolism. Curr Opin Lipidol, 8(2): 77-88.

Zhai W, Xu C, Ling Y, et al. 2010. Increased lipolysis in adipose tissues is associated with elevation of systemic free fatty acids and insulin resistance in perilipin null mice. Horm Metab Res, 42(4): 247-253.

第十五章 鸡脂肪组织生长发育的表观遗传学研究

表观遗传学主要研究在基因核苷酸序列不发生改变的情况下，DNA 及有关蛋白质分子发生的可遗传修饰，这些修饰可被细胞"记忆"并在随后的细胞分裂过程中保留下来（Jaenisch and Bird，2003）。作为基因表达调控的另一种方式，表观遗传信息通过指示细胞怎样、何时和何地表达相关遗传信息，进而影响生命有机体的表型特征。表观遗传学的主要研究内容大致包括两方面：一是基因转录水平选择性表达的调控，主要包括 DNA/RNA 甲基化（Ziller et al.，2013）、组蛋白修饰（Fu et al.，2013）、染色质重塑（Martinowich et al.，2003）等；二是基因转录后的调控，包括翻译 RNA（Cruickshanks et al.，2013）、微小 RNA（Andolfo et al.，2012）及核糖体开关（Bastet et al.，2011）等。目前已经发现大量的生物学过程如胚胎发育、神经发育、代谢和多种疾病均受表观遗传调控。

第一节 鸡脂质代谢相关 microRNA 的筛选

一、肉鸡前脂肪细胞 microRNA 的分析鉴定

microRNA（miRNA）是近年来在多种真核生物及病毒中发现的一类内源性的短序列非编码单链 RNA，在进化上具有高度的保守性，能够通过碱基互补配对与靶 mRNA 的 3'UTR 特异性地结合，引起靶 mRNA 的降解或者抑制靶基因的翻译，在基因调控中扮演重要角色（Choi et al.，2015；Lee et al.，1993）。miRNA 在细胞生长和凋亡、胚胎发育、器官的形成、神经系统的发育、疾病（如肿瘤、心血管疾病、肥胖、糖尿病）等过程中发挥重要作用（Musilova and Mraz，2015）。

目前对于在哺乳动物脂肪细胞的增殖和分化过程中 miRNA 的功能研究已取得了一定进展（Kim and Sung，2017），而在家禽，尤其是鸡中，关于 miRNA 的研究依然相对较少。特别是在鸡脂肪发育过程中 miRNA 的功能研究相对更少。

东北农业大学家禽课题组（以下简称"本课题组"）姚静利用 Solexa 深度测序技术构建了 AA 肉鸡前脂肪细胞 miRNA 表达谱，并对其进行了分析（Yao et al.，2011）。经过质量控制，去除接头、碎片和 poly（A）等片段，一共得到 1 147 787 段高质量的 Read，这些高质量的 Read 可以用于后续的分析。这些片段的读长为 18~31bp，其中 22bp 和 23bp 的片段所占比例最高（图 15-1），这和 miRNA 的长度一致。将能比对到基因组上的片段和 miRBase 比对，共得到 159 个已知的 miRNA，其中包含了 14 个 miRNA*（表 15-1）。

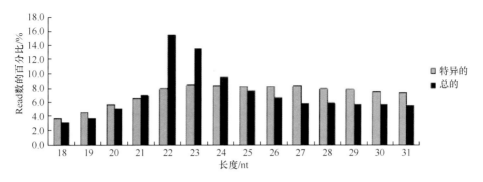

图 15-1　Read 长度分布

表 15-1　鸡前脂肪细胞中检测到的 miRNA*及对应的 miRNA（Yao et al.，2011）

miRNA	序列	Read 数
gga-miR-10a	UACCCUGUAGAUCCGAAUUUGU	50
gga-miR-10a*	AAAUUCGUAUCUAGGGGAAUA	3
gga-miR-126	UCGUACCGUGAGUAAUAAUGCGC	1
gga-miR-126*	CAUUAUUACUUUUGGUACGCG	1
gga-miR-1329	UACAGUGAUCACGUUACGAUGG	5
gga-miR-1329*	CCUCGUAGCUUGAUCACGAUAU	1
gga-miR-146c	UGAGAACUGAAUUCCAUGGACUG	541
gga-miR-146c*	AGUCCAUGGUAUUCAGUUCUCU	19
gga-miR-1729	AUCCCUUACUCACAUGAGUAGUC	2
gga-miR-1729*	CUACUCGGUGAGUAAGGAUAGC	1
gga-miR-181a	AACAUUCAACGCUGUCGGUGAGU	2181
gga-miR-181a*	ACCAUCGACCGUUGAUUGUACC	4
gga-miR-199	CCCAGUGUUCAGACUACCUGUUC	4
gga-miR-199*	UACAGUAGUCUGCACAUUGG	1077
gga-miR-22	AAGCUGCCAGUUGAAGAACUGU	741
gga-miR-22*	AGUUCUUCAGUGGCAAGCUUUA	432
gga-miR-99a	AACCCGUAGAUCCGAUCUUGUG	1875
gga-miR-99a*	CAAGCUCGCUUCUAUGGGUCU	4
gga-miR-140*	CCACAGGGUAGAACCACGGAC	1383
gga-miR-1560*	GCGGCGCGAGCAGAGAGGCGCU	2
gga-miR-1677*	UCCUGCACCGCUGAAGUCAAU	2
gga-miR-1684*	AGCUCUGCUUCCUCAUACAUAC	1
gga-miR-1685*	UGGAGUCACUACCAGUGCUGUG	1

注：miRNA*与 miRNA 在测序的结果中同时被测到，相应的 miRNA 也被列出，miRNA*用粗体标示出来。miRNA* 是前体 miRNA 加工成为成熟 miRNA 时与 miRNA 相对应的另一条臂

对这 159 个已知的 miRNA 按照表达量由大到小排序，表达量最高的 10 个 miRNA 见表 15-2，其中 miR-222 的表达量最高。

表 15-2　鸡前脂肪细胞中表达量排在前十位的 miRNA（Yao et al.，2011）

miRNA	序列	Read 数
miR-222	AGCUACAUCUGGCUACUGGGUCUC	25 589
miR-30d	UGUAAACAUCCCCGACUGGAAG	14 928
miR-26a	UUCAAGUAAUCCAGGAUAGGC	14 211
let-7c	UGAGGUAGUAGGUUGUAUGGUU	10 930
let-7d	AGAGGUAGUGGGUUGCAUAGU	8 550
let-7a	UGAGGUAGUAGGUUGUAUAGUU	8 425
let-7j	UGAGGUAGUAGGUUGUAUAGUU	8 396
let-7f	UGAGGUAGUAGAUUGUAUAGUU	7 584
let-7b	UGAGGUAGUAGGUUGUGUGGUU	4 295
miR-30a-5p	UGUAAACAUCCUCGACUGGAAG	4 042

随后，我们又对测序结果中未比对到已知 miRNA 的序列进行新的 miRNA 的预测，结果发现了 57 个新的 miRNA 基因，对应表达 63 个成熟的 miRNA。在这 63 个新 miRNA 中，有 9 个 miRNA 在不同物种间是保守的。这 9 个新 miRNA 中，有 5 个 miRNA 位于基因间区域，有 3 个 miRNA 是位于基因的内含子上，剩余 1 个 miRNA 与 RCJMB04_2b20 基因重合（表 15-3）。

表 15-3　鸡前脂肪细胞中检测到的物种间保守的新 miRNA（Yao et al.，2011）

名称[1]	发夹位置（方向[2]）	位置	Read 数	miRNA
Con-1	ChrZ: 7867831~7868050（+）	Intergenic	1	bta-miR-1777a[3]
Con-2	Chr3: 35991414~35991649（+）	Intron of TRB2	1	bta-miR-1777a
Con-3	Chr10: 22232839~22232934（+）	Overlap RCJMB04_2b20	1	bta-miR-1777a
Con-4	Chr11: 11466076~11466274（+）	Intron of KCTD15	6	gga-miR-1576[4]
Con-5	Chr20: 11164006~11164158（+）	Intergenic	1	gga-miR-1576
Con-6	Chr1: 104482874~104483102（−）	Intergenic	1154	mmu-miR-2133[5]
Con-7	ChrUn_random: 13277363~13277447（−）	Intergenic	4	gga-miR-1684
Con-8	Chr15: 4916703~4916821（−）	Intron of DNA H10	56	mmu-miR-1959
Con-9	Chr9: 24436105~24436324（−）	Intergenic	1	gga-miR-1648*

1. 新 miRNA 的命名；Con. 保守的新 miRNA 基因；2. 方向+正链，−反向链；3. bta. *Bos taurus*；4. gga. *Gallus gallus*；5. mmu. *Mus musculus*。如果一个前体的 2 个臂分别加工产生 miRNA，则根据克隆实验，在表达水平较低的 miRNA 后面加"*"

在人类，42% 的 miRNA 是成簇分布的（Altuvia et al.，2005）。本研究发现并分析了 27 个 miRNA 簇（表 15-4），在这些 miRNA 簇中，有 23 个包含已知的鸡 miRNA，其中 8 个 miRNA 簇（mir-29b-1-mir-29a、let-7a-3-let-7b、mir-99a-let-7c、mir-222-1-mir- 222-2-mir-221、let-7d-let-7f-let-7a-1、mir-181a-2-mir-181b-2、mir-181a-1-mir-181b-1 和 let-7j-let-7k）中的成员表达量较高。

表 15-4　鸡前脂肪细胞中检测到的 miRNA 簇（Yao et al.，2011）

miRNA 簇	染色体位置（方向[1]）	Read 数[2]
mir-29b-1-mir-29a	Chr1: 3235312~3235392; 3236329~3236417（+）	115; 1 115
let-7a-3-let-7b	Chr1: 73421272~73421347; 73422101~73422185（+）	8 425; 4 295
mir-99a-let-7c	Chr1: 102424333~102424413; 102425086~102425169（+）	1 875; 10 930

续表

miRNA 簇	染色体位置（方向[1]）	Read 数[2]
b1-b2	Chr1：104459387~104459435；104459513~104459605（–）	310；52
Con6-b3	Chr1：104482874~104483102；104483075~104483298（–）	1 154；91
mir-222-1-mir-222-2-mir-221	Chr1：114216027~114216124；114218422~114218519；114218926~114219024（+）	25 589；3 315
mir-92-mir-19b-mir-20a-mir-17	Chr1：152248070~152248147；152248183~152248269；152248306~152248403；152248781~152248865（–）	603；2；5；32
mir-16-1-mir-15a	Chr1：173700351~173700434；173700493~173700575（–）	110；20
mir-194-mir-215	Chr3：19924487~19924561；19924793~19924897（+）	3；2
mir-20b-mir-106	Chr4：3970047~3970131；3970359~3970439（–）	4；152
mir-16c-mir-15c	Chr4：4048689~4048759；4049055~4049130（–）	191；19
mir-181a-1-mir-181b-1	Chr8：2001561~2001664；2001750~2001838（+）	2 181；671
mir-16-2-mir-15b	Chr9：23742791~23742884；23742966~23743056（–）	110；360
mir-3529-mir-7-2	Chr10：14823529~14823619（+）；14823525~14823623（–）	1；199
let-7d-let-7f-let-7a-1	Chr12：6301452~6301554；6302497~6302583；6302911~6303000（–）	8 550；7 584；8 425
mir-1609-1-mir-1609-2	Chr13：17399772~17399865；17401478~17401571（+）	2；2
mir-301-mir-130a	Chr15：406313~406405；408399~408481（–）	8；468
mir-181a-2-mir-181b-2	Chr17：10218497~10218587；10220137~10220221（+）	2 181；671
mir-219-mir-2964	Chr17：5577817~5577901（+）；5577814~5577902（–）	112；6
mir-301b-mir-130c	Chr19：7144739~7144828；7145027~7145120（–）	3；130
mir-21-h-10	chr19：7322072~7322168；7322074~7322161（+）	3 471；73
mir-1b-mir-133c	Chr23：4663912~4663975；4664051~4664129（+）	1；18
h-16-let-7a-2	chr24：3380944~3381112；3380993~3381064（+）	14；8 425
mir-34b-mir-34c	Chr24：5684900~5684983；5685637~5685710（+）	143；180
let-7j-let-7k	Chr26：1442697~1442779；1442897~1442979（–）	8 396；103
mir-29c-mir-29b-2	Chr26：2511658~2511746；2512569~2512648（–）	1 113；115
mir-23b-mir-27b-mir-24	ChrZ：41157406~41157491；41157642~41157738；41158175~41158242（+）	159；64；175

1. +正义链，–反义链；2. miRNA 的读数在簇的后面列出

有些 pre-miRNA 是直接通过内含子剪切形成的，被称为内含子小 RNA（mirtron）。根据 Berezikov 方法，本研究共发现了 34 个新的 mirtron（表 15-5），这些 mirtron 在哺乳动物中都没有报道，并且在之前鸡胚的 miRNA 测序（Glazov et al.，2008）中也未被发现。

表 15-5　鸡前脂肪细胞中检测到的内含子 miRNA（Yao et al.，2011）

基因	Ensembl 登录号/内含子号	Read 数	位置[1]	基因组位置（方向[2]）
HSD11B1L	ENSGALT00000020974/Intron5	3	**5p**	**Chr28：35549~35627（+）**
SEC14L2	ENSGALT00000012726/Intron5	2	**5p**	**Chr15：11139963~11140035（–）**
GLIPR1	ENSGALT00000016620/Intron5	1	**3p**	**Chr1：39669671~39669752（+）**
IPI00575891.3	ENSGALT00000006408/Intron4	1	**3p**	**Chr4：1555532~1555602（–）**
ARFGAP2	ENSGALT00000013425/Intron1	1	**3p**	**Chr5：25349187~25349316（+）**
ADAM8	ENSGALT00000005445/Intron14	1	**5p**	**Chr6：10456383~10456472（–）**
MRTO4	ENSGALT00000006360/Intron1	1	**5p**	**Chr21：4679924~4679994（+）**

续表

基因	Ensembl 登录号/内含子号	Read 数	位置[1]	基因组位置（方向[2]）
LOC769550	ENSGALT00000036815/Intron1	9	5p，3p	Chr1：104460067~104460182（−）
USP48	ENSGALT00000022876/Intron7	4	3p	Chr21：6723075~6723348（+）
ARPC4	ENSGALT00000010814/Intron2	3	5p	Chr12：11779864~11779984（+）
PTK7	ENSGALT00000014020/Intron9	2	3p	Chr3：4335124~4335236（+）
Thrombospondin-1	ENSGALT00000015678/Intron9	2	5p	Chr5：31934486~31934827（−）
BTRC	ENSGALT00000033197/Intron7	2	5p	Chr6：24279884~24280354（−）
PTK	ENSGALT00000004233/Intron14	2	5p	Chr8：3836023~3836095（−）
NADK	ENSGALT00000035171/Intron5	2	3p	Chr21：1967278~1967512（+）
DSTYK	ENSGALT00000035232/Intron9	2	5p	Chr26：1828537~1828880（−）
LOC422654	ENSGALT00000041397/Intron3	1	5p	Chr4：52472541~52472621（+）
ANXA5	ENSGALT00000037754/Intron1	1	5p	Chr4：55512600~55512698（+）
ADAM13	ENSGALT00000025839/Intron14	1	5p	Chr4：93132755~93132852（−）
FNBP4	ENSGALT00000023534/Intron13	1	5p	Chr5：12256~12351（−）
FN1	ENSGALT00000005663/Intron16	1	5p	Chr7：4378261~4378646（−）
LOC771339	ENSGALT00000035416/Intron2	1	3p	Chr8：7732028~7732458（+）
IPI00589771.2	ENSGALT00000013533/Intron11	1	3p	Chr10：22246447~22246673（−）
DHX37	ENSGALT00000004688/Intron26	1	3p	Chr15：4535367~4535579（+）
NOTCH-1	ENSGALT00000003743/Intron8	1	5p	Chr17：8528750~8528841（+）
IPI00595338.1	ENSGALT00000004814/Intron1	1	3p	Chr18：5895625~5895968（+）
VEZF1	ENSGALT00000008870/Intron5	1	3p	Chr19：8687090~8687150（+）
CCNL1	ENSGALT00000002357/Intron2	1	5p	Chr21：2197286~2197569（+）
LEPRE1	ENSGALT00000007719/Intron5	1	3p	Chr21：6574687~6574841（+）
chAnk1	ENSGALT00000005683/Intron18	1	3p	Chr22：2673369~2673620（−）
BSDC1	ENSGALT00000005386/Intron10	1	5p	Chr23：5458665~5458815（−）
MACF1	ENSGALT00000005857/Intron30	1	3p	Chr23：5651904~5652086（+）
PANX3	ENSGALT00000001383/Intron1	1	3p	Chr24：310615~310736（−）
IPI00583097.4	ENSGALT00000001087/Intron13	1	5p	Chr28：963998~964086（−）

注：典型的 mirtron 加粗后放在表的上半部分，非典型的 mirtron 在表的下半部分。1. mirtrons 的位置，5p. 5′臂；3p. 3′臂；2. 链的方向，+正链，−负链

利用 miRanda 软件对已知 miRNA 的靶基因进行预测，并对这些靶基因进行基因富集分析。结果发现，这些 miRNA 的靶基因富集于能量代谢、生物调控等生物学过程。其中也预测到不少与脂肪细胞分化和脂类代谢相关的基因受到了 miRNA 的调控，如过氧化物酶体增殖物激活型受体 γ 亚型（peroxisome proliferator activated receptor γ，*PPARγ*）受 gga-miR-1677 调控等（表 15-6）。

表 15-6　**miRNA** 预测的靶基因中和脂肪细胞分化相关的基因（Yao et al.，2011）

基因 Ensembl 登录号	基因缩写	miRNA
ENSGALP00000007962	*PPAR γ*	gga-miR-1677；gga-miR-19b
ENSGALP00000030221	*FABP4*	gga-miR-1740
ENSGALP00000001890	*PPARGC1B*	gga-miR-30a-5p
ENSGALP00000038124	*FASN*	gga-let-7d；gga-miR-1329；gga-miR-1456；gga-miR-1689；gga-miR-1699；gga-miR-199*；gga-miR-204；gga-miR-211；gga-miR-222；gga-miR-34a；gga-miR-34c；gga-miR-429；gga-miR-460b-3p

续表

基因 Ensembl 登录号	基因缩写	miRNA
ENSGALP00000008899	*ADIPOQ*	gga-let-7d；gga-miR-1306；gga-miR-429
ENSGALP00000000131	*ADIPOR1*	gga-miR-103；gga-miR-106；gga-miR-107；gga-miR-16c；gga-miR-17-5p；gga-miR-205a；gga-miR-20b；gga-miR-455-5p；gga-miR-460b-3p
ENSGALP00000003376	*ACOX1*	gga-miR-103；gga-miR-107；gga-miR-1456；gga-miR-1583；gga-miR-1689；gga-miR-1699；gga-miR-1716；gga-miR-1729*；gga-miR-1740；gga-miR-20a；gga-miR-2131
ENSGALP00000011510	*APOA1*	gga-miR-1609；gga-miR-31；gga-miR-455-3p
ENSGALP00000030109	*GATA2*	gga-miR-106；gga-miR-17-5p；gga-miR-204；gga-miR-20a；gga-miR-20b；gga-miR-211
ENSGALP00000017274	*ACSL1*	gga-miR-460b-3p；gga-miR-146c*；gga-miR-1550-5p；gga-miR-1552-3p；gga-miR-1653；gga-miR-1674；gga-miR-17-3p；gga-miR-1729；gga-miR-199；gga-miR-218；gga-miR-221；gga-miR-31
ENSGALP00000036979	*LPL*	gga-miR-124a；gga-miR-140*；gga-miR-1555；gga-miR-1699；gga-miR-29b
ENSGALP00000032896	*BMP7*	gga-miR-1653；gga-miR-194；gga-miR-460b-3p
ENSGALP00000010614	*PLIN1*	gga-miR-1552-3p；gga-miR-22
ENSGALP00000013734	*CD36（FATCD36）*	gga-let-7a；gga-let-7b；gga-let-7c；gga-let-7d；gga-let-7j；gga-miR-1329；gga-miR-17-3p
ENSGALP00000011452	*CPT1A（CPT-1）*	gga-miR-181a；gga-miR-181b；gga-miR-24
ENSGALP00000037404	*CPT-2*	gga-let-7a；gga-let-7b；gga-let-7c；gga-let-7f；gga-let-7i；gga-let-7j；gga-miR-130a；gga-miR-130b；gga-miR-130c；gga-miR-1609；gga-miR-1656；gga-miR-1663；gga-miR-1698；gga-miR-1699；gga-miR-1705；gga-miR-205a；gga-miR-221；gga-miR-34a；gga-miR-34b；gga-miR-34c；gga-miR-429；gga-miR-456
ENSGALP00000039276	*ACADL（LCAD）*	gga-miR-133a；gga-miR-133c；gga-miR-146c*；gga-miR-17-5p；gga-miR-221
ENSGALP00000007948	*SLC27A4（FATP4）*	gga-miR-1653；gga-miR-193b；gga-miR-204；gga-miR-211
ENSGALP00000037108	*DBI（ACBP）*	gga-miR-1451；gga-miR-30c
ENSGALP00000037669	*NR1H3（LXRα）*	gga-miR-125b；gga-miR-1552-3p
ENSGALP00000009207	*SCD*	gga-miR-1699
ENSGALP00000011607	*FADS2*	gga-miR-1684*；gga-miR-1698；gga-miR-17-3p；gga-miR-1716
ENSGALP00000035951	*CYP7A1*	gga-miR-460a；gga-miR-1674
ENSGALP00000010786	*EHHADH（Bien）*	gga-miR-122；gga-miR-128；gga-miR-135a；gga-miR-15b；gga-miR-15c；gga-miR-1689；gga-miR-2131；gga-miR-27b；gga-miR-460b-3p
ENSGALP00000009408	*ACAA1*	gga-miR-1454；gga-miR-1583；gga-miR-27b
ENSGALP00000017306	*SCP2（SCP-X）*	gga-miR-107
ENSGALP00000008589	*SORBS1（CAP）*	gga-mir-1563；gga-mir-16c
ENSGALP00000004130	*RXRα*	gga-miR-455-5p；gga-miR-1456；gga-miR-1609；gga-miR-1699；gga-mir-1716；gga-miR-184；gga-mir-2131；gga-miR-221；gga-miR-222

本研究使用 Solexa 深度测序的方法研究鸡前脂肪细胞 miRNA 表达谱，结果在鸡前脂肪细胞中检测到 159 个已知的 miRNA。在这些已知的 miRNA 中，miR-222 被检测到的次数最多，为 25 589 次，说明该 miRNA 的表达量最高。已有报道结果表明 miR-222 能抑制细胞的增殖，该 miRNA 在 3T3-L1 前脂肪细胞分化的过程中表达量下调（Urbich et al.，2008）。人和小鼠中的研究结果说明 miR-222 是脂肪分化的一个负调控因子，推测该 miRNA 在鸡中也可能有类似的功能。除了 miR-222，还有一些 miRNA 在鸡前脂肪细胞中的表达量也很高，如 let-7 家族成员、miR-30s、miR-26a、miR-21、miR-103 及 miR-181a。

这些 miRNA 在哺乳动物的前脂肪细胞和脂肪组织中都是高表达的。Let-7a 和 miR-21 在 3T3-L1 细胞分化的各个阶段（前脂肪细胞、分化 1~9 天）表达量都很高（Kajimoto et al.，2006）；miR-103 在 3T3-L1 脂肪形成和前脂肪细胞发育过程中其表达量是上调的（Xie et al.，2009）。在人的脂肪组织中，miR-26a 和 let-7 家族成员表达量很高（Liang et al.，2007）。在人的脂肪细胞分化过程中，miR-30s 的表达量上调（Ortega et al.，2010）。在人的网膜脂肪组织中，miR181a 的表达被发现与肥胖有关（Klöting et al.，2009）。以上结果提示这些 miRNA 在鸡脂肪细胞分化中可能也有重要的作用。

miRNA 在基因组上通常是成簇出现的，它们一般是彼此协同来调节靶基因的表达。本研究在鸡前脂肪细胞中发现了 27 个 miRNA 簇。27 个 miRNA 簇中的 23 个可比对到已知的 miRNA 基因，4 个是新鉴定出来的 miRNA 簇。23 个已知的 miRNA 簇中的 21 个在鸡的胚胎中被发现（Glazov et al.，2008）。另外，我们在 miRBase 数据库中对这 23 个 miRNA 簇与人、小鼠进行比较，结果发现其中的 15 个 miRNA 簇在物种间是保守的，剩余 8 个 miRNA 簇（mir-16c-mir-15c、mir-3529-mir-7-2、mir-1609-1-mir-2、mir-301-mir-130a、mir-219-mir-2964、mir-301b-mir-130c、mir-1b-mir-133c 和 let-7-let-7k）在物种间是非保守的。

mirtron 最早是在果蝇、线虫等无脊椎动物中发现的。Glazov 等（2008）首次在鸡上发现了 39 个 mirtron，这些 mirtron 在其他脊椎动物上都没有被报道过。本研究发现了 34 个 mirtron。这些 mirtron 与之前在哺乳动物和鸡胚胎中发现的 mirtron（Glazov et al.，2008；Berezikov et al.，2007）并不是同源的。前人的研究结果显示，果蝇、线虫和哺乳动物具有不同的 mirtron 集（Glazov et al.，2008）。这些研究结果说明 mirtron 在不同物种中进化速度很快，而且可能是相互独立的。

我们根据这些已经鉴定出来的 miRNA，反向搜索调节鸡脂肪细胞分化和脂类代谢的相关 miRNA。结果预测到 let-7a 家族成员、miR-17s 和 miR221 等 miRNA 的靶基因参与了脂肪细胞分化和脂类代谢。该结果说明，这些 miRNA 可能在鸡脂肪细胞分化和脂类代谢中发挥着重要作用。

二、高、低脂系肉鸡前脂肪细胞差异表达 microRNA 的筛选

为了进一步研究 miRNA 在脂肪形成过程中的作用，本课题组王维世利用东北农业大学肉鸡高、低腹脂双向选择品系（以下简称"高、低脂系"）第 15 世代鸡只腹部脂肪组织分离出的原代前脂肪细胞，构建了 miRNA 表达谱，分析了高、低脂系差异表达的 miRNA（王维世，2016；Wang et al.，2015）。

本研究采用 Illumina 公司的 Solexa 测序平台对高、低脂系肉鸡前脂肪细胞的 18~30bp 的 miRNA 进行测序分析。测序产生的数据如表 15-7 所示。高、低脂系分别得到 15 723 681 条和 14 146 164 条原始序列（read）。对原始序列进行过滤，去掉 3′和 5′接头、Ploy（A）等低质量序列后，高、低脂系中分别剩余 12 490 340 条和 13 463 693 条纯净序列（clean read）用于后续分析。纯净序列在低脂系中所占的比例为 97.17%，在高脂系中所占的比例为 80.75%。

表 15-7　miRNA 测序得到的纯净序列信息（Wang et al.，2015）

类型	低脂系		高脂系	
	数目	比例	数目	比例
3'-adapter	127 283	0.92	418 321	2.70
insert	86 270	0.62	1 719 912	11.12
5'-adapter	104 238	0.75	140 980	0.91
<18nt	73 063	0.53	698 054	4.51
Poly（A）	698	0.01	899	0.01
clean read	13 463 693	97.17	12 490 340	80.75
high-quality read	13 855 245	100	15 468 506	100
total read	14 146 164		15 723 681	

一般来说，动物 miRNA 的长度为 18~30 个核苷酸（nt）。对本研究得到的 miRNA 纯净序列进行核苷酸长度统计，分析 miRNA 长度的分布情况。结果发现，这些片段中，22~24nt 的片段所占比例最大，其中，以 22nt 序列数量最多，在低脂系中占 17.9%，在高脂系中占 19.4%（图 15-2）。

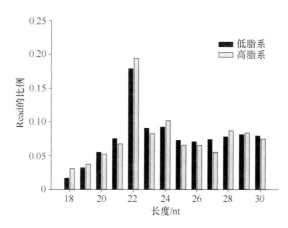

图 15-2　高、低脂系纯净序列的长度分布（Wang et al.，2015）

在 miRbase20.0 中共有 996 种已知的鸡 miRNA，比对分析发现，在高、低脂系鸡的前脂肪细胞中有 225 种已知 miRNA 表达，其中在低脂系表达的已知 miRNA 有 185 种，在高脂系表达的已知 miRNA 有 200 种（图 15-3）。低脂系表达的 185 种 miRNA 是由 208 个前体经过剪切形成的，高脂系表达的 200 种 miRNA 是由 203 个前体经过剪切形成的。这些 miRNA 属于 114 个 miRNA 家族。在这些 miRNA 中，let-7 家族成员（let-7a、j、b、f、c 和 k）的表达量占全部已知 miRNA 的 83.3%（低脂系）和 79.46%（高脂系）。此外 gga-miR-148a、gga-miR-146c、gga-miR-10a 和 gga-miR-21 的表达量也相对较高，其中 gga-miR-148a、gga-miR-146c 和 gga-miR-10a 在低脂系样品中的 read 数比高脂系多，而 gga-miR-21 在高脂系样品中 read 数比低脂系多。将这些 miRNA 按表达量由高到低进行排序，图 15-4 列出了表达量位于前十位的 miRNA。

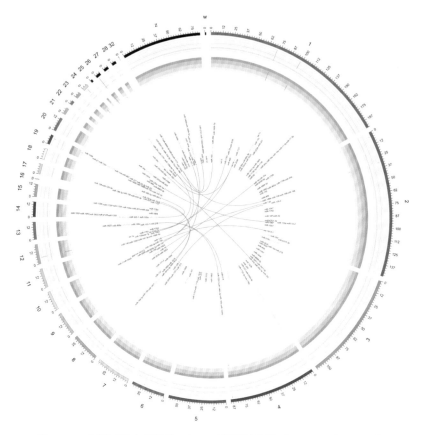

图 15-3 鸡基因组上发现的 miRNA 环形示意图（Wang et al.，2015）

从外向内依次为：1. 鸡基因组；2、3. 低脂系和高脂系富集表达的 miRNA；4. miRNA 种类；5. 连接线表示在鸡前脂肪
细胞中发现的旁系同源的 miRNA

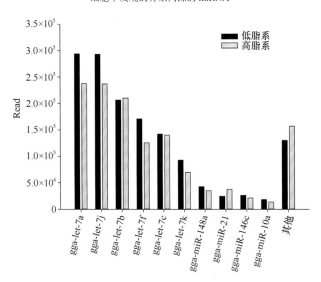

图 15-4 表达量位于前十位的 miRNA（Wang et al.，2015）

在这 225 种已知的 miRNA 中，有 33 种 miRNA 的表达量在高、低脂系间存在显著

差异，并且差异倍数达到 2 倍以上。在这 33 个 miRNA 中，有 7 个 miRNA 在低脂系的表达水平高于高脂系，另外 26 个 miRNA 在高脂系的表达水平高于低脂系（图 15-5）。在这些 miRNA 中，差异倍数最大的 miRNA 为 gga-miR-206（3.5 倍，高脂系表达量高）和 gga-miR-454（2.9 倍，低脂系表达量高）。大部分差异表达的 miRNA 的表达量都较低，只有 miR-101 的表达量较高。

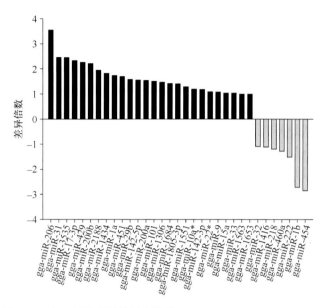

图 15-5　高、低脂系间差异表达的 miRNA（Wang et al.，2015）

为了进一步验证测序结果的准确性，以及分析 miRNA 在高、低脂系间的表达情况，我们分离了高、低脂系肉鸡第 16 世代鸡只腹部脂肪组织的前脂肪细胞，并采用实时定量 PCR（qRT-PCR）的方法检测了部分 miRNA 的表达情况。我们依据在测序中的 read 数和是否在高、低脂系间差异表达，选择了 15 个 miRNA 作为研究对象（表 15-8）。这 15 个 miRNA 被分为 3 组：4 个高表达的 miRNA（gga-miR-21、gga-miR-148a、gga-miR-103、gga-miR-101），4 个中等表达的 miRNA（gga-miR-100、gga-miR-146a、gga-miR-92、gga-miR-2188），以及 7 个低表达的 miRNA（gga-miR-1a、gga-miR-130a、gga-miR-221、gga-miR-19a、gga-miR-181b、gga-miR-458、gga-miR-17-3p）（表 15-8）。其中，测序结果表明 gga-miR-101、gga-miR-2188、gga-miR-1a 和 gga-miR-17-3p 在高、低脂系间表达量存在显著差异。qRT-PCR 验证结果显示，测序得到的 read 数和 qRT-PCR 得到的表达量的线性相关系数在 0.6 以上。qRT-PCR 的结果显示：gga-miR-148a、gga-miR-101、gga-miR-100、gga-miR-92、gga-miR-221 在高、低脂系间差异表达；miR-21 的表达量最高（图 15-6）。

miRNA 发挥功能是通过作用于靶基因来实现的。为了更好地研究这些差异表达 miRNA 的功能，我们利用 Tatgetscan 靶基因预测网站对所获得的 33 个差异表达的 miRNA 的靶基因进行预测。经过分析发现，高脂系高表达的 26 个 miRNA 共有 2097 个靶基因，低脂系高表达的 7 个 miRNA 共有 1212 个靶基因。其中有 853 个靶基因是两组共有的。大

表 15-8 验证的 15 个 miRNA 的 read 数和表达量（Wang et al.，2015）

miRNA	低脂系中 Read 数	低脂系 $2^{-\Delta Ct}$（均值±标准差）	高脂系 Read 数	高脂系 $2^{-\Delta Ct}$（均值±标准差）	P 值
gga-miR-21	2115	2.06±0.15	3391	2.79±0.58	0.06
gga-miR-148a	3326	1.01±0.32	3000	0.53±0.10	0.04
gga-miR-103	875	0.99±0.18	1289	0.91±0.23	0.56
gga-miR-101	446	0.26±0.09	1272	0.73±0.04	0.0001
gga-miR-100	373	0.59±0.15	215	0.32±0.09	0.02
gga-miR-92	78	0.25±0.03	99	0.15±0.03	0.002
gga-miR-146a	105	0.17±0.15	158	0.15±0.06	0.89
gga-miR-2188	27	0.05±0.05	104	0.09±0.03	0.20
gga-miR-130a	55	0.09±0.02	71	0.05±0.01	0.03
gga-miR-1a	36	0.02±0.01	122	0.07±0.04	0.06
gga-miR-19a	15	0.04±0.01	18	0.02±0.01	0.01
gga-miR-221	25	0.03±0.003	37	0.02±0.004	0.003
gga-miR-17-3p	4	0.008±0.002	22	0.01±0.003	0.09
gga-miR-181b	6	0.006±0.003	6	0.006±0.001	0.93
gga-miR-458	6	0.001±0.0003	2	0.0004±0.0002	0.39

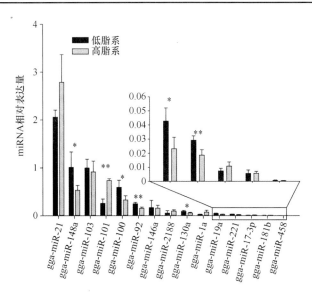

图 15-6　qRT-PCR 验证高、低脂系前脂肪细胞中的 miRNA（Wang et al.，2015）

*表示差异显著 $P<0.05$；**表示差异极显著 $P<0.01$

部分 miRNA 预测到几十个靶基因，少数 miRNA 有上百个或是仅有几个靶基因。利用 DAVID 数据库对这两组靶基因分别进行生物学功能聚类，分析其参与的生物学过程。GO 分析发现这两组靶基因都显著富集于转录调控、染色质调节因子、细胞形态、细胞反应、胰岛素刺激的细胞反应、间充质干细胞分化和细胞凋亡等生物学过程。在细胞骨架调节、IGF1 信号通路和表观遗传调控基因表达 3 个生物学过程中，只有高脂系高表达的 miRNA 的靶基因显著富集于其中（图 15-7）。

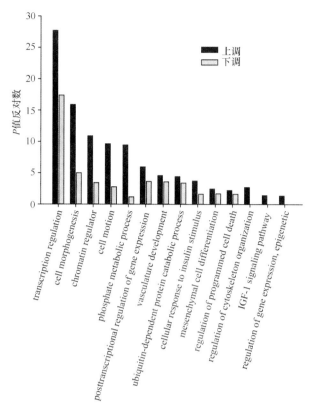

图 15-7 高、低脂系差异表达 miRNA 靶基因的 GO 分析（Wang et al.，2015）

测序所得到的所有 miRNA 中，有一部分序列能比对到基因组上，但是不能比对到 miRBase 中已知的 miRNA 上，也不能比对到 GeneBank 中已经被注释的其他 RNA 中。所以对这些 miRNA 进行进一步的分析来确认其是否为潜在的 miRNA。我们利用 Mireap 软件对这部分序列进行分析。主要方法是将序列比对到基因组上，分析 RNA 的二级结构和 Dicer 酶的酶切位点，并对这些 miRNA 的拷贝数和在染色体上的重复进行统计和限制（拷贝数要大于 5，染色体上的重复小于 10）。

通过分析在低脂系中得到 107 个 novel-miRNA，在高脂系中得到 571 个 novel-miRNA。在这些 miRNA 中，只有 3 个 miRNA 在高、低脂系内都表达（gga01：118610977~118611076；gga11：552873~552951；gga26：640852~640926），其余的 novel-miRNA 都只在一个品系中表达。为了验证预测结果的准确性，选取 22 个新 miRNA 为研究对象，采用 qRT-PCR 方法检测这些新 miRNA 的表达水平。结果发现这 22 个 miRNA 中有 17 个在高、低脂系内都表达（图 15-8）。

在本研究中，我们在高、低脂系原代前脂肪细胞中共发现了 225 种已知的 miRNA。其中低脂系表达 185 种 miRNA，高脂系表达 200 种 miRNA，在这些 miRNA 中，let-7 家族成员（let-7a、j、b、f、c 和 k）的表达量占到了全部已知 miRNA 表达的 83.3%（低脂系）和 79.46%（高脂系）（图 15-4），此外 gga-miR-148a、gga-miR-146c、gga-miR-10a 和 gga-miR-21 的表达量也较高。let-7 家族在不同物种间广泛表达，甚至有研究称其为

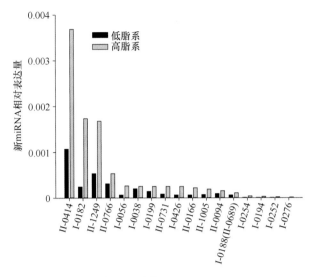

图 15-8　qRT-PCR 验证 17 个新 miRNA（Wang et al.，2015）

"组成型" miRNA（Chiu et al.，2014）。Let-7 家族能参与多项生命活动，在 3T3-L1 前脂肪细胞克隆增殖和分化过程中，let-7 能靶向 *HMGA2* 调控其增殖和分化（Sun et al.，2009）；在间充质干细胞中，let-7 也能靶向 *HMGA2* 抑制其向前脂肪细胞分化而促进其向成骨细胞分化（Wei et al.，2014）。miR-148a 在 3T3-L1 前脂肪细胞分化过程中表达量升高，其能通过靶向 *wnt10b* 促进 3T3-L1 前脂肪细胞分化（Cho et al.，2016）。miR-21 在 hASC 和 3T3-L1 前脂肪细胞中，对脂肪形成都有调控作用（Kang et al.，2013；Kim et al.，2009）。这些在高、低脂系高表达的 miRNA 可能在鸡前脂肪细胞增殖和分化过程中发挥很重要的作用。

　　高、低脂系间差异表达的 miRNA 有 33 种，其中 26 种在高脂系样品中上调表达，7 种在低脂系样品中上调表达（图 15-5）。这 33 个差异表达的 miRNA 中，有 21 个在脂肪形成或脂类代谢中有一些相关的报道。例如，miR-33 在脂肪形成和脂类代谢中的作用已有很多报道（Shao et al.，2014；Baselga-Escudero et al.，2013，2012；Rayner et al.，2011；Gerin et al.，2010）；miR-222 被发现与共轭亚油酸处理的小鼠的脂肪组织发育有关（Parra et al.，2010）；miR-101 被报道在高脂饮食饲喂的小鼠中上调表达，在 3T3-L1 细胞分化过程中也上调表达（Zhang et al.，2011）；miR-17-92 基因簇能抑制 3T3-L1 前脂肪细胞系的克隆增殖并促进其分化（Wang et al.，2008a）；miR-15a 能通过靶向 *Foxo1* 抑制脂肪分化和调节胰岛素代谢（Dong et al.，2014）；miR-22 能靶向 *HDAC6* 并调控 PTEN/AKT 信号通路（Bar and Dikstein，2010）；miR-206 和 miR-1a 能抑制肝脏脂肪合成（Zhong et al.，2013）；miR-29b 和 miR-9 参与胰岛素敏感性和糖尿病（Chakraborty et al.，2013）；miR-31 和 miR-32 参与了干细胞分化为脂肪细胞和少突胶质细胞的脂类代谢（Shin et al.，2012；Tang et al.，2009）。此外，在高脂食物饲喂的动物中，miR-142-5p 和 miR-101 表达下调（Collares et al.，2013；Chartoumpekis et al.，2012）；在糖尿病或与糖尿病相关的疾病中，miR-10a、miR-218、miR-429、miR-200a、miR-200b、miR-451、miR-142-3p 和 miR-454 的表达也下调（Crépin et al.，2014；Simionescu et al.，2014；Sun et al.，2014a；

Shende et al.，2013；Vuppalanchi et al.，2013；Tan et al.，2012；Zhang et al.，2011；Shende et al.，2011）。

另外 12 个差异表达的 miRNA 中，miR-2188 被发现参与鱼的胚胎发育（Bizuayehu et al.，2012）；miR-1306 靶向 ADAM10 调控阿尔茨海默病（Augustin et al.，2012）；miR-1684 在鸡坏死性肠炎的 miRNA 表达谱中被筛选到（Dinh et al.，2014）；miR-1b 可能在昆虫中调节免疫相关基因的表达（Zhang et al.，2014）。其余 8 个 miRNA（miR-3535、miR-1434、miR-1805–3p、miR-1551、miR-1563、miR-1653、miR-1416 和 miR-460a）未见任何相关报道。虽然目前没有直接的证据表明这些 miRNA 在脂肪形成或脂类代谢中发挥作用，但是我们仍然不能否认它们有可能参与其中。

为了进一步验证测序结果的准确性并分析 miRNA 在两系间的表达情况，我们分离了第 16 世代的高、低脂系肉鸡腹部脂肪组织的前脂肪细胞，并采用 qRT-PCR 的方法检测了部分 miRNA 的表达情况（表 15-8）。从结果来看，qRT-PCR 和 Solexa 测序的结果一致性较好，说明测序结果准确（图 15-6）。但是，qRT-PCR 的结果和 Solexa 测序的结果仍然存在一定程度的差异，我们选择的 15 个 miRNA 中，gga-miR-101、gga-miR-2188、gga-miR-1a 和 gga-miR-17-3p 在测序结果中是差异显著的，而在 qRT-PCR 的结果中，miR-101 差异显著，miR-1a 和 miR-17-3p 接近显著；在高通量测序的结果中差异不显著的 miR-148a、miR-100、miR-92、miR-130a、miR-19a 和 miR-221，在 qRT-CPR 的结果中差异显著。这种差异可能是几方面的原因造成的：首先，差异表达分析方法不同。高通量测序用的是 fisher 精确检验方法，而 qRT-PCR 采用的是 t 检验。其次，取样方法不同。Solexa 高通量测序采用的是混合样品，而 qRT-PCR 是每个个体分别检测。最后，检测样品所处的世代不同，Solexa 测序使用的是第 15 世代的高、低脂系肉鸡，而 qRT-PCR 实验使用的是第 16 世代的肉鸡。经过一个世代的选育对于基因表达也会造成一定程度的影响，这也可能是两种方法检测基因表达差异不一致的一个主要因素。

经过预测与分析，发现 26 个在高脂系高表达的 miRNA 对应 2097 个靶基因，在低脂系高表达的 7 个 miRNA 对应 1212 个靶基因，其中有 853 个靶基因是两组共有的。大部分 miRNA 预测得到了几十个靶基因，也有少数 miRNA 有上百个或是仅有几个靶基因。大部分靶基因仅受一个 miRNA 的调控，也有少量靶基因受到多个 miRNA 的调控。

脂肪细胞的分化是一个复杂的过程，除了转录因子和其他细胞调控因子所引发的细胞分化外，表观遗传学调控在此过程中也发挥了重要的作用。对上述两组 miRNA 对应的靶基因分别进行生物学功能聚类分析发现，这些差异表达 miRNA 的靶基因被富集于胰岛素刺激、间充质干细胞分化、转录调控和染色质调节、细胞形态发生与调控和程序性细胞死亡等生物学过程中（图 15-7），这些生物学过程在脂肪的形成过程中都起到了很重要的作用。胰岛素对能量代谢、肥胖及代谢综合征如 2 型糖尿病等的重要作用已经被大量的报道所证实（Lim et al.，2014）；间充质干细胞的分化、增殖和凋亡过程对脂肪组织的发育、脂肪细胞的分化也有重要的作用（Qu et al.，2016）；染色质的甲基化和组蛋白的修饰也在脂肪形成中起到调控作用（Dick et al.，2014）。

在 GO 分析的结果中有 3 个生物学过程只有高脂系高表达 miRNA 的靶基因参与。这 3 个过程分别是细胞骨架调节、IGF1 信号通路和基因表达的表观遗传调控。细胞骨架重构能通过调节乙酰转移酶 MEC-17、BSCL2/seipin 和氧含量来参与脂肪细胞分化（Schiller et al.，2013，Yang et al.，2013）。*IGF1* 对脂肪细胞分化的刺激作用，以及其对动物体生长、肥胖和疾病的重要作用已经得到广泛的报道（Garten et al.，2012；LeRoith and Yakar，2007；Tseng et al.，2005）。在鸡中，*IGF1* 被发现和鸡的生长及腹脂沉积相关（Zhou et al.，2005；Ikeobi et al.，2002）。在本课题组所构建的高、低脂系双向选择品系中，*IGF1* 所在的 1 号染色体区段被发现受到选择的影响（Zhang et al.，2012）。表观遗传调控对脂肪形成的调控作用也有报道（Dick et al.，2014）。

此外，本研究还在两系间分别发现了 107 个（低脂系）和 571 个（高脂系）新的 miRNA。qRT-PCR 验证结果显示，22 个新 miRNA 中有 17 个被检测出在两系间均表达（图 15-8），有 5 个新 miRNA 未能扩增出来。其原因可能是技术水平的限制或预测结果的准确性不够（Martini et al.，2014；Bentwich，2005），同时，这 5 个未能扩增的新 miRNA 也可能不是真实的 miRNA。前人利用 qRT-PCR 对新预测的 miRNA 进行验证时，也发现只能检测出一部分预测的 miRNA（Zhang et al.，2014；Chen et al.，2009）。在文昌鱼中，同样用 MIREAP 预测新 miRNA，53 个新 miRNA 中有 50 个能被表达分析所验证（Chen et al.，2009）；在猪的 miRNA 的测序实验中，30 个新 miRNA 中有 23 个能被 PCR 所验证（Martini et al.，2014）；这些实验中，所验证到的新 miRNA 的比例和我们的实验是接近的，说明本研究的结果是准确可信的。

第二节　DNA 甲基化与鸡脂肪组织的生长发育

DNA 甲基化是最早发现的一种表观遗传修饰，它并不改变基因的碱基序列，而是通过改变基因的表达来影响细胞的功能。DNA 甲基化与基因沉默、X 染色体失活、基因组印记、RNAi 及肿瘤的发生等生物事件密切相关。DNA 甲基化能够通过阻止转录因子结合到 DNA 上，或者通过改变染色质结构来抑制基因表达（Klose and Bird，2006）。近几年的研究表明，DNA 甲基化也在脂肪组织生长发育过程中发挥重要作用，可以调控脂肪细胞分化的转录因子、转录辅助因子及很多其他脂肪生长发育相关基因的表达，从而调控脂肪组织的生长发育（高媛等，2012；Shore et al.，2010；Noer et al.，2007；Musri et al.，2007；Bowers et al.，2006）。

一、鸡 *PPARγ* 基因启动子区 DNA 甲基化分析

脂肪在能量代谢中起重要作用，脂肪组织不仅以脂类的形式储存能量，而且作为内分泌组织，通过分泌各种激素来调节机体的代谢活动。多项研究表明，从前脂肪细胞到成熟脂肪细胞的分化过程中，转录因子及其调控网络发挥了重要作用。在这些转录因子中，过氧化物酶体增殖物激活型受体 γ（peroxisome proliferator activated receptor，*PPARγ*）在脂肪形成的过程中发挥着十分关键的作用（Tontonoz and Spiegelman，2008；Wang et al.，2008b；Gerhold et al.，2002；Tontonoz et al.，1995）。一些研究表明，哺乳动物 *PPARγ* 基因的表达受 DNA 甲基化的调控（Fujiki et al.，2009；Noer et al.，2007，2006），但在禽类脂肪组织中，对于 *PPARγ* 基因的 DNA 甲基化情况还不十分清楚。

本课题组高嫒采用重亚硫酸盐测序法，对高、低脂系肉鸡脂肪组织 $PPAR\gamma$ 基因启动子区 DNA 甲基化情况进行检测，并采用 Realtime RT-PCR 检测 $PPAR\gamma$ 基因的表达（高嫒，2012；Sun et al.，2014b）。研究结果显示，在 $PPAR\gamma$ 启动子区翻译起始位点上游 –1175～301bp 区域存在 6 个 CpG 位点，分别位于–1014bp、–796bp、–625bp、–548bp、–435bp 和–383bp 处（图 15-9A）。在高、低脂系肉鸡中，6 个 CpG 位点甲基化总体水平随着周龄增加而下降，同时发现在所检测的 3 个周龄低脂系肉鸡整体甲基化水平均极显著高于高脂系（$P<0.0001$，图 15-9B~图 15-9D）。进一步的研究结果表明，高、低脂系肉鸡 $PPAR\gamma$ 启动子区 6 个 CpG 位点的甲基化并不是随机的（图 15-9B，图 15-9E）。2 周龄时，位于–383bp 处的 CpG 位点在高脂系肉鸡中没有被甲基化，但是在低脂系肉鸡中甲基化明显，在 3 周龄和 7 周龄时，位于–435bp 处的 CpG 位点在低脂系肉鸡中的甲基化程度比高脂系肉鸡的甲基化程度高。位于–548bp 处的 CpG 位点，2 周龄和 3 周龄的高、低脂系肉鸡均被甲基化，但是在 7 周龄时该位点在高脂系肉鸡中未被甲基化。另外，位于–1014bp、–796bp、–625bp 处的 CpG 位点的甲基化情况在高、低脂系肉鸡中比较相似。Realtime RT-PCR 结果显示，$PPAR\gamma$ 基因的 mRNA 表达量与甲基化水平呈显著负相关（$P<0.05$，Pearson's $r=-0.653$），低脂系肉鸡 $PPAR\gamma$ 基因的表达量在各个周龄中均极显著低于高脂系（$P<0.01$）（图 15-10）。随着周龄增加，$PPAR\gamma$ 基因的表达量升高（图 15-10）。上述研究结果表明，在脂肪组织发育过程中，DNA 甲基化调控鸡 $PPAR\gamma$ 基因的表达。另外，研究发现在 6 个甲基化位点中，位于–548bp、–435bp 和383bp 3 个位点的甲基化水平在高、低脂系肉鸡间存在显著差异，而其他 3 个甲基化位点–1014bp、–796bp 和–625bp 的甲基化水平在两个品系间并无显著差异。

DNA 甲基化是一种可遗传的修饰，它的优点在于可以保证基因的完整性和适当调节基因的表达量。近年来，DNA 甲基化在脂肪发育过程中的作用备受关注。一些哺乳动物的研究表明，在脂肪发育和生成过程中，DNA 甲基化在调控相关转录因子、转录辅助因子及其他与脂肪生成相关基因的表达中扮演重要角色（Shore et al.，2010；Noer et al.，2007；Bowers et al.，2006）。

近期的研究表明，DNA 甲基化能够调节哺乳动物脂肪生成过程中 $PPAR\gamma$ 基因的表达量。在 3T3-L1 前脂肪细胞诱导分化过程中 $PPAR\gamma$ 启动子逐渐去甲基化，同时伴随着 $PPAR\gamma$ 基因表达量的升高。萤光素酶报道基因结果进一步表明，$PPAR\gamma$ 启动子的甲基化能够抑制报道基因的表达（Fujiki et al.，2009）。在食源性肥胖小鼠的附睾脂肪组织中 $PPAR\gamma$ 基因转录起始位点上游–437bp 处的 CpG 的甲基化程度明显高于野生小鼠，同时发现 $PPAR\gamma$ 基因的表达量与此区域 CpG 甲基化程度呈负相关关系（Fujiki et al.，2009）。本研究发现，3 个周龄低脂系肉鸡 $PPAR\gamma$ 基因启动子 DNA 甲基化程度显著高于高脂系肉鸡，而高脂系肉鸡 $PPAR\gamma$ 基因的表达量显著高于低脂系，说明鸡 $PPAR\gamma$ 基因的表达量与 DNA 启动子甲基化呈负相关关系。该研究结果表明表观遗传在调控鸡脂肪发育过程中扮演十分重要的角色。

在 $PPAR\gamma$ 基因启动子区 6 个 CpG 位点中，位于–548bp、–435bp 和–383bp 的 3 个 CpG 位点的甲基化水平在高、低脂系肉鸡间存在显著差异，而位于–1014bp、–796bp 和

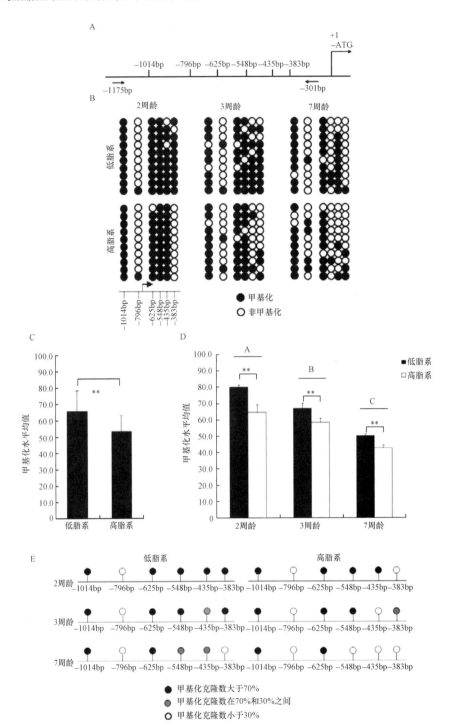

图 15-9　高、低脂系肉鸡 *PPARγ* 基因启动子甲基化情况比较 (Sun et al.，2014b)

A. *PPARγ* 基因启动子 CpG 位点；B. 2 周龄、3 周龄和 7 周龄高、低脂系肉鸡 *PPARγ* 基因启动子重亚硫酸盐测序结果 (每个周龄每个品系选取一只鸡作为代表显示)，●代表甲基化的克隆，○代表未甲基化的克隆；C. *PPARγ* 基因启动子平均甲基化的水平；D. 2 周龄、3 周龄和 7 周龄高、低脂系肉鸡 *PPARγ* 基因启动子甲基化的水平；E. *PPARγ* 基因启动子区每个 CpG 位点的甲基化状态。柱形图中不同字母表示差异显著 (*P*<0.05)，**表示两个品系肉鸡 DNA 甲基化水平具有极显著差异 (*P*<0.01)

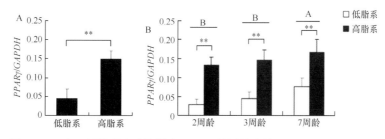

图 15-10　高、低脂系肉鸡腹脂中 *PPARγ* 基因的表达（Sun et al.，2014b）

柱形图中不同字母表示差异显著（*P*<0.05），**表示两个品系间差异极显著（*P*<0.01）

–625bp 的 3 个 CpG 位点的甲基化水平在高、低脂系肉鸡间差异不显著。基于表观遗传学理论基础，推测位于–548bp、–435bp 和–383bp 的 3 个 CpG 位点可能坐落于转录因子结合位点上或者其周围，这些 CpG 位点的甲基化能够影响蛋白质与 DNA 的互作，从而调控脂肪的生成，这 3 个甲基化的 CpG 位点可以作为表观遗传标记用于鸡育种中。

经过 14 个世代的选择后，高、低脂系肉鸡间 *PPARγ* 启动子甲基化状态明显不同，并且 *PPARγ* 启动子甲基化水平与 *PPARγ* 基因表达水平成反比，暗示甲基化可能是导致高、低脂系双向选择品系肉鸡腹脂性状差异的重要原因之一。

二、鸡 *C/EBPα* 基因启动子区 DNA 甲基化分析

CCAAT 增强子结合蛋白 α（CCAAT/enhancer binding protein alpha，*C/EBPα*）是脂肪细胞分化的重要调控因子之一，它能够与 *PPARγ* 协同作用，调控脂肪细胞分化。有研究表明，在 C3H10T1/2 细胞和骨髓间质细胞中，DNA 甲基化能够调控 *C/EBPα* 的表达，并且参与骨生成和脂肪生成（Fan et al.，2009）。但在脂肪组织中，DNA 甲基化是否调控 *C/EBPα* 表达尚不十分清楚。本课题组高媛以高、低脂系肉鸡脂肪组织为实验材料，选取 *C/EBPα* 基因启动子区上一段长 357bp 的序列区域，利用重亚硫酸盐结合测序及实时荧光定量 PCR 等方法，分析该区域甲基化水平与该基因 mRNA 水平表达量是否相关（高媛，2012；Gao et al.，2015）。研究结果表明，2 周龄、3 周龄和 7 周龄低脂系肉鸡的甲基化水平均极显著高于高脂系（表 15-9，图 15-11）。Realtime RT-PCR 研究结果显示，仅 2 周龄低脂系肉鸡 *C/EBPα* 表达量极显著低于高脂系（*P*=0.0013）（图 15-12）。相关分析结果显示，仅 2 周龄 DNA 甲基化水平与表达量呈极显著负相关（Pearson's *r*=-0.8312，*P*=0.0029），而其他两个周龄甲基化水平与表达量相关性不显著。另外，在该区域 7 个甲基化位点中，位于–1494bp 和–1478bp 两个位点的甲基化水平与该基因的表达量呈负相关（表 15-10）。

表 15-9　高、低脂系肉鸡 *C/EBPα* 启动子 CpG 位点甲基化状况（Gao et al.，2015）

品系	周龄	各 CpG 位点甲基化水平						
		–1494bp	–1478bp	–1419bp	–1370bp	–1255bp	–1252bp	–1243bp
高脂系	2	94±1.10**	92±0.89**	82±1.67	96±1.10	18±1.67	98±0.89	82±1.67**
	3	98±0.89	98±0.89	96±1.10**	88±1.67**	94±1.10**	98±0.89	98±0.89
	7	98±0.89	96±1.10	98±0.89	12±0.89	88±1.67	98±0.89	98±0.89
低脂系	2	14±1.79**	6±1.79**	84±2.68	90±2.00	12±2.61	94±1.79	4±1.10**
	3	96±1.10	96±1.10	58±1.67**	14±2.28**	56±1.79**	98±0.89	98±0.89
	7	94±1.79	4±1.10**	94±1.79	8±0.89	80±1.41	96±1.10	2±0.89**

注：各 CpG 位点甲基化平均水平=甲基化 CpG 位点个数/全部 CpG 位点个数（mean ± SE，*n*=5）。**表示两系间差异极显著（Student's *t* 检验，*P*<0.01）

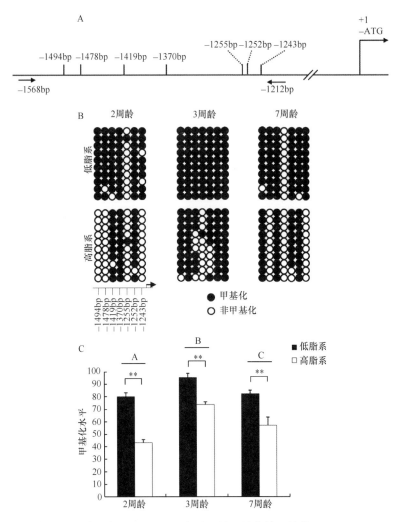

图 15-11　高、低脂系肉鸡 *C/EBPα* 基因启动子的甲基化情况比较（Gao et al.，2015）

A. *C/EBPα* 基因启动子 CpG 位点；B. 2 周龄、3 周龄和 7 周龄高、低脂系肉鸡 *C/EBPα* 基因启动子重亚硫酸盐测序结果（每个周龄每个品系选取一只鸡作为代表显示），●代表甲基化的克隆，○代表未甲基化的克隆；C. 2 周龄、3 周龄和 7 周龄高、低脂系肉鸡 *C/EBPα* 基因启动子甲基化的水平。柱形图中不同字母表示差异显著（*P*<0.05），**表示两个品系肉鸡 DNA 甲基化水平具有极显著差异（*P*<0.01）

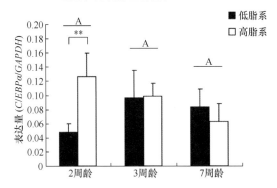

图 15-12　高、低脂系肉鸡腹脂中 *C/EBPα* 基因的表达（Gao et al.，2015）

柱形图中不同字母表示差异显著（*P*<0.05），**表示两个品系间差异极显著（*P*<0.01）

表 15-10　各 DNA 甲基化位点与 *C/EBPα* 基因表达的相关性（Gao et al.，2015）

	CpG 位点						
	−1494bp	−1478bp	−1419bp	−1370bp	−1255bp	−1252bp	−1243bp
Pearson's *r* 值	−0.5713	−0.4890	0.0788	0.2259	−0.1741	0.0856	−0.2940
P 值	0.0050	0.0290	0.7270	0.3120	0.4390	0.7050	0.1840

上述研究结果表明，*C/EBPα* 甲基化现象在鸡脂肪组织中是存在的，并且在脂肪组织发育早期能够调控该基因的表达。*C/EBPα* 与 *PPARγ* 是脂肪形成的关键因子，但 *C/EBPα* 启动子 DNA 甲基化对该基因的表达调控与 *PPARγ* 不同。在脂肪组织发育过程中，鸡 *PPARγ* 启动子甲基化调控该基因的表达（详见第二节第一部分），而 *C/EBPα* 启动子的甲基化仅在脂肪组织发育早期调控其表达。基因表达调控是一个复杂的动态过程，在组织发育过程中，表观遗传因素和遗传因素均起到调控作用。因此可以推测，与 *PPARγ* 不同，DNA 甲基化只在脂肪组织发育的早期阶段调控 *C/EBPα* 的表达，而脂肪组织发育的后续阶段，其他因素可能对 *C/EBPα* 的表达起到主要的调控作用。Yu 等（2014）采用油酸诱导原代前脂肪细胞分化，并检测 *C/EBPα* 启动子的甲基化情况，结果显示，在前脂肪细胞分化过程中，*C/EBPα* 的表达始终受到 DNA 甲基化的调控（Yu et al.，2014）。这一结果与本课题组 Gao 等（2015）的研究结果不同，可能是所选择的材料不同所致。Yu 等（2014）采用原代前脂肪细胞在体外进行培养实验，而 Gao 等（2015）则是以鸡的脂肪组织为实验材料。

本课题组高媛所研究的 7 个 CpG 位点中，有 6 个在高、低脂系间存在差异。采用 TFSEARCH（http://www.cbrc.jp/research/db/TFSEARCH.html）对这 6 个 CpG 位点附近转录因子结合位点进行预测，结果显示−1478bp CpG 位点能够与转录因子 P300 结合（高媛，2012；Gao et al.，2015）。P300 能够与 C/EBPα 互作，并且在前脂肪细胞的分化过程中起到补充作用（Takahashi et al.，2002；Shimba et al.，2001）。另外，单个甲基化位点与表达相关性分析结果显示，−1478bp 位点的甲基化水平与 *C/EBPα* 的表达量呈负相关（表 15-10），这些结果提示−1478bp CpG 位点甲基化能够阻止 P300 结合在 *C/EBPα* 启动子上，进而影响 *C/EBPα* 的表达。但这一假设仍需后续实验验证。本课题组 Gao 等（2015）仅针对 *C/EBPα* 357bp 的启动子区域进行分析，该结果并不能反映 *C/EBPα* 全部启动子的甲基化情况。因此，为了进一步了解鸡 *C/EBPα* 的表观遗传调控机制，有必要开展 *C/EBPα* 全部启动子的甲基化研究。

三、DNA 甲基化在鸡脂肪组织生长发育中的作用

本课题组张天目开展了高、低脂系第 18 世代 4~7 周龄肉鸡腹部脂肪组织中甲基转移酶的表达及其基因组 DNA 甲基化差异的分析（张天目等，2016；张天目，2015）。Realtime RT-PCR 表达分析显示，在 4 周龄、5 周龄、6 周龄和 7 周龄高、低脂系肉鸡的脂肪组织中，DNA 甲基转移酶 1（DNA methyltransferace 1，*DNMT1*）在低脂肉鸡中的表达量显著高于高脂肉鸡（*P*<0.05），且在 5 周龄时表达量差异达到极显著水平（*P*<0.01）（图 15-13）；DNA 甲基转移酶 3A（DNA methyltransferace 3A，*DNMT3A*）在低脂鸡中的表达量也显著高于高脂鸡（*P*<0.05），且在 4 周龄和 5 周龄时表达量的差异达极显著

水平（*P*<0.01）（图 15-14）。DNA 甲基转移酶 3B（DNA methyltransferace 3B，*DNMT3B*）在高、低脂双向选择品系中的表达量均相对较低，5 周龄低脂肉鸡中没有检测到 *DNMT3B* 的表达；*DNMT3B* 在 4 周、6 周和 7 周龄低脂鸡脂肪组织中的表达均显著高于高脂鸡（*P*<0.05）（图 15-15）。

　　同时观察到在低脂系肉鸡脂肪组织中，*DNMT1* 和 *DNMT3A* 的相对表达量比 *DNMT3B* 要高，且都表现为随鸡龄的增加有较大的增长，均在 5 周龄时达到最大值，但随着鸡龄的进一步增大，到 6 周龄和 7 周龄时开始有较大幅度的下降，而 *DNMT3B* 的表达量在 6 周龄时达到最大（图 15-13~图 15-15）。在高脂系鸡脂肪组织中，*DNMT1*、*DNMT3A* 及 *DNMT3B* 3 种 DNA 甲基转移酶的表达量随着鸡龄的增加变化不明显（*P*>0.05）（图 15-13~图 15-15）。

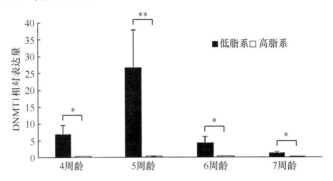

图 15-13　高、低脂系肉鸡腹部脂肪组织 *DNMT1* 表达分析（张天目等，2016）。
*表示差异显著（*P*<0.05），**表示差异极显著（*P*<0.01）

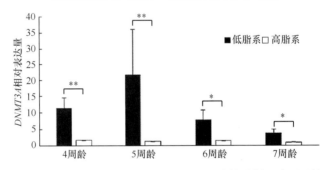

图 15-14　高、低脂系肉鸡腹部脂肪组织 *DNMT3A* 表达分析（张天目等，2016）
*表示差异显著（*P*<0.05），**表示差异极显著（*P*<0.01）

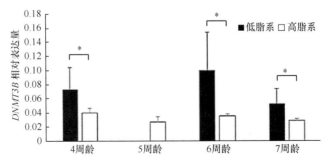

图 15-15　高、低脂系肉鸡腹部脂肪组织 *DNMT3B* 表达分析（张天目等，2016）
*表示差异显著（*P*<0.05），**表示差异极显著（*P*<0.01）

此外，本课组张天目等（2016）利用 MethylFlash^TM Methylated DNA Quantification Kit 试剂盒检测高、低脂系肉鸡腹部脂肪组织基因组 DNA 的总体甲基化情况。结果显示，与甲基化酶表达模式相似，在鸡脂肪组织生长发育过程中，脂肪组织基因组 DNA 的甲基化也呈动态变化（图 15-16）。与高脂系肉鸡相比，低脂系肉鸡腹部脂肪组织基因组 DNA 的总体甲基化水平显著高于高脂系（$P<0.05$），且在 5 周龄达到极显著水平（$P<0.01$），并且，随鸡龄的增长呈下降趋势（图 15-16）。低脂系鸡腹部脂肪组织基因组 DNA 的总体甲基化水平的这种变化趋势与低脂系鸡腹部脂肪组织中 DNMT1 和 DNMT3A 的表达模式一致。高脂系鸡腹部脂肪组织基因组 DNA 的总体甲基化水平则一直维持在一个相对较低的水平（图 15-16）。本研究证实，高、低脂系肉鸡腹部脂肪组织基因组 DNA 甲基化存在差异，其中低脂系鸡脂肪组织 DNA 的甲基化水平偏高（张天目等，2016）。

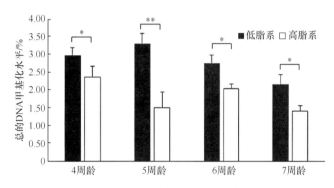

图 15-16　高、低脂系肉鸡腹部脂肪组织基因组总的 DNA 甲基化水平的差异分析（张天目等，2016）

*表示差异显著（$P<0.05$），**表示差异极显著（$P<0.01$）

本研究发现，低脂系肉鸡腹部脂肪组织的 3 个 DNA 甲基转移酶的表达水平普遍显著高于高脂系。Londoño Gentile 等（2013）通过对小鼠脂肪组织的研究发现，DNMT1 的表达能够抑制与脂肪发育相关基因的表达，并且能在脂肪组织生长发育早期抑制脂肪沉积。与此相一致，本研究发现低脂系肉鸡脂肪组织 DNMT1 基因高表达，推测鸡和小鼠脂肪组织中 DNMT1 可能具有相似的作用。Kamei 等（2010）研究发现，对小鼠进行饮食诱导肥胖后，肥胖小鼠 DNMT3A 的表达量高于正常鼠 DNMT3A 的表达量，这与本研究所得结果相反，其原因可能是鸡和小鼠 DNMT3A 的作用不同。DNMT1、DNMT3A 和 DNMT3B 3 种 DNA 甲基转移酶中，鸡脂肪组织中 DNMT3B 的表达量最低，推测 DNMT3B 可能在脂肪生长发育中作用不大。有研究报道 DNMT3B 主要在胚胎发育期发挥作用（Okano et al.，1999）。

Kim 等（2002）对人类 DNA 甲基转移酶的研究表明，DNA 甲基转移酶对于建立和维持基因组 DNA 甲基化是非常重要的。DNA 甲基转移酶负责基因组 DNA 的甲基化。低脂系肉鸡脂肪组织 DNA 甲基化酶高表达，提示低脂系肉鸡腹部脂肪组织中 DNA 甲基化的水平可能高于高脂系肉鸡。DNA 甲基化试剂盒检测结果与上述推测相一致，低脂系肉鸡腹部脂肪组织 DNA 的总体甲基化水平比高脂系肉鸡高。PPARγ 是脂肪细胞分化最关键的基因，本课题组 Sun 等（2014b）发现，低脂系肉鸡腹部脂肪组织中 PPARγ

基因启动子区的 DNA 甲基化程度高于高脂系肉鸡（参见本节第一部分），这与本研究的高、低脂系腹脂 DNA 总体甲基化检测结果是一致的。

在高、低脂系鸡脂肪组织 DNA 甲基化酶表达分析中发现低脂系鸡中 *DNMT1* 和 *DNMT3A* 的表达水平在 4 周龄时较低，5 周龄时达到最高，6 周龄和 7 周龄呈下降趋势。低脂系肉鸡脂肪组织 DNA 的总体甲基化水平也呈现出与 *DNMT1* 和 *DNMT3A* 相似的变化趋势，而在高脂系肉鸡中 DNA 甲基转移酶和基因组 DNA 甲基化水平均维持较低的水平。Jin 等（2014）通过检测幼年和中年猪不同组织的 DNA 甲基转移酶和基因组 DNA 甲基化差异证实，心脏等组织的基因组 DNA 甲基化总体水平随年龄增长而降低，并且这种变化与 *DNMT3B* 的表达量呈负相关，这与我们的研究结果类似，提示脂肪组织 DNA 甲基化在生长发育中是动态变化的。

最近，Yu 等（2014）研究发现鸡前脂肪细胞诱导分化过程中添加叶酸可以上调一碳代谢和甲基转移相关基因的表达，加强 *C/EBPα* 基因启动子甲基化程度从而下调 *C/EBPα* 基因的表达，进而影响鸡前脂肪细胞的分化和脂肪沉积；Xing 等（2011）在肉鸡日粮中添加甜菜碱，结果发现，甜菜碱可以下调一些脂肪生成基因的表达，如可以通过改变 *LPL* 基因启动子区 CpG 的甲基化模式从而降低 *LPL* 基因的表达。这些研究结果结合本研究结果，提示 DNA 甲基化在鸡脂肪组织生长发育和脂肪沉积中发挥着重要调控作用，DNA 甲基化的差异可能是造成高、低脂系肉鸡腹脂性状差异的重要原因之一。

参 考 文 献

高媛. 2012. 高、低脂系肉鸡脂肪组织 *PPARγ* 与 *C/EBPα* 基因的甲基化比较分析. 哈尔滨: 东北农业大学硕士学位论文.

高媛, 孙婴宁, 李辉, 等. 2012. DNA 甲基化与脂肪组织生长发育. 中国细胞生物学学报, 34(9): 73-80.

王维世. 2016. MiR-21 在鸡原代前脂肪细胞增殖和分化过程中的功能研究. 哈尔滨: 东北农业大学博士学位论文.

张天目. 2015. 高、低脂鸡脂肪组织 DNA 甲基化的比较分析. 哈尔滨: 东北农业大学硕士学位论文.

张天目, 段逑, 王守志, 等. 2016. 高、低脂鸡腹部脂肪组织 DNA 甲基化的差异分析. 中国畜牧杂志, 52(7): 22-26.

Altuvia Y, Landgraf P, Lithwick G, et al. 2005. Clustering and conservation patterns of human microRNAs. Nucleic Acids Res, 33(8): 2697-2706.

Andolfo I, Liguori L, De Antonellis P, et al. 2012. The micro-RNA 199b-5p regulatory circuit involves Hes1, CD15, and epigenetic modifications in medulloblastoma. Neuro Oncol, 14(5): 596-612.

Augustin R, Endres K, Reinhardt S, et al. 2012. Computational identification and experimental validation of microRNAs binding to the Alzheimer-related gene *ADAM10*. BMC Med Genet, 13: 35.

Bar N, Dikstein R. 2010. miR-22 forms a regulatory loop in PTEN/AKT pathway and modulates signaling kinetics. PLoS One, 5(5): e10859.

Baselga-Escudero L, Arola-Arnal A, Pascual-Serrano A, et al. 2013. Chronic administration of proanthocyanidins or docosahexaenoic acid reverses the increase of miR-33a and miR-122 in dyslipidemic obese rats. PLoS One, 8(7): e69817.

Baselga-Escudero L, Bladé C, Ribas-Latre A, et al. 2012. Grape seed proanthocyanidins repress the hepatic lipid regulators miR-33 and miR-122 in rats. Mol Nutr Food Res, 56(11): 1636-1646.

Bastet L, Dubé A, Massé E, et al. 2011. New insights into riboswitch regulation mechanisms. Mol Microbiol, 80(5): 1148-1154.

Bentwich I. 2005. Prediction and validation of microRNAs and their targets. FEBS Lett, 579(26): 5904-5910.

Berezikov E, Chung W J, Willis J, et al. 2007. Mammalian mirtron genes. Mol Cell, 28(2): 328-336.

Bizuayehu T T, Lanes C F, Furmanek T, et al. 2012. Differential expression patterns of conserved miRNAs and isomiRs during Atlantic halibut development. BMC Genomics, 13: 11.

Bowers R R, Kim J W, Otto T C, et al. 2006. Stable stem cell commitment to the adipocyte lineage by inhibition of DNA methylation: role of the BMP-4 gene. Proc Natl Acad Sci U S A,103(35):13022-13027.

Chakraborty C, George Priya Doss C, Bandyopadhyay S. 2013. miRNAs in insulin resistance and diabetes-associated pancreatic cancer: the 'minute and miracle' molecule moving as a monitor in the 'genomic galaxy'. Curr Drug Targets, 14(10): 1110-1117.

Chartoumpekis D V, Zaravinos A, Ziros P G, et al. 2012. Differential expression of microRNAs in adipose tissue after long-term high-fat diet-induced obesity in mice. PLoS One, 7(4): e34872.

Chen X, Li Q, Wang J, et al. 2009. Identification and characterization of novel amphioxus microRNAs by Solexa sequencing. Genome Biol, 10(7): R78.

Chiu S C, Chung H Y, Cho D Y, et al. 2014. Therapeutic potential of microRNA let-7: tumor suppression or impeding normal stemness. Cell Transplant, 23(4-5): 459-469.

Cho Y M, Kim T M, Hun Kim D, et al. 2016. miR-148a is a downstream effector of X-box-binding protein 1 that silences *Wnt10b* during adipogenesis of 3T3-L1 cells. Exp Mol Med, 48: e226.

Choi H S, Jain V, Krueger B, et al. 2015. Kaposi's Sarcoma-Associated Herpesvirus (KSHV) Induces the Oncogenic miR-17-92 Cluster and Down-Regulates TGF-β Signaling. PLoS Pathog, 11(11): e1005255.

Collares C V, Evangelista A F, Xavier D J, et al. 2013. Identifying common and specific microRNAs expressed in peripheral blood mononuclear cell of type 1, type 2, and gestational diabetes mellitus patients. BMC Res Notes, 6: 491.

Crépin D, Benomar Y, Riffault L, et al. 2014. The over-expression of miR-200a in the hypothalamus of ob/ob mice is linked to leptin and insulin signaling impairment. Mol Cell Endocrinol, 384(1-2): 1-11.

Cruickshanks H A, Vafadar-Isfahani N, Dunican D S, et al. 2013. Expression of a large LINE-1-driven antisense RNA is linked to epigenetic silencing of the metastasis suppressor gene TFPI-2 in cancer. Nucleic Acids Res, 41(14): 6857-6869.

Dick K J, Nelson C P, Tsaprouni L, et al. 2014. DNA methylation and body-mass index: a genome-wide analysis. Lancet, 383(9933): 1990-1998.

Dinh H, Hong Y H, Lillehoj H S. 2014. Modulation of microRNAs in two genetically disparate chicken lines showing different necrotic enteritis disease susceptibility. Vet Immunol Immunopathol, 159(1-2): 74-82.

Dong P, Mai Y, Zhang Z, et al. 2014. MiR-15a/b promote adipogenesis in porcine pre-adipocyte via repressing FoxO1. Acta Biochim Biophys Sin (Shanghai), 46(7): 565-571.

Fan Q, Tang T, Zhang X, et al. 2009. The role of CCAAT/enhancer binding protein (C/EBP)-alpha in osteogenesis of C3H10T1/2 cells induced by BMP-2. J Cell Mol Med, 13(8B): 2489-2505.

Fu B, Wang H, Wang J, et al. 2013. Epigenetic regulation of *BMP2* by 1,25-dihydroxyvitamin D3 through DNA methylation and histone modification. PLoS One, 8(4): e61423.

Fujiki K, Kano F, Shiota K, et al. 2009. Expression of the peroxisome proliferator activated receptor gamma gene is repressed by DNA methylation in visceral adipose tissue of mouse models of diabetes. BMC Biol, 7: 38.

Gao Y, Sun Y, Duan K, et al. 2015. CpG site DNA methylation of the CCAAT/enhancer-binding protein, alpha promoter in chicken lines divergently selected for fatness. Anim Genet, 46(4): 410-417.

Garten A, Schuster S, Kiess W. 2012. The insulin-like growth factors in adipogenesis and obesity. Endocrinol Metab Clin North Am, 41(2): 283-295, v-vi.

Gerhold D L, Liu F, Jiang G, et al. 2002. Gene expression profile of adipocyte differentiation and its regulation by peroxisome proliferator-activated receptor-gamma agonists. Endocrinology, 143(6): 2106-2118.

Gerin I, Clerbaux L A, Haumont O, et al. 2010. Expression of miR-33 from an *SREBP2* intron inhibits cholesterol export and fatty acid oxidation. J Biol Chem, 285(44): 33652-33661.

Glazov E A, Cottee P A, Barris W C, et al. 2008. A microRNA catalog of the developing chicken embryo identified by a deep sequencing approach. Genome Res, 18(6): 957-964.

Ikeobi C O, Woolliams J A, Morrice D R, et al. 2002. Quantitative trait loci affecting fatness in the chicken. Anim Genet, 33(6): 428-435.

Jaenisch R, Bird A. 2003. Epigenetic regulation of gene expression: how the genome integrates intrinsic and environmental signals. Nat Genet, 33 Suppl: 245-254.

Jin L, Jiang Z, Xia Y, et al. 2014. Genome-wide DNA methylation changes in skeletal muscle between young and middle-aged pigs. BMC Genomics, 15: 653.

Kajimoto K, Naraba H, Iwai N. 2006. MicroRNA and 3T3-L1 pre-adipocyte differentiation. RNA, 12(9): 1626-1632.

Kamei Y, Suganami T, Ehara T, et al. 2010. Increased expression of DNA methyltransferase 3a in obese adipose tissue: studies with transgenic mice. Obesity (Silver Spring), 18(2): 314-321.

Kang M, Yan L M, Zhang W Y, et al. 2013. Role of microRNA-21 in regulating 3T3-L1 adipocyte differentiation and adiponectin expression. Mol Biol Rep, 40(8): 5027-5034.

Kim D Y, Sung J H. 2017. Regulatory role of microRNAs in the proliferation and differentiation of adipose-derived stem cells. Histol Histopathol, 32(1): 1-10.

Kim G D, Ni J, Kelesoglu N, et al. 2002. Co-operation and communication between the human maintenance and *de novo* DNA (cytosine-5) methyltransferases. EMBO J, 21(15): 4183-4195.

Kim Y J, Hwang S J, Bae Y C, et al. 2009. MiR-21 regulates adipogenic differentiation through the modulation of TGF-beta signaling in mesenchymal stem cells derived from human adipose tissue. Stem Cells, 27(12): 3093-3102.

Klose R J, Bird A P. 2006. Genomic DNA methylation: the mark and its mediators. Trends Biochem Sci, 31(2): 89-97.

Klöting N, Berthold S, Kovacs P, et al. 2009. MicroRNA expression in human omental and subcutaneous adipose tissue. PLoS One, 4(3): e4699.

Lee R C, Feinbaum R L, Ambros V. 1993. The *C. elegans* heterochronic gene lin-4 encodes small RNAs with antisense complementarity to lin-14. Cell, 75(5): 843-854.

LeRoith D, Yakar S. 2007. Mechanisms of disease: metabolic effects of growth hormone and insulin-like growth factor 1. Nat Clin Pract Endocrinol Metab, 3(3): 302-310.

Liang Y, Ridzon D, Wong L, et al. 2007. Characterization of microRNA expression profiles in normal human tissues. BMC Genomics, 8: 166.

Lim J M, Wollaston-Hayden E E, Teo C F, et al. 2014. Quantitative secretome and glycome of primary human adipocytes during insulin resistance. Clin Proteomics, 11(1): 20.

Londoño Gentile T, Lu C, Lodato P M, et al. 2013. *DNMT1* is regulated by ATP-citrate lyase and maintains methylation patterns during adipocyte differentiation. Mol Cell Biol, 33(19):3864-3878.

Martini P, Sales G, Brugiolo M, et al. 2014. Tissue-specific expression and regulatory networks of pig microRNAome. PLoS One, 9(4): e89755.

Martinowich K, Hattori D, Wu H, et al. 2003. DNA methylation-related chromatin remodeling in activity-dependent *BDNF* gene regulation. Science, 302(5646): 890-893.

Musilova K, Mraz M. 2015. MicroRNAs in B-cell lymphomas: how a complex biology gets more complex. Leukemia, 29(5): 1004-1017.

Musri M M, Gomis R, Párrizas M. 2007. Chromatin and chromatin-modifying proteins in adipogenesis. Biochem Cell Biol, 85(4): 397-410.

Noer A, Boquest A C, Collas P. 2007. Dynamics of adipogenic promoter DNA methylation during clonal culture of human adipose stem cells to senescence. BMC Cell Biol, 8: 18.

Noer A, Sørensen A L, Boquest A C, et al. 2006. Stable CpG hypomethylation of adipogenic promoters in freshly isolated, cultured, and differentiated mesenchymal stem cells from adipose tissue. Mol Biol Cell, 17(8): 3543-3556.

Okano M, Bell D W, Haber D A, et al. 1999. DNA methyltransferases Dnmt3a and Dnmt3b are essential for de novo methylation and mammalian development. Cell, 99(3): 247-257.

Ortega F J, Moreno-Navarrete J M, Pardo G, et al. 2010. MiRNA expression profile of human subcutaneous adipose and during adipocyte differentiation. PLoS One, 5(2): e9022.

Parra P, Serra F, Palou A. 2010. Expression of adipose microRNAs is sensitive to dietary conjugated linoleic acid treatment in mice. PLoS One, 5(9): e13005.

Qu P, Wang L, Min Y, et al. 2016. Vav1 Regulates Mesenchymal Stem Cell Differentiation Decision Between Adipocyte and Chondrocyte via Sirt1. Stem Cells, 34(7): 1934-1946.

Rayner K J, Esau C C, Hussain F N, et al. 2011. Inhibition of miR-33a/b in non-human primates raises plasma HDL and lowers VLDL triglycerides. Nature, 478(7369): 404-407.

Schiller Z A, Schiele N R, Sims J K, et al. 2013. Adipogenesis of adipose-derived stem cells may be regulated via the cytoskeleton at physiological oxygen levels *in vitro*. Stem Cell Res Ther, 4(4): 79.

Shao F, Wang X, Yu J, et al. 2014. Expression of miR-33 from an *SREBF2* intron targets the FTO gene in the chicken. PLoS One, 9(3): e91236.

Shende V R, Goldrick M M, Ramani S, et al. 2011. Expression and rhythmic modulation of circulating microRNAs targeting the clock gene Bmal1 in mice. PLoS One, 6(7): e22586.

Shende V R, Neuendorff N, Earnest D J. 2013. Role of miR-142-3p in the post-transcriptional regulation of the clock gene Bmal1 in the mouse SCN. PLoS One, 8(6): e65300.

Shimba S, Wada T, Tezuka M. 2001. Arylhydrocarbon receptor (AhR) is involved in negative regulation of adipose differentiation in 3T3-L1 cells: AhR inhibits adipose differentiation independently of dioxin. J Cell Sci, 114(Pt 15): 2809-2817.

Shin D, Howng S Y, Ptáček L J, et al. 2012. miR-32 and its target *SLC45A3* regulate the lipid metabolism of oligodendrocytes and myelin. Neuroscience, 213: 29-37.

Shore A, Karamitri A, Kemp P, et al. 2010. Role of Ucp1 enhancer methylation and chromatin remodelling in the control of Ucp1 expression in murine adipose tissue. Diabetologia, 53(6): 1164-1173.

Simionescu N, Niculescu L S, Sanda G M, et al. 2014. Analysis of circulating microRNAs that are specifically increased in hyperlipidemic and/or hyperglycemic sera. Mol Biol Rep, 41(9): 5765-5773.

Sun Y N, Gao Y, Qiao S P, et al. 2014b. Epigenetic DNA methylation in the promoters of *peroxisome proliferator-activated receptor γ* in chicken lines divergently selected for fatness. J Anim Sci, 92(1): 48-53.

Sun T, Fu M, Bookout A L, et al. 2009. MicroRNA let-7 regulates 3T3-L1 adipogenesis. Mol Endocrinol, 23(6): 925-931.

Sun X, Feinberg M W. 2014a. MicroRNA-management of lipoprotein homeostasis. Circ Res, 115(1): 2-6.

Takahashi N, Kawada T, Yamamoto T, et al. 2002. Overexpression and ribozyme-mediated targeting of transcriptional coactivators CREB-binding protein and p300 revealed their indispensable roles in adipocyte differentiation through the regulation of peroxisome proliferator-activated receptor gamma. J Biol Chem, 277(19): 16906-16912.

Tan X, Zhang P, Zhou L, et al. 2012. Clock-controlled mir-142-3p can target its activator, Bmal1. BMC Mol Biol, 13: 27.

Tang Y F, Zhang Y, Li X Y, et al. 2009. Expression of miR-31, miR-125b-5p, and miR-326 in the adipogenic differentiation process of adipose-derived stem cells. OMICS, 13(4): 331-336.

Tontonoz P, Spiegelman B M. 2008. Fat and beyond: the diverse biology of PPARgamma. Annu Rev Biochem, 77: 289-312.

Tontonoz P, Hu E, Spiegelman B M. 1995. Regulation of adipocyte gene expression and differentiation by peroxisome proliferator activated receptor gamma. Curr Opin Genet Dev, 5(5): 571-576.

Tseng Y H, Butte A J, Kokkotou E, et al. 2005. Prediction of preadipocyte differentiation by gene expression reveals role of insulin receptor substrates and necdin. Nat Cell Biol, 7(6): 601-611.

Urbich C, Kuehbacher A, Dimmeler S. 2008. Role of microRNAs in vascular diseases, inflammation, and angiogenesis. Cardiovasc Res, 79(4): 581-588.

Vuppalanchi R, Liang T, Goswami C P, et al. 2013. Relationship between differential hepatic microRNA expression and decreased hepatic cytochrome P450 3A activity in cirrhosis. PLoS One, 8(9): e74471.

Wang Q, Li Y C, Wang J, et al. 2008a. miR-17-92 cluster accelerates adipocyte differentiation by negatively regulating tumor-suppressor Rb2/p130. Proc Natl Acad Sci U S A, 105(8): 2889-2894.

Wang W, Du Z Q, Cheng B, et al. 2015. Expression profiling of preadipocyte microRNAs by deep sequencing on chicken lines divergently selected for abdominal fatness. PLoS One, 10(2): e0117843.

Wang Y, Mu Y, Li H, et al. 2008b. Peroxisome proliferator-activated receptor-gamma gene: a key regulator of adipocyte differentiation in chickens. Poult Sci, 87(2): 226-232.

Wei J, Li H, Wang S, et al. 2014. let-7 enhances osteogenesis and bone formation while repressing adipogenesis of human stromal/mesenchymal stem cells by regulating *HMGA2*. Stem Cells Dev, 23(13): 1452-1463.

Xie H, Lim B, Lodish H F. 2009. MicroRNAs induced during adipogenesis that accelerate fat cell development are downregulated in obesity. Diabetes, 58(5): 1050-1057.

Xing J, Kang L, Jiang Y. 2011. Effect of dietary betaine supplementation on lipogenesis gene expression and CpG methylation of lipoprotein lipase gene in broilers. Mol Biol Rep, 38(3): 1975-1981.

Yang W, Guo X, Thein S, et al. 2013. Regulation of adipogenesis by cytoskeleton remodelling is facilitated by acetyltransferase MEC-17-dependent acetylation of α-tubulin. Biochem J, 449(3): 605-612.

Yao J, Wang Y, Wang W, et al. 2011. Solexa sequencing analysis of chicken pre-adipocyte microRNAs. Biosci Biotechnol Biochem, 75(1): 54-61.

Yu X, Liu R, Zhao G, et al. 2014. Folate supplementation modifies *CCAAT/enhancer-binding protein α* methylation to mediate differentiation of preadipocytes in chickens. Poult Sci, 93(10): 2596-2603.

Zhang H, Hu X, Wang Z, et al. 2012. Selection signature analysis implicates the *PC1/PCSK1* region for chicken abdominal fat content. PLoS One, 7(7): e40736.

Zhang Q, Kandic I, Kutryk M J. 2011. Dysregulation of angiogenesis-related microRNAs in endothelial progenitor cells from patients with coronary artery disease. Biochem Biophys Res Commun, 405(1): 42-46.

Zhang X, Zheng Y, Jagadeeswaran G, et al. 2014. Identification of conserved and novel microRNAs in *Manduca sexta* and their possible roles in the expression regulation of immunity-related genes. Insect Biochem Mol Biol, 47: 12-22.

Zhong D, Huang G, Zhang Y, et al. 2013. MicroRNA-1 and microRNA-206 suppress LXRα-induced lipogenesis in hepatocytes. Cell Signal, 25(6): 1429-1437.

Zhou H, Mitchell A D, McMurtry J P, et al. 2005. Insulin-like growth factor-I gene polymorphism associations with growth, body composition, skeleton integrity, and metabolic traits in chickens. Poult Sci, 84(2): 212-219.

Ziller M J, Gu H, Müller F, et al. 2013. Charting a dynamic DNA methylation landscape of the human genome. Nature, 500(7463): 477-481.

第十六章　鸡脂肪组织生长发育的分子遗传学基础研究展望

国内外许多科技工作者正在积极开展鸡体脂性状分子遗传学基础研究工作。这些研究工作主要是从全基因组水平上（包括鸡脂肪组织生长发育的生理生化途径、基因表达谱、蛋白质表达谱、全基因组关联分析、miRNA 表达谱等）筛查出控制和影响鸡体脂性状的一些重要基因、分子标记和 miRNA 等，并对筛选出来的重要基因、分子标记和 miRNA 开展相应的功能研究，来验证其效应大小，解析其表达调控机制和功能作用模式，以及基因间的互作效应和模式，以期阐明其遗传机制和调控机制。然而，鸡体脂性状作为一种复杂性状，决定了对其分子遗传学基础研究和功能基因组成分的解析，以及外界环境条件对其表现的影响和调控这一复杂性状的具体性能表现等方面的研究工作，仍将面对重重困难。今后鸡体脂性状分子遗传学基础研究工作的重点，应该从系统性、整体性和全面性出发，综合利用现代分子生物学、遗传学、基因组学和工程学等技术手段，才能加快研究步伐。

第一节　脂肪生成关键基因的系统筛选

近年来，由于分子遗传学和基因组学技术方法的飞速发展，动物脂肪组织生长发育的分子遗传机制的最终解析成为可能。最新的基因组测序技术，以及系统生物学的理论和方法已被运用于人类和模式生物的相关研究中（如 DNA 元件百科全书计划、千人基因组计划、表观基因组学等）。系统生物学研究策略和方法是建立在整合群体遗传资源、组学技术和基因组编辑技术等交叉学科基础之上，强调从整个系统出发，筛选关键基因，分析影响目标性状的分子遗传基础（Buchner and Nadeau，2015；Williams and Auwerx，2015；Hofker et al.，2014）。复杂性状遗传基础的系统研究方法，作为当前的主导研究方向和发展趋势，可以被借鉴并应用于解析鸡体脂性状形成的分子遗传学基础研究中。

通过总结复杂性状遗传基础研究的发展规律和趋势，我们认为，今后开展鸡脂肪组织生长发育分子遗传学基础的研究重点有以下 3 个方面：①基因组重测序（whole-genome resequencing）技术的利用，DNA 测序技术正以前所未有的水平和速度在发展，并被广泛用于复杂性状的研究。可以预见，该技术也必将被应用于鸡脂肪性状形成的分子机制方面的研究。②系统遗传学（system genetics）研究方法的采用，利用系统遗传学研究思路，针对脂肪组织生长发育的特点和规律，收集和分析关键时间节点的大规模基因组学数据、遗传和表型数据，筛选和解析控制体脂性状关键基因的功能和作用机制。③遗传大数据的收集、整理和分析，开发和应用大数据分析相关方法和技术，收集、分析与处理大规模组学和系统生物学数据，推动鸡脂肪组织生长发育的深度研究。发展与完善上述的每个方面，都可能产生新的概念和方法，从而为有效解析脂肪生成的分子遗传基础和机制提供帮助和新的视角。

一、基因组重测序

基因组重测序是指利用高通量核酸测序技术对已知基因组序列的物种不同个体或所有作图群体（F_1、F_2、RIL、DH 和 BC1 等）的基因组进行重新测序，将生成的短序列片段同参考基因组进行比对分析，从而发现基因组中的结构和遗传变异（Kilpinen and Barrett，2013）。基因组测序技术早期被应用于组装重要动植物的参考基因组，现阶段已发展得更为成熟，而且成本大幅下降。因而，该技术现已成为常规实验技术，广泛应用于生物学、基因组学和遗传学等生命科学领域的研究，用于分析和剖分与自然和人工选择群体的分子进化和选择过程相关的基因组功能成分，发现群体特异的遗传变异，开展基因组测序基础上的全基因组关联分析，挖掘表观基因组信号及构建基因转录调控网络等。鉴于此，基因组测序技术今后也必将会在鸡脂肪组织生长发育的分子遗传学基础、人类复杂疾病及农业动植物重要性状形成的遗传学机制研究等方面发挥重要作用。

（一）群体进化基因组学

群体进化基因组学主要是研究自然群体或人工选择群体在受到自然或人工选择的作用后，基因组如何发生相应改变来适应这种选择要求的。基因组测序技术首先被应用于群体基因组学的研究中，用于发现群体中不同品种间的遗传和进化关系，如青藏高原特异生物物种的适应性研究（Huerta-Sánchez et al.，2014；Li et al.，2013）。而如何发现这些群体变化过程中导致特异性状发生改变的分子遗传基础（或基因组变异），是困扰生物学家的另一个更为重要的课题。在基因组层面上，调控区或编码区是否会发生等位基因频率的变化，甚至是否会导致基因变异的发生，从而影响性状的最终表现，都是受到关注的热点。在家养动物中，基因组重测序技术最先被应用于 DNA 混池测序。例如，利用选择性清扫（selective sweep）分析，在家鸡中发现了调控生长速度的促甲状腺素受体基因（TSHR）发生了编码序列缺失，另外，还发现了同家鸡驯化相关的基因位点和等位基因频率的变化，以及可以用来区分不同肉鸡和蛋鸡品系间差异的分子基础（Rubin et al.，2010）。使用同样的方法，家猪基因组重测序中发现有 3 个基因（NR6A1、PLAG1 和 LCORL）与体尺性状和脊椎数目有关（Rubin et al.，2012）。随后，在比较家兔和野兔基因组序列变异基础上，发现家兔的驯化同非编码位点上的变异有关，相关基因富集在与大脑和神经发育信号有关的通路上（Carneiro et al.，2014）。最近，Lamichhaney 等（2015）在重测了 120 只达尔文雀（Darwin's finch）的基因组序列后，发现 ALX1 基因的一段 240kb 单倍型与达尔文雀的鸟喙形状有关。达尔文雀鸟喙形状的变异性为达尔文创建自然选择学说提供了重要启示，可以说该研究解决了进化史研究中的一个重要问题：导致个体间表型差异的分子遗传变异，是如何在自然选择的作用下被进一步选择和累积，进而随着世代更替的进行，等位基因频率不断演化，群体遗传结构也发生改变的。此外，人类和其他动植物基因组重测序项目也发现了众多与人类和动物群体变迁、演化、人工驯化相关的重要基因和基因组区域（表 16-1）。

表 16-1 基因组重测序与群体进化和全基因组关联分析（部分项目）

时间	样本	样本数	覆盖率	主要结果	杂志
2015 年 10 月	UK10K	10 000	基因组 7×；外显子组 80×	群体基因组学；定位影响血脂的位点	*Nature*
2014 年 11 月	金丝猴	川金丝猴、滇金丝猴、黔金丝猴、缅甸金丝猴各一只	146×；30×	比较基因组学分析；*RNASE1* 基因的功能进化	*Nature Genetics*
2014 年 11 月	鲤	松浦品系；33 只代表性个体	~7×	重组装；整合基因组分析复杂性状	*Nature Genetics*
2014 年 10 月	番茄	360 品株	平均 5.7×	野生型和现代型进化分析	*Nature Genetics*
2014 年 8 月	兔	1 只母兔；6 个家兔，14 个野兔 DNA 混池	10×	重组装；选择信号分析	*Science*
2014 年 8 月	千头牛基因组计划	234 只牛	平均 8.3×	遗传变异的发现，定位 2 个质量性状和 2 个数量性状的基因	*Nature Genetics*
2014 年 4 月	辣椒	Zunla-1 品系；1 个野生型 Chiltepin	99×；67×	种植驯化；人工选择信号	*PNAS*
2014 年 1 月	辣椒	CM334 品系；2 个培育品种；1 个野生型	186.6×；重测序	品系基因组比较	*Nature Genetics*
2013 年 12 月	藏猪	1 只母藏猪，30 只藏猪和 18 只其他猪种	131×	基因组重组装；人工驯化；环境适应	*Nature Genetics*
2010 年 3 月	鸡	8 个家鸡群体和一个红色原鸡	共 44.5×	选择信号区间分析	*Nature*

注："×"表示覆盖率的倍数

基因组重测序技术还可以用来研究实验进化（experimental evolution）中出现的问题。这种技术又被称为进化重测序。其思路是在实验室里将实验群体按照一定方向和选择目标选择几十甚至几百世代后，利用重测序来分析基因组发生的序列变异和变化规律（Schlötterer et al.，2015）。目前，实验研究对象还仅限于细菌、酵母、果蝇等世代间隔短、繁殖速度快的生物。

（二）全基因组重测序关联分析

全基因组关联分析（GWAS）主要是指利用覆盖整个基因组的高密度遗传标记（主要是 SNP）间的群体遗传和连锁不平衡信息，建立统计模型来计算和分析遗传标记与表型性状间统计相关的显著性水平，以得到可能影响表型性状的基因、基因组区域或直接定位致因突变。GWAS 已被广泛应用于人类疾病和动植物重要经济性状的分子遗传基础研究中，包括脂肪沉积、肥胖、糖尿病和代谢类疾病等（Locke et al.，2015；Shungin et al.，2015）。GWAS 可以成功定位受单基因控制的质量性状的遗传位点，进而探讨和分析质量性状的遗传机制，然而对复杂性状而言，却仍然不能完全解释其遗传方差，究其原因可能是控制复杂性状的遗传变异位点，其遗传效应的表现受到群体遗传异质性、遗传与环境互作、复杂结构变异的功能作用及位点互作等因素的影响（Johnsson et al.，2015；Wood et al.，2014）。

通过使用更高密度的 SNP 芯片、加大样本数目、使用基因型推算（imputation）等策略和方法，可以提高 GWAS 的研究效率和定位精确性，更好地剖析控制性状的分子遗传基础和遗传结构。现阶段，由于基因组重测序技术的日益广泛使用，重测序技术同 GWAS 相结合是当前的发展趋势，可以有利于发现群体特有的遗传变异，进一步增加遗传标记密度和覆盖率，提高遗传关联分析发现致因基因或突变位点的统计效率（Wang et al.，2015）。

Morrison 等（2013）收集并重测了 962 个人的基因组，研究了与心脏和衰老遗传相关的高密度脂蛋白-胆固醇（HDL-C）水平的分子遗传基础。该项研究中，测序覆盖率达到 6×，结果发现了 2500 万个遗传变异，其中最小等位基因频率（MAF）>1%的标记占 35.7%，解释了遗传方差的 61.8%。该项研究同时发现普通遗传变异（MAF>5%）较稀有变异解释了更多的遗传方差，而且位于基因组调控区域和非编码区域的变异，同蛋白质编码区域的变异一样，对性状的变化都有着至关重要的作用。在大鼠的一项研究上，综合基因组重测序和遗传定位两种方法，发现了影响 122 个性状的 355 个 QTL，进一步定位出影响 31 个表型性状的 35 个基因（Baud et al.，2013）。该项研究还发现基因组序列组成和遗传变异间的关系十分复杂，导致 QTL 效应不能由单个序列变异来解释。

人类精准医疗在重测序技术的推动下，也发展得如火如荼。当前，人类遗传疾病分析的一项策略是使用低覆盖率的基因组重测序或外显子组捕获测序（exome-capture sequencing）技术去发现控制复杂性状的基因位点（Cai et al.，2015；Li et al.，2015）。

在农业动物中，1000 头牛基因组测序项目（1000 Bull Genome Project）已经重测了 234 头牛（来源于 3 种不同群体）的基因组，平均覆盖率达到 8.3×，发现了 2830 万个遗传变异。通过基因型推算和 GWAS 研究，定位出导致胚胎死亡的一个隐性基因位点和导致软骨病的一个显性位点（Daetwyler et al.，2014）。

二、系统遗传学

GWAS 和基因组测序技术可以收集和研究大规模的遗传标记和基因型数据，定位和研究遗传标记的效应值大小，发现标记位点间及标记同环境因素间的互作模式，帮助人们了解复杂性状的分子遗传学基础。致因突变的最终发现有助于分析基因和分子通路的功能和作用，并可用于进一步解释性状形成的分子机制。但是，从遗传到表型，遗传信息的流动经历了基因组结构变异、转录组的表达调控、基因组的表观修饰、蛋白质组的翻译、代谢组（包括脂质组）的生物化学反应等过程。同时，基因表达和功能作用的时空性、细胞异质性和组织间信息交流、个体间互动、群体结构和组成、机体微生物组成和食物营养成分等，都可能影响遗传信号的传递通路过程和效应幅度大小，增加了精确剖析遗传标记的效应大小和传递模式的难度，也使定位致因突变显得更加困难。

为了解决如何剖分生物系统的元件结构组成和通路集成功能的难题，更为有效地分析生物系统的整体情况，系统遗传学应运而生。系统遗传学就是研究整个生物系统遗传信息的传递规律，分析机体各组成部分（细胞、组织和器官）相关性状的表现形式和联系，计算和分析关键时空节点遗传变异的遗传效应和作用模式，从生物系统整体水平解释由基因型到表型的因果关系和分子调控机制。系统遗传学的研究内容和定义不一而足。Civelek 和 Lusis（2014）将系统遗传学定义为研究基因组学、转录组学、蛋白质组学和代谢组学组成的生物网络，并用网络建模和统计预测、实验干扰（perturbation）等方法来解析生物网络的拓扑结构和功能，分离得到影响性状的关键节点基因的遗传学分支科学。系统遗传学应用着更多、更新和更加完善的系统生物学理论和方法，对整个生物系统的不同层面加以研究（Cuaranta-Monroy et al.，2015；Feltus，2014；Parikshak et al.，2015；Sieberts and Schadt，2007）。在技术层面，高通量组学技术的快速发展和成熟，为系统遗传学研究提供了技术保障。例如，表观基因组学提供的基因组功能调控信息；单细胞组学提供的组织细胞组成类型、成分和功能信息；宏基因组学提供的机体微生物组成类型和代谢功能方面的信息（图 16-1）。在实验处理层面，通过不同实验处理，直接干扰实验系统，也可以研究单个基因，甚至分子通路的功能作用，如食物营养成分和水平（营养基因组学）、化学小分子和活性成分（化学遗传学）、光控载体（光控遗传学，optogenetics）、生物分子合成和通路集合（合成生物学）、基因组编辑等（图 16-1）。在系统整合层面，开展进化系统遗传学研究，可以通过比较不同生物系统，跨系统整合实验数据，推测出控制生物网络结构和功能的重要基因，进而通过功能实验验证其生物学功能和机制。

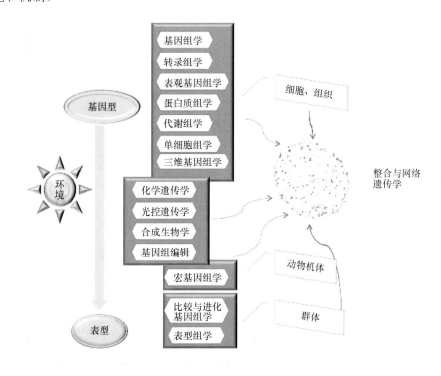

图 16-1　系统遗传学解析脂肪生成的分子机制

　　脂肪组织是动物体最大的内分泌器官，生长发育有其自身特点（Rutkowski et al.，2015；Sarjeant and Stephens，2012）。运用系统遗传学方法探究鸡脂肪生长发育的分子遗传学基础，还必须着重考虑以下几个方面：第一，利用脂质组学的研究策略和方法。脂质组学（lipidomics）是代谢组学的一个重要组成部分，重点研究脂类物质在脂肪组织、脂肪细胞及其他重要代谢类组织或器官中的组成、含量和功能。近些年来，脂质组学已被广泛用于发现与代谢疾病相关的生物标记，以及炎症代谢反应和免疫系统功能间相关关系的研究中（de Leon et al.，2015；Köberlin et al.，2015；Masoodi et al.，2015；Watschinger et al.，2015；Yizhak et al.，2015）。第二，研究其他组织器官对脂肪组织生长发育的影响。组织器官（包括肝脏、肌肉、脑等）间的信号交流（tissue crosstalk）会影响脂肪组织的生长发育和功能。越来越多的证据表明，脂肪组织的生长发育受到机体其他组织产生和分泌的蛋白质、激素和代谢产物的调控。组织间交流受阻会导致肥胖和糖尿病等代谢类疾病的发生（Greene et al.，2015；Samdani et al.，2015；Shimizu et al.，2015；Gross et al.，2014）。第三，开发整合组学数据的方法。剖分组织间的信号交流和关键遗传变异对脂肪生长发育的作用，需要整合基因组学和网络生物学的方法（Gross and Ideker，2015；Huan et al.，2015；Ritchie et al.，2015；Sazonova et al.，2015；Mäkinen et al.，2014；Carter et al.，2013；Mitra et al.，2013；Barabási and Oltvai，2004）。例如，Williams 等（2016）通过收集来源于 BXD 小鼠参考群体的 386 只老鼠的表型组、转录组、蛋白质组和代谢组数据，并结合该参考群体的基因组序列信息，从多维度、多层次进行整合分析，准确分析了遗传变异调控基因表达、蛋白质和代谢产物水平的分子机制，得出了线粒体功能同肝脏代谢有着紧密联系的重要结论。

三、遗传大数据

科学技术的飞速发展使得海量大数据的获得变得更加容易。单就基因组测序而言，基因组序列信息就以超过摩尔定律（Moore's law）的速度在累积。海量大数据的储存、分布、管理、分析和挖掘对各个学科都提出了挑战，迫切需要发展新的大数据理论和技术（Stephens et al.，2015）。近年来，大数据技术在生命科学研究上得到了重视和应用。例如，进入精准医疗时代的生物医学研究，医疗大数据技术的应用便是其特征之一（Hood et al.，2015；Chaussabel and Pulendran，2015；Schneeweiss，2014；Greene and Troyanskaya，2012）；各国政府重视和大力资助立项的脑神经科学研究，也应用了大数据技术，对收集到的大量数据进行了深度研究（Dierick and Gabbiani，2015；Freeman et al.，2014；Frégnac and Laurent，2014；Sejnowski et al.，2014）。

复杂性状的分子遗传学研究同样也跨入了大数据时代。目前基因组学和测序技术正以前所未有的速度，为生物学和遗传学研究提供所需的大量测序数据（Dolinski and Troyanskaya，2015；Stephens et al.，2015）。复杂性状的遗传基础研究同样面对着大数据收集、存储和分析的挑战，如何利用海量生物学大数据（包括表型组、基因组、转录组、蛋白质组、代谢组和表观基因组等组学数据）是亟待解决的重点和难点问题之一。

大数据科学可以从多个层次（或维度）出发，通过对系统特征（feature）的整合和统计分析，发现和预测控制系统的（新）机制，以及解释复杂生物学性状的分子遗传学基础及其调控机制。依据所使用数据的整合模型、统计方法的复杂度及所得结果的重要性、新颖性和普遍适用性，大数据科学用于复杂性状遗传基础研究的整个过程可以被分为 3 个层次：第一，大数据的简单整合和简单统计分析。该层次仅对大数据进行简单处理，仅利用了大数据的海量特性。由于大数据可以代表所研究复杂性状的生物学过程的各个层面或维度，即使简单整合和简单统计分析，也可以得到一些重要结果。典型案例有：利用主成分分析得到了拷贝数变异与癌症基因表达水平间的相关关系（Fehrmann et al.，2015）；运用回归分析并校正背景信息，结合 ChIP-seq 和基因表达数据，得到了癌症疾病的转录调控机制（Jiang et al.，2015）；运用线性混合模型解释不同疾病的分子遗传标记的一因多效性（Yang et al.，2015）。第二，大数据的深度统计分析。通过深度学习（deep learning）等统计学习或机器学习的方法，对大数据进行整合分析。成功案例有：运用卷积神经网络（convolutional neural network）探讨 DNA 和 RNA 结合蛋白的特异性结合核酸序列（Alipanahi et al.，2015）；支持向量回归（support vector regression）将 DNA 三维结构数据用于推测转录因子结合序列（Zhou et al.，2015）；利用贝叶斯神经网络模型预测 RNA 剪切机制与疾病遗传控制间的联系（Xiong et al.，2015）。第三，大数据的系统整合和计算分析。该层次主要运用生物系统工程理论和计算方法，系统整合和利用大数据的各组成部分，推断整个生物系统运行时各分子通路间的功能联系、运行法则和调控逻辑（Bolouri，2014；Carvunis and Ideker，2014），最终得到影响整个生命系统各种性状表现和生命现象的分子基础和遗传规律。

　　由此可见，按照基因组学和生物学各种技术的发展历程，可以将复杂性状的分子遗传学基础研究人为地划分为 QTL 定位、GWAS、基因组测序、系统遗传学和遗传大数据科学等阶段。但是，科学技术仍然时刻在更新和变化，研究对象也更加细微、具体和深入（Apalasamy and Mohamed，2015），如表型组学可以利用光电成像、自动化控制、计算机和机械制造等工程技术，收集精准表型数据和关键时空节点的表型数据（Deans et al.，2015）；结合（活体）显微成像技术、合成生物学和纳米生物技术，可以深度揭示细胞和生物大分子在体内发挥功能的时空顺序和分子基础。可以预测，鸡脂肪组织生长发育的分子遗传学基础研究必将会在科技发展总趋势的激励下，通过应用新的遗传学理论方法和技术手段，开创出新的研究局面。

第二节　脂肪生成关键基因的功能研究及调控机制解析

一、基因功能研究

　　基因功能研究从早期的分子生物学、遗传学和生理生化等技术方法，已经发展到了以基因组编辑为代表的现代分子生物学技术，可以从细胞、组织、个体和群体等水平和层次剖析基因的时空特异性功能和分子生物学作用机制。然而，同大多数农业动物的重要性状研究相似，鸡脂肪生成关键基因的功能研究，大多是在体外进行的，如细胞和组织的基因表达、细胞培养和组织切片研究、培养细胞的 RNA 干扰等。体外基因功能研究所得的结果只能反映特定细胞或组织在特定时期所处的状态和作用，并不能反映功能基因在整个机体系统内生理生化水平上的真实情况。如果在动物体内，通过对具有特定基因型个体或细胞的基因组编辑，结合胚胎生物学技术制作转基因鸡，就可以用来研究和确定脂肪生成关键基因的时空表达、功能调控和生物学作用。

　　转基因鸡的制作不仅可以系统性地解析基因的功能，拓展鸡作为理想实验动物模型的作用，还对鸡抗病育种、保障和提升生产效率等有着重要意义（Doran et al.，2016）。然而，鸡与哺乳动物由于繁殖和生理学特性上存在差异，在转基因哺乳动物中得到广泛和成功应用的显微操作技术，不能直接用于制备转基因鸡。转基因鸡研究先后经历了早期的病毒载体、逆转录病毒载体、精子载体、组织特异性表达的生物反应器，以及近期的基因组编辑技术等阶段（Doran et al.，2016；Lee et al.，2015；刘文利和李辉，2013）。虽然 1989 年就使用鸟类逆转录病毒成功制备了第一只转基因鸡（Salter and Crittenden，1989），但是到目前为止，转基因鸡的制备效率仍然很低。2004 年至今，仅有 8 篇报道获得种系遗传表达绿色荧光蛋白的转基因鸡（表 16-2）。

表 16-2　不同载体携带绿色荧光报道基因获得种系遗传转基因鸡后代

载体	获得转基因鸡后代	注射方式	参考文献	国家
病毒	G_0 代；G_1 代；G_2 代	直接注射病毒	McGrew et al.，2004	英国
病毒	G_0 代；G_1 代；G_2 代；G_3 代	直接注射病毒	Koo et al.，2006	韩国
病毒	G_0 代；G_1 代	直接注射骨髓细胞（BMC）	Heo et al.，2011	韩国
质粒	G_0 代；G_1 代	体外分离培养原始生殖细胞（PGC）	van de Lavoir et al.，2012	美国
质粒	G_0 代；G_1 代	体外分离培养 PGC	MacDonald et al.，2012	英国
质粒	G_0 代；G_1 代；G_2 代	体外分离培养 PGC	Park and Han，2012	韩国
质粒	G_0 代；G_1 代	体内直接转染 PGC	Tyack et al.，2013	澳大利亚
质粒	G_0 代；G_1 代	体内直接转染 PGC	Lambeth et al.，2016	澳大利亚

随着基因组编辑技术的发展与成熟，CRISPR-Cas9 基因敲除系统已经被成功地应用于鸡体细胞系统（Bai et al.，2016；Véron et al.，2015），结合原始生殖细胞体外培养和遗传操作，该系统必将会应用于转基因鸡的高效率和高通量制备（Lee et al.，2015）。CRISPR-Cas9 系统除了可以从全基因组水平研究调控细胞、组织或机体的重要基因网络和信号通路以阐明和解析基因的功能和表达调控机制外（Heidenreich and Zhang，2016；Wright et al.，2016；Parnas et al.，2015；Shalem et al.，2015），还能够通过基因修饰来进行疾病治疗（Nelson et al.，2016；Tabebordbar et al.，2016）。转基因鸡作为生物反应器用于生产医用重组蛋白已经于 2015 年 12 月获得了美国食品药品监督管理局（FDA）批准（Mullard，2015）。可以预见，随着基因组编辑技术的飞速发展，在肉鸡产业健康和可持续生产及生物医药市场发展的要求下，转基因鸡研究必将会得到重视，进而推动基因功能研究工作取得更大进展。

二、基因调控模式研究

基因的调控机制研究可以分为遗传与表观遗传两个层面。遗传调控主要研究关键基因的基因组序列元件和功能成分的遗传差异如何导致表型变化，可以按维度和复杂性大致分为 3 个研究水平。一维水平，根据基因组序列的组成特点和功能，鉴定出启动子、增强子、抑制子、上下游非翻译区（UTR）等功能基因组区域；二维水平，分析因子间的互作模式，如转录因子结合 DNA（RNA）的功能序列元件（motif）和功能结合区域相互作用、蛋白质相互作用、生物大分子二维结构区域的功能等；三维水平，功能基因的 DNA、RNA 和编码蛋白质的三维结构及功能区域的作用模式等。

表观遗传调控则侧重于研究不同遗传背景或外界环境条件的改变，是否会改变基因组核苷酸序列、RNA 和蛋白质的修饰类型，进而如何影响表型性状。修饰类型有多种，主要包括 DNA 和 RNA 甲基化、RNA 编辑、组蛋白甲基化和乙酰化、蛋白质（去）磷酸化等。表观遗传参与和调控多种生命活动，其中包括能量代谢、基因表达调控、DNA 损伤修复、配子生殖和胚胎发育等。DNA 甲基化、组蛋白修饰、非编码 RNA（microRNA 和 lncRNA）等表观遗传学机制可以通过调节激素内分泌、糖类和脂类物质代谢相关基因的表达，从而调控脂肪细胞增殖与分化，进而影响脂肪组织的生长发育。

基因调控模式研究方法和手段的发展日新月异。除了上面提及的方法以外，合成生物学（synthetic biology）、3D 基因组学、单细胞基因组学等众多技术也发展起来，并日渐成熟。合成生物学通过组合基因调控序列元件、功能基因和生物信号通路，构建单个或成组功能基因的分子信号通路，进行关键基因的功能和调控机制的研究。3D 基因组学（如 Hi-C 技术）结合单细胞基因组学，可以揭示基因组 DNA 序列的亚细胞空间位置、物理联系、结构和功能调控，也可以研究其他生物大分子的亚细胞定位、单个细胞的功能，以及组织器官生理功能等重要生理过程的分子调控机制（Cattoni et al.，2014；Kolodziejczyk et al.，2015）。

随着人类和小鼠等模式生物的基因组结构和功能注释项目（ENCODE）的顺利完成，农业动物（包括家禽）也启动了类似项目——动物功能基因组注释（FAANG）。该项目主要是运用基因组测序技术，结合分子生物学和生物化学技术，从一维和二维水平上对农业动物基因组结构和功能成分进行高通量的功能和调控机制研究，并同时开展 DNA 甲基化、组蛋白修饰等表观遗传学机制研究（Andersson et al.，2015）。随着 FAANG 项目的开展，鸡体脂性状作为一个重要经济性状，其基因调控模式的研究也必将会得到推动和发展。

三、结语

总而言之，在分子生物学、基因组学、系统生物学及统计学等学科快速发展和完善的基础上，系统利用和综合交叉学科的技术及方法，将有利于系统深入地研究鸡脂肪组织生长发育的分子遗传学基础，筛选出关键基因和分子信号通路，并解析其基因功能、分子调控模式和机制。在此基础上，可以结合基因组编辑、多基因定向导入、生物合成育种等关键技术，以基因资源挖掘、基因/元件功能模型研究、分子设计育种为切入点，促进新型分子育种理论、方法和技术的形成，从而建立起以高效精确的基因组辅助选择和操作技术应用为特点的动物新品种（品系）培育体系，助力肉鸡产业体系的高效和可持续发展。

参 考 文 献

刘文利, 李辉. 2013. 转基因鸡的制作及研究展望. 中国家禽, 35(18): 2-5.

Alipanahi B, Delong A, Weirauch M T, et al. 2015. Predicting the sequence specificities of DNA- and RNA-binding proteins by deep learning. Nat Biotechnol, 33(8): 831-838.

Andersson L, Archibald A L, Bottema C D, et al. 2015. Coordinated international action to accelerate genome-to-phenome with FAANG, the Functional Annotation of Animal Genomes project. Genome Biol, 16: 57.

Apalasamy Y D, Mohamed Z. 2015. Obesity and genomics: role of technology in unraveling the complex genetic architecture of obesity. Hum Genet, 134(4): 361-374.

Bai Y, He L, Li P, et al. 2016. Efficient genome editing in chicken DF-1 cells using the CRISPR/Cas9 system. G3 (Bethesda), 6(4): 917-923.

Barabási A L, Oltvai Z N. 2004. Network biology: understanding the cell's functional organization. Nat Rev Genet, 5(2): 101-113.

Baud A, Hermsen R, Guryev V, et al. 2013. Combined sequence-based and genetic mapping analysis of complex traits in outbred rats. Nat Genet, 45(7): 767-775.

Bolouri H. 2014. Modeling genomic regulatory networks with big data. Trends Genet, 30(5): 182-191.

Buchner D A, Nadeau J H. 2015. Contrasting genetic architectures in different mouse reference populations used for studying complex traits. Genome Res, 25(6): 775-791.

Cai N, Bigdeli T, Kretzschmar W, et al. 2015. Sparse whole-genome sequencing identifies two loci for major depressive disorder. Nature, 523(7562): 588-591.

Carneiro M, Rubin C J, di Palma F, et al. 2014. Rabbit genome analysis reveals a polygenic basis for phenotypic change during domestication. Science, 345(6200): 1074-1079.

Carter H, Hofree M, Ideker T. 2013. Genotype to phenotype via network analysis. Curr Opin Genet Dev, 23(6): 611-621.

Carvunis A R, Ideker T. 2014. Siri of the cell: what biology could learn from the iPhone. Cell, 157(3): 534-538.

Cattoni D I, Legall A, Nöllmann M. 2014. Chromosome organization: original condensins. Curr Biol, 24(3): R111-R113.

Chaussabel D, Pulendran B. 2015. A vision and a prescription for big data-enabled medicine. Nat Immunol, 16(5): 435-439.

Civelek M, Lusis A J. 2014. Systems genetics approaches to understand complex traits. Nat Rev Genet, 15(1): 34-48.

Cuaranta-Monroy I, Kiss M, Simandi Z, et al. 2015. Genomewide effects of peroxisome proliferator-activated receptor gamma in macrophages and dendritic cells—revealing complexity through systems biology. Eur J Clin Invest, 45(9): 964-975.

Daetwyler H D, Capitan A, Pausch H, et al. 2014. Whole-genome sequencing of 234 bulls facilitates mapping of monogenic and complex traits in cattle. Nat Genet, 46(8): 858-865.

de Leon H, Boue S, Szostak J, et al. 2015. Systems biology research into cardiovascular disease: contributions of lipidomics-based approaches to biomarker discovery. Curr Drug Discov Technol, 12(3): 129.

Deans A R, Lewis S E, Huala E, et al. 2015. Finding our way through phenotypes. PLoS Biol, 13(1): e1002033.

Dierick H A, Gabbiani F. 2015. Drosophila neurobiology: no escape from 'Big Data' science. Curr Biol, 25(14): R606-R608.

Dolinski K, Troyanskaya O G. 2015. Implications of Big Data for cell biology. Mol Biol Cell, 26(14): 2575-2578.

Doran T J, Cooper C A, Jenkins K A, et al. 2016. Advances in genetic engineering of the avian genome: "Realising the promise". Transgenic Res, 25(3): 307-319.

Fehrmann R S, Karjalainen J M, Krajewska M, et al. 2015. Gene expression analysis identifies global gene dosage sensitivity in cancer. Nat Genet, 47(2): 115-125.

Feltus F A. 2014. Systems genetics: a paradigm to improve discovery of candidate genes and mechanisms underlying complex traits. Plant Sci, 223: 45-48.

Freeman J, Vladimirov N, Kawashima T, et al. 2014. Mapping brain activity at scale with cluster computing. Nat Methods, 11(9): 941-950.

Frégnac Y, Laurent G. 2014. Neuroscience: Where is the brain in the Human Brain Project? Nature, 513(7516): 27-29.

Gao F, Shen X Z, Jiang F, et al. 2016. DNA-guided genome editing using the *Natronobacterium gregoryi* Argonaute. Nat Biotechnol, 34(7): 768-773.

Greene C S, Krishnan A, Wong A K, et al. 2015. Understanding multicellular function and disease with human tissue-specific networks. Nat Genet, 47(6): 569-576.

Greene C S, Troyanskaya O G. 2012. Chapter 2: Data-driven view of disease biology. PLoS Comput Biol, 8(12): e1002816.

Gross A M, Ideker T. 2015. Molecular networks in context. Nat Biotechnol, 33(7): 720-721.

Gross A M, Orosco R K, Shen J P, et al. 2014. Multi-tiered genomic analysis of head and neck cancer ties TP53 mutation to 3p loss. Nat Genet, 46(9): 939-943.

Heidenreich M, Zhang F. 2016. Applications of CRISPR-Cas systems in neuroscience. Nat Rev Neurosci, 17(1): 36-44.

Heo Y T, Lee S H, Yang J H, et al. 2011. Bone marrow cell-mediated production of transgenic chickens. Lab Invest, 91(8): 1229-1240.

Hofker M H, Fu J, Wijmenga C. 2014. The genome revolution and its role in understanding complex diseases. Biochim Biophys Acta, 1842(10): 1889-1895.

Hood L, Lovejoy J C, Price N D. 2015. Integrating big data and actionable health coaching to optimize wellness. BMC Med, 13: 4.

Huan T, Meng Q, Saleh M A, et al. 2015. Integrative network analysis reveals molecular mechanisms of blood pressure regulation. Mol Syst Biol, 11(1): 799.

Huerta-Sánchez E, Jin X, Asan, et al. 2014. Altitude adaptation in Tibetans caused by introgression of Denisovan-like DNA. Nature, 512(7513): 194-197.

Jiang P, Freedman M L, Liu J S, et al. 2015. Inference of transcriptional regulation in cancers. Proc Natl Acad Sci USA, 112(25): 7731-7736.

Johnsson M, Jonsson K B, Andersson L, et al. 2015. Genetic regulation of bone metabolism in the chicken: similarities and differences to Mammalian systems. PLoS Genet, 11(5): e1005250.

Kilpinen H, Barrett J C. 2013. How next-generation sequencing is transforming complex disease genetics. Trends Genet, 29(1): 23-30.

Köberlin M S, Snijder B, Heinz L X, et al. 2015. A conserved circular network of coregulated lipids modulates innate immune responses. Cell, 162(1): 170-183.

Kolodziejczyk A A, Kim J K, Tsang J C, et al. 2015. Single cell RNA-sequencing of pluripotent states unlocks modular transcriptional variation. Cell Stem Cell, 17(4): 471-485.

Koo B C, Kwon M S, Choi B R, et al. 2006. Production of germline transgenic chickens expressing enhanced green fluorescent protein using a MoMLV-based retrovirus vector. FASEB J, 20(13): 2251-2260.

Lambeth L S, Morris K R, Wise T G, et al. 2016. Transgenic chickens overexpressing aromatase have high estrogen levels but maintain a predominantly male phenotype. Endocrinology, 157(1): 83-90.

Lamichhaney S, Berglund J, Almén M S, et al. 2015. Evolution of Darwin's finches and their beaks revealed by genome sequencing. Nature, 518(7539): 371-375.

Lee H J, Lee H C, Han J Y. 2015. Germline modification and engineering in avian species. Mol Cells, 38(9): 743-749.

Li A H, Morrison A C, Kovar C, et al. 2015. Analysis of loss-of-function variants and 20 risk factor phenotypes in 8, 554 individuals identifies loci influencing chronic disease. Nat Genet, 47(6): 640-642.

Li M, Tian S, Jin L, et al. 2013. Genomic analyses identify distinct patterns of selection in domesticated pigs and Tibetan wild boars. Nat Genet, 45(12): 1431-1438.

Locke A E, Kahali B, Berndt S I, et al. 2015. Genetic studies of body mass index yield new insights for obesity biology. Nature, 518(7538): 197-206.

Macdonald J, Taylor L, Sherman A, et al. 2012. Efficient genetic modification and germ-line transmission of primordial germ cells using piggyBac and Tol2 transposons. Proc Natl Acad Sci USA, 109(23): E1466-E1472.

Mäkinen V P, Civelek M, Meng Q, et al. 2014. Integrative genomics reveals novel molecular pathways and gene networks for coronary artery disease. PLoS Genet, 10(7): e1004502.

Masoodi M, Kuda O, Rossmeisl M, et al. 2015. Lipid signaling in adipose tissue: connecting inflammation & metabolism. Biochim Biophys Acta, 1851(4): 503-518.

McGrew M J, Sherman A, Ellard F M, et al. 2004. Efficient production of germline transgenic chickens using lentiviral vectors. EMBO Rep, 5(7): 728-733.

Mitra K, Carvunis A R, Ramesh S K, et al. 2013. Integrative approaches for finding modular structure in biological networks. Nat Rev Genet, 14(10): 719-732.

Morrison A C, Voorman A, Johnson A D, et al. 2013. Whole-genome sequence-based analysis of high-density lipoprotein cholesterol. Nat Genet, 45(8): 899-901.

Mullard A. 2015. FDA approves drug from transgenic chicken. Nat Rev Drug Discov, 5(1): 7.

Nelson C E, Hakim C H, Ousterout D G, et al. 2016. *In vivo* genome editing improves muscle function in a mouse model of Duchenne muscular dystrophy. Science, 351(6271): 403-407.

Parikshak N N, Gandal M J, Geschwind D H. 2015. Systems biology and gene networks in neurodevelopmental and neurodegenerative disorders. Nat Rev Genet, 16(8): 441-458.

Parnas O, Jovanovic M, Eisenhaure T M, et al. 2015. A genome-wide CRISPR screen in primary immune cells to dissect regulatory networks. Cell, 162(3): 675-686.

Park T S, Han J Y. 2012. piggyBac transposition into primordial germ cells is an efficient tool for transgenesis in chickens. Proc Natl Acad Sci USA, 109(24): 9337-9341.

Ritchie M D, Holzinger E R, Li R, et al. 2015. Methods of integrating data to uncover genotype-phenotype interactions. Nat Rev Genet, 16(2): 85-97.

Rubin C J, Megens H J, Martinez B A, et al. 2012. Strong signatures of selection in the domestic pig genome. Proc Natl Acad Sci USA, 109(48): 19529-19536.

Rubin C J, Zody M C, Eriksson J, et al. 2010. Whole-genome resequencing reveals loci under selection during chicken domestication. Nature, 464(7288): 587-591.

Rutkowski J M, Stern J H, Scherer P E. 2015. The cell biology of fat expansion. J Cell Biol, 208(5): 501-512.

Salter D W, Crittenden L B. 1989. Artificial insertion of a dominant gene for resistance to avian leukosis virus into the germ line of the chicken. Theor Appl Genet, 77(4): 457-461.

Samdani P, Singhal M, Sinha N, et al. 2015. A comprehensive inter-tissue crosstalk analysis underlying progression and control of obesity and diabetes. Sci Rep, 5: 12340.

Sarjeant K, Stephens J M. 2012. Adipogenesis. Cold Spring Harb Perspect Biol, 4(9): a008417.

Sazonova O, Zhao Y, Nürnberg S, et al. 2015. Characterization of TCF21 downstream target regions identifies a transcriptional network linking multiple independent coronary artery disease loci. PLoS Genet, 11(5): e1005202.

Schlötterer C, Kofler R, Versace E, et al. 2015. Combining experimental evolution with next-generation sequencing: a powerful tool to study adaptation from standing genetic variation. Heredity (Edinb), 114(5): 431-440.

Schneeweiss S. 2014. Learning from big health care data. N Engl J Med, 370(23): 2161-2163.

Sejnowski T J, Churchland P S, Movshon J A. 2014. Putting big data to good use in neuroscience. Nat Neurosci, 17(11): 1440-1441.

Shalem O, Sanjana N E, Zhang F. 2015. High-throughput functional genomics using CRISPR-Cas9. Nat Rev Genet, 16(5): 299-311.

Shimizu N, Maruyama T, Yoshikawa N, et al. 2015. A muscle-liver-fat signalling axis is essential for central control of adaptive adipose remodelling. Nat Commun, 6: 6693.

Shungin D, Winkler T W, Croteau-Chonka D C, et al. 2015. New genetic loci link adipose and insulin biology to body fat distribution. Nature, 518(7538): 187-196.

Sieberts S K, Schadt E E. 2007. Moving toward a system genetics view of disease. Mamm Genome, 18(6-7): 389-401.

Stephens Z D, Lee S Y, Faghri F, et al. 2015. Big Data: astronomical or genomical? PLoS Biol, 13(7): e1002195.

Tabebordbar M, Zhu K, Cheng J K, et al. 2016. *In vivo* gene editing in dystrophic mouse muscle and muscle stem cells. Science, 351(6271): 407-411.

Tyack S G, Jenkins K A, O'Neil T E, et al. 2013. A new method for producing transgenic birds via direct *in vivo* transfection of primordial germ cells. Transgenic Res, 22(6): 1257-1264.

van de Lavoir M C, Collarini E J, Leighton P A, et al. 2012. Interspecific germline transmission of cultured primordial germ cells. PLoS One, 7(5): e35664.

Véron N, Qu Z, Kipen P A, et al. 2015. CRISPR mediated somatic cell genome engineering in the chicken. Dev Biol, 407(1): 68-74.

Wang Q, Lu Q, Zhao H. 2015. A review of study designs and statistical methods for genomic epidemiology studies using next generation sequencing. Front Genet, 6: 149.

Watschinger K, Keller M A, McNeill E, et al. 2015. Tetrahydrobiopterin and alkylglycerol monooxygenase substantially alter the murine macrophage lipidome. Proc Natl Acad Sci USA, 112(8): 2431-2436.

Williams E G, Auwerx J. 2015. The convergence of systems and reductionist approaches in complex trait analysis. Cell, 162(1): 23-32.

Williams E G, Wu Y, Jha P, et al. 2016. Systems proteomics of liver mitochondria function. Science, 352(6291): aad0189.

Wood A R, Esko T, Yang J, et al. 2014. Defining the role of common variation in the genomic and biological architecture of adult human height. Nat Genet, 46(11): 1173-1186.

Wright A V, Nuñez J K, Doudna J A. 2016. Biology and applications of CRISPR systems: harnessing nature's toolbox for genome engineering. Cell, 164(1-2): 29-44.

Xiong H Y, Alipanahi B, Lee L J, et al. 2015. RNA splicing. The human splicing code reveals new insights into the genetic determinants of disease. Science, 347(6218): 1254806.

Yang C, Li C, Wang Q, et al. 2015. Implications of pleiotropy: challenges and opportunities for mining Big Data in biomedicine. Front Genet, 6: 229.

Yizhak K, Chaneton B, Gottlieb E, et al. 2015. Modeling cancer metabolism on a genome scale. Mol Syst Biol, 11(6): 817.

Zhou T, Shen N, Yang L, et al. 2015. Quantitative modeling of transcription factor binding specificities using DNA shape. Proc Natl Acad Sci USA, 112(15): 4654-4659.

索　引